Teubner Studienbücher Chemie

J. Maier
Festkörper – Fehler und Funktion

Teubner Studienbücher Chemie

Herausgegeben von

Prof. Dr. rer. nat. Christoph Elschenbroich, Marburg
Prof. Dr. rer. nat. Dr. h. c. Friedrich Hensel, Marburg
Prof. Dr. phil. Henning Hopf, Braunschweig

Die Studienbücher der Reihe Chemie sollen in Form einzelner Bausteine grundlegende und weiterführende Themen aus allen Gebieten der Chemie umfassen. Sie streben nicht die Breite eines Lehrbuchs oder einer umfangreichen Monographie an, sondern sollen den Studenten der Chemie – aber auch den bereits im Berufsleben stehenden Chemiker – kompetent in aktuelle und sich in rascher Entwicklung befindende Gebiete der Chemie einführen. Die Bücher sind zum Gebrauch neben der Vorlesung, aber auch – da sie häufig auf Vorlesungsmanuskripten beruhen – anstelle von Vorlesungen geeignet. Es wird angestrebt, im Laufe der Zeit alle Bereiche der Chemie in derartigen Lehrbüchern vorzustellen. Die Reihe richtet sich auch an Studenten anderer Naturwissenschaften, die an einer exemplarischen Darstellung der Chemie interessiert sind.

Festkörper – Fehler und Funktion

Prinzipien der Physikalischen Festkörperchemie

Von Prof. Dr. rer. nat. Joachim Maier
Max-Planck-Institut für Festkörperforschung, Stuttgart

B. G. Teubner Stuttgart · Leipzig 2000

Prof. Dr. rer. nat. Joachim Maier

Geboren 1955 in Neunkirchen. Studium (1972 bis 1979) der Chemie und Promotion (1982) in Physikalischer Chemie an der Universität des Saarlandes in Saarbrücken. Wissenschaftliche Tätigkeiten an den Max-Planck-Instituten für Festkörperforschung und Metallforschung (C3) in Stuttgart. 1988 Habilitation an der Universität Tübingen. Auswärtiges Fakultätsmitglied und Gastprofessor am Massachusetts Institute of Technology (Cambridge, MA) bzw. an der TU Graz. Seit 1991 Wissenschaftliches Mitglied der Max-Planck-Gesellschaft und Direktor am Max-Planck-Institut für Festkörperforschung in Stuttgart sowie Honorarprofessor an der Universität Stuttgart. Arbeiten auf dem Gebiet der Thermodynamik, Kinetik und Elektrochemie des Festkörpers. Schwerpunkte Ionenleitung und Funktionskeramik. Vorlesungen in Stuttgart, Tübingen, Cambridge und Graz über Physikalische Chemie und Materialforschung. Editor-in-Chief der Zeitschrift Solid State Ionics.

Die Deutsche Bibliothek – CIP-Einheitsaufnahme

Ein Titeldatensatz für diese Publikation ist bei
Der Deutschen Bibliothek erhältlich

ISBN-13: 978-3-519-03540-4 e-ISBN-13: 978-3-322-80120-3
DOI: 10.1007/978-3-322-80120-3

Vorwort

Das vorliegende Buch hat die Physikalische Chemie des Festkörpers zum Gegenstand. Von spezieller Bedeutung für die Darstellung sind die ionischen und elektronischen Ladungsträger. Betont werden also die Thematiken, die in der traditionellen "wässrigen Chemie" unter Redox- oder Säure-Base-Chemie firmieren und dort einen Hauptpfeiler der Ausbildung darstellen. Die Tatsache, dass die äquivalenten Fragestellungen beim Festkörper seltsamerweise in der Regel gar nicht der Chemie zugerechnet werden, sondern sich in so unterschiedlichen Feldern wie der Festkörperphysik, der Elektronik, Elektrotechnik sowie der Werkstoffwissenschaft wiederfinden, zeigt die prinizipielle Notwendigkeit von Monographien dieser Art. Dies ist umso mehr der Fall, als genau diese Fragestellungen die Grundlage der chemischen Kinetik fester Stoffe, insbesondere der Festkörperelektrochemie bilden sowie die Voraussetzung zum Verständnis und zur Steuerung elektrischer Funktionsmaterialien darstellen. Nicht nur für den Chemiker ist dieses Buch geschrieben, sondern auch für den Physiker, der die Zusammensetzung als Parameter in der Regel nicht recht gewürdigt sieht, und für den Materialforscher, dem mangelnde Vertrautheit mit der physikalischen Chemie und insbesondere der Elektrochemie häufig den Blick für das Wesentliche verstellen mag.

Im Zentrum des Buches stehen also die Punktfehler des Festkörpers, die dort eine ähnliche Rolle spielen wie die H^+- und OH^--Ionen (und die gelösten Fremdionen) in Wasser. Erst das Verständnis ihrer zentralen Rolle führt zum Verständnis der inneren Beweglichkeit sowie zum Verständnis chemischer und elektrochemischer Vorgänge.

Da im Unterschied zu spezielleren Texten die Thematik breit angelegt ist und eben bemüht ist, Chemiker, Physiker und Materialforscher gleichermaßen anzusprechen, sind, um eine einheitliche Ausgangsbasis zu erarbeiten, umfangreiche einleitende Kapitel über Bindung, Schwingungen und Thermodynamik vorangestellt. Letztlich entsprechen somit die angesprochenen Themen denen der Physikalischen Chemie angewandt auf den festen Zustand. Insofern mag der Text in der zweiten Studienhälfte auch als Lehrbuch einer Physikalischen Festkörperchemie seine Dienste tun. Die Betonung elektrischer Aspekte — neben chemisch-kinetischer Fragestellungen — ist nicht zufällig, sondern erwächst aus der schon erwähnten Tatsache, dass die chemisch relevanten Zentren auch die Ladungsträger darstellen.

Der Materialforscher mag somit vieles über höherdimensionale Fehler und mechanische Eigenschaften vermissen, der Physiker insbesondere optische und magnetische

Funktionen und der Chemiker spezielle Kapitel über ungeordnete und kovalente Stoffe (insbesondere Polymere). Dennoch hat der Autor die Hoffnung — und dies schöpft er aus in Tübingen, Stuttgart, Cambridge und Graz gehaltenen Vorlesungen, jeweils vor sehr unterschiedlichem Auditorium —, dass er eine geeignete Auswahl getroffen hat, um dem Leserkreis die physikalisch-chemischen Aspekte der Materialforschung und insbesondere die Rolle der Fehler als relevante bewegliche Zentren näherzubringen.
Der Uneinheitlichkeit des Leserkreises — in bezug auf Vorbildung und Anspruch — Rechnung tragend, wurden nicht nur extensiv von einleitenden Kapiteln Gebrauch bemacht, sondern sehr viele Querverweise, Redundanzen und Beispiele eingestreut. Außerdem finden sich Beweise und Bemerkungen, die sozusagen auf anderer Ebene liegen und den Lesefluss stören würden, in Fußnoten gepackt. Es empfiehlt sich allerdings, diese spätestens beim zweiten Lesen nicht zu ignorieren. Natürlich ist die Darstellung von persönlichen Präferenzen nicht unbeeinflusst, dies gilt speziell in Bezug auf die Betonung der Grenzflächeneffekte. Eine gewisse Bevorzugung experimenteller Beispiele aus dem Arbeitskreis des Autors erwächst weniger aus Faulheit und Eitelkeit als aus dem Bestreben, sich auf möglichst wenige Modellmaterialien zu beschränken.
Für die Diskussion spezieller Textstellen gilt mein Dank Klaus Funke, Manfred Martin, Erich Schönherr und Arndt Simon. Besondere Anerkennung gebührt meinen Mitarbeitern für wertvolle Rückkopplungen, insbesondere J. Fleig, J. Jamnik, K. D. Kreuer, R. Merkle, K. Sasaki, R. de Souza und W. Münch.
Von großer Hilfe war eine von Dr. Fleig geleitete Fehlersuchaktion des Arbeitskreises, die — da bin ich sicher — bei weitem nicht alle Unzulänglichkeiten des Textes hat beseitigen, aber hoffentlich auf ein tolerables Maß hat zurückschrauben können. Ohne Barbara Reichert, die das Manuskript nicht nur einmal in leserliche Form gebracht hat, ohne Sofia Weiglein, meine Sekretärin, und zu guter Letzt die Geduld meiner Frau Eva wäre das Buchprojekt nicht abgeschlossen worden.
Danken möchte ich auch Dawn Bonnell, W. Eberhardt, O. Kienzle, M. Rühle und E. Schönherr für die Bereitstellung von Bildmaterial (vgl. Abb. 5.105, 5.107, 5.20, 5.23, 2.20)) sowie Harry L. Tuller und Werner Sitte für ihre Gastfreundschaft in Cambridge (USA) und Graz.

Stuttgart, im Januar 2000 — Joachim Maier

Inhaltsverzeichnis

1 Einleitung

1.1 Motivation

Es mag seltsam klingen, den Leser im ersten Satz aufzufordern, das soeben aufgeschlagene Buch für einen Moment zur Seite zu legen (natürlich mit dem Hintergedanken, ihn die Lektüre anschließend umso motivierter wieder aufnehmen zu lassen). Aber betrachten Sie einmal unbefangen Ihre Umgebung. Zum überwiegenden Teil ist diese (und sind wir zum großen Teil selbst) von fester Materie. Dies gilt nicht nur für die Baumaterialien, aus denen etwa das Haus besteht, in dem Sie sich gerade aufhalten mögen, den Sessel, in dem Sie vielleicht gerade sitzen, gewiss auch für die vielen technischen Produkte, die Ihnen das Leben erleichtern und insbesondere für die im allgemeinen Ihren Augen verborgenen Schlüsselorgane, wie den Silicium–Chip im Fernseher, die Elektroden in der Radiobatterie, die Oxidkeramik in den Autoabgassensoren. In all diesen Fällen werden zwei voneinander nicht unabhängige grundsätzliche Wesensmerkmale fester Stoffe offenbar, zum einen die Starrheit und Formfestigkeit, letztendlich also die geringen Diffusionskoeffizienten zumindest einer Komponente, die eine bleibende Strukturierung unserer Welt (mechanische Funktion) erst gestatten — der Leser möge sich einen Augenblick seine Umgebung im räumlichen Gleichgewicht vorstellen, d.h. alle Diffusionshemmungen aufgehoben denken — sowie zum zweiten die Möglichkeit, präzise und gezielt elektromagnetische, chemische und thermische Funktionen einzustellen und wahrzunehmen.
Der Anteil gerade an Funktions– und insbesondere an Elektrokeramiken im täglichen Leben wird enorm steigen: chemische, optische oder akustische Sensoren werden die Umgebung für uns analysieren, Aktoren sie zu beeinflussen helfen. Mehr oder minder autonome Systeme, gesteuert, kontrolliert durch Computer und gespeist durch energetisch autarke Batteriesysteme oder durch Brennstoffzellenstoffwechsel sind schon heute keine Zukunftvisionen mehr. Wo immer es möglich ist, ist man bestrebt, flüssige Systeme durch feste zu ersetzen, wie etwa Flüssigelektrolyte durch Festionenleiter. Dies alles unterstreicht die Bedeutung anorganischer und organischer Feststoffe, von der krönenden Funktionalität der Biomoleküle — in diesem Buch — (fast)[1] ganz zu schweigen. Darüber hinaus sind Festkörperreaktionen nicht nur für und während der Entstehung unseres Planeten von Bedeutung, sie stellen auch heute einen Großteil der Vorgänge in Natur und Labor.
Vielleicht sind Sie zufällig ein Student der Chemie im höheren Semester oder studierter Chemiker mit einigem Überblick über die Lehrpläne. Dann werden Sie mir sicherlich zustimmen, dass der Großteil der Ausbildung sich mit Flüssigkeiten und zumeist mit Wasser und wässrigen Lösungen befasst. Der Festkörper, wenn er denn behandelt wird, wird fast stets von einem naiven, "äußeren" Standpunkt aus, d.h. als chemisch starres Gebilde, gesehen: Man interessiert sich für die Struktur und die che-

[1]Siehe Abschnitt 6.10 in Kap. 6

mische Bindung, in wässrigen Lösungen fällt er entweder aus, oder er wird aufgelöst. Allenfalls die Oberfläche wird als Ort chemischer Vorgänge begriffen. Die Vorstellung eines chemischen "Innenlebens", einer "inneren Chemie" des Festkörpers, die einen in die Lage versetzt, die Festkörpereigenschaften in der Tat maßzuschneidern, wie dies in wässriger Lösung vorbildlich geschieht, klingt — noch immer — einigermaßen abenteuerlich.

Auf der anderen Seite ist die überaus subtile Funktionsbeeinflussung solcher Halbleiter wie Silicium, Germanium oder Galliumarsenid etwa durch gezielte Zusätze (Dotierung) im Bewusstsein jedes Festkörperphysikers verankert. Dennoch: Wenn der Leser Physiker ist, glaube ich, wird er mir zustimmen, dass die Zusammensetzung als Parameter in der Physik nicht die ihr gebührende Rolle spielt. Wenn auch innere chemische Gleichgewichte zuweilen und Dotiereffekte in der Regel betrachtet werden, ist man allzusehr auf singuläre Zusammensetzungen konzentriert. Dabei sind eine Vielzahl sehr wesentlicher Funktionsmaterialien oxidischer Natur, bei denen die chemische Wechselwirkung mit der Gasphase eine enorme Rolle spielt. Darüber hinaus stehen in der Festkörperphysik die rein elektronischen Eigenschaften im Vordergrund.

Zu guter letzt wendet sich dieser Text an Material- und Werkstoffforscher, die sich traditionell auf mechanische Eigenschaften konzentrieren und elektrochemische Aspekte in Hinblick auf ihre Bedeutung für die Präparation und die Beständigkeit des Materials sowie für die Optimierung der Funktion häufig unterschätzen. Insofern ist der Bereich der Keramiken im allgemeinen und der Elektrokeramiken im speziellen angesprochen.

Eine Schlüsselrolle spielt im folgenden das Fehlerkonzept [1,2]. In beiden Paradefällen, dem Wasser der Chemiker und dem Silicium der Physiker, ist es nämlich nicht so sehr die Kenntnis der Struktur oder der chemischen Bindung, die es ermöglicht hat, eine subtile und kontrollierbare Einstellung der Eigenschaften zu erzielen, sondern vielmehr die phänomenologische Kenntnis der Natur relevanter Teilchen, wie etwa in Wasser der H_3O^+-Ionen, der OH^--Ionen oder der Fremdionen, die dort die innere Säure-Base-Chemie und Redoxchemie bestimmen. Im Falle des Siliciums sind es Leitungselektronen und Elektronenlöcher, die die (Redox-)Chemie und damit die elektronischen Eigenschaften vorgeben.

Dies führt zu einem verallgemeinernden Fehlerkonzept, das uns erlaubt, eine solche innere Chemie des Festkörpers zu konstituieren. Bei Vorgängen, bei denen sich die Struktur der Phase nicht ändert, kann der perfekte Zustand als Invariante angesehen werden und das gesamte chemische Geschehen auf das Verhalten von Defekten, nämlich den Abweichungen von diesem perfekten Zustand, reduziert werden (s. hierzu Abb. 1.1). Dies ist nun beileibe keine neue Vorstellung: Schon in den Dreißiger Jahren dieses Jahrhunderts wurde mit Frenkel, Schottky und Wagner [1, 2] der Grundstein gelegt, eine Fülle von Fachliteratur existiert zu dieser Thematik (s. z.B. [3–14]), ein adäquater und allgemein akzeptierter Bestandteil unserer Ausbildung ist jedoch hieraus nicht geworden. In diesem Sinne soll dieser Text eine Motivation für den Chemiker sein, sich mit der inneren Chemie des Festkörpers auseinan-

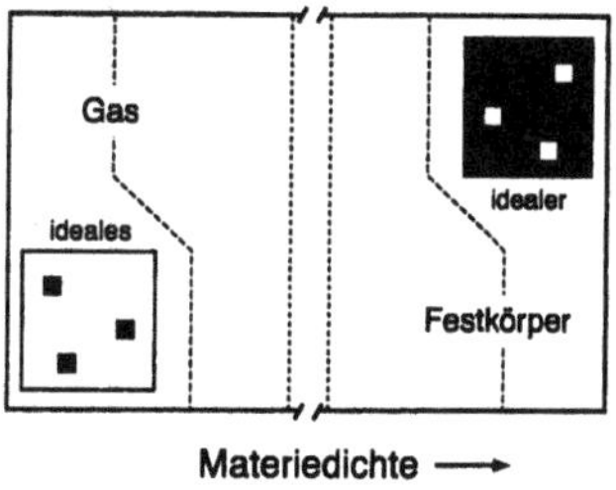

Abb. 1.1: Ähnlich wie die Behandlung des idealen Gases deswegen einfach ist, weil Materieteilchen verdünnt und damit effektiv wechselwirkungsfrei anzutreffen sind, wird die Behandlung eines idealen Festkörpers, sozusagen als Extrem auf der anderen Seite der Dichteskala, einfach, wenn man ihn vom Standpunkt der (in geringer Konzentration vorhandenen) Fehler aus betrachtet.

derzusetzen. Ich hoffe, die Mühe wird belohnt mit einer Dichte an Aha-Erlebnissen, die hinreichend ist, einem Verdruss ob der manchmal notwendigen physikalischen Sprache entgegenzuwirken. Für den Halbleiterphysiker soll es Ansporn sein, sich mit inneren Gleichgewichten der festen Materie, den Zusammensetzungsänderungen und insbesondere auch mit komplexeren Materialien auseinanderzusetzen. Motivierend sollte hier die Tatsache wirken, dass der defektchemische Formalismus weitgehend unabhängig von der stofflichen Vielfalt ist und diese parametrisierend und vereinheitlichend anzugehen in der Lage ist. Dem Materialforscher soll der Text Hilfe sein im Optimieren funktioneller Eigenschaften, aber auch im Verstehen der Präparation und der Degradation von Baumaterialien.
Sollte dieser Motivationsversuch ohnehin offene Türen einrennen, ist es erst recht nicht schade um die geschriebenen Sätze, zumindest insoweit sie dem Leser auch den weiteren Weg zu weisen vermögen.
Um den Inhalt überschaubar zu machen, konzentriert sich der Text im wesentlichen auf ionische Materialien und auf elektrische bzw. elektrochemische Eigenschaften. Im Vordergrund steht der Allgemeinfall des "gemischten Leiters" mit anteiliger Ionen- und Elektronenleitung. Im Speziellen liegt die Betonung auf dem Materietransport und seiner Bedeutung für Festkörperelektrochemie und Reaktionskinetik. Hinweise zur konzeptionellen Allgemeingültigkeit sind — wo erforderlich — eingestreut. Zugunsten einer halbwegs geschlossenen Darstellung wird bei weiterführenden Betrachtungen auf geeignete Referenzen verwiesen.
Vorangestellt ist eine ausgedehnte Einführung in bezug auf den perfekten Festkörper, seine Bindungseigenschaften und seine Schwingungszustände, deren Kenntnis für ein Verständnis der physikalischen Chemie der Vorgänge nötig ist. Diese Kapitel sind, um den roten Faden nicht aus den Augen zu verlieren, so einfach wie möglich (aber so präzis wie nötig) gehalten. Gleiches gilt für die allgemeinen thermodynamischen und kinetischen Abschnitte, die auch zur Einführung des Formalismus dienen. Gleichwohl wurde diese ausführliche Darstellungsweise in Anbetracht der Heterogenität des potentiellen Leserkreises bewusst gewählt, um für die Diskussion der Fehlerchemie von einem einheitlichen Wissensstand ausgehen zu können. Eingestreute Redundanzen sollen sicherstellen, dass manche Kapitel vom Fortgeschrittenen ohne Verlust des inneren Zusammenhangs überschlagen werden können.

Der Text hätte sein Ziel erfüllt, wenn er nicht nur dem Leser den Verallgemeinerungscharakter, die Eleganz und die Leistungsfähigkeit des Defektkonzeptes vor Augen führte, wenn er ihn nicht nur in die Position versetzte, vordergründig so verschiedene Eigenschaften und Vorgänge wie Dotier- und Nachbarphaseneffekte auf ionische und elektronische Leitfähigkeiten, Passivierung und Korrosion von Metallen, Diffusions- und Reaktionsgeschehen, Synthese- und Sinterkinetik im Festkörper, Elektrodenreaktionen und Katalyse, Sensor- und Batterieprozesse unter einem Aspekt zu sehen, sondern ihm auch klar machte, in welchem Maße man bereits in den Fällen, in denen die gewünschten Parameter zur Verfügung stehen, in der Lage ist, "strategisch" die optimale Stoffkonditionierung am "Schreibtisch" zu entwerfen.

1.2 Das Fehlerkonzept: Punktdefekte als Hauptdarsteller im chemischen Zusammenspiel

Wie schon erwähnt, ist der Schlüssel zum phänomenologischen Verständnis der wässrigen Phase und der Steuerung ihrer chemischen und elektrischen Eigenschaften die Kenntnis der Fehler als relevante Teilchen und deren Wechselwirkung und nicht so sehr die Kenntnis der Struktur der perfekten Phase. In reinem Wasser sind diese Fehler oder "chemischen Anregungen" die H_3O^+- und die OH^--Ionen. Im Sinne einer rein phänomenologischen Vorgehensweise kann man bei Betrachtung chemischer Prozesse im "Wässrigen" von der zugrundeliegenden perfekten Wasserstruktur als Invariante im Sinne einer Momentaufnahme abstrahieren, wie dies in Abb. 1.2 gezeigt ist. Als Resultate verbleiben ein Überschussproton und ein fehlendes Proton, d.h. eine "Protonenleerstelle". Dies ergibt sich ebenso bei völliger Subtraktion des H_2O-Moleküls (Gl. (1.1c)) in der Autoprotolysereaktion[2]

$$2H_2O \rightleftharpoons H_3O^+ + OH^- \quad |-H_2O \qquad (1.1a)$$

$$H_2O \rightleftharpoons H^+ + OH^- \quad |-H_2O \qquad (1.1b)$$

$$\mathrm{Null} \rightleftharpoons H^+ + |H|^- . \qquad (1.1c)$$

[2] Natürlich ließe sich die gesamte Säure–Base–Chemie in Wasser auch in dieser Minimalschreibweise formulieren. Gl. (1.1c) würde dann darüber hinaus formal auch die Autoprotolyse in flüssigem Ammoniak wiedergeben. Eine analoge Cl^--Fehlordnungsreaktion etwa wäre geeignet, die innere Dissoziation von $SOCl_2$ zu beschreiben:

$$\mathrm{Null} \rightleftharpoons |Cl|^+ + Cl^-$$

an Stelle von

$$SOCl_2 \rightleftharpoons SOCl^+ + Cl^- .$$

Umgekehrt machen diese Betrachtungen deutlich, dass eine interne Säure–Base–Chemie des Festkörpers die Punktdefekte involviert. In Kapitel 5 werden solche Säure–Base– zusammen mit den Redoxreaktionen die Defektchemie konstituieren.

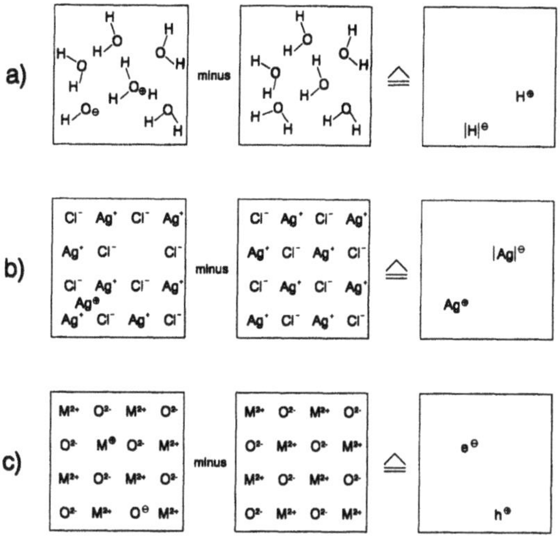

Abb. 1.2: Abstrahiert man bei der realen Struktur von der zugrundeliegenden zusammensetzungsmäßig ungestörten Struktur ("chemische Grundstruktur"), so verbleiben die rechts gezeigten Punktfehler. Natürlich erstreckt sich in der Regel der gestörte Bereich (sprich der Radius des Punktfehlers) zumindest über die nähere Nachbarschaft. Bei fluiden Phasen (s.o.) ist diese Prozedur auch nur als Momentanaufnahme zu sehen. Aus diesem Grunde unterscheidet man auch nicht wie beim festen Zustand zwischen verschiedenen Fehlordnungsreaktionen. In 1b) ist die sogenannte Frenkel-Fehlordnung skizziert. Im Falle der rein elektronischen Fehlordnung (1c) sind die Ladungsträger der Anschaulichkeit halber lokalisiert [14].

Hier beschreibt $|H|^-$ die Protonenleerstelle[3]. Betrachten wir nach diesen Vorbemerkungen nun die Fehlordnung in festem AgCl als Beispiel einer kristallinen Phase (Abb. 1.2b). Hier haben Silberionen zum Teil ihre regulären Plätze verlassen und damit Leerstellen hinterlassen. Die Analogie zu Gl. (1.1) ist sehr weitgehend. Auch ist, wie wir sehen werden, der physikalisch-chemische Grund für die innere Dissoziation identisch, nämlich die gewonnene Konfigurationsentropie. Wiederum ergeben sich auch bei "Substraktion" der perfekten Struktur ein Überschusskation ($Ag^{\cdot}$) und eine Kationenleerstelle ($|Ag|'$) als relevante Teilchen. Ganz ähnlich wie in Gl. (1.1c) schreiben wir

$$\mathrm{Null} \rightleftharpoons Ag^{\cdot} + |Ag|' . \tag{1.2a}$$

Hier wurden, wie es beim Festkörper üblich ist, für die Fehler altmodische Ladungsbezeichnungen (Punkt und Strich) gewählt, um deutlich zu machen, dass zwar die die Defekte enthaltenden Kristallausschnitte wie

$$\begin{bmatrix} Ag^+ & Cl^- \\ & Ag^+ \\ Cl^- & Ag^+ \end{bmatrix}^+ \quad \text{und} \quad \begin{bmatrix} Ag^+ & Cl^- \\ & \\ Cl^- & \end{bmatrix}^-$$

[3]Im Sinne von Gl. (1.1c) kann man berechtigterweise auch von einem Defektproton oder einem Anti–Exzessproton reden.

positiv bzw. negativ geladen sind, dass aber die lokale Ladung am Ort eine Ladung relativ zur perfekten Situation darstellt. Diese Unterscheidung zwischen absoluter und relativer Ladung war bei H_2O naturgemäß nicht nötig.
Wiederum analog ist die Fehlordnung in der Elektronenhülle aufzufassen. Hier haben Bindungselektronen, genauer Valenzelektronen, ihre "regulären Plätze verlassen" und wurden ins Leitungsband angeregt. Somit entstehen auch hier Überschussteilchen und fehlende Teilchen, und zwar Leitungselektronen (e′) und Defektelektronen (oder Elektronenlöcher, h˙). Setzt man zum Zwecke besserer Visualisierung an, dass in unserer Modellverbindung — nehmen wir ein Hauptgruppenmetall-Oxid der (perfekten) Zusammensetzung MO — das Valenzband in guter Näherung den Sauerstoff-p-Orbitalen und das Leitfähigkeitsband den verantwortlichen Metallorbitalen zuzuschreiben ist, so lässt sich diese Reaktion auch als innere Redoxreaktion formulieren

$$O^{2-} + M^{2+} \rightleftharpoons O^{-} + M^{+}. \tag{1.3a}$$

Die Minimalschreibweise (Substraktion der perfekten Phase MO auf beiden Seiten der Gleichung, s. Abb. 1.2c) lautet

$$\mathrm{Null} \rightleftharpoons e' + h^{\cdot}. \tag{1.3b}$$

Silberchlorid entspricht dies dem Ladungsübertrag von einem Cl^- zu einem Ag^+. Die in Gl. (1.3b) gegebene Schreibweise ist unabhängig von genaueren Bindungsfragen. Überhaupt sind die sogenannten Bauelementformulierungen in Gl. (1.2a, 1.3a) und natürlich auch in Gl. (1.1c) der thermodynamischen, d.h. phänomenologischen Behandlung adäquat und betonen in bezug auf energetische Fragestellungen die Superposition von perfekten und defekten Anteilen.
Leider leidet die Formulierung gerade auf Grund der weitgehenden Abstraktion an mangelnder Anschaulichkeit. Andererseits hat sich eine Beschreibung mittels Strukturelementen, wie sie durch Gl. (1.1a) gegeben sind, beim ionischen Festkörper nicht durchgesetzt, obwohl die Fehlordnung in AgCl (Gl. (1.2a)) durchaus auch analog als "Dissoziationsreaktion" nach

$$2AgCl_{(AgCl)} \rightleftharpoons Ag_2Cl^{+}_{(AgCl)} + Cl^{-}_{(AgCl)} \tag{1.2b}$$

(der untere Index gibt den perfekten Zustand an) oder sogar (analog dem $H_9O_4^+$) unter Einbeziehung weiterer regulärer Nachbarn formuliert werden könnte (s. Kap. 5). Der Autor hat an dieser Stelle der verlockenden Versuchung, eine durch Gl. (1.2b) gegebene "molekulare" Notation zu wählen, aus zwei Gründen widerstanden: Zum einen ist das Gebiet der "inneren Chemie" des Festkörpers ohnehin schon konzeptionell überfrachtet, und zum zweiten würde sich eine solche chemische Notation bei komplizierteren Festkörpern oder bei kinetischen Betrachtungen als schwerfällig erweisen. Statt dessen wird im folgenden der Literatur gehorchend die übliche Kröger-Vink-Nomenklatur [3] benutzt: Sie betrachtet ebenfalls Strukturelemente, bezieht sich also auf die Absolutstruktur, ist aber im Vergleich zu dieser "heruntergekocht" auf die tatsächlich reagierenden "atomaren" Teilchen. D.h. in unserem

Silberchloridbeispiel werden die nichtfehlgeordneten Anionen aus der Beschreibung herausgelassen, dafür allerdings die Leerstelle mit dem Symbol V (englisch vacancy) als Strukturelement explizit berücksichtigt. So schreibt man an Stelle von Gl. (1.2a) oder (1.2b)

$$(\mathrm{Ag}^+_{\mathrm{Ag}^+}) + (\mathrm{V}^0_{\mathrm{i}}) \rightleftharpoons (\mathrm{Ag}^+_{\mathrm{i}})^{\cdot} + (\mathrm{V}^0_{\mathrm{Ag}^+})' \tag{1.2c}$$

oder kurz unter Verzicht aller Absolutladungen

$$\mathrm{Ag}_{\mathrm{Ag}} + \mathrm{V}_{\mathrm{i}} \rightleftharpoons \mathrm{Ag}^{\cdot}_{\mathrm{i}} + \mathrm{V}'_{\mathrm{Ag}}. \tag{1.2d}$$

Der obere Index in Gl. (1.2d) gibt die relative Ladung, d.h. die Differenz zwischen der Ladung im realen Fall und der Ladung im perfekten Fall an ($' \hat{=} -1, \cdot \hat{=} +1$, die effektive Ladung Null wird nicht bezeichnet bzw. wird zuweilen durch ein Kreuz ("×") indiziert), der untere den kristallographischen Platz in der perfekten Struktur (i: Zwischengitterplatz, interstitial site). Im einzelnen bedeutet dies, dass ein Silberion Ag^+ von einem regulären Silberionplatz (unterer Index Ag) auf einen leeren Platz (V steht für Leerstelle) im Zwischengitter (unterer Index i) wechselt, dort dann zu einem Zwischengittersilberion $\mathrm{Ag}^{\cdot}_{\mathrm{i}}$ wird und eine Leerstelle ($\mathrm{V}'_{\mathrm{Ag}}$) im Silberionengitter hinterlässt. Die regulären Bestandteile wie $\mathrm{Ag}_{\mathrm{Ag}}$, V_{i} oder $\mathrm{Cl}_{\mathrm{Cl}}$ tragen keine effektive Ladung, während das Silberion im Zwischengitter die relative Ladung +1 ($= +1-0$) und die Silberleerstelle die relative Ladung -1 ($= 0-(+1)$) aufweisen. Im Falle der elektronischen Fehler wird keine Strukturelement–Notation benutzt, sondern lediglich die Minimalnotation in Gl. (1.3b). Dies hat den Vorteil, dass einmal die Formulierung unabhängig von bindungstheoretischen Feinheiten ist und zum zweiten eine mögliche Doppelzählung elektronischer Zustände[4] nicht auftritt. Da der Ionenkristall ein starres Gebilde mit wohldefinierten Plätzen ist und lediglich Schwingungen (oder Rotationen) um die Gleichgewichtslage das Bild etwas komplizieren, lassen sich im Gegensatz zur Phase Wasser mehrere Fehlordnungstypen unterscheiden, von denen im Abschnitt 5.5 die Rede sein wird.

Zusätzlich zu der Fehlordnung der reinen Substanz treten noch Defekte auf, die mit dem Einbringen von Fremdstoffen verbunden sind. So ist das (substitutionelle) Einbringen eines D^{2+}–Kationes auf den Platz eines M^+–Kations äquivalent der Bildung des Punktfehlers $(\mathrm{D}^{2+}_{\mathrm{M}^+})^{\cdot} \equiv \mathrm{D}^{\cdot}_{\mathrm{M}}$, während das (additive) Unterbringen des höhervalenten Kations im Zwischengitter einem Defekt mit einer höheren effektiven Ladung, nämlich $\mathrm{D}^{\cdot\cdot}_{\mathrm{i}}$, entspricht. Wenn auch bei Flüssigkeiten gelöste Fremdstoffe ähnlich wichtig sind, ist auf einen weiteren grundsätzlichen Unterschied zwischen flüssiger und fester Phase aufmerksam zu machen: Da in wässriger Lösung die gleichzeitige Auflösung von Kation und Anion normalerweise wegen der Verformbarkeit der fluiden Phase kein Problem darstellt, ist automatisch Elektroneutralität gewährleistet. Im Falle des Festkörpers ist es der Normalzustand, dass — in vergleichbarem Maße — entweder nur das Anion oder nur das Kation (hier D^{2+}) löslich ist. Die Auflösung geschieht entweder durch Substitution (hier von M^+) oder durch

[4] Die Elektronenhülle ist in den Elementsymbolen miterfasst.

Einnahme eines freien Platzes im Zwischengitter[5]. Die Ladungsveränderung muss durch Erzeugung anderer Fehler ausgeglichen werden. So ist das Einbringen von D^{2+} (unter Substitution[6] eines M^+ oder unter Einnahme eines freien Platzes im Zwischengitter) mit einer Bildung von effektiv negativen ionischen oder elektronischen Defekten wie Leitungselektronen oder Kationenleerstellen (V_M') verknüpft. Im allgemeinen Falle treten solche elektronischen (Redox-) und ionischen (Säure–Base-) Effekte gleichzeitig und gekoppelt auf. Bild 1.3 zeigt eine erzeugte Kationenleerstelle

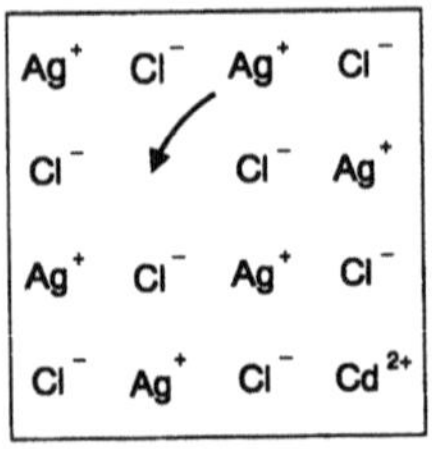

Abb. 1.3: In AgCl sorgt Dotierung mit $CdCl_2$ (lediglich Cd^{2+} wird gelöst) für die Ausbildung von Silberleerstellen. Der Pfeil deutet an, dass auf diese Weise eine Silberleitfähigkeit (Wanderung der Leerstelle in die entgegengesetzte Richtung) resultiert. In AgCl bewirkt die Cadmiumdotierung — in allerdings geringem Maße — auch elektronische Effekte (s. Abschnitt 5.6).

durch Substitution eines einwertigen Silberions durch ein zweiwertiges Cadmiumion. Ein weiteres Beispiel ist die Erzeugung hoher Sauerstoffleerstellenkonzentrationen und somit einer hohen ionischen Leitfähigkeit im ZrO_2 durch Dotierung mit CaO oder Y_2O_3, die in den Autoabgassensoren oder in Hochtemperaturbrennstoffzellen ausgenützt wird. Die Sauerstoffleerstellen ($V_O^{\cdot\cdot}$) kompensieren die Ca_{Zr}''- bzw. Y_{Zr}'–Fehler ladungsmäßig. Elektronische Effekte spielen in diesem Oxid nur eine untergeordnete Rolle. In Defektschreibweise lautet dies:

$$CaO + Zr_{Zr} + O_O \rightarrow ZrO_2 + Ca_{Zr}'' + V_O^{\cdot\cdot}. \tag{1.4}$$

Ein drittes Beispiel ist der Ersatz von La^{3+} im La_2CuO_4 durch Sr^{2+} (unter Bildung des Defektes Sr_{La}'), auch hier entstehen Sauerstofflücken, aber auch in hohem Maße Defektelektronen. Die Substitution bewirkt also eine Oxydation des Kristalles. Die Oxydation ist eine notwendige Bedingung für das Auftreten der Hochtemperatursupraleitung in diesem Oxid.

Analog ist die Vorgehensweise bei kovalent gebundenen Materialien wie Silicium oder organischen Polymeren, wenn auch bei letzteren die Plätze nicht immer scharf definiert sind. Bringt man fünfwertigen Phosphor substitutionell im Silicium unter, hat dies teilweise die Bildung eines $P_{Si}^{\cdot}$–Defektes (d.i. P^+ auf Si) zur Folge,

[5] Wie in der Organischen Chemie lassen sich Additions-, Substitutions- und Eliminierungsreaktionen (im und am "Riesenmolekül Festkörper") unterscheiden. Zudem treten auch Umlagerungsreaktionen auf.

[6] Auch im Wässrigen spielen derartige Substitutionsreaktionen eine Rolle. So entspricht die Fällungsreaktion

$$AlCl_3 + 3H_2O \rightleftharpoons Al(OH)_3(s) + 3HCl(aq)$$

einem Austausch von OH–Gruppen durch Chlorid in Bezug auf die wässrige Phase als Substrat. Auch hier ist der Prozess mit erheblichen chemischen (vgl. Azidität) und elektrischen (vgl. Protonenleitung) Eigenschaftsänderungen verbunden.

da des Phosphors fünftes Valenzelektron in der sp^3–hybridisierten Siliciumgrundstruktur als quasifreies Elektron leicht delokalisiert werden kann. In gleichem Maße fordert die Dotierung mit dreiwertigem Aluminium vom Silicium und damit vom Valenzband Elektronen ein (Bild 1.4). Besagter Defekt (Al'_{Si}) trägt dann die for-

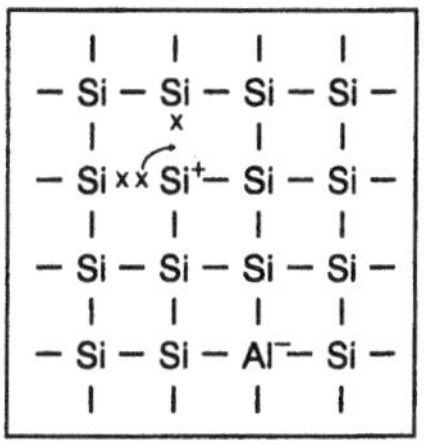

Abb. 1.4: Al–Dotierung im Silicium bewirkt (hier) die Bildung eines Loches in der Elektronenhülle (s. Pfeilspitze). Der Pfeil deutet an, dass dadurch eine elektronische (Löcher-)Leitfähigkeit resultiert. Das Elektronenloch wandert hierbei in die entgegengesetzte Richtung.

male Ladung (-1) ($(Al^-_{Si^0})'$). Der elektronische Gegendefekt ist das ebenfalls leicht zu delokalisierende Elektronenloch ($h^{\cdot}$):

$$Al + Si_{Si} \rightarrow Si + Al'_{Si} + h^{\cdot}. \qquad (1.5)$$

Statt durch Einbringen von Fremdteilchen können ionische und elektronische Defekte auch durch die Toleranz eines Über- oder Unterschusses einer nativen[7] Komponente erzeugt werden. Dies geschieht bei einem Oxid etwa durch Wechselwirkung mit dem Sauerstoff der Nachbarphase (s. Bild 1.5). Eine Variation des Sauerstoffge-

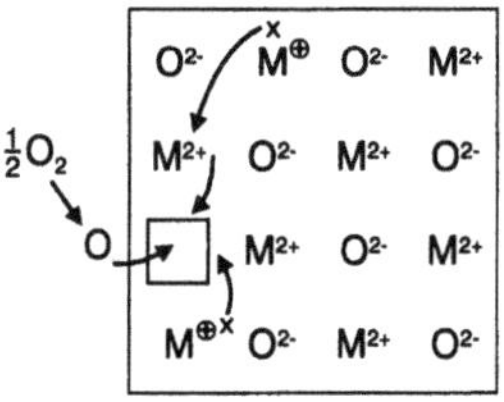

Abb. 1.5: Der Sauerstoffeinbau erfolgt durch Sprung eines adsorbierten Sauerstoffteilchens in eine Sauerstoffleerstelle unter Aufnahme zweier Elektronen. Im Beispiel entsprechen die Überschusselektronenzustände einwertigen Metallionen. Dass der adsorbierte Sauerstoff neutral in die Leerstelle übertritt, ist des Beispiels wegen so angenommen, aber in der Regel mechanistisch nicht der Fall.

haltes ermöglicht bei genügend hohen Temperaturen ein kontinuierliches Durchstimmen der genauen Lage im Phasendiagramm. In aller Regel sind solche Phasenbreiten sehr gering, die erzielten Variationen zwar in Hinblick auf die Gesamtmasse oder die Energie der Phase oft vernachlässigbar, die erzielten Änderungen in der Fehlerdichte und allen damit verbundenen Eigenschaften jedoch immens. So bewirkt in n–leitendem SnO_2 die Erhöhung des Sauerstoffpartialdruckes der Umgebung eine drastische Leitfähigkeitsreduzierung gemäß:

$$\frac{1}{2}O_2 + V_O^{\cdot\cdot} + 2e' \rightleftharpoons O_O. \qquad (1.6)$$

[7]Unter nativer Komponente verstehen wir eine im reinen Material vorkommende Komponente (also M und X in MX). Im Binären entspricht die Phasenbreite der Tolerierung von Redoxeffekten.

In diesem Falle besetzt der eingebrachte Sauerstoff Sauerstoffleerstellen im Gitter. Er wird in erster Linie als O^{2-} eingebaut und benötigt hierfür Elektronen, die im n-leitenden SnO_2 als Leitungselektronen zur Verfügung stehen. In chemisch genäherter Sprechweise werden reduzierte Sn–Zustände (Sn^{m+}, $m < 4$) aufoxidiert und somit vernichtet. Stehen im Material keine Überschusselektronen zur Verfügung wie etwa beim La_2CuO_4, so ist der Einbau von Sauerstoff mit dem Konsum von Bindungselektronen verknüpft: Es werden Löcher im Valenzband erzeugt und die p–Leitfähigkeit steigt an. Chemisch gesprochen[8] entspricht dies einer Oxydation von Cu^{2+} oder O^{2-} zu Cu^{3+} oder O^-. Auf diese Weise wird in La_2CuO_4 die Löcherdichte erhöht und ebenfalls Supraleitfähigkeit bei höheren Temperaturen induziert.
Der vereinfachten Darstellung wegen wurden bislang einzelne Mechanismen betont. In Wahrheit treten jedoch verschiedene Defektzustände simultan auf. Ihre Verteilung, d.h. ihre Konzentration, ergibt sich aus der Lösung des gesamten Reaktionsschemas. Dies wird systematisch im Kap. 5 behandelt. Im Sinne unserer nichtsystematischen Vorbemerkungen sei auch erwähnt, dass Sauerstofflücken nicht nur durch Redoxreaktionen, sondern auch durch reine Säure–Base–Reaktionen vernichtet werden können. So kann in vielen Oxiden H_2O unter Bildung innerer OH–Gruppen (OH^- auf O^{2-}–Plätzen) gelöst werden. Nach

$$H_2O + V_O^{\cdot\cdot} + O_O \rightleftharpoons 2OH_O^{\cdot} \tag{1.7}$$

besetzt der "OH^-–Teil" des Wassermoleküls die Leerstelle, während der "H^+–Teil" an ein reguläres O^{2-} (d.i. O_O) angelagert wird.
In dieser Weise beschreiben also Defekte nicht nur das "chemische Innenleben", sondern auch die (chemische) "Kommunikation" mit der Außenwelt. Natürlich muss auch die detaillierte Kinetik auf das Fehlerkonzept zurückgreifen. Jeder chemische oder elektrochemische Prozess setzt sich zusammen aus einer Grenzflächenreaktion (genauer ein gekoppeltes Schema einzelner Elementarreaktionen an der Grenzfläche) und der "Hüpfreaktion", also einem Diffusionsprozess, im Festkörperinneren. Dies ist in gleichem Sinne gültig für eigentliche Festkörperreaktionen, bei denen neue Phasen gebildet werden. Die notwendige innere Beweglichkeit wird ebenfalls durch die Präsenz der Fehler ermöglicht, wie dies die Abbildungen 1.3, 1.4 und auch 1.5 zeigen. Die Pfeile deuten an, dass eine atomare Leerstelle oder eine elektronische Leerstelle sich dadurch fortbewegen, dass Nachbarionen oder -elektronen die Leerstellen besetzen. Defekttransport und Massetransport sind in diesem Falle also entgegengerichtet. Bei der Wanderung von Überschussionen oder Überschusselektronen sind Richtung von Defekttransport und Massetransport identisch. Diffusionsprozesse, wie sie eben beschrieben wurden, stellen sehr oft den geschwindigkeitsbestimmenden Schritt in der festkörperchemischen Kinetik. Aber auch Elementarreaktionen an

[8] Diese simple chemische Sprachweise übermittelt nur in den Fällen ein korrektes Bild, in denen Valenz- bzw. Leitungsband überwiegend Kation oder Anion zugeordnet werden können (s. Abschnitt 5.3). Im allgemeinen wird jedoch bei den Cupraten eine Hybridisierung der Cu– und O–Orbitale vorliegen.

Grenzflächen, die ebenfalls Defektreaktionen darstellen, dominieren in vielen Fällen die Gesamtkinetik[9].
Da die involvierten Defekte Ladungen tragen, sind sie maßgeblich für die Umwandlung chemischer Signale in elektrische Signale (und vice versa) verantwortlich. Das

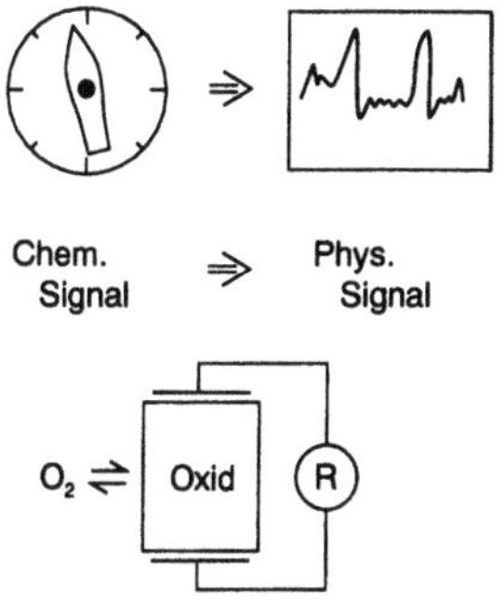

Abb. 1.6: Die Umwandlung eines chemischen Signals in ein physikalisches Signal an Hand des Beispiels eines Leitfähigkeitssensors, der auf Ein- oder Ausbau von Sauerstoff entsprechend Abb. 1.5 beruht und empfindlich auf die dadurch bewirkten Änderungen der Fehlerkonzentrationen reagiert. Im allgemeinen ist die Relation umkehrbar, und es lässt sich durch Vorgabe des physikalischen Signals die "Chemie" einstellen.

in Abb. 1.6 gezeigte Beispiel soll in diesem Sinne als Leitmotiv dienen. Wie erläutert, verändert die Variation des Sauerstoffgehalts die innere Chemie und damit den Fehlerhaushalt des Oxides mit den erwähnten immensen Auswirkungen auf die elektrische Leitfähigkeit. Die Auswertung des elektrischen Signals "Leitfähigkeit" kann zur bequemen und genauen Vermessung, ja sogar zur Kontrolle des Sauerstoffgehaltes der Umgebung benutzt werden. Ein solcher chemischer Sensor ist nur eine aus der Vielzahl hochinteressanter elektrochemischer Anwendungen.
An diesem Beispiel erklärt sich auch die Gliederung des Buches. Zunächst wird es uns die Defektthermodynamik (Kap. 5) erlauben, die Konzentrationen der einzelnen ionischen und elektronischen Fehler und damit ionische und elektronische Leitfähigkeiten als Funktion der thermodynamischen Parameter (wie etwa Temperatur und Zusammensetzung der Nachbarphase) anzugeben. Damit, aber auch nur damit, ist der (innere[10]) Gleichgewichtszustand des Festkörpers definiert. Die defektchemische Kinetik (Kap. 6) betrachtet darüber hinaus mechanistisch, wie und wie schnell Änderungen der Zustandsparameter sich auf chemische Veränderungen auswirken. Insbesondere wird es bei unserem Beispiel wichtig sein zu klären, wie schnell sich Fehlerkonzentrationen und Leitfähigkeiten bei Veränderung des Sauerstoffgehalts verändern. Wie von selbst ergibt sich wegen der Ladung der Defekte die Elektrochemie als relevante Disziplin. Da die thermodynamischen und kinetischen Betrachtungen auch schon elektrochemische Gleichgewichts- und Nichtgleichgewichtseffekte

[9] Im Sinne von Kap. 5 stellt die Grenzfläche insgesamt einen (höherdimensionalen) Defekt dar. Besonders reaktiv in der Grenzfläche sind Punktfehler (chemische Anregungen innerhalb der Grenzfläche).

[10] Zur exakten Festlegung gehört auch noch die äußere Form, d.h. die Oberfläche. Wie die Makrostruktur (Volumen plus Oberfläche) ist auch die "Mikrostruktur" (Einbeziehung von inneren Grenzflächen, Versetzungen etc.) fast ausnahmslos eine – allerdings aufgrund ihrer Metastabilität höchst relevante – Nichtgleichgewichtsstruktur (s. Kap. 5.4).

involvieren, widmet sich das spezielle elektrochemische Kapitel (Kap. 7) am Ende des Buches elektrochemischen Systemen, die wissenschaftlich — zur Vermessung, Interpretation und Steuerung interessierender Eigenschaften — oder technologisch — zur Anwendung auf dem Energie- oder Informationssektor — bedeutsam sind.
Fast trivial ist die Feststellung, dass die defektchemische Betrachtungsweise einen Grundpfeiler der Materialforschung[11] darstellt, bedeutet doch Materialforschung nicht mehr und nicht weniger als das strategische Ausnützen der Struktur–Eigenschaftsbeziehungen in Hinblick auf Eigenschaftsoptimierung. Fragt die Materialforschung etwa nach der Optimierung elektrischer Eigenschaften in Hinblick auf Auswahl der Materialien und der Kontrollparameter, ist diese Fragestellung in unserem Beispiel unmittelbar auf die defektchemische Thermodynamik und Kinetik zurückgeführt.
Der im Text vor allem angesprochene Materialausschnitt betrifft die elektrischen Funktionskeramiken. Obwohl implizit ebenso erfasst, werden klassische Halbleitermaterialien wegen des Umfanges der auf diesem Gebiet bestehenden Literatur dann, aber auch nur dann behandelt, wenn es um die Betonung der Allgemeingültigkeit der Konzepte geht. Ebenso führt die Diskussion anderer nicht(elektro)chemischer Funktionen über den Rahmen unseres Buches hinaus.
Gemäß unserer Abb. 1.2 konstruieren wir unseren realen Festkörper durch Superposition des perfekten Festkörpers ("chemischer Grundzustand") und der Fehler ("chemische Anregungen"). Beide Gesamtheiten sind nicht unabhängig voneinander, sondern im Gleichgewicht streng gekoppelt. In diesem Sinne stellen wir in den Kap. 2 – 4 einige wichtige Ausführungen in bezug auf den chemisch perfekten Festkörper voran.
Zunächst werden die chemische Bindung und die Ausbildung des festen Zustandes diskutiert (Kap. 2) und anschließend die Gitterschwingungen (Kap. 3). Diese Kapitel legen den Grundstein für das Verständnis der in der phänomenologischen Behandlung auftretenden Parameter.
Ziel des Kapitels über die Gleichgewichtsthermodynamik (Kap. 4) wird es sein, einerseits einen simplen Ausdruck für die Freie Enthalpie des perfekten Festkörpers zu finden, andererseits mit Fragen innerer und äußerer Gleichgewichte vertraut zu werden, um dann für die Thermodynamik der Fehlerbildung gerüstet zu sein. Den Hauptteil der Freien Enthalpie am absoluten Nullpunkt stellt die Bindungsenergie, während die Temperaturabhängigkeit vornehmlich durch die Schwingungen bestimmt ist.
Diese Konzeption entspricht letztendlich dann doch weitgehend einer Übertragung der klassischen Felder der Physikalischen Chemie (Bindung, Thermodynamik, Kine-

[11] Materialforschung impliziert Strukturoptimierung auf allen Größenskalen. Am einschneidensten ist die Wahl des Festkörpergrundzustands, d.h. die Synthese der chemischen Verbindung, die die optimierbare Eigenschaftswelt erst vorgibt. Innerhalb dieser erlaubt dann die Variation der Fehler die Feinabstimmung mit häufig allerdings immensen Eigenschaftsvariationen. Die Einstellung der überatomaren Architektur durch Nano-, Mikro- und Makrostruktur (äußere Form) vervollständigt das Prozedere. Kap. 7 widmet sich dann auch der Systemstrukturierung.

tik, Elektrochemie) auf den festen Zustand; in diesem Sinne mag die Monographie auch als Darstellung einer Physikalischen Festkörperchemie dienen. Um den roten Faden nicht zu verlieren, beschränken wir uns auf die einfachsten Zusammenhänge und die simpelsten Strukturen. Der Heterogenität des Leserkreises wegen sind die einführenden Kapitel einigermaßen ausführlich gehalten. Dies soll jedoch nicht von der eigentlichen Thematik des Buches wegführen:
Wem diese Aspekte vertraut sind oder wer operativ nur am Anwenden des defektchemischen Formalismus' interessiert ist, kann diese einführenden Kapitel mit erträglichem Verlust an Kontinuität überschlagen bzw. sie bei Auftreten von Verständnisproblemen nachträglich zu Rate ziehen.

2 Bindungsaspekte: Vom Atom zum Festkörper

Strenggenommen reicht die Kenntnis der Zustandsvariablen (dies sind — neben Temperatur, Druck etc. — Art und Zahl der involvierten Teilchen) aus, um mit Hilfe der Schrödingergleichung (oder genauer ihrer relativistischen Verallgemeinerung, der Dirac–Gleichung) die Gleichgewichtszusammensetzungen, Strukturen, ja sogar die äußere Gleichgewichtsform, d.h. die Gestalt des Festkörpers, zu errechnen. Dies ist jedoch in Anbetracht der Vielteilchenproblematik in aller Regel eine rein akademische Aussage. Erst recht gilt dies für instationäre Systeme. Selbst bei Separation der Elektron– von der Kernbewegung, selbst bei Behandlung der Systeme in der zeitunabhängigen Einelektronennäherung unter Vernachlässigung relativistischer Effekte sind Berechnungen dieser Art auf die einfachsten Beispiele beschränkt und noch dort sind Unsicherheiten in der numerischen Lösung häufig in der Größenordnung der interessanten Unterschiede, etwa wenn es um die Betrachtung der relevanten kristallographischen Struktur geht. So ist die gängige Vorgehensweise in der Regel eine Kombination von chemischem a–priori–Wissen in bezug auf die atomaren und molekularen Eigenschaften und a–posteriori–Wissen in bezug auf die kristallographische Struktur.
Da der Festkörper ein dreidimensionales Riesenmolekül darstellt mit möglicher Anisotropie in der chemischen Bindung, in welchem die Oberfläche durch die endständigen Gruppen dieses "3D–Polymers" gebildet sind, handelt es sich bei der bindungstheoretischen Beschreibung — sowohl im nukleonischen wie auch im elektronischen Sinne — um ein Vielteilchenproblem. Dennoch ist es sinnvoll, vom einfachsten Typ der chemischen Bindung, nämlich vom Zweiatomproblem in der Einelektronennäherung auszugehen. Dies ist zum einen natürlich didaktisch angemessen, zum andern ist in der Nahordnung in vielen Fällen die Energetik des Gesamtfestkörpers weitgehend antizipiert, wenn nicht sogar näherungsweise erfasst.

2.1 Die chemische Bindung im einfachen Molekül

2.1.1 Die ideal kovalente Bindung

Betrachten wir zunächst ein Arrangement zweier (a,b) Atome gleicher Natur (X_a, X_b), gebildet gemäß

$$\text{Reaktion B} = \qquad 2X \rightleftharpoons X_2, \qquad (2.1)$$

in welchem lediglich ein Elektron zu berücksichtigen ist, ein Fall wie er streng nur im H_2^+–Molekül realisiert ist, so ergeben sich zwei relevante Wellenfunktionen, nennen wir sie $|\widehat{ab}>$ und $|\breve{ab}>$, die einem bindenden und einem antibindenden Zustand entsprechen und näherungsweise (nach der LCAO–Methode) aus den Wellenfunktionen des Einatomproblems |a> bzw. |b > wie folgt gebildet sind[1,2]:

$$|\widehat{ab}> \propto |a> + |b> \tag{2.2a}$$

$$|\widecheck{ab}> \propto |a> - |b> . \tag{2.2b}$$

Würden sich die Aufenthaltswahrscheinlichkeiten lediglich addieren, würde man quasiklassisch für die Gesamtaufenthaltswahrscheinlichkeit eine Proportionalität zur Summe der Quadrate, genauer $<a|a> + <b|b>$, erhalten. Da die Wellenfunktionen jedoch interferieren, ergibt sich eine erhöhte Elektronendichte zwischen den Kernen im Falle des bindenden Zustandes ($<\widehat{ab}|\widehat{ab}> \propto <a|a> + <b|b> +2 <a|b>$) und dort eine stark verringerte Elektronendichte im Falle des antibindenden Zustandes ($<\widecheck{ab}|\widecheck{ab}> \propto <a|a> + <b|b> -2 <a|b>$). Es wäre jedoch falsch, den Term $2 <a|b>$ vollends für die veränderte potentielle Energie verantwortlich zu machen, denn schließlich geschieht das Anhäufen oder Abziehen von Elektronen in der Mitte auf Kosten der Dichte an den Atomen. Man hat dabei stets die Ladungserhaltung und somit die Normierung (Proportionalitätsfaktor in Gl. (2.2)) im Auge zu behalten. Einen wesentlichen Anteil an der chemischen Bindung hat nun auch die kinetische Energie, wie weiter unten exemplifiziert wird[3]. Insgesamt jedoch entspricht die Situation im Zweiatomproblem nun veränderten Energiezuständen $\widehat{\epsilon}$ und $\widecheck{\epsilon}$, die näherungsweise[4] gegenüber der Ausgangsenergie $\epsilon_a = \epsilon_b$ um $\pm\beta$ modifiziert

[1]Dieser Ansatz stammt von L. Pauling [15] und entspricht einer Linearkombination von Atomorbitalen (LCAO) [16], wie er in der Molekülorbitaltheorie [17] populär wurde.

[2]In Einklang mit der üblichen Literatur wird hierbei die Diracsche Klammer–Schreibweise benutzt, die die Funktionen als Vektoren gebildet aus dem unendlichen Satz ihrer Funktionswerte auffasst (Vektoren im Hilbert–Raum): <c| bezeichnet das komplex Konjugierte zu |c>, das Skalarprodukt <c|d> ist dann die Summe über die Produkte der einzelnen Funktionswerte, also das Integral über das entsprechende Produkt der Funktionen. Das Amplitudenquadrat <c|c> ist ein Maß für die Aufenthaltswahrscheinlichkeit des Elektrons in dem durch c bezeichneten Orbital. Die Linearkombination ist natürlich eine Näherung. Diejenige, die der geringsten Energie entspricht, ist somit nicht identisch mit der "wahren Funktion", aber immerhin stellt das leicht zu beweisende Variationstheorem sicher, dass sie ihr von allen alternativen Linearkombinationen am nächsten kommt. Die Variationsrechnung führt im Falle einer Linearkombination auf ein gewöhnliches Minimaxproblem in den Koeffizienten und zu den oben angegebenen Lösungen, wie in allen Lehrbüchern der Quantenchemie (z.B. [18–21]) ausgeführt. Eine klare Behandlung der physikalischen Grundlagen gibt Ref. [22]

[3]In bezug auf das diffizile Zusammenspiel zwischen kinetischer und potentieller Energie als Funktion des Kernabstandes und ihre Bedeutung für die chemische Bindung, vgl. Ref. [23].

[4]Genaugenommen ergibt sich in obigem Modell

$$\widehat{\epsilon} = \frac{H_{aa} + H_{ab}}{1+S} = (H_{aa} + H_{ab})(1 - S_{ab} + S_{ab}^2 - S_{ab}^3 + \ldots)$$

$$\widecheck{\epsilon} = \frac{H_{aa} - H_{ab}}{1-S} = (H_{aa} - H_{ab})(1 + S_{ab} + S_{ab}^2 + S_{ab}^3 + \ldots).$$

Betragsmäßig ist also der Abstand von $\widehat{\epsilon}$ zu H_{aa} geringer als der von $\widecheck{\epsilon}$ zu H_{aa}. Wäre $S_{ab} \ll 1$, wäre β in Gl. (2.3) und Gl. (2.6) mit dem Resonanzintegral zu identifizieren; dies ist eine i.a. unberechtigte Näherung (vgl. hierzu [19]), die allerdings oft benützt wird. Die bessere Näherung (Gl. (2.4)) stimmt nicht völlig mit der zweiten Näherung dieser Darstellung überein, ist aber für sind

$$\widehat{\epsilon} = \epsilon_a - |\beta| \quad \text{und} \quad \check{\epsilon} = \epsilon_a + |\beta| \,. \tag{2.3}$$

Besorgen wir uns nun die Energie der beiden Bindungselektronen aus diesem Einelektronenmodell, so ergibt sich die Bindungsenergie der beiden Atome X_a und X_b im gebildeten Molekül X_2, d.h. die Reaktionsenergie in Gl. (2.1), zu $\Delta_B\epsilon = 2\widehat{\epsilon} - 2\epsilon_a \cong -2|\beta|$. Die (negative) Größe β entspricht hierbei dem reduzierten Resonanzintegral[4]

$$\beta = \langle a|\mathcal{H}|b\rangle - \langle a|\mathcal{H}|a\rangle\langle a|b\rangle \,. \tag{2.4}$$

In diesen Integralen stellt $\mathcal{H}$ den Hamilton–Operator, also den Energieoperator in der Schrödinger–Gleichung

$$\mathcal{H}|ab\rangle = \epsilon|ab\rangle \tag{2.5}$$

dar. Dieser ergibt sich bekanntlich aus den Operatoren der potentiellen Energie und der kinetischen Energie[5]. Die Integrale $\langle a|\mathcal{H}|b\rangle$ (Resonanzintegral = $H_{ab} = H^*_{ba} = H_{ba}$) und $\langle a|b\rangle$ (Überlappungsintegral = $S_{ab} = S^*_{ba} = S_{ba}$) sind ein Maß für die Überlappung der Atomorbitale, denn sie haben nur dort von Null verschiedene Beträge, wo sowohl $|a\rangle$ als auch $|b\rangle$ von Null verschieden sind. Andererseits sind die Beiträge des sogenannten Coulombintegrals $\langle a|\mathcal{H}|a\rangle$ (= $\langle b|\mathcal{H}|b\rangle$, auch α genannt) bei gegebenem Kern–Kern–Abstand natürlich nur in Kernnähe deutlich von Null verschieden. Dort aber ist die Wechselwirkung mit dem Nachbarkern näherungsweise vernachlässigbar und $\mathcal{H}$ dem Hamiltonoperator des Einatomproblems gleichzusetzen; folglich ist α in guter Näherung durch $\epsilon_a (= \epsilon_b)$ approximierbar, wie in Gl. (2.3) schon benutzt. Präziser gilt für die Energiezustände

$$\widehat{\epsilon}_{ab} = \alpha - |\beta| \quad \text{und} \quad \check{\epsilon}_{ab} = \alpha + |\beta| \,. \tag{2.6}$$

Abbildung 2.1 zeigt die diskutierten Matrixelemente und Energiefunktionen in Abhängigkeit des Kernabstandes für H_2^+.

Das angesprochene Zentrieren oder symmetrische "Teilen" zweier Bindungselektronen lässt sich auf die Bindung homonuklearer Atome verallgemeinern und entspricht formal, etwa im konkreten Falle der Bindung eines Cl_2–Moleküls, der doppelten Aus-

---

das vorhergehende Problem eine durchaus günstige Approximation, da sich der fehlende Term ($S_{ab}H_{ab}$) und die Terme zweiter Ordnung teilweise kompensieren (s. Vorzeichen).

[5]Während ersterer sich aus den klassischen Impulsbetrachtungen über die Transformation Impuls $p \rightarrow \frac{h}{2\pi i}\nabla$ ableitet, bleibt im Falle der potentiellen Energie, die ja nur von der Ortskoordinate abhängt, der klassische Ausdruck erhalten. $\mathcal{H}$ ist also letztlich gegeben durch die Ortsfunktionen und die zweiten Ortsableitungen (kinetische Energie $\propto$ (Impuls)^2). Es lässt sich zeigen, dass $\mathcal{H}$ hermitesch ist und somit $\langle a|\mathcal{H}|b\rangle = \langle b|\mathcal{H}|a\rangle^*$. Der Stern bezeichnet das komplex Konjugierte. Solche hermiteschen Operatoren haben, wie es ja sein muss, reelle Eigenwerte: Wegen $\langle a|\mathcal{H}|a\rangle = \epsilon \langle a|a\rangle$ und $\langle a|\mathcal{H}|a\rangle^* = \epsilon^* \langle a|a\rangle^* = \epsilon^* \langle a|a\rangle$ gilt $\epsilon = \epsilon^*$.

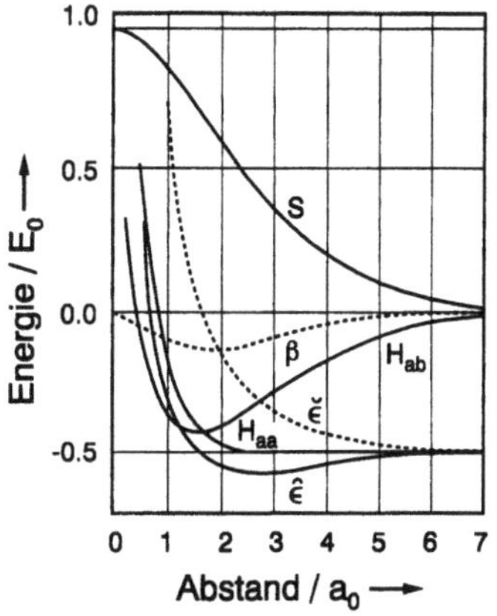

Abb. 2.1: Die Matrixelemente $S_{ab} \equiv S, H_{ab}, H_{aa}$, das reduzierte Resonanzintegral β sowie Energieeigenwerte von H_2^+ als Funktion des Kernabstandes. Der Gleichgewichtswert entspricht dem Minimum von $\hat{\epsilon}$ in der benutzten LCAO–Näherung (a_0 = Bohrsche Längeneinheit = 0.529 Å; E_0 = Hartreesche Energieeinheit = 27.21 eV). Aus [19].

bildung einer Edelgaskonfiguration (KLM):

$$|\overline{\underline{Cl}}^{\times} \quad + \quad {}^{\times}\overline{\underline{Cl}}| \quad \rightleftharpoons \quad |\overline{\underline{Cl}} - \overline{\underline{Cl}}|$$

$$KL3s^2 3p^5 \qquad KL3s^2 3p^5 \qquad \underbrace{KL3s^2 3p^4_{y,z} \left(3p_x 3p_x\right)^2}_{\text{“KLM”}} \underbrace{3p^4_{y,z} 3s^2 LK}_{\text{“KLM”}} \tag{2.7}$$

Dies ist natürlich eine sehr angenäherte Beschreibung, nach welcher noch nicht einmal alle äußeren Elektronen in die Bindungsbildung mit einbezogen sind. Ein genaueres Vorgehen erzeugt aus den äußeren s– und p–Elektronen 8 Orbitale (die je nach Symmetrie σ– oder π–Orbitale genannt werden: σ(s), σ^*(s), σ(p), σ^*(p) und jeweils zwei π(p)– und π^*(p)–Orbitale[6]). Die Zahl der "echten Bindungen" im obigen Sinne ist beispielsweise im Cl_2–Molekül 1, da für alle Orbitale bis auf σ(p) die korrespondierenden antibindenden Orbitale auch aufgefüllt sind (14 äußere Elektronen) und die bindenden Zustände näherungsweise energetisch neutralisieren (Gl. (2.3)) (vgl. "Bindungsordnung" [20]). Abbildung 2.2 ist für die Atom–Dimere der ersten Achterperiode zuständig. Die Abstufung ergibt sich aus der Tatsache, dass die s–Orbitale energetisch tiefer liegen als die p–Orbitale sowie aus der Tatsache, dass der Überlappungsgrad der π–Orbitale kleiner als der der σ–Orbitale ist, also in Näherung auch die entsprechenden $|\beta|$–Werte und die Größe der Aufspaltung. Die Berücksichtigung von Orbitalwechselwirkungen führt zu veränderter energetischer Abstufung, die zumindest bei den leichten Dimeren der ersten Periode wirksam ist.

[6]Die Überlappung von s–Orbitalen sowie von in Richtung der Bindungsachse liegenden p–Orbitalen (p_x s.o.) führen zu (um die Achse rotationssymmetrischen) σ–Orbitalen, während die zur Achse senkrecht stehenden p_y–, p_z–Orbitale π–Bindungen ausbilden. Für jeden MO–Orbitaltyp existiert ein bindendes ($\overset{\frown}{\sigma}$, $\overset{\frown}{\pi}$ oder einfach σ, π) und ein antibindendes ($\breve{\sigma}$, $\breve{\pi}$ oder σ^*, π^*) Niveau.

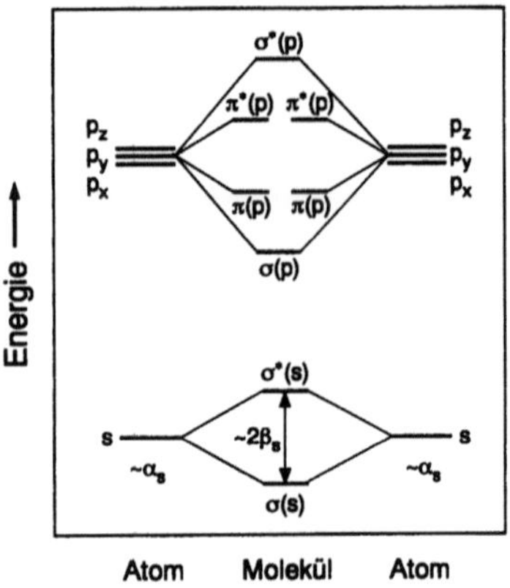

Abb. 2.2: Die Lage der Energieniveaus der Molekülorbitale im homonuklearen Molekül X_2 gebildet aus den Atomniveaus von X in einfachster Näherung. Als Beispiel sei N_2 betrachtet. Da jeder Stickstoff in der äußeren Schale 5 Elektronen mitbringt, werden die untersten 5 MO's doppelt besetzt. Es ist die Besetzung des σ(p) und der beiden π(p) Orbitale, die zur Bindung beitragen; die s–Wechselwirkung ist nichtbindend: $|N \equiv N|$. In gleicher Weise ergibt sich eine Doppelbindung für O_2 aus den p–Orbitalen. Hier sind jedoch die π^*(p) Orbitale einfach besetzt und der Grundzustand ein Triplett–Zustand. Dies erklärt die Paramagnetizität des O_2–Moleküls.

In der genäherten Gleichung (2.6) sowie in Abb. 2.2 ist nicht erfasst, dass strenggenommen die Niveauaufspaltung unsymmetrisch ist[4]. Die antibindenden Niveaus sind betragsmäßig weiter vom nichtbindenden Zustand entfernt als die bindenden Niveaus. Dies erklärt, weswegen das Ne_2 instabil ist, während Abb. 2.2 lediglich einen nichtbindenden Zustand prognostiziert. Außerdem ist natürlich in solchen Fällen die vernachlässigte Elektronenkorrelation wichtig.
Im Methanmolekül CH_4 entstehen vier Einfachbindungen. Da auch hier jede C–H–Zweizentrenwechselwirkung ein bindendes und ein antibindendes Orbital generiert und die vier Bindungen aus Symmetriegründen identisch sind, ist es vorteilhaft, sich diese aus der Wechselwirkung von gemischten sp^3–Atomorbitalen entstanden zu denken. Diese Hybride sind Linearkombinationen der Atomorbitale, die Molekülorbitale in Näherung Linearkombinationen der Hybridorbitale und damit nach wie vor Linearkombinationen der Atomorbitale. Bei drei Bindungsnachbarn in Kohlenwasserstoffen können auch sp^2–hybridisierte und bei zweien sp–hybridisierte Bindungen auftreten. Die verbleibenden p–Orbitale können π–Bindungen ausbilden. Für eine weitergehende Diskussion, insbesondere auch auf die Verhältnisse bei d- und f–Orbitalen sei auf die umfangreiche Literatur zur chemischen Bindung (z.B. [18–24]) verwiesen.

2.1.2 Die polare kovalente Bindung

Das eben behandelte X_2–Molekül weist aus Symmetriegründen kein permanentes Dipolmoment auf. Solche permanenten Dipolmomente resultieren immer dann, wenn im gebundenen Zustand die Ladungsanhäufung unsymmetrisch erfolgt, d.h. bei der Bindung eines zweiatomigen Moleküls aus verschiedenen Atomen. Hier ergibt sich nach

$$|\widehat{ab}> \propto |a> + \lambda |b> \tag{2.8}$$

eine verschiedene Gewichtung der Wellenfunktionen[7] ($\lambda \neq 1$). Der Grad des Effektes (im Molekül XY) bemisst sich in der Differenz der Elektronegativitäten. Nach Pauling ergibt sie sich über die Wurzel aus der Differenz der Bindungsenergien des virtuell unpolarisierten Moleküls und des aktuellen, die ionischen Anteile enthaltenden Moleküls. Der erste Beitrag wird aus dem arithmetischen oder geometrischen Mittel der Bindungsenergien von X_2 und Y_2 abgeschätzt. Ist die Elektronegativität der Bindungspartner sehr verschieden, ist der Ladungsübertrag fast vollständig ($\lambda \to 0$ oder $\lambda \to \infty$). In diesen Situationen ist das bindungsrelevante Orbital näherungsweise das reine Atomorbital ($|a>$ oder $|b>$), und das entsprechend definierte Resonanzintegral β nahezu Null. Dies entspricht dem unten behandelten Grenzfall der Ionenbindung. Die α–Werte für beide Atome sind nun natürlich deutlich verschieden und auch nicht mehr mit der Energie des Einatomproblems identifizierbar. Berücksichtigen wir den Unterschied der α–Werte gemäß $\alpha_a = \bar{\alpha} + \Delta\alpha$ und $\alpha_b = \bar{\alpha} - \Delta\alpha$, so führt eine nur für schwach polare Bindungen gerechtfertigte Hückel-Rechnung (s. hierzu Ref. [19]), statt zu Gl. (2.6) zu

$$\widehat{\epsilon}_{ab} = \bar{\alpha} - \Delta\alpha/\gamma \quad \text{sowie} \quad \breve{\epsilon}_{ab} = \bar{\alpha} + \Delta\alpha/\gamma, \tag{2.9}$$

wobei $\gamma = \Delta\alpha/\sqrt{(\Delta\alpha)^2 + \beta^2}$ die Ladungsverschiebung oder Polarität[8] darstellt. $\Delta\alpha = (\alpha_a - \alpha_b)/2$ wird zuweilen auch als Polaritätsenergie bezeichnet.

Betrachten wir nochmals den Extremfall der ideal kovalenten Bindung ($\Delta\alpha \to 0$, $\Delta\alpha/\gamma \to |\beta|$) und besetzen wir beim H_2–Molekül den untersten Energiezustand doppelt, so ergibt sich die Bindungsenergie zweier Wasserstoffatome, d.i. die Reaktionsenergie in Gl. (2.1), wie oben schon erhalten, zu $2\beta = -2|\beta|$. Dipolmomente treten hier natürlich nicht auf. Eine schwach unsymmetrische Bindung resultiert wegen Gl. (2.9) in einer genäherten Bindungsenergie[9] von $2\beta(1 + (1/2)(\Delta\alpha/\beta)^2)$, also wegen $|\Delta\alpha/\beta| << 1$ in einer nur geringfügigen Korrektur, ausgeprägter ist der Effekt auf die Ladungsverschiebung, die ja mit $|\Delta\alpha/\beta|$ identisch wird (s.o.).

Eine polarisierte Atombindung tritt etwa auf beim Kontakt eines Wasserstoff–Atoms und einem Cl–Atom:

$$\begin{array}{cccc} H^{\times} \; + & {}^{\times}\overline{Cl}| & \rightleftharpoons & H - \overline{Cl}| \\ 1s^1 & KL3s^23p^5 & & \underbrace{\left(\widehat{1s3p_x}\right)^2}_{\text{"K"}} \; \underbrace{3p^4_{y,z}3s^2LK}_{\text{"KLM"}} . \end{array} \tag{2.10}$$

---

[7]Ein Dipolmoment tritt auch auf, wenn im Molekül XY sowohl X wie auch Y die gleiche Ladung zugeordnet wird. Dieser "homöopolare Dipolanteil" beruht auf einer Unsymmetrie der zwischen den Kernen angehäuften Elektronendichte (Überlappung "verschieden großer Orbitale").

[8]Die analog definierte Größe $\frac{|\beta|}{(\beta^2+(\Delta\alpha)^2)^{1/2}}$ lässt sich als Kovalenz der Bindung auffassen [25].

[9]$2\widehat{\epsilon} - \epsilon_a - \epsilon_b = 2(\widehat{\epsilon} - \bar{\alpha}) = -2\sqrt{(\Delta\alpha)^2 + \beta^2}$. Beachte, dass für kleine x gilt: $\sqrt{1+x} \simeq 1 + x/2$, da $(\sqrt{1+x} - \sqrt{1})/(1+x-1) \simeq d\sqrt{1+x}/dx|_{x=0} = \frac{1}{2}$. Definiert man die Bindungsordnung als halbe Änderung der Bindungsenergie mit β [26], so ergibt sich die Kovalenz (s. Fußnote 8) als Resultat.

In der Sprache der MO–Theorie ist das bindungsrelevante Orbital ein tiefliegendes, vollbesetztes $\sigma(1s, 3p_x)$–Orbital, während das entsprechende antibindende Orbital unbesetzt bleibt.
Wie im X_2–Molekül muss natürlich auch das Mischen anderer Orbitale (z.B. $3p_{y,z}$(Cl) oder 2s(H)) berücksichtigt werden. Allerdings sind beim HCl diese energetisch so unterschiedlich, dass Gl. 2.10 eine gute Näherung darstellt[10].
Wegen des endlichen Ladungsübertrages innerhalb der Bindung entsprechend einer Zumischung ionischer Mesomeriestrukturen wird als Ausdruck der polarisierten Atombindung die stabile Konfiguration besser mit H$\lhd$Cl oder $H^{\delta+}-Cl^{\delta-}$ bezeichnet.
Wenn die Elektronenverteilung einmal quantenmechanisch hergeleitet ist, lassen sich die im Molekül auftretenden Kräfte, also auch die Dipol–Kräfte, nach der klassischen Elektrostatik berechnen; dies ist Ausdruck des sogenannten Hellmann–Feynman–Theorems [27,28]. Solche Dipol–Dipol–Wechselwirkungen werden natürlich dann wesentlich, wenn es um intermolekulare Wechselwirkungen geht. Die Dipol–Dipol–Wechselwirkungsenergie verfällt mit der dritten Potenz des Abstandes, Dipol–Mehrpol–Wechselwirkungsenergien mit entsprechend höheren Potenzen. Mit einer noch höheren Potenz des Abstandes zwischen neutralen Teilchen ohne permanente Dipol–, Quadrupol–, oder Oktupolmomente fällt der dann entscheidende, vergleichsweise immer noch von großer Reichweite ($\propto R^{-6}$ für große R) geprägte intermolekulare Beitrag ab, die Dispersionswechselwirkungsenergie. Sie ist für die sehr schwache Form von Bindungen verantwortlich, wie sie etwa zwischen Edelgasatomen auftritt. Sie ergibt sich aus der Schrödingergleichung erst in höherer Näherung und kann als Wechselwirkung zwischen gegenseitig induzierten Dipolen gedacht werden. Im zeitlichen Mittel verschwindet zwar dieses Dipolmoment, nicht aber deren Wechselwirkung.
Eine spezielle Form der Wechselwirkung stellt die Wasserstoffbrückenbindung dar. Die Bindungsbeiträge sind in der Regel erheblich größer (typ. 10 - 100kJ/mol) und dementsprechend Bindungsabstände kleiner. Ein Grund liegt in den auftretenden Dipolmomenten, zum anderen können sich die elektronegativen Partner so nahe kommen, dass Wasserstoffbrückenbindungen den Charakter echter Dreizentrenbindung mit Elektronenüberschuss tragen. Austauschprozesse der Protonen als nackte Elementarteilchen können von Wichtigkeit sein.
Die im Vergleich zur Ionen- oder Kovalenzbindung geringen, aber doch merklichen Werte der Bindungsenergie und Aktivierungsenergie für Bildung und Trennung prädestinieren sie für ihre grundlegende Rolle in der Biochemie.

2.1.3 Die Ionenbindung

Der bindende Zustand im Grenzfall der Ionenbindung ($\beta \rightarrow 0$) entspricht der Doppelbesetzung des Atomorbitals des elektronegativen Partners:

[10]Beim LiH wechselwirken nicht nur die beiden s–Orbitale, sondern auch 1s(H) und 2p(Li). Diese tragen allerdings nicht merklich zur Bindung bei.

$$\text{Reaktion B} = \quad M + X \rightleftharpoons M^+X^-. \tag{2.11}$$

Im Rahmen der im vorigen Abschnitt diskutierten Näherung ergäbe sich richtigerweise ein Ladungsübertrag von 1 (da $\Delta\alpha/\sqrt{(\Delta\alpha)^2+\beta^2} \to 1$ für $\beta \to 0$). Für die Bindungsenergie, d.h. die Reaktionsenergie in Gl. (2.11), erhielte man aus Gl. (2.9) $\Delta_B\epsilon = -2\Delta\alpha$. Letzteres Resultat betont zwar die Wichtigkeit der Verschiedenheit der α–Werte der Ausgangspartner, berücksichtigt aber nicht die ausgeprägte Polarität der Bindung, die ja über den Gültigkeitsbereich von Gl. (2.9) hinausführt. Um exaktere Betrachtungen, die den Rahmen dieses Anrisses sprengen würde, zu vermeiden, einigen wir uns hier auf folgende semi–empirische Vorgehensweise. Wir zerlegen zur Diskussion der Bindungsenergie unseres "Salzmoleküls" (wie es etwa in der Gasphase vorkommt) Gl. (2.11) in die Teilschritte

$$\text{Reaktion I} = \quad M \rightleftharpoons M^+ + e^- \tag{2.12a}$$
$$\text{Reaktion A} = \quad X + e^- \rightleftharpoons X^- \tag{2.12b}$$
$$\text{Reaktion Z} = \quad M^+ + X^- \rightleftharpoons M^+X^-, \tag{2.12c}$$

d.h. wir ionisieren zunächst Atom M zum Kation ($\Delta_I\epsilon = I_M$ = Ionisationspotential des Metalls), und lagern das freigewordene Elektron an X unter Bildung des Anions an ($-\Delta_A\epsilon = A_X$ = Elektronenaffinität von X). Der dritte Beitrag entspricht dann — größere Kernabstände (R) vorausgesetzt — der Coulombwechselwirkungsenergie ($\Delta_Z\epsilon \propto (+1)(-1)/R$). Die Bildungsenergie aus den Elementen ($\Delta_B\epsilon$) unterscheidet sich damit von der Bildungsenergie aus den Ionen ($\Delta_Z\epsilon$) nur um die Differenz zwischen Ionisationspotential des elektropositiven und der Elektronenaffinität des elektronegativen Partners:

$$\Delta_B\epsilon = (I_M - A_X) + \Delta_Z\epsilon = (I_M - A_X) - \text{const}/R. \tag{2.13}$$

Die Coulomb–Anziehung zwischen M^+ und X^- ist ganz wesentlich. Ein Elektronenübertrag allein durch Energiegewinn aus der Differenz $I_M - A_X$ ist noch nicht einmal für Cäsiumfluorid[11] gegeben. Der dritte Term in Gl. (2.13) stellt den einzigen Beitrag dar, der direkt von beiden Partnern abhängt, dennoch wäre es missverständlich, diesen Beitrag als eigentlichen Beitrag der Ionenbindung zu bezeichnen, ist doch die Entscheidung darüber, ob ein vollständiger Ladungsübertrag stattfindet, von der Kombination M/X und damit von $I_M - A_X$ abhängig. Paradebeispiel für vorwiegende Ionenbindung ist die Kombination eines Alkalimetalls (z.B. Na) als stark elektropositivem Partner mit einem Halogenelement (z.B. Cl) als stark elektronegativem Partner nach:

$$\begin{array}{ccccc} \mathrm{Na}^{\times} & + & {}^{\times}\overline{\underline{\mathrm{Cl}}}| & \rightleftharpoons & \mathrm{Na}^+ \quad \mathrm{Cl}^- \\ \mathrm{KL3s}^1 & & \mathrm{KL3s}^2\mathrm{3p}^5 & & \mathrm{KL} \quad \mathrm{KLM} \end{array} \tag{2.14}$$

[11]Beim AgCl beträgt die zur Bildung getrennter gasförmiger Ionen Ag^+ und Cl^- aus den neutralen gasförmigen Komponenten Ag und Cl (bezogen auf 300K) ca. 3.8eV ($I_{Ag} \simeq 7.55$eV, $A_{Cl} = 3.76$eV). Das Zusammenbringen zum gasförmigen "Salzmolekül" (Gewinn von $|\Delta_Z\epsilon| = 6.9$eV) erst führt zur Freisetzung von Energie (3.1eV).

Durch Abgabe des $3s^1$-Elektrons und dessen Aufnahme zur Vervollständigung der M-Schale erreichen beide Partner Edelgaskonfiguration: Na^+Cl^- ist isoelektronisch mit NeAr, weist allerdings eine andere Ladungsverteilung auf, die dann gerade die Bindung bewirkt.
Es verwundert nach diesen Ausführungen nicht, dass das wesentliche Kriterium für die Ausbildung verschiedener Bindungstypen, nämlich die Elektronegativität, auch durch das arithmetische Mittel von Ionisierungs- und Elektronenaffinität gegeben ist: So entscheidet sich die Tatsache, ob ein Molekül als M^+X^- oder als M^-X^+ ionisiert vorliegt, nach Gl. (2.13) über die Differenz $(I_M - A_X) - (I_X - A_M)$, also in der Tat über $(I_M + A_M) - (I_X + A_X)$. Der durch Gl. (2.12) gegebene Beitrag fällt in der Betrachtung heraus, da er in beiden Fällen der gleiche ist. Die Äquivalenz dieses Mullikenschen Konzeptes mit dem Paulingschen (s.o.) zeigt sich im Rahmen einer einfachen Hückel-Rechnung (s. z. B. Ref. [19]).
Bevor wir zur Metallbindung kommen, sei noch kurz folgendes angemerkt: Eine für Übergangsionen wichtige Korrektur besteht wegen der unterschiedlichen räumlichen Gestalt der (in den relevanten Fällen insgesamt unvollständig besetzten) d-Orbitale in der energetischen Aufspaltung derselben je nach Konfiguration der nächsten Nachbarn. Sind die Liganden oktaedrisch angeordnet, liegen die Energieniveaus der d_{xy}-, d_{xz}-, d_{yz}-Orbitale unter denen der $d_{x^2-y^2}$- und der d_{z^2}-Orbitale. Im tetraedrischen Ligandenfeld ist dies umgekehrt, die Aufspaltung aber vergleichsweise geringer. Diese Effekte sind vor allem wesentlich bei der Diskussion der Stabilität von komplexen Ionen bzw. elementarer Ionen im Kristallverband, optischer Übergänge, magnetischer Effekte sowie in bezug auf Korrekturen der Gitterenergie in Kristallen (vgl. Abschnitt 2.2.2 und Ref. [29]).

2.1.4 Die metallische Bindung

Sehr elektropositive Atome, wie die Alkalimetalle, können untereinander nur durch gemeinsame Abgabe der Elektronen Edelgaskonfiguration erreichen

$$\begin{array}{ccc} Na^x & \rightleftharpoons & Na^+ + e^- \\ KL3s^1 & & KL \end{array} \tag{2.15}$$

Allerdings ist die pure Abgabe des Elektrons energetisch sehr ungünstig; so stellt die Reaktionsenergie dieses Prozesses ja auch das stark positive Ionisationspotential dar (5.2eV für Na). Eine Stabilisierung im Sinne einer Bindungsbildung wird erst im Vielteilchensystem erreicht ($N \ggg 1$):

$$N \quad Na^x \rightleftharpoons (Na^+e^-)_N. \tag{2.16}$$

Dies wird eingehender in den nächsten Abschnitten 2.2.1 und 2.2.5 behandelt. Im Bild der Molekülorbitale werden sehr viel mehr nächste Nachbarn gebunden (Na: 8), als Valenzatomorbitale (4) und erst recht mehr als Valenzelektronen (1) zur Verfügung stehen. Die Bindungsbildung im Metall ist durch die Summe von Ionisierungspotential und den Energiebeiträgen ($\Delta\epsilon'$) bestimmt, die notwendig sind, die isolierten geladenen Teilchen zum Festkörper zu kondensieren[12] und die Elektronen in diesem Gebilde (quasi als Elektronengas) zu delokalisieren:

$$\Delta_B\epsilon = I_M + \Delta\epsilon'. \tag{2.17}$$

Der letztere, insbesondere für die elektronischen Festkörpereigenschaften wichtige Effekt, lässt sich am Verhalten von Elektronen in Potentialtöpfen studieren. Dies wird in Abschnitt 2.2 diskutiert.
Eine ähnliche Bindungsmesomerie wie in Metallkristallen üblich (s. Kap. 2.2.1) kann bekanntlich unter bestimmten Bedingungen auch in kleinen Molekülen auftreten. Ist das Verhältnis von Metall zu Nichtmetall in bezug auf die normale Wertigkeit ungewöhnlich hoch, so können Metallcluster als komplexe Kationen auftreten, innerhalb derer Metallbindung vorherrscht. Solche Bindungsinhomogenitäten werden später angesprochen (Abschnitt 2.2.6). In gewissem Sinne ähnlich ist die bekannte Situation bei konjugierten Kohlenwasserstoffen. In konjugiert ungesättigten Kohlenwasserstoffen werden die benachbarten Kohlenstoffe durch sp^2–Bindungen zusammengehalten. In bezug auf die Verteilung des verbleibenden p–Elektrons können gleichberechtigte Grenzstrukturen formuliert werden, deren Überlagerung einer partiellen Delokalisierung gleichkommt.

2.1.5 Weitere Übergangsformen der chemischen Bindung

Genauso wie die schon behandelte polare Atombindung eine Übergangsform zwischen ionischer und kovalenter Bindung darstellt — man vergleiche etwa die Reihe $NaCl, MgCl_2, AlCl_3, SiCl_4, PCl_3, SCl_2, ClCl$, bei der die Elektronegativität des an ein konstantes elektronegatives X–Element gebundenen M–Element variiert wird —, gibt es nach Maßgabe der Elektronegativitäten Übergangsformen von der kovalenten Bindung und der Ionenbindung zur Metallbindung hin.
Während stark elektropositive Elemente wie Na im Vielteilchenverband eine rein metallische Bindung ausbilden, die Elektronen also quasi die Rolle des (fast freien, delokalisierten) Anions spielen, bilden Halbmetalle Übergangsformen zwischen metallischer und kovalenter Bindung (Elektronen können als zwischen den Atomen lokalisiert[13] gedacht werden) aus. Beispiele sind Graphit oder Bismut[14,15]. Der

---

[12] Vgl. auch Gl. (2.12c) mit $X^- \equiv e^-$.

[13] Zur Schwierigkeit und Abgrenzung der Begriffe "lokalisiert" und "delokalisiert" sowie zur Korrespondenz von lokalen Bindungen und Gesamtmolekülorbitalen in Riesenmolekülen vgl. Ref. [19, 30,31]. Insbesondere zeigt sich, dass das lokale Bindungsmodell für den Grenzfall des Kovalenzkristalles mit gefüllten Bändern und signifikanter Lücke auch im Vielteilchensystem eine äquivalente Beschreibung bietet ("äquivalente Orbitale"). Ähnliches gilt für den Ionenkristall. Hier ist das lokale Bild sogar vorzuziehen, weil die Anionen- und Kationenzustände kaum überlappen. Jedoch versagt es naturgemäß bei der metallischen Bindung und den in Abschnitt 2.1.5 diskutierten übergangsformen.

[14] Ein Band ist fast voll, das überlappte höhere fast leer (s. Abschnitt 2.2)

[15] Dass die Elektronegativität hier nicht der entscheidende Parameter ist, zeigt die Tatsache, dass das typische Metall Kupfer eine ähnliche Elektronegativität wie das Halbmetall Bi besitzt.

Übergang vom ausgeprägten Metallverhalten zum ausgesprochenen Nichtmetallverbund wird deutlich bei der Variation innerhalb einer Reihe des Periodensystems: NaNa, MgMg, AlAl, SiSi, PP, SS, ClCl.
Verbindungen von in ihrer Elektronegativität deutlich verschiedenen elektropositiven Elementen zeitigen analoge Übergangsformen. Hier jedoch sind die Elektronen partiell am elektronegativen Partner lokalisiert zu denken[13]. Ein Beispiel ist MgBi als intermetallische Verbindung, dessen Bindungstyp etwa in der Reihe Mg, MgBi, $MgCl_2$ einzuordnen ist. Lehrreich ist hier die ausführliche Durchführung der Variation des X–Elementes bei konstantem M: Na, Na_xMg, Na_xAl, Na_xSi, Na_3P, Na_2S, NaCl. Dies alles wird deutlicher in Abschnitt 2.2, in dem wir uns explizit mit dem Vielteilchenverbund befassen[13].

2.1.6 Zweizentrenpotentialfunktionen

Wie sehr sich auch die verschiedenen Bindungstypen unterscheiden mögen, ist doch eines sehr ähnlich. Die Bindung reagiert bei Vergrößerung des Abstandes mit einer gemäßigten rücktreibenden Kraft, während die Abstoßungskräfte, die bei Verkleinerung des Abstandes wirksam werden und eine geringe Reichweite besitzen, sehr empfindlich auf Verrückungen aus dem Gleichgewichtsabstand ansprechen. Mit anderen Worten zeigt die Potentialfunktion[16] den Verlauf des "bindenden Energieeigenwertes" in Abb. 2.1 und kann z.B. als Überlagerung eines r^{-m}– und eines r^{-n}–Termes mit n>m angenähert werden (Mie–Potential [32]).
Im Falle des Ionenbindung ist der erste Term mit m=1 ziemlich präzise. Als Abstoßungsterm ist ein exp-(const r)–Gesetz besser begründet. Da aber auch dies nicht streng gilt und andere Ansätze zumindest für kleine Auslenkungen einander äquivalent werden (vgl. Morse–Potential [33], s. auch Lennard–Jones–Potential [34] und Born–Mayer–Potential [35] unten) beschränken wir uns hier auf das Mie–Potential (s. Abb. 2.3)

$$\epsilon = Ar^{-n} - Br^{-m} = Ar^{-n}\left(1 - \frac{B}{A}r^{n-m}\right) = -Br^{-m}\left(1 - \frac{A}{B}r^{m-n}\right). \tag{2.18}$$

Für den Fall des Gleichgewichtsabstandes ($\hat{r}$) ergibt sich aus $d\epsilon/dr = 0$ als Korrelation zwischen den Bindungsparametern A und B

$$\left(\frac{nA}{mB}\right)^{\frac{1}{n-m}} = \hat{r} \tag{2.19a}$$

und daraus für den Gleichgewichtsenergiewert

$$\hat{\epsilon} = A\hat{r}^{-n}\left(1 - \frac{n}{m}\right) = -B\hat{r}^{-m}\left(1 - \frac{m}{n}\right). \tag{2.19b}$$

[16] Da die Elektronen sehr schnell sind und sich quasi stets auch bei variierendem Kernabstand (r) das elektronische Gleichgewicht bzgl. r einstellt, können Elektronen– und Kernproblem entkoppelt werden. In der für die Kernbewegung zuständigen effektiven Schrödingergleichung spielt die elektronische Energie die Rolle einer potentiellen Energie. Aus diesem Grund rechtfertigt sich der Name "Potentialfunktion" für $\epsilon(r)$.

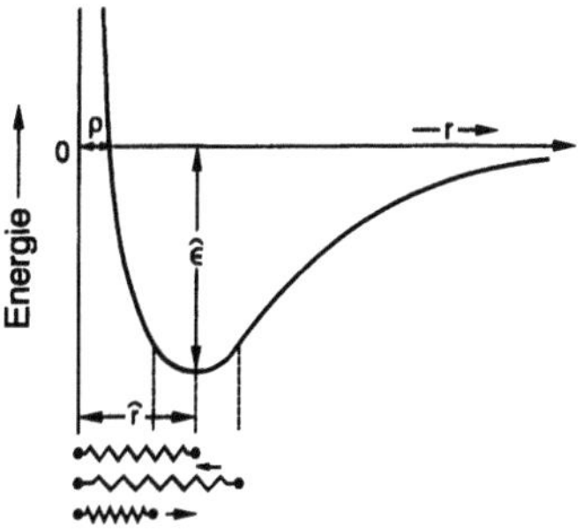

Abb. 2.3: Typische Potentialkurve einer Bindung. Der harmonische Bereich der Ausdehnung ist angezeigt.

Hiermit lässt sich das Potential auch durch die Gleichgewichtsgrößen ausdrücken:

$$\frac{\epsilon}{\widehat{\epsilon}} = \frac{1}{m-n}\left[m\left(\frac{\widehat{r}}{r}\right)^n - n\left(\frac{\widehat{r}}{r}\right)^m\right]. \tag{2.20a}$$

Im folgenden Text werden wir, wie schon hier, mit dem Dachsymbol den Gleichgewichtswert charakterisieren. Man beachte die verschiedene Bedeutung von $\widehat{\epsilon}$ im Vergleich zu den vorhergehenden Abschnitten. Dort bezeichnete das gleiche Symbol die Energie des bindenden Niveaus bei vorgegebenem Atomabstand, während es hier den speziellen Wert beim Gleichgewichtsabstand angibt. Für nur kleine Auslenkungen vom Gleichgewichtszustand ($r \simeq \widehat{r}$) ergibt die Taylor–Entwicklung ein harmonisches Verhalten (Hookesches Gesetz) (s. Abb. 2.3):

$$\frac{\epsilon - \widehat{\epsilon}}{\widehat{\epsilon}} = -\frac{1}{2}mn\left(\frac{r-\widehat{r}}{\widehat{r}}\right)^2. \tag{2.21}$$

Eine andere Darstellung bezieht r auf $\rho \equiv r(\epsilon{=}0)$, also auf den r–Wert am Nulldurchgang der Potentialkurve, bevor ϵ steil ansteigt (s. Abb. 2.3). Der Wert ρ ist somit ein Maß für die effektive Teilchengröße. Da für $r \equiv \rho$ die eckige Klammer in Gl. (2.20a) Null ist, lässt sich $\widehat{r}$ durch ρ über $\widehat{r} = \rho(n/m)^{\frac{1}{n-m}}$ ersetzen, und es entsteht

$$\frac{\epsilon}{\widehat{\epsilon}} = \frac{1}{m-n}\left(\frac{n^n}{m^m}\right)^{\frac{1}{n-m}}\left[\left(\frac{\rho}{r}\right)^n - \left(\frac{\rho}{r}\right)^m\right]. \tag{2.20b}$$

Für n = 2m = 12 ist dies die übliche Darstellung des Lennard–Jones–Potentials. Der Vorfaktor ist dann 4.

Diese Überlegungen werden insbesondere für Gitterenergie und Gitterschwingungen wichtig werden. Polarisierbarkeits- und Kovalenzeffekte berücksichtigt man häufig durch eine Ladungskorrektur oder durch sogenannte Schalenmodelle. Im Falle der Ionenbindung benützt man gewöhnlich Potentiale, die gegenüber Gl. (2.20) um einen zu r^{-6} proportionalen Term erweitert ist, zur rechnerischen Simulation des statischen, aber auch dynamischen[17] Verhaltens von Atomaggregaten. Die erhebliche

[17] Molekular–Dynamik–Simulation oder kurz MD–Simulation.

Schwierigkeit bezüglich Gültigkeit und Aufrechterhaltung dieser Potentialfunktionen während solcher "Computerexperimente"[18] kann in einfacheren Fällen durch die Möglichkeit umgangen werden, eine in-situ numerische quantenmechanische Berechnung des Bindungsproblems einfließen zu lassen oder sogar das gesamte Problem numerisch ab initio zu berechnen [35-37].

2.2 Viele Atome im Kontakt: Der Festkörper als Riesenmolekül

Makroskopische Festkörper entstehen dadurch, dass die im Einzelmolekül herrschenden Bindungskräfte nicht abgesättigt sind. Auf diese Weise entstehen am Ende bei Vorgabe einer großen Zahl von Teilchen dreidimensionale "Polymere", eben Festkörper[19]. Sind die Bindungskräfte im Einzelmolekül bei Vorgabe einer großen Menge an Einzelatomen auch nicht in Näherung absättigbar, entstehen Festkörper mit verhältnismäßig großer Bildungsenergie. Sind sie näherungsweise absättigbar, so weisen die entsprechenden Festkörper eine verhältnismäßig geringere Bildungsenergie aus den konstituierenden Molekülen auf. In diesem Falle sind starke Unterschiede zwischen intra- und intermolekularen Bindungskräften zu verzeichnen. Bild 2.4 zeigt die Entwicklung vom Dimeren Na^+Cl^- zum Festkörper an Hand (lokal) stabiler ionisierter NaCl-Cluster als Funktion der Teilchenzahl N. In diesem Fall ist schon sehr frühzeitig (N>10) die Kochsalzstruktur realisiert[20]. Das Innere des "Riesenmoleküls", der Bulk (später auch einfach Volumen genannt), ist von der Umgebung durch die Oberflächen abgeschirmt. Der Oberflächenbereich wird sozusagen durch die endständigen Gruppen des Riesenmoleküls konstituiert und ist speziell für die Kinetik von fundamentaler Bedeutung (s. Abschnitt 5.4). Einer "Umlagerung" des gesamten Riesenmoleküls entsprechen die Modifikationsumwandlungen (s. Abschnitt 4.3.1). Doch zurück zu den Bindungsfragen, sprich der Elektronenverteilung innerhalb des vorgegebenen Riesenmoleküles.

---

[18]Der Ausdruck "Computerexperiment" ist nicht allzu ernstzunehmen. Es handelt sich um numerische Mathematik mit künstlichem Input und nicht um ein Experiment, bei dem ja "Fragen an die Natur" gestellt werden. Allerdings lässt sich ähnlich wie beim Experiment die Antwort auf variable "äußere" Bedingungen studieren.

[19]Ein Gegenstand intensiver Untersuchung sind die Bindungsverhältnisse als Funktion der Teilchenzahl. Dies ist insbesondere beim oligomeren Clusterzustand von Interesse.

[20]Die folgende Betrachtung zeigt, dass im Falle von NaCl-Clustern sich in energetischer Hinsicht das Festkörperverhalten sehr schnell einpendelt: Es sei a(N) die mittlere Energie pro Teilchen an der Oberfläche, b(N) die entsprechende mittlere Energie im Innern, so gilt näherungsweise für die Gesamtenergie eines Kubus $E = 6aN^{2/3} + b\left(N - 6N^{2/3}\right)$ bzw. für die Energie pro Teilchen $E/N \simeq 6(a-b)N^{-1/3} + b$. (Der Cluster sei allerdings doch so groß, dass Kanten- und Eckeneffekte vernachlässigbar sind.) Nach Ref. [38] ist diese Beziehung mit konstanten a- und b-Werten schon für extrem kleine NaCl-Cluster erfüllt (N≥10).

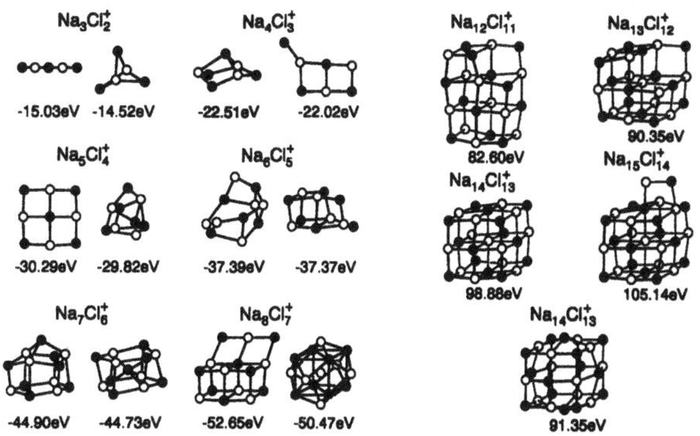

Abb. 2.4: Lokal stabile (ionisierte) NaCl–Strukturen, wie sie im Massenspektrometer nachzuweisen sind, als Funktion der Teilchenzahl (genauer $(NaCl)_NNa^+$). Schon für N>10 zeigt sich die kubische Kochsalzstruktur. Aus [39].

2.2.1 Das Bändermodell

2.2.1.1 Das Elektron im potentialfreien Kasten.

Wie schon erwähnt, ist ein Charakteristikum des Festkörpers die Möglichkeit der Delokalisierung der Elektronen im makroskopischen Aggregat. Insbesondere bei Metallen verhalten sich die äußeren Elektronen wie in einem "eingesperrten" Elektronengas. Betrachten wir also zunächst die metallische Bindung und zwar modellhaft zuerst ein Arrangement von 4 Na Atomen[21]. Dies ist ein ausgeprägter Elektronenmangelzustand; in Anbetracht des einen Valenzelektrons können als energetisch relevante mesomere Strukturen[22]

$$\begin{array}{ccc} \begin{array}{cc} \mathrm{Na} - \mathrm{Na} \\ \\ \mathrm{Na} - \mathrm{Na} \end{array} & \leftrightarrow & \begin{array}{cc} \mathrm{Na} & \mathrm{Na} \\ | & | \\ \mathrm{Na} & \mathrm{Na} \end{array} \leftrightarrow \end{array}$$

$$\begin{array}{ccccccc} \begin{array}{cc} \mathrm{Na}^+ & \mathrm{Na} \\ & | \\ \mathrm{Na} - & \mathrm{Na}^- \end{array} & \leftrightarrow & \begin{array}{cc} \mathrm{Na} & \mathrm{Na}^+ \\ | & \\ \mathrm{Na}^- - & \mathrm{Na} \end{array} & \leftrightarrow & \begin{array}{cc} \mathrm{Na} - & \mathrm{Na}^- \\ & | \\ \mathrm{Na}^+ & \mathrm{Na} \end{array} & \leftrightarrow & \begin{array}{cc} \mathrm{Na}^- - & \mathrm{Na} \\ | & \\ \mathrm{Na} & \mathrm{Na}^+ \end{array} \end{array} \qquad (2.22)$$

auftreten, die alle zum Gesamtzustand beitragen mit der Folge, dass die 3s–Elektronen als ohne merkliche Lokalisierungseffekte im System verteilt und als frei beweglich angesehen werden können.

Benutzen wir die Einelektronennäherung und sperren ein einziges Elektron der Einfachheit halber in einen nun eindimensionalen Kasten der Länge L. Innerhalb des

[21] Im realen Na–Kristall ist die defizitäre Situation wegen der höheren Koordinationszahl (8) noch ausgeprägter.

[22] Vgl. hierzu Ref. [24]. Auf die Ähnlichkeit zur Situation des bei der sp^2–Hybridisierung verbleibenden p–Elektrons in konjugierten Kohlenwasserstoffen wurde bereits im Abschnitt 2.1.4 hingewiesen, wenngleich auch keine Elektronenmangelsituation in strengem Sinne vorherrscht.

Kastens setzen wir die potentielle Energie zu Null, an den Kastenwänden sei sie unendlich. Infolgedessen reduziert sich der Hamilton–Operator auf den Operator der kinetischen Energie, nämlich $-h^2(\partial/\partial x)^2/(8\pi^2 m)$.

Die Schrödinger–Gleichung für die Wellenfunktion $|k>$ führt auf eine lineare homogene Differentialgleichung der Form $(\partial/\partial x)^2|k> \propto -|k>$. Als Lösung kommen Sinus– und Cosinusfunktionen in Frage. An beiden Rändern unseres Kastens muss $<k|k> = 0$ und damit $|k> = 0$ gelten[2]. Das Verschwinden der Funktion bei $x = 0$ lässt nur die Sinusfunktion zu:

$$|k> \propto \sin kx = \sin \frac{2\pi}{\lambda} x. \tag{2.23}$$

Die Größe k bezeichnet den Wellenvektor, der sich hier auf die eine Komponente in x–Richtung reduziert, λ die dazugehörige Wellenlänge[23] ($\lambda = 2\pi/k$). Der Zusammenhang zwischen k (und damit auch λ) und den Energieeigenwerten ϵ offenbart sich durch Einsetzen in die Schrödinger–Gleichung $(-h^2/8\pi^2 m)(\partial/\partial x)^2|k> = \epsilon|k>$ zu:

$$k = \pi\sqrt{8m\epsilon/h^2}, \tag{2.24}$$

und damit als Wurzelabhängigkeit.

Erlaubt sind allerdings nur diejenigen Wellenlängen, und damit k–Werte und Energieeigenwerte, deren zugeordnete Wellenfunktionen auch am anderen Rand, nämlich bei x=L, Nullstellen haben. Dies ist offensichtlich genau dann erfüllt, wenn $k \cdot L$ ein ganzes Vielfaches von π ist oder, anschaulicher formuliert, wenn die Kastenlänge ein ganzes Vielfaches der halben Wellenlänge ist, mit anderen Worten (Gl. (2.24)) muss zwischen den Energieeigenwerten und der Kastenlänge folgende einfache Relation erfüllt sein:

$$\epsilon = \frac{h^2}{8m}\frac{n^2}{L^2} \quad \text{mit } n = 1, 2, 3, ... \tag{2.25}$$

Die Energie wächst quadratisch mit der Quantenzahl n und sinkt quadratisch mit der Kastenlänge, wie in Abb. 2.6 ersichtlich. Von besonderem Interesse sind die Energien des obersten besetzten und des untersten unbesetzten Zustandes bei T=0K, ϵ_{HO} und ϵ_{LU}, die ebenfalls mit L^{-2} skalieren.

Abb. 2.6 zeigt uns damit auch, wie sich die Energieniveaus bei gegebenem n in einer eindimensionalen Kette mit der Zahl der konstituierenden Kerne bzw. mit der Zahl der eingebrachten Elektronen verringern. Dass die Energieeigenwerte bei Verdopplung des atomaren Kastens (also in diesem Bild allein durch "kinetische Energie") um den Faktor 4 abnehmen, ist — wie schon oben angedeutet — von Bedeutung für die chemische Bindung[24] eines zweiatomigen Moleküls. Doch zu unserem Problem: Die Zweizentrenbindung (s. Abb. 2.2) zeigte uns, dass aus zwei identischen Energieniveaus zwei neue, ungefähr jeweils um β nach oben oder unten

[23] Diese Deutung von k ergibt sich aus der Periodizität: $\sin kx = \sin(kx+2\pi) = \sin[k(x+2\pi/k)] = \sin[k(x+\lambda)]$.

[24] Dies darf aber nicht als Beleg für die Dominanz der kinetischen Energie bei der Molekülbildung gewertet werden, da im genäherten Bild die Aufteilung in E_{kin} und E_{pot} nicht die korrekte ist.

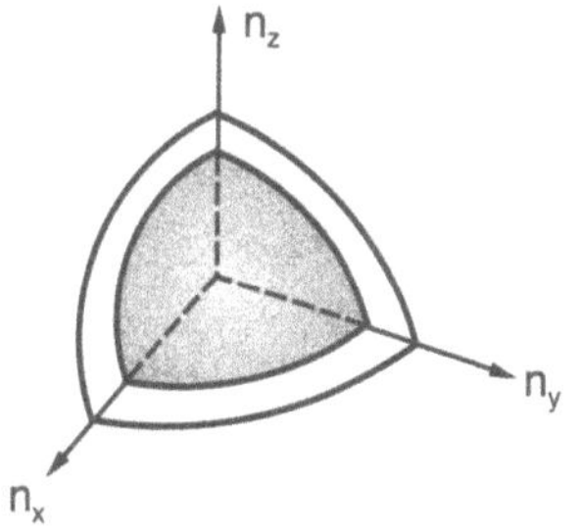

Abb. 2.5: Im Raum der drei Quantenzahlen n_x, n_y, n_z ist jede Kugeloberfläche (genauer nur das zu positiven Werten gehörende Achtel) Ort konstanter Energiewerte. Gezeigt sind zwei Oberflächenausschnitte, die vom Ursprung um den Betrag $n = \sqrt{n_x^2 + n_y^2 + n_z^2}$ bzw. n+dn entfernt sind.

verschobene Niveaus entstehen. Betrachten wir als Beispiel die äußeren s–Elektronen eines Na–Kristalles (3s), für die die beschriebene Delokalisierung in guter Näherung erfüllt ist. 4 Na–Atome ergeben dann vier energetisch verschiedene Niveaus und N Na–Atome N Niveaus (Inset in Abb. 2.6). Hieraus allein folgt noch nicht, dass aus einzelnen scharfen Energieniveaus Bänder werden, dies folgt erst aus der Tatsache, dass die Energieabstände nach Gl. (2.25) mit steigendem L nach

$$\epsilon_{n+1} - \epsilon_n = \frac{2n+1}{L^2}\frac{h^2}{8m^2} \tag{2.26}$$

sehr stark (quadratisch) mit L abnehmen. Die ϵ(k)–Kurve wird dann nahezu kontinuierlich. Gl. (2.26) sagt auch eine mit der Energie geringer werdende Dichte der Zustände voraus. Da das s–Band des Natriumkristalles — um beim Beispiel zu bleiben — eine begrenzte Zahl von Zuständen enthält, kann Gl. (2.5), die ja für das freie Elektron abgeleitet wurde, keine hinreichende Beschreibung für alle Zustände liefern. Die alternative Behandlung, die von Atomorbitalen ausgehend die Molekülorbitale einer eindimensionalen Kette durch Linearkombination erzeugt (vgl. Abschnitt 2.1), führt zu der im Inset von Abb. 2.6 gezeigten nichtmonotonen Zustandsdichte. (Diese folgt daraus, dass ϵ(k) über eine Cosinus–Funktion von k abhängt, s. folgenden Abschnitt, Gl. (2.32). Die Zustandsdichte ist dort groß, wo der Graph von ϵ(k) flach ist.) Man erkennt aus Abb. 2.6 (und genauer aus Gl. (2.32) auf S. 44), dass die Breite des Bandes von gleicher Größenordnung, nämlich von der Größenordnung β bleibt. Dementsprechend ist die Aufspaltung benachbarter Niveaus von der Ordnung β/N. Für 1 Mol Teilchen und β = 6eV ergibt sich β/N zu $\sim 10^{-23}$eV entsprechend 10^{-18}J/mol. Man vergleiche damit die thermische molare Energie RT, die selbst bei nur 1K noch von der Größenordnung 10J/mol ist.
Zudem verändert sich die Zustandsdichte mit der Dimensionalität. Dies ist schon für das quasi–freie Elektron der Fall. Im dreidimensionalen Kasten der Abmessung $L_x \times L_y \times L_z$, in welchem für die Energieeigenwerte wegen der Faktorisierbarkeit der Wellenfunktion die allgemeinere Form

$$\epsilon = \frac{h^2}{8m}\left(\frac{n_x^2}{L_x^2} + \frac{n_y^2}{L_y^2} + \frac{n_z^2}{L_z^2}\right) \tag{2.27}$$

gültig ist, gibt es für jeden ϵ–Wert im Falle hoher Quantenzahlen bereits soviele Entartungen, dass in Wirklichkeit die Dichte der Zustände mit der Energie ϵ zunimmt. Betrachten wir einen Würfel mit $L_x = L_y = L_z$, so gehören die Tripel (1,1,2), (1,2,1), (2,1,1) wegen $n_x^2 + n_y^2 + n_z^2 = n^2 = \text{const}$ zum gleichen Energiewert.
Stellt man die erlaubten Energiezustände in einem dreidimensionalen Koordinatensystem mit den Achsen n_x, n_y, n_z dar, so fallen Zustände gleicher Energie in das

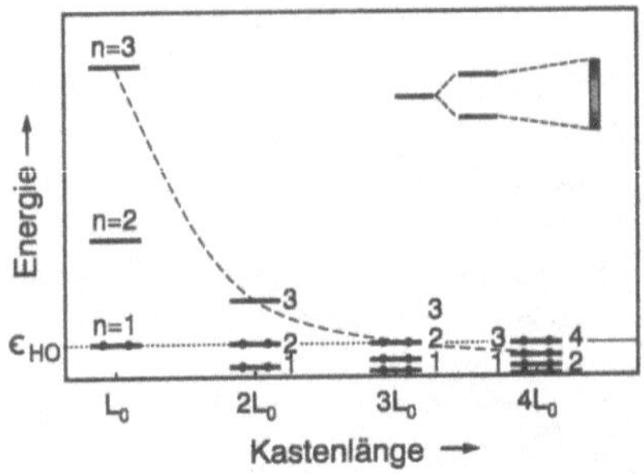

Abb. 2.6: Die Abhängigkeit der Energieniveaus des Elektrons im Kasten in Abhängigkeit von Quantenzahl und Kastenlänge. Nimmt man an, dass der Kasten mit der Größe L_0 gerade zwei Teilchen, der mit $2L_0$ 4 Teilchen usw. beherbergt, zeigt die gepunktete Linie die Konstanz der Breite der besetzten Zone. Die gestrichelte Linie verdeutlicht für (n=3) die Abnahme der Energie bei gegebener Quantenzahl mit der Kastenlänge. Das Inset zeigt die Aufspaltung eines zu Beginn vorliegenden Einelektronenzustandes zu einem kontinuierlichen Band bei einer Kette aus sehr vielen Atomen im MO–LCAO–Bild. Man beachte den Unterschied in der Zustandsdichte.

Achtel der Kugeloberfläche, welches im allseits positiven Abschnitt des Koordinatensystems liegt (s. Abb. 2.5). Jeder Punkt auf dieser Kugeloberfläche ist durch den Abstand $n = \sqrt{n_x^2 + n_y^2 + n_z^2} \propto \sqrt{\epsilon}$ vom Koordinatenursprung gekennzeichnet und gehört deswegen zum entsprechenden gleichen ϵ–Wert. Das Analoge gilt für die Energiewerte, die zur Energie $\epsilon + d\epsilon$ gehören. Der Kugelradius ist nun um $dn \propto d\sqrt{\epsilon} \propto d\epsilon/\sqrt{\epsilon}$ größer. Die Zahl der Zustände dZ, die von den Kugeloberflächenausschnitten eingeschlossen sind und die zu den Energien zwischen ϵ und $\epsilon + d\epsilon$ gehören, ergibt sich als Volumen der Schale und ist somit proportional zu $(n+dn)^3 - n^3 \propto n^2 dn$ und somit zu $\epsilon d\sqrt{\epsilon} \propto \epsilon^{1/2} d\epsilon$. Das Resultat ist, dass die Dichte der Zustände bei steigender Energie proportional zu $\epsilon^{1/2}$ zunimmt:

$$D(\epsilon) \equiv \frac{dZ}{d\epsilon} \propto \epsilon^{1/2}. \tag{2.28}$$

Wiederum gilt dies wegen der Begrenztheit der Zahl der Niveaus nicht für alle Bandzustände. (Realistische Zustandsdichten zeigt z.B. Bild 2.11 auf Seite 46.)
Aber nochmals zurück zum eindimensionalen Kastenproblem und zu Abb. 2.6: Die enorme Stabilisierung des Elektrons bei vergrößerter Kastengröße zeigt sich deutlich am Energieniveau ϵ_{HO}, für welches die entsprechende Quantenzahl n_{HO} die halbe Teilchenzahl darstellt und welches somit die Besetzungsgrenze markiert. Sofern auch die Kastenlänge mit der Teilchenzahl skaliert und i.a. ihr proportional ist, bleibt ϵ_{HO} konstant. Für $L \longrightarrow \infty$ werden die Energien (bei T=0K) des obersten besetzten (ϵ_{HO}) und des untersten unbesetzten Zustandes (ϵ_{LU}) nahezu identisch. Wir bezeichnen den Grenzwert mit ϵ_F. Die genauere Bedeutung dieser Fermi–Energie

wird später deutlich. Offenbar ist ϵ_F unabhängig von der Größe des Systems. Man mag zunächst vermuten, dass das nur in ^{1}D der Fall ist, da die Zahl der Elektronen mit L^3 skaliert und nicht mit L^2. Man macht sich aber schnell an Hand von Gl. (2.27) klar, dass die Invarianz auch in ^{3}D und auch im nichtisotropen Fall ($L_z \neq L_x \neq L_y \neq L_z$) gilt. Diese Überlegungen sind natürlich nur richtig bei konstanter Elektronenkonzentration und unter den idealisierten Bedingungen der Abb. 2.6: Betrachten wir der Einfachheit halber einen Würfel der Kantenlänge L. Für die Fermienergie gilt dann nach Gl. (2.27) $\epsilon_F = \frac{h^2}{8m}\frac{n_F^2}{L^2}$, wenn n_F^2 die Summe der Quadrate der 3 zugehörigen Quantenzahlen darstellt. Den Zusammenhang zwischen n_F und der Gesamtelektronenzahl N erschließt sich über Abb. 2.5: Aufgrund von Gl. (2.27) sind Kugeloberflächen (genauer das jeweilige zu positiven Quantenzahlen gehörende Achtel) im $n_x - n_y - n_z$–Raum Orte konstanter Energie. In der Achtelkugel befinden sich bei ϵ_F bzw. n_F gerade $1/8(\frac{4\pi}{3}n_F^3)$ Energieniveaus und doppelt so viele Elektronen. Ist N die Gesamtzahl der Elektronen, so folgt $n_F = (\frac{3}{\pi}N)^{\frac{1}{3}}$ und mit Gl. (2.27) $\epsilon_F = \frac{h^2}{8m}\left(\frac{3}{\pi}\frac{N}{L^3}\right)^{2/3} \propto (\text{Elektronenkonzentration})^{2/3}$. Eine solche Proportionalität gilt auch für die gesamte Breite des aus dem Einzelniveau entstandenen Bandes (s. Abb. 2.6).

2.2.1.2 Das Elektron im periodischen Potential

Bislang haben wir das von den Atomrümpfen gebildete periodische Potential vernachlässigt. Dies wollen wir jetzt nachholen. In diesem Falle ist die Aufenthaltswahrscheinlichkeit des Elektrons und damit — bis auf einen Phasenfaktor e^{ikx}, der im Betragsquadrat verschwindet, — die Wellenfunktion selber von dieser Periodizität. Diese sogenannten Blochwellen sind also ebene Wellen, deren Amplituden gitterperiodisch moduliert sind. Betrachten wir wiederum ein eindimensionales Modell, in dem die Potentialberge durch Rechteckkästchen angenähert sind, die im Abstand a voneinander translationssymmetrisch im Festkörper verteilt sind (Kronig–Penney–Potential). Nun lassen wir die Breite kontinuierlich gegen Null, dafür aber die Höhe im gleichen Maße gegen Unendlich gehen, so dass die Fläche und damit das Maß für das lokale Hindernis doch konstant und damit halbwegs realistisch bleibt (deltafunktionsförmige Potentiale). Eine längere, aber elementare Rechnung[25] zeigt, dass die Lösung der Schrödinger–Gleichung nun die Erfüllung einer Beziehung der folgenden Form verlangt:

$$\Gamma\frac{\sin\kappa a}{\kappa a} + \cos\kappa a = \cos ka. \tag{2.29}$$

Γ ist hierbei der Fläche proportional und somit ein Maß für die Stärke des Potentialwalles, κ ist der Wurzel der Energie proportional. Die linke Seite von Gl. (2.29) stellt eine amplitudenmodulierte periodische Funktion dar, während die Amplitude

[25] Zusätzlich zum Problem des Elektrons im Kasten ist zu berücksichtigen, dass die Amplitudenfunktion der Bloch–Welle die Periodizität erfüllt sowie an den Sprungstellen des Potentials stetig und differenzierbar bleibt [40–42].

der Cosinus–Funktion der rechten Seite sich stets zwischen +1 und -1 bewegt. Erfüllt ist Gl. (2.29) demnach nur für diejenigen κa– und somit für die ϵ–Werte, für die sich auch die Amplitude der linken Seite zwischen diesen Grenzen bewegt. Dies ist in Abb. 2.7 veranschaulicht. Man erkennt, dass die Breite dieser erlaubten Bänder mit

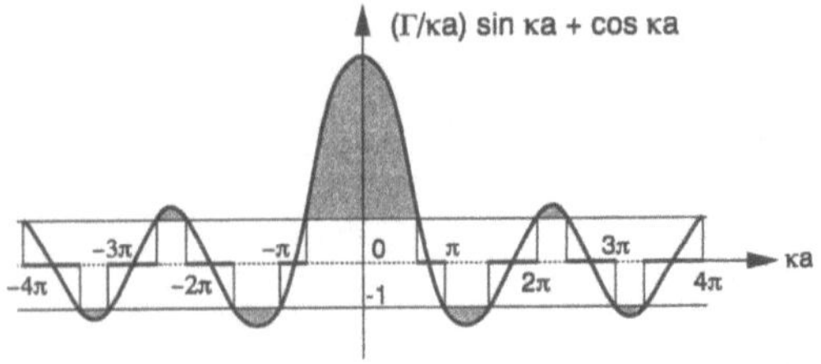

Abb. 2.7: Eine Lösung von Gl. (2.29) ist nur im Ordinatenbereich zwischen +1 und −1 möglich. Die Abhängigkeit der linken Seite der Gleichung (2.29) von κa und damit von Energie und Gitterkonstante ist gezeigt ($\Gamma = 3\pi/2$). Schraffiert sind die verbotenen Bereiche.

ϵ zunimmt. Gleiches gilt für eine kleiner werdende Schwelle. Die Bandmitten sind äquidistant in κa d.h. in $\sqrt{\epsilon}$, die Abstände steigen somit mit der Energie an, wie bei den einzelnen Niveaus im eindimensionalen potentialfreien Kasten.
Lassen wir nun unsere Hindernisse im Festkörper verschwinden, indem wir Γ in Gl. (2.29) gegen Null gehen lassen. Es verbleibt eine identisch erfüllbare Beziehung der Form cosκa = coska. Aus κ = k erhält man die schon oben gefundenen kontinuierlichen Eigenwerte des Elektrons im makroskopischen Kasten der Länge L ($\epsilon \propto k^2$, Gl. (2.25)) zurück. Geht jedoch die Barrierenstärke gegen Unendlich, zerlegen wir demgemäß unseren Festkörper in lauter ungebundene Teilbereiche, überwiegt also der linke Term in Gl. (2.29), so kann die Gleichung nur identisch erfüllt sein, wenn auch gleichzeitig sinκa gegen Null geht. Nur dann bleibt der Ausdruck Γsinκa/κa beschränkt, wie es die rechte Seite fordert. Dann muss κa ein ganzes Vielfaches der Zahl π sein, und für ϵ resultiert eine zu Gl. (2.25) analoge Beziehung, allerdings nun mit a als effektiver Kastenlänge:

$$\epsilon \propto \frac{n^2}{a^2}. \tag{2.30}$$

Die Deutung dieser Ergebnisse im Lichte eines realen Festkörpers ist einfach, aber weitreichend (Abb. 2.8): Energetisch tiefliegende (Rumpf–)Elektronen verspüren

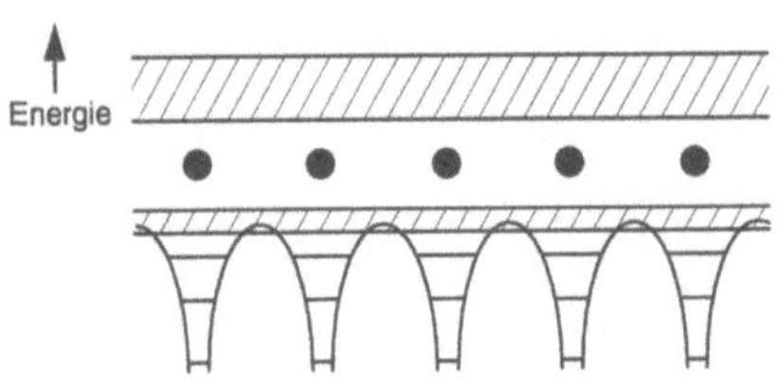

Abb. 2.8: Elektronen im periodischen Potential der Kerne (•), schematisch (z.B. Na). Rumpfnahe Elektronen (beim Na: 1s, 2s, 2p) gleichen Elektronen im isolierten Atom, äußere Elektronen (3s) den quasifreien. Die Schärfe der Niveaus der rumpfnahen Elektronen ist übertrieben gezeichnet.

das lokale Kastenpotential, d.h. das Atompotential als unüberwindlich und sind im Kasten atomarer Dimensionen gefangen. Die Energieniveaus sind diskret (Aufspaltung $\propto a^{-2}$). (Auch hier steht das Anwachsen der Niveauunterschiede nur deswegen

im Widerspruch zum Verhalten der realen Atomprobleme, weil kein korrektes Potential eingesetzt wurde). Anders die energetisch oben liegenden "äußeren" Elektronen, die für die Bindung verantwortlich sind: Sie "übersehen" die lokalen periodischen Potentiale, verspüren nur die nun wirklich unüberwindlichen Außenwände des Kastens, sind also über den gesamten Kristall delokalisiert. Die Aufspaltung der Energieniveaus ist winzig ($\propto L^{-2}$), es entstehen Bänder. Die Breite dieser Bänder wächst mit der energetischen Höhe. Hochliegende Elektronen sind natürlich die am stärksten überlappenden, also die mit dem größten $|\beta|$ (s. oben).
Abbildung 2.9 zeigt näherungsweise die Abhängigkeit der Energie vom Wellenvektor[26]. Man konzentriere sich auf die dicken Linien. Das Bild ähnelt sehr der Pa-

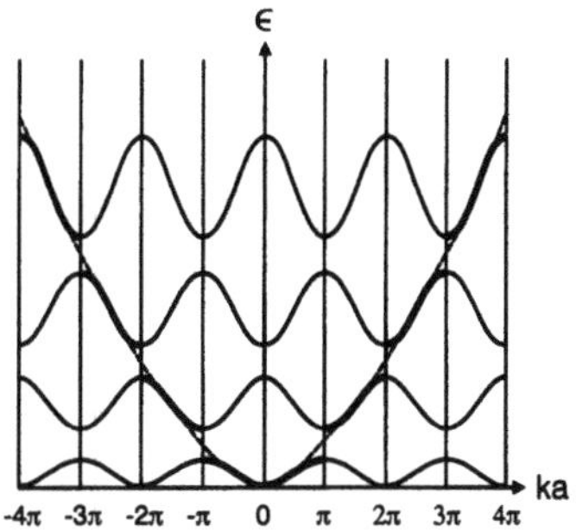

Abb. 2.9: Energie als Funktion des Wellenvektors im Modell des fast freien Elektrons[26]. Die Darstellung im ausgedehnten Schema ist redundant. Die gesamte Information ist in der inneren Zone ($[-\pi, +\pi]$), der 1. Brillouinzone, enthalten. Die Parabel für das freie Elektron ist eingezeichnet.

rabelform des freien Elektrons (s. Gl. (2.23)); allerdings treten durch die Stellen, an denen wir unsere Schwellen eingefügt haben (a,2a,3a etc.) Abweichungen auf[27]. Erinnern wir uns, dass die Schrödingergleichung eine Wellengleichung repräsentiert. Wir erwarten also Beugungseffekte an den in Abb. 2.9 ausgezeichneten Stellen des reziproken Raumes bzw. des k–Raumes[28, 29] Auch formal ist dies sofort einleuchtend. Im Falle des kleinen Kastens ist ϵ zwar eine quadratische Funktion von k, allerdings existieren nur einige diskrete Stützpunkte, im Falle des großen Kastens wird die

[26] Die Lösungen des Kronig–Penney–Problems sind gegenüber Abb. 2.9 geringfügig verändert [41].

[27] An diesen Stellen kommt die Periodizität als "Bindung der Elementarzellen" zum Ausdruck. Man vgl. die Aufspaltungen in Abb. 2.9 mit Abb. 2.2.

[28] Während die Bedeutung des reziproken Raumes in ^{1}D trivial ist (vgl. Periodizität in Abb. 2.9), ist dieser in ^{3}D vektoriell definiert. Seien $\mathbf{x}_1, \mathbf{x}_2, \mathbf{x}_3$ die Vektoren des realen Raumes und $\check{\mathbf{x}}_1, \check{\mathbf{x}}_2, \check{\mathbf{x}}_3$ die des reziproken Raumes, so gilt $\check{\mathbf{x}}_1 = \frac{\mathbf{x}_2 \times \mathbf{x}_3}{[\mathbf{x}_1, \mathbf{x}_2, \mathbf{x}_3]}$ (1, 2, 3 zyklisch). Der Nenner stellt das Spatprodukt der Vektoren $\mathbf{x}_1, \mathbf{x}_2, \mathbf{x}_3$ dar und damit das Volumen der Elementarzelle des realen Gitters (= reziprokes Volumen der Elementarzelle des reziproken Gitters). Man erkennt, dass $\mathbf{x}_i \check{\mathbf{x}}_j = \delta_{ij}$. Multipliziert man alle reziproken Vektoren mit 2 π, so entsteht der k–Raum.

[29] Ein sehr anschauliches, offenbar selbst erlebtes, demgemäß in vielerlei Hinsicht hinkendes Analogon gibt S. Roth in Ref. [43]: Ein schlecht gefederter Kleinwagen (alter 2CV) fährt über eine durch Kamele (periodisch) holprig getretene Wüstenstraße. Bei Geschwindigkeiten von 30±2 km/h tritt unangenehme Resonanz auf, so dass ein Geschwindigkeitsbereich von $\sim$ 4km/h "verboten" ist.

Funktion kontinuierlich. Da wir unseren periodischen Festkörper als Überlappung (vgl. Abb. 2.2) kleiner Kästchen zum großen Kasten auffassen[27], erwarten wir ein Verhalten nach Abb. 2.9.
Wegen der Periodizität der Schwellen, die sich nach Gl. (2.29) in der Periodizität von $\cos ka$ äußert, müssen auch κ und somit ϵ gittermoduliert sein (s. Abb. 2.7). Aus diesem Grunde lässt sich $\epsilon(k)$ nach Abb. 2.9 (s. dicke Linien) auch gitterperiodisch auflösen (s. dünne Linien). Der Periodizität wegen ist dann die Darstellung im reduzierten Schema hinreichend, das sich auf die innere Zone, der sogenannten 1. Brillouin–Zone, beschränkt. Bei kleinen k–Werten ist man genügend weit von den kritischen, für die Bandlücke verantwortlichen Stellen entfernt, so dass wir die Parabelform erwarten dürfen. In der Tat gilt ja für kleine ka–Werte:

$$\cos(ka) \cong 1 - (ka)^2/2 + \cdots \tag{2.31}$$

Cosinusfunktionen für $\epsilon(k)$ ergeben sich, wie erwähnt, umgekehrt auch durch Aufbau des Festkörpers aus einer Linearkombination von Atomfunktionen (vgl. Abschnitt 2.1)[30]. Man erhält bei Betrachtung einer unendlichen Kette von Wasserstoffatomen mit der Periode a in einer zum Zweizentrenmodell analogen Hückel–Näherung Lösungen der Form[31]:

$$\epsilon(k) = \alpha + 2\beta \cos ka. \tag{2.32}$$

Jede einzelne Lösung entspricht einem Band, welches aus den entsprechenden Atomorbitalen entstanden gedacht werden kann (1s, 2s etc.). Man erkennt mit Hilfe dieser Überlegungen, dass $|\beta|$, wie in Abschnitt 2.2.1.1 vermutet, auch quantitativ ein Maß für die Bandbreite darstellt: Das Maximum dieser Funktion liegt bei $\alpha+2|\beta|$, das Minimum bei $\alpha - 2|\beta|$. Als Differenz resultiert die Bandbreite[32] $4|\beta|$. Die Bandlücke entspricht dem Übergang vom Maximum des einen (z.B. 1s) zum Minimum des nächst höheren (z.B. 2s) Bandes. Dieser Abstand ist der Energiebetrag, der beim Elektronenübergang aufzuwenden ist. Wie man leicht nachrechnet (Minimum (2s) minus Maximum (1s)), ergibt sich für diese Lücke aus Gl. (2.32)[32]

$$\epsilon_g = (\alpha_{2s} - \alpha_{1s}) + 2(\beta_{2s} + \beta_{1s}), \tag{2.33}$$

ϵ_g ist also wie erwartet maßgeblich von der Differenz der Coulombintegrale beeinflusst[33].

---

[30] LCAO–MO–Theorie in Hückel–Näherung ("tight binding").

[31] Auch hier ist nur in grober Vereinfachung das Überlappungsintegral vernachlässigt. Die Berücksichtigung desselben führt analog zum X_2–Problem (s. Abb. 2.2) dazu, dass der Antibindungseffekt verglichen mit dem Bindungseffekt stärker ausgeprägt ist. (Der Ausdruck auf der rechten Seite von Gl. (2.32) ist dann noch durch $1 + 2S \cos ka$ zu dividieren.)

[32] Im Dreidimensionalen ist Gl. (2.32) entsprechend zu modifizieren. Die entsprechende Behandlung für das kubisch primitive Gitter liefert eine analoge Beziehung, allerdings mit einer Summe von drei Cosinusfunktionen. Dadurch werden im Band Energien zwischen $\alpha + 6\beta$ und $\alpha - 6\beta$ möglich, und Gl. (2.33) ist entsprechend zu modifizieren.

[33] Eine ausführliche Diskussion gibt Ref. [30].

Liegen die relevanten Maxima und Minima beim gleichen k–Wert wie in Abb. 2.9 spricht man von einem direkten Übergang. Liegen diese Extrema nicht bei gleichem k–Wert — wie bei der besprochenen H–Kette —, handelt es sich also um einen indirekten Übergang, so bezeichnet die Größe ϵ_g aus Gl. (2.33) lediglich die thermische Energielücke[34]. Ein optischer Energieübergang ist i.a. (ohne Phononenunterstützung) nur bei konstantem k–Wert möglich. Die "optische Energielücke" ist dementsprechend größer.

Eine Unterscheidung zwischen Nichtmetallen und Metallen ergibt sich durch die Besetzung der Bänder am absoluten Nullpunkt. Ist das oberste nichtleere Band nicht vollbesetzt, spricht man von Metallen (wie bei unserer künstlichen äquidistanten H–Kette)[35,36]. Elektronen sind darin fast frei beweglich. Sind alle Bänder vollbesetzt bzw. völlig leer (wie bei einer analogen He–Kette), ist zum Transport eine Elektronenanregung — thermisch oder optisch — vom obersten besetzten Band (Valenzband) zum untersten unbesetzten Band (Leitungsband) erforderlich. Ist der thermische Effekt merklich, diese Bandlücke also klein, spricht man von Halbleitern (wie Si, Ge), ist sie sehr groß, von (elektronischen) Isolatoren (wie Diamant oder Kochsalz). Die Abgrenzung ist ziemlich willkürlich. Diese elektronischen Effekte gehören schon in die Diskussion der Fehler (s. Kap. 5.3). Hier sei nur auf die Empfindlichkeit der Effekte in bezug auf die Bandlücke ϵ_g hingewiesen: Der Anteil der bei endlicher Temperatur den Abstand zwischen vollem Valenz– und Leitfähigkeitsband überwindenden Elektronen ist geregelt durch die Wurzel des Boltzmann–Faktors $\exp -(\epsilon_g/RT)$; diese beträgt bei 300K für den Halbleiter Silicium ($\epsilon_g \simeq$1eV) 4×10^{-9}, für die Isolatoren Diamant (5eV) und NaCl (10eV) $\sim 10^{-42}$ bzw. gar 10^{-84} (genauer s. Kap. 5.3)!
Die Kristalle der Alkalielemente sind Metalle, da das äußere Orbital nur mit einem (s–) Elektron besetzt ist, die Orbitalwechselwirkung von N Atomen aber zu einem

[34]Im Modell des fast freien Elektrons im eindimensionalen periodischen Kasten in Abb. 2.9 liegen Maxima und Minima übereinander, da ja die unterbrochene Parabel resultieren muss. Betrachtet man die ε(k)–Funktionen reiner s–Bänder (H–, He–Kette) liegen die Maxima übereinander. In diesem Falle ist schließlich für k=0 der am meisten bindende Zustand realisiert (alle Atomfunktionen haben gleiches Vorzeichen), während im Zustand höchster Oszillation alternierend entgegengesetztes Vorzeichen auftritt, dies entspricht dem am meisten antibindenden Zustand. Bei der Überlappung von p–Zuständen zu σ–Bindungen liegt umgekehrt das Maximum bei k=0 (s. z.B. [44]).

[35]Es soll nicht unerwähnt bleiben, dass unter Normalbedingungen die angenommene äquidistante H–Kette in höchstem Maße künstlich ist. Eine Kette aus H_2–Paaren hat natürlich eine sehr viel geringere Energie. Solch eine Störung der Translationssymmetrie infolge der Absenkung der Energie durch lokales Aneinander– und Auseinanderrücken bezeichnet man als Peierls–Verzerrung. Sie tritt auch bei solchen eindimensionalen Systemen auf, bei denen man dies vom molekularen Standpunkt her nicht unbedingt erwarten würde (vgl. Polyacetylen, Abb. 6.15 S. 289).

[36]Dies ist nicht unbedingt richtig bei schmalen Bändern. (Wegen zu geringer Überlappung ist hier u.U. keine Bandleitung möglich.) (Abschnitt 2.2.5) Man beachte, dass ein durch das Mott–Hubbard–Kriterium [45] gegebener Teilchenabstand nicht überschritten werden darf, damit Delokalisierung möglich ist (s. Abschnitt 2.2.5)

Band mit N Niveaus und 2N Besetzungsmöglichkeiten führt:

$$\begin{array}{ccc} \mathrm{N\,Na} & \rightleftharpoons & \mathrm{Na_N} \\ \mathrm{N\,3s^{1(2)}} & & (\mathrm{3s-Band})^{\mathrm{N(2N)}}. \end{array} \tag{2.34}$$

Die Elektronen sind ohne nennenswerte Energiezufuhr, d.h. auch durch kleine elektrische Felder, anregbar, und die Leitfähigkeit ist metallisch. Abbildung 2.10 zeigt die Energieaufspaltung als Funktion des Kernabstandes für Natrium. Bei genaue-

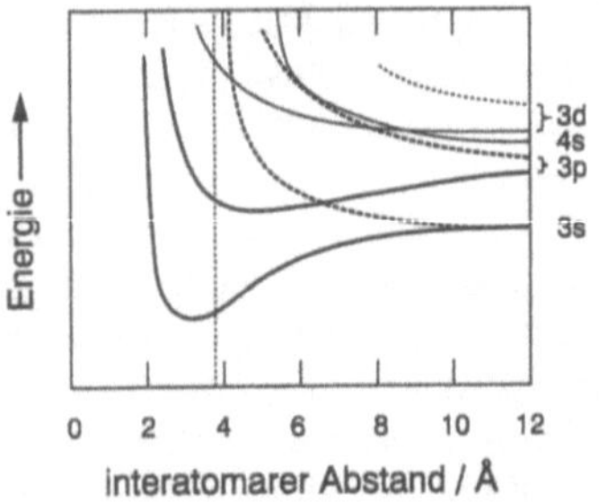

Abb. 2.10: Gezeigt ist die Verbreiterung und energetische Lage der Energieniveaus im Natriumkristall als Funktion des interatomaren Abstandes. Beim Gleichgewichtsabstand (gepunktet angedeutet) überlappen 3s- und 3p-Bänder. Aus [46].

rem Betrachten stellt man fest, dass beim Gleichgewichtszustand s- und p-Bänder überlappen und obige Relation (2.34) nicht vollständig ist[37]. Auch Abb. 2.11a zeigt dies, nun an Hand der Zustandsdichte. (Hierbei ist zu beachten, dass diese, wie

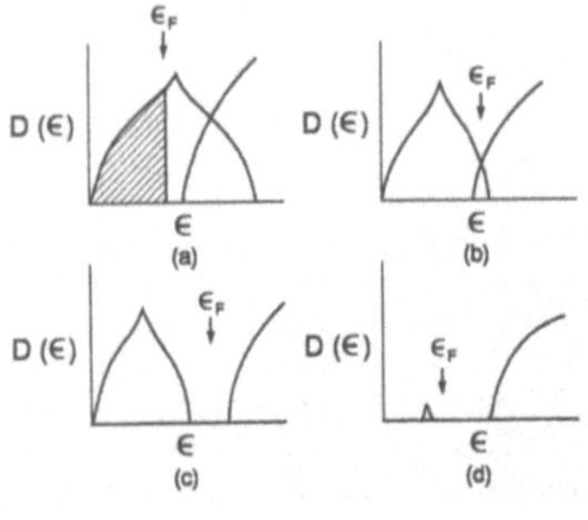

Abb. 2.11: Zustandsdichte als Funktion der Energie im Bändermodell, einfache Beispiele. Die Niveaus sind bei T=0 maximal bis ϵ_F besetzt. Im ersten Beispiel ist die Besetzung bei T=0 durch Schraffur angedeutet.
a) Normales Metall
b) Halbmetall
c) Halbleiter oder Isolator
d) Verunreinigter Halbleiter (s. Kap. 5)

im vorigen Abschnitt besprochen, nicht für alle Energien gemäß einer $\sqrt{\epsilon}$–Funktion ansteigen kann (vgl. Gl. (2.28).) Vielmehr muss sie — da für ein Band die Zahl der Niveaus gegeben ist — wieder auf Null absinken.) Die diskutierte Bandüberlappung ist der Grund, weswegen nun auch Erdalkalikristalle (Abb. 2.11b) Metalle darstellen. Allerdings sind ihre metallischen Eigenschaften schwächer ausgeprägt. Diese Elemente, deren äußeres s–Orbital doppelt besetzt ist, besäßen andernfalls

[37] Solche Überlappungen sind in Anbetracht der Bandbreite im Kristall und der Abstände der scharfen Energiezustände im isolierten Atom ja nicht überraschend.

vollbesetzte s–Bänder. Es gilt also:

$$\begin{array}{ccc} \mathrm{N\,Mg} & \rightleftharpoons & \mathrm{Mg_N} \\ \mathrm{N\,3s^{2(2)}3p^{0(6)}} & & (\mathrm{3s-3p-Band})^{\mathrm{2N(6N)}}. \end{array} \tag{2.35}$$

Umgekehrt ist Silicium trotz der Grundkonfiguration $KL3s^2 3p^2$ kein Metall, sondern ein Halbleiter (Abb. 2.11c). Es bilden sich, wie in Abschnitt 2.2.1 diskutiert, sp^3–Bindungen aus. Die Aufspaltung zwischen bindenden und antibindenden Niveaus wird durch die Bandverbreiterung nicht aufgewogen. Abb. 2.12a zeigt die

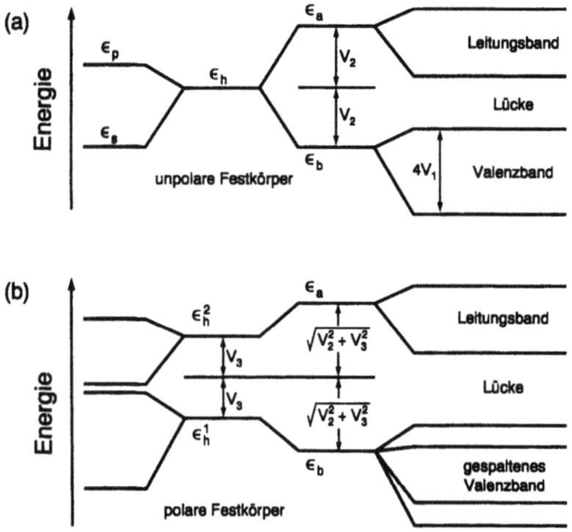

Abb. 2.12: a) Die Ausbildung eines unpolaren Kovalenzkristalles bestehend aus sp^3–Bindungen. b) Die Ausbildung eines polaren Kovalenzkristalles über sp^3–Bindungen. Nach [25]

Verhältnisse. Die sp^3–Hybridorbitalenergie ϵ_h ergibt sich aus ϵ_s und ϵ_p entsprechend $\frac{1}{4}\epsilon_s + \frac{3}{4}\epsilon_p$. Die Niveauaufspaltung ist näherungsweise durch die Kovalenzenergie V_2 gekennzeichnet, sie entspricht unserem Resonanzintegral von Abschnitt 2.1, allerdings bezogen auf die Hybridfunktionen. Außerdem ist der qualitativen Diskussion wegen das Überlappungsintegral vernachlässigt. Abb. 2.13 veranschaulicht die energetischen Verhältnisse in Abhängigkeit des interatomaren Abstandes[38]. Bei großen Abständen wäre Si entsprechend der geringen Überlappung in der Tat metallisch. Entsprechend der Grundkonfiguration wäre das p–Band zu einem Drittel besetzt. Bei geringer werdendem Abstand verbreitern sich nicht nur wegen besserer Überlappung die Bänder, sondern es kommt wegen der starken Aufspaltung zwischen bindenden und antibindenden Hybridniveaus zu der Bildung einer Lücke. Entsprechend der Ausbildung einer "geschlossenen Schale" im molekularen Bild ist das untere Band voll besetzt. Beim Gleichgewichtsabstand ist die Lücke ca. 1eV groß,

[38]Beim Si befindet sich beim Gleichgewichtsabstand das oberste antibindende s–Orbital oberhalb des p–Pendants. Dies entspricht nicht der Abb. 2.13. Die dort angegebenen Verhältnisse entsprechen eher dem des Germaniums [47]. Allerdings kommt es auf solche Feinheiten hier nicht an.

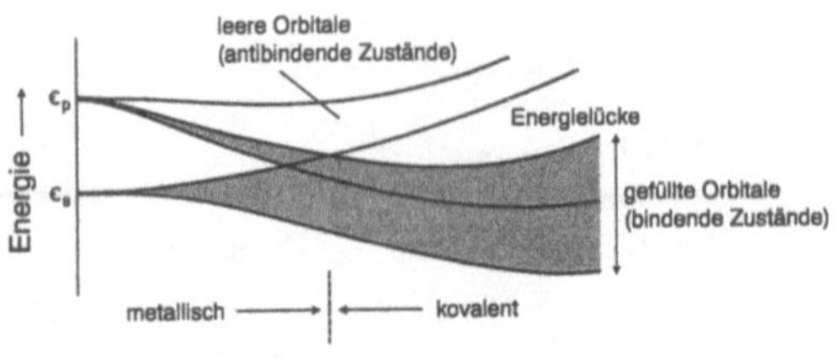

Abb. 2.13: Energie als Funktion des interatomaren Abstandes bei den Elementen der IV Hauptgruppe[38] (Diamant, Silicium, Germanium, α–Zinn). Der interatomare Abstand verringert sich von links nach rechts. Aus [25].

somit ist Silicium ein Halbleiter. Wie Abb. 2.12 zeigt und sich beweisen lässt [30], bestimmt $\epsilon_p - \epsilon_s$ ungefähr die Breite des sp^3–Valenzbandes ($4V_1$), und somit ist das Verhältnis der s–p–Aufspaltung zur Aufspaltung zwischen bindenden und antibindenden Hybridniveaus (V_2) essentiell für die Frage, ob metallische oder Halbleitung vorliegt. V_1 bezeichnet man häufig geradezu als Metallizitätsenergie.
Die Abb. 2.13 ist gleichzeitig auch repräsentativ für die Variation der (Gleichgewichts–) Bindungssituation in der IV. Hauptgruppe vom (Halb–) Metall α–Sn über die Halbleiter Ge, Si zum Isolator Diamant.
In ionischen Festkörpern wie beim NaCl sind die Elektronen ebenfalls fixiert, hier aber (fast) ausschließlich beim Anion. Die Delokalisierung ist gering entsprechend der Ausbildung schmaler Bänder (vgl. Abschnitt 2.2.2). Die Abbildungen 2.12b und 2.14 illustrieren die Situation im polaren Festkörper. Hier bietet es sich an,

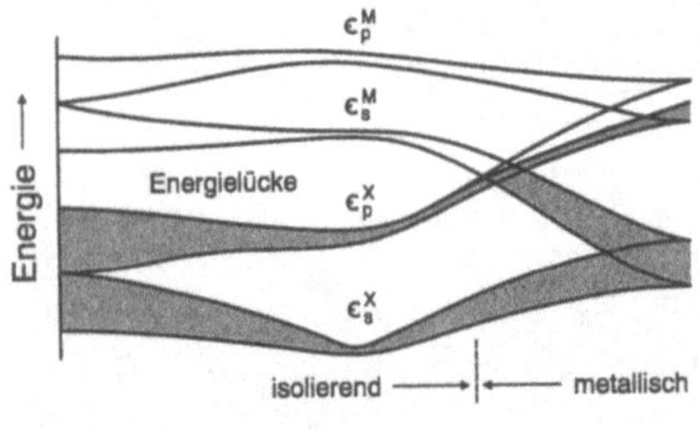

Abb. 2.14: Die Veränderung der Energieniveaus bei Veränderung von Ionizität (auf Kosten der Kovalenz) und Metallizität im MX–Kristall (s. Text, vgl. hierzu auch Abb. 2.13). Aus [25].

etwa die isoelektronische Reihe Ge, GaAs, ZnSe, CuBr zu betrachten. Die Kristallstruktur ist die gleiche, und unsere Diskussion geht auch hier über die sp^3–Orbitale (s. Abb. 2.12b). Analog zu $\Delta\alpha$ in Abschnitt 2.1.2 definiert man eine Polaritätsenergie in bezug auf die beiden nun verschiedenen Hybridniveaus (Abb. 2.12b) und bezeichnet sie mit V_3 [25]. Die Bindung ist dann maßgeblich charakterisiert durch $\sqrt{V_2^2 + V_3^2}$ analog zu $\sqrt{(\Delta\alpha)^2 + \beta^2}$ in Abschnitt 2.1.2. Abb. 2.14 zeigt, wie mit steigender Polarität oder Ionizität ($V_3/(V_2^2 + V_3^2)^{1/2}$, vgl. S. 28) sich wieder einzelne s– und p–Bänder ausbilden, die wegen geringer werdender Überlappung auch schmaler werden. Das Verhältnis $V_1/(V_2^2 + V_3^2)^{1/2}$ bezeichnet man analog als Metallizität [25] und das zur Ionizität komplementäre Verhältnis $V_2/(V_2^2 + V_3^2)^{1/2}$ als Kovalenz (vgl. auch die Definition für das Dimer, Fußnote 8).

Bewegt man sich in Abb. 2.14 weiter nach rechts, macht man also die starke Polarität wieder zunichte, indem man die Atome ähnlicher macht, aber gleichzeitig die Metallizität ansteigen (s–p–Aufspaltung) lässt, so gelangt man zum metallischen Zustand. Hier ist es nicht mehr der Unterschied zwischen den Elektronegativitäten, sondern zwischen ϵ_s und ϵ_p, der zählt. Das Wechselspiel zwischen dem Aufspalten bindender und antibindender Zustände, der s–p–Aufspaltung und der Polarität, reflektiert in den Parametern Kovalenz, Metallizität und Ionizität[39], legt näherungsweise die verschiedenen Bindungstypen fest, wie dies das "Phasendiagramm" (Abb. 2.15) belegt.
Während beim polaren Festkörper mit vollständig besetzten Bändern die Elektronen im lokalen Bild[13] eine zur Anionenkoordinate hin verschobenen Aufenthaltswahr-

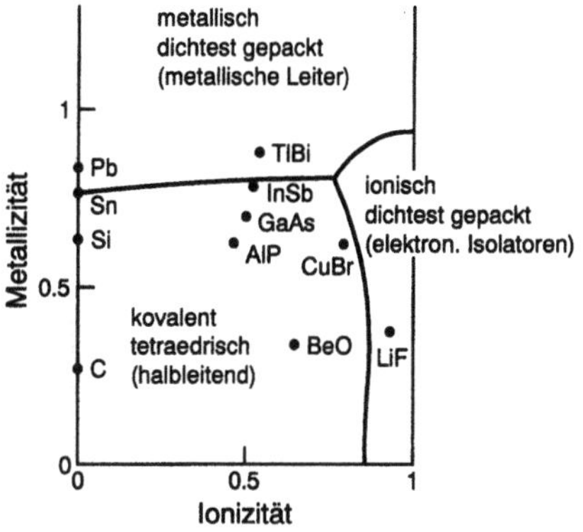

Abb. 2.15: Abgrenzung einfacher Bindungstypen durch die Parameter Metallizität und Ionizität[39]. Nach [25].

scheinlichkeit besitzen und näherungsweise als am Anion fixiert betrachtet werden können, sind die Elektronen bei den Übergangsformen zur metallischen Bindung hin partiell frei beweglich. Beim Halbmetall liegt die Oberkante des Valenzbandes gerade etwas über der Unterkante des Leitungsbandes (s. α–Sn), so dass ersteres einen geringen Anteil von Löchern, letzteres einen geringen Anteil von Elektronen aufweist. Beim Bismut[40] beträgt diese Konzentration $\sim 3 \times 10^{17}/\text{cm}^3$, entsprechend einer vergleichsweise geringen Leitfähigkeit[41]. Im Unterschied zum Halbleiter verschwindet die Leitfähigkeit nicht am absoluten Nullpunkt. Die Mehrzahl der äußeren Elektronen sind jedoch fest gebundene Bindungselektronen (Abb. 2.11b).
Bei den intermetallischen Verbindungen (z.B. Mg_2Pb) ist die Situation vergleichbar, hier ist allerdings die Mehrzahl der äußeren Elektronen am Anion lokalisiert. Diese Übergangsformen befinden sich in der Nähe der rechten oberen Grenzlinie in Abb. 2.15.

[39] Man beachte, dass Kovalenz und Ionizität nicht unabhängig voneinander sind.

[40] Bismut hat 5 Außenelektronen, weist aber 2 Atome pro Gitterzelle auf und bildet sozusagen Paare (Bi_2 als kleinste strukturelle Einheit).

[41] Bei Metallen ist in der Leitfähigkeit eine effektive Elektronenkonzentration in Rechnung zu stellen, die $(d\epsilon/dk)$ am Ferminiveau proportional ist.

Abbildung 2.16 zeigt realistische Bandstrukturen im k-Raum[28] für Kristalle vom Zinkblendetyp (s. u., Abb. 2.22). Die Abhängigkeit $\epsilon(\mathbf{k})$ entspricht natürlich einer

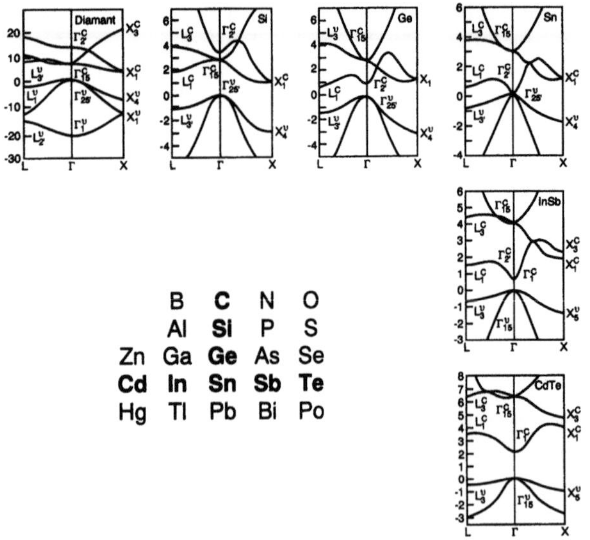

Abb. 2.16: Bandstruktur von AB–Kristallen vom Zinkblendetyp. In der oberen Reihe wird die IV. Hauptgruppe von oben nach unten passiert (Diamantstruktur: falls A=B). In der rechten Spalte wird isoelektronisch der vertikale Abstand im Periodensystem erhöht. Nach [30].

vierdimensionalen Darstellung. Zur graphischen Präsentation zeigt man normalerweise ϵ entlang eines ausgezeichneten Weges im reziproken Raum[28]. Die Punkte L, Γ, X sind Punkte hoher Symmetrie[42]. Der Γ–Punkt entspricht dem Nullpunkt. Die obere Reihe in Abb. 2.16 zeigt die angesprochene Variation vom Isolator Diamant über die Halbleiter Si, Ge zum Halbmetall Sn. Die anschließende Spalte bezieht sich auf die ebenfalls diskutierte isoelektronische Erhöhung der Polarität mit größer werdender Lücke und schmaler werdenden Bändern (Sn, InSb, CdTe).
An dieser Stelle sei noch einmal darauf hingewiesen, dass die Behandlungsweise, die vom fast freien Elektron ausgeht[43] und diejenige, die das andere Extrem, nämlich das am Einzelatom gebundene Elektron zum Ausgangspunkt nimmt, zu ähnlichen Resultaten führten. Da allerdings die tieferliegenden Elektronen für viele Fragestellungen keine wesentliche Rolle spielen, ist man häufig nicht unbedingt darauf angewiesen, alle atomaren Feinheiten zu berücksichtigen: In diesem Sinne hat sich die Behandlung mit sogenannten Pseudopotentialen[44] sehr bewährt. Für Einzelheiten sei hier auf die Literatur verwiesen [49]. Generell ist festzuhalten und einleuchtend, dass die von der Annahme des fast freien Elektrons ausgehenden Ansätze besser

[42] vgl. hierzu etwa Ref. [41,47]

[43] Das Kronig–Penney–Modell ist natürlich für genauere Rechnungen unbrauchbar. Heutzutage ist es für die Behandlung von Halbleiterübergittern [48] wieder aktuell geworden.

[44] Das Pseudopotential wirkt als — vergleichsweise schwache — effektive Störung des freien Elektrons.

zur Behandlung der Elektronen in den Leitfähigkeitsbändern geeignet ist, während die Näherungsansätze, die von der Überlappung der Atomorbitale ausgehen, eher geeignet sind, die Elektronen im Valenzband zu beschreiben. Auf die Begründung der Tatsache, weswegen die Einelektronennäherung trotz der enormen Vereinfachungen so überraschend gut funktioniert sowie auf die zahlreichen Erweiterungen zur Berücksichtigung elektronischer Korrelationen[45] kann hier nicht eingegangen werden.
Es ist ersichtlich, dass die Bindungsverhältnisse im Festkörper — von detaillierten elektronischen Eigenschaften, insbesondere beim Metall, abgesehen — durchaus mit der nach dem Molekülbild erwarteten Situation übereinstimmen[13]. Auch im Festkörper transferieren die Na–Atome ihre Elektronen zum Cl, oder binden sich benachbarte C–Atome über kovalente Bindungen. Betrachten wir also nacheinander die den verschiedenen Bindungstypen entsprechenden Festkörpertypen und nehmen das Zweizentrenbild als Ausgangspunkt.

2.2.2 Ionenkristalle

Was passiert beim Kontakt sehr vieler, sagen wir jeweils N, Natrium– und Chloratome? Betrachten wir im Gedankenexperiment die Na's und Cl's paarweise. Die Natriumatome werden ihre 3s–Elektronen an die Chloratome transferieren. Die entstehenden Ionen wechselwirken vor allem über Coulomb–Kräfte, die an sich völlig ungerichteter Natur sind, d.h. alle Paare des Gedankenexperiments werden sich spontan zu einem dreidimensionalen — aus Symmetriegründen translationssymmetrischen — Riesen–Coulomb–Polymer, d.h. zu einem Ionenkristall, ordnen. Die quantenmechanische Abstoßung, die erst bei kleinen Abständen wirksam wird, verhindert, dass sich die Ionenhüllen durchdringen (Dies entspräche ja der Durchdringung zweier Orbitalsysteme mit Edelgaskonfiguration, s. Abschnitt 2.). Die Bindungsenergie des "Riesen–Coulomb–Polymers" ist nun nach Gl. (2.13) in erster Linie abgesehen von Ionisationspotential und Elektronenaffinität durch die Coulomb–Energie des gesamten Verbandes gegeben (Wie Bild 2.4 (S. 37) zeigte, pendelt sich dieses Kristallverhalten schon für relativ kleine N ein.). Bei ausgeprägter Ionenbindung beträgt der Anteil der Abstoßung nicht mehr als 10%. Diese Effekte wie auch Polarisationseffekte wollen wir deshalb zunächst vernachlässigen. Die Summation über alle Coulomb–Effekte bei gegebener Kristallstruktur führt im Falle der Kochsalzstruktur des NaCl (z: Ladungszahl, hier $|z_i| = 1$) zu: $i(\neq)j$

$$\begin{aligned} E_{Cou} &= \frac{1}{4\pi\varepsilon_0}\frac{1}{2}\sum_{i\neq j}\sum_j z_i z_j \frac{e^2}{R_{ij}} \\ &= \frac{1}{4\pi\varepsilon_0} N \frac{2e^2}{a}\left(-\frac{6}{\sqrt{1}} + \frac{12}{\sqrt{2}} - \frac{8}{\sqrt{3}} + \frac{6}{\sqrt{4}} \pm \cdots\right) = \frac{1}{4\pi\varepsilon_0} N \frac{2e^2}{a} 1.748 \qquad (2.36) \\ &= \frac{1}{4\pi\varepsilon_0} N \frac{2e^2}{a} f = \frac{1}{4\pi\varepsilon_0} N \frac{e^2}{b} f. \end{aligned}$$

[45]Sehr hilfreich ist der Sachverhalt, dass — wie die Gesamtenergie — die Korrelationsenergie ein Funktional der Elektronendichte darstellt. Nicht zuletzt für den Beweis diese Theorems wurde W. Kohn [50] mit dem Chemie–Nobelpreis des Jahres 1998 ausgezeichnet.

Wie man sich an Hand der Kristallstruktur in Abb. 2.17 leicht klarmacht, besitzt jedes Na^+-Ion 6 Cl^--Ionen als nächste Nachbarn im Abstand der halben Gitterkon-

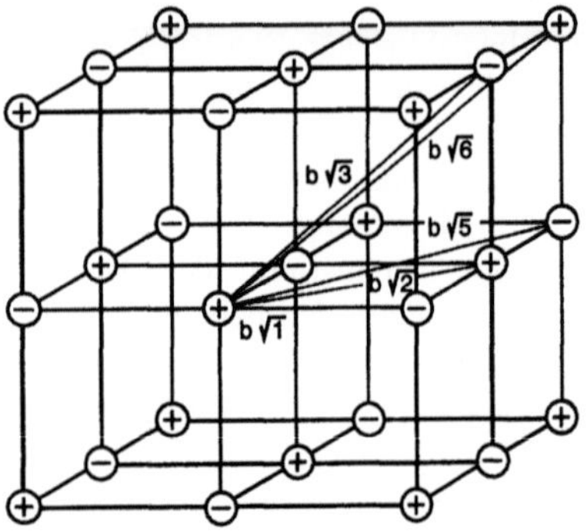

Abb. 2.17: Die Abstände im Kochsalzgitter zu den nächsten, übernächsten etc. Nachbarn. Der Nächste–Nachbar–Abstand (b) ist die halbe Gitterkonstante.

stanten (a/2), als übernächste Nachbarn 12 Na^+-Ionen im Abstand $(a/2)\sqrt{2}$ und als überübernächste Nachbarn 8 Cl^--Ionen im Abstand $(a/2)\sqrt{3}$ usw. Für Cl^- als Aufpunkt sind die Verhältnisse analog. Die Abstände R_{ij}, über die zu summieren ist, sind natürlich alle zur Gitterkonstanten a bzw. zum Nächste–Nachbarn–Abstand b (hier =a/2) proportional. Die resultierende schlecht konvergierende Summe dieser Proportionalitätsfaktoren multipliziert mit der Zahl der entsprechenden Koordinationszahl ergibt die Madelungkonstante[46] f in Gl. (2.36). Sie ist charakteristisch für den jeweiligen Gittertyp und unabhängig von der Gitterkonstanten[47] (und im symmetrischen Falle, d.h. $|z_i| = |z_j|$, unabhängig von der Absolutladung). Sie beträgt für die Kochsalzstruktur 1.748. Die Coulomb–Energie pro Mol Substanz (d.h. gebildet aus 1 Mol Monomer, N_a=Avogadro–Zahl) nennt man normalerweise Madelungenergie:

$$E_{Mad} = -\frac{1}{4\pi\varepsilon_0} N_a \frac{z_1 z_2 e^2}{b} f. \qquad (2.37a)$$

[46] Aufgrund dieser schlechten Konvergenz wird die Reichweite der elektrostatischen Wechselwirkung in bezug auf die Chemie der Ionenkristalle häufig falsch eingeschätzt. Es kann gezeigt werden, dass eine Summation über geeignet zusammengefasste NaCl–Einheiten zu einer schnellen Konvergenz führt (das effektive Coulomb–Potential verfällt dann mit der fünften Potenz des Abstandes) [51]. Ein direkter Beleg der Dominanz der unmittelbaren Nachbarschaft gibt auch die Information, dass sich selbst bei ausgeprägten Ionenkristallen Sublimations- und Verdampfungsenergie nur sehr wenig unterscheiden [52]. Vgl. hierzu Bild 2.4 sowie Fußnote 20 auf S. 36.

[47] Für eine äquidistante Kette aus abwechselnd positiven und negativen Ionen im Abstand b ergibt sich unmittelbar das einfache Resultat

$$f = 2\left(\frac{b}{b} - \frac{b}{2b} + \frac{b}{3b} \mp \ldots\right) = 2 \lim_{x\to 1} \ln(1+x) = 2\ln 2.$$

In der Literatur sind unterschiedliche Definitionen der Madelungkonstanten[48] üblich. Dies gilt vor allem bei Ionenkristallen mit verschiedenem Absolutbetrag der Ladungen von Kation und Anion, wie etwa CaF_2 oder Al_2O_3. Um in solchen Fällen nicht allzusehr abhängig zu sein von den Absolutladungen, ist es sinnvoll, reduzierte Madelungzahlen (f^*) zu definieren. Ist M_mX_x die chemische Formel eines solchen heterovalenten Kristalls, lautet eine übliche Definition

$$E_{Mad} = -\frac{1}{4\pi\varepsilon_0} N_a \frac{z_1 z_2 e^2 (m+x)}{2b} f^*. \tag{2.37b}$$

Auf diese Weise erhaltene Madelungkonstanten sind einander, auch für verschiedene Ladungen, ähnlich. Für unsere Zwecke genügt es uns festzuhalten, dass die Madelung-Energie über die struktur- und ladungsbestimmten Parameter f, a, z_M, z_X gegeben ist und diese Madelungenergie zum Großteil die gesamte Gitterenergie darstellt.

Besonders erwähnenswert ist der bilineare Einfluss der Ladungszahlen. MgO kristallisiert in der Kochsalzstruktur, besitzt also die gleiche Madelungkonstante wie NaCl, die Gitterkonstante ist nur unwesentlich kleiner (4.2Å statt 5.3Å). Die doppelte Ladungszahl ist hauptsächlich für die ca. fünfmal größere Madelungenergie verantwortlich. Der Ladungseffekt führt zu der enormen Stabilisierung solcher Oxide wie Al_2O_3 oder ZrO_2 (s. Kap. 4).

Die Gitterenergie ist bei Ionenkristallen als negative Reaktionsenergie bzgl.

$$\text{Reaktion G} = \qquad mM^+(g) + xX^-(g) \rightleftharpoons M_mX_x(s) \tag{2.38}$$

definiert und kann bei ausgeprägter Ionenbindung schon für die niedrig geladenen Alkalihalogenide Werte in der Größenordnung von 1MJ/mol erreichen (s. Tabelle 2.1). Wie schon erwähnt, hängt sie über die Größen I_M und A_X in einfacher Weise mit der Bindungsenergie, d.h. der Reaktionsenergie der Reaktion (vgl. mit Gl. (2.11))

$$\text{Reaktion B} = \qquad mM(g) + xX(g) \rightleftharpoons M_mX_x(s), \tag{2.39}$$

zusammen. Eine weitere wesentliche Größe ist die experimentell zugängliche und für Standardbedingungen tabellierte thermodynamische Bildungsenergie aus den Elementen, normalerweise aus festem M und gasförmigem X_2 zu

$$\text{Reaktion F} = \qquad mM(s) + \frac{x}{2}X_2(g) \rightleftharpoons M_mX_x(s). \tag{2.40}$$

Der Unterschied zwischen Bildungs- und Bindungsenergie involviert dann noch die Sublimationsenergie von M(s) und die Dissoziationsenergie von X_2. Da diese ebenfalls experimentell zugänglich sind, lässt sich die Gitterenergie aus rein experimentellen Daten erhalten (Born–Haber–Prozess). Diese so errechneten Werte sind ebenfalls

[48] Man vergewissere sich stets, ob die Madelungskonstante (so wie hier) auf den kürzesten Kation–Anion–Abstand, auf die Gitterkonstante, auf die Kantenlänge eines gerade die Formeleinheit enthaltenden Würfels bezogen ist, ob der größte gemeinschaftliche Teiler der Ladungen in f einbezogen ist oder nicht etc. Vgl. hierzu [53,54,25]

Tabelle 2.1: Beiträge zur Gitterenergie von Alkalihalogeniden (kJ/mol)

Kristall	E_{Mad}	$E_{Abstoßung}$	$E_{v.d.Waals}$	E_{total}	Gitterenergie aus Born-Haber-Kreisprozeß *
LiF	1194.4	184.5	16.3	1026.3	1003
NaF	1038.0	147.7	18.8	909.1	920
NaCl	854.7	98.3	21.7	778.2	787
NaBr	807.1	86.2	23.0	743.9	747
NaI	744.7	71.5	26.3	698.5	700
KCl	766.4	89.9	29.7	706.2	716
RbCl	735.5	83.2	33.0	685.3	670
CsCl	679.8	74.0	48.9	654.8	627

* Die Gitterenergie ($E_{Git} = -\Delta_G E$) ergibt sich durch Aufsummierung der Reaktionsenergien von Zerfalls– (d.i. negative Bildungs–), Metallsublimations–, Metallionisierungs–, halber Nichtmetalldissoziations– und Nichtmetallionisierungsreaktion. Experimentell zugänglich sind in der Regel die Enthalpien der Einzelreaktionen. Die sich dann ergebende Gitterenthalpie unterscheidet sich nicht sehr von der Gitterenergie. Die Differenz ist wegen $-\Delta_G(pV) < 2RT < 0.1$kJ/mol (s. Gl. (2.38)) geringfügig. Nach [55].

in Tab. 2.1 angeführt und berücksichtigten schon die nötigen Korrekturen zur reinen Madelungenergie.
Diese beinhalten Bindungskorrekturen (Polarisations– bzw. Dispersionseffekte) und Nullpunktsenergie.
Immerhin bewirkt die Beschränkung auf den Coulomb–Term Fehler in einer Größenordnung, in der sich Energiedifferenzen relevanter Kristallstrukturen bewegen, so dass schon eine Entscheidung über die Kristallstruktur von der Punktladungselektrostatik nicht zu leisten ist. So kristallisieren Na^+Cl^- und Cs^+Cl^- (s. Abschnitt 2.2.7) in verschiedenen Kristallstrukturen. Hierfür werden maßgeblich Größeneffekte verantwortlich gemacht, die ja auch Abstoßungseffekte (und u.U. Polarisationseffekte) widerspiegeln[49].
Die erst bei sehr geringen Abständen greifende quantenmechanische Abstoßung kann formal mit dem in Abschnitt 2.1.6 eingeführten Miepotential beschrieben werden. Im Abstoßungsterm $\propto r^{-n}$ ist $n \sim 9$ (Alkalihalogenide). Statt des reinen Coulomb–Potentials ist in Gl. (2.36) bei der Summation dann ein Potential nach Gl. (2.20) in Rechnung zu stellen. Es ist wegen der geringen Reichweite ausreichend, die nächsten Nachbarn zu betrachten. Wie auch immer, das Resultat ist ein Ausdruck der Form der Gl. (2.18), nun aber für die Gesamtenergie. In gleicher Weise ergibt sich für die Energie beim Gleichgewichtsabstand $\hat{r}$ eine der Gl. (2.19b) analoge Beziehung. Es ist also am Ende die Madelung–Energie wegen m=1 mit dem Faktor $\left(1 - \frac{1}{n}\right)$ zu multiplizieren und damit die vorläufige Gitterenergie für n=9 um ca. 10% (Alkali-

[49]Vgl. hierzu Ref. [53].

halogenide) nach unten zu korrigieren:

$$E_{Git} = -\Delta_G E = E_{Mad}\left(1 - \frac{1}{n}\right). \tag{2.41}$$

Legt man die gesamte Wechselwirkung rein formal auf eine Wechselwirkung mit den nächsten Nachbarn um, so erhält man eine effektive Paarbindungsenergie zwischen Anion und Kation. Beim NaCl mit der Koordinationszahl 6 ergibt sich $E_{Na^+/Cl^-} = E_{Git}/6$.
Weitere Verfeinerungen bestehen in der Berücksichtigung von van der Waals- und Polarisationseffekten (Multipoleffekte vor allem bei niedersymmetrischen Strukturen), die häufig ebenfalls mit Potenzfunktionen angesetzt werden können (typ. r^{-6}, r^{-8}) sowie Nullpunktsschwingungsbeiträge (s. nächstes Kapitel); erstere führen wegen der Anziehung zu einer Erhöhung von E_{Git} ($\sim$ 1% bei Alkalihalogeniden, bei den hochpolarisierbaren Silberhalogeniden jedoch führt die Vernachlässigung solcher Korrekturen zu signifikanten Fehlern), die zweiten führen zu einer schwachen Absenkung in ähnlicher Größenordnung. Weitere Effekte, die u.U. von Wichtigkeit sein können und nicht unabhängig von obigen sind, sind kovalente Anteile durch Orbitalüberlappung — insbesondere von Wichtigkeit bei komplexen Ionen — sowie Zusatzeffekte durch energetische Orbitalaufspaltung bei Übergangsmetallkationen. Dieser Kristallfeldeffekt wurde als Ligandenfeldeffekt in Abschnitt 2.1.3 angesprochen. Bei höheren Temperaturen geht natürlich die Schwingungsenergie verstärkt ein (s. nächstes Kapitel), außerdem ändert sich die Gitterkonstante aufgrund von Anharmonizitäten[49].

Bislang haben wir die Effekte, die zur Bandausbildung führen bei unserem Ionenkristall nicht explizit berücksichtigt[50]. Wenn auch die relevanten Na–Cl–Resonanzintegrale beim NaCl als ausgeprägt ionischer Verbindung vernachlässigbar sind, so gilt das nicht in gleichem Maße für die Bandbreiten. Diese sind durch die β–Werte der Na–Na– (Leitungsband) und der Cl–Cl–Wechselwirkung (Valenzband) bestimmt. Aufgrund der Wichtigkeit der Oxide in unserem Kontext seien die Verhältnisse für Hauptgruppen- und Übergangsmetalloxide etwas ausführlicher beleuchtet. Abbildung 2.18 zeigt die Abfolge der Bänder, Besetzung und Zustandsdichte für MgO. Auch hier sind nur s- und p–Niveaus wichtig. Der starken Ionizität Rechnung tragend liegen die Mg–Orbitale deutlich über den O–Orbitalen (s. Abb. 2.14). Der Elektronenübertrag ist fast vollständig und die Elektronen fest am O^{2-} gebunden: Am absoluten Nullpunkt sind die äußeren Mg–Orbitale leer, die vom Sauerstoff voll besetzt. Dem Übergang eines Elektrons vom Valenz- ins Leitungsband entspricht dann die innere Reaktion $O^{2-} + Mg^{2+} \longrightarrow O^- + Mg^+$ (7eV). Dieser innere Ladungstransfer ist allerdings immer noch leichter möglich als beim stärker ionischen NaCl (10eV). Die Bandbreiten der Orbitale sind durch die kleinen Resonanzintegrale der Mg–Mg- bzw. O–O–Wechselwirkung bestimmt. Das Resonanzintegral der elektronischen Mg–O–Wechselwirkung ist, wie beim NaCl, vernachlässigbar. Die

[50]Eine sehr gute Behandlung bietet Ref. [31].

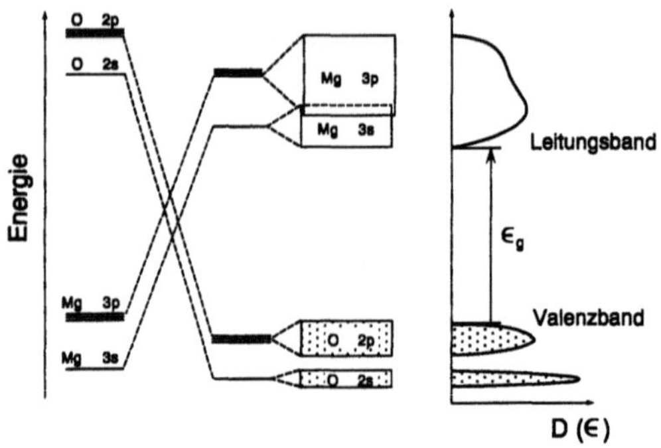

Abb. 2.18: Entwicklung der Bandstruktur beim Hauptgruppenmetalloxid MgO. Im isolierten Zustand (nicht gezeigt) liegt das Mg-3s-Orbital unterhalb des O-2p-Orbitals, d. h. die Bindungselektronen sind am Mg lokalisiert. Im kondensierten Ensemble (vor allem als Folge der Madelung-Energie) dreht sich die Reihenfolge um. Die beiden 3s-Elektronen des Mg werden zu 2p-Elektronen des Sauerstoffs ($Mg+O \rightarrow Mg^{2+}O^{2-}$). Durch Orbital-Überlappung entstehen Bänder, deren Zustands- und Besetzungsdichte ganz rechts gezeigt sind. Nach [56,57].

Stabilität der Ionen beruht in erster Linie auf der Madelung-Energie. Isoliert man die Teilchem voneinander, so bilden sich die neutralen Atome. Sie sind stabiler als die isolierten Ionen (s. Gl. (2.13)) entsprechend der Differenz von Elektronenaffinität und Ionisationspotential ($A_X - I_M$) (vgl. Abschnitt 2.1.3). Im Unterschied zu Abb. 2.18 liegen dann die Mg-3s-Orbitale unterhalb der O-2p-Orbitale.

Beim analogen Aufbau im Falle der Übergangsmetalloxide würde man für Oxide der Art $M^{2+}O^{2-}$ wegen der nichtabgeschlossenen d-Teilschale eine metallische Leitung vermuten. Hier ist jedoch der in Kap. 2.1.3 besprochene Ligandenfeldeffekt wesentlich, der den d-Orbitalen verschiedene Energien zuweist. Im oktaedrischen Ligandenfeld sind die Verhältnisse wie in Abb. 2.19 angegeben. Ligandenfeldeffekt (Stärke der $e_g t_{2g}$-Aufspaltung) und Wechselwirkung der Atomorbitale gleicher Energie (Bandbreite) bestimmen, ob teilweise oder ganz gefüllte Bänder vorliegen. Im letzten Fall ist das Übergangsmetalloxid ein Halbleiter und der Band-Band-Übergang eine Redoxdisproportionierung von M^{2+}. Man beachte auch, dass eine Teilbesetzung noch keine hinreichende Voraussetzung für metallische Leitung darstellt. Es muss auch ein kritischer Nächste-Nachbarabstand unterschritten sein (s. Abschnitt 2.2.5). Bei höheren Oxiden, bei denen das Metallatom alle äußeren Elektronen abgegeben hat, wie beim "Isolator" TiO_2 (Ti^{4+}), ähnelt die Situation den Hauptgruppenmetallen darin, dass die relevanten Metall-Orbitale (hier d-Orbitale) unbesetzt sind und näherungsweise die O-2p-Orbitale das Valenzband stellen (Leitungsband beim TiO_2: Ti-3d).

2.2.3 Molekülkristalle

Betrachten wir nun eine Ansammlung vieler elektronegativer Elemente. Da die kovalente Bindung gerichtet und in guter Näherung lokal absättigbar ist, hängt die

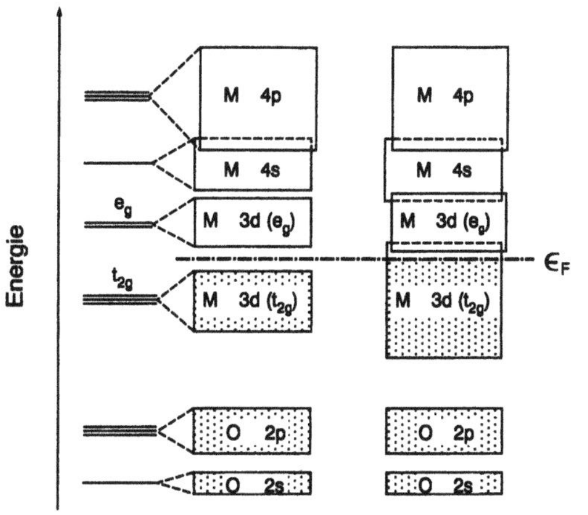

Abb. 2.19: Entwicklung der Bandstruktur bei Übergangsmetalloxiden der Formel $M^{2+}O^{2-}$ im oktaedrischen Ligandenfeld. Auch hier liegen im isolierten Zustand die relevanten M–Orbitale (3d) unter den O–2p–Orbitalen (nicht gezeigt). Nach [56,57].

weitere Entwicklung sehr von der Natur der zur Verfügung stehenden Elementen ab. Eine Anhäufung von Cl–Atomen reagiert unter Normalbedingungen zu einer Ansammlung von bindungsmäßig saturierten Cl_2–Molekülen. Hier bildet sich bei Zimmertemperatur überhaupt keine kondensierte Phase. Ein Festkörper entsteht erst bei tiefen Temperaturen, bei denen Bindungskräfte höherer Ordnung (dies trägt der Tatsache Rechnung, dass die Zweizentren–Bindung doch nur näherungsweise abgesättigt ist), die oben erwähnten Dispersionskräfte oder Londonkräfte, relevant werden, die auf der Wechselwirkung mit induzierten Dipolen beruhen (Abschnitt 2.1.2). Diese intermolekularen Bindungskräfte sind im Vergleich zu den starken intramolekularen Kräfte äußerst schwach. Bezeichnen wir für unsere Zwecke die kovalente Bindung mit eckigen, die van–der Waals–Bindung mit geraden Klammern, lässt sich diese Bindungsmischform mit $|[Cl_2]|_{\overset{3}{\infty}}$ notieren[51] Thermodynamische Bildungsenergien (s. Gl. (2.42)) solcher dreidimensionaler van–der–Waals–Polymere oder Molekülkristalle, gebildet nach

$$(N/2)\,Cl_2(g) \rightleftharpoons (Cl_2)_N(s), \qquad (2.42)$$

sind betragsmäßig typischerweise in der Größenordnung von 10kJ/mol. Sie sind identisch mit den negativen Sublimationsenergien. Sinnvollerweise definiert man auch die Gitterenergie über Gl. (2.42), wobei man auf alle Fälle die nun merkliche Nullpunktsenergie der Schwingung hinzu addieren muss. Zwischen 1 und 20kJ/mol bewegen sich die intermolekularen Bindungsgrößen bei Edelgaskristallen (die Nullpunktsenergie ist in der Größenordnung von 1kJ/mol), also bei Atomkristallen wie $|Ar|_{\overset{3}{\infty}}$; deutlich größer, wegen der Wechselwirkung permanenter Dipole, sind die

[51] Der untere Index $\overset{3}{\infty}$, $\overset{2}{\infty}$, $\overset{1}{\infty}$ zeigt die unendliche Erstreckung in 3, 2 oder einer Dimension an. Der formale Index $\overset{0}{\infty}$ (in $|[Cl_2]_{\overset{0}{\infty}}|_{\overset{3}{\infty}}$) wird weggelassen.

Wechselwirkungen jedoch im Falle polarer Molekülkristalle wie HCl (s). Hier ist auch noch die besondere Rolle der Wasserstoffbrückenbindung zu berücksichtigen, wie sie in Kap. 2.1.2 angesprochen wurde.
Auch im Falle der Molekül- bzw. Atomkristalle leistet eine Potentialfunktion der Mieschen Form (Gl. (2.18, 2.19)) gute Dienste, und die Gitterenergie kann über

$$E_{Git} \propto \widehat{r}^{-m}(1 - m/n) \tag{2.43}$$

beschrieben werden.
Sowohl für den Anziehungs- als auch für den Abstoßungsterm treten hier der kurzen Reichweite der Bindung wegen hohe Exponenten auf ($m \simeq 6, n \simeq 12$). Besser bekannt ist in diesem Zusammenhang die Darstellung als Lennard-Jones-Potential, wie in Gl. 2.20b angegeben.
Besteht die Atomanhäufung aus Kohlenstoff und Wasserstoff, so sind je nach Bedingungen (Temperatur, Druck; Teilchenart und -zahl, d.h. chemische Umgebung)

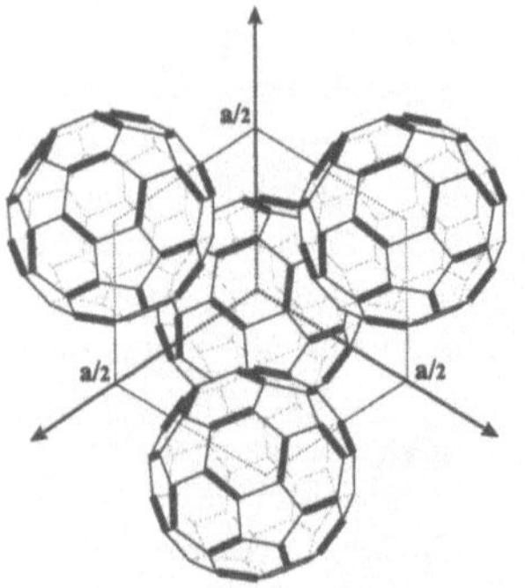

Abb. 2.20: Fullerit-Festkörper bestehen aus C_{60}-Molekülen, die untereinander durch van-der-Waals-Bindung zusammengehalten werden. In den Sechsecken alternieren nominell Doppel- und Einfachbindungen. In Wirklichkeit tritt partielle Delokalisierung ein. Die Anordnung ist bei Raumtemperatur kubisch flächenzentriert (s. Abschnitt 2.2.7). Die Gitterkonstante a beträgt 14.17Å. Nach [58].

verschiedene Fälle realisierbar. Bilden sich nur Kohlenstoff-Wasserstoff-Bindungen, sind Methan-Molekülkristalle $|[CH_4]|_{\infty}^{3}$ das Ergebnis. Kohlenstoff-Kohlenstoff-Bindungen sind wegen der Mehrbindigkeit des Kohlenstoffs nicht paarweise abgesättigt. So können sich z.B. eindimensionale Polymere bilden, die mit H abgesättigt sind, und ihrerseits durch van-der-Waals-Bindung zusammengehalten werden, im Grenzfall $|[CH_2]_{\infty}^{1}|_{\infty}^{2}$.
Beispiel zweidimensionaler kovalenter Vernetzung sind Graphit-Kristalle (s. Abb. 2.21), die aus kovalent gebundenen C-Ebenen (sp^2) bestehen, die ihrerseits über van-der-Waals-Bindungen zusammengehalten werden, $|[C]_{\infty}^{2}|_{\infty}^{1}$. In diesem Mischfalle (s. Abschnitt 2.2.6) bezieht sich die Gitterenergie auf die Bildung aus den C-Atomen und spiegelt im wesentlichen die Anteile der kovalenten Bindung wider. Ein aktuelles Beispiel sind Fulleren-Kristalle (Fullerite), die z.B. aus C_{60}-Molekülen (Buckminster-Fullerenen) bestehen ($|[C_{60}]|_{\infty}^{3}$ s. Abb. 2.20), welche untereinander durch van-der-Waals-Bindung zusammengehalten werden. Die intermolekulare Bindungsenergie ist 0.15eV (pro Einzelbindung) [59], die intramolekulare im Mittel ~7eV [58] (s. auch unten Gl. (2.46)).

2.2.4 Kovalenzkristalle

Den Extremfall eines 3D–Riesenkovalenzpolymers stellt Diamant, $[C]^{3}_{\infty}$, dar (s. Abb. 2.21):

$$N\,C(g) \rightleftharpoons C_N(s). \tag{2.44}$$

Solche Kovalenzkristalle besitzen ebenfalls hohe Bildungsenergien aus den Atomen (u.U. ~ -1MJ/mol), die der negativen Gitterenergie bzw. negativen Sublimations-

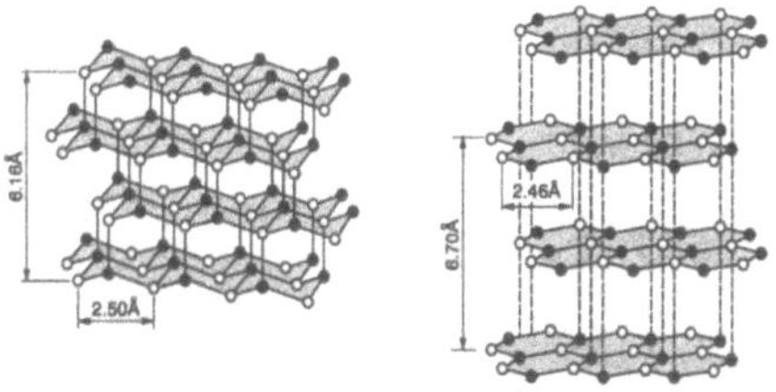

Abb. 2.21: Die Strukturen von Diamant (links) und dem unter Normalbedingungen etwas stabileren Graphit (rechts). Während der Diamant einen echten Kovalenzkristall darstellt, liegt beim Graphit eine Mischform aus kovalenter Bindung (innerhalb der Schichten) und van–der–Waals–Bindung (zwischen den Schichten) vor. Die Symbole sind nur aus Darstellungsgründen unterschiedlich gewählt. In beiden Festkörpern sind die C–Atome identisch. Ordnet man jedoch im linken Bild die unterschiedlichen Symbole verschiedenen Elementen zu, ist die Zinkblende–Struktur realisiert (s. Abb. 2.22). Aus [60].

energie sowie der Bindungsenergie gleichgesetzt werden können. Im Unterschied zu obigen Kristalltypen ist in diesem Fall keine Unterscheidung zwischen intra– und intermolekularer Bindung zulässig (wie bei Ionenkristallen) und gleichzeitig die Bindung gerichtet und in guter Näherung von sehr kurzer Reichweite. Wir brauchen daher nicht Bezug zu einer mehr oder weniger empirischen Potentialfunktion zu nehmen, sondern können uns direkt auf eine effektive Bindungsenergie des Zweizentrenproblems stützen. Wir haben ausführlich gesehen, dass die Bindungsenergie beim Wasserstoffproblem in Näherung über das reduzierte Resonanzintegral gegeben ist. Beim Diamant (oder Si, Ge, α–Sn) etwa ist zwar dieser Zusammenhang, wie in Abschnitt 2.2.1 diskutiert, komplexer, insbesondere muss noch die Anregungsenergie vom elektronischen Grundzustand in den sp^3–Valenzzustand berücksichtigt werden; immerhin zeigt die Theorie wie auch die Praxis, dass die Bindungsenergie des Diamanten sich in guter Näherung additiv aus den lokalen Bindungsenergien zusammensetzt. So stimmen Bindungsstärken und Bindungslängen bei Diamant und langkettigen aliphatischen Kohlenwasserstoffen bis auf wenige Prozent überein. Bestimmt man aus Experimenten an Paraffinen Bindungsenergien für die C–C–sp^3–Bindung, E_{C-C}, so ergibt sich für die Gitterenergie des Diamanten näherungsweise

$$E_{Git} = 4\frac{E_{C-C}}{2} \simeq 2 \times 348\text{kJ/mol} = 696\text{kJmol}^{-1} \tag{2.45}$$

in passabler Übereinstimmung mit dem experimentellen Wert von 716kJmol^{-1}. Die Differenz kann der van–der–Waals–Anziehung (zwischen nicht kovalent gebundenen Atomen[52]) zugerechnet werden. Baut man sich Graphit aus Doppel– ($E_{C-C} = 615\text{kJmol}^{-1}$) und Einfachbindungen mit den Gewichten von 1/3 und 2/3 zusammen, ergibt sich ein Wert für die mittlere Bindungsenergie von 437kJmol^{-1} und damit in Anbetracht der Zahl der nächsten Nachbarn eine gegenüber dem experimentellen Wert (Graphit ist um 1.9kJmol^{-1} energetisch stabiler als Diamant) viel zu geringe Gitterenergie von $1.5 \times 437\text{kJmol}^{-1} = 656\text{kJmol}^{-1}$. Bei Berücksichtigung einer ähnlich großen van–der–Waals–Energie wie beim Diamant muss man etwas mehr als 40kJmol^{-1} der Aromatisierung zurechnen. Mit anderen Worten ist eine mittlere Bindungsenergie der sp^2–Bindung (E'_{C-C}) von ca. 465kJmol^{-1}, gemäß

$$E_{Git} = 3\frac{E'_{C-C}}{2} \simeq 1.5 \times 465\text{kJ/mol}, \tag{2.46}$$

einzusetzen. Überschlagsmäßig lässt sich ein solcher Wert auch aus experimentellen Werten der Bindungsenergien von aromatischen Kohlenwasserstoffen begründen. Wie bei Metallen und im Unterschied zu Ionenkristallen und Molekülkristallen ergeben sich für Kovalenzkristalle im Bändermodell ausgedehnte Bänder.
Ausdruck der abgesättigten starken kovalenten Bindung im Diamant oder Silicium ist die Tatsache, dass eine große Aufspaltung von bindenden und antibindenden sp^3–Zuständen auftritt und das untere sp^3–Band voll besetzt ist. Es gilt für T=0 Si_N: $(3sp^3\text{–Valenzband})^{4N(4N)}$ $(3sp^3\text{–Leitungsband})^{0(4N)}$ (vgl. Abschnitt 2.2.1.2). Bei endlichen Temperaturen tritt in geringem Maße ein interner Ladungsübertrag der Form

$$2Si^0 \rightleftharpoons Si^+ + Si^- \tag{2.47}$$

auf. Für die energetischen Kosten von 1eV (Bandlücke) pro Übergang kommt die Entropie auf, wie es eingehend in Kap. 5 behandelt wird. Wie erwartet, variieren die Bandlücken beim Übergang vom Diamant zum α–Sn stark: Diamant ist ein typischer Isolator mit einer Bandlücke von 5eV, im Silicium beträgt das Bandgap immerhin noch 1eV, im Germanium nur noch 0.7eV; α–Sn ist schon ein Halbmetall. Dort ist die Kovalenz nicht stark ausgeprägt und das s–p–Splitting (Metallizität) überwiegt (s. Abschnitt 2.2.1 und Abb. 2.13).

2.2.5 Metallkristalle

Die wichtigsten elektronischen Aspekte wurden schon in Abschnitt 2.2 behandelt. Vom energetischen Standpunkt aus bleibt nachzutragen, dass die Bildungsenergie von elementaren Metallen ($< M >_{\infty}^{3}$) die negative Sublimationsenergie oder die Reaktionsenergie der Reaktion

$$N\,M(g) \rightleftharpoons M_N \tag{2.48}$$

[52]Die van–der–Waals–Bindung zwischen nächsten Nachbarn ist in E_{C-C} einbezogen. Siehe hierzu auch Ref. [24].

darstellt und für Alkalimetalle betragsmäßig typischerweise von der Größenordnung 10^2 kJ/mol ist. Über die Definition der Gitterenergie herrscht Uneinigkeit: Zumeist wird sie — korrigiert um die Nullpunktsenergie — mit der negativen Reaktionsenergie der Reaktion (2.48), d.h. mit der Bildungsreaktion aus den neutralen Atomen, identifiziert; zuweilen aber — in Anbetracht der Tatsache, dass Metalle sich aus den positiven Metallionen und den Elektronen als "anionischem Zement" zusammensetzen — auf die Bildung von $< M >^{3}_{\infty}$ aus gasförmigen Kationen und Elektronen bezogen. Dann ist zusätzlich noch das Ionisationspotential des Elementes mit einzuschließen. Für solcherart definierte Gitterenergien ergeben sich Werte von ähnlicher Größenordnung wie bei Ionen- und Kovalenzkristallen. Es ist interessant, dass man über Madelung-Abschätzungen nach $\frac{N_A f e^2}{b}\left(1-\frac{1}{n}\right)$ brauchbare Näherungswerte erhält, wenn man in grober Näherung die Elektronen wie Anionen in Ionenkristallen behandelt und ihnen ein eigenes Gitter zuweist (s. hierzu [61, 62]). In Übereinstimmung mit der hohen Kompressibilität der Metalle ist n klein ($\simeq 3$). Genaue Berechnungen sind komplex. Metallstrukturen folgen sozusagen "wegen des geringen Platzbedarfes" der bindenden Elektronen, i.a. sehr weitgehend dem Prinzip dichtest gepackter Strukturen (s. folgenden Abschnitt). Wegen der Delokalisierung der Elektronen spielen auch Koordinationen höherer Ordnung keine allzu große Rolle; demgemäß sind Schmelz- und Sublimationsenergien sehr ähnlich und Metalle sehr duktil (leichte Bildung von Versetzungen (s. Abschnitt 5.4)).

Für das Phänomen des metallischen Transports ist wichtig, dass eine gewisse Überlappung und somit ein gewisser minimaler Nächste-Nachbar-Abstand nicht unterschritten wird. Dies findet Ausdruck im Mott-Hubbard-Kriterium und ist insbesondere bei Übergangsmetall- und Selten-Erd-Element-Verbindungen sowie bei stark dotierten Halbleitern von Relevanz. Dies wird unmittelbar verständlich, wenn wir im Gedankenexperiment die lokalisierten Elektronen delokalisieren wollen. Ordnen wir jedem Atom einer Kette ein Elektron zu und versuchen eines aus seinem lokalisierten Zustand heraus- und es in die Nachbarschaft eines anderen zu befördern, so müssen wir hierzu die Ionisierungsenergie des Atomes aufwenden, gewinnen aber die Elektronenaffinität. Da letztere Größe die Aufnahmebereitschaft eines schon mit einem Elektron besetzten Atomes misst, ist die Differenz I–A auch Ausdruck der Elektron-Elektron-Abstoßung (Mott-Hubbard-Energie) [45,56], die in Abschnitt 2.2.1 ja vernachlässigt wurde. Nur wenn die Wechselwirkung der Orbitale groß genug ist, die ja über die Bandbreite (vgl. β) gemessen wird, tritt Delokalisierung und metallische Leitung auf. Das Mott-Hubbard-Kriterium (Bandbreite > I–A) ist qualitativ plausibel, wenn man sich vor Augen hält, dass I–A die Aufspaltung der andiskutierten Zustände (Grundzustand ... MMM ... MMM ... und angeregter Zustand ... $M^{\cdot}MM$ ... $M'MM$ ...) angibt. Die entsprechende Lücke wird bei entsprechender Bandbreite geschlossen. Dies nimmt unmittelbar auf Gl. (2.22) Bezug. Andernfalls ist die Grundannahme des Bändermodells nicht mehr erfüllt, und man spricht besser von einer hohen Zustandsdichte individueller Orbitale. Teilgefüllte schmale "Bänder" implizieren also nicht immer metallische Leitfähigkeit (vgl. MnO, FeO, CoO, NiO). Für weitere Einzelheiten hierzu aber auch in bezug auf die aus den

Übergangsformen der halbmetallischen und intermetallischen Bindung resultierenden Kristalltypen sei auf die Literatur der Festkörperphysik und –chemie verwiesen.

2.2.6 Mischformen der Bindung im Festkörper

Im Unterschied zu den Übergangsformen der Bindung (s. vor allem Abschnitt 2.1.5) wollen wir hierunter das gleichzeitige Auftreten verschiedener Bindungstypen (Bindungsanisotropien und –inhomogenitäten) verstehen. Dies geht normalerweise mit dem Auftreten von Eigenschaftsanisotropien und/oder –inhomogenitäten einher. Insbesondere führt das gleichzeitige Auftreten starker und schwacher Bindungen zur Möglichkeit, im Riesenpolymer Festkörper zwischen "intra– und intermolekularen" Bindungen zu unterscheiden. Kristalle, die wie Graphit aus kovalenter und van–der–Waals–Bindung zusammengehalten werden, wurden schon erwähnt (s. Abb. 2.21). Natürlich treten auch Kombinationen anderer Bindungstypen auf.
Zur Verdeutlichung benützen wir nochmals die schon in Kap. 2.2.3 eingeführte buchinterne Bezeichnungsweise und kennzeichnen die kovalente Bindung mit eckigen, Ionenbindung mit geschweiften, Metallbindung mit spitzen Klammern, van–der–Waals–gebundene Einheiten setzen wir zwischen gerade Strichen. In diesem Sinne bezeichnen[53] wir Methankristalle mit $|[CH_4]|_{\overset{3}{\infty}}$, einen idealen Polyethylenkristall als $|[CH_2]_{\overset{1}{\infty}}|_{\overset{2}{\infty}}$, Graphit und Diamant als $|[C]_{\overset{2}{\infty}}|_{\overset{1}{\infty}}$ und $[C]_{\overset{3}{\infty}}$. Von besonderem Interesse sind polykationische und polyanionische Verbindungen [63–65]. $\{Cs_2O\}_{\overset{3}{\infty}}$ ist ein als reiner Ionenkristall kristallisierendes Oxid. Metallreiche Oxide (Suboxide) wie $Cs_{11}O_3$, $\{< Cs_{11}^{6+} > (O^{2-})_3\}_{\overset{3}{\infty}}$, enthalten Metall–Cluster, die der Elektronenmangelsituation entsprechend durch Metallbindungen stabilisiert sind, geladen sind und als Polykationen fungieren [63]. Es ist beachtlich, dass (trotz des Gehaltes an elektronegativem O) wegen der Verringerung der effektiven Kastengröße für die freien Elektronen (s. Gl. (2.25)) verglichen mit $< Cs >_{\overset{3}{\infty}}$ sozusagen durch Einbau isolierender "Coulomb–Blasen" die ohnehin schon sehr geringe Ionisierungsenergie des Cs vermindert wird [63]. Es existieren auch polykationische Verbindungen, bei denen die Cluster kovalent gebildet sind ($[S_8^{2+}], [Te_6^{4+}]$ u.a.). Ähnlich häufig sind polyanionische Verbindungen (häufig Zintl–Phasen), wie etwa Na_3P_7 oder KP_{15} [64]. Hier sind die Anionen untereinander kovalent gebunden und der gesamte Cluster fungiert als Anion. Na_3P_7 ist genauer ein $\{(Na^+)_3[P_7^{3-}]\}_{\overset{3}{\infty}}$, vier der sieben P's sind dreibindig und die verbleibenden drei zweibindig — entsprechend P^- —, so dass der Cluster ein komplexes dreiwertiges Anion bildet. Schon im NH_4NO_3 finden sich kovalente und ionische Anteile $\{[NH_4^+][NO_3^-]\}_{\overset{3}{\infty}}$. Ein weiteres Beispiel sind Silikate, z.B. das Kettensilikat Enstatit $\{(Mg^{2+})_{\overset{1}{\infty}}[SiO_3^{2-}]_{\overset{1}{\infty}}\}_{\overset{2}{\infty}}$. Im $RhBi_4$ treten metallgebundene Stränge auf, die durch van der Waals–Bindung verknüpft sind. Wegen der

[53]Der formale Index $\overset{0}{\infty}$ z.B. bei $|[CH_4]_{\overset{0}{\infty}}|_{\overset{3}{\infty}}$ wird unterdrückt. Ebenso werden im Buch $\overset{1}{\infty}, \overset{2}{\infty}, \overset{3}{\infty}$ als rechte Indizes gebraucht und nicht links angefügt, da sie im Sinne der Auffassung des Festkörpers als Riesenmolekül eine Aussage über die Zahl der Einheiten machen. In diesem Sinne sind 1,2,3 formal als Hochzahlen zu ∞ zu verstehen.

langen Reichweite der Coulomb–Kräfte werden Mischungen aus Ionenbindung und reiner van–der–Waals–Bindung in Reinkultur nicht existieren.
Es sei angemerkt, dass Materialien mit strukturell bedingter Ionenleitung häufig solche Bindungsinhomogenitäten oder -anisotropien aufweisen (s. Kap. 6). Für Kristalle mit anisotropen Transporteigenschaften gilt dies generell.

2.2.7 Kristall– und Festkörperstrukturen

Wie schon erwähnt, ist es selbst für den Gleichgewichtszustand häufig schwierig vorherzusagen, in welcher Kristallstruktur die ins Auge gefassten Verbindungen kristallisieren [66]. Wichtige Entscheidungskriterien stützen sich auf die Elektronegativität, die Polarisierbarkeit, bevorzugte Koordinationssphären und Ionenradius. Für Details seien dem Leser die Lehrbücher der Kristallographie und Strukturchemie empfohlen[54]. Hier sei nur auf das fruchtbare Ordnungsprinzip der dichtesten Kugelpackungen verwiesen.
Die obigen Erläuterungen zeigen, dass eine hohe Bindungsenergie einen vergleichsweisen geringen Abstand zum Bindungspartner voraussetzt. Die untere Grenze, bei der die quantenmechanische Abstoßung einsetzt, wird hierbei durch die Größe der Ionen– oder Atomradien berücksichtigt. Bei ausgewogener Anordnung können sich in der Regel auch Ionen gleicher Ladung bei Ionenkristallen sehr nahe kommen. Da Anionen zumeist größer sind als die Kationen, leistet folgende Vorstellung häufig gute Dienste: Die Anionen bilden dichteste Kugelpackungen, während Kationen näherungsweise Tetraederlücken (4 nächste Nachbarn) oder (die größeren) Oktaederlücken (6 nächste Nachbarn) besetzen. Es ist im Auge zu behalten, dass es doppelt so viele Tetraederlücken wie Oktaederlücken gibt und die Zahl der Oktaederlücken der Zahl der dichtest gepackten Kugeln entspricht. Kugelpackungen können darüber hinaus hexagonal dichtest oder kubisch dichtest sein.
Weist man den Anionen im NaCl (s. Abb. 2.17) bzw. NiAs näherungsweise eine kubisch dichteste bzw. hexagonal dichteste Packung zu, so besetzen die Kationen formal in diesen Festkörpern alle Oktaederlücken. Niggli–Formeln geben Information über die gegenseitigen Koordinationszahlen: So bedeutet $\{NaCl_{6/6}\}_{\infty}^{3}$ oder $\{NiAs_{6/6}\}_{\infty}^{3}$, dass sowohl Anionen wie auch Kationen oktaedrisch koordiniert sind. Die Zinkblende–Struktur (Abb. 2.22) kann man — am Beispiel des ZnS — als kubische dichteste Packung der Sulfidionen auffassen, bei der die Hälfte der Tetraederlücken durch Zinkionen besetzt sind $\{ZnS_{4/4}\}_{\infty}^{3}$, auch die Wurtzit–Struktur (Abb. 2.22) weist diese Niggli–Formel auf, es liegt allerdings eine hexagonal dichteste Packung vor. Sind A– und B–Atom identisch, so gelangt man von der Zinkblendestruktur zur Diamantstruktur ($[C_{4/4}]_{\infty}^{3}$) (s. Abb. 2.21), in der ja auch die Halbleiter Si, Ge sowie das α–Sn (graues Zinn) kristallisieren[55]. Bei der kubischen Fluorit–Struktur (Abb. 2.22) sind nun alle Tetraederplätze besetzt $\{CaF_{8/4}\}_{\infty}^{3}$,

[54] s. etwa Ref. [24,65,67,68]
[55] Letzteres an der Schwelle zum Metall.

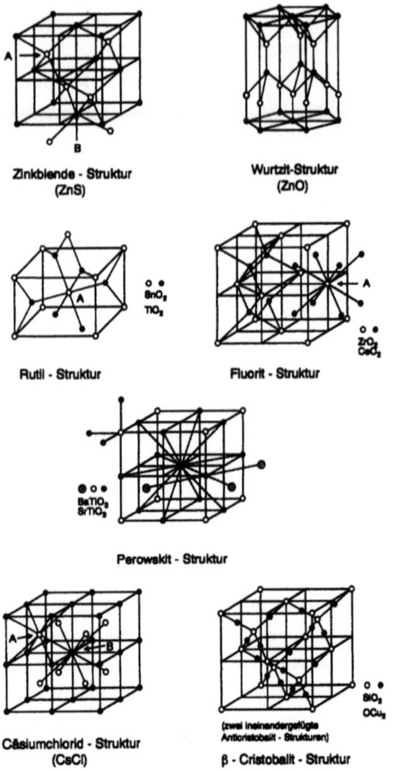

Abb. 2.22: Einige relevante Kristallstrukturen. Nach [68].

hier ist den Kationen formal eine kubisch dichteste Packung zuzuschreiben, bei $\{\mathrm{ONa}_{8/4}\}_{\substack{3\\ \infty}}$ spricht man von Antifluoritstruktur. Weitere nützliche Niggli–Formeln sind $\{\mathrm{TiO}_{6/3}\}_{\substack{3\\ \infty}}$ für TiO_2 in der Rutilstruktur und $\{\mathrm{CsCl}_{8/8}\}_{\substack{3\\ \infty}}$ (Cäsiumchloridstruktur). Eine außerordentlich wichtige Struktur auch in unserem Kontext ist die Perowskitstruktur, die zusammen mit den oben erwähnten wichtigsten Strukturtypen in Abb. 2.22 dargestellt ist. Der hier gezeigte Perowskit ist von kubischer Symmetrie. Von hoher Praxisrelevanz sind nichtkubische Perowskitphasen. Dort können Verschiebungen von Kationen und Anionen zueinander Polarisationseffekte erzeugen, die für die Phänomene Ferroelektrizität, Antiferroelektrizität, Pyro– und Piezoelektrizität maßgeblich sind. Zur näheren Information seien Refs. [41,69,70] empfohlen. Speziellere Kristallstrukturen werden im Text erläutert[56].
Die bisherigen Betrachtungen beziehen sich auf die "perfekte Struktur", die normalerweise Gegenstand der Strukturchemie ist. Diese entspricht sozusagen der virtuell

[56]Die Entsprechnung zu diesen "Grundstrukturen" bildet die Diskussion "(atomar) angeregter Strukturen" in Abschnitt 5.2.

fehlerfreien, somit auf T=0K extrapolierten Struktur. Viel wichtiger ist in unserem Kontext die "chemisch angeregte" Struktur, die sich aus Überlagerung von perfekter Struktur und Defektstruktur ergibt (s. folgende Kapitel, insbesondere Abschnitt 5.1)[57].
Am Ende dieses Abschnittes soll betont werden, dass selbst beim einphasigen kristallinen Festkörper die Festkörperstruktur viel mehr als nur die bislang besprochene Kristallstruktur ist. Im besteht ein Festkörper aus vielen einkristallinen Bereichen, die — in der Regel zueinander verkippt oder verdreht — verbunden über Korngrenzen zusammengefügt sind. Wie Versetzungen, die wir in diesem Text nur am Rande diskutieren, konstituieren solche Korngrenzen (zusammen mit anderen höherdimensionalen Defekten (s. Abschnitt 5.4)) die Mikrostruktur. Schließlich gehört zur vollständigen Festkörperstruktur auch die Oberfläche, die dann die äußere Form, die Makrostruktur festlegt. Da Oberflächen und Korngrenzen (wie auch Versetzungen) dem idealen Einkristall als höherdimensionaler Fehler einbeschrieben werden können, kommen wir auf solche Defekte in Kap. 5 zurück. Mikro– und Makrostrukturen sind in der Regel ausgeprägt metastabile Nichtgleichgewichtsstrukturen. In solchen Fällen liegen starke kinetische Hemmungen vor. Diese hindern erstere am Verschwinden und letztere am Erreichen der Gleichgewichtsgestalt. Erst diese kinetischen Effekte erlauben die im täglichen Leben überaus wichtige Material–Strukturierung und Formgebung.
Grenzfälle sind makroskopisch aperiodische Festkörper, Materialien mit makroskopischen Zusammensetzungsgradienten wie auch amorphe Festkörper. Letztere dürfen strukturell nicht als periodisch angesehen werden, noch sind sie absolut strukturlos; die meisten Eigenschaften derselben lassen sich aufgrund von Mittelungseffekten allerdings auf einer grobkörnigen Skala als translationsinvariant beschreiben lassen. Schließlich seien auch die Festkörper (genauer: diejenigen Bedingungen) erwähnt, bei denen sich auf der Nanometerskala oder auch der Sub–Nanometerskala ein räumliches Gleichgewicht nicht einstellt. Hier ist es möglich, durch Wahl geeigneter "chemischer Vorläufer" [71], aber auch durch ortsaufgelöste Synthese, zum Beispiel durch sukzessives Aufbringen von Atomlagen bei der Molekularstrahlepitaxie, künstliche Festkörper zu kreieren [72–74]. In solchen überatomaren, aber noch nicht makroskopischen Bereichen treten in bezug auf viele Eigenschaften mesoskalige Effekte auf. Durch weitergehende Behandlung können Strukturierungen in allen Raumrichtungen vorgenommen werden. Auf diese Weise können auch anorganische künstliche Festkörper enorm hohe Informationsgehalte aufweisen. Durch andere Techniken wie durch Translation von Atomen oder Molekülen mit der Kraftmikroskopspitze ist eine Strukturierung auch auf sehr direktem Wege möglich. In organischen, insbesondere biologisch relevanten Festkörpern ist die vorausgesetzte lokale Metastabilität die Regel und Grundlage biologischer oder biomimetischer Strukturierung [74].
Der reale Festkörper natürlich ist in der Regel außerdem heterogen, d.h. er besteht aus verschiedenen kinetisch oder thermodynamisch mehr oder weniger stabilen Ein-

[57]Sozusagen dazwischen anzusiedeln ist die Rolle der Gitterschwingungen der Teilchen im perfekten Zustand. Sie werden in Kap. 3 behandelt.

zelphasen. Seine Gesamteigenschaften werden dann nicht nur durch die relativen Mengen der Phasen, sondern vielfach auch durch deren Verteilungstopologie, d.h. durch Orientierung, durch die Anordnung der Phasengrenzflächen sowie deren Eigenschaften mitbestimmt (s. Abschnitte 5.4. 5.8, 6.6.2).

3 Phononen

3.1 Einstein– und Debye–Modell

In diesem Kapitel untersuchen wir die energetischen Beiträge der Schwingungen, die die wesentlichen nichtchemischen thermischen Anregungen darstellen und nun Kernbewegungen betreffen[1]. Diese Gitterschwingungen sind gequantelt. Wie Photonen als entsprechende Quasi–Teilchen elektromagnetischen Wellen äquivalent sind, wird das den elastischen Wellen zugeordnete Quasi–Teilchen Phonon genannt.
Bringt man den Festkörper vom absoluten Nullpunkt auf endliche Temperatur, so beginnen die atomaren Konstituenten des Festkörpers um ihre Gleichgewichtslage zu schwingen. Im simpelsten Modell, dem Einstein–Modell [75], schwingen alle Konstituenten mit der gleichen Frequenz (ν_E) unabhängig von der Temperatur. Wie in Abschnitt 2.1.6 gezeigt ist, erhält man durch Entwickeln der Mie–Funktion für kleine Auslenkungen ein harmonisches[2] Potential (s. Gl. (2.21)) mit der Federkonstanten $mn|\hat{\epsilon}|/\hat{r}^2$. Die Frequenz eines in diesem Potential schwingenden Oszillators ist damit

$$\nu = \frac{1}{2\pi\hat{r}}\sqrt{\frac{mn\epsilon_{dis}}{M_{red}}}. \tag{3.1}$$

ϵ_{dis} ist die Dissoziationsenergie, die — sofern wir das Potential in unendlichem Abstand als Nullpunkt nehmen — dem (negativen) Minimum der Potentialkurve $(-\hat{\epsilon})$ entspricht. Die Größen ϵ_{dis} und $\hat{r}$ lassen sich über Gl. (2.19) mit den Bindungsparametern A, B, n, m in Bezug bringen[2]; M_{red} ist die reduzierte Masse, die beim isotropen Atomkristall durch die Atommasse und die Koordinationszahl gegeben ist. Die Temperaturerhöhung bewirkt eine Erhöhung der Schwingungsamplitude.
Ein Kristall aus N identischen Schwingern besitzt 3N Freiheitsgrade; bei Vernachlässigung interner Translations– und Rotationsfreiheitsgrade der Teilchen und nach Abzug der (sechs) äußeren Freiheitsgrade des gesamten Kristalls verbleiben 3N-6 Schwingungsfreiheitsgrade. Für makroskopische Festkörper ist $3N-6 \simeq 3N$, und es gilt für die Schwingungsenergie eines einatomigen Festkörpers

$$E_{vib} = 3N\,\bar{\epsilon}_{vib}; \tag{3.2}$$

$\bar{\epsilon}_{vib}$ ist dabei nicht die aktuelle Schwingungsenergie eines ins Auge gefaßten Schwingers, sondern wegen der Tatsache, dass nicht alle Konstituenten mit der gleichen

---

[1] s. Fußnote 16 auf S. 34.

[2] Im harmonischen Potential ist die Auslenkungsenergie dem Quadrat der Auslenkung $(\text{const}(\Delta r)^2/2)$ und die Kraft der Auslenkung proportional $(-\text{const}\Delta r)$. Andererseits entspricht die Kraft dem Produkt aus Masse und Beschleunigung $(M\frac{d^2\Delta r}{dt^2})$, und es resultiert als Lösungsfunktion für Δr eine Sinusfunktion mit dem Argument

$$2\pi\nu t = \sqrt{\text{const}/M}\,t.$$

Der Vergleich mit Gl. (2.21) liefert $\text{const} = mn|\hat{\epsilon}|/\hat{r}^2$. Schwingen zwei Massen gegeneinander, so gilt die Bewegungsgleichung analog für die Schwerpunktkoordinaten [76]. Im Ergebnis ist dann M als reduzierte Masse (M_{red}) zu interpretieren.

Amplitude schwingen, ein Mittelwert. Quantenmechanisch kommt ja dem harmonischen Oszillator ein Spektrum von Eigenwerten (ϵ_v) zu, die mit unterschiedlicher Wahrscheinlichkeit realisiert sind. In guter Näherung gilt die Boltzmann–Verteilung. Somit ist:

$$\bar{\epsilon}_{vib} = \Sigma_v \left(\frac{\exp(-\epsilon_v/k_B T)}{\Sigma_v \exp(-\epsilon_v/k_B T)} \right) \epsilon_v = \frac{\Sigma_v \epsilon_v \exp(-\epsilon_v/k_B T)}{\Sigma_v \exp(-\epsilon_v/k_B T)}. \tag{3.3}$$

Die Summe im Nenner von Gl. (3.3), bezeichnen wir sie mit Z_{vib}, trägt den Namen Zustandssumme, da ihre Kenntnis, genau wie bei den üblichen thermodynamischen Zustandsfunktionen, zur Festlegung des thermodynamischen Zustandes ausreicht. So ergibt sich die mittlere Energie in Gl. (3.3) direkt gemäß

$$\bar{\epsilon}_{vib} = k_B T^2 \frac{\partial \ln Z_{vib}}{\partial T}, \tag{3.4}$$

wie leicht nachprüfbar ist. Wegen dieses Sachverhaltes ist nur eine — und zudem eine leicht auszuwertende — Summe zu betrachten. Wie in entsprechenden Lehrbüchern [22] gezeigt, sind die Energieeigenwerte eines harmonisch schwingenden Oszillators äquidistant und hängen mit der (Einstein-)Frequenz ν_E nach

$$\epsilon_v = h\nu_E(v + 1/2) \quad \text{mit} \quad v = 0, 1, 2 \cdots \tag{3.5}$$

zusammen. Damit ergibt sich Z_{vib} zu

$$Z_{vib} \equiv \Sigma_v \exp -\frac{\epsilon_v}{k_B T} = \exp -\frac{h\nu_E}{2k_B T} \Sigma_v \left(\exp -\frac{h\nu_E}{k_B T} \right)^v. \tag{3.6}$$

Die verbleibende Summe ist eine geometrische Reihe der Form $q^v = 1 + q + q^2 + \cdots$. Da ν_E positiv und damit q kleiner als eins ist, konvergiert die Summe gegen 1/(1-q); denn schließlich ist $(1+q+q^2+\cdots)(1-q) = (1+q+q^2+\cdots)-(q+q^2+q^3+\cdots) = 1+F$, also 1 mit immer kleiner werdendem Fehler F, je mehr Glieder man berücksichtigt. Nach Differentation des Resultates für $\ln Z_{vib}$ nach T und Multiplikation mit $3Nk_B T^2$ gemäß Gl. (3.2) und Gl. (3.4) erhält man die Schwingungsenergie:

$$E_{vib} = 3N\frac{h\nu_E}{2} + \frac{3Nh\nu_E}{\exp(h\nu_E/k_B T) - 1}. \tag{3.7}$$

Durch Differentation ergibt sich die spezifische Wärme der Schwingung, die für die Temperaturabhängigkeit der thermodynamischen Größen im Festkörper (s. folgendes Kapitel) eine fundamentale Rolle spielt, zu

$$C_{vib} = 3Nk_B \left(\Theta_E/T\right)^2 \frac{\exp\left(\Theta_E/T\right)}{\left(\exp\left(\Theta_E/T\right) - 1\right)^2}. \tag{3.8}$$

In Gl. (3.8) wurde zur Abkürzung die Einstein–Temperatur $\Theta_E \equiv h\nu_E/k_B$ eingeführt, die als einziger Materialparameter verbleibt. Der Term $3Nh\nu_E/2 = 3Nk_B\Theta_E/2$ in

Gl. (3.7) ist die schon oben erwähnte Nullpunktsenergie. Sie beläuft sich für eine typische Einstein-Temperatur von 500 K entsprechend $\nu_E = 10^{13}s^{-1}$ zu 6 kJ/mol. Für Temperaturen weit oberhalb Θ_E können wir $\exp(\Theta_E/T)$ zu $1 + \Theta_E/T$ vereinfachen[3]. Es ergibt sich für das klassische Limit, also für Temperaturen, bei welchen die Diskretheit der Niveaus keine Rolle mehr spielt, das bekannte Dulong–Petitsche Gesetz:

$$E_{vib} \simeq 3Nk_BT \quad \text{und} \quad C_{vib} \simeq 3Nk_B. \tag{3.9}$$

Man beachte, dass in Gl. (3.9) die Schwingungsfrequenz nicht mehr auftritt. Die simple Einstein-Theorie liefert ein qualitatives wie auch erstaunlich weitgehend oft ein quantitatives Bild des Temperaturverlaufes. Wie gefordert, strebt C_{vib} bei Annäherung an den Nullpunkt gegen Null, allerdings exponentiell und somit steiler $\left(\rightarrow 3Nk_B\frac{(\Theta_E/T)^2}{\exp(\Theta_E/T)}\right)$, als es das experimentell gut etablierte T^3-Gesetz besagt. Die Annahme einer einzigen und dazu noch temperaturunabhängigen Frequenz erweist sich genau betrachtet als eine allzu grobe Annahme.
Eine bessere Näherung liefert das Debye-Modell [77]. In einem dreidimensionalen System gekoppelter Federn tritt auch bei Identität der einzelnen Schwinger ein ganzes Spektrum von Frequenzen auf. Betrachten wir wiederum nur harmonische Schwinger, wie es bei tiefen Temperaturen gewährleistet ist, so lässt sich zeigen[4], dass die Frequenzverteilung $dN/d\nu$ dem Quadrat der Frequenz proportional ist, wie dies Bild 3.1 zeigt. Zur Berechnung der mittleren Energie (Gl. (3.2)) ist also nicht nur über die Energieniveaus bei gegebener Frequenz zu mitteln, sondern auch die Frequenzverteilung zu berücksichtigen. (Im Falle des Einstein-Modells entsprach diese Verteilungsfunktion einer Deltafunktion). In allen Fällen muss das Frequenz-Integral über $(dN/d\nu)$ der Gesamtzahl der Schwinger entsprechen: Das Integral über die ν^2-Funktion würde jedoch divergieren. Mit anderen Worten: Benützt man diese Verteilungsfunktion bis hinauf zu höheren Frequenzen, für die sie streng nicht mehr gilt, muss man das Frequenzspektrum bei der Debyefrequenz ν_D abschneiden[5]. Dies liefert die Bedingung für ν_D bzw. für eine ähnlich zu Θ_E definierte Debye–

---

[3]Dies entspricht der Berücksichtigung des absoluten und des linearen Gliedes der Taylorreihe bzw. folgt — was das gleiche ist — mit $x_E = \Theta_E/T \ll 1$ aus

$$[\exp x_E - \exp 0]/[x_E - 0] \simeq d\exp x_E/dx_E|_{x_E=0} = 1.$$

[4]Ähnlich wie im Falle der freien Elektronen (Abschnitt 2.2.1) ist die Bedingung für eine stehende Welle, dass die Würfelkante L ein ganzzahliges Vielfaches der halben Wellenlänge sein muss, also $n^2 = \frac{4L^2}{\lambda^2}$. Dies gilt auch für schräg verlaufende Wellen in der Form $n^2 = n_x^2 + n_y^2 + n_z^2$, da sich die Quadrate der Richtungskosinusse zu 1 addieren. Dies ist die Gleichung einer Kugel mit dem Radius $2L/\lambda$. Die Anzahl der stehenden Wellen im Frequenzbereich zwischen ν und $\nu + d\nu$ ergibt sich aus dem Volumen der Achtelschale (s. Abb. 2.5, S. 39). Mit der Schallgeschwindigkeit $v_s = \lambda\nu$ erhält man für die Anzahl möglicher Wellen const $(\nu^2/v_s^3)\,L^3$.

[5]Wäre die Verteilung korrekt, wäre ν_D tatsächlich eine reale oberste Schwingungsfrequenz und gegeben durch Gitterabstände.

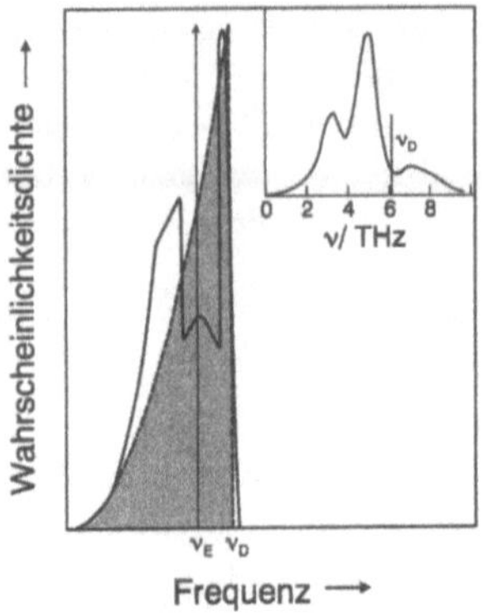

Abb. 3.1: Die Verteilung der Frequenzen im Einstein- und im Debye–Bild. Im Falle von Ag ist die Debye–Näherung (gestrichelte Linie) recht gut erfüllt. Bei komplizierten Festkörpern ist zwar der quadratische Anstieg (entsprechend tiefer Temperaturen) zu erkennen, der daraus bestimmte ν_D–Wert allerdings nicht mehr mit dem Fit–Parameter ν_D identisch. Das Inset zeigt die Verhältnisse für NaCl. Nach [53,62,78].

Temperatur[6] $\Theta_D = h\nu_D/k_B$. Die Schwingungsenergie ist wiederum nur durch diesen einen Parameter bestimmt, und es ergeben sich über diesen zusätzlichen Mittelungsprozess angewandt[7] auf Gl. (3.7) mit $x \equiv (h\nu/k_B T)$ die Resultate:

$$E_{vib} = E_{vib}(T=0) + 9Nk_BT\left(\frac{T}{\Theta_D}\right)^3 \int_0^{\Theta_D/T} \frac{x^3}{\exp x - 1}dx \tag{3.10}$$

und durch Differentiation

$$C_{vib} = 9Nk_B\left(\frac{T}{\Theta_D}\right)^3 \int_0^{\Theta_D/T} x^4\frac{\exp x}{(\exp x - 1)^2}dx. \tag{3.11}$$

Wiederum entsteht für hohe Temperaturen[8] $T \gg \Theta_D$ das Dulong–Petitsche Gesetz, für $T \ll \Theta_D$ ergibt sich der Integrand[9] zu $x^4 \exp -x$. Durch partielle Integration kann der x^4-Term sukzessive vermindert werden. Am Ende verbleibt die Exponentialfunktion. Sie verschwindet an der oberen Grenze $\Theta_D/T \gg 1$ und wird an der

[6] Da die Anzahldichte der stehenden Wellen proportional zu $(\nu^2/v_s^3) \times$ (Volumen) ist (s. Fußnote 4 auf Seite 69), ergibt sich über const $\int_0^{\nu_D}$ (Volumen) $\times\, \nu^2 v_s^{-3} d\nu = 3\times$ (Teilchenzahl) die Größe ν_D als proportional zu v_s (Molvolumen)$^{-1/3}$.

[7] Multiplikation mit der Verteilungsfunktion ($\propto x^2$) und Integration.

[8] In diesem Fall ist auch $0 \leq x \leq \Theta_D/T$ klein und in Gl. (3.11) das Integral über $x^4\left(1+x+\frac{1}{2}x^2+\ldots\right)/\left(1+x+\frac{1}{2}x^2+\ldots-1\right)^2 dx \simeq x^2dx$ zu nehmen.

[9] Hiermit vernachlässigen wir offensichtlich die Fläche unter der Kurve des Integranden für kleinere x. Eine genauere Diskussion setzt $\Theta_D/T \longrightarrow \infty$ und berechnet das uneigentliche Integral über die Gammafunktion (Ref. [79]). Bei Integralen des Typs $I = \int e^{ax}x^n dx$ lässt sich auch mit Vorteil der Rechentrick $I = \int \frac{\partial^n}{\partial a^n}\left(e^{ax}\right)dx = \frac{\partial^n}{\partial a^n}\left(\frac{1}{a}\right)e^{ax} + \text{const.}$ benützen.

unteren 1. Somit resultiert $C_{vib} \propto T^3$ in Übereinstimmung mit dem Experiment[10,11]. In beiden vorgestellten Theorien[12] ist C_{vib} eine universelle Funktion der reduzierten Temperatur T/Θ_E bzw. T/Θ_D. Abbildung 3.2 bestätigt, wie gut erfüllt die letztere Theorie für einfache Festkörper ist.

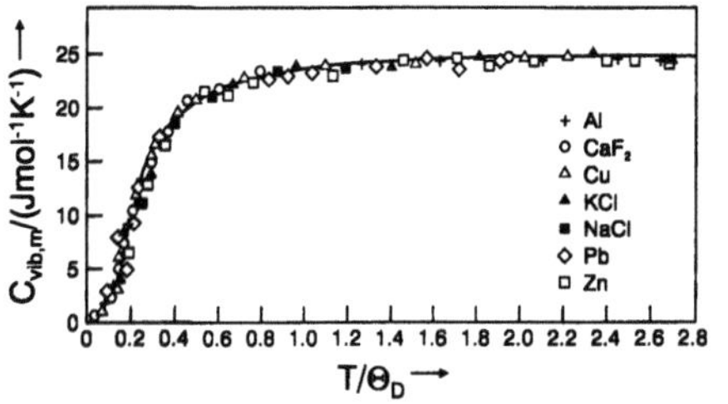

Abb. 3.2: Für viele Festkörper ist entsprechend der Debyeschen Theorie die spezifische Wärme in guter Näherung eine alleinige Funktion der reduzierten Temperatur T/Θ_D [80]. Aus [46].

3.2 Komplizierungen

Abbildung 3.3 gibt das Verhalten in der Nähe des absoluten Nullpunkt für die Alkalimetalle K, Rb und Cs wieder. Aufgetragen ist die spezifische Wärme dividiert durch

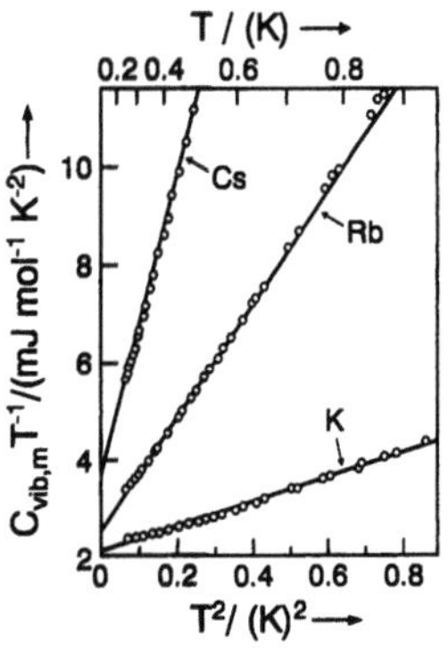

Abb. 3.3: Die Auftragung der spezifischen Wärme dividiert durch T gegen T^2 enthüllt den Elektronenanteil als Achsenabschnitt [81]. Aus [53].

T gegen T^2. In Übereinstimmung mit dem T^3–Gesetz resultiert eine Gerade, die jedoch nicht wie erwartet durch den Nullpunkt geht. In der spezifischen Wärme ist

---

[10] In obigem dreidimensionalen Debye-Modell ist die Frequenzdichte proportional ν^2. Entsprechend reduziert sind die Exponenten im Tieftemperaturgesetz im zwei- oder eindimensionalen Fall. In der Tat ergibt sich im Experiment bei Kristallen mit ausgeprägter Schichtstruktur (Graphit, Bornitrid) $C_{vib} \propto T^2$.

[11] Die Proportionalität der Energie zu T^4 ist analog zum Stefanschen Strahlungsgesetz.

[12] Über $E_{vib}(T=0)$ resultiert aus beiden Theorien $\frac{9}{8}k_B\Theta_D \sim \frac{3}{2}k_B\Theta_E$, also $\Theta_D \sim \frac{4}{3}\Theta_E$. Dies gilt nur als grobe Abschätzung, da beide Theorien nicht gleichzeitig erfüllt sein können.

also in diesem Fall ein in T linearer Beitrag versteckt. Dieser ist auf die Translation des Elektronengases im Kasten zurückzuführen und kann aus der Kastenenergie (Gl. (2.25)) über die Fermi–Dirac–Statistik berechnet werden. Da Metalle nicht im Mittelpunkt unseres Interesse stehen, sei auf eine weitere Ausführung hier verzichtet[13] (s. z.B. Ref. [82]).
Bei Molekülkristallen oder Kristallen, die aus komplexen Ionen bestehen, müssen zusätzlich zu den Schwingungen der Moleküle zu– und miteinander auch intramolekulare Schwingungen berücksichtigt werden. Letztere können, wenn näherungsweise voneinander unabhängig, über das Einstein–Modell behandelt werden. Speziell bei kovalenten Bindungen sind mögliche innere Rotationen zu beachten. Kompliziert wird das Verhalten bei den im Abschnitt 2.2.6 erwähnten Verbindungen. Als Beispiel mag $NH_4^+NO_3^-$ dienen.
Aber auch die reinen Gitterschwingungen sind komplizierter als bislang beschrieben[14]. Neben (transversalen und longitudinalen) akustischen Phononen, die den (transversalen bzw. longitudinalen) gleichsinnigen Schwingungen der entgegengesetzt geladenen Bausteine zugeordnet sind, treten auch gegenläufige Schwingungen, sog. optische Phononen auf. Der Name rührt daher, dass diese Gitterschwingungen bei geladenen Bausteinen mit einer Änderung des elektrischen Dipolmomentes und daher mit optischen Effekten verbunden sind. Das Inset von Abb. 3.1 zeigt ein reales Phononenspektrum eines sehr einfachen Ionenkristalles. Eine detaillierte Behandlung der Gitterdynamik übersteigt den Rahmen dieses Buches. Die Behandlung der Phononen (vgl. $\epsilon(\mathbf{k})$, $D(\epsilon)$) hat weitgehende Ähnlichkeit mit der der Kristallelektronen. Allerdings gehorchen sie der Bose– und nicht der Fermi–Statistik (vgl. S. 121). In komplexen Fällen ist Θ_D im allgemeinen ein reiner Fit-Parameter. Gelingt eine vernünftige Näherung mit einem halbwegs temperaturunabhängigen Θ_D–Wert, dann weicht dieser von dem aus der Tieftemperaturanpassung erhaltenen ab (s. Abb. 3.1). Des weiteren war obige Behandlung auf harmonisches Verhalten beschränkt. Die Wichtigkeit von Anharmonizitäten zeigt sich jedoch schon im Auftreten thermischer Ausdehnungen. (Im nächsten Kapitel ist als Beispiel die spezifische Wärme einer komplizierten Verbindung gezeigt (Abb. 4.2 auf S. 88).)
All diese komplizierenden Punkte führen dazu, dass man in der Praxis die spezifische Wärme zumeist einfach als Potenzfunktion in T mit empirischen Konstanten angibt, so für höhere Temperaturen in Tabellenwerken häufig in der Form[15] $A+BT+CT^{-2}$. Beiträge, die von den Punktdefekten stammen und in empirischen Beziehungen natürlich ebenfalls enthalten sind, werden im übernächsten Kapitel angesprochen.

[13] Es sei lediglich erwähnt, dass der Beitrag auf Grund von Zustandsdichte und Pauli–Verbot (s. Abschnitte 2.2 und 5.3) sehr viel kleiner (und zwar verkleinert um das Verhältnis zwischen Fermi–Energie und thermischer Energie [41]) ist, als klassisch ($\frac{3}{2}Nk_B$) erwartet, so dass der Beitrag nur bei tiefen Temperaturen verspürt wird. Lediglich die Elektronen mit einer der Fermi–Energie vergleichbaren Energie tragen zu C_v bei.

[14] vgl. z. B. Ref. [41]

[15] Das T^{-2}–Glied ergibt sich bei Entwicklung der e-Funktion in Gl. (3.11) für $x \ll 1$ in höherer Näherung.

Es bleibt wichtig festzuhalten, dass — bei Gültigkeit des Debye-Modells — die Debye-Temperatur als einziger Parameter auftritt. Θ_D kann experimentell aus messbaren Größen wie Schallgeschwindigkeit oder Schmelztemperatur abgeschätzt werden und ist anschaulich ein "Maß der Weichheit" des Kristalls. Im Unterschied zur Gitterenergie werden Schwingungsfrequenzen wesentlich vom Abstoßungsterm mitbestimmt werden (s. Gl. (3.1), Gl. (2.21)). Man vergleiche in diesem Zusammenhang die Reihe[16]

$$\Theta_D(\mathrm{As}) \simeq 80\mathrm{K} < \Theta_D(\mathrm{Pb}) \simeq 90\mathrm{K} < \Theta_D(\mathrm{AgI}) \simeq 130\mathrm{K} < \Theta_D(\mathrm{NaCl}) \simeq 300\mathrm{K} <$$

$$< \Theta_D(\mathrm{ZnO}) \simeq 400\mathrm{K} < \Theta_D(\mathrm{Si}) \simeq 500\mathrm{K} < \Theta_D(\mathrm{Diamant}) \simeq 1400\mathrm{K}.$$

(Literaturwerte streuen bis zu 20%.) Neben der Korrelation mit der Schallgeschwindigkeit (s. Fußnote 4 auf S. 69) ist hier vor allem der Zusammenhang mit der Schmelztemperatur interessant, da er auch mit der Defektbildung in Verbindung gebracht werden[17] kann. Nach Lindemann [84] setzt Schmelzen beim Erreichen kritischer Amplitudenwerte ein. Die Gleichsetzung von Schwingungsenergie ($\propto \nu^2$) und kinetischer Energie ($\propto \mathrm{T_m}$) ergibt den Zusammenhang[18]

$$\Theta_D = \mathrm{const}\sqrt{\frac{\mathrm{T_m}}{\mathrm{MV_m^{2/3}}}} \tag{3.12}$$

($\mathrm{T_m}$: Schmelztemperatur, M: Molekulargewicht, $\mathrm{V_m}$: Molvolumen). Wichtig ist, dass in Gl. (3.12) über $\mathrm{V_m}$ auch die Packungsdichte und damit der intermolekulare Abstand (vgl. kritische Amplitude) eingeht.

Ein anderer nützlicher Zusammenhang ist die Grüneisen–Beziehung. Sie postuliert eine inverse Proportionalität von Θ_D zu einer Potenz des Molvolumens. Diese Potenz trägt den Namen Grüneisen–Konstante [86] und verknüpft im Rahmen der Gültigkeit der Relation die thermische Ausdehnung, die Kompressibilität und die spezifische Wärme miteinander (s. z.B. [87]).

Eine überragende Rolle spielen die Phononen für die Wärmeleitung. Dies gilt speziell für nichtmetallische Systeme. (Bei Metallen sind die beweglichen Elektronen für die Wärmeleitung wesentlich.) Phänomenologisch wird der Wärmetransport durch zur Diffusion isomorphe Beziehungen beschrieben (s. Kap. 6). Die spezifische Wärmeleitfähigkeit als entscheidender Transportkoeffizient ist sehr hoch für perfekte, chemisch einfache und stark gebundene Stoffe (Θ!). Musterbeispiel ist der (sich aus diesem Grund normalerweise kalt anfühlende) Diamant. Geringste Fehlordnung (das gilt schon für Isotopenfehlordnung) wirkt sich auf den Phononentransport

[16] Quelle ist Ref. [83]. Die Daten für AgI und ZnO beziehen sich auf die Zinkblende–Struktur.

[17] Wie im übernächsten Kapitel ausgeführt, hängt die Punktdefektbildung nicht nur von den Bindungs-, sondern auch von den Schwingungseigenschaften ab. Bei vielen Substanzen sind die Punktdefektkonzentrationen kurz unterhalb des Schmelzpunktes von vergleichbarer Größe.

[18] Die Konstante lässt sich für einfache Metallkristalle zu $134\mathrm{K}^{1/2}\mathrm{g}^{1/2}\ \mathrm{mol}^{-2/3}\mathrm{cm}$ angeben. In besserer Näherung werden für verschiedene strukturelle Familien verschiedene Konstanten benützt. Nach Ref. [85] ist in vielen Fällen ein Wert von $200\mathrm{K}^{1/2}\mathrm{g}^{1/2}\mathrm{mol}^{-2/3}\mathrm{cm}$ eine vernünftige Anpassung.

störend aus. Dieser Umstand spiegelt sich in dem auf Grund seiner hohen Wärmeleitfähigkeit und seiner geringen elektrischen Leitfähigkeit als Substratmaterial für elektrische Schaltkreise sehr geeignete AlN. In Bezug auf beide Eigenschaften ist für weitgehende Defektfreiheit zu sorgen. Insbesondere Sauerstoffdefekte ($O_N^{\cdot}$ vgl. Kap. 5) wirken störend.
Die Wichtigkeit der Phononen in Bezug auf die Temperaturabhängigkeit der thermodynamischen Größen wird im folgenden Kapitel deutlich, die Relevanz für die Bildung der Ladungsträger in Kap. 5.
Von spezieller Bedeutung sind die Phononen für die Fortbewegung der Ladungsträger (Abschnitt 6.2). Die Gitterschwingungen — sozusagen als "Atemfrequenz" [88] des Festkörpers — sind für die Ionenbeweglichkeit unabdingbar und setzen ihr gleichzeitig ein oberes Limit. Die Streuung von Elektronen an Phononen limitiert die Beweglichkeit elektronischer Ladungsträger, andererseits ist die Elektron–Phonon–Kopplung für das Phänomen der Supraleitung verantwortlich.

Mit diesen Ausführungen schließen wir unsere einfachen atomistischen Vorbetrachtungen des chemisch perfekten Festkörpers ab.

4 Gleichgewichtsthermodynamik des perfekten Festkörpers

4.1 Vorbemerkungen

Das Ziel der gleichgewichtsthermodynamischen (d.h. eigentlich thermostatischen) Betrachtungen dieses Buches wird es sein, den Gleichgewichtszustand des realen Festkörpers zu definieren, d.h. insbesondere die Gleichgewichtskonzentrationen der Fehler und damit auch die Feinzusammensetzung des Festkörpers als Funktion der Zustandsvariablen anzugeben. Die in diesem Zusammenhang wichtigen Zustandsvariablen sind Temperatur und Teilchenzahlen. Abhängigkeiten vom Gesamtdruck werden nur am Rande behandelt. Von speziellem Interesse sind äußere elektrische Felder. Diese stehen in Kap. 7 im Vordergrund. Innere elektrische Felder sind generell von Bedeutung für inhomogene und heterogene Systeme. Sie kommen kurz am Ende dieses Kapitels zur Sprache, sind aber vor allem wesentlich für die Diskussion der Ladungsträgerverteilungen in Randschichten (s. Abschnitt 5.8) und generell für die Kinetik (Kap. 6). Betrachtungen der Oberflächeneffekte und somit zur Morphologie verschieben wir auf Abschnitt 5.4.
In Abb. 1.2 trennten wir virtuell die thermodynamischen Zustandsfunktionen auf in Beiträge, die vom (chemisch)[1] perfekten Festkörper herstammen und Beiträge, die durch die Defekte eingebracht werden. An dieser Stelle nun interessiert uns die Thermodynamik des (chemisch) perfekten Festkörpers. Ziel dieses Kapitels wird es nicht nur sein, mit Hilfe der vorangegangenen Kapitel über chemische Bindung und Phononen die Freie Enthalpie des perfekten Festkörpers zu skizzieren, sondern auch einführend relevante Aspekte in bezug auf den thermodynamischen Formalismus und seiner Anwendung auf den Festkörper kennenzulernen, speziell in Hinblick auf die Wechselwirkung mit der chemischen Umgebung. Wem die Festkörperthermodynamik vertraut ist, kann dieses einführende Kapitel überschlagen.
Lassen Sie uns zunächst im Sinne eines Herantastens den nötigen thermodynamischen Formelapparat aufbauen.

4.2 Formalismus der Gleichgewichtsthermodynamik

Ziel der Thermostatik ist es, Zustandsfunktionen wie die Gibbs–Energie (Freie Enthalpie) als Funktion der Zustandsvariablen anzugeben und hieraus Feststellungen

---

[1] Der Zusatz "chemisch" soll betonen, daß Phononen im hier definierten perfekten Festkörperzustand eingeschlossen sind. Andererseits umfaßt "chemisch" an der Stelle auch Effekte, die man mit einiger Berechtigung auch als kristallographisch ansehen könnte.

in bezug auf den Gleichgewichtszustand zu treffen. Sowohl der Erste wie auch der Zweite Hauptsatz machen eine Aussage über die Änderung einer bestimmten extensiven Zustandsfunktion innerhalb des betrachteten Systems und über Systemgrenzen hinweg. Wir nehmen der Einfachheit halber an dieser Stelle ein homogenes System an[2]. Unter Zustandsfunktion verstehen wir eine Funktion, nennen wir sie M, die eindeutig durch die Zustandsvariablen bestimmt ist. Für ihren Wert im betreffenden Zustand ist es also unerheblich, wie dieser erreicht wurde. Aus diesem Grund handelt es sich bei dM um ein totales Differential. Im folgenden soll M eine extensive Funktion darstellen, deren Differential sich zusammensetzt aus Veränderungen innerhalb des Systems (δ_iM) (s. Abb. 4.1) und Veränderungen über die Systemgrenze hinweg (δ_eM):

$$\mathrm{dM} = \delta_e \mathrm{M} + \delta_i \mathrm{M}. \tag{4.1}$$

Im Gegensatz zur Gesamtänderung stellen die beiden Teilbeiträge nicht notwendigerweise totale Differentiale dar. Die zeitliche Veränderung ($\dot{\mathrm{M}} \equiv \mathrm{dM/dt}$) setzt sich

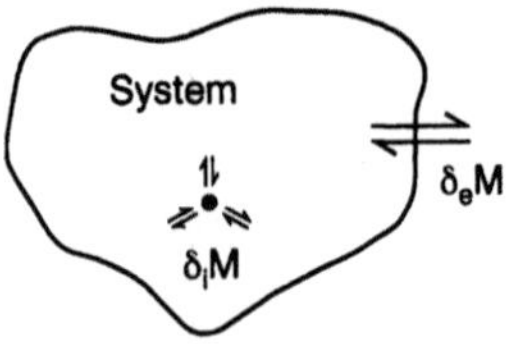

Abb. 4.1: Zerlegung der Änderung der Größe M im System in interne und externe Beiträge.

zusammen aus der "(Netto-)Produktion" von M pro Zeiteinheit (δ_iM/δt) und dem "(Netto-)Import" von M pro Zeiteinheit (δ_eM/δt).
Betrachten wir der Einfachheit halber ein System, das für Materieaustausch geschlossen, für Wärmeaustausch offen ist und an dem Volumenarbeit geleistet werden kann. Der erste Teil des Ersten Hauptsatzes stellt in bezug auf die Zustandsfunktion Innere Energie[3] fest (M ≡ U):

(Hauptsatz 1a) $$\delta_i \mathrm{U} = 0, \tag{4.2}$$

d.h. Energie kann im Innern des Systems weder erzeugt noch vernichtet werden. Der zweite Teil,

(Hauptsatz 1b) $$\delta_e \mathrm{U} = \delta \mathrm{q} + \delta \mathrm{w}, \tag{4.3}$$

stellt fest, daß Energieänderungen über Wärme- (δq) und Arbeitsaustausch (δw) möglich sind. Unter den gegebenen Bedingungen ist der letzte Beitrag die differentielle Volumenarbeit, so daß sich insgesamt ergibt (p: Druck, V: Volumen)[4]:

---

[2]Bei heterogenen oder inhomogenen Systemen müßten wir spezifizieren, an welcher Stelle wir Zustandsänderungen durchführen.

[3]Gesamtenergie minus äußere kinetische und potentielle Energie des Systems.

[4]In Gl. (4.4) muß beim ideal elastischen Festkörper statt pdV das Produkt aus Drucktensor und dem Differential des Deformationstensors stehen. Druckanisotropen verschwinden notwendig

(1. Hauptsatz) $$dU = \delta q - pdV. \quad (4.4)$$

Vernachlässigt wurden in Gl. (4.4) Arbeitsbeiträge durch Veränderung der Oberfläche (A), die auch beim perfekten Festkörper im Gleichgewicht strenggenommen stets eine Rolle spielt (γdA, γ:Oberflächenspannung)[5]. Ausgenommen neben anderen wurden auch Arbeitsterme durch äußere Materiezufuhr ($\mu_k d_e n_k$; μ_k: chemisches Potential, n_k: Molzahl der Komponente k) und elektrische Arbeitsterme (ϕdQ; ϕ: elektrisches Potential, Q: elektrische Ladung).
Der Zweite Hauptsatz betrifft die Zustandsfunktion Entropie ($M \equiv S$). Im Gegensatz zur inneren Energie kann Entropie im Systeminneren sehr wohl produziert werden, und zwar ist die Entropieerzeugung stets positiv[6]. Nur im Gleichgewicht verschwindet sie:

(Hauptsatz 2a) $$\delta_i S \geq 0. \quad (4.5)$$

Der Entropieimport beschränkt sich auf den Wärmeaustausch. d.h.

(Hauptsatz 2b) $$\delta_e S = \delta q / T. \quad (4.6)$$

Zusammengefaßt lautet der Zweite Hauptsatz[7]

(2. Hauptsatz) $$TdS = \delta q + T\delta_i S \geq \delta q. \quad (4.7)$$

Die Gleichungen (4.4) und (4.7) lassen sich zur Fundamentalbeziehung

(Fundamentalgleichung) $$-T\delta_i S = dU + pdV - TdS \leq 0 \quad (4.8)$$

kombinieren. (In allgemeineren Fällen steht in Gl. (4.8) statt pdV eine Summe isomorpher Terme aus intensiven Arbeitskoeffizienten und Differentialen extensiver Arbeitskoordinaten [91]). Um nun Gl. (4.8) in eine Aussage über die Änderung einer einzigen Zustandsfunktion zu verwandeln, müssen gewisse Variablen konstant gehalten werden. So erkennt man unmittelbar, daß für konstante Temperatur und konstantes Volumen die Helmholtz–Energie F (Freie Energie)[8] das geeignete Maß darstellt, denn es gilt (dV=dT=0) in diesem Falle:

$$-T\delta_i S = dU - d(TS) = d(U - TS) \equiv dF \leq 0 \quad (4.9)$$

---

im Grenzfall der fluiden Phase. Im folgenden vernachlässigen wir Druckanisotropien und setzen auch hinreichende Beweglichkeit der Komponenten voraus, was dann zwanglos die Einführung eines skalaren chemischen Potentials für die Komponenten gestattet [89,90]. Wir kommen auf die Problematik nochmals in Abschnitt 5.4.4 zurück.

[5] Analog existieren auch Linienspannungs– und Eckspannungsbeiträge durch die die Oberfläche begrenzenden Kanten und Ecken. Vgl. hierzu Kap. 5. Dort werden auch die Punktdefekte ausgiebig behandelt.

[6] Entsprechend der Irreversibilität des Weltgeschehens ist hierdurch der Zeitpfeil bestimmt.

[7] Man erkennt, daß im allgemeinen Fall die Entropie des Systems auch konstant bleiben oder gar abnehmen kann, wie dies für Strukturbildung charakteristisch ist (vgl. Abschnitt 6.10).

[8] Da das Symbol A im Text in vielfacher Hinsicht benützt wird, wird die Freie Energie mit F und nicht mit A bezeichnet.

Unter diesen Bedingungen nimmt die Funktion F=U-TS zeitlich ab, bis sich Gleichgewicht eingestellt hat und ändert sich dann nicht mehr. Die analoge Größe in dem für die Praxis wichtigeren Fall, daß Druck und Temperatur konstant gehalten werden, ist die Gibbs-Energie (Freie Enthalpie) $G \equiv U + pV - TS = F + pV$. Es folgt aus Gl. (4.8)

$$- T\delta_i S = d(U + pV) - d(TS) \equiv d(H - TS) \equiv dG \leq 0. \tag{4.10}$$

Die Enthalpie $H \equiv U + pV$ ist hierbei die zu U analoge Energiegröße. Wegen der Wichtigkeit der Funktion G für die folgende Beschreibung betrachten wir ihr Differential genauer. Rein aus der Definition ergibt sich:

$$dG = d(U + pV - TS) = dU + pdV + Vdp - TdS - SdT \tag{4.11}$$

Bringen wir unsere thermostatische Kenntnis mittels Gl. (4.8) ein, heben sich pdV und TdS aus der Bilanz heraus auf, und der Ausdruck reduziert sich auf

$$dG = Vdp - SdT - T\delta_i S. \tag{4.12}$$

Natürlich ist $(dG)_{p,T} = -T\delta_i S \leq 0$, wie schon in Gl. (4.10) festgestellt.
Auch in unserem einfachen Falle ist G nicht nur eine Funktion von Druck und Temperatur allein. So können — wenn wir auch Massetransport ausgeschlossen haben — Molzahländerungen aufgrund innerer chemischer Reaktionen, die dann den Irreversibilitätsterm $-T\delta_i S$ betreffen, stattfinden. Somit ist G eine Funktion von T, p und den n_k (der Vektor **n** steht im folgenden stellvertretend für die gesamte Sequenz der Molzahlen der verschiedenen Komponenten $n_1, n_2 ...$)[9,10]

$$\begin{aligned} dG(p,T,\mathbf{n}) &= \left.\frac{\partial G}{\partial T}\right)_{p,\mathbf{n}} dT + \left.\frac{\partial G}{\partial p}\right)_{T,\mathbf{n}} dp + \left.\frac{\partial G}{\partial \mathbf{n}}\right)_{T,p} d\mathbf{n} \\ &= -SdT + Vdp + \boldsymbol{\mu} d\mathbf{n} \equiv -SdT + Vdp + \Sigma_k \mu_k dn_k. \end{aligned} \tag{4.13}$$

Das chemische Potential der Komponente k, μ_k, wurde per definitionem eingeführt [93]. Die Differentialquotienten von G ergeben sich entsprechend zu[9]:

$$\left.\frac{\partial G}{\partial T}\right)_{p,\mathbf{n}} = -S \tag{4.14a}$$

$$\left.\frac{\partial G}{\partial p}\right)_{T,\mathbf{n}} = V \tag{4.14b}$$

[9]Die Abkürzung $\partial G/\partial \mathbf{n}$ steht für den Gradienten der Größe G im Zusammensetzungsraum, d.h. $(\partial G/\partial n_1, \partial G/\partial n_2, \ldots)$. Somit ist $\boldsymbol{\mu}$ nicht nur eine sinnvolle Abkürzung, sondern hat auch eine sehr anschauliche Bedeutung.

[10]Man beachte, daß angenommen ist, daß die Entropieerzeugung alleine durch die Molzahlveränderung bewirkt wird. Überdies sei bemerkt, daß der gegebene Formalismus strenggenommen lokales Gleichgewicht voraussetzt [92].

$$\left.\frac{\partial G}{\partial \mathbf{n}}\right)_{p,T} = \boldsymbol{\mu}, \tag{4.14c}$$

speziell also $\partial G/\partial n_k)_{p,T} = \mu_k$.
Bei konstantem Druck und konstanter Temperatur lautet unsere thermodynamische Fundamentalaussage

$$\boldsymbol{\mu}d\mathbf{n} \equiv \sum_k \mu_k dn_k \leq 0. \tag{4.15}$$

Im stofflich durchlässigen System muß man zwischen inneren, durch innere chemische Reaktionen hervorgerufene Molzahländerungen ($\delta_i n_k$) und externen, durch Transport über die Systemgrenzen hervorgerufenen Molzahländerungen ($\delta_e n_k$) unterscheiden mit[11] $dn_k = \delta_i n_k + \delta_e n_k$. Gl. (4.13) gilt dann allgemeiner, Gl. (4.15) jedoch bezieht sich auf die innere Änderung.
Heterogene bzw. inhomogene Systeme [94] bauen wir uns additiv aus u.U. infinitesimal kleinen homogenen Teilsystemen zusammen[12]. Insbesondere läßt sich mit Hilfe der Fundamentalgleichung (Gl. (4.8)) unmittelbar begründen, daß für den Gleichgewichtskontakt zweier Phasen gilt, daß Temperatur, Druck und chemische Potentiale der Komponenten übereinstimmen müssen. Die Bedingung bzgl. des Druckes wird in Abschnitt 5.4.4, die bzgl. der chemischen Potentiale weiter unten (Abschnitt 4.3.6) verfeinert.

Wegen der Wichtigkeit des chemischen Potentials für die chemische Thermodynamik seien einige Bemerkungen zu dieser Größe angebracht:
Die Größe μ_k beschreibt nach Gl. (4.14c) die Zunahme der Freien Enthalpie des homogenen Systems bei infinitesimaler Zugabe der Komponente k unter Konstanthaltung von Temperatur und Druck (sowie anderer Arbeitskoeffizienten). Mit laxen Worten ist sie ein Maß für die "Unbeliebtheit" der Komponente k unter diesen Bedingungen[13]. Wird etwa elementarem Natrium unter proportionaler Volumenvergrößerung weiteres Natrium hinzugefügt, steigt die Freie Enthalpie proportional der Menge an, das chemische Potential von Na in Na ist konstant ($\mu_{Na} = \mu^\circ_{Na}$). Fügt man Na einem in überschüssiger Menge reines Cl_2–Gas enthaltenden System zu, wandelt sich dieses vollständig in energiearmes NaCl um. Das chemische Potential des Natriums in diesem mit Cl_2 koexistierenden NaCl ist vergleichsweise klein. Löst man Spuren von Na in reinem NaCl auf, so steigt die Freie Enthalpie

[11] Wenn auch die Begriffe Wärme und Arbeit in stofflich durchlässigen Systemen einer genaueren Untersuchung und einer Erweiterung bedürfen, kann doch festgestellt werden, daß in den Differentialen der Zustandsfunktionen (s. Gl. (4.8), (4.11), (4.12)) der Term $\boldsymbol{\mu}d\mathbf{n} = \boldsymbol{\mu}(\delta_i\mathbf{n} + \delta_e\mathbf{n})$ auftritt, da $\boldsymbol{\mu}\delta_i\mathbf{n}$ über $\delta_i S$ und $\boldsymbol{\mu}\delta_e\mathbf{n}$ über $\delta_e U$ eingeführt wird. Wegen $\delta_i U = 0$ erscheint die innere Molzahländerung nicht in der Energiebilanz.

[12] In bezug auf die Berücksichtigung von Gradientenenergien, die letztendlich als aus der "Verschmierung" von Grenzflächenenergien der Wände der Teilsysteme hervorgehend gedacht werden können, vgl. [95]. Nur bei sehr geringen Gradienten verhalten sich lokal die Teilchen so, als wären sie in einer homogenen Umgebung.

[13] Eine analoge Größe ist in der Wirtschaftswissenschaft der sogenannte "Grenzgewinn", d.i. der Zuwachs der Gewinnfunktion mit der Produktion eines Gutes k.

der Phase überproportional steil und damit auch μ_{Na} an. Sehr schnell ist gemäß der ganz geringen Löslichkeitsgrenze der Wert μ°_{Na} erreicht, also der μ_{Na}-Wert, bei welchem Phasengleichgewicht mit Na besteht (s. Abschnitt 4.3.5). Nennenswerte Na-Überschüsse im NaCl sind dem steilen Anwachsen des chemischen Potentials entsprechend nicht zu realisieren. In Phasen mit größerer Phasenbreite gegenüber den Elementen steigt das chemische Potential vergleichsweise schwächer an. Genauer ist dies in Abschnitt 4.3.5 behandelt. Die intensive Größe μ ist keine Funktion der absoluten Menge, sondern lediglich der Konzentration. Die extensive Größe G ist dagegen eine proportionale, d.h. lineare homogene Funktion in den Molzahlen. Ist der Festkörper (M) einkomponentig, so gilt einfach (mit G_m als Abkürzung für die molare Freie Enthalpie)

$$\mu_{\mathrm{M\,in\,M}} = \mu^\circ_{\mathrm{M}} = \mathrm{G_M/n_M} \equiv \mathrm{G_{m,M}}. \tag{4.16}$$

Auch bei mehrkomponentigen Verbindungen, bei welchen keine nennenswerten Stöchiometrieänderungen in Frage kommen und somit die Phasenbreite gering ist, besteht eine solche Relation[14]

$$\mu_{\mathrm{MX\,in\,``MX"}} \simeq \text{const} = \mu^\circ_{\mathrm{MX}} = \mathrm{G_{MX}/n_{MX}} \equiv \mathrm{G_{m,MX}}. \tag{4.17}$$

Man beachte, daß zu Gl. (4.17) analoge Beziehungen für die Elementkomponenten $\mu_{\mathrm{M\,in\,``MX"}}$ und $\mu_{\mathrm{X\,in\,``MX"}}$ (geschweige denn für die chemischen Potentiale der Ionen) nicht gelten. Diese ändern sich im Homogenitätsbereich gerade bei geringer Stöchiometriebreite, wie oben für NaCl diskutiert, empfindlich. Dies läßt sich schon daran ersehen, daß das Zufügen einer geringen Menge M bzw. X zu "MX" die Zusammensetzung[15] viel signifikanter ändert als die Zugabe von exakt stöchiometrischem MX zu "MX". Die detailliertere Begründung gibt Kapitel 5. Die Summe der Potentiale $\mu_{\mathrm{M\,in\,``MX"}}$ und $\mu_{\mathrm{X\,in\,``MX"}}$ ist über die gesamte Phasenbreite bei Phasen mit geringen Homogenitätsbereich wieder nahezu invariant, nämlich gerade μ°_{MX} (s. auch Gl. (4.17))[16]. Die Standardgrößen finden sich — geeignet normiert — tabelliert in entsprechenden Standardwerken und stellen die wichtigsten thermochemischen Materialkonstanten dar (s. Tabellen 4.1, 4.2). Im Normalfall sind die chemischen Potentiale konzentrationsabhängig, und man vereinbart folgende Schreibweise:

$$\mu_k(c) = \mu^\circ_k + RT \ln a_k(c_k). \tag{4.18}$$

---

[14] "MX" bezeichnet hier die Verbindung aus M und X mit nicht notwendigerweise exakter 1:1–Stöchiometrie über den gesamten Homogenitätsbereich.

[15]

$$M_{1+\delta}X + \epsilon M \rightarrow M_{1+\delta+\epsilon}X;$$

$$M_{1+\delta}X + \epsilon X \rightarrow M_{1+\delta}X_{1+\epsilon} \approx M_{1+\delta-\epsilon}X;$$

$$M_{1+\delta}X + \epsilon MX \rightarrow M_{1+\delta+\epsilon}X_{1+\epsilon} \approx M_{1+\delta-\epsilon\delta}X \approx M_{1+\delta}X$$

(ϵ und δ sind als von gleicher Größenordnung und klein gegen 1 angenommen)

[16] $d\mu_M + (1+\delta)d\mu_X \simeq d\mu_M + d\mu_X = 0$

Solange a(c) nicht spezifiziert ist, ist nicht viel gewonnen. Lediglich wurde die Konzentrationsabhängigkeit des chemischen Potentials in diesen Term gepackt, den man Aktivität nennt. Die Schreibweise von Gl. (4.18) ist dennoch nützlich, da in Grenzfällen die Aktivität mit der (geeignet normierten) Konzentration identisch wird (vgl. Abschnitt 4.3.5). Uns interessiert vor allem der Grenzfall sehr verdünnter Zustände (Henrysche Normierung[17]). Dort ist wegen der dann gültigen Boltzmannverteilung (s. Kapitel 5)

$$\mu_k = \mu_k^\circ + RT\ln(c_k/c^\circ). \tag{4.19a}$$

Wichtige Varianten von Gl. (4.19a) sind gegeben durch

$$\mu_k = \mu_k^\circ + RT\ln(\frac{c_k}{c^\circ \pm c_k}), \tag{4.19b}$$

wobei das Minuszeichen bei Fermi–Dirac–artigen Verteilungen steht, während das Pluszeichen für Bose–Einstein–artige Verteilungen gilt. (Wie sich die Gl. (4.19a,b) aus der Kombinatorik des Problems ergeben, ist in Abschnitt 5.2 am Beispiel der Fehler ausgeführt). Während bei Gl. (4.19a) die Zahl der besetzbaren Zustände unerschöpflich ist, ist sie bei Gl. (4.19b) im ersten Fall begrenzt. Dort sinkt dann die Zahl der effektiv zur Verfügung stehenden Zustände (Nenner in Gl. (4.19b)) merklich bei der Besetzung, während sie im zweiten Fall ansteigt[18].
Die Freie Enthalpie des Systems ergibt sich — solange das System homogen ist — aus dem chemischen Potential der Komponenten simplerweise durch Multiplikation mit den Molzahlen zu

$$G(T,p,\mathbf{n}) = \Sigma_k n_k \mu_k \equiv \mathbf{n}\boldsymbol{\mu} \tag{4.20a}$$

oder in differenzierter Form

$$dG(T,p,\mathbf{n}) = d\Sigma_k n_k \mu_k \equiv d(\mathbf{n}\boldsymbol{\mu}). \tag{4.20b}$$

Dies erscheint in Anbetracht von Gl. (4.13) überraschend, folgt aber sofort aus der Extensivität der G–Funktion[19] und ist auch dadurch verständlich, daß Gl. (4.13) integriert werden kann unter Konstanthaltung der chemischen Potentiale. Dies entspricht einem Aufbau des homogenen Gesamtsystems aus Untereinheiten gleicher

[17] Das chemische Potential ist thermodynamisch streng definiert; in μ° (auf Kosten von a) bzw. in a (auf Kosten von μ°) besteht jedoch die Freiheit einer Normierung. Auf diesen Problemkreis braucht im folgenden nur marginal eingegangen zu werden (s. Abschnitt 4.3.5). Schreibt man $a(c) = f(c) \cdot c$ mit f als Aktivitätskoeffizienten, so muß, da μ und c invariant sind, für beliebige Normierungen — bezeichnen wir sie durch a und b — gelten: ${}^a\mu^\circ - {}^b\mu^\circ = RT\ln({}^bf/{}^af)$.

[18] Man vergleiche "Fermidruck" und Tendenz zur "Bosekondensation" [96].

[19] Die präzise Herleitung lautet wie folgt: Bei konstantem p und T seien alle Molzahlen gleichermaßen homogen vervielfacht durch den Faktor λ, dann gilt offenbar $G(T,p,\lambda\mathbf{n}) = \lambda G(T,p,\mathbf{n})$. Differentiation der linken Seite nach λ liefert $\frac{\partial G(T,p,\lambda\mathbf{n})}{\partial\lambda\mathbf{n}}\frac{\partial\lambda\mathbf{n}}{\partial\lambda} = \frac{\partial G(T,p,\lambda\mathbf{n})}{\partial\lambda\mathbf{n}}\mathbf{n}$. Differentiation der rechten Seite liefert $G(T,p,\mathbf{n})$. Wählen wir $\lambda = 1$, entsteht $G(T,p,\mathbf{n}) = \frac{\partial G}{\partial\mathbf{n}}\mathbf{n}$, also Gl. (4.20). Beachte, daß $\mathbf{n}$ und $\partial/\partial\mathbf{n}$ Vektoren im Zusammensetzungsraum darstellen. In gleicher Weise gilt für das chemische Potential der Komponente l als intensive Funktion ($\mu_l(T,p,\lambda\mathbf{n}) = \mu_l(T,p,\mathbf{n})$) die Beziehung $\Sigma_k n_k(\partial\mu_l/\partial n_k) = 0$.

Tabelle 4.1: Thermodynamische molare Standarddaten. Δ_f–Werte geben die Reaktionswerte der Bildungsreaktion aus den Elementen wieder. Während diese dann definitionsgemäß für die Elemente bei allen Temperaturen Null sind, sind die H°_m lediglich für 298.15 K (1 bar) zu Null gesetzt. Die Werte für andere Temperaturen ergeben sich über $C^\circ_{p,m}$. Die Entropiedaten sind absolut und gehen über $H^\circ_m - TS^\circ_m$ in G°_m ein. Nach [97].

TiO_2 (Rutil)

Phase	T [K]	$C^\circ_{p,m}$ J/(K mol)	S°_m J/(K mol)	H°_m kJ/mol	G°_m kJ/mol	$\Delta H^\circ_{f,m}$ kJ/mol	$\Delta G^\circ_{f,m}$ kJ/mol	log K_f [-]
SOL	298.15	55.103	50.292	-944.747	-959.741	-944.747	-889.406	155.820
	300.00	55.288	50.633	-944.645	-959.835	-944.746	-889.063	154.800
	400.00	62.836	67.675	-938.703	-965.773	-944.364	-870.544	113.681
	500.00	67.204	82.207	-932.182	-973.286	-943.603	-852.173	89.026
	600.00	69.930	94.719	-925.316	-982.147	-942.681	-833.972	72.604
	700.00	71.762	105.645	-918.226	-992.177	-941.718	-815.930	60.885
	800.00	73.074	115.317	-910.981	-1003.234	-940.781	-798.025	52.106
	900.00	74.066	123.984	-903.622	-1015.207	-939.907	-780.233	45.284
	1000.00	74.849	131.829	-896.174	-1028.004	-939.116	-762.535	39.831
	2000.00	78.872	185.163	-819.004	-1189.330	-949.283	-585.830	15.300

TiO_2 (Anatas)

Phase	T [K]	$C^\circ_{p,m}$ J/(K mol)	S°_m J/(K mol)	H°_m kJ/mol	G°_m kJ/mol	$\Delta H^\circ_{f,m}$ kJ/mol	$\Delta G^\circ_{f,m}$ kJ/mol	log K_f [-]
SOL	298.15	55.271	49.907	-938.722	-953.602	-938.722	-883.266	154.745
	300.00	55.472	50.249	-938.620	-953.694	-938.720	-882.922	153.730
	400.00	63.591	67.437	-932.626	-959.600	-938.286	-864.372	112.875
	500.00	68.144	82.162	-926.018	-967.099	-937.439	-845.986	88.380
	600.00	70.889	94.848	-919.056	-975.965	-936.421	-827.789	72.065
	700.00	72.659	105.918	-911.873	-986.015	-935.364	-809.768	60.426
	800.00	73.863	115.703	-904.543	-997.106	-934.343	-791.896	51.705
	900.00	74.718	124.455	-897.112	-1009.121	-933.397	-774.148	44.930
	1000.00	75.349	132.362	-889.607	-1021.969	-932.549	-756.500	39.515
	2000.00	77.544	185.498	-812.827	-1183.822	-943.105	-580.322	15.156

BaO

Phase	T [K]	$C^\circ_{p,m}$ J/(K mol)	S°_m J/(K mol)	H°_m kJ/mol	G°_m kJ/mol	$\Delta H^\circ_{f,m}$ kJ/mol	$\Delta G^\circ_{f,m}$ kJ/mol	log K_f [-]
SOL	298.15	47.278	70.417	-553.543	-574.538	-553.543	-525.346	
	300.00	47.332	70.709	-553.455	-574.668	-553.535	-525.171	
	400.00	49.898	84.695	-548.588	-582.466	-553.140	-515.784	
	500.00	51.785	96.042	-543.499	-591.520	-553.386	-506.435	
	600.00	53.223	105.616	-538.246	-601.616	-554.540	-496.941	
	700.00	54.395	113.911	-532.863	-612.601	-554.602	-487.344	
	800.00	55.406	121.242	-527.372	-624.366	-554.993	-477.709	
	900.00	56.313	127.821	-521.785	-636.824	-555.201	-468.034	
	1000.00	57.153	133.798	-516.112	-649.910	-555.325	-458.342	

$BaTiO_3$

Phase	T [K]	$C^\circ_{p,m}$ J/(K mol)	S°_m J/(K mol)	H°_m kJ/mol	G°_m kJ/mol	$\Delta H^\circ_{f,m}$ kJ/mol	$\Delta G^\circ_{f,m}$ kJ/mol	log K_f [-]
SOL-3	298.15	102.467	107.901	-1659.797	-1691.968	-1659.797	-1572.440	275.485
	300.00	102.844	108.536	-1659.607	-1692.168	-1659.787	-1571.898	273.692
	394.65*	115.797	138.665	-1649.180	-1703.904	-1658.834	-1544.292	204.398
			0.509	0.201				
SOL-2	394.65*	115.797	139.175	-1648.979	-1703.904	-1658.633	-1544.292	204.398
	400.00	116.279	140.737	-1648.358	-1704.653	-1658.571	-1542.742	201.461
	500.00	122.794	167.458	-1636.371	-1720.100	-1657.678	-1513.902	158.156
	600.00	126.585	190.208	-1623.888	-1738.012	-1657.546	-1485.163	129.295
	700.00	129.090	209.921	-1611.096	-1758.041	-1656.326	-1456.536	108.688
	800.00	130.910	227.283	-1598.092	-1779.918	-1655.513	-1428.052	93.242
	900.00	132.332	242.787	-1584.927	-1803.436	-1654.628	-1399.671	81.235
	1000.00	133.506	256.792	-1571.634	-1828.426	-1653.789	-1371.389	71.634

Fußnote 28 S. 89

Tabelle 4.2: Zur Definition der Größen s. Tab. 4.1. Nach [97].

$O_2(g)$

Phase	T [K]	$C^\circ_{p,m}$ J/(K mol)	S°_m J/(K mol)	H°_m kJ/mol	G°_m kJ/mol	$\Delta H^\circ_{f,m}$ kJ/mol	$\Delta G^\circ_{f,m}$ kJ/mol	log K_f [-]
SOL	298.15	29.376	205.147	0.000	-61.165	0.000	0.000	0.000
	300.00	29.385	205.329	0.054	-61.544	0.000	0.000	0.000
	400.00	30.106	213.871	3.025	-82.523	0.000	0.000	0.000
	500.00	31.091	220.693	6.084	-104.262	0.000	0.000	0.000
	600.00	32.089	226.451	9.244	-126.626	0.000	0.000	0.000
	700.00	32.981	231.466	12.499	-149.528	0.000	0.000	0.000
	800.00	33.734	235.921	15.836	-172.901	0.000	0.000	0.000
	900.00	34.354	239.931	19.241	-196.697	0.000	0.000	0.000
	1000.00	34.870	243.578	22.703	-220.875	0.000	0.000	0.000

Cu

Phase	T [K]	$C^\circ_{p,m}$ J/(K mol)	S°_m J/(K mol)	H°_m kJ/mol	G°_m kJ/mol	$\Delta H^\circ_{f,m}$ kJ/mol	$\Delta G^\circ_{f,m}$ kJ/mol	log K_f [-]
SOL	298.15	24.443	33.164	0.000	-9.888	0.000	0.000	0.000
	300.00	24.464	33.315	0.045	-9.949	0.000	0.000	0.000
	400.00	25.318	40.481	2.538	-13.654	0.000	0.000	0.000
	500.00	25.912	46.196	5.100	-17.998	0.000	0.000	0.000
	600.00	26.477	50.971	7.720	-22.862	0.000	0.000	0.000
	700.00	26.995	55.092	10.394	-28.170	0.000	0.000	0.000
	800.00	27.494	58.731	13.120	-33.865	0.000	0.000	0.000
	900.00	28.032	61.999	15.895	-39.904	0.000	0.000	0.000
	1000.00	28.676	64.985	18.730	-46.255	0.000	0.000	0.000

Cu_2O

Phase	T [K]	$C^\circ_{p,m}$ J/(K mol)	S°_m J/(K mol)	H°_m kJ/mol	G°_m kJ/mol	$\Delta H^\circ_{f,m}$ kJ/mol	$\Delta G^\circ_{f,m}$ kJ/mol	log K_f [-]
SOL	298.15	62.544	92.341	-170.707	-198.238	-170.707	-147.880	25.908
	300.00	62.666	92.728	-170.591	-198.410	-170.709	-147.739	25.724
	400.00	67.668	111.505	-164.052	-208.654	-170.641	-140.084	18.293
	500.00	70.939	126.976	-157.113	-220.601	-170.356	-132.475	13.840
	600.00	73.475	140.141	-149.888	-233.973	-169.950	-124.935	10.877
	700.00	75.650	151.634	-142.430	-248.574	-169.468	-117.470	8.766
	800.00	77.626	161.866	-134.765	-264.258	-168.922	-110.078	7.187
	900.00	79.484	171.117	-126.909	-280.914	-168.319	-102.758	5.964
	1000.00	81.267	179.585	-118.871	-298.455	-167.681	-95.507	4.989

CuO

Phase	T [K]	$C^\circ_{p,m}$ J/(K mol)	S°_m J/(K mol)	H°_m kJ/mol	G°_m kJ/mol	$\Delta H^\circ_{f,m}$ kJ/mol	$\Delta G^\circ_{f,m}$ kJ/mol	log K_f [-]
SOL	298.15	42.244	42.593	-156.063	-168.762	-156.063	-128.292	22.476
	300.00	42.363	42.855	-155.985	-168.841	-156.057	-128.120	22.308
	400.00	46.808	55.727	-151.500	-173.791	-155.551	-118.875	15.523
	500.00	49.264	66.457	-146.687	-179.915	-154.829	-109.786	11.469
	600.00	50.937	75.595	-141.672	-187.029	-154.014	-100.853	8.780
	700.00	52.241	83.548	-136.511	-194.995	-153.155	-92.061	6.870
	800.00	53.348	90.598	-131.231	-203.709	-152.268	-83.393	5.445
	900.00	54.340	96.939	-125.845	-213.091	-151.361	-74.838	4.343
	1000.00	55.260	102.713	-120.365	-223.077	-150.446	-66.385	3.468

Zusammensetzung. Dies ist besonders deutlich, wenn wir die Vektorschreibweise wählen. Die Integration über $\boldsymbol{\mu}\mathbf{dn}$ ist über ein Linienintegral zu führen, dessen Integrationsweg wir eben so wählen, daß die Zusammensetzung konstant bleibt. Der Vergleich mit Gl. (4.13) zeigt, daß dann auch

$$\mathbf{n}d\boldsymbol{\mu} \equiv \Sigma_k n_k d\mu_k = -SdT + Vdp \tag{4.21}$$

gilt, also insbesondere $\Sigma n_k d\mu_k)_{p,T} = 0$. Um es nochmals zu betonen, diese als Gibbs–Duhem–Gleichung bekannte Beziehung folgt nicht aus den Hauptsätzen, sondern ist mathematischer Ausdruck der Homogenität des Systems. Lassen Sie uns als wesentliches Ergebnis dieses Abschnittes rekapitulieren:

$$dG)_{p,T} = d(H - TS)_{p,T} = \boldsymbol{\mu}\mathbf{dn} = d\left(\boldsymbol{\mu}\mathbf{n}\right) \leq 0. \tag{4.22}$$

Betrachten wir nun chemische Reaktionen im System und schreiben sie in der Form

$$\text{Null} \rightleftharpoons \Sigma_k \nu_k A_k, \tag{4.23}$$

d.h. wir nehmen die stöchiometrischen Koeffizienten (ν) der Produkte als positiv, die der Edukte als negativ. Für die Molzahländerungen bestehen nun ersichtlicherweise Bedingungen der Form

$$\frac{dn_k}{\nu_k} = d\xi \tag{4.24}$$

mit einer stoffunabhängigen Reaktionslaufzahl ξ.
Als Beispiel mag die Bildung von $BaTiO_3$ aus den Oxiden dienen:

$$\text{Null} \rightleftharpoons BaTiO_3 - TiO_2 - BaO \tag{4.25}$$

oder die Bildung von Cu_2O aus den Elementen

$$\text{Null} \rightleftharpoons Cu_2O - 2Cu - \frac{1}{2}O_2. \tag{4.26}$$

Im ersten Fall ist $dn_{BaTiO_3} = -dn_{TiO_2} = -dn_{BaO}$. Sind die beteiligten Oxide auch in andere Reaktionen involviert, ist diese Aussage natürlich nur für die jeweilige Änderung bzgl. der ins Auge gefaßten Reaktion (4.25) richtig. Analog gilt in bezug auf Reaktion (4.26): $dn_{Cu_2O} = -2dn_{Cu} = -\frac{1}{2}dn_{O_2}$. Folglich wird aus der grundlegenden Beziehung Gl. (4.15):

$$d\xi\left(\boldsymbol{\nu\mu}\right) \equiv d\xi\Sigma_k \nu_k \mu_k \leq 0 \tag{4.27}$$

In bezug auf den chemischen Reaktionsumsatz von links nach rechts ($d\xi > 0$) lautet die Entwicklungsbedingung (Ungleichheit)

$$\boldsymbol{\nu\mu} \equiv \Sigma_k \nu_k \mu_k \equiv \Delta_r G_m \equiv -\mathcal{A}_m < 0, \tag{4.28}$$

und die Gleichgewichtsbedingung (Gleichheit)

$$\boldsymbol{\nu\mu} \equiv \Delta_r G_m \equiv -\mathcal{A}_m = 0. \tag{4.29}$$

Hier wurden als gebräuchliche Abkürzungen $\Delta_r G_m$, die freie molare Reaktionsenthalpie, bzw. ihr Negativum, die molare Reaktionsaffinität $\mathcal{A}_m$, eingeführt. Der Vergleich mit Gl. (4.13) enthüllt, daß

$$\Delta_r G_m \equiv -\mathcal{A}_m \equiv \left.\frac{\partial G}{\partial \xi}\right)_{p,T} . \tag{4.30}$$

Berücksichtigt man, daß $d\xi/dt = (dn_k/dt)/\nu_k$ gerade die — vom Index k ja nicht abhängige — Reaktionsgeschwindigkeit ($\mathcal{R}$) darstellt, läßt sich Gl. (4.27) prägnant formulieren als

$$\mathcal{A}\mathcal{R} \geq 0. \tag{4.31}$$

Gl. (4.31) besagt unmittelbar, daß bei positiver Affinität auch die Reaktionsgeschwindigkeit $\mathcal{R}$ positiv ist, das heißt die Reaktion von links nach rechts verlaufen muß, bis das Gleichgewicht eingestellt ist, während $\mathcal{A} < 0$ die Reaktion in der umgekehrten Richtung ablaufen läßt[20]. Der Vergleich von Gl. (4.31) mit Gl. (4.12) und Gl. (4.10) enthüllt, daß das Produkt von Affinität und Reaktionsgeschwindigkeit die Entropieproduktion, genauer $+T(\delta_i S/\delta t)$, angibt. Nicht nur im Gleichgewicht wird keine Entropie produziert, sondern auch nicht im Falle eingefrorener Zustände ($\mathcal{R} = 0$, $\mathcal{A} \neq 0$). Daß die Entropieproduktion generell als Produkt verallgemeinerter Kräfte (hier $\mathcal{A}$) und verallgemeinerter Flüsse (hier $\mathcal{R}$) geschrieben werden kann, ist ein allgemeiner Befund der irreversiblen Thermodynamik [92] und wird in Kap. 6 näher betrachtet.

In Aktivitäten ausgedrückt, d.h. mit Gl. (4.18), lautet unsere Entwicklungs- bzw. Gleichgewichtsbedingung

$$\Delta_r G_m = \Delta_r G_m^\circ + RT\Sigma_k \ln a_k^{\nu_k} = \Delta_r G_m^\circ + RT \ln \Pi_k a_k^{\nu_k} \leq 0, \tag{4.32}$$

wobei die Freie Standardreaktionsenthalpie als Abkürzung

$$\Delta_r G_m^\circ \equiv \Sigma_k \nu_k \mu_k^\circ \tag{4.33}$$

eingeführt wurde. Im Gleichgewicht ist nach Gl. (4.29) $\Delta_r G_m = 0$ und somit $RT \ln \Pi a_k^{\nu_k}$ gleich einer Konstanten[21], nämlich $(-\Delta_r G_m^\circ)$. Wie üblich bezeichnen wir den Gleichgewichtswert $\Pi \widehat{a}_k^{\nu_k}$ mit K, der Gleichgewichtskonstanten. Belegen wir allgemein das Produkt $\Pi a_k^{\nu_k}$, also auch außerhalb des Gleichgewichts, mit der Abkürzung Q, so gilt für $\Delta_r G = 0$:

$$\widehat{Q} \equiv K = \exp -\frac{\Delta_r G_m^\circ}{RT} = \exp -\frac{\Sigma_k \nu_k \mu_k^\circ}{RT} = \Pi_k \widehat{a}_k^{\nu_k} \tag{4.34}$$

[20]Dies ist nur eine Aussage über das Vorzeichen. Die Abhängigkeit der Geschwindigkeit von der Triebkraft ist nur für sehr kleine Triebkräfte ($|\mathcal{A}| \ll RT$) heraus allgemein angebbar (s. Kap. 6).

[21]Konstante bezüglich der Konzentrationen.

und unsere Entwicklungs- bzw. Gleichgewichtsbedingung nimmt die einfache Form an (Guldberg–Waage-Gesetz)[22]

$$Q/K \begin{cases} \leq 1 & (\rightarrow) \\ \geq 1 & (\leftarrow). \end{cases} \tag{4.35}$$

Das obere Ungleichheitszeichen gilt für Prozesse von links nach rechts, ($d\xi > 0$, i.e. $\mathcal{R} > 0$), das untere für Prozesse von rechts nach links ($d\xi < 0$, i.e. $\mathcal{R} < 0$). Gl. (4.35) besagt das folgende: Ist das Aktivitätenprodukt Q kleiner (größer) als für das Gleichgewicht berechnet, also kleiner (größer) als $K \equiv \widehat{Q}$, so sind die Aktivitäten der Produkte (Edukte) "zu gering" und die der Edukte (Produkte) "zu hoch" und die Reaktion verläuft von links nach rechts (rechts nach links).
Wie in Kap. 6 näher ausgeführt, stellt für eine Elementarreaktion der Quotient Q/K auch das Verhältnis von Rück- und Hingeschwindigkeit dar, so dass sich beim Reaktionsverlauf von links nach rechts ergibt:

$$\frac{Q}{K} = \frac{\overleftarrow{\mathcal{R}}}{\overrightarrow{\mathcal{R}}} = \exp\frac{\Delta_r G_m}{RT} \leq 1. \tag{4.36}$$

Die Temperaturabhängigkeit von K erhält man wegen $\partial \Delta G/\partial T = \Delta \partial G/\partial T = -\Delta S$ (s. Gl. (4.14)) und $\Delta G = \Delta H - T\Delta S$ (s. Gl. (4.10)) zu

$$\frac{\partial \ln K}{\partial T} = -\frac{1}{R}\frac{\partial}{\partial T}\frac{\Delta_r G_m^\circ}{T} = -\frac{1}{R}\left(-\frac{\Delta_r S_m^\circ}{T} - \frac{1}{T^2}(\Delta_r H_m^\circ - T\Delta_r S_m^\circ)\right) = \frac{\Delta_r H_m^\circ}{RT^2} \tag{4.37a}$$

oder

$$\frac{\partial \ln K}{\partial(-1/RT)} = \Delta_r H_m^\circ. \tag{4.37b}$$

Bei exothermer (endothermer) Reaktion verkleinert (vergrößert) sich die Gleichgewichtskonstante bei Temperaturerhöhung.

Bevor wir einige charakteristische Beispiele zur Gleichgewichtsthermodynamik angehen, lassen Sie uns die Temperaturabhängigkeit der thermodynamischen Funktionen etwas genauer betrachten. Wir kennen zwar an dieser Stelle die punktuelle Temperaturabhängigkeit der Freien Enthalpie (Gl. (4.14a)) bzw. der Gleichgewichtskonstanten (Gl. (4.37)). Eine Integration über einen größeren Temperaturbereich setzt jedoch die Kenntnis der Temperaturabhängigkeit der Enthalpie und der Entropie voraus. Hierfür benötigen wir den Begriff der spezifischen Wärme. Die spezifische Wärme, die ja für den Fall der Schwingung in Kap. 3 besprochen wurde, ist ein reziprokes Maß für die Temperaturerhöhung bei Wärmezufuhr:

$$\text{spezifische Wärme} \equiv \delta q/\delta T. \tag{4.38}$$

[22]Der übliche Name "Massenwirkungsgesetz" ist unglücklich. Es sollte besser Konzentrationswirkungsgesetz heißen.

Mit anderen Worten ist die spezifische Wärme dann groß, wenn auch eine größere Wärmezufuhr nur in einer geringen Temperaturerhöhung des Systems resultiert, und ist damit ein Maß für die "Wärmespeicherfähigkeit"[23]. Es ist einsichtig und leicht beweisbar, daß die spezifische Wärme stets positiv sein muß[24]. Um sie als eindeutige thermodynamische Meßgröße festzulegen, definieren wir eine spezifische Wärme bei konstantem Volumen, C_V, und eine analoge Größe bei konstantem Druck, C_p. In diesen Fällen läßt sich δq in ein exaktes Differential überführen. Aufgrund des Ersten Hauptsatzes gilt nach Gl. (4.4) $\delta q)_V = dU\,)_V$ bzw. $\delta q)_p = d(U + pV)_p = dH\,)_p$. Wir erhalten also für die Temperaturabhängigkeiten von U und H:

$$C_V = \left.\frac{\partial U}{\partial T}\right)_V \quad \text{und} \quad C_p = \left.\frac{\partial H}{\partial T}\right)_p . \tag{4.39}$$

Betrachten wir hierzu einen Phasenübergang erster Ordnung: Dort wechseln alle Teilchen kollektiv den thermodynamischen Zustand. Oder anders formuliert für das konkrete Beispiel des Schmelzvorganges von H_2O: Das festgebundene Riesenmolekül Eis ändert seine Struktur und wandelt sich um in die Flüssigkeit. Letzterer Zustand besitzt eine höhere Energie. Es handelt sich also um eine strukturelle Energiespeicherung. Da die Phasenumwandlung eine Umlagerung des Riesenmoleküls Festkörper darstellt, ist es auch korrekt, von einer chemischen Speicherung der zugeführten thermischen Energie zu sprechen. Die innere Energie als Funktion der Temperatur verhält sich wie eine Stufenfunktion, und C_V wird zur Deltafunktion.

Im Existenzbereich ein- und derselben Phase wird die thermische Energie im wesentlichen in Schwingungsanregung gesteckt. Wie wir in Kap. 3 näher diskutiert haben, handelt es sich nicht um ein Zweizustandsproblem, sondern es stehen den Gitterschwingungen immer höhere Zustände zur Verfügung, und U steigt kontinuierlich mit T. Für hohe Temperaturen, bei denen die Niveauunterschiede klein sind gegen k_BT, steigt U linear mit T, und C_V entspricht dem klassischen Limit $3Nk_B$, wobei N die Zahl der Schwinger darstellt. Bei tiefen Temperaturen, bei welchen die Niveauunterschiede eine große Rolle spielen, wird C_V mit positiver Krümmung gegen Null gehen müssen, alles in Übereinstimmung mit den Befunden von Kap. 3. Die dort statistisch abgeleiteten Größen E_{vib} und C_{vib} stellen strenggenommen innere Energien bzw. C_V-Größen dar. Für unsere Zwecke können wir die Unterschiede zwischen C_p und C_V (ebenso wie zwischen ΔH und ΔU) vernachlässigen[25].

---

[23]In ähnlicher Weise können wir $\partial n_k/\partial \mu_k$ als "chemische Speicherfähigkeit" (chemische Kapazität) ansehen, diese Größe wird uns in Abschnitt 6.5 wiederbegegnen (vgl. "thermodynamischer Faktor"). Analog definiert ist auch die "Ladungsspeicherfähigkeit" (elektrische Kapazität): $\partial Q/\partial \phi$ (ϕ: elektrisches Potential).

[24]Andernfalls würde ein aus dem Gleichgewichtszustand heraus virtuell verrücktes System nicht mehr in den Ausgangszustand zurückgetrieben werden. Im isolierten System etwa muss die Entropie in bezug auf die Störvariablen T, p, n ein allseitiges Maximum bilden ($\delta(\delta S) < 0$). Die Analyse liefert, daß $C_V > 0$ für thermische Stabilität notwendig ist, eine positive Kompressibilität $\chi \equiv -\partial \ln V/\partial p$ für mechanische und $\partial \mu_k/\partial c_k > 0$ für chemische (s. z.B. Ref. [90]).

[25]Selbst bei idealen Gasen ist $C_p - C_V = \frac{d(H-U)}{dT} = \frac{d(pV)}{dT} = \frac{d(RT)}{dT} = R$ nur von der Größenordnung 10J/molK. In kondensierten Phasen ist bei konstantem Druck $\frac{d(pV)}{dT} = p\frac{dV}{dT}$ sehr klein.

C_p übersteigt C_V in der Regel um einige wenige Prozente bei Zimmertemperatur. Lediglich bei sehr hohen T–Werten ist der Unterschied signifikant und ist häufig die Ursache für ein Überschreiten des Dulong–Petitschen–Limits. Abbildung 4.2 gibt

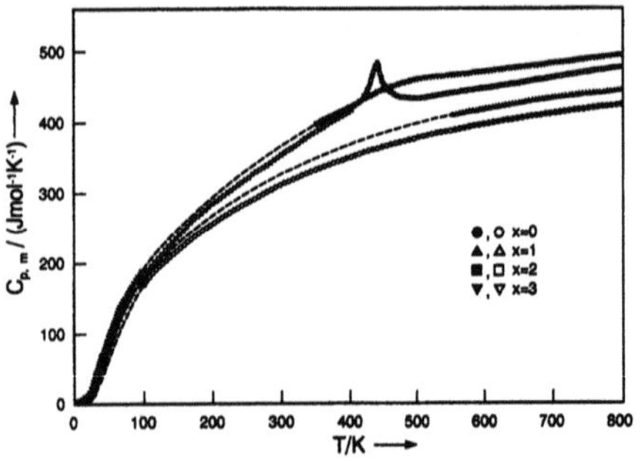

Abb. 4.2: Die spezifische Wärme von $Na_{1+x}Zr_2Si_xP_{3-x}O_{12} \equiv$ NASICON(x) als Funktion der Temperatur für verschiedene x. (Der Dulong–Petit–Grenzwert ist $(18+x)3R \simeq (450\ldots525)\,\mathrm{Jmol^{-1}K^{-1}}$) [98]

ein Beispiel für die spezifische Wärme ($C_p \simeq C_V$) eines komplexen Natriumionenleiters, des sogenannten Nasicons[26] ($Na_{1+x}Zr_2Sr_xP_{3-x}O_{12}$). Insbesondere erkennt man den Zuwachs mit der Zahl der Schwinger gemäß $\Delta C_{p,m}/\Delta x \simeq 3R$, wie auch deutlich für x=2 eine überlagerte Phasenumwandlung.

Auch die Temperaturunabhängigkeit der Entropie ergibt sich über C_p bzw. C_V:

$$\left.\frac{\partial S}{\partial T}\right)_{p\,\mathrm{oder}\,V} = \frac{C_{p\,\mathrm{oder}\,V}}{T}. \tag{4.40}$$

Dies folgt etwa für konstantes p wegen:

$$-S = \frac{\partial G}{\partial T} = \frac{\partial}{\partial T}(H - TS) = C_p - T\frac{\partial S}{\partial T} - S. \tag{4.41}$$

Spezifische Wärmen lassen sich in aller Regel leicht messen, z.B. über Mischungswärmen (adiabatisch) oder isotherm kalorimetrische Methoden (DSC)[27]. Kennt man die Zustandsfunktionen bei einer Temperatur T_0, läßt sich aus C_p der gesamte Temperaturverlauf ermitteln, z.B. bei konstantem Druck:

$$H(T) = H(T_0) + \int_{T_0}^{T} C_p(T)dT, \tag{4.42a}$$

[26]Nasicon steht für NA–SuperIonCONductor.

[27]Während man bei der DTA (differential thermal analysis) die Temperaturunterschiede zwischen Probe und Referenz bei gegebener Wärmezufuhr verfolgt und so recht genau Phasenübergangstemperaturen bestimmen kann, ist es für die thermodynamische Analyse sinnvoll, isotherm zu arbeiten und den Energiefluß (z.B. elektrischen Strom) zu messen, der notwendig ist, die Temperaturen zwischen Probe und Referenz gleich zu halten. Dies ist das Meßprinzip bei der DSC (differential scanning calorimetry).

$$S(T) = S(T_0) + \int_{T_0}^{T} C_p \, d\ln T, \tag{4.42b}$$

$$G(T) = H(T_0) - TS(T_0) + \int_{T_0}^{T} C_p dT - T\int_{T_0}^{T} \frac{C_p}{T} dT = H(T_0) - TS(T_0) - \iint_{T_0}^{T} \frac{C_p}{T}(dT)^2. \tag{4.42c}$$

Die linke Seite von Gl. (4.42c) folgt aus der Kombination von Gl. (4.42a) und Gl. (4.42b), die rechte aus doppelter Integration gemäß Gl. (4.14a), Gl. (4.40). Beide Seiten sind über partielle Integration ineinander überführbar. In den meisten Fällen interessieren uns Temperaturabhängigkeiten von Änderungen in den thermodynamischen Funktionen, z.B. bei Reaktionsenthalpien: Wegen der Vertauschbarkeit der Operatoren $\Delta_r \equiv \frac{d}{d\xi}$ und $\frac{d}{dT}$ ist $\Delta_r H(T)$ aus $\Delta_r H(T_0)$ analog zu Gl. (4.42a) durch Integration über $\Delta_r C_p$ erhältlich. $\Delta_r C_p$ ist nach $\Delta_r C_p = \Sigma_k \nu_k C_{p,k}$ aus den C_p–Daten der Reaktionsteilnehmer ($\nu_k < 0$ für Edukte, $\nu_k > 0$ für Produkte) gebildet. Da sich häufig bei Festkörperprozessen die Zahl der Schwinger nicht ändert, sich die spezifische Wärme verschiedener Substanzen pro Schwinger mit T ähnlich ändert (im klassischen Limit identisch), ist $\Delta_r C_{p,V}$ oft vernachlässigbar und die Reaktionsgrößen $\Delta_r H$ und $\Delta_r S$ über nicht allzu große Temperaturintervalle konstant. $\Delta_r G$ ändert sich dann linear mit der Temperatur. In der Praxis gibt man C_p, wie schon in Kap. 3 beschrieben, als Reihe an: $C_{p,k} = \Sigma_j a_{jk} f_j(T)$. $\Delta_r C_p$ ist somit bestimmt über $\Sigma_j f_j(T) \Delta_r a_j$. Tabellierte C_p–Werte finden sich als Beispiel für eine Reihe von Substanzen in den Tabellen 4.1, 4.2. Doch lassen Sie uns nun zu den Gleichgewichtskriterien und insbesondere zu "chemischen Reaktionen" zurückkehren, wobei wir diesen Ausdruck in sehr weitem Sinne verstehen wollen und uns naturgemäß mit heterogenen Gleichgewichten befassen müssen.

4.3 Beispiele zur Gleichgewichtsthermodynamik

4.3.1 Modifikationsumwandlung

Die wohl einfachste "chemische Reaktion" ist eine Modifikationsumwandlung als simpelstes Beispiel einer Phasenumwandlung. Hier ändert sich lediglich die Struktur, nicht aber die Zusammensetzung. Mit einiger Berechtigung ist eine solche Modifikationsumwandlung im "Riesenmolekül Festkörper" einer Isomerisierungsreaktion bzw. einer Umlagerungsreaktion an die Seite zu stellen, wenn auch häufig nur geringfügige Änderungen der Bindungslängen und Bindungswinkel und u.U. gar keine topologische Änderung stattfinden, wie etwa im Übergang von der kubischen Hochtemperaturphase des $BaTiO_3$ in die ferroelektrische tetragonale Phase bei[28] $T_c \simeq 130°C$:

[28] Der Umwandlungspunkt sehr reiner einkristalliner Proben ist bei 131°C, während der polykristalliner (Verunreinigung, Gefügeeinflüsse) Proben bis zu 10K tiefer liegt.

Reaktion U = $BaTiO_3\,(tet) \rightleftharpoons BaTiO_3\,(cub)$. (4.43)

Die Gleichgewichtsbedingung verlangt die Gleichheit der chemischen Potentiale (s. Gl. (4.29)).
Da eine Zusammensetzungsvariabilität (in guter Näherung) nicht besteht, ist bei gegebenem Druck die Übergangstemperatur eindeutig gegeben durch den Schnittpunkt der $\mu^\circ(T)$- (d.h. G_m (T)-)Kurven[29] (s. Abb. 4.3), d.h.

$$\mu^\circ_{BaTiO_3(tet)}(T_c) = \mu^\circ_{BaTiO_3(cub)}(T_c). \tag{4.44}$$

Präziser: Geringe Abweichungen von der idealen stöchiometrischen Zusammensetzung ("Dalton–Zusammensetzung") spielen für die Freie Enthalpie der Phase keine Rolle (vgl. Gl. (4.20)), so daß die Übergangstemperatur in guter Näherung nicht von

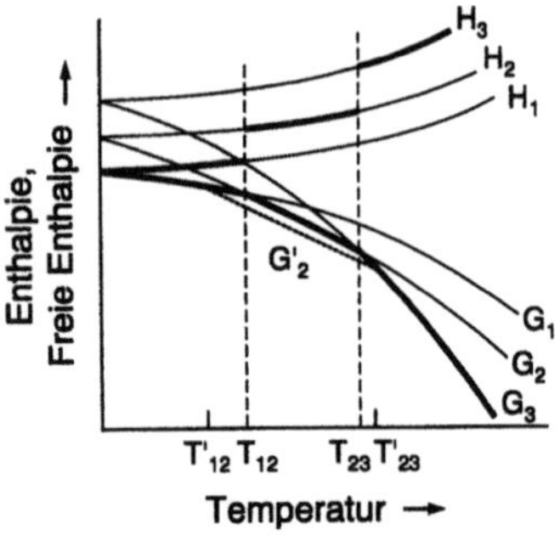

Abb. 4.3: Die (Freie) Enthalpie für eine Substanz, die zwei Umwandlungen erster Ordnung bei T_{12} bzw. T_{23} erleidet. Die dicken Kurven entsprechen dem thermodynamischen Gleichgewicht der reinen Phasen. Die gestrichelte Kurve zeigt den Effekt der Stabilisierung der Phase 2 etwa durch geeignete Zumischungen. Identifiziert man die Phasen 1, 2, 3 mit fest, flüssig, gasförmig, so spiegelt die gestrichelte Linie den Effekt der Gefrierpunktserniedrigung ($T'_{12} < T_{12}$) und Siedepunkterhöhung ($T'_{23} > T_{23}$) wider.

der Komponentenaktivität, d.h. etwa dem Sauerstoffpartialdruck der Umgebung eines Oxides, abhängt. Lediglich der Gesamtdruck hat über Gl. (4.14b) geringfügige Einflußmöglichkeiten. Tabelle 4.1 (s. Seite 82) zeigt die Gleichheit der Freien Enthalpien der $BaTiO_3$–Phasen für $T_C = 122°C$[28]. Im Falle einer Phasenumwandlung erster Ordnung, wie in diesem Falle realisiert und schematisch in Abb. 4.3 gezeigt, tritt jedoch eine Diskontinuität in $H_m(T)$ und damit in $S_m(T) = -\partial G_m/\partial T$ auf. Es gilt $\Delta_U H_m = T_m \Delta_U S_m$ (r=U). Bei Phasenübergängen zweiter bzw. höherer (n-ter) Ordnung treten nach der Ehrenfestschen Klassifizierung Sprünge erst in $\partial^2 G_m/\partial T^2$ bzw. in den entsprechenden höheren Ableitungen ($\partial^n G_m/\partial T^n$) auf. Tabelle 4.1 (s. S. 82) listet auch die G_m–Werte für TiO_2 (Rutil) und TiO_2 (Anatas) auf. Es zeigt sich, daß über dem gesamten Temperaturbereich zumindest für p=1bar Rutil die stabilere Modifikation darstellt. Da die Rutilmodifikation auch noch die dichtere ist, also das geringere Molvolumen (V_m) besitzt, gilt wegen (s. Gl. (4.14b))

$$\left.\frac{\partial \Delta_{U'} G_m}{\partial p}\right)_T = \Delta_{U'} V_m > 0 \tag{4.45}$$

[29]Wegen $\partial G/\partial T\,)_p = -S$, $\partial S/\partial T\,)_p = C_p/T$, $S > 0, C_p > 0$ sind die G(T)–Kurven mit T fallende, und zwar mit negativer Krümmung fallende Kurven (s. Abb. 4.3). Enthalpien und Entropien steigen wegen $C_p > 0$ mit T. Vgl. auch Gl. (4.16).

für

Reaktion U' = $TiO_2(\text{Rutil}) \rightleftharpoons TiO_2(\text{Anatas})$, (4.46)

dieser Sachverhalt erst recht für höhere Drücke[30]. Folglich ist Anatas in all diesen Fällen die thermodynamisch instabile Phase und wird lediglich aus einem Zustand hohen G–Niveaus metastabil erhalten (z.B. durch Hydrolyse von $TiCl_4$).

4.3.2 Schmelzen und Verdampfen

Ähnlich ist auch die Schmelzreaktion

Reaktion S = $H_2O(s) \rightleftharpoons H_2O(l)$ (4.47)

durch eine feste, lediglich geringfügig vom Druck abhängige Übergangstemperatur gekennzeichnet. Daß dieser Druckeffekt verantwortlich sei für den Gleiteffekt beim Schlittschuhlaufen — wie häufig in Physik–Lehrbüchern ausgeführt — ist wohl "Wissenschaftlerlatein" (s. Abschnitt 5.8). Löslichkeiten von Fremdstoffen (Dotierungen) können T_c deutlich beeinflussen. Die Löslichkeit von NaCl in $H_2O(l)$ ist im Gegensatz zu $H_2O(s)$ groß[31]. Die damit verbundene Stabilisierung bewirkt eine einseitige Absenkung der Freien Enthalpie der flüssigen Phase und erniedrigt den Schmelzpunkt (vgl. Abb. 4.3), wie es vor allem Autofahrer zu schätzen wissen. (Auch der Effekt der Schmelzpunktserhöhung bzw. generell der Beeinflussung der Freien Energie des festen Zustands durch Dotierung ist bekannt (s. Abschnitt 5.2)).
Für den Verdampfungsvorgang

Reaktion V = $H_2O(l) \rightleftharpoons H_2O(g)$ (4.48)

bedeutet die Stabilisierung der flüssigen Phase durch Auflösung etwa von Kochsalz analog eine Erhöhung des Siedepunkts. Das ist in Abb. 4.3 dargestellt. Schon bei der reinen Phase tritt in Gl. (4.48) gegenüber Gl. (4.47) ein Novum auf: Die molare Freie Enthalpie von H_2O (g), d.h. das chemische Potential und somit die Aktivität von H_2O sind nun auch näherungsweise nicht mehr invariant. Im Falle idealer Gegebenheiten gilt (Gl. (4.19))

$$\mu_{H_2O(g)} = \mu^{\circ}_{H_2O(g)} + RT\ln(P_{H_2O}/P^{\circ}). \qquad (4.49)$$

Das chemische Potential variiert stark in bezug auf den (tabellierbaren) μ-Wert bei $P_{H_2O}/P^{\circ} = 1$. Diese deutliche Abhängigkeit ist dafür verantwortlich, daß Bergsteiger Mühe haben, in großen Höhen Eier zu garen: Das Wasser kocht

[30] Jedenfalls solange $\Delta_{U'}V_m > 0$ erfüllt ist. Interessant ist in diesem Zusammenhang, daß sich die Stabilitäten bei sehr kleinen Kristallgrößen umzudrehen scheinen [99]. Dies ist dann auf die unterschiedliche Freie Oberflächenenergie zurückzuführen (vgl. Abschnitt 5.4.4).

[31] Der Dotiereffekt auf Modifikationsänderungen ist entsprechend geringer, aber in vielen Fällen merklich.

schon bei Temperaturen deutlich unter 100°C. Da bei der Umwandlungstemperatur $\mu_{H_2O(g)} = \mu_{H_2O(l)} \simeq \mu^\circ_{H_2O(l)}$ erfüllt ist, erhält man aus Gl. (4.49) oder direkt aus dem Massenwirkungsgesetz ($\Delta_V S^\circ$ und $\Delta_V H^\circ$ sind näherungsweise als T–unabhängig genommen):

$$\widehat{P}_{H_2O}(T)/P^\circ = K_V(T) \propto \exp -(\Delta_V H^\circ/RT), \tag{4.50}$$

die bekannte Dampfdruck-Temperatur-Beziehung, wie sie auch durch Integration der Clausius–Clapeyron–Gleichung entsteht.

4.3.3 Fest–Fest–Reaktion

Betrachten wir nun eine "echte" chemische Reaktion, nämlich

$$\text{Reaktion C} = \qquad BaO + TiO_2 \rightleftharpoons BaTiO_3. \tag{4.51}$$

Gemäß unseren Ausführungen ist $\Delta_C G_m = \mu^\circ_{BaTiO_3} - \mu^\circ_{TiO_2} - \mu^\circ_{BaO} = \Delta_C G^\circ_m$. Konzentrationsabhängige Terme treten hier nicht auf (d.h. sind vernachlässigbar), und $\Delta_C G^\circ_m$ ist für jede Temperatur aus den μ°–Werten der Phasen berechenbar (s. Tab. 4.1, S. 82). Bei allen Temperaturen, für die $\Delta_C G^\circ_m < 0$ gilt, ist $BaTiO_3$ thermodynamisch in bezug auf einen Zerfall in die Oxide stabil. Eine Massenwirkungsbeeinflussung tritt nicht auf. Ist $\Delta_C G^\circ_m$ bei einer Temperatur T_0 gegeben, läßt sich die Reaktionsgröße über die spezifische Wärme nach Gl. (4.42) für alle anderen Temperaturen berechnen. Wird C_p über eine Reihe mit den Koeffizienten a_{jk} angenähert, ist es rechentechnisch sehr viel ökonomischer, über $\Delta_C C_p$, d.h. über die $\Delta_C a_j$ (s. S. 89), zu integrieren, als einzeln die thermodynamischen Funktionen der Reaktionsteilnehmer bei der Temperatur T zu bestimmen und erst dann die Differenz (Operation Δ_C) zu bilden.

4.3.4 Fest–Gas–Reaktion

Ein zusätzlicher Freiheitsgrad tritt auf, wenn das chemische Potential einer Komponenten über den Konzentrationsterm variabel wird, wenn also etwa eine Gasphase involviert ist. Betrachten wir nochmals die Oxydation von Cu zu Cu_2O (Gl. 4.52)

$$\text{Reaktion G} = \qquad 2Cu(s) + \frac{1}{2}O_2(g) \rightleftharpoons Cu_2O(s). \tag{4.52}$$

Hier gilt

$$\Delta_G G_m = \mu^\circ_{Cu_2O} - 2\mu^\circ_{Cu} - \frac{1}{2}\mu^\circ_{O_2} - \frac{1}{2}RT\ln(P_{O_2}/P^\circ) = \Delta_G G^\circ_m - \frac{1}{2}RT\ln(P_{O_2}/P^\circ) \tag{4.53}$$

bzw. das Massenwirkungsgesetz

$$(\widehat{P}_{O_2}(T)/P^\circ)^{-1/2} = K_G(T) = \exp -(\Delta_G G^\circ_m/RT) \tag{4.54}$$

sowie

$$Q_G/K_G = (P_{O_2}/\widehat{P}_{O_2})^{-1/2}. \tag{4.55}$$

$\Delta_G G^\circ_m$ und damit K_G sind aus der Tabelle 4.2 (s.S. 83) erhältlich.
Gl. (4.54) bedeutet, daß bei gegebener Temperatur die Koexistenz von Cu und Cu_2O einem definierten Sauerstoffpartialdruck entspricht ($\widehat{P}_{O_2}$). Ist der äußere Partialdruck von O_2 geringer als der durch K_G gegebene Gleichgewichtswert $\widehat{P}_{O_2}$, ist also Q_G/K_G kleiner als 1, so gibt Kupfer(I)-Oxid nach Gl. (4.35) solange O_2 ab, bis $\widehat{P}_{O_2}$ hergestellt ist. Ist $P_{O_2}/P^\circ > K_G^{-2}$, so wird dementsprechend Cu verbraucht. Die Vorgabe einer Mischung eines Metalls mit dem koexistierenden Metalloxid[32] ist ein bequemes Mittel, um niedrige Sauerstoffaktivitäten in der Gasphase einzustellen, die durch Gasmischungen mit O_2 nicht mehr regulierbar und kontrollierbar sind (i.a. ist 10^{-5}bar das untere Limit nach letzterer Methode). Eine verwandte Methode ist die Vorgabe gasförmiger redoxaktiver Spezies[33] wie CO/CO_2 oder H_2/H_2O.
Ist alles Cu zu Cu_2O aufoxidiert, so besteht im System Cu–O die Möglichkeit der Bildung von CuO nach

$$Cu_2O + \frac{1}{2}O_2 \rightleftharpoons 2CuO. \tag{4.56}$$

Auch hier gibt eine Zweiphasenmischung Cu_2O/CuO durch die Temperatur bestimmte (jetzt viel höhere) Gleichgewichtspartialdrücke vor. Eine Variation des Sauerstoffpartialdruckes ist bei binären Oxiden nur im Einphasenbereich möglich[34]. Im betrachteten System gibt es die folgenden drei Möglichkeiten, dies zu realisieren: 1) so kleine Sauerstoffpartialdrücke, daß Cu_2O noch nicht entsteht (lediglich

---

[32]oder zweier koexistierender binärer Oxide

[33]Analog kann etwa ein konstanter CO_2 Partialdruck durch $CaCO_3/CaO$–Mischungen hergestellt werden.

[34]Allgemein wird dies durch die Phasenregel beschrieben [93]. Gleichgewicht zwischen den Phasen impliziert, daß die intensiven Parameter (T, p, μ) nicht alle unabhängig voneinander wählbar sind. Nennen wir die Zahl der unabhängig wählbaren intensiven Parameter "Freiheitsgrade" oder Varianz (v), so besagt die Phasenregel:

$$v = 2 + (\chi - \rho) - \pi$$

(π: Zahl der Phasen, χ: Zahl der Komponenten, ρ: Zahl der (über die "Phasenreaktion" hinausgehenden) chemischen Reaktionen). Bei partiellen Gleichgewichten, wie es in der Realität häufig auftritt, ist v entsprechend größer. Die Beweisführung ist simpel: Bei π Phasen ($\alpha, \beta \ldots$) und χ Komponenten (1, 2, ..., k, ...) lassen sich $\pi\chi$ chemische Potentiale definieren. Hinzu kommen noch die zwei Festlegungen von T und p. Wegen der Phasengleichgewichte existieren $\chi(\pi - 1)$ Beziehungen der Form $\mu_k^\alpha = \mu_k^\beta$ sowie — da die μ's von den Konzentrationen, nicht aber von der Gesamtmenge abhängen — π Beziehungen der Form $\Sigma_k x_k^\alpha = 1$ (x: Molenbruch). Über die Phasengleichgewichte hinaus mögen noch ρ weitere Reaktionsgleichgewichte (s. Gl. (4.29)) bestehen, die zu ρ Relationen innerhalb der μ's führen. Es ergibt sich mit $(\pi\chi + 2) - (\pi + \chi(\pi - 1) + \rho)$ obige Beziehung. $(\chi - \rho)$ läßt sich auch als Zahl chemisch unabhängiger Komponenten auffassen. So ist im Gleichgewicht zwischen H_2, O_2 und H_2O $(\chi - \rho) = 2$ wegen $\chi = 3$, $\rho = 1$, d.h. bei Vorgabe von H_2- und H_2O–Partialdruck ist der O_2–Partialdruck auch fixiert. Bezieht man sich also von vorneherein auf die chemisch unabhängigen Komponenten (2 im Beispiel), so entfällt die Berücksichtigung der Reaktionen.

Cu entsteht), 2) mittlere Drücke, bei welchen Cu nicht mehr, aber CuO noch nicht existent ist, oder aber 3) so hohe P_{O_2}-Werte, daß nur noch CuO vorliegt. Die Abb. 4.4 und 4.5 zeigen diese Verhältnisse und veranschaulichen insbesondere, daß nun

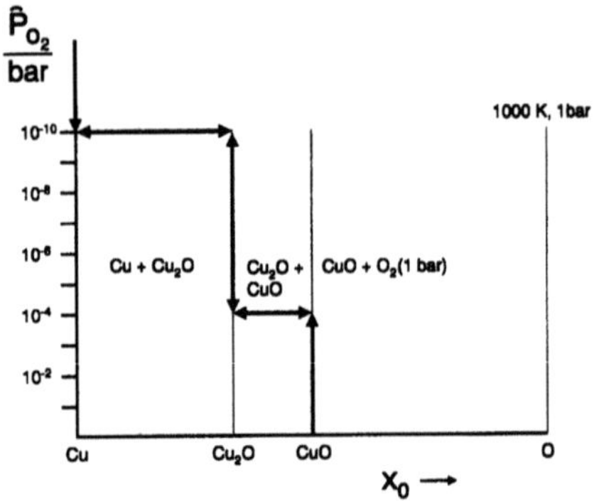

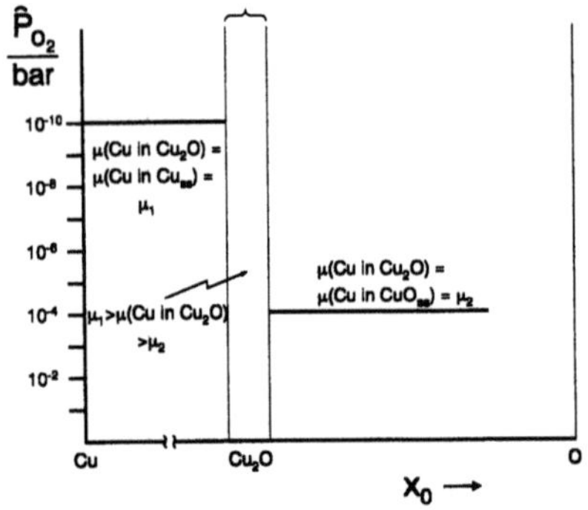

Abb. 4.4: Gleichgewichtssauerstoffpartialdrücke im System Cu–O als Funktion des Sauerstoffanteiles x_O. Im unteren Bild ist die “Linienphase” Cu_2O aufgelöst. Der Stöchiometriebereich links der Dalton–Zusammensetzung ($Cu_{2.00...0}O_{1.00...0}$) ist übertrieben (vgl. S. 176). Der Verlauf von P_{O_2} innerhalb der Phase ist in Kap. 5 diskutiert. Cu_{ss} bedeutet an O gesättigtes Cu, CuO_{ss} bedeutet an Cu gesättigtes CuO.

die Stabilitätsfelder auch vom Sauerstoffpartialdruck abhängen. Abbildung 4.4 verdeutlicht, wie drastisch der Wechsel im Partialdruck von den konstanten Werten in den entsprechenden Zweiphasengebieten beim Durchgang durch eine Phase ist. Welche Veränderung der homogene Festkörper hierbei genau erleidet, wird Gegenstand der späteren Kapitel sein.

Es sei noch nachzutragen, daß logarithmische Darstellungen der Gleichgewichtsdrücke als Funktion der Temperatur nützlich sind, um die Stabilitätsfenster der Oxide oder die Affinitäten anorganischer Redox–Festkörperreaktionen der Form $mM + M'_{m'}O \rightleftharpoons m'M' + M_mO$ direkt ablesen zu können. Abbildung 4.6 zeigt ein solches Diagramm für eine Reihe von Oxiden. Insbesondere ist abzulesen, daß an Luft bei Zimmertemperatur im Gleichgewicht selbst Ag (im Gegensatz zu Gold) als Oxid vorliegen müßte. Die sehr viel höhere Bildungsenthalpie von Al_2O_3 und ZrO_2, die wir ebenfalls aus der Abbildung ersehen, verglichen etwa mit Na_2O oder K_2O ist der hohen Gitterenergie (vgl. Abschnitt 2.2.2) von Al_2O_3 oder ZrO_2 zuzuschreiben.

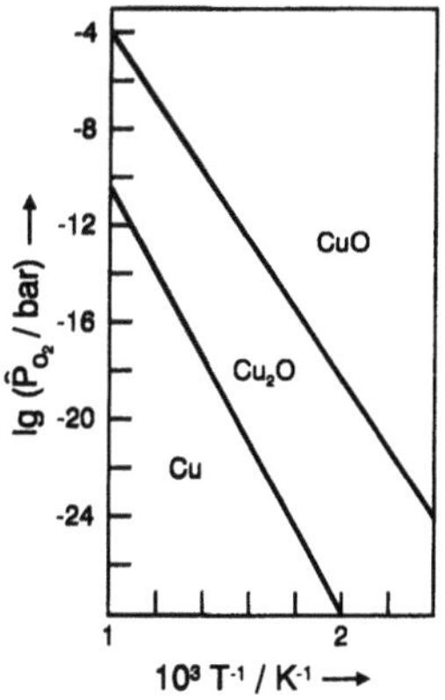

Abb. 4.5: Die Auftragung des Gleichgewichtspartialdruckes als Funktion der inversen Temperatur trennt die Existenzbereiche voneinander. Die Steigung ist der Reaktionsenthalpie proportional.

Dies ist der thermodynamische Grund für die "aluminothermische" Darstellbarkeit vieler auch sehr unedler Metalle. Bei T > 1000K liegt die relative Stabilität des ZrO_2 über der des Al_2O_3.

4.3.5 Phasengleichgewichte und Mischungsreaktionen

Hier genügt es festzustellen, daß jede Phase mehr oder weniger als (i.a. völlig nichtideale) Mischphase aufzufassen ist, also eine endliche Phasenbreite besitzt (An dieser Stelle verlassen wir unbemerkt den perfekten Festkörper!). Cu besitzt eine endliche Löslichkeit für Sauerstoff, bevor sich Cu_2O bildet, anders formuliert beim Kontakt Cu/Cu_2O besitzt Cu einen maximalen Sauerstoffgehalt in $CuO_{\delta_{max}}$ mit $\delta_{max} \ll 1$ (Man beachte: es handelt sich immer noch um die Kupferstruktur), während Cu_2O am Kontakt einen maximalen Kupfergehalt aufweist: $Cu_{2+\epsilon_{max}}O$ mit $|\epsilon_{max}| \ll 1$. Wiederum interessiert uns hier noch nicht, wie solche Abweichungen von der idealisierten Dalton–Zusammensetzung (ϵ, δ exakt Null) realisiert sind. Dies ist Gegenstand des folgenden Kapitels. In analoger Weise, um als Beispiel Gl. (4.51) nochmals zu betrachten, ergibt die Umsetzung von TiO_2 mit einem BaO–Überschuß ein (maximal) TiO_2–armes $BaTiO_3$, während ein TiO_2–Überschuß zu einem an TiO_2 gesättigten $BaTiO_3$ führt. Größere Löslichkeiten treten auf, wenn die Systeme ähnlicher sind. So steigt die gegenseitige Löslichkeit von AgCl/AgI über AgBr/AgI zum AgCl/AgBr. Im Falle des letzteren Systems liegt für alle Zusammensetzungen Kochsalzstruktur vor, und die Löslichkeit ist lückenlos (zumindest bei höheren Temperaturen). All diese Erscheinungen können mit dem Begriff der Mischphase charakterisiert werden. Auch wenn die Mischbarkeiten häufig so gering sind, daß sie für thermodynamische Stabilitätsfragen nicht relevant sind, sind die Effekte für die Kinetik chemischer Umsetzungen und für die elektrischen Eigenschaften überaus bedeutsam. In allen Mischphasen sind die chemischen Potentiale der Partner variabel. Betrachten wir nochmals Cu_2O (s. Abb. 4.4) und bewegen uns in einem Parameter-

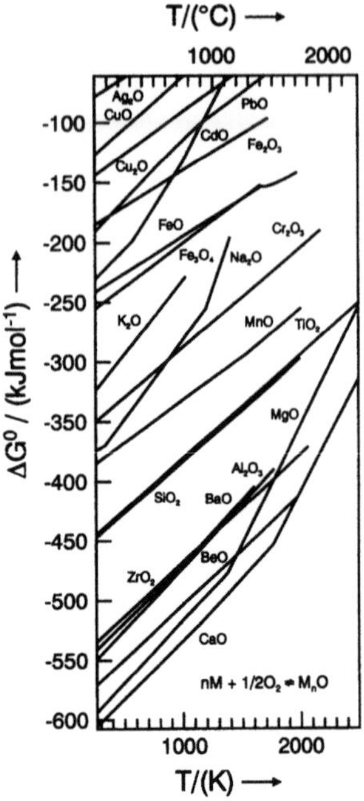

Abb. 4.6: Die Freien Standardreaktionsenthalpien der Reaktion mM + 1/2O$_2$ $\rightleftharpoons$ M$_m$O (z.B. 3/4Fe + 1/2O$_2$ $\rightleftharpoons$ Fe$_{3/4}$O) als Funktion der Temperatur. Die Ordinate gibt über Gl. (4.54) auch den Gleichgewichtspartialdruck vor. Abknickungen resultieren aus Phasenumwandlungen. Die Steigung ist durch $-\Delta S^\circ$ gegeben. Nach [6].

fenster, in welchem Cu_2O neben Cu vorliegt. Nun muß gelten, daß das chemische Potential des Kupfers im Cu_2O gleich dem chemischen Potential des Kupfers im Kupfer (also μ°_{Cu}) ist. Denn auch hier können wir eine "chemische Reaktion"[35]

$$Cu(\text{“}Cu_2O\text{”}) \rightleftharpoons Cu(\text{“}Cu\text{”}) \tag{4.57}$$

formulieren, und die Gleichgewichtsbedingung Gl. (4.29) liefert uns auch die Bedingung für das Phasengleichgewicht, nämlich

$$\mu_{Cu \text{ in “}Cu_2O\text{”}} = \mu^\circ_{Cu}. \tag{4.58}$$

Die weitere Erhöhung des Sauerstoffpartialdruckes läßt nun μ_{Cu} im "Cu_2O" sinken, bis sich "CuO" bildet. Nun gilt analog die Gleichheit der Kupfer–Potentiale in beiden Phasen.
Gekoppelt mit dem Cu–Potential ist auch das jeweilige Sauerstoff–Potential. Dies läßt sich auf zwei (letztlich identische) Weisen einsehen. Im Falle der Phase "Cu_2O" gilt

$$2Cu(\text{“}Cu_2O\text{”}) + O(\text{“}Cu_2O\text{”}) \rightleftharpoons Cu_2O(\text{“}Cu_2O\text{”}). \tag{4.59}$$

[35] "MX" bezeichnet die Phase der ungefähren Zusammensetzung MX, d.h. das Intervall aller stabilen Zusammensetzungen $[MX_{1+\delta_{min}}, MX_{1+\delta_{max}}]$ mit konstanter Grundstruktur, wobei δ auch negativ sein kann.

Wiederum läßt sich Gl. (4.29) anwenden. Da, wie früher diskutiert (Gl. (4.17)), $\mu_{Cu_2O \text{ in "}Cu_2O\text{"}} \simeq \mu^{\circ}_{Cu_2O}$, erhalten wir die gewünschte Kopplung

$$2\mu_{Cu \text{ in "}Cu_2O\text{"}} + \mu_{O \text{ in "}Cu_2O\text{"}} = \mu^{\circ}_{Cu_2O}. \tag{4.60}$$

Das hieraus folgende Resultat $2d\mu_{Cu \text{ in "}Cu_2O\text{"}} \equiv -d\mu_{O \text{ in "}Cu_2O\text{"}}$ ergibt[36] sich auch über die Gibbs–Duhem–Beziehung (Gl. (4.21)) wegen $n_{Cu}/n_O \simeq 2$.
Die Verbindung zur Gasphase läßt sich über

$$2O(\text{"}Cu_2O\text{"}) \rightleftharpoons O_2(g) \tag{4.61}$$

herstellen mit

$$2\mu_{O \text{ in"}Cu_2O\text{"}} = \mu_{O_2} = \mu^{\circ}_{O_2} + RT \ln \left(P_{O_2}/P^0\right). \tag{4.62}$$

Auf Massenwirkungsebene lautet Gl. (4.60)

$$a_{Cu \text{ in "}Cu_2O\text{"}} \cdot P_{O_2}^{1/4} = \text{const}, \tag{4.63}$$

wobei die Konstante durch die Bildungskonstante des Oxides gegeben ist. (μ_{Cu} läßt sich so für den Kontakt Cu/Cu_2O aus Gl. (4.63) und Gl. (4.54) sowie für für den Kontakt Cu_2O/CuO aus Gl. (4.63) und Gl. (4.56) erhalten).
Eine Aufgabe des Kapitel "Fehlerchemie" wird sein zu zeigen, daß — wie auch die Abweichung von der Daltonzusammensetzung durch die Fehlerkonzentrationen bestimmt ist — die chemischen Potentiale der Komponenten durch die chemischen Potentiale der Fehler gegeben sind. Letztere können in vielen Fällen über die Boltzmann–Relation Gl. (4.19a) als Funktion der Fehlerkonzentration angesetzt werden. Dies gilt eben in aller Regel nicht für die Beziehung zwischen Komponentenpotential und Komponentenkonzentration ($\mu_{Cu \text{ in "}Cu_2O\text{"}} \neq \text{const} + RT \ln [Cu]$).

Allerdings ergibt sich wohl eine Boltzmann–Beziehung (und dann auch über große Löslichkeitsbereiche), wenn sich die Partner so ähnlich sind, daß keine Mischungswärmen auftreten und Mischungsentropien nur über die (idealen) Konfigurationseffekte gegeben sind. Hierbei bewegen wir uns weit vom obigen Beispiel weg. Betrachten wir eine Mischung[37] aus A und B zu $A_xB_{1-x} \equiv C$

$$\text{Reaktion M} = \qquad xA + (1-x)B \rightleftharpoons A_xB_{1-x}, \tag{4.64}$$

so ist eine notwendige (und unter realistischen Bedingungen auch hinreichende) Bedingung für eine ideale Mischung, daß $\Delta_M U = 0$. Dies bedeutet vereinfacht auch, daß es keine Rolle spielt, ob A–A Bindungen, B–B Bindungen oder A–B Bindungen auftreten, d.h. die Energieänderung der Reaktion

[36] Die Gibbs–Duhem–Gleichung liegt implizit allerdings auch Gl. (4.60) zugrunde.
[37] Im Sinne der Ausführungen des folgenden Kapitels handelt es sich hier um Substitutionsmischkristalle, da A und B vergleichbare Plätze einnehmen (s. z.B. [85,87]).

$$\text{Reaktion M'} = \begin{array}{c} A \\ | \\ A \end{array} + \begin{array}{c} B \\ | \\ B \end{array} \rightleftharpoons \begin{array}{c} A - B \\ + \\ A - B \end{array} \tag{4.65}$$

ist Null. Ist $\Delta_M U$ bzw. $\Delta_{M'}U < 0$, treten Mischungseffekte auf, die die Aktivitäten gegenüber den Konzentrationen absenken und somit die Mischung zusätzlich stabilisieren. $\Delta_{M'}U > 0$ bedeutet umgekehrt eine Tendenz zur Phasenseparation.
Bei einer idealen Mischung ist $\Delta_M U = 0 \simeq \Delta_M H$ und $\Delta_M G = -T\Delta_M S$. Die einfache lagenstatistische Auswertung[38]. ergibt $\Delta_M G_m = RT\Sigma_k x_k \ln x_k = RT(x \ln x - (1-x)\ln(1-x))$, und $\mu_k = \frac{\partial G}{\partial n_k} = \frac{\partial \Delta_M G}{\partial n_k}$ resultiert in der Boltzmann–Form[39] $\mu_k = \mu_k^\circ + RT \ln x_k$, d. h. der Aktivitätskoeffizient ist 1. $\Delta_M G_m$ ist somit negativ (d.h. die Mischphase ist gegen einen Zerfall in A und B thermodynamisch stabil), beschreibt im binären Fall eine symmetrische Kurve mit einem Minimum bei $x = 1/2$ und weist keine Wendepunkte auf $(d^2\Delta_M G/dx^2 = RT\left(\frac{1}{x} + \frac{1}{1-x}\right) > 0)$. Dies bedeutet, daß das Anlegen einer Doppeltangente[40] nicht möglich ist, d.h. alle Misch-

[38] Ähnlich zur Behandlung im nächsten Kapitel (Gln. (5.12)–(5.15), S. 119) ergibt sich mit $\Delta_M S = \Delta_M(k_B \ln \Omega) = k_B \ln \Omega_C = k_B \ln \frac{(N_A+N_B)!}{N_A! N_B!} \propto -(x_A \ln x_A + x_B \ln x_B)$. Benutzt wurde die Stirling–Formel und die Definition $x_k = N_k/\Sigma N_k$. (N: Teilchenzahl; Ω: statistisches Gewicht)

[39] $G_c = n_A G_{Am} + n_B G_{Bm} + \Delta_M G = n_A \mu_A^\circ + n_B \mu_B^\circ + RT\Sigma n_k \ln x_k$. Es folgt z.B. für A: $\mu_A \equiv \partial G_c/\partial n_A)_{n_B} = \mu_A^\circ + RT \ln x_A$.

[40] Lassen Sie uns kurz rekapitulieren, wie man aus den G(x)–Kurven Gleichgewichtszusammensetzungen und –mengen bestimmt.
Wir nehmen an, daß wir die G–Kurven zweier Phasen α und β kennen, und berechnen die koexistierenden *Zusammensetzungen* $\bar{x}^\alpha$, $\bar{x}^\beta$ bei gegebener Temperatur. (Ob die G–Kurven dazwischen ineinander überführbar sind, wie dies oben angenommen ist (s. Abb. 4.7), oder nicht (s. Abb. 4.9), spielt hier keine Rolle). Es seien zwei Phasen α und β verschiedener Zusammensetzung möglich mit den G–Funktionen $G^\alpha(x)$ und $G^\beta(x)$. Wegen der separaten Teilchenzahlerhaltung muß ein Kompromiß zwischen Menge an α und β gefunden werden.
Das Phasengleichgewicht verlangt die Gleichheit der chemischen Potentiale von A und B in beiden Phasen α und β, also $\mu_A^\alpha(\bar{x}_A^\alpha) = \mu_A^\beta(\bar{x}_A^\beta)$ und $\mu_B^\alpha(\bar{x}_A^\alpha) = \mu_B^\beta(\bar{x}_A^\beta)$. Wir schreiben hier der Klarheit wegen explizit x_A für x. Dies sind zwei Gleichungen mit den zwei Unbekannten $\bar{x}_A^\alpha$ und $\bar{x}_A^\beta$, aus denen bei Kenntnis der analytischen Zusammenhänge die Gleichgewichtskonzentrationen berechenbar sind. Hier wollen wir jedoch die graphische Lösung durch Anlegen einer Doppeltangente beweisen. Hierzu genügt es zu zeigen, daß (i) die Steigungen bei den Gleichgewichtszusammensetzungen identisch sind und (ii) zusammenfallen mit der Steigung der Gerade durch die Gleichgewichtspunkte (s. Abb. 4.7). Aus $G_m^\alpha = (1 - x_A^\alpha)\mu_B^\alpha(x_A^\alpha) + x_A^\alpha \mu_A^\alpha(x_A^\alpha)$ und der analogen Gleichung für G_m^β folgt durch Differenzieren $dG_m^\alpha/dx_A = \mu_A^\alpha - \mu_B^\alpha$ und $dG_m^\beta/dx_A = \mu_A^\beta - \mu_B^\beta$. (Die inneren Ableitungen heben sich hierbei wegen der Gibbs–Duhem–Gleichung (Gl. (4.21), S. 84) heraus.) Wegen des Phasengleichgewichtes sind die dadurch definierten Tangentensteigungen gerade bei den gesuchten Molenbrüchen $\bar{x}_A^\alpha$ bzw. $\bar{x}_A^\beta$ gleich groß. Andererseits sind die Steigungen auch gleich $\left[G_m^\beta(\bar{x}_A^\beta) - G_m^\alpha(\bar{x}_A^\alpha)\right] / \left[\bar{x}_A^\beta - \bar{x}_A^\alpha\right]$, d.h. beide Tangenten fallen zusammen auf die Gerade durch die Lösungspunkte.
Die *Mengen* ergeben sich aus der Einwaage und den Abständen im Phasendiagramm entsprechend dem "Hebelgesetz". Dieses resultiert wie folgt: Wir nehmen an, die koexistierenden Zusammensetzungen seien $\bar{x}_A^\alpha$ und $\bar{x}_A^\beta$. Die Einwaage entspreche der Zusammensetzung x_{A0}. Dann sind die Gleichgewichtsmengen durch $N^\alpha/N^\beta = \left[\bar{x}_A^\beta - x_{A0}\right]/\left[x_{A0} - \bar{x}_A^\alpha\right]$ bestimmt, verhalten sich also umgekehrt wie die entsprechenden Abstände im Phasendiagramm. Dies er-

zusammensetzungen sind gegen irgendeine Entmischung innerhalb des Systems (und nicht nur gegen Entmischung in reines A und reines B) thermodynamisch stabil.
Das im Anschluß an die ideale Mischung nächst einfachere "Modell der regulären Lösung" [87] ist noch immer ein symmetrisches Modell. Es nimmt $\Delta_{M'}U_m$ als konstant (aber nicht Null) an und vernachlässigt dennoch (d.h. nicht ganz konsistent) Nichtidealitäten in der Entropieänderung. Schon dieses Modell erklärt das Auftreten von Mischungslücken [100] und liefert ein einfaches Beispiel für die Relevanz von Aktivitätskoeffizienten in verschiedenen Bezugssystemen. Im Unterschied zur idealen Mischung ergibt sich ein Zusatzterm in der Mischungsenergie, der der halben Teilchenzahl, der Koordinationszahl æ, den Konzentrationen x_A und x_B sowie der Reaktionsenergie $\Delta_{M'}U$ proportional ist. Dies folgt aus simplen Wahrscheinlichkeitsbetrachtungen, die Paare AA, AB, BA, BB mit den Paarenergien ϵ_{AA}, $\epsilon_{AB} = \epsilon_{BA}$ und ϵ_{BB} anzutreffen: Wir nehmen in etwa gleich große und ähnliche Teilchen A und B an. Dann können wir Verzerrungsenergien vernachlässigen und die Koordinationszahlen (æ) für A und B gleichsetzen. Es ist die Wahrscheinlichkeit, die Konfiguration AA anzutreffen $x_A^2 \equiv x^2$, die Wahrscheinlichkeit für BB beläuft sich zu $(1-x)^2$, und zu guter Letzt die Wahrscheinlichkeit, AB oder BA anzutreffen, zu $x(1-x)+(1-x)x$. Für die innere Energie von C folgt:

$$U_C = \frac{1}{2}N æ \epsilon_{AA} x^2 + \frac{1}{2}N æ \epsilon_{BB}(1-x)^2 + \frac{1}{2}2N æ \epsilon_{AB} x(1-x). \tag{4.66}$$

Da $\Delta_M H \simeq \Delta_M U = U_C - xU_A - (1-x)U_B$, wobei $U_A = U_C(x=1) = \frac{1}{2}N æ \epsilon_{AA}$, und $U_B = U_C(x=0) = \frac{1}{2}N æ \epsilon_{BB}$, finden wir für die molare Größe

$$\Delta_M U_m = x(1-x)W. \tag{4.67}$$

Somit können wir im folgenden wegen der Vernachlässigung von Nichtidealitäten in der Entropie auch den Überschußterm $\Delta_M G_m - \Delta_M G_m^{id}$ als $\Delta_M G_m^{ex} = W x_A(1-x_A)$ schreiben.
W ist dabei bis auf die Koordinationszahl æ die halbe molare Umordnungsenergie nach Gl. (4.65), also $W/(æN_a) = \epsilon_{AB} - (\epsilon_{AA}+\epsilon_{BB})/2 = \Delta_{M'}U_m/(2N_a)$. Anders ausgedrückt beschreibt $W/(æN_a)$ die Abweichung der Bindungsenergie der AB–Paare von der mittleren Energie der AA- und BB–Paare. Für genügend hohe Temperaturen wird — bei hinreichender Stabilität der festen Phase — durchgehende Mischbarkeit erhalten. Bei tieferen Temperaturen wird jedoch W wichtig. In der Krümmung $\Delta_M G_m''$ tritt verglichen mit $\Delta_M G_m^{id''}$ der Term $\Delta_M G_m^{ex''} = -2W$ hinzu. Das nun erfolgende Auftreten von Wendepunkten verlangt Entmischungen nach der Doppeltangentenvorschrift[40]. Bei der kritischen Temperatur, bei der Entmischung gerade einsetzt, fallen die Wendepunkte zusammen, und es gilt[41]

---

gibt sich unmittelbar aus der Lösung der Massenbilanzen $\hat{x}_A^\alpha N^\alpha + \hat{x}_A^\beta N^\beta = x_{A0}(N^\alpha + N^\beta)$ und $(1-\hat{x}_A^\alpha)N^\alpha + \left(1-\hat{x}_A^\beta\right)N^\beta = (1-x_{A0})(N^\alpha+N^\beta)$.

[41] $\lim_{\Delta x_{wende} \longrightarrow 0}\left(\frac{\Delta G''_{wende}}{\Delta x_{wende}}\right) = \Delta G'''_{wende} = 0$

$\Delta_M G''_m = \Delta_M G'''_m = 0$. Diese kritische Temperatur ergibt sich zu[42] $T_c = W/2R$ und somit als direkt zu $\Delta_{M'} U_m$ proportional. Der kritische Molenbruch[42] liegt (natürlich schon der vorausgesetzten Symmetrie wegen) bei 1/2. In höheren Mischungsmodellen verliert sich dann die Symmetrie bezüglich x. Abbildung 4.7 zeigt das Entstehen einer unsymmetrischen Mischungslücke bei tieferen Temperaturen.
An der Stelle ist es interessant zu untersuchen, inwieweit die Kurvenform kinetische Hemmungen der Entmischungsreaktion vorhersagt. Betrachten wir hierzu

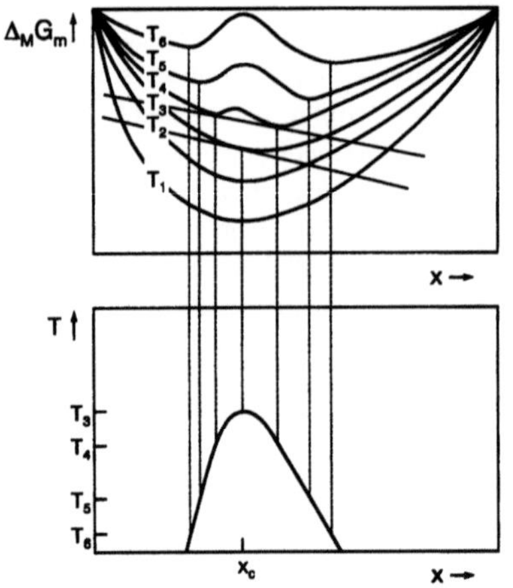

Abb. 4.7: Das Anlegen der Doppeltangente an die $\Delta_M G_m(x)$–Kurven ergibt die koexistierenden Zusammensetzungen als Begrenzung der Mischungslücke (s. unteres Bild). Die kritischen Parameter der Entmischung sind x_c und $T_c = T_3$.

den hypothetischen Zerfall (s. Abb. 4.8) der Ausgangszusammensetzung $A_{x_0}B_{1-x_0}$ (Index 0) in die Zusammensetzungen 1 ($A_{x_1}B_{1-x_1}$) und 2 ($A_{x_2}B_{1-x_2}$). Bezeichnet n die Molzahl, so ist die Freie Enthalpie vor dem Zerfall $n_0 G_{m0}$ und nach dem Zerfall $n_1 G_{m1} + (n_0 - n_1) G_{m2}$. Wegen des Hebelgesetzes[40] läßt sich dies auch als $G_m^{nachher} = \frac{x_2 - x_0}{x_2 - x_1} G_{m1} + \frac{x_0 - x_1}{x_2 - x_1} G_{m2}$ schreiben. Dies ist andererseits gerade der Wert der Sekante durch die Punkte (x_1, G_{m1}) und (x_2, G_{m2}) am Molenbruch x_0, wie sich leicht nachprüfen läßt[43]. Dementsprechend ist der Reaktionswert durch den Abstand zur Kurve gegeben und bei positiver Krümmung stets positiv. In Übereinstimmung mit obigen Überlegungen tritt im Falle der idealen Mischung, die ja überall die Kurvenform der Abb. 4.8 aufweist, keine Entmischung auf. Betrachten wir den allgemeinen Fall. Nehmen wir in Abb. 4.7 eine Ausgangszusammensetzung an, die in den Bereich positiver Krümmung z.B. direkt rechts neben das linke Minimum in Abb. 4.7 bei der T_6–Isotherme fällt, und untersuchen, ob wir in kontinuierlicher Weise unseren Endzustand erhalten können. Die zunächst geringfügigen Zusammensetzungsänderungen betreffen die G(x)–Kurve in direkter Nachbarschaft der Ausgangslage. Die

---

[42]
$$\Delta_M G''_m(x_c, T_c) = RT_c\left(\frac{1}{x_c} + \frac{1}{1-x_c}\right) - 2W = 0$$
$$\Delta_M G'''_m(x_c, T_c) = RT_c \frac{2x_c - 1}{x_c^2(1-x_c)^2} = 0$$

[43] Die Sekantengleichung ist $G_m(x) = \frac{G_{m2} - G_{m1}}{x_2 - x_1} x + \frac{G_{m1}x_2 - G_{m2}x_1}{x_2 - x_1}$. Es ergibt sich für $x = x_0$, daß $G_m(x) = G_m^{nachher}$.

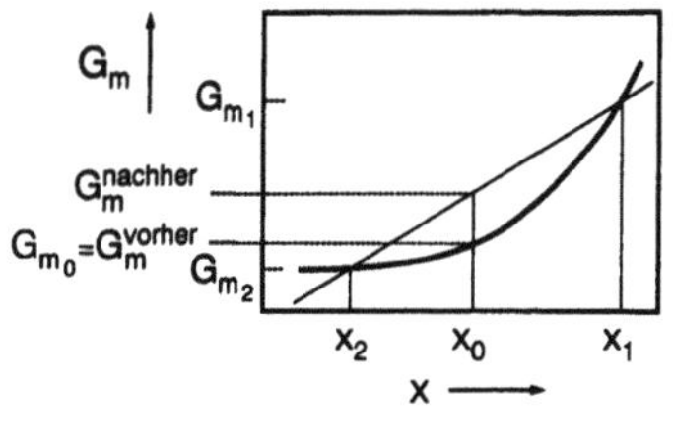

Abb. 4.8: Zur Auswirkung der Kurvenform der $G_m(x)$-Beziehung auf die Entmischung.

hierfür nötige Freie Enthalpie ist nach dem eben Ausgeführten positiv und eine spontane Entmischung ist auf diese Weise nicht möglich. Hier ist Keimbildung (s. Abschnitt 5.4) essentiell. Anders im Bereich negativer Krümmung zwischen den Wendepunkten. In diesem Bereich der sogenannten Spinodale[44] führt eine Zusammensetzungsfluktuation zur G–Absenkung. Hier kann spontane Entmischung auftreten, falls keine sonstigen Hemmungen von Wichtigkeit sind.
Die Abbildungen 4.9, 4.10 zeigen, wie Gleichgewichtszusammensetzungen und Phasendiagramme auch in komplizierteren Fällen bequem nach der Doppeltangentenmethode erhältlich sind. Die G–Kurven der Abb. 4.10 beziehen sich auf fast stöchiometrische Phasen, wie sie in diesem Buch im Vordergrund stehen. Die Freie Enthalpie steigt beidseitig des Minimums sehr schnell an und ermöglicht nur geringe Phasenbreiten.
Unsymmetrische Mischungslücken, wie sie in Abb. 4.7 gezeigt sind, verlangen kompliziertere Modelle als das der regulären Mischung ("subreguläre Mischungen") zur Erklärung. Eine interessante phänomenologische Vorgehensweise ist auch die Behandlung von Gl. (4.65) durch einen Massenwirkungsgesetzformalismus, d.h. durch Einführen chemischer Paarpotentiale (quasi–chemische Methode) [102]. Während diese Modelle ganz gute halbquantitative Näherungen für Legierungssysteme darstellen, sind sie bei Ionenverbindungen meist nur dann von Wert, wenn die Mischungspartner selber binär oder multinär und einander ähnlich sind, d.h. wenn die Mischungsprozesse mit nicht allzu hoher Reaktionsenergie verbunden wird. Im Falle geringer Phasenbreiten muss man von den groben Mischungsmodellen abgehen, und es muss die atomistische Situation betrachtet werden, wie dies im nächsten Kapitel erfolgt. Es wird sich dort herausstellen, dass die andere Seite der Medaille, das Auftreten verschwindend kleiner Phasenbreiten statistisch ebenfalls einfach anzugehen ist.

Erläutern wir zum Abschluss das häufig Schwierigkeiten bereitende Problem der Normierung der Aktivitätskoeffizienten und Aktivitäten anhand des Modelles der regulären Lösung.
Der Überschussterm im chemischen Potential $\mu_A^{ex} = \mu_A - \mu_A^{id}$ und somit $RT \ln f_A$ ergibt sich aus $\Delta_M G_m^{ex}$ zu[45] $W(1-x_A)^2$. Dieser Term geht gegen Null für $x_A \to 1$ (vgl.

[44]Man beachte, daß eine allgemeinere Vorgehensweise, die auch elastische Effekte sowie Gradienteneffekte berücksichtigt, zu veränderten Kriterien führt [101].

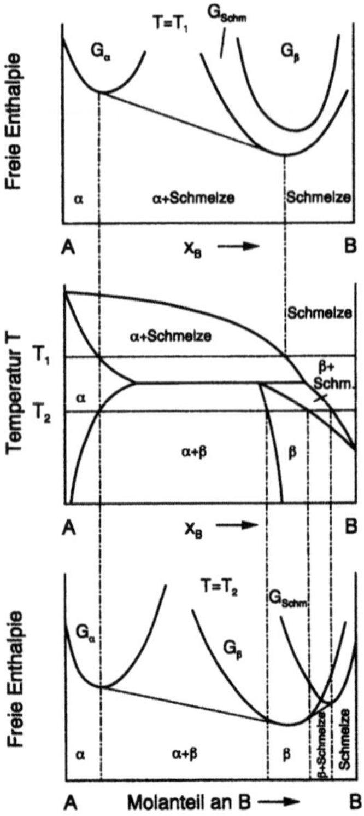

Abb. 4.9: Ableitung von Phasendiagrammen aus $G_m(x)$–Kurven entsprechend der Doppeltangentenvorschrift[40]. Der Index m ist im folgenden Bild der Einfachheit halber unterdrückt. Nach [62].

Raoultsches Gesetz). Den eben verwendeten Aktivitätskoeffizienten bezeichnet man demgemäß als Raoultschen Aktivitätskoeffizienten. Für $x_A \to 0$ wird er konstant (vgl. Henrysches Gesetz). Durch Verschieben der Konstante W vom μ^{ex}-Term in den μ°–Term eröffnet sich die Möglichkeit einer anderen Normierungsvorschrift, die im Bereich verdünnter Zustände sehr sinnvoll ist. Die erste, oben gewählte und durch $f_A \to 1$ für $x_A \to 1$ charakterisierte, bezeichnet man als Raoultsche Normierung und die zweite Möglichkeit, $f_A \to 1$ für $x_A \to 0$, als Henrysche Normierung. Es ergeben sich zwei äquivalente Darstellungen[17] für μ_A, nämlich als ${}^R\mu_A^\circ + RT\ln x_A + RT\ln{}^R f_A$ oder als ${}^H\mu_A^\circ + RT\ln x_A + RT\ln{}^H f_A$. Im regulären Modell ist ${}^R\mu_A^\circ = {}^H\mu_A^\circ - W$ und damit $\ln{}^H f_A = W(x_A^2 - 2x_A)/RT$ sowie $\ln{}^R f_A = (1 - x_A)^2 W/RT$. Die Verhältnisse zeigt Abb. 4.11.

[45] $\mu_A = \mu_A^0 + RT\ln x_A + \frac{\partial \Delta_M U}{\partial n_A} = \mu_A^0 + RT\ln x_A + RT\ln f_A$,
$\frac{\partial \Delta_M U}{\partial n_A} = RT\ln f_A = W(1 - x_A)^2$. Man beachte den Unterschied zwischen $\Delta_M U$ und $\Delta_M U_m$ in Gl. (4.67) sowie die Tatsache, dass bei der Differentiation n konstant zu halten ist.

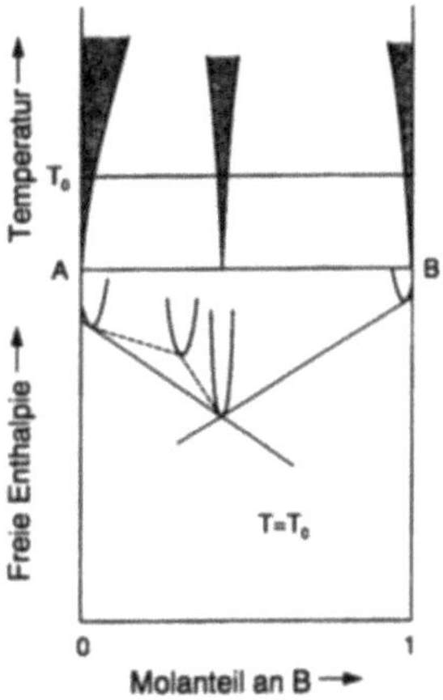

Abb. 4.10: Die Ableitung von Phasenbreiten aus $G_m(x)$ für fast stöchiometrische Verbindungen.

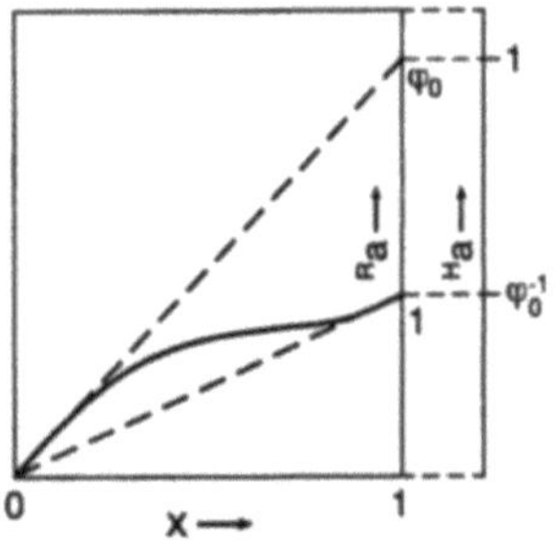

Abb. 4.11: Henrysche und Raoultsche Aktivität. Im regulären Modell (hier W>0) sind die beiden Aktivitätsskalen proportional: $\varphi \equiv {}^{R}a/{}^{H}a = {}^{R}f/{}^{H}f = \exp(W/RT)$. Im allgemeinen Fall gilt der Maßstab nur qualitativ. Die mit φ_0 bzw. φ_0^{-1} bezeichneten Achsenabschnitte beziehen sich auf unendliche Verdünnung ($\varphi_0 \equiv \varphi(x=0)$).

4.3.6 Räumliche Gleichgewichte in inhomogenen Systemen

Der Formalismus chemischer Reaktionen lässt sich noch weiter treiben und auf den Transport innerhalb ein und derselben Phase anwenden. Bezeichnen x und x′ zwei verschiedene Orte des isotrop gedachten Mediums MX, so gelten sowohl für M als auch für X Gleichgewichtsbedingungen der Form

$$\mu_M(x) = \mu_M(x') \quad \text{bzw.} \quad \mu_X(x) = \mu_X(x'). \tag{4.68}$$

Das heisst, im vollständigen thermodynamischen Gleichgewicht dürfen keine Gradienten in den Komponentenpotentialen auftreten (natürlich gilt das gleiche auch für μ_{MX}). Andernfalls würden Prozesse der Form

$$\text{Reaktion T} = \qquad M(x) \rightleftharpoons M(x') \quad \text{oder} \quad X(x) \rightleftharpoons X(x') \tag{4.69}$$

ablaufen, die zur Realisierung von Gl. (4.68) führen. Die Analogie dieser Transportprozesse mit chemischen Reaktionen wird in Kap. 6 noch eingehender ausgeführt. Solange wir im Ansatz $\mu = \mu^\circ + RT \ln a$ den μ°–Term als ortvariant ansehen können, ist Gl. (4.68) identisch mit der Bedingung der Uniformität der Zusammensetzung. Denn bei dieser sehr einfachen Variante einer "chemischen Reaktion" sind $\Delta_r G°$-Werte vernachlässigbar, d.h. die G°-Profile als Funktion der Reaktionskoordinate sind symmetrisch. Diese Uniformität der Zusammensetzung gilt streng nur im Innern weit weg von Grenzflächen. In unmittelbarer Grenzflächennähe können und spätestens in der Grenzflächenschicht selber werden strukturelle Variationen (d.h. Variationen in $\mu°$) auftreten, wie die Veränderung des Bandgaps in Halbleitern beweist.

Wir haben bislang nicht berücksichtigt, dass zur Bedingung des Phasengleichgewichtes noch die Bedingung des Kontaktgleichgewichtes hinzuzunehmen ist, d.h. dass sich auch geladene Konstituenten wie Elektronen oder Ionen in begrenztem Maße individuell umverteilen können. Wegen des Auftretens elektrischer Felder ist dieser Effekt im Ausmaß und auch in bezug auf die örtliche Ausdehnung begrenzt, aber an Randschichten, an denen die meisten interessanten Prozesse sich abspielen, oder zumindest ansetzen, von eminenter Bedeutung. Bislang hatten wir elektrische Effekte außer Acht gelassen[46]. Effekte dieser Art können im Differential der G–Funktion durch einen Zusatzterm der Form ϕdQ (ϕ: elektrisches Potential, Q: Ladung) Rechnung getragen werden. Die Ladungsvariation durch in das System eingebrachte Teilchen oder im System entstandene Teilchen ist $dQ_k = z_k F dn_k$ (z_k ist Ladungszahl, $z_k F$ die molekulare Ladung und n_k die Molzahl der geladenen Spezies, F= Faraday–Konstante). Dieser elektrische Term lässt sich mit dem chemischen Term $\mu_k dn_k$ zu einem elektrochemischen Term $\widetilde{\mu}_k dn_k$ zusammenziehen, so dass sich für geladene Teilchen analoge Ausdrücke beim Ersatz des chemischen durch das elektrochemische Potential

$$\widetilde{\mu}_k = \mu_k + z_k F\phi \tag{4.70}$$

ergeben. Insbesondere lautet die relevante Gleichgewichtsbedingung (statt Gl. (4.29))

$$\Sigma \nu_k \widetilde{\mu}_k = 0. \tag{4.71}$$

Allgemeiner gilt an Stelle von Gl. (4.12) bzw. (4.13) die Beziehung

$$-\,T\delta_i S = \Sigma_k \widetilde{\mu}_k dn_k \leq 0. \tag{4.72}$$

Diese Feinheiten sind natürlich nicht von Belang, wenn die Teilchen neutral sind, aber auch nicht, wenn Prozesse zwischen geladenen Teilchen in einer Region betrachtet werden, in welcher elektrische Potentialunterschiede keine Rolle spielen, also entweder im Bulk oder bei konstantem Ort. Dann heben sich wegen der Konstanz von ϕ und des Ladungserhaltes innerhalb einer chemischen Reaktion ($\Sigma_k \nu_k z_k = 0$) die elektrischen Terme in Gl. (4.71) heraus. In Grenzflächennähe jedoch haben wir es mit Ladungsübergängen der Form (s. Abb. 4.12)

[46] In analoger Weise müssen im allgemeinen Fall auch mechanische Spannungsfelder, Gravitationsfelder etc. berücksichtigt werden.

$$\text{Reaktion } T e^- = \quad e^-(x) \rightleftharpoons e^-(x') \tag{4.73a}$$
$$\text{Reaktion } TM^+ = \quad M^+(x) \rightleftharpoons M^+(x') \tag{4.73b}$$
$$\text{Reaktion } TX^- = \quad X^-(x) \rightleftharpoons X^-(x') \tag{4.73c}$$

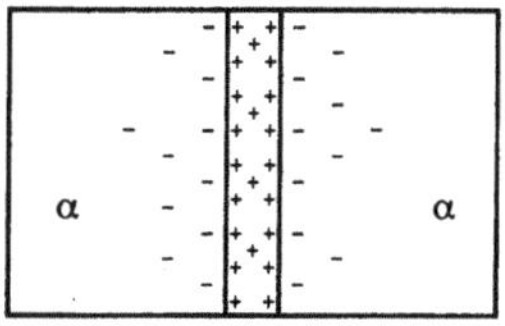

Abb. 4.12: Das Einbringen einer Heterogenität (Grenzfläche) in einen homogenen Ionenkristall oder ionische Lösung führt zu einer Umverteilung der Ladungen.

zu tun, wobei hier der Übergang von einer Phase zur anderen oder aber die Bewegung innerhalb den Randbezirken einer Phase gemeint sein kann. Im Gleichgewicht ist wegen Gl. (4.71) $\Delta\mu_k \propto \Delta\phi$. Auf der Ebene von Massenwirkungsgesetzen ergibt sich nun

$$\frac{a_k(x')}{a_k(x)} = K_{Tk}\kappa_{xx'}. \tag{4.74}$$

Hierbei misst $\ln K_{Tk}$ den rein "chemischen Effekt" (der virtuell ungeladenen Spezies), nämlich $-(\mu_k^\circ(x') - \mu_k^\circ(x))/RT$, während $\ln \kappa_{xx'}$ dem "elektrischen Effekt", $-(\phi(x') - \phi(x))zF/RT$, Rechnung trägt. Beide Größen sind natürlich nicht unabhängig voneinander; eine detaillierte Analyse muss auch κ auf chemische Konstanten und Zustandsvariablen zurückführen (vgl. Abschnitt 5.8). Insbesondere zeigt Gl. (4.74), dass auch innerhalb derselben Struktur ($\Delta\mu^\circ = 0$) nun auch Konzentrationsunterschiede auftreten und zwar auf Kosten eines elektrischen Feldes. Solche Kontaktprobleme sind nicht exotischer Natur, sondern vielmehr der Normalfall, sofern bewegliche geladene Teilchen involviert sind:

1. Beim Kontakt zweier verschiedener Halbleiter laden sich beide Grenzflächen auf. Folgeerscheinungen sind z.B. der thermoelektrische Effekt bei Halbleitern, p–n–Übergänge, ja schlichtweg die allermeisten die Elektronik beherrschenden Probleme[47].

2. Taucht man etwa ein Metall in eine Lösung, können Metallionen in die Randbezirke der Lösung übertreten, gleichzeitig können z.B. gelöste Ionen an der Metalloberfläche adsorbiert werden: Erscheinungen dieser Art dominieren die "flüssige Elektrochemie" und sind Grundlage für die galvanischen Effekte (vgl. insbesondere Kapitel 7). Analoge Erscheinungen bestimmen die Stabilität von Kolloiden.

3. Aufladevorgänge an Membranen, gefordert durch die Konstanz des elektrochemischen Potentials von durchtrittsfähigen Ionen, sind Basis elektrophysiologischer Vorgänge und insbesondere bei der Nervenleitung von Belang.

[47] Allerdings werden in der Elektronik häufig Grenzflächen dadurch "vermieden", dass Stufenfunktionen im Dotiergehalt bei gleicher Grundstruktur vorgegeben werden.

Dies sind nur einige wenige Beispiele (s. auch Abb. 5.68 in Kap. 5). Allgemein führt das Einbringen einer Zwischenphase (bzw. Grenzfläche) in die Phase α zu einer Ladungstrennung. Die Bedeutung solcher elektrochemischer Randschichteffekte für die Chemie der normalerweise ja geladenen Fehler im Festkörper ist kaum zu überschätzen. Im Schlussteil des Kap. 5 wird spezielles Gewicht auf die Umverteilungen von Ionen in den Randbezirken von Festkörpern gelegt.

4.3.7 Die thermodynamischen Zustandsfunktionen des perfekten Festkörpers

Zunächst ist es jedoch sozusagen als Zusammenfasung dieses Kapitels vonnöten, in grober Vereinfachung die thermodynamischen Zustandsfunktionen mit den Ergebnissen der früheren Kapitel in Verbindung zu bringen. Hierzu wenden wir uns wieder dem Volumen zu, für welches elektrische Feldeffekte keine Rolle spielen. Wie oben eingehend geschildert, genügt zur Diskussion der thermodynamischen Abhängigkeiten die Kenntnis einer einzigen thermodynamischen Zustandsfunktion in ihren charakteristischen Variablen, so die Kenntnis der Freien Enthalpie als Funktion von Druck, Temperatur und Zusammensetzung. Da wir Zusammensetzungsänderungen ja später durch die Fehlerkonzentration im perfekten Festkörper gegebener Dalton–Zusammensetzung beschreiben wollen und auch Druckabhängigkeiten in erster Näherung vernachlässigen wollen, interessiert uns bei unserer Diskussion des perfekten Festkörpers primär die G–Funktion als Funktion der Temperatur. Diese Diskussion wollen wir hier der Allgemeingültigkeit wegen nur halbquantitativ und in allergröbster Näherung führen. G(T) setzt sich zusammen aus dem Wert am absoluten Nullpunkt und den thermischen Beiträgen, die über die spezifischen Wärmen gegeben sind. Die beiden wichtigsten Beiträge zur Energie des Festkörpers wurden bereits erwähnt:

1) Die Bindungsenergie bei gegebener Temperatur T: Sie wiederum setzt sich zusammen aus der Bindungsenergie am absoluten Nullpunkt und temperaturabhängigen Beiträgen, welche im wesentlichen von der thermischen Ausdehnung herrühren. Letztere Beiträge sind klein und im Falle des harmonischen Festkörpers völlig vernachlässigbar.

2) Die Schwingungsenergie: Hier ist der Nullpunktsanteil vernachlässigbar und der temperaturabhängige Term die für die T–Abhängigkeit der Energie maßgebliche Größe. Im Grenzfall hoher Temperaturen können wir für einfache Festkörper näherungsweise formulieren (s. Kap. 3)

$$U_{\text{perfekt}} \cong \text{const} + U_{\text{Git}}(T=0) + 3Nk_BT. \tag{4.75}$$

Die Gitterenergie für die beiden in diesem Zusammenhang wichtigen Grenzfälle, den ionischen und den kovalenten Festkörper, sei stellvertretend für Kochsalz und

Silicium, angegeben (s. Kap. 2):

$$U_{Git} \cong \left\{ \begin{array}{ll} N\left(\frac{2e^2}{4\pi\varepsilon_0}\right) z^2 \frac{f}{a} & \text{(Kochsalz)} \\ \frac{N æ \epsilon_{X-X}}{2} & \text{(Silicium)} \end{array} \right\} = Ns\frac{æ}{2} \times \left\{ \begin{array}{ll} \frac{2e^2}{4\pi\varepsilon_0} z^2 \frac{f}{aæ} & (\text{Kochsalz } s = 2, æ = 6) \\ \epsilon_{X-X} & (\text{Silicium } s = 1, æ = 4) \end{array} \right. \tag{4.76}$$

In diesen Fällen ist die Schwingungsenergie in Gl. (4.75) in sehr guter Näherung vernachlässigbar. Im Falle der Entropie sind Nullpunktsbeiträge idealerweise Null. Echte oder scheinbare Nullpunktsentropien treten auf, wenn i) Grundzustände exakt entartet sind, ii) Energieniveaus so eng benachbart sind, dass ihre Auflösung "praktisch" erst bei Temperaturen unterhalb der tiefsten Messtemperaturen relevant ist, oder iii) energetisch verlangte Ordnungsvorgänge kinetisch nicht erfolgen. S(T=0) sei für unsere hemdsärmelige Vorgehensweise vernachlässigt.
Der wichtigste Beitrag zur Entropie stammt von den Schwingungen. Da die spezifische Wärme für hohe Temperaturen $3Nk_B$ beträgt, ergibt sich in diesem Bereich für die Schwingungsentropie (s. Gl. (4.40)) eine logarithmische T-Abhängigkeit

$$S_{vib} \cong \text{const} + 3Nk_B \ln T. \tag{4.77}$$

Die genauere Rechnung (s. z.B. Ref. [11]) liefert für die Temperaturkonstante im Einsteinmodell den Wert $3Nk_B - 3Nk_B \ln \Theta_E$. In Kombination mit der inneren Energie entsteht für G_{vib} somit der einfache Zusammenhang

$$G_{vib} \cong +3Nk_B T \ln(\Theta_E/T). \tag{4.78}$$

Für die Freie Enthalpie erhalten wir insgesamt, wenn wir den Term nach der geschweiften Klammer ganz rechts in Gl. (4.76) als effektive Paarenergie ($\langle\epsilon\rangle$) bezeichnen

$$G = \text{const} + \frac{Nsæ\langle\epsilon\rangle}{2} + 3Nk_B T \ln(\Theta_E/T). \tag{4.79}$$

Im allgemeineren Fall des Debyeschen Festkörpers ist die Temperaturabhängigkeit von G über den Parameter Θ_D bestimmt. Somit ergibt sich die Enthalpie des perfekten Festkörpers für alle Temperaturen aus den Parametern effektive Paarbindungsenergie[48], Koordinationszahl, Debyetemperatur. Während $\langle\epsilon\rangle$ im Falle von Kovalenzkristallen ein wohlgewählter Parameter ist (ϵ_{X-X}, vgl. Abschnitt 2.2.4), sind im Falle der Ionenkristalle Ladungszahl, Gitterkonstante und Madelungszahl die geeigneten Parameter. Also

$$G(T) = \left\{ \begin{array}{ll} G_{z,a,f;\Theta_D} & \text{für Ionenkristalle} \\ G_{\epsilon_{X-X}, æ; \Theta_D} & \text{für Kovalenzkristalle.} \end{array} \right. \tag{4.80}$$

Man beachte, dass auch beim Ionenkristall in dieser groben Näherung die quantenmechanisch bedingten Abstoßungskräfte relevant sind; sie gehen implizit vor allem

[48] Im Falle idealer Kovalenzkristalle ist diese über die Resonanzintegrale bestimmt.

in Θ_D und a ein (vgl. Abschnitte 2.1.6, 2.2.7; Kap. 3). Hieraus resultieren (wegen const in Gl. (4.79) erst nach geeigneter Normierung) die tabellierbaren Größen $G_m^\circ = \mu^\circ$ (s. Tabelle 4.1, 4.2, S. 82, 83). Letztlich hängen diese natürlich, wie in Kap. 2 diskutiert, von den Atomparametern ab. Wenn es auch in einfachen Fällen möglich ist, G aus den atomaren Parametern zu errechnen, ist die eben gegebene Parameterisierung — vor allem in Hinblick auf ein intuitives Verständnis — sehr hilfreich.
Die gesamte Freie Enthalpie des realen Festkörpers muss nun noch die Beiträge durch Defekte berücksichtigen:

$$G(T) \simeq (G_{\text{Bindung}} + G_{\text{vib}})_{\text{perfekt}} + \Delta G_{\text{defekt}} = G_{\text{perfekt}} + \Delta G_{\text{defekt}} \tag{4.81}$$

Im folgenden Kapitel wollen wir die energetischen und entropischen Beiträge der Punktdefekte im Gleichgewicht abschätzen und letztlich einen Ausdruck für die Freie Energie eines einfachen realen Festkörpers und somit für das chemische Potential der Punktdefekte in diesem anschreiben. Es wird sich herausstellen, dass Gitterenergie sowie Dielektrizitätskonstante die Basisgrößen bezüglich der Defektbildungsenergie darstellen. Von speziellem Interesse ist die Konzentrationsabhängigkeit des letzten Termes in Gl. (4.81), der für die chemische und funktionale Variabilität grundlegend ist. Wir werden sehen, unter welchen Bedingungen wir für allgemeine innere und äußere Gleichgewichte Massenwirkungsgesetze formulieren können, wie es die Chemiker für die wässrige Phase und die Physiker für die elektronischen Zustände in Silicium zu tun gewohnt sind, und was sich hinter chemischen Parametern wie Massenwirkungskonstanten der Defektbildung verbirgt.

5 Gleichgewichtsthermodynamik des realen Festkörpers

5.1 Vorbemerkungen

Wenden wir uns nun nach den ausführlichen einleitenden Kapiteln der Kernthematik dieses Buches und zunächst der Thermodynamik des realen Festkörpers im Gleichgewicht zu.
Je nach Ausdehnung und Dimensionalität unterscheiden wir zwischen Punktdefekten[1] (nulldimensionalen Fehlern), — dies sind atomare und elektronische Fehlstellen —, linienhaften (eindimensionalen) Fehlern — dies sind vor allem Versetzungen —, flächenhaften (zweidimensionalen) Fehlern — im wesentlichen innere Grenzflächen und die äußere Oberfläche — sowie Poren oder Einschlüssen fester Fremdphasen als dreidimensionale Fehler. Auf die weiteren Varianten höherdimensionaler Fehlordnung, die vor allem bei Mehrphasensystemen sehr komplex sein können, wollen wir hier nicht eingehen. Da wir uns an dieser Stelle nur mit dem Gleichgewicht befassen, interessieren wir uns primär nur für Punktfehler und Oberflächen; die anderen Defekttypen sind Nichtgleichgewichtserscheinungen[2], wie in Abschnitt 5.4 zu zeigen ist. Erstere sind im Gleichgewicht existent aufgrund entropischer Gegebenheiten, letztere werden notwendig gefordert aufgrund einer vorgegebenen endlichen Substanzmenge. Später werden für uns allerdings auch metastabile höherdimensionale Defekte von Bedeutung sein (s. Abschnitte 5.4, 5.8).
Die gesamte Freie Enthalpie des realen Festkörpers ergibt sich aus dem G–Wert des perfekten Festkörpers zuzüglich der Änderungen, die mit dem Einbringen der Fehlstellen verbunden sind. Der perfekte Festkörper besteht aus monomeren Baueinheiten, den sogenannten "Gittermolekülen", um einen in der Defektchemie eingebürgerten, dennoch unschönen Terminus zu verwenden. Diese Größe $\Delta_d G$ ist die Freie Reaktionsenthalpie des Vorganges

$$\text{Reaktion d} = \qquad \text{perfekter Festkörper} \rightleftharpoons \text{realer Festkörper} \tag{5.1}$$

und somit

$$G_{real} = G_{perfekt} + \Delta_d G. \tag{5.2}$$

Wie $G_{perfekt}$ setzt sich auch $\Delta_d G$ aus Bindungsanteilen ($\Delta_d G_{bdg}$) und Schwingungsanteilen ($\Delta_d G_{vib}$) zusammen. Hinzu kommt aber auch noch ein Konfigurationsanteil

---

[1] Wir subsumieren der phänomenologischen Einheitlichkeit wegen auch Überschusselektronen und Löcher unter dem Begriff Punktfehler, auch wenn die entsprechenden Wellenfunktionen sehr ausgedehnt sein können.

[2] Innere Grenzflächen wie Domänenwände in Ferroelektrika oder Ferromagnetika, deren Existenz auf energetische Ursprünge zurückzuführen ist, bezeichnen wir nicht als Fehler, sondern besser als Überstrukturelemente. Natürlich sind bei höherdimensionalen Fehlern exotische Grenzfälle denkbar, bei denen die geringe Konfigurationsentropie eine geringe Bildungsenergie kompensiert. Mit solchen befassen wir uns hier nicht.

($\Delta_d G_{cfg}$), der im perfekten Festkörper nicht auftritt und dessen Existenz uns eigentlich erst die "innere Chemie" ermöglicht. Dies näher zu beleuchten ist Gegenstand der nächsten Zeilen. Vorerst halten wir fest

$$\Delta_d G = \Delta_d G_{bdg} + \Delta_d G_{vib} + \Delta_d G_{cfg}. \tag{5.3}$$

Es sollte auch festgestellt werden, dass Gl. (5.1) etwas salopp formuliert ist, da auch Spezies von außen zum perfekten Festkörper zugefügt werden können, so dass neben der "Umlagerung" auch "Substitutions–", "Additions–" und "Eliminierungsvorgänge" anzutreffen sind. Allerdings lässt sich, wie wir eingehender untersuchen werden, in allen Fällen der reale Festkörper als Superposition von Defekt–Bauelementen und den Konstituenten des perfekten Festkörpers (d.h. der Gittermoleküle) auffassen.

5.2 Gleichgewichtsthermodynamik atomarer Punktdefektbildung

Nehmen wir als einfaches Beispiel — an dem sich allerdings schon die relevanten Zusammenhänge aufzeigen lassen — das Einbringen einer Leerstelle in einen Elementkristall. Betrachten wir zunächst einen typischen Vertreter eines idealen Kovalenzkristalls, den Diamanten, dessen Grundstruktur in Abb. 2.21 gezeigt wurde.
Das Erzeugen einer C–Leerstelle bedeutet das Überführen eines inneren C–Atoms an die Oberfläche[3]. Dies entspricht also einem "Auflockern" des Kristalls unter leichter Verringerung der Dichte.
Für das Entfernen eines inneren Kohlenstoffatoms aus dem Kristallverband müssen 4 Bindungen gebrochen und somit die Energie $4\epsilon_{C-C}$ aufgebracht werden. Allerdings wird dieses C–Atom ja nicht ins Unendliche überführt, sondern an die Oberfläche angebaut, wodurch im Mittel die Energie $2\epsilon_{C-C}$ zurückgewonnen wird. Der Nettoverlust von $2\epsilon_{C-C}$ entspricht gerade der Gitterenergie ($4\epsilon_{C-C}/2$, s. Gl. (2.45))[4].

---

[3]Hierzu nehmen wir an, dass die individuelle Oberflächenkristallographie nicht von Belang ist. Dies setzt genügend große Kristalle voraus. Ein repräsentativer Bildungsprozess ist die Überführung aus dem Inneren (6 Kontakte) in eine sog. Halbkristalllage (3 Kontakte) (s. Abb. 5.24 auf S. 147). Wir erkennen aus Abb. 5.24 auch sofort, dass die Bildung einer Leerstelle in der Oberfläche mit einem geringeren energetischen Aufwand verbunden ist. Da beim Überführen eines Würfels aus der regulären Oberfläche (5 Kontakte) in eine Halbkristallage nur 2 statt 3 Kontakte verloren gehen, erwartet man in grober Näherung und unter Vernachlässigung sonstiger struktureller Unterschiede eine Herabsetzung der Bildungsenergie (ohne Relaxation) um den Faktor 2/3.

[4]Dies ist in nullter Näherung (Punktladungen im starren Gitter) verallgemeinerbar. Die Überlegungen gelten zunächst auch für ionische Festkörper, denn auch dort ist die Bindungssituation abgesättigt. Ebenso wird beim Überführen eines Kations oder eines Anions in die Gasphase jeweils die Gitterenergie benötigt. (Effektiv werden die "Kation–Anion–Bindungen" gebrochen, vgl. Gl. (4.79), wenn wir die mit der Elektroneutralitätsverletzung einhergehenden Änderungen ignorieren; sie werden beim nachfolgenden Einbau kompensiert.) Beim Überführen von der Gasphase an die

Schätzt man nun den Energieverlust auf diese Weise ab, so ergibt sich

$$\Delta_d \epsilon \simeq 2|\epsilon_{C-C}| \simeq |\epsilon_{git}| \simeq 7\text{eV}, \tag{5.4}$$

ein Wert, der um etwa 3eV gegenüber dem bindungstheoretisch berechneten Wert von 4eV zu hoch veranschlagt ist (s. Ref. [103]). Diese Differenz ist leicht zu erklären: Hat der Gitterverband ein Atom verloren, so versucht er natürlich aus energetischer Sicht, den Schaden so weit wie möglich dadurch zu begrenzen, dass sich die lokale Struktur verändert[5]. Bindungstheoretisch gesprochen, wird das lokale Ensemble sich so arrangieren, so relaxieren ($\Delta_d \epsilon_{rlx}$), dass die freigewordenen Valenzen zu teilweiser

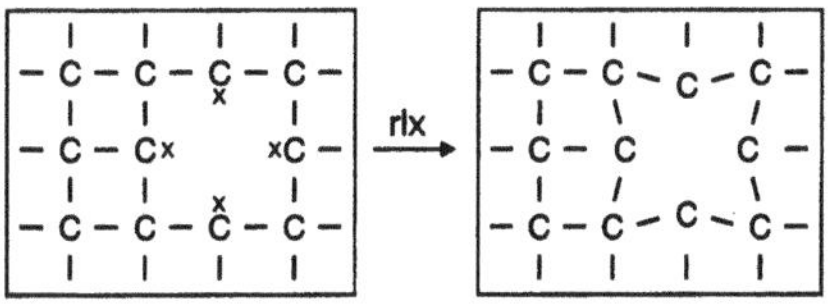

Abb. 5.1: Die Wechselwirkung der durch die Entfernung eines C–Atomes entstandenen freien Radikale führt aus Energiegründen zu einer Relaxation, wie es im rechten Bild schematisch angedeutet ist. Rechts sind die "freien" Elektronen nicht gezeichnet, um die neue Bindungssituation zu betonen.

Bindungsausbildung herangezogen werden. Dies ist in Abb. 5.1 schematisiert. Der Bindungsbeitrag zur Freien Enthalpie ist also:

$$\Delta_d g_{bdg} \simeq \Delta_d \epsilon = |\epsilon_{git}| - |\Delta_d \epsilon_{rlx}|. \tag{5.5}$$

Die Änderung des Bindungsanteils von G beim Einbringen von N_d Defekten ergibt sich dann durch Multiplikation mit N_d, sofern diese nicht miteinander wechselwirken. Solche verdünnten Zustände wollen wir allerdings hier annehmen (s. aber Abschnitt 5.7).

Ganz analog ist die Defektbildung beim Ionenkristall zu sehen[4]. Auch hier wird beim Ausbau eines Na^+ und eines Cl^-–Iones zunächst die doppelte Gitterenergie verbraucht und die Hälfte davon beim Anbau an die Oberfläche zurückgewonnen. Auch hier ist ϵ_{git} (6-8eV bei Alkalihalogeniden) eine viel zu hohe Abschätzung für die Defektbildungsenergie — experimentell ergibt sich ca. 2eV —, auch hier relaxiert das Gitter. Ist das entfernte Ion positiv, werden die positiven Ionen der Umgebung zur Leerstelle hin- und die negativen von der Leerstelle weggezogen und vice versa, wie dies Abb. 5.2 veranschaulicht. Im Falle des Ionenkristalls entspricht die Relaxation

---

Oberfläche wird die Hälfte zurückgewonnen. Beim Überführen von der Gasphase in einen Zwischengitterplatz wird in dieser extremen Näherung keine Energie benötigt. Formuliert man Bindungen des Zwischengitterteilchens zur Umgebung, so werden diese den anderen Partnern entsprechend abgezogen. Folglich ergibt sich für alle unten (Abschnitt 5.5.1) zu diskutierenden elementaren ionischen Fehlordnungstypen die Gitterenergien als Reaktionsgröße. Die sich ergebenden Zahlenwerte treffen, wie im Text ausgeführt, in einigen Beispielen allerdings noch nicht einmal die Größenordnung (vgl. auch Gl. (5.8)). Die Relaxationsprozesse (bzw. Polarisationsprozesse) sind nicht nur von erheblicher, sondern jeweils von ganz spezifischer Wichtigkeit.

[5] Die ideale Kristallstruktur wurde ja nur für den perfekten, d.h. den völlig homogenen Festkörper, so abgeleitet.

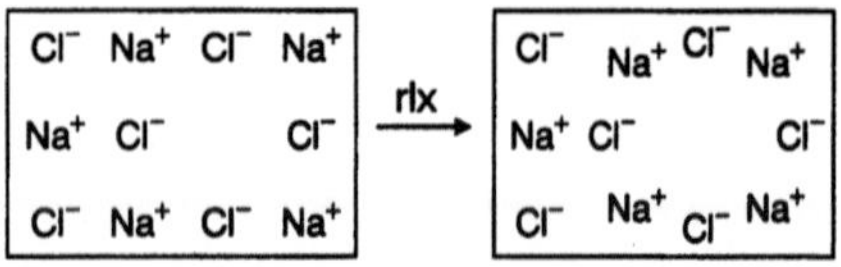

Abb. 5.2: Die fehlende positive Ladung führt zu verstärkter Abstoßung der Cl^-–Nachbarn und einem Heranziehen von Na^+–Nachbarn.

also einer ionischen Polarisation. Die klassische Dielektrizitätstheorie liefert für die Polarisationsenergie $\Delta_d\epsilon_{pol}$ einer geladenen Kavität (z=1) mit dem Radius d in einem homogenen Medium der Dielektrizitätszahl[6] ε_r die Beziehung [105]

$$\Delta_d\epsilon_{pol} \simeq -\frac{e^2}{4\pi\varepsilon_0 d}\left(1-\frac{1}{\varepsilon_r}\right). \tag{5.6}$$

Sie ergibt sich durch Integration über die lokale Polarisation, letztere nach den Gesetzen der Elektrostatik aus der Differenz zwischen dielektrischer Verschiebung und elektrischem Feld. Da die dielektrische Verschiebung mit dem Feld über die Dielektrizitätszahl ε_r verknüpft ist, resultiert Gl. (5.6). Es versteht sich von selbst, dass die statische Dielektrizitätszahl einzusetzen ist, die bei Alkalihalogeniden in der Größenordnung von 5 liegt.
Insgesamt gilt mit Gl. (2.37)

$$\Delta_d\epsilon = \epsilon_{git}\left(1+\frac{\Delta_d\epsilon_{pol}}{\epsilon_{git}}\right) = \epsilon_{git}\left(1-\frac{1-\frac{1}{\varepsilon_r}}{f_M\left(1-\frac{1}{n}\right)}\right) \sim \epsilon_{git}\left(1-\frac{1}{f_M}\right). \tag{5.7}$$

Mit $\varepsilon_r \sim 5$ und $n \sim 10$ und $f_M \sim 1.7$ ergibt sich eine Reduktion von ϵ_{git} um etwas mehr als die Hälfte in zufriedenstellender Übereinstimmung mit den Daten. In Gl. (5.7) wurde jedoch die Größe d von Gl. (5.6) mit dem interionischen Abstand b=a/2 (s. Gl. (2.37)) identifiziert. Eigentlich sollte man erwarten, dass — da $\Delta_d\epsilon_{pol}$ in Gl. (5.6) die Summe der kationischen und anionischen Beiträge darstellt — die Größe d durch das halbe harmonische Mittel der Ionendurchmesser gegeben ist, während b die Summe der Ionenradien, also das arithmetische Mittel der Ionendurchmesser (Na^+ : 1.9Å, Cl^- : 3.6Å) repräsentiert und somit ungefähr doppelt so groß sein sollte (2.76Å verglichen mit 1.24Å). Dies offenbart eine Hauptschwierigkeit obiger Methode, nämlich die präzise Identifizierung der Größe d, die in Gl. (5.6) als Konstante vorgegeben ist. Mott und Littleton haben ein selbstkonsistentes Verfahren zur Berechnung des Polarisationstermes angegeben, das eine wichtige Grundlage moderner Defektbildungsenergieberechnungen bildet. Der interessierte Leser sei hier auf die Literatur verwiesen [106]. Nichtsdestoweniger zeigt Gl. (5.6), welch große Rolle

[6] ε_r: Dielektrizitätszahl; $\varepsilon = \varepsilon_r\varepsilon_0$ = dielektrische Permittivität. Die Dielektrizitätszahl ist ein Maß für die Verschiebbarkeit von elektronischen und ionischen Ladungen (elektronische und ionische Polarisierbarkeit) und kann damit im Prinzip auf die in Kap. 2 diskutierten atomistischen Parameter zurückgeführt werden. (Bei der Existenz von permanenten Dipolen ist die Orientierung und damit die Temperatur explizit wichtig.). Eine zu Gl. (5.6) analoge Beziehung findet sich in der Behandlung flüssiger Systeme zur Beschreibung der Solvatationseffekte [104].

der Ionenradius bei der Bildungsenergie spielt. So entfallen etwa 2/3 der Schottky-Fehlordnungsenergie von NaCl auf die Bildung der Cl^--Leerstelle und 1/3 auf die Bildung der Kationenleerstelle. (Zur Leerstellenbildung vgl. auch unten, Abb. 5.5.) Ein weiterer fundamentaler Punktdefekttyp ist das Zwischengitterteilchen. In diesem Falle sind gegenüber der "chemischen Grundstruktur" energetisch ungünstigere Plätze besetzt. Abbildung 5.3 veranschaulicht einige Beispiele solcher "chemisch"

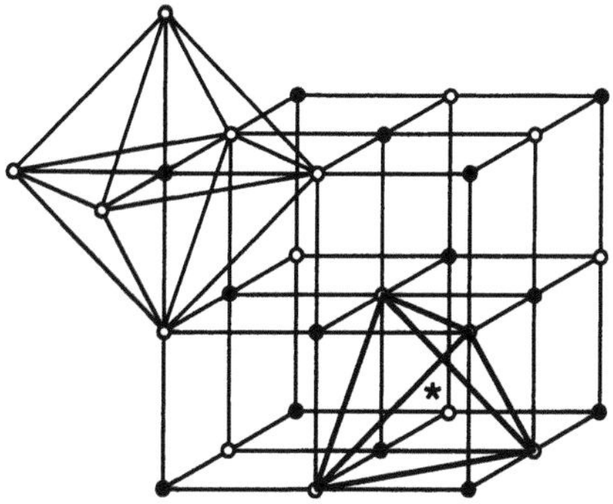

Abb. 5.3a: In der Kochsalzstruktur sind alle Oktaederlücken der Anionenpackung durch Kationen (gefüllte Kreise) besetzt. Dementsprechend sind die Tetraederplätze Zwischengitterplätze (s. Stern).

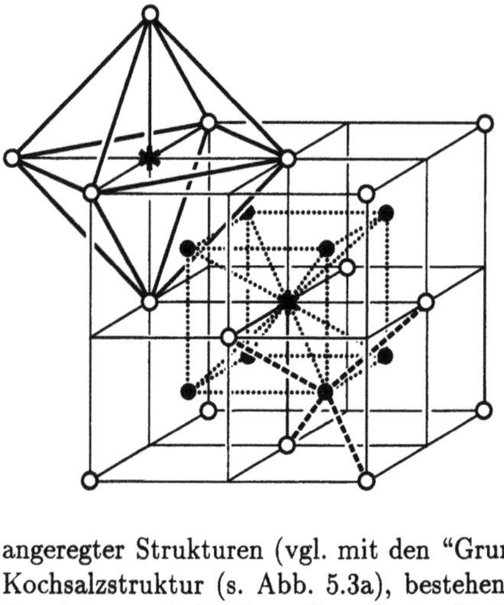

Abb. 5.3b: Im CaF_2 besetzen die Fluoridionen alle Tetraederlücken der Ca^{2+}-Ionen. Die Oktaederlückenplätze sind Zwischengitterplätze (s. Stern). Wie angedeutet, sind diese auch Zentren von Kuben aus regulären F^--Ionen (gefüllte Kreise).

angeregter Strukturen (vgl. mit den "Grundstrukturen" auf S. 52 und 64). In der Kochsalzstruktur (s. Abb. 5.3a), bestehend aus einer kubisch dichtesten Packung der Anionen (oder formell auch der Kationen), in welcher die regulären Gegenionen jeweils Oktaederlücken besetzen, sind die freien Tetraederlücken günstige Zwischengitterpositionen[7], etwa für Ag^+-Ionen im AgCl. Beim anionfehlgeordneten

[7]Die lokale Umgebung des Zwischengitterteilchens ist ähnlich verändert, wie ein Exzessproton die lokale Wasserstruktur verzerrt ($H_3O^+, H_9O_4^+$). So ist eine genauere Formulierung eines $Ag_i^{\cdot}$ ein

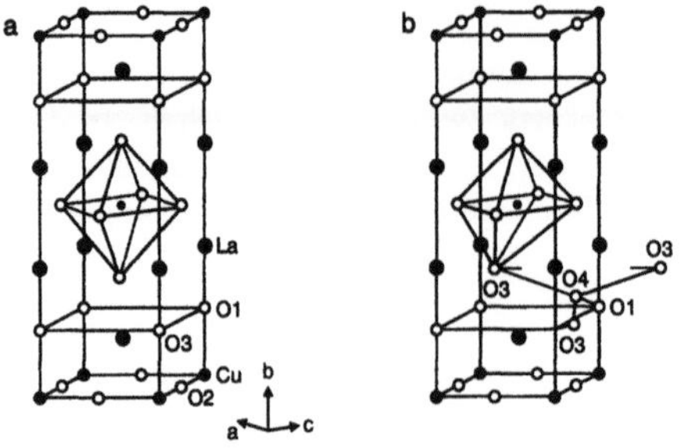

Abb. 5.3c: Die Position des Zwischengittersauerstoffes in La_2CuO_4 (O4) wie aus Neutronenstreuung ermittelt. Vergleich der Grundstruktur (a) mit der Realstruktur (b). Im Unterschied zu den Abb. 5.3a, 5.3b ist auch die Gitterrelaxation angedeutet. Aus [107].

CaF_2 (Anti–Frenkel–Fehlordnung), welches in der in Abb. 5.3b gezeigten Fluoritstruktur kristallisiert, ist die Situation umgekehrt: Diese stellt formell eine kubisch dichteste Packung der Kationen dar, in welcher die Tetraederlücken mit Anionen gefüllt sind, und die Oktaederlücken können durch zusätzliche F^-–Ionen besetzt werden. In den Ag^+–Leitern β– oder γ–AgI (Wurtzit oder Zinkblende) ist nur die Hälfte der Tetraederplätze des dichtest gepackten Iod–Gitters durch Ag^+–Ionen besetzt, so dass sich neben den Oktaederplätzen auch die anderen Tetraederplätze als Zwischengitterpositionen anbieten. Ein Beispiel einer mit Neutronenstreuung identifizierten Zwischengitterposition in La_2CuO_4 als Vertreter einer komplizierteren Verbindung zeigt Abb. 5.3c.
Bei der Frenkelreaktion in einem Silberhalogenid wird ein Silberion von seinem regulären Platz in eine Zwischengitterposition gehievt. Die genaue Berechnung verläuft ähnlich[4], wie oben für die Schottkyreaktion ausgeführt. Es ist einzusehen, dass gegenüber der Gitterenergie Polarisationseffekte noch wesentlicher sind und insbesondere der effektive Ionenradius und die elektronischen Polarisierbarkeiten eine große Rolle spielen. So findet man diesen Fehlordnungstypus sehr ausgeprägt, wenn entweder die Ionenhülle wie beim Ag^+ sehr deformierbar ist oder das Ion, wie etwa das F^-–Ion bei der (Anion–) Frenkelreaktion in Erdalkalimetallfluoriden (später Anti–Frenkel–Reaktion genannt), sehr klein ist (insbesondere bei polarisierbarem Gegenion). Im AgCl ist die Energie zur Bildung eines (getrennten) Frenkelpaares von der Größenordnung 1eV (verglichen mit einer Gitterenergie von 10eV!).
Empirisch findet man sowohl für die Schottky–Fehlordnung in Alkalihalogeniden [109] als auch für die Frenkel–Fehlordnung in Silberhalogeniden bzw. die Anti–Frenkel–Fehlordnung in Erdalkalifluoriden [110], dass in grober Näherung eine Beziehung der Form:

$$\Delta_d \epsilon \sim \mathrm{const} \epsilon_{\mathrm{git}} / \varepsilon_r. \tag{5.8}$$

Ag_2Cl^+ bzw. $Ag_5Cl_4^+$ (vgl. hierzu auch Fußnote 104 auf Seite 197.). In kubisch flächenzentrierten Elementkristallen sind regelrechte Hantelstrukturen nachgewiesen [108], die ein Zwischengitteratom im Zentrum der Elementarzelle (Oktaederlücke) und ein flächenzentrierendes Atom (Oktaederecke) involvieren unter Ausbildung einer symmetrischen Situation. All dies beeinflusst jedoch nicht die phänomenologische Beschreibung verdünnter Defekte.

mit const $\simeq 1.5\ldots 2$ erfüllt ist. Anti–Schottky–Fehlordnung ist vor allem wegen der hohen Energie großer Anionen im Zwischengitter äußerst selten und kann nur bei lockeren Strukturen möglich sein. Sie wird z.B. beim gelben PbO vermutet [111, 112]. In Tabelle 5.1 finden sich Bildungsdaten für eine Reihe von Halogeniden.

Spezifisch wird natürlich die Diskussion beim Einbringen von Fremdteilchen. Abbildung 5.4 zeigt die Relaxation aufgrund der veränderten Ladung, wie sie für das an-

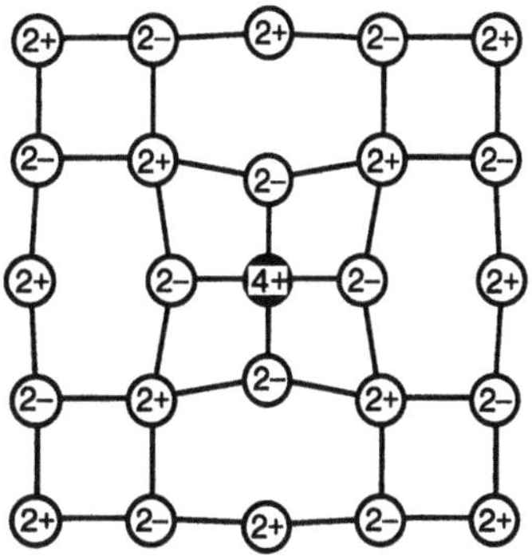

Abb. 5.4: Polarisationseffekt durch Substitution eines Kations in MgO durch ein höhergeladenes Ion gleicher Größe. Nach [113].

gegebene Beispiel mit Hilfe von Computersimulationen errechnet wurde. Hier sei vor allem der einsichtige und experimentell wohl überprüfte Befund angeführt, dass ein wesentliches Kriterium für mögliche Substitutions- oder Additionsprozesse der effektive Teilchenradius ist. Substitutionen von nativen Teilchen durch Fremdteilchen verlangen in aller Regel — entsprechend einem nicht allzu hohen Enthalpieaufwand — eine geringe Radiendifferenz, während kleine Fremdteilchen unter Umständen leichter im Zwischengitter Platz finden. Auch ist das Einbringen einer zu hohen effektiven Ladung energetisch weniger günstig. Im dichtgepackten $SrTiO_3$–Perowskit sind Zwischengitterteilchen unwahrscheinlich. Zr wird als Zr^{4+} auf Ti–Plätze eingebaut (ähnlicher Ionenradius: 0.6Å). Auch Fe wird — und zwar abhängig von den Bedingungen, z.B. Temperatur, Sauerstoffpartialdruck (s. Abschnitt 5.6) größtenteils als Fe^{3+} (0.6Å) oder Fe^{4+} (0.5Å) auf Ti^{4+}–Plätze eingebaut, während das größere La (La^{3+}: 1.1Å) dreiwertig auf Sr^{2+}–Plätze (1.1Å) geht[8]. Abb. 5.5 bezieht sich auf den für die Protonenleitung wichtigen Fall (Abschnitt 5.6) der Substitution eines O^{2-} durch ein ähnlich großes OH^-. Das linke Bild zeigt die Reaktion der Sauerstoff- und Cer–Nachbarn auf die Entfernung eines O^{2-}–Ions in $BaCeO_3$, das rechte Bild die Verhältnisse bei Einbringen eines OH^- in die erzeugte Sauerstoffleerstelle.
Vor allem bei hohen Temperaturen sind auch Platzvertauschungen zwischen verschiedenen Ionensorten von Bedeutung. Von sehr geringer Relevanz ist dies naturgemäß bei binären Ionenkristallen, während bei multinären Verbindungen solche

[8]Natürlich handelt es sich hier nie um Alles–oder–Nichts–Erscheinungen. Auch ungünstigere Zustände sind — allerdings mit einem entsprechend geringeren statistischen Gewicht — realisiert. Die genaue Valenzverteilung hängt von den Zustandsparametern ab (s. Abschnitt 5.6).

Tabelle 5.1: Thermodynamische Standard–Parameter der Punktdefektbildung.
(S: Schottky–Reaktion, F: Kationen–Frenkel–Reaktion (Frenkelreaktion im eigentlichen Sinne), $\overline{F}$: Anionen–Frenkel–Reaktion (Anti–Frenkel–)–Reaktion) [14]. Die letzten beiden Spalten beziehen sich auf die Migration (vgl. Kap. 6) (1eV entsprechen 96.5kJ/mol).

Kristall	Fehlordnungstypus	Bildungsenthalpie in MJ/mol	Bildungsentropie in Einheiten von R	Migrationsenthalpie in kJ/mol	Migrationsentropie in Einheiten von R
LiF	S	0.23	9.6	70 (V'_{Li})	1 (V'_{Li})
LiCl	S	0.21		40 (V'_{Li})	
LiBr	S	0.18		40 (V'_{Li})	
LiI	S	0.11		40 (V'_{Li})	
NaCl	S	0.24	9.8	70 (V'_{Na})	1-3 (V'_{Na})
KCl	S	0.25	9.0	70 (V'_{K})	2.4 (V'_{K})
RbCl	S	0.21		50-100 (V'_{Rb})	
CsCl	S	0.18	10	60 (V'_{Cs})	19 (V'_{Cs}) (?)
AgCl	F	0.14	9.4	28 (V'_{Ag})	-1 (V'_{Ag})
				1-10 ($Ag_i^{\bullet}$)	-3 ($Ag_i^{\bullet}$)
AgBr	F	0.11	6.6	~30 (V'_{Ag})	
				5-20 ($Ag_i^{\bullet}$)	
CaF_2	$\overline{F}$	0.27	5.5	40-70 ($V_F^{\bullet}$)	1-2 ($V_F^{\bullet}$)
				80-100 (F'_i)	5 (F'_i)
SrF_2	$\overline{F}$	0.17		50-100 ($V_F^{\bullet}$)	
				80-100 (F'_i)	
BaF_2	$\overline{F}$	0.19		40-70 ($V_F^{\bullet}$)	
				60-80 (F'_i)	

Anti–Site–Fehlordnungen im Kationen– bzw. Anionenteilgitter wohl zu beachten sind. Als Beispiel mag die bei den hohen Herstellungstemperaturen merkliche Kationenfehlordnung in $YBa_2Cu_3O_{6+x}$ dienen [116]. Natürlich dürfen im jeweiligen Fall die lokalen Effekte der chemischen Bindung nicht aus den Augen verloren werden. Dies ist vor allem bei Übergangsmetallkationen wichtig (s. Abschnitt 2.2), bei welchen (abhängig von der Ladung) charakteristische bevorzugte Koordinationen auftreten.

Das Einbringen eines Defektes ändert lokal auch die Schwingungseigenschaften. Einflüsse dieser energetischen Änderungen auf die Bildungsenergie der Defekte sind vergleichsweise klein, wenn nicht sogar gänzlich vernachlässigbar (vgl. Dulong–Petitsches Limit bei Erhalt der Zahl der Schwinger). Wichtig ist aber der Einfluss auf

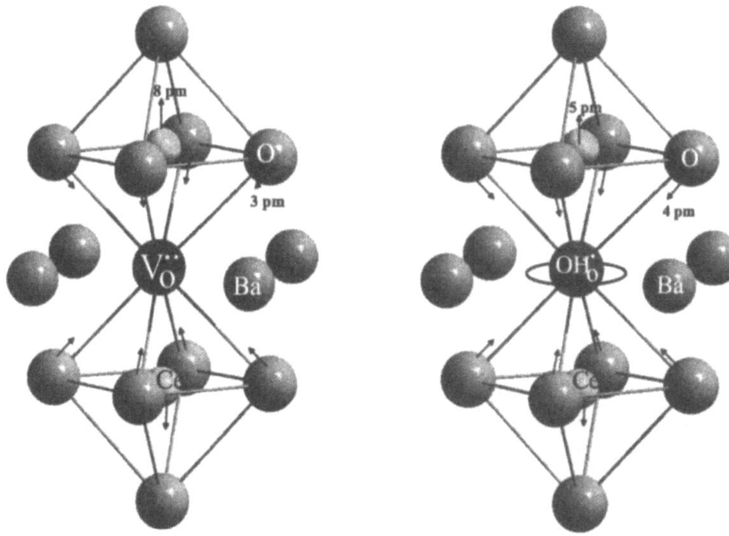

Abb. 5.5: Das Einbringen einer Sauerstoffleerstelle in $BaCeO_3$ führt quantenmechanischen Simulationen zufolge zu einer Auslenkung der Sauerstoffionen in Richtung derselben und einer Wegbewegung des Ce–Ions (links) [114]. Die Leerstelle kann auch durch OH^- aufgefüllt werden (rechts) [115] (Abschnitt 5.6), wodurch die Relaxation des Cers teilweise rückgängig gemacht wird. Die sogar etwas verstärkte Auslenkung der Sauerstoffe in Richtung des $OH_O^{\cdot}$–Defektes beruht auf der stark gerichteten H–Brücken–Wechselwirkung (hier ausgemittelt auf 8 Sauerstoffnachbarn). Die betrachtete Zeitauflösung ist grob im Vergleich zur schnellen Rotation des Protons, die sehr schematisch angedeutet ist. Der Sprung des Protons erfolgt auf einer noch gröberen Zeitskala (s. Abb. 6.13, S. 287). Dies wird in Abschnitt 6.2.1 diskutiert.

die Entropie und damit auf die Temperaturabhängigkeit der thermodynamischen Bildungsbilanz. Auch bei kleinen S–Werten kann der TS–Term bei hohen Temperaturen sehr wohl ins Gewicht fallen.
Gemäß Gl. (4.77, 4.78) ist ΔS_{vib} dem Logarithmus der Schwingungsfrequenz proportional. Ändert sich diese während der Defektbildung von ν auf ν_d, so ist die resultierende Reaktionsentropie:

$$\Delta_d S_{vib} \cong -\Delta_d G_{vib}/T = -N_d æ k_B \ln\left(\frac{\nu_d}{\nu}\right). \tag{5.9}$$

In Gl. (5.9) ist angenommen, dass der Defekt lediglich die Schwingungsfrequenzen der æ Nachbaratome beeinflusst. Halbiert sich lokal die Schwingungsfrequenz, so entspricht dies einem $\Delta_d S_{vib}$ in der Größenordnung von $(10^{-4} \ldots 10^{-3})$eV/K, entsprechend einem G–Wert, der bei tiefen Temperaturen gegenüber der Bildungsenergie vernachlässigbar, bei T=1000K aber schon von beachtlicher Größenordnung ist. Die Änderung der Schwingungsfrequenz und damit der Schwingungsentropie ist nicht immer leicht abschätzbar. Als einsichtige Daumenregel gilt: Bei Bildung einer Leerstelle wächst die Amplitude der Schwingung (s. Kap. 3) und sinkt die Frequenz, während bei der Ausbildung von Zwischengitterdefekten in der Regel der umgekehrte Sachverhalt zutrifft[9]. Demgemäß ist im ersten Fall $\Delta_d G_{vib}$ kleiner und im zweiten größer als Null. Im zweiten Fall steht also der Defektbildung zusätzlich die Verringerung an Schwingungsentropie entgegen, während im ersten Fall die erhöhte Schwingungsentropie die Defektbildung erleichtert. Beiden Beiträgen ist gemeinsam, dass sie sich lokal auf den Einzeldefekt beziehen. Insgesamt ergibt sich demgemäß

$$\Delta_d G^* = N_d \Delta_d g^* = N_d(\Delta_d g_{bdg} + \Delta_d g_{vib}). \tag{5.10}$$

Wäre dies schon die vollständige G–Bilanz, so sagte Gl. (5.10) voraus, dass es im Gleichgewicht vereinzelte Punktdefekte nicht geben sollte. Bei positivem $\Delta_d g^*$ (wie es im Stabilitätsbereich der ins Auge gefassten Phase der Fall ist) wäre schon die Bildung eines einzigen Defektes verboten, bei negativem $\Delta_d g^*$ wäre die gesamte Phase instabil.

Entscheidend für die Existenz reaktiver Zentren[10] ist der dritte, nun konzentrationsabhängige Beitrag[11]:
Das Einbringen von Punktdefekten bewirkt eine enorme Erhöhung der Zahl möglicher Platzkonfigurationen bei gleicher Energie. Eine einzige Leerstelle im Elementkristall mit N regulären Plätzen schafft N mögliche Mikrozustände bezüglich der Platzverteilung. Die Zahl der Mikrozustände bei 6 Defekten im Gitter von 49 Teilchen abzuschätzen, ist äquivalent der Schätzung der Zahl der Kombinationen im Lottospiel (s. Abb. 5.6), sofern wir annehmen können, dass die Verteilung völlig zufällig ist. Wie beim Ankreuzen auf dem Lottozettel lassen wir bei den folgenden Änderungen die Gesamtzahl N und damit die Gesamtgröße des Kristalles konstant. Zur genaueren Betrachtung denken wir uns die 49 Elemente in einer statistisch vorgegebenen Reihenfolge auf einer Zeile aneinandergereiht und vereinbaren, dass wir die ersten 6 Elemente als die ausgewählten (Leerstellen) betrachten. Das erste Problem ist die Berechnung der möglichen Reihenfolgen der 49 Elemente. Diese Zahl, präziser die Zahl der möglichen Permutationen von 49 Elementen (P_{49}), ist offenbar 49 mal die Permutation von 48 Elementen, denn 49 mal kann ein verschieden nu-

[9] Man beachte, dass die mittlere kinetische Energie sowie die potentielle Energie einer harmonischen Schwingung einander gleich und den Quadraten von Masse (m) und Amplitude (x_0) proportional sind, wie sich unmittelbar durch Mittelung von $1/2mx^2$ bzw. durch Integration der Kraft über die Ortskoordinate x ergibt, wobei $x = x_0 \sin wt$.

[10] Die thermodynamische Basis zur Behandlung der Punktdefekte wurde von Frenkel, Schottky und Wagner gelegt [1,2].

[11] Als weitere konzentrationsabhängige Effekte kommen bei hohen Defektkonzentrationen Wechselwirkungen ins Spiel, die zu einer Verringerung oder Vergrößerung der für den wechselwirkungsfreien Fall berechneten Konzentrationen führen können. In dieser Weise ist im Prinzip auch bei negativer Freien Bildungsenergie des Einzeldefektes — besser des ersten Defektes — die Aufrechterhaltung einer endlichen Defektkonzentration möglich (s. Abschnitt 5.7).

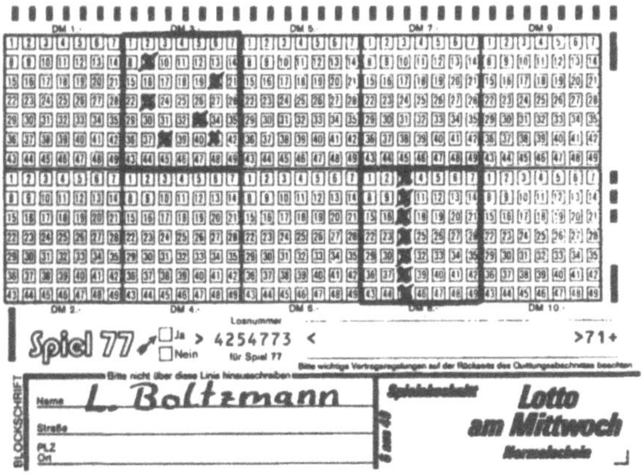

Abb. 5.6: Zur Statistik null- und eindimensionaler Defekte. Strenggenommen handelt es sich um eine Statistik vom Fermi–Dirac-Typ (s. Text).

meriertes Element vor die verbleibenden gezogen werden. Sofort ergibt sich iterativ

$$P_{49} = 49 \cdot P_{48} = 49 \cdot 48 \cdot P_{47} = \ldots = 49 \cdot 48 \cdots 1 = 49! \qquad (5.11)$$

und 49! als Resultat. Dies wäre schon die Lösung unseres Problems, wenn die Leerstellen untereinander oder die regulären Teilchen untereinander tatsächlich verschieden wären. In Wirklichkeit sind diejenigen Zustände, die sich nur dadurch unterscheiden, dass die Leerstellen oder die regulären Teilchen untereinander vertauscht sind, statistisch identisch. Mit anderen Worten können wir die ersten 6 Elemente, so wie die verbleibenden 43 Elemente untereinander vertauschen, ohne dass sich bezüglich unseres Lottozettels etwas ändert. 49! muss also noch durch $P_6 = 6!$ und $P_{49-6} = 43!$ dividiert werden[12]. Dies drückt beim Lottospiel die Tatsache aus, dass es auf die Reihenfolge der gezogenen Zahlen nicht ankommt[13]. Doch zurück zu unserem Problem: Allgemein ergibt sich für die Zahl der Mikrozustände von N_d Leerstellen bei N regulären Plätzen und somit $(N - N_d)$ regulären Teilchen

$$\Omega_d = \binom{N}{N_d} = \frac{N!}{N_d!(N - N_d)!} \qquad (5.12)$$

[12]Beim Skatspielen ist die Zahl der möglichen Kombinationen 32!/(10!10!10!2!), da Vertauschungen in jeder Hand und im Stock die Spielsituation nicht verändern.

[13]Die geringen Erfolgsaussichten, die dem Lottospiel die böse Bezeichnung einer "Sondersteuer für Dumme" eingebracht hat, ließen sich zudem verschlechtern, wenn man auch noch die Reihenfolge der Ziehung vorhersagen müsste (49!/43!). Eine andere Variante, auf die wir noch zurückkommen, nennen wir — bei unveränderten Einsätzen und Gewinnen — ohne Rücksicht auf Empfindlichkeiten "Ostfriesenlotto": Hier wird die gezogene Kugel immer wieder in den Pool zurückgeführt, so dass Wiederholungen möglich sind. In Gl. (5.12) ist N durch $(N+N_d-1)$, also 49 durch $(49+6-1)$, zu ersetzen.

und als damit verbundene Entropie

$$S_{cfg} = k_B \ln \Omega = \Delta_d S_{cfg} = -\Delta_d G_{cfg}/T. \quad (5.13)$$

Sie ist wegen Ω=1 im perfekten Zustand auch gleich der gesuchten Reaktionsgröße $\Delta_d S_{cfg}$. Der reine Konfigurationsbeitrag zur Freien Enthalpie entspricht der gleichen Triebkraft, die für die Auflösung einer Rauchwolke im Zimmer, für die Verteilung eines Tintentropfens im Wasser oder für den Isotopenaustausch verantwortlich ist.
Zur weiteren Berechnung dieses Beitrags wenden wir die Stirling–Näherung an, dass nämlich für große Zahlen gilt[14]: $\ln N! \simeq N \ln N - N$. Man erhält $N \ln N - N - N_d \ln N_d + N_d - (N - N_d) \ln(N - N_d) + (N - N_d)$. Da sich die linearen Terme herausheben, resultiert

$$\ln \Omega = N \ln \frac{N}{N - N_d} - N_d \ln \frac{N_d}{N - N_d}. \quad (5.14)$$

An dieser Stelle wollen wir annehmen, dass die Zahl der Defekte stets sehr klein ist. Es überwiegt für $N_d << N$ der zweite Term, und wir finden für den gesuchten Beitrag zur Freien Enthalpie:

$$\Delta_d G_{cfg} = +k_B T N_d \ln \frac{N_d}{N}. \quad (5.15)$$

Wichtig ist, dass $\Delta_d G_{cfg}$ stets negativ ist. Man beachte, dass als Konzentration im Logarithmus das Verhältnis derjenigen Zahlen auftritt, die auch den entsprechenden Binominalausdruck in Gl. (5.12) konstituieren.
Die gesamte Freie Enthalpie des realen Festkörpers (mit verdünnten Defekten) können wir nun schreiben als

$$G = G_{perfekt} + N_d \left(\Delta_d g^* + k_B T \ln \frac{N_d}{N} \right), \quad (5.16)$$

wobei $\Delta_d g^*$ über Gl. (5.10) gegeben ist.

---

[14]Dies lässt sich sehr einfach durch "vollständige Induktion" zeigen. Wir nehmen an, dass die Beziehung für $N = M$ gilt und beweisen, dass sie dann erst recht für $N = M+1$ gilt. Dies ist einzusehen, weil $\ln(M+1)! = \ln(M+1) + \ln M! = \ln(M+1) + (M \ln M - M) \simeq (M+1)\ln(M+1) - (M+1)$. Der entsprechende Fehler sinkt mit steigendem M. Schon für N=50 gilt die Stirling–Formel mit einem Fehler von nur 2%. Mit jeweils geringerem Fehler gilt sie dann auch für alle größeren Zahlen.

Für das chemische Potential des Defektes finden wir durch Differentiation[15,16]

$$\mu_d = \frac{\partial G}{\partial n_d} = N_A \frac{\partial G}{\partial N_d} = \mu_d^* + RT \ln x_d, \tag{5.17}$$

die wohlbekannte Boltzmann-Form mit $\mu^* = N_A \Delta_d g^* = \Delta_d G_m^*$ und $x_d = N_d/N = n_d/n$ ($n \equiv N/N_a$=Zahl der Mole). Gehen wir bei der Differentiation von der exakten Form der Gl. (5.14) aus, so erhalten wir genauer

$$\mu_d = \mu_d^* + RT \ln \frac{x_d}{1 - x_d}. \tag{5.18}$$

Dies entspricht dem chemischen Potential einer Fermi–Dirac–artigen Verteilung, eine Form, die später noch wichtig werden wird. (Es bleibt dem Leser überlassen zu zeigen, dass das "Ostfriesenlotto"[13] zu einer Bose–Einstein–artigen Verteilung führt.) Im Gleichgewicht muss die Freie Enthalpie des Elementkristalles bezüglich der Defektkonzentration ein Minimum besitzen. Diese Bedingung bedeutet hier einfach $\mu_d(x_d = \widehat{x}_d) = 0$, und es folgt für die Gleichgewichtskonzentration an Punktdefekten in Boltzmann–Näherung

$$\widehat{x}_d = \frac{\widehat{N}_d}{N} = \frac{\widehat{n}_d}{n} = \exp - \frac{\mu_d^*}{RT} \simeq \exp - \frac{\Delta_d \epsilon_{bdg} - T \Delta_d s_{vib}}{k_B T}. \tag{5.19}$$

Es ist festzuhalten, dass auf der linken Seite dieses grundlegenden Ausdrucks als Konzentrationsmaß das Verhältnis der Zahl der aktuellen Fehler zur Zahl der potentiellen Fehler zur Verfügung stehenden Möglichkeiten (Plätze) angibt (genauer zur Zahl der regulären Teilchen $N - N_d$), während im Exponenten die lokal aufzuwendende Freie Bildungsenergie (Bindungsenergie und vibratorische Entropiebeiträge) auftritt. Die Konfigurationsentropie geht auf der rechten Seite nicht mehr ein, sondern führte ja — da die Gleichgewichtsbedingung letztlich aus einer Abwägung zwischen Konfigurationstermen und lokalen Freien Enthalpietermen entstand — gerade zum Ausdruck auf der linken Seite. Gl. (5.19) entspricht der Trivialform eines Massenwirkungsgesetzes, wie wir es schon in Gl. (4.53) in Kap. 4 diskutiert hatten, und bezieht sich hier auf die Reaktion[17]

$$\text{Null} \rightleftharpoons \text{Fehler}. \tag{5.20}$$

---

[15]Legen wir Gl. (5.16) zugrunde, so gilt Gl. (5.17) nur bis auf einen additiven Term der Größe RT. Diese Ungenauigkeit ist eine Folge der in Gl. (5.15) gemachten Näherung. Gleichung (5.17) ergibt sich exakter aus Gl. (5.18) für $x_d \ll 1$.

[16]Interessant ist auch die Ableitung der linken Seite von Gl. (5.14) nach N bei konstantem N_d. Es ergibt sich $\partial \ln \Omega / \partial N = \ln \frac{N}{N - N_d} = \ln \frac{1}{1-x} \simeq +x$. Dies liefert das chemische Potential des Gittermoleküls (monomere Baueinheit MX, s. S. 109) zu $\mu_{MX} = (G_{perfekt}/n_{MX}) - RTx$. Der Konfigurationsanteil ist in aller Regel vernachlässigbar. Immerhin zeigt diese Betrachtung, dass, wie der Vergleich von $G = N_{MX}\mu_{MX} + N_d\mu_d$ mit Gl. (5.16) beweist, $G_{perfekt}$ nicht exakt mit $n_{MX}\mu_{MX}$ und $N_d\Delta_d g$ nicht exakt mit $n_d\mu_d$ identisch ist; vielmehr trägt, wie ja gezeigt, der Term $N_d\Delta_d g$ auch zur Differentiation nach N schwach bei. Dies ist vor allem für Wechselwirkungen wichtig (s. Abschnitt 5.7).

[17]Reaktion (5.20) ist identisch mit der Reaktion

$$\text{perfekter Festkörper} \rightleftharpoons \text{realer Festkörper} \tag{5.1}$$

Es ist nochmals zu betonen, dass es die Nichtproportionalität von $\Delta_d G_{cfg}$ zu N_d ist, die überhaupt eine Variabilität bzgl. der Zusammensetzung ermöglicht. Die Einzelbeiträge zeigt Abb. 5.7. Ohne einen solchen Term entspräche die G–Abhängigkeit

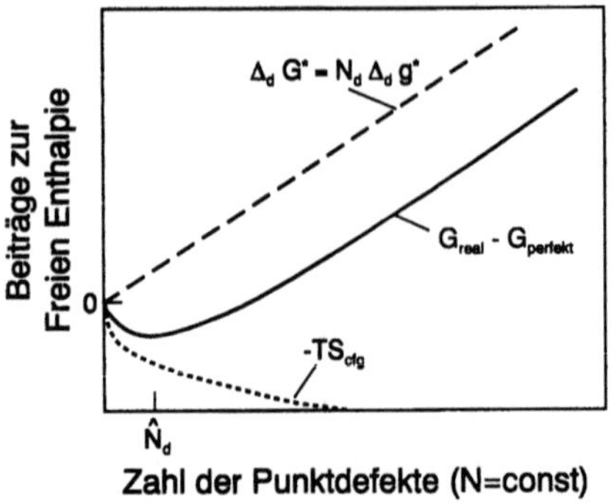

Abb. 5.7: Beiträge zur Freien Enthalpie des Festkörpers durch Defektbildung bei Konstanz der Gesamtzahl der Plätze.

von N_d einer Geraden. Je nach Steigung wäre kein Punktdefekt im Gleichgewicht erlaubt oder der gesamte Kristall instabil. Die logarithmische Abhängigkeit von $\Delta_d G_{cfg}(N_d)$ führt zu einer Steigung von $-\infty$ bei $N_d \rightarrow 0$ und zunehmender Abflachung mit wachsendem N_d und somit immer zu einem Minimum in G, wenngleich dieses wegen des kleinen begünstigenden Konfigurationsbeitrages bei sehr kleinen Defektkonzentrationen liegt. Für $\Delta_d g^* \sim 1$eV, entsprechend $\Delta_d G^*_m \sim 10^2$kJ/mol, errechnet sich selbst bei T=1000K die Gleichgewichtskonzentration $\widehat{x}_d$ zu lediglich $\sim 10^{-5}$. Aufgrund der Tatsache, dass nur diese Teilchen im Festkörper mobil sind, kommt dennoch diesen Mikroeffekten in Bezug auf Transport und Reaktivität — eben genau wie den H_3O^+- und OH^-–Teilchen im Wasser — eine im Makroskopischen durchschlagende Bedeutung zu. Der Absolutwert von G wird (s. Gl. (4.20)) allerdings nicht merklich berührt.

Bei Ionenkristallen ist die Situation wegen der Ladung komplizierter. Innere Fehlerbildungen involvieren immer die gleichzeitige Bildung von positiven und negativen Fehlern entsprechend ($|z_+| = |z_-| = 1$)

$$\text{Null} \rightleftharpoons \text{positiver Defekt} + \text{negativer Defekt}. \tag{5.21}$$

Nach unseren allgemeinen thermodynamischen Befunden (vgl. Abschnitt 4.2) muss wegen $dn_+ = dn_- \equiv d\xi$

$$dG = \Sigma_k \mu_k dn_k = (\mu_+ + \mu_-)d\xi \tag{5.22}$$

verschwinden. Dies entspricht der Bedingung

$$\Sigma_k \nu_k \mu_k = 0 = \mu_+ + \mu_-. \tag{5.23}$$

und ergibt sich hieraus explizit durch Substraktion des perfekten Festkörpers auf beiden Seiten der Gleichung.

Strenggenommen müssten die elektrochemischen Potentiale ($\widetilde{\mu}$) betrachtet (s. Abschnitt 4.3.6) werden, die elektrischen Potentiale heben sich jedoch wegen der Bedingung lokaler Elektroneutralität weg, so dass $\Sigma_k \widetilde{\mu}_k dn_k = \Sigma_k \mu_k dn_k$. Da sich die Beiträge beider Defekte in der Freien Enthalpie einfach addieren[18], solange sie voneinander — bis auf die Ladung — unabhängig sind[19], und zur Bildung der μ_k die Ableitung $\partial G/\partial n_k$ bei Konstanthaltung des jeweiligen Gegendefektes zu bilden ist, ergibt sich wie in Gl. (5.17) eine logarithmische Abhängigkeit $\mu_k(x_k)$ (Gl. (5.17)) und als Ergebnis ein ideales Massenwirkungsgesetz:

$$\left(\frac{\widehat{N}_{d+}}{N_+}\right)\left(\frac{\widehat{N}_{d-}}{N_-}\right) = \left(\frac{\widehat{n}_{d+}}{n_+}\right)\left(\frac{\widehat{n}_{d-}}{n_-}\right) = K^*(T) = \exp - \frac{\mu^*_{d+} + \mu^*_{d-}}{RT} = \exp - \frac{\Delta_d G^*_m}{RT}. \tag{5.24}$$

Beispiele sind die später ausführlich behandelten Massenwirkungsgesetze für Frenkel- und Schottky-Reaktion. Komplizierte Defektreaktionen können analog behandelt werden[20].

Die freie Reaktionsenthalpie $\Delta_d G^*_m$ setzt sich zusammen aus den Bindungs- und Schwingungseigenschaften des (getrennten) Defektpaares. Es ist einsichtig, dass man aus theoretischen und experimentellen Verfahren primär gerade die Eigenschaften des (getrennten) Defektpaares und nicht die der einzelnen Ladungsträger erhält.

Die in Ω und dann auch in μ bzw. in den Konzentrationstermen auftretende Zahl der zur Verfügung stehenden Plätze N (vgl. N in Gl. (5.19) bzw. N_+ und N_- in Gl. (5.24)) variiert von Problem zu Problem. Im Falle von Leerstellen ist diese identisch mit der Zahl der regulären Gitterplätze und in einem Kristall der Zusammensetzung MX gleich der Zahl der monomeren Baueinheiten ("Gittermoleküle"). Dies ist im Falle von Zwischengitterpositionen schon komplizierter. Im AgCl beispielsweise sind die Tetraederplätze die zugänglichen Zwischengitterplätze (s. Abb. 5.3a). Da es hiervon doppelt soviel wie Oktaederplätze (das sind die regulären Plätze) gibt, erhalten wir $2N_{MX}$ als Bezugsgröße. Solche verschiedenen Konzentrationsmaße lassen sich im Falle verdünnter Zustände leicht korrigieren, indem die Korrekturgrößen, hier der Faktor 2, in die K^*-Werte bzw. μ^*-Werte einbezogen werden können. Da wir im folgenden annehmen, dass die $\Delta_d S^*_m$- bzw. $\Delta_d H^*_m$-Werte temperaturunabhängig sind (d.h. $\Delta_d C^*_{pm} \simeq 0$), erscheint letztlich diese T-unabhängige Korrektur mit der

---

[18] Dies gilt einsichtigerweise für die lokalen Beiträge. Es gilt aber auch für S_{cfg}, da sich die Wahrscheinlichkeiten in Ω_d multiplizieren, sich also in $\ln \Omega_d$ addieren.

[19] Strenggenommen ist natürlich ein Zufügen eines geladenen Teilchens ins Volumen wegen der starken Forderung nach Elektroneutralität nicht durchzuführen. Man kann diese Schwierigkeit hier einfach dadurch umgehen, dass man von der Kombination $(\mu_+ + \mu_-)$ als dem chemischen Potential des (getrennten) Paares oder dem doppelten mittleren chemischen Potential der einzelnen Defekte ausgeht.

[20] Resümieren wir den formalen Übergang vom statistischen Gewicht zum Massenwirkungsgesetz:

$$\Omega = \Pi_k \binom{A_k}{B_k} \rightarrow \mu_k = \mu^*_k + RT \ln \frac{B_k}{A_k - B_k} \simeq \mu^*_k + RT \ln \frac{B_k}{A_k} \rightarrow K^* = \Pi_k \left(\frac{B_k}{A_k}\right)^{\nu_k}$$

Größenordnung $R \ln 2 \sim R$ formal im $\Delta_d S^*_m$–Term, welcher typischerweise von der Größenordnung (5–10) R ist.
Eine genauere Betrachtung zeigt im Falle der Zwischengitterposition, dass die Besetzung benachbarter Zwischengitterplätze energetisch sehr ungünstig wird. Solche Wechselwirkungen werden in Abschnitt 5.7 näher unter die Lupe genommen. Insbesondere die genauere statistische Behandlung wird sehr schnell kompliziert. An dieser Stelle wollen wir kurz auf eine "Alles–oder–Nichts–Näherung" eingehen, die entfernte Fehler wie gehabt behandelt und benachbarte einfach ausschließt, d.h. deren Energie unendlich setzt [79]. Besonders überschaubar ist der hypothetische Fall, dass die zu einem MX–Monomer gehörenden beiden Zwischengitterpositionen in obigem Beispiel kristallographisch einander zuzuordnen sind. Dann stehen dem allerersten Defekt zwar $2N_{MX}$ Positionen zur Verfügung, dem zweiten in den perfekten Festkörper eingebrachten allerdings nur noch $2N_{MX} - 2$. Die beiden Zwischengitterpositionen sind somit näherungsweise als Splitpositionen zu sehen, in dem Sinne, dass nicht beide Positionen gleichzeitig besetzt sein können. In diesem Fall ergibt sich an Stelle von Gl. (5.12) nicht $\binom{2N_{MX}}{N_d}$, sondern $2^{N_d} \cdot \binom{N_{MX}}{N_d}$.Der Vorfaktor multipliziert die Zahl der Möglichkeiten, N_d der N_{MX}–Doppelpositionen herauszugreifen, noch mit der Zahl der verschiedenen Anordnungsmöglichkeiten innerhalb der N_d Doppelpositionen (nämlich 2 pro Doppelposition)[21]. In Wirklichkeit ist natürlich kristallographisch nicht ein Paar von Zwischengitterpositionen auszumachen, das einem regulärem Platz zugeordnet wäre, sondern es ist die Koordinationszahl für das Ausschließungsprinzip in Rechnung zu stellen. Auf alle Fälle ist für kleine Konzentrationen das gleiche Ergebnis: Die Entartungskorrektur (hier $R \ln 2$) kann in $\Delta_d S^*_m$ einbezogen werden. Somit vereinbaren wir, wenn nicht eigens spezifiziert, Defektzahlen (der Sorte k) stets auf die Zahl der Formeleinheiten im perfekten Kristall (d.h. auf die Zahl der Gittermoleküle) zu beziehen und diese Konzentration mit x_k $(= N_k/N_{MX} = n_k/n_{MX})$ zu bezeichnen.
Entsprechend umskalierte K^*– bzw. μ^*–Werte etc. bezeichnen wir im folgenden mit K bzw. μ°. Verwechslungen mit Komponentenpotentialen reiner Phasen sollten wegen der verschiedenen Indizes nicht auftreten. Später wird es sinnvoll sein, auch Volumenkonzentrationen zu definieren, die wir mit c_k $\left(\equiv \frac{n_k}{V_{MX}} = \frac{x_k}{V_{m,MX}}, V = \text{Volumen}\right)$ abkürzen. Um umständliche Indizierungen zu vermeiden, werden wir auch im Falle von Volumenkonzentrationen die Bezeichnungen K, μ°, ΔS°, ΔH° etc. aufrechterhalten. Die Umrechnungsfaktoren sind dann in K, μ° und ΔS° einbezogen. Dies sollte aus dem Zusammenhang heraus jeweils eindeutig sein. Ebenso wird die be-

[21] Auf unserem Lottozettel (Abb. 5.6) müssten wir die Länge unserer Kästchens verdoppeln und jeweils zwei verschiedene Möglichkeiten zum Ankreuzen lassen, aber ein doppeltes Ankreuzen im Kästchen verbieten. Bezeichnen wir die beiden Möglichkeiten mit a und b und die Kästchen mit 1, 2, 3 etc., so entsprechen 1a, 1b, 2a, 2c etc. verschiedenen Zuständen. Kombinationen wie 1a & 1b sind nicht erlaubt. Nach dem Logarithmieren tritt der Faktor 2 im Nenner des Konzentrationsterms in Gl. (5.14) auf. In der Boltzmann–Näherung erscheint 2N im Nenner des Konzentrationsausdruckes exakt wie oben. Im allgemeinen Fall ergibt sich $2(N_{MX} - N_d)$ statt $(2N_{MX} - N_d)$.

queme Bezeichnung [k] in doppeltem Sinne gebraucht.

Im nächsten Abschnitt ist gezeigt, dass bei verdünnten Zuständen der gleiche Formalismus auch für elektronische Defekte gültig ist. Ganz allgemein lässt sich die Freie Enthalpie des gesamten Kristalls, der sich nach Gl. (4.20a) aus den Komponenten M und X aufbaut (k′), auch als Komposition der Monomereinheiten des perfekten Kristalls ("Gittermoleküle") und Fehlerbauelementen k anschreiben:

$$G = \Sigma_{k'} \mu_{k'} n_{k'} = n_{MX} \mu^\circ_{MX} + \Sigma_k n_k \mu^\circ_k + \Sigma_k RT n_k \ln x_k, \tag{5.25}$$

$\mu^\circ_{MX} = G_{perfekt}/n_{MX}$ ist hierbei in sehr guter Näherung das chemische Potential des Gittermoleküls. Konfigurationseffekte in bezug auf die regulären Teilchen sind in Anbetracht der geringen Fehlerkonzentrationen vernachlässigt[16,22].
Gesondert behandelt werden Effekte, bei welchen elektrische Felder von Bedeutung sind. Hier muss das elektrochemische Potential des Defektes,

$$\widetilde{\mu}_k = \mu_k + z_k e\phi = \mu^*_k + RT \ln x_k + z_k e\phi \tag{5.26}$$

eingesetzt werden (s. Abschnitt 5.8).
Ebenfalls eine gesonderte Behandlung verdient, wie schon erwähnt, der Fall höherer Defektkonzentrationen. Hier müssen in Gln. (5.25,5.26) noch Aktivitätskoeffizienten berücksichtigt werden (s. Kap. 5.7). Insbesondere kann ein zweites Minimum in der $G(N_d)$–Kurve auftreten und zu Übergängen zu sogenannten "superionenleitenden" Phasen Anlass geben. In letzteren Phasen ist ähnlich wie bei Schmelzphasen eine Unterscheidung zwischen Defekten und regulären Bestandteilen im entsprechenden Teilgitter hinfällig.
In Vorschau auf die späteren Abschnitte und Kapitel sei bemerkt, dass sehr viele Eigenschaften wie elektrische und chemisch–kinetische in empfindlicher Weise von Punktdefektkonzentrationen abhängen. Größere Mengen können sehr direkt durch unempfindlichere Methoden wie Dichte–, Masse– und Volumenänderungen nachgewiesen werden[23]. Für Punktdefekte an Oberflächen bieten sich Rastersondenmethoden an (s. Abb. 5.25 auf S. 147).
Lassen Sie uns am Ende dieses Abschnittes etwas genauer mit dem Begriff des (elektro–)chemischen Potentiales eines Defektes und dem Zusammenhang mit dem (elektro–)chemischen Potentiales der ionischen Komponente auseinandersetzen.
Betrachten wir als Beispiel Frenkel–fehlgeordnetes AgCl mit den Ladungsträgern $|Ag|'$ (d.h. Ag^+–Leerstelle) und $Ag^{\cdot}$ (d.h. Ag^+ im Zwischengitter), wie schon in Abschnitt 1.2 ausgeführt. Auf Grund der Gleichgewichtsbedingungen (vgl. Gl. (1.2a) und (5.23)) gilt $-\mu_{|Ag|'} = +\mu_{Ag^{\cdot}}$ bzw. $-\widetilde{\mu}_{|Ag|'} = +\widetilde{\mu}_{Ag^{\cdot}}$. Formulieren wir nun den Einbau eines Silberiones aus der Gasphase in AgCl. Defektchemisch können wir

[22] Nichtsdestoweniger können solche Effekte sich als Schmelzpunktserhöhung äußern. So ergibt sich genauer (s. Fußnote 16) $\mu_{MX} = \mu^\circ_{MX} - RT\Sigma_j \frac{n_k}{n_{MX}-n_k} \simeq \mu^\circ_{MX} - RT\Sigma_k x_k$.

[23] Ein klassisches Experiment ist die leerstellenbedingte Anomalie der Längenausdehnung eines Goldstabes mit der Temperatur [117].

ansetzen

$$\mathrm{Ag^+(g)} \rightleftharpoons \mathrm{Ag^{\cdot}} \equiv \mathrm{Ag_i^{\cdot}} - \mathrm{V_i}, \tag{5.27}$$

d.h. wir bringen das Ion als Zwischengitterteilchen ein (ganz rechts: Strukturelementschreibweise (Abschnitt 1.2)). Phänomenologisch würden wir einfach aussagen, dass das Silberion aus der Gasphase in ein Silberion im Festen überführt wird:

$$\mathrm{Ag^+(g)} \rightleftharpoons \mathrm{Ag^+(AgCl)}. \tag{5.28}$$

Aufgrund der Gleichgewichtsbedingungen stellen wir fest, dass das (elektro–)chemische Potential des Ag^+ als ionischer Komponente (nicht zu verwechseln mit dem regulären Ag^+–Strukturelement[24] Ag_{Ag}) identisch ist mit dem (elektro–)chemischen Potential des Zwischengitterteilchens (als Bauelement) bzw. wegen Gl. (5.23) mit dem negativen (elektro–)chemischen Potential der Leerstelle (als Bauelement). Diese oft übersehene Korrespondenz zwischen Defekten ($Ag^{\cdot}$, $|Ag|'$) und Komponenten (Ag^+) klärt viele virtuelle Probleme in der Literatur der Fehlerchemie in einfacher Weise (s. hierzu Ref. [118]). Aufgrund der im nächsten Kapitel behandelten Analogie zu den Elektronen lässt sich ($\widetilde{\mu}_{Ag^+}/N_A$) geradezu als "ionisches Ferminiveau" bezeichnen. All dies wird im späteren Teil des Kapitels sehr viel deutlicher.
Weitgehend isomorph zum ionischen Fehlordnungsproblem ist bei höheren Temperaturen, bei denen die Boltzmann–Verteilung als gültig angesehen werden kann, das elektronische Fehlordnungsproblem bei Halbleitern bzw. elektronischen "Isolatoren"[25]. Die fundamentale elektronische Fehlordnungsreaktion ist die Überwindung der Bandlücke zwischen Valenz– und Leitungsband unter Erzeugung von Leitungselektronen e' (im Leitungsband) und Löchern $h^{\cdot}$ (im Valenzband). Auch hier gelten analoge Bezüge zwischen den (elektro–)chemischen Potentialen von Fehlern (e', $h^{\cdot}$) und Komponenten (e^-).

5.3 Gleichgewichtsthermodynamik elektronischer Fehler

Wenn wir zunächst Festkörper bei hohen Temperaturen im Auge haben, bei denen eine genügend große Bandlücke, geringe Dotierung und die Verfügbarkeit einer genügend großen Anzahl elektronischer Niveaus sicherstellt, dass statt der Fermi–Dirac–Statistik die Boltzmann–Statistik benutzt werden kann, ist der Formalismus

[24]Beachte, dass gilt $\mu_{Ag^+(s)} = -\mu_{|Ag|'}$. Da $|Ag|'$ als Strukturelementkombination $V'_{Ag} - Ag_{Ag}$ geschrieben werden kann, ist — was das chemische Potential anbelangt — die Komponente $Ag^+(AgCl)$ mit $Ag_{Ag} - V'_{Ag}$ zu identifizieren [7].

[25]Dem superionischen Zustand entspricht hier der metallische Zustand mit nahezu unveränderlichem chemischen Potential der Ladungsträger: Ähnlich wie dort die Zahl der ionischen "Defekte" ist bei Metallen die Zahl der elektronischen "Defekte" sehr groß. (Ähnlich wie dort verliert auch der Begriff "Defekt" seine Gültigleit.) Infolgedessen ist die relative Änderung der Konzentration ($\delta \ln c$) vernachlässigbar und damit das zugeordnete chemische Potential (μ_{e^-} bei Metallen) konstant ($\delta\mu \propto \delta \ln a \propto \delta a/a$).

im wesentlichen analog dem für die Ionen beschriebenen. Auch hier ergibt sich ein Ausdruck der Form von Gl. (5.15), wobei die "Zahl der zur Verfügung stehenden Plätze" eine etwas kompliziertere Bedeutung hat und i.a. für Leitungselektronen und Defektelektronen verschieden ist. (Auch hier werden wir zunächst Bedingungen voraussetzen, bei welchen wir von Korrelationseffekten absehen können; insbesondere hängen dann Energieniveaus nicht von der Besetzung ab). Diese Diskussion verschieben wir auf später und nennen diese Reservoirgrößen effektive Zustandszahlen für das Leitungs- ($\bar{N}_C$) bzw. für das Valenzband ($\bar{N}_V$). Sodann ergeben sich die chemischen Potentiale der Fehler als

$$\begin{aligned} \mu_{e'} &= \mu^*_{e'} + RT\ln(N_{e'}/\bar{N}_C) = \mu^\circ_{e'} + RT\ln[e'] \\ \mu_{h^\cdot} &= \mu^*_{h^\cdot} + RT\ln(N_{h^\cdot}/\bar{N}_V) = \mu^\circ_{h^\cdot} + RT\ln[h^\cdot], \end{aligned} \tag{5.29}$$

welche dann auch — zweckgemäß durch Umskalierung der μ^*'s zu μ°'s — als logarithmische Funktionen von $[e'] = \frac{N_{e'}}{N_{MX}}$ bzw. $[h^\cdot] = \frac{N_{h^\cdot}}{N_{MX}}$ geschrieben werden können. Wie bei den Ionen müssen bei Gegenwart elektrischer Felder die elektrochemischen Potentiale benutzt werden:

$$\begin{aligned} \widetilde{\mu}_{e'} &= \mu_{e'} - F\phi = \mu^\circ_{e'} + RT\ln[e'] - F\phi = \widetilde{\mu}^\circ_{e'} + RT\ln[e'] \\ \widetilde{\mu}_{h^\cdot} &= \mu_{h^\cdot} + F\phi = \mu^\circ_{h^\cdot} + RT\ln[h^\cdot] + F\phi = \widetilde{\mu}^\circ_{h^\cdot} + RT\ln[h^\cdot]. \end{aligned} \tag{5.30}$$

Wie schon in Abschnitt 1.1 diskutiert, kann der innere Elektronenübergang vom Valenz- ins Leitungsband als

$$\text{Reaktion B} = \qquad \text{Null} \rightleftharpoons e' + h^\cdot \tag{5.31}$$

geschrieben werden. Dies ist die grundlegende elektronische Fehlordnungsreaktion, für die wegen

$$\widetilde{\mu}_{e'} + \widetilde{\mu}_{h^\cdot} = \mu_{e'} + \mu_{h^\cdot} = 0 \tag{5.32}$$

und infolge von Gl. (5.29) ebenfalls ein Massenwirkungsgesetz folgt. Die Freie Standardreaktionsenthalpie $\Delta_B G^*$ und damit der zur Bildung der elektronischen Fehler nötige Standard-Wert ist die Bandlücke, deren Bezug zu den Bindungsparametern bereits in Abschnitt 2.2 ausführlich besprochen wurde. Hier sei lediglich nachgetragen, dass für viele Festkörper — in Anbetracht von Abschnitt 2.2 absolut nicht unerwartet — empirische Beziehungen zwischen E_g und den Elektronegativitäten von Anion und Kation bestehen, wie in Abb. 5.8 dargestellt. Ob die Bandlücke im einzelnen einen Unterschied in der Energie oder der Freien Energie (bzw. Freien Enthalpie) widerspiegelt, ist hier ohne Belang, da wir bis auf Konfigurationsanteile entropische Effekte durch elektronische Übergänge vernachlässigen (s. aber z.B. Ref. [120]).

Wegen der Koinzidenz von $\Delta_B G^*_m = \widetilde{\mu}^*_{e'} + \widetilde{\mu}^*_{h^\cdot} = \mu^*_{e'} + \mu^*_{h^\cdot}$ und der Bandlücke ist es folgerichtig, den Wert $\widetilde{\mu}^*_{e'}$ der Unterkante des Leitungsbandes und den Wert $-\widetilde{\mu}^*_{h^\cdot}$ der Oberkante des Valenzbandes zuzuordnen. Den gleichen Argumenten wie im vorangegangenen Kapitel folgend kann im Gleichgewicht $\widetilde{\mu}_{e'} = -\widetilde{\mu}_{h^\cdot}$ mit dem elektrochemischen Potential der elektronischen Komponente e^- identifiziert werden. Die

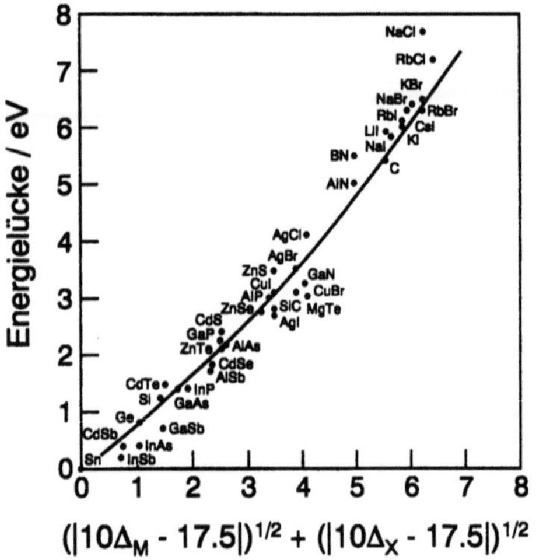

Abb. 5.8: Energielücke für eine Reihe von Elementen und binären Verbindungen (MX) als Funktion der Elektronegativitäten der Komponenten (Δ_M, Δ_X). Aus [119].

Größe $\widetilde{\mu}_{e^-}/N_A = \widetilde{\mu}_{e'}/N_A = -\widetilde{\mu}_{h^\cdot}/N_A$ ist mit dem (elektronischen) Fermi–Niveau identisch [118]. Entsprechend Gl. (5.29) sind die Abstände vom Ferminiveau zu den Bandkanten ein logarithmisches Maß für die inverse Ladungsträgerkonzentration. In rein intrinsischen Halbleitern liegt mit $[e'] = [h^\cdot]$ das Fermi–Niveau ungefähr in der Mitte (wegen $\bar{N}_C \neq \bar{N}_V$ nicht genau). All diese Zusammenhänge werden weiter unten viel klarer. An dieser Stelle sei mittels Abb. 5.9 die Isomorphie der Elektronen– und Ionenfehlordnung untereinander sowie ihrerseits mit der Autoprotolyse im Wasser betont und in der physikalischen Energieniveausprache illustriert. Dem Fortschreiten der pseudochemischen Reaktionen entspricht das Überwinden der Lücke: Elektronen werden vom Valenzband ins Leitungsband gehievt unter Bildung eines Leitungselektrons und Zurücklassen einer Elektronenleerstelle, Ag^+–Ionen können bei Energiezufuhr unter Zurücklassen einer Leerstelle vom regulären Platz in den energetisch höherliegenden Zwischengitterplatz befördert werden. Protonen können vom regulären H_2O und unter Bildung einer Protonenleerstelle (OH^-) phänomenologisch einen energetisch höherliegenden Platz einnehmen (H_3O^+). In reinem Wasser (von pH=7 bei Standardbedingungen) liegt das "Ferminiveau der Protonen in Wasser" ($\widetilde{\mu}_{H^+}$) (näherungsweise) in der Mitte zwischen den gezeigten Niveaus[26]. Strenggenommen sind auch bei den Ionen im Festkörper energetisch höher liegende Zwischengitterpositionen in Rechnung zu stellen, erst recht müssen im Wasser als fluider Phase energetische Fluktuationen bedacht werden, so dass eine gewisse formale Ähnlichkeit mit der Zustandsmannigfaltigkeit bei den Elektronen besteht. Die aus der Quantenmechanik folgende Unterschiedlichkeit in den Besetzungen und den Zustandsdichten jedoch bleibt (s.u. sowie Abschnitt 2.2.1). Der entscheidende Un-

[26] Der Abstand von $\widetilde{\mu}_{H^+}$ zu den beiden Niveaus spiegelt pH und pOH wider.

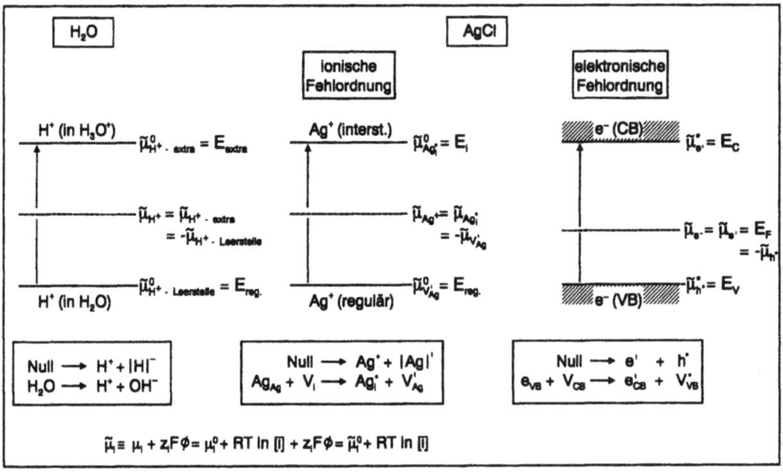

Abb. 5.9: Elektronische und ionische Fehlordnung im ionischen Festkörper und in Wasser in "physikalischer" und "chemischer" Sprache (s. Text) [14]. Die Kopplung des ionischen und elektronischen Fermi-Niveaus ist über das chemische Potential der neutralen Komponente (hier: $\widetilde{\mu}_{Ag^+} + \widetilde{\mu}_{e^-} = \mu_{Ag}$) und damit über die genaue Position im Phasendiagramm gegeben (s. Abschnitt 5.5.2).

terschied zwischen Elektronen und Ionen liegt in der Wellennatur. Während Ionen in guter Näherung sich klassisch verhalten, sind Elektronen im Idealfall delokalisiert und können Potentialschwellen durchtunneln[27]. Wegen der Wechselwirkung mit den Gitterschwingungen ist auch im perfekten Festkörper die Mobilität der Elektronen — wenn man von supraleitenden Zuständen absieht — begrenzt. Die Ähnlichkeit mit der ionischen Fehlordnung wird noch größer, wenn Lokalisierungseffekte zusätzliche Aktivierungsberge erzeugen. Dies ist bei ausgeprägten Ionenkristallen auf Grund der schmalen Bänder zum Teil erwartet (s. Abschnitt 2.2.5).

Die konkrete Struktur eines solchen lokalisierten elektronischen Defektes wurde für NaCl unter oxydierenden Bedingungen nachgewiesen [121]. Dort bewirkt ein am Cl^- getrapptes Loch unter Mitwirkung eines weiteren Cl^- die Ausbildung einer regelrechten, dieses Loch tragenden Cl_2^--Hantel[28]. In der Kröger–Vink–Nomenklatur schreibt es sich $Cl^{\cdot}_{Cl}$ bzw. $(Cl_i)'_2(V^{\cdot}_{Cl})_2$ und entspricht einem "selbstgetrappten" Loch bzw. einem "kleinen Polaron". In simplistischer Vorstellung sind in solchen Fällen bei der Polarisation die aufzuwendende elastische Verzerrungsenergie ($\propto$(Ortskoordinate)^2) und die gewonnene Polarisationsenergie ($\propto$ Dipolmoment $\propto$ Ortskoordinate) im

[27]Bei den Ionen ist in unserem Kontext allenfalls bei Protonen eine nicht zu vernachlässigbare Tunnelwahrscheinlichkeit in Rechnung zu stellen.

[28]Hierin spiegelt sich die relative Stabilität des Cl_2–Moleküls wieder.

Wettstreit, woraus ein durch das Verhältnis der beiden Proportionalitätskonstanten charakterisiertes Minimum resultiert. Bewegen sich Polaronen in einem veritablen Band spricht man von "großen Polaronen". Diese Effekte sind vor allem für den elektronischen Transport wichtig (s. Abschnitt 6.2.2).
Leitungselektronen und Löcher können auch durch Dissoziation aus Donator– oder Akzeptorzuständen entstehen (z.B. P oder Al im Silicium). Die entsprechenden Niveaus sind in Abb. 5.10 gezeigt. So bedeutet der Übergang eines Elektrons vom

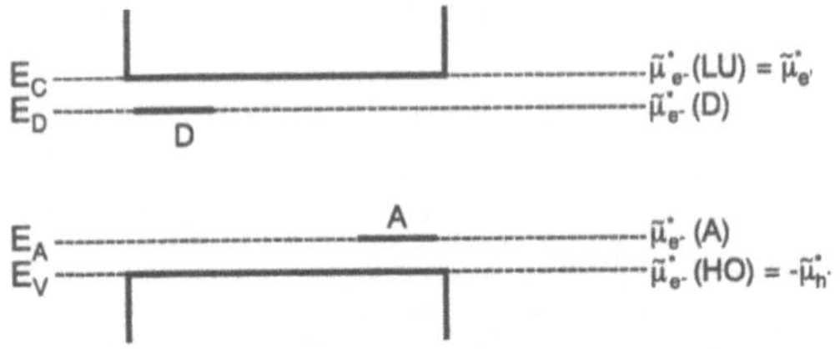

Abb. 5.10: Elektronen und Löcher können energetisch einfacher aus Donator– oder Akzeptorzuständen erzeugt werden, die sich innerhalb der Bandlücke befinden. Sind die Abstände zu den Bandkanten (LU und HO bezeichnen bei T=0 im reinen Halbleiter das tiefste unbesetzte bzw. höchste besetzte Orbital) sehr gering (flache Zustände), so sind fast alle Donatoren und Akzeptoren ionisiert ($D^\cdot$, A') (vgl. auch Abb. 5.60, S. 205).

Donatorniveau zum Leitungsband die Überwindung der Freien Enthalpie der Reaktion

$$\text{Reaktion D} = \qquad D^x \rightleftharpoons D^\cdot + e'. \qquad (5.33)$$

Genau genommen (s.u.) entspricht das obere Niveau (LU), die Leitungsbandkante, dem (elektro–)chemischen Standard–Potential des freien Elektrons, während das Donatorniveau das (elektro–)chemische Standard–Potential des Elektrons am Donatoratom angibt, d.h. $\Delta_D G^*_m = E_C - E_D = \widetilde{\mu}^*_{e'} - \widetilde{\mu}^*_{e^-(D)}$. Der Vergleich mit Gl. (5.33) zeigt, dass das Niveau $E_D = \widetilde{\mu}^*_{e^-(D)}$ der Differenz $\widetilde{\mu}^*_{D^x} - \widetilde{\mu}^*_{D^\cdot}$, genauer dem $\widetilde{\mu}^*$-Wert des Bauelementes $D^x - D^\cdot$ entspricht. Die Umformung von Gl. (5.33) in

$$\text{Reaktion D} = \qquad (D^x - D^\cdot) \rightleftharpoons e' \quad \text{oder} \quad e^-(D) \rightleftharpoons e^-(CB) \qquad (5.34)$$

erleichtert diesen Schluss. Das Übersehen der Tatsache, dass die in der Halbleiterphysik üblichen Niveaubetrachtungen sich nur auf elektronische Energien beziehen, kann zu ernsten Missverständnissen Anlass geben. Dieselbe Tatsache ist auch der Grund dafür, dass bei komplexen Defektreaktionen, von denen später die Rede sein wird, der chemische Formalismus der leistungsfähigere ist, weil er auch gleichzeitig ionischen Freie–Energie–Änderungen Rechnung tragen kann.
Der Übergang des Elektrons vom Valenzband ins Donatorniveau unter Zurücklassen eines Loches (z.B. der Verbrauch eines Bindungselektrons zur Ionisierung des Donators P zum $P^\cdot_{Si}$) entspricht demgemäß der Reaktion

$$\text{Reaktion D'} = \qquad \text{Null} \rightleftharpoons (D^x - D^\cdot) + h^\cdot, \qquad (5.35)$$

die sich zu

$$\text{Reaktion D'}= \qquad D^{\cdot} \rightleftharpoons D^{x} + h^{\cdot} \tag{5.36}$$

umformulieren lässt. Es gilt $E_D - E_V = \Delta_{D'}G^*_m$. Die zu diesem Übergang nötige freie Energie

$$\Delta_{D'}G^*_m = E_D - E_V = (E_C - E_V) + E_D - E_C = E_g - \Delta_D G^\circ_m \tag{5.37}$$

ist bei ausgesprochenen Donatoren (flache Donatoren) natürlich ungünstig hoch. Für das Akzeptorniveau liegen die Verhältnisse entsprechend. Die Akzeptorionisierung (z.B. von Al_{Si}) lässt sich schreiben als

$$\text{Reaktion A} = \qquad A^{x} \rightleftharpoons A' + h^{\cdot}, \tag{5.38}$$

wobei wiederum $E_A = \widetilde{\mu}^*_{e^-(A)} = \widetilde{\mu}^*_{A'-A^x}$ gilt.
Benützen wir wie oben chemische Potentiale auch für die Strukturelemente, so resultiert $E_A = \widetilde{\mu}^*_{A'} - \widetilde{\mu}^*_{A^x}$.
Obwohl sich die Niveauschreibweise unter unsere fehlerchemische Betrachtungsweise subsumieren lässt, ja letztere allgemeingültiger ist, wollen wir im folgenden — nicht zuletzt auch zur Überwindung der Sprachschwierigkeiten — immer auch wieder auf die Niveaudiagramme Bezug nehmen.
Um Näheres über die beiden Sprechweisen sowie Genaueres über die Definition der effektiven Zustandsdichten und der Gültigkeit der Boltzmann–Formulierung zu erfahren, sei die Gleichgewichtsthermodynamik der Elektronen im Halbleiter für den interessierten Leser noch weiter analysiert. Betrachten wir hierfür zunächst einen schmalen energetischen Ausschnitt aus dem Leitungsband, indiziert mit ℓ. Der Ausschnitt sei differentiell schmal, so dass wir energetische Variationen im selbigen vernachlässigen können. Die Anzahl der Verteilungsmöglichkeiten von N_ℓ Elektronen auf die Z_ℓ Niveaus dieses Ausschnittes ist dann (s. vorigen Abschnitt)

$$\Omega_\ell = \binom{Z_\ell}{N_\ell}. \tag{5.39}$$

Dies führt in Analogie zur Behandlung der ionischen Fehler zu

$$\widetilde{\mu}_\ell - \widetilde{\mu}^*_\ell = \mu_\ell - \mu^*_\ell = RT \ln \frac{N_\ell}{Z_\ell - N_\ell} = RT \ln \frac{N_\ell/Z_\ell}{1 - N_\ell/Z_\ell} \tag{5.40}$$

(der elektronenindizierende Index wird hier unterdrückt)
oder aufgelöst nach dem Konzentrationsterm

$$N_\ell/Z_\ell = \frac{1}{1 + \exp - \frac{\widetilde{\mu} - \widetilde{\mu}^*_\ell}{RT}} = \frac{1}{1 + \exp - \frac{\epsilon_F - \epsilon_\ell}{k_B T}}. \tag{5.41}$$

Wegen des inneren Gleichgewichts

$$e^-(\ell = 1) \rightleftharpoons e^-(\ell = 2) \rightleftharpoons \ldots \tag{5.42}$$

ist $\widetilde{\mu}_\ell$ unabhängig vom gewählten Ausschnitt und kann daher vom Index ℓ befreit werden. Gl. (5.41) stellt natürlich bei Identifizierung von $\widetilde{\mu}$ mit $\epsilon_F N_A$ und von $\widetilde{\mu}_\ell^*$ mit $\epsilon_\ell N_A$ das bekannte Ergebnis der Fermi–Dirac–Behandlung dar, das mit $N_\ell \ll Z_\ell$ zur Boltzmann–Verteilung führt. Die Tatsache, dass $N_A\epsilon_\ell$ bei Boltzmann-Verteilung dem Standardwert der partiellen molaren Freien Enthalpie entspricht, ist auch mit folgenden Punkten konsistent:
Da die Konstanz der Fermi–Energie ein Ausdruck des thermodynamischen Gleichgewichtes ist, ist bei konstantem Druck und Temperatur ϵ_F streng genommen der Gibbs–Energie zugeordnet. Im allgemeinen jedoch sind lokale entropische Änderungen bei Elektronenübergängen nicht relevant, so dass wir den Ausdruck Energieniveau beibehalten wollen. Wichtiger ist, dass es sich um eine partielle molare Größe handelt, dies ist in Übereinstimmung mit der Gibbs–Duhem–Beziehung Gl. (4.20): $E = \Sigma_\ell N_\ell \epsilon_\ell$. Die Tatsache, dass die ϵ_ℓ hier Standardpotentialen zugeordnet werden, drückt die Tatsache aus, dass sie nicht besetzungsabhängig sind.
Man beachte, dass auch bislang — bis auf die Berücksichtigung des Pauli–Verbots — keine explizite Elektronenwechselwirkung in Rechnung gestellt wurde. Andernfalls tritt in der Freien Enthalpie ein Exzess–Term auf, der von der Besetzung abhängig wird. Dies führt zu einem μ^{ex}–Term, der formal in ϵ_ℓ eingeht[29].
Gl. (5.41) gilt auch für die Verteilung auf Akzeptor– und Donatorniveaus. Hier müssen jedoch, ähnlich wie auf S. 124 Entartungsfaktoren berücksichtigt werden. So weist der besetzte Donatorterm P_{Si}^x ein Überschusselektron auf, das aber zwei Spinquantenzahlen haben kann. Der in Gl. (5.39) hinzukommende Faktor 2^{N_ℓ} wird zu einem Summanden der Größe $k_B \ln 2$ im Zähler der Exponentialfunktion (Gl. (5.41)) und kann in ϵ_ℓ einbezogen werden ($\epsilon_\ell - k_B T \ln 2$).
Doch nun zur Berechnung der Ladungsträgerkonzentration in den Bändern. Da N_ℓ und Z_ℓ die Elektronenzahlen und die Zahlen der Zustände im differentiell schmalen Energieintervall ϵ_ℓ mit der Breite $d\epsilon$ bezeichnen, lässt sich die Verteilungsfunktion $F_\ell \equiv N_\ell/Z_\ell$ auch als

$$F(\epsilon) = dN(\epsilon)/dZ(\epsilon) \tag{5.43}$$

auffassen. Die Gesamtzahl der Elektronen im Leitungsband (CB) ergibt sich durch Integration über alle Energiezustände in diesem Band[30] zu

$$N_{e'} = \int_{CB} dN_{e'} = \int_{CB} \frac{dN(\epsilon)}{dZ(\epsilon)} \frac{dZ(\epsilon)}{d\epsilon} d\epsilon \tag{5.44}$$

oder mit $D(\epsilon) = dZ(\epsilon)/d\epsilon$ als Zustandsdichte

$$N_{e'} = \int_{CB} F_{e'}(\epsilon) D(\epsilon) d\epsilon. \tag{5.45}$$

[29]So führt die Wechselwirkung zwischen e' und $h^{\cdot}$ zur Verringerung der Bandlücke (s. Abschnitt 5.7). Man beachte, dass allgemeiner die Energieniveaus den elektrochemischen Potentialen abzüglich der Konfigurationsterme entsprechen, also der Summe von Standardwert und Wechselwirkungsterm.

[30]Im Falle der ionischen Defekte handelt es sich um eine deltafunktionsartige Zustandsdichte.

Analog erhält man die Zahl der Löcher im Valenzband (VB) als Differenz der Zahl der Zustände und der Elektronen

$$N_{h^{\cdot}} = \int\limits_{VB} \frac{dZ}{d\epsilon} d\epsilon - \int\limits_{VB} \frac{dN_{e^-}}{dZ} \frac{dZ}{d\epsilon} d\epsilon = \int\limits_{VB} (1 - F_{e^-}) D(\epsilon) d\epsilon = \int\limits_{VB} F_{h^{\cdot}} D(\epsilon) d\epsilon. \quad (5.46)$$

In beiden Fällen verbleibt die Berechnung der Zustandsdichte. In Kap. 2.2 wurde gezeigt, dass sich in erster Näherung für kleine k–Werte die $\epsilon(k)$–Funktion durch eine parabolische Funktion annähern ($\epsilon - \epsilon(k = 0) \propto k^2$) lässt.
Hiermit ergibt sich (s. Abschnitt 2.2) z.B. für das Leitungsband

$$D_C = \frac{dZ_C}{d\epsilon} \propto (\epsilon - \epsilon_C)^{1/2} \quad (5.47)$$

für den dreidimensionalen Fall[31]. Man beachte, dass der Energienullpunkt $\epsilon(k = 0) = \epsilon_C$ in Rechnung zu stellen ist. Die detaillierte Ausführung zeigt, dass die Proportionalitätskonstante die entsprechende effektive Masse (m^*) mit der Potenz 3/2 enthält. Die Abweichung derselben von der freien Elektronenmasse (m_{e^-}) ist Ausdruck der Tatsache, dass die Elektronen im periodischen Kristallgitter nicht wirklich frei sind. Die Auswertung der Integrale liefert nun für genügend hohe Temperaturen die schon benutzte Beziehung[32]

$$\frac{N_{e'}}{\tilde{N}_C} = \exp - \frac{\epsilon_C - \epsilon_F}{k_B T} \quad \text{bzw.} \quad \frac{N_{h^{\cdot}}}{\tilde{N}_V} = \exp - \frac{\epsilon_F - \epsilon_V}{k_B T}. \quad (5.48)$$

Für die effektiven Zustandsdichten zeigt die detallierte Rechnung:

$$\frac{\tilde{N}_{C,V}}{V} = 2 \left(\frac{2\pi}{h^2} m^*_{e',h^{\cdot}} kT \right)^{3/2} = 4.2 \times 10^{-5} \frac{\text{mol}}{\text{cm}^3} \times N_A \left(\frac{m_{e',h^{\cdot}}}{m_{e^-}} \right)^{3/2} \left(\frac{T}{300\text{K}} \right)^{3/2}. \quad (5.49)$$

Häufig wird zur ersten Abschätzung $m_{e^-} \simeq m^*_{e'} \simeq m^*_{h^{\cdot}}$ gesetzt, obwohl die Unterschiede beachtlich sein können.
Dass wir das Fermi–Niveau konstant setzten, bedeutet, dass wir — wenn wir auch unser "Gleichgewichtsdach" der Einfachheit halber wegließen — uns mit Gleichgewichtszuständen befassten. An dieser Stelle wollen wir die Notation wieder ernster

[31] Wir erinnern uns, dass die Dichte der Elektronenniveaus im eindimensionalen Kasten mit steigender Energie abnimmt. Da jedoch im Dreidimensionalen wegen des Auftretens dreier unabhängiger Quantenzahlen sehr viele Zahlenkombinationen auftreten, die im gleichen ϵ–Wert resultieren, wird die Abnahme durch den Entartungseffekt überkompensiert.

[32] Es ist nicht die detaillierte Form der Zustandsdichte, die letztlich für verdünnte Zustände eine Boltzmann–Beziehung ergibt, sondern die Tatsache, dass der Unterschied zwischen Fermi–Niveau und Kante genügend groß ist. Dann lässt sich in der Fermi–Verteilung erst recht für andere Energieniveaus die 1 im Nenner vernachlässigen und der Boltzmann–Faktor (rechte Seiten in Gl. (5.48)) aus dem Integral herausziehen. Das verbleibende Integral ergibt $\tilde{N}$. Eine andere Zustandsdichteverteilung würde sich in einer anderen Form der effektiven Zustandsdichte wiederspiegeln. Ähnliche Argumente müssen herangeführt werden, um die Gültigkeit von Massenwirkungsgesetzen in fluiden und festen ungeordneten Systemen zu erklären.

nehmen. Wenn nach Einführung der auf N_{MX} bezogenen Konzentrationsgrößen (z.B. $[e'] \equiv \frac{N_{e'}}{N_{MX}} = \frac{N_{e'}}{\tilde{N}_C}\frac{\tilde{N}_C}{V}\frac{V_m}{N_A}$) die Konstante des Band–Band–Übergangs geschrieben wird als

$$\widehat{[e']}\widehat{[h^{\cdot}]} = K_B(T) = \exp -\frac{\Delta_B G^\circ_m}{RT} = \exp \frac{\Delta_B S^\circ_m}{R} \exp -\frac{\Delta_B H^\circ_m}{RT}, \tag{5.50}$$

so führt der Vergleich mit

$$\left(\frac{\tilde{N}_{e'}}{\tilde{N}_C}\right)\left(\frac{\tilde{N}_{h^{\cdot}}}{\tilde{N}_V}\right) = \exp -\frac{E_g}{RT} \tag{5.51}$$

zu dem Schluss, dass $\Delta_B H^\circ_m \simeq E_g$, solange E_g, $\tilde{N}_{C,V}$, $\Delta_B H^\circ_m$ und $\Delta_B S^\circ_m$ in guter Näherung temperaturunabhängig sind. Der formal auftauchende "Entropieterm" ist hier vornehmlich ein Korrekturterm und enthält im wesentlichen die effektiven Zustandsdichten und das Molvolumen. Empirisch findet man, dass in vielen Materialien E_g durchaus — und zwar häufig linear — von der Temperatur abhängt (Abb. 5.11). Der Grund ist zumeist die Gitterausdehnung. In diesem Falle ergibt ein vordergründiger

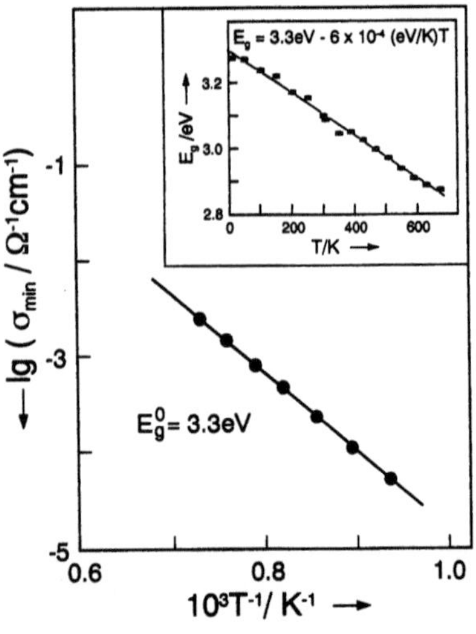

Abb. 5.11: Das Bandgap in $SrTiO_3$. $E^0_g \equiv E_g(T{=}0K)$ (thermisch) bestimmt über das Minimum der elektronischen Leitfähigkeit (s. Abschnitt 5.6), sowie als Funktion der Temperatur aus optischen Absorptionsmessungen. Da E_g eine lineare Temperaturfunktion ist, ergibt die Auftragung $\lg \sigma_{min}$ vs. $1/T$ die Größe E^0_g als Steigung [122].

Vergleich, dass die Energiegröße im Exponentialterm dem Bandgap bei 0K entspricht, während der Vorfaktor den entsprechenden Temperaturkoeffizienten einschließt (s. Insert in Abb. 5.11). Während solche formalen Aufteilungen erlaubt sind, muss man mit der thermodynamischen Interpretation vorsichtig sein. Bei T–abhängigem ΔH° muss auch ΔS° T–abhängig sein (falls ΔH° linear von T abhängig ist, muss ΔS° logarithmisch von T abhängen (Gl. (4.39), (4.40)).
Ungeachtet solcher Komplikationen wie der thermischen Ausdehnung versagt obige Näherung bei hohen Elektronenkonzentrationen. Es ist dann die exakte Fermi–Dirac–Beziehung (Gl. (5.40) bzw. (5.41)) in Gl. (5.46) zu berücksichtigen, und es

resultiert genauer für das Leitungsband (s. z.B. Ref. [123])

$$\frac{\widehat{N}_{e'}}{\bar{N}_C} = \frac{2}{\sqrt{\pi}}\mathcal{F}_{1/2}\left(\frac{\widehat{\epsilon}_F - \epsilon_C}{k_B T}\right) \tag{5.52}$$

mit der Definition der Fermi–Funktion:

$$\mathcal{F}_{1/2}(y) \equiv \int_0^\infty \frac{\tau^{1/2}d\tau}{\exp(\tau + y) + 1}. \tag{5.53}$$

Diese Korrektur, die formal zu einem Aktivitätskoeffizienten führt, wird in Abschnitt 5.7 näher beleuchtet. Die Betrachtungen für das Valenzband sind völlig analog.
Zum Abschluss dieses Abschnittes seien noch einige Bemerkungen zur Lage des Fermi–Niveaus in der Energielücke angefügt.
Im reinen Halbleiter, in dem außer e' und $h^{\cdot}$ keine Defekte zu berücksichtigen sind, gilt $N_{e'} = N_{h^{\cdot}}$. Aus den Gleichungen (5.48) folgt mit $E = N_a \cdot \epsilon$:

$$E_F = \frac{E_C + E_V}{2} - \frac{1}{2}RT \ln \frac{\bar{N}_C}{\bar{N}_V}. \tag{5.54}$$

Im Falle gleicher Zustandsdichten (d.h. $m^*_{e'} = m^*_{h^{\cdot}}$) liegt demgemäß das Fermi–Niveau in der Band–Mitte. Bei Gegenwart von Akzeptoren oder Donatoren gilt dies wegen $N_{e'} \neq N_{h^{\cdot}}$ nicht mehr. Die folgende Überlegung, bei der wir gleiche effektive Zustandsdichten voraussetzen, ist hierfür illustrativ:
Für die Gleichgewichtskonstante der Donatorreaktion[33] (Gl. (5.33)) gilt $K_D = \widehat{[D^{\cdot}]}\,(\widehat{N}_{e'}/\ \bar{N}_C)\,/\,\widehat{[D^{x}]} = \exp - \frac{\Delta_D G^*_m}{RT}$ mit $\Delta_D G^*_m = E_C - E_D$. Zusammen mit dem Fermi–Niveau aus Gl. (5.48) folgt: $RT \ln\left(\left(\frac{\widehat{N}_{e'}}{\bar{N}_C}\right)/K_D\right) = RT \ln \frac{\widehat{[D^{\cdot}]}}{\widehat{[D^{x}]}} = E_D - E_F$.
Liegt das Fermi–Niveau auf dem Donatorniveau, ist dieses halbgefüllt, und der Ionisierungsgrad ist 50%. Liegt E_F oberhalb (unterhalb) E_D, ist der Ionisierungsgrad kleiner (größer) als 50%. Für $T \to 0$ schiebt sich E_F in die Mitte zwischen Niveau und Bandkante[34].

---

[33] Bemerkenswert ist, dass durch Einführen getrennter Boltzmann–Ansätze für $D^{\cdot}$ und D^{x} eine Gleichung resultiert, die die über den gesamten Konzentrationsbereich gültige Fermi–Dirac–Statistik für die Bauelemente, die Elektronen im Akzeptorterm, simuliert.

[34] Dies ergibt sich z.B. für den Donatorfall aus $E_F = E_C + RT \ln \frac{N_{e'}}{\bar{N}_C}$ (Boltzmann–Näherung genügt, da $N_{D^{\cdot}} = N_{e'} \to 0$), $E_F = E_D + RT \ln \frac{[D^{x}]}{[D^{\cdot}]}$ und $N_{D^{\cdot}} = N_{e'}$. Es resultiert $E_F = \frac{E_D + E_C}{2} + \frac{RT}{2} \ln \frac{[D^{x}]}{\bar{N}_C}$ in Entsprechung zu Gl. 5.54. Vgl. auch die Halbleiterphysikliteratur [123,124,68] sowie Ref. [5].

5.4 Höherdimensionale Defekte

5.4.1 Zur Gleichgewichtskonzentration

Die Tatsache, dass die Konfigurationsentropie die Bildung einer gewissen Konzentration an energetisch aufwendigen chemischen Anregungen im Gleichgewicht erzwingt, verliert sehr schnell an Bedeutung, wenn die Defekte eine gewisse Größe erreichen. Dies ist leicht am extremen Fall einer inneren Grenzfläche, einer Korngrenze, zu illustrieren. Betrachten wir zunächst nochmals unseren Lottozettel (Abb. 5.6), diesmal aber die untere Reihe. Durch die Zwangsbedingung, dass alle ausgewählten Nummern untereinander zu stehen haben, reduzieren wir die Zahl der Konfigurationen von 10^7 - 10^8 (je nachdem ob wir 6 oder zum fairen Vergleich 7 Zahlen ankreuzen) auf lediglich 7. Stellen wir uns einen Würfel bestehend aus N gleichen Atomen vor und diskutieren die Bildung einer inneren Korngrenze, die der Einfachheit halber parallel zu den Würfelflächen verlaufen soll. Offensichtlich gibt es $3N^{1/3}$ Anordnungsmöglichkeiten. Die Konfigurationsentropie bei N_k solcher Flächen ist dann

$$S = k_B \ln \binom{3N^{1/3}}{N_K} \tag{5.55}$$

und das chemische Potential[20]

$$\mu = \mu^* + RT \ln \frac{N_K}{3N^{1/3}}. \tag{5.56}$$

Der Standardwert ist die molare Freie Korngrenzbildungsenergie $\Delta_K G_m^*$ beschrieben durch die Reaktion[11]

$$\text{Reaktion K} = \qquad \text{Null} \rightleftharpoons \text{Korngrenze}. \tag{5.57}$$

Für die Gleichgewichtskonzentration folgt

$$\frac{\widehat{N}_K}{N^{1/3}} \simeq \exp - \frac{\Delta_K G_m^*}{RT}. \tag{5.58}$$

In Gl. (5.58) haben wir den Faktor 3 über $RT \ln 3$ in $\Delta_K G^*$ inkorporiert. Er spielt auch für die folgende Größenordnungsbetrachtung keine Rolle.
Vergleichen wir dies mit der Konzentration von Punktdefekten $\widehat{N}_d$ und machen den Ansatz, dass $\Delta_K G^*$ das α–fache der Bildungsenergie eines einzelnen Defektes ist, so erhalten wir[35] mit Gl. (5.19)

$$\widehat{N}_K = \widehat{N}_d^{\alpha}/N^{\alpha - 1/3} \quad \text{bzw.} \quad \frac{\widehat{N}_K}{\widehat{N}_d} = \frac{1}{N^{2/3}} \left(\frac{\widehat{N}_d}{N}\right)^{\alpha - 1}. \tag{5.59}$$

[35] Für eindimensionale Defekte steht 2/3 statt 1/3 und vice versa. Allgemein ist $\widehat{N} = \widehat{N}_d^{\alpha}/N^{\alpha - 1 + D/3}$ für die Dimensionalität D.

Eine (absolut unrealistische, aber) sichere obere Abschätzung für N_K ergibt sich, indem man die Bildungsenergie der gesamten Grenzfläche gleich der Bildungsenergie eines einzigen Defektes setzt ($\alpha = 1$). Selbst bei diesem viel zu kleinen Wert reduziert sich die Gleichgewichtszahl gegenüber $\widehat{N}_d$ um den Faktor[36] $N^{2/3}$, und ergibt bei $\widehat{N}_d \simeq 10^{15}$ und $N \simeq 10^{21}$ einen Wert für $\widehat{N}_K$ von 10. Schon eine weitere Verdopplung der Energie ($\alpha = 2$) führt zu einem $\widehat{N}_K$–Wert von 10^{-5}, d.h. nicht eine einzige Korngrenze ist im Gleichgewicht existent. Eine realistischere Abschätzung, aber dann sicherlich eine untere Abschätzung, ist, für $\Delta_K G^*$ einen Wert anzunehmen, der sich aus der Summe der Freien Einzelpunktdefektenergien ergibt, also $\alpha \sim N^{2/3}$. Das Ergebnis mit obigem Zahlenbeispiel ergibt die astronomisch kleine Zahl

$$\widehat{N}_K = 10^7 (10^{-6})^{10^{14}} \lll 1. \qquad (5.60)$$

Lassen Sie uns den gleichen Sachverhalt aus einem anderen Blickwinkel betrachten und die Korngrenze als Produkt einer Aggregation von ν Punktdefekten d zum höherdimensionalen Defekt $(\mathrm{d})_\nu$ ansehen:

$$\text{Reaktion P} = \qquad \nu \mathrm{d} \rightleftharpoons (\mathrm{d})_\nu. \qquad (5.61)$$

Bei Boltzmann-Verteilung gilt im Gleichgewicht das Massenwirkungsgesetz (N_1, N_ν sind jeweils die Zahlen für die möglichen Zustände von Edukt und Produkt)

$$\frac{\widehat{N}((\mathrm{d})_\nu)}{\widehat{N}(\mathrm{d})^\nu} = \frac{N_\nu}{N_1^\nu} \exp - \frac{\Delta_P G_m^*}{RT}. \qquad (5.62)$$

Mit $\nu = N^{2/3}$, $N_\nu = N^{1/3}$, $N_1 = N$ ergibt sich obiges Korngrenzenexempel; dessen letzte Abschätzung entspricht gerade der Annahme einer verschwindenden Freien Reaktionsenergie. Man erkennt den enormen Einfluss des stöchiometrischen Faktors ν in bezug auf die Gleichgewichtskonzentrationen.

Wir können schließen, dass normalerweise höherdimensionale Defekte, auch schon die eindimensionalen, im thermodynamischen Gleichgewicht nicht auftreten[2]. Dennoch spielen sie als metastabile "Randbedingungen" für Gleichgewichtsbetrachtungen realer Systeme eine große Rolle: Dies gilt insbesondere für Korngrenzen, deren Vernichtung in der Regel sehr hohe Temperaturen voraussetzt, während einzelne Versetzungen leichter auszuheilen sind.

Eine spezielle Rolle spielt die äußere Oberfläche, die zwar gegenüber dem Volumen eine höhere freie molare Energie besitzt, aber aufgrund der vorgegebenen endlichen Materiemenge notgedrungen existent sein muss. Aber auch hier ist die real angetroffene Oberfläche in aller Regel nicht die von der Thermodynamik geforderte Gleichgewichtsoberfläche[37] (s. Abschnitt 5.4.4).

---

[36] Bei Liniendefekten steht $N^{2/3}$ statt $N^{1/3}$.

[37] An dieser Stelle sei auch das später wichtig werdende Problem der Punktdefektbildung innerhalb der Oberfläche angeschnitten. Ist die Bildungsenergie gegenüber der Bildungsenergie der Volumendefekte um den Faktor β herabgesetzt (in grober Näherung erwarten wir $\beta \simeq 2/3$ nach

Wegen dieser Abhängigkeit von der Vorgeschichte trifft man in bezug auf höherdimensionale Defekte eine Vielzahl verschiedener Fälle an. Selbst wenn das absolute G–Minimum normalerweise nicht erreichbar ist, so sind doch mehr oder weniger ausgeprägte lokale Minima der Freien Enthalpie realisierbar. An dieser Stelle begnügen wir uns mit wenigen Bemerkungen zur Struktur und Energetik.

5.4.2 Versetzungen: Struktur und Energetik

Versetzungen spielen eine große Rolle für die mechanischen Eigenschaften[38]. Man kann sie sich durch Verschieben von Kristallteilen entstanden denken. Abb. 5.12 zeigt das Entstehen der beiden Grenzfälle, einer Stufen– und einer Schraubenver-

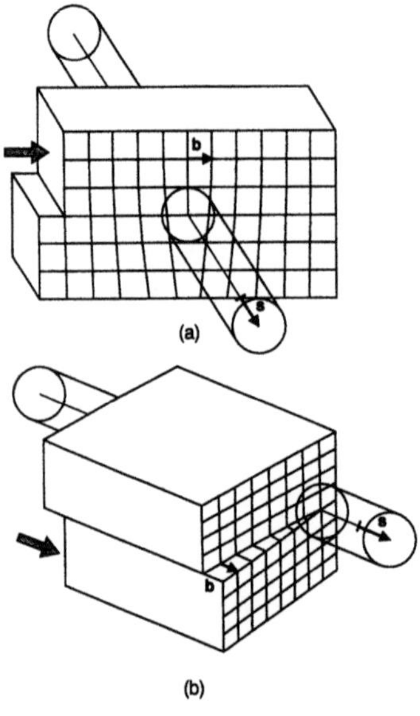

Abb. 5.12: Die Entstehung von Stufen– (a) und Schraubenversetzungen (b) durch mechanische Einwirkung. Der Burgers–Vektor **b** gibt den Versatz an [128, 129], der Vektor **s** charakterisiert die Versetzungslinie.

setzung, durch mechanische Einwirkung. Vor allem in Metallen verschieben sich Atome wegen der in Abschnitt 2.2 geschilderten Bindungsbesonderheiten vergleichsweise leicht. Aus diesem Grunde lassen sich die meisten Metalle gut verarbeiten, z.B. hämmern oder verbiegen, ohne dass Rissbildung eintritt. Die Energie wird in die Bildung von Versetzungen investiert, woraus eine plastische Materialverformung

Fußnote 3, S. 110), so ergibt sich analog obiger Vorgehensweise $\widehat{N}_{ds}/N_s = (\widehat{N}_{d\infty}/N_\infty)^\beta$, wobei N_{ds}, $N_{d\infty}$ die Zahl der Punktdefekte in der Oberfläche und im Volumen darstellen und N_s, N_∞ die Zahl der regulären Teilchen in Oberfläche und Volumen. Ist die Packungsdichte in Oberfläche und in Volumen in etwa die gleiche, folgt für die molare Volumenkonzentration $c_{ds} = c_{d\infty}^\beta V_m^{\beta-1}$ (V_m: Molvolumen) [125].

[38] Vgl. hierzu [89,126–128].

resultiert. Darüber hinaus spielen Versetzungen eine wichtige Rolle als Stellen wiederholbarer Wachstumsschritte (Quellen und Senken für Punktdefekte), als schnelle Diffusionspfade bzw. als Keimbildungszentren für die Bildung neuer Phasen, sowie — sozusagen assoziiert — als Konstituenten von Korngrenzen.

Der Unterschied zwischen Stufen- und Schraubenversetzungen wird an Hand der Abb. 5.13 systematischer klar. Wir schneiden einen perfekten Einkristall (a) bis zur sogenannten Versetzungslinie (**s**) auf und versetzen einen Kristallteil um einen gegebenen Betrag entweder nach unten, also senkrecht zur Versetzungslinie (b) oder parallel dazu (c). Im ersten Fall (**b**⊥**s**) schieben wir in den Spalt eine weitere Kristallebene ein, und es entsteht eine Stufenversetzung. Das Gitter relaxiert, und es bildet sich die in Abb. 5.12a gezeigte Struktur, in der die strukturelle Veränderung im wesentlichen auf den unmittelbaren Bereich der Versetzungslinie, dem stark gestörten Versetzungskern, beschränkt ist. Es entsteht ein eindimensionaler Defekt. Die Versetzungslinie muss an den Grenzflächen enden oder in sich geschlossen sein, entsprechend von außen eingeschobener oder innen eingefügter Netzebenenstücke. Die Verschiebung parallel (Abb. 5.13c) der Versetzungslinie (**b**||**s**) und anschließende Relaxation führt zu der in Abb. 5.12b gezeigten Schraubenversetzung. Wiederum

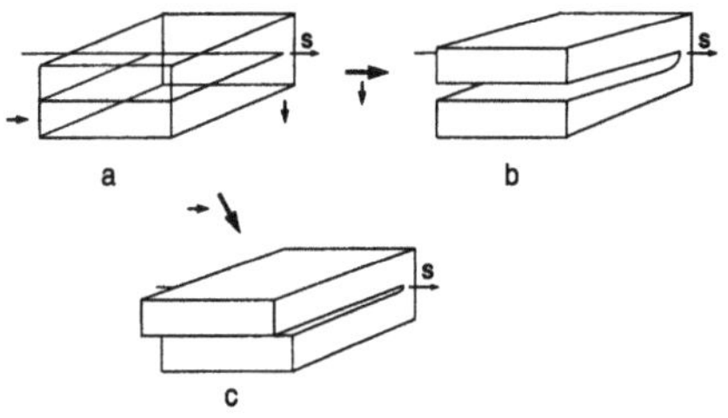

Abb. 5.13: Gedankliche Erzeugung von Stufen- (b) und Schraubenversetzungen (c) aus dem Idealkristall (a). Der Kristall wird bis zur Versetzungslinie aufgeschnitten (a), der untere Kristallteil dann nach unten (b) oder nach rechts (c) versetzt.

beinhaltet der "Versetzungsschlauch" die strukturelle Modifizierung. Außerhalb des Versetzungsschlauches ist dann lediglich der Versatz (in Abb. 5.12, 5.13 jeweils der einfache Atomabstand) maßgebend. Diesen Versatz gibt der Burgers-Vektor (**b**) an, den man im Nachhinein wie folgt ermitteln kann: Umläuft man den gestörten Kristallbereich wie in Abb. 5.12 und vergleicht man mit dem analogen Umlauf bei einem perfekten Kristall, so ergibt die Differenz den Burgers-Vektor, welcher damit Stärke und Art der Versetzung charakterisiert. Der Hauptanteil der Energie ist in der elastischen Verformung der Umgebung gespeichert. Für kleine Scherwinkel ist nach dem Hookeschen Gesetz diese elastische Energie dem Quadrat des Burgers-Vektor proportional

$$\Delta U_{el} \propto \mathbf{b}^2, \qquad (5.63)$$

wobei der phänomenologische Schermodul als Materialkonstante in der Proportionalitätskonstanten verborgen ist.

Dies hat verschiedene Konsequenzen: Zum einen sind die Versetzungen mit der geringsten (stets positiven) Versetzungsenergie normalerweise die mit kürzestem

Burgers–Vektor[39], der dann also in der Regel mit den kürzest möglichen Abstandsvektoren koinzidiert. Zum anderen ist der quadratischen Abhängigkeit wegen die Aufspaltung einer Versetzung mit größerem b–Vektor in zwei mit entsprechend kleineren Vektoren üblicherweise energetisch begünstigt. In Gl. (5.63) haben wir die Störung im Versetzungskern (–schlauch) für die Energiebilanz vernachlässigt. Dies ist in der Regel gerechtfertigt: Schätzen wir im folgenden die Linienenergie eines Versetzungskernes etwa für Metalle dadurch ab, dass wir uns die Atome dort geschmolzen denken, was einer Energie von ~0.1eV pro Atom gleichkommt; Versetzungen mit $|\mathbf{b}| \sim 3 \times 10^{-10}$m entsprechen typischerweise einer Linienenergie von 5×10^{-11}J/m. Typische Versetzungsenergien bewegen sich allerdings in der Größenordnung von 10^{-9}J/m, so dass in der Tat mehr als 90% von der elastischen Deformation des Kristalles herrühren. Dies gilt für Stufen- und Schraubenversetzungen gleichermaßen. Man beachte, dass die resultierende durchschnittliche Energie von ~2eV pro Atom im Versetzungskern in der Größenordnung der von Punktfehlern liegt.
Wesentlich für die Eigenschaften realer Kristalle ist die Beweglichkeit von Versetzungen, die eigentlich ins Kapitel Kinetik gehören, die wir aber wegen der dorti-

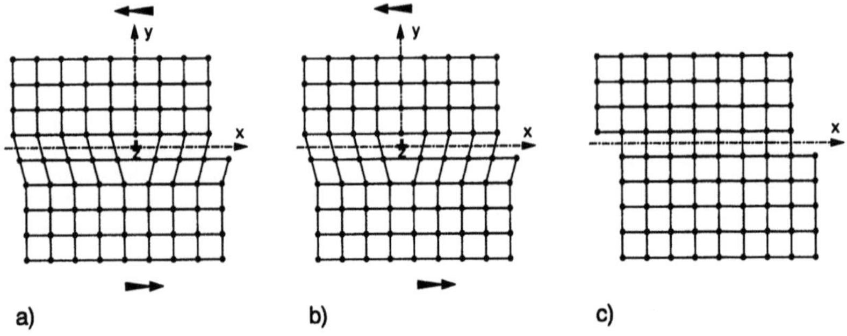

Abb. 5.14: Gleiten einer Stufenversetzung in x–Richtung entlang der durch Versetzungslinie (s‖ z–Achse ⊥ Papierebene) und Burgersvektor (**b**‖ x–Achse) aufgespannten Gleitebene unter Einwirkung einer Schubspannung (s. Pfeile). Aus [127].

gen Konzentration auf die Punktfehler hier kurz diskutieren. Abb. 5.14 zeigt, wie eine Versetzung ohne Umlagerung von Atomen oder Materialaustausch zwischen Versetzungslinie und Umgebung, sozusagen in Form einer konservativen Bewegung, durch Gleiten über makroskopische Distanzen wandert. Das elastische Spannungsfeld wandert mit. Die zu überwindende elementare Aktivierungsenergie wird als Peierls–Spannung bezeichnet. Dieses Versetzungsgleiten — bei einer Stufenversetzung in der durch b–Vektor und Versetzungslinie aufgespannten Gleitebene — ist ein fundamentaler Elementarvorgang der plastischen Verformung. Bei Schraubenversetzungen ist ein Gleiten auf beliebigen Ebenen denkbar, jedoch erfolgt aus kinetischen

[39]Dies gilt natürlich in dieser Pauschalität nur für den Elementkristall.

Gründen dieses Gleiten i.a. auf dicht gepackten, also niedrig indizierten Ebenen. Der Mechanismus des Kletterns ermöglicht auch eine Wanderung außerhalb solcher Gleitebenen. Abb. 5.15 zeigt, dass hierbei Punktdefekte eine wesentliche Rolle spielen

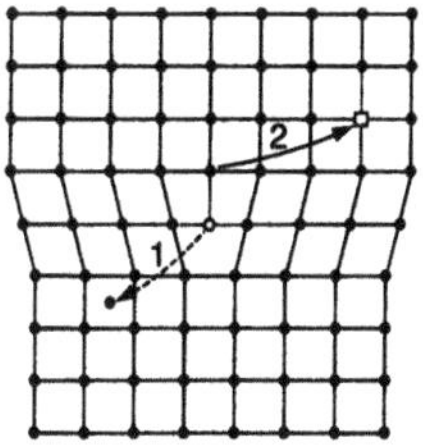

Abb. 5.15: Durch Bildung von Zwischengitteratomen oder die Besetzung von Leerstellen kann die Versetzungslinie nach oben wandern. (Im umgekehrten Falle wandert der Versetzungskern nach unten. Aus [127].)

(nichtkonservativ). Allgemein sind Versetzungen wie Grenzflächen innere Senken bzw. Quellen für Punktdefekte. Abb. 5.16, 5.17 geben einen Überblick über Wech-

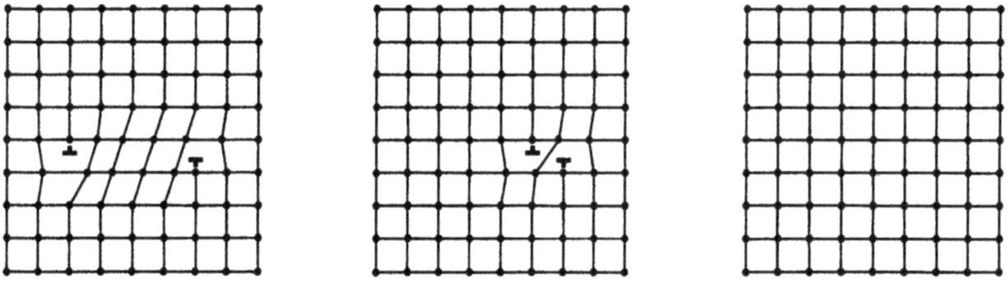

Abb. 5.16: Begegnen sich zwei Versetzungen mit entgegengesetztem Burgers–Vektor auf der gleichen Gleitebene, so vernichten sie sich. Sind die Gleitebenen benachbart, ist das Ergebnis eine Kette von Punktdefekten. Aus [127].

selwirkungsmechanismen von Versetzungen. Auch hier spielen Strukturelemente wie Leerstellen, Zwischengitterteilchen, Sprungstellen (Jog) oder Knickstellen (Kink) eine wichtige Rolle. Nicht involviert sind sie beim Zusammentreffen von Versetzungen auf ein und derselben Gleitebene ($\mathcal{G}$). Abb. 5.16 zeigt die dann einsetzende Vernichtung der Versetzungen nach dem Schema

$$\text{Versetzung}\,(\mathbf{b},\mathcal{G}) + \text{Versetzung}\,(-\mathbf{b},\mathcal{G}) \rightarrow \text{Null.} \tag{5.64}$$

Es ist im Auge zu behalten, dass solche Reaktionen keine Gleichgewichtsreaktionen sind und eine Rückreaktion spontan nicht auftritt. Wegen der stets positiven Freien Enthalpie der Bildung der Versetzungen hängt deren Natur, Zahl und Verteilung natürlich von der Vorgeschichte ab. Die Zahl der Versetzungen kann von 0 — bei vorsichtiger Präparation nicht zu großer Kristalle beispielsweise im Falle von Silicium — bis zu $10^{11}/\text{cm}^3$ im Falle stark verformten Kupfers oder Goldes rangieren.

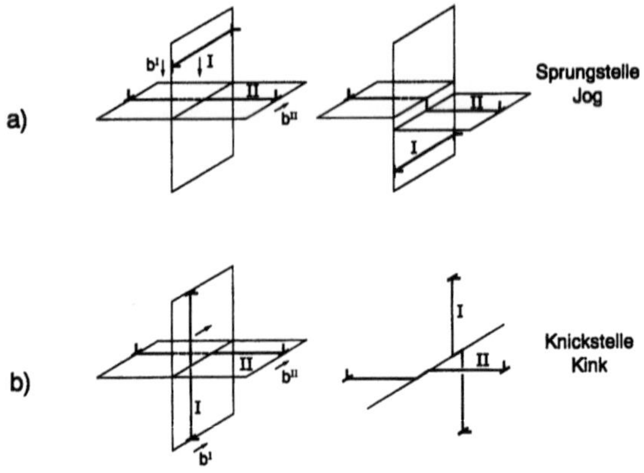

Abb. 5.17: Beim Zusammentreffen von Versetzungen auf nichtparallelen Gleitebenen entstehen Stufen. Je nachdem, ob die Burgers-Vektoren der Stufenversetzungen I und II senkrecht (a) oder parallel (b) zueinander sind, entstehen Sprung- oder Knickstellen (also Stufen von Gleitebene zu Gleitebene oder Stufen in der Gleitebene). Aus [127].

5.4.3 Grenzflächen: Struktur und Energetik

Der Ausdruck "Grenzfläche" bezeichnet strenggenommen die zweidimensionale Übergangsregion zwischen dreidimensionalen, im Gleichgewichtsfalle homogenen Gebieten. Im allgemeinen ist diese Übergangsregion jedoch nicht beschränkt auf eine einzige Kontaktfläche, sondern kann selber ausgedehnt sein (vgl. 5.4.4).
Innere Grenzflächen umfassen sowohl Phasengrenzen (Grenzen zwischen Körnern verschiedener Struktur, in der Regel auch verschiedener Zusammensetzung) als auch die eigentlichen Korngrenzen (Grenze zwischen Körnern gleicher Struktur und Zusammensetzung, aber verschiedener Orientierung) und lassen sich z.B. nach dem Grad ihrer Kohärenz klassifizieren. Ist die Grenzfläche einfach eine gemeinsame Fläche beider Gitter[40] — wie bei der in Abb. 5.18a gezeigten Phasengrenze —, so spricht man von einer kohärenten Grenze. Sind die Koinzidenzpunkte[41] nur in sehr geringer Dichte oder überhaupt nicht vorhanden, so spricht man von einer inkohärenten Phasengrenze (Abb. 5.18b). Zwischenfälle belegt man zuweilen mit dem

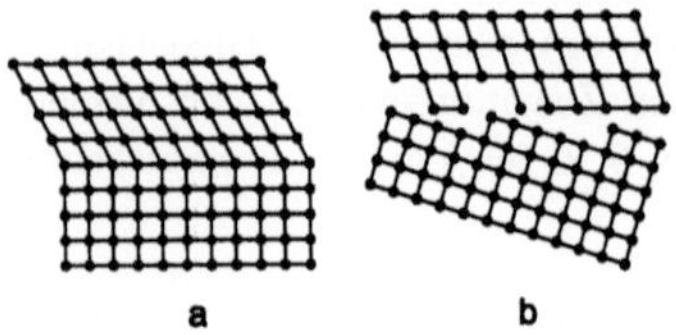

Abb. 5.18: Grenzfälle der kohärenten (a) und inkohärenten (b) Phasengrenze.

Begriff semi-kohärent[42]. Eine präzisere Klassifizierung bezieht sich auf den Orientierungsunterschied. Grenzfälle von Korngrenzen sind reine Drehkorngrenzen oder

[40] zusätzlich elastischer Verzerrungen

[41] Punkte, die Elemente beider Gitter sind. Die Dichte der Koinzidenzpunkte wird in der Σ–Notation angegeben: Bei einer Σn–Korngrenze gibt n den Bruchteil der Gitterpunkte an, die jeweils das Koinzidenzgitter bilden.

[42] Hier treten Versetzungen auf.

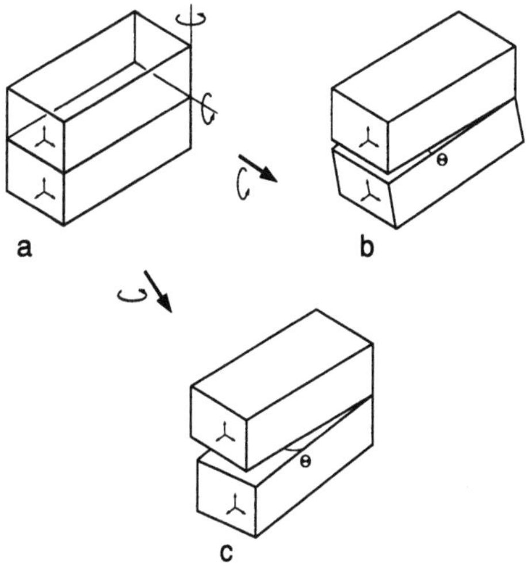

Abb. 5.19: Erzeugung von Kipp– (b) und Drehkorngrenzen (c) durch Durchschneiden des Einkristalles und Rotation um Θ um eine in der Schnittebene liegende (b) oder normal hierzu verlaufende (c) Drehachse.

Kippkorngrenzen. Die Erzeugungsvorschrift von Korngrenzen ist verwandt mit der von Versetzungen, allerdings wird in Abb. 5.13 der gesamte Kristall durchschnitten und damit eine Rotation und keine Scherung durchgeführt (s. Abb. 5.19). Ist die Drehachse normal zur Korngrenze, spricht man von einer Drehkorngrenze, liegt sie in der Korngrenze, von einer Kippkorngrenze. Ist der Drehwechsel Θ kleiner als 5° bis 10° (je nach Definition), so spricht man von Kleinwinkelgrenzen, andernfalls von Großwinkelgrenzen. Kleinwinkelgrenzen können — wie in Abb. 5.20 gezeigt — als Versetzungsagglomerat beschrieben werden, und zwar konstituieren Stufenversetzungen Kippkorngrenzen und Schraubenversetzungen Drehkorngrenzen. Der mittlere Abstand der Versetzungen ist durch $H = b/\Theta$ gegeben und die gesamte elastische Versetzungsenergie nach Gl. (5.63) proportional zu $b^2(b/\Theta)^{-1}$. Unter Berücksichtigung der Energie des Kernes inklusive Versetzungswechselwirkungen ergibt sich für die Flächenenergie letztendlich ein Ausdruck der Form [131]

$$\Delta U \propto \Theta\,(\mathrm{const} - \ln\Theta)\,. \tag{5.65}$$

Bei atomar scharfen Grenzflächen lässt sich der Kernbeitrag über lokale Bindungsbetrachtungen abschätzen. In einfachsten Fällen erweisen sich die in Abschnitt 4.3.5 behandelten Mischungsmodelle als hilfreich[43]. Bei ausgeschmierten Grenzflächen ist die sogenannte Gradientenenergie von Relevanz [95]. Gl. (5.65) erklärt den viel-

[43]Bei Gültigkeit eines regulären Modelles ergibt sich am Kontakt zweier Mischungen aus A– und B–Teilchen die Überschussbindungsenergie rein aus lokalen Bindungsbetrachtungen als proportional zu W (s. S. 99) sowie zum Quadrat der Differenz der Konzentration in beiden Phasen [132]. In kontinuierlichen Systemen wird hieraus die Gradientenenergie. Da sich im Zusammensetzungsgradienten die Zahl der Nachbarn von Ebene p zur Ebene p+1 unterscheidet, ergibt sich

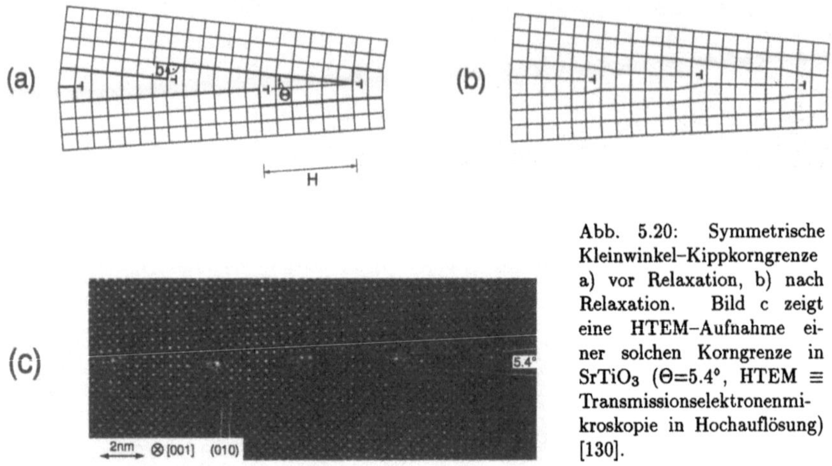

Abb. 5.20: Symmetrische Kleinwinkel–Kippkorngrenze a) vor Relaxation, b) nach Relaxation. Bild c zeigt eine HTEM–Aufnahme einer solchen Korngrenze in $SrTiO_3$ (Θ=5.4°, HTEM ≡ Transmissionselektronenmikroskopie in Hochauflösung) [130].

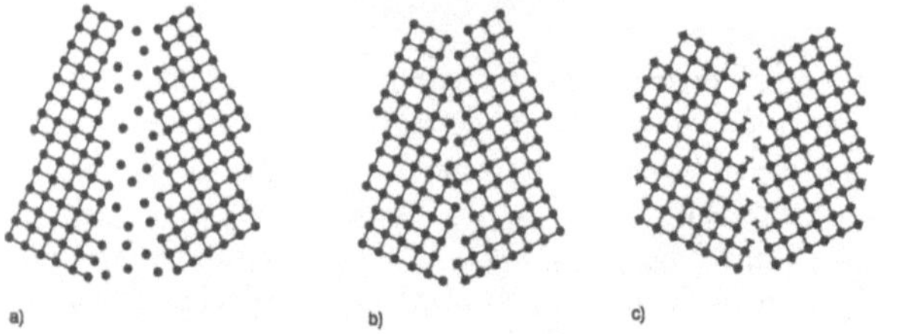

Abb. 5.21: Großwinkelkorngrenzen mit (a) und ohne (b) amorphe Zwischenschicht. Abbildung c zeigt ein Versetzungsmodell einer Großwinkelkorngrenze. Nach [127].

fach bestätigten Befund, dass die Grenzflächenenergie (vgl. auch Abschnitt 5.4.4) als Funktion des Winkels ein Maximum durchläuft (s. linke Seite in Abb. 5.22). Bei Großwinkelkorngrenzen (s. Abb. 5.21) bewähren sich neben Versetzungsmodellen in Kontinuität der Beschreibung von Kleinwinkelkorngrenzen obige Koinzidenzmodelle. Die Dichte der Koinzidenzpunkte variiert natürlich mit Θ. Skaliert γ einfach mit dieser Dichte, wie man es nach einfachen Modellen erwartet, so verhält sich $\gamma(\Theta > \Theta_{max})$ nicht monoton, sondern zeigt ausgeprägte Minima bei den entsprechenden Koinzidenzwinkeln, wie es Bild 5.22 zeigt. Experimente und Rechnungen jedoch belegen, dass solche Minima selbst bei Elementkristallen nicht immer auftreten, wie nach diesen naiven Koinzidenzgittermodellen vorhergesagt. Zuweilen sind Korngrenzen auch durch ein Abwechseln mehr oder weniger kohärenter Bereiche mit stark inkohärenten Bereichen beschreibbar (Inselmodelle). Dieser Punkt ist insbesondere für die elektrischen Eigenschaften von Relevanz, da er die laterale Inhomogenität der Korngrenze betont (vgl. Abschnitt 7.3.7). In manchen Fällen weisen Korngrenzen eine geringere Dichte auf als das Volumen — solche Leerstel-

---

die Bindungsenergie zwischen den Teilchen der beiden Ebenen, wenn man in Gl. (4.66) x_A^2 durch $x_{A,p}x_{A,p+1}$, x_B^2 durch $x_{B,p}x_{B,p+1}$ und $2x_Ax_B$ durch $x_{A,p}x_{B,p+1} + x_{B,p}x_{A,p+1}$ ersetzt.

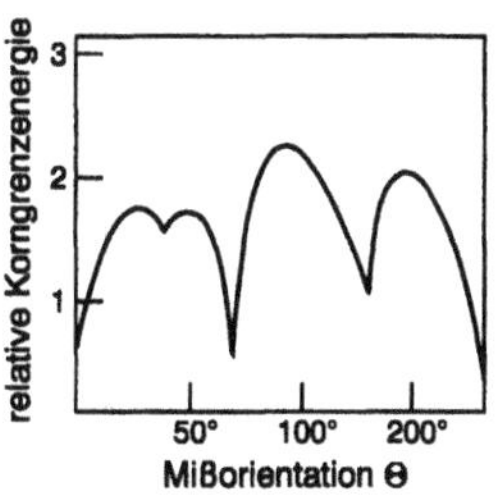

Abb. 5.22: Die Variation der Korngrenzenergie mit der Misorientierung in Al. (Kippkorngrenze, Rotationsachse: < 110 >) Nach [133]

lenmodelle werden häufig für nanokristalline Metalle diskutiert —, in einigen sind Grenzflächenphasen oder auch amorphe stationäre Zwischenschichten[44] nachgewiesen (s. Abb. 5.23). In den Fällen, in denen Glasfilme die Korn–Korn–Anpassung ermöglichen, wird die Freie Enthalpie des Kontaktes mit der Filmdicke variieren. In der Tat ist die Existenz einer "Gleichgewichtsfilmdicke" in solchen Fällen erwartet[45] (allein schon durch Doppelschichteffekte (vgl. Abschnitt 5.8c)) und vielfach experimentell bestätigt [135].

Im vollständigen thermodynamischen Gleichgewicht müssen Korngrenzen verschwinden. Dies stellt jedoch an die Kinetik sehr hohe Ansprüche — weit höhere als bei Versetzungen —, da sich die Körner sozusagen umorientieren bzw. eine große Zahl von Atomen umlagern müssen. Im normalerweise beobachteten Temperaturbereich vor allem bei multinären Verbindungen sind allenfalls Minimierungen der Freien Enthalpie in Hinblick auf die lokale Morphologie möglich, wie etwa die Facettierung einer hochenergetischen Fläche in solche geringerer Energie auf Kosten einer höheren Kontaktfläche (vgl. Abb. 5.23c, d), oder die Einstellung optimaler Kontaktwinkel. Solche Prozesse werden unten im Rahmen der Grenzflächenthermodynamik untersucht. Natürlich ist die genaue Partialgleichgewichts–Zusammensetzung und –Struktur einer gegebenen Korngrenze[46] abhängig von und eindeutig bestimmt durch

[44]Amorphe Phasen sind vor allem bei hochenergetischen Grenzflächen (vgl. Abb. 5.22) erwartet.

[45]Schon die Doppelschichtabstoßung (vgl. Abschnitt 5.8.5c) lässt dies erwarten. Darüber hinaus spielen van–der–Waals–Effekte [134] sowie allgemein strukturelle Effekte eine große Rolle.

[46]Zur "geometrischen" Charakterisierung eines Bikristalls sind neben Kristallstruktur und Gitterparametern der Einkristallbereiche 8 weitere Parameter nötig. Jeweils zwei Normaleneinheitsvektoren — entsprechend 4 Parametern — definieren die in Kontakt zu bringenden Flächen. (Durch eine Kippoperation werden die Vektoren dann parallel gestellt, entsprechend der Ausbildung zweier verschiedener innerer Koordinatensysteme.) Der fünfte Parameter, der Winkel der Drehung einer Bikristallhälfte um eine Achse normal zur Grenzfläche, komplettiert die Liste der makroskopischen Freiheitsgrade. (Eine analoge Vorgehensweise, die sich an Abb. 5.19 orientiert, ist, einen Einkristall in zwei Teile aufzutrennen, diese dann zueinander zu verdrehen und durch Versintern einen Bikristall zu erzeugen. Hierzu ist es nötig, die Fläche auszuwählen (2 Freiheitsgrade), die Lage der Drehachse (2) und den Winkel (1).) Daneben existieren 3 weitere, mikroskopische (d.h. der atomistischen "Inhomogenität" Rechnung tragende) Parameter, entsprechend möglicher Verschiebungen parallel und senkrecht zur Grenzfläche. Bei nichtzentrosymmetrischen Kristallen entspricht die Händigkeit einem weiteren makroskopischen "Freiheitsgrad"; ein zusätzlicher mikroskopischer "Freiheitsgrad" kommt bei Kristallen, deren Basis mehr als ein Atom enthält, ins Spiel (genaue

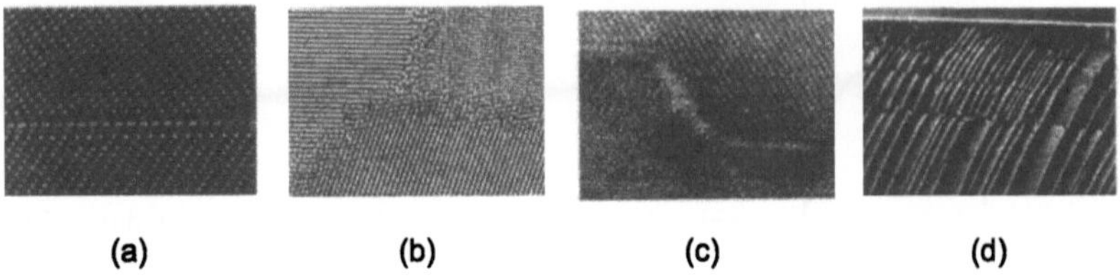

Abb. 5.23: Großwinkel–Korngrenzen in $SrTiO_3$ ($m_{Fe} = 9.5 \cdot 10^{19} cm^{-3}$): a) scharfe, niederenergetische Korngrenze $\Sigma 3$–$(11\bar{1})$ ohne amorphe Zwischenschicht), b) Zwickel (Dreikornkontakt) mit amorpher, intergranulärer Phase (Dicke: wenige nm) c) facettierte Korngrenze mit amorpher Zwischenschicht (Dicke $\approx$ 1nm), dargestellt durch hochauflösende Elektronenmikroskopie; d) Rissfläche mit energetisch günstigen, stufenförmig ausgebildeten Flächen (rasterelektronenmikroskopische Aufnahme). Aus [136,137].

Vorgabe der Orientierung und der thermodynamischen Zustandsparameter (Komponentenpotentiale, Temperatur, Druck). Dies ist in realistischen Fällen eine rein akademische Feststellung.
In unserem Kontext sind höherdimensionale Fehler insbesondere in bezug auf ihre Auswirkung auf die Ladungsträgerkonzentrationen wesentlich. In einem mittleren, für uns interessanten Temperaturbereich erweist sich die Näherung der Strukturkonstanz als effektiv. Sie nützt die Tatsache aus, dass die Kinetik der Punktdefekte und die der Grenzflächen in der Regel auf deutlich verschiedenen Zeitskalen ablaufen (die der Versetzungen nimmt eine Zwischenstellung ein): Der Grenzflächenkern wird als Ort zeitlich konstanter — aber gegenüber dem Volumen veränderter — Grundstruktur (und Zusammensetzung) angesehen, der wie das Volumen als Antwort auf Änderungen der Zustands– und Kontrollparameter Veränderungen durch Punktfehler erfährt sowie veränderte Punktfehlerkonzentrationen in der unmittelbaren Umgebung bewirkt. Die metastabile Grundstruktur wird sozusagen als Ex-situ–Parameter, der über die Präparation bei sehr hohen Temperaturen (Sintern, Kriechprozesse), aber nicht in–situ während der Mess– bzw. Arbeitsbedingungen variiert werden kann, angesehen.
Analoges gilt für Grenzen zwischen Körnern verschiedener Zusammensetzung. Im Unterschied zu den eigentlichen Korngrenzen kann ihre schiere Existenz auch im globalen Gleichgewicht gefordert sein; dies z.B. gilt immer aufgrund der begrenzten Masse für die Oberfläche, d.i. im allgemeinen die Grenzfläche zur Gasphase. Aber auch hier ist die Gleichgewichtsmorphologie nur in den seltensten Fällen realisiert (vgl. nächsten Abschnitt). Abbildung 5.24 zeigt das sog. Kossel–Modell der

Lage der Grenzfläche innerhalb der Elementarzelle ist wichtig). Bei beweglichen Grenzflächen ist es zudem sinnvoll, die Position in der Richtung der Normalen festzulegen [138]. Der in der Literatur für die Zahl dieser Parameter benützte Begriff "Freiheitsgrad" sollte hierbei auf die makroskopischen Parameter beschränkt werden, da nur sie im jeweiligen partiellen Gleichgewicht unabhängig variierbare Parameter darstellen.

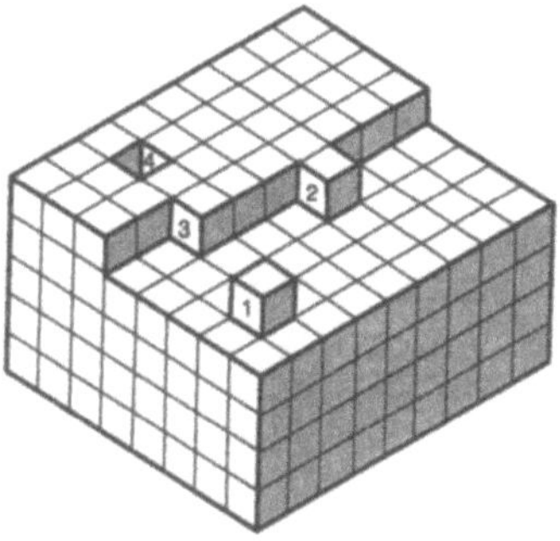

Abb. 5.24: Das Kossel–Modell der Oberflächen: Niederdimensionale Fehler innerhalb des zweidimensionalen Defektes Oberfläche. Die unterschiedliche Energie der Bausteine mit verschiedener Anzahl von Kontakten (vgl. Zahlenangabe) ist insbesondere für Fragen der Reaktivität und des Wachstums verantwortlich. Der Dreierkontakt entspricht der sog. Halbkristalllage.

Oberfläche, welches die Existenz verschiedener reaktiver Zentren (niederdimensionale Fehler) betont. Natürlich ist auch die Oberflächenstruktur nie die, die man durch kristallographisches (gedankliches) Aufschneiden eines Einkristalles erwartet. Immer tritt Relaxation ein. Aufgrund der verschiedenen Bindungszustände wie durch Einwirkung der Gasphase über Adsorption kann auch eine Rekonstruktion der Oberfläche auftreten. Die Entwicklung der Rastersondenmikroskopie hat in diesem Zusammenhang enorme experimentelle Fortschritte gebracht. Abbildung 5.25 zeigt die STM[47]–Aufnahme einer rekonstruierten Si–Oberfläche. Die Oberflächen-

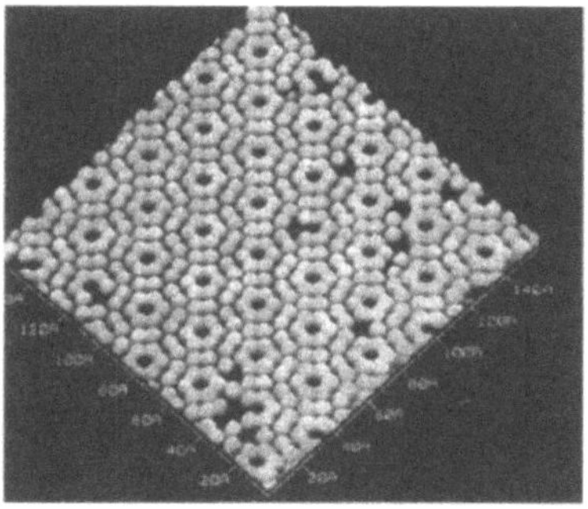

Abb. 5.25: STM–Bild einer rekonstruierten Si–Oberfläche: Si(111)-(7×7). Die Gitterkonstante ist im Vergleich mit der darunterliegenden (111)–Fläche um das siebenfache vergrößert. Aus [127].

kristallographie hängt in vielen Fällen empfindlich von der Gasphase ab. Bei der katalytischen CO–Oxydation auf Pt sind sogar Oszillationen der Oberflächenstruktur beobachtbar [140] (s. Abschnitt 6.10). Ein anderes lehrreiches Beispiel ist Eis, für dessen Oberfläche flüssigkeitsähnliche Strukturen nachgewiesen wurden [141]. Kurz erwähnt seien noch zwei spezielle zweidimensionale Defekte. Dies sind zunächst die sogenannten Translationsgrenzen, bei welchen $\Theta = 0$ ist, wie etwa Stapelfehler.

[47] STM steht für Rastertunnelmikroskopie. Der Tunnelstrom zwischen Oberflächenatomen und Atomen der Rasterspitze hängt empfindlich vom Abstand ab. Bei Konstanthalten des Tunnelstroms ergibt sich näherungsweise ein Abbild der Oberflächenstruktur. [139]

Wie alle höherdimensionalen Defekte kann man sich auch Stapelfehler aus wechselwirkenden Punktfehlern zusammengesetzt denken. Der Energiegewinn kann hierbei so beträchtlich sein, dass solche Arrangements unter gewissen Randbedingungen — ähnlich wie etwa Scherflächen in Metalloxiden (vgl. Abb. 5.63 in Abschnitt 5.7) — energetisch begünstigt sind (s. Bild 5.102 in Abschnitt 5.7.1). Hier verliert dann der Begriff "Fehler" seine Bedeutung. Eine spezielle energetische Rolle spielen auch Domänenwände, die Bereiche voneinander trennen, die sich durch Orientierung bestimmter richtungsabhängiger Eigenschaften unterscheiden, wie etwa die Wände zwischen ferroelektrischen Domänen in $BaTiO_3$, innerhalb derer die elektrische Polarisation ihren Vektor verändert. In diesem Fall ist die Energetik so günstig, dass Domänenwände mit temperaturabhängiger Struktur und Konzentration (sprich Abstand) im Gleichgewicht auftreten, so dass man eigentlich auch hier nicht von Defekten, sondern in diesem Falle von Überstrukturelementen sprechen sollte.

5.4.4 Grenzflächenthermodynamik und lokale mechanische Grenzflächengleichgewichte

Im folgenden seien einige Aspekte der Grenzflächenthermodynamik ausgeführt. Der Einfachheit halber vernachlässigen wir bis auf das Problem der Gleichgewichtsform Anisotropieeffekte[48].

Einmal lässt sich die Freie Grenzflächenenthalpie der Grenzfläche (Fläche a) dadurch charakterisieren, dass man eine Exzess-Größe G^{Σ} definiert, die den Überschuss von G über die bis zur geometrischen Trennfläche der beiden Phasen (Körner) fortgesetzt gedachten Volumenwerte[49,50] darstellt, also genau die (quasi-statische) Reaktionsgröße des Prozesses

$$\text{Festkörper ohne Grenzfläche} \rightarrow \text{Festkörper mit Grenzfläche},$$

wie er für eine Korngrenze in Abb. 5.19 ausgeführt wurde. Diese Größe ist (bis auf exotische Ausnahmen) positiv (s. z.B. Gl. (5.65)).

[48]Ausführlichere Darstellungen sind in Ref. [85,90,142,143] gegeben.

[49]Eine solche von Gibbs empfohlene Aufspaltung ist generell natürlich nur für Größen von Bedeutung, die sich additiv verhalten bzw. sich in dieser Weise sinnvoll arithmetisch mitteln lassen.

[50]Genauer ergibt sich γ aus $\int_{-\infty}^{+\infty} (p_N - p_T)\,dz$ durch Integration über die zur Schicht senkrechte Koordinate [144]. Zu integrieren ist über die Differenz der Normal- und der Tangential-Komponente des Drucktensors. Über die eben gegebene Definition von γ folgt das Differential der mechanischen Deformationsarbeit δw geradewegs für homogene fluide Phasen zu $-pdV + \gamma da$. Im folgenden wollen wir uns wieder der Gibbsschen Behandlungsweise zuwenden.

Der für die formale Behandlung wesentliche Parameter ist die Grenzflächenspannung γ[50,51,52]. Sie ist in gewissem Sinne ein zweidimensionales Analogon zum Druck, weist aber auch Analogien zum chemischen Potential eines Punktdefektes auf. Wie der Druck als intensive Variable dem (extensiven) Volumen zugeordnet ist[53], beschreibt γ den Zuwachs an Freier Enthalpie mit Vergrößerung der Grenzfläche (bei konstantem p, T, **n**).

$$\gamma \equiv \left.\frac{\partial G}{\partial a}\right)_{p,T,\mathbf{n}}, \tag{5.66}$$

so dass sich die gesamte Freie Enthalpie in differentieller Form darstellt als (vgl. auch Abschnitt 4.2)

$$dG = Vdp - SdT + \boldsymbol{\mu} d\mathbf{n} + \gamma da. \tag{5.67}$$

Durch Subtraktion der G–Beträge[54] der Volumina (gedacht bis zur geometrischen Trennlinie) ergibt sich für die Änderung der Freien Oberflächenenthalpie (S^Σ, $\mathbf{n}^\Sigma$ sind analog definiert wie G^Σ):

$$dG^\Sigma = -S^\Sigma dT + \boldsymbol{\mu} d\mathbf{n}^\Sigma + \gamma da \tag{5.68}$$

und hieraus

$$\gamma = \left.\frac{\partial G^\Sigma}{\partial a}\right)_{T,\mathbf{n}^\Sigma}. \tag{5.69}$$

Während Gl. (5.66) γ als Änderung der Freien Enthalpie des gesamten Systems bei konstanten Molzahlen definiert, stellt Gl. (5.69) γ als Änderung der Überschuss–Gibbs–Energie bei konstanten Überschussmolzahlen[55] der Oberflächenregion dar. Da auch hier eine Verdopplung des Systems möglich ist durch Verdopplung von **n** und a mit konstantem $\boldsymbol{\mu}$ und γ, ergibt sich durch Integration von Gl. (5.68) eine Gibbs–Duhem–Gleichung (vgl. S. 84) nach

$$G^\Sigma = \boldsymbol{\mu}\mathbf{n}^\Sigma + \gamma a. \tag{5.70}$$

---

[51] In analoger Weise muss für Liniendefekte eine Linienspannung definiert werden, die eigentliche eindimensionale Defekte, Kristallkanten und generell Umrandungen zweidimensionaler Defekte betrifft. Die Behandlung ist analog, das Flächenelement ist durch ein Linienelement zu ersetzen. Analog zeitigen Ecken Punktspannungen.

[52] Der Begriff Grenzflächenspannung kann missverständlich sein. Im Englischen unterscheidet man zwischen interfacial tension (γ) und interfacial stress. Während der erste (hier diskutierte) Term die Arbeit kennzeichnet, die nötig ist, um neue Grenzflächen zu bilden, bezieht sich letzterer auf die Arbeit zur Deformation einer Grenzfläche. Die Differenz beider Größen involviert die Abhängigkeit der Grenzflächenspannung von den Komponenten des Dehnungstensors.

[53] Die fehlende Symmetrie bzgl. p und γ in Gl. (5.67) ist eine Ursache der speziellen Definition von G (Zustandsfunktion für konstantes p, T). In der Freien Energie ist die Symmetrie erhalten.

[54] Es sei $dG^{\alpha,\beta} = V^{\alpha,\beta}dp - S^{\alpha,\beta}dT + \boldsymbol{\mu} d\mathbf{n}^{\alpha,\beta}$ die Änderung der Freien Enthalpie der reinen Phasen α bzw. β; der Volumenterm fällt per definitionem heraus ($V^\Sigma = 0$). Beachte, dass $\boldsymbol{\mu}$, **n** die Vektoren im Zusammensetzungsraum (und nicht im Ortsraum) darstellen.

[55] Im Gegensatz zu den n_k können die n_k^Σ positiv oder negativ sein.

γ ist also gerade die flächenbezogene Überschuss-Gibbs-Energie bis auf Effekte durch Molzahländerungen auf Kosten der Volumenzusammensetzung. Der Vergleich mit Gl. (5.68) liefert die Gibbssche Adsorptionsisotherme für die Komponente 1 (vgl. Gibbs–Duhem–Beziehung):

$$\left(\frac{d\gamma}{d\mu_1}\right)_{\mu_{k\neq 1}} = -\frac{n_1^\Sigma}{a}. \tag{5.71}$$

Die Gln. (5.70), (5.71) beziehen Adsorptionseffekte auf Kosten der Volumenzusammensetzung in die Bilanz ein. Adsorptionseffekte, die lediglich einer Ladungstrennung entsprechen und durch Raumladungen kompensiert werden, finden keinen Eingang über $\mathbf{n}^\Sigma$ in Gl. (5.71), da per definitionem die gesamten Raumladungszonen zur Grenzfläche gehören. Deswegen brauchen nur neutrale Komponenten betrachtet zu werden.

Dies ändert sich jedoch, wenn elektrische Potentialdifferenzen von Relevanz sind. In solchen Fällen müssen detailliert die Ionen einzeln — und damit das elektrochemische Potential — in Rechnung gestellt werden [145–147]. Spaltet man dieses elektrochemische Potential auf (Abschnitt 4.3.6), erkennt man, dass Veränderungen der Grenzflächenspannung ($d\gamma$) nicht nur von veränderten chemischen Potentialen ($d\mu$, vgl. Gl. 5.71), sondern auch von veränderten elektrischen Potentialen ($d\phi$) herrühren. Auf diese Weise lässt sich leicht zeigen, dass die Abhängigkeit der Grenzflächenspannung des Kontaktes einer ideal polarisierbaren[56] Elektrode mit einem Elektrolyten von der Spannung U (Gegenelektrode sei ideal nichtpolarisierbar[56]) durch die sogenannte Lippmann–Beziehung festgelegt ist:

$$-\left(\partial\gamma/\partial U\right)_{p,T,\boldsymbol{\mu}} = Q_E/a_E. \tag{5.72}$$

Q_E/a_E ist die Flächenladungsdichte der Elektrode. Man beachte, dass diese Beziehung nur gilt, wenn die chemischen Potentiale konstant gehalten werden. Das Phänomen der Abhängigkeit der Grenzflächenspannung (Morphologie!) von der elektrischen Spannung nennt man Elektrokapillarität. Es ist insbesondere zu bemerken, dass die Grenzflächenspannung für verschwindende Aufladung ein Extremum erreicht[57]. Dass dieses Extremum ein Maximum darstellt, sieht man mechanistisch unmittelbar ein, da eine Aufladung wegen der lateralen Abstoßungseffekte unabhängig vom Vorzeichen eine Oberflächenvergrößerung erleichtert, d.h. γ erniedrigt.

Bislang haben wir uns auf ebene Grenzflächen beschränkt. Ein weiteres wichtiges Ergebnis der Oberflächenthermodynamik ist, dass die Freie Enthalpie des Systems

[56] Bei einer ideal polarisierbaren Elektrode ist der Durchtrittswiderstand der Ladungsträger durch die Grenzfläche unendlich hoch (klassisches Beispiel der Elektrochemie ist die Grenzfläche von Hg zu einem wässrigen Elektrolyten wie etwa KCl–Lösung oder Schwefelsäure), bei einer ideal nichtpolarisierbaren Elektrode dagegen Null (näherungsweise für Ag/AgCl) (vgl. Kap. 7).

[57] Dies bedeutet nicht, dass eine etwaige rein elektrolytseitige Doppelschicht (s. Abschnitt 5.8) verschwinden muss.

in mehrfacher Weise von Größe und Krümmung abhängt. Zunächst besitzt eine Gesamtheit kleiner Systeme eine größere Oberflächenenergie als eine Gesamtheit größerer Systeme mit gleicher Gesamtmolzahl, Zusammensetzung und vergleichbarer Form allein auf Grund der erhöhten Fläche. Schon aus diesem Grunde wachsen große Kristalle auf Kosten kleiner (Ostwald–Reifung), und aus eben dem Grund muss beim Kristallwachstum eine Aktivierungsschwelle überschritten werden, wie in Abb. 5.26 schematisch dargestellt (Keimbildung). Folgende simple Betrachtung

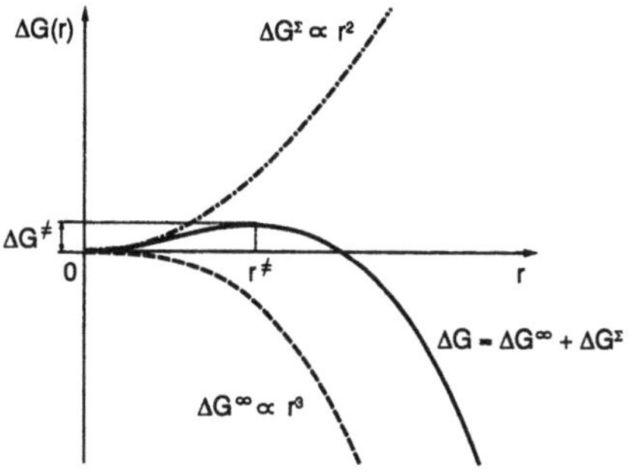

Abb. 5.26: Der Absenkung der Freien Enthalpie bei der Ausbildung einer neuen Bulk–Phase steht der positive Grenzflächenanteil gegenüber, der zu einer Aktivierungsschwelle beim kritischen Keimradius $r^{\neq}$ führt.

zeigt dies: Adsorptionseffekte seien vernachlässigt, und es seien die thermodynamischen Bedingungen für die Ausscheidung einer makroskopischen Phase gegeben, d.h. die makroskopische Freie Bildungsenergie ΔG^{∞} in Abb. 5.26 ist negativ. Als reiner Volumenterm sinkt diese Größe mit der dritten Potenz des Kornradius. Der positive Anteil ΔG^{Σ} ist proportional zu r^2 (s. Gl. (5.70)). Dies führt zu einer Aktivierungsschwelle beim kritischen Radius[58] $r^{\neq}$. Darüber hinaus ist bei sehr kleinen Radien auch γ eine Funktion der Krümmung, und im mechanischen Gleichgewicht sind die Drücke der beiden durch eine gekrümmte Grenzfläche getrennten Phasen verschieden. Auf die damit verbundenen Komplizierungen in Hinblick auf die thermodynamischen Beziehungen und auch die Phasenregel[59] sei hier nicht eingegangen. Eine sehr kompetente Darstellung findet sich in Ref. [143].
Es ist unmittelbar einsichtig, dass die Gleichgewichtsform eines (verformbaren) amorphen Systemes die Kugelform ist, dies beruht auf der Positivität von G^{Σ} und der Tatsache, dass die Kugel der geometrische Körper mit dem kleinsten Oberflächen–zu–Volumen–Verhältnis darstellt. Wie sieht es aber aus mit der Gleichgewichtsform eines Ionenkristalles? Dies ist ein verwickelteres Problem, da die Oberflächenspannung von der Kristallographie und damit von der Orientierung abhängt. Aus Erfahrung und Intuition ist klar, dass die Gleichgewichtsform einen Polyeder darstellt. Eine solche Gleichgewichtsform ist in Abb. 5.27 dargestellt. Betrachten

[58] Genau genommen müssen zur Berechnung der Aktivierungsgrößen explizit kinetische Betrachtungen angestellt werden.

[59] Bei zwei Phasen in ebenem Kontakt ist bei χ Komponenten nach Kap. 4 die Zahl der Freiheitsgrade (Varianz): Varianz $= 2 + \chi - 2 = \chi$. Wesentlich ist, dass $T^{\alpha} = T^{\beta}$, $\mu^{\alpha} = \mu^{\beta}$ und $p^{\alpha} = p^{\beta}$. Bei einer gekrümmten Grenzfläche gilt letzteres nicht mehr, sondern Varianz $= 3 + \chi - 2 = \chi + 1$.

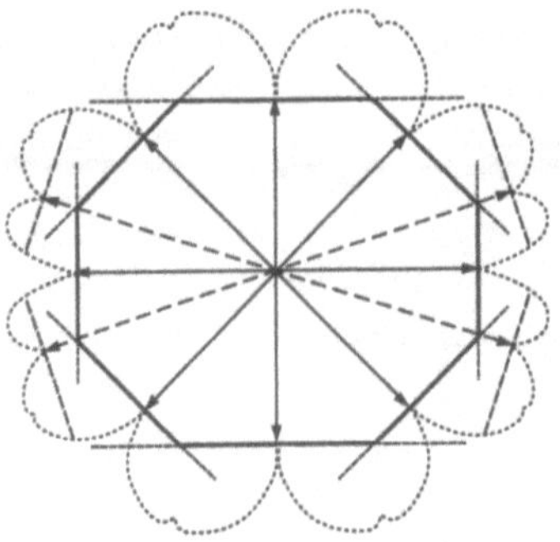

Abb. 5.27: Die Wulff–Konstruktion [148] zur Erzeugung der Gleichgewichtsform eines Kristalles (s. Text). Die gepunkteten Linien stellen schematisch die richtungsabhängige Oberflächenspannung dar, die dicken Linien die Normale (Normalflächen) auf den Richtungsvektor mit dem Betrag der Oberflächenspannung niederenergetischer Flächen. Die innere Einhüllende (nicht gestrichelt) stellt die Gleichgewichtsform dar.

wir in Abb. 5.27 als Ursprung den Schwerpunkt im Polyeder und bezeichnen die Abstände zu den Flächen mit h_a und mit γ_a die zur Fläche mit dem Normalenvektor **a** gehörige Oberflächenspannung. Dann lässt sich zeigen, dass das Verhältnis γ_a/h_a eine Konstante ist. Dies führt zur sogenannten Wulff–Konstruktion[60] der Gleichgewichtsform. Ausgehend vom Ursprung zeichnet man die zu den kristallographischen Richtungen zugeordneten Vektoren. Man wählt die Länge als proportional zu den zugehörigen γ–Werten (In Abb. 5.27 ist die Proportionalitätskonstante zu Eins gesetzt.) und errichtet auf den Endpunkten die Normalflächen. Die innere Einhüllende definiert dann die Gleichgewichtsform. Abb. 5.28 zeigt eine über Computersimulation erhaltene Gleichgewichtsmorphologie für Si_3N_4 [150].

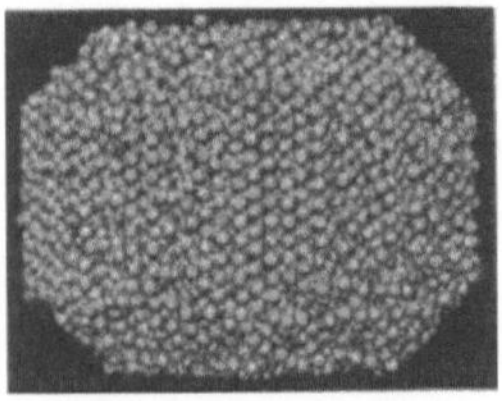

Abb. 5.28: Molekulardynamik–Simulation der Wulff–Form von Si_3N_4–Kriställchen. Aus [150].

In Ref. [142,143] ist gezeigt, dass für kleine Wulff–Kristalle (MX) das chemische Potential, μ_{MX}, in Bezug auf den Wert sehr großer Kristalle, μ_{MX}^{∞}, nach

$$\mu_{MX} = \mu_{MX}^{\infty} + \frac{2\gamma_a}{h_a} V_m \tag{5.73}$$

korrigiert werden muss (V_m: Molvolumen). Gl. (5.73) erklärt den erhöhten Dampfdruck sehr kleiner Kriställchen.

[60]Die Wulff–Konstruktion folgt aus der Minimierung der Freien Oberflächenenergie bei festgehaltenem Volumen. Es ist dabei zu berücksichtigen, dass das Volumen und die Fläche homogene Funktionen der Höhen vom Grade 3 bzw. 2 sind (vgl. Fußnote 19 auf Seite 81. Dort war G eine homogene Funktion vom Grade 1 in den Molzahlen) [148,149].

Das konstante Verhältnis γ_a/h_a lässt sich auch mit Vorteil durch mittlere Größen[61], nämlich als $\bar{\gamma}/\bar{r}$ ausdrücken, wobei $\bar{\gamma} = \Sigma_j a_j \gamma_j / \Sigma_j a_j$ und $\bar{r} = \Sigma_j a_j h_j / \Sigma_j a_j$ mit j als Laufindex für die Gleichgewichtsflächen, schließlich ist des Wulffschen Satzes wegen $\Sigma_j a_j \gamma_j / a = (\gamma_j/h_j)\Sigma_j h_j a_j / a$. Für kugelförmige Körper (fluide Phasen) ergibt sich aus (5.73) die bekannte Kelvin–Gleichung ($\bar{\gamma}/\bar{r} = \gamma/r$). Aufgrund der kinetischen Randbedingungen sind solche Betrachtungen, wenn überhaupt, nur für kleine Kristalle und hohe Temperaturen von Belang[62]. Die Morphologie ist in aller Regel kinetisch kontrolliert (s. Abb. 5.29). Allerdings können, wie erwähnt und in Abb. 5.23c, d ge-

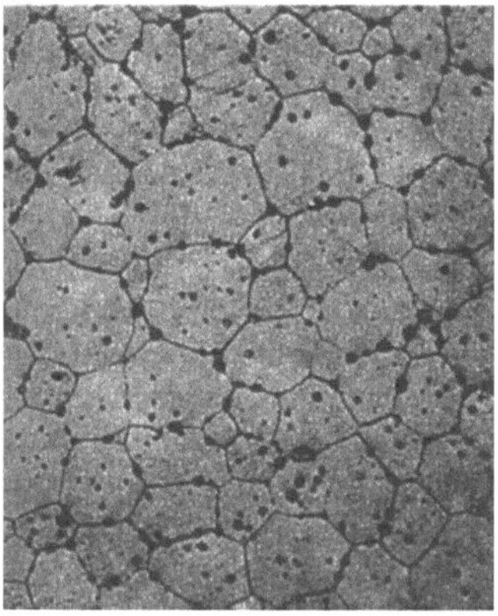

Abb. 5.29: Gefügebild einer CaF_2–Keramik. Der Winkel beim Kontakt dreier Körner ist ca. 120°. Wegen der unterschiedlichen Korngröße führt dies zu Krümmungen, die als Triebkraft für den weiteren Homogenisierungsprozess angesehen werden können [129]. Aus [128].

zeigt, hoch–energetische Grenzflächen sich lokal durch Facettierung umarrangieren. Hier ist der kinetische Aufwand tolerabel und der Energiegewinn resultiert trotz der vergrößerten Fläche aus der Bildung von Flächen mit geringem γ–Wert. Befassen wir uns im folgenden mit einigen für lokale Morphologiefragen wichtigen Beispielen und vernachlässigen der Einfachheit halber Orientierungsabhängigkeiten.
Betrachten wir in Abb. 5.30 den Kontakt dreier Phasen α, β, γ entsprechend dreier Grenzflächenspannungen $\gamma_{\alpha\beta}, \gamma_{\alpha\gamma}, \gamma_{\beta\gamma}$. Das Kräftegleichgewicht[63] verlangt

$$\gamma_{\alpha\beta}\mathbf{e}_{\alpha\beta} + \gamma_{\alpha\gamma}\mathbf{e}_{\alpha\gamma} + \gamma_{\beta\gamma}\mathbf{e}_{\beta\gamma} = \mathbf{0} \qquad (5.75)$$

[61]Man beachte, dass $\bar{r}$ gerade durch 3V/a gegeben ist, schließlich ist $\frac{1}{3}a_j h_j$ gerade das Volumen einer durch Kristallfläche und Ursprung definierten Teilpyramide (s. Abb. 5.27). Diese Vereinigung aller Teilpyramiden ist das Kristallvolumen (V).

[62]Bei kleinen Kristallen sind dann aber auch schon Linien– und Punktspannungen wesentlich, und die Gleichgewichtsform differiert von der Wulff–Form. Dann ist auch Gl. (5.73) entsprechend zu verallgemeinern. Dieses phänomenologische Argument wie auch die bei sehr kleinen Kristallen wichtig werdende Größenabhängigkeit der Grenzflächenspannung (Linien–, Punktspannung) bilden eine Brücke zu den Gleichgewichtsformen der Clusterchemie (s. auch Abb. 2.4).

[63]Die Neumannsche Formulierung (Gl. (5.75)) [143] ist äquivalent der Gibbsschen Darstellung $\Sigma_i \gamma_i dl_i = 0$, wobei auch über alle Grenzflächen summiert wird und dl_i die Fortpflanzung der Schnittlinien entlang der Grenzfläche i bezeichnet [151]. Im Falle von Orientierungsabhängigkeit kommt zum Bestreben des Zusammenziehens der Grenzfläche noch das Bestreben einer Rotation

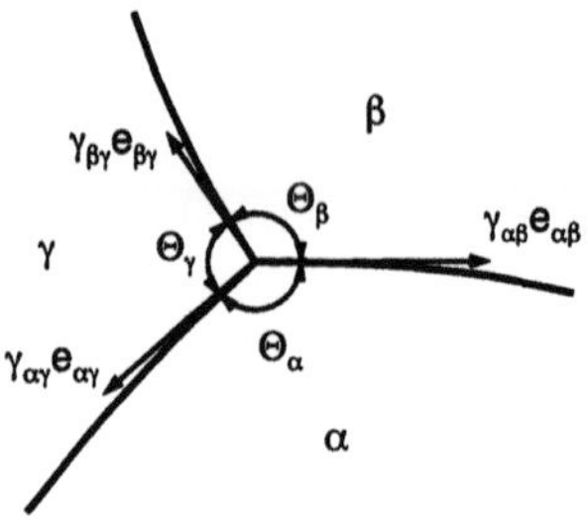

Abb. 5.30: Zum mechanischen Gleichgewicht eines Dreiphasenkontaktes.

mit den Einheitsvektoren $\mathbf{e}_{\alpha\beta}, \mathbf{e}_{\alpha\gamma}, \mathbf{e}_{\beta\gamma}$. Die Einheitsvektoren sind die Tangentialvektoren senkrecht zur der den drei Phasen gemeinsamen Kontaktlinie (senkrecht zur Zeichenebene).
Ein bekanntes Beispiel ist die Youngsche Gleichung beim Kontakt einer amorphen verformbaren Phase (l) auf einer starren Phase (s) in Kontakt mit einer Gasphase (g) (wie Abb. 5.31 illustriert).

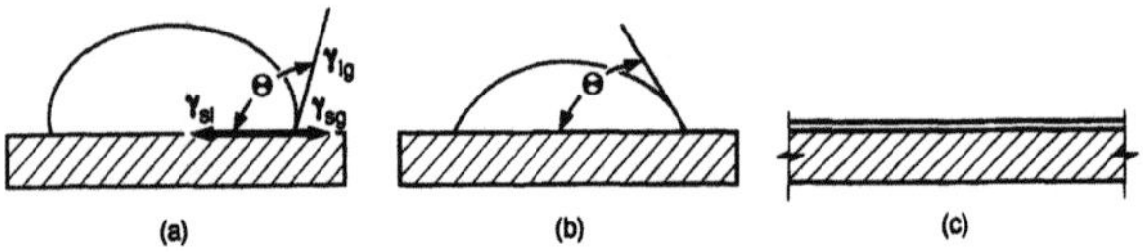

Abb. 5.31: Kontaktwinkel Θ eines flüssigen Tropfens auf einem Festkörper für verschiedene Situationen unterschiedlicher Benetzbarkeit. $\gamma_{\alpha\beta}$ steht der Einfachheit halber für $\gamma_{\alpha\beta}\mathbf{e}_{\alpha\beta}$.

Das Ergebnis aus Gl. (5.75),

$$\gamma_{sg} = \gamma_{sl} + \gamma_{lg}\cos\Theta, \tag{5.76}$$

definiert die Situation völlig durch einen Randwinkel Θ. Wird — bei gegebenen γ_{sg}– und γ_{lg}–Werten — γ_{sl} verkleinert, so sinkt Θ. Für ähnliche Grenzflächenspannungen der beiden kondensierten Phasen zur Gasphase strebt mit verschwindendem γ_{sl} der Randwinkel gegen Null (Abb. 5.31c), und die Benetzung wird optimal. Ist $\gamma_{sl} \simeq \gamma_{sg}$, folgt $\Theta \simeq 90°$. Ist γ_{sl} sehr viel größer als γ_{sg} und γ_{lg}, wird Θ sehr groß, die Benetzung sehr schlecht und der s/l–Kontakt wird möglichst vermieden (Abb. 5.31a).

---

zu einer günstigen Orientierung, und es gilt die allgemeinere Herringsche Beziehung [152]

$$\sum_{i=1}^{3}\gamma_i\mathbf{e}_i + \sum_{i=1}^{3}\frac{\partial\gamma_i}{\partial\alpha_i}\mathbf{e}_i \times \mathbf{n} = 0 \tag{5.74}$$

($\mathbf{n}$ ist der Einheitsvektor entlang der Kontaktlinie ($\perp \mathbf{e}_i$, steht in Abb. 5.30 aus der Papierebene heraus), der Winkel α_i misst die kristallographische Orientierung der Grenze i).

Mit Hilfe von Benetzungsexperimenten lassen sich Grenzflächenspannungen als Funktion der Temperatur bestimmen und in Enthalpie– und Entropieanteile zerlegen. (Ein konkretes Beispiel wird in Abschnitt 5.8.5 angesprochen.) Beim Vergleich vom γ_{sg}–Werten mit gerechneten Werten ist zu berücksichtigen, dass in realen Atmosphären Adsorptionsvorgänge eine wichtige Rolle spielen können oder aber, wenn die Experimente im Vakuum durchgeführt wurden, die Gefahr des Ausbaus wichtiger Komponenten besteht. Gl. (5.76) vermag auch eine qualitative Erklärung für die zuweilen beobachtete Inselbildung bei dünnen Filmen auf Substraten zu geben. Betrachten wir einen sehr dünnen Glasfilm. Er sei metastabil aufgebracht. Es sei γ_{sl} unter den aktuellen Gegebenheiten so groß, dass sich ein deutlicher Kontaktwinkel Θ ausbilden sollte. Ist die Viskosität dergestalt, dass sich ein einziger Tropfen mit dem Kontaktwinkel Θ nicht bilden kann, wohl aber lokale Verformungen möglich sind, so entstehen wegen der Konstanz der Masse separate Inseln.
Gl. (5.75) ist vor allem sehr nützlich bei der Diskussion der Kornmorphologien in polykristallinem Gefüge. Sie besagt, dass beim Kontakt dreier Körner, bei Ver-

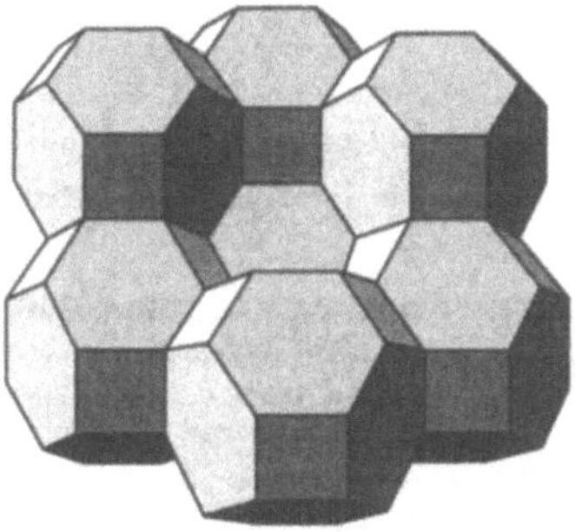

Abb. 5.32: Der gezeigte raumausfüllende Tetrakaidekaeder erfüllt näherungsweise das Kriterium idealer Dreikornkontakte [153]. Aus [126].

nachlässigung der Orientierungsabhängigkeit von γ, der Gleichgewichtswinkel 120° und beim 4 Korn–Kontakt 109.5° beträgt (s. Abb. 5.30). Eine hexagonartige Kornverteilung wird häufig in Schliffbildern beobachtet. Ein Polyeder, der näherungsweise die angesprochenen Bedingungen erfüllt und im Dreidimensionalen den Raum ausfüllt [153], ist der in Abb. 5.32 dargestellte Vierzehnflächner.
Beim technisch überaus bedeutsamen Prozess des Sinterns, der einzelne Körner zu einem mechanisch stabilen Festkörper verschweißt, ist man gerade bestrebt, ein möglichst energiearmes Gefüge zu erzielen. Der lokale Dreikorn–Kontaktwinkel des in Abb. 5.29 gezeigten Gefüges einer CaF_2–Keramik beträgt einigermaßen genau 120°, wenn auch beileibe nicht alle Körner die Gleichgewichtsform aufweisen. Die unterschiedliche Korngröße führt zu Krümmungen der Kontaktflächen, die als Triebkraft einer weiteren Homogenisierung beim Tempern aufgefasst werden können. In Abb. 5.29 sind außerdem Poren und Einschlüsse fester Phasen zu erkennen.
Abbildung 5.33a zeigt drei Kupfer–Körner im Kontakt auf dem Wege zur "Gleichgewichts"–Morphologie, Abbildung 5.33b die molekulardynamische Simulation des analogen Vorganges beim Si_3N_4. Die sich ausbildenden Kontaktwinkel sind ziemlich

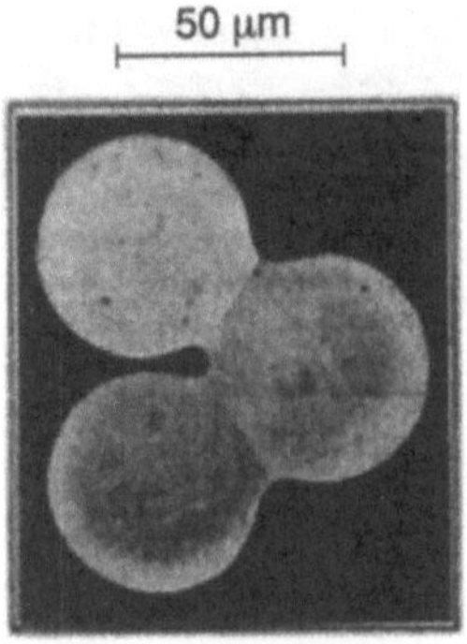

Abb. 5.33a: Drei Kupferkörner, 8h, bei 1300K gesintert, auf dem Wege zum idealen Dreikornkontakt [154]. Aus [155].

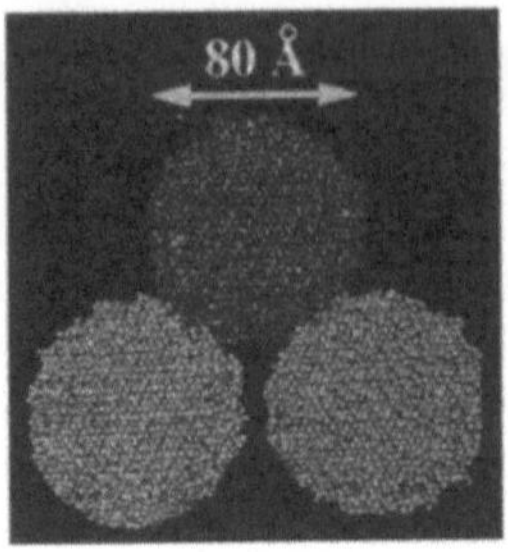

Abb. 5.33b: Molekulardynamische Simulation des Versinterns dreier Si_3N_4-Körner [150]. Aus [156].

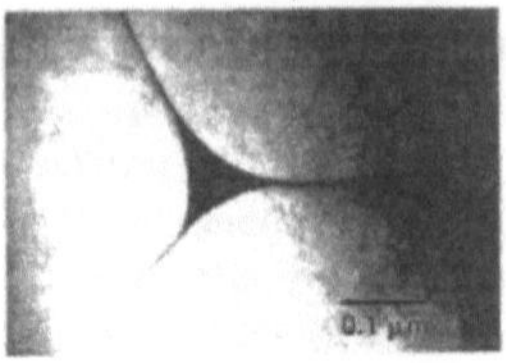

Abb. 5.33c: Dreikornkontakt im ZnO mit verschwindendem Diederwinkel (vgl. Abb. 5.34). Die extrem gut benetzende Korngrenzenphase ist reich an Bismutoxid und für die Varistoreigenschaften wesentlich (s. Abschnitt 5.8). Aus [157].

genau 120°. Charakteristisch sind die sich ausbildenden Sinterhälse (Abb. 5.33b) und der Zwickel in der Mitte der drei Körner (s. Abb. 5.33c für ZnO). Da dieser

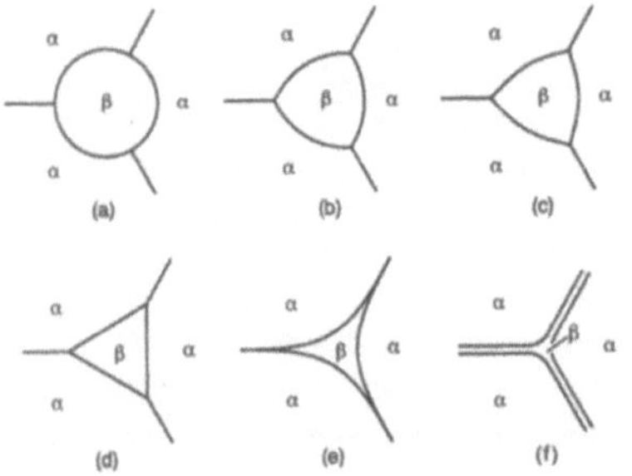

Abb. 5.34: Die Morphologie eines Einschlusses in Abhängigkeit der Grenzflächenspannung zwischen Kornphase und Zwickelphase. Sie lässt sich durch den sogenannten Diederwinkel charakterisieren. Dieser ist über den Innenwinkel der Tangenten an die α–β–Begrenzungslinien am Schnittpunkt gegeben und variiert zwischen 180° und 0° (vgl. auch Abb. 5.33c). Die Teilbilder a bis f illustrieren charakteristische Morphologien entsprechend 180° (a), über 135° (b), 90° (c), 60° (d), 30° (e) bis zu 0° (f). Nach [158].

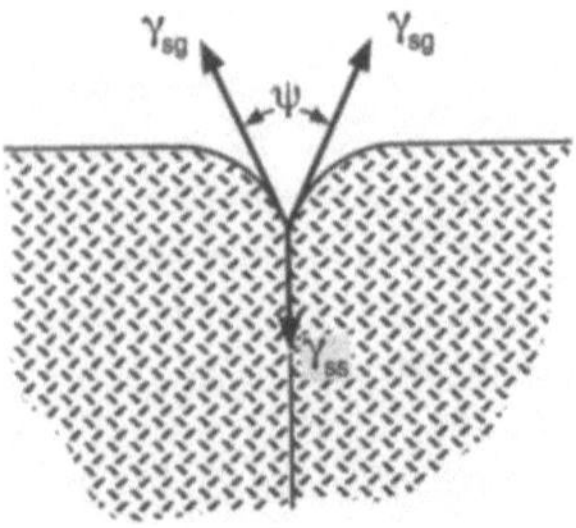

Abb. 5.35: Der Öffnungswinkel der Korngrenzgrube ist abhängig von der Korngrenzflächenspannung und der Oberflächenspannung [133].

als Dreikornkontakt energetisch ausgezeichnet ist, ist er bevorzugter Rückzugsort

von kondensierten Verunreinigungsphasen oder Gasphasen (Poren). Auch dieses Geschehen folgt (wenn kinetisch möglich) der Grenzflächenthermodynamik. In Abb. 5.34 sind verschiedene Situationen, vom Fall extrem gut benetzender (amorpher) Zweitphase (5.34f und 5.33c) bis zum absoluten Gegenstück (5.34a) der völligen Separation der Zweitphase im Zwickel, dargestellt.
Während die Oberflächenspannung über Benetzungsversuche zugänglich ist (s. Gl. (5.76)), ist die Korngrenzflächenspannung durch Vermessung der Öffnungswinkel von Korngrenzgruben an der Oberfläche (s. Abb. 5.35) messbar. Es gilt entsprechend dem Kräftegleichgewicht in Abb. 5.35 bzw. nach Gl. (5.75) bei Vernachlässigung von Orientierungseffekten[64]:

$$\gamma_{\mathrm{Korn,Korn}} = 2\gamma_{\mathrm{Korn,Luft}} \cos\frac{\psi}{2}. \qquad (5.77)$$

Die rein qualitative Tatsache, dass Oberflächen an den Stellen, an denen Körner aneinanderstoßen, im lokalen Gleichgewicht nicht eben sein können, ist wichtig zur Korngrößenbestimmung über Schliffbilder (thermisches Ätzen). Spezielle Ätzmethoden zur verbesserten Sichtbarmachung beruhen auf der verbesserten Löslichkeit der Korngrenzregion aufgrund der erhöhten Freien Enthalpie.
Wenden wir uns jedoch nach diesem Ausflug wieder den im Mittelpunkt unseres Interesses stehenden Punktdefekten zu. Auf die höherdimensionalen Defekte, und zwar als "Randbedingungen" für die Punktfehlerverteilung, kommen wir in Abschnitt 5.8 zurück.

5.5 Punktfehlerreaktionen

5.5.1 Einfache interne Defektgleichgewichte

Nachdem wir festgestellt haben, (i) dass die Existenz von ionischen und elektronischen Punktdefekten als lokale chemische Anregungen bei endlichen Temperaturen im Gleichgewicht gefordert ist, (ii) dass wir für geringe Defektkonzentrationen in allen Fällen ideale Massenwirkungsgesetze schreiben können und wissen, (iii) welche Größen unsere Massenwirkungskonstanten beeinflussen, wenden wir uns nun der spezifischen Diskussion der Defektchemie zu. Betrachten wir zunächst innere Defektreaktionen und reine Einkristalle: Mit inneren Defektreaktionen in reinen Substanzen sind die Vorgänge gemeint, die durch Temperaturerhöhung (thermische Fehlordnung) im ansonsten perfekten Kristall ohne Einwirkung von Nachbarphasen entstehen. (Für zwei dieser Reaktionstypen benötigen wir lediglich Oberflächen als Quelle oder Senke monomerer Einheiten, d.h. von Gittermolekülen.) Solche Vorgänge lassen im Binären die Zusammensetzung im Innern des Festkörpers un-

[64] Ist auch das dritte Medium nicht Luft, sondern ein Korn gleicher Zusammensetzung, so erhalten wir aus Gl. (5.77) das schon verwendete Resultat für den Dreikornkontakt ($\cos(\psi/2) = 1/2, \psi = 120°$).

verändert. Beziehen wir uns von vornherein auf die Dalton–Zusammensetzung[65], so spricht man auch vom intrinsischen Fall. Der erste zu besprechende grundlegende Fehlordnungstyp ist die Frenkelfehlordnung. Hier haben einige wenige Kationen aufgrund der Konfigurationsentropie und somit des thermischen Einflusses ihre regulären Plätze verlassen und sind unter Zurücklassen von Leerstellen in Zwischengitterpositionen gewandert. Solche Fehler treten typischerweise im Kationenteilgitter und bevorzugt in Substanzen mit hohen Polarisierbarkeiten auf, wie etwa in den Silberhalogeniden AgCl, AgBr und AgI (vgl. Abschnitt 5.2).
In Absolutschreibweise erhalten wir für AgCl[66]:

$$\left[\begin{array}{cccc} Ag^+ & Cl^- & Ag^+ & Cl^- \\ Cl^- & Ag^+ & Cl^- & Ag^+ \\ Ag^+ & Cl^- & Ag^+ & Cl^- \\ Cl^- & Ag^+ & Cl^- & Ag^+ \end{array}\right] \rightleftharpoons \left[\begin{array}{cccc} & Cl^- & Ag^+ & Cl^- \\ Cl^- & Ag^+ & Cl^- & Ag^+ \\ Ag^+ & Cl^- & Ag^+ & Cl^- \\ & & \multicolumn{2}{c}{Ag^+} \\ Cl^- & Ag^+ & Cl^- & Ag^+ \end{array}\right] \qquad (5.78)$$

oder wenn wir nur die markierten, zunächst neutralen Kristall–Ausschnitte betrachten:

$$\left[\begin{array}{cc} Ag^+ & Cl^- \\ Cl^- & Ag^+ \end{array}\right]^0 + \left[\begin{array}{cc} Ag^+ & Cl^- \\ Cl^- & Ag^+ \end{array}\right]^0 \rightleftharpoons \left[\begin{array}{cc} & Cl^- \\ Cl^- & Ag^+ \end{array}\right]^- + \left[\begin{array}{cc} Ag^+ & Cl^- \\ \multicolumn{2}{c}{Ag^+} \\ Cl^- & Ag^+ \end{array}\right]^+ . \qquad (5.79)$$

Man erkennt, dass der die Leerstelle beinhaltende Kristallausschnitt nun negativ und der den Zwischengitterdefekt enthaltende Ausschnitt positiv geladen ist. (Noch knapper ist die in Gl. 1.2b (auf S. 16) gewählte Formulierung). Abstrahieren wir völlig von der perfekten AgCl–Struktur, subtrahieren wir also in Gl. (5.78) auf beiden Seiten $(AgCl)_8$ bzw. in Gl. (5.79) $(AgCl)_4$, so erhalten wir in Bauelementschreibweise ($Ag^{\cdot}$: Zwischengittersilberion, $|Ag|'$: Silberionleerstelle):

$$\mathrm{Null} \rightleftharpoons Ag^{\cdot} + |Ag|' . \qquad (5.80)$$

Die altmodischen Ladungsbezeichnungen dienen zur Unterscheidung in bezug auf die regulären Teilchen und geben die Ladung relativ zum perfekten Gitter an. Nach

[65] Hiermit ist die Zusammensetzung des perfekten Festkörpers gemeint, z.B. $AgCl_{1+\epsilon}$ mit ϵ strikt Null. Wir benützen diese Bezeichnung angesichts des historischen Streites zwischen Dalton und Berthollet um die Gültigkeit des Prinzipes der konstanten Proportionen. Im Falle von Feststoffen hatte Dalton nur in erster Näherung als Verfechter dieses Prinzipes recht.

[66] Die Darstellung (5.78) ist schematisch. Vergleichen wir mit der präzisen kristallographischen Situation (s. Abb. 5.3a, S. 113), bezieht sie sich auf eine Schnittfläche parallel zu den Würfelkanten, wobei das Zwischengitterteilchen in diese hineinprojiziert ist.

den Ausführungen in Abschnitt 5.2 wissen wir, dass im Gleichgewicht ein Massenwirkungsgesetz der Form (F indiziert Frenkel-Reaktion)

$$[\mathrm{Ag}^{\cdot}]\,[|\mathrm{Ag}|'] = \mathrm{K_F}\,(\mathrm{T}) = \exp - \frac{\mu^{\circ}_{\mathrm{Ag}^{\cdot}} + \mu^{\circ}_{|\mathrm{Ag}'|}}{\mathrm{RT}} = \exp \frac{\Delta_{\mathrm{F}}\mathrm{S}^{\circ}_{\mathrm{m}}}{\mathrm{R}} \exp - \frac{\Delta_{\mathrm{F}}\mathrm{H}^{\circ}_{\mathrm{m}}}{\mathrm{RT}} \tag{5.81}$$

gilt. Da im Rest des Kapitels ausschließlich von Gleichgewichtskonzentrationen die Rede sein wird, unterdrücken wir das "Gleichgewichtsdach". Werte für $\Delta_F S^{\circ}_m$ und $\Delta_F H^{\circ}_m$ sind in Tab. 5.1 (auf Seite 116) zusammengestellt. Offensichtlich leidet die Bauelement-Formulierung der Gl. (5.80) an mangelnder Anschaulichkeit, wenngleich sie auch die thermodynamisch korrekte ist [159]: Entsprechend den Ausführungen in Abschnitt 5.2 verstehen wir die Punktdefekte als Spezies, die wir dem perfekten Kristall zufügen. Sie müssen also echte Relativelemente sein. Die anschaulichere Formulierung [160] in Form von Strukturelementen (V: Leerstelle, i: Zwischengitterplatz, s. Abschnitt 1.2), die nun der tatsächlichen Struktur des Realkristalls in Gl. (5.78) Rechnung trägt, allerdings nur die direkt betroffenen Zentren berücksichtigt und deren Ladung als relativ zum perfekten Gitter definiert ist, führt[67] zu

$$\mathrm{Ag_{Ag}} + \mathrm{V_i} \rightleftharpoons \mathrm{Ag_i^{\cdot}} + \mathrm{V'_{Ag}}. \tag{5.82}$$

Die Umformung

$$\mathrm{Null} \rightleftharpoons (\mathrm{Ag_i^{\cdot}} - \mathrm{V_i}) + \left(\mathrm{V'_{Ag}} - \mathrm{Ag_{Ag}}\right) \tag{5.83}$$

und der Vergleich mit Gl. (5.80) erschließt den Zusammenhang. Die Kombination $(\mathrm{Ag_i^{\cdot}} - \mathrm{V_i})$ und $\left(\mathrm{V'_{Ag}} - \mathrm{Ag_{Ag}}\right)$ stellen wieder unsere Bauelemente $\mathrm{Ag}^{\cdot}$ und $|\mathrm{Ag}|'$ dar und drücken den Sachverhalt aus, dass sich z.B. nur eine Leerstelle bilden kann, wenn gleichzeitig ein reguläres Silberion ($\mathrm{Ag_{Ag}}$) entfernt wird. Nur für solche Kombinationen kann man strenggenommen thermodynamische Potentiale definieren, und deswegen erscheinen deren Konzentrationen in den Massenwirkungsgesetzen. Nun ist aber offensichtlich, dass die Konzentration der Struktur- und Bauelemente identisch sind und wir somit ebenfalls letztendlich Gl. (5.81) erhalten, hier in der Form

$$\mathrm{K_F} = [\mathrm{Ag_i^{\cdot}}]\left[\mathrm{V'_{Ag}}\right]. \tag{5.84}$$

Mit anderen Worten führt es auch zum richtigen Ergebnis — jedenfalls solange die Fehlerkonzentrationen gering sind —, wenn man naiv Massenwirkungsgesetze über die Strukturelemente formuliert, d.h. (formal) Aktivitäten für die einzelnen Strukturelemente angibt, die der regulären Spezies 1 setzt oder als Konstante in K inkorporiert denkt. Die Aktivitäten der verdünnten Fehler, formuliert als Strukturelemente, werden der Konzentration gleichgesetzt.

[67]Bauelemente sind also in bezug auf Struktur und Ladung echte Relativelemente (realer Kristallausschnitt minus perfekter Kristallausschnitt), während obige Strukturelemente in bezug auf die Struktur absolut, aber relativ in bezug auf die Ladung sind. Es wird sich zeigen (Kap. 6), dass vor allem für kinetische Betrachtungen die Strukturelementnotation die geeignetere ist. Der gesamte Festkörper ergibt sich aus der Summe der Strukturelemente SE (perfekter Festkörper = $(\Sigma\mathrm{SE})_{\mathrm{perfekt}}$, realer Festkörper = $(\Sigma\mathrm{SE})_{\mathrm{real}}$). Die Summe der Defekt-Bauelemente (BE) folgt als: $\Sigma\mathrm{BE} = (\Sigma\mathrm{SE})_{\mathrm{real}} - (\Sigma\mathrm{SE})_{\mathrm{perfekt}}$. Eine präzise Analyse der Begriffe befindet sich in Ref. [8].

Bislang erlaubte uns die Thermodynamik nur eine Aussage über das Produkt beider Konzentrationen. Die Aussage über die Einzelkonzentrationen von $[Ag_i^{\bullet}]$ und $[V'_{Ag}]$ verlangt eine weitere Information. Diese besteht in der Bedingung der Elektroneutralität des Kristalles. Für reine Substanzen muss (lokal) $[Ag_i^{\bullet}] = [V'_{Ag}]$ gelten und damit

$$[Ag_i^{\bullet}] = [V'_{Ag}] = K_F(T)^{1/2} = \exp\frac{\Delta_F S_m^\circ}{2R}\exp-\frac{\Delta_F H_m^\circ}{2RT}. \tag{5.85}$$

Abbildung 5.36 zeigt die Abhängigkeit der Defektkonzentration in reinem AgCl in van't Hoff–Darstellung ($\Delta_F H_m^\circ = 140$kJ/mol, $\Delta_F S_m^\circ = 9.4R$, s. Tab. 5.1 S. 116). Die Steigung ist durch $-\frac{\Delta_F H_m^0}{2R}$ gegeben. Man erkennt, wie immens wegen des Einflusses

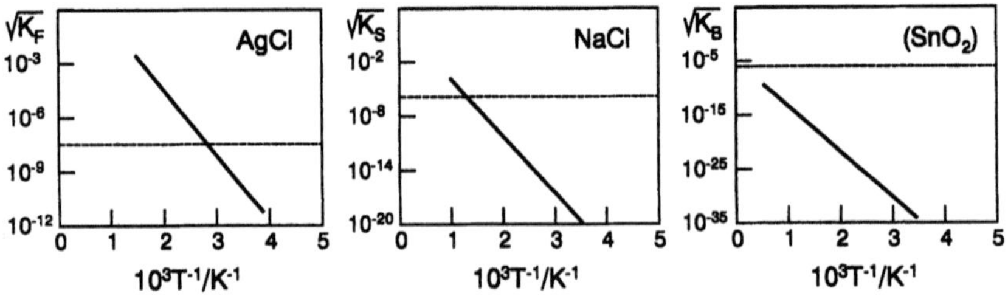

Abb. 5.36: Intrinsische Konzentrationen für die Frenkeldefekte im AgCl, Schottkydefekte im NaCl und Elektron–Loch–Paare in einem Material mit einer Bandlücke von 3.5eV. Eine solche Bandlücke ist beim SnO_2 realisiert. Der Wert der Gleichgewichtskonstanten verringert sich von links nach rechts. Die gestrichelte Linie zeigt ein typisches unteres Verunreinigungslimit an. Bei nicht allzu hohen Temperaturen dominieren Verunreinigungseffekte (vgl. Abschnitt 5.6) bzw. im rechten Beispiel Nichtstöchiometrieauswirkungen (vgl. Abschnitt 5.5.2). Intrinsisches elektronisches Verhalten würde auch in ideal reinem SnO_2 wegen des merklichen Sauerstoffausbaus extrem hohe Sauerstoffpartialdrücke erfordern (daher die Klammern). In AgCl und NaCl sind solche Nichtstöchiometrieeffekte wegen der geringen Redoxvariabilität vernachlässigbar.

der Frenkelenthalpie die Fehlerkonzentration mit steigender Temperatur zunimmt. Man erkennt aber auch, dass die Fehlerkonzentration bei tiefen Temperaturen so klein würde, dass andere, sogenannte extrinsische Effekte, die in den kommenden Abschnitten (5.5.2, 5.6) besprochen werden, hier mit Sicherheit dominieren werden[68]. Offensichtlich ist auch die Analogie zur wässrigen Chemie. Dort entspräche $K^{1/2}$ der intrinsische Protonen– bzw. Hydroxidionenkonzentration. Auch dort sind die Ladungsträgereffekte bei Zimmertemperatur in der Regel durch externe Effekte kontrolliert.

[68] An der Stelle sind Verunreinigungen gemeint. Das Gleichgewicht mit der Nachbarphase beeinflusst hier in nennenswerter Weise nur die Elektronen als Minoritätsdefekte, deren Konzentration gegenüber der der Silberdefekte klein ist. Allerdings ist letzteres relevant für das SnO_2-Beispiel in Abb. 5.36 (s.u.).

Analog ist die Behandlung bei der Schottky–Fehlordnung. Hier werden nach

$$\begin{bmatrix} Na^+ & Cl^- \\ Cl^- & Na^+ \end{bmatrix} + \begin{bmatrix} Na^+ & Cl^- \\ Cl^- & Na^+ \end{bmatrix} \rightleftharpoons \begin{bmatrix} & Cl^- \\ Cl^- & Na^+ \end{bmatrix}^- + \begin{bmatrix} Na^+ & Cl^- \\ & Na^+ \end{bmatrix}^+ + NaCl \qquad (5.86)$$

sowohl eine Kationen– wie eine Anionenleerstelle gebildet. Hierfür wird ein "Monomer" an der Oberfläche angebaut (d.h. ein Gittermolekül gebildet). In der Bauelementschreibweise gilt

$$\mathrm{Null} \rightleftharpoons |\mathrm{Na}|' + |\mathrm{Cl}|^{\cdot} + \mathrm{NaCl} \qquad (5.87)$$

und in Strukturelementschreibweise

$$\mathrm{Na_{Na}} + \mathrm{Cl_{Cl}} \rightleftharpoons \mathrm{V}'_{\mathrm{Na}} + \mathrm{V}^{\cdot}_{\mathrm{Cl}} + \mathrm{NaCl} \qquad (5.88)$$

mit dem Massenwirkungsgesetz

$$[\mathrm{V}'_{\mathrm{Na}}][\mathrm{V}^{\cdot}_{\mathrm{Cl}}] = \mathrm{K_S(T)} = \exp\frac{\Delta_{\mathrm{S}}\mathrm{S}^{\circ}_{\mathrm{m}}}{\mathrm{R}} \exp -\frac{\Delta_{\mathrm{S}}\mathrm{H}^{\circ}_{\mathrm{m}}}{\mathrm{RT}}. \qquad (5.89)$$

Mit den experimentellen Werten von $\Delta_S H^{\circ}_m = 240$kJ/mol und $\Delta_S S^{\circ}_m = 9.8$R (Tab. 5.1, S. 116) erhalten wir die ionischen Fehlerkonzentrationen im reinen Material ($[\mathrm{V}'_{\mathrm{Na}}] = [\mathrm{V}^{\cdot}_{\mathrm{Cl}}] = \sqrt{K_S}$), wie sie in Abb. 5.36 gezeigt sind. Wiederum ist erkenntlich, dass für T<700K das Ladungsträgerverhalten extrinsisch bestimmt sein wird. Auf einen prinzipiellen Unterschied im Bildungsmechanismus zur Frenkel–Fehlordnung ist schon hingewiesen worden. Da (wie bei der Anti–Schottky–Reaktion s.u.) jeweils das Gittermolekül involviert ist, müssen höherdimensionale Defekte wie Oberflächen, innere Grenzflächen oder Versetzungen mitwirken. Insofern handelt es sich nicht um echte innere Reaktionen. Dies ist von Wichtigkeit für die kinetische Behandlung.

Eine dritte grundlegende innere Fehlordnungsreaktion ist die Anti–Frenkelreaktion ($\bar{F}$, d.h. die zum Typ F analoge Fehlordnungsvariante im Anionenteilgitter). Sie tritt typisch in Erdalkalimetallhalogeniden auf, vor allem in den Fluoriden; diese Anionen sind klein genug, um Zwischengitterpositionen einzunehmen. Es ergibt sich in Bauelement– und Strukturelementschreibweise

Reaktion $\bar{F}$ =

$$\mathrm{Null} \rightleftharpoons \mathrm{F}' + |\mathrm{F}|^{\cdot} \qquad (5.90a)$$

Reaktion $\bar{F}$ =

$$\mathrm{F_F} + \mathrm{V_i} \rightleftharpoons \mathrm{F}'_{\mathrm{i}} + \mathrm{V}^{\cdot}_{\mathrm{F}} \qquad (5.90b)$$

mit dem Massenwirkungsgesetz

$$[\mathrm{F}'_{\mathrm{i}}]\,[\mathrm{V}^{\cdot}_{\mathrm{F}}] = \mathrm{K}_{\bar{\mathrm{F}}}(\mathrm{T}) = \exp\frac{\Delta_{\bar{\mathrm{F}}}\mathrm{S}^{\circ}_{\mathrm{m}}}{\mathrm{R}} \exp -\frac{\Delta_{\bar{\mathrm{F}}}\mathrm{H}^{\circ}_{\mathrm{m}}}{\mathrm{RT}}. \qquad (5.91)$$

Natürlich existiert als letzte Möglichkeit noch das Pendant zur Schottky-Reaktion, nämlich das zusätzliche Einbringen eines "Monomeren" in Kationen- und Anionenzwischengitterplätze. Diese Anti-Schottky-Reaktion erfordert eine hinreichend flexible Struktur und ist möglicherweise im gelben PbO maßgeblich:

$$\text{Reaktion } \bar{\text{S}} = \qquad \text{PbO} \rightleftharpoons \text{Pb}^{\cdot\cdot} + \text{O}'' \tag{5.92a}$$

bzw.

$$\text{Reaktion } \bar{\text{S}} = \qquad \text{PbO} + 2\text{V}_\text{i} \rightleftharpoons \text{Pb}_\text{i}^{\cdot\cdot} + \text{O}_\text{i}''. \tag{5.92b}$$

(In Gl. (5.92b) müsste strenggenommen zwischen verschiedenen Zwischengitterplätzen unterschieden werden.) Das Massenwirkungsgesetz lautet

$$[\text{Pb}_\text{i}^{\cdot\cdot}]\,[\text{O}_\text{i}''] = \text{K}_{\bar{\text{S}}} = \exp\frac{\Delta_{\bar{\text{S}}}\text{S}^\circ_\text{m}}{\text{R}}\exp-\frac{\Delta_{\bar{\text{S}}}\text{H}^\circ_\text{m}}{\text{RT}}. \tag{5.93}$$

Damit haben wir die Betrachtung einfacher innerer ionischer Defektreaktionen abgeschlossen. Die gegenseitige innere Substitution (Anti-Site-Fehlordnung) spielt in binären Ionenkristallen (M^+X^-) keine Rolle. Es ist schwierig, sich vorzustellen, dass sich bei realistischen Temperaturen Defekte der Form $M_X^{\cdot\cdot}$ oder X_M'' in signifikanter Anzahl bilden. Das nennenswerte Auftreten von Anti-Site-Defekten (s. Abschnitt 5.2) ist allerdings möglich in stark kovalent gebundenen Materialien wie GaAs oder in multinären Materialien wie $YBa_2Cu_3O_{6+x}$, die bei sehr hohen Temperaturen präpariert werden. Bei letzterem sind Defekte der Art $Y_{Ba}^{\cdot}$ sehr wahrscheinlich und spielen eine wichtige Rolle [116]. Weiter wird von komplexeren Defekten, die durch Assoziation der hier diskutierten Elementarfehler zustande kommen, abgesehen. Dies wird später im Detail behandelt.

Zu den diskutierten vier ionischen Fehlordnungsreaktionen (Säure–Base–Reaktionen) kommt nun noch die in Abschnitt 5.3 eingehend diskutierte elektronische Fehlordnungsreaktion (Redoxreaktion) hinzu:

$$\text{Reaktion B} = \qquad \text{Null} \rightleftharpoons \text{e}' + \text{h}^{\cdot}. \tag{5.94a}$$

In vielen binären Ionenkristallen (M^+X^-), z.B. in Metalloxiden oder -halogeniden mit hinreichender Elektronegativitätsdifferenz, kann das Valenzband (VB) den X-Orbitalen und das Leitungsband (CB) den M-Orbitalen (s. Abschnitt 2.2) zugeordnet werden, so dass folgendes, der vereinfachten Darstellung wegen lokalisiertes Bild die Reaktion in Absolutschreibweise wiedergibt:

$$\begin{bmatrix} M^+ & X^- & M^+ & X^- \\ X^- & M^+ & X^- & M^+ \\ M^+ & X^- & M^+ & X^- \\ X^- & M^+ & X^- & M^+ \end{bmatrix} \rightleftharpoons \begin{bmatrix} M^+ & X^- & M^0 & X^- \\ X^- & M^+ & X^- & M^+ \\ M^+ & X^- & M^+ & X^- \\ X^0 & M^+ & X^- & M^+ \end{bmatrix} \tag{5.94b}$$

oder

$$(M^{+}_{M^{+}}) + (X^{-}_{X^{-}}) \rightleftharpoons (X^{0}_{X^{-}})^{\cdot} + (M^{0}_{M^{+}})' . \qquad (5.94c)$$

Gl. (5.94b) bzw. Gl. (5.94c) liefert nach Subtraktion des perfekten Zustandes wieder Gl. (5.94a). Man erkennt durch Vergleich mit Gl. (5.94a), dass die Bauelemente e' und $h^{\cdot}$ den Strukturelementkombinationen ($X^{\cdot}_{X} - X_{X}$) und ($M'_{M} - M_{M}$) entsprechen. Um von den Gegebenheiten der Bandstruktur unabhängig zu bleiben, könnte man auch den Übergang vom Valenz- ins Leitungsband allgemeiner wie folgt formulieren:

$$(e_{VB})^{\times} + (V_{CB})^{\times} \rightleftharpoons (e_{LB})' + (V_{VB})^{\cdot} \qquad (5.94d)$$

Wie schon zuvor dargelegt, ist jedoch Gl. (5.94a) vorzuziehen, da durch die Betrachtung der ionischen Elemente als Strukturelemente die Elemente $(e_{VB})^{\times}$ und $(V_{CB})^{\times}$ mit erfasst wurden.

Auch hier ergibt sich ein Massenwirkungsgesetz der Form

$$[e'][h^{\cdot}] = K_B = \exp\frac{\Delta_B S^{\circ}_m}{R} \exp -\frac{\Delta_B H^{\circ}_m}{RT} . \qquad (5.95)$$

In Abschnitt 5.3 ist näher ausgeführt, dass $\Delta_B H^{\circ}$ in guter Näherung der Bandlücke entspricht. Nach unserer Konvention schließt $\Delta_B S^{\circ}_m$ (nahezu) konstante Terme wie die effektiven Zustandsdichten mit ein. Abbildung 5.36c zeigt $\sqrt{K_B}$ für einen Festkörper mit einer Bandlücke von 3.5eV, man erkennt, dass selbst bei höheren Temperaturen das elektronische Verhalten extrinsisch dominiert sein wird. Nur bei kleiner Bandlücke, hoher Temperatur und sehr reinen Halbleitern kann rein intrinsisches elektronisches Verhalten gemäß $[e'] = [h^{\cdot}] = \sqrt{K_B}$ erfüllt sein.

Tabelle 5.2 listet die internen Fehlordnungsreaktionen auf. All diese Defektreaktionen lassen das M/X–Verhältnis unberührt.

Nun muss aber jede realistische Behandlung der Defektchemie reiner Materialien der Tatsache Rechnung tragen, dass stets geringfügige Abweichungen von der exakten stöchiometrischen Zusammensetzung auftreten, d.h., dass die Defekte auch mit der Außenwelt korrespondieren. Das findet Niederschlag in der Phasenregel, wonach bei fester Temperatur und konstantem Partialdruck alle Freiheitsgrade nur dann aufgebraucht sind, wenn so viele Phasen wie Komponenten zugegen sind. Die thermodynamische Fixierung der Eigenschaften verlangt also die Äquilibrierung mit einer vorgegebenen M– oder X–Aktivität beziehungsweise einem vorgegeben M– oder X_2–Partialdruck (vgl. auch Abschnitt 4.3).

5.5.2 Externe Defektgleichgewichte

Dies wird in der Regel dadurch erzielt, dass die Probe entweder mit dem M–Muttermaterial (bzw., falls existent, mit der entsprechend metallreicheren thermodynamisch kompatiblen Verbindung) in Kontakt gebracht wird, wodurch im Gleichgewicht der geringstmögliche P_{X_2}–Partialdruck bzw. der höchstmögliche M–Gehalt in MX eingestellt ist, oder aber mit reinem X_2–Gas[69] (bzw. mit der entsprechend X–

[69] Durch Vorgabe bestimmter Partialdrücke (z.B. X_2/Ar–Mischungen) lässt sich das Komponentenpotential durchstimmen.

Tabelle 5.2: Einfache Defektchemie in $M_{1+\delta}X$.

Reaktion (r)	Massenwirkungsgesetz
intern	
Schottky (S)	$[V_X^{\bullet}][V_M'] = K_S$
Frenkel (F)	$[M_i^{\bullet}][V_M'] = K_F$
Anti-Frenkel ($\bar{F}$)	$[V_X^{\bullet}][X_i'] = K_{\bar{F}}$
Anti-Schottky ($\bar{S}$)	$[M_i^{\bullet}][X_i'] = K_{\bar{S}}$
Band-Band (B)	$[h^{\bullet}][e'] = K_B$
$K_r(T) \propto \exp + \frac{\Delta_r S_m^0}{R} \exp - \frac{\Delta_r H_m^0}{RT}$	
extern	
Reaktion mit der Gasphase (X)	$P_{X_2}^{-1/2}[V_X^{\bullet}]^{-1}[e']^{-1} = K_X$
Elektroneutralitätsbedingung	
$[V_X^{\bullet}] + [M_i^{\bullet}] + [h^{\bullet}] = [V_M'] + [X_i'] + [e']\ (\pm C)$	

reicheren Verbindung), wodurch der unter diesen Bedingungen maximale X–Gehalt (minimale M–Gehalt) eingestellt ist. In der Verbindung MX sind bei geringer Fehlordnung M–Aktivität und P_{X_2}–Partialdruck wegen

$$\text{Reaktion f} = \qquad \frac{1}{2}X_2 + M \rightleftharpoons MX(s) \tag{5.96}$$

über[70]

$$K_f^{-1} = P_{X_2}^{1/2} a_M \tag{5.97}$$

gekoppelt. Wie in Abschnitt 4.3.5 ausgiebig dargestellt, gilt Gl. (5.97) nur, solange μ_{MX} konstant ist, d.h. geringe Abweichungen von der Stöchiometrie nicht die Gibbs–Energie im Absolutwert beeinflussen $\left(\frac{\mu_{MX} - \mu_{MX_{1+\delta}}}{\mu_{MX}^0} \ll 1\right)$. Dies ist nach der Gibbs–Duhem Beziehung für $\delta \ll 1$ i.a. gut erfüllt. Es ist lohnenswert, sich an der Stelle

[70] Der Standarddruck ist in die Gleichgewichtskonstante einbezogen.

noch einmal Abb. 4.4 (S. 94) in Erinnerung zu rufen, die zeigte, wie immens sich das chemische Potential beim Durchgang durch die Phasenbreite verändert, wenn auch die Zusammensetzungsänderung gering ist.
Mit anderen Worten: Die folgenden Ausführungen befassen sich damit, welche chemischen Veränderungen sich beim Durchschreiten der Phasenbreite abspielen. Diese Variation in δ manifestiert sich in Veränderungen in den elektronischen und ionischen Punktdefektkonzentrationen. Qualitativ erwarten wir, dass sich beim Durchschreiten der Phasenbreite von links nach rechts, d.h. bei steigendem Sauerstoffpotential, die Konzentration der Sauerstoffleerstellen verringert und die der Sauerstoffionen im Zwischengitter erhöht, dass sich die Metalleerstellenkonzentration erhöht, die Metallzwischengitterkonzentration erniedrigt und gleichzeitig wegen der Oxidation die Elektronenkonzentration verringert bzw. die Löcherkonzentration erhöht. Wir wollen dies nun aber quantitativ diskutieren.
Die Wechselwirkungen des Oxides PbO mit dem Sauerstoff kann beispielsweise durch Einbau von Sauerstoff auf Zwischengitterpositionen formuliert werden. Der eingebaute Sauerstoff liegt im Gitter als O^{2-}, d.h. in unserem Beispiel als O_i'' vor, und wir vernichten dabei gleichzeitig e' (formal wird niederwertiges Pb zu Pb^{2+} aufoxidiert, d.h. Leitungselektronen vernichtet):

$$\frac{1}{2}O_2 + V_i + 2e' \rightleftharpoons O_i''. \tag{5.98a}$$

Man beachte, dass diese Gleichung (im Unterschied zu den reinen Redox- bzw. Säure–Base–Reaktionen) sowohl eine Redoxreaktion wie auch eine Säure–Base–Reaktion darstellt. Sie koppelt elektronische und ionische Fehlerkonzentrationen über das chemische Potential der Komponente[71] ($\mu_O = \tilde{\mu}_{O^{2-}} - 2\tilde{\mu}_{e^-}$). Auch hätte man mit gleicher Berechtigung

$$\frac{1}{2}O_2 + V_i \rightleftharpoons O_i'' + 2h^{\cdot} \tag{5.98b}$$

formulieren können. (Das Einbringen von Löchern bedeutet näherungsweise die Oxidation von O^{2-} zu O^-, d.h. den Konsum von Bindungselektronen.) Gl. (5.98b) bringt aber bei Einstellung der inneren Gleichgewichte keine neue Information, sondern entspricht lediglich der Kopplung von Gl. (5.98a) mit der Band–Bandreaktion (5.94a). Analog hat auch die Reaktion (5.98c) ihre Berechtigung, nach der Sauerstoff auf leere Plätze untergebracht wird:

$$\frac{1}{2}O_2 + V_O^{\cdot\cdot} + 2e' \rightleftharpoons O_O. \tag{5.98c}$$

Sie entspricht der Kopplung von Reaktion (5.98a) mit der Anti–Frenkel–Reaktion der Form (vgl. Gl. (5.90))

$$O_O + V_i \rightleftharpoons O_i'' + V_O^{\cdot\cdot}. \tag{5.99}$$

[71] Man beachte, dass dies der Kopplung der elektronischen und ionischen Fermi–Niveaus (in Abb. 5.9) entspricht.

Ebenso ergibt die Kopplung von (5.98a) mit der Anti–Schottky–Reaktion (5.92) eine relevante Formulierung, nämlich

$$\frac{1}{2}O_2 + Pb_i^{\cdot\cdot} + 2e' \rightleftharpoons PbO + V_i. \tag{5.98d}$$

Auch ist es möglich, statt des Einbaus von Sauerstoff die Wechselwirkung mit dem Pb der Nachbarphase zu betrachten, beispielsweise in der Form

$$Pb_{Pb} + 2e' \rightleftharpoons Pb + V_{Pb}''. \tag{5.100}$$

Hier stand die Kopplung von (5.98d) mit dem Gleichgewicht in der Gasphase (Gl. (5.96)) Pate. Der langen Rede kurzer Sinn: Bei Einstellung des inneren defektchemischen Gleichgewichtes genügt es, eine einzige Fehlordnungsreaktion zu formulieren, die die Wechselwirkung der Nachbarphase mit dem Volumen ausdrückt, also z.B. Gl. (5.98c). Natürlich wird man bei einiger Kenntnis des Materials diejenige Formulierung vorziehen, die die Majoritätsdefekte involviert, d.h. diejenigen die im gewählten Material in Mehrheit angetroffen werden.
Bei einem beliebigen ins Auge gefassten Material, bei welchem, wenn auch mit unterschiedlichem Gewicht, alle diskutierten Fehlordnungsreaktionen auftreten, müssen wir zu unserer Liste der inneren Fehlordnungsreaktionen (Tab. 5.2, S. 164) eine einzige externe Reaktion hinzunehmen. Wir wählen für unsere Modellverbindung MX ohne Beschränkung der Allgemeinheit die Formulierung mit Anionenleerstellen und Leitungselektronen, d. h.

$$\text{Reaktion X} = \qquad \frac{1}{2}X_2 + V_X^{\cdot} + e' \rightleftharpoons X_X. \tag{5.101}$$

Das Massenwirkungsgesetz lautet[70]

$$P_{X_2}^{-1/2}\,[V_X^{\cdot}]^{-1}\,[e']^{-1} = K_X(T) = \exp\frac{\Delta_X S^\circ}{R}\exp-\frac{\Delta_X H^\circ}{RT}. \tag{5.102}$$

Neben der Temperatur erhalten wir als zweiten Parameter den X_2–Partialdruck (oder die X– bzw. M–Aktivität). Eine letzte Bedingung ist die Forderung nach Elektroneutralität:

$$[X_i'] + [V_M'] + [e'] = [M_i^{\cdot}] + [V_X^{\cdot}] + [h^{\cdot}]. \tag{5.103a}$$

Unsere verbleibende Aufgabe ist die Errechnung der Defektkonzentration als Funktion von T und P_{X_2}. Die mathematische Schwierigkeit besteht nicht in der Vielzahl an Massenwirkungsgesetzen, sondern in der zu den Potenzgesetzen der Massenwirkungsbeziehungen verschiedenen mathematischen Struktur der Elektroneutralitätsbeziehung: Nach Logarithmieren sind alle Massenwirkungsgesetze linear, die Elektroneutralitätsbedingung Gl. (5.103) ist dagegen nichtlinear. Um das Problem einer analytischen Betrachtung zugänglich zu machen, müssen wir Gl. (5.103) soweit vereinfachen, dass diese nach Logarithmieren eine lineare Gestalt annimmt. Doch zuvor zählen wir die Variablen ab. Wir haben 6 unabhängige Defektkonzentrationen, aber 7 Gleichungen. Dies bedeutet, dass eine der inneren ionischen Defektreaktionen redundant ist. So ergibt sich ja etwa die Anti–Schottky–Reaktion durch Kombination der ersten drei ionischen Fehlordnungsreaktionen. Es ist sofort einzusehen, dass $K_{\bar{S}} = K_{\bar{F}} K_F / K_S$. Somit können wir auf eine der 4 — (wir wählen $\bar{S}$) — verzichten. Zurück zur Elektroneutralitätsbeziehung: Wie durch Einsetzen leicht zu verifizieren, kann Gl. (5.103a) vereinfacht werden zu

$$[X_i'] (K_S/K_{\bar{F}} + 1) + [e'] = [V_X^{\cdot}] (K_F/K_S + 1) + [h^{\cdot}] . \qquad (5.103b)$$

Um eine im Logarithmus lineare Form zu erreichen, müssen wir jeweils einen der beiden Summanden auf jeder Seite vernachlässigen können. Dies entspricht der sogenannten Brouwer–Näherung [161], die nun für ein etwas vereinfachtes Fehlordnungsmodell und spezifisch für ein Oxid besprochen werden soll.
Wir nehmen an, dass im Oxid $(M^+)_2(O^{2-})$ in nennenswertem Maße nur Fehlordnung im Anionenuntergitter auftritt[72]. Die getroffene Vereinfachung beeinflusst überhaupt nicht die Gültigkeit der Näherung, sondern geschieht zum Zwecke der Übersichtlichkeit. Damit vernachlässigen wir alle Massenwirkungskonstanten bis auf $K_{\bar{F}}, K_B$ und K_O. Es verbleiben die Massenwirkungsgesetze[70]

$$K_{\bar{F}} = [O_i''] [V_O^{\cdot\cdot}] \qquad (5.104)$$

$$K_B = [e'] [h^{\cdot}] \qquad (5.105)$$

$$K_O = P_{O_2}^{-1/2} [e']^{-2} [V_O^{\cdot\cdot}]^{-1} . \qquad (5.106)$$

Die Elektroneutralitätsbedingung lautet

$$2 [O_i''] + [e'] = 2 [V_O^{\cdot\cdot}] + [h^{\cdot}] . \qquad (5.107)$$

(Die Faktoren 2 treten hier wegen der zweifachen Ladung des Sauerstoffiones auf.) Außerdem fragen wir im Moment weder nach den Stabilitätsgrenzen des Oxides noch nach der experimentellen Verifizierbarkeit der äußeren Bedingungen. Für extrem kleine Sauerstoffpartialdrücke (nennen wir den Bereich Tief(partial)druckbereich oder N–Bereich) werden wir im Oxid $M_2O_{1+\delta}$ minimale δ–Werte finden ($-1 \ll \delta < 0$), und es wird ein O–Unterschuss vorliegen. Die Konzentration der Sauerstoffleerstellen wird die der Zwischengitterionen weit übersteigen. Außerdem wird der Kristall soweit als möglich reduziert sein, d.h. $[e'] \gg [h^{\cdot}]$. Infolgedessen vereinfacht sich die Elektroneutralitätsbedingung in diesem Bereich zu einer gewünschten Form ($[e'] = 2[V_O^{\cdot\cdot}]$). Dann resultiert aus Gl. (5.106) sofort

$$[e'] = 2 [V_O^{\cdot\cdot}] = 2^{1/3} K_O(T)^{-1/3} P_{O_2}^{-1/6} . \qquad (5.108)$$

[72] Als experimentelle Beispiele hierzu sind UO_2 im Binären oder La_2CuO_4 im Ternären zu nennen. Allerdings wäre es ungeschickt, sich von vorneherein auf ein spezifisches Beispiel zu beziehen, da nicht alle zu diskutierenden Facetten beim gleichen Beispiel verifizierbar sind.

Hiermit ergeben sich nun aus Gl. (5.104) und (5.105) für die Löcher- und Zwischengitterkonzentrationen separat die Lösungen:

$$[h^{\cdot}] = K_B / [e'] = 2^{-1/3}\left[K_B(T)K_O^{+1/3}\right] P_{O_2}^{1/6} \tag{5.109}$$

$$[O_i''] = 2^{2/3}\left[K_F(T)K_O(T)^{+1/3}\right] P_{O_2}^{1/6}. \tag{5.110}$$

Die Abhängigkeiten vom Sauerstoffpartialdruck sind im linken Teil der Abb. 5.37 in doppellogarithmischer Darstellung gezeigt. Darstellungen dieser Art nennt man Brouwer- oder Kröger-Vink-Diagramme[73].

Bei weiterer Erhöhung des Sauerstoffpartialdruckes nähern wir uns dem intrinsischen

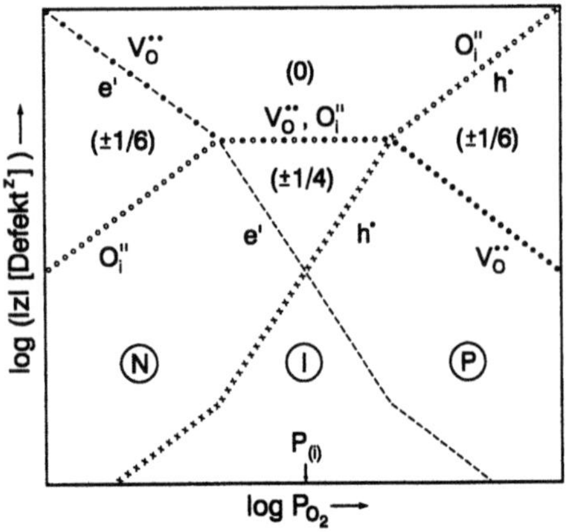

Abb. 5.37: Defektkonzentrationen in Abhängigkeit von Sauerstoffpartialdruck für unser Modelloxid (Kröger-Vink- oder Brouwer-Diagramm). An den Kreuzungspunkten ist die Brouwer-Näherung natürlich nicht erfüllt und die Knickstellen geglättet. Der intrinsische Partialdruck (i) ist angedeutet.

Punkt (s. Abb. 5.37). Dort nimmt die Abweichung von der Daltonzusammensetzung in $M_2O_{1+\delta}$, die sich durch Abzählung aller zusätzlicher und fehlender Sauerstoffe zu[74]

$$\delta = [O_i''] - [V_O^{\cdot\cdot}] = \frac{1}{2}([h^{\cdot}] - [e']) \tag{5.111}$$

ergibt und im N-Bereich negativ war, exakt den Wert Null an. Hier sind $[O_i'']$ und $[V_O^{\cdot\cdot}]$ wie auch $[e']$ und $[h^{\cdot}]$ gleich groß. In aller Regel, aber nicht immer[75], sind bei Oxiden im intrinsischen Punkt (d.h. bei der Daltonzusammensetzung) die

---

[73]Eine Vielzahl solcher Diagramme sind im Standardwerk von F. A. Kröger [157] diskutiert, s. auch Refs. [4–7].

[74]In $MX_{1+\delta}$ gilt $\delta = [X_X] + [X_i'] - [M_M] - [M_i]$. Wegen der Platzkonservierung ($[X_X] + [V_X^{\cdot}] =$ const $= [M_M] + [V_M']$) ergibt sich $\delta = [X_i'] + [V_M'] - [V_X^{\cdot}] - [M_i]$, andererseits wegen der Elektroneutralitätsbeziehung $\delta = [h^{\cdot}] - [e']$.

[75]In einigen Oxiden (z.B. CuO, s.u.) überwiegt bei der Dalton-Zusammensetzung die elektronische Konzentration. Welcher Fall vorliegt, ist in unserem Musterbeispiel durch die Konzentrationsverteilung im N-Gebiet festgelegt. Da in Abb. 5.37 $[O_i''] \gg [h^{\cdot}]$, wird O_i'' Majoritätsladungsträger, d.h. $[O_i''] \simeq [V_O^{\cdot\cdot}]$, bevor $[h^{\cdot}] \approx [e']$.

ionischen Defekte die Majoritätsladungsträger. Dann gilt auch in der Umgebung dieses Punktes mit kleinem relativen Fehler[76] $[O_i'']\simeq[V_O^{\cdot\cdot}]$, also besser $\log[O_i'']\simeq\log[V_O^{\cdot\cdot}]$, und dann ist auch dort $\delta\simeq 0$. Dadurch konstituiert sich das I–Gebiet, das sich an das N–Gebiet anschließt (s. Abb. 5.37). Hier gilt wegen Gl. (5.104)

$$[O_i''] = [V_O^{\cdot\cdot}] = K_{\bar{F}}^{1/2}(T). \tag{5.112}$$

In diesem Bereich sind die ionischen Punktdefektkonzentrationen unabhängig vom Sauerstoffpartialdruck. Anders dann die elektronischen Fehlerkonzentrationen: Aus Gl. (5.106) erhält man für die Leitungselektronen nach

$$[e'] = K_O^{-1/2}K_{\bar{F}}^{-1/4}P_{O_2}^{-1/4} \tag{5.113}$$

eine $P_{O_2}^{-1/4}$ Abhängigkeit. Wegen des Band–Band–Gleichgewichtes (Gl. (5.105)) resultiert für die Löcherkonzentration

$$[h^{\cdot}] = K_B K_O^{+1/2}K_{\bar{F}}^{+1/4}P_{O_2}^{+1/4} \tag{5.114}$$

eine $P_{O_2}^{+1/4}$–Abhängigkeit. Bei weiterer Erhöhung von P_{O_2} wird die Löcherkonzentration in der Elektroneutralitätsgleichung relevant.

Da nun für sehr hohe Partialdrucke, d.h. im P–Gebiet, die Konzentration des Sauerstoffs im Zwischengitter viel größer sein muss als die der Leitungselektronen, reduziert sich Gl. (5.107) dort zu

$$[h^{\cdot}] = 2\,[O_i''] \tag{5.115}$$

und daraus in Symmetrie zum N–Gebiet:

$$\left.\begin{array}{lcllll}
[O_i''] &=& 2^{-2/3} & K_{\bar{F}}^{1/3} & K_O^{+1/3} & K_B^{+2/3} & P_{O_2}^{+1/6}\\
[h^{\cdot}] &=& 2^{1/3} & K_{\bar{F}}^{1/3} & K_O^{+1/3} & K_B^{2/3} & P_{O_2}^{+1/6}\\
[V_O^{\cdot\cdot}] &=& 2^{2/3} & K_{\bar{F}}^{+2/3} & K_O^{-1/3} & K_B^{-2/3} & P_{O_2}^{-1/6}\\
[e'] &=& 2^{-1/3} & K_{\bar{F}}^{-1/3} & K_O^{-1/3} & K_B^{+1/3} & P_{O_2}^{-1/6}
\end{array}\right\}\ \delta = [O_i''] - [V_O^{\cdot\cdot}] > 0. \tag{5.116}$$

Dies ist offensichtlich verallgemeinerbar:

Es ergeben sich bei Gültigkeit von Massenwirkungsgesetzen und der Brouwer–Näherung für jeden Ladungsträger k Potenzgesetze der Form

$$c_k(T,P) = \alpha_k P^{N_k}\Pi_r K_r(T)^{\gamma_{rk}}, \tag{5.117}$$

N_k und γ_{rk} sind hierbei rationale Zahlen, α_k ist eine Konstante. Gl. (5.117) gibt uns näherungsweise und abschnittsweise die gesuchte Lösung der inneren chemischen

[76] Die Differenz $[h^{\cdot}]-[e']$ ist wegen Gl. (5.111) natürlich von ähnlicher Größenordnung. Die relative Abweichung ist hier allerdings gewaltig. Man beachte, dass die Veränderungen im Logarithmus die relativen Veränderungen widerspiegeln.

Thermostatik für reine binäre Substanzen mit einfacher Fehlordnung in Abhängigkeit der beiden Kontrollparameter Partialdruck (einer der beiden neutralen Komponenten)[77] und Temperatur. (In Gl. (5.117) haben wir die im folgenden bequemeren molaren Volumenkonzentrationen benützt. Die K's sind entsprechend über das Molvolumen umskaliert. Wie in Abschnitt 5.2 verabredet, benützen wir [k] für c_k oder x_k je nach Zusammenhang.) Wegen der Temperaturabhängigkeit der involvierten Massenwirkungskonstanten ist die T–Abhängigkeit der Fehlerkonzentration über die Enthalpien der Defektreaktionen charakterisiert:

$$-R\left.\frac{\partial \ln c_k}{\partial 1/T}\right)_P = \Sigma_r \gamma_{rk} \Delta_r H^\circ \equiv W_k \tag{5.118}$$

Die Temperaturerhöhung begünstigt endotherme Reaktionen, wie etwa alle inneren Fehlordnungsreaktionen, da wegen Gl. (4.37b) deren Gleichgewichte sozusagen nach rechts verschoben werden, und vice versa. Dieser aus Gl. (4.37) (van't Hoff–Beziehung) folgende Zusammenhang wird im folgenden "T–Satz" genannt. Da die Einzeldefektkonzentrationen über eine Kombination von Massenwirkungskonstanten gegeben sind, ist die Tendenz nicht von vorne herein allgemein absehbar. In der Regel jedoch steigen die Defektkonzentrationen mit der Temperatur an ($W_k > 0$) (vgl. aber z.B. Abb. 5.58d auf Seite 200).

Die Partialdruckabhängigkeit ergibt sich im Brouwer–Diagramm als Polygonenzug mit den Steigungen N_k, die charakteristisch[78] für das jeweilige Defektmodell sind:

$$\left.\frac{\partial \ln c_k}{\partial \ln P}\right)_T = N_k. \tag{5.119}$$

N_k ist dabei positiv für Zwischengittersauerstoffdefekte und Löcher ($k = O_i''$ und $h^{\cdot}$) und negativ für Sauerstoffleerstellen und Leitungselektronen ($k = V_O^{\cdot\cdot}$ und e'). Der qualitative Gehalt lässt sich in folgendem einsichtigen Satz (im folgenden "P–Satz" genannt) darlegen:

---

[77] Sind die Verbindungen multinär und weitere Konzentrationen variabel, steht statt P^{N_k} oder a^{N_k} ein Produktausdruck der Form $\Pi_\ell a_\ell^{N_{\ell k}}$ (s. das später diskutierte Protonenleiterbeispiel, Gl. 5.179). Im Unterschied zum Partialdruck wird der hydrostatische Druck im gesamten Buch mit p bezeichnet.

[78] Nicht erst seit Karl Popper [162] ist zu beachten, dass die Übereinstimmung experimentell gefundener Daten mit den vom betrachteten (Defekt–) Modell geforderten Werten ein notwendiges, aber nicht hinreichendes Kriterium für dessen Gültigkeit darstellt. Es ist natürlich unabdingbar, alternative Defektmodelle, die die gleichen Steigungen liefern, mit weiteren experimentellen Resultaten zu "stürzen" (falsifizieren) oder zu "stützen".

Wird im (binären) Ionenkristall das chemische Potential der elektronegativen Komponente erhöht ($P = P_{O_2}$), so steigen (sinken) die Konzentrationen all derjenigen Fehler, die einzeln und für sich genommenen das Anion–Kation–Verhältnis erhöhen (absenken), außerdem steigt die Konzentration der oxydierten Zustände (Löcher), die der reduzierten (Leitungselektronen) sinkt[79].
Es ist wichtig und nun nicht trivial, dass dies wegen der individuellen Massenwirkungsgesetze einzeln gilt und nicht nur in summa. Kompensationseffekte[80] treten nicht auf.

Das gezeigte Kröger–Vink–Diagramm (Abb. 5.37) gibt genau die interne Chemie wieder, die sich beim Durchschreiten des Homogenitätsbereichs der Phase abspielt (s. Kap. 4). Der Zusammenhang zwischen der genauen Position im Phasendiagramm, definiert durch δ (s. Gl. (5.111)), und dem Gleichgewichtspartialdruck resultiert als Ausdruck der Form $|a|\,P^{|N|} - |b|\,P^{-|N|}$. Bei Verwendung intrinsischer Größen ($x_{(i)}$= Konzentration der Majoritätsladungsträger bei $\delta = 0$; $P_{(i)} \equiv P_{O_2}(\delta = 0)$; $\mu_{(i)} \equiv \mu_{O_2}(\delta = 0)$) ergibt sich genauer[81]:

$$\delta = x_{(i)} \left(\left(\frac{P_{O_2}}{P_{(i)}} \right)^{|N|} - \left(\frac{P_{O_2}}{P_{(i)}} \right)^{-|N|} \right) = 2x_{(i)} \sinh \frac{|N| \left(\mu_{O_2} - \mu_{(i)} \right)}{RT}. \qquad (5.120)$$

$\delta(\mu_{O_2})$ ist eine monotone Funktion mit einem Wendepunkt am intrinsischen Punkt. Dieser Funktion werden wir insbesondere im Kapitel 7 im Zusammenhang mit der (coulometrischen) Titrationskurve wiederbegegnen.
Natürlich ist i.a. nicht der gesamte in Abb. 5.37 gezeigte Bereich realisiert. Bei vielen Oxiden (i.a. solche mit reduzierbaren Kationen[82] wie SnO_2 [163,164], ZnO [165]) ist die Lage der Gleichgewichte so, dass nur der N–Bereich beobachtet wird. Die Partialdruckgrenze nach rechts wird entweder durch die Bildung eines höheren

---

[79]Wenn auch $N_{V_O^{\cdot\cdot}} \simeq N_{O_i^{\prime\prime}} \simeq 0$ im I–Regime, so steigt (fällt) doch $[O_i^{\prime\prime}]$ ($[V_O^{\cdot\cdot}]$) mit P_{O_2} absolut gesehen den elektronischen Änderungen entsprechend.

[80]Von vorneherein ist eigentlich nur zu erwarten, dass sich bei P–Erhöhung der Gesamtionenhaushalt zugunsten eines O–Überschusses und der elektronische Haushalt zugunsten oxydierter Zustände verschiebt. Dass dies jeden einzelnen Defekt separat betrifft, folgt erst aus den individuellen Massenwirkungsgesetzen. Dies gilt auch nur für den Fall einfacher Defektchemie. Im Falle von exotischen Assoziaten (z.B. $M_i^{\cdot\cdot}$ in M^+X^-) können beide Tendenzen in Konkurrenz treten, so dass das Theorem ungültig wird.

[81]Wegen Gl. (5.117) (allgemein) und Gl. (5.112) für den intrinsischen Fall ist δ infolge Gl. (5.111) von der Form $aP^{|N|} - bP^{|N|}$, wobei für die intrinsischen Größen gilt:

$$x_{(i)} = \sqrt{ab} = |a|P_{(i)}^{|N|} = |b|P_{(i)}^{-|N|} \quad \text{mit} \quad P_{(i)}^{|N|} = \sqrt{\frac{b}{a}}.$$

[82]Man beachte aber, dass in vielen Fällen der oxydierte Zustand O^- das Loch stellt, so dass der P–Bereich auch bei nicht weiter oxydierbaren Kationen auftreten kann (s. Beispiel $SrTiO_3$, Abschnitt 5.6).

Oxides oder durch die Realisierungsgrenze der notwendigen hohen P_{O_2}–Werte vorgegeben. Bei 1 bar Gesamtdruck ist die obere Grenze 1 bar O_2. Höhere Drücke können über Hochdruckzellen realisiert werden. (Man beachte, dass dann auch der hydrostatische Druck ein anderer ist.) Umgekehrt ist bei anderen Oxiden nur der P–Bereich beobachtbar und die Stabilitätsgrenze zu niederen Partialdrücken (Bildung niederer Oxide oder des Metalles) erreicht, bevor der I–Bereich auftritt. In diesen Fällen tritt stets Sauerstoffüberschuss (bzw. Metallunterschuss) auf (Cu_2O [166], NiO [167]). Experimentell können nach unten hin durch O_2/Inertgas lediglich Sauerstoffpartialdrücke von $\sim 10^{-5}$ bar erreicht werden, durch Verwendung von Puffergasgemischen H_2O/H_2 oder CO_2/CO oder durch Vorgabe fester Phasenmischungen wie Cu/Cu_2O oder Cu_2O/CuO (s. Kapitel 4.3.4) allerdings auch sehr geringe Sauerstoffaktivitäten. In vielen Materialien (insbesondere bei den Ionenleitern) ist nur der I–Bereich realisiert.

Um die theoretischen Vorhersagen mit Experimenten vergleichen zu können, sei vorausgeschickt, dass die Leitfähigkeit ein experimentell leicht zugängliches Maß für die Defektkonzentration darstellt. Der Zusammenhang wird viel ausführlicher in Kap. 6 behandelt. Die gesamte Leitfähigkeit σ lässt sich in ionische und elektronische Anteile ($\sigma_{\text{ion}}, \sigma_{\text{eon}}$) zerlegen, letztendlich auch in die individuellen Beiträge der Defekte (k):

$$\sigma(\mathrm{P},\mathrm{T}) = \sigma_{\text{ion}} + \sigma_{\text{eon}} = \Sigma_k \sigma_k(\mathrm{P},\mathrm{T}). \tag{5.121}$$

Für jeden Einzeldefekt (der Ladung z_k) gilt

$$\sigma_k = |z_k|\, \mathrm{F} u_k(\mathrm{T}) c_k(\mathrm{T},\mathrm{P}), \tag{5.122}$$

wobei nun c_k die Molzahl pro Volumen darstellt[83]. (Im folgenden wollen wir auch die Massenwirkungskonstanten im c–Maß verwenden.) Da die Beweglichkeit u_k nicht von der Defektkonzentration abhängt, ergibt die Partialdruckabhängigkeit der spezifischen Leitfähigkeit direkt den N–Wert:

$$\frac{\partial \ln \sigma_k}{\partial \ln \mathrm{P}} = \mathrm{N}_k. \tag{5.123}$$

Bei der Temperaturabhängigkeit allerdings ist zu berücksichtigen, dass auch die Beweglichkeit von der Temperatur beeinflusst wird (s. Kap. 6), und es resultiert

$$-\mathrm{R}\frac{\partial \ln \sigma_k}{\partial 1/\mathrm{T}} \equiv \mathrm{E}_k = \mathrm{W}_k + \Delta \mathrm{H}_k^{\neq}. \tag{5.124}$$

[83] Im Abschnitt 5.2 hatten wir vereinbart, die Bezeichnung [k] flexibel, d.h. für x_k oder c_k zu verwenden. In den allermeisten später diskutierten Fällen ist die Unterscheidung ohne Belang, da wir uns auf Änderungen oder Proportionalitäten beziehen. In sonstigen Fällen geht die Bedeutung aus dem Zusammenhang hervor. Dies gilt insbesondere für die Gleichgewichtskonstante. Die involvierten Enthalpien sind wegen $x_k \propto c_k$ über nicht allzu große Temperaturbereiche diesbezüglich invariant.

$\Delta H_k^{\neq}$ ist dabei der beim Übergang des Defektes k von einem Platz zum nächsten äquivalenten Platz zu überwindende energetische Anteil der Aktivierungsschwelle (s. Abb. 5.38). Zusätzliche Terme von der Größenordnung RT sind hierbei vernachlässigt. Der exponentielle Ansatz ist auch bei Elektronenleitern häufig eine

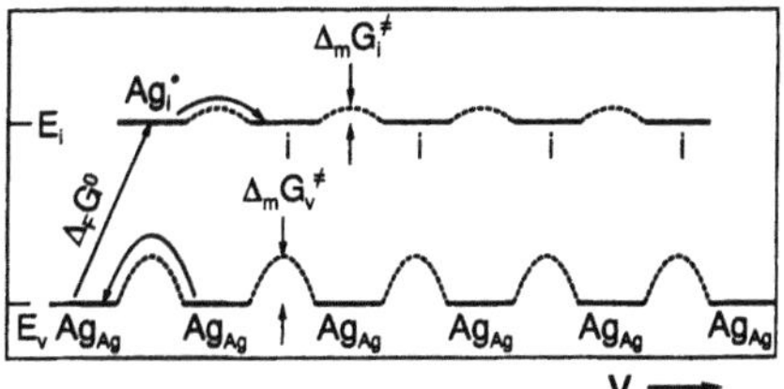

Abb. 5.38: Die lokale (Freie–) Energiebilanz beim Leitfähigkeitsprozess im Silberhalogenid. Bildung und Beförderung der Defekte [168]. Genauer müsste statt $Ag_i^{\cdot}$ der Ausdruck $Ag_i^{\cdot} - V_i$ und statt Ag_{Ag} der Ausdruck $Ag_{Ag} - V'_{Ag}$ stehen.

gute Näherung. Selbst wenn dort $\Delta H_k^{\neq}$ vernachlässigbar ist, so ist doch W_k noch groß genug verglichen mit zusätzlichen, hier vernachlässigten Temperatureffekten. Näheres ist in Kap. 6 ausgeführt.
Da normalerweise die Beweglichkeit der Elektronen höher ist als die der Ionen, und die der Löcher und Elektronen nicht übermäßig verschieden, kennzeichnet sich das N–Regime durch Vorliegen einer n–Leitung (überwiegende Leitung durch Leitungselektronen), das P–Regime durch Vorliegen einer p–Leitung (Löcherleitung). Das Auftreten eines I–Regimes (hier überwiegende ionische Fehlordnung) ist in aller Regel notwendig, wegen der oft hohen elektronischen Beweglichkeiten, aber nicht hinreichend für überwiegende Ionenleitung. Letztere tritt i.a. nur bei sehr großen Unterschieden zwischen ionischen und elektronischen Fehlerkonzentrationen auf. In Übereinstimmung damit sind (im Binären) fast stets nur nahezu stöchiometrische Verbindungen ausgeprägte Ionenleiter[84]. Vielfach zeigt die Leitfähigkeit im I–Bereich einen Wechsel von n–Leitung über Ionenleitung zur p–Leitung (s.u., z.B. PbO). Ist das Verhältnis der Konzentration (ionisch zu elektronisch) für alle Partialdrücke kleiner als das reziproke Verhältnis der Beweglichkeiten oder überwiegen sogar die elektronischen Konzentrationen im I-Gebiet ($[e'] \simeq [h^{\cdot}]$) wie beim CuO [5,170], ist das Material über den gesamten Bereich ein Elektronenleiter.

Betrachten wir explizit einige Beispiele. SnO_2 ist ein Beispiel eines n–Leiters. Abbildung 5.39 zeigt über den gesamten Partialdruckbereich das Vorliegen des N–Regimes. Eine genauere Analyse beweist, dass die Leitfähigkeit in der Tat elektronischer Natur, und zwar vom n–Typ, ist. Das Abfallen von σ mit P_{O_2} zeigt

[84] In multinären Verbindungen muss die Wechselwirkung mit neutralen Komponenten nicht immer eine Redoxwechselwirkung darstellen. Dies ist offensichtlich etwa bei der Variation des SrO–Gehaltes in $SrTiO_3$. Das folgende Beispiel ist besonders illustrativ: Die Variation des Wassergehaltes in Hydroxiden wie NaOH(s) geht mit reinen Brønsted–Säure–Base–Effekten einher. Die Abbildung 5.37 ist qualitativ sofort übertragbar, wenn wir O_i'' durch OH_i', $V_O^{\cdot\cdot}$ durch $V_{OH}^{\cdot}$ und die elektronischen Ladungsträger e' bzw. $h^{\cdot}$ durch das basische O'_{OH} (d.h. O^{2-} statt OH^-) bzw. das saure $HOH_{OH}^{\cdot}$ (d.h. H_2O statt OH^-) ersetzen. Allerdings sind die Steigungen entsprechend flacher [169] (s. auch Fußnote 107 auf Seite 200).

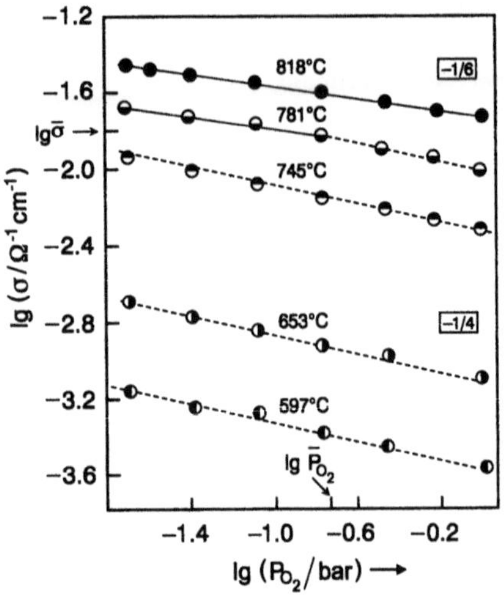

Abb. 5.39: Die Sauerstoffpartialdruckabhängigkeit der Leitfähigkeit von nominell reinem SnO_2 (durchgezogene Linien). Bei tieferen Temperaturen (höhere Partialdrücke) ist das Verhalten durch Verunreinigungen bestimmt (gestrichelte Linien). (Die Größen $\bar{\sigma}$, $\bar{P}$ werden in Abschnitt 5.6 erklärt [164].)

Leitfähigkeit durch Leitungselektronen an, und die Steigung von -1/6 bei hohen Temperaturen[85] (tiefe Partialdrücke) ist in der Tat die erwartete (s. Gl. (5.108)). Sie folgt (ohne dass wir eine Festlegung bzgl. des ionischen Fehlordnungstyps benötigen) unmittelbar nach

$$\text{Reaktion O} = \qquad \frac{1}{2}O_2 + V_O^{\cdot\cdot} + 2e' \rightleftharpoons O_O \tag{5.125}$$

mit $2\,[V_O^{\cdot\cdot}] = [e']$. Die Temperaturabhängigkeit der Konzentration der Leitungselektronen ergibt sich zu (s. auch Gl. (5.108)

$$E \simeq W_{e'} = -\Delta_O H^\circ/3. \tag{5.126}$$

Bislang haben wir kationische Defekte vernachlässigt. Wegen der Isomorphie der inneren Fehlordnungsreaktion ist natürlich klar, dass analoge Beziehungen resultieren. Allerdings sind die u.U. anderen Ladungen für die N_k-Werte zu beachten. So ist es beim SnO_2 im Prinzip natürlich möglich, statt $V_O^{\cdot\cdot}$, zusätzliche Sn–Ionen, d.h. $Sn_i^{\cdot\cdot\cdot\cdot}$, als ionische Defektspezies anzunehmen. Die entsprechende Einbaugleichung lautete dann

$$O_2 + Sn_i^{\cdot\cdot\cdot\cdot} + 4e' \rightleftharpoons SnO_2. \tag{5.127}$$

Mit dem Massenwirkungsgesetz und der Bedingung für reine Substanzen $4\,[Sn_i^{\cdot\cdot\cdot\cdot}] = [e']$ erhielte man $\sigma = \sigma_{e'} \propto P_{O_2}^{-1/5}$, eine etwas andere Steigung als experimentell beobachtet[86]. Allgemein wird angenommen, dass hochgeladene Defekte wegen

[85] Werte bei tieferen Temperaturen (hohe Partialdrücke) sind durch Verunreinigungseffekte dominiert (s. Abschnitt 5.6).

[86] Falls $Sn_i^{\cdot\cdot\cdot}$ etc.: kleinere Steigungen (s. Abschnitt 5.7)

der starken Coulomb-Effekte sich bei den relativ niedrigen Temperaturen weder in großer Konzentration bilden noch genügend mobil sind, um sich mit dem Sauerstoff ins Gleichgewicht setzen können. Andererseits ist es thermogravimetrischen Befunden zufolge wahrscheinlich, dass bei sehr hoher Temperatur neben Sauerstoffleerstellen auch Sn–Leerstellen eine Rolle spielen.
Das Gegenstück, das reine P–Regime, ist in reinem La_2CuO_4 realisiert, in welchem ein durch hohe Sauerstoffpartialdrücke verursachter hoher Löchergehalt bekanntlich bei tiefen Temperaturen zur Supraleitung führt. Hier kennt man sogar aus Neutronenstreumessungen die Position der Exzesssauerstoffionen im Zwischengitter (s. Abb. 5.3c auf Seite 114). Nach Abb. 5.37 bzw. Gl. (5.116), erwarten wir $N_{h^\cdot} = 1/6$ und

$$E \simeq W_{h^\cdot} = 1/3\Delta_{\bar{F}}H^\circ + 1/3\Delta_O H^\circ + 2/3\Delta_B H^\circ. \tag{5.128}$$

Die kompliziert anmutende Beziehung für die T–Abhängigkeit resultiert, weil die Einbaugleichung mit den hier als Minoritätsladungsträger auftretenden Sauerstoffleerstellen formuliert wurde. Für die direkte Diskussion dieser Verbindung ist es bequemer, die Wechselwirkungen in Form der Majoritätsladungsträger zu schreiben:

$$\text{Reaktion O'} = \qquad \frac{1}{2}O_2 + V_i \rightleftharpoons O_i'' + 2h^\cdot. \tag{5.129}$$

Natürlich ergibt auch hier wegen $2[O_i''] = [h^\cdot]$ das Resultat $N_{h^\cdot} = -1/6$. Für die Temperaturabhängigkeit finden wir jetzt formal einfacher

$$-R\frac{\partial \ln [h^\cdot]}{\partial 1/T} \equiv W_{h^\cdot} = \Delta_{O'}H^\circ/3, \tag{5.130}$$

wobei sich $\Delta_{O'}H^\circ$ auf Reaktionsgleichung (5.129) bezieht. (Durch Kombination der im Kröger–Vink–Diagramm verwendeten Sauerstoffeinbaugleichung, der Band–Band–Gleichung oder der Anti–Frenkelgleichung, verifiziert man, dass $\Delta_{O'}H^\circ = \Delta_O H^\circ + 2\Delta_B H^\circ + \Delta_{\bar{F}}H^\circ$ und somit Gl. (5.130) identisch ist mit der aus Gl. (5.116) erhaltenen Temperaturabhängigkeit.) In der Tat zeigt die experimentell bestimmte Leitfähigkeit in Bild 5.40 die vorhergesagte P–Abhängigkeit an. Die Temperaturabhängigkeit der Leitfähigkeit und damit die Reaktionsenthalpie der Reaktion O' ist sehr gering, was sicherlich auf die einigermaßen geräumige Struktur und die Anwesenheit von Übergangsmetallelementen zurückzuführen ist. Man mag an dieser Stelle einwerfen, dass es sich um ein ternäres Oxid handelt und die Anwendung der für unser binäres Modelloxid entworfenen Beziehung nicht zulässig ist. Allerdings legen die Experimente nahe, dass sich das La/Cu–Verhältnis während der Untersuchungen nicht ändert (geringe Kationenbeweglichkeit). In diesen Fällen verhält sich ein solches ternäres Oxid quasi–binär. Auch wenn das Verhältnis von 2:1 abweicht, d.h. eventuelle La– und Cu–Defekte auftreten, die dann aber bei den Messtemperaturen eingefroren sind, kann obiges Verfahren angewendet werden. Jedoch müssen Metalldefekte, sofern sie in großer Konzentration auftreten, in diesen Fällen in der Elektroneutralitätsbedingung als konstante Beiträge berücksichtigt werden (s. Abschnitt 5.6). Im allgemeinen Fall eines ternären Oxides ist es natürlich notwendig, ein weiteres Komponentenpotential durch Vorgabe einer weiteren Phase zu fixieren[77].

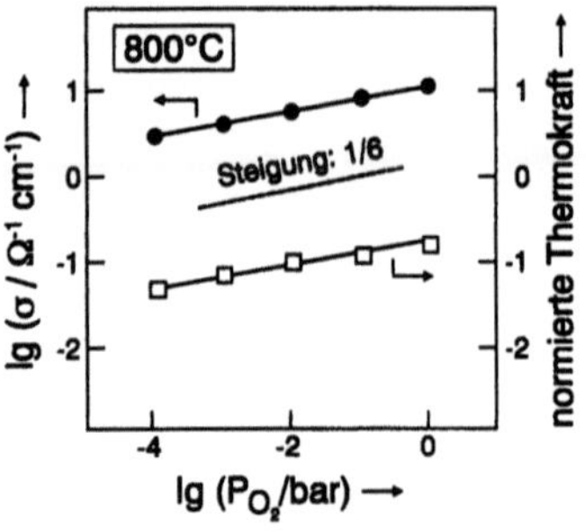

Abb. 5.40: Leitfähigkeit (ausgefüllte Kreise) in Abhängigkeit vom Sauerstoffpartialdruck bei La_2CuO_4 bei hohen Temperaturen. (Die gleiche Abhängigkeit spiegelt sich auch im thermoelektrischen Effekt (leere Quadrate) wider, der im Text nicht diskutiert wird [171].

Andere Beispiele für p–leitende Oxide sind NiO und Cu_2O. Hier sind jedoch mit ziemlicher Sicherheit die Metalleerstellen die dominanten ionischen Defekte. Die p–Leitung, die experimentell beobachtet wird, geht Hand in Hand mit der Oxidierbarkeit dieser Materialien. Im Falle von Nickeloxid gilt

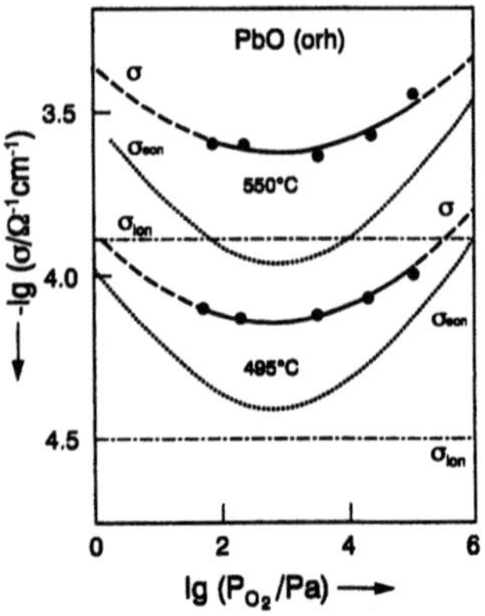

Abb. 5.41: Leitfähigkeitsbeiträge in orthorhombischem ("gelbem") Blei(II)-Oxid als Funktion des Sauerstoffpartialdrucks. Die Ionenleitfähigkeit wurde aus EMK–Experimenten ermittelt (s. Kap. 7) [137].

$$\frac{1}{2}O_2 + Ni_{Ni} \rightleftharpoons NiO + V''_{Ni} + 2h^{\cdot}, \tag{5.131}$$

und mit $2[V''_{Ni}] = [h^{\cdot}]$ folgt $N_{h^{\cdot}} = 1/6$. Wegen der gleichen Ladungszahl von V''_{Ni} und O''_i ist der N–Wert auch der, den man für O''_i erwartet hätte. Im Falle des Cu_2O jedoch ergibt sich[87]

$$\frac{1}{2}O_2 + 2Cu_{Cu} \rightleftharpoons Cu_2O + 2\,V'_{Cu} + 2h^{\cdot}. \tag{5.132}$$

Mit $[V'_{Cu}] = [h^{\cdot}]$ folgt $N_{h^{\cdot}} \simeq 1/8$ in recht guter Übereinstimmung mit den Experimenten ($\sim 1/7$).

[87]Bei hohen P_{O_2}–Werten scheinen auch Zwischengitter–Defekte eine wesentliche Rolle zu spielen. Hier treten in nennenswertem Maße Assoziate zwischen O''_i und $h^{\cdot}$ auf (s. Abschnitt 5.7).

Ein Beispiel für die Realisierung des I–Bereiches ist PbO. Es liegt wohl keine Anti–Frenkel–Fehlordnung, sondern wahrscheinlich eine Anti–Schottky–Fehlordnung vor. Dennoch erwarten wir wegen $[Pb_i^{\cdot\cdot}] = [O_i''] = \sqrt{K_{\bar{s}}}$ auch hier

$$N_{Pb_i^{\cdot\cdot}} = N_{O_i^{\cdot\cdot}} = 0 \tag{5.133}$$

und

$$-N_{e'} = +N_{h^{\cdot}} = 1/4, \tag{5.134}$$

was dem experimentellen Verlauf entspricht. Abbildung 5.41 zeigt die Aufteilung der Gesamtleitfähigkeit in elektronische und ionische Teilleitfähigkeit. Im gemischtleitenden Bereich stellt der effektive N–Wert eine über die Überführungszahlen gewichtete Summe dar[88].

Ein komplizierteres Beispiel, in dem ebenfalls innerhalb des I–Bereiches der höheren Beweglichkeit der Elektronen wegen je nach Sauerstoffpartialdruck n–, Ionenleitung wie auch andeutungsweise p–Leitung dominiert, stellt der Pyrochlor $Gd_2(Zr_{0.3}Ti_{0.7})_2O_7$ dar (Abb. 5.43) [173]. Es handelt sich hier zwar um einen Mischkristall, jedoch sind die Zr–Zumischungen zum Titanat für unsere Betrachtung ohne Belang, da wie schon beim La_2CuO_4 sich die Kationenkonzentrationen nicht ändern und außerdem die Zr–Zumischung keine elektrischen Effekte zeitigt, also die Elektroneutralitätsbeziehung nicht beeinflusst (s. Abschnitt 5.6).

Ein weiteres Beispiel ist AgCl (s. Abb. 5.42). Hier ist ebenfalls die ionische Leitfähigkeit unabhängig von der Komponentenaktivität, also vom Cl_2–Partialdruck. Auch hier reagieren die n– und p–Leitfähigkeiten stark auf geringste stöchiometrische Variationen. Wie schon bekannt, stellen $Ag_i^{\cdot}$ und V'_{Ag} die Majoritätsfehler, und es ergibt sich

$$[Ag_i^{\cdot}] = \left[V'_{Ag}\right] = K_F^{1/2}. \tag{5.135}$$

Es resultieren wegen

$$\text{Reaktion Cl} = \qquad \frac{1}{2}Cl_2 + Ag_{Ag} + e' \rightleftharpoons AgCl + V'_{Ag} \tag{5.136}$$

und damit wegen $K_{Cl} = \left[V'_{Ag}\right][e']^{-1}\,P_{Cl_2}^{-1/2}$ Abhängigkeiten der Form

$$\begin{aligned} [e'] &\propto P_{Cl_2}^{-1/2} \\ [h^{\cdot}] &\propto P_{Cl_2}^{+1/2}. \end{aligned} \tag{5.137}$$

Genauso gut lässt sich die Einbau–Gleichung auch mit Ag formulieren, dann erhält man mit a_{Ag} als Silberaktivität die Beziehungen

$$[e'] \propto a_{Ag}^{+1} \qquad \text{und} \qquad [h]^{\cdot} \propto a_{Ag}^{-1}, \tag{5.138}$$

[88] Sind die Anteile verschiedener Ladungsträger an der Gesamtleitfähigkeit ($t_j \equiv \frac{\sigma_j}{\sigma}$) vergleichbar, lässt sich mit Vorteil die Beziehung $E_{eff} = \Sigma_j t_j E_j$ bzw. $N_{eff} = \Sigma_j t_j N_j$ für die entsprechende Änderung der Gesamtleitfähigkeit heranziehen [172]. Dies ergibt sich aus $\partial \ln \sigma = \frac{\partial \Sigma_j \sigma_j}{\sigma} = \Sigma_j \frac{\partial \sigma_j}{\sigma} = \Sigma_j \frac{\sigma_j}{\sigma}\frac{\partial \sigma_j}{\sigma_j} = \Sigma_j t_j \partial \ln \sigma_j$.

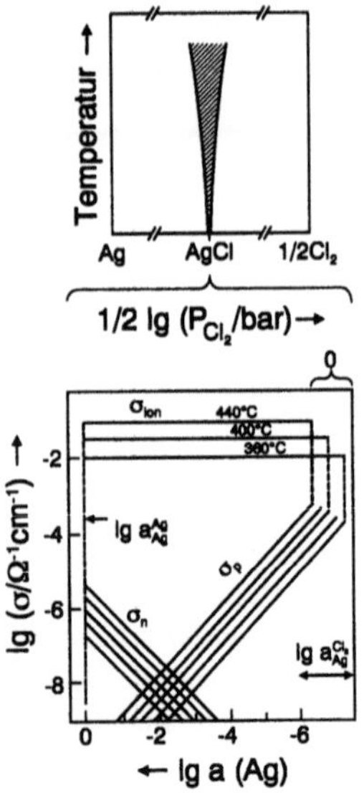

Abb. 5.42: Die Verläufe von n–, p– und Ionenleitung im AgCl als Funktion der Silberaktivität (Die Chlorpartialdruckskala ist gegenläufig, genauer gesagt, unterscheiden sich die beiden logarithmischen Skalen um einen durch die Gleichgewichtskonstante der Bildungsreaktion von AgCl aus den Elementen gegebenen additiven Term.). Die linke Begrenzung ist durch die Silberaktivität Eins (Kontakt mit Ag, a_{Ag}^{Ag}) bzw. durch den temperaturabhängigen Zersetzungs–Chlor–Partialdruck bestimmt. Das rechte Ende der Skala entspricht dem maximal angelegten äußeren Cl_2–Druck (1 bar) entsprechend einer dann temperaturabhängigen niedrigen Silberaktivität ($a_{Ag}^{Cl_2}$). Die obere Abbildung verdeutlicht, dass diese Veränderungen die "innere Chemie" beim Durchschreiten der Phasenbreite widerspiegeln. Die Detektion der elektronischen Leitfähigkeiten erfolgte mit Hilfe von Polarisationsmessungen (s. Kap. 7). Daten nach [174].

die wiederum über das Gleichgewicht zwischen Ag, Cl_2 und AgCl in Gl. (5.137) überführbar sind.

Auch im CuO ist die Leitfähigkeit über ein größeres Zustandsgebiet nahezu unabhängig vom Sauerstoffpartialdruck [170]. Hier liegt jedoch (eine vergleichsweise hohe) elektronische Leitfähigkeit vor. Es ist anzunehmen, dass die Rollen von ionischen und elektronischen Ladungsträgern im I–Regime vertauscht sind und somit geringe Stöchiometrieabweichungen die vergleichsweise hohe innere elektronische Fehlordnung nicht beeinflussen[89]. Mit anderen Worten:

$$[e'] = [h^{\cdot}] \tag{5.139a}$$

und

$$N_{e'} = N_{h^{\cdot}} = 0. \tag{5.139b}$$

Analog sind in solchen Fällen die ionischen Defektkonzentrationen empfindlich vom Sauerstoffpartialdruck abhängig.

Die durch Gl. (5.139) beschriebenen Verhältnisse entsprechen völlig dem Verhalten reinen Siliciums. Abbildung 5.44 veranschaulicht Leitfähigkeitswerte dieses Halbleiters über einen großen Temperaturbereich. Die bei nicht allzu hohen Temperaturen gemessenen Werte sind offensichtlich nicht intrinsisch (vgl. mit Abb. 5.36c) und variieren von Probe zu Probe. Eine analoge Situation tritt bei Ionenleitern (vgl. mit

[89]Vgl. auch Fe_3O_4–Beispiel in Abb. 6.18 auf S. 294.

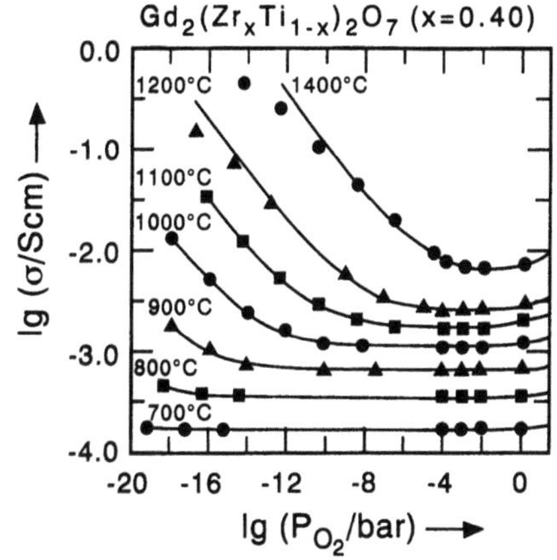

Abb. 5.43: Trotz dominanter ionischer Defektkonzentration wechselt für $Gd_2(Zr_{0.4}Ti_{0.6})_2O_7$ die Leitfähigkeit als Funktion des Sauerstoffpartialdruckes wegen der höheren Beweglichkeit der elektronischen Ladungsträger von n–Leitung über Sauerstoffionenleitung zur p–Leitung (angedeutet). Aus [173]

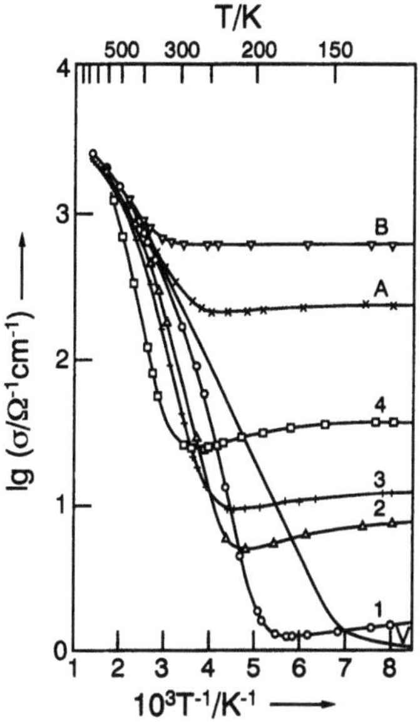

Abb. 5.44: Leitfähigkeit von Si über einen großen Temperaturbereich. Die Bezeichnungen 1, 2, 3, 4, A, B notieren Proben unterschiedlicher Reinheit und zeigen extrinsische Effekte an. Aus [123].

Abb. 5.36a, b) auf. Diese Effekte werden im folgenden Kapitel besprochen. Da wir dort — wie in diesem Abschnitt — gemischte Leiter (d.h. ionisch plus elektronisch leitfähige) im Auge haben, ist der reine Halbleiter–Fall mit erfasst.

5.6 Dotiereffekte

In diesem Kapitel werden wir sehen, dass Verunreinigungen die Defektchemie ganz erheblich beeinflussen, dass aber auch umgekehrt die absichtliche und gezielte Verunreinigung, d.h. die Dotierung, eine ungemein wirkungsvolle Methode der Materialbeeinflussung darstellt. Lassen Sie uns zunächst AgCl als Ionenleiter–Beispiel betrachten. Experimentell findet man das Frenkel-fehlgeordnete AgCl häufig mit höherwertigen Kationen wie Cd^{2+} verunreinigt. Mit der plausiblen Annahme, dass Cd stets zweiwertig auftritt, und angesichts der Tatsache, dass der Ionenradius des Cd^{2+} dem des Ag^+ sehr ähnlich ist, ist zu erwarten, dass Cd^{2+} Ag^+ substituiert und effektiv geladene Defekte der Form $Cd^{\cdot}_{Ag}$ bildet. Die damit erzielte positive Überschussladung kann in nennenswertem Maße nur durch fehlende Ag^+–Ionen ausgeglichen werden: Überschuss–Cl^-–Ionen sind im Gitter nicht stabil. Leitungselektronen[90] können nur in geringem Maße erzeugt werden, da Redoxeffekte in AgCl nur eine untergeordnete Rolle spielen. Aus dem gleichen Grunde kann die Verringerung der wenigen vorhandenen Löcher nur ganz marginal zur Ladungskompensation dienen. Allerdings treten alle angesprochenen Effekte — mehr oder weniger ausgeprägt — auf.

Lassen Sie uns nun quantifizieren, wie die Dinge zusammenhängen. Die Einbaureaktion kann z.B. wie folgt beschrieben werden:

$$CdCl_2 + 2Ag_{Ag} \longrightarrow Cd^{\cdot}_{Ag} + V'_{Ag} + 2AgCl. \qquad (5.140a)$$

Das überschüssige durch $CdCl_2$ ins Spiel gebrachte Chlor bewirkt den Ausbau eines regulären Ag^+–Ions und die Bildung einer Leerstelle. Natürlich kann zur Vernichtung des "überschüssigen" Chlors statt eines regulären Silberions, wie erwähnt, auch ein Silberion im Zwischengitter herangezogen werden gemäß

$$CdCl_2 + Ag_{Ag} + Ag^{\cdot}_i \longrightarrow Cd^{\cdot}_{Ag} + 2AgCl. \qquad (5.140b)$$

Weitere Möglichkeiten der Formulierung der Einbaureaktion bestehen im Abspalten des überschüssigen Cl's im Sinne einer Redoxreaktion

$$CdCl_2 + Ag_{Ag} \longrightarrow Cd^{\cdot}_{Ag} + 1/2Cl_2 + e' + AgCl \qquad (5.140c)$$

oder

$$CdCl_2 + Ag_{Ag} + h^{\cdot} \longrightarrow Cd^{\cdot}_{Ag} + AgCl + 1/2Cl_2. \qquad (5.140d)$$

Wiederum ist festzustellen, dass bei Vorgabe einer Dotierreaktion, z.B. der Reaktion (5.140a) alle weiteren, d.h. (5.140b), (5.140c), (5.140d) redundant sind und unmittelbar durch Kombination von (5.140a) mit den nativen Gleichgewichts–Fehlordnungsreaktionen ((F), (Cl), (B) s. Abschnitt 5.5) erhalten werden können. Es genügt also, eine Reaktion auszuwählen. Der Anschaulichkeit halber werden wir die Majoritätsladungsträgerformulierung benützen (hier (5.140a)). Die oben formulierten Dotierreaktionen sind als irreversible Reaktionen formuliert. In aller Regel werden die Fremdatome bei Temperaturen eingebracht (u.U. oberhalb des Schmelzpunktes), die viel höher als die Messtemperaturen liegen, bei welchen die Dotierzentren dann unbeweglich sind. In diesem Sinne bringen die Reaktionen (5.140a - 5.140d) eine definierte, aber dann konstante Dotierkonzentration ein. $[Cd^{\cdot}_{Ag}]$ erscheint demnach lediglich als Konstante in der Elektroneutralitätsbedingung, Massenwirkungsgesetze dürfen für solche Dotierreaktionen nicht formuliert werden. Die

[90] Es mag dem Chemiker unplausibel erscheinen, dass der Einbau von Cd^{2+} überhaupt in einem Redoxeffekt resultieren kann. Dies hängt damit zusammen, dass, wie auf S. 17 erwähnt, bei Dotierung mit $CdCl_2$ nicht wie bei fluiden Phasen auch das überschüssige Cl eingebaut wird, sondern dieses als Cl_2 ($\hat{=}$ 2 Cl^- – 2e′) entfernt gedacht werden kann. Formal ist somit "CdCl" der substituierende Reaktand.

Dotierreaktionen verändern also die "Rahmenbedingungen", wie dies ja auch ähnlich bei der Existenz metastabiler höherdimensionaler Fehler (z.B. Korngrenzen) in Abschnitt 5.4 diskutiert wurde. In diesem Sinne geht die Dotierkonzentration als Ex–situ–Parameter in das Geschehen ein. Bei sehr hohen Temperaturen können Reaktionen des diskutierten Typus sehr wohl reversibel werden. Solche Bedingungen sind für die betrachteten vergleichsweise niedrigen Messtemperaturen lediglich als "Vorgeschichte" von Wichtigkeit[91].
Das Auftreten von $[Cd^{\cdot}_{Ag}]$ in der Elektroneutralitätsbedingung bedeutet, dass die Cd–Dotierung gegenüber den intrinsischen Werten die Silberleerstellenkonzentration erhöht und die Silberzwischengitterkonzentration erniedrigt, wie es ja auch die Gln. (5.140a, 5.140b) besagen. Die ionische und elektronische Defekte koppelnden Massenwirkungsgesetze (vgl. Tab. 5.2, S. 164) zeigen, dass — wie dies unmittelbar Gln. (5.140c, 5.140d) ausdrücken — bei konstantem Cl_2–Partialdruck die Elektronenkonzentration zunimmt und die Löcherkonzentration absinkt.
Dies kann zu folgender grundlegenden Dotierregel verallgemeinert werden. Unter der Annahme, dass das Dotierion irreversibel eingebracht ist (mit der Konzentration[92] C) und alle anderen Defekte sich im lokalen Gleichgewicht befinden, gilt bei einfacher Defektchemie (im folgenden "C–Satz" genannt):

> Ist der eingebrachte Dotierdefekt effektiv positiv geladen, so erhöht sich die Konzentration aller negativ geladenen ionischen und elektronischen Fehler, während die aller positiv geladenen Fehler absinkt und vice versa. Dies gilt also nicht nur für die Kombination von Defekten, sondern für jeden einzeln. In diesem Sinne treten Kompensationseffekte zwischen den mobilen Defekten nicht auf. Prägnanter: Ist z_k die Ladungszahl des Defektes k und z die des Dotierfehlers, so gilt für alle k
>
> $$\frac{z_k \delta c_k}{z \delta C} < 0. \tag{5.141}$$

Dies ist von grundlegender Wichtigkeit für die Materialforschung und wird unten noch weiter quantifiziert. Es bedeutet auch, dass man zur defektchemischen Analyse nicht unbedingt die Einbaugleichungen formulieren, sondern lediglich die effektive Ladung des Dotierfehlers kennen muss. Die Verwendung der Bezeichnungen Donator– und Akzeptor–Dotierung ist nur sinnvoll bei rein elektronischen Effekten und im allgemeineren Falle irreführend. Wir verwenden besser die Bezeichnungen positives und negatives Dotieren. Abbildung 5.45a zeigt die Folgen einer Positiv–Dotierung für unser allgemeines Beispiel MX.
Der Beweis von Gl. (5.141) folgt direkt aus der Tatsache, dass bei den Einbaugleichungen und den ankoppelnden Massenwirkungsgesetzen Elektroneutralität gewährleistet sein muss und diese jeweils mit zwei entgegengesetzt geladenen Defekten formuliert werden können. Um den Anschluss an den vorigen Abschnitt zu erkennen,

---

[91] Vgl. hierzu auch S. 196.

[92] Wie [k] benützen wir C je nach Zusammenhang als auf die Zahl der Monomer–Einheiten im perfekten Zustand bezogene Größen ($\equiv x_{dot.}$) oder als molare Volumengröße ($\equiv c_{dot.}$).

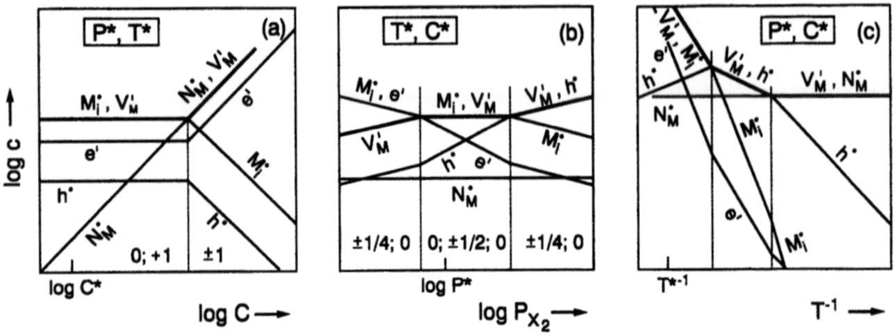

Abb. 5.45: Abhängigkeiten der Gleichgewichtskonzentrationen in geringfügig positiv ($N_M^{\cdot}$) dotiertem Frenkel–fehlgeordneten "MX" von $P_{X_2}, T, [N_M^{\cdot}]$. Der Arbeitspunkt sei durch P*, C*, T* charakterisiert. C* ist so gering gewählt, dass die P_{X_2}–Abhängigkeiten bei T = T* überhaupt nicht, die T–Abhängigkeiten für P=P* nur bei sehr tiefen Temperaturen durch die Dotiereffekte beeinflusst werden [14]. In Gegensatz zum AgCl ist die elektronische Ladungsträgerkonzentration nennenswert. Dort ist $[M_i^{\cdot}]$ stets groß gegen $[h^{\cdot}]$, d.h. die Größenordnung der Temperaturkurven in Bild c vertauscht, weswegen der mittlere Abschnitt mit $[V_M'] \simeq [h^{\cdot}]$ dort nicht in Erscheinung tritt.

ist in Abb. 5.45 bei der Diskussion der P_{X_2}– und T–Abhängigkeit die Dotierkonzentration so klein gewählt, dass sie bei ersterer gar keinen und bei letzterer nur bei sehr tiefen Temperaturen einen spürbaren Einfluss hat. Dies wollen wir nun ändern. Betrachten wir ausführlich die Gegebenheiten in unserer Modellsubstanz AgCl. Da die ionischen Defekte hier stets in der Majorität sind, gilt in Cd–dotiertem Material als Elektroneutralitätsbedingung ($[Cd_{Ag}^{\cdot}] \equiv C$)

$$[Ag_i^{\cdot}] + [Cd_{Ag}^{\cdot}] = [V_{Ag}'] = [Ag_i^{\cdot}] + C. \qquad (5.142)$$

Weiterhin behält die Frenkel–Beziehung

$$[Ag_i^{\cdot}][V_{Ag}'] = K_F(T) \qquad (5.143)$$

ihre volle Gültigkeit. Für vergleichsweise kleine C–Werte verhält sich die Substanz wie reines AgCl mit $[Ag_i^{\cdot}] = [V_{Ag}'] = K_F^{1/2}$; $N_{Ag_i^{\cdot}} = N_{V_{Ag}'} = 0$ und $W_{Ag_i^{\cdot}} = W_{V_{Ag}'} = \frac{1}{2}\Delta_F H_m^{\circ} \simeq 0.7\text{eV}$. Dies gilt für hinreichend hohe Temperaturen, für welche K_F sehr hohe Werte annimmt. Der andere Extremfall, der immer für hinreichend tiefe Temperaturen realisiert ist, ist $C \gg K_F^{1/2}$. In diesem Fall muss die Leerstellenkonzentration wegen Gl. (5.141) größer und wegen Gl. (5.143) $[Ag_i^{\cdot}]$ sehr viel kleiner sein als im intrinsischen Fall. Es ergibt sich für den Extremfall aus Gl. (5.142) gemäß

$$C \simeq [V_{Ag}'] \qquad (5.144)$$

eine konstante, also von der Temperatur (und der Ag–Aktivität unabhängige) Leerstellenkonzentration, während $[Ag_i^{\cdot}]$ nun stark temperaturabhängig ist:

$$[Ag_i^{\cdot}] = K_F(T)/C. \qquad (5.145)$$

Nach wie vor ist zwar

$$N_{Ag_i^{\cdot}} = N_{V'_{Ag}} = 0, \tag{5.146}$$

aber

$$W_{Ag_i^{\cdot}} = \Delta_F H_m^{\circ} \gg 0 = W_{V'_{Ag}}. \tag{5.147}$$

Diese Abfolge von intrinsischem Gebiet und Verunreinigungs-Gebiet ist in Abb. 5.46, als Funktion von $1/T$ und in Abb. 5.47 als Funktion von $[Cd^{\cdot}_{Ag}]$ gezeigt[93].

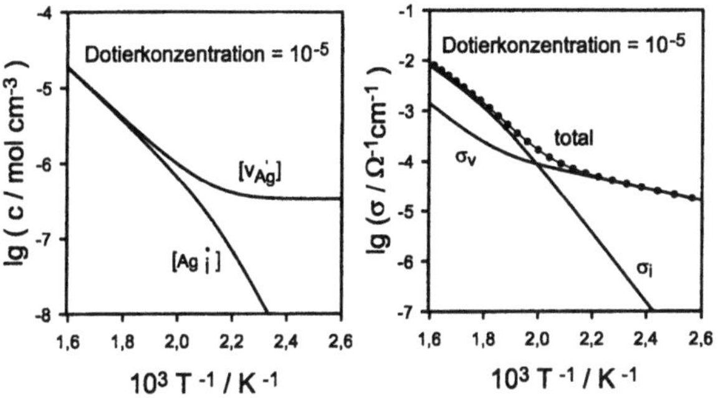

Abb. 5.46: Nach Gl. (5.154, 5.155) berechnete Defektkonzentrationen (a) und Leitfähigkeiten (b) für die angegebenen Cd–Dotierungen als Funktion der Temperatur[93].

Die Übergangstemperatur ist naturgemäß sehr vom C–Wert abhängig. Auch nominell reine Materialien verhalten sich bei genügend tiefen Temperaturen extrinsisch. Als hochrein ausgewiesenes AgCl enthält stets einige ppm Verunreinigungen an aliovalenten Ionen (vgl. Abb. 5.36, S. 160), die normalerweise bei Raumtemperatur die Ionenleitfähigkeit beeinflussen.

Das Verhalten der Leitfähigkeiten ist wegen der Temperaturabhängigkeit der Beweglichkeiten komplizierter als das der Konzentrationen. Zum einen ist bei AgCl die $Ag_i^{\cdot}$–Beweglichkeit größer als die V'_{Ag}–Beweglichkeit. Zum anderen sind auch die verschiedenen Migrationsenergien zu beachten ($\Delta_m H^{\neq}_{Ag_i^{\cdot}} = 0.05$eV, $\Delta_m H^{\neq}_{V'_{Ag}} = 0.3$eV). Wegen Gleichung (5.147) gilt für die T–Abhängigkeit der Teilleitfähigkeiten bei stark Cd–dotiertem AgCl

$$E_{V'_{Ag}} = \Delta_m H^{\neq}_{V'_{Ag}} \quad \text{und} \quad E_{Ag_i^{\cdot}} = \Delta_F H_m^{\circ} + \Delta_m H^{\neq}_{Ag_i^{\cdot}}. \tag{5.148}$$

Die Gesamtleitfähigkeit ist bei hohen Temperaturen vom Zwischengittertyp, bei sehr tiefen ist sie durch Leerstellen dominiert. Hier ist dann die Konzentration an V'_{Ag} so hoch, dass die höhere Beweglichkeit (man erinnere sich an $\sigma_k \propto c_k u_k$) der $Ag_i^{\cdot}$ überkompensiert wird. Anders im Übergangsgebiet: Wenn die V'_{Ag}–Konzentration die $Ag_i^{\cdot}$–Konzentration gerade zu majorisieren beginnt, ist die Leitfähigkeit immer noch vom Zwischengittertyp (weil $u_{Ag_i^{\cdot}} > u_{V'_{ag}}$). Da sich in diesem Gebiet die

[93]Die sich ergebenden Feinheiten in den Übergangsbereichen verglichen mit Abb. 5.45a,c entstammen der präzisen Rechnung unter Aufgabe der Brouwer–Näherung (d.h. Gl. (5.142) anstelle von Gl. (5.144)).

$Ag_i^{\cdot}$–Konzentration stark verringert, wird, wie es Abb. 5.47b veranschaulicht, ein Minimum durchlaufen, bevor die Leitfähigkeit vom Leerstellentyp dominiert wird. Der gleiche Effekt spiegelt sich in der Temperaturabhängigkeit (Abb. 5.46b) in ei-

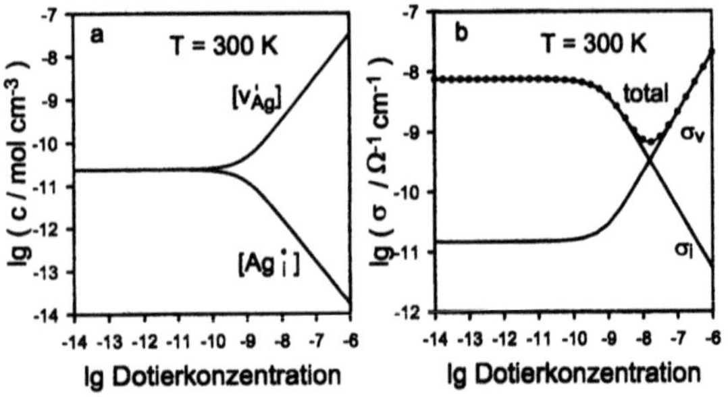

Abb. 5.47: Nach Gl. (5.154, 5.155) berechnete Defektkonzentrationen (a) und Leitfähigkeiten (b) als Funktion von $[Cd_{Ag}^{\cdot}]$[93].

nem "Knie" wider ("Koch–Wagner–Effekt" [175]). Bei hohen Temperaturen ist die Leitfähigkeit unabhängig von der Dotierung und $-R\partial \ln\sigma/\partial T^{-1} \simeq \Delta_F H_m^{\circ}/2$. Bei tiefen Temperaturen ist $-R\partial \ln\sigma/\partial T^{-1} \simeq \Delta_m H^{\neq}_{V'_{Ag}}$. Man erkennt nicht nur, dass man durch Dotierung die Leitfähigkeit empfindlich steuern kann (vgl. Abb. 5.48: σ(300K) variiert über mehrere Zehnerpotenzen, s. auch Abb. 5.44), sondern auch, dass Dotierexperimente Aussagen über thermostatische und kinetische Größen ermöglichen. So ergibt die Tieftemperatursteigung in der Darstellung $\log\sigma$vs.1/T beim AgCl direkt die Migrationsschwelle für die Silberleerstellen. Abb. 5.48 zeigt experimentelle Werte für nominell reines AgCl sowie für verschiedene Dotierungen,

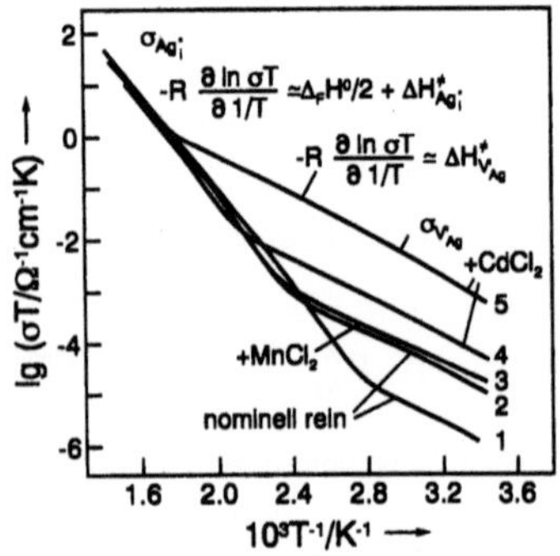

Abb. 5.48: Experimentelle Leitfähigkeitsdaten von nominell reinem und dotiertem AgCl als Funktion von 1/T. Statt lg σ ist hier lg(σT) aufgetragen, da der Vorfaktor zu 1/T proportional ist (s. Kap. 6). Dies ändert die Steigungen allerdings nicht spürbar. Nach [176].

die in sehr schöner Übereinstimmung mit dem Ausgeführten sind.

Lassen Sie uns nun Fehlerkonzentration und Leitfähigkeit in Abhängigkeit vom Dotiergehalt im Detail diskutieren (Abb. 5.45a, 5.47a,b). Natürlich sind für sehr kleine C–Werte $[V'_{Ag}]$ und $[Ag_i^{\cdot}]$ unabhängig von C (entsprechend der intrinsischen Elektroneutralitätsbedingung $[V'_{Ag}] = [Ag_i^{\cdot}] \gg [Cd_{Ag}^{\cdot}]$). Wird allerdings C vergleichbar mit den intrinsischen Werten, sinkt $[Ag_i^{\cdot}]$, und $[V'_{Ag}]$ steigt, bis $[V'_{Ag}] = C$ erreicht

ist, d.h. am Ende resultiert eine Gerade für $\lg[V'_{Ag}] = \mathrm{fct}(\lg C)$ mit der Steigung 1, während dann $[Ag_i^{\cdot}]$ wegen Gl. (5.143) mit der Steigung -1 abnimmt.
Wenden wir die Brouwer–Näherung an, so ergeben sich auch direkt die Resultate für die Minoritätsladungsträger. Aus der Gl. (5.136) folgt für $C \simeq [V'_{Ag}]$ (tiefere Temperaturen):

$$[V'_{Ag}] = C \tag{5.149a}$$

$$[Ag_i^{\cdot}] = K_F C^{-1} \tag{5.149b}$$

$$[e'] = K_{Cl}^{-1} P_{Cl_2}^{-1/2} C \tag{5.149c}$$

$$[h^{\cdot}] = K_B K_{Cl} P_{Cl_2}^{+1/2} C^{-1}. \tag{5.149d}$$

Insbesondere erkennt man, dass in diesem Falle die P–Abhängigkeit gegenüber reinem AgCl unverändert ist, da ja auch dort die ionischen Defektkonzentrationen konstant waren.
Offensichtlich lässt sich Gl. (5.117) unter Berücksichtigung von Dotiereffekten zu

$$c_k(T,P,C) = \alpha_k P^{N_k} C^{M_k} \Pi_r K_r(T)^{\gamma_{rk}} \tag{5.150}$$

verallgemeinern. Man beachte, dass C im Unterschied zu den In–situ–Parametern P und T einen Ex–situ–Parameter darstellt, der im Bedingungsfenster nicht reversibel geändert werden kann. Die wichtigen rationalen Zahlen M_k (in Gl. (5.149): 1,-1,1,-1)

$$M_k \equiv \left.\frac{\partial \ln c_k}{\partial \ln C}\right)_{T,P} = \left.\frac{\partial \ln \sigma_k}{\partial \ln C}\right)_{T,P} \tag{5.151}$$

geben quantitativ die Dotiereffekte wieder (Abb. 5.47a). Die Tatsache, dass $M_{V'_{Ag}}$ und $M_{e'} > 0$ und $M_{Ag_i^{\cdot}}, M_{h^{\cdot}} < 0$, reflektiert obige Dotierregel (C–Satz) (Gl. 5.141), die sich jetzt noch knapper formulieren lässt (z ist die effektive Ladungszahl des Dotierdefektes), nämlich als

$$\frac{z_k}{z} M_k < 0. \tag{5.152}$$

Die rechte Seite der Gl. (5.151) erklärt sich dadurch, dass für eine verdünnte Defektchemie die Beweglichkeiten nicht von der Dotierung abhängen.
Geben wir an dieser Stelle die bequeme Brouwer–Approximation auf und diskutieren die Verhältnisse in voller Allgemeinheit, d.h. wir setzen die Elektroneutralitätsbedingung nach Gl. (5.142) an. Die Kombination mit dem Frenkel–Gleichgewicht (Gl. (5.143)) führt zur quadratischen Gleichung

$$[V'_{Ag}]([V'_{Ag}] - C) = K_F \tag{5.153}$$

mit den Lösungen

$$[V'_{Ag}] = C/2 + \sqrt{C^2/4 + K_F} \tag{5.154a}$$

$$[Ag_i^{\cdot}] = -C/2 + \sqrt{C^2/4 + K_F}. \tag{5.154b}$$

(Die Extremfälle $\sqrt{K_F} \ll C/2$ oder $\sqrt{K_F} \gg C/2$ führen auf die oben diskutierten extrinsischen und intrinsischen Grenzfälle zurück). Allgemein ergibt sich für die Leitfähigkeit

$$\sigma/F = u_{V'_{Ag}} \left(C/2 + \sqrt{C^2/4 + K_F} \right) + u_{Ag_i^{\cdot}} \left(-C/2 + \sqrt{C^2/4 + K_F} \right). \quad (5.155)$$

Auf Grundlage der Gln. (5.154, 5.155) wurden die Graphen in Abb. 5.46, 5.47 erstellt. Man erkennt Feinheiten gegenüber der Brouwer–Näherung im Übergangsbereich (gekrümmte Abschnitte). Gl. (5.155) hat wegen $u_{Ag_i^{\cdot}} > u_{V'_{Ag}}$ ein Minimum und zwar bei[94]

$$C_{min} = \frac{2\left(\frac{u_{Ag_i^{\cdot}} - u_{V'_{Ag}}}{u_{Ag_i^{\cdot}} + u_{V'_{Ag}}}\right) K_F^{1/2}}{\sqrt{1 - \left(\frac{u_{Ag_i^{\cdot}} - u_{V'_{Ag}}}{u_{Ag_i^{\cdot}} + u_{V'_{Ag}}}\right)^2}} \simeq \sqrt{\frac{K_F u_{Ag_i^{\cdot}}}{u_{V'_{Ag}}}}. \quad (5.156)$$

Wegen $-R\frac{\partial \ln C_{min}}{\partial 1/T} \simeq \frac{1}{2}\Delta_F H_m^\circ + \frac{1}{2}\left(\Delta H^{\neq}_{Ag_i^{\cdot}} - \Delta H^{\neq}_{V'_{Ag}}\right) \simeq (0.7 - 0.15)\text{eV} = 0.55\text{eV}$ verschiebt sich das Minimum mit steigender Temperatur zu höheren Werten, im wesentlichen ($\Delta_F H_m^\circ$–Term) weil es dann einer höheren Dotierung bedarf, um die höhere intrinsische Fehlordnung überzukompensieren. Gleichzeitig wird das Minimum flacher, da sich $u_{V'_{Ag}}$ und $u_{Ag_i^{\cdot}}$ angleichen. Abb. 5.49 (rechte Seite) zeigt die hervorragende Übereinstimmung experimenteller Daten mit der simplen Massen-

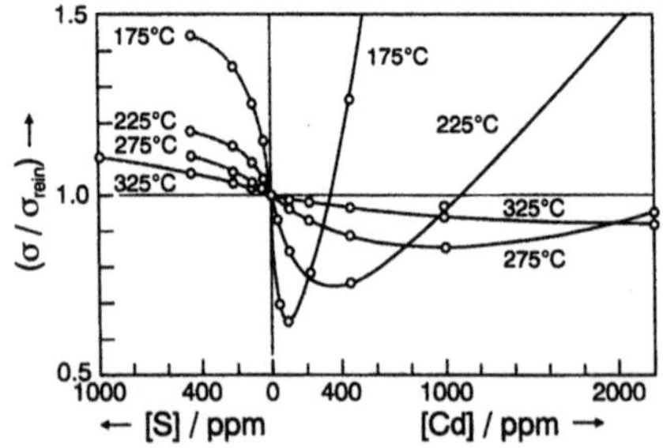

Abb. 5.49: Die Abhängigkeit der durch Verunreinigung bewirkten Leitfähigkeitserhöhung vom S– und Cd–Gehalt in AgCl. Die durchgezogenen Kurven sind nach Gl. (5.155) berechnet. Nach [177].

wirkungstheorie in allen Belangen. Dies wurde an dieser Stelle etwas detaillierter behandelt, um die Fundiertheit und Effektivität der defektchemischen Betrachtungsweisen aufzuzeigen. Im folgenden soll der Übersichtlichkeit halber immer die Brouwer–Näherung vorausgesetzt werden.
Natürlich kann man auch den umgekehrten Dotiereffekt erzielen, beim AgCl dadurch, dass man mit Ag_2S dotiert und effektiv negativ geladene S'_{Cl}–Fehler kreiert, wodurch nach unserer Regel, Gl. (5.152), $[Ag_i^{\cdot}]$ und $[h^{\cdot}]$ ansteigen, während $[V'_{Ag}]$

[94]Die Näherung auf der rechten Seite folgt für $u_{Ag_i^{\cdot}} \gg u_{V'_{Ag}}$. Zur Verifizierung benutzt man am besten die dritte binomische Formel.

und [e′] absinken. Da schon in reinem AgCl die Leitfähigkeit vom Zwischengittertyp ist, führt die Ag_2S–Dotierung zu einer kontinuierlichen Leitfähigkeitserhöhung (Abb. 5.49, linke Seite) und nicht zu Extremwerten. Bei Dotierung mit Ag_2S sind die Verhältnisse allerdings deswegen kompliziert, weil S'_{Cl}– und $Ag_i^{\cdot}$–Fehler — chemisch nicht unerwartet — zu starker Assoziatbildung neigen. Diese Komplikationen der inneren Chemie werden im nächsten Abschnitt eingehend erörtert.

Analysieren wir nun als zweites Beispiel Dotiereffekte im Elektronenleiter SnO_2. Wir erinnern uns, dass in diesem Oxid Sauerstoffunterschuss herrscht und e′– und $V_O^{\cdot\cdot}$–Konzentration durch Sauerstoffpartialdruck und Temperatur festgelegt werden. Abbildung 5.39 auf Seite 174 zeigte die (elektronische) Leitfähigkeit als Funktion von P_{O_2} für verschiedene Temperaturen. Die für reines SnO_2 vorhergesagten Steigungen von -1/6 (Gl. (5.108)) sind offenbar nur für hohe Temperaturen und/oder tiefe Sauerstoffpotentiale realisiert. Dementsprechend erfolgt bei derjenigen Isothermen in Abb. 5.39, bei der ein Wechsel der Steigung erkennbar ist (bei 781°C), dieser Wechsel von -1/4 auf -1/6 in Richtung geringerer P_{O_2}–Werte. Bei hohem P_{O_2} und tiefen Temperaturen ist durchweg $N_{e'} = -1/4$. Hier bestimmen offenbar Verunreinigungen das Geschehen. Nach der bestimmenden Einbaureaktion des Sauerstoffs

$$\text{Reaktion O} = \qquad \frac{1}{2}O_2 + V_O^{\cdot\cdot} + 2e' \rightleftharpoons O_O \qquad (5.157a)$$

mit

$$K_O = P_{O_2}^{-1/2}[V_O^{\cdot\cdot}]^{-1}[e']^{-2}, \text{ wobei } \Delta_O H^\circ < 0, \qquad (5.157b)$$

ergibt sich die Steigung von -1/4 sofort bei Konstanz von $[V_O^{\cdot\cdot}]$, d.h. wenn in der Elektroneutralitätsbedingung, die im reinen Material $2[V_O^{\cdot\cdot}] = [e']$ lautet, eine große Konzentration eines effektiv negativ geladenen Verunreinigungsdefektes zu berücksichtigen ist. In der Tat zeigt die genaue Analyse des Materials eine beachtliche Fe–Konzentration, die mit Sicherheit in den angesprochenen P_{O_2}, T–Bereichen die Elektronenkonzentration der reinen Verbindung übersteigt. Die ähnlichen Ionenradien von Fe^{3+}(0.6Å) und Sn^{4+}(0.7Å) legen eine Substitution von Sn^{4+}–Ionen und somit die Bildung eines effektiv einfach negativen Defektes, Fe'_{Sn}, nahe. Die Elektroneutralitätsbedingung lautet nun

$$[Fe'_{Sn}] + [e'] = 2[V_O^{\cdot\cdot}] = C + [e']. \qquad (5.158)$$

Die Eisen–Dotierung bedeutet ein Anwachsen von $[V_O^{\cdot\cdot}]$ und ein Absinken von [e′], so dass bei vergleichsweise hoher Verunreinigung $2[V_O^{\cdot\cdot}] = [Fe'_{Sn}] \equiv C$ und damit $N_{e'} = -1/4$ gilt. Wegen $\Delta_O H^\circ < 0$ ist bei hohen Temperaturen die Verunreinigungskonzentration (C) aufgrund der starken Defektbildung nach Gl. (5.157) überpegelt, so dass der Fe–Gehalt keine Rolle mehr spielt und (-1/6) resultiert. Das gleiche gilt aus Massenwirkungsgründen nach Gl. (5.157) bei Erniedrigung des Sauerstoffpartialdruckes, die ja einer Reduktion gleichkommt in voller Übereinstimmung mit den experimentellen Gegebenheiten.

Die Einbaugleichung lässt sich ausführlich angeben als

$$Fe_2O_3 + 2Sn_{Sn} + O_O \rightarrow 2Fe'_{Sn} + 2SnO_2 + V_O^{\cdot\cdot} \qquad (5.159)$$

oder

$$Fe_2O_3 + 2Sn_{Sn} + 1/2O_2 + 2e' \rightarrow 2Fe'_{Sn} + 2SnO_2, \qquad (5.160)$$

die direkt obige Tendenzen widerspiegeln (negative Dotierung).
Es ist aufschlussreich, den Punkt $(\bar{\sigma}_{e'}, \bar{P})$ zu betrachten, in welchem bei gegebener Temperatur das Verunreinigungsgebiet in das Gebiet nativer[95] Fehlordnung übergeht.
Dort gilt $\sigma_{e'}(C \rightarrow \infty) = \sigma_{e'}(C \rightarrow 0)$. Aus Gl. (5.157) erhalten wir explizit für die beiden Grenzfälle:

$$\sigma_{e'}(C \rightarrow \infty) = 2^{1/2} F u_{e'} C^{-1/2} K_O^{-1/2} P^{-1/4} \qquad (5.161)$$

$$\sigma_{e'}(C \rightarrow 0) = 2^{1/3} F u_{e'} K_O^{-1/3} P^{-1/6} \qquad (5.162)$$

und somit

$$\bar{P} = 4K_O^{-2} C^{-6} \qquad (5.163a)$$

und, nicht unerwartet,

$$\bar{\sigma}_{e'} = F u_{e'} C. \qquad (5.163b)$$

Es ist erwähnenswert, dass der $\bar{P}$–Wert unabhängig von der Beweglichkeit ist und extrem empfindlich auf die Dotierkonzentration reagiert. Wie erwartet verschiebt sich $\bar{P}$ bei Erhöhung von C zu tieferen Werten. Offenbar kann bei Kenntnis von C auf diese Weise K_O bequem bestimmt werden (und umgekehrt). Andererseits ergibt sich über $\bar{\sigma}_{e'}/(u_{e'}F) = \bar{c}_{e'} = C$ bei Kenntnis von $u_{e'}$ das Dotierniveau.
Die Gln. (5.161, 5.162) verraten uns auch sofort die T–Abhängigkeiten im Verunreinigungsgebiet und im nativen Gebiet. Vernachlässigen wir $\Delta_m H^{\neq}_{e'}$, so ergibt sich

$$E_{e'}(C \rightarrow \infty) \simeq -1/2 \Delta_O H^\circ \qquad (5.164a)$$

und

$$E_{e'}(C \rightarrow 0) \simeq -1/3 \Delta_O H^\circ. \qquad (5.164b)$$

Die Temperaturkurve von σ (Abb. 5.50) zeigt in der Tat bei $\bar{\sigma}$ einen Knick. Die Steigungen links und rechts des Knicks verhalten sich in der Tat wie 3:2 (s. Gl. (5.164)) und gestatten so die Bestimmung von $\Delta_O H^\circ$. Die bei tiefen Temperaturen auftretenden Abweichungen lassen sich durch Assoziatbildung (s. nächster Abschnitt) und Einfriereffekte erklären (s.u.).
Dotiert man SnO_2 mit größeren Mengen von Fe_2O_3 – oder In_2O_3 wie in Abb. 5.51 –, so wird wie in der T–Abhängigkeit auch in der P–Abhängigkeit der native Bereich überhaupt nicht mehr registriert, und die Leitfähigkeit ist sehr viel geringer als im reinen Fall unter gleichen Bedingungen (vgl. mit Abb. 5.39, S. 174).

[95] "Nativ" bezieht sich auf die Abwesenheit von Elementen außer Sn und O. Den Ausdruck "intrinsisch" reservieren wir uns für den Fall $\delta = 0$.

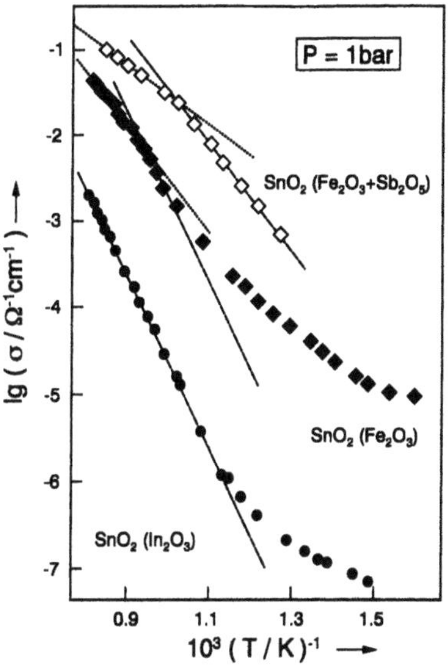

Abb. 5.50: Die Temperaturabhängigkeit der Leitfähigkeit von schwach negativ (Fe_2O_3) dotiertem SnO_2 verrät einen nativen und einen verunreinigungsdominierten Bereich. Die obere Kurve beinhaltet zusätzlich noch Sb^{5+}, ist aber insgesamt immer noch negativ dotiert. Die untere Kurve ist stark negativ dotiert (In^{3+}) und zeigt keinen nativen Bereich. Die Abflachungen bei tieferen Temperaturen sind auf Komplizierungen der Defektchemie zurückzuführen (s. nächster Abschnitt) [164].

Abb. 5.52 zeigt die Leitfähigkeit von SnO_2–Filmen, die durch Abscheidung von $SnCl_4$–Gas unter Gegenwart von H_2O oder O_2 hergestellt wurde. Hier ist wie im ersten Fall bei hohen Temperaturen und tiefen Partialdrücken der native Bereich auszumachen. Allerdings ist im Verunreinigungsbereich die Leitfähigkeit nun fast völlig unabhängig von P_{O_2} und T. Hier liegt der Grund in einer präparativ bedingten Cl^-–Verunreinigung, also einer positiven Dotierung, die zur Erhöhung von [e′] und Erniedrigung von $[V_O^{\cdot\cdot}]$ führt:

$$SnCl_4 + 2O_0 \rightarrow SnO_2 + Cl_2 + 2Cl_O^{\cdot} + 2e', \tag{5.165}$$

bzw. in hierzu redundanter Formulierung:

$$SnCl_4 + 2O_0 + 2V_O^{\cdot\cdot} \rightarrow SnO_2 + 4Cl_O^{\cdot}. \tag{5.166}$$

Wie gefordert, ist jetzt die Leitfähigkeit sehr viel größer als im reinen Material. Bei hinreichend tiefer Temperatur bzw. hinreichend hohem Partialdruck gilt als Elektroneutralitätsbeziehung:

$$[e'] = [Cl_O^{\cdot}] = C \tag{5.167}$$

und damit unmittelbar

$$N_{e'} \simeq 0 \simeq W_{e'} \simeq E_{e'}. \tag{5.168}$$

Die leichte Abhängigkeit der Leitfähigkeit von der Temperatur resultiert aus Temperatureffekten auf die Beweglichkeit der Leitungselektronen (s. Kap. 6). Um es

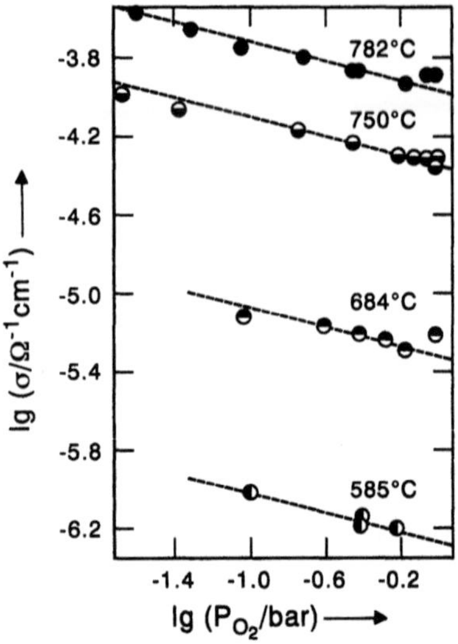

Abb. 5.51: Spezifische Leitfähigkeit als Funktion des Sauerstoffpartialdruckes für stark negativ (In_2O_3) dotiertes SnO_2 [164].

noch einmal zu betonen: Es genügt die Kenntnis der effektiven Ladung der Verunreinigung, um die Richtung der Konzentrationseffekte vorherzusagen. So ist uns die häufig realisierte Donator–Dotierung durch Sb und die dadurch erzielte Leitfähigkeitssteigerung unmittelbar aus der Bildung von $(Sb^{5+}_{Sn^{4+}})^{\cdot}$ verständlich. Abb. 5.50 zeigt die Temperaturabhängigkeit einer Fe- und Sb–dotierten Probe. In solchen gemischten Fällen ist für C die Differenz $[Fe'_{Sn}] - [Sb^{\cdot}_{Sn}]$ entscheidend. In Abb. 5.50 ist sie größer Null, d.h. die negative Dotierung überwiegt, wenn ihre Wirkung auch in Einklang mit den höheren σ–Werten herabgesetzt ist.

Wir verstehen nun auch, wieso in La_2CuO_4 auch durch Ba– oder Sr–Dotierung eine hohe Löcherkonzentration induziert werden kann. Wie schon erwähnt, wird dadurch dieses Material bei $T \lesssim 40K$ supraleitend. In der Tat war es diese Form der Oxydation — und nicht die oben besprochene Sauerstoffbehandlung — die Bednorz und Müller zu ihrer Nobelpreisentdeckung [178] führte. Der Einbau von Sr führt zu $(Sr^{2+}_{La^{3+}})' = Sr'_{La}$–Defekten, die die Löcherkonzentration herauf- und die O''_i–Konzentration herabsetzt. Erinnern wir uns, dass in reinem Material die Zwischengittersauerstoffe die Löcher kompensieren. Abb. 5.53 zeigt ein Kröger–Vink–Diagramm mit gegebenem Sr–Gehalt und fester Temperatur. Nur bei extrem hohen Partialdrücken (Abb. 5.53 rechts) wird die Sr–Konzentration überpegelt und das Material verhält sich wie reines Material (s. auch Abb. 5.45b). Bei Erniedrigung von P_{O_2} werden $[O''_i]$ und $[h^{\cdot}]$ herabgesetzt, jedoch kann $[h^{\cdot}]$ wegen der Elektroneutralitätsbedingung

$$[Sr'_{La}] + 2[O''_i] = [h^{\cdot}] \qquad (5.169)$$

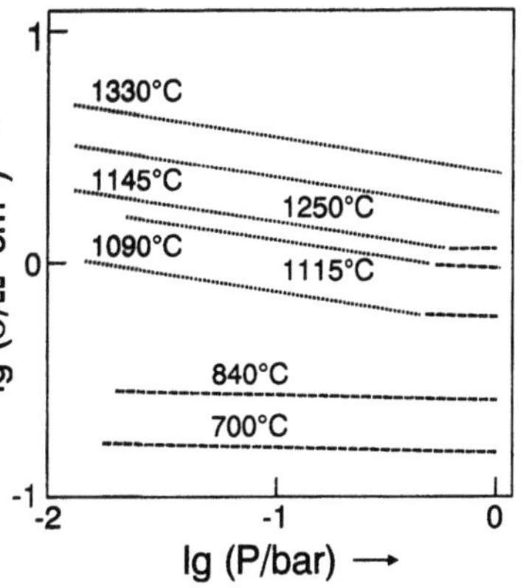

Abb. 5.52: Nativer und verunreinigungsdominierter Bereich bei positiv dotiertem SnO_2 ($SnCl_4$) in der P_{O_2}–Abhängigkeit der spezifischen Leitfähigkeit [163,164].

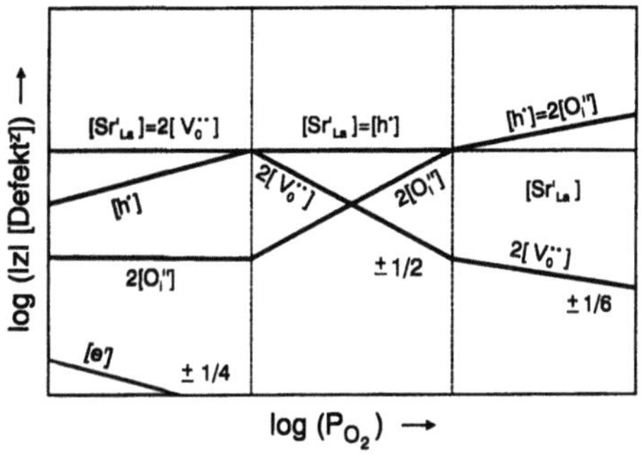

Abb. 5.53: Defektkonzentration als Funktion des Sauerstoffpartialdruckes bei gegebener negativer Dotierung für La_2CuO_4 (SrO) [179].

nicht unter das Dotierniveau fallen. Im Extremfall gilt

$$[Sr'_{La}] \equiv C = [h^{\cdot}]. \tag{5.170}$$

Die (elektronische) Leitfähigkeit ist dann konstant (Abb. 5.53 Mitte). Die Zwischengitterkonzentration sinkt stark mit fallendem P_{O_2}, und damit in diesem Bereich auch die ionische Teilleitfähigkeit. Gleichzeitig wird aber schon die wegen des Anti–Frenkel–Gleichgewichtes ansteigende Sauerstoffleerstellenkonzentration wichtig. Bei weiterem Herabsetzen von P_{O_2} wird am Ende wegen des notwendigen Absinkens der Löcherkonzentration die Verunreinigung durch Sauerstoffleerstellen kompensiert (Abb. 5.53 links). Bei sehr tiefen Partialdrücken würde das Material n–leitend. Wahrscheinlich liegt dieses Gebiet jenseits des Stabilitätsbereiches der Phase. Schon einigermaßen geringe P_{O_2}–Werte führen zur Bildung von reduzierten Phasen.

Abb. 5.54 zeigt die Defektchemie in $(La, Sr)_2CuO_4$ in Abhängigkeit vom Dotiergehalt bei konstantem P_{O_2} und konstantem T in doppellogarithmischer Darstellung. Die C–Abhängigkeiten ergeben sich quantitativ entsprechend Gl. (5.151). Im

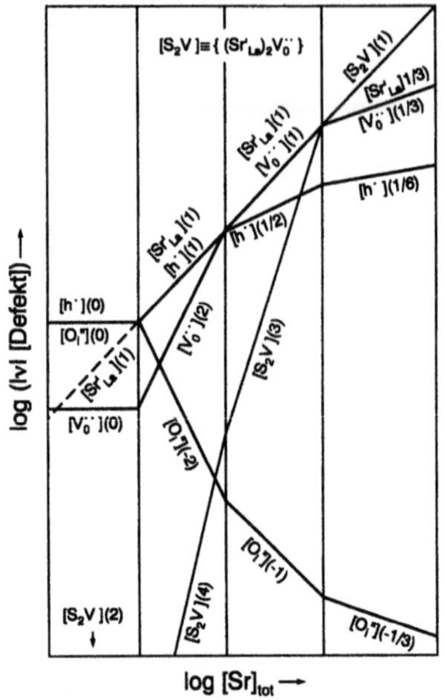

Abb. 5.54: Die Abhängigkeiten der Defektkonzentrationen von der Sr–Dotierung in La_2CuO_4 im Rahmen des geschilderten Defektmodelles. Wechselwirkungen sind nicht erfasst. Lediglich die Bildung eines Assoziates $S_2V = (Sr'_{La})_2 V_O^{\cdot\cdot}$ ist berücksichtigt (s. folgender Abschnitt). Die eingeklammerten Zahlen ergeben die M–Werte (Steigungen). Die Größe $|\nu|$ in der Ordinatenbeschriftung gibt im Falle der ionisierten Defekte den Absolutwert der Ladung an, im Falle von S_2V allerdings den Sr-Gehalt pro Formeleinheit ($|\nu|=2$) [179].

Gebiet sehr geringer Sr–Zusätze sind natürlich $[h^{\cdot}]$ und $[O_i'']$ unabhängig von C. Mit steigendem C–Wert werden bei der in Abb. 5.54 gezeigten Ausgangslage[96] die Verunreinigungsdefekte zunächst durch Löcher kompensiert. Gleichzeitig steigt die Sauerstoffleerstellenkonzentration steil an und übernimmt die Kompensationsrolle. Hier sinkt dann der M-Wert für $[h^{\cdot}]$ von 1 auf 1/2. Dass $[V_O^{\cdot\cdot}]$ am Ende dominiert, liegt letztlich an der doppelt–positiven Ladung. Bei hohen Konzentrationen treten sicherlich Assoziate auf, die für eine weitere Abflachung sorgen (s. nächster Abschnitt). Das experimentell schließlich beobachtete Absinken der elektronischen Leitfähigkeit (wie übrigens auch der ionischen Leitfähigkeit (s. Kap. 6, Abb. 6.19)) mit steigender Dotierung ist hiermit jedoch nicht mehr erklärlich. Bei solch hohen Fehlerkonzentrationen bricht das einfache Fehlerkonzept zusammen:
Strukturelle Änderungen wie auch weitreichende Ordnungsvorgänge lassen die Behandlung der Mischphase als leicht gestörte Variante der Grundphase nicht mehr zu. Formal werden Massenwirkungskonstanten und Beweglichkeiten stark konzentrationsabhängig. Nichtidealitäten treten auch in $YBa_2Cu_3O_{6+x}$, dem wohl populärsten Hochtemperatursupraleiter (x>0.5), auf. Hier sind neben Assoziaten insbesondere Anti–site–Fehlordnungseffekte wesentlich. Bei der Präparation entstehende und später eingefrorene Fehler[97] vom Typ $Y_{Ba}^{\cdot}$ übernehmen formal die gleiche Rolle wie

[96]Diese variiert natürlich entsprechend der T–, P–Bedingungen.

[97]Dies ist auf den großen Beitrag der Mischungsentropie (Konfigurationsentropie) bei den hohen Präparationstemperaturen zurückzuführen.

zugemischte aliovalente Dotierungen (s. auch Metalleerstellen beim $SrTiO_3$) [179]. Bei tieferen Temperaturen sind Ordnungsvorgänge von Bedeutung.
Eine der wichtigsten Festelektrolyte ist Y_2O_3 oder CaO–dotiertes ZrO_2. Hier entsteht die hohe Sauerstoffionenleitfähigkeit durch die nach

$$CaO + Zr_{Zr} + O_O \rightarrow Ca''_{Zr} + ZrO_2 + V_O^{\cdot\cdot} \tag{5.171}$$

induzierten Sauerstoffleerstellen. Allerdings steigt die ionische Leitfähigkeit nur für kleine Dotierungen proportional an, wie es $[V_O^{\cdot\cdot}] = C$ verlangt. Das anschließende Abflachen und starke Einbrechen der Ionenleitfähigkeit ist wie im obigen Beispiel mit ausgeprägten Wechselwirkungen und Nichtidealitäten zu erklären [180].
Eine technologisch noch bedeutsamere Substanzgruppe sind die Erdalkali– (oder auch Blei–) –titanat– bzw. –zirkonat–Perowskite. Sie sind wegen ihrer elektrischen und dielektrischen Eigenschaften als Kondensator–, Widerstands–, Aktor– und Sensormaterialien wichtig. $SrTiO_3$ ist darüber hinaus eine sehr wertvolle Modellverbindung. Die entscheidende defektchemische Wechselwirkung ist der für ca. T > 700K reversible Einbau von Sauerstoff auf Leerstellen gemäß Gl. (5.98c). Bei höheren Temperaturen (T > 1000K) stellt sich auch das Schottky–Gleichgewicht[98] ein. Da dieses Temperaturregime bei der Herstellung durchlaufen wird, spielen eingefrorene Metalleerstellen (V''_{Sr}) die Rolle[99] von negativen Dotierungen. Zum Verständnis ist natürlich zu bemerken, dass die Mobilität der Sauerstoffleerstellen Größenordnungen über der der V''_{Sr}–Defekte liegt. Im Praxisfalle ist $SrTiO_3$ entweder deutlich negativ oder positiv dotiert [181]. Im letzten Fall setzt man in der Regel La_2O_3 zu, wodurch ein stark n–leitendes $SrTiO_3$ entsteht ($[La^{\cdot}_{Sr}] \simeq [e']$), im ersten Fall Dotierungen wie etwa Fe_2O_3. Während das größere La^{3+} Sr^{2+}–Plätze besetzt ($La^{\cdot}_{Sr}$), substituiert das kleinere Fe^{3+} Ti^{4+}–Ionen unter Bildung effektiv negativ geladener $[Fe'_{Ti}]$–Defekte, die weitgehend durch Sauerstoffleerstellen kompensiert werden. Abb. 5.55 zeigt die Abhängigkeit der Leitfähigkeit vom Sauerstoffgehalt. Wie beim SnO_2 erkennt man den Übergang vom Verunreinigungsgebiet (mit der Steigung -1/4) ins native Gebiet (mit der Steigung -1/6), in dem die Konzentration der positiven Dotierung durch die Konzentration der nativen Fehler überpegelt ist. Im Unterschied zum SnO_2 zeigt $SrTiO_3$ auch sehr deutlich das durch Gl. (5.94a) geforderte Wiederansteigen der Leitfähigkeit aufgrund der Bildung von Löchern. Die Steigung von +1/4 ist die erwartete. "Chemisch gesprochen" werden beim Einbau von O als O^{2-} zunächst Leitungselektronen konsumiert, d.h. reduzierte Zustände ($\sim Ti^{3+}$) aufoxydiert, die (n–)Leitfähigkeit sinkt; bei Verringerung der Leitungselektronenkonzentration werden verstärkt Bindungselektronen konsumiert, wodurch Löcher (p–Leitung) als neue Ladungsträger entstehen, chemisch gesprochen werden O^{2-}–Ionen aufoxidiert ($\sim$ Redoxkomproportionierung von O und O^{2-} zu $2O^-$). Die getroffenen Zuordnun-

[98] Gemeint ist hier das Schottky–Gleichgewicht in Bezug auf die SrO–Komponente und damit die Bildung von Sr^{2+}– und O^{2-}–Leerstellen unter Ausbildung eines SrO–Unterschusses in Bezug auf TiO_2. Gleiches ist des hohen PbO–Dampfdruckes wegen bei den für Aktuatoranwendungen wichtigen Pb–Titanaten oder –Zirkonaten schon bei vergleichsweise tiefen Temperaturen signifikant.
[99] Auch hier sind Assoziate mit $h^{\cdot}$ bei hohem P_{O_2} wichtig.

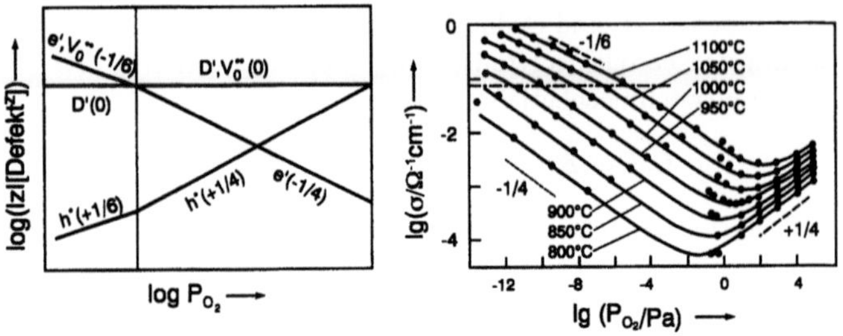

Abb. 5.55: Abhängigkeit der spezifischen Leitfähigkeit von Fe–dotiertem $SrTiO_3$ als Funktion des Sauerstoffpartialdruckes. Links: modellhaft (D′: negative Dotierung), rechts: experimentelle Daten nach [182].

gen (Ti^{3+}, O^-) entsprechen den Resultaten von Bandstrukturrechnungen: Das Leitungsband wird im wesentlichen von den Ti–d–Orbitalen gestellt, das Valenzband im wesentlichen von den O–2p–Orbitalen (vgl. Abschnitt 2.2.2).
Im Gebiet der n–Leitung übernehmen wir Gl. (5.157)

$$\text{Reaktion O} = \qquad \frac{1}{2}O_2 + V_O^{\cdot\cdot} + 2e' \rightleftharpoons O_O. \tag{5.172a}$$

Mit $2[V_O^{\cdot\cdot}] = C$ ergibt sich

$$[e'] \propto P^{-1/4} \exp + \frac{\Delta_O H_m^\circ}{2RT}. \tag{5.172b}$$

Die entsprechenden Beziehungen für die Löcher entstehen durch Kopplung mit der Band–Band–Gleichung. Der Symmetrie wegen schreiben wir dies explizit auf:

$$\text{Reaktion O'} = \qquad \frac{1}{2}O_2 + V_O^{\cdot\cdot} \rightleftharpoons O_O + 2h^{\cdot} \tag{5.173a}$$

und

$$[h^{\cdot}] \propto P^{+1/4} \exp - \frac{\Delta_{O'} H_m^\circ}{2RT}. \tag{5.173b}$$

Die Differenz der beiden Temperaturabhängigkeiten der Leitfähigkeiten (wir vernachlässigen die T–Abhängigkeit der Beweglichkeiten) ergibt das Doppelte des thermischen Bandgaps, das sich auf diese Weise einfach bestimmen lässt (Ergebnis: 3.3eV). Abb. 5.11 auf Seite 134 zeigte das aus optischen Messungen abgeleitete Bandgap (vgl. hierzu Abschnitt 5.3). Die ungefähre Übereinstimmung lässt darauf schließen, dass das Maximum des Valenzbandes in der $\epsilon(k)$–Darstellung und das Minimum des Leitungsbandes zumindest näherungsweise übereinander (d.h. bei gleichem k–Wert) liegen. Eine andere Möglichkeit, das thermische Bandgap zu bestimmen, besteht in der Verfolgung der T–Abhängigkeit des Leitfähigkeitsminimums

($\sigma_{\min}$). Hierfür gilt[100]

$$-R\frac{d\ln\sigma_{\min}}{d1/T} \simeq 1/2E_g. \qquad (5.174)$$

Bei sehr starker Dotierung ist auch der Bereich der Ionenleitung deutlich sichtbar (Abb. 5.56). (Man beachte die Entsprechung mit Abb. 5.37, S. 168, vergesse aber

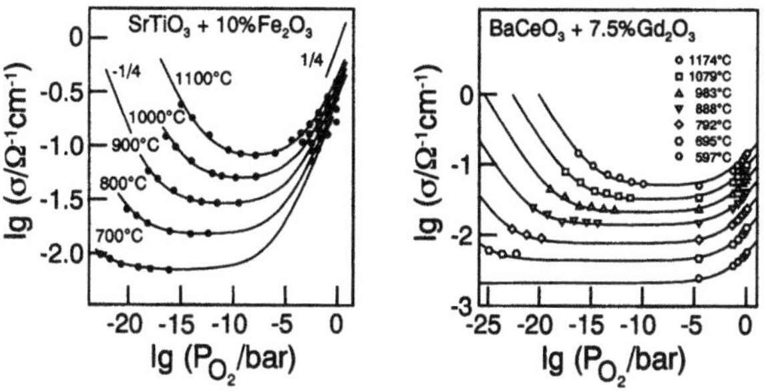

Abb. 5.56: Bei extremer negativer Dotierung in den perowskitischen Oxiden $SrTiO_3$ (links) und $BaCeO_3$ (rechts) lassen sich die Regionen der n–, p– und Ionenleitung erkennen. Bei den hohen Dotierungen ist es absolut nicht unerwartet, dass sich die thermodynamischen Parameter von denen der undotierten Materialien unterscheiden. Nach [183, 184].

nicht, dass es sich in der Mitte nicht um ein intrinsisches Regime handelt.)
Eine zusätzliche Komplizierung kommt im Falle des Fe–dotierten $SrTiO_3$ dadurch ins Spiel, dass bei tieferen Temperaturen und hohen Sauerstoffpartialdrücken auch Fe^{4+} eine große Rolle spielt, wie ausführlich spektroskopisch gezeigt wurde[101]. Dies entspricht einer (natürlich exothermen) Assoziation zwischen den negativ geladenen Fe^{3+}–Fehlern und den Löchern:

$$Fe'_{Ti} + h^{\cdot} \rightleftharpoons Fe^{x}_{Ti}. \qquad (5.175)$$

Assoziationsenthalpie und Gleichgewichtskonstante lassen sich optisch bestimmen. Fe^{x}_{Ti} besitzt defektchemisch keine effektive Ladung; die nun in die Elektroneutralitätsbeziehung eingehende Fe^{3+}–Konzentration ($[Fe'_{Ti}]$) ist jetzt eine Funktion von P_{O_2}, T und Gesamteisengehalt C, der nach wie vor konstant ist. Die Valenzwechsel von Dotierionen gehören allgemein zu den Assoziationsreaktionen, die systematisch im folgenden Abschnitt besprochen werden.

Eine weitere Komplizierung der Defektchemie sei an dieser Stelle besprochen, die

[100] Wegen $\sigma_{\min} = 2\sigma_{e',\min} = 2\sigma_{h^{\cdot},\min} = 2u_{e'}Fc_{e',\min} = 2u_{h^{\cdot}}Fc_{h^{\cdot},\min}$ und $c_{e',\min}c_{h^{\cdot},\min} = K_B$ gilt $c_{e',\min} = (K_B u_{h^{\cdot}}/u_{e'})^{1/2}$ sowie $\sigma_{\min} = 2(u_{e'}u_{h^{\cdot}}K_B)^{1/2}$ und somit bei Vernachlässigung der Temperaturabhängigkeit der elektronischen Mobilitäten Gl. (5.174). Man beachte, dass es sich bei Gl. (5.174) nicht um ein partielles Differential handelt. Vergleichen Sie die Verschiebung des Minimums mit der Temperatur in Abb. 5.55.

[101] Man beachte, dass das Gitter auf ein vierfach geladenes Ion optimiert ist und sofern eine größere Triebkraft zur Fe^{4+}–Bildung besteht als etwa in wässriger Lösung.

häufig nicht beachtet wird, sich aber beim wohlverstandenen $SrTiO_3$ sehr sauber analysieren lässt.
Das Gebiet der Ionenleitung tritt auch bei mäßig akzeptordotiertem $SrTiO_3$ bei tiefen Temperaturen zu Tage, damit ist hier der Bereich < 400°C gemeint, und zwar um so stärker, je schneller abgekühlt wurde. Dies ist folgendermaßen zu deuten: Insbesondere wegen der Oberflächenkinetik, aber bei sehr tiefen Temperaturen auch wegen der gering gewordenen Mobilität der Sauerstoffstellen, ist im Bereich T< 400°C auch Gl. (5.173) eingefroren, während das rein elektronische Gleichgewicht Gl. (5.175) noch reversibel bleibt. Demgemäß bleibt beim Abkühlen $[V_O^{\cdot\cdot}]$ und damit σ_{ion} auf hohem Niveau, während die Löcher eingefangen werden und die elektronische Leitfähigkeit stark sinkt. Diese Effekte erklären das qualitativ veränderte Verhalten bei tiefen Temperaturen in Abb. 5.57 [185]. Solche Betrachtungen führen über den

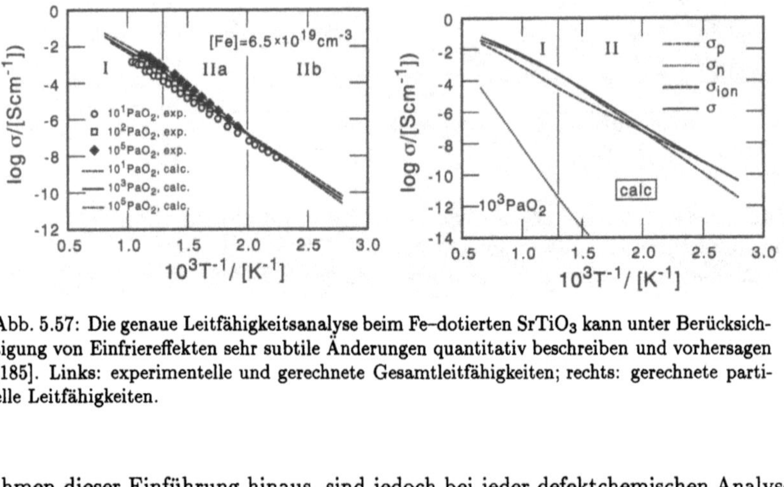

Abb. 5.57: Die genaue Leitfähigkeitsanalyse beim Fe–dotierten $SrTiO_3$ kann unter Berücksichtigung von Einfriereffekten sehr subtile Änderungen quantitativ beschreiben und vorhersagen [185]. Links: experimentelle und gerechnete Gesamtleitfähigkeiten; rechts: gerechnete partielle Leitfähigkeiten.

Rahmen dieser Einführung hinaus, sind jedoch bei jeder defektchemischen Analyse bei tieferen Temperaturen wichtig[102] [185–187]. Um zu illustrieren, wie detailliert ein wohluntersuchtes Material defektchemisch verstanden werden kann, ist in Abb. 5.57

[102] Ein einfaches Beispiel sei angedeutet: Ist die Konzentration an redoxaktiver Verunreinigung (z. B. Fe in $SrTiO_3$) so hoch, dass $[h^{\cdot}]$ klein ist gegenüber der Konzentration des oxydierten (z. B. Fe^{4+}) und des reduzierten Zustandes (z. B. Fe^{3+}), so folgt für die Löcherkonzentration $K_A(T)K_A(T_E)^{-1}P_E^{1/4}$. K_A ist die Ionisierungskonstante (Dissoziationskonstante). Friert man also die Probe bei T_E unter verschiedenen O_2–Partialdrücken ein, so resultiert eine P–Abhängigkeit, die auch im reversiblen Bereich auftritt. Allerdings ist die T–Abhängigkeit eine andere. Würde man andererseits auch die Löcher als eingefroren betrachten, d. h. die Ionisierungsreaktion von Verunreinigungen oder nativen Defekten ignorieren, so würde man die gesamte T–Abhängigkeit fälschlich einer ausgeprägten Polaronenmigration zurechnen. In bezug auf die Definiertheit ist es wichtig, T_E so zu wählen, dass die Gleichgewichtseinstellung in vernünftigen Wartezeiten erfolgt, die aber doch groß sind im Vergleich zur Abkühlzeit.

eine genaue numerische Leitfähigkeitsanalyse aufgrund des angegebenen Datensatzes gegeben.
Man beachte, dass durch dieses Einfrieren die Zahl der In–situ–Parameter (P_{O_2}) vermindert, die Zahl der Ex–situ–Parameter erhöht wird. Als solcher fungiert das eingefrorene Metall–Sauerstoff–Verhältnis. Dieses ist seinerseits durch die P–T–C–Bedingungen bei der Einfriertemperatur T_E festgelegt (P_E, T_E, C). Auf diese Weise gewinnt man die Einfriertemperatur als zusätzlichen "Freiheitsgrad". Genau das Umgekehrte, nämlich das Umwandeln eines Ex–situ–Parameters in einen In–situ–Parameter, ereignet sich, wenn Fremdkomponenten hinreichend mobil werden. Dann wird die Einbaureaktion reversibel.

Unter solchen Bedingungen ist es natürlich besser, von Fremdlöslichkeitsgleichgewichten zu reden. Ein wichtiges Beispiel ist das Einbringen protonischer Defekte in Oxide durch Auflösen von H_2O. Relevante Materialien sind CaO–dotiertes ZrO_2 [188] oder akzeptor–dotierter Perowskit [189] wie das eben diskutierte Fe–dotierte $SrTiO_3$. (Die Akzeptordotierungen betrachten wir nach wie vor als unbeweglich.) In größerem Ausmaße treten solche "Hydratisierungen" in Yb–dotiertem $BaCeO_3$ oder Y–dotiertem $Ba_2YSnO_{5.5}$ [190,191] auf[103]. Analog zur Bildung oberflächlicher OH–Gruppen können Wassermoleküle auch ins Innere wie folgt dissoziativ eingebaut werden: Der "OH^-–Teil" des H_2O besetzt eine Sauerstoffleerstelle, während der "H^+–Teil" sich an ein reguläres O^{2-} anlagert, auf diese Weise entstehen zwei innere OH^-–Gruppen nach:

$$\text{Reaktion } H_2O = \qquad H_2O + V_O^{\cdot\cdot} + O_O \rightleftharpoons 2OH_O^{\cdot}. \qquad (5.176a)$$

Die Enthalpieänderung dieser Reaktion ist negativ (und bei $BaCeO_3$ von der Größenordnung -1.5eV). Der entstehende OH-Defekt ist (OH^- auf O^{2-}–Platz) einfach positiv geladen. Phänomenologisch lässt sich $OH_O^{\cdot}$ auch in O_O^{x} und $H_i^{\cdot}$ zerlegen[104]:

$$\text{Reaktion } H_2O = \qquad H_2O(g) + 2\,V_i + V_O^{\cdot\cdot} \rightleftharpoons O_O + 2H_i^{\cdot}. \qquad (5.176b)$$

In solchen Fällen ist der Wasserpartialdruck (P_{H_2O}) ein In–situ–Kontrollparameter, der dem Sauerstoffpartialdruck in Gl. (5.150) als weitere Freiheit an die Seite zu stellen ist. Natürlich lässt sich das Problem auch über die Redoxreaktion

$$\text{Reaktion } H= \qquad H_2(g) + 2O_O \rightleftharpoons 2OH_O^{\cdot} + 2e' \qquad (5.177a)$$

bzw.[105]

$$H_2(g) + 2V_i \rightleftharpoons 2H_i^{\cdot} + 2e' \qquad (5.177b)$$

[103]Das mit Wasser gefüllte $Ba_2YSnO_{5.5}$ bezeichnet man besser als Oxidhydroxid $Ba_2YSnO_5(OH)$.
[104]Strukturell handelt es sich nicht um einen echten Zwischengitterplatz, da das Proton in die Elektronenhülle des O^{2-} "eintaucht". Besser spricht man von einem Exzessproton.
[105]Gl. (5.177b) macht deutlich, dass Protoneneinbau in Oxiden bei Kontakt mit Wasserstoff auch ohne Sauerstoffleerstellen möglich ist (s. auch Ref. [192]). Ein nennenswerter Einbau setzt allerdings ausgeprägte Redoxeffekte voraus.

mit P_{H_2} als Parameter formulieren. Gl. (5.177) ist in Anbetracht des Knallgasgleichgewichtes

$$2H_2(g) + O_2(g) \rightleftharpoons H_2O(g) \tag{5.178}$$

redundant. Wir ziehen die Säure–Base–Reaktion Gl. (5.177) vor, da sie unter Normalbedingungen den Haupteffekt illustriert[106].
Die formale Behandlung und die Berechnung der Abhängigkeiten der Ladungsträgerkonzentration, insbesondere von $[H_i^{\cdot}]$ als Funktion von T, P_{O_2}, P_{H_2O} und der Negativdotierung folgt den gleichen Zügen im Rahmen der Brouwer–Näherung wie oben beschrieben. Formal ist das Resultat gegeben durch

$$c_k(T, C, P_{O_2}, P_{H_2O}) = \alpha_k C^{M_k} P_{O_2}^{N_k} P_{H_2O}^{N_k'} \Pi_r K_r^{\gamma_{rk}}(T). \tag{5.179}$$

(Bei tiefen Temperaturen ist dann wieder eine konstante Wasserkonzentration in Rechnung zu stellen.) Betrachten wir hierzu Selten–Erd–dotiertes $BaCeO_3$, in dem nach Wasserbehandlung hohe Protonenleitfähigkeiten festgestellt wurden. Yb_{Ce}'– oder Gd_{Ce}'–Defekte wirken als Negativdotierung. Abb. 5.56 zeigte die Leitfähigkeitsisothermen für protonenfreies Material. Man erkennt, genau wie bei stark Fe–dotiertem $SrTiO_3$, die Bereiche der n–, p– und $V_O^{\cdot\cdot}$–Ionenleitung. Nach H_2O–Behandlung gilt für nicht zu geringe Sauerstoffpartialdrücke als Elektroneutralitätsbedingung:

$$[Yb_{Ce}'] = [h^{\cdot}] + 2[V_O^{\cdot\cdot}] + [H_i^{\cdot}]. \tag{5.180}$$

Nach den oben dargelegten Regeln folgen die Diagramme, in welchen die Abhängigkeit der Defektkonzentrationen von T, C, P_{O_2} und P_{H_2O} angegeben sind (Abb. 5.58). Die detaillierte Berechnung sei dem Leser als nützliche Übung überlassen. Hier seien nur einige Charakteristiken andiskutiert:
Bei Erhöhung des Sauerstoffpartialdruckes (Abb. 5.58a) steigt die Löcherkonzentration, $[V_O^{\cdot\cdot}]$ sinkt; wird $[h^{\cdot}]$ so groß, dass es am Ende die Dotierung kompensiert, sinkt

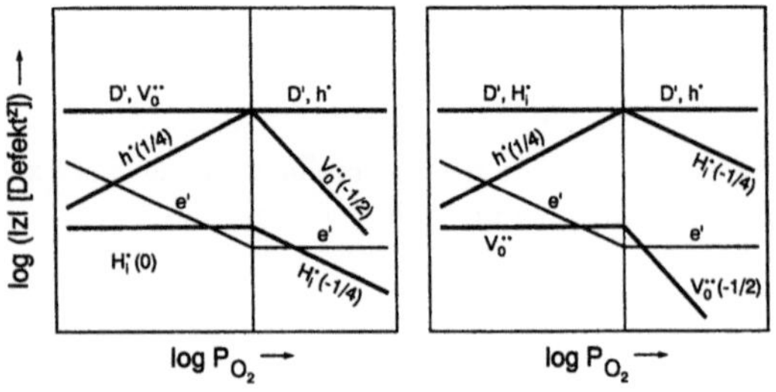

Abb. 5.58a: Abhängigkeit der Defektkonzentrationen vom Sauerstoffpartialdruck für wasserhaltige Perowskite. Links: geringer, rechts: hoher Wassergehalt (D': Negativdotierung).

bei gegebenem P_{H_2O} auch die Protonenkonzentration. Dies sieht man unmittelbar aus der Kombination der Gleichungen (5.176) und (5.173a) zu

$$\frac{1}{2}O_2 + 2H_i^{\cdot} \rightleftharpoons 2h^{\cdot} + H_2O + 2V_i \tag{5.181}$$

[106] vgl. auch Ref. [193,194]

und Anwendung des Massenwirkungsgesetzes hierauf. Erhöht man andererseits bei gegebenem P_{O_2} den Wasserpartialdruck (Abb. 5.58b), so steigt nach Gl. (5.176a) der Protonengehalt, bis er am Ende den Akzeptorgehalt kompensiert. Dann muss

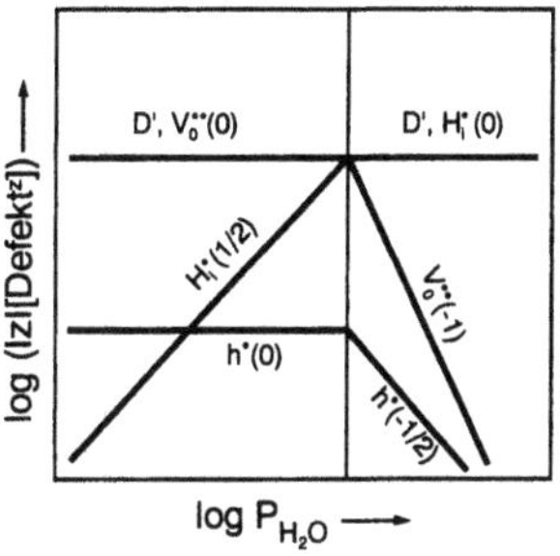

Abb. 5.58b: Abhängigkeit der Defektkonzentrationen wasserhaltiger Perowskite vom Wasserpartialdruck der Umgebung (D′: Negativdotierung).

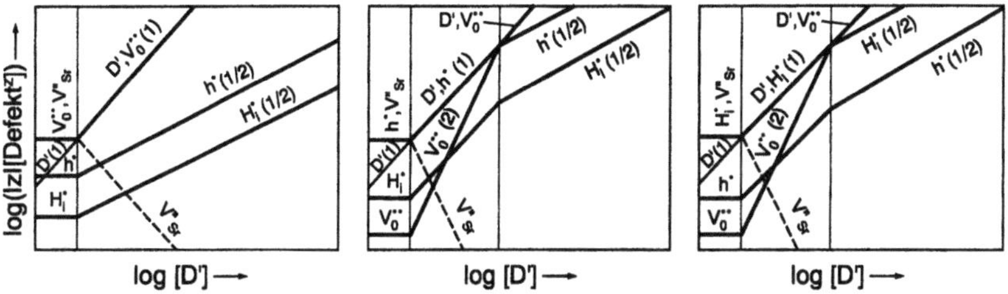

Abb. 5.58c: Abhängigkeit der Defektkonzentration von der Dotierkonzentration in wasserhaltigen Perowskiten für verschiedene Ausgangssituationen.

wegen Gl. (5.181) $[h^\cdot]$ absinken.

Die Abhängigkeit von der Konzentration der Negativdotierung zeigt Abb. 5.58c für verschiedene von P_{H_2O}, P_{O_2}, T abhängende Ausgangssituationen. Sowohl die Löcher als auch die Protonenkonzentrationen steigen (Dotierregel), das gleiche gilt für die Sauerstoffleerstellenkonzentration, letztere steigt wegen der doppelten Ladung steil an, so dass zu guter Letzt immer $[V_O^{\cdot\cdot}]$ überwiegt, sofern das Boltzmann-Modell noch greift.

Interessant ist auch die Temperaturabhängigkeit, die im letzten Bild der Sequenz (Abb. 5.58d) mit typischen Parametern ($\Delta_{O}H^\circ \sim 1.2\mathrm{eV}$, $\Delta_{H_2O}H^\circ \simeq -1.5\mathrm{eV}$: $\Delta_m H^{\neq}_{V_O^{\cdot\cdot}} \simeq 0.6\mathrm{eV}, \Delta_m H^{\neq}_{H_i^\cdot} = 0.5\mathrm{eV}, \Delta_m H^{\neq}_{h^\cdot} \simeq 0$) berechnet wurde. Während die Löcherkonzentration stetig ansteigt, sinkt $[H_i^\cdot]$ mit steigender Temperatur kontinuierlich ab. $[V_O^{\cdot\cdot}]$ zeigt ein intermediäres Verhalten: Die Leerstellenkonzentration steigt zunächst an, durchläuft ein Maximum und sinkt dann ab. Dies ist leicht über die Enthalpieänderungen der Gl. (5.176a) und Gl. (5.173a) zu verstehen. Da Gl. (5.176a) exotherm ist, wird das Gleichgewicht bei steigender Temperatur nach links verschoben, das Gleichgewicht Gl. (5.173a) wegen der Endothermizität nach rechts.

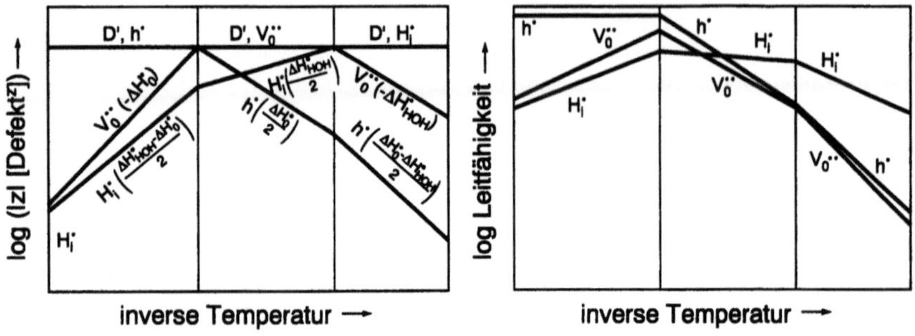

Abb. 5.58d: Abhängigkeit der Defektkonzentrationen und der Leitfähigkeit von der Temperatur in wasserhaltigen Perowskiten (s. Text) (D′: Negativdotierung)

Die Mittelstellung von $[V_O^{\cdot\cdot}]$ folgt daraus, dass die Leerstellen in symmetrischer Weise in beide Gleichungen eingeht.
Die weitgehende Übereinstimmung dieser Punkte mit der Realität auch in solch komplexen Fällen zeigt deutlich die Leistungsfähigkeit defektchemischer Betrachtungen. Man erkennt, wie vollständig die O^{2-}–, H^+– und e^-–Leitfähigkeit, die gleichzeitig von Wichtigkeit sind, beschrieben werden können[107].
Es sei als technologisches Fazit festgehalten, dass ein guter, auf diese Weise hergestellter Protonenleiter tiefere Temperaturen, deutliche, aber nicht zu hohe Negativdotierungen, hohe Wasser–, aber nicht zu hohe Sauerstoffpartialdrücke verlangt. Nochmals sei erwähnt, dass bei diesen Betrachtungen sowohl die Abweichungen vom Boltzmann–Verhalten bei hohen Konzentrationen als auch die beim $SrTiO_3$ erwähnten kinetischen Probleme bei tieferen Temperaturen vernachlässigt wurden.

Lassen Sie uns am Ende dieses Kapitels noch einmal kurz die Verhältnisse in kovalenten Verbindungen [41,123] beleuchten (vgl. auch Abschnitt 1.2). Auch hier dominieren bei tiefen Temperaturen immer extrinsische Effekte (s. Abb. 5.44, S. 179). Betrachten wir das Silicium–Netzwerk. Wegen der herrschenden Symmetrie lässt sich jedem regulären Si die Oxydationszahl 0 zuordnen. Jedes reguläre Strukturelement Si_{Si} besitzt 4 Bindungselektronen (Bindigkeit = 4). Eine Phosphorverunreinigung bringt 5 äußere Elektronen mit. Bei Ausbildung der 4 kovalenten Bindungen ist das

[107] Es ist an dieser Stelle illustrativ, sich die Defektchemie von Hydroxiden in Erinnerung zu rufen (s. Fußnote 84, S. 173). Abgesehen von nativen Säure–Base–Effekten ist dort speziell die Rolle von CO_2 zu beachten. Eine solche Kontamination führt ebenso wie der Wassereinbau entsprechend

$$CO_2 + 2OH_{OH}^{\times} \rightleftharpoons (CO_3)'_{OH} + HOH_{OH}$$

zu einer Erhöhung der Azidität und der Protonenleitfähigkeit. Nur bei sehr hohen Temperaturen kann dies reversibel vonstatten gehen (P_{CO_2} als In–situ–Parameter). Bei tiefen Temperaturen ist der CO_2–Gehalt eingefroren und wirkt als Dotierung (Carbonat–Gehalt als Ex–situ–Parameter) [169].

Überschusselektron (∗) leicht zu delokalisieren. Der verbleibende, dem Si isovalente Phosphor, hat die effektive (formale) Ladung +1 ($(P^+_{Si^0})^{\cdot}$, kurz $P^{\cdot}_{Si}$):

Reaktion P: $$^*P + Si_{Si} \rightarrow P^{\cdot}_{Si} + e' + Si. \quad (5.182)$$

Die Phänomene wurden in extenso in Abschnitt 5.3 diskutiert. Hier sei darauf hingewiesen, dass die Dotierreaktionen bei Halbleitern fast stets zerlegt werden in das irreversible Einbringen des Defektes

Reaktion P1: $$^*P + Si_{Si} \rightarrow {}^*P_{Si} + Si \quad (5.183a)$$

und den reversiblen elektronischen Effekt

Reaktion P2: $$^*P_{Si} \rightleftharpoons P^{\cdot}_{Si} + e'. \quad (5.183b)$$

Da Gl. (5.183b) einem reinen elektronischen Effekt entspricht, kann er im Banddiagramm hinreichend beschrieben werden. Der relativen Stabilität des $P^{\cdot}_{Si}$ entspricht die geringe Ionisationsenergie von P^*_{Si}. Im physikalischen Jargon spricht man von flachen Donatoren. Dem kleinen Wert von $\Delta_{P2}G^\circ = \mu^\circ_{e'} - [\mu^\circ(^*P_{Si}) - \mu^\circ(P^{\cdot}_{Si})] =$ μ°(Elektron im Leitungsband) $-\mu^\circ$(Überschusselektron im Dotieratom) entspricht hier ein geringer Abstand vom Donatorniveau zum Leitungsband (genauer s. Abschnitt 5.3).
Analog erzeugt die Dotierung mit Al einen Al^-–Zustand ($(Al^-_{Si^0})'$), der einem flachen Akzeptor entspricht. In chemischer Sprache:

Reaktion Al: $$^\square Al + Si_{Si} \rightarrow Al'_{Si} + h^{\cdot} + Si \quad (5.184)$$

Reaktion Al1: $$^\square Al + Si_{Si} \rightarrow {}^\square Al_{Si} + Si \quad (5.185a)$$

Reaktion Al2: $$^\square Al_{Si} \rightleftharpoons Al'_{Si} + h^{\cdot}. \quad (5.185b)$$

Das Symbol □ deutet an, dass am Al im Vergleich zu Si (und dem ionisierten Al) Elektronendefizit herrscht. Hierbei wird das benötigte Elektron zur Vervollständigung der Bindungssituation dem Valenzband (d.h. den regulären Si–Atomen) entnommen[108]. Bei flachen Zuständen lassen sich in Näherung bei der Einbaureaktion die Konzentration der unionisierten Zwischenzustände vernachlässigen. Sind die Abstände größer, wie dies insbesondere bei sog. tiefen Störstellen der Fall ist, sind

[108]Eines mag vielleicht seltsam anmuten: Das dreibindige Aluminium ist formal null geladen, das vierbindige trägt eine formal negative Ladung. Andererseits führt die Dotierung von SnO_2 mit dreiwertigem Eisen (s.o.) zu einem negativem Defekt (Fe'_{Sn}), während vierwertiges neutral ist. Dieses rührt daher, dass das Aluminium bei einer kovalenten Bindung seine Elektronen teilt und nicht abgibt, das dreibindige also ein Elektron weniger hat als das vierbindige, während dies bei Fe^{4+}/Fe^{3+} in Bezug auf die Wertigkeit gewissermaßen umgekehrt ist. Auf alle Fälle hat also der negative Defekt ein Elektron zusätzlich erhalten. Die Verhältnisse spiegeln die Unterschiedlichkeit der Wertigkeitsbegriffe "Oxydationszahl" und "Bindigkeit" wider.

zwei Valenzzustände von Wichtigkeit (s. Fe^{3+}/Fe^{4+} beim $SrTiO_3$). Diese Effekte werden im nächsten Abschnitt genauer behandelt.
Man kann natürlich, ohne allerdings nennenswert an Einsicht zu gewinnen, eine ähnliche Vorgehensweise bei Ionenleitern verabreden. So entspräche dem unionisierten Zustand der Cd–Dotierung im AgCl im ionischen Diagramm (s. Abb. 5.60, S. 205) der undissoziierte $Cd^{2+} - 2V'_{Ag}$–Komplex und bei der Sulfiddotierung der $2Ag_i^{\cdot}$–S'_{Ag}–Komplex. Der Übergang zu den freien Zwischengitter– und Leerstellenniveaus entspräche der Dissoziation der Komplexe entsprechend einem Ag^+–Transfer. Auch hier sei auf den folgenden Abschnitt verwiesen. Dort wird auch auf Wechselwirkung der Dotierungen untereinander eingegangen. Es sei im Auge behalten, dass diese Betrachtungen die Brücke von der reinen Verbindung zum Additions– oder Substitutionsmischkristall (s. Kap. 4) bzw. zur in der Komponentenzahl um Eins erhöhten multinären Verbindung schlagen.

5.7 Wechselwirkungen zwischen den Fehlern

Obige Beispiele zeigten, dass in einer Reihe von Beispielen ideale Massenwirkungsgesetze korrekturbedürftig sind. Die Erwartungen an die Korrekturmöglichkeiten dürfen nicht zu hochgeschraubt werden. Ideale Massenwirkungsgesetze für Defekte gelten nur bei Zufallsverteilungen und damit bei sehr geringen Fehlerkonzentrationen. Hohe Fehlordnungen — man betrachte z.B. eine Lösung von 5% SrO in Lanthankupferoxid — sind sicher nicht mehr als Störung handzuhaben; vielmehr muss für eine genaue Analyse die Mischphase chemisch individuell behandelt werden. Damit verlieren anwendbare Modelle natürlich an Allgemeincharakter. In diesem Abschnitt sollen — bis auf eine Ausnahme — einfache Konzepte besprochen werden, die gültig sind, wenn ideale Massenwirkungsgesetze "gerade nicht mehr" gelten, das heißt, wir beschränken uns im Prinzip immer noch auf einigermaßen geringe Fehlerkonzentrationen. In vielen Fällen zeigen solche Konzepte aber auch über den strengen Gültigkeitsbereich hinaus qualitativ den richtigen Weg.
Rein formal lässt sich der Boltzmann–Ansatz durch Ersatz der Konzentration durch die Aktivität und damit durch das Hinzufügen eines Aktivitätskoeffiziententerms[109] korrigieren:

$$\mu_k(c_k) = \mu_k^\circ + RT \ln a_k(c_k) = \mu_k^\circ + RT \ln c_k + RT \ln f_k(c_k). \tag{5.186}$$

Wir werden uns im folgenden mit zwei Methoden auseinandersetzen, einmal mit der expliziten Angabe von $f_k(c_k)$ für die wechselwirkenden Defekte für einfache Fälle und zum anderen mit der Einführung neuer durch die Wechselwirkung entstandenen Spezies, wodurch durch Umskalierung der Defektsorten k ein neuer Satz von Fehlern eingeführt ist, für den in erster Näherung — aber für einen größeren Konzentrationsbereich — wieder der Boltzmann–Ansatz gültig ist. Beide Methoden lassen sich

[109] Man beachte, dass bei höheren Konzentrationen auch Korrekturen zum Boltzmann–Ausdruck rein durch die Statistik, d.h. über die Konfigurationsentropie, auftreten. Vgl. hierzu S. 215ff.

in besserer Näherung auch kombinieren. Beginnen wir mit der letzten Konzeption.

5.7.1 Assoziate

Betrachten wir hierzu die Frenkelreaktion. Reduziert man die Temperatur, wird irgendwann das Zwischengitterion in die Leerstelle zurückfallen (vgl. $K_F \to 0$ für $T \to 0$). In gleicher Weise werden beim Halbleiter Leitungselektronen durch Annihilation eines Loches zu Bindungselektronen ($K_B \to 0$). In ähnlicher Weise wird in stark Cd-dotiertem AgCl allein schon aufgrund der Coulomb-Kräfte eine Wechselwirkung zwischen $Cd^{\cdot}_{Ag}$ und dem Gegendefekt V'_{Ag} bei tiefer Temperatur eine Abweichung von der Zufallsverteilung verursachen. Dies lässt sich näherungsweise durch eine exotherme Assoziatbildung [195,196] der Form

$$\text{Reaktion Ass} = \qquad V'_{Ag} + Cd^{\cdot}_{Ag} \rightleftharpoons (Cd_{Ag}V_{Ag})^{x} \tag{5.187}$$

mit der Assoziationskonstanten[110]

$$K_{ass} = \frac{[(Cd_{Ag}V_{Ag})^{x}]}{[Cd^{\cdot}_{Ag}]\,[V'_{Ag}]} \tag{5.188}$$

beschreiben. Das gebildete Assoziat entspricht einer gegenseitigen Neutralisation; der gebildete Komplex ist (näherungsweise!) effektiv neutral und fällt für die Leitfähigkeit aus[111]. Strukturell bedeutet die Assoziation, dass sich die Leerstelle in unmittelbarer Nachbarschaft des Dotierions aufhält.

Die Assoziatbildung trägt nicht nur einem Großteil der Coulomb-Effekte Rechnung, sondern insbesondere auch spezifischen, kovalenten Wechselwirkungseffekten, wie sie sehr intensiv bei der Negativdotierung von AgCl mit Ag_2S zwischen $Ag^{\cdot}_i$ und S'_{Cl} einhergehend mit den beträchtlichen elektronischen Polarisierbarkeiten — entsprechend kovalenter Effekte — auftreten (Man erinnere sich an das anomale Verhalten in Abb. 5.49.). Dies spiegelt sich ja auch im extrem geringen Löslichkeitsprodukt der Ag_2S-Phase in Wasser wieder. Ein weiterer Grund für die in diesem Falle ausgeprägten hohe Assoziatsstärke liegt daran, dass die Defekte einander sehr nahe kommen können (Zwischengitterposition!).

Die Aufteilung in assoziierte Paare und freie Ionen im Falle rein elektrostatischer Wechselwirkung ist natürlich nicht frei von Willkür. In Lösungen starker Elektrolyte wurde diese Aufteilung von Bjerrum [195] wie folgt gestaltet: Die elektrostatische Wechselwirkung verlangt eine erhöhte Aufenthaltswahrscheinlichkeitsdichte der Gegenionen in der Umgebung des Zentraliones. Diese sinkt als Funktion der Entfernung

[110] Da das Assoziat einen Dipol darstellt, der verschieden orientiert sein kann, geht auch die Zahl der Orientierungen als Konzentrationsmaßkorrektur bzw. Entropiekorrektur in die Massenwirkungskonstante K_{ass} ein.

[111] Abgesehen hiervon ist auch die Beweglichkeit wegen der geringen Cd-Mobilität vernachlässigbar.

in vorgegebener Richtung. Andererseits wächst das Volumen der Kugelschale in gegebener Entfernung vom Zentralion mit steigendem Abstand. Insgesamt durchläuft die Aufenthaltswahrscheinlichkeit der Gegenionen mit steigendem Abstand ein Minimum. In diesem Sinne ist es sinnvoll, Ionenpaare mit einem kleineren Abstand als assoziiert anzusehen. Die Effekte für größere Abstände werden (beispielsweise) mit Hilfe der Debye–Hückel–Theorie beschrieben [197]. Dieses Minimum a_B ($\propto 1/\varepsilon$) liegt im Wasser bei 25°C für eine M^+X^-–Lösung bei 3.6Å. Auf diese Weise wird einem Großteil der Wechselwirkung in simpler Form Rechnung getragen. Allerdings ist dieses Konzept im Festkörper nicht quantitativ brauchbar. Die Vorstellung, Kontaktpaare im Abstand $r < a_B$ verhielten sich effektiv neutral, ist im Festen schon deswegen gewagter, da wegen der kleinen Dielektrizitätskonstanten die Größe a_B die Gitterkonstante deutlich übersteigt und zum anderen die Starrheit des Gitters nicht vernachlässigt werden darf[112].

Doch zurück zur formalen phänomenologischen Behandlung. Durch die Einführung von Assoziaten teilt sich die konstante Dotierkonstentration C auf in die Konzentrationen des Assoziates und der freien Cd–Ionen:

$$[\mathrm{Cd}^{\cdot}_{\mathrm{Ag}}] + [(\mathrm{Cd}_{\mathrm{Ag}}\mathrm{V}_{\mathrm{Ag}})^{\times}] = \mathrm{C}. \tag{5.189}$$

Über die Gleichungen (5.188, 5.189) und die Elektroneutralitätsbedingung lassen sich die Einzelkonzentrationen berechnen. Durch die Einführung von Assoziaten haben wir uns eine Variable mehr eingehandelt, dafür aber auch eine zusätzliche Gleichung. Obwohl auch die genaue Berechnung simpel ist (s. Ergebnisse in Abb. 5.59), betrachten wir wiederum die Brouwer–Näherung und den Extremfall, dass

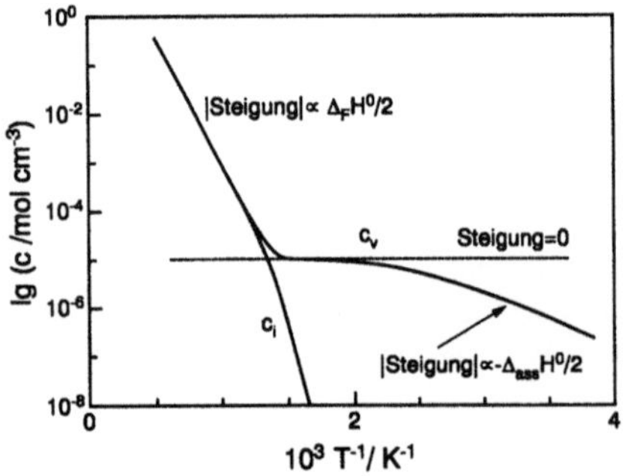

Abb. 5.59: Konzentrationen von Leerstellen und Zwischengitterteilchen bei positiver Dotierung und Assoziation zwischen Kationenleerstelle und Dotierion. Als Modellparameter wurden $\Delta_{\mathrm{ass}}S^\circ_{\mathrm{m}} = 0$, $\Delta_{\mathrm{F}}S^\circ_{\mathrm{m}} = 10\mathrm{R}$, $\Delta_{\mathrm{ass}}H^\circ_{\mathrm{m}} = -40\,\mathrm{kJ/mol}$ und $\Delta_{\mathrm{F}}H^\circ_{\mathrm{m}} = 200\,\mathrm{kJ/mol}$ verwendet.

eine ausgeprägte Assoziation vorliegt ($-\Delta_{\mathrm{ass}}G^\circ$ hoch und/oder T gering). In diesem Fall liegt fast alles Cd in Assoziatform vor ($[\mathrm{Cd}^{\cdot}_{\mathrm{Ag}}] << [(\mathrm{Cd}_{\mathrm{Ag}}\mathrm{V}_{\mathrm{Ag}})^{\times}] = \mathrm{C}$). Dann folgt mit der Elektroneutralitätsbedingung

$$[\mathrm{V}'_{\mathrm{Ag}}] = [\mathrm{Cd}^{\cdot}_{\mathrm{Ag}}] \tag{5.190}$$

[112] Eine tiefergehende Behandlung ist bei Allnatt und Lidiard [9] zu finden. Es ist sicherlich sinnvoll, im jeweiligen Fall kristallchemische Abstandskriterien, z.B. über die Nächste–Nachbarn–Sphäre, zu definieren.

und aus Gl. (5.188)

$$[V'_{Ag}] = \left(\frac{C}{K_{ass}}\right)^{1/2} \tag{5.191a}$$

bzw. in einer anderen, später noch benötigten Form

$$\ln[V'_{Ag}] = \ln C + \ln[(K_{ass}C)^{-1/2}]. \tag{5.191b}$$

Gl. (5.191) zeigt, wie die Assoziation die Ionenleitung beeinflusst. Die Ladungsträgerkonzentration ist um den Faktor $\sqrt{K_{ass}C}$ niedriger als im hypothetischen extrinsischen, aber assoziationsfreien AgCl ($[V'_{Ag}] = C$). Damit wird die für die Ionenleitung entscheidende (freie) Ladungsträgerkonzentration auch wieder temperaturabhängig, und es resultiert

$$W_{V'_{Ag}} = -1/2\Delta_{ass}H^\circ > 0, \tag{5.192}$$

wie in der exakter berechneten Abb. 5.59 als Tieftemperaturlimit gezeigt. Die experimentellen Daten für $\Delta_{ass}H^\circ$ im Falle der Cd^{2+}-Dotierung in AgCl schwanken zwischen -0.3 und -0.5 eV [10].

Im Falle elektronischer Ladungsträger entsprechen obige Prozesse — zumindest bei Übergangsmetalldotierung — der Änderung des Redoxzustandes des Dotierions, wie schon ausgiebig in vorangegangenen Abschnitten (insbesondere 5.3) betrachtet. Die formale Behandlung ist völlig analog. Beim Halbleiter spricht man von Störstellenniveaus. Zum zugeordneten Banddiagramm, wie es in Abb. 5.10 (Seite 130) gezeigt ist, lässt sich auch das ionische Pendant in bezug auf die Assoziation konstruieren[113]. Es ist in Abb. 5.60 dargestellt. Überdies gibt es auch bei ionisch–elektronischen Wechselwirkungen die Möglichkeit, dass lediglich Dipole ausgebildet werden und nicht echte Umionisierungen auftreten. (So ist eine Assoziation eines Loches in Al–

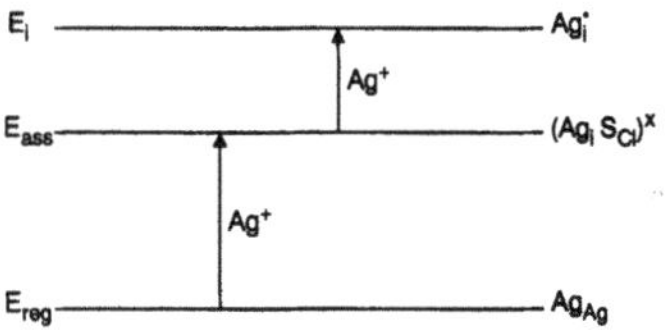

Abb. 5.60: Das ionische Analogon zum Störstellenbild beim Halbleiter. Die Niveaus sind genauer elektrochemische Standardpotentiale (s. Abschnitt 5.3). Die Einzelprozesse entsprechen dem Übergang von Ag^+ zwischen den Zuständen. Präziser müssen an Stelle von $Ag_i^\bullet$, $(Ag_iS_{Cl})^x$ und Ag_{Ag} die Ausdrücke $Ag_i^\bullet - V_i$, $(Ag_iS_{Cl})^x - (V_iS_{Cl})'$ und $Ag_{Ag} - V'_{Ag}$ stehen [199].

dotiertem $SrTiO_3$ mit der flachen Störstelle Al'_{Ti} wohl als $(Al'_{Ti}O^\bullet_O)^x \equiv (Al'_{Ti}h^\bullet)^x$ aufzufassen und nicht als $Al^x_{Ti} \equiv \left(Al^{4+}_{Ti^{4+}}\right)^x$.
Sind jedoch Valenzwechsel möglich, ist das Assoziationskonzept im elektronischen Fall klarer formulierbar und auch in der Regel spektroskopisch zu verifizieren. Dies

[113] Mit Vorteil lässt sich ein solches Diagramm auch für den Protonenübergang in Wasser verwenden (vgl. auch Abb. 5.9). Niveaus in der Lücke charakterisieren dann Säuren und Basen je nach Stärke. Der Abstand zu den Fundamentalniveaus ist durch pK_S bzw. pK_B gegeben [198].

gilt z.B. für die verschiedenen Oxydationszustände des Eisens im $SrTiO_3$:

$$Fe'_{Ti} + h^{\cdot} \rightleftharpoons Fe^{x}_{Ti}. \tag{5.193}$$

Hier kann man Fe^{x}_{Ti} als Assoziat zwischen Fe'_{Ti} und den Löchern auffassen. Das Verhältnis von Fe^{4+}/Fe^{3+} wächst mit sinkender Temperatur (exotherme Assoziation) und steigendem Sauerstoffpartialdruck (Oxydation). Abb. 5.61 gibt die gerechnete Abhängigkeit der Fe^{4+}-Konzentration von T und P_{O_2} wieder, die experimentell in

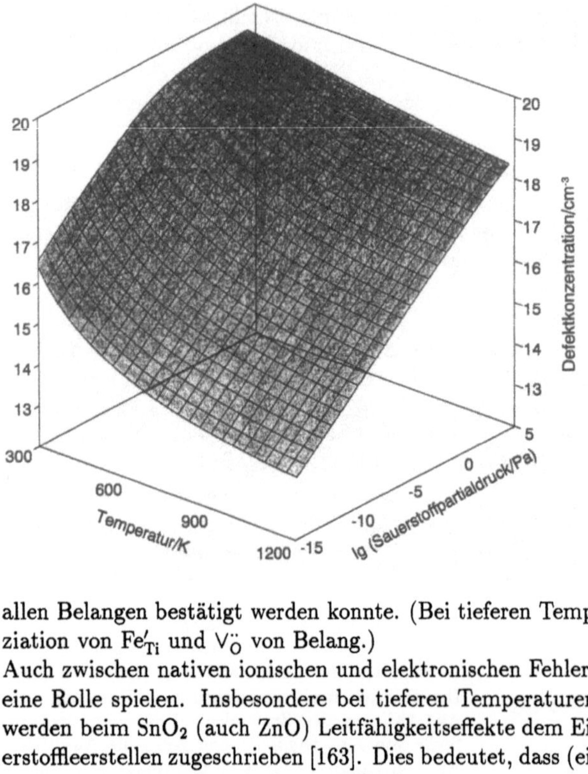

Abb. 5.61: Fe^{4+}-Konzentration in Fe-dotiertem $SrTiO_3$ als Funktion von T und P_{O_2}. Die Eisen-Gesamtkonzentration ($\sim 10^{19}/cm^3$) entspricht dem Grenzwert für $(T, P_{O_2}) \rightarrow (0, \infty)$ [122].

allen Belangen bestätigt werden konnte. (Bei tieferen Temperaturen ist auch Assoziation von Fe'_{Ti} und $V_O^{\cdot\cdot}$ von Belang.)
Auch zwischen nativen ionischen und elektronischen Fehlern können Assoziationen eine Rolle spielen. Insbesondere bei tieferen Temperaturen (s. Abb. 5.50, S. 189) werden beim SnO_2 (auch ZnO) Leitfähigkeitseffekte dem Einfangen von e' auf Sauerstoffleerstellen zugeschrieben [163]. Dies bedeutet, dass (ein oder zwei) Elektronen quasi als Anionenersatz in Sauerstofflücken getrappt werden nach:

$$\begin{aligned} V_O^{\cdot\cdot} + e' &\rightleftharpoons V_O^{\cdot} \\ V_O^{\cdot} + e' &\rightleftharpoons V_O^{x} \end{aligned} \tag{5.194}$$

entsprechend zweier Donatorzustände in der Bandlücke. Im Falle von MgO wurden sogar separate Migrationsenergien (vgl. Abschnitt 6.2) für die verschiedenen Defekte bestimmt [200]. Das Akzeptor–Pendant tritt auf beim Sauerstoffüberschuss–p–Leiter $(O_i'', h^{\cdot})$ (z.B. Cu_2O):

$$O_i'' + 2h^{\cdot} \rightleftharpoons O_i' + h^{\cdot} \rightleftharpoons O_i^{x}. \tag{5.195}$$

Hierbei wird der Zwischengittersauerstoff selbst oder die unmittelbare Umgebung aufoxidiert. Mit Sicherheit werden solche Effekte beim La_2CuO_4 bei tieferen Temperaturen relevant. Bei den Hochtemperatursupraleitern $YBa_2Cu_3O_{6+x}$ oder $Bi_2Sr_2CaCu_2O_8$ sind wegen der erhöhten Fehlerdichte solche Wechselwirkungen schon bei erhöhter Temperatur wichtig und können zur Erklärung ungewöhnlich hoher $N_{h^\cdot}$-Werte von bis zu 1/2 herangezogen werden [201].
Auch in solchen Fällen ergibt sich bei Gültigkeit der Brouwer–Näherung unser Potenzgesetz Gl. (5.150). Auch die formulierten quantitativen (P–, T–, C–) Sätze, die eine Aussage über das Vorzeichen der Änderung machen (S. 170, 171, 181), gelten hier. Da $V_O^{\cdot}$ ein Assoziat zwischen $V_O^{\cdot\cdot}$ und e' ist, also $[V_O^{\cdot}] \propto [V_O^{\cdot\cdot}][e']$ addieren sich die beiden für $[V_O^{\cdot\cdot}]$ und $[e']$ vorhergesagten P– und C–Abhängigkeiten. Im Falle der Dotierabhängigkeit schwächen sich die gegenläufigen Effekte auf $V_O^{\cdot\cdot}$ und e': Da $V_O^{\cdot\cdot}$ zweifach geladen ist, überwiegt erstere Tendenz und Gl. (5.152) gilt dennoch[114]. Analog ist es bei O_i'. (Bei exotischen Defekten wie $V_O^{\cdot\cdot\cdot}$, O_i''' gälte dies erst recht). Beim P–Satz (S. 170) wurde festgestellt, dass bei Erhöhung des Potentials der elektronegativen Komponente die Defekte, die für sich genommen das Anion–Kation–Verhältnis bzw. den Oxydationszustand erhöhen (erniedrigen), in ihrer Konzentration erhöht (erniedrigt) werden. Dies gilt auch für $V_O^{\cdot}$ und O_i', da sich in diesen Fällen die beiden Effekte akkumulieren; genauer ist $N_{V_O^{\cdot}} = N_{V_O^{\cdot\cdot}} + N_{e'}$ (wegen Gl. (5.194)). $V_O^{\cdot}$ z.B. entspricht einem reduzierten Zustand und seine Bildung bedeutet gleichzeitig eine Erniedrigung des Anion–Kation–Verhältnisses[115].
Eine andere gut untersuchte Wechselwirkungsreaktion ist die Farbzentrenbildung im Kochsalz [202]. Behandelt man NaCl mit metallischem Na, betrachtet man also die NaCl-Phase am Na–reichen Ende des (äußerst schmalen) Homogenitätsbereiches ($NaCl_{1-|\delta|_{max}}$), so wird im Schottky–fehlgeordneten NaCl eine erhöhte Elektronenkonzentration induziert sowie die Anionenleerstellenkonzentration erhöht gemäß

$$Na + V_{Na}' \rightleftharpoons Na_{Na}^{\times} + e' \qquad (5.196a)$$

bzw. (Kombination mit dem Schottky–Gleichgewicht)

$$Na + Cl_{Cl}^{\times} \rightleftharpoons NaCl + V_{Cl}^{\cdot} + e'. \qquad (5.196b)$$

Bei tieferer Temperatur werden freie Elektronen nach

$$V_{Cl}^{\cdot} + e' \rightleftharpoons V_{Cl}^{x} \qquad (5.197)$$

in der (effektiv positiv geladenen) Chlorleerstelle eingefangen (unter Bildung von V_{Cl}^{x}). Diese Behandlung verleiht dem Kristall eine violette Farbe. Ähnlich charakteristische optische Absorptionen kennzeichnen analoge Farbzentren in anderen Alkalihalogeniden. Da die Elektronenwolke des gefangenen Elektrons in Näherung auf

---

[114] Dies sieht man an Hand der die beiden unassoziierten Defekte verknüpfenden Reaktionen ein. So folgt z.B. aus $[V_O^{\cdot\cdot}]P_{O_2}^{1/2} = K_O^{-1}(T)[e']^{-2}$ der Zusammenhang $M_{V_O^{\cdot\cdot}} \equiv \left(\frac{\partial \ln[V_O^{\cdot\cdot}]}{\partial \ln C}\right)_{P,T} = -2\left(\frac{\partial \ln[e']}{\partial \ln C}\right)_{P,T} \equiv -2M_{e'}$. Mit $[V_O^{\cdot\cdot}][e'] = K_{ass}^{-1}(T)[V_O^{\cdot}]$ ergibt sich $M_{V_O^{\cdot}} = M_{V_O^{\cdot\cdot}} + M_{e'} = M_{e'}(-2+1) = -M_{e'} = \frac{1}{2}M_{V_O^{\cdot\cdot}}$ und somit $\mathrm{sign}\left(M_{V_O^{\cdot}}\right) = \mathrm{sign}\left(M_{V_O^{\cdot\cdot}}\right) = -\mathrm{sign}\left(M_{e'}\right)$.

[115] Dies gälte nicht mehr bei exotischen Defekten wie O_i''' oder $V_O^{\cdot\cdot\cdot}$.

die Leerstelle begrenzt ist, lässt sich approximativ die Farbe mit Hilfe des Modells des Elektrons im (atomaren) Kasten der ungefähren Ausdehnung der Gitterkonstanten (a) errechnen. Das absorbierte Licht regt im wesentlichen im Grundzustand befindliche Elektronen in das nächst höhere Niveau an. Gemäß Kapitel 2 (Gl. 2.27) ändert sich der Quantenzahlvektor (n_x, n_y, n_z) von (1, 1, 1) auf (2, 1, 1) (oder (1, 2, 1) oder (1, 1, 2)). Wegen $\epsilon = \frac{h^2}{8m_{e^-}}\left(n_x^2 + n_y^2 + n_z^2\right) a^{-2}$ resultiert

$$h\nu_{abs} = \Delta\epsilon = \left(\frac{3h^2}{8m_{e^-}}\right) a^{-2}. \qquad (5.198)$$

Mit dieser simplen Rechnung ergibt sich für NaBr ein vom exakten Wert nur um ca. 20% abweichendes Ergebnis für das Absorptionsmaximum. Gl. (5.198) erklärt auch den als Mollwy–Ivey–Gesetz [11] bekanntgewordenen Befund, dass bei den Farbzentren in Alkalihalogeniden die entsprechenden Wellenlängen in etwa quadratisch von der Gitterkonstante abhängen (Abb. 5.62). Solche simplen Abschätzungen

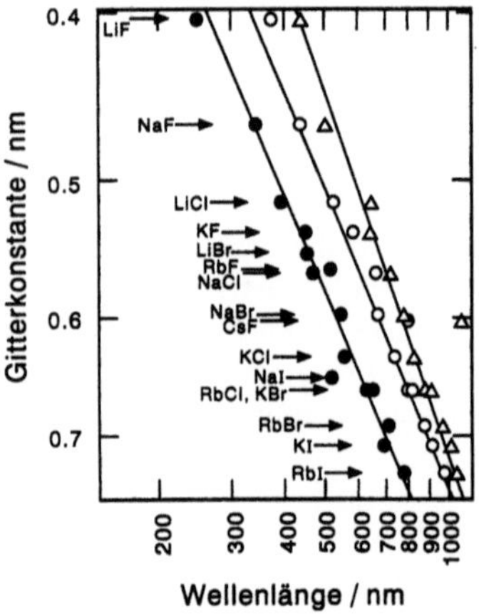

Abb. 5.62: Das Mollwy–Ivey–Gesetz (i.e. Absorptionsfrequenz $\nu_{abs} \propto a^{-x}$) für Leerstellendefekte "F", "F_2" und "F_3" in Alkalihalogeniden. Die linke Kurve bezieht sich auf die in diesem Kontext interessierenden elementaren F–Zentren. Die beiden zu höheren Wellenlängen verschobenen Geraden beziehen sich auf Aggregate von zwei bzw. drei F–Zentren (sog. F_2–, F_3–Zentren). Die Auftragung ist doppeltlogarithmisch. Die Steigung zeigt das Potenzgesetz $\nu_{abs} \propto a^{-1.77}$ an. Nach [11].

ermöglichen zwar nicht gerade die genaue Ausmessung der Leerstellen[116], spielten aber historisch eine wichtige Rolle bei der Vertauensbildung bezüglich der defektchemischen Konzeption.
Das in Abschnitt 5.3 erwähnte, unter oxydierenden Bedingungen beim NaCl nachgewiesene, am Cl^- getrappte Loch $((Cl_i)_2'(V_{Cl}^{\cdot})_2)$ ist dagegen kein Assoziat zweier ursprünglich vorhandener Defekte, sondern es handelt sich um die Polarisation des perfekten Gitters durch $h^{\cdot}$ (Elektron–Phonon–Wechselwirkung).

Auch Assoziate zwischen intrinsischen Defekten sind bekannt. Beispiele sind Elektron–Loch–Paare. Hier handelt es sich nicht um den rekombinierten "Nullzustand",

[116]Etwa 90% der Wellenfunktion des Grundzustandes ist auf die Leerstelle begrenzt. Der restliche Anteil ist über mehrere Gitterkonstanten ausgedehnt.

sondern um einen angeregten, durch Polarisationseffekte gekennzeichneten Zustand, der durch Aktivierungsschwellen vom völlig dissoziierten Zustand getrennt und auch als solcher wanderungsfähig ist. Dann wird sozusagen Anregungsenergie in Form angeregter, aber neutraler Teilchen transportiert.

$$\text{Null} \rightleftharpoons (\text{e}'\text{h}^{\cdot}) \equiv \text{Exziton} \rightleftharpoons \text{e}' + \text{h}^{\cdot}. \tag{5.199}$$

Solche Exzitonen ähneln in gewisser Weise dem Wasserstoffatom und besitzen auch ähnliche Spektren, allerdings sind insbesondere die Energiezustände (grob gesprochen) wegen der von Eins verschiedenen Dielektrizitätskonstante des Mediums völlig andere. Analoge Defektzustände sind im Prinzip auch bei Frenkelpaaren vorstellbar. Ein weiteres Assoziat von erheblicher Bedeutung ist das Cooper–Paar:

$$\begin{aligned} 2\text{e}' &\rightleftharpoons (\text{e}')_2 \\ 2\text{h}^{\cdot} &\rightleftharpoons (\text{h}^{\cdot})_2 . \end{aligned} \tag{5.200}$$

Assoziate dieser Art sind trotz der Coulomb–Abstoßung (z.B. aufgrund von Phononen–Effekten) bei allerdings in der Regel extrem tiefen Temperaturen in manchen Verbindungen existent, verhalten sich wie Bosonen und sorgen für Supraleitung (s. auch S. 289). Eine Konsequenz der Coulomb–Abstoßung ist die in vielen Fällen die Gitterkonstante beträchtlich übersteigende Korrelationslänge. Die (Freie) Enthalpie der Reaktion entspricht dem Cooper–Gap in der Energieniveaudarstellung.
Auch die intrinsischen Defekte bei der Schottky–Reaktion bzw. der Anti–Schottky–Reaktion können assoziieren, ohne dass ein neutrales "Monomer" (MX) vernichtet oder erzeugt wird (andernfalls handelte es sich einfach um die Umkehrung in den Nullzustand[117] des perfekten Kristalls):

$$\begin{aligned} \text{M}_\text{i}^{\cdot} + \text{X}_\text{i}' &\rightleftharpoons (\text{M}_\text{i}\text{X}_\text{i})^{\text{x}} \\ \text{V}_\text{M}' + \text{V}_\text{X}^{\cdot} &\rightleftharpoons (\text{V}_\text{M}\text{V}_\text{X})^{\text{x}} . \end{aligned} \tag{5.201}$$

Diese Reaktionen können als Vorstufen der Ausfällung bzw. der Porenbildung bedeutsam sein.
Falls perkolative Effekte eine wesentliche Rolle spielen, wie es durchaus in hochdotierten Systemen der Fall sein kann, werden die Verhältnisse sehr schnell unüberschaubar. Eine numerische Behandlung der Ionendynamik in Systemen mit zufällig verteilten Coulomb–Trapping–Zentren ist in Ref. [203] gegeben. Der Möglichkeit des Transportes elektronischer Ladungsträger rein über Verunreinigungszustände entspricht im delokalisierten Bild die Ausbildung eines (u.U. sehr schmalen) Verunreinigungsbandes.
Sehr individuell werden die Betrachtungen, wenn wir ausgedehnte Defekte oder Ordnungszustände betrachten, die man als Agglomeration oder kooperative Segregation von Punktdefekten auffassen kann. So werden regelrechte Defektcluster

[117] Allerdings sind auch bei den ionischen Fehlern exzitonenanaloge Zustände denkbar.

für die ausgeprägte "Nichtstöchiometrie" im $Fe_{1-\delta}O$ bzw. "UO_{2+x}" verantwortlich gemacht[118,119] [204,205]. Bei der Reduktion von TiO_2 entstehen die sauerstoffunterschüssigen sog. Magnéli-Phasen [206], die man sich dadurch gebildet denken kann, dass ganze Sauerstoffatomreihen in die Gasphase und ganze Ti–Reihen in das Zwischengitter versetzt werden[120] (s. Abb. 5.63). Ein komplementäres Beispiel sind die Ruddlesden–Popper–Phasen [207], wie sie für SrO–unterschüssige Sr–

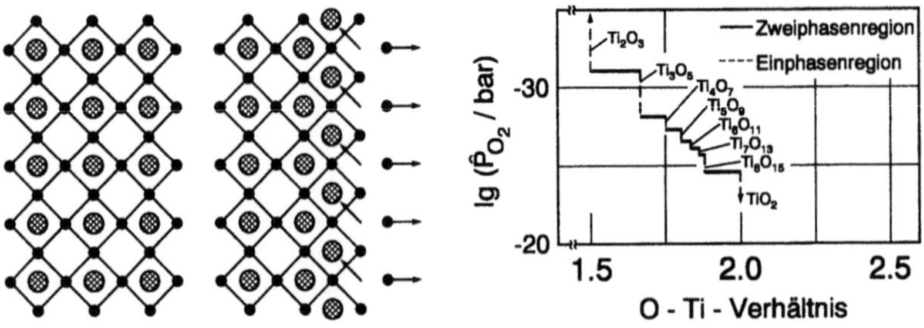

Abb. 5.63: Bildung von Magnéliphasen (links). Bei geringem Sauerstoffpartialdruck wird Sauerstoff (dunkle Kreise) ausgebaut, und es bilden sich geordnete interstitielle Kationenkonfigurationen (helle Kreise) aus. Ihre thermodynamische Stabilität zeigt sich in der Darstellung des Gleichgewichts–Sauerstoffpartialdruckes als Funktion der Zusammensetzung (rechts). (Vgl. Kap. 4.) Nach [208].

Titanate nachgewiesen sind. Als Beispiel zur Defektordnung seien die Sauerstoffdefekte im $YBa_2Cu_3O_{6+x}$ angeführt, die sich entlang von Ketten ordnen und auch die Supraleitungseigenschaften betreffen (s. Abb. 5.64). Diese Fragestellungen führen uns an die Grenze des Defektkonzeptes.

Kommen wir nochmals auf die allgemeine Thematik unseres Buches zurück und betrachten unser $CdCl_2$–dotiertes AgCl sowie Gl. (5.191b). Würden wir die Leitfähigkeitsverminderung nicht durch die Assoziation beschreiben, würden wir also alle Silberleerstellen über einen Kamm scheren ("V'_{Ag}"), so würden wir zur Beschreibung einen Aktivitätskoeffizienten verwenden, der wegen C = [" V'_{Ag} "] offenbar

[118] Im Falle von $Fe_{1-\delta}O$ ist die eigentliche Dalton–Zusammensetzung gar nicht existent.

[119] Formal kann man sich solche ausgedehnten Defekte wie folgt verständlich machen: Entweder liegt eine geringfügig positive ("erste") Freie Bildungsenthalpie vor oder aber möglicherweise gar ein negativer Wert für die Bildung des ersten Defektes, der dann trotz Konfigurationbeiträge durch stark mit der Konzentration ansteigende repulsive Defekt–Defekt–Wechselwirkungen kompensiert wird.

[120] Genaugenommen handelt es sich in den Fällen, in denen die Freie Standardenthalpie der Bildung aus dem perfekten Zustand negativ wird, nicht mehr um Fehler.

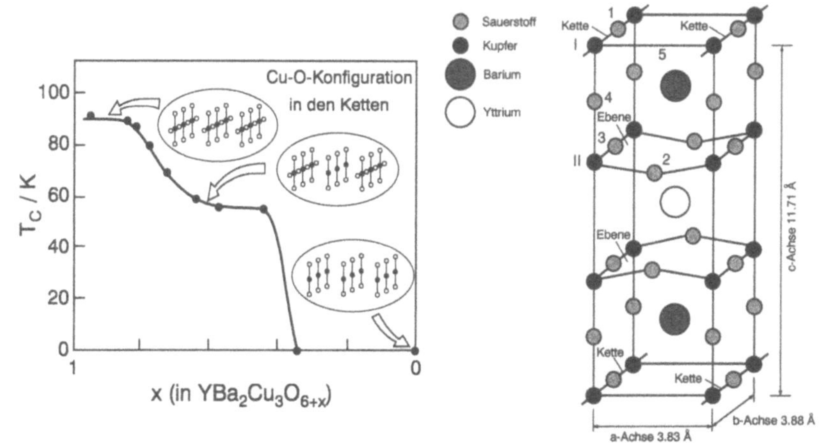

Abb. 5.64: Ordnungsstrukturen für Zwischengittersauerstoffe in den Cu–O–Ketten des Hochtemperatursupraleiters $YBa_2Cu_3O_{6+x}$ (Bei x=1 sind die Kettenpositionen besetzt, bei x=0.5 und genügend tiefen Temperaturen nur die jeder zweiten Kette.) und die Auswirkungen auf die Sprungtemperatur T_C. Die genaue Struktur für x = 1 zeigt die rechte Abbildung. Nach [209].

durch den zweiten Term in Gl. (5.191b) gegeben wäre[121]:

$$f_{eff} = (K_{ass}C)^{-1/2} < 1. \qquad (5.202)$$

Dieser effektive Aktivitätskoeffizient ist wegen $C > [V'_{Ag}]$ kleiner 1 (s. Gl. (5.191)) und nimmt mit steigender Dotier–Konzentration und steigender Assoziationsstärke ab. In diesem Sinne können wir das ideale Assoziationskonzept auch wie folgt beschreiben: Durch die Assoziation wird ein Großteil der Nichtidealitäten erfasst. Nach Umskalierung der Ladungsträgertypen und -konzentrationen können in besserer Näherung nun wieder ideale Massenwirkungsgesetze angesetzt werden.

---

[121] Da wir in gleicher Weise das Einbaugleichgewicht des Chlors (s. Gl. (5.136)) mit den tatsächlich freien, aber auch mit den "pauschalen" Leerstellen schreiben können, sind deren chemische Potentiale identisch (S. 126). Abgesehen von irrelevanten Normierungsfragen stellt die linke Seite (bis auf μ^0 und RT) dieses chemische Potential dar. Der Term $\ln C$ entspricht dem Boltzmann–Ausdruck für die "pauschalen" Leerstellen und $\ln(K_{ass}C)^{-1/2}$ demgemäß dem Aktivitätskoeffizienten (pro RT).

Wem dies zu abstrakt ist, der mag den Zusammenhang wie folgt einsehen: Betrachten wir nochmals Gl. (5.136) und stellen uns vor, wir kennten die Massenwirkungskonstante sowie die richtige Elektronenkonzentration experimentell. In unserer Pauschalbetrachtung würden wir für $[V'_{Ag}]$ den Wert C einsetzen und finden, dass das Massenwirkungsgesetz verletzt ist, und somit C durch f zu Cf korrigieren. Andererseits wäre in guter Näherung das Massenwirkungsgesetz durch die freie Konzentration $[V'_{Ag}] = (C/K_{ass})^{1/2}$ erfüllt mit dem Ergebnis $f = (K_{ass}C)^{-1/2}$.

5.7.2 Aktivitätskoeffizienten

Die Coulomb–Wechselwirkungsanteile längerer Reichweite, die durch Assoziation nicht erfasst werden, lassen sich in einem mittleren Konzentrationsbereich näherungsweise durch die Debye–Hückel–Theorie beschreiben [197]. Die Anhäufung negativer Raumladung um einen positiven Defekt fällt kontinuierlich und charakterisiert durch die Debye–Länge λ als Abklinglänge ab. Im Falle zweier gleichwertig geladener Defekte[122] ($z_+ = |z_-| = z$) liefert die Elektrochemie[123] (s. auch folgender Abschnitt):

$$\lambda = \sqrt{\frac{\epsilon \mathrm{RT}}{2z^2 \mathrm{F}^2 c_\infty}}. \tag{5.203}$$

Im Falle sehr hoher Konzentrationen geht λ gegen Null. Hier entstünde (wäre das Arrangement noch stabil) ein dichtes Defektgitter aus starren Doppelschichten. Bei unendlicher Verdünnung wird die Debyelänge unendlich groß und die Verteilung geht in eine statistische über. Schreiben wir den Korrekturterm[124] im chemischen Potential als

$$\begin{aligned} \mu_k^{ex} &= \mu_k - \mu_k^0 - \mathrm{RT}\ln c_k = \mathrm{RT}\ln(a_k/c_k) \\ &= \mathrm{RT}\ln f_k \end{aligned} \tag{5.204}$$

mit a_k und f_k als Aktivität und Aktivitätskoeffizient, so ergibt sich letztere Größe, die wegen der betrachteten Wechselwirkung kleiner 1 ist, zu[123]

$$\mathrm{RT}\ln f_k = -\frac{z_k^2 \mathrm{F}^2}{8\pi\varepsilon \mathrm{N_A}}\lambda \propto c_\infty^{1/2}. \tag{5.205}$$

Bei größeren Konzentrationen erhält man eine bessere Näherung, wenn der Ausdruck mit dem Faktor $(1 + a_B/\lambda)^{-1}$ korrigiert wird, der einem Minimalabstand Rechnung trägt (vgl. vorigen Abschnitt). Schon in flüssigen Lösungen versagt die Debye–Hückel–Theorie bei höheren Konzentrationen (spätestens im Promille–Bereich) aus verschiedenen Gründen [213], vor allem wegen des Wichtigwerdens der unmittelbaren Umgebung bzw. der "Grobkörnigkeit" der Ionenatmosphäre. Es ist einleuchtend, dass die Bedeutung der Struktur im Festen noch eher durchschlägt und allgemeine, d.h. von dieser individuellen Struktur abstrahierende Konzepte sehr schnell ihre Gültigkeit verlieren. Genauere Beschreibungen [214–218,213] werden außerordentlich kompliziert, unhandlich oder speziell.

Dennoch konnte im Falle von AgCl, AgBr, AgI und PbF_2 gezeigt werden, dass bei hohen Defektkonzentrationen, bei denen nun auch die Debye–Hückel–Theorie versagt, die Nichtidealitätseffekte sich recht gut durch ein einfaches Gesetz, und

[122] Bei mehr als zwei Defekten steht genauer statt $z^2 c_\infty$ die "Defektstärke" $\frac{1}{2}\sum_k z_k^2 c_{k\infty}$.

[123] s. Lehrbücher der Elektrochemie [145–147,210–212].

[124] Da auch hier die beiden Konzentrationsmaße (x, c) einander proportional sind und wir vereinbart haben, dass wir die Umrechnungsfaktoren in μ° einbeziehen, müssen wir uns nur mit einem (primär auf x bezogenen) Aktivitätskoeffizienten befassen.

zwar durch ein Kubikwurzelgesetz [110], beschreiben lassen:

$$\mathrm{RT}\ln f_{\pm} = -J^{c}_{\pm}c_{\pm}^{1/3} = -J_{\pm}x_{\pm}^{1/3} \tag{5.206}$$

mit J bzw. $J^c(= JV_m^{1/3})$ als c–unabhängiger positiver Größe. Der Index ± deutet an, dass hier entsprechend $\mu_{\pm} = \frac{1}{2}(\mu_{+} + \mu_{-})$, das arithmetische Mittel der Einzelgrößen der geladenen Teilchen gebildet und auf den mittleren Aktivitätskoeffizienten $f_{\pm} = \sqrt{f_{+}f_{-}}$ Bezug genommen wurde. Nur diese mittleren Größen sind der Messung zugänglich. (Dies gilt übrigens auch im Falle der Gültigkeit eines Debye–Hückel–Gesetzes.) $c_{\pm}$ bzw. $x_{\pm}$ entsprechen den jeweiligen intrinsischen Konzentrationen. Intuitiv einleuchtend ist diese Beziehung bei Berücksichtigung der Tatsache, dass $c_{\pm}^{1/3}$ den mittleren Defektabstand widerspiegelt. Gl. (5.206) impliziert nicht, dass sich wirklich ein geordnetes Defektgitter ausbildet, sondern lediglich dass sich die energetischen Effekte im Mittelwertsinne wie in einem geordneten Defektgitter beschreiben lassen[125]. In der Tat zeigen numerische Berechnungen, dass die Coulomb–Energie eines geschmolzenen Salzes wegen der topologischen Ordnung trotz fluktuierender Abstände der Ionen sich recht gut durch Madelung–Energien[126] (vgl. Abschnitt 2.2.2) beschreiben lässt [109]. Die effektiven Madelung–Konstanten sind nach diesen Rechnungen kleiner als im geordneten Gitter. In diesem Sinne können wir die energetischen Effekte dadurch beschreiben, dass wir dem perfekten Gitter ein Defektgitter überlagern. Die Gitterkonstante desselben verhält sich offenbar zur eigentlichen Gitterkonstante wie $x^{-1/3}$, also $c^{-1/3}V_m^{-1/3}$. Vernachlässigen wir Faktoren der Größenordnung 1, so ergibt sich mit Gl. (2.37a) aus Abschnitt 2.2.2) obiges Gesetz[127] (Gl. (5.206)) mit (φ, φ_d: Madelungkonstanten des Grundgitters und des Defektgitters)

$$J_{\pm} \simeq \frac{2}{3}\frac{\varphi_d}{\varphi}\frac{U_{Mad}}{\epsilon_r} \tag{5.207}$$

Die Abschätzung über die simple Beziehung Gl. (5.207) ist in ungefährer Übereinstimmung mit den experimentellen Daten. So gilt für die Silberhalogenide $\varphi \simeq \frac{3}{2}$, $\Delta_F H^\circ \simeq \frac{4}{3}U_{Mad}/\varepsilon$ (s. Gl. 5.8). Computerexperimenten für Flüssigkeiten zufolge ist

[125] In diesem Sinne handelt es sich um ein "Mean-field-Konzept". Der mittlere Effekt eines Ensembles von Eigenschaften wird als Effekt eines Ensembles mittlerer Eigenschaften angenähert.

[126] Dies ist nicht trivial und nicht exakt, da sich bei der Summation über $1/r_{ij}$ eine zufällige Variation im Nenner nicht arithmetisch wegmittelt.

[127] Die Madelungenergie des "Defektgitters" ist

$$\Delta G_{int} = -n_d \frac{e^2\varphi_d}{4\pi\varepsilon_r\varepsilon_0 b_d}N_A = -\frac{U_{Mad}}{\varepsilon_r}\frac{\varphi_d}{\varphi}\frac{n_d^{4/3}}{n^{1/3}}$$

mit der Dielektrizitätszahl ε_r des perfekten Gitters und dem mittleren nächsten Nachbarabstand der Defekte b_d. Die Madelungkonstanten werden, um Verwechslungen zu vermeiden, hier mit φ abgekürzt. Das Verhältnis des Nächste–Nachbar–Abstandes (b) der regulären Teilchen zu b_d ergibt $x_{\pm}^{1/3} = (n_d/n)^{1/3}$. Die Ableitung nach der Defektmolzahl n_d und Division durch 2 führt zum chemischen Wechselwirkungspotential bzw. zum Aktivitätskoeffizienten $\Delta\mu_{\pm} = \mathrm{RT}\ln f_{\pm} = -\left(\frac{2}{3}\frac{U_{Mad}}{\epsilon_r}\frac{\varphi_d}{\varphi}\right)x_{\pm}^{1/3}$.

$\varphi_d \sim 0.7$ [109]. Somit erwarten wir ein $J_\pm$ zwischen 0.3eV und 0.6eV ($0.7 < \varphi_d < \varphi$). Wesentlich ist, dass im Gegensatz zur eigentlichen Gitterenergie in die Quasi–Gitterenergie des Defektgitters nun die Dielektrizitätszahl des Kristalles eingeht. Im Unterschied zur intrinsischen Konzentration bei tieferen Temperaturen (s. Gl. (5.85)) ergibt sich nun z.B. für AgCl die implizite Beziehung

$$x_\pm = [Ag_i^\cdot] = [V'_{Ag}] = \exp -\frac{\Delta_F G_m^\circ - 2J_\pm x_\pm^{1/3}}{2RT}. \quad (5.208)$$

Gl. (5.208) zeigt, dass für steigende Temperaturen die effektive Freie Bildungsenthalpie immer geringer wird und somit ein anomales Anwachsen der Defektkonzentrationen die Folge ist. Genauer ist im Massenwirkungsgesetz auch die Platzrestriktion zu berücksichtigen (s.u.).

In dieser Weise lässt sich nun in den betrachteten Beispielen viel besser als mit der Debye–Hückel–Theorie die anomale Erhöhung der Ionenleitung in AgCl, AgBr, AgI und PbF_2[128] im Temperaturbereich unmittelbar unterhalb der Übergangstemperatur in die hochfehlgeordnete Phase erklären. In letzterer ist entweder das kationische (AgI) bzw. anionische Teilgitter (PbF_2) aufgeschmolzen, oder es handelt sich um den flüssigen Zustand (AgCl, AgBr) (s. Abb. 5.65).

Kubikwurzelgesetze leisten auch gute Dienste in bezug auf die Wechselwirkung zwischen rein elektronischen ("Gap–Narrowing"[129]), aber auch zwischen Dotierio-

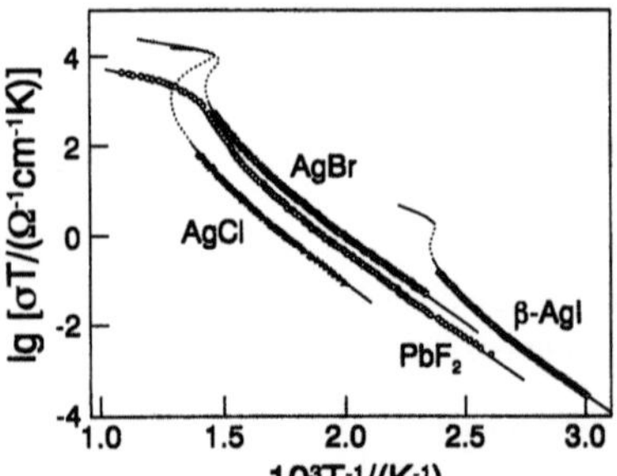

Abb. 5.65: Mit Hilfe des Kubikwurzelgesetzes lassen sich Hochtemperaturanomalien in der Leitfähigkeit beschreiben. Selbst Phasenübergangstemperaturen werden gut vorhergesagt. Die S–Kurve entspricht der Instabilität beim Phasenübergang erster Ordnung. Beim PbF_2 (höhere Ordnung) wird auch der Hochtemperaturbereich richtig beschrieben. In den anderen Fällen kennzeichnet ein Sprung die Gleichgewichtsleitfähigkeit (Phasenübergang 1. Ordnung). Er erfolgt an der Stelle in der S–Kurve, bei welcher die G–Werte beider Phasen identisch sind (s. Abb. 5.66) [110].

nen und elektronischen Ladungsträgern in Halbleitern [219].

Vor allem erwähnenswert ist, dass solche Kubikwurzelgesetze schon sehr früh angewendet wurden, um die Ion–Ion–Wechselwirkung in sehr konzentrierten flüssigen Elektrolyten zu beschreiben [222,223].

[128] Es gibt eine Reihe weiterer Effekte, die im Hochtemperaturbereich wichtig werden können wie die Signifikanz anderer Defekte, Volumenänderung sowie beim AgI Randschichtphasenumwandlungen (s. folgender Abschnitt).

[129] Der rein energetische Wechselwirkungsterm μ^{ex} beeinflusst die "Energieniveaus" im Niveaudiagramm (Abb. 5.9, S. 129). In diesem Falle sind letztere nicht mehr über die $\widetilde{\mu}^\circ$ gegeben, sondern über $\widetilde{\mu}^\circ + \mu^{ex}$.

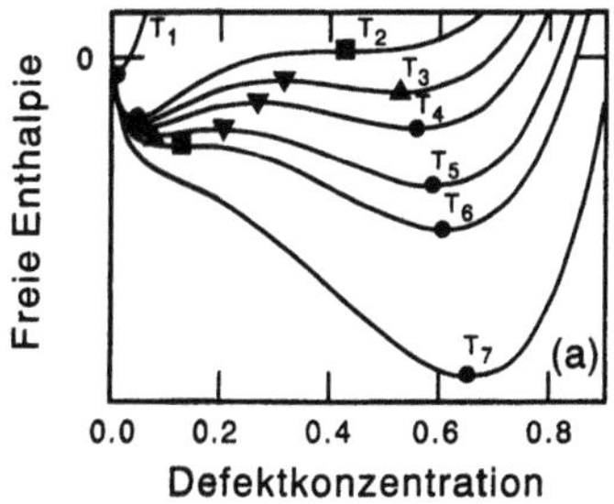

Abb. 5.66: Defektwechselwirkung nach dem $c^{1/3}$-Gesetz. Die Wechselwirkung verschiebt das linke Minimum zu höheren Konzentrationen (als durch Abb. 5.7 vorhergesagt) und führt zu einem zweiten Minimum, das einem Übergang in die (u. U. virtuelle) superionische Phase entspricht. Die Symbole geben die Minima, Maxima und Wendestellen mit waagrechter Tangente an. Die Temperatur steigt von T_1 zu T_7 monoton. Nach Ref. [110]; vergleiche auch [220,221].

Abb. 5.66 zeigt, wie die Ion–Ion–Wechselwirkung zu einem zweiten Minimum in $G(n_d)$ bei hohen Defektkonzentrationen führen kann. Erreicht dieses zweite Minimum tiefere Absolutwerte, tritt eine Phasenumwandlung auf, die erster oder höherer Ordnung (PbF_2) sein kann. Abbildung 5.65 veranschaulicht die Verhältnisse für AgBr, AgCl, AgI und PbF_2. Über Gl. (5.206) errechnete Phasenübergangstemperaturen (AgCl, AgBr: Schmelzpunkt; AgI: α/β–Übergang) wie auch die vorhergesagte Ordnung stimmen für diese Substanzen recht gut mit den experimentellen Resultaten überein. Beim PbF_2, bei dem die Gegebenheiten des Modelles über den gesamten T–Bereich erfüllt sind (keine strukturellen Änderungen), ist die Übereinstimmung auch mit den Daten im Hochtemperaturbereich gegeben.
Bei den anderen Substanzen ist die Übereinstimmung mit der Phasenübergangstemperatur überraschend, da strukturelle Effekte nicht berücksichtigt wurden und somit die Betrachtungen im Rahmen der Beschreibung eine obere Grenze liefern[130].
Immerhin ergibt sich auf diese Weise eine thermodynamische Brücke zwischen Defekteigenschaften, festem und flüssigem Zustand, die sich ja auch in vielen semiempirischen Beziehungen (z.B. zwischen Defektbildungsenthalpie und Schmelzpunkt) widerspiegelt. Letztendlich wird dies auch erwartet, da sich in der Defektbildung fast alle relevanten energetischen und entropischen Informationen finden. So ist verständlich, dass typische binäre Ionenleiter (geringe Fehlordnungsenergie, s. Gl. (5.208)) tiefe Schmelzpunkte besitzen[131]. Kürzlich konnte das Kubikwurzelgesetz bei AgI und PbF_2 durch Molekulardynamik und Monte–Carlo–Rechnungen bestätigt werden [225].
Letztendlich haben wir somit auch das Hochtemperaturverhalten (inklusive Ordnungs–Unordnungs–Übergang) auf die gleichen Parameter — nämlich Gitterenergie und Dielektrizitätszahl — zurückgeführt, die auch für die Einzeldefektbildung (s. Abschnitt 5.2) entscheidend sind.

---

[130] Wenn eine Phasenumwandlung mit struktureller Änderung verknüpft ist, so ist G (reale Hochtemperaturphase) – G (virtuelle Hochtemperaturphase) kleiner Null (die virtuelle Hochtemperaturphase ist die hochfehlgeordnete Phase mit der Grundstruktur der Tieftemperaturphase). Zur Phasenumwandlung in Ionenleitern vgl. auch Ref. [224].

[131] Man sei nicht dadurch in die Irre geführt, dass in Gl. (5.208) U_{Mad} bzw. ΔH_F° in den Zähler von J eingeht. Der gegenläufige Einfluss über $x_\pm^{1/3}$ ist viel empfindlicher.

Der generellen Isomorphie zwischen Elektronen und Ionen entsprechend besteht offenbar auch eine gewisse Analogie zwischen der Umwandlung der schwach fehlgeordneten Ionenleiter durch Wechselwirkung in den superionischen Zustand einerseits und dem Übergang eines Halbleiters in den metallischen Zustand[132] andererseits .

Bislang haben wir trotz energetischer Wechselwirkungen stets Boltzmann-Statistik benützt und somit Aktivitätskoeffizienten bewirkt durch konfigurationsentropische Effekte vernachlässigt. In vielen Fällen ist dies gar keine schlechte Näherung. Genauere Korrekturen werden überaus kompliziert [215–218,213]. Natürlich treten umgekehrt Abweichungen vom Boltzmann-Verhalten schon allein dadurch auf, dass die für die Fehlordnung zur Verfügung stehenden Plätze erschöpflich sind. Hier handelt es sich um Auswirkungen der Platzrestriktion auf die Statistik. Streng genommen müssen wir die durch Gl. (5.14) beschriebene Fermi-Dirac-Form des chemischen Potentials ansetzen[133]. Es ergibt sich diese Korrektur zu

$$f_k = (1 - c_k/c_k^{max})^{-1} > 1. \tag{5.209}$$

(Die nominelle Maximalkonzentration c^{max} ist in der Regel[134] das reziproke Molvolumen, d.h. $x^{max} = 1$ (s. Abschnitt 5.2)[135]. Entartungsfaktoren (wie beim Ag_i oder bei Elektronenzuständen an Dotieratomen) sind in $\mu°$ einbezogen.) Allein ist diese Beziehung, wie ebenfalls im gerade beschriebenen Beispiel ersichtlich, allerdings quantitativ nicht allzu nützlich, da für $x \longrightarrow 1$ Wechselwirkungen auftreten. Die Kombination mit einem Kubikwurzelgesetz führt in Gl. (5.208) zu $\frac{x_\pm}{1-x_\pm}$ auf der linken Seite. Interessant ist, dass der durch Gl. (5.209) beschriebene Aktivitätskoeffizient größer als eins ist, da ja eine Besetzung immer "beschwerlicher" erfolgt, also

---

[132] Vgl. auch Mott-Übergang ; vgl. Fußnote 25, S. 126. Vgl. auch Ref. [199].

[133] In diesen Abschnitt gehören auch die Aktivitätsausdrücke der Form $\frac{x}{1-x}$, wie sie z.B. für die Elektronen in Donator- oder Akzeptorzuständen erhalten werden (Abschnitt 5.3). Dort wurden diese Formulierungen (teilweise künstlich) dadurch erhalten, dass statt der Bauelemente Strukturelemente betrachtet wurden und der gleiche Ausdruck als Quotient zweier idealer Konzentrationsterme in Erscheinung trat (x und x'=1-x). Vgl. auch Fußnoten 33 und 162. Dieser Trick wirkt auch in komplizierteren Fällen. Im Falle der Wasserinkorporation in Oxide nach $\frac{1}{2}H_2O + V_O^{\cdot\cdot} + O_O \rightleftharpoons 2OH^{\cdot}$ (s. Gl. (5.176)) erhält man das gleiche Ergebnis, gleichgültig, ob man für $V_O^{\cdot\cdot}$, $OH^{\cdot}$ und O_O getrennt Boltzmann-Ausdrücke ansetzt oder ob man thermodynamisch genau für die Bauelemente $(V_O^{\cdot\cdot} - O_O)$ und $(OH^{\cdot} - O_O)$ Fermi-Dirac-artige Ausdrücke benützt. Natürlich darf strenggenommen für O_O keine Boltzmann-Statistik angesetzt werden. Andererseits muss auch die Bauelementaktivität für die Fälle, in denen Korrekturen für O_O ins Spiel kommen, in bezug auf Wechselwirkung korrigiert werden. Auf alle Fälle ist es wesentlich, zwischen Aktivitätskoeffizienten für Bauelemente und (virtuellen) Aktivitätskoeffizienten für Strukturelemente zu unterscheiden.

[134] Bei den protonenleitenden Perowskiten (s. voriger Abschnitt) ist $c_{H^+,max}$ durch die Dotierkonzentration gegeben.

[135] Da im AgCl die Zahl der Zwischengitterpositionen 2N ist, ergibt sich eigentlich $\mu = \text{const} + RT \ln \frac{x}{2-x}$, also eine andere funktionale Abhängigkeit. Wie schon in Abschnitt 5.2 erwähnt, sind allerdings "Doppelbesetzungen" unwahrscheinlich. In diesem Fall resultiert dann in besserer Näherung $\mu = \text{konst} + RT \ln \frac{x}{2(1-x)}$ (s. Fußnote 21 auf S. 124), also ein in die funktionale Form (5.209) überführbarer Ausdruck.

mit einer zusätzlich erhöhten freien Enthalpie verbunden ist, und die Aktivität ansteigt ("Fermi–Druck"). Solche Effekte für sich genommen bewirken eine geringere Gleichgewichtskonzentration als "nach Boltzmann" berechnet.
Sehr wesentlich sind diese Betrachtungen für Elektronen. Für einen gegebenen Energiezustand resultiert hier, wie in Abschnitt 5.3 gezeigt, ein chemisches Potential vom Typ Gl. (5.209) (s. Gl. (5.40)). Bezieht man alle elektronischen Zustände ein (s. Gl. (5.44)) und bezieht μ° auf die Bandkante, beinhaltet das genaue Ergebnis das Fermi–Dirac–Integral $\mathcal{F}_{1/2}$ nach Gl. (5.53). Das qualitative Verhalten ist aber ähnlich. Abb. 5.67 zeigt das Ansteigen des Aktivitätskoeffizienten, wenn die Elektronendichte mit

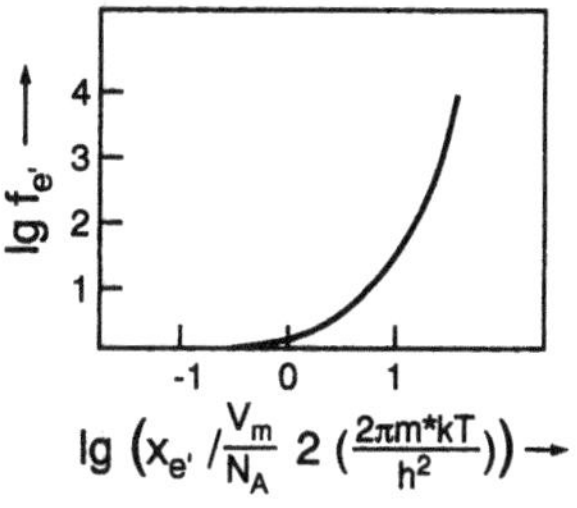

Abb. 5.67: Fermi–Dirac–Aktivitätskoeffizient elektronischer Ladungsträger als Funktion der Konzentration [221].

der effektiven Zustandsdichte vergleichbar wird bzw. diese übersteigt[136]. Umgekehrt — aber hier nicht von Belang — gilt in der Bose–Einstein–Statistik in Gl. (5.209) ein positives Vorzeichen, welches zu einem f–Wert führt, der kleiner als 1 ist. (Die Bezeichnung c_k^{max} ist dann nicht mehr sinnvoll. Hier führt die schon vorhandene Besetzung zu einer Begünstigung der Neubesetzung, d.h. f sinkt mit steigender Konzentration.) Die damit zusammenhängende Bose–Kondensation ist für die Supraleitung und Suprafluidität von großer Bedeutung.
Eine genauere quantitative Berücksichtigung der Konfigurationskorrekturen durch Wechselwirkungen ist kompliziert und führt, wie schon erwähnt, sehr bald zu unhandlichen Ausdrücken (vgl. z.B. Ref. [9,218,213,226]). Eine einfache Vorgehensweise — nämlich das schon angedeutete (vgl. S. 124) Ausschlussverfahren — ist in vielen Fällen hilfreich[135,137].

Trotz aller Einschränkungen ermöglichen die simplen, hier dargelegten Betrachtungen eine leistungsfähige Beschreibung der Defektchemie. Als Modell mögen die Silberhalogenide dienen. Dort führen sie zu einer quantitativen Beschreibung über einen riesigen Temperaturbereich von tiefen Temperaturen bis zum Phasenübergang (tiefe Temperaturen: extrinsisch mit Assoziation (Abschnitt 5.7.1); um Raumtemperatur: extrinsisch ohne Assoziation (5.6); hohe Temperaturen: intrinsisch ohne

[136] Wechselwirkungen zwischen elektronischen Ladungsträgern wie Elektron–Loch–Wechselwirkung müssen zusätzlich berücksichtigt werden, z.B. über $c^{1/3}$–Gesetze, wie oben diskutiert.
[137] Ähnlich schließt man in der Silikatchemie die Nachbarschaft von Aluminiumionen (keine Al–O–Al–Konfigurationen) aus energetischen Gründen aus, d.h. man setzt die Bildungsenthalpie eines solchen Zustandes auf Unendlich.

Wechselwirkung (Abschnitt 5.5); sehr hohe Temperaturen unterhalb des Schmelzpunktes: intrinsisch mit Wechselwirkung (Abschnitt 5.7.2)).

5.8 Randschichten und Größeneffekte

5.8.1 Allgemeines

Soweit haben wir ein brauchbares und tragfähiges Konzept für die Gleichgewichtsdefektchemie im Inneren des Festkörpers. Ignoriert haben wir in diesem Zusammenhang bislang die Präsenz von Grenzflächen[138] und ihre Auswirkung auf die Punktdefektkonzentration in ihrer Nachbarschaft.
In beiden zu Beginn erwähnten Prototypsubstanzen Wasser und Silicium weiß man um die Bedeutung der Randschichteffekte, ja in vielen Fällen übersteigt dieselbe die Bedeutung der Volumeneffekte, man denke an p–n–Übergänge, Transistoren, Photoelemente, Varistoren, Schottky–Dioden einerseits und an Elektrodenprozesse in der wässrigen Elektrochemie oder an die Kolloidchemie Im ersten Beispiel (Abb. 5.68a) andererseits. Betrachten wir zunächst fünf illustrative Beispiele (Abb. 5.68).

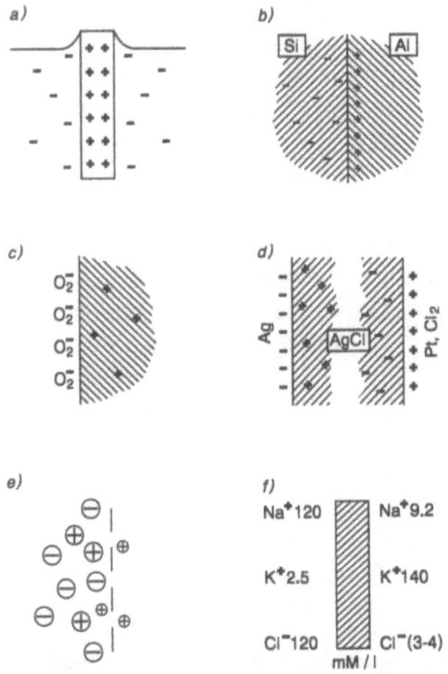

Abb. 5.68: Ausbildung von elektrischen und chemischen Potentialdifferenzen an Grenzflächen, wie im Text erläutert. (In Bild d bezieht sich die positive Ladung auf der rechten Seite auf die metallseitige (Pt) Ladung, nicht auf die Ladung der Adsorptionsschicht [227].)

[138]Im Gegensatz zu Abschnitt 5.4 betrachten wir die Grundstruktur der Grenzfläche als invariant, d.h. entweder ist sie im Gleichgewicht oder — und das wird in aller Regel der Fall sein — als metastabiles Strukturelement zugegen.

Ganz generell bedeutet das Erzeugen einer Grenzfläche einen Symmetriebruch, d.h. eine Strukturierung der homogenen Ausgangssituation:
taucht ein Festkörper in eine wässrige Salz–Lösung und sorgt auf diese Weise für das Entstehen einer Fest–flüssig–Phasengrenze. An der Oberfläche wird nun entweder bevorzugt das Kation oder bevorzugt das Anion adsorbiert, und es resultiert eine Überschussladung an der Oberfläche[139]. Die Gegenladung befindet sich in den angrenzenden Bezirken der Lösung. Deren Ausdehnung regelt die Debyelänge (s. Gl. (5.203)), die der Wurzel der Ladungsträgerkonzentration im Lösungsinneren umgekehrt proportional ist. In einer konzentrierten Lösung entsteht eine starre Doppelschicht, in verdünnter eine u.U. recht weit ausgedehnte. In der Kolloidchemie sorgen solche Aufladungseffekte für die kinetische Stabilität hochdisperser Systeme[140].
Beispiel 2 (Abb. 5.68b) zeigt den Kontakt des Metalles Al mit dem Halbleiter Si. Der Einfachheit halber beziehen wir uns auf Temperaturen, bei welchen gegenseitige Löslichkeitseffekte vernachlässigbar sind. Der Elektronegativität wegen erwartet man, dass Elektronen bestrebt sind, vom unedlen Al zum edleren Si überzugehen. Wären die Elektronen nicht geladen, wäre der Effekt sicherlich sehr ausgeprägt. Aufgrund der Ladung entsteht allerdings ein elektrisches Feld, das den Effekt in Ausmaß und räumlicher Ausdehnung stark begrenzt. Der hohen Elektronenkonzentration im Metall Aluminium wegen entsteht dort nur eine Oberflächenladung, während die Raumladungszone im Silicium in Abhängigkeit von der Reinheit mehr oder weniger ausgedehnt ist (s. Gl. (5.203)). Je nach Leitungstypus im Si (n– oder p) bilden sich Anreicherungs–, Verarmungs–, oder sog. Inversionsschichten, bei welchen der dominante Ladungsträgertyp wechselt. Solche Halbleiterrandschichten spielen in Bauelementen wie Dioden oder Transistoren aber auch in Solarzellen eine überragende Rolle. Auch zu Thermospannungseffekten bei Halbleitern geben solche Kontaktspannungen Anlass.
Beispiel 3 (Abb. 5.68c) zeigt einen Fest–Gas–Kontakt, genauer den Kontakt des n–Halbleiters SnO_2 mit dem Gas O_2. Der adsorbierte Sauerstoff kann bei tieferen Temperaturen nicht in das Innere eindringen, bleibt an der Oberfläche adsorbiert, trappt Elektronen aus der Randschicht, lädt diese positiv auf und sorgt für eine Verarmungsschicht und einen erhöhten Oberflächenwiderstand. Dies ist das Grundprinzip des sog. Taguchi–Sensors, auf den wir noch zu sprechen kommen. Analoge Effekte sind natürlich auch zu diskutieren, wenn bei genügend hohen Temperaturen sich das Phasengleichgewicht mit O_2 schon eingestellt hat.
Beispiel 4 (Abb. 5.68d) zeigt die Überlagerung solcher Kontaktpotentiale am Ionenleiter AgCl zur messbaren elektrischen Potentialdifferenz und damit zu einer Batteriespannung. Wegen der Abhängigkeit des gasseitigen Potentialsprungs vom

---

[139] Genauer formuliert gibt es einen genau definierten Parametersatz, für den die Überschussladung verschwindet. In allen anderen Fällen ist eine Überschussladung gefordert.

[140] Gleichartige Kolloidteilchen tragen gleichartige Oberflächenladungen und stoßen sich ab. Dies sorgt für eine Aktivierungsschwelle beim Wachstumsvorgang. Gleiches gilt auch für das vollständige Verdrängen von Korngrenzphasen während des Sintervorganges (vgl. Abschnitt 5.4). Hierfür sind allerdings noch andere Gründe maßgebend.

Chlorpartialdruck kann die gezeigte Bildungszelle als Sensor für Cl_2 dienen. Dies wird näher im Kap. 7 behandelt.
Beispiel 5 (Abb. 5.68e) letztendlich illustriert die Relevanz für die Biologie am Beispiel des Membranpotentials. Auf beiden Seiten der Membran befinden sich unterschiedlich konzentrierte Lösungen. Ein simpler Konzentrationsausgleich wird nicht stattfinden, da die Membran aufgrund ihrer Struktur nur die kleinen Kationen problemlos durchlässt. Wenn auch in der Realität die Verhältnisse komplizierter[141] sind, resultiert doch auf alle Fälle ein elektrischer Potentialunterschied verbunden mit einer Ladungstrennung, der von grundlegender Bedeutung für die Elektrophysiologie ist (z.B. Nervsignalleitung). Abb. 5.68f bezieht sich auf eine reale elektrochemische Situation an einer Froschmuskelzellmembran [228].
In diesem Kapitel setzen wir uns zum Ziel aufzuzeigen, wie man die Fehlerkonzentration in Randschichten als Funktion der Kontrollparameter Temperatur, Komponentenaktivität und Dotierung in Abhängigkeit der Ortskoordinate berechnen kann. Wir dehnen also unsere bisherige defektchemische Behandlung auf Randschichten aus, wobei wir allgemein einen gemischten Leiter mit geringen Defektkonzentrationen betrachten [229].
In allen geschilderten Fällen entsteht eine Differenz im chemischen Potential auf Kosten einer elektrischen Potentialdifferenz, derart dass die elektrochemische Potentialdifferenz der beweglichen Ladungsträger verschwindet. Betrachten wir allgemein den Übergang eines Teilchens A von Ort x zum Ort x', wobei sich die Natur von A ändern kann ($A' \neq A$) oder nicht (s. Abb. 5.69):

$$\mathrm{A(x)} \rightleftharpoons \mathrm{A'(x')}. \tag{5.210}$$

Nach unseren allgemeinen Ausführungen (Abschnitt 4.3.6) wird das räumliche Gleichgewicht durch die Gleichheit der elektrochemischen Potentiale beschrieben:

$$\widetilde{\mu}_{\mathrm{A}}(\mathrm{x}) = \widetilde{\mu}_{\mathrm{A'}}(\mathrm{x'}). \tag{5.211}$$

Spalten wir $\widetilde{\mu}$ in μ und $zF\phi$ auf und betrachten verdünnte Zustände, so resultiert ($z_A = z_{A'}$)

$$\mu^\circ_{\mathrm{A}} + \mathrm{RT}\ln \mathrm{c_A(x)} + \mathrm{z_A F}\phi(\mathrm{x}) = \mu^\circ_{\mathrm{A'}} + \mathrm{RT}\ln \mathrm{c_{A'}(x')} + \mathrm{z_A F}\phi(\mathrm{x'}) \tag{5.212}$$

oder

$$\frac{\mathrm{c_{A'}(x')}}{\mathrm{c_A(x)}} = \exp -\frac{\mu^\circ_{\mathrm{A'}} - \mu^\circ_{\mathrm{A}}}{\mathrm{RT}} \exp -\frac{\mathrm{z_A F}(\phi(\mathrm{x'}) - \phi(\mathrm{x}))}{\mathrm{RT}} \equiv \mathrm{K_{AA'}}\kappa_{\mathrm{xx'}}. \tag{5.213}$$

Wir wollen im folgenden annehmen, dass die Grundstruktur[142] der Phase bis auf die eigentliche Phasengrenze invariant bleibt[143], so dass Randschichteffekte größerer

[141] Es ist zu beachten, dass der Platzbedarf des Na^+ wegen der stärkeren Hydratisierung den des K^+ übersteigt. Außer der Porengröße sind neben anderen Faktoren die Festladungen auf der Membranoberfläche für die Permeabilität wichtig.

[142] Struktur abzüglich der durch die Punktdefekte eingebrachten Änderungen (im Sinne von Abb. 1.2, S. 15).

[143] Dies gelte auch in bezug auf die Bindungslängen (d.h. keine nennenswerte elastische Verspannung.) Somit sollte sich das Modell vor allem bei harten Materialien als weniger allgemein gültig

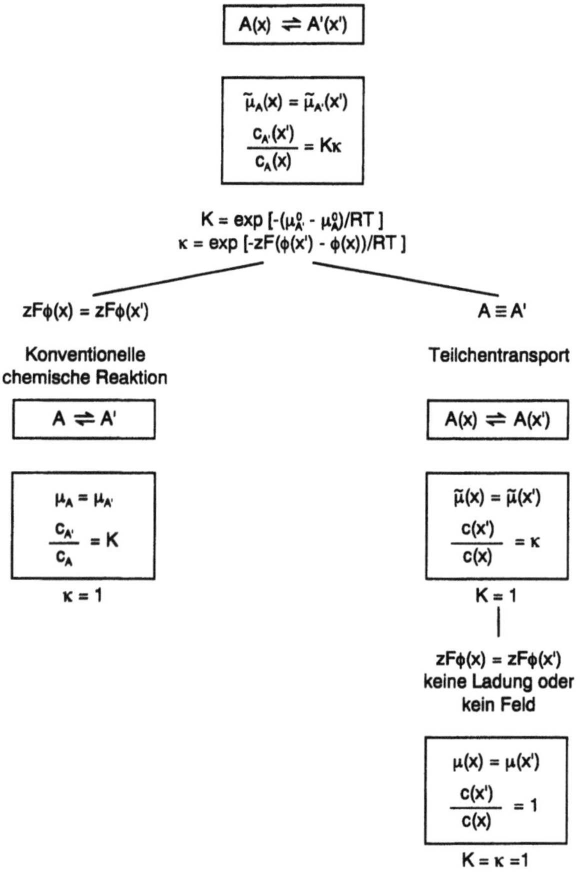

Abb. 5.69: Heterogene Gleichgewichte mit den Spezialfällen homogene chemische Reaktion (links) und Transportgleichgewicht innerhalb einer Phase. Geringe Konzentrationen sind vorausgesetzt [15].

Reichweite auf Punktfehler zurückführbar sind. Hierbei ist zu beachten, dass auch der eigentliche Kern der Grenzfläche (häufig nur eine Monolage) in Bezug auf die Struktur von beiden angrenzenden Phasen verschieden ist. Dies so zu vereinfachen ist häufig vernünftig, wenn auch nur näherungsweise korrekt. Insbesondere ist die Annahme hier restriktiver als in der Halbleiterphysik, bei der lediglich elektronische Effekte diskutiert werden. In Gl. (5.213) ist $K_{AA'} = \exp \frac{\mu^\circ_{A'} - \mu^\circ_A}{RT}$ nur dann von eins verschieden, wenn entweder der Ladungsträger seine Natur ändert oder sich die Struktur ändert. Letzteres impliziert den Übergang des Ladungsträgers von einer Phase zum Grenzflächenkern oder zur benachbarten Phase. Innerhalb der gleichen

erweisen [230]. Der eigentliche stationäre Grenzflächenkern kann aber durchaus eine endliche Dicke besitzen. In Bezug auf die Ortsabhängigkeit vgl. auch Ref. [231].

Phase ergibt sich die für den Ladungsträger $A \equiv A'$ wichtige Beziehung

$$\frac{c_A(x')}{c_A(x)} = \kappa_{xx'}. \tag{5.214}$$

Wenn wir als Konzentrationserhöhung ($(\zeta(x) \equiv c(x)/c(x=\infty))$ die Konzentration relativ zum Volumenwert ($x = \infty$) einführen[144,145], resultiert:

$$\zeta_A^{1/z_A} = \exp - \frac{[\phi(x) - \phi_\infty]\,F}{RT}. \tag{5.215}$$

Im Volumen ($\phi(x) = \phi_\infty$) treten keine Konzentrationsinhomogenitäten auf ($\zeta = 1$), wohl aber in Grenzflächennähe. Die Homogenität im Innern gilt auch bei hohen Konzentrationen, da die Aktivitätskoeffizienten eine eindeutige Funktion der Konzentration sind. In Gl. (5.215) ist z_A auf die linke Seite genommen worden, um zu zeigen, dass der dann resultierende Ausdruck nicht mehr von A abhängt. Dies führt uns zu folgendem wichtigen Schluss:
Eine gegebene elektrische Potentialdifferenz beeinflusst alle (beweglichen) Ladungsträger in streng definierter Weise entsprechend ihrer Ladung. Sind beispielsweise alle Fehler effektiv einwertig, so werden bei positiver Potentialdifferenz alle positiven Ladungsträger um den Faktor $\exp|\frac{\Delta\phi F}{RT}|$ verarmt und alle negativen Ladungsträger um den gleichen Faktor angereichert. In AgCl etwa gilt: $\zeta_{Ag_i^\bullet}(x) = \zeta^{-1}_{V'_{Ag}}(x) = \zeta_{h^\bullet}(x) = \zeta^{-1}_{e'}(x)$. Dies zeigt Abb. 5.70 für eine gemischtleitende Frenkel-fehlgeordnete Phase

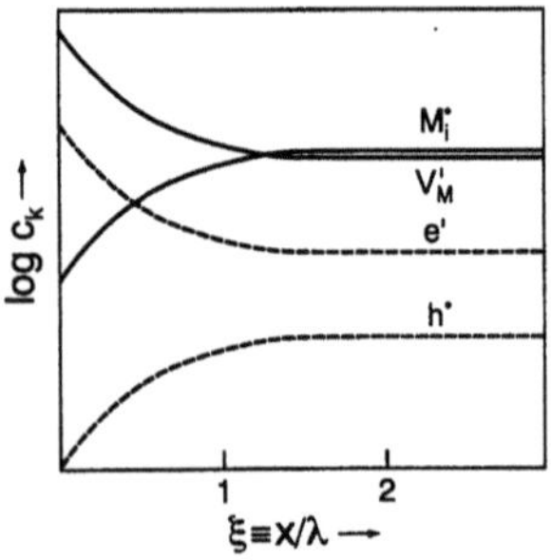

Abb. 5.70: Aufspaltung der Konzentrationen bei positivem Grenzflächenpotential. Die Konzentration der Anionendefekte ist vernachlässigt.

MX. Typische Potentialunterschiede an "aktiven Grenzflächen" sind von der Größenordnung einiger 100 mV. Für ±250 mV und 300 K entspricht dies einer Konzentrationsbeeinflussung um den Faktor $e^{10} \sim 10^4$! In ideal reinem AgCl ist bei Annahme eines Potentialunterschiedes $\phi(x=0) - \phi_\infty = 250$mV die Zahl der Zwischengitterionen

[144]Mit diesen Abkürzungen lässt sich auch mit Vorteil für das chemische Potential schreiben

$$\mu_k = \mu_{k\infty} + RT \ln \zeta_k.$$

[145]Die Relation (5.215) setzt strenggenommen nur räumliches Gleichgewicht der Spezies A voraus, nicht lokales Gleichgewicht mit dem Gegendefekt. Wegen $\zeta_+ \cdot \zeta_- = 1$ und somit $c_+c_- = c_{+\infty}c_{-\infty}$ ist das räumliche Gleichgewicht kompatibel mit dem lokalen.

direkt am Kontakt um 4 Zehnerpotenzen gegenüber dem Volumenwert $K_F^{1/2} \simeq 10^{-10}$ abgesenkt, die der Leerstellen um 4 Zehnerpotenzen angehoben. Natürlich wird der Wert des Grenzflächenpotentials durch die chemische Wechselwirkung und somit empfindlich vor allem durch Nachbarphase und Temperatur bestimmt. Da, wie diskutiert, die Energieniveaus im idealen Falle standardelektrochemischen Potentialen entsprechen ($\mu° + zF\phi$), sind diese gemäß dem elektrischen Potentialverlauf gekrümmt[146]. Die Fermipotentiale als elektrochemische Potentiale sind horizontal und konstant auch über die Phasengrenze (elektrochemisches Gleichgewicht). Die Darstellung von Randschichteffekten in Form von Bandverbiegungen ist die übliche in der Halbleiterphysik. Aus diesem Grunde zeigt Abb. 5.71 die Verhältnisse für die elektrochemischen, chemischen und elektrischen Potentiale sowie für die "Energieniveaus" (im Sinne von Abb. 5.9, S. 129).
Zur Lösung unserer Konzentrationsverteilung müssen wir noch eine Relation zwischen Konzentration (μ) und elektrischem Feld herstellen. Im Volumen war dies

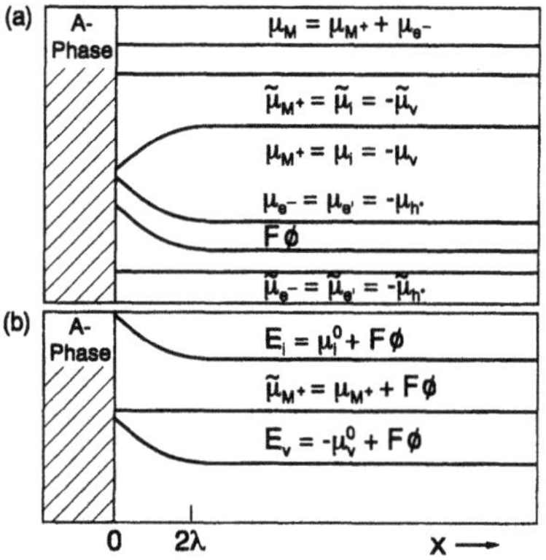

Abb. 5.71: Verbiegung der thermodynamischen Potentiale für Ionen und Elektronen sowie der ionischen Energieniveaus in Randschichten [168].

einfach die Bedingung der Elektroneutralität, die jedoch an den Rändern aufgegeben werden muss. Die allgemeine Beziehung, die die volle elektrische Information mitbringt, ist die Poisson-Gleichung. Sie ergibt sich aus den Maxwell-Gleichungen wie folgt:
Nach der ersten Maxwell-Gleichung ist für die Abwesenheit zeitlich veränderlicher Magnetfelder die Rotation des elektrischen Feldes Null. Dies bedeutet, dass in diesem Falle keine elektrischen Wirbelfelder auftreten. Dann und nur dann lässt sich ein skalares elektrisches Potential definieren, wie wir es benötigen. Dies ist leicht aus der Definition von rot **E** einzusehen

$$\mathrm{rot}\,\mathbf{E} \equiv \nabla \times \mathbf{E} \equiv \begin{pmatrix} \partial E_z/\partial y & - & \partial E_y/\partial z \\ \partial E_x/\partial z & - & \partial E_z/\partial x \\ \partial E_y/\partial x & - & \partial E_x/\partial y \end{pmatrix} = \mathbf{0}. \qquad (5.216)$$

[146]Bei Verletzung der Strukturinvarianz, wie es realistisch mehr oder weniger immer der Fall sein wird, sind natürlich auch Verbiegungen in $\mu°$ von Interesse (vgl. Abschnitt 5.8.5).

Da jede Komponente verschwinden muss, bedeutet dies ja, dass $\partial E_i/\partial j = \partial E_j/\partial i$, also dass der Ausdruck

$$E_x dx + E_y dy + E_z dz = \mathbf{E}\, d\mathbf{r} \equiv d\phi^* \tag{5.217}$$

ein totales Differential darstellt und somit als $d\phi^*$ geschrieben werden kann. Die Größe ϕ^*, deren Gradient dem elektrischen Feld entspricht, hängt nur vom Zustand des Systems ab. Man bezeichnet $\phi \equiv -\phi^*$ als elektrisches Potential. Die zweite Maxwellsche Gleichung, die wir benötigen, besagt, dass Ladungen Quellen der elektrischen Verschiebung und damit des elektrischen Feldes sind und somit dessen Divergenz bestimmen:

$$\mathrm{div}\,\mathbf{E} \equiv \nabla\,\mathbf{E} = \rho/\varepsilon, \tag{5.218}$$

ρ bezeichnet die Ladungsdichte, die durch die Defektkonzentrationen über $\Sigma_k z_k F c_k$ gegeben ist.
Die Kombination beider Beziehungen liefert die gesuchte Verknüpfung, nämlich die Poisson–Gleichung

$$\nabla^2\phi = -\rho/\varepsilon. \tag{5.219}$$

Da im Volumen im Gleichgewicht aus Symmetriegründen[147] $\phi = \mathrm{const}$ gilt, finden wir wegen $\phi'' = 0$ dort unsere Elektroneutralitätsbedingung wieder. Dieses gilt auch für einen linearen ϕ–Verlauf, wie es im Inneren bei Anlegen eines äußeren elektrischen Feldes resultiert. In den Randzonen muss jedoch Gl. (5.219) voll berücksichtigt werden.
Die Kombination der Poisson–Gleichung mit der Bedingung der Konstanz des elektrochemischen Potentials führt uns zur Poisson–Boltzmann–Beziehung. Im eindimensionalen Fall lautet sie

$$\frac{d^2(\phi - \phi_\infty)}{dx^2} = -\frac{F}{\varepsilon}\Sigma_k c_{k\infty} z_k \exp -\left(z_k F \frac{\phi - \phi_\infty}{RT}\right). \tag{5.220}$$

5.8.2 Konzentrationsprofile in Raumladungszonen

Ihre Lösung für halbunendliche Randbedingungen führt zum Gouy–Chapman–Profil [232]. Lassen Sie uns zur Konzentration als Variable überwechseln und folgen der Darstellung in Ref. [233]. Betrachten wir zunächst den Fall, dass nur zwei gleichwertig geladene Defekte (Indizes + und -) relevant sind ($z_+ = |z_-| = z$). Aus Gründen der Elektroneutralität sind die Volumenkonzentrationen gleich ($c_{+\infty} = c_{-\infty} \equiv c_\infty$). Es ergibt sich durch die Kombination mit Gl. (5.215) als Differentialgleichung für die Konzentrationserhöhung (ζ_+ oder ζ_-)

$$\frac{d^2 \ln \zeta_\pm}{d\xi^2} = \frac{1}{2}(\zeta_\pm - \zeta_\mp), \tag{5.221}$$

[147] Natürlich kann und wird im Kristall auf atomarer Skala das elektrische Potential periodisch variieren. Unser ϕ ist ein genügend grobkörniger Mittelwert.

(wobei entweder die oberen oder die unteren Indexzeichen gelten). Der Bequemlichkeit wegen wurde die Ortskoordinate auf die Debye–Länge normiert ($\xi \equiv x/\lambda$), die unter den vereinfachten Bedingungen zwanglos aus dem Vorfaktor in Gl. (5.220) entsteht,

$$\lambda = \sqrt{\frac{\varepsilon RT}{2z^2F^2c_\infty}}, \tag{5.222}$$

und die wir schon aus dem vorigen Abschnitt kennen.
Wenn beide Defekte beweglich sind und sich elektrochemisches Gleichgewicht einstellt, gilt wegen $\zeta_+ = \zeta_-^{-1}$ (s. Gl. (5.215)):

$$\frac{d^2 \ln \zeta_\pm}{d\xi^2} = \frac{1}{2}\left(\zeta_\pm - \zeta_\pm^{-1}\right). \tag{5.223}$$

Diese Differentialgleichung ist zu integrieren unter den Randbedingungen

$$\zeta_\pm(x=0) = \zeta_{\pm 0} \quad \text{und} \quad \zeta_\pm(x \longrightarrow \infty) \equiv \zeta_{\pm\infty} = 1. \tag{5.224}$$

Bevor wir die allgemeine Lösung angeben, betrachten wir eine hilfreiche Näherung (Abb. 5.72). Ist der Aufspaltungseffekt sehr ausgeprägt, so ist bei nicht allzu großen

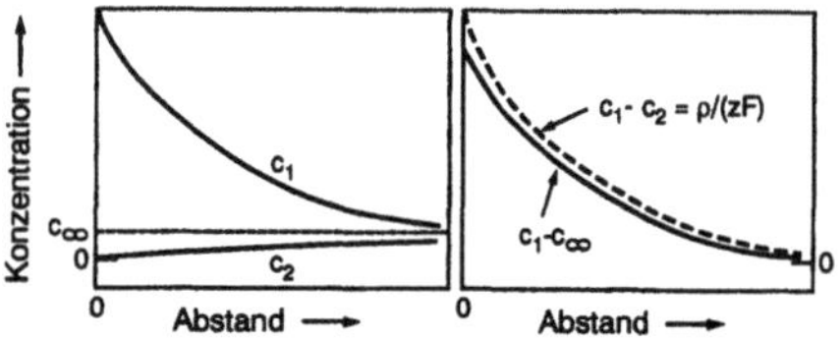

Abb. 5.72: Absoluter Verlauf der Ladungsträgerkonzentrationen und der Ladungsdichte in Grenzflächennähe. Ignoriert man in der Ladungsdichte den Betrag des verarmten Ladungsträgers 2, so schlägt sich dies in der Gesamtladungsdichte mit einem Fehler nieder, der über $(1-\vartheta_1)/(1+\vartheta_1)$ gegeben ist (vgl. Gl. 5.229) (d.h. < 6% für $\vartheta > 0.9$) [229].

Abständen von der Grenzfläche der verarmte Defekt sehr schnell unwichtig für die Ladungsdichte (d.h. entweder ζ oder ζ^{-1} vernachlässigbar), wodurch sich Gl. (5.223) zu

$$\frac{d^2 \ln \zeta_1}{d\xi^2} = \zeta_1/2 \tag{5.225}$$

vereinfacht. Der Index 1 bezieht sich jetzt auf den angereicherten positiven oder negativen Defekt, der Index 2 auf den verarmten Gegendefekt. Eine offensichtlich sinnvolle und hinreichend allgemeine Versuchsfunktion ist

$$\ln \zeta_1 = \ln a + b \ln(1 + c\xi). \tag{5.226}$$

Hiermit ergibt sich als Lösung die Abhängigkeit

$$\zeta_1 = \frac{\zeta_{10}}{\left(1 + \sqrt{\zeta_{10}}\xi/2\right)^2}. \tag{5.227}$$

In Gl. (5.227) sind zwei Parameter wesentlich, die Volumenkonzentration (erscheint in λ und ζ_{10}), deren Abhängigkeit von den Kontroll- und Materialparametern nach den vorigen Abschnitten als gegeben vorausgesetzt werden kann, sowie die Grenzflächenkonzentration c_0, die in ζ_{10} steckt und in welcher die Grenzflächenchemie eingeht. Die Bedeutung dieser Größe wird weiter unten analysiert. Die Konzentration des Gegendefektes ergibt sich dann über $\zeta_2 = 1/\zeta_1$. Wie man erkennt, ist bei $\xi = 2$, d.h. $x = 2\lambda$, wegen $\sqrt{\zeta_{10}} \gg 1$ die Größe ζ_1 auf den Volumenwert 1 gefallen. Die Debyelänge stellt also ein geeignetes Maß für die Ausdehnung dar. Dass in Gl. (5.227) ζ_1 für $x \longrightarrow \infty$ auf Null fällt, ist ohne Belang, da wegen der vorausgesetzen Näherung in diesem Bereich die Lösung Gl. (5.227) nicht weiter brauchbar ist.
Gl. (5.225) lässt sich auch ohne die gemachte Näherung integrieren. Das Resultat ist komplizierter, gilt aber über die gesamte Ortskoordinate und auch bei geringeren Aufspaltungseffekten. Man erhält

$$\zeta_\pm = \left(\frac{1 + \vartheta_\pm \exp -\xi}{1 - \vartheta_\pm \exp -\xi}\right)^2 = \zeta_\mp^{-1}. \tag{5.228}$$

Der Parameter ϑ, der von ζ_0 und damit c_0 abhängt, ist über

$$\vartheta_\pm = \frac{\zeta_{\pm 0}^{1/2} - 1}{\zeta_{\pm 0}^{1/2} + 1} = -\vartheta_\mp \tag{5.229}$$

definiert. Wir nennen ihn Beeinflussungsgrad [234]. Wie in Abb. 5.73 ersichtlich, ist $\vartheta = 0$, wenn die Randschichtdefektchemie sich von der Volumendefektchemie nicht

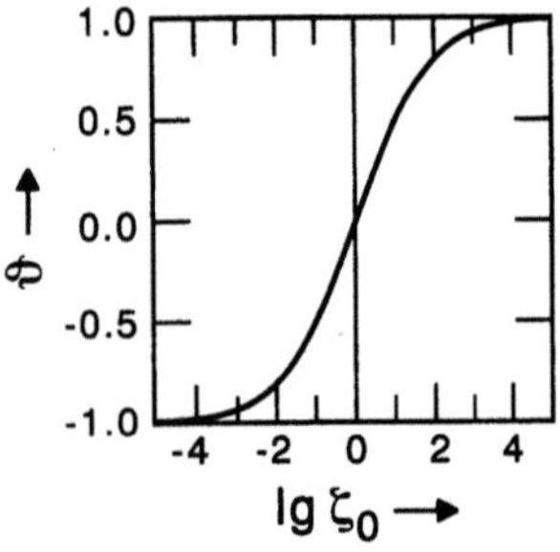

Abb. 5.73: Der Zusammenhang zwischen dem Beeinflussungsgrad und der Konzentrationserhöhung an der Grenzfläche [229].

unterscheidet, d.h. $\zeta_0 = 1$ (in der Halbleiterphysik bzw. Elektrochemie Flachbandfall bzw. Nulladefall genannt), er geht gegen +1 für maximale Anreicherungs- ($\zeta_0 \gg 1$) und gegen -1 für maximale Verarmungseffekte ($\zeta_0 \ll 1$). In guter Näherung ist bei $x = 2\lambda$ (also $\xi = 2$) die Konzentration auf einen kleinen, näherungsweise von c_0 unabhängigem Wert von $(1...1.7)c_\infty$ abgefallen[148].
Die zunächst angegebene Näherung hat gegenüber der exakten Lösung natürlich den Nachteil geringerer Präzision und versagt völlig bei kleinen Effekten, aber hat

[148] $\zeta(\xi = 2)_{\vartheta=1} = 1.72$, $\zeta(\xi = 2)_{\vartheta=0} = 1$. $\zeta(\xi = 1)$ variiert dagegen zwischen 1 und 4.7.

den Vorteil, dass sie bei großen Effekten, die uns im folgenden primär interessieren, allgemeiner anwendbar und insbesondere nicht auf intrinsische oder native Verhältnisse beschränkt ist. Da der Gegendefekt (Defekt 2) bei deren Berechnung völlig vernachlässigt wurde, ist Gl. (5.227) auch gültig, wenn (i) der nicht angereicherte Gegendefekt eine andere absolute Ladung besitzt (ζ_2 ergibt sich dann über $\zeta_2 = \zeta_1^{z_2/z_1}$), ja sogar (ii) wenn dieser völlig unbeweglich ist und sich mit der Ortskoordinate nicht ändert (bzw. ein eingefrorenes Profil aufweist). Wichtig ist es, im Auge zu behalten, dass die Debye–Länge in diesen Fällen die Größen $c_{1\infty}$ als Konzentrationsterm und z_1F als molare Ladung enthält. Der erste Fall (i) ist etwa bei p– oder n–leitenden Materialien häufig erfüllt, z.B. bei Oxiden mit den Volumenelektroneutralitätsbeziehungen $2\,[V_O^{\cdot\cdot}] = [e']$ oder $2\,[O_i''] = [h^{\cdot}]$. Der zweite Fall (ii) ist wichtig bei Anreicherungsphänomenen in dotierten Substanzen mit unbeweglichem Dotierdefekt. Aus ζ_1 ergibt sich das Konzentrationsverhalten beweglicher Minoritätsladungsträger über $\zeta_k(x) = \zeta_1^{z_k/z_1}(x)$.

Die durch Raumladungseffekte veränderten Fehlerkonzentrationen sind von eminenter Bedeutung bei Fragestellungen der Reaktivität, Katalyse und Grenzflächenkinetik schlechthin, aber auch in bezug auf elektrische Effekte (s. Abschnitt 5.8.5). Bild 5.74 zeigt die sich nach Maßgabe der Beweglichkeiten einstellenden Anreicherungs–,

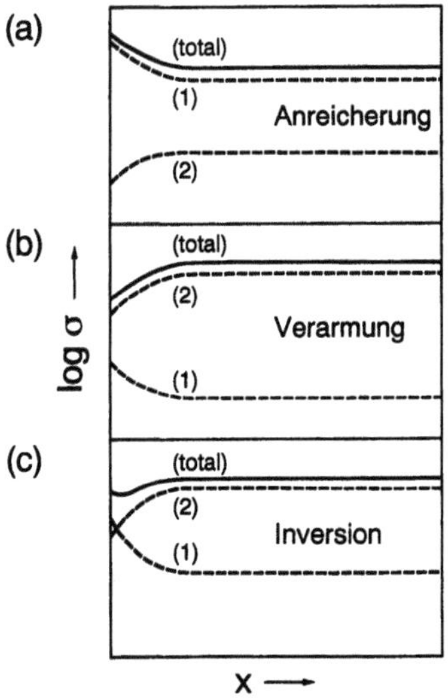

Abb. 5.74: Anreicherungs–, Verarmungs– und Inversionseffekte in bezug auf die Teilleitfähigkeiten und die Gesamtleitfähigkeit. In der Konzentrationsdarstellung ist der Ladungsträger 1 angereichert und der Gegendefekt 2 verarmt. Man beachte auch, dass im Falle des gemischten Leiters (elektronische und ionische Defekte) die Raumladungsprofile zur Änderung der Überführungszahlen (σ_{eon}/σ, σ_{ion}/σ) Anlass geben.

Verarmungs– und Inversionseffekte in bezug auf die Profile der lokalen Leitfähigkeit. Ein experimentelles Beispiel zur Vermessung der Raumladungsprofile in AgCl gibt Abb. 5.75.

Es versteht sich von selbst und wurde schon erwähnt, dass diese Betrachtungen noch gültig sind, wenn ein ionischer und ein elektronischer Defekt die Majoritäts-

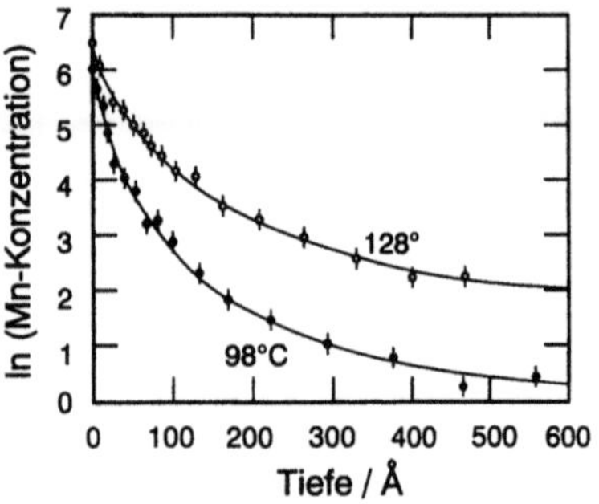

Abb. 5.75: AgCl wurde bei 98°C bzw. 128°C mit $^{54}MnCl_2$ dotiert und ins Gleichgewicht gebracht (es entstehen $^{54}Mn^{\cdot}_{Ag}$–Defekte). Bei Zimmertemperatur wurde die eingefrorene Tracer–Verteilung durch Abtragen und Radioanalyse ermittelt. Die durchgezogene Linie stellt den Fit nach Gl. (5.228) dar. Man beachte die geringe Temperaturabhängigkeit von c_0 verglichen mit c_∞. Aus [235].

ladungsträger stellen. Somit kann sehr leicht bei entsprechendem Raumladungspotential ein elektronisch leitender Festkörper an den Rändern überwiegend ionisch leitend werden und vice versa.

Ein wichtiger Fall jedoch ist bislang bei obigen Profilen (subsumieren wir diese unter "Gouy–Chapman–Fall") nicht erfasst, nämlich der, dass ein Hauptladungsträger (1) — in der Regel die Dotierung — immobil ist, während der andere Hauptladungsträger (2) aufgrund der Randschichtchemie verarmt. Bei dieser — hier Schottky–Mott–Fall (siehe z. B. [236,237]) genannten — Situation, die in dotierten Systemen sehr häufig ist, kann also der die Raumladungszone bestimmenden Majoritätsladungsträger (Ladungsträger 1) und damit näherungsweise die Ladungsdichte nicht dem elektrischen Feld folgen. Die Abschirmung wird dementsprechend gering sein. Wir vernachlässigen wiederum in der genäherten Beschreibung den verarmten Defekt in bezug auf die Ladungsdichte. Ist das Dotierprofil völlig horizontal ($c_1 = c_{1\infty}$), so ist die Ladungsdichte und damit ϕ'' respective $(\ln\zeta_2)''$ konstant, und für ζ_2 resultiert eine Gauß–Funktion ($\xi^* \equiv \lambda^*/\lambda$):

$$\zeta_2 = \exp -\left|\frac{z_2}{z_1}\right|\left(\frac{x-\lambda^*}{2\lambda}\right)^2 = \exp -\left|\frac{z_2}{z_1}\right|\left(\frac{\xi-\xi^*}{2}\right)^2. \tag{5.230}$$

Volumenkonzentration und molare Ladung in der Debye–Länge (vgl. Gl. 5.222) sind hierbei auf den Ladungsträger 1 bezogen[149].

Das Maximum liegt bei λ^*. An genau dieser Stelle ist $\zeta_2 = 1$ und der Volumenwert erreicht. Jenseits von λ^* — aber auch schon wegen der gemachten Voraussetzung in der Nähe von λ^* — ist die Funktion nicht mehr zulässig. Im Gegensatz zu oben ist nun die Ausdehnung λ^* abhängig vom Grenzflächeneffekt nach

$$\lambda^* = \sqrt{\frac{2\varepsilon}{z_1 F c_{1\infty}}(\phi_\infty - \phi_0)}. \tag{5.231}$$

[149] Es ist $\phi'' = -z_1 F c_\infty/\epsilon$. Die bei der zweimaligen Integration zu berücksichtigenden Randbedingungen sind $\phi'(x=\lambda^*) = 0$ und $\phi(x=\lambda^*) = \phi_\infty$. Aus $\phi(x{=}0) = 0$ folgt Gl. (5.231).

Ein Vergleich mit der Debye–Länge λ zeigt, dass

$$\lambda^*/\lambda = \sqrt{\frac{4z_1F}{RT}(\phi_\infty - \phi_0)} = \sqrt{4\frac{z_1}{z_2}\ln\zeta_{20}}. \qquad (5.232)$$

Das Verhältnis von λ^*/λ wird also um so extremer, je höher der Grenzflächeneffekt ist[150]. Die Differenz $\lambda^* - \sqrt{2|z_1/z_2|}\lambda$ ist nun gerade die Ortskoordinate des Wendepunktes der Gaußfunktion. Dies bedeutet, dass mit steigender Verarmung ($\vartheta \to 1$) die Situation immer genauer durch eine Rechteckfunktion beschrieben werden kann; die Randschicht wird also im Extremfall regelrecht ausgeräumt. In obigem Gouy–Chapman–Falle waren auch bei großen Oberflächenpotentialen die Effekte wegen der entgegengesetzten Krümmung doch stark um $x = 0$ herum konzentriert. Außerdem ist festzuhalten, dass auch die Doppelschicht wegen der starken Abschirmung nicht so weit ins Innere vordringen konnte. Die Abb. 5.76 stellt die beiden Fälle einander gegenüber.

5.8.3 Leitfähigkeitseffekte

Im allgemeinen gemessen bzw. häufig auch in der Anwendung verspürt wird der integrale Effekt. Betrachten wir auch hier Leitfähigkeitsmessungen, weil die lokale spezifische Leitfähigkeit der örtlichen Ladungsträgerkonzentration proportional ist und sie diese empfindlich zu vermessen gestattet. (In bezug auf Diffusion durch Randschichten s. Abschnitt 6.6.2, in bezug auf Kapazitätseffekte s. Abschnitt 7.3.3.) Wegen der Ortsabhängigkeit der Profile ist hierbei natürlich die Messrichtung wesentlich. Es leuchtet ein, dass bei einer Leitfähigkeitsmessung senkrecht zum Profil (also in x–Richtung) die am stärksten isolierenden Teilbereiche und bei einer Messung parallel zum Profil (also in der y– oder z–Richtung) die hochleitenden Teilbereiche am stärksten verspürt werden. Elektrische Verarmungsrandschichten kommen im ersteren Modus, elektrische Anreicherungsrandschichten bevorzugt im zweiten Modus zur Geltung.

Betrachten wir zunächst eine Messung parallel zum Profil in Abb. 5.77 (wir vernachlässigen zusätzliche Randschichteffekte in der Messrichtung) und schneiden gedanklich aus dem Kristall eine in x–Richtung sehr schmale Scheibe mit den Ausdehnungen L_y und L_z in y– und z–Richtung heraus. Deren Ausdehnung in (der inhomogenen) x–Richtung, dx, wird differentiell klein gewählt, so dass die Leitfähigkeitsvariation hierin vernachlässigt werden kann. Der Leitwert ($dR^{||-1}(x)$) dieser Scheibe ist $\frac{L_z dx}{L_y}\sigma(x)$. Der gesamte Leitwert ergibt sich durch Aufsummation der Beiträge

[150] Die Beziehung zwischen $\vartheta_2(< 0)$ und λ^*/λ ergibt sich über die Gln. (5.232, 5.229, 5.215) zu

$$\frac{\lambda^*}{\lambda} = \sqrt{8\frac{z_1}{z_2}\ln\frac{1+\vartheta_2}{1-\vartheta_2}}.$$

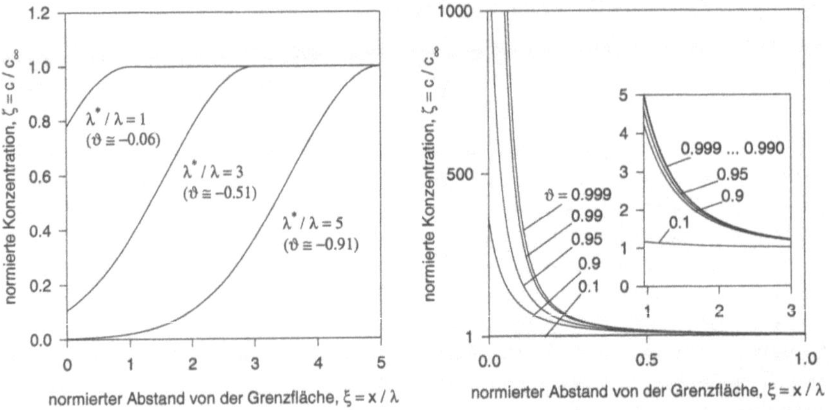

Abb. 5.76: a) Verarmungsprofile im Schottky–Mott–Fall in Abhängigkeit von der Stärke des Effektes.
b) Anreicherungsprofile im Gouy–Chapman–Falle in Abhängigkeit von der Stärke des Effektes.

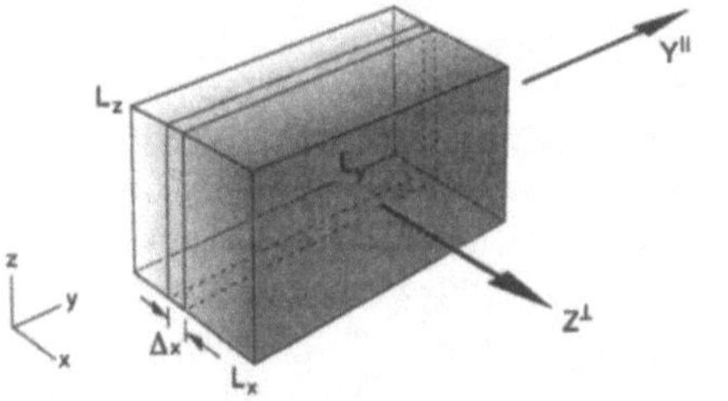

Abb. 5.77: Zur Leitfähigkeit normal ($Z^{\perp}$) und parallel ($Y^{\|}$) zur Grenzfläche (0, y, z). Aufgrund ihrer Existenz entsteht eine Konzentrationsinhomogenität (s. Text).

dieser parallel liegenden Schreiben, also zu

$$R^{\|-1} = \frac{L_z}{L_y} \int_0^{L_x} \sigma(x)dx. \tag{5.233}$$

Definiert man eine effektive spezifische Leitfähigkeit $\sigma_m^{\|}$, also eine scheinbare, über die Inhomogenität mittelnde spezifische Größe gemäß $R^{\|-1} = \frac{L_z L_x}{L_y} \sigma_m^{\|}$, so ergibt sich diese nach Gl. (5.233) als arithmetischer Mittelwert zu

$$\sigma_m^{\|} = \frac{1}{L_x} \int_0^{L_x} \sigma(x)dx. \tag{5.234}$$

Im Falle einer Messung senkrecht zum Profil sind die Plättchen in Serie geschaltet. Es addieren sich also die Teilwiderstände $dR^{\perp}(x) = \frac{dx}{L_y L_z}\sigma(x)^{-1}$ mit dem Resultat[151]

$$R^{\perp} = \frac{1}{L_y L_z}\int_0^{L_x} \sigma(x)^{-1} dx. \tag{5.235}$$

Die effektive Größe $\sigma_m^{\perp}$ folgt als harmonisches Mittel $\left(R^{\perp} = \frac{L_x}{L_y L_z}\sigma_m^{\perp -1}\right)$

$$\sigma_m^{\perp -1} = \frac{1}{L_x}\int_0^{L_x} \sigma(x)^{-1} dx. \tag{5.236}$$

Da die lokale spezifische Leitfähigkeit die Summe der Partialleitfähigkeiten und jede einzelne der jeweiligen Konzentration proportional ist, lassen sich die elektrischen Effekte berechnen, sofern wir eine konstante Beweglichkeit annehmen können. Dies ist wegen der angenommenen Strukturinvarianz bei nicht allzu hohen Feldern erfüllt (s. Kap. 6).
Betrachten wir zunächst den Fall, dass beide Defekte sich im räumlichen Gleichgewicht befinden, also den Gouy–Chapman–Fall (mit $|z_1| = |z_2| \equiv z$).
Zur Diskussion des Parallelleitwertes ist es nach Gl. (5.233) sinnvoll, die Größe $R^{\parallel -1} L_y/L_z$ zu betrachten, die wir im folgenden mit $Y^{\parallel}$ bezeichnen. Nach Integration von Gl. (5.228) über Partialbruchzerlegung ergibt sich für beide Defekte (1 und 2) (z.B. die Frenkel–Defekte in Abb. 5.70), wie erwartet, jeweils eine additive Aufspaltbarkeit in Volumenwert (der sich als Untergrundwert über die gesamte Probe bis zur Phasengrenze erstreckt), $Y_{1,2\infty} = L_x z F u_{1,2} c_\infty$, und in den Überschusswert $\Delta Y^{\parallel}_{1,2}$ [234]:

$$\Delta Y^{\parallel}_{1,2} = (2\lambda) z F u_{1,2} \left[2c_\infty \frac{\vartheta_{1,2}}{1-\vartheta_{1,2}}\right]. \tag{5.237}$$

Es überrascht nicht, dass die beiden Parameter λ und ϑ, und somit c_∞ und c_0 eingehen. Der gesamte Überschussleitwert $\Delta Y^{\parallel}$ ergibt sich als Summe $\Delta Y^{\parallel}_1 + \Delta Y^{\parallel}_2$. Im Falle großer Effekte $\vartheta_1 \to 1$ (1 bezeichnet wieder den angereicherten Fehler, in unserem Beispiel von Abb. 5.70 ist dies V'_M) geht $1 - \vartheta_1$ gegen $2\zeta_{10}^{-1/2}$, und es folgt

[151] Es sei auf eine weitere Schwierigkeit hingewiesen, die wir hier nicht weiter verfolgen werden. Wenn kein lokales Gleichgewicht vorherrscht wie beim versetzungsfreien Schottky–fehlgeordneten Einkristall, können die Teilchenströme nicht überwechseln, d.h. es gilt nicht mehr lokal $\sigma = \Sigma_k \sigma_k$ und damit $R^{\perp -1} = \mathrm{const}\,(\int(\Sigma_k\sigma_k)^{-1}dx)^{-1}$, sondern $R^{\perp -1} = \mathrm{const}\Sigma_k(\int \sigma_k^{-1}dx)^{-1}$ (die ionischen und elektronischen Widerstandelemente sind nicht lokal verbunden, sondern lediglich die ionischen und elektronischen Gesamtwiderstände). Im Parallelfalle treten solche Schwierigkeiten wegen der Vertauschbarkeit von $\int$ und Σ nicht auf. Während bei der Frenkel–Fehlordnung die Lebensdauer also vergleichsweise kurz ist, ist die der Schottky–Paare u. U. sehr hoch. In der Halbleiterphysik sind hier entsprechend dem Verhältnis von dielektrischer Relaxationszeit (ε/σ) und Rekombinationszeit (vgl. Ratenkonstante der Defektreaktion, Kap. 6) auch Zwischenfälle realisierbar. Die Grenzfälle bezeichnet man dort mit Lebenszeithalbleiter und Relaxationshalbleiter [237].

das sehr leicht zu interpretierende Ergebnis

$$\Delta Y_1^{||} = z_1 F u_1 (2\lambda)\sqrt{c_{10}c_\infty} = u_1\sqrt{2\varepsilon RTc_0}. \tag{5.238}$$

Das Doppelte der Debye–Länge (2λ) spielt die Rolle einer effektiven Dicke, das geometrische Mittel aus den beiden Extremkonzentrationen ($\sqrt{c_{10}c_\infty}$) die Rolle der effektiven Konzentration (s. Tabelle 5.3). Ist also die Konzentration bei x=0 gegenüber dem Bulkwert um 4 Zehnerpotenzen erhöht, schlägt dies integral mit 2

Tabelle 5.3: Effektivwerte[a] für Gouy–Chapman– und Schottky–Mott–Fall ($|\vartheta| \to 1$)

	effektive Dicke	effektive Konzentration
Leitwert im Gouy-Chapman - Fall	2λ	$\sqrt{c_0 c_\infty}$
Widerstand im Schottky-Mott - Fall	λ^*	$2c_0 \ln \frac{c_\infty}{c_0}$

[a] Zum genauen Gültigkeitsbereich s. Text.

Zehnerpotenzen effektiver Leitwerterhöhung zu Buche. Ist die Probe dünn bzw. feinkörnig, sind Leitfähigkeitserhöhungen durchaus messbar. (Die Verallgemeinerung für beidseitig endliche Randbedingungen, wie sie spätestens im Nanobereich wichtig werden, wird auf S. 255 angegeben.)
Drücken wir das Ergebnis über $\sigma_m^{||}$ aus, so sehen wir, dass die effektive Leitfähigkeit in der Randschicht noch mit dem Volumenanteil (φ), denn dies gerade ist ja $2\lambda/L_x$, zu wichten ist, wiewohl ohnehin bei Parallelschaltung verschiedener räumlicher Regionen α gemeinsamer Ausdehnung in x–Richtung

$$\sigma_m^{||} = \Sigma_\alpha \varphi_\alpha \sigma_\alpha \tag{5.239}$$

gilt. Diese Beziehung gestattet es, auch parallel zu den Raumladungseffekten einen eventuellen direkten Leitfähigkeitseinfluss des Grenzflächenkernes selber zu berücksichtigen (s.a. Gl. 5.261).
In Gl. (5.238) hebt sich letzten Endes c_∞ heraus ($\lambda \propto c_\infty^{-1/2}$), so dass die Leitfähigkeitserhöhung unabhängig von der Bulkkonzentration ist. (Eine erhöhte Bulkkonzentration erhöht die effektive Leitfähigkeit der Schicht, erniedrigt aber die effektive Dicke). Dieser Umstand ist von großem Vorteil, da nun — solange der Anreicherungseffekt nur groß genug ist — Verunreinigungen keine Rolle spielen[152]. Dies ist konsistent damit, dass Gl. (5.238) auch über Integration von Gl. (5.227) entsteht,

[152] solange sie nicht auf den Randschichteffekt (d.h. ϑ) wirken.

und somit — bei hinreichend großen Effekten — ebenso für eine allgemeinere Defektchemie gilt (s.o.). In diesem Fall ist einfach das Integral über ζ_1 (Gl. (5.227)) von x=0 und x=2λ zu nehmen, da dort der Volumenbeitrag vernachlässigt ist und für $x > 2\lambda$ der Randschichtbeitrag Null ist. Die genäherte Beziehung Gl. (5.238) ergibt sich außerdem schon über die erste Integration der Poisson–Gleichung, da unter diesen Bedingungen die Ladungsdichte durch den angereicherten Defekt gestellt wird[153] (s. Abb. 5.72).

Verarmungseffekte treten in der Leitfähigkeit auf, wenn der verarmte Defekt 2 eine (gegenüber 1) so hohe Beweglichkeit besitzt, dass dieser dennoch den Leitwert dominiert. Für große Effekte geht $\vartheta_2 \to -1$, und es resultiert das simple Ergebnis

$$\Delta Y^{||} \simeq \Delta Y_2^{||} = -z_2 F(2\lambda) u_2 c_\infty. \tag{5.240}$$

Gl. (5.240) bedeutet, dass der Raumbezirk der Ausdehnung 2λ einfach in der Gesamtbilanz herausfällt.

Aufschlussreich ist es, an dieser Stelle das Verhalten der Minoritätsladungsträger zu diskutieren [238]. Setzen wir voraus, dass der Minoritätsladungsträger 3 (z.B. die Leitungselektronen im Bsp. der Abb. 5.70) hinreichend beweglich ist und ebenfalls angereichert wird; letzteres ist dann der Fall, wenn $z_1 z_3 > 0$ gilt. Das Profil erhalten wir für beliebige z_3 nach Gl. (5.215) über $\zeta_3 = \zeta_1^{z_3/z_1}$. Für $z_3 = z_1$ ergibt sich offenbar nach Integration ein zu Gl. (5.237) analoges Resultat ($|z_3| = z$).

$$\Delta Y_3^{||} = |z_3| F(2\lambda) u_3 \left[2c_{3\infty} \frac{\vartheta_1}{1-\vartheta_1} \right] \simeq |z_3| F u_3 (2\lambda) \sqrt{c_{30} c_{3\infty}} \tag{5.241}$$

$\Delta Y_3^{||}$ hängt nun im Gegensatz zu $\Delta Y_1^{||}$ empfindlich vom Volumenwert, d.h. von Verunreinigungen ab ($\lambda \propto c_{1\infty}^{-1/2}$!).

Analog ergibt sich für den verarmten Minoritätsdefekt 4 (die Löcher in Abb. 5.70, $z_1 z_4 < 0$)

$$\Delta Y_4^{||} = -|z_4| F(2\lambda) u_4 c_{4\infty}. \tag{5.242}$$

(Im Beispiel der Abb. 5.70 ist die elektronische Leitfähigkeit durch die Summe der Beiträge in Gl. (5.241) und Gl. (5.242) gegeben.)

Im senkrechten Modus zeigt sich nach Partialbruchzerlegung, dass auch das Integral über $c^{-1}(x)$ zu einer additiven Aufspaltung[154] zwischen einem Volumenuntergrund $R_\infty^\perp = \frac{L_x}{L_y L_z}\sigma_\infty^{-1}$ und einem Exzesswert $\Delta R^\perp$ führt. Hier gehen wir davon aus, dass nur ein einziger Defekt die Leitfähigkeit dominiert. Abstrahiert man wie oben von L_y und L_z, so ergibt sich für den Exzesswert der Größe $Z^\perp \equiv R^\perp L_y L_z$ [239]:

$$\Delta Z^\perp = -\frac{2\lambda}{zFu} \frac{2}{c_\infty} \frac{\vartheta}{1+\vartheta}. \tag{5.243}$$

---

[153]Unter diesen Bedingungen ist $\Delta Y^{||} \propto \int_0^\infty \rho dx \propto \int_\infty^0 \phi'' dx = \phi'_0 - \phi'_\infty = \phi'_0$.

[154]Dies ist nicht von vorneherein erwartet, da Untergrund und Exzessbeiträge additiv in c (also im Sinne einer Parallelschaltung) eingingen.

Analog zu $\Delta Y^{\parallel}$ lässt sich $\Delta Z^{\perp}$ als proportional zur effektiven Dicke (2λ), aber nun umgekehrt proportional zu einer effektiven Konzentration auffassen. Letztere nimmt im Extremfall starker Verarmungen (dann ist Ladungsträger 2 entscheidend mit $\vartheta_2 \to -1, (1+\vartheta_2) \to 2\sqrt{c_{20}/c_\infty}$) wiederum die vertraute Form $\sqrt{c_{20}c_\infty}$ an, und es entsteht

$$\Delta Z^{\perp} = \Delta Z_2^{\perp} = \Delta R^{\perp} L_y L_z = \sqrt{\frac{2\varepsilon RT}{c_{20}c_\infty^2 F^4 z_2^4 u_2^2}}. \tag{5.244}$$

Auch diese beiden Resultate sind aus dem genäherten Profil (Gl. (5.227)) erhältlich. Analog zum obigen Fall ist es möglich, den spezifischen Widerstand $\sigma_m^{\perp -1}$ als Summation über die Beiträge der örtlichen Bezirke α gewichtet mit dem Volumenanteil φ_α zu schreiben:

$$\sigma_m^{\perp -1} = \Sigma_\alpha \varphi_\alpha \sigma_\alpha^{-1}. \tag{5.245}$$

Wiederum lässt sich hierdurch zusätzlich zu den Raumladungseffekten auch der Beitrag des Randschichtkerns berücksichtigen (s.a. Gl. 5.262).

Bleibt noch die Berechnung des Widerstandes einer Schottky–Mott–Randschicht, also einer Verarmungsrandschicht im extrinsischen Fall bei unbeweglicher Dotierung. Hier wollen wir von vornherein den Fall einer sehr starken Verarmung annehmen. Wie wir sahen, resultiert dann in bezug auf den Gesamteffekt nahezu eine Stufenfunktion bei λ^* ($\simeq \lambda^* - \sqrt{2}\lambda$). Die Größe λ bestimmt die Ausschmierung. In dieser Extrem–Näherung ist ($\Delta Z^{\perp} \simeq Z^{\perp}$)

$$\Delta Z^{\perp} \simeq \frac{\lambda^*}{|z_2| F u_2 c_2^*} \tag{5.246}$$

mit $c_2^* = c_{20}$.
Dies bedeutet, dass als effektive Konzentration nun die Randschichtkonzentration auftritt und als effektive Dicke die Größe λ^*. Insgesamt hebt sich der Volumeneffekt in $\Delta Z^{\perp}$ nicht heraus. (Bei paralleler Messung hätten wir den Exzessleitwert $(\sigma_{20} - \sigma_{2\infty}) / \lambda^* \simeq -\sigma_{2\infty}/\lambda^*$ gefunden). Wenn auch zur ersten Orientierung die Annahme eines Rechteckprofiles durch c_0 gute Dienste leistet, ist die Vernachlässigung der in Abb. 5.76a gezeigten Beiträge doch sehr einschneidend. In weitaus besserer Näherung[155] ist $c_2^* = c_{20} \cdot 2\ln(c_{2\infty}/c_{20})$ [237] (S. Tabelle 5.3).

5.8.4 Thermodynamik der Grenzflächenchemie

Bevor wir uns den Beispielen zuwenden, sei kurz diskutiert, wie der Parameter c_0, d.h. auch ϑ, auf die Grenzflächenchemie zurückgeführt werden kann (vgl. auch Abschnitt 5.4.3). Betrachten wir — um die Problematik zu skizzieren — den speziellen, extrem vereinfachten Fall der Oberfläche eines gemischtleitenden Oxides im

[155] Während in der nullten Näherung c und damit auch ϕ in der Raumladungszone als konstant angenommen ist, ist in besserer Näherung das an und für sich parabolische $\phi(x)$ für kleine x linear genähert.

P–Bereich mit voll ionisierten Überschusssauerstoffionen und Defektelektronen als Majoritätsladungsträger in Volumen, Raumladungszone und Kern. Die Struktur variiere von Volumen zum Kern (d.h. zwischen x=0 und x=s) in Form einer scharfen Stufenfunktion. Laterale Inhomogenitäten seien vernachlässigt. Die Verallgemeinerung dieses konstruierten Beispiels auf andere Fälle ist evident (s. Abb. 5.78). Die thermodynamische Behandlung des Gesamtproblems zerlegen wir in die folgenden Einzelschritte[156]:

1) Der erste Schritt besteht in der Lösung des Volumenproblems, d.h. der Zurückführung von $c_{O_i''\infty}$ und $c_{h^{\cdot}\infty}$ auf Materialparameter und die Kontrollparameter Tempe-

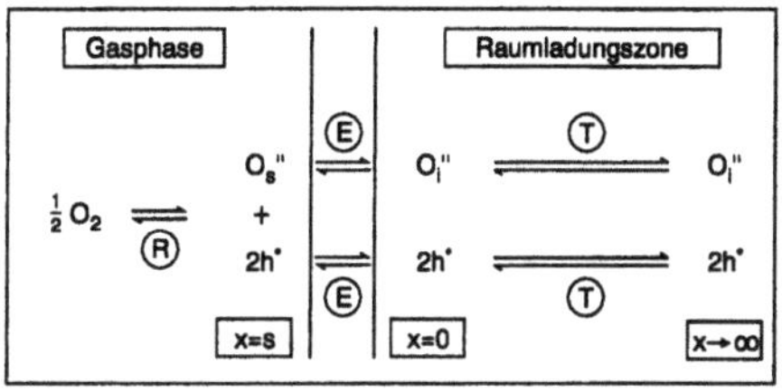

Abb. 5.78: Zur Ableitung eines Defektmodelles für Randschichten am Beispiel der Wechselwirkung einer Oxidphase MX mit O_2–Gas. Der Einfachheit halber ist angenommen, dass der Sauerstoff auch bei x=s zweifach geladen ist. Im Gegensatz zu x=0 hat sich bei x=s (hier die Oberfläche bzw. Adsorptionsschicht) die Grundstruktur geändert (d.h. Variation in den Standardpotentialen). Die Kinetik solcher Vorgänge wird in Kap. 6 diskutiert (insbesondere Abschnitt 6.4).

ratur, Komponentenaktivität und Dotierung. Dieses Problem betrachten wir gemäß den Ausführungen in den vorigen Abschnitten als gelöst (s. Gl. (5.150)).

2) Zur Beschreibung des Gleichgewichtes in der Raumladungszone betrachten wir das Transportgleichgewicht ("T") der Ladungsträger innerhalb der Raumladungszone. Diese Problematik war Gegenstand obiger Ausführungen und führte auf die Bestimmung der beiden Parameter $c_{k\infty}$ und c_{k0}. Somit ist das Gesamtproblem — zumindest für große Effekte[157] — auf die Analyse des Parameters c_{k0} bzw. ϑ_k zurückgeführt. Als Beispiel nehmen wir an, dass in der Raumladungszone die O_i''–Defekte angereichert und die $h^{\cdot}$–Defekte verarmt sind (d.h. negatives Raumladungspotential).

3) Zu diesem Zwecke betrachten wir den Übergang beider Defekte vom Ort x=0 zur benachbarten, strukturell nun aber verschiedenen Schicht x=s (Abb. 5.78), in welcher nun die Gegenladung untergebracht ist, also zur eigentlichen Oberfläche[158]:

$$O_i''(x=0) + V_s(x=s) \rightleftharpoons O_s''(x=s) + V_i(x=0) \tag{5.247}$$

[156]Wir folgen hier der Darstellung in Ref. [233]. Eine genauere Behandlung ist in Ref. [240] gegeben.

[157]Die allgemeine Gleichung (5.228) gilt nicht für unser Beispiel (verschiedene absolute Ladungszahlen). Wohl aber gelten für große Effekte alternativ die Gln. (5.227) und (5.230).

[158]Natürlich verliert die Definition des Zwischengitterplatzes weitgehend seinen Sinn an der Oberfläche. Hier kommt es im Rahmen einer Gleichgewichtsbetrachtung jedoch nur darauf an, eine Ankopplung an die Grenzflächenchemie zu erzielen. Aus diesem Grunde wurde der Index "s" benutzt und nicht die für die Oberfläche charakteristischere Bezeichnung "ad". Ähnliches gilt in bezug auf angenommene Ladung.

$$\mathrm{h}^{\cdot}(x=0) \rightleftharpoons \mathrm{h}^{\cdot}(x=s). \tag{5.248}$$

Diese beiden Prozesse sind mit einer Änderung des standardchemischen Potentials und des elektrischen Potentiales verbunden[159] (elektrochemischer Prozess "E"). Außerdem muss zumindest für x = s die Aktivität, a, benutzt werden:

$$\frac{a_{O_s''}(s)}{a_{O_i''}(0)} = \exp -\frac{\mu^\circ_{O_s''}(s) - \mu^\circ_{O_i''}}{RT} \exp +\frac{2F(\phi(s) - \phi(0))}{RT} \tag{5.249}$$

und

$$\frac{a_{h^\cdot}(s)}{a_{h^\cdot}(0)} = \exp -\frac{\mu^\circ_{h^\cdot}(s) - \mu^\circ_{h^\cdot}}{RT} \exp -\frac{F(\phi(s) - \phi(0))}{RT}. \tag{5.250}$$

Die elektrostatischen Anteile sind für ionische und elektronische Fehler bis auf die Ladungszahl die gleichen, während die chemischen Anteile natürlich verschieden sind. Die Größen $\mu^\circ_{O_i''}$ und $\mu^\circ_{h^\cdot}$ hängen über die Bulkmassenwirkungskonstante der Sauerstoffeinbau–Reaktion O' (s. Gl. (5.129)) miteinander zusammen:

$$-RT \ln K_{O'} = \mu^\circ_{O_i''} + 2\mu^\circ_{h^\cdot} - \frac{1}{2}\mu^\circ_{O_2}. \tag{5.251}$$

Analoges gilt für $\mu^\circ_{O_s''}(s)$ und $\mu^\circ_{h^\cdot}(s)$ mit einer Konstanten $K_{O'_s}$ für die Einbaureaktion in die Kernzone der Oberfläche (s.u.), sofern ein Einschichtmodell hinreichend ist.
Aus diesen Formulierungen ersehen wir drei Sachverhalte:
Zum ersten muss wegen des Auftretens der $\mu^\circ(s)$ also neben einem Volumendefektmodell auch ein Modell für den ausgedehnten Defekt "Oberfläche" — im folgenden Kernmodell genannt — vorliegen.
Die einfachste Möglichkeit besteht in der Annahme einer Zufallsverteilung der Oberflächendefekte mit begrenzter Zahl von Oberflächenplätzen[162]. Dies entspricht im Falle der Oberfläche der Langmuir–Behandlung (s. Abschnitt 6.7.1). Die zugeordneten Aktivitätskoeffizienten ergeben sich dann nach Gl. (5.209). (Die Standardpotentiale stehen natürlich mit der Oberflächenspannung in Bezug, s. Abschnitt 5.4.4.)
Zum zweiten müssen wir die Potentialdifferenz $\phi(s) - \phi(0)$ auf die Kontaktchemie zurückführen. Dies impliziert nähere Vorstellungen über die Ladungsverteilung und die atomistische Struktur[160]. Nehmen wir den simplen Fall an, dass zwischen x = 0 und x = s < 0 sich keine Ladung befindet und zur näheren Charakterisierung eine Dielektrizitätskonstante ε_s eingeführt werden kann. Aus dem Sachverhalt, dass bei s die Gegenladung der Ladung, die zwischen Null und ∞ (also diesseits der Grenzfläche) auftritt, gefunden werden muss (globale Elektroneutralität), ergibt sich

[159] Auch hier müssten wir genauer explizit die Bauelemente $O_i''(x=0) - V_i(x=0) \equiv O''(x=0)$ und $O_s''(x=s) - V_s(x=s) \equiv O''(x=s)$ formulieren.

[160] Auch bei unvollständiger Ordnung (im Kern etwa) lässt sich die Gleichgewichtsthermodynamik in obiger Form anwenden. Die Beschreibung ist dann wegen der Unschärfe der μ°–Werte weniger präzis, aber, wie insbesondere die wässrige Chemie zeigt, weitgehend hinreichend.

für die Gegenladung durch Integration der Poissongleichung der Ausdruck (Gouy–Chapman–Fall)

$$|\Sigma| = |\varepsilon_s E_s| = \sqrt{2\varepsilon RT c_\infty}\left(\zeta_{10}^{1/2} - \zeta_{20}^{1/2}\right) \simeq \sqrt{2\varepsilon RT c_{10}}. \qquad (5.252)$$

Für große Effekte $\zeta_{10} \gg 1 \gg \zeta_{20}$ entsteht der Ausdruck rechts, der natürlich dem Konzentrationsterm in Gl. (5.238) entsprechen muss. Aufgrund des Gaußschen Satzes lässt sich die Bedingung (5.252) auch als Stetigkeit der dielektrischen Verschiebung interpretieren (D = Dielektrizitätskonstante mal Feldstärke, $\varepsilon E_0 = \varepsilon_s E_s$)[161]. $\phi(s) - \phi(0)$ ist linear und über das Produkt von Feldstärke und s gegeben.
4) Als letzter (u. U. redundanter) Schritt verbleibt die Verknüpfung mit der Nachbarphase (chemische Reaktion "R"). Hierzu formulieren wir die Wechselwirkung mit dem Sauerstoff der Gasphase:

$$\text{Reaktion } O_s' = \qquad \frac{1}{2}O_2(g) + V_s(s) \rightleftharpoons O_s''(s) + 2h^{\cdot}, \qquad (5.253)$$

mit dem Massenwirkungsgesetz:

$$\frac{a_{O_s''}(s)\,a_{h^{\cdot}}^2(s)}{P_{O_2}^{1/2}} = K_{O_s'}, \qquad (5.254)$$

$V_s(s)$ taucht nicht auf, da $a_{O_s''}(s)$ streng genommen die Aktivität des Bauelementes $(O_s'' - V_s)$ bedeutet und auch Konfigurationseffekte bzgl. $V_s(s)$ enthält[162]. Ebenfalls treten elektrische Feldeffekte nicht auf, da wir uns auf denselben Ort x = s beziehen ($\phi(x = s)$ hebt sich heraus). Da sowohl Gl. (5.252) als auch die Ladungs- und Massenbilanzen Bezug auf Konzentrationen nehmen, müssen, wie schon erwähnt, Aktivitätskoeffizienten vom Oberflächenkernmodell abgeleitet werden.
Lassen Sie uns nochmals den Unterschied zur Situation herausarbeiten, in welcher Kern und Volumen gedanklich getrennt sind und in Gleichgewicht mit der Gasphase stehen. Der Unterschied besteht zum einen in der Tatsache, dass nun die Transfer-Gleichgewichte Gl. (5.247) und Gl. (5.248) relevant werden und zum anderen darin, dass beidseitig eine entgegengesetzte gleiche Raumladung auftritt. Dieser letzteren zusätzlichen Unbekannten trägt die Poisson–Gleichung als zusätzlicher Beziehung Rechnung[163]. Von den vier chemischen Gleichgewichten (Volumengleichgewicht, Ionengleichgewicht, Transfergleichgewichte beider Defekte) ist eines redundant, so dass

[161] Nach dem Gaußschen Satz lässt sich das Volumenintegral $\int \mathrm{div}\mathbf{D}dV$ auch als Flächenintegral $\int \mathbf{D}d\mathbf{a}$ ausdrücken. Integrieren wir über ein schmales Flächenstück mit dem Normalenvektor parallel zur x–Richtung, so ergibt sich wegen Gl. (5.218) unter Vernachlässigung der Seitenstücke für die Differenz der x–Komponenten $D(s) - D(0)$ = Flächenladungsdichte. Da zwischen x=0 und x=s keine Ladung aufgehäuft ist, gilt die Stetigkeit von D. Dies ist wegen Gl. (5.218) identisch mit der Bedingung der globalen Elektroneutralität ($\int \varrho dV = 0$).

[162] Formal erhalten wir für das Massenwirkungsgesetz den gleichen Ausdruck (Gl. 5.254), wenn wir die Strukturelemente $O_s''(s)$ und $V_s(s)$ einzeln berücksichtigen und deren (virtuelle) Aktivität der Konzentration gleichsetzen.

[163] Strenggenommen sind natürlich auch die gedanklich getrennten Bereiche separat mit Doppelschichten behaftet.

nicht alle vier μ°–Werte ($\mu^\circ_{O''_s}(s)$, $\mu^\circ_{O''_i}$, $\mu^\circ_{h^\cdot}(s)$, $\mu^\circ_{h^\cdot}$) bekannt sein müssen. Es genügt die Kenntnis dreier unabhängiger Kombinationen.

Analoges gilt natürlich auch für den überschaubaren Fall überwiegend ionischer Fehlordnung (I–Gebiet), in dem Leerstellen und Zwischengitterdefekte überwiegen. Die Situation ist in Abb. 5.79 für eine Frenkel- oder Anti–Frenkel–Fehlordnung in Volumen und Kern dargestellt und ist auf andere Fälle übertragbar. (Im P–Gebiet ist die Niveauverbiegung durch elektronische Effekte mitbestimmt.). Nicht nur die Energieniveaus ($\widetilde{\mu}^\circ$) sind in Volumen und Kern verschieden, sondern auch die Abstände entsprechend der Unterschiedlichkeit der Gleichgewichtskonstanten. Im Raumladungsgebiet sind die Niveaus gekrümmt (Variation in ϕ) und zwar derart, dass auch dort $\widetilde{\mu}$ = const. (Abb. 5.79). Zur Definition der Situation genügt die Kenntnis der Summen der chemischen Standardpotentiale in Kern und Volumen ("Energieniveaulücke") sowie die relative Lage zueinander (z. B. die Differenz der μ°–Werte eines Defektes). Wiederum müssen nicht alle vier Standardpotentiale bekannt sein.

In der Literatur wird vielfach bei der Behandlung der Raumladungschemie, ohne nähere Begründung, sowohl die Wechselwirkung mit der Nachbarphase, die unterschiedliche Thermostatik des Kerns wie auch der Potentialsprung vernachlässigt. Lassen wir im Sinne einer solchen Näherung s gegen Null gehen, so ergeben sich

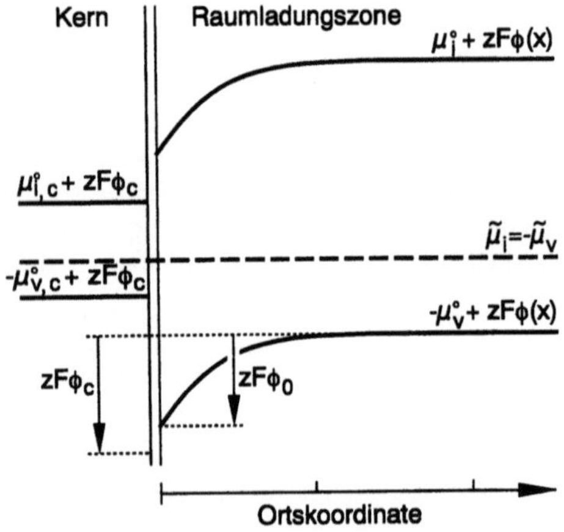

Abb. 5.79: Randschichtgleichgewichtssituation im Niveau–Diagramm für Frenkel–Defekte (i, V: z.B. $Ag^\cdot_i$, V'_{Ag}, z=1) oder Anti–Frenkel–Defekte (i, V: z.B. O''_i, $V^{\cdot\cdot}_O$, z=2). Aufgrund der elektrischen Potentiale verbiegen sich die Niveaus ($\widetilde{\mu}^\circ$) in der Raumladungszone und verschieben sich die Niveaus im Kern, um der Bedingung $\widetilde{\mu}$ = const Genüge zu tun. Der Einfachheit halber ist das elektrische Bulkpotential (ϕ_∞) Null gesetzt. Man beachte, dass der Niveauunterschied beiderseits von x = 0 verschieden ist. Im reinen Material liegt $\widetilde{\mu}$ in der Mitte der Volumenstandardwerte ($\mu^\circ_i + zF\phi(x = \infty)$ und $-\mu^\circ_V + zF\phi(x = \infty)$). Der Index c kennzeichnet den Kernbereich (core). Eine analoge Situation gilt für die elektronischen Niveaus. Für unser Textbeispiel mit O''_i und $h^\cdot$ als Majoritätsladungsträger (dort ist $\mu^\circ_{i,c} \equiv \mu_{O''_s}$) ist die Richtung der Niveauverbiegung die gleiche, allerdings ist der elektronische Effekt geringer (vgl. Ladung). Die Kopplung ergibt sich über $\widetilde{\mu}_{O''_i} + 2\widetilde{\mu}_{h^\cdot} = \frac{1}{2}\mu_{O_2}$ [240].

die Resultate, die in der Literatur mit dem Namen Pöppel und Blakely [241] und bei Vernachlässigung des endlichen Platzkontingentes mit den Namen Kliewer und Köhler [242] verbunden sind. Im letzten Fall ist

$$c_{k0}/c_k^* = \exp\left(-\frac{\Delta_k G_m^K}{RT}\right). \tag{5.255}$$

Handelt es sich um die Leerstelle (k=v), so lässt sich $\Delta_k G_m^K$ als die chemische Freie Überführungsenthalpie (ohne Konfigurationsanteil) des regulär untergebrachten Iones vom Volumen an die Grenzfläche, also eigentlich nach x=s deuten bzw., wenn k=i, als entsprechende Freie Überführungsenthalpie von der Grenzfläche[164] in einen Zwischengitterplatz im Volumen. Mit anderen Worten resultiert schon eine präzisierte Form, wenn wir k vom Volumen explizit an die Stelle $x = s \neq 0$ befördern mit

$$c_{k0}/c_k^* = \exp\left(-\frac{\Delta_k G_m^{K'}}{RT}\right). \tag{5.256}$$

Die Annahme eines konstanten $\Delta G_m^{K'}$ ist in der Tat eine nicht unvernünftige Näherung für die ionischen Defekte, wenn eine starke Fehlordnung im Kern realisiert ist. Es ist z.B. vorstellbar, dass im Kernbereich eine hohe Dichte adsorbierter Anionen und Kationen vorliegt. Die (verhältnismäßig kleine) Differenz beider (großer) Konzentrationen konstituiert dann die Oberflächenladung. In diesem Fall ändert

[164] Formulieren wir die individuellen "Defektbildungsreaktionen" als

$$\mathrm{O_O} + \mathrm{V_s} \rightleftharpoons \mathrm{V_O^{\cdot\cdot}} + \mathrm{O_s''}$$

$$\mathrm{O_s''} + \mathrm{V_i} \rightleftharpoons \mathrm{O_i''} + \mathrm{V_s}$$

und identifizieren die chemischen Standardreaktionsenthalpien mit $\Delta_v G^*$ und $\Delta_i G^*$, so erkennen wir, dass für x=0 (κ_{0s} beschreibt den Potentialsprung zwischen x=0 und x=s)

$$c_{v0}/c_v^* = \left(\exp -\frac{\Delta_v G^*}{RT}\right) / (a_{O_s''}\,\kappa_{0s})$$

$$c_{i0}/c_i^* = \left(\exp -\frac{\Delta_i G^*}{RT}\right) \cdot a_{O_s''}\kappa_{0s}.$$

Für $c_v(x)$ und $c_i(x)$ ist ΔG^* durch $\widetilde{\Delta G}^*$ ($= \Delta G^* \pm 2F(\phi_0 - \phi(x))$) zu ersetzen. Insbesondere erscheint $\phi_0 - \phi_\infty$ im Falle der Bulkkonzentration. Offensichtlich ist $\widetilde{\Delta_v G}_m^* + \widetilde{\Delta_i G}_m^* = \Delta_v G_m^* + \Delta_i G_m^* = \Delta_F G_m^\circ$, während die Differenz $\widetilde{\Delta_v G}_m^* - \widetilde{\Delta_i G}_m^*$ durch $\ln(a_{O_s''} \cdot \kappa_{0s})$ und das Raumladungspotential bestimmt ist. Letzteres folgt aus der Elektroneutralität des Volumens, d.h. aus $c_{v\infty} = c_{i\infty}$. An obigen Reaktionsgleichungen erkennt man unmittelbar die Wirkung einer Nachbarphase auf die Defektkonzentrationen. Wird $\mathrm{O_s''}$ durch die Nachbarphase stabilisiert, besteht eine Tendenz, $[\mathrm{V_O^{\cdot\cdot}}(x)]$ zu vergrößern und $[\mathrm{O_i''}(x)]$ zu verkleinern. In der Kliewerschen Behandlung sind κ_{0s} und $a_{O_s''}$ implizit konstant gesetzt und können in die ΔG^*-Werte einbezogen werden. Dann resultiert eine Beziehung der Form (5.256). Die Summe dieser $\Delta G_m^{K'}$-Werte ergibt wiederum $\Delta_F G^\circ$, während die Differenz direkt $\pm 2zF(\phi_0 - \phi_\infty)$ darstellt. Die Betrachtung gilt natürlich auch für den Fall, dass im Kern zusätzlich Leerstellendefekte auftreten. Wichtig ist, dass sich die Definition der ΔG^*-Werte auf dieselbe Defektspezies bezieht.

ein Übergang eines entsprechenden Ladungsträgers in die Oberflächenschicht (oder der Einbau einer Komponente aus der Gasphase) relativ gesehen wenig an der Konzentration[165]; auch der eigentlich in Gl. (5.256) eingeschlossene Feldanteil ist dann invariant. Dann verhalten sich $c_{O''_s}(s)$ und $a_{O''_s}(s)$ im Massenwirkungsgesetz (Gl. (5.249)) und dementsprechend auch $c_{O''_i}(x=0)$ als konstante Größen[164], wie durch Gl. (5.256) nahegelegt. Aber schon für die elektronischen Ladungsträger ist das dann nicht mehr richtig: Mit $a_{O''_s}(s) = \text{const}$ ergibt sich nach Gl. (5.254) eine Proportionalität von $a_{h^\cdot}(s)$ zu $P_{O_2}^{1/4}$.

Ein einfaches Bild bietet sich also immer dann, wenn die Ladungsdichte unabhängig vom Komponentenpotential ist. Dann gilt dies verallgemeinernd wegen Gl. (5.252) auch für den angereicherten Gegendefekt bei x=0, in unserem Beispiel für O''_i. Aus Massenwirkungsgründen ist dies auch für den Gegendefekt ($V_O^{\cdot\cdot}$) der Fall. Die elektronischen Ladungsträger sind unter diesen Umständen als Minoritätsladungsträger allerdings wie im Volumenfall deutlich vom Komponentenpotential abhängig. Es ergibt sich $N_{h^\cdot,0} = 1/4$, während im Volumen $N_{h^\cdot\infty} = 1/6$.
In solchen Fällen ist es also im Rahmen unseres simplen Kern–Raumladungsmodelles in der Tat möglich, $c_k(x=s)$ und in einfachen Fällen auch $c_k(x=0)$ in der Form der Volumenbeziehung Gl. (5.150) anzugeben:

$$c_{k0} = \alpha_{k0} P^{N_{k0}} \Pi_r K_r^{\gamma_{rk0}}, \tag{5.257}$$

wobei die charakteristischen Koeffizienten im allgemeinen Fall von den Bulkwerten verschieden sind. Hieraus folgt dann ϑ (Gl. (5.229)) und aus Beziehungen wie Gln. (5.227), (5.228), (5.230)) die örtliche Konzentration $c_k(x;P,T)$. Wesentlich ist auch, den integralen Effekt im Auge zu haben, wie er sich z.B. in $\Delta Y^{\|} \propto \sqrt{c_0}$ widerspiegelt. Ist also $\partial \ln c_0 / \partial \ln P = N_0$, so ist $\partial \ln \Delta Y^{\|} / \partial \ln P = N_0/2$. Für einen mit mit dem Volumenwert identischen N_0–Wert ist also der im Leitfähigkeitsexperiment gemessene Exponent für den Randschichtanteil halb so groß wie der für das Volumen gemessene. Dies gilt nicht für den Widerstand im Schottky–Mott–Fall (s. Tabelle 5.3, vgl. auch den folgenden Paragraphen). Die Dotierabhängigkeit wird aufgrund veränderter Segregationserscheinungen in der Regel verwickelt sein.
Nach diesen Ausführungen ist das prinzipielle Problem dargelegt, aber es ist ebenso offenkundig, wie sehr die Aufstellung der gewünschten Relation $c_k(T, a_M, C; x)$, d.h. die Aufstellung von Kröger–Vink- oder van't–Hoff–Diagrammen für Randschichten, eine genauere Kenntnis der Grenzflächensituation verlangt, die i.a. nicht vorliegt. Wir werden einfache Beispiele hierzu kennenlernen.

Wie sich schon im intrinsischen Falle andeutete, sind für die Abhängigkeit von der Komponentenaktivität (z.B. P_{O_2}) auch in allgemeineren Situationen (intrin-

[165]Vgl. Gln. (5.249), (5.250). Die relative Ladungsdichteänderung jedoch ist nicht vernachlässigbar. Dies ist anders, wenn eine vergleichsweise hohe Ladungsdichte vorliegt, wenn also z.B. im wesentlichen nur Anionen adsorbiert sind.

sisch oder extrinsisch) vereinfachte Überlegungen möglich, solange wir sozusagen den Punkt 3 "überspringen" können [229,233]:
Die Einbaugleichung

$$\frac{1}{2}O_2(g) + V_i(x) \rightleftharpoons O_i''(x) + 2h^{\cdot}(x) \tag{5.258}$$

lässt sich — da das elektrische Feld herausfällt — für jeden Ort, also auch für x = 0 formulieren[166]:

$$c_{O_i''}(x=0)c_{h^{\cdot}}^2(x=0) \propto P_{O_2}^{1/2}. \tag{5.259}$$

Betrachten wir zunächst den Gouy–Chapman–Fall. Ist O_i'' der angereicherte Majoritätsladungsträger, dann ist die Flächenladungsdichte Σ nach Gl. (5.252) proportional zu $c_{O_i''}^{1/2}(x=0)$. Folglich ist mit Gl. (5.259)

$$\frac{\partial \ln c_{h^{\cdot}}(x=0)}{\partial \ln P_{O_2}} = \frac{1}{4} - \frac{\partial \ln |\Sigma|}{\partial \ln P_{O_2}}. \tag{5.260}$$

Ist die relative Änderung von $|\Sigma|$ durch die Partialdruckänderung gering, so gilt — wie schon erwähnt — $N_{h^{\cdot}0} = \frac{1}{4}$, während im Bulk $N_{h^{\cdot}\infty}$ typischerweise $\frac{1}{6}$ (falls $2c_{O_i''}(x=\infty) = c_{h^{\cdot}}(x=\infty)$) oder $\frac{1}{4}$ (falls bei Positiv-Dotierung $(D^{\cdot})$ $c_{O_i''}(x=\infty) \gg c_{h^{\cdot}}(x=\infty)$) realisiert ist.
Wie schon ausgeführt, ist eine geringe relative Änderung von Σ mit P_{O_2} wahrscheinlich, wenn ionische Fehlordnung[167] überwiegt. In anderen Fällen mag der Sauerstoffpartialdruck z. B. durch die Variation der Zahl adsorbierter negativierter Sauerstoffe die Oberflächenladungsdichte deutlich zu beeinflussen, sofern nicht spezielle Segregationseffekte oder kristallographische Effekte Σ nahezu konstant halten.
Im Schottky–Mott–Falle sind die Verhältnisse anders. Dort ist nicht $\partial \ln c_{O_i''}(x=0) \propto \partial \ln |\Sigma|$, sondern es gilt wegen $\Sigma \propto [D^{\cdot}]\lambda^*$ und Gln. (5.215) und (5.231), dass $\partial \ln c_{O_i''}(x=0) \propto \partial |\Sigma|^2$, d.h. die absolute Änderung ist wichtig (mehr noch: es besteht Proportionalität zu $|\Sigma| \partial |\Sigma|$, in deutlichem Gegensatz zu $\partial |\Sigma| / |\Sigma|$ im Gouy–Chapman–Fall). Ein detaillierteres Beispiel wird im nachfolgenden Abschnitt diskutiert.

Es ist natürlich klar, dass die Kernregion, insbesondere wenn andere Kontakte betrachtet werden sollen, ausgedehnter, aber auch komplexer in der Struktur sein wird (z.B. Multiadsorptionsschichten, amorphe Korngrenzenphase etc.), als hier angenommen. Bei festen Homophasenkontakten besteht die Randschicht aus zwei symmetrischen Raumladungszonen getrennt durch den Korngrenzkern. Bei Heterokontakten geht zusätzlich die Symmetrie verloren, und es ist eine Ladungsanreicherung in einer Raumladungszone allein auf Kosten einer Verarmung in der anderen

[166] Bei völligem Gleichgewicht ergibt sich Gl. (5.259) auch aus der Kombination von Gl. (5.215) mit dem Bulkmassenwirkungsgesetz. Beachte, dass wegen Gl. (5.215) folgt, dass $c_{O_i''}(x=0)/c_{O_i''}(x=\infty) = c_{h^{\cdot}}^2(x=\infty)/c_{h^{\cdot}}^2(x=0)$.

[167] Dieser Fall gilt transformiert für AgCl.

denkbar und z.T. erwartet.

Besonders interessante Phänomene erwarten wir im Nanogrößenbereich, wenn der Abstand zweier Grenzflächen (z.B. Korngröße in nanokristallinen Materialien) die

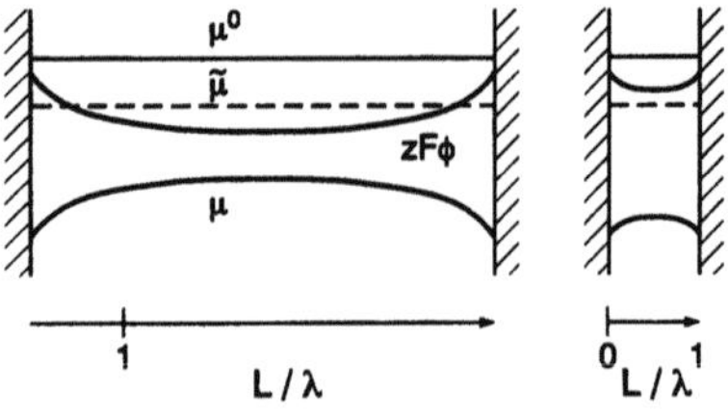

Abb. 5.80: Die thermodynamischen Potentiale eines dünnen Filmes (senkrecht zur Filmebene) der Dicke L für $L > 4\lambda$ (links) und $L < 4\lambda$ (rechts) bei Strukturinvarianz (Annahme: c_0 = const). Im linken Beispiel wird im Innern Bulk–Verhalten erreicht, im rechten Beispiel nicht; dort ist die Probe durchweg geladen und ein mesoskaliger Effekt realisiert.

Größenordnung der Debye–Länge erreicht oder unterschreitet. Solche Größeneffekte betrachten wir in den Beispielen c und d. Wenn wir strukturelle Effekte vernachlässigen (vgl. hierzu Abb. 5.101 auf S. 258), erwarten wir hierfür die in Abb. 5.80 dargestellten Verläufe.
Wir wollen im folgenden eine Reihe von Anwendungsbeispielen betrachten. Ohne Beschränkung der Allgemeinheit — die Überlegungen gelten für den allgemeinen Fall eines gemischten Leiters — konzentrieren wir uns bei der Diskussion von Anreicherungseffekten auf Ionenleiter, bei der Diskussion von Verarmungsschichten vor allem auf Elektronenleiter.

5.8.5 Beispiele und Ergänzungen

a) Heterogene Festelektrolyte

Wie diskutiert, können Leitfähigkeitsanomalien auf Kerneffekte (dort sind Ladungsträgerkonzentration und Beweglichkeiten verändert) und auf Raumladungseffekte (in erster Linie veränderte Konzentrationen) zurückgehen. Insbesondere bei Ionenleitern mit geringer Fehlordnung und hoher Beweglichkeit der Fehler dürfte der letzte Punkt signifikant zu Tage treten.
In der letzten Zeit intensiv erforscht wurden vor allem Anreicherungsrandschichten in ionenleitenden Systemen[168]. Systematische Untersuchungen belegten, dass (fast[169]) alle Analoga zu elektronischen Randschichteneffekten mit ionischen Fehlern verifizierbar sind. Dass ionische Raumladungen im Festkörper auftreten, zeigte schon Abb. 5.75. Betrachten wir im folgenden Kontakte von Ionenleitern zu (i) elektrisch isolierenden zweiten festen Phasen, (ii) ionisch leitenden festen Phasen

[168] vgl. Ref. [229]

[169] Ein grundsätzlicher Unterschied ist jedoch im Auge zu behalten. Im Gegensatz zu den Elektronen spielen Delokalisierungsphänomene wegen der großen Masse für ionische Fehler (mit teilweiser Ausnahme des Protons) für unsere Betrachtungen keine Rolle. Zur Unterscheidung von Lebenszeithalbleitern und Relaxationszeithalbleitern s. Fußnote 151.

— dabei neben dem Heterokontakt auch die Korngrenze als Homokontakt — und schließlich (iii) den Kontakt Ionenleiter/Gas.
Ausgelöst wurde die Untersuchung an solchen Systemen durch den überraschenden Befund [229,243,244], dass Zumischung feiner Partikel des Isolators Al_2O_3 (am wirksamsten $\gamma-$ oder $\eta-Al_2O_3$) oder auch von SiO_2 die ionische Leitfähigkeit von Kationenleitern wie LiI, LiCl, AgCl, AgBr, CuCl, CuBr, aber auch von Anionenleitern wie CaF_2, SrF_2 und PbF_2 u.U. um mehrere Zehnerpotenzen erhöht wird (Abb. 5.81). Dies konnte in vielen Fällen quantitativ durch ionische Raumladungszonen erklärt

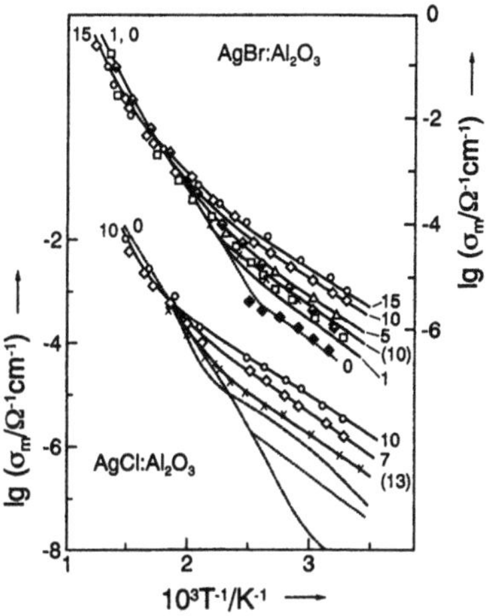

Abb. 5.81: Experimentelle Resultate (Symbole) und theoretische Rechnungen (ausgezogene Kurven) bzgl. AgBr:Al_2O_3– und AgCl:Al_2O_3–Zweiphasenmischungen. Die Zahlen geben den Volumenanteil von Al_2O_3 in Prozent dar und beziehen sich auf Al_2O_3–Korngrößen von 0.06μm (wenn nicht eingeklammert) bzw. 0.15μm (wenn eingeklammert). Die gestrichpunktete Linie beim AgCl bezieht sich auf den nominell reinen Einkristall, die gepunktete auf den Polykristall, die gestrichelte Linie (in bezug auf das Knie vgl. Abb. 5.86) auf einen positiv dotierten Einkristall [234].

werden, die aufgrund der Oberflächenaktivität der Isolatorphase auftreten. Nach obigen Ausführungen ist die Leitfähigkeitserhöhung entlang von Grenzflächen der Beweglichkeit sowie der Wurzel der Randschichtkonzentration (c_0) des angereicherten, die Leitfähigkeit bestimmenden Defektes proportional (Gl. (5.238)). Bei einer hinreichenden Stabilisierung der Oberflächenladung durch die Wirkung der Nachbarphase ist $\Delta_k H^{K'}$ in Gl. (5.256) hinreichend gering und $1/2\Delta_k H^{K'}$ gegen $\Delta_k H^{\neq}$ vernachlässigbar[170], so dass die Temperaturabhängigkeit in erster Näherung durch die Migrationsenthalpie bestimmt ist. Dies bestätigt Abb. 5.82 für die behandelten Kationenleiter. Die beobachtete Aktivierungsenergie ist nahezu mit der Migrationsenergie der Kationenleerstellen identisch. Dies legt die Adsorption von Kationen an der Oberfläche als defektinduzierenden Mechanismus nahe, ein Mechanismus, der analog zu der zu Beginn des Kapitels aufgeführten Beispiels der Adsorption

[170]Schon ohne solche Wechselwirkung ("freie Oberfläche") ist $\Delta_k H^{K'}$ für AgCl, AgBr gering (s. Temperaturabhängigkeit des Ordinatenschnittpunktes in Abb. 5.75). Wäre bei den Silberhalogeniden der angereicherte Ladungsträger das Zwischengitterteilchen, wäre wegen der extrem geringen Migrationsenthalpie $\Delta H^{K'}$ allerdings nicht vernachlässigbar. Man beachte, dass die Wechselwirkung das Raumladungspotential für freie Oberflächen ((100), (111)) umkehrt.

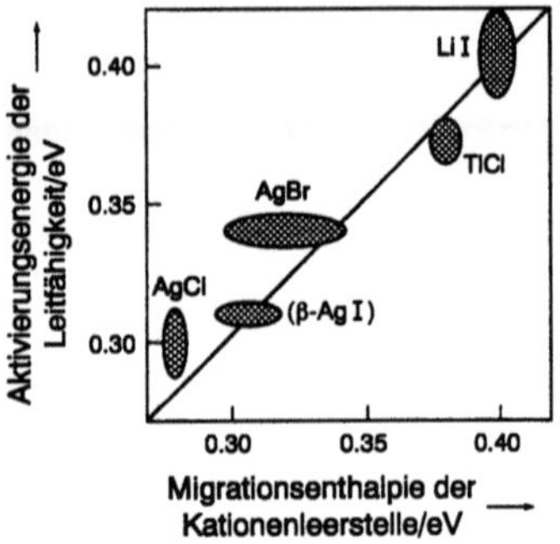

Abb. 5.82: In allen aufgeführten Fällen zeigt die Zumischung von Al_2O_3 zum Halogenid eine erhöhte Leitfähigkeit, deren Aktivierungsenergie sehr nahe bei der Migrationsenergie der Kationenleerstelle liegt. (Eine analoge Korrelation Aktivierungsenergie $\simeq$ Leerstellenmigrationsenergie (hier aber bzgl. V_F') gilt für die Fluoridionenleiter CaF_2 und PbF_2.) Aufgrund der Polytypie beim AgI (s. Abschnitt 5.8.5) ist diese Angabe eingeklammert [229].

aus der Flüssigphase ist[171]. Auch hier ist die Oberflächenbasizität maßgebend, und die Wirkung des Oxides geht qualitativ mit dem Nullade–pH[172] parallel. Variation der Isolatorverbindung, seiner Modifikation sowie chemische Modifizierung der Oberflächenaktivität bestätigen das Bild. Benetzungsversuche[173] mit flüssigem AgCl lassen auch Aussagen über die Effektivität verschiedener Flächen zu [247]. So ergibt sich nach Aufspaltung der Grenzflächenspannung in Enthalpie– und Entropiewert eine geringe Grenzflächenenergie (s. Abschnitt 5.4) von $3.2 J/m^2$ für die in puncto Adsorption aktivere (0001)–Al_2O_3–Oberfläche verglichen mit der $(10\bar{1}0)$– und der $(11\bar{2}0)$–Fläche (3.8 bzw. $4.6 J/m^2$). Im Falle einer Bedeckung mit Hydroxylgruppen steigt die Grenzflächenwechselwirkung, und die Abhängigkeit von der Kristallographie geht weitgehend verloren.

Eine wesentliche Komplizierung der Messung und der Analyse besteht darin, dass der Effekt einer einzigen Grenzfläche trotz hoher lokaler Anreicherung sehr klein ist. Maßgebliche Anreicherungseffekte treten bei Dispersionen der Isolatorphase in der Ionenleitermatrix in Erscheinung, d.h. in Zweiphasenmischungen mit einer hohen Grenzflächendichte. Wie über Rasterelektronenmikroskopie nachzuweisen, befinden sich die feinen Oxidpartikel (A) bevorzugt in den Korngrenzen der vergleichsweise großen Ionenleiterkörner und bilden dort schon bei kleinen Volumenanteilen zusammenhängende Leitfähigkeitspfade (Abb. 5.83). Damit liegt die Perkolationsschwelle, d.h. der Volumenanteil (φ), bei der sich der erste durchgehende Pfad bildet, bei sehr kleinen φ_A–Werten. Da bei Erhöhung der Isolatorkonzentration (φ_A) in vielen Fällen die energiearme Morphologie weitgehend aufrechterhalten bleibt, erniedrigt

[171] Allerdings sind die Verhältnisse bei AgI komplexer [245,246].

[172] pH–Wert einer Kontaktlösung (in der Regel bestehend aus H_2O, H_3O^+, OH^- und inerten Gegenionen), bei der die Oxidoberfläche elektrisch neutral ist. Allerdings ist zu beachten, dass die Oxidoberfläche durch die zweite Phase verändert wird sowie dass die spezifische Wechselwirkung mit den Kationen sich von der mit dem Proton unterscheidet. Bei einem Elektronenleiter (z. B. Oxidelektrode) besteht zudem die Möglichkeit einer elektronischen Überschussladung. Es ist zu beachten, dass in der Flüssigelektrochemie der sogenannte Nulladepunkt sich i. a. auf das Verschwinden dieser Überschussladung bezieht.

[173] Es ist zu erwarten, dass die energetische Wechselwirkung der AgCl–Schmelze mit dem Oxid teilweise auch die Fest–Fest–Wechselwirkung reflektiert.

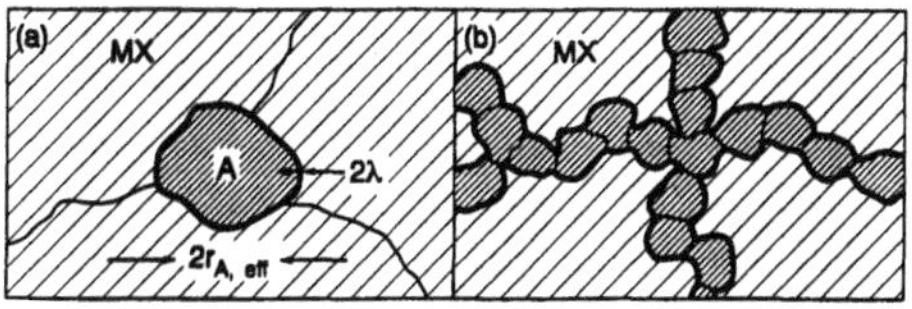

Abb. 5.83: Die isolierenden A–Teilchen induzieren durch Adsorption hochleitende Randschichten im Ionenleiter MX. In (a) sitzt das Korn isoliert (z.B. im Zwickel), der Gesamteffekt ist vernachlässigbar. In (b) bilden sich zusammenhängende Pfade zwischen den MX–Körnern [234].

sich dann entsprechend die Korngröße des Ionenleiters. In diesen Fällen ist der Grenzflächenbeitrag zur effektiven spezifischen Leitfähigkeit σ_m näherungsweise der Volumenkonzentration proportional. Wegen der Parallelschaltung der Kanäle ergibt sich (s. Gl. (5.239)) :

$$\sigma_m = (1 - \varphi_A)\beta_\infty\sigma_\infty + \varphi_A\beta_L\sigma_L. \tag{5.261}$$

β_∞ und β_L messen die Zahl der durchgängigen Pfade. Unter obigen Bedingungen sind diese Faktoren unabhängig von φ_A und T. Einen halbquantitativen Einblick erhält man durch Betrachtung einer primitiv kubischen würfelförmigen Morphologie. Hier ist im Idealfall $\beta_\infty = 1$ und $\beta_L = 1/3...2/3 \sim 0.5$. Berücksichtigt man auch noch eventuelle Blockadeeffekte durch Korngrenzen senkrecht zur Stromrichtung erhält man [239]

$$\widehat{\sigma}_m = \left[\widehat{\sigma}_\infty\widehat{\sigma}_L + \beta_L^{\|}\varphi_L\widehat{\sigma}_L^{\|}\widehat{\sigma}_L^{\perp}\right] / \left[\widehat{\sigma}_L^{\perp} + \beta_L^{\perp}\varphi_L\widehat{\sigma}_\infty\right]. \tag{5.262}$$

In Gl. (5.262) ist gleichzeitig durch Einführen der komplexen Leitfähigkeit ($\widehat{\sigma}$ statt σ) kapazitiven Effekten Rechnung getragen. Dies wird eingehender in Kap. 7 behandelt. An dieser Stelle sei lediglich erwähnt, dass die interessierenden hochleitenden Pfade dem Volumen parallel geschaltet sind[174]. Kompliziertere Verteilungen müssen mit Perkolationstheorie, Effektiv–Medium–Theorie bzw. Finite–Elemente–Rechnungen [248,249] angegangen werden. Für die (stationäre) Gleichgewichtsleitfähigkeit [234] resultiert (bei Vernachlässigung oder nach Abtrennung der Blockadeeffekte):

$$\sigma_m = (1 - \varphi_A)\sigma_\infty + \beta_L\Omega_A\varphi_A(2\varepsilon_r\varepsilon_0 RT)^{1/2}u_1\sqrt{c_{10}}. \tag{5.263}$$

Mobilitätseffekte der adsorbierten Kationen selbst wurden vernachlässigt, können aber durch einen dritten Term der Form $\beta_c\varphi_c\sigma_c$ berücksichtigt werden. (Der Index "c" steht für "core".) Ω_A ist das Verhältnis von Oberfläche zu Volumen der oberflächenaktiven A–Phase. Für exakt kugelförmige Partikel mit dem Radius r_A ist $\Omega_A = 3/r_A$. Abbildung 5.81 zeigt, wie akkurat im Falle von AgCl und AgBr, in welchem die Beweglichkeiten gut bekannt sind, sich die Ergebnisse für verschiedene Volumenanteile und verschiedene Korngrößen beschreiben lassen. Die Übereinstimmung ist schon einigermaßen gut, wenn über dem gesamten Bereich ein Maximalef-

[174]Bei impedanzspektroskopischer Analyse ist der Hochfrequenzast auszuwerten (s. Abschnitt 7.3.6).

fekt mit $c_{v0} = 1/V_m$ angenommen[175] wird. Die Übereinstimmung ist hervorragend, wenn eine leichte T–Abhängigkeit für c_{v0} über $\Delta_v H_m^{K'}$ in Rechnung gestellt wird (vgl. Gl. 5.256). Die für $AgCl/\gamma - Al_2O_3$ erhaltenen Entropie– und Enthalpiewerte sind in Übereinstimmung mit einer Bindungsbildung [229].
Das diskutierte Verhalten entspricht in extrem reinem AgCl oder AgBr einer Inversionsrandschicht, da in reinem Material der Leitfähigkeitstypus im Volumen vom Zwischengittertyp ist. In realen Silberhalogeniden ist das Material in der Regel extrinsisch und zwar dotiert mit höherwertigen Kationen. In diesen Fällen liegt im extrinsischen Temperaturbereich ein reiner Anreicherungseffekt (Anreicherung in Bezug auf die Ladungsträgerkonzentration V'_{Ag}) vor. (Man betrachte hierzu Abb. 5.74.) Wie oben diskutiert, ist dies ohne nennenswerten Einfluss auf die Resultate. Die Tatsache, ob der Dotiereffekt dem Feld folgt oder nicht, ist für $\sigma_m^{||}$ in obiger Näherung ebenfalls nicht von Belang (s. oben).
Ein reiner Anreicherungseffekt liegt beim Li^+–Leiter LiI (Schottky–Fehlordnung) in Kontakt mit einer kationenadsorbierenden Nachbarphase vor. In diesem Falle ist die Leitfähigkeit der Anionenleerstelle als Gegendefekt vernachlässigbar. Völlig konträr liegen die Verhältnisse beim ebenfalls Schottky–fehlgeordneten TlCl. Hier ist die Anionenleerstelle die beweglichere Spezies. Bei Al_2O_3–Dotierung und hinreichend geringer Temperatur sind starke Inversionseffekte (Abb. 5.74) erwartet, die in $TlCl{:}Al_2O_3$–Mischungen zu Kationenleitfähigkeit führen. Die Verarmungsrandschichten sind bei hohen Temperaturen kurzgeschlossen.
Während also Anreicherungseffekte nur in Dispersionen hinreichend zur Geltung kommen und Verarmungseffekte in Dispersionen kaum verspürt werden, bieten Verarmungsrandschichten — im Gegensatz zu Anreicherungseffekten — die Chance, bei einer Messung senkrecht zur Grenzfläche den Effekt einer einzelnen Randschicht zu beobachten. Solche Experimente wurden für den Kontakt $RuO_2/AgCl$ beschrieben[176].
Analoge Phänomene treten auch bei den Anti–Frenkel–fehlgeordneten Anionenleitern (z.B. CaF_2 oder PbF_2) auf. Hier ist das saurere SiO_2 wirksamer als Al_2O_3. Dies sowie die genaue Analyse [250] lässt auf Adsorption von F^- schließen.
Die Abbildungen 5.84, 5.85, 5.86 stellen Prinzip und Auswirkungen dieses "Heterogenen Dotierens" denen des homogenen Dotierens (s. Abschnitt 5.6) im Hinblick auf Defektchemie und Leitfähigkeit an die Seite. Ein wichtiger Unterschied besteht darin, dass das bei homogener Dotierung auftretende [175] Knie in der van't Hoff–Darstellung von Silberhalogeniden ("Wagner–Koch–Effekt", vgl. gestrichelte Linie[177] in Abb. 5.81) beim Heterogenen Dotieren nicht zu verspüren ist: Auftretende Leitfähigkeitserniedrigungen werden vom besser leitenden Volumen überbrückt (s. Abb. 5.86).

[175] Wegen der Diskretheit des Problems ist dies realiter nicht unbedingt der Maximalgleichgewichtseffekt (s. Ref. [250]).
[176] Die Säure–Base–Wirkung von RuO_2 ist ähnlich der von Al_2O_3, allerdings ist RuO_2 elektronisch leitend und kann gleichzeitig als Elektrode dienen [251].
[177] Vgl. hierzu auch Abb. 5.46b, S. 183.

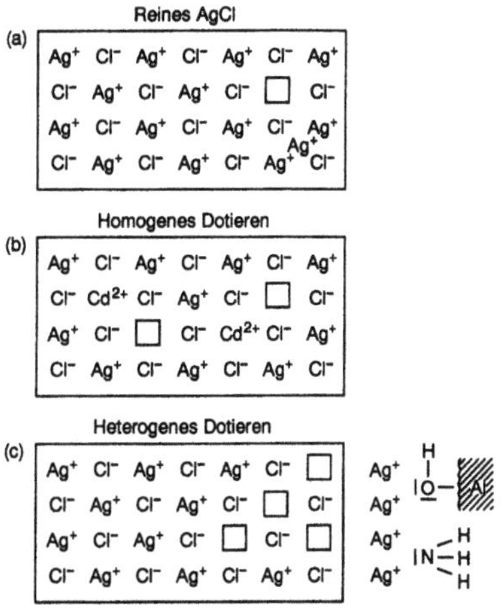

Abb. 5.84: Wie beim Homogenen Dotieren werden beim Heterogenen Dotieren in vorhersagbarer Weise die Konzentration der einzelnen Defekte erniedrigt bzw. erhöht (Gl. (5.264)). Allerdings ist der Effekt auf Grenzflächennähe beschränkt [229].

Der Analogie und der Bedeutung der Effekte für die Materialforschung wegen sei als Pendant zu Gl. (5.141) die entsprechende Regel des "Heterogenen Dotierens" [14] formuliert:

$$\frac{z_k \delta c_k}{\delta \Sigma} < 0 \tag{5.264}$$

(Σ ist die Kern–Ladungsdichte). Gl. (5.264) bringt zum Ausdruck, dass bei positiver Kernladung die Konzentration aller positiver (negativer) Ladungsträger in den Raumladungszonen verringert (erhöht) ist und vice versa. Kompensationseffekte treten wegen der individuellen Gültigkeit von Gl. (5.215) nicht auf.

Das Verhalten der Minoritätsladungsträger [238] und insbesondere deren Abhängigkeit vom Komponentenpotential lässt sich durch Verwendung blockierender Elektroden (wie es in Kap. 7 geschildert wird) unter Berücksichtigung von Profileffekten ebenfalls analysieren. Die Resultate bei $AgCl:Al_2O_3$ sind in Übereinstimmung mit einer Anhebung der Leitungselektronenkonzentration in den Randschichten, wie es Gl. (5.241) fordert. Dass das Verhalten der elektronischen Minoritätsladungsträger vom elektrischen Feld kontrolliert wird, letzteres aber allein aus der Wechselwirkung der Majoritätsladungsträger mit der Nachbarphase gegeben ist, bedeutet eine "Fremdbestimmung" der elektronischen Ladungsträger in solchen Fällen. Dies gilt i.a. für alle Ladungsträger, die in der Poisson–Gleichung nicht von Belang sind. Diese Überlegung hat wichtige Konsequenzen auch für Elektronenleiter, in welchen sehr häufig — trotz einer geringen Leitfähigkeit — die ionischen Punktdefekte überwiegen. Zumindest während des Herstellungsprozesse können ionische Profile entstehen, die von großem Einfluss auf die Elektronenverteilung sein müssen.

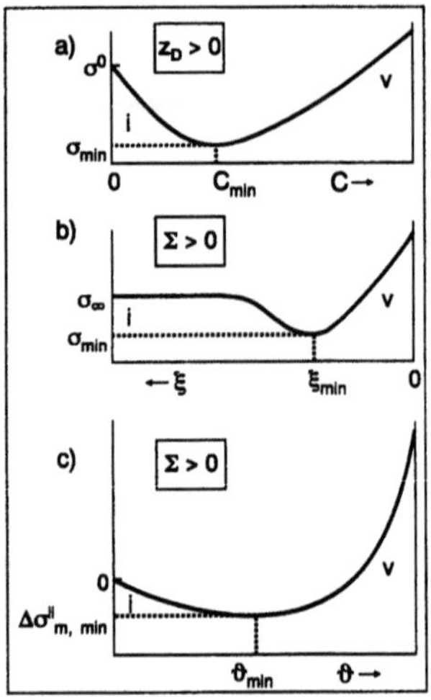

Abb. 5.85: Analogien zwischen homogen (a) und heterogen (b, c) dotiertem Material (Bsp.: AgCl). a) Leitfähigkeit in Abhängigkeit der Konzentration einer positiven homogenen Dotierung ($z_D > 0$) der Konzentration C (Gl. (5.155)); b) lokale Leitfähigkeit in Abhängigkeit der Ortskoordinate bei positiver Ladungsdichte des Grenzflächenkerns ($\Sigma > 0$) im Falle der heterogenen Dotierung ($\xi \equiv x/\lambda$); Grenzfläche bei $\xi = 0$) (Gl. (5.228)); c) integrale Leitfähigkeitserhöhung ($\Delta\sigma^{\|}_{m}$) als Funktion der Stärke der Grenzflächenwechselwirkung (Gl. (5.237)) bei heterogener Dotierung. (Bei ϑ_{min} $\left(= \left[\left(\frac{u_i}{u_v}\right)^{1/2} - 1\right] / \left[\left(\frac{u_i}{u_v}\right)^{1/2} + 1\right]\right)$ handelt es sich nicht um eine minimale Einflussnahme der Randschicht, sondern um den ϑ–Parameter, der eine minimale Gesamtleitfähigkeit hervorruft.)

Wegen der hohen ionischen Konzentration wird — wie oben näher betrachtet — die Konzentration der Silberdefekte auch in den Raumladungszonen nicht von der Silberaktivität bzw. dem Chlorpartialdruck abhängen. Dann ändert sich aber die lokale elektronische Konzentration und die lokale spezifische Leitfähigkeit nach $N_{e'} = N_{e'\infty} = -1/2$ und $N_{h^\cdot} = N_{h^\cdot\infty} = +1/2$ empfindlich mit den Komponentenaktivitäten:

$$\sigma_{e'} \propto P_{Cl_2}^{-1/2} \quad \text{und} \quad \sigma_{h^\cdot} \propto P_{Cl_2}^{+1/2}. \tag{5.265}$$

Dieses Beispiel gestattet eine umfassende Deutung der Ortsfunktion $c_k(x)$ in Abhängigkeit von den Kontrollparametern. Dies zeigen die Abb. 5.87, 5.88 im

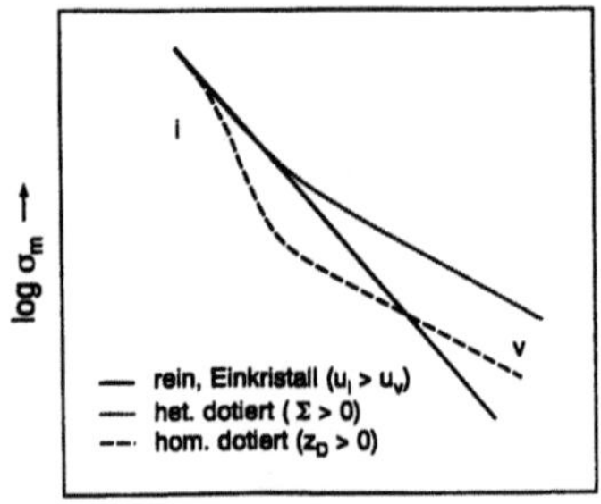

Abb. 5.86: Abhängigkeit der Leitfähigkeit von der Temperatur für positiv homogen und heterogen dotiertes Material (Bsp.: AgCl, vgl. Abb. 5.81) [229] Das "Knie" im Homogenfall ist im Heterogenfall überbrückt.

Detail. Schnitte der Abb. 5.88 parallel zur $\lg c_k - T^{-1}$–Ebene stellen sozusagen Kröger–Vink–Diagramme von Randschichten (s. Abb. 5.89) dar.
In gemischten Leitern sind deutliche Effekte auf die Abweichung von der Dalton–

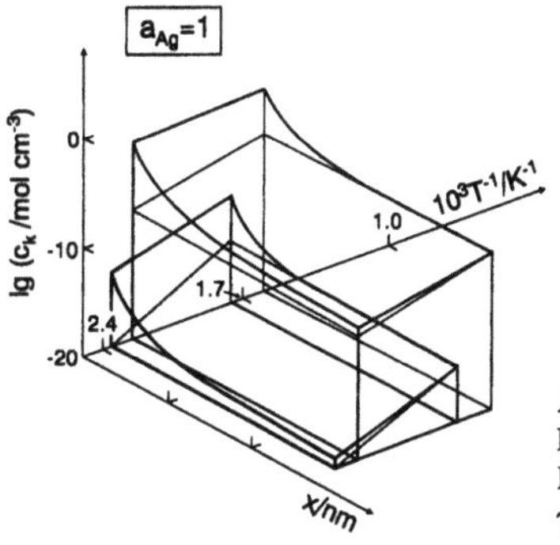

Abb. 5.87: Konzentration der Silberleerstellen (großer Korpus) und der Leitungselektronen (kleiner Korpus) als Funktion der Temperatur und des Abstandes von der $\gamma - Al_2O_3$–Grenzfläche [238].

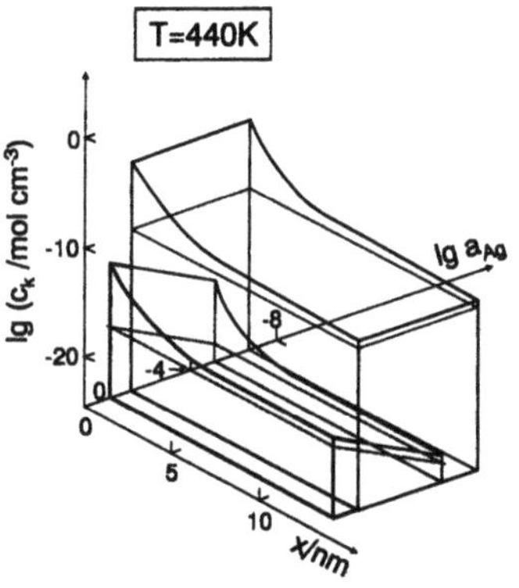

Abb. 5.88: Konzentration der Silberleerstellen (großer Korpus) und der Leitungselektronen (kleiner Korpus) in AgCl als Funktion der Silberaktivität und des Abstandes von der $\gamma - Al_2O_3$–Grenzfläche [238].

Zusammensetzung zu erwarten. Beispiele hierfür sind Ag_2S [252] und (nanokristallines (s.u.)) CeO_2 [253]. In diesen Fällen wurde nachgewiesen, dass Potenzgesetze die Abhängigkeit der durch Einbringen höherdimensionaler Defekte erzeugten Abweichungen von der Dalton–Zusammensetzung beschreiben. Inwieweit rein strukturelle Effekte eine Rolle spielen, ist noch ungeklärt, im Prinzip jedoch sind Potenzgesetze auch mit den Beziehungen (5.254) und (5.257) konsistent (vgl. auch Abschnitt c).

Wenden wir uns nun dem Kontakt zweier Ionenleiter zu [254]. Sind die Ionenleiter nahezu identisch, wird unser Kontakt im Extremfall ein Homokontakt, also eine Korngrenze. Diese dient wegen ihrer strukturellen Singularität als Senke für Kationen oder die Anionen (s. Abb. 5.90). Dementsprechend resultiert ein geladener Kernbereich mit (nahezu) symmetrischen Profilen beiderseits. Es stellt sich bei den Silberhalogeniden heraus, dass Korngrenzen ebenfalls — aber nicht so effektiv — wie Al_2O_3–Oberflächen Ag^+–Ionen stabilisieren, die erhöhte Leerstellenleitfähigkeit lässt sich messen. Im Falle der AgCl:Al_2O_3-Komposite sind also sozusagen die Korngrenzen durch Einlagerung "aktiviert". Im Falle von CaF_2 ließ sich dies elegant durch

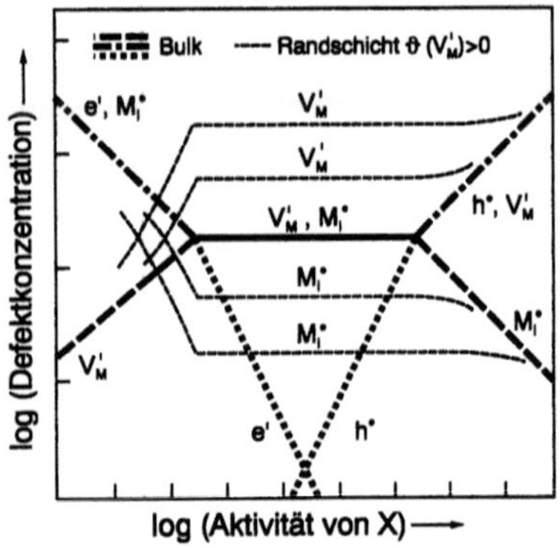

Abb. 5.89: Kröger–Vink–Diagramm von Randschichten für unsere Modellsubstanz MX für $\vartheta(V'_M) > 0$. Die gestrichelten Linien beziehen sich auf (zwei) verschiedene Abstände von der Grenzfläche. Die Angleichung an die Volumenwerte (fettgedruckt) für extreme Abszissenwerte ist der verschwindenden Debye–Länge zuzurechnen. Die Spiegelsymmetrie beim Vergleich V'_M mit $M_i^{\bullet}$ folgt aus Gl. (5.215) [229].

Kontamination mit SbF_5 [250] bewerkstelligen, welches als starke Lewis–Säure wirkt (starke Tendenz zur SbF_6^-–Bildung). Eine andere Form der “Aktivierung” besteht in der Gasadsorption, wie weiter unten besprochen.
Wegen der Aufeinanderfolge von Raumladungsbereich und Kernbereich sowie wegen der Profile im Raumladungsbereich selber, sind die Verhältnisse von starker Aniso-

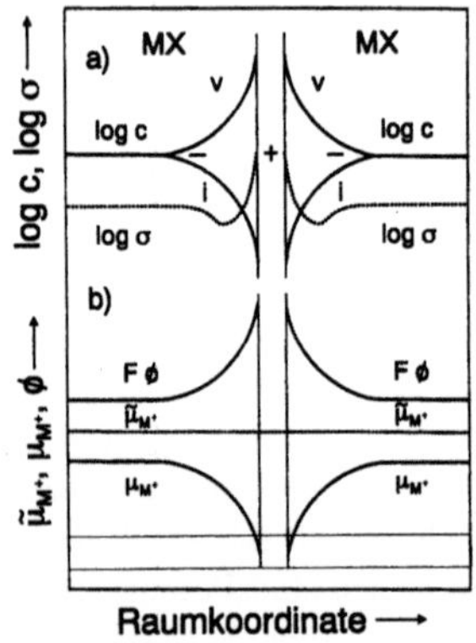

Abb. 5.90: Ionische Raumladungseffekte an Korngrenzen [239].

tropie geprägt, und es können in ein und demselben Material die Korngrenzen als blockierend (senkrecht zu den Strompfaden, z.B. durch isolierenden Kernbereich) sowie als hochleitend (parallel zum Volumen, z.B. über leitende Raumladungszonen) in Erscheinung treten. Solche Effekte ließen sich in polykristallinen Silberhalogeniden impedanzspektroskopisch mit Hilfe von Gl. (5.262) auftrennen (s. Abschnitt 7.3.6).
Viel ausgeprägter werden die Effekte, wenn die Silberhalogenide chemisch verschieden sind. Bekannt sind enorme Leitfähigkeitsanomalien in der Mischungslücke der Systeme AgBr:β–AgI [244] und AgCl:β–AgI [255] (Abb. 5.91). Bei diesen Hetero-

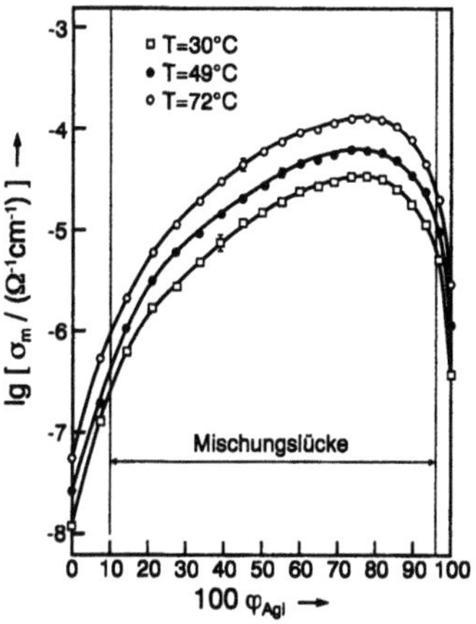

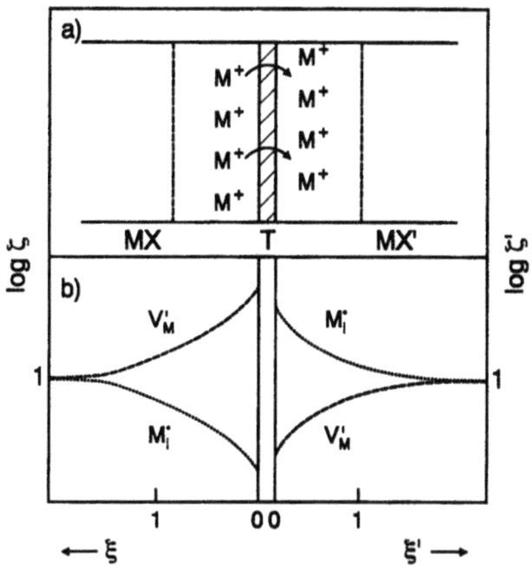

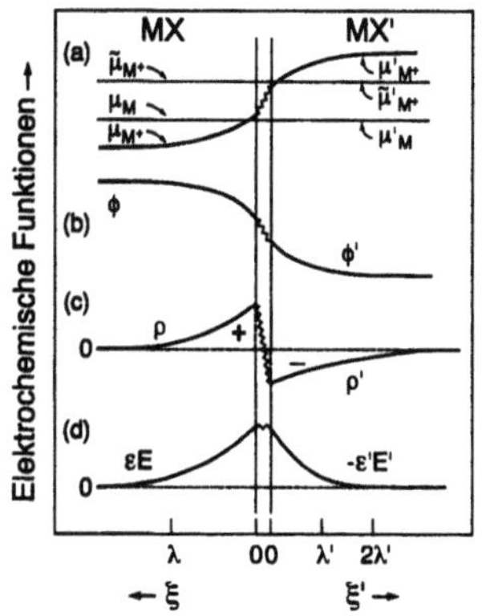

Abb. 5.91: Links oben: Leitfähigkeitsverlauf im System β–AgI–AgCl [254].

Abb. 5.92: Rechts oben: Ionische Umverteilungsprozesse am Kontakt MX/MX′: Konzentrationseffekte [254].

Abb. 5.93: Links unten: Verlauf der Potentiale, Ladungsdichte und dielektrischen Verschiebung am Kontakt zweier Frenkel-fehlgeordneter Ionenleiter [229].

kontakten erfordert das Kontaktgleichgewicht einen partiellen Übergang von Ag^+ von einer Raumladungszone in die andere entsprechend

$$\text{Reaktion } F\alpha\alpha' = \qquad M_M(MX) + V_i(MX') \rightleftharpoons M_i^{\bullet}(MX') + V_M'(MX). \qquad (5.266)$$

Bei großen Effekten ist dann in der einen Phase die Leerstelle in den Randschichten in der Majorität, in der anderen die Zwischengitterfehler. Auf diese Weise können V–i–Übergänge entstehen, formal also ionische p–n–Übergänge (vgl. Abb. 5.92, 5.93). Vernachlässigt man Ladungsakkumulation im Kernbereich — die natürlich stets noch dazukommen kann —, so ergibt die Anwendung unseres Randschichtmodells[178]:

$$c'_{\mathrm{Ag}_i^{\cdot}}(x'=0) = \left[\kappa \frac{\varepsilon}{\varepsilon'} \exp - \frac{\Delta_F^{\alpha\alpha'} G_m^{\circ}}{RT}\right]^{1/2} = \frac{\varepsilon}{\varepsilon'} c_{V'_{\mathrm{Ag}}}(x=0). \qquad (5.267)$$

($\Delta_F^{\alpha\alpha'} G_m^{\circ}$ ist die molare Freie Standardenthalpie der heterogenen Frenkelreaktion (Gl. (5.266)), die mit den Standardpotentialen der beiden Phasen in Zusammenhang gebracht werden kann; die gestrichenen Größen beziehen sich auf MX', die ungestrichenen auf MX, κ trägt dem Potentialunterschied am Kontakt Rechnung (Abb. 5.69)). Er kann bei näherer Kenntnis der Ladungsverteilung im Kern berechnet werden. Hieraus folgt für den Exzess-Leitwert

$$\Delta Y^{\parallel} = \left(4R^2T^2\varepsilon\varepsilon'\kappa \exp - \frac{\Delta_F^{\alpha\alpha'} G_m^{\circ}}{RT}\right)^{1/4} \left(u_{V'_{\mathrm{Ag}}} + u'_{\mathrm{Ag}_i^{\cdot}}\right). \qquad (5.268)$$

Die experimentellen Befunde lassen sich auf diese Weise erklären. Wegen der zusätzlichen Leitfähigkeit der Homokontakte und der Volumenphase ist selbst bei Zufalls-

Abb. 5.94: Schematisches Grenzflächennetzwerk im Zweiphasensystem MX/MX'. Links: MX (schraffiert) überwiegt, viele Homokontakte (gepunktet), Mitte: vergleichbare Anteile beider Phasen, viele Heterokontakte (schwarz), rechts: MX' (weiß) überwiegt, viele Homokontakte (gepunktet) [255].

verteilung und gleicher Korngröße das Perkolationsproblem kompliziert. Sehr grob formuliert, erwartet und beobachtet man, dass die relevanten Leitfähigkeitspfade[179] aus einer Mischung aus Homo– und Heterokontakten bestehen und dass im Zentrum der Mischungslücke der Anteil an Heterokontakten (Abb. 5.94 Mitte) und damit sowohl das Widerstandsverhältnis $R_{\mathrm{hetero}}/R_{\mathrm{homo}}$ als auch das Kapazitätsverhältnis $C_{\mathrm{homo}}/C_{\mathrm{hetero}}$ maximal wird (Abb. 5.95). Oberhalb der Umwandlung des AgI in die hochleitende α–Phase (s. Kap. 6) resultiert eine gewöhnliche Perkolation[180] über α–AgI–Körner, die sich in charakteristischen Potenzgesetzen verrät, wie in Abb. 5.96

[178] Dies folgt aus Gl. (5.252). Für $\varepsilon_s E_s$ steht das Analogon der rechten Seite für die andere Phase; es resultiert $\sqrt{\varepsilon' c'_{\mathrm{Ag}_i^{\cdot}}(x'=0)} = \sqrt{\varepsilon c_{V'_{\mathrm{Ag}}}(x=0)}$ [254].

[179] $\sigma_{\mathrm{hetero}} > \sigma_{\mathrm{homo}} \gg \sigma_{\infty}$.

[180] Mischt man eine absolut isolierende mit einer leitfähigen Phase, so ergibt sich erst dann eine (Gleichstrom–)Leitfähigkeit, wenn sich durchgängige Pfade der leitfähigen Phase bilden. Der Volumenanteil, an dem dieser "Isolator–Leiter–Phasenübergang" auftritt, bezeichnet man als Perkolationsschwelle. Die Perkolationstheorie befasst sich mit der Struktur und der Wirkung der leitfähigen Cluster insbesondere in der Umgebung der Schwelle. Hier sind bei Zufallsverteilung Potenzgesetze (vgl. Abb. 5.96) charakteristisch. Entsprechend sind die Perkolationscluster fraktale Gebilde (s. Abschnitt 6.10.3) [256].

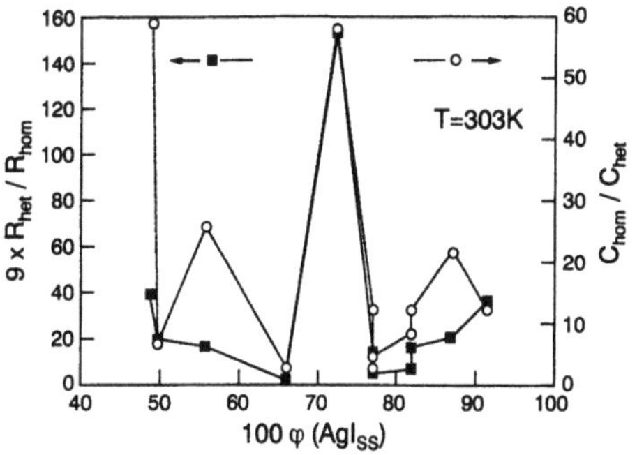

Abb. 5.95: Das Maximum an Heterokontakten zwischen β–AgI und AgCl verrät sich in einem Extremum im Widerstands– und Kapazitätsverhalten. Die Einzelanteile sind impedanzspektroskopisch bestimmt [255].

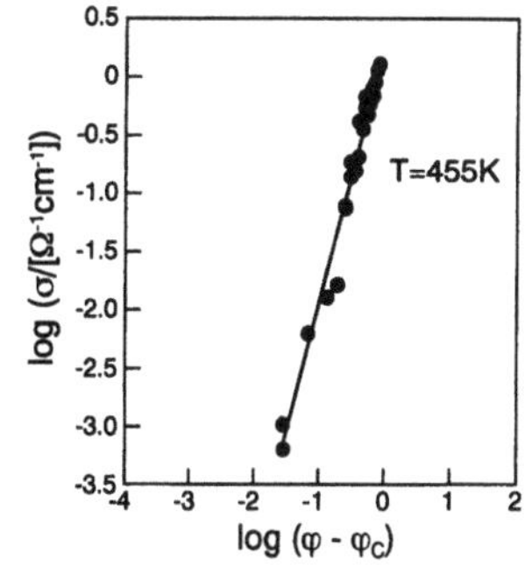

Abb. 5.96: Oberhalb der Umwandlungstemperatur in die α–Phase findet in AgI–AgCl normale Perkolation über die α–AgI–Körner statt, entsprechend einem Potenzgesetz mit einer Perkolationsschwelle $\varphi_c \simeq 0.15$ und einem Exponenten von 2.3 (vgl. Steigung) [255].

dargestellt[181]. Die Analyse der Temperaturabhängigkeiten deutet auf einen Übergang von Ag^+ vom β–AgI zum AgCl und auf eine Defektverteilung wie in Abb. 5.92, 5.93 gezeigt, wenn MX mit AgI und MX′ mit AgCl identifiziert wird (s. auch Ref. [257]).

b) Leitfähigkeitseffekte an der Ionenleiter–Gas–Grenzfläche

Als zweite Phase kann auch eine Gasphase [250,258] benützt werden. Abb. 5.97 zeigt den Leitfähigkeitseffekt der NH_3–Adsorption an AgCl–Grenzflächen. Der Effekt lässt sich hinreichend mit einer stabilisierenden Wechselwirkung der NH_3–Moleküle, in bezug auf die Silberionen erklären, die im wässrigen Medium wohlbekannt ist:

$$(NH_3)_s + Ag_{Ag} \rightleftharpoons (NH_3 \ldots Ag)^{\cdot}_s + V'_{Ag}. \qquad (5.269)$$

Analog zu diesem (im Sinne der Lewis–Vorstellung) basischen Effekt, üben (Super–) Lewis–Säuren wie BF_3 (oder auch SbF_5, wie schon besprochen) einen Effekt auf die Leitfähigkeit von CaF_2 aus, der mit einer Anreicherung von Fluorleerstellen unter Bildung von BF_4^- oder SbF_6^- erklärlich ist, z.B.

$$(BF_3)_s + F_F \rightleftharpoons (BF_4)'_s + V^{\cdot}_F. \qquad (5.270)$$

[181] Dies bedeutet, dass nun die Leitfähigkeit nahezu allein vom α–AgI getragen ist und die α–AgI–Pfade das Leitfähigkeitsverhalten bestimmen, während für $T < T_{\alpha/\beta}$ sozusagen der Gesamteffekt wesentlich komplizierter zustande kam. Dort ist die Leitfähigkeit der Homokontakte (wie wohl auch der Körner) nicht gering genug, um eine ausschließliche Leitung über perkolierende Hetero–Kontakte zu gewährleisten. Das in Abb. 5.96 sichtbare Potenzgesetz, das für Perkolationsverhalten charakteristisch ist, steht in Bezug zur fraktalen Geometrie (vgl. Abschnitt 6.10.3) [256].

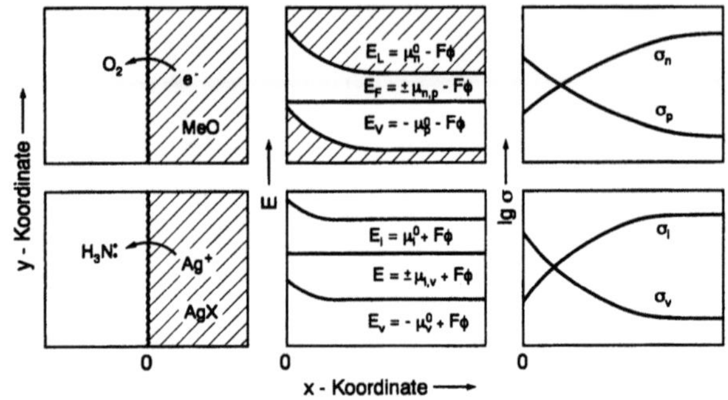

Abb. 5.97: Analogie des Säure–Base–Gassensors, beruhend auf Oberflächenionenleitfähigkeitsänderung, zum Redox–Gassensor (s. Text) [14].

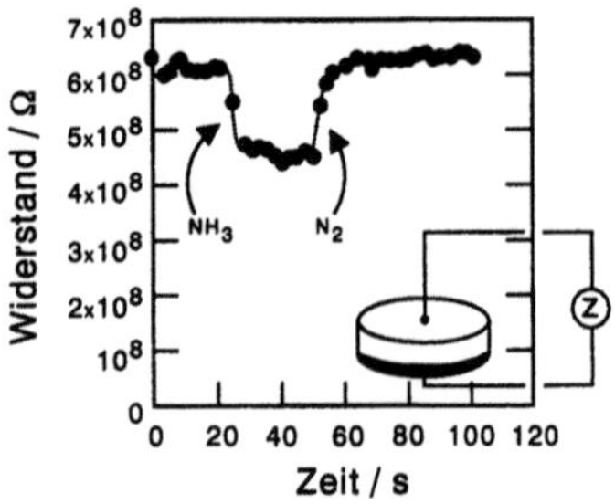

Abb. 5.98: Die reversible Leitfähigkeitsänderung beim Kontakt der AgCl–Einkristalloberfläche mit NH_3–Gas kann zur Sensorik ausgenützt werden. Zur schnellen Detektion können mit Vorteil Punktelektroden benützt werden [259].

In dieser Weise lassen sich Säure–Base–aktive Gase detektieren (s. Abb. 5.98). Diese Analogie zu den Halbleitersensoren zur Detektion redoxaktiver Gase wird unten wieder aufgegriffen (s. auch Abschnitt 7). Wie schon erwähnt, lässt sich eine solche chemische Behandlung auch benützen, um Korngrenzen in entsprechenden Keramiken zu aktivieren.

c) Nanosysteme

Zu guter Letzt sei der wichtige Fall von Nanosystemen besprochen. In nanokristallinen Proben werden Randschichten nicht nur deswegen wichtig, weil deren relativer Anteil am Probenkörper immens wird[182], sondern auch aufgrund des in Abb. 5.99 veranschaulichten Größeneffektes (Mesoskaleneffektes) [260]. Unterschreitet die Probendicke die vierfache Debye–Länge, ist auch die Probenmitte nicht mehr elektrisch neutral, und es werden nirgendwo die Volumenwerte erreicht. In solchen Fällen können Leitfähigkeitserhöhungen extrem zu Buche schlagen. Die Berechnung ist nun wegen des Auftauchens beidseitig endlicher Randbedingungen wesentlich komplizierter. Beschränken wir uns auf den Fall symmetrischer Filme. In der Probenmitte gilt zwar nicht mehr ζ=1, wohl aber ϕ'=0. Benützen wir für große Effekte

[182]Das Verhalten innerhalb der Korngrenze ist nicht uniform. So sind die Schnittlinien von Korngrenzen sowie die Schnittpunkte dieser Linien energetisch ausgezeichnet verglichen mit der

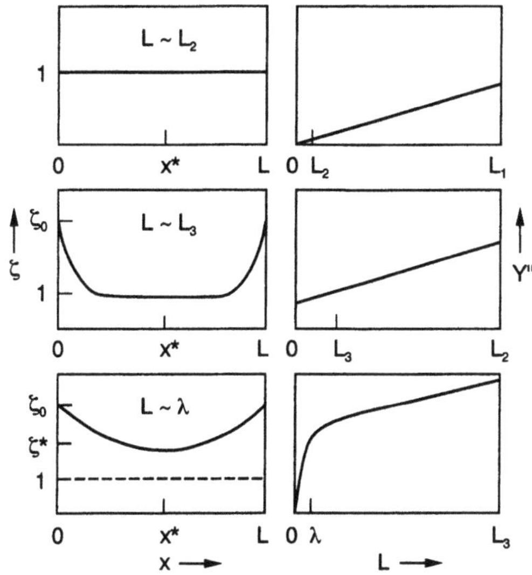

Abb. 5.99: Der im Text angesprochene Mesoskaleneffekt der Konzentration, wenn $L < 4\lambda$, spiegelt sich auch in der Dickenabhängigkeit des Leitwertes wider (s. Text). "Überlagern" sich die Randschichten, wird der vorher nur im Achsenabschnitt (rechts) verborgene Randschichteffekt "aufgelöst". Vorausgesetzt ist, dass die Debye-Länge nicht von L abhängt. (Insbesondere bei sehr kleinen L-Werten kann die Erschöpflichkeit der Volumendefekte (c_∞) von Bedeutung sein.) [229]

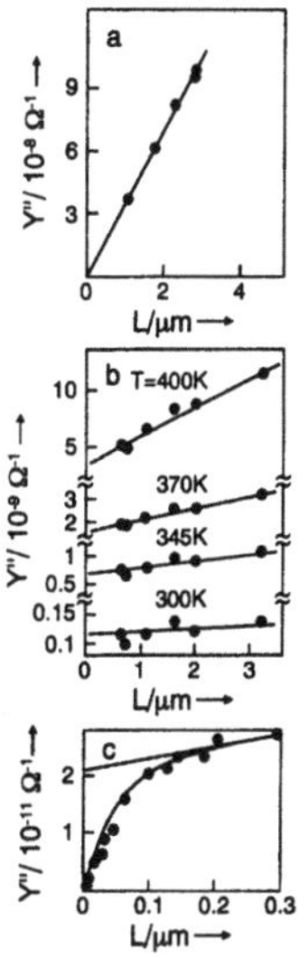

Abb. 5.100: Beispiele zur Dikkenabhängigkeit des Parallelleitwertes entsprechend Abb. 5.99 a) LiI auf SiO_2, b) AgCl auf Glimmer, c) LiI auf Al_2O_3 [229].

die uns schon bekannte Näherung $\Delta\sigma_{\mathrm{m}}^{\|} \propto \mathrm{d}\phi/\mathrm{dx}|_{\mathrm{x}=0}$ (s. Abschnitt 5.8.3), so ergibt sich [261]

$$\Delta\sigma_{\mathrm{m}}^{\|} \cdot \mathrm{L} = \Delta\mathrm{Y}^{\|} \simeq 2\mathrm{u}_1 \left[2\mathrm{RT}\varepsilon\left(\mathrm{c}_{10} - \mathrm{c}_1^*\right)\right]^{1/2}. \tag{5.271}$$

Gl. (5.271) lässt sich auch so interpretieren, als dass in solchen Fällen die effektive Leitfähigkeit gegenüber der halbunendlichen Situation (s. Gl. (5.238)) um den "Nanogrößenfaktor"[183]

$$\mathrm{g} \simeq \frac{4\lambda}{\mathrm{L}}\left[\frac{\mathrm{c}_{10} - \mathrm{c}_1^*}{\mathrm{c}_{10}}\right]^{1/2} \tag{5.272}$$

erhöht ist. In vielen Fällen lässt sich offenbar g durch $4\lambda/\mathrm{L}$ approximieren ($\mathrm{c}_1^* \ll \mathrm{c}_{10}$). Entspricht also die Probendicke der halben Debyelänge, sagt Gl. (5.271) eine nochmalige Steigerung des Effektes um eine Größenordnung voraus. Die Größe c_1^* ist

Korngrenze selber. Die gegenseitigen Anteile verändern sich ebenfalls mit der Größe. Des weiteren kommen natürlich strukturelle Phänomene hinzu, wie weiter unten angesprochen.

[183]Man vergleiche $\Delta\sigma_{\mathrm{m}}^{\|}(\mathrm{L} < 4\lambda)$ mit $\Delta\sigma_{\mathrm{m}}^{\|}(\mathrm{L} = 4\lambda)$.

die Konzentration des angereicherten Ladungsträgers in der Probenmitte ($\xi = \xi^*$) und hängt selber von Volumen und Randschichtwerten über [261]

$$\xi^* \equiv \frac{L}{2\lambda} = 2\sqrt{\frac{c_{1\infty}}{c_1^*}} \left[elli\left(\frac{c_{1\infty}}{c_1^*}; \frac{\pi}{2}\right) - elli\left(\frac{c_{1\infty}}{c_1^*}, \mathrm{Arcsin}\sqrt{c_1^*/c_{10}}\right)\right] \tag{5.273}$$

ab[184].

Abbildung 5.99 (rechte Spalte) zeigt die Schichtdickenabhängigkeit des Leitwertes eines Filmes. Ist der Grenzflächeneffekt Null, so beschreibt $Y^{||}(L)$ einfach eine Ursprungsgerade mit der Steigung σ_∞. Tritt ein Grenzflächeneffekt auf, ist aber die Probe noch vergleichsweise dick, so resultiert eine Dickenänderung nur in einer Abstandsänderung der entstandenen Raumladungsbezirke. In diesem Fall ist die Ursprungsgerade parallel verschoben, der Achsenabschnitt ergibt nach $Y^{||} = \Delta Y^{||} + \sigma_\infty L$ den Grenzflächenleitwert $\Delta Y^{||}$. Bei sehr kleinen Proben jedoch "interferieren" die Raumladungsbezirke und das Verhalten wird über Gl. (5.271) beschrieben.

Eine qualitativ ähnliche Dickenabhängigkeit gilt auch für kleine Effekte [261], nämlich

$$\Delta Y^{||} = \pm \left(zFu_1 c_\infty \ln \frac{c_{01,2}}{c_\infty} \right) 2\lambda \tanh \frac{L}{2\lambda}. \tag{5.274}$$

Abb. 5.100 zeigt, dass in der Realität zumindest qualitativ die drei diskutierten Dickenabhängigkeiten auftreten. Im ersten Beispiel, LiI auf SiO_2 [262], erwartet man keinen großen Grenzflächeneffekt und dementsprechend — bei der gegebenen Ortsauflösung in etwa Null als Achsenabschnitt. Man beachte, dass unter gewissen Bedingungen sich das normalerweise in der Kochsalzstruktur kristallisierende LiI auf SiO_2 (metastabil) hexagonal abscheidet. Dies verdeutlicht, dass zumindest Vorsicht zu walten hat bei der Annahme der Strukturinvarianz. Filme von AgCl oder AgBr auf Glimmer [263] zeigen endliche Achsenabschnitte, wie für $L > 4\lambda$ erwartet. Dennoch ist bei der Auswertung extreme Vorsicht geboten. Insbesondere bei nicht zureichendem Tempern ist die Leitfähigkeit allein schon durch zusätzliche höherdimensionale Defekte erhöht. Eine sorgfältige Auswertung im Falle von AgCl und AgBr führt zu Daten für die Enthalpie und die Entropie der Überführung des Silberions vom Volumen zur Oberfläche sowie für die Wechselwirkung der Oberfläche mit der Nachbarphase. Ebenfalls Vorsicht geboten ist bei der Auswertung der Leitfähigkeit extrem dünner LiI–Filme auf Al_2O_3–Substrat [264]. Sie scheint völlig den Nanogrößeneffekt widerzuspiegeln. Die Anpassung gelingt auch sehr schön mit obigen Beziehungen, jedoch — und hierauf deuten die sehr hohen scheinbaren Debye–Längen — sind die Resultate wohl verfälscht durch Inselbildung, vielleicht auch durch Versetzungen.

Wenn auch Gl. (5.271) streng nur für Filme gilt, ist sie doch grundlegend für das Verhalten nanokristalliner Proben. Die Messungen hierzu sind noch vergleichsweise spärlich. Sowohl in CaF_2 [265] wie auch CeO_2 [253] ist die Debye–Länge

[184] Die elliptischen Integrale erster Art sind definiert über $elli(k, \chi) = \int_0^\chi d\alpha \left(1 - k^2 \sin^2 \alpha\right)^{-1/2}$.

immer noch klein gegen die Kristallgröße. Interessant ist, dass im ersten Fall (halbunendliche) Raumladungseffekte eine hinreichende Erklärung liefern, während im zweiten Fall Kerneffekte favorisiert werden (s. auch unten). Sicherlich von Belang sind die beschriebenen Größeneffekte für Ionenaustauschermembranen wie Nafion (bestehend aus sulfonierten perfluorierten Stoffgerüsten) oder PEEK (sulfoniertes Polyetherketon–Gerüst). In diesen Polymeren sind nanometerenge Wasserkanäle eingebaut, in welchen sich die Protonen der Sulfonsäuregruppen bewegen können (s. z.B. [266]). Ein anderes Beispiel sind Stapelfehler an der Grenzfläche β–AgI/Al_2O_3 [245], die als mesoskopische Heteroschichten aus γ– und β–AgI aufgefasst werden können (s. u. Bild 5.102 und folgenden Abschnitt d).

Wie schon angedeutet sind natürlich im allgemeinen auch die Beweglichkeiten der Ladungsträger im Kern in Rechnung zu stellen. Diese sind einerseits die Überschussladungen, aber auch die durch "innere Fehlordnung" erzeugten Kerndefekte. Auf die Abschätzung derselben wurde kurz in Abschnitt 5.2 (vgl. Fußnote 3) eingegangen. Ist die Bildungsenergie im Kern um den Faktor β herabgesetzt (für die Oberfläche ist $\beta = 2/3$ eine grobe Abschätzung) und nehmen wir invariante Packungsdichte an, so sind nicht nur die lokalen Defektkonzentrationen im Kern entsprechend erhöht, sondern auch die charakteristischen Abhängigkeiten von den Kontrollparametern um den Faktor β erniedrigt. Ob die in praxi häufig gefundene erniedrigte Partialdruck– oder Temperaturabhängigkeit auf Kern– oder Raumladungseffekte zurückzuführen sind, ist im Einzelfall zu klären [125].

Bislang haben wir eine Stufenfunktion in μ° vorausgesetzt. Dies kann jedoch nicht bis zu beliebig kleinen Dimensionen erfüllt sein. Veränderungen der atomaren Grundstruktur (ionische und atomare Standardpotentiale) sind dann erwartet. Evident ist dies, wenn wir uns den Festkörper vom oligomeren Molekül (Cluster) her aufbauen. Allerdings zeigte schon die Diskussion in Abschnitt 2.2 (vgl. Bild 2.4 auf Seite 37), dass zumindest für ausgeprägte Ionenkristalle wohl sehr bald (bei NaCl für Clustergrößen oberhalb von ca. zehn Formeleinheiten) das Bulkverhalten realisiert ist. Dies zeigen auch Berechnungen von Defektbildungsenergien [231]. In sehr harten Materialien (z. B. Titanate) müssen jedoch elastische Verzerrungen in Rechnung gestellt werden, die eine sehr viel größere Reichweite haben können [230].
In vielen Fällen sollte der Verlauf der thermodynamischen Potentiale eines Kornes qualitativ durch Abb. 5.101 beschrieben sein, worin angenommen ist, dass die Debye–Länge groß ist gegen den Randbereich, in welchem strukturelle Effekte von Bedeutung sind und dementsprechend auch (im Größenbereich $\leq \ell$) eine Variation in der Grundstruktur, d.h. eine Variation in den μ°–Werten auftreten. Bei sukzessiver Größenreduktion ist — sofern $\ell \ll \lambda$ — mit zwei mesoskaligen Regimen zu rechnen, wobei die charakteristischen Längen im allgemeinen Falle natürlich selber Funktionen der Gesamtgröße werden können [267].

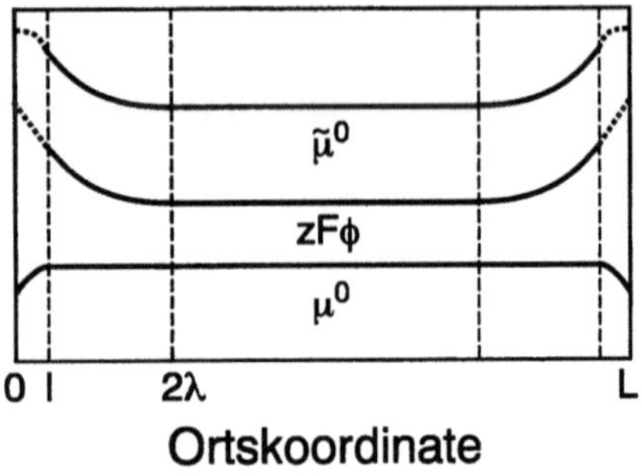

Abb. 5.101: Die Variation der thermodynamischen Potentiale innerhalb eines Kornes (s. Text). Der Grenzflächenkern (Dicke |s|) ist nicht gezeigt. In den meisten relevanten Fällen sollten l und |s| von gleicher Größenordnung sein. Aus [267].

d) Randschichtenphasenumwandlungen

Bevor wir uns den hauptsächlich elektronenleitenden Systemen zuwenden, sei kurz eine Konsequenz der Randschichteffekte in bezug auf Phasenstabilität angemerkt: In Randschichten ist wegen der veränderten Thermodynamik (Kern) mit Phasenübergängen an Grenzflächen zu rechnen, die bei Temperaturen ablaufen, die sich von Phasenübergangstemperaturen des Volumens unterscheiden [268]. Mechanistisch kann dies in manchen Fällen mit der in Randschichten veränderten Ladungsträgerwechselwirkung (wegen veränderter Fehlerkonzentrationen) in Verbindung gebracht werden (vgl. Abschnitt 5.7.2) [229].
In Ionenleitern findet man Oberflächenphasenübergänge beim Protonenleiter $CsHSO_4$ sowie auch beim AgI/Al_2O_3–Kontakt (vgl. auch obiges LiI–Beispiel) [269, 245,270]. Wie schon erwähnt, lässt sich die in letzterem Falle auftretende Stapelfehlordnung [271] auch als Grenzfall eines wenige Atomlagen dicken Heteroschichtenfolge aus β–AgI und γ–AgI beschreiben, wodurch die hohe Leitfähigkeit erklärlich wird (vgl. Ionenleiter–Ionenleiter–Kontakt in Teilabschnitt a) (s. Abb. 5.102). In beiden Fällen weist die Grenzfläche in dem Temperaturbereich, in welchem das Volumen noch nicht zur superionischen Phase umgewandelt ist, wesentlich höhere Leitfähigkeiten als dieses auf. Nicht nur das "vorzeitige" Un– bzw. Umordnen eines Teilgitters ist bekannt, sondern auch ein "Oberflächenschmelzen": So sind beim Eis die ersten Atomlagen flüssigkeitsähnlich[185] [141] und ermöglichen den Gleiteffekt beim Schlittschuhlaufen.

e) Randschichteffekte an Elektronenleitern[186]

Lassen Sie uns nun in Kürze Raumladungseffekte an Elektronenleitern ansprechen und vor allem den wichtigen Fall von Verarmungsrandschichten diskutieren, soweit diese für unsere Überlegungen von Belang sind. Oben wurde angesprochen, dass in extrinsischen Leitern Verarmungsrandschichten mangelnder Abschirmung wegen

[185] Umgekehrt wird vermutet, dass die obersten Schichten flüssigen Wassers (in Kontakt mit Elektroden) eisartige Struktur aufweisen können [272].

[186] Der interessierte Leser sei hier auf die umfangreiche Halbleiterphysikliteratur verwiesen.

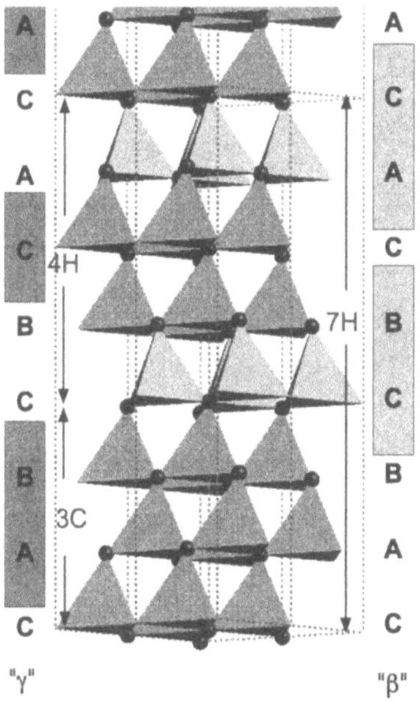

Abb. 5.102: links: 7H–Stapelfehler–Randschichtphase am Kontakt β–AgI/Al_2O_3 [245,267]. Die enormen Leitfähigkeitseffekte an der Grenzfläche lassen sich verstehen, wenn man die Randschichtphase als kationenfehlgeordnete Heterostruktur im (sub–) nm–Bereich auffasst. Unten: Eine an der einzelnen Phasengrenze auftretende Ionenverteilung führt in der Schichtenfolge zu völliger Fehlordnung. Die Ladungsträgerkonzentrationen (v, i) sind sehr viel höher als im Volumen. Aus [246].

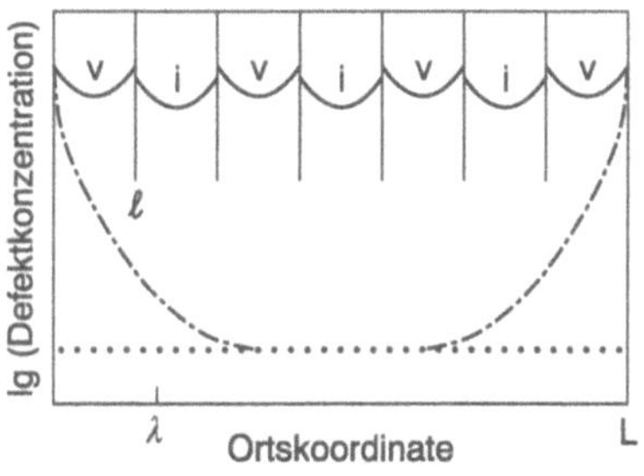

sehr groß sein können[187]. Die resultierenden Korngrenzenwiderstände können enorm hoch sein, so dass sie wie etwa beim Zinkoxid–Varistor, dem Substratmaterial Si_3N_4 oder dem PTC–Material $BaTiO_3$ — falls geeignet konditioniert — den Gleichstromwiderstand völlig bestimmen [57].

Abbildung 5.103 zeigt eine Verarmungsrandschicht an Löchern an einer $SrTiO_3$–Korngrenze (s. auch Abb. 5.23). Die entsprechende positive Gegenladung wird wahrscheinlich durch überschüssige Titanionen (sowie Fremdkationen) im Kernbereich der Korngrenze gebildet[188]. Zwar ist, wie oben diskutiert, im Schottky–Mott–Falle die Änderung der Flächenladungsdichte (Σ) mit dem Sauerstoffpartialdruck u.U. sehr wesentlich, jedoch ist Σ im vorliegenden Falle durch Segregationseffekte während der Herstellung bestimmt und nicht P_{O_2}–abhängig[189]. Folglich ist $\partial \ln[V_O^{\cdot\cdot}]_0/\partial \ln P_{O_2} \simeq 0$, $\partial \ln[h^{\cdot}]_0/\partial \ln P_{O_2} \simeq 1/4$ und die Abhängigkeit des Raumla-

[187]Dies ist auch für reine Ionenleiter zu beachten. Für 10% Y_2O_3 dotiertes ZrO_2 ($\varepsilon_r \simeq 30$) ergibt sich bei T=1000K eine Debye–Länge von nur 1.5Å. Die Dicke möglicher Verarmungszonen erreicht jedoch für $\phi_0 - \phi_\infty = 1$V einen Wert von 10Å(λ^*). Die Werte erhöhen sich bei Berücksichtigung von Fehlerassoziationen. Weiterhin ist zu berücksichtigen, dass der Segregationseffekte wegen die Debye–Länge eine Funktion der Korngröße wird [273].

[188]Zur Literatur vergleiche Ref. [136,157,274–276].

[189]Dies zeigen auch Kapazitätsmessungen, die auf eine konstante Raumladungsdicke λ^* (s. Gl. (5.231)) schließen lassen (s. Abschnitt 7.3.3).

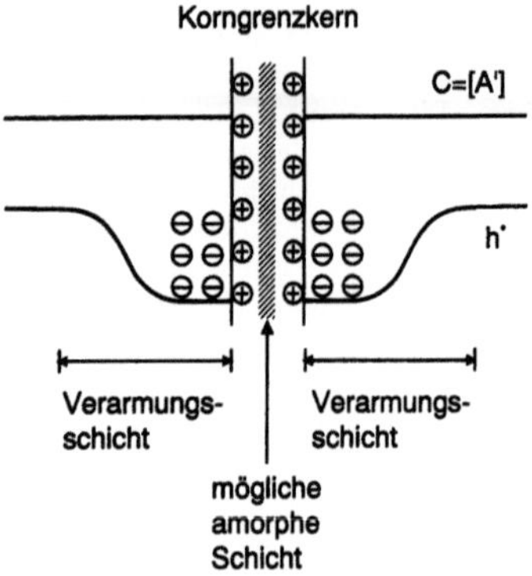

Abb. 5.103: Korngrenze als Doppel-Schottky-Kontakt. Der Verlauf der beweglichen Sauerstoffleerstelle ähnelt dem von [h˙], allerdings fällt $[V_O^{\cdot\cdot}]$ wegen Gl. (5.215) steiler ab.

dungswiderstandes vom Sauerstoffpartialdruck (Tab. 5.3) ungefähr

$$-\frac{\partial \ln \Delta Z^{\perp}}{\partial \ln P_{O_2}} = +\frac{\partial \ln c_{h^{\cdot}}}{\partial \ln P_{O_2}} = 1/4. \qquad (5.275)$$

Dies konnte experimentell nach Abtrennung der Korngrenzenteile mit Hilfe der Impedanzspektroskopie (s. Kap. 7) verifiziert werden (s. Abb. 5.104). (Ähnliche Effekte findet man an Elektrodengrenzflächen $Pt/SrTiO_3$.) Das Strom–Spannungsverhal-

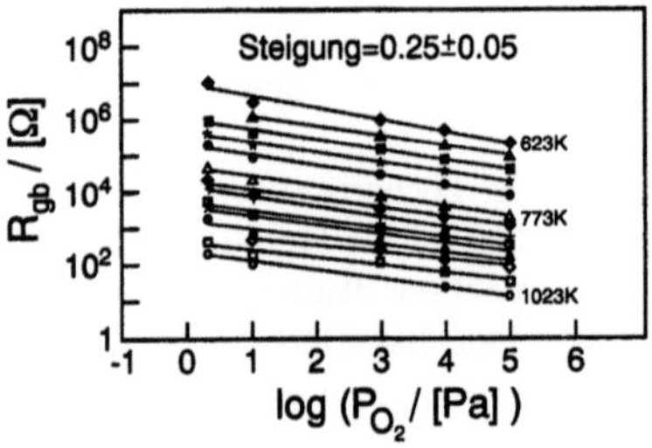

Abb. 5.104: $P_{O_2}^{1/4}$-Abhängigkeit des Korngrenzwiderstandes ist in Übereinstimmung mit Verarmungsrandschichten. Der Temperaturbereich erstreckt sich von 623K bis 1023K (in 50 oder 25 Grad Schritten.) [276].

ten entspricht dem zweier entgegengesetzt geschalteter Schottky–Dioden [274,275]. Dass bei hohen Spannungen der Strom steil ansteigt, hängt mit nichtlinearen Effekten zusammen, wie sie in Kap. 6 und Kap. 7 angesprochen werden. Aus solchen Gründen wird auch ein ZnO–Polykristall (mit gut leitendem Bulk und isolierenden Korngrenzen) bei hohen Spannungen leitfähig. Dieses Varistorverhalten wird zum Überlastungsschutz benützt (s. Abb. 5.105). Im Falle von Si_3N_4–Substratmaterialien macht die Korngrenze das Nitrid ebenfalls elektrisch isolierend, verhindert aber nicht die Wärmeleitung über Phononen. Auf diese Weise gelingt es, durch Kombination zweier nützlicher Eigenschaften ein gutes Substratmaterial zu basteln. Im Falle des

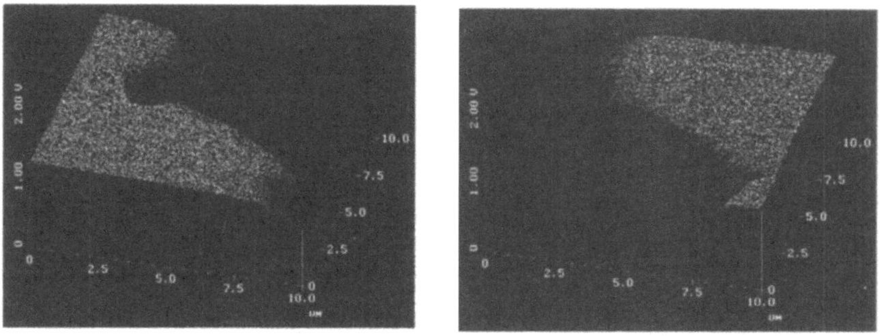

Abb. 5.105: Elektrischer Potentialabfall über eine ZnO–Varistorkorngrenze sichtbar gemacht durch Rasterkraftmikroskopie (Kelvin–Schwinger–Methode) unter Spannungsbelastung vor (linkes Bild) und nach Umpolen (rechtes Bild). Aus [277].

PTC[190]-Effektes beim polykristallinen $BaTiO_3$ sinkt der Leitwert oberhalb 120°C sehr stark mit der Temperatur. Der Grund liegt hier im Verhalten der Dielektrizitätskonstanten [278]. Oberhalb des Phasenübergangs von der ferroelektrischen in die paraelektrische Phase sinkt ε mit der Temperatur und damit sehr stark der Korngrenzleitwert[191].

Das Gegenstück zur Abb. 5.93, nämlich die Situation des p–n–Übergangs im Gleichgewicht (z.B. Kontakt von donator- und akzeptordotiertem Si) zeigt Abb. 5.106. Ausgeprägte Gleichrichtereigenschaften treten vor allem in Lebensdauerhalbleitern auf[192].

Aufgrund des immensen Angebotes an Fachliteratur diesbezüglich sei hierauf nicht weiter eingegangen.

Ein in diesem Kontext wichtiger Verarmungseffekt wird an der Grenzfläche SnO_2/O_2 beobachtet. Bei tiefen Temperaturen stellt sich das Phasengleichgewicht nicht, wohl aber das elektronische Kontaktgleichgewicht ein. Dies bedeutet, dass der Sauerstoff nicht im Volumen gelöst wird, wohl aber in adsorbierter Form Elektronen aus den Randzonen abzieht. Die dadurch beim n–leitenden SnO_2 bewirkte Widerstandserhöhung kann zur Detektion von Sauerstoff verwendet werden. Im Falle reduzierender Gase ist der Effekt umgekehrt. Die völlige Analogie zwischen solchen Sensoren für redoxaktive Gase und den oben erwähnten Ionenleitersensoren für Säure–Base–aktive Gase, die Abb. 5.97 zeigt, wurde schon besprochen. Die Abhängigkeit der

[190]Der PTC–Effekt bezieht sich auf die beim Halb– oder Ionenleiter in Einzelfällen beobachtbare Anomalie, dass der Widerstand mit der Temperatur stark zunimmt (PTC= positive temperature coefficient).

[191]Mit sich änderndem ε verändert sich nach Gl. (5.231) die Randschichtdicke. In der Nähe des Curie–Punktes ist die Änderung von ε sehr viel stärker als eine eventuelle Änderung der gespeicherten Ladung, so dass dies mit einer entsprechenden Modifizierung der Randschichtkonzentration c_0 einhergeht. Die Kombination von Gl. (5.231) und (5.215) unter Berücksichtigung, dass die Grenzflächenladung Σ grob durch Dotierkonzentration und Randschichtdicke gegeben ist, führt zur Aussage, dass der Logarithmus des Randschichtwiderstandes proportional ist zu Σ^2/ε.

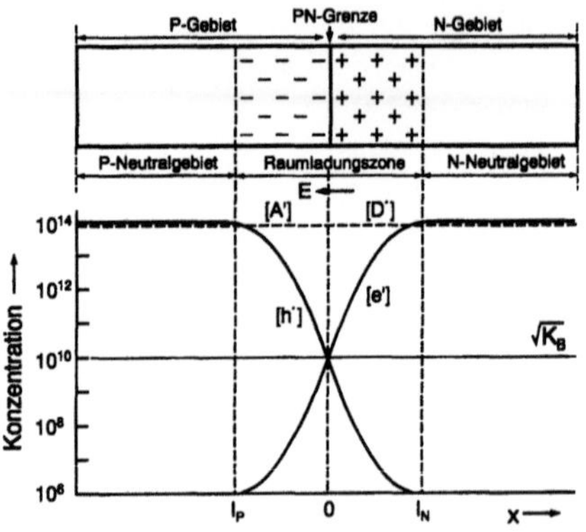

Abb. 5.106: Zur Gleichgewichtssituation des p–n–Kontaktes.
Dotierungsverlauf (A′: Akzeptor, D˙: Donator) und Konzentrationsverteilung in einem symmetrischen pn–Übergang im thermischen Gleichgewicht.

Verarmungseffekte und damit die Empfindlichkeit solcher Taguchi–Sensoren [279] vom Sauerstoffpartialdruck lässt sich mit obigen Überlegungen abschätzen. Der Anwendungsaspekt hierzu wird in Abschnitt 7.3.1 nochmals aufgegriffen.
Sind die Feldeffekte bei der Schottky–Barriere hoch, so können auch hier Inversionsrandschichten auftreten, d.h. die ansteigende Konzentration des elektronischen Gegendefektes, wie [e′] im akzeptordotierten $SrTiO_3$, kann dazu führen, dass sich "kurzschließende" Korngrenzenpfade ausbilden [280].
Auch die bei den Ionenleitern so erfolgreiche Technik des Heterogenen Dotierens, wurde für Elektronenleiter vorgeschlagen: Eine Zumischung metallischer Partikel zu halbleitenden Oxiden vermag über Raumladungseffekte die Gesamtimpedanz zu verändern [281]. Häufig jedoch bilden sich Metallpfade aus, die simplerweise lediglich die Elektrode verlängern. Die in verschiedenen Systemen gefundene Verringerung der elektronischen Leitfähigkeit durch Zumischen metallischer Phasen [282] kann allerdings nicht durch einen solchen Trivialeffekt erklärt werden.
In Analogie zu den Oberflächenphasenübergängen bei Ionenleitern steht das Phänomen der Grenzflächenmetallisierung bei Halbleitern. In beiden Fällen sind strukturelle Gründe und Elektronenwechselwirkung wichtig (s. Abschnitt 5.7.2).
Wie bei den Ionenleitern diskutiert treten natürlich auch bei Elektronenleitern extreme Effekte auf, wenn die Korngröße unterhalb der effektiven Randschichtdicke (hier $2\lambda^*$ liegt). Hier lässt uns aber auch die weitgehende Parallelität[192] von elektronischen und ionischen Effekten im Stich. Einerseits sind Tunneleffekte bei elektronischen Randschichten wesentlich, zum anderen verändern sich die Energieniveaus durch Eingrenzung der Wellenfunktion, wie in Kap. 2 ausgeführt, schon bei relativ nennenswerten Schichtdicken. Mit anderen Worten treten wegen der effektiven Ausdehnung der Elektronenwolke im Gegensatz zu den ionischen Potentialen Variationen in μ° auch ohne strukturelle Änderungen auf. Sie werden näherungsweise durch Gl. 2.29 beschrieben. Experimentell werden Modifizierungen der Energieni-

[192]vgl. Fußnoten 151 und 169 auf S. 231 und S. 242

veaus z. B. durch veränderte Bandlücken (im wechselwirkungsfreien Fall: Standardpotentiale!) angezeigt. Besonders auffällig ist die Farbänderung kolloid-disperser Halbleiterteilchen [283] mit der Kolloidgröße. Abb. 5.107 zeigt die Entwicklung des Bandgaps mit der Größe (Zahl der Cd-Atome) für CdS-artige Cluster inklusive des Wertes für den makroskopischen Kristall, wie aus Photoelektronenspektren erhal-

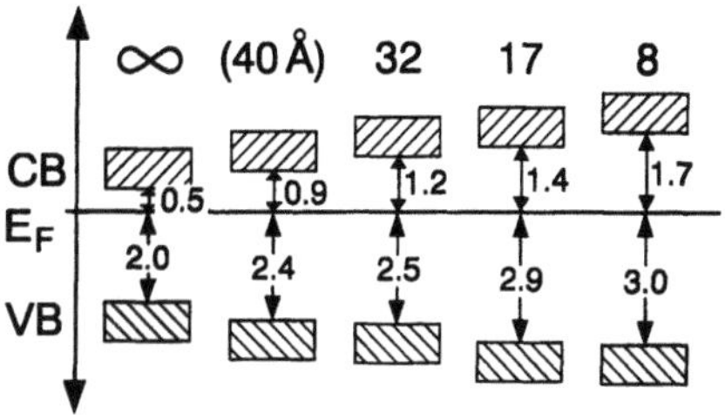

Abb. 5.107: Das Anwachsen der Bandlücke (Daten in eV) in CdS mit der Clustergröße. Die Cluster, deren Cd-Gehalt in der oberen Reihe beziffert ist (∞ bedeutet Bulk; die Angabe 40Åbedeutet, dass in diesem Fall der Clustergehalt nicht definiert ist, aber oberhalb 32 liegt), sind in Bezug auf die endständigen Gruppen chemisch komplex, dennoch ist die lokale Umgebung reinem CdS vergleichbar. Die Verschiebungen von Valenz- und Leitungsband (Daten in eV) stimmen mit einer auf Cluster zugeschnittenen und erweiterten Behandlung (kugelförmige Geometrie, endliche Energieschwelle an der Oberfläche) des Elektron-im-Kasten-Problems (s. Abschnitt 2.2.1) überein. Nach [284].

ten [284]. Die Verschiebungen der Bandkanten stimmt recht gut mit theoretischen Erwartungen überein. Wir wollen solche Effekte nicht weiterverfolgen, da sie in detaillierter Weise Gegenstand der Literatur der Festkörperphysik sind, ebenso wie wir typische Kontakte der Halbleiterphysik im wesentlichen aussparten.

Es sei nur erwähnt, dass die Untersuchung von Quanteneffekten in dimensionsreduzierten Elektronenleitern ein reizvolles modernes Gebiet der Halbleiterphysik darstellt, wie etwa die Untersuchung der Subbandbildung in Heterostrukturen, der Problematik von Quantendrähten und Quantenpunkten, von sog. künstlichen Atomen und künstlichen Molekülen, kurzum von Phänomenen, die eine Nanoelektronik konstituieren und möglich erscheinen lassen [48,72]. Ein technologisch wichtiger Punkt ist, dass es möglich ist mit Hilfe der Rastersondentechnik in reproduzierbarer Weise und in hoher Dichte metallische Nanokontakte zu präparieren [285]. Es sei auch — und dies ist eine nicht unadäquate Überleitung zum nächsten Kapitel — festgehalten, dass all diese Phänomene bei Betriebsbedingungen eine vernachlässigbare "ionische Kinetik" voraussetzen.

Eine "Nano-Ionik" ist sicherlich gleichermaßen von Relevanz [286], wenn auch aller Voraussicht nach nicht von derartigem technologischen Potential.

6 Kinetik und irreversible Thermodynamik

6.1 Transport und Reaktion

Bislang haben wir den (u.U. partiellen) Gleichgewichtszustand untersucht und hatten uns zur Aufgabe gestellt, die Gleichgewichtskonzentration der Fehler und damit bei vorausgesetzter Kenntnis der Grundstruktur den kompletten chemischen Gleichgewichtszustand in Abhängigkeit von Materialkonstanten und Kontrollparametern anzugeben. Letztere sind thermodynamische Zustandsvariablen, aber im Falle partiellen Gleichgewichts auch solche Parameter, die metastabile Strukturelemente wie fix eingebrachte Dotierungen, eingefrorene native Strukturelemente (vgl. V''_{Sr} in $SrTiO_3$ bei $T < 1000K$) oder strukturinvariante Grenzflächen charakterisieren (vgl. Abschnitte 5.6 und 5.8). Nun wollen wir den (totalen oder partiellen) Gleichgewichtszustand verlassen und interessieren uns für die zeitliche Veränderung der Fehlerkonzentrationen. Neben typischen Nichtgleichgewichtsphänomenen, die am Ende dieses Kapitels behandelt werden, ist es für diese physikalisch–chemische Betrachtungen insbesondere wichtig zu erfahren, wie schnell bei Änderung der Komponentenaktivität die neuen Gleichgewichtskonzentrationen erreicht werden. Als Leitmotiv mag die Problemstellung dienen herauszufinden, wie schnell bei plötzlicher Änderung des Sauerstoffpartialdruckes sich der Leitwert eines Oxides (wie etwa $SrTiO_3$, s. Abb. 5.55, Seite 194) vom alten Gleichgewichtswert zum neuen Gleichgewichtswert verändert, anwendungsorientiert formuliert, wie schnell etwa ein Volumenleitfähigkeitssensor auf Sauerstoff anspricht. Diese Fragestellung umfasst die Kinetik der Grenzflächenreaktion wie die Kinetik der Sauerstoffdiffusion. Wird beim Sauerstoffpartialdrucksprung der Existenzbereich der Oxidphase überschritten, bildet sich eine neue Phase (vgl. Abb. 4.4, Seite 94). Auch solche "echten" chemischen Reaktionen involvieren Grenzflächenprozesse und Diffusionsschritte und sind analog zu behandeln.

Im Herz unserer Überlegungen steht die Kinetik eines heterogenen Elementarschrittes

$$\text{Reaktion } R/T = \qquad A(x) \rightleftharpoons B(x'), \tag{6.1}$$

in welchem die Spezies A ihre Natur (R für Reaktion) und/oder ihren Platz (T für Transport) wechseln kann. Gilt $A \equiv B$, ist hierdurch ein reiner Transportschritt beschrieben; ist $A \not\equiv B$, kann aber umgekehrt $x=x'$ gesetzt werden, wird die konventionelle, d. h. homogene chemische Reaktion beschrieben. Gleichung (6.1) kann natürlich wie jede Heterogenreaktion formal in eine Homogenreaktion ($A(x) \rightleftharpoons B(x)$) mit gekoppeltem Transportschritt ($B(x) \rightleftharpoons B(x')$) zerlegt werden, mechanistisch (und damit kinetisch) ist dies nicht unbedingt korrekt. Überdies sind Transportprozesse (s. Abschnitte 6.2 – 6.6) wie auch chemische Reaktionen (s.

Abschnitte 6.7 - 6.10) beileibe nicht immer monomolekular, wie durch Gl. (6.1) nahegelegt.
Wir werden im folgenden (im Unterschied zu vielen in der Halbleiterphysik üblichen Fällen, vgl. Abschnitt 6.2.2) es mit vergleichsweise langsamen Transportprozessen zu tun haben, so dass wir i.a. lokales Gleichgewicht der ankoppelnden Reaktionen voraussetzen (s. auch Abschnitt 6.6.1).

6.1.1 Transport und Reaktion im Lichte der irreversiblen Thermodynamik

Unsere allgemeine Gleichgewichtsbedingung für Gl. (6.1) lautet

$$\widetilde{\mu}_{\mathrm{A}}(\mathrm{x}) = \widetilde{\mu}_{\mathrm{B}}(\mathrm{x}'). \tag{6.2}$$

Im Falle des Transportgleichgewichtes verschwinden demgemäß Gradienten im elektrochemischen Potential. Treten keine elektrischen Felder auf, verschwinden bei invarianter Struktur (d.h. Konstanz der μ° in $\widetilde{\mu} = \mu^\circ + \mathrm{RT}\ln \mathrm{a(c)} + \mathrm{zF}\phi$) die Konzentrationsgradienten. Im Falle des homogenen Reaktionsgleichgewichtes reduziert sich die Bedingung auf die Gleichheit der chemischen Potentiale von A und B, d. h. auf verschwindende Affinität der Reaktion.
Weichen allerdings die elektrochemischen Potentiale in Gl. (6.2) voneinander ab, so werden Flüsse (J) oder Reaktionsraten ($\mathcal{R}$) auftreten[1], die — bei nicht allzu großer Entfernung vom Gleichgewicht — diesen Gleichgewichtszustand wiederherzustellen trachten. In analoger Weise sorgen z. B. Temperaturgradienten für entsprechend gerichtete Wärmeflüsse. In diesem Sinne ist der Gleichgewichtszustand stabil und bildet — wie man sagt — einen Attraktorzustand. Hindern äußere Einwirkungen in Form konstant gehaltener Flüsse oder Kräfte das System am Erreichen des Gleichgewichtszustandes, so stellen sich — ebenfalls bei nicht allzu großer Abweichung vom Gleichgewicht — stabile stationäre Zustände ein. Prägt man etwa einem homogenen Medium eine konstante Temperaturdifferenz auf, so führt dies nach einiger

[1] Hier seien einige grundlegende Bemerkungen zu Flüssen und Raten gemacht. Bei einer Reaktionsfolge $\mathrm{A} \rightleftharpoons \mathrm{B} \rightleftharpoons \mathrm{C}$ verstehen wir unter der Umwandlungsrate von A nach B ($\mathcal{R}_{\mathrm{AB}}$) die Differenz zwischen Hin- und Rückgeschwindigkeit ($\vec{\mathcal{R}}_{\mathrm{AB}} - \overleftarrow{\mathcal{R}}_{\mathrm{AB}}$); $\vec{\mathcal{R}}_{\mathrm{AB}}$ ($\overleftarrow{\mathcal{R}}_{\mathrm{AB}}$) bezeichnet die Zahl der erfolgreichen Umwandlungsevents von A nach B (B nach A). Analoges gilt für den zweiten Teilschritt ($\mathcal{R}_{\mathrm{BC}} = \vec{\mathcal{R}}_{\mathrm{BC}} - \overleftarrow{\mathcal{R}}_{\mathrm{BC}}$). Die zeitliche Ab- bzw. Zunahme von A bzw. C ist unmittelbar über $\mathcal{R}_{\mathrm{AB}}$ bzw. $\mathcal{R}_{\mathrm{BC}}$ bestimmt, während die zeitliche Zunahme von B über die Differenz $\mathcal{R}_{\mathrm{AB}} - \mathcal{R}_{\mathrm{BC}}$ gegeben ist. Dieser Beziehung entspricht im reinen Transportschritt die Divergenz der Flüsse. Dort gilt für $\mathrm{B(x)} \rightleftharpoons \mathrm{B(x')} \rightleftharpoons \mathrm{B(x'')}$, dass J′ die Zahl der pro Zeiteinheit erfolgreichen Hüpfvorgänge (netto) von x nach x′ (entsprechend $\mathcal{R}_{\mathrm{AB}}$) darstellt; das analoge gilt für J″ (und den Übergang von x′ nach x″). Der Beziehung $\partial[\mathrm{B}]/\partial \mathrm{t} = \mathcal{R}_{\mathrm{AB}} - \mathcal{R}_{\mathrm{BC}}$ in der Reaktionskette entspricht in der Transportkette $\partial[\mathrm{B(x')}]/\partial \mathrm{t} = \frac{\mathrm{J'}-\mathrm{J''}}{\Delta \mathrm{x}}$ (d.h. $-\mathrm{div}\mathbf{J}$), wobei Δx der Abstand der "Trennflächen" zwischen x und x′ einerseits und x′ und x″ andererseits ist. Im allgemeinen Fall (vgl. auch Gl. (6.78)) kann z. B. [B(x′)] durch Flüsse (δ_{e}c, vgl. Abschnitt 4.2) wie auch durch lokale Erzeugungs- oder Vernichtungsraten (δ_{i}c vgl. Abschnitt 4.2) variieren (vgl. Gl. (6.78)). Die Unterschiede zwischen reinen Transportprozessen und reinen Homogenraten werden im Falle heterogener Elementarprozesse aufgelöst (Reaktions- und Ortskoordinate sind nicht unabhängig voneinander).

Zeit (transientes Verhalten) zu einem konstanten Wärmefluss (stationärer Zustand). Ähnliches gilt in bezug auf Masseflüsse bei aufgeprägter Konzentrationsdifferenz oder in bezug auf elektrische Ströme bei aufgeprägten Feld (elektrische Potentialdifferenz). Ein komplizierteres Beispiel ist das schon einige Mal erwähnte Experiment (s. auch Abschnitt 7.3.4) der Auftrennung von Elektronen- und Ionenleitfähigkeit durch Verwendung blockierender Elektroden. Legt man eine konstante Spannung an eine Zelle, die für Ionen (oder Elektronen) blockierend wirkt, so sinkt der Strom von anfänglich const($\sigma_{eon} + \sigma_{ion}$) auf einen Wert const$\sigma_{eon}$ (oder constσ_{ion}) [287, 288]. Anfänglich tragen alle Ladungsträger zur Leitfähigkeit bei, im sich einstellenden stationären Zustand fließt nur noch der Strom der nicht blockierten Spezies. Wir haben schon in Abschnitt 4.2 gesehen, dass sich die Entropieproduktion[2], die im Gleichgewicht Null ist, im Nichtgleichgewicht für eine chemische Reaktion als Produkte der Triebkräfte, die wir uns im folgenden als vorgegeben denken, (z.B. Affinität[3] $\mathcal{A}$) und der entsprechenden Raten (z.B. der Reaktionsgeschwindigkeit $\mathcal{R}$) schreiben lässt. Dies lässt sich verallgemeinern zu

$$\Pi \equiv \mathrm{T}\frac{\delta_i \mathrm{S}}{\delta t} = \Sigma_k \mathrm{J}_k \mathrm{X}_k \tag{6.3}$$

mit J als verallgemeinerte Rate und X als verallgemeinerter Triebkraft. In Gl. (6.3 sind Π und S volumenbezogene Größen. Es lässt sich für Prozesse in Gleichgewichtsnähe zeigen, dass die integrale Entropieproduktion im stationären Zustand — wenn schon nicht Null wie im Gleichgewicht — dann doch minimal [92] sein muss[4]. Überdies verlaufen die Prozesse in der Nähe des stationären Zustandes stets so, dass Π abnimmt, d. h. stationäre Zustände sind in solchen Fällen stabil und bilden wie der Gleichgewichtszustand einen Attraktorzustand (s. Abschnitt 6.10).
Untersuchen wir im folgenden den Zusammenhang zwischen J und X und entwickeln J als Funktion der Ursache X:

$$\mathrm{J(X)} = \alpha + \beta \mathrm{X} + \gamma \mathrm{X}^2 + \ldots \tag{6.4}$$

Da die Rate im Gleichgewicht (X=0) verschwindet, gilt $\alpha = 0$, und bei Annäherung an das Gleichgewicht werden die höheren Terme immer weniger wichtig, und uns

---

[2]Wir bezeichnen die Dissipationsfunktion Π, das Produkt aus der pro Zeiteinheit produzierten Entropie mit der Temperatur, der Einfachheit halber auch als "Entropieproduktion". In der Literatur sind die Kräfte häufig so definiert, dass $\Sigma_k J_k X_k$ gerade $\delta_i S/\delta t$ und nicht Π (vgl. Gl. (6.3)) ergibt. Da wir uns hier mit isothermen Prozessen auseinandersetzen, hat diese saloppe Formulierungsweise keine Konsequenzen für die Behandlung [92,289,290].

[3]Natürlich lässt sich die für die chemische Reaktion eingeführte Affinität auch als verallgemeinerte Größe $\widetilde{\mathcal{A}} \equiv \widetilde{\mu}_A(x) - \widetilde{\mu}_B(x')$ benützen. Sie reduziert sich auf $\mathcal{A} = -\Delta_R G$ für chemische Reaktionen, auf die rein entropische Triebkraft $RT\ln(c/c')$ für reine Diffusionsprozesse und auf die rein elektrische Triebkraft $zF(\phi - \phi')$ für reine Elektrizitätsleitung. Es ist in Anbetracht von Gl. (4.72) evident, dass generell $T\delta_i S = \widetilde{\mathcal{A}}\mathcal{R} \geq 0$ gilt (hier ein einziger Prozess), wenn $\mathcal{R}$ auch für den Transport benützt wird.

[4]Die Grenzen wurden für elektrische Schaltkreise von Landauer [291] ausgearbeitet. Insbesondere bei Anwesenheit von Induktivitäten ist Vorsicht geboten.

verbleibt die lineare Beziehung[5,6]

$$J(X) = \beta X. \tag{6.5}$$

(Wir wählen X so, dass β positiv definit.) Diese charakterisiert das Regime der linearen irreversiblen Thermodynamik[7]. Die Feststellung ist natürlich zunächst eine

Tabelle 6.1: Relevante empirische lineare Fluss–Kraft–Beziehungen

$\mathbf{j} = \beta \quad \mathbf{X}$	lineare Fluss–Kraft–Beziehung
$\mathbf{j} = D\ (-\nabla c)$	Ficksches Gesetz
$\mathbf{i} = \sigma\ (-\nabla\phi)$	Ohmsches Gesetz
$\mathbf{f} = \lambda\ (-\nabla T)$	Fouriersches Gesetz

j = Teilchenstromdichte, i = elektrische Stromdichte
f = Wärmestromdichte; D = Diffusionskoeffizient
σ = spezifische elektrische Leitfähigkeit
λ = spezifische Wärmeleitfähigkeit

Trivialität in dem Sinne, dass nach Gl. (6.4) jede hier relevante Kurve um einen Bezugspunkt (hier X=0) als Gerade genähert werden kann. Eine unserer Aufgaben wird es sein, den Gültigkeitsbereich abzustecken. Immerhin sind empirisch eine Reihe solcher linearer Beziehungen bekannt. Tab. 6.1 stellt die für uns wichtigen zusammen. Zunächst nehmen wir jedoch die Gültigkeit an und untersuchen die Konsequenzen der linearen Gesetze (s. Tabelle 6.2).
Im Falle einer normalen chemischen Reaktion $A \rightleftharpoons B$ (d. h. x=x′ oder zumindest $\phi(x) = \phi(x')$) sagt Gl. (6.5) voraus, dass die Reaktionsgeschwindigkeit der Affinität

[5] Bei Wichtigwerden verschiedener Triebkräfte und Flüsse treten gemäß $J_k = \Sigma_{k'}\beta_{kk'}X_{k'}$ auch gemischte Terme auf, deren Koeffizienten entsprechend der Onsager–Relationen ($\beta_{kk'} = \beta_{k'k}$) symmetrisch sind [292]. Letztere folgen aus dem Prinzip der mikroskopischen Reversibilität [289]. Von solchen Kreuzeffekten wollen wir im wesentlichen absehen (s. allerdings Abschnitt 6.6.1, 6.10.1). Auch wenn nur eine unabhängige Triebkraft maßgebend ist, wie im Text angenommen, so ist die Wahl derselben doch nicht unbedingt eindeutig. Statt X (z. B. $\nabla\mu$) lässt sich auch X′ als Triebkraft einführen mit $X' \simeq X(\partial X'/\partial X)_{\text{Gleichgewicht}}$ (z. B. $\nabla c = \nabla\mu(\overline{c}/RT)$). Allerdings ändert sich der Gültigkeitsbereich.

[6] Genaugenommen handelt es sich bei Gl. (6.5) im Sinne der Systemtheorie um eine analoge, kontinuierliche und zeitinvariante (man beachte, dass β konstant ist) lineare Signalübertragung. Vor allem in Abschnitt 7.3.6 werden wir uns auch mit zeitlich variierenden Übertragungen beschäftigen müssen.

[7] Spezielle Darstellungen der irreversiblen Thermodynamik finden sich in den Referenzen [289, 290,293–295].

(Gradient der Freien Enthalpie bzgl. der Reaktionslaufzahl) proportional ist,

$$J_R \equiv \mathcal{R} = \beta_R \mathcal{A}_R \propto -\Delta_R G = -\Delta_R G^\circ - RT \ln Q_R = -RT \ln(Q_R/K_R), \qquad (6.6)$$

eine Beziehung, die offensichtlich durch die Erfahrung nicht allzu sehr gestützt wird: Beispielsweise ist trotz hoher Affinitäten ($|\Delta_R G^\circ| \gg RT$) Wasserstoff in einem großen Bedingungsfenster bei Gegenwart von O_2–Spuren beständig (kinetisch stabil), d.h. eine nennenswerte Umsetzung findet nicht statt. Eine Erhöhung der Sauerstoffkonzentration kann dies ungeachtet einer nur geringen Steigerung von $|\Delta_R G|$ (um $\sim |RT\Delta \ln P_{O_2}|$) bei ansonsten gleichen Bedingungen dramatisch ändern und das harmlose Gemisch explosiv werden lassen (entsprechend einem typisch nichtlinearen Verhalten, s. Abschnitt 6.10).
Im Falle des Transportes $A(x) \rightleftharpoons A(x')$ (d. h. $A \equiv B, x \neq x'$) besagt Gl. (6.5),

$$\mathbf{J}_T = \beta_T(-\nabla\widetilde{\mu}) = -\beta_T \nabla\mu - zF\beta_T\nabla\phi, \qquad (6.7)$$

dass sowohl chemische wie elektrische Felder als Triebkraft wirken können. Zur weiteren Analyse nehmen wir verschiedene Spezialfälle unter die Lupe[83].
Handelt es sich um ungeladene Teilchen, wie etwa Zuckermoleküle in wässriger Lösung oder Germaniumatome in Silicium, reduziert sich der Prozess auf reine Diffusion ($\nabla\widetilde{\mu} = \nabla\mu$), und es verbleibt (T steht für Transport, D für Diffusion)

$$\mathbf{J}_T = \mathbf{J}_D \equiv \mathbf{j} = -\beta_T \nabla\mu. \qquad (6.8)$$

Im Falle verdünnter Zustände gilt $\nabla\mu = RT\nabla c/c$ und somit[9]

$$\mathbf{j} = -\frac{RT\beta_T}{c}\nabla c. \qquad (6.9)$$

Der Vergleich mit dem Fickschen Gesetz (Tabelle 6.1) lässt die Identifizierung

$$\beta_T = Dc/RT \qquad (6.10)$$

zu. Im Falle konzentrierter Lösungen schließen Gl. (6.9) und Gl. (6.10) noch den sogenannten thermodynamischen Faktor $w = \frac{d\ln a}{d\ln c} = 1 + \frac{d\ln f}{d\ln c}$ ein. Dass c in Gl. (6.10) im Nenner erscheint, ist für Gleichgewichtsnähe kein Problem, c ergibt sich einfach als konstante Gleichgewichtskonzentration $\widehat{c}$; $\delta\ln c \ll 1$ bedeutet $\delta c \ll c \simeq \widehat{c}$.

[8] Ein weiteres Beispiel ist der Informationsfluss, der als Konsequenz von Informationsgradienten angesehen werden kann. Wie wesentlich Kommunikationsbarrieren (vgl. β) in realen — i.a. auch nichtlinearen — Prozessen sind, muss nicht betont werden.

[9] Gleichung (6.9) ergibt sich auch durch Anwendung von Gl. (6.6) auf den Transportschritt. Es ist $\Delta_R G^\circ = 0$ und $-\ln Q_R = \ln\frac{c-\Delta c}{c} = \ln\left(1 - \frac{\Delta c}{c}\right) \simeq -\frac{\Delta c}{c}$ (s. unten). Hier gilt im Gegensatz zur chemischen Reaktion die lineare Beziehung über einen großen Bereich, da wegen $\Delta_R G^\circ = 0$ die Triebkraft klein (rein entropisch) ist.

Tabelle 6.2: Schaubild zum Nichtgleichgewichtsverhalten im Festkörper in Gleichgewichtsnähe. Konventionelle chemische Reaktion ($x \equiv x'$) und Teilchentransport ($A \equiv B$) werden verallgemeinernd erfasst. Ebenso umschließt der Teilchentransport die Fälle der reinen Diffusion ($zF\Delta\phi = 0$) und der reinen Elektrizitätsleitung ($\Delta\mu = 0$) [296].

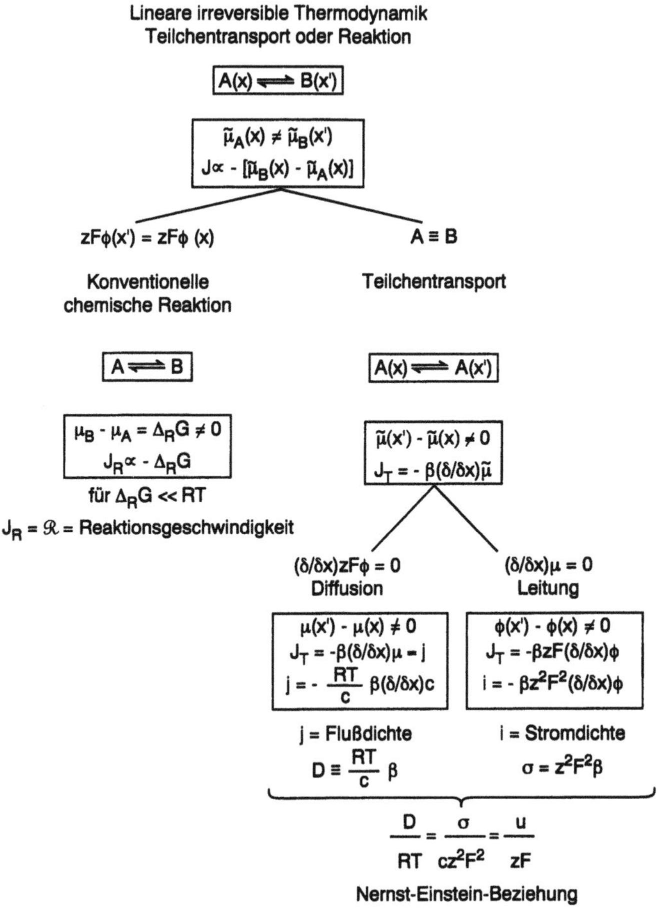

Handelt es sich umgekehrt um so viele Ladungsträger, dass wegen $\delta c \ll c$ d.h. $\delta \ln c \simeq 0$ keine nennenswerten Änderungen im chemischen Potential $\mu(a(c))$ dieser Ladungsträger auftreten — dies ist erfüllt bei Zusammensetzungsvariationen in Metallen (Elektronen), Superionenleitern (Ionen) und entsprechend hochdotierten Systemen — verbleibt als Triebkraft das elektrische Feld. Das gleiche gilt auch für normale Leitfähigkeitsexperimente mit reversiblen symmetrischen Elektroden, da dort durch Zufuhr von Ladungsträgern auf einer und Abfluss der gleichen Menge an Ladungsträgern auf der anderen Seite die Zusammensetzung invariant gehalten wird[10]. Es resultiert (E steht hier für Elektrizitätsleitung)

$$\mathbf{J}_T = \mathbf{J}_E = -\beta_T z F \nabla \phi \tag{6.11}$$

oder nach Umrechnung von der Teilchenstromdichte in die Ladungsstromdichte $\mathbf{i} = zF\mathbf{J}_E$

$$\mathbf{i} = -\beta_T z^2 F^2 \nabla \phi. \tag{6.12}$$

Dies ist offensichtlich das Ohmsche Gesetz[11] ($\mathbf{i} = \sigma \mathbf{E}$).
Augenscheinlich entspricht der Vorfaktor in Gl. (6.12) der elektrischen Leitfähigkeit des betrachteten Ladungsträgers nach

$$\sigma = \beta_T z^2 F^2. \tag{6.13}$$

Der Vergleich mit Gl. (6.10) zeigt, dass es sich (im Falle $z \neq 0$) bei σ und D um verwandte Größen handelt. Die Relation

$$D = \frac{\sigma RT}{z^2 F^2 c} \tag{6.14}$$

bezeichnet man als Nernst-Einstein-Gleichung [297]. Wegen $\sigma = |z|Fcu$ (s. Gl. (5.122)) lässt sie sich prägnanter formulieren als

$$\frac{D}{RT} = \frac{u}{zF}. \tag{6.15}$$

Der Diffusionskoeffizient (in thermischen Einheiten) und die Beweglichkeit (in elektrischen Einheiten) eines Ladungsträgers sind demgemäß analoge Größen.
Zusammenfassend lässt sich die Teilchenstromdichte der Spezies k als

$$\mathbf{J}_k = -\frac{\sigma_k}{z_k^2 F^2} \nabla \widetilde{\mu}_k \tag{6.16a}$$

bzw.

$$\mathbf{J}_k = -\frac{D_k c_k}{RT} \nabla \widetilde{\mu}_k \tag{6.16b}$$

anschreiben. Die erste Formulierung macht nur einen Sinn, wenn die Teilchen geladen sind.

---

[10] Wir vernachlässigen hier elektrische Kapazitätseffekte. Solche Aspekte der elektrochemischen Kinetik wollen wir in Kap. 7 behandeln.

[11] Das makroskopische Ohmsche Gesetz Strom=Widerstand × Spannung entsteht bei der Annahme homogener Proben. Hier ist die Raumladungsdichte Null und somit wegen Gl. (5.219) $\phi' = \text{const}$, d.h. $i_k = -\sigma_k \Delta\phi/\Delta x$ (Δx ist hier Probendicke). Mit $i_k \cdot$ Fläche$\equiv$I und $-\Delta\phi \equiv U$ resultiert U=RI mit $R = \frac{\Delta x}{\text{Fläche}} \sigma^{-1}$.

6.1.2 Transport und Reaktion im Lichte der chemischen Kinetik

Um nun den Gültigkeitsbereich der linearen Ansätze für die Elementarreaktion abzustecken, wenden wir die einfachen, aus der chemischen Kinetik [298] vertrauten kinetischen Ansätze für die Übergangsraten (Tabelle 6.3) an. Diese sind nicht auf Gleichgewichtsnähe (Abb. 6.1) beschränkt, beziehen sich dafür von vorneherein auf verdünnte Systeme[12]. Betrachten wir der Einfachheit halber nur eine Ortskoordinate und setzen für unsere allgemeine[13] Reaktion (Gl. (6.1)):

$$J = -\frac{\partial N_A}{\partial t}\bigg| = \frac{\partial N_B}{\partial t}\bigg| = \overset{\rightleftharpoons}{k} N_A(x) - \overset{\leftrightharpoons}{k} N_B(x'). \tag{6.17}$$

Der Term $\frac{\partial N_A}{\partial t}\big|$ bedeutet hierbei die netto pro Zeiteinheit die Fläche zwischen x und x′ durchtretende und sich gegebenfalls umwandelnde Teilchenzahl pro Fläche (nicht

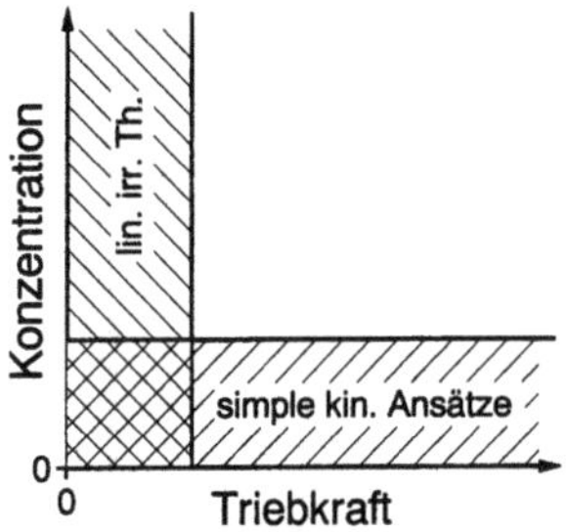

Abb. 6.1: Die verwendeten kinetischen Ansätze gelten nur für verdünnte Zustände, allerdings auch im nichtlinearen Bereich, während die Ansätze der linearen irreversiblen Thermodynamik dort versagen, formal aber auch den Bereich höherer Konzentrationen abdecken.

der lokale Teilchenzahlzuwachs)[14]. Bei einer reinen chemischen Reaktion wird die Ortskoordinate durch die Reaktionskoordinate ersetzt und die Flächendichten besser durch Volumendichten[1]. Die Ratenkonstanten $\tilde{k}$ sind unabhängig von den Teilchenzahldichten, aber exponentiell abhängig von der zu überwindenden Schwelle[15,16], z. B. gilt für den Vorwärtssprung

$$\overset{\rightleftharpoons}{k} = k_0 \exp -\frac{\overset{\rightleftharpoons}{\Delta G}^{\neq}}{RT} \propto \exp -\frac{\overset{\rightleftharpoons}{\Delta H}^{\neq}}{RT}. \tag{6.18}$$

[12] a) Eine weitere Einschränkung sind hinreichend große Volumina. b) Häufig werden zur Vergrößerung des Gültigkeitsbereiches die Konzentrationen in den kinetischen Ansätzen durch Aktivitäten ersetzt. Dies ist zwar kompatibel mit dem Massenwirkungsgesetz, allerdings muss im Auge behalten werden, dass die Wechselwirkungen und damit die "Aktivitätskoeffizienten", von der Entfernung vom Gleichgewichtszustand abhängen.

[13] Mechanistisch begründet wird der (pseudo–)monomolekulare Ansatz (6.1) in den Abschnitten 6.2.1 und 6.7.3.

[14] Es besteht Verwechslungsgefahr mit der lokalen Zunahme der Teilchenzahl am festgehaltenen Ort. Vgl. auch Fußnoten 1 und 21.

[15] Dies folgt aus der Theorie des Übergangszustandes (vgl. Ref. [9,10,299,300]).

[16] Um umständliche Notationen zu vermeiden, wird bei den molaren thermodynamischen Funktionen der Index "m" weggelassen.

Tabelle 6.3: Schaubild zur kinetischen Behandlung des Nichtgleichgewichtsverhaltens bei verdünnten Zuständen [296]. Reaktion, Diffusion und Elektrizitätsleitung ergeben sich als Spezialfälle ($\hat{c}$: Gleichgewichtskonzentration) der elektrochemischen Reaktion $A(x) \rightleftharpoons B(x')$. (Da hier der Einheitlichkeit wegen durchgehend die Größe c als Konzentration benützt wird, ist im Transportfalle k selber noch Δx proportional (vgl. mit Gl. (6.28))). Präziser s. Text [296].

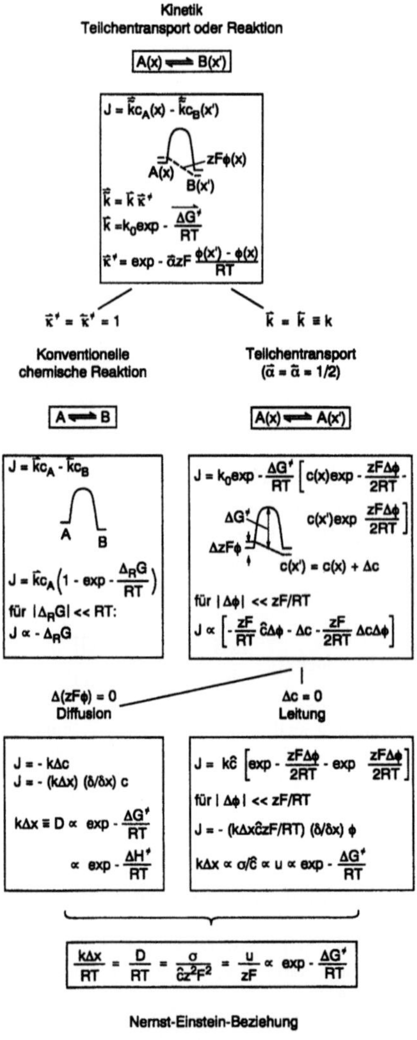

Die Tilde gibt an, dass es sich um die eigentliche chemische Schwelle ($\overrightarrow{\Delta G}^{\neq}$) moduliert durch elektrische Felder handelt, wie in Abb. 6.2 dargestellt. Natürlich gilt

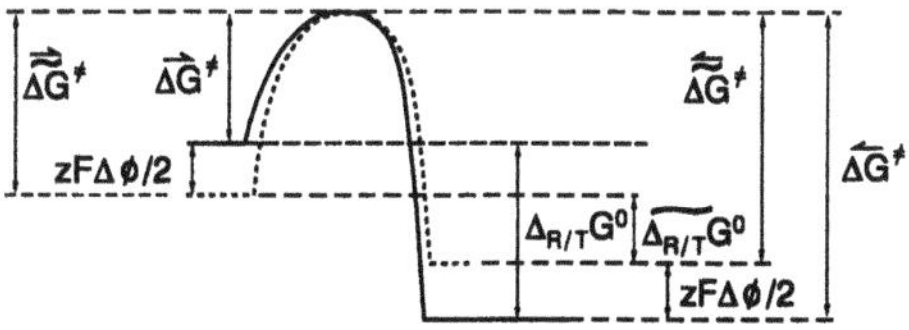

Abb. 6.2: Das Freie–Enthalpie–Profil der elektrochemischen Reaktion (durchgezogene Linie) wird durch die elektrische Potentialänderung um $zF\Delta\phi$ so verzerrt (gepunktetes Profil), dass die Aktivierungsenergie für die Reaktion von links nach rechts (rechts nach links) um $zF\Delta\phi/2$ erhöht (erniedrigt) wird. (Genauer müsste statt $\frac{1}{2}$ der Symmetriefaktor $\vec{\alpha}$ bzw. $\overleftarrow{\alpha} = 1 - \vec{\alpha}$ eingesetzt werden, vgl. Kap. 7.) Beim reinen Transportschritt ist die chemische Schwelle symmetrisch und $\Delta_{R/T}G^\circ = 0$.

$\widetilde{\overrightarrow{\Delta G}}^{\neq} - \widetilde{\overleftarrow{\Delta G}}^{\neq} = \widetilde{\Delta_{R/T}G}^{\circ} = \Delta_{R/T}G^\circ + zF(\phi(x') - \phi(x))$. Es ist zu beachten, dass die Abb. 6.2 nicht das lokale chemische Potential als Momentaufnahme darstellt, sondern sozusagen den lokalen Standardterm, d.h. die partielle freie Enthalpie erhalten durch Abtasten (gegebene Besetzung). Die Größe k_0 entspricht der Versuchshäufigkeit. Durch Multiplikation mit der Wahrscheinlichkeit des Überganges über die Schwelle entsteht die letztendliche Ratenkonstante. Wendet man die Theorie des Übergangszustandes an, ist k_0 eine schwache Funktion der Temperatur[17].

Der Übergangszustand entspricht genauer einem Sattelpunkt. Dies zeigt Abb. 6.3, der "schnellste Weg" ist unter allen Parallelprozessen der Pfad mit dem günstigsten

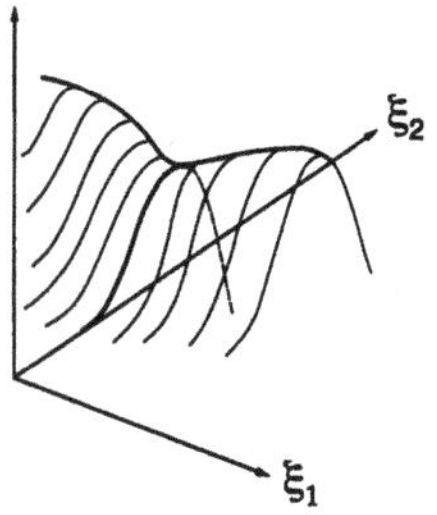

Abb. 6.3: Die potentielle Energie als Funktion zweier Reaktionskoordinaten. Die Ordinate ist erhalten durch Besetzen jedes Zustandes (ξ_1, ξ_2), spiegelt also sozusagen einen lokalen Standardwert wider (vgl. Energieniveau). Die Route über den Sattelpunkt (Pass) ist markiert. Wichtet man die Energielandschaft noch mit der Häufigkeit entsprechender Routen bzw. der Breite der Pässe (berücksichtigt man also Entropiebeiträge), so gelangt man zu einer effektiven Energielandschaft, d.h. einer G–Landschaft, deren Sattelpunkt für k entscheidend ist.

Übergangszustand. Derselbe Übergangszustand stellt dann aber als schwierigstes "Serienteilstück" im ausgewählten Pfad den Flaschenhals dar[17]. Wiederum betrachten wir zunächst die chemische Reaktion. Die Schwelle ist nun eine rein chemische Schwelle ($\widetilde{\Delta G} \rightarrow \Delta G$, $\tilde{k} \rightarrow k$, $J \rightarrow \mathcal{R}$). Dann lässt sich Gl. (6.17) zweckmäßigerweise umformen zu:

$$\mathcal{R} \propto \vec{k} N_A \left(1 - \frac{\overleftarrow{k}}{\vec{k}} \frac{N_B}{N_A}\right). \tag{6.19}$$

[17]Vgl. hierzu Ref. [9,10,299,300].

Wir schreiben Gl. (6.19) als Proportionalität, da wir die Reaktionsgeschwindigkeit (im Unterschied zu den Flüssen) auf Volumenkonzentrationen beziehen. Da im Gleichgewicht $\mathcal{R} = 0$ ist, gilt $K_R = \vec{k}/\overleftarrow{k}$. Wegen $\Delta_R G = +RT \ln Q_R/K_R$ (vgl. Abschnitt 4.2) entsteht

$$\mathcal{R} \propto \vec{k} N_A \left(1 - \exp + \frac{\Delta_R G}{RT}\right), \tag{6.20}$$

also keine lineare Raten–Triebkraft–Beziehung. Da N_A in komplizierter und in bezug auf die jeweilige Reaktion in sehr individueller Weise von $\mathcal{R}$ und $\Delta_R G$ abhängt, ist der Zusammenhang im allgemeinen Fall — wie die Erfahrung ja auch lehrt — völlig offen. Für $|\Delta_R G| \ll RT$ allerdings lässt sich der Exponent entwickeln[16], N_A wird ungefähr gleich der Gleichgewichtskonzentration, und wir erhalten eine lineare Beziehung der Form

$$\mathcal{R} \propto -\vec{k}\hat{N}_A \Delta_R G/RT = -\overleftarrow{k}\hat{N}_B \Delta_R G/RT = \mathcal{R}_0 \mathcal{A}_R/RT. \tag{6.21}$$

$\mathcal{R}_0$ ist dabei die Austauschrate (Geschwindigkeit von Hin– und Rückreaktion im Gleichgewicht und damit der relevante "Permeabilitätsparameter" für die Reaktion in Gleichgewichtsnähe)[18]. Die eingeführte Einschränkung $|\Delta_R G| \ll RT$ ist nun allerdings äußerst restriktiv. Selbst bei 1000K ist RT nur von der Größenordnung 10kJ, während chemische Freie Standard–Reaktionsenthalpien durchaus von der Größenordnung MJ sein können. Nur in unmittelbarer Gleichgewichtsnähe ist Gl. (6.21) erfüllt, also insgesamt von geringem Nutzen für typische chemische Reaktionen[19]. Gilt umgekehrt $|\Delta_R G| \gg RT$, so ist $\mathcal{R}$ je nach Vorzeichen von $\Delta_R G$ allein über Hin– ($\vec{k}N_A$) bzw. Rückreaktion ($\overleftarrow{k}N_B$) gegeben und wird nominell unabhängig von der Affinität. Anders liegen die Verhältnisse, wie wir unten sehen werden, wenn die Schwellen rein elektrischer oder gar nur rein entropischer Natur sind.
Schon in Gln. (6.19), (6.20) wurde die folgende nützliche Beziehung für das Verhältnis der Einzelreaktionsgeschwindigkeiten ($\vec{\mathcal{R}} \propto \vec{k}N_A, \overleftarrow{\mathcal{R}} \propto \overleftarrow{k}N_B$) verwendet:

$$\overleftarrow{\mathcal{R}}/\vec{\mathcal{R}} = Q_R/K_R = \exp + \frac{\Delta_R G}{RT}. \tag{6.22}$$

Sie zeigt insbesondere, dass Vernachlässigungen einer Teilgeschwindigkeit ($\overleftarrow{\mathcal{R}}$ oder $\vec{\mathcal{R}}$) mit nichtlinearem Verhalten einhergehen ($|\Delta_R G| \gg RT$). Die inhärente Nichtlinearität der chemischen Kinetik ist der Schlüssel zum Verständnis der Biologie. Sie

[18]Wenn wir wiederum den Affinitätsbegriff verallgemeinern (s. Fußnote 3) und damit den Begriff der Reaktion auf einen allgemeinen Prozess $A(x) \rightleftharpoons B(x')$ anwenden, erkennt man, dass die spezifische Leitfähigkeit der Austauschrate des Transportschrittes entspricht (bis auf unwesentliche Faktoren). Vgl. hierzu auch Abschnitt 6.3.4. Man beachte, dass in solchen verallgemeinerten Fällen $\vec{k}$ bzw. $\overleftarrow{k}$ sich mit dem Abstand vom Gleichgewicht ändern können.

[19]Geht man allerdings vom Gleichgewichtszustand aus und stört ihn in geringfügiger Weise, lässt sich die Relaxation in den Gleichgewichtszustand durch lineare Beziehungen ausdrücken (s. Abschnitt 6.7.3).

ermöglicht nicht nur, wie diskutiert, die Beständigkeit biologischer Strukturen, sondern führt auch zur Vielfalt des Lebens und der Möglichkeit dissipativer Strukturen [92,301,302], wie wir sie letzten Endes selber sind. Nichtgleichgewichtsfehler spielen bekanntermaßen in bezug auf die Evolution eine fundamentale Rolle. Die Nichtlinearität chemischer Reaktionen ist aber auch in unserem Kontext verantwortlich für die Individualität und Komplexität von Grenzflächenreaktionen. Typisch nichtlineare Phänomene werden ausführlicher am Ende des Kapitels diskutiert.
Wenden wir uns nun den Transportprozessen zu. Hier verändert sich nicht die Art der Spezies (A), sondern lediglich deren Ort:

$$J_A = \overset{\rightleftarrows}{k}_A N_A(x) - \overset{\leftrightarrows}{k}_A N_A(x'). \tag{6.23}$$

Wiederum betrachten wir zunächst die reine Diffusion, vernachlässigen also elektrische Feldeffekte. Dann ist

$$\overset{\rightleftarrows}{k}_A = \vec{k}_A = \vec{k}_0 \exp - \frac{\Delta\vec{G}^{\neq}_A}{RT} \propto \exp - \frac{\Delta\vec{H}^{\neq}_A}{RT}. \tag{6.24}$$

Wegen der Abwesenheit elektrischer Feldeffekte und der Symmetrie der chemischen (Standard–) Schwelle ($\Delta_R G^\circ = 0$) sind die Ratenkonstanten der Hin– und Rückreaktion identisch:

$$\vec{k}_A = \overleftarrow{k}_A \equiv k_A \quad \text{und} \quad \Delta\vec{G}^{\neq}_A = \Delta\overleftarrow{G}^{\neq}_A \equiv \Delta G^{\neq}_A, \tag{6.25}$$

und es resultiert im Gegensatz zur chemischen Reaktion zwanglos eine lineare Beziehung der Form

$$J_A = -k_A \Delta N_A = -(k_A \Delta x)\frac{\Delta N_A}{\Delta x}. \tag{6.26}$$

Dies ist offenbar das Ficksche Gesetz, das folglich für verdünnte Zustände unter sehr allgemeinen Voraussetzungen gültig ist[20]. Da die Sprungdistanz klein ist im Vergleich zur betrachteten Gesamtlänge, entspricht $\Delta N/\Delta x$ dem Differentialquotienten. Gehen wir von N zur Konzentration über, indem wir uns die Teilchen über den Bereich Δx ausgeschmiert denken[21] ($c = N/\Delta x$), ergibt sich die Entsprechung

[20] Dies impliziert aber auch, dass die Proportionalität von Fluss und Gradient des chemischen Potentials (s. Gl. (6.8)) — obwohl für auch höhere Konzentrationen gültig — auf unmittelbare Gleichgewichtsnähe beschränkt ist (s. Gl. (6.10)).

[21] Diese Ausschmierung erfolgt beiderseits des Maximums (Sattelpunktes) um Ausgangs– und Endniveau herum. Die so entstandenen Volumina sind um $\Delta x/2$ um das aus $\Delta x = x' - x$ gebildete Volumenelement versetzt. Die Entsprechung zwischen Fluss und Gesamterzeugungsrate gilt bei Beschränkung auf den einen Elementarprozess. Im realen Fall gibt es analoge Prozesse in die anderen Raumrichtungen, z. B. statt von x nach $x + \Delta x$ auch von x nach $x - \Delta x$. (Die Zerfallsraten von x nach $x + \Delta x$ und $x - \Delta x$ addieren sich und heben sich gegen die N–Terme der Rückgeschwindigkeiten auf, wenn man $N(x \pm \Delta x)$ als $N \pm \Delta N$ aufspaltet. Es verbleibt die Differenz der ΔN–Terme der Rückgeschwindigkeiten.) Es ergibt sich demgemäß als Bilanz die Differenz der Flüsse und somit das 2. Ficksche Gesetz (s. Gl. (6.66)): $\Delta J \propto \Delta\Delta c \propto \nabla^2 c$. Der gesamte zeitliche Zuwachs $\dot{c}$ ($\propto \Delta$ J) bei gegebenem Ort entspricht also bei der chemischen Reaktion der Erzeugungsrate, beim Transport aber der Divergenz von J (s. Gl. (6.78)). Betrachtet man individuelle Reaktionsraten von Teilschritten ist die Rolle von $\mathcal{R}$ und J analog. Siehe auch Fußnote 1.

von Diffusionskoeffizient (s. Tabelle 6.3) und Ratenkonstante und damit die Temperaturabhängigkeit von D_A:

$$k_A(\Delta x)^2 = D_A = D_{A0} \exp - \frac{\Delta G_A^{\neq}}{RT} \propto \exp - \frac{\Delta H_A^{\neq}}{RT}. \tag{6.27}$$

D_{A0} ist proportional zum Quadrat der Sprungdistanz und allenfalls eine sehr schwache Temperaturfunktion. D_A ist wie k_A im wesentlichen über $\Delta H_A^{\neq}$ thermisch aktiviert.

D_A und k_A sind proportional zu Γ_A, der Sprunghäufigkeit eines Teilchens. Dehnen wir die Betrachtung auf den dreidimensionalen Raum aus und betrachten einen kubischen Kristall. Da dort jedes Teilchen in allen 3 Raumrichtungen[22] gleich beweglich ist, gilt

$$\frac{D}{(\Delta x)^2} = k_A = \frac{1}{6}\Gamma_A. \tag{6.28}$$

($\frac{1}{6}$ statt $\frac{1}{3}$ wegen Aufteilung in Hin– und Rückrichtung.) Γ ist also ebenfalls über $\Delta H^{\neq}$ aktiviert. Der zu k_0 bzw. D_0 entsprechende Vorfaktor $\Gamma_0 \equiv 6k_0$ ist hierbei die Versuchshäufigkeit[22].

Untersuchen wir nun als letzten Fall den der reinen Elektrizitätsleitung. Hier gilt $N_A(x) \simeq N_A(x') \simeq \hat{N}_A$, d. h. wir können Konzentrationsänderungen vernachlässigen. Allerdings ist die Schwelle wegen des existierenden Feldes $(-\Delta\phi/\Delta x)$ nicht

[22] Simplerweise ist im isotropen Fall ein Drittel der Sprungversuche der x–Koordinate und davon die Hälfte dem Fluss in die vorgegebene Richtung zuzurechnen. Eine Präzisierung erhält man aus dem Irrläufer–Modell (Random–Walk). Ausgehend vom Ursprung wird das Teilchen um den Vektor $\mathbf{r}_1$, dann von dort um $\mathbf{r}_2$ etc., also insgesamt um $\Sigma \mathbf{r}_i$ vom Ursprung verschoben. Das Verschiebungsquadrat (d. h. Abstand) ist $(\Sigma \mathbf{r}_i)^2 = \Sigma\Sigma \mathbf{r}_i \mathbf{r}_j = \Sigma\Sigma r^2 \cos\alpha_{ij}$, wobei die α_{ij} die Winkel zwischen den $\mathbf{r}_i$ und $\mathbf{r}_j$ darstellen. Bei n Schritten ergibt sich $nr^2 + 2\sum_{i=j+1}^{n}\sum_{j=1}^{n-1} r^2 \cos\alpha_{ij}$. Der erste Term entsteht aus der Summation der Produkte der gleichindizierten Vektoren (Diagonalelemente), der zweite steht für die Nichtdiagonalelemente. Zur Berechnung des mittleren Verschiebungsquadrates ist Mittelung über $\cos\alpha_{ij}$ erforderlich. Für die unkorrelierten Defektsprünge gilt $\overline{\cos\alpha_{ij}} = 0$, und das mittlere Verschiebungsquadrat wird nr^2. Andererseits ist das mittlere Verschiebungsquadrat für das Irrläuferproblem auch gleich 6Dt. Mit $\Gamma \equiv n/t$ folgt Gl. (6.28).

Die Tatsache, dass das mittlere Verschiebungsquadrat der Größe 2Dt (bzw. 6Dt im Dreidimensionalen) entspricht, sieht man wie folgt ein: Stellen wir uns einen Irrläufer vor, der nach Münzentscheidung (Kopf oder Zahl) einen Schritt nach rechts oder einen nach links ausführt. Bei n–maligem Münzwurf ist die Wahrscheinlichkeit dafür, dass irgendeine beliebige, aber vorgegebene Sequenz (z.B. Kopf, Kopf, Zahl, ...) auftritt, gleich $\left(\frac{1}{2}\right)^n$. Um herauszufinden, wie groß die Wahrscheinlichkeit für m Kopf– und n-m Zahl–Entscheidungen ist, muss dies noch mit der Zahl der möglichen Kombinationen multipliziert werden. Es resultiert $\omega_{n,m} = \left(\frac{1}{2}\right)^n \binom{n}{m}$ als Wahrscheinlichkeit dafür, dass der Irrläufer m Schritte nach rechts und (n-m) Schritte nach links durchgeführt hat (s. S. 124), also bei 2m-n angelangt ist. Da die Frequenz des Münzwurfs den Zeittakt vorgibt, macht dies auch eine Aussage über den erforderlichen Zeitbedarf. Durch Anwendung der (ausführlichen) Stirlingformel lässt sich zeigen, dass $\omega_{n,m}$ in eine Gauß–Verteilung übergeht, falls n und m große Zahlen sind, wie sie durch Gl. (6.68) beschrieben ist, s. z.B. Ref. [303]. Das mittlere Verschiebungsquadrat folgt dann aus der Definition $\int_{-\infty}^{+\infty} x^2\omega(x,t)dx$ zu 2Dt in ^{1}D und analog zu 6Dt in ^{3}D.

mehr symmetrisch. Der Potentialunterschied kann hierbei von inhärenten Feldern (z. B. Gleichgewichtsraumladungszonen) aber auch von äußeren, angelegten Feldern (Bias) herrühren. Nehmen wir entsprechend der Abb. 6.2 näherungsweise an, dass erstens der elektrische Potentialverlauf linear ist (vgl. Poisson–Gleichung, s. Kap. 5.8) und zweitens, dass sich der Übergangszustand in der Mitte befindet, so erhöht sich auf einer Seite die Schwelle um $zF\Delta\phi/2$ und erniedrigt sich auf der anderen um den gleichen Betrag. Wenn wir den rein chemischen Term gemäß Gl. (6.24) in k_A absorbieren, resultiert

$$\overset{\rightleftharpoons}{k}_A = k_A \exp - \frac{z_A F \Delta\phi}{2RT}, \qquad (6.29)$$

$$\overset{\leftrightharpoons}{k}_A = k_A \exp + \frac{z_A F \Delta\phi}{2RT} \qquad (6.30)$$

und somit eine sinh–Funktion als Zusammenhang zwischen Teilchenstromdichte und Spannung:

$$J_{TA} = \frac{i_A}{z_A F} = k_A \widehat{N}_A \left(\exp - \frac{z_A F \Delta\phi}{2RT} - \exp \frac{z_A F \Delta\phi}{2RT} \right). \qquad (6.31)$$

Ähnlich wie bei der chemischen Reaktion finden wir nur dann eine lineare Beziehung, wenn wir die Exponentialfunktion nach dem linearen Glied abbrechen können. Im Gegensatz zu der chemischen Reaktion ist dies aber in sehr vielen Fällen eine vernünftige Näherung. Wegen der Zersetzungsspannung gegebener Kristalle ist die angelegte Spannung in der Regel auf die Größenordnung[23] von 1 V als obere Grenze beschränkt. Typische Proben haben Abmessungen im mm–Bereich. Nehmen wir für die Sprungdistanz $\Delta x \simeq 1$nm, so fällt im Mittel über die Sprungdistanz maximal $\Delta\phi \simeq 10^{-6}$V ab, während RT/F selbst bei 100K noch von der Größenordnung 10^{-2}V ist. Allerdings können an Randschichten mehrere 100mV über sehr kurze Distanzen abfallen. Das gleiche gilt für sehr dünne Filme oder für den Fall, dass doch sehr hohe Spannungen angelegt werden. Dann muss das Hochfeldgesetz (Gl. (6.31)) berücksichtigt werden. Da in Gl. (6.31) einer der Exponentialterme bestimmend ist, folgt nicht das Ohmsche Gesetz, sondern das Tafel–Gesetz [304]. Die Spannung ist dann eine Geradenfunktion im Logarithmus des Stromes. In solchen Fällen können allerdings auch ganz andere Mechanismen von Bedeutung sein (s. Abschnitt 6.10). Hier wollen wir jedoch $|z_A F \Delta\phi| \ll RT$ annehmen und erhalten

$$i_A = - \frac{k_A \widehat{N}_A z_A^2 F^2}{RT} \Delta\phi \simeq - \frac{k_A (\Delta x)^2 \widehat{c}_A z_A^2 F^2}{RT} \frac{d\phi}{dx}, \qquad (6.32)$$

also das Ohmsche Gesetz ($i_A = -\sigma_A d\phi/dx$). Der Vergleich mit Gl. (6.27) über k_A liefert wiederum die Nernst–Einstein–Beziehung (Gl. (6.14)). Nochmals sei betont, dass σ_A proportional ist zur Gleichgewichtskonzentration $\widehat{c}_A$, deren Abhängigkeiten wir zur Genüge diskutiert haben (Kap. 5), sowie zur Beweglichkeit bzw. zu k_A, welche thermisch über die Hüpfschwelle aktiviert sind.

[23] Dies entspricht der Größenordnung einer Freien Zerfallsenthalpie in die Elektrolyseprodukte von ~ 100 kJ/Mol (z = 1).

Sind gleichzeitig Konzentrations– und elektrische Potentialeinflüsse maßgeblich, so muss auf die allgemeine Gl. (6.23) zurückgegriffen werden. Da wir an dieser Stelle verdünnte Teilchen betrachten und c_A durch $\exp\left(\frac{\mu_A - \mu_A^\circ}{RT}\right)$ ersetzen können, finden wir nach Linearisierung unsere thermodynamische Beziehung

$$J_{TA} \propto -\Delta\widetilde{\mu}_A \tag{6.33}$$

wieder, die mit Gl. (6.21) identisch ist, wenn wir die Affinität durch $-\Delta\widetilde{\mu}_A$ ersetzen. Bei Annahme $|z_A F \Delta\phi| \ll RT$ ergibt sich aus Gl. (6.23) eine lehrreiche Näherung, nämlich

$$J_{TA} \propto -\frac{z_A F}{RT}\widehat{c}_A \Delta\phi - \Delta c_A - \left(\frac{z_A F}{2RT}\Delta c_A \Delta\phi\right). \tag{6.34}$$

Das eingeklammerte Glied illustriert als Korrektur das Auftreten gemischter Effekte und führt über den Bereich der linearen, irreversiblen Thermodynamik hinaus. Allerdings ist nach Voraussetzung der Term $z_A F \Delta c_A \Delta\phi / 2RT \ll \Delta c_A$ und somit die Korrektur in Gl. (6.34) zwar illustrativ, denn sie betont die Wirkung beider Triebkräfte, aber faktisch ohne Bedeutung.
Der Ladungsdurchtritt an Grenzflächen ist i.a. schon wegen struktureller Änderungen auch mit einer Änderung des Standardpotentials verbunden; an Elektroden ist häufig sogar eine echte elektrochemische Reaktion involviert. In diesen Fällen ist schon wegen $\overrightarrow{\Delta G}^{\neq} - \overleftarrow{\Delta G}^{\neq} = \Delta_R G^\circ \neq 0$ die rein chemische Schwelle unsymmetrisch. Die resultierende Butler–Volmer–Beziehung wird in Abschnitt 7.3.3 ausführlich diskutiert.

Fassen wir die wesentlichen Resultate zusammen:
Zunächst haben wir uns einen Überblick darüber verschafft, wie Flüsse und Triebkräfte voneinander abhängen, und insbesondere den Gültigkeitsbereich der linearen Ansätze untersucht.
Das Ficksche Gesetz ist — was die Abweichung vom Gleichgewicht angeht — über einen weiten Bedingungsbereich (allerdings beschränkt auf verdünnte Zustände) gültig, die Gültigkeit des Ohmschen Gesetzes ist beschränkt auf den Bulk und nicht zu kleine Proben, dann in aller Regel aber brauchbar. Für Transportprozesse, die sowohl elektrische wie Konzentrationseffekte involvieren, ist für uns die fundamentale Beziehung

$$\mathbf{j}_k = -\frac{\sigma_k}{z_k^2 F^2}\nabla\widetilde{\mu}_k \tag{6.35}$$

relevant, von der in diesem Kapitel ausgiebig Gebrauch gemacht werden soll. Im Falle der Kontrolle der Gesamtprozessgeschwindigkeit durch chemische Effekte (z. B. Grenzflächenreaktionen) leistet die lineare irreversible Thermodynamik in vielen Fällen keine guten Dienste, und es ist die detaillierte Reaktionskinetik heranzuziehen.
Darüber hinaus wurde der Zusammenhang der Transportkoeffizienten untereinander deutlich sowie eine Deutung im atomistischen Bild möglich. Ratenkonstante

des Hüpfprozesses, Beweglichkeit und Diffusionskoeffizient des hüpfenden Teilchens (Punktdefekt) sind eng verwandte Größen. Gl. (6.35) betont die Bedeutung der spezifischen Leitfähigkeit als Transportparameter, die über ihre Rolle als wertvolle Messgröße und praxisrelevante Materialeigenschaft hinausführt. Gl. (6.32) illustriert, dass sie sich (in Gleichgewichtsnähe) aus der Gleichgewichtskonzentration des ins Auge gefassten Defektes und dessen Beweglichkeit zusammensetzt. Die Proportionalität zu $\widehat{c}$ wurde im Kap. 5 ausgiebig zur experimentellen Verifizierung der Gleichgewichtsbetrachtungen genützt.

6.2 Elektrische Beweglichkeit

6.2.1 Ionenbeweglichkeit

Die eigentliche kinetische und im folgenden zu diskutierende Größe ist die (elektrische) Beweglichkeit bzw. der Diffusionskoeffizient des Defektes, beide der Sprunghäufigkeit bzw. der Sprungratenkonstante proportional und wie diese über die Migrationsschwellen aktiviert. Genauer ist nach Gl. (6.15) $u_k T \propto D_k \propto k_k \propto \Gamma_k$. Die Größen u_0 (genauer u_0T) bzw. D_0 sind der Versuchshäufigkeit (Versuchsfrequenz) $\Gamma_0 \propto k_0$ proportional, der Exponentialausdruck $\exp -\frac{\Delta G^{\neq}}{RT}$ entspricht dem Anteil der erfolgreichen Sprünge. Typische Versuchsfrequenzen liegen in der Größenordnung von $10^{13}s^{-1}$. In Unkenntnis der genauen Gegebenheiten wird diese häufig — und damit gewinnen wir Anschluss an die in Kap. 3 erörterten Schwingungseigenschaften — der Debye-Frequenz[24] gleichgesetzt. Entsprechend Gl. (6.15) wird häufig der Vorfaktor u_0 proportional T^{-1} angesetzt. Diese Abhängigkeit ist in der Regel vernachlässigbar gegen die exponentielle Aktivierung und ignoriert konzeptionell leichte T-Abhängigkeiten[24] in k_0.
Insgesamt resümieren wir

$$uT = \text{const}\Gamma_0 (\Delta x)^2 \exp \frac{\Delta S^{\neq}}{R} \exp -\frac{\Delta H^{\neq}}{RT}. \tag{6.36}$$

Lassen Sie uns im folgenden die drei elementaren Sprungmechanismen [305] betrachten: Beim Leerstellen-Mechanismus in Abb. 6.4a hüpft ein reguläres Teilchen (A_A) in die Leerstelle der effektiven Ladungszahl z_v und hinterlässt seinerseits einen freien Platz ($V_A^{z_v}$):

$$\text{Reaktion V} = \qquad A_A(x) + V_A^{z_v}(x') \rightleftharpoons V_A^{z_v}(x) + A_A(x'), \tag{6.37}$$

dieser Mechanismus verläuft in Abwesenheit eines äußeren chemischen oder elektrischen Potentialunterschieds näherungsweise stochastisch. Ist etwa die Leerstelle effektiv positiv geladen und legt man ein äußeres Feld an, so wandert letztendlich die

[24]Nach der Theorie des Übergangszustandes [299] ist der Vorfaktor über kT/h gegeben. Für $T = \Theta_D$ finden wir den direkten Anschluss an obige Diskussion. Für $\Theta_D \simeq 500K$ ergibt sich $10^{13}/s$.

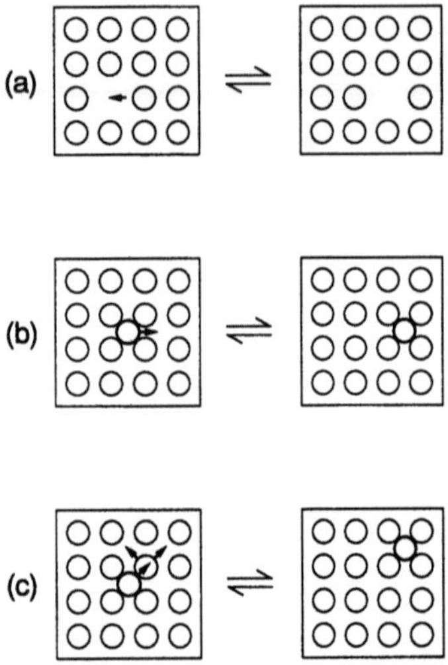

Abb. 6.4: Elementare Sprungmechanismen in Kristallen: a) Leerstellenmechanismus, b) direkter Zwischengittermechanismus (interstitial), c) (kollinearer oder nichtkollinearer) indirekter Zwischengittermechanismus (interstitialcy).

Leerstelle zur Seite des negativen Poles. Der damit verbundene Massetransport lässt sich sehr viel einfacher vom Standpunkt eines Leerstellendefektes aus beschreiben, als wenn man die (in summa entgegengesetzt verlaufenden) Platzwechselvorgänge der tatsächlich vorhandenen Teilchen in Rechnung stellt.
Im Falle der Wanderung von Zwischengitterteilchen sind zwei Mechanismen wesentlich: Der Defekt (Ladungszahl z_i) springt direkt von einem Zwischengitterplatz in den nächsten nach (Abb. 6.4b)

$$\text{Reaktion i} = \qquad \mathrm{A}_\mathrm{i}^{z_i}(\mathrm{x}) + \vee_\mathrm{i}(\mathrm{x}') \rightleftharpoons \vee_\mathrm{i}(\mathrm{x}) + \mathrm{A}_\mathrm{i}^{z_i}(\mathrm{x}'), \tag{6.38}$$

oder er ($\mathrm{A}_\mathrm{i}^{z_i}$) stößt ein benachbartes reguläres Teilchen $\underset{\sim}{\mathrm{A}}$ (kollinear oder nichtkollinear) in einen freien Zwischengitterplatz und nimmt dessen Position ein (Abb. 6.4c):

$$\text{Reaktion ic} = \qquad \mathrm{A}_\mathrm{i}^{z_i}(\mathrm{x}) + \underset{\sim}{\mathrm{A}}_\mathrm{A}(\mathrm{x}^*) + \vee_\mathrm{i}(\mathrm{x}') \rightleftharpoons \vee_\mathrm{i}(\mathrm{x}) + \mathrm{A}_\mathrm{A}(\mathrm{x}^*) + \underset{\sim}{\mathrm{A}}_\mathrm{i}^{z_i}(\mathrm{x}') \tag{6.39}$$

Es ist einleuchtend, dass bei großen Ionen in dichtgepackten Stoffen der zweite (der indirekte Zwischengitter– oder Interstitialcy–) Mechanismus mit der geringeren Übergangsschwelle verknüpft ist. Hier "führt" sozusagen der Pfad über die günstige reguläre Position, während im ersten Fall ein häufig sehr ungünstiger Weg zwischen benachbarten A–Teilchen beschritten werden muss. Man erkennt, dass sich dann die elektrochemische Information von Teilchen zu Teilchen fortpflanzt und ein einziges ins Auge gefasstes substantielles Partikel wie ja auch beim Leerstellenmechanismus gar keine weiten Strecken zurücklegen muss.
Wichtig ist auch — und dies wird unmittelbar bei Anwendung der Ratenbeziehungen auf die bimolekularen Gleichungen (6.37) und (6.38) und die noch komplexere Glei-

chung (6.39) klar —, dass bei präziser Betrachtung auch die Konzentrationen der regulären Strukturelemente eingehen, hiermit strenggenommen ein Faktor $(1 - c/c_{max})$ in dem Beweglichkeitsterm auftritt, der nur bei verdünnten Zuständen konstant ist[25]. Näherungsweise kann man jedoch für "verdünnte Situationen" die Beiträge der regulären Konstituenten (z.B. $[A_A(x)]$ und $[A_A(x')]$ in Gl. (6.37)) konstant setzen und in die Geschwindigkeitskonstanten inkorporieren. Dann erhält man in der Tat Reaktionen erster Ordnung, wie es in Abschnitt 6.1.2 vorausgesetzt wurde. Ähnliche Vereinfachungen lassen sich treffen, wenn obige Hüpfreaktionen aus mehreren Elementarreaktionen zusammengesetzt sind. (Diese kinetischen Aspekte werden in Abschnitt 6.7 nochmals aufgegriffen.)
Die energetischen Barrieren ($\Delta H^{\neq}$), über die die Beweglichkeiten thermisch aktiviert sind, streuen sehr stark; typische Werte für Ionenleiter liegen zwischen 0.2eV und 2eV. Abbildung 6.5 zeigt die Beweglichkeiten als Funktion der Temperatur für beide

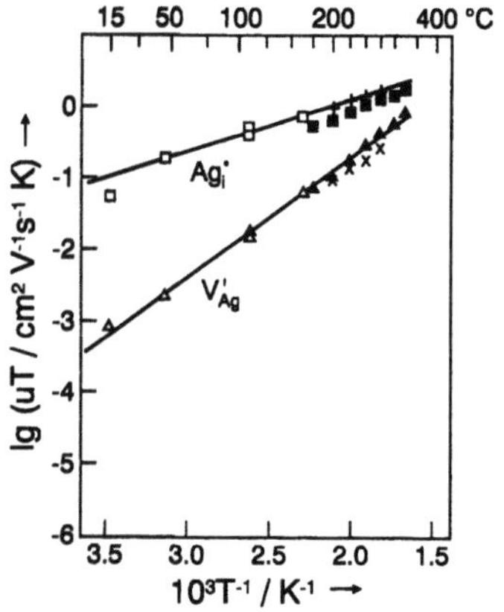

Abb. 6.5: Die Beweglichkeiten der Frenkel-Defekte in AgBr in Abhängigkeit von der Temperatur (entsprechend Gl. (6.36)). Nach [306]

Frenkeldefekte in AgBr. Tabelle 5.1 (S. 116) gab eine Zusammenstellung von $\Delta S^{\neq}$ und $\Delta H^{\neq}$-Werten für eine Reihe von Halogeniden. Unmittelbar einsichtig und als Daumenregel sehr nützlich ist die Feststellung, dass es für eine hohe Ionenbeweglichkeit von Vorteil ist, wenn entweder das wandernde Ion selber (vgl. z. B. Ag^+) oder aber das Gegenion (vgl. LiI) eine hohe Polarisierbarkeit aufweist, sprich weich und deformierbar ist[26,27].
Zuweilen liegen die Migrationsenthalpien sogar unter 0.1eV (z. B. Zwischengittersilberbeweglichkeit bei den Silberhalogeniden). Treffen sich solche hohen Beweglichkeiten mit hohen Ladungsträgerkonzentrationen (geringe Bildungsenthalpie, extrem

---

[25] Man vergleiche hierzu auch die Platzrestriktion bei der thermodynamischen Behandlung (Abschnitt 5.7.2). Andererseits sind die Ratenbeziehungen ohnehin auf $c \ll c_{max}$ beschränkt.

[26] Eine solche dynamische Weichheit kann auch mit intermediären Valenzwechseln einhergehen. So ist vorstellbar, dass ein Übergangsmetallion (wie z. B. Cu) während des Transportschrittes intermediär seine Wertigkeit wechselt und so die Aktivierungsenergie absenkt (vgl. Koordination).

[27] Mehr Details bzgl. Ionenleiter findet der Leser in Refs. [13,307,308].

ausgeprägte Fehlordnung), so spricht man von Superionenleitern[28]. In solchen Superionenleitern ist naturgemäß die Kristallographie wesentlich und Leitfähigkeitseffekte zuweilen ausgeprägt anisotrop[29]. Im isotrop leitenden α–AgI (Abb. 6.6) stehen effektiv den Silberionen weit mehr "Zwischengitterplätze" zur Verfügung, als

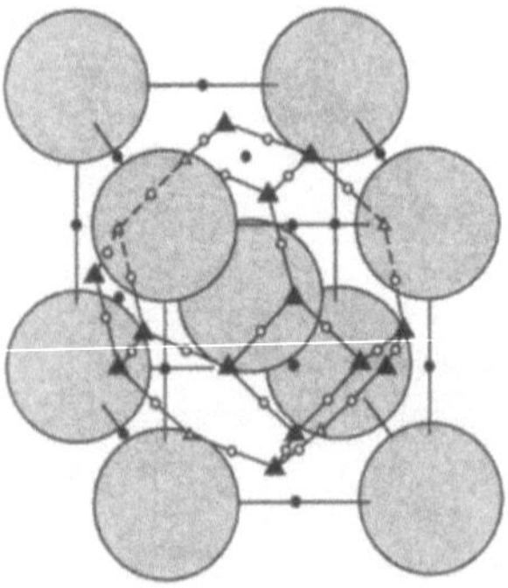

Abb. 6.6: Kristallstruktur von α–AgI. Die Iodionen sind durch dicke Kugeln dargestellt. Die Vielzahl der (allerdings energetisch nicht völlig identischen) Plätze für die Ag^+–Ionen und die verglichen mit der thermischen Energie bei T > 146°C geringe Aktivierungsenergie führen zu einem "Aufschmelzen" des Ag^+–Teilgitters. Nach [311].

es Ag^+–Ionen gibt [311,312]. Die Silberionen sind mehr oder weniger statistisch verteilt, man sagt, das Silberuntergitter sei "aufgeschmolzen" (vgl. auch Abschnitt

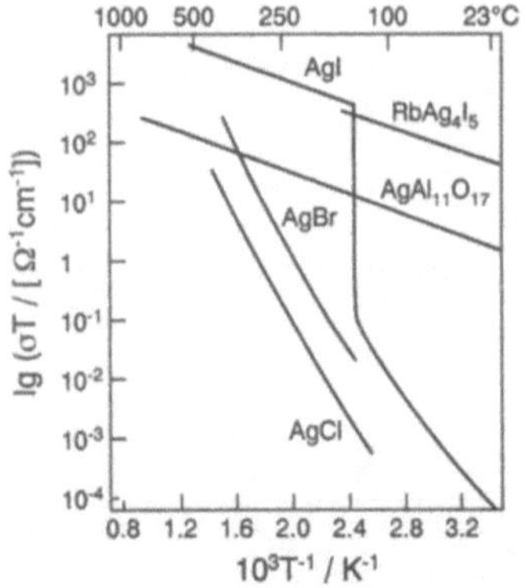

Abb. 6.7: Temperaturabhängigkeit der spezifischen Leitfähigkeit für eine Reihe ausgewählter Silberionenleiter. ($AgAl_{11}O_{17}$ ist genauer $Ag_{1+x}Al_{11}O_{17+x/2}$.) Die "Superionenleiter" sind gekennzeichnet durch niedrige Aktivierungsenergien und hohe Absolutwerte.

5.7.2). Es ist vielsagend, dass beim Übergang vom superionischen α–AgI in den flüssigen Zustand die Entropie um etwa den gleichen Betrag ansteigt wie bei der Umwandlung von der schwach fehlgeordneten β–Phase in die α–Phase (14.5 bzw. 11.3 $JK^{-1}mol^{-1}$). Die hohe Leitfähigkeit ist isotrop, aber wegen der Phasenumwandlung eben nur oberhalb 146°C vorhanden. (Bei tieferen Temperaturen müssen sich

[28]Häufig geht eine Erniedrigung der effektiven Enthalpie (Steigung) mit einer Erniedrigung des Vorfaktors einher (vgl. Abb. 6.6). Dies wird als Kompensationsregel (Meyer–Neldel–Regel) bezeichnet (s. hierzu Ref. [203,309]). In diesem Kontext ist auch die Temperaturabhängigkeit der Aktivierungsenergie relevant [310].

[29]Zur Phasenumwandlung in Ionenleitern vgl. Ref. [224].

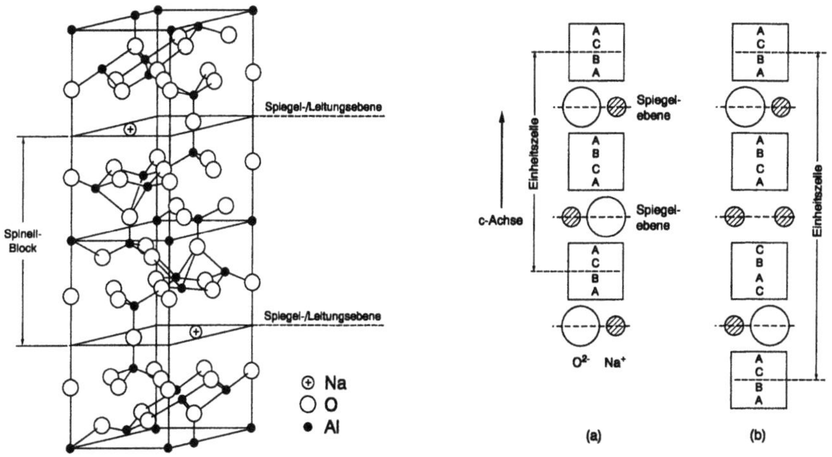

Abb. 6.8: Kristallstruktur von "β–Alumina" ($Na_2O \cdot 11Al_2O_3$) (links). Auf der rechten Seite ist diese schematisiert (a) und der komplizierteren "β''–Alumina"–Struktur entgegengestellt (b). Aus [313,314].

die Silberionen "für bestimmte Plätze entscheiden".) Im $RbAg_4I_5$ lassen sich hohe Leitfähigkeiten noch bei Zimmertemperatur aufrechterhalten, die Verbindung wird allerdings chemisch instabil gegenüber elementarem Iod, was von Nachteil bei der Verwendung als Batterieelektrolyt ist (s. Kap. 7) [315,316]. Eine Rekordleitfähigkeit von $0.3\Omega^{-1}cm^{-1}$ bei 25°C zeigt $Rb_4Cu_{16}I_7Cl_{13}$ (s.u. Abb. 6.9, [317]). Abbildung 6.7 gibt einen Überblick über verschiedene Silberionenleiter. Man beachte vor allem Absolutwert und Steigung im Vergleich zu den durch verdünnte Defektmodelle zu beschreibenden Ionenleitern (AgCl, AgBr, β–AgI).

Die Familie der fremdoxidhaltigen β– und β''–Aluminiumoxide sind ausgezeichnete Ionenleiter für eine Reihe von Kationen wie etwa das $(Na_2O)_{1+x}(Al_2O_3)_{11}$ ("Natrium-β – alumina") ($x > 0$) für Na^+–Ionen [313,314]. Eine typische Zusammensetzung ist $Na_{1.2}Al_{11}O_{17.1}$. Das Na_2O befindet sich zwischen den Spinellblöcken (Abb. 6.8). Bei höheren Temperaturen sind die Kationen (s. Abb. 6.8) über die kristallographisch unterschiedlichen Plätze in den Zwischenschichten verteilt und können als ähnlich "aufgeschmolzen" angesehen werden wie die Ag^+–Ionen im α–AgI. In den sogenannten β''–Aluminiumoxiden sind zusätzlich noch zweiwertige Ionen auf Al^{3+}–Plätzen eingebaut, der Ladungsunterschuss wird durch zusätzliche Na^+ ausgeglichen (z. B. $Na_{1+x}Mg_xAl_{11-x}O_{17}$), d.h. der Sauerstoffgehalt bleibt weitgehend invariant. Auch hier sind die überschüssigen Natriumionen sehr mobil. Die Kristallstruktur ist komplizierter (s. Abb. 6.8). Die gegenüber β–Al_2O_3 erhöhte Leitfähigkeit kann — wie vor allem die geringere Aktivierungsenergie zeigt — nur teilweise der höheren Na^+–Konzentration zugeschrieben werden [314]. In ähnlicher Weise können Auflösungen von Ag_2O, K_2O, PbO, H_2O etc. zu Ag^+, K^+–, Pb^{2+},

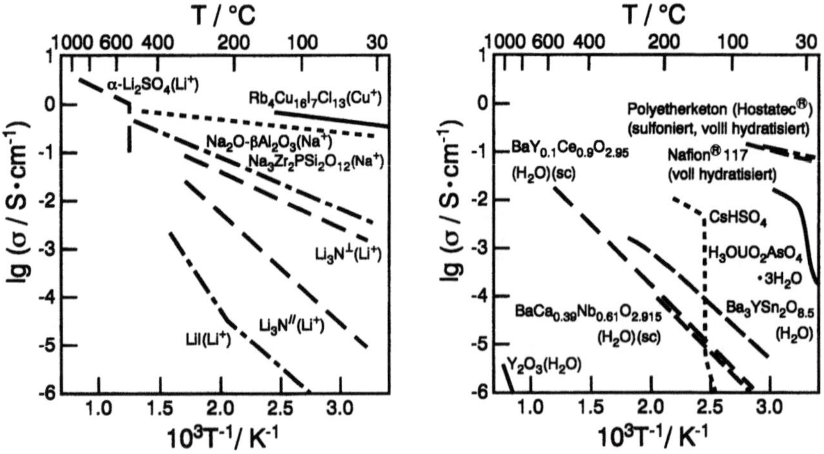

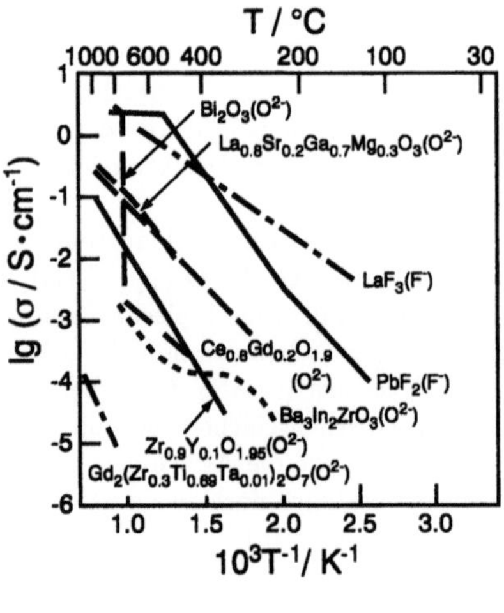

Abb. 6.9: Spezifische Leitfähigkeit als Funktion der Temperatur für ausgewählte Verbindungen. Oben links: Kationenleiter (Li^+, Na^+, Cu^+). In bezug auf Ag^+–Leiter s. Abb. 6.7. Oben rechts: Protonenleiter. Unten: Anionenleiter (O^{2-}, F^-) [318]. Ausführliche Datensammlungen finden sich in Refs. [307, 308].

H^+-Leitern führen (s. Abb. 6.9) [313,319]. Die Zweidimensionalität der Leitung ist hinderlich in bezug auf die Verwendung polykristallinen Materiales [320] (vgl. auch Abschnitt 6.6). Ein anderer Nachteil dieses oxidischen Ionenleiters ist seine hohe Sprödigkeit, die immer wieder zu Rissbildung bei der Verwendung der Na^+-leitenden Verbindungen in der Na–S–Batterie führte, die in Kap. 7 näher beleuchtet wird. Eine weitere hervorragend zweidimensional leitende, aber leider recht reaktive Verbindung ist Li_3N [321]. Nasicon ist ein Kunstwort für eine Familie von exzellenten Natrium–Ionenleitern (Na–SuperIonicCONductor) mit der Summenformel $Na_{1+x}Zr_2P_{3-x}SiO_{12}$ [322]. Die hohe Leitfähigkeit findet über Kanäle statt, ist aber wegen des ^{3}D-Kanalnetzwerkes letztendlich isotrop [322–325] (Abb. 6.11). Bei $x \simeq 3$ sind alle Na–Plätze besetzt, die Leitfähigkeit ist gering. Bei $x < 3$ tritt Unterbesetzung auf. Bei $x \simeq 2$ ist die Leitfähigkeit maximal und erreicht nahezu die Werte von β''-Al_2O_3; bei dieser Zusammensetzung ist der Flaschenhals am weitesten (s. Abb. 6.11). Nasicon ist außerdem weniger spröde und billiger synthetisierbar als obige Aluminiumoxide, leider sind die hochleitenden P–haltigen Verbindungen nicht stabil gegen elementares Na, was für eine Verwendung in einer Hochleistungsbatterie wünschenswert wäre [325].

Von eher akademischem Interesse sind eindimensionale Leiter, bei denen Leitungskanäle parallel zueinander liegen, wie es bei der Hollandit–Struktur in Abb. 6.12 realisiert ist.

Natürlich können die Verhältnisse je nach Kristallstruktur sehr speziell werden[30].

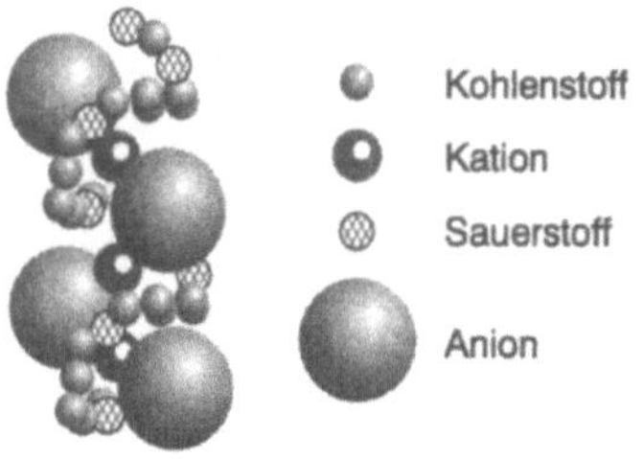

Abb. 6.10: Schematische Illustration der Struktur eines PEO–LiX–Komplexes (Li^+X^- aufgelöst in Polyethylenoxid, X^- typischerweise ClO_4) [326]. (Die Größenverhältnisse sind nicht repräsentativ.) Aus [327].

Dies gilt aber auch für ionenleitende Gläser bzw. Polymere. Dort sind Korrelationseffekte (s. Abschnitt 6.6.1) signifikanter [329]. Polare Polymere wie Polyethylenoxid können Ionen ähnlich wie wässrige Lösungsmittel solvatisieren. Für die Kinetik spielt die Bewegung der Polymersegmente eine wichtige Rolle (s. Abb. 6.10) [330]. Auf all diese vielfältigen Möglichkeiten und strukturellen Aspekte kann hier nicht eingegangen werden.

Es sei an der Stelle erwähnt, dass der Protonenbeweglichkeit[31] eine Sonderrolle zu-

[30] So wurde für Li_2SO_4 (in Anbetracht der Rotationsfähigkeit der SO_4-Tetraeder) ein "Drehtürmechanismus" (paddle wheel) vorgeschlagen, bei dem die Anionrotation das Kation mitführt. [328]

[31] Vgl. z.B. [194,332–334]

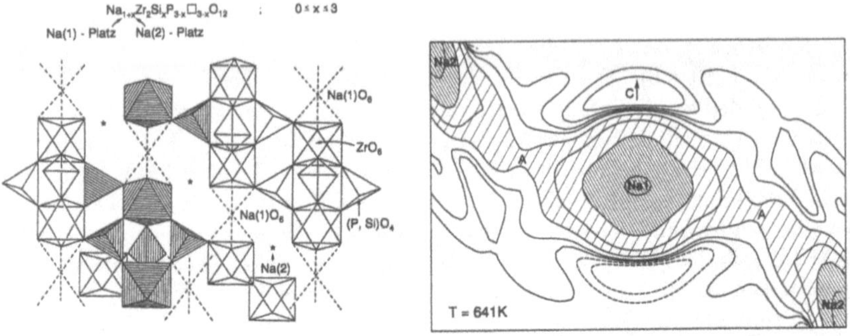

Abb. 6.11: (Links) Schematische Struktur von "Nasicon" ($Na_{1+x}Zr_2P_{3-x}Si_xO_{12}$). Die Menge der Natriumleerstellen pro Formeleinheit ist (3 - x), die der sogenannten Na^+(2)–Plätze ist x. Rechts ist ein Leitfähigkeitskanal gezeigt, der aus temperaturabhängigen Röntgenmessungen erhalten wurde. Sowohl die Na(1)– als auch die Na(2)–Positionen sind nötig für den Ladungstransport. Für $x \simeq 2$ ist der Flaschenhals am weitesten (rechts). Aus [331].

kommt. Als nackte Elementarteilchen polarisieren die Protonen ihre Umgebung sehr stark, wandern deswegen nicht in "nacktem" Zustand. Viel eher werden sie von der

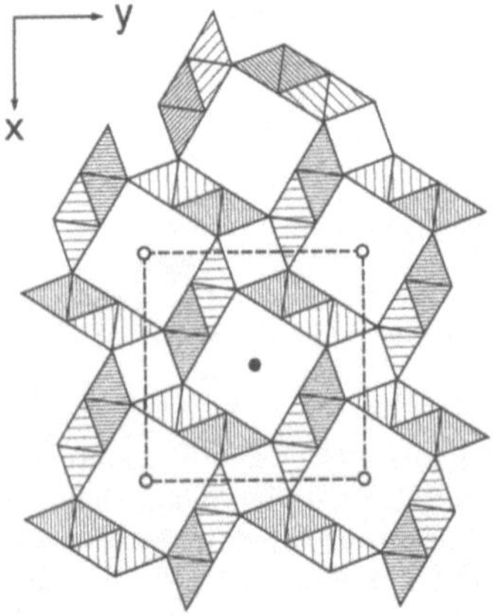

Abb. 6.12: Die Hollandit–Struktur (Schnitt entlang der c–Achse) bezieht sich vor allem auf Verbindungen der Zusammensetzung $Ba_xMn_{8-x}O_{16}$. Sie weist Kanäle innerhalb eines Gerüstes von MnO_6–Oktaedern auf, in welchen sich Ba–Ionen befinden. Die gleiche Struktur besitzt $K_{1.6}Al_{1.6}Ti_{6.4}O_{16}$ mit einer K^+–Leitfähigkeit in c–Richtung (z–Achse) in der Größenordnung von $10^{-2}\Omega^{-1}cm^{-1}$ bei 400°C. Aus [308].

Umgebung befördert. In Verbindungen wie Hydroniumuranylarsenat (s. Abb. 6.9) sind es Vehikel wie H_2O, die die Protonen in Form von H_3O^+ transportieren. Im Falle der in Kap. 5 diskutierten H_2O–haltigen Oxide (s. Abb. 5.5), bei denen sich interne OH–Gruppen bilden, sind es Sauerstoffschwingungen, die — im Zusammenspiel mit der O–H–Streckschwingung — für das Ablösen und den Weitertransport des Protons verantwortlich sind (s. Abb. 6.13). Über kurze Distanzen und bei tiefen Temperaturen kann Protonentunneln eine Rolle spielen [335].

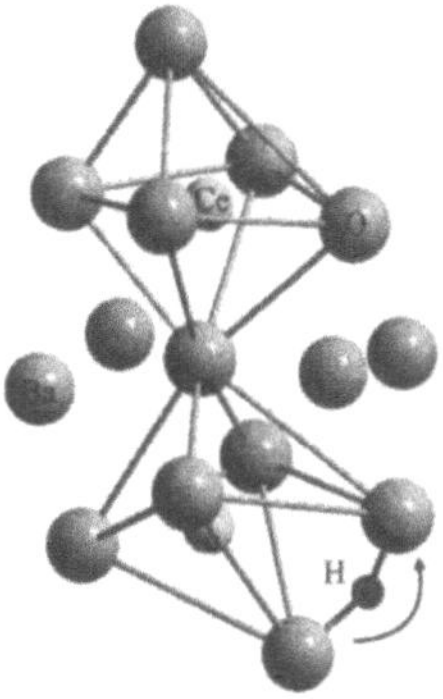

Abb. 6.13: Bewegen sich die Sauerstoffe aufgrund der Gitterschwingungen aufeinander zu, wird gleichzeitig die Aktivierungsenergie für den Protonensprung geringer, und das Proton wechselt den Partner. Die Ausgangssituation hierzu ist in Abb. 5.5 (Seite 117) gezeigt (allerdings ist dort das Proton in der Bildmitte lokalisiert). Aus [115].

6.2.2 Elektronenbeweglichkeit

Bislang haben wir Elektronen und Löcher zumeist analog zu den ionischen Fehlern behandelt. Bei der Beweglichkeit kommen notwendigerweise quantenmechanische Effekte ins Spiel. Im Falle einer perfekten Bandleitung[32] treten keine Aktivierungsenergien auf ($\Delta H^{\neq} = 0$), und die Temperaturabhängigkeit der Beweglichkeit ist effektiv durch die des Vorfaktors gegeben. Der bestimmende Prozess für den resultierenden Widerstand ist die Streuung durch die Gitterschwingungen oder Störstellen. Ein typisches Gesetz ist die $T^{-3/2}$–Abhängigkeit bei akustischer Phononenstreuung[33] (s. Kap. 3) (s. Abb. 6.14). In bezug auf die Temperaturabhängigkeit der Leitfähigkeit

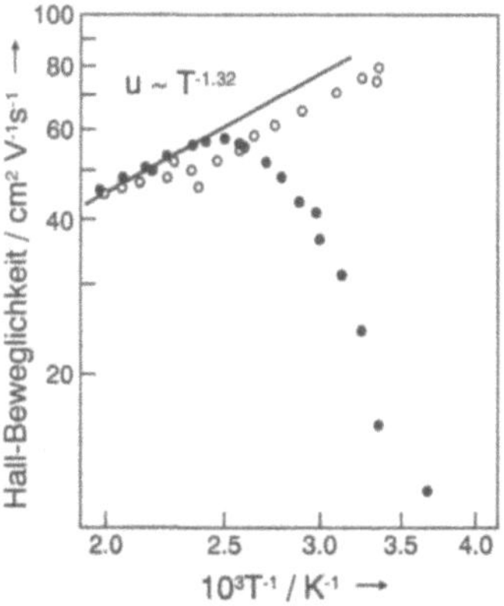

Abb. 6.14: Über Hall–Effekt und Leitfähigkeit bestimmte Beweglichkeit der Überschusselektronen in verschiedenen SnO_2–Proben. Das Hochtemperaturverhalten deutet auf akustische Phononenstreuung. Die beiden Proben unterscheiden sich in der Reinheit. Aus[336].

[32]Der Delokalisierung der Wellenfunktion entspricht die Fähigkeit der Elektronen, lokale Hindernisse zu durchtunneln.

[33]Bei Wechselwirkung mit optischen Phononen ist keine elastische Näherung möglich, und die Verhältnisse sind spezifisch. Im Falle von Streuung an flachen Störstellen ist u typischerweise proportional zu $T^{+3/2}$. Vgl. z.B. [123,124].

ist — wenn nicht gerade die elektronische Ladungsträgerkonzentration durch Dotierung festgelegt ist — diese schwache T-Abhängigkeit normalerweise gegen die exponentielle Temperaturabhängigkeit der Konzentration vernachlässigbar[34]. Überdies sind bei der Ladungsträgerkonzentration nach Gl. (5.49) die Vorfaktoren schwach T-abhängig ($\propto T^{+3/2}$).
Bei nicht allzu ausgeprägter Orbital–Überlappung (vgl. β, Bandbreite Kap. 2) und somit nicht allzu breiten Bändern treten Elektronen mit den Gitterschwingungen in signifikante Wechselwirkung (sozusagen Rückwirkung des Gitters auf Transport). Die Elektronen (bzw. Löcher) polarisieren dann ihre Umgebung (s. Abschnitt 5.3). Den Zustand "Elektron + Verzerrungsfeld" nennt man Polaron. Beim Transport müssen solche Zustände aufgebrochen werden. In Halbleitern wie InSb diskutiert man "große Polaronen". Hier ist die effektive Masse nur schwach erhöht, die Beweglichkeit nicht allzu stark erniedrigt und das Bändermodell für den Transport eine gute Näherung, kurzum der Polarisationseffekt nicht allzu stark. Typische Beweglichkeiten liegen im Bereich von 10^0 (Erdalkalititanate) und 10^2cm^2/Vs gegenüber typischen Werten bei der Bandleitung von $(10^2 \ldots 10^4)$cm^2/Vs. Für große Polaronen ist häufig $u_0 \propto T^{-1/2}$. Aktivierungsenergien sind typischerweise klein ($\Delta H^{\neq} \sim 0.1$ eV).
In ausgeprägten Ionenkristallen[35] wie NaCl oder AgCl ist der Polarisationseffekt recht beachtlich. Kann das Elektron (bzw. Loch) als weitgehend lokalisiert angesehen werden, erfolgt der Transport bei hohen Temperaturen durch thermisch aktiviertes Hüpfen in der Tat ähnlich wie für die Ionen diskutiert (bei tiefen Temperaturen allerdings ist Tunneln wesentlich). Die Aktivierungsenergien können für solche "kleinen Polaronen" durchaus 0.5 eV betragen. Effektive Masse und Beweglichkeit (typ. $10^{-4} \ldots 10^{-2}$ cm^2/vs) sind gegenüber der Bandleitung stark erniedrigt. Der Elektronensprung erfordert die Anwesenheit eines Überschusselektrons, d. h. des reduzierten Zustandes, oder eines Elektronenloches, d.h. des oxydierten Zustandes. Beim Löchermechanismus springt ein reguläres Elektron des Nachbaratoms in die "Lücke der Elektronenhülle" des Zentralatoms. Ganz analog zu den Ionen ist auch die Konzentration der Sprungpartner wichtig, so dass Terme der Form $c\,(c_{max} - c)$ in Rechnung zu stellen sind.
Elektronen und Löcher können auch an den Dotierionen lokalisiert sein (vgl. Abschnitt 5.7.1). Sind die Dotierionen eng benachbart, tritt durch Überlappung Bandbildung und Polaronenbandleitung[36] (s. o.) auf. Generell zu beachten ist, dass, sofern man eine Aufspaltung von σ in u und c trifft, zwischen Dotier–Effekten

[34] Auch bei Metallen tritt Streuung an Gitterschwingungen (für $T \gg \theta_D$ ist $u \propto 1/T$) und an Störstellen (konstanter Widerstandsbeitrag) auf. Beide Prozesse sind sozusagen in Serie, und es dominiert bei tiefen Temperaturen der letzte Beitrag im Widerstand.

[35] Übergangsmetalloxide nehmen eine Zwischenstellung ein.

[36] Nach der Mottschen Vorstellung [45] treten Übergänge zwischen Lokalisierung und Delokalisierung (z. B. Metall–Isolator–Übergang, Übergang von isolierten Dotierungszuständen zu Verunreinigungsbändern) auf, wenn der mittlere Abstand einen gewissen kritischen Abstand ($\propto c^{1/3}$), die Größenordnung des effektiven Bohrradius, erreicht (genauer 4 × Bohrradius). Das kritische Verhalten ist teilweise ähnlich zu den Ausführungen in Abschnitt 5.7.2 zu sehen.

auf die Beweglichkeit und solchen, die über die Fehlerkonzentration (Fehlordnungs- und Ionisierungsgleichgewichte) eingehen, unterschieden werden muss. Es ist häufig nicht einfach, zwischen Ionisierungseffekten aus Störstellenniveaus mit intermediärer Bandleitung und Polaronenprozessen von Störstelle zu Störstelle zu differenzieren (s. z.B. [337]).
Hüpfen durch thermische Aktivierung bzw. Tunneln ist von großer Wichtigkeit für die elektronische Leitfähigkeit in amorphen anorganischen Halbleitern, aber auch in leitfähigen Polymeren. In konjugierten Kohlenwasserstoffen ist aufgrund der Peierls-Verzerrung [338] eine sehr ausgedehnte eindimensionale Delokalisierung im Sinne der Ausführungen in Kap. 2 nicht möglich (s.S. 45). Um eine hohe Leitfähigkeit zu erzielen, ist Dotierung, d. h. partielle Oxydation oder Reduktion, notwendig[37], z. B. beim Polyacetylen (wie in Abb. 6.15 gezeigt). In vielen Fällen lässt sie sich über

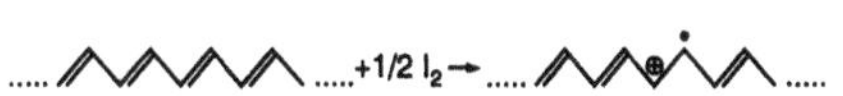

Abb. 6.15: Die Dotierung von Polyacetylen mit Iod führt zur Bildung eines Loches. Iodid (oder Polyiodid) ist das Gegenion.

Hüpf-Modelle beschreiben[38]. Bei sehr starker Dotierung kann die Leitfähigkeit metallisch und denen der festen Elementmetalle vergleichbar werden ("eindimensionale Metalle").
Ein wichtiger Extremfall, in dem die Quantenmechanik voll zur Geltung kommt, ist die Supraleitung[39]. "Assoziate" (s. auch S. 209) der Form $(e')_2$ oder $(h^{\cdot})_2$, wie sie bei den klassischen Supraleitern durch Phononen-Kopplung zustande kommen, verhalten sich in vieler Hinsicht wie Bosonen (Spin Null) und sind bei tiefen Temperaturen über eine gemeinsame Wellenfunktion korreliert, deren Dynamik durch Phononen nicht beeinträchtigt wird[40]. Die Beweglichkeit ist in obigem Bilde im supraleitenden Zustand ∞ (s. Abb. 6.16). Die große Bedeutung der Hochtemperatursupraleiter [342] (wie etwa $YBa_2Cu_3O_{7-\delta}$) liegt im Auftreten des Phänomens bei Temperaturen, die mit flüssigem Stickstoff verifizierbar sind. Bei diesen werden zusätzlich elektronische Korrelationen als Kopplungsmechanismen in Betracht gezogen[41].

[37]Die innere Bildung von Radikalen, Carbanionen bzw. Carbokationen führt bei Polymeren auch zu intrinsischen Polaronen bzw. Solitonen. Die geladenen Zustände liegen wegen der Wechselwirkung der Umgebung zwischen den HOMO-LUMO-Zuständen, d. h. in der Bandlücke (s. z.B. [339]).

[38]"Variable-range-hopping" führt zu $\sigma \propto \exp - (\frac{T_0}{T})^\gamma$, mit γ typ. 1/4 [45]. Wegen der Streuung der Energieniveaus in amorphen Systemen und der temperaturabhängigen Verfügbarkeit von Phononen ist die Hüpfrate in dieser Weise von T abhängig.

[39]Vgl. z.B. Ref. [340].

[40]Zuweilen könnte man — nicht ganz im Scherz — meinen dass, während Wissenschaftler der Fermi-Dirac-Statistik genügen (sollten), Juristen der Bose-Einstein-Statistik genügen (beliebig viele können mit der Lösung eines einzigen Problemes vertraut sein und immer noch weitere nach sich ziehen, vgl. S. 217). Die Analogie zur Supraleitung bestünde in der Aussage, dass es zwecklos sei, den (zusammenhaltenden) Juristen Widerstand entgegen zu stellen.

[41]Vgl. z.B. Ref. [343].

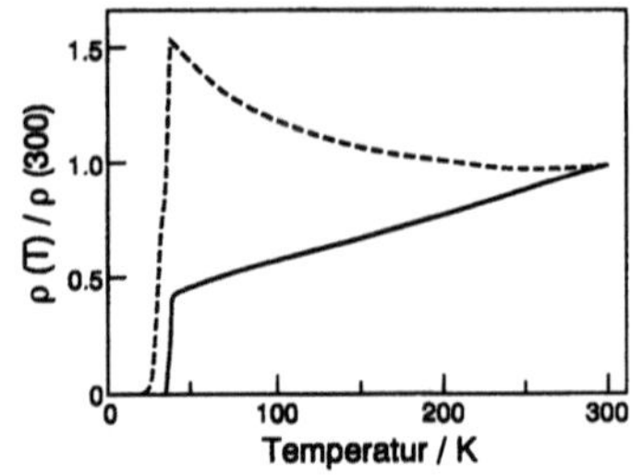

Abb. 6.16: Der spezifische Widerstand von SrO–dotiertem La_2CuO_4 verschwindet bei Temperaturen unterhalb von $T_C \simeq 40K$. Verantwortlich hierfür sind $(h^{\cdot})_2$–Defekte (Cooper–Paare). Die beiden Kurven beziehen sich auf Proben, die bei unterschiedlichem Sauerstoffpartialdruck getempert wurden [341]. Vgl. hierzu auch die Abschnitte 5.5, 5.6. Aus [342].

6.3 Phänomenologische Diffusionskoeffizienten

Die oben diskutierten, sozusagen mikroskopischen Diffusionskoeffizienten der wandernden Teilchen (vgl. Beweglichkeit ionischer und elektronischer Fehler, s. Gl. (6.15)) sind nicht ohne weiteres der Messung zugänglich. Eine prinzipielle Komplikation besteht darin, dass man einen einzelnen ins Auge gefassten Ladungsträger aus Elektroneutralitätsgründen nicht einfach im Festkörper befördern kann. Es gibt jedoch verschiedene Möglichkeiten, phänomenologische Diffusionskoeffizienten zu messen, die modellhaft auf obige zurückgeführt werden können[42].
Betrachten wir die folgenden drei fundamentalen Lösungen (Abb. 6.17) dieses "Elektroneutralitätsdilemmas". Die entsprechenden Diffusionskoeffizienten der verschiedenen Experimente müssen sorgfältig auseinandergehalten werden.

6.3.1 Ladungsträgertransport

Einmal ist es natürlich möglich, einen Fluss von Ionen (oder Elektronen) im Innern aufrechtzuerhalten, wenn über den äußeren Stromkreis ein äquivalenter Elektronenstrom fließt (Abb. 6.17a). Dies ist das Prinzip eines stationären Leitfähigkeitsexperimentes. Wie wir Störungen durch Grenzflächen und andere Polarisationseffekte vermeiden oder abtrennen und wie wir ionische und elektronische Leitfähigkeit auftrennen, interessiert uns an dieser Stelle nicht (s. Kap. 7). Da sich im betrachteten Experiment bei hinreichend kleinen Strömen und reversiblen Elektroden die Zusammensetzung nicht ändert, ist der stationäre Strom allein durch den elektrischen Feldanteil (Ohmscher Anteil) gegeben ($\mathrm{i} \propto -\sigma\nabla\phi$). Betrachten wir der Einfachheit halber ein Oxid (M_2O) und nehmen an, wir hätten sichergestellt, dass es sich bei der gemessenen ionischen Leitfähigkeit um eine Sauerstoffionenleitfähigkeit handelt. Wie wir bereits wissen, setzt eine Berechnung der Beweglichkeiten bzw. der Defektdiffusionskoeffizienten die Kenntnis der Fehlerkonzentration voraus. Wis-

[42] Auf die zusätzliche Komplizierung durch verschiedene Bezugssysteme [7,295] gehen wir nicht ein. Wir beziehen uns immer auf das Gitter unbeweglicher Gegenionen. Ebenso soll hier auch kein systematischer Überblick über relevante Messmethoden gegeben werden. Neben den hier erwähnten existieren eine Vielzahl elektrochemischer (s. Kap. 7), thermoelektrischer, magnetoelektrischer (Hall–Effekt), spektroskopischer (NMR) u.a. Methoden, die für sich genommen oder geeignet kombiniert hierfür von Bedeutung sind.

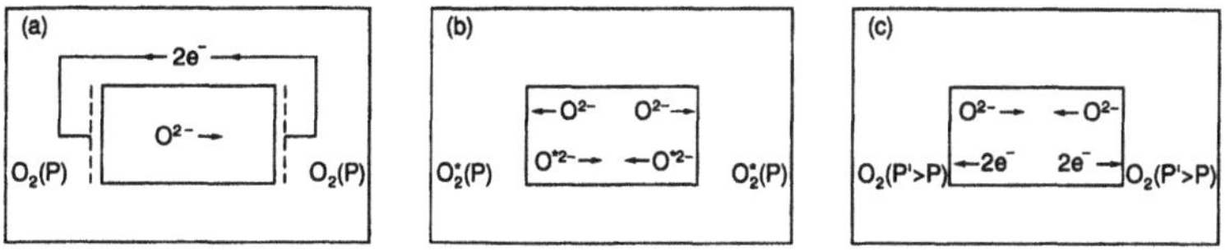

Abb. 6.17: Drei verschiedene Arten der elektroneutralen Ladungsträgerbewegung: a) (stationäres) Leitfähigkeitsexperiment, b) Tracer–Experiment, c) Chemisches Einbauexperiment. Aus [344].

sen wir darüber nicht Bescheid, können wir natürlich dennoch analog zu Gl. (6.14) formal über

$$D^{Q}_{O^{2-}} \equiv \frac{RT}{4F^2}\frac{\sigma_{O^{2-}}}{c_{O^{2-}}} \tag{6.40}$$

die Sauerstoffionenleitfähigkeit in einen Diffusionskoeffizienten umrechnen. Er bezieht sich also unmittelbar auf den Transport der Ladung (deswegen der obere Index Q)[43] und entspricht dem Selbstdiffusionskoeffizienten der Ionen. Da wir hier einfach in Unkenntnis der Fehlerchemie die gesamte O^{2-}–Konzentration in Rechnung stellten, erhalten wir auf diese Art und Weise einen Diffusionskoeffizienten, der alle Sauerstoffionen über "einen Kamm schert", also letztendlich über die unbeweglichen regulären und die schnellen defekten Teilchen (für welche wir Gl. (6.14) ableiteten) mittelt. Da unter normalen Umständen Punktdefekten nur statistisch eine Individualität zuzusprechen ist, hat auch dieser ionische Selbstdiffusionskoeffizient seine substantielle Berechtigung. $D^{Q}_{O^{2-}}$ ist somit erheblich kleiner als der Diffusionskoeffizient des beweglichen Defektes. (In ähnlicher Weise lässt sich natürlich auch formal über $2FD^{Q}_{O^{2-}}/RT$ eine mittlere Ionenbeweglichkeit definieren.) Berücksichtigen wir in $\sigma_{O^{2-}}$ die tatsächlichen Wanderungsmechanismen,

$$\sigma_{O^{2-}} = \sigma_{O_i''} + \sigma_{V_O^{\cdot\cdot}} = 2F\left(u_{O_i''}c_{O_i''} + u_{V_O^{\cdot\cdot}}c_{V_O^{\cdot\cdot}}\right), \tag{6.41}$$

so folgt mit Gl. (6.40) und Gl. (6.41) der gewünschte Zusammenhang zwischen D^Q und den mikroskopischen Größen. Nehmen wir der Einfachheit halber an, dass der Ionenstrom nur über die Zwischengitterdefekte getragen wird, so resultiert:

$$D^{Q}_{O^{2-}} = \frac{c_{O_i''}}{c_{O^{2-}}}D_{O_i''} = x_{O_i''}D_{O_i''}. \tag{6.42}$$

Letztendlich ergab sich Gl. (6.41) und damit Gl. (6.42) durch die Feststellung, dass Ionenfluss und Defektfluss einander gleich sein müssen ($\sigma_{O^{2-}} \propto j_{O^{2-}}/\phi'$, $\sigma_{O_i''} \propto j_{O_i''}/\phi'$).

[43]Zuweilen wird er auch als "Leitfähigkeitsdiffusionskoeffizient" D^{σ} bezeichnet. Wir ziehen den Index Q vor, da wir die gleichen Überlegungen später (Abschnitt 6.7) auch für die effektiven Ratenkonstanten der Grenzflächenprozesse anstellen.

Die Bestimmung der Defektdiffusionskoeffizienten nach Gl. (6.42) setzt die Kenntnis der Fehlerkonzentrationen voraus. Wie aus obigen Beziehungen ersichtlich, ist die Temperaturabhängigkeit von $D^{Q}_{O^{2-}}$ über die Temperaturabhängigkeit von $\sigma_{O^{2-}}$ gegeben und schließt im Gegensatz zu D_k und u_k auch Defektbildungsenthalpien ein. Möglichkeiten der Auftrennung von Ladungsträgerkonzentration und Beweglichkeit eröffnen sich über Dotierexperimente, thermoelektrische und Hall–Effekt–Experimente[44].

6.3.2 Tracer–Diffusion

Ein zweites grundlegendes Experiment (Abb. 6.17b) besteht darin, dass der Umgebungs–Sauerstoff eines Oxides, der ganz überwiegend aus $^{16}O_2$ zusammengesetzt ist, durch ein Isotop — etwa $^{18}O_2$ — ausgetauscht wird. Wie beim Leitfähigkeitsexperiment ändert sich auch hier die chemische Zusammensetzung nicht, allerdings ist die Tracerdiffusion nun eine Gegendiffusion zweier Sauerstoffisotope[45]. Die Triebkraft für den Austausch erwächst aus deren Konfigurationsentropie. Außerdem erfasst der Isotopenaustausch das gesamte Sauerstoffensemble des Kristalls und nicht nur die Punktfehler, wenn auch mechanistisch die Ionendiffusion über die Defekte — wir nehmen hier ausschließlich Zwischengitterteilchen[46] an — läuft. Betrachten wir den Fluss der ^{18}O–Teilchen (also $j_{^{18}O} = j_{^{18}O^{2-}} = j_{^{18}O_i''} = -j_{^{16}O} = -j_{^{16}O^{2-}} = -j_{^{16}O_i''}$) und bezeichnen die sich auf ^{18}O beziehenden Größen mit einem Stern, so ergibt sich:

$$j^*_{O_i''} = -\frac{\sigma^*_{O_i''}}{4F^2}\nabla\mu^*_{O_i''}. \tag{6.43}$$

Elektrische Feldeffekte treten ja nicht auf und somit kann $\nabla\widetilde{\mu}_{O_i''}$ durch $\nabla\mu_{O_i''}$ ersetzt werden. Da die Isotopenverteilung in der Sauerstoffteilstruktur eine rein zufällige ist (Masseneffekte seien vernachlässigt), gilt

$$\nabla\mu^*_{O_i''} = RT\nabla c^*_{O_i''}/c^*_{O_i''}. \tag{6.44}$$

Die gleichen Beziehungen lassen sich auf Grund lokalen Gleichgewichtes und der Zufallsverteilung aller markierten Sauerstoffe auch für die Ionen anschreiben[47].

$$j^*_{O^{2-}} = \frac{\sigma^*_{O^{2-}}}{4F^2}\nabla\mu^*_{O^{2-}} = \frac{\sigma^*_{O^{2-}}RT}{4F^2 c^*_{O^{2-}}}\nabla c^*_{O^{2-}}. \tag{6.45}$$

---

[44] Vgl. z.B. Ref. [345].

[45] Hierbei ist es wichtig, stöchiometrische Gradienten zu vermeiden (s. Punkt 3). Die Nichtbeachtung dieses Punktes kann insbesondere zu Fehlern führen, wenn in Verbindungen Metallisotope durch Aufbringen eines Metallfilmes ausgetauscht werden.

[46] Wir beziehen uns hier am einfachsten auf den Interstitialcy–Mechanismus. Wäre ein lupenreiner Interstitial–Mechanismus maßgeblich und jeder weitere Platzwechselmechanismus verboten, würden die regulären Plätze vom Tracer–Austausch gar nicht erfasst.

[47] $\sigma_{O_i''} = \sigma_{O^{2-}}, j_{O_i''} = j_{O^{2-}}$. $\nabla\mu_{O_i''} = \nabla\mu_{O^{2-}}$ ergibt sich aus der Äquivalenz von:
a) $O^{2-}(\text{gas}) \rightleftharpoons O^{2-}(\text{fest})$
b) $O^{2-}(\text{gas}) + V_i \rightleftharpoons O_i''$.
Man beachte, dass wegen der Idealität der Tracer–Verteilung auch bei den ionischen Formulierungen Gradienten im Aktivitätskoeffizienten verschwinden.

Natürlich[48] ist $\sigma^*_{O^{2-}}/c^*_{O^{2-}} = \sigma_{O^{2-}}/c_{O^{2-}}$ — wobei die ungesternten Größen die Gesamtwerte darstellen —, und Gl. (6.45) definiert den Tracer–Diffusionskoeffizienten zu:

$$D^*_{O^{2-}} = \frac{\sigma_{O^{2-}}}{4F^2}\frac{RT}{c_{O^{2-}}}, \tag{6.46}$$

also wiederum den Selbstdiffusionskoeffizienten der O^{2-}–Ionen.
In Gl. (6.46) erscheint $c_{O^{2-}}$ auf natürliche Weise, weil die Tracer–Diffusion der Wanderung des Isotopes entspricht und nicht wie beim Leitfähigkeitsexperiment die Wanderung des Defektes primär betrachtet wird. Diese Unterscheidung führt — in besserer Näherung — auch zu einer leichten Diskrepanz der Größen $D^*_{O^{2-}}$ und $D^Q_{O^{2-}}$. Hierzu betrachten wir einen Leerstellenmechanismus.
In Abb. 6.4 ist ersichtlich, dass die Leerstelle nach einem Hüpfprozess die gleiche Umgebung wahrnimmt und somit in guter Näherung der zweite Sprung keine Korrelation[49] zum ersten aufweist. (Bei genauerer Betrachtung und höherer Fehlordnung müssen natürlich auch hier Verfeinerungen vorgenommen werden.) Anders ist dies allerdings vom Standpunkt des (markierten) Iones aus. Im Falle der Tracer–Diffusion haben Tracer–Teilchen und Leerstelle die Plätze getauscht. Da in aller Regel eine weitere Leerstelle nicht zur Verfügung steht, ist der Rücksprung in die alte Position begünstigt. Die dadurch entstehende "Rückorientierung" resultiert in einer Abweichung von der unkorrelierten Wanderung und somit in Abweichungen vom Selbstdiffusionskoeffizienten der Ionen. Dies schlägt sich in einem Korrekturfaktor[50] nieder, der bei der Berechnung des Diffusionskoeffizienten aus der Sprungrate (s. Gl. (6.28)) zu berücksichtigen ist. Man beachte, dass dieser Korrelationsfaktor (F) nicht die gegenüber dem Leitfähigkeitsexperiment längere Wartezeit aufgrund der geringeren Konzentration des Sprungpartners misst (diesem ist durch den Konzentrationsterm in Gl. (6.46) Rechnung getragen), sondern nur die Abweichung von der gleichförmigen Winkelverteilung.
Typische Korrelationsfaktoren liegen für den Fall des Leerstellenmechanismus bei $F_v = 0.5$ im Diamantgitter, $F_v \simeq 0.65$ im kubisch primitiven Gitter, 0.73 im CsCl–Gitter (kubisch raumzentriert) und 0.78 im NaCl–Gitter (kubisch flächenzentriert). Im Falle eines echten Interstitial–Mechanismus sind Tracer–Korrelationskoeffizienten

[48] Dass $c_{^{16}O_i''}/c_{^{16}O^{2-}} = c_{^{18}O_i''}/c_{^{18}O^{2-}}$, ist vorausgesetzt. Dass dieses Verhältnis auch gleich $c_{O_i''}/c_{O^{2-}}$ ist, gilt trivialerweise wegen
$\frac{c_{O_i''}}{c_{O^{2-}}} \equiv \frac{c_{^{16}O_i''}+c_{^{18}O_i''}}{c_{^{16}O^{2-}}+c_{^{18}O^{2-}}} = \frac{c_{^{16}O_i''}}{c_{^{16}O^{2-}}}\left(\frac{(c_{^{16}O^{2-}}/c_{^{18}O^{2-}})+1}{(c_{^{16}O^{2-}}/c_{^{18}O^{2-}})+1}\right) = \frac{c_{^{16}O_i''}}{c_{^{16}O^{2-}}} = \frac{c_{^{18}O_i''}}{c_{^{18}O^{2-}}}$. Hieraus folgt mit $\sigma_{^{16,18}O^{2-}} = \sigma_{^{16,18}O_i''} \propto c_{^{16,18}O_i''}$ obige Beziehung im Text.

[49] Der Term $\overline{\cos\alpha_{ij}}$ in Fußnote 22 misst diese Korrelation.

[50] Wiederholt man die in der Fußnote 22 gegebene Ableitung für die ins Auge gefasste Tracer–Atome, so ist $\overline{\cos\alpha_{ij}}$ nur im Falle des Interstitialmechanismus Null, andernfalls ergeben sich Korrelationsfaktoren F mit der Konsequenz $D^* = \frac{1}{6}F\Gamma r^2$, wobei $F = 1 + \frac{2}{n}\sum_{i=j+1}^{n}\sum_{j=1}^{n-1}\cos\alpha_{ij}$. Im "Irrläufer–Spiel" (Fußnote 22) ist die Wahrscheinlichkeit für die Entscheidung "rechts oder links" nicht mehr die gleiche. Die erhöhte Rücksprung–Wahrscheinlichkeit führt zu einer verringerten mittleren Distanz vom Ausgangsort und somit zu einem geringeren Diffusionskoeffizienten. Es handelt sich also eher um einen "zögerlichen Irrläufer".

— im Gegensatz zum Interstitialcy–Mechanismus (F zwischen 0.6 und 1.0) — wegen der Allgegenwärtigkeit der Sprungpartner Eins. Allgemein bezeichnet man das Verhältnis zwischen Tracerdiffusionskoeffizient und Leitfähigkeitsdiffusionskoeffizient als Haven–Verhältnis (H):

$$D^*_{O^{2-}} = H_{O^{2-}} D^Q_{O^{2-}}. \tag{6.47}$$

H beinhaltet weitere Korrekturen[51] wie auch die Möglichkeit, dass zum Leitfähigkeitsexperiment und zum Tracer–Experiment verschiedene Mechanismen beitragen[52]. Da $H_{O^{2-}}$ i. a. in der Größenordnung von 1 liegt, kann diese Größe

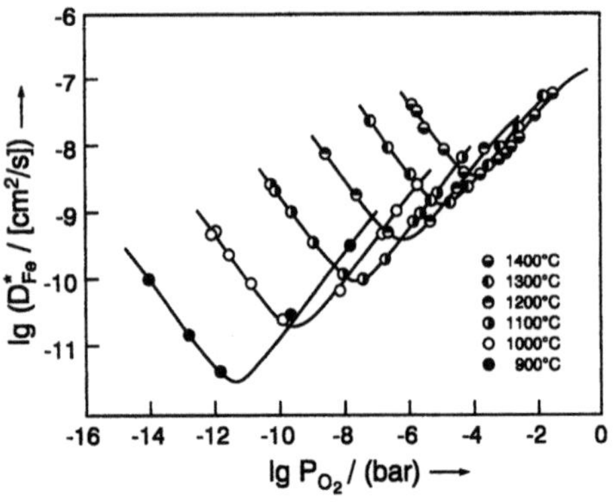

Abb. 6.18: Tracerdiffusionsdaten (^{59}Fe) für verschiedene Temperaturen in Abhängigkeit vom Sauerstoffpartialdruck für $Fe_{3-\delta}O_4$. In Übereinstimmung mit der speziellen Defektchemie (Frenkel–Fehlordnung im Fe–Untergitter mit hoher elektronischer Fehlordnung) gilt eine Abhängigkeit der Form $\alpha P^{-2/3} + \beta P^{+2/3}$. Aus [347].

nur im Falle sehr gut untersuchter Systeme zur mechanistischen Aufklärung herangezogen werden. Die Effekte verschwinden häufig innerhalb der Fehlergrenzen der Messmethode; in einigen Fällen werden Abweichungen auch aufgrund verschiedener Valenzzustände auftreten, wie sie weiter unten diskutiert werden.
Abbildung 6.18 zeigt die Sauerstoffpartialdruckabhängigkeit der Tracerkoeffizienten von Eisen (^{59}Fe) in $Fe_{3-\delta}O_4$ für verschiedene Temperaturen. Sie folgt entsprechend Gl. (6.46) der Ionenleitfähigkeit in diesem primär elektronisch fehlgeordneten Oxid. Es ergeben sich in Übereinstimmung mit Gl. (5.117) Potenzgesetze. Das Minimum zeigt den Wechsel von Zwischengitter– zu Leerstellendominanz (vgl. den "P–Satz" in Kap. 5). Komplexer ist die Tracer–Diffusion bei La_2CuO_4. Die Dotierabhängigkeit des Sauerstofftracer–Diffusionskoeffizienten in La_2CuO_4 und dessen Anisotropie sind in Abb. 6.19 veranschaulicht. Aufgrund der Wechselwirkungen und strukturellen Änderungen bei hohen Dotierkonzentrationen ist lediglich das Verhalten bei kleinen x–Werten in Übereinstimmung mit Massenwirkungsgesetzen (s. Abb. 5.54).

[51] In bezug auf Einzelheiten vgl. Ref. [7–12,346]. Man beachte auch, dass wir unter Leitfähigkeit stets die "Gleichstromleitfähigkeit" verstehen, die nur die translatorisch erfolgreichen Sprünge misst. Im Falle der "Wechselstromleitfähigkeit" bei hohen Frequenzen sind sehr wohl Korrelationseffekte zu berücksichtigen (s. Abschnitt 6.6.1).

[52] Ein eklatantes Beispiel liefern die Alkalihydroxide (vgl. Abschnitt 6.6.1d).

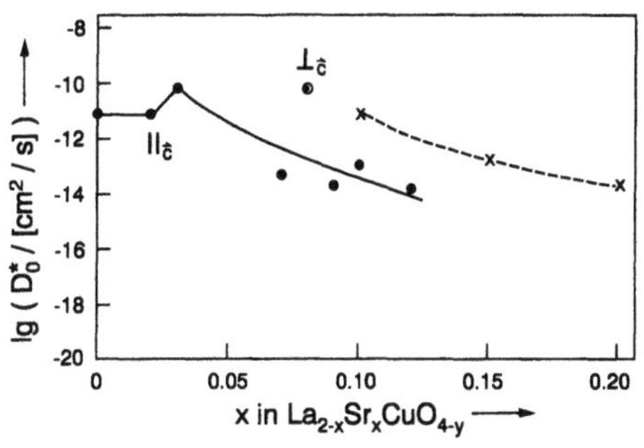

Abb. 6.19: Der Tracerdiffusionskoeffizient von Sauerstoff in SrO–dotiertem La_2CuO_4 als Funktion der Dotierkonzentration (vgl. Abb. 6.52). Die Konstanz der Einkristalldaten (•) zu Beginn entspricht der nativen Fehlordnung (vgl. Abb. 5.54), der Anstieg dem Anwachsen der Leerstellenkonzentration. Bei höheren Sr–Gehalten schlagen Wechselwirkungen und strukturelle Änderungen zu Buche. Gezeigt ist außerdem die beachtliche Anisotropie (siehe Abb. 5.3c) Im polykristallinen Material (x) erfolgt der Transport vornehmlich senkrecht zur c–Richtung [348].

6.3.3 Chemische Diffusion

Der für die Chemie wichtigste Diffusionskoeffizient ist der chemische Diffusionskoeffizient, der die Diffusionskinetik von Zusammensetzungsänderungen beschreibt. In diesem Falle handelt es sich effektiv um eine Diffusion neutraler Komponenten und bei rein ionischen Verbindungen um eine ladungsneutrale ambipolare Diffusion zumindest zweier chemisch verschiedener, geladener Teilchen[53,54]. Das in unserem Kontext relevante Beispiel ist die Stöchiometrieänderung des Oxides "M_2O" (Abb. 6.17c) im Sinne von

$$M_2O_{1+\delta} + \frac{\Delta\delta}{2}O_2 \rightleftharpoons M_2O_{1+\delta+\Delta\delta}. \tag{6.48}$$

Die Triebkraft ist hier ein Gradient im Sauerstoffpartialdruck. Bei alleiniger Fehlordnung in der Sauerstoffteilstruktur geschieht die Diffusion[54] von "O" durch gekoppelte entgegengesetzte Wanderung von O^{2-} und $2e^-$. Der äußere Draht im Leitfähigkeitsexperiment (vgl. Abb. 6.17a) ist sozusagen nach innen verlegt und die dort aufgeprägte Differenz im elektrischen Potential durch eine solche im chemischen Potential ersetzt. Hierdurch treten nun innere Gradienten im chemischen Potential auf. Im Unterschied zu den Experimenten a und b in Abb. 6.17 handelt es sich um eine Mischung ionischer und elektronischer Transporteigenschaften. Da die stöchiometrischen Effekte nur den Defekthaushalt betreffen, ist von vorneherein klar, dass der chemische Diffusionskoeffizient D_O^δ von der Größenordnung der Defektdiffusionskoeffizienten und damit sehr viel größer als der ionische Selbstdiffusionskoeffizient ist[54,55]. Hinzu kommt, dass er eine Kombination ionischer und elektronischer Defekt-

[53]Im Binären sind diese stets mit Redoxeffekten verbunden. Vgl. [7,297,349–354].

[54]S. aber Abschnitt 6.6

[55]Sehr häufig wird der chemische Diffusionskoeffizient mit $\tilde{D}$ bezeichnet. Da der Tilde in unserem Fall eine sehr definierte Bedeutung zukommt (vgl. μ und $\tilde{\mu}$, k und $\tilde{k}$ etc.), nämlich die Erweiterung um den elektrischen Potentialterm, benützen wir den oberen Index δ, der die stets auftretenden Zusammensetzungsinhomogenitäten andeutet. Dies erweist sich auch für Abschnitt 6.7 von Vorteil.

diffusivitäten repräsentieren muss. Sofern jeweils ein ionischer und ein elektronischer Fehler dominiert, sind selbst bei Vernachlässigung von M–Defekten eine Reihe von Mechanismen möglich: im einfachsten Falle eine gleichgerichtete Diffusion von $V_O^{\cdot\cdot}$ und 2e′ bzw. von O_i'' und $2h^{\cdot}$; in dotiertem Material[56] aber auch entgegengesetzte Diffusion, z. B. von $V_O^{\cdot\cdot}$ und $2h^{\cdot}$. Wir wollen zunächst $\sigma_{ion} = \sigma_{O_i''}$ und $\sigma_{eon} = \sigma_{h^{\cdot}}$ voraussetzen. (Ein konkretes Beispiel hierfür ist die Sauerstoffbehandlung von La_2CuO_4 (s. Kap. 5).)

Durch Anwendung unserer allgemeinen Transportgleichung lassen sich die Verhältnisse quantifizieren. Wir erhalten für die ionischen und elektronischen Flussdichten separat:

$$j_{O_i''} = -\frac{\sigma_{O_i''}}{4F^2}\left(\nabla\mu_{O_i''} - 2F\nabla\phi\right) \tag{6.49a}$$

$$j_{h^{\cdot}} = -\frac{\sigma_{h^{\cdot}}}{F^2}\left(\nabla\mu_{h^{\cdot}} + F\nabla\phi\right). \tag{6.49b}$$

Wegen der Bedingung der Elektroneutralität sind die Flüsse nach

$$2j_{O_i''} = j_{h^{\cdot}} \tag{6.50}$$

gekoppelt. Eliminierung des elektrischen Potentials aus Gln. (6.49) und Berücksichtigung von (6.50) führen zu

$$\frac{1}{2}j_{h^{\cdot}} = j_{O_i''} = j_{O^{2-}} = j_O = -\frac{1}{4F^2}\frac{\sigma_{O_i''}\sigma_{h^{\cdot}}}{\sigma_{O_i''} + \sigma_{h^{\cdot}}}\left(\nabla\mu_{O_i''} + 2\nabla\mu_{h^{\cdot}}\right). \tag{6.51}$$

In unserem Falle ist $j_{O_i''}$ natürlich identisch mit der Flussdichte der neutralen Komponente “O” (j_O). Offenbar entspricht der harmonisch mittelnde Leitfähigkeitsausdruck in Gl. (6.51) einer effektiven, ambipolaren Leitfähigkeit σ_O^δ und trägt als Resultat einer Serienschaltung dem Sachverhalt Rechnung, dass sowohl ionische als auch elektronische Ladungsträger erforderlich sind. Offensichtlich stellt der Klammerausdruck gerade den chemischen Potentialgradienten der Komponente “O” dar ($\mu_O = \mu_{O_i''} + 2\mu_{h^{\cdot}}$). Es resultiert also eine Flusskraftbeziehung der erwarteten Form:

$$j_O = -\frac{1}{4F^2}\sigma_O^\delta\nabla\mu_O = -\left(\frac{1}{4F^2}\sigma_O^\delta\frac{\partial\mu_O}{\partial c_O}\right)\nabla c_O. \tag{6.52}$$

Der eingeklammerte Ausdruck[57] — im Eindimensionalen gleich $-j_O/(\partial c_O/\partial x)$ und wegen Masse– und Ladungserhaltung auch identisch mit $-j_{O^{2-}}/(\partial c_{O^{2-}}/\partial x)$ bzw.

[56] Dies kann auch in reinem Material der Fall sein, wenn ein Majoritätsdefekt vergleichsweise unbeweglich ist (z.B. $[O_i''] \simeq [h^{\cdot}] \gg [V_O^{\cdot\cdot}]$, aber $\sigma_{O_i''} \ll \sigma_{V_O^{\cdot\cdot}}$).

[57] Man erkennt, dass — während σ_O^δ die Geschwindigkeit der Stöchiometrieänderung (j_O) bei gegebenem Gradienten im *chemischen Komponentenpotential* ($\partial\mu_O/\partial x$) misst und sozusagen die Komponentenpermeabilität darstellt — D_O^δ diese bei gegebenem Gradienten in der *Komponentenkonzentration* bestimmt. Letztere Größe involviert also zusätzlich zum chemischen oder ambipolaren Widerstand $R^\delta \propto 1/\sigma^\delta$ noch die “chemische Kapazität” C^δ [351,352] (vgl. auch Abschnitt

$-j_{e^-}/(\partial c_{e^-}/\partial x)$ — ist somit der gesuchte chemische Diffusionskoeffizient

$$D_O^\delta = \frac{1}{4F^2}\sigma_O^\delta \frac{\partial \mu_O}{\partial c_O} = \frac{RT}{4F^2}\frac{\sigma_O^\delta}{c_O}\frac{\partial \ln a_O}{\partial \ln c_O}. \tag{6.53}$$

Der auf der rechten Seite erscheinende thermodynamische Faktor $w_O \equiv \partial \ln a_O/\partial \ln c_O$ ist natürlich in Ionenkristallen i.a. um Größenordnungen von 1 verschieden, denn schließlich ist der Sauerstoff weder als O existent, noch als solcher zufallsverteilt. Wegen[58] $\partial\mu_O = \partial\mu_{O^{2-}} - 2\partial\mu_{e^-}$ und $\partial c_O = \partial c_{O^{2-}} = -\frac{1}{2}\partial c_{e^-}$ lässt sich D_O^δ in Form ionischer und elektronischer Terme ausdrücken:

$$D_O^\delta = \frac{RT}{4F^2}\frac{\sigma_{O^{2-}}\sigma_{e^-}}{\sigma_{O^{2-}}+\sigma_{e^-}}\left(\frac{1}{c_{O^{2-}}}\frac{\partial \ln a_{O^{2-}}}{\partial \ln c_{O^{2-}}} + 4\frac{1}{c_{e^-}}\frac{\partial \ln a_{e^-}}{\partial \ln c_{e^-}}\right). \tag{6.54a}$$

Auch in dieser Schreibweise sind die thermodynamischen Faktoren von 1 stark verschieden, schließlich handelt es sich ja um gebundene, geordnete Teilchen. Eine weitergehende Vereinfachung ergibt sich erst bei Formulierung auf der Ebene der Defekte. Wegen[59] $\partial\mu_{O_i''} = \partial\mu_{O^{2-}}, \partial\mu_{e^-} = -\partial\mu_{h^\cdot}$ und $\partial c_{e^-} = -\partial c_{h^\cdot}, \partial c_{O^{2-}} = \partial c_{O_i''}$ erhält man aus Gl. (6.54a) oder unmittelbarer aus Gl. (6.51)

$$D_O^\delta = \frac{RT}{4F^2}\frac{\sigma_{O_i''}\sigma_{h^\cdot}}{\sigma_{O_i''}+\sigma_{h^\cdot}}\left(\frac{1}{c_{O_i''}}\frac{\partial \ln a_{O_i''}}{\partial \ln c_{O_i''}} + 4\frac{1}{c_{h^\cdot}}\frac{\partial \ln a_{h^\cdot}}{\partial \ln c_{h^\cdot}}\right). \tag{6.54b}$$

Nun aber sind die thermodynamischen Faktoren der Defekte im Falle geringer Fehlordnung 1, und es resultiert:

$$D_O^\delta = \frac{RT}{4F^2}\frac{\frac{1}{c_{O_i''}}+\frac{4}{c_{h^\cdot}}}{\frac{1}{\sigma_{O_i''}}+\frac{1}{\sigma_{h^\cdot}}} \equiv \frac{RT}{4F^2}\frac{\sigma_O^\delta}{c_O^\delta}. \tag{6.54c}$$

Als Abkürzung wurde die ambipolare Konzentration, c_O^δ, eingeführt, die als harmonisches Mittel der Defektkonzentrationen gewichtet mit dem Quadrat der Ladungszahlen auftritt. Die Isomorphie zu Gl. (6.14) ist offensichtlich. Mit Hilfe einfacher

4.2, also $(\partial\mu_O/\partial n_O)^{-1} \propto (\partial\mu_O/\partial c_O)^{-1} \propto c_O^\delta$ (ambipolare Konzentration, Klammerterm in Gl. (6.54a)), die angibt, wie empfindlich c_O durch μ_O beeinflusst wird und "wieviel an stöchiometrischer Änderung" zu bewerkstelligen ist. Man beachte die Isomorphie (n: Molzahl) zwischen $\partial n/\partial t = (\partial n/\partial\mu)(\partial\mu/\partial t)$ und $\partial Q/\partial t = (\partial Q/\partial\Delta\phi)(\partial\Delta\phi/\partial t)$ mit $(\partial n/\partial\mu)$ als differentieller chemischer und $(\partial Q/\partial\Delta\phi)$ als differentieller elektrischer Kapazität. In dieser Sprechweise zeigt sich auch die Relevanz von $D^\delta \propto (R^\delta C^\delta)^{-1}$ in Bezug auf die chemische Zeitkonstante (vgl. Abschnitt 7.3.4).

[58]Die Äquivalenz von $\partial c_{O^{2-}}$ und $-\partial c_{e^-}/2$ setzt nicht voraus, dass die betrachteten ionischen und elektronischen Defekte die Majoritätsladungsträger darstellen und gilt auch im dotierten Material. Allerdings ergeben sich wichtige Modifizierungen, wenn die Dotierung die Valenz ändern kann. Dies wird in Abschnitt 6.6.1c behandelt.

[59]Beachten Sie bitte Fußnote 47 auf Seite 292. Somit gilt im Unterschied zur Tracerdiffusion:

$$\partial \ln a_{O^{2-}} = \partial \ln a_{O_i''}, \partial a_{O^{2-}} \neq \partial a_{O_i''} \text{ aber } \partial c_{O^{2-}} = \partial c_{O_i''}, \partial \ln c_{O^{2-}} \neq \partial \ln c_{O_i''}.$$

Umformungen unter der Benutzung der Nernst–Einstein–Gleichung ergeben sich folgende identische Formulierungen[60]

$$D^{\delta} = \frac{(D_{h^{\cdot}} c_{h^{\cdot}})(D_{O_i''} c_{O_i''})}{(D_{h^{\cdot}} c_{h^{\cdot}}) + 4(D_{O_i''} c_{O_i''})} \left(\frac{1}{c_{O_i''}} + \frac{4}{c_{h^{\cdot}}} \right) \tag{6.54d}$$

sowie (mit den Überführungszahlen $t_k \equiv \sigma_k/\sigma$)

$$D_O^{\delta} = t_{h^{\cdot}} D_{O_i''} + t_{O_i''} D_{h^{\cdot}} = \frac{F^2}{RT}\left(\frac{c_{h^{\cdot}} D_{h^{\cdot}} D_{O_i''}}{\sigma} + 4\frac{c_{O_i''} D_{O_i''} D_{h^{\cdot}}}{\sigma} \right) = \frac{F^2}{RT}\frac{D_{O_i''} D_{h^{\cdot}}}{\sigma}\left(c_{h^{\cdot}} + 4c_{O_i''} \right). \tag{6.54e}$$

Bei höherer Fehlordnung müssen natürlich entsprechend Aktivitätskoeffizienten berücksichtigt werden (s. Abschnitt 5.7.2, aber auch Abschnitt 6.6).
Zur weiteren Vereinfachung für wichtige Spezialfälle ist es sinnvoll, von Gl. (6.54c) auszugehen. Man erkennt, dass zwei unabhängige Bedingungen betrachtet werden müssen, die einmal das Verhältnis $c_{h^{\cdot}}/c_{O_i''}$ und zum anderen das Verhältnis $c_{h^{\cdot}} u_{h^{\cdot}}/c_{O_i''} u_{O_i''}$ betreffen.
Betrachten wir zunächst den Fall, dass entweder nur der ionische oder nur der elektronische Defekt als Majoritätsladungsträger in Frage kommt. In unserem Beispiel also gilt $c_{h^{\cdot}}/c_{O_i''} \gg 1$ oder $c_{h^{\cdot}}/c_{O_i''} \ll 1$, wie es für dotiertes Material der Regelfall sein wird (vgl. C–Satz, S. 181). Im Falle reinen Materials ist dies im I–Regime des Brouwer–Diagramms (s. Abschnitt 5.5) erfüllt, wo ja entweder die ionische Fehlordnung (PbO: $[O_i''] = [Pb_i^{\cdot\cdot}]$) oder die elektronische Fehlordnung überwiegt (CuO: $[e'] \simeq [h^{\cdot}]$). Im Falle von überwiegend ionenleitenden Materialien gilt neben $c_{O_i''} u_{O_i''} \gg c_{h^{\cdot}} u_{h^{\cdot}}$ normalerweise wegen der geringen ionischen Mobilität automatisch $c_{O_i''} \gg c_{h^{\cdot}}$, und es folgt der Grenzfall, dass D^{δ} durch den Diffusionskoeffizienten des (schnellsten) elektronischen Fehlers gegeben ist. Um über unser Beispiel hinaus auch den Fall n–leitender Verbindungen einzuschließen, schreiben wir

$$D_O^{\delta} = D_{h^{\cdot}/e'}, \tag{6.55}$$

(d.h. entweder $D_O^{\delta} = D_{h^{\cdot}}$ oder $D_{e'}$ je nach Defektchemie)[61]. So ist z. B. in Y_2O_3–dotiertem ZrO_2[62] $D_O^{\delta} = D_{h^{\cdot}}$ für hohe und $D_O^{\delta} = D_{e'}$ für tiefe Sauerstoffpartialdrücke. Im Extremfall überwiegend elektronisch leitender Verbindungen ist die Situation nicht so übersichtlich, da eine vernachlässigbare ionische Leitfähigkeit noch nicht impliziert, dass auch die entsprechende Ladungsträgerkonzentration vernachlässigbar ist. Im Falle "elektronenreicher Elektronenleiter" allerdings, wie dies z. B. in (schwach)[63] negativ dotiertem La_2CuO_4 ($\sigma \simeq \sigma_{h^{\cdot}}, C = [h^{\cdot}] \gg [O_i'']$) oder in positiv

[60]Falls die beiden wandernden Defekte auch die Majoritätsladungsträger stellen, heben sich die Konzentrationsterme in Gl. (6.54d) weg. Sind auch noch deren Ladungszahlen betragsmäßig identisch, resultiert ein einfaches anschauliches Resultat. D^{δ} ist dann einfach das harmonische Mittel aus den beiden Defektdiffusionskoeffizienten.

[61]Für den Fall, dass e' und $h^{\cdot}$ gleichzeitig wichtig sind, s. Abschnitt 6.6.1c.

[62]Es muss allerdings frei sein von redoxaktiven Verunreinigungen (s. Abschnitt 6.6).

[63]Bei starker Dotierung wird $V_O^{\cdot\cdot}$ wesentlich.

dotiertem SnO_2 ($\sigma \simeq \sigma_{e'}, C = [e'] \gg [V_O^{\cdot\cdot}]$) der Fall ist, ergibt sich als Pendant zu Gl. (6.55)

$$D_O^\delta = D_{O_i''/V_O^{\cdot\cdot}}. \tag{6.56}$$

Im dritten Spezialfall, dem "ionenreichen Elektronenleiter" resultiert

$$D_O^\delta = \frac{4c_{O_i''/V_O^{\cdot\cdot}}}{c_{h^\cdot/e'}} D_{O_i''/V_O^{\cdot\cdot}} = \frac{\sigma_{O_i''/V_O^{\cdot\cdot}}}{\sigma_{h^\cdot/e'}} D_{h^\cdot/e'}. \tag{6.57}$$

In diesem Fall ist D_O^δ also nicht nur T–, sondern auch P_{O_2}– und C–abhängig. Realisiert ist Gl. (6.57) etwa in reinem ($[V_O^{\cdot\cdot}] = [V_{Sr}''] \gg [e']$ bzw. $[h^\cdot]$) oder akzeptordotiertem $SrTiO_3$ ($2\,[V_O^{\cdot\cdot}] = [A'] \gg [h^\cdot] \gg [e']$).
Vereinheitlichend kann man in allen drei Extremfällen

$$D^\delta = t_1 D_3 = \begin{cases} D_3 & \sigma_1 \gg \sigma_3 \\ \frac{\sigma_1}{\sigma_3} D_3 & \sigma_1 \ll \sigma_3 \end{cases} \tag{6.58}$$

schreiben, aber nur wenn 1 den leitfähigsten der Majoritätsladungsträgersorte (1,2) und 3 den leitfähigsten der Minoritätsladungsträgersorte (3,4) abkürzt (d. h. per definitionem $c_1, c_2 \gg c_3$). Der Ausdruck Ladungsträgersorte bedeutet hier entweder Ionen oder Elektronen.
Gl. (6.58) ergibt sich für $c_1 \gg c_3$ wegen $D_1\sigma_3 \propto D_1 D_3 c_3 \ll D_1 D_3 c_1 \propto D_3 \sigma_1$ direkt aus Gl. (6.54e). Für den Fall, dass der Majoritätsladungsträger (1) verglichen mit dem Minoritätsladungsträger auch der leitfähigste ist, ist D^δ lediglich temperatur– (über $\Delta_3 H^{\neq}$), nicht aber partialdruck– oder dotierabhängig (Fall 1 in Gl. (6.58)). Im Falle, dass der Minoritätsdefekt der leitfähigere ist (Fall 2 in Gl. (6.58)), resultiert[64] jedoch

$$D^\delta \propto \exp -\frac{\Delta_1 H^{\neq}}{RT} \left(P^{N_1-N_3} C^{M_1-M_3} \Pi_r K_r^{\gamma_{r1}-\gamma_{r3}}\right). \tag{6.59}$$

Insbesondere ergibt sich für die Temperaturabhängigkeit

$$-R\frac{\partial \ln D^\delta}{\partial 1/T} = \Delta_1 H^{\neq} + \Sigma_r (\gamma_{r1} - \gamma_{r3}) \Delta_r H^\circ. \tag{6.60}$$

Wenden wir uns nun den Fällen zu, dass sowohl der entscheidende mobile ionische als auch der entscheidende elektronische Defekt in der Majorität ist. Im Fall des reinen Materials beziehen wir uns also auf das P– oder N–Regime, s. Abschnitt 5.5. In beiden Regimes können wir davon ausgehen, dass die Leitfähigkeit durch den elektronischen Defekt bestimmt ist. Es genügt, den Fall des P–Regimes zu betrachten mit $2[O_i''] = [h^\cdot]$. Aus Gleichung (6.54) folgt sofort

$$D^\delta = 3D_{O_i''}, \tag{6.61}$$

[64] Im Falle von Trapping–Effekten ist die Abhängigkeit komplizierter (Abschnitt 6.6.1).

ein Ergebnis, das nicht exakt, aber größenordnungsmäßig und vor allem, was die Abhängigkeiten angeht, unter Gl. (6.58) (Fall 1) subsumiert werden kann, allerdings nur wenn wir Defekt Nummer 3 nun mit dem schlechter leitfähigen der beiden Majoritätsladungsträger identifizieren.
Man erkennt aus der Formulierung nach Gl. (6.54e), dass D^δ zwischen $D_{h^\cdot/e'}$ und $D_{O_i''/V_O^{\cdot\cdot}}$ liegt. Da ersterer i.a. der größere ist, bedeutet dies, dass der elektronische Einfluss auf die ambipolare Diffusion beschleunigend, der ionische bremsend wirkt. Man erkennt, dass beide Diffusionskoeffizienten, also i.a. insbesondere der ionische Defektdiffusionskoeffizient hinreichend hoch[65] sein muss, um eines hohes D^δ zu zeitigen. Der untere Wert $D^\delta = D_{O_i''/V_O^{\cdot\cdot}}$ ist — wie oben gezeigt — im Falle des elektronenreichen Elektronenleiters realisiert.
Die durch die chemische Diffusion beschriebene Zusammensetzungsänderung muss nicht immer (so wie hier) ein Redox–Effekt sein. So kommt die Auflösung von Wasser in die perowskitischen Protonenleiter (s. Abschnitt 5.6) durch gekoppelte Diffusion von $2H^+$ und O^{2-}, also durch einen Säure–Base–Effekt, zustande. Mechanistisch entspricht dies der Gegendiffusion von Sauerstoffleerstellen und Protonen–Defekten ($H_i^\cdot$ bzw. $OH_O^\cdot$). Die entsprechenden Beziehungen sind analog, statt μ_O und c_O gehen $\mu_{H_2O} = 2\mu_{H_i^\cdot} - \mu_{V_O^{\cdot\cdot}}$ und c_{H_2O} in die Gleichungen ein. Solche Säure–Base–Effekte spielen eine große Rolle bei Festkörperreaktionen (s. Abschnitt 6.9).
Im Falle von rein morphologischen Änderungen im Sinne plastischer Verformungen, wie sie etwa infolge größerer hydrostatischer Druckänderungen oder zur Minimierung der Freien Grenzflächenenergie gefordert werden, ist es erforderlich, dass die gesamte Substanz wandert (d. h. Wanderungen aller beteiligten Komponenten), spricht man auch von Kriechen. Ist dieses diffusionskontrolliert, ist entsprechend obiger Diskussion die (bei vergleichbarer Konzentration) langsamste Komponente entscheidend, so etwa beim ZrO_2 die Zr^{4+}–Ionen [129] (vgl. Abschnitte 5.4 und 6.9.2).
Experimentelle Beispiele zur Problematik der chemischen Diffusion werden ausführlich in Abschnitt 6.5 diskutiert.

6.3.4 Die phänomenologischen Diffusionskoeffizienten gemeinsam betrachtet

Für das Verhältnis der drei phänomenologischen Sauerstoff–Diffusionskoeffizienten folgt aus obigen Ableitungen (s. Gln. (6.47), (6.54) und Abb. 6.20)

$$D^Q_{O^{2-}} : D^*_{O^{2-}} : D^\delta_O = 1 : H_{O^{2-}} : \frac{\sigma_{h^\cdot/e'}}{\sigma}\left(\frac{c_{O^{2-}}}{c_{O_i''/V_O^{\cdot\cdot}}} + \frac{4c_{O^{2-}}}{c_{h^\cdot/e'}}\right). \quad (6.62)$$

Diese Beziehungen werden später für die Anwesenheit mehrerer Ladungsträger und insbesondere für das Vorliegen von Assoziationsreaktionen verallgemeinert.

[65]Ein hohes D^δ impliziert wegen der u. U. kompensierenden Wirkung von c_O^δ in Gl. (6.54c) nicht unbedingt eine hohe Permeabilität (σ_O^δ). Hierfür müssen σ_{eon} und σ_{ion} groß sein. Wegen $\sigma_O^\delta = \sigma_{eon}\sigma_{ion}/\sigma$ ist bei gegebenem σ diese Größe maximal, falls $\sigma_{eon} = \sigma_{ion}$.

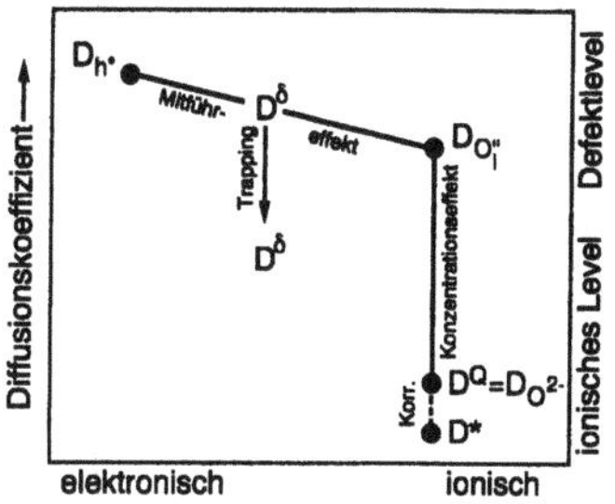

Abb. 6.20: Die Beziehungen zwischen den verschiedenen im Text diskutierten Diffusionskoeffizienten. In bezug auf Trapping vgl. Abschnitt 6.6.1 [353]. Elektronenlöcher und Zwischengitterdefekte sind als mobile Ladungsträger angenommen.

Es sei nochmals angemerkt, dass im Unterschied zu D^Q und D^* sich der chemische Diffusionskoeffizient erstens auf das (kleine) Ensemble der (schnellen) Defekte bezieht[60] und zweitens aus ionischen und elektronischen Beiträgen besteht. Er ist also gegenüber $D_{O_i''/V_O^{\cdot\cdot}}$ wegen des beschleunigenden "Mitzieheffektes" durch die Elektronen erhöht, während $D_{O_i''/V_O^{\cdot\cdot}}$ selber rein aufgrund des Konzentrationseffektes normalerweise sehr viel größer ist als D^Q und D^*. Es ist also nicht sauber, wie häufig getan, das Verhältnis D^δ/D^* (an Stelle von $D^\delta/D_{O_i''/V_O^{\cdot\cdot}}$) einem "Beschleunigungsfaktor" infolge des "Mitführeffektes" zuzuschreiben[66]. Für einen überwiegend elektronisch leitenden Festkörper reduziert sich das Verhältnis von D_O^δ zu D_O^Q auf den thermodynamischen Faktor w_O (vgl. Klammerterm in Gl. (6.62)). Überwiegt auch die elektronische die ionische Defektkonzentration, verbleibt $w_O = x^{-1}_{O_i''/V_O^{\cdot\cdot}}$.
Es ist sicherlich erhellend, für diesen Fall[67], in welchem allein der ionische Sprungprozess für die chemische Diffusion relevant ist, D^δ und D^* über die chemische Kinetik abzuleiten. Betrachten wir hierzu den Sprung eines O^{2-}–Ions (x) in eine Leerstelle ($x' = x + \Delta x$) sowie die dazugehörige Rückreaktion. Es ergibt sich nach Gln. (6.17, 6.37)

$$j_{O^{2-}}/\Delta x = \vec{k} c_{O^{2-}}(x) c_{V_O^{\cdot\cdot}}(x') - \overleftarrow{k} c_{O^{2-}}(x') c_{V_O^{\cdot\cdot}}(x). \tag{6.63}$$

Im chemischen Diffusionsexperiment ist $c_{V_O^{\cdot\cdot}}$ variabel, und es kann $c_{O^{2-}}$ ungefähr als

[66] Als Beschleunigungsfaktor in diesem Sinne kann allenfalls das Verhältnis $D^\delta/D_{O_i''/V_O^{\cdot\cdot}}$ bezeichnet werden. Es sei nochmals daran erinnert, dass die Größe D^δ schon allein deswegen groß ist, weil sie die (ambipolare) Mobilität der Defekte misst (die chemische Diffusion betrifft den Defekthaushalt), während D^* (wie D^Q per definitionem) sich auf die Ionen (reguläre sowie defekte) bezieht.

[67] D.h. wir betrachten den Fall des "elektronenreichen Elektronenleiters". Die Darstellung folgt Ref. [344]. Zur Bestimmung von $D^Q_{O^{2-}}$ aus der Ionenleitfähigkeitsmessungen muss dann allerdings ein diffizileres Experiment gewählt werden (vgl. Kap. 7).

konstant angesetzt werden[68]. Mit $\vec{k} = \overleftarrow{k} \equiv k$ folgt

$$j_{O^{2-}} = j_O = +k c_{O^{2-}} (\Delta x)^2 \frac{\Delta c_{V_O^{\cdot\cdot}}}{\Delta x} = -k c_{O^{2-}} (\Delta x)^2 \frac{\Delta c_{O^{2-}}}{\Delta x}. \tag{6.64}$$

Umgekehrt ist im Tracer–Experiment $c_{V_O^{\cdot\cdot}}(x) = c_{V_O^{\cdot\cdot}}(x')$ und die Tracer–Konzentration die sich ändernde Größe. Folglich

$$j^*_{O^{2-}} = -k c_{V_O^{\cdot\cdot}} (\Delta x)^2 \frac{\Delta c^*_{O^{2-}}}{\Delta x}. \tag{6.65}$$

Die eingeklammerten Faktoren in den Gleichungen (6.64) und (6.65) stellen offensichtlich D^δ bzw. D^* dar, die also, wie schon früher gezeigt, in unserem Spezialfall über $x_{V_O^{\cdot\cdot}} = c_{V_O^{\cdot\cdot}}/c_{O^{2-}}$ gekoppelt sind.
Wenn wir noch den schon in Abschnitt 6.1 verwendeten Sachverhalt mit hinzunehmen, dass bei der stationären Messung der Ionenleitfähigkeit (und damit von

Tabelle 6.4: Zum Vergleich von Ionenleitfähigkeit, Tracerdiffusion und chemischer Diffusion beim elektronenreichen Elektronenleiter, $j \propto \mathcal{R} = \vec{k} c_{O^{2-}}(x) c_{V_O^{\cdot\cdot}}(x') - \overleftarrow{k} c_{O^{2-}}(x') c_{V_O^{\cdot\cdot}}(x)$

Experiment	Vereinfachung ($\mathcal{R}$)
Ionenleitfähigkeit	$(\Delta k) c_{O^{2-}} c_{V_O^{\cdot\cdot}}$
Tracer–Austausch	$k(\Delta c_{O^{2-}}) c_{V_O^{\cdot\cdot}}$
chemische Diffusion	$k c_{O^{2-}} (\Delta c_{V_O^{\cdot\cdot}})$

D^Q) Gradienten sowohl in $c_{O^{2-}}$ als auch in $c_{V_O^{\cdot\cdot}}$ vernachlässigt werden können und nun (wegen des Feldes) die Unterschiede in den k–Werten relevant sind (s. auch Abschnitt 6.1), ergibt sich die aufschlussreiche Tabelle 6.4. Nach Linearisierung verbleiben von Δk (genauer $\Delta \tilde{k}$) bis auf weniger wichtige Konstanten die Beweglichkeit ($u \propto k$) und der elektrische Potentialunterschied. Als Transportparameter resultiert die Ionenleitfähigkeit ($\propto k c_{V_O^{\cdot\cdot}}$). Derselbe Parameter erscheint auch im Falle des Tracer–Austausches, während sich für die chemische Diffusion hier der Transportparameter auf $k \propto u_{V_O^{\cdot\cdot}} \propto D_{V_O^{\cdot\cdot}}$ reduziert, in voller Übereinstimmung mit den Ergebnissen der irreversiblen Thermodynamik für diesen Spezialfall. Analog, aber

[68]Genauer gilt mit $c(x') = c(x) + \Delta c$ und $\vec{k} = \overleftarrow{k} \equiv k$ für die Rate:

$$\vec{k} c_{O^{2-}}(x)[c_{V_O^{\cdot\cdot}}(x) + \Delta c_{V_O^{\cdot\cdot}}] - \overleftarrow{k}[c_{O^{2-}}(x) + \Delta c_{O^{2-}}] c_{V_O^{\cdot\cdot}}(x) \simeq k[c_{O^{2-}}(x) \Delta c_{V_O^{\cdot\cdot}} - c_{V_O^{\cdot\cdot}}(x) \Delta c_{O^{2-}}].$$

Im Falle der chemischen Diffusion sind zwar $|\Delta c_{V_O^{\cdot\cdot}}|$ und $|\Delta c_{O^{2-}}|$ vergleichbar, wohl aber gilt $|\Delta c_{V_O^{\cdot\cdot}}/c_{V_O^{\cdot\cdot}}| \gg |\Delta c_{O^{2-}}/c_{O^{2-}}|$ und damit Gl. (6.64).

etwas weniger überschaubar, sind die Verhältnisse beim Interstitialcy–Mechanismus [344].
Bevor wir einige experimentelle Beispiele diskutieren, müssen wir zunächst die Problematik der Auswertung von Konzentrationsprofilen erörtern.

6.4 Konzentrationsprofile

Während im Falle der Leitfähigkeitsmessung die Auswertung über die Bestimmung des Flusses geschieht, ist es im Falle der Tracerdiffusion und der chemischen Diffusion einfacher, das Konzentrationsverhalten selber zur Auswertung heranzuziehen[69]. Betrachten wir hierzu den Volumenausschnitt in Abb. 6.21 und nehmen zunächst eine eindimensionale Geometrie an. Es ist evident, dass die Zunahme der Konzentration nur auf zwei Wegen erfolgen kann: Einmal dadurch, dass mehr in das Volumen hinein– als herausfließt ($\propto -(j_{x+\Delta x} - j_x)/\Delta x$), und zum zweiten dadurch, dass innere Quellen oder Senken existieren, d. h. (defekt–)chemische Reaktionen — Erzeugungs– oder Vernichtungsreaktionen —, die den ins Auge gefassten Defekt freisetzen oder annihilieren ($\propto \nu_k \mathcal{R} = \nu_k(\vec{\mathcal{R}} - \overleftarrow{\mathcal{R}})$). Letztere Effekte werden wir in Abschnitt 6.6 miteinbeziehen, wollen sie aber hier vernachlässigen. In dreidimensionaler Erweiterung[70] ergibt sich dann

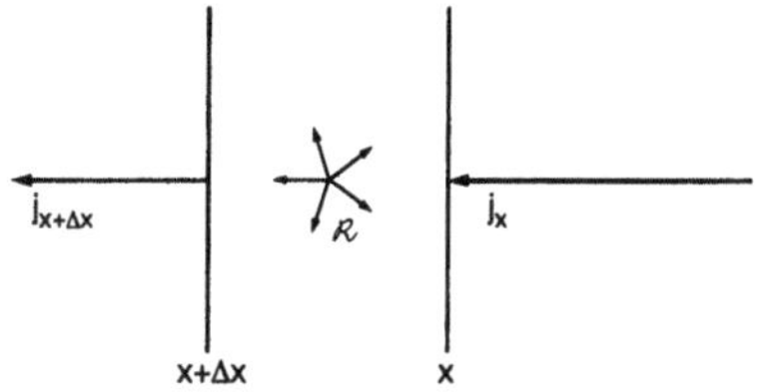

Abb. 6.21: Der Zuwachs der Konzentration zwischen x und Δx stammt von internen Quellen/Senken wie durch die Verschiedenheit von Import- und Exportrate.

$$\frac{\partial c_k}{\partial t} = -\nabla j_k = -\nabla(D\nabla c_k). \tag{6.66}$$

Diese Beziehung gilt sowohl für Tracer– als auch chemische Diffusion, solange die Voraussetzung zur Erfüllung des ("ersten") Fickschen Gesetzes gegeben sind. Im folgenden wollen wir annehmen, dass D näherungsweise konstant ist[71]. Es ist keine glückliche Konvention, die resultierende Beziehung, die im Eindimensionalen

$$\frac{\partial c}{\partial t} = D\frac{\partial^2 c}{\partial x^2} \tag{6.67}$$

[69] S. aber Permeationsmessungen in Kap. 7.
[70] Zur Ableitung von Gl. (6.66) über Sprungbetrachtungen s. Fußnote 21 auf Seite 275.
[71] Genauer $|\nabla D \nabla c| \ll |D\nabla(\nabla c)|$, d. h. die relative Änderung des Diffusionskoeffizienten sei klein gegen die relative Änderung des Konzentrationsgradienten.

lautet, als "zweites Ficksches Gesetz" zu bezeichnen. Es handelt sich nicht um eine neue phänomenologische Beziehung, sondern Gl. (6.67) ergab sich ja aus Gl. (6.9) durch Kopplung mit der Materieerhaltung.

Wenn es sich in aller Regel bei Diffusionsproblemen auch um die Auswertung ein- und derselben Differentialgleichung handelt, sind die Lösungen je nach Bedingungen (d. i. Rand- und Anfangsbedingungen), die ja erst das physikalische Experiment spezifizieren, verschieden. Es gibt eine Reihe mathematischer Vorgehensweisen zur Lösung von Gl. (6.67). Ein recht allgemeines Verfahren ist die Laplace-Transformation, die Gl. (6.67) in eine simple algebraische, die Rahmenbedingungen zwanglos enthaltende Gleichung umwandelt, deren Lösung dann unter größerem mathematischen Aufwand oder unter Benutzung von Tabellenwerken zurücktransformiert werden muss (vgl. auch Abschnitt 7.3.6). Die allermeisten Lösungen der Gl. (6.67) sind allerdings in der Literatur ausgearbeitet. Sehr nützlich ist Ref. [355], in welcher für sehr viele Fälle, d. h. verschiedene Rand- und Anfangsbedingungen, die Wärmeleitfähigkeitsgleichung ("zweites" Fouriersches Gesetz) gelöst ist. Wegen der allgemeinen Form der linearen Fluss–Kraft–Beziehungen ergibt sich über eine analoge Kontinuitätsgleichung eine zu Gl. (6.67) völlig isomorphe Beziehung für die Temperaturänderung (s. Tabelle 6.1, S. 267). In Ref. [355] ist auch angegeben, wie man den Fall variabler Transportkoeffizienten angehen kann. In der Regel ist eine analytische Lösung dann nicht mehr möglich und man muss zu graphischen (z. B. Boltzmann–Matano–Methode) oder numerischen (z. B. Finite–Differenzen–) Methoden übergehen. Eine weitere Komplikation, insbesondere bei fluiden Systemen, ist die des Bezugssystems [7,295]. In unseren einfachen Fällen wollen wir die unbewegliche Teilstruktur als Bezug wählen[72].

Experimentell lassen sich Randbedingungen zumeist danach unterscheiden, ob vorgegebene äußere Diffusionsquellen[73] konstant gehalten werden oder ob sie erschöpflich sind, ob demnach also die Konzentration am Rande oder die Gesamtmenge fixiert sind. Eine andere einfache Variante ist, den Diffusionsfluss am Rande zeitlich fix vorzugeben; ferner sind natürlich örtliche Positionen der Diffusionsquelle sowie die Geometrie und Dimensionalität der Anordnung entscheidend.

Der vielleicht übersichtlichste Fall ist der einer erschöpflichen Quelle im Zentrum einer sehr langen eindimensionalen Anordnung (Abb. 6.22). Ein experimentelles Bei-

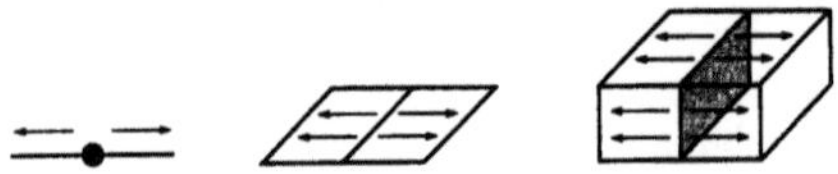

Abb. 6.22: Beidseitig unendliche quasi-eindimensionale Diffusionskonfigurationen, wie im Text besprochen.

spiel ist das Aufbringen eines kleinen Goldpunktes auf die Mitte eines sehr dünnen

[72]Auch im festem Zustand kann eine örtliche Verschiebung der Materie eintreten (s. auch Kirkendall–Effekt [356]). Vergleiche hierzu auch Abb. 6.62, S. 363.

[73]Der an dieser Stelle üblicherweise verwendete Begriff "Quelle" bezeichnet den die Randbedingung setzenden Ort höherer Konzentration und darf nicht mit den inneren Quellen- und Senkentermen verwechselt werden.

Silberdrahtes bei erhöhten Temperaturen. Im Anfangsstadium der Eindiffusion ergibt sich als Lösung eine Gaußkurve[74].

$$c(x,t) = \frac{s_0}{(4\pi Dt)^{1/2}} \exp\left(-\frac{x^2}{4Dt}\right). \tag{6.68}$$

Wie man sich überzeugen kann, erfüllt sie nicht nur die Differentialgleichung Gl. (6.67), sondern auch die Anfangsbedingung, dass $c(t=0)$ für $x \neq 0$ den Wert Null und für $x=0$ einen konstanten Wert s_0 annimmt[75], sowie auch die — für die ja vergleichsweise unendlich ausgedehnte Probe — gültigen "Randbedingungen" $c(x = \pm\infty, t) = 0$. Gl. (6.68) ist überdies von der erwarteten Form (s. Abb. 6.23a). Sie weist ein Maximum bei $x = 0$ auf und ist symmetrisch zur Konzentrationsachse.

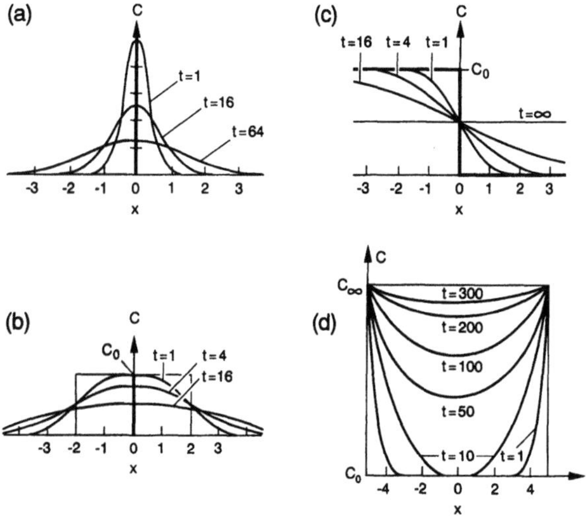

Abb. 6.23: Konzentrationsprofile für verschiedene Anfangs- und Randbedingungen (s. Text) (a) erschöpfliche Punktquelle[73] (beidseitig unendliche Randbedingungen), (b) ausgedehnte erschöpfliche Quelle (beidseitig unendliche Randbedingungen), (c) einseitig unendlich ausgedehnte Quelle (unendliche Randbedingungen), (d) beidseitig unerschöpfliche Quelle (endliche Randbedingungen)[77].

Außerdem muss die Lösung wegen der Forderung $c \rightarrow 0$ für $x \rightarrow \pm\infty$ Wendepunkte aufweisen. Sie ergeben sich zu

$$|x_w| = \sqrt{2Dt}. \tag{6.69}$$

Die Fläche unter der Kurve ist zeitlich konstant und liefert die Gesamtmenge[75] des Goldes (s_0). Da sich der Großteil (ca. 68%) des eingebrachten Materials zwischen den Wendepunkten befindet, erhält man eine grobe Abschätzung[76] der Dauer (t_{eq}) des

[74] Dies folgt auch aus dem Irrläufer–Problem (siehe Fußnote 22 auf S. 276).

[75] Mathematisch präzis ist die Anfangsbedingung durch $s_0\delta(x)$ beschrieben, wobei $\delta(x)$ die Deltafunktion darstellt. $\int_{-\infty}^{+\infty} s_0\delta(x)dx$ ergibt s_0. Außerdem gilt $\int_{-\infty}^{+\infty} \exp(-y^2)\,dy = \sqrt{\pi}$. Vgl. auch Fußnote 98 auf S. 459 in Kap. 7.

[76] Natürlich verliert bei endlichen Randbedingungen Gl. (6.68) ihre funktionale Gültigkeit. Umgekehrt gelten die einfacheren, für unendliche Randbedingungen abgeleitete Beziehungen immer für genügend kleine Zeiten.

Diffusionsexperimentes, wenn man $2x_w$ der Gesamtprobenlänge (L) gleichsetzt. Die Größe 2Dt (bzw. 6Dt in ^{3}D) entspricht gerade dem mittleren Verschiebungsquadrat bei stochastischen Prozessen[74], das ja auch hier zugrunde liegt:

$$L^2 \simeq 2Dt_{eq}. \tag{6.70}$$

Der Fall beidseitig endlicher Randbedingungen wird unten genauer diskutiert. Bringt man die Diffusionsquelle[73] auf eine Seite des sehr langen Diffusionskanales (einseitig endliche Randbedingungen), so ergibt sich (für vergleichsweise kleine Zeiten) wiederum Gl. (6.68), bis auf die Tatsache, dass nun s_0 durch den doppelten Wert zu ersetzen ist. Ein Beispiel in Bezug auf die Tracer–Diffusion zeigt Abb. 6.24.

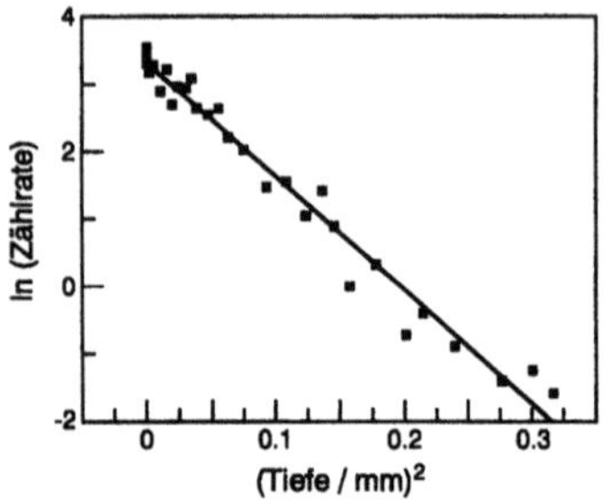

Abb. 6.24: Co–Tracer–Diffusion (^{57}Co) in CoO bei 1100°C in Luft, detektiert durch Vermessung der γ–Strahlung sukzessive abgetragener Schichten und ausgewertet nach Gl. (6.68). Aus [357].

In vielen Fällen ist die Diffusionsquelle nicht erschöpflich (s. z.B. Abb. 6.23d), sondern es wird eine konstante Konzentration aufrechterhalten. Die insgesamt eingeströmte Menge folgt dabei anfänglich einem $\sqrt{t}$–Gesetz. Für längere Zeiten verspüren die eindiffundierenden Teilchen die Begrenzung auf der anderen Seite, und es ergibt sich näherungsweise ein exponentielles Gesetz als Lösung (vgl. folgenden Abschnitt).

Eine Reihe von Situationen sind in Abbildung 6.23 veranschaulicht[77]. In Kap. 7 werden wir weitere Fälle kennenlernen, in welchen am Rande der Fluss und damit die Gradienten konstant vorgegeben sind.

Naturgemäß sind die eindimensionalen Lösungen der Diffusionsgleichung nicht auf eindimensionale Experimente beschränkt. In ^{2}D ist ein geeignetes pseudo–eindimensionales Experiment das Aufbringen der Diffusionsquelle (z. B. Gold) auf einen dünnen Film (z. B. dünnes Silberblech) (Abb. 6.22). Es mag sich auch um einen dünnen Streifen des gleichen, nun aber radioaktiven Materials (verschiedenes Isotop) handeln oder um die Exposition einer schlitzförmigen Öffnung des ansonsten versiegelten dünnen Oxidfilmes zur (radioaktiv oder chemisch veränderten) Gasatmosphäre. In ^{3}D ist das Analogon die Sandwich–Technik oder das Aufbringen der Diffusionsquelle auf die Oberfläche, wie es ja schon in Abb. 6.24 der Fall war. Im Falle einer Gasphase als Diffusionsquelle ist bei sehr günstigem Aspektverhältnis,

[77]Vgl. auch Abb. 7.11, S. 413 und Abb. 7.26, S. 445, in Bezug auf weitere Beispiele.

d. h. bei genügend kleiner Ausdehnung in der Diffusionsrichtung gegenüber den anderen Raumrichtungen, ein Schutz dieser anderen Oberflächenanteile nicht vonnöten[78]. Häufig reduziert auch die Formulierung des Diffusionsproblemes in symmetrieangepassten Koordinaten die Komplexität des Problems. So ist im Falle der in Abb. 6.25 gezeigten Scheibengeometrie das Diffusionsproblem mit einer Ortsvariablen be-

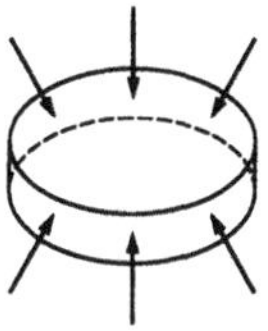

Abb. 6.25: Radiale Diffusion in einer zylindrischen Probe. Bei der gezeigten Symmetrie ist der radiale Abstand vom Mittelpunkt der einzige Parameter.

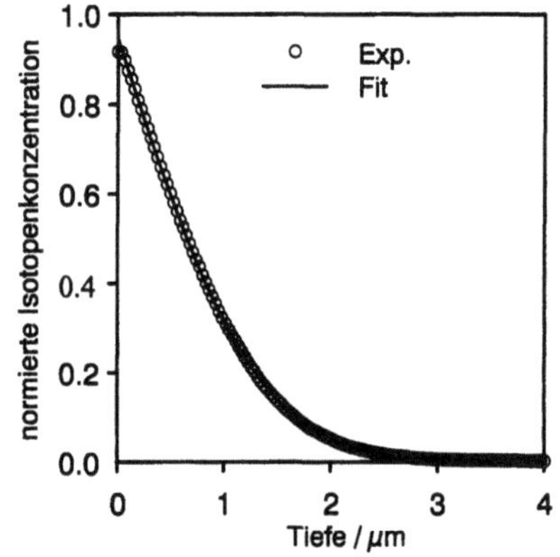

Abb. 6.26: ^{18}–Diffusionsprofile in $La_{0.8}Sr_{0.2}Mn_{0.8}Co_{0.2}O_{3-x}$ bestimmt über SIMS–Analyse. Im Gegensatz zu Abb. 6.53 (S. 343) handelt es sich um fast reine Diffusionskontrolle. Der Fit erfasst jedoch schon geringfügige Reaktionsanteile (bei reiner Diffusinskinetik wird an der Grenzfläche der Konzentrationswert 1 erreicht). Lediglich 20% der aufgenommenen Datenpunkte sind gezeichnet. Aus [358].

schreibbar, wenn man statt kartesischen Koordinaten Zylinder–Koordinaten einführt (s. u. Gl. 6.76).

Im folgenden Abschnitt werden wir am Beispiel der chemischen Diffusion In–situ–Profile (als Funktion von Ort und Zeit) diskutieren (s. Abb. 6.33). In den allermeisten Fällen geschieht die Auswertung ex–situ (d. h. nach Einfrieren instationärer Zustände durch sukzessives Abtragen des Materiales und Bestimmung der Konzentration durch Analyse (chemische Analyse, Massenspektrometrie oder Radiometrie). Eingeführte Methoden im Falle der Tracer–Diffusion sind Abtragungen durch Teilchenbeschuss oder durch Abätzen und Abpolieren. Abbildung 6.26 zeigt ^{18}O–Profile durch SIMS–Messungen[79] an $La_{0.8}Sr_{0.2}Mn_{0.8}Co_{0.2}O_{3-x}$ zur Detektion von D^*_O; solche Sr–dotierten La–Manganate[80] oder –cobaltate spielen eine große Rolle als Kathoden

[78]Sind die Diffusionsverhältnisse stark anisotrop, so gilt dies nicht mehr oder erst recht.

[79]Secondary ion mass spectroscopy. Die Probe wird schichtweise durch Teilchenbeschuss abgetragen. Die Analyse geschieht über Massenspektroskopie.

[80]Diese Verbindungen zeigen auch interessante magneto–resistive Eigenschaften [359].

in Brennstoffzellen (s. Abschnitt 7.4.2). Es sei hier in Vorausschau auf Abschnitt 6.7 bemerkt, dass die benützten Randbedingungen eine unendlich schnelle Oberflächenreaktion voraussetzen. Die Tatsache, dass in Abb. 6.26 am Rande die normierte Konzentration nicht exakt den Wert Eins erreicht, verrät schon, dass dies hier nicht exakt erfüllt ist.

6.5 Diffusionskinetik der Stöchiometrieänderung

An dieser Stelle soll exemplarisch und explizit das wichtige Beispiel der diffusionskontrollierten Änderung der Sauerstoffstöchiometrie behandelt werden (Abb. 6.17c). Mit anderen Worten: Es wird die durch chemische Diffusion gegebene Geschwindigkeit der Sauerstoffauflösung im Oxid $M_2O_{1+\delta}$ betrachtet und vorausgesetzt, dass die Oberflächenreaktion vergleichsweise schnell ist.
Zur experimentellen Bestimmung sei die Leitfähigkeitsmessung[81] herangezogen. Wir betrachten eine dünne quaderförmige Scheibe isotropen Materiales, die unter dem Sauerstoffpartialdruck P_1 ($\widehat{=} M_2O_{1+\delta_1}$) äquilibriert wurde, ändern sprunghaft den äußeren Partialdruck auf den Wert P_2 und verfolgen den Relaxationsprozess in den Endzustand ($\widehat{=} M_2O_{1+\delta_2}$) (Abb. 6.27). Das homogene Anfangsprofil sei gegeben

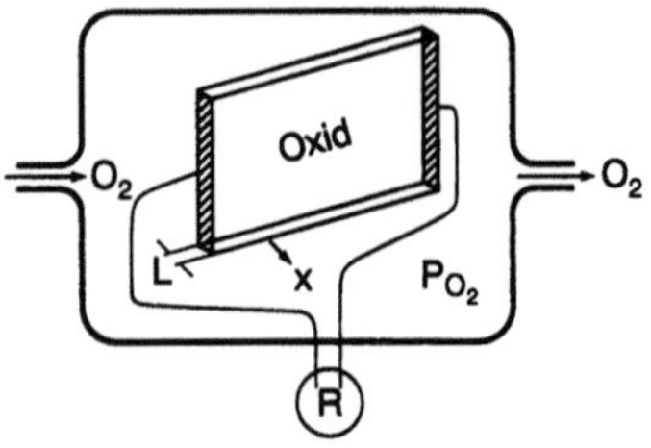

Abb. 6.27: Der Sauerstoffpartialdruck wird über der äquilibrierten Probe sprunghaft geändert und die Leitfähigkeit in der angegebenen Weise gemessen.

durch c_1 (c bezeichne hier die Konzentration des im Leitfähigkeitsexperiment vermessenen Ladungsträgers[82]), das Endprofil durch c_2. Die Anfangsbedingung lautet also $c(x, t{=}0) = c_1$, wenn x die Koordinate normal zu den großen Scheibenoberflächen ist. Die Sauerstoffdiffusion über die kleinen Oberflächenstücke vernachlässigen wir. Wegen der schnellen Oberflächenreaktion wird direkt nach dem Umschalten des Gaspartialdruckes von P_1 auf P_2 bei t=0 an den Oberflächen der Wert c_2 verspürt; die Randbedingungen besagen also — wenn wir den Nullpunkt in die Probenmitte legen — $c(x = \pm L/2; t > 0) = c_2$. Die Lösung ist eine modulierte Fourier–Reihe [355]:

$$\frac{c(x,t) - c_1}{c_2 - c_1} = 1 - \sum_0^\infty \frac{4(-1)^i}{\pi(2i+1)} \cos\left[\pi(2i+1)\frac{x}{L}\right] \exp\left[-\pi^2(2i+1)^2\frac{D^\delta t}{L^2}\right] \quad (6.71)$$

[81] Die Leitfähigkeitsmessung dient hier nur zur Detektion des Diffusionsprofiles. Das primäre Experiment ist vom Typ (c) in Abb. 6.17.

[82] Wegen der Ladungserhaltung gilt sowohl für den relevanten ionischen als auch den relevanten elektronischen Defekt ein "erstes" und "zweites" Ficksches Gesetz.

Die sich einstellenden Profile sind in Abb. 6.28 (s. auch 6.23d) gezeigt; man erkennt

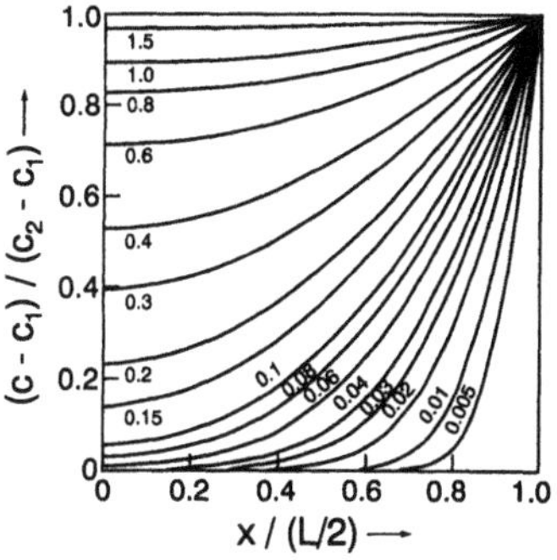

Abb. 6.28: Profile einer Probenhälfte bei schnellem Wechsel der Oberflächenkonzentration auf beiden Seiten bei $x = \pm L/2$. Der Wert $x = 0$ bezieht sich auf die Probenmitte. Der Parameter an den Kurven ist $D^\delta t/(L/2)^2$. Man erkennt, dass für den Wert 2 ungefähr Gleichgewicht erreicht ist. Dann ist das mittlere Verschiebungsquadrat der Probendicke gleich (s. Gl. (6.70)).

die gewichtete Cosinus–förmige Ortsabhängigkeit. Wir werden weiter unten sehen, dass wir diese Profile als Funktion von Ort und Zeit experimentell verifizieren können. Man vergleiche hierzu Abb. 6.28 mit Abb. 6.33 auf Seite 314. Wollte man eine solche zeit– und ortsaufgelöste Analyse mit Hilfe der Leitfähigkeit durchführen müsste man dazu eine große Zahl von Mikroelektroden entlang der Diffusionsrichtung positionieren.

Wesentlich einfacher ist die integrale Methode. Hierbei wollen wir den Leitwert der Probe über die ganzflächig kontaktierten schmalen Seiten (Abb. 6.27), d. h. parallel zum Profil vermessen. Wenn die spezifische Leitfähigkeit durch einen Ladungsträger dominiert wird, gilt nach Gl. (5.234) für die mittlere oder effektive spezifische Leitfähigkeit

$$\sigma_m^{||}(t) = \frac{1}{L}\int_{-L/2}^{+L/2} zuFc(x,t)dx. \tag{6.72}$$

Da nur die trigonometrischen Funktionen der Integration unterworfen sind, erhält man für die nunmehr nur zeitabhängige mittlere Leitfähigkeit $\sigma_m^{||}$:

$$\frac{\sigma_m^{||}(t) - \sigma_1}{\sigma_2 - \sigma_1} = 1 - \frac{8}{\pi^2}\sum_0^\infty \frac{1}{(2i+1)^2}\exp\left(-\frac{t}{\tau_d}(2i+1)^2\right). \tag{6.73}$$

Die Zeitkonstante τ^δ dient zur Abkürzung von

$$\tau^\delta = \frac{L^2}{\pi^2 D_O^\delta}. \tag{6.74}$$

Für kleine Zeiten ($t \ll \tau^\delta$) ergibt sich als Näherung ein $\sqrt{t}$–Gesetz der Form[83]

$$\frac{\sigma_m^{\|}(t) - \sigma_1}{\sigma_2 - \sigma_1} \simeq \frac{4}{\pi^{3/2}}\sqrt{\frac{t}{\tau^\delta}}. \tag{6.75a}$$

Aus der Steigung in der $\sqrt{t}$-Auftragung erhält man den chemischen Diffusionskoeffizienten. Einfacher und zumeist auch verlässlicher[84] lässt sich D_O^δ aus dem Langzeitverhalten bestimmen. Für $t = \tau^\delta$ ist der erste Exponentialterm in Gl. (6.73) $e^{-1} \simeq 0.36$, der zweite bereits lediglich $e^{-9} \simeq 10^{-4}$, der dritte $e^{-25} \simeq 10^{-11}$; somit ist für $t > \tau^\delta$ die unendliche Summe in guter Näherung durch ihren ersten Wert approximierbar. Es bietet sich an, eine etwas andere Normierung zu benützen, wonach folgt:

$$M_\sigma \equiv \frac{\sigma_m^{\|}(t) - \sigma_2}{\sigma_1 - \sigma_2} = \frac{8}{\pi^2}\exp -t/\tau^\delta. \tag{6.75b}$$

In diesem Falle ergibt die Auftragung $\ln M_\sigma$ vs. t eine Gerade, und wiederum ist D_O^δ aus der Steigung erhältlich. Abbildung 6.29 zeigt die Auswertung eines solchen Ex-

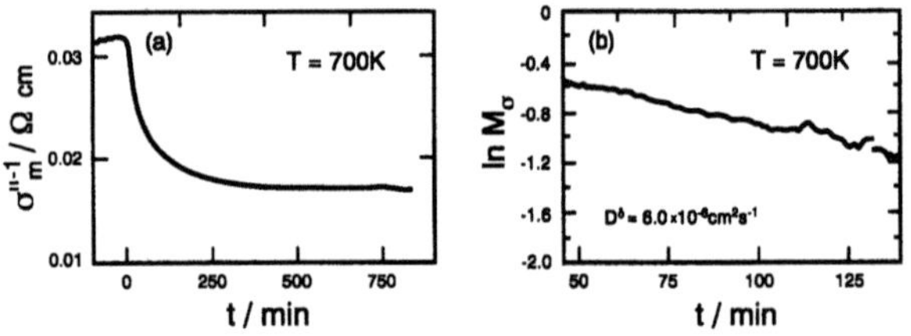

Abb. 6.29: In der logarithmischen Auftragung (b) linearisiert sich für nicht zu kurze Zeiten die Messkurve (a) des spezifischen Widerstandes von $YBa_2Cu_3O_{6+x}$ als Funktion der Zeit; die Steigung ist über D^δ und L gegeben. Nach [360].

perimentes für $YBa_2Cu_3O_{6+x}$, in Abb. 6.29a sozusagen in der Rohform (spezifischer Widerstand vs. t), in Abb. 6.29b dann in der linearisierten Form entsprechend Gl. (6.75b). Der chemische Diffusionskoeffizient[85] ist beachtlich, dies ist Grundvoraussetzung für die rasche Stöchiometrieänderung bei der Aufoxydation dieses Materials zur Einstellung geeigneter supraleitender Zusammensetzungen ($x > 0.5$).
Man erkennt aus Abb. 6.28, dass das Diffusionsexperiment nahezu vollendet ist, wenn der Parameter $4D^\delta t/L^2$ den Wert 2 angenommen hat. Dies bestätigt noch einmal unsere Daumenregel, dass eine vernünftige Abschätzung für die Diffusionsdauer

[83]Es gilt allgemein für kleine Zeiten: $1 - 8\pi^{-2}\sum_0^\infty (2i+1)^{-2}\exp\left[-(2i+1)^2 t/\tau^\delta\right] \simeq 4\pi^{-3/2}\sqrt{t/\tau^\delta}$. Diese Lösung ergibt sich naturgemäß direkt aus der Diffusionsgleichung unter Annahme halbunendlicher Randbedingungen, die ja für kurze Zeiten näherungsweise korrekt sind.

[84]Vor allem bei kleinen Zeiten können störende Nebeneffekte auftreten (z. B. Grenzflächenprozesse, Gasdiffusion).

[85]Zur Komplizierung der Interpretation von D^δ durch verschiedene Valenzzustände in $YBa_2Cu_3O_{6+x}$ vgl. nächster Abschnitt.

t_{eq} resultiert, wenn das mittlere Verschiebungsquadrat den Wert der Probendicke erreicht hat, nun auch explizit für die endlichen Randbedingungen. In diesem Falle ist $t_{eq}/\tau^\delta \simeq \pi^2/2 \simeq 5$ und die relative Leitfähigkeitsänderung in Gl. (6.75b) auf unter 1% gesunken.
Es ist aufschlussreich, sich an dieser Stelle den Größenordnungsbereich möglicher Äquilibrierungszeiten vor Augen zu halten (s. Tab. 6.5), da die chemische Diffu-

Tabelle 6.5: Äquilibrierungszeiten bei eindimensionaler Diffusion in eine 1mm dicken Probe nach einem Sprung im äußeren chemischen Komponentenpotential.

D^δ / cm^2s^{-1}	τ_{eq} (L = 1mm)	
10^{-20}	5×10^{17}s	~4 x Alter der Erde
10^{-10}	5×10^{7}s	~Dauer einer Doktorarbeit
10^{-8}	5×10^{5}s	~1w
10^{-6}	5×10^{3}s	~1h
10^{-5}	5×10^{2}s	~10 min
10^{-4}	50s	~1min
10^{-3}	5s	} (fluide Phasen)
10^{-2}	0.5s	

sion ein wesentlicher Serienprozess bei fast allen Festkörperreaktionen darstellt (s. unten). Wir wählen hierzu eine typische Diffusionslänge von L=1mm. Werte von $D^\delta \simeq 10^0 cm^2/s \ldots 10^{-2} cm^2/s$, die eher für fluide Phasen erwartet werden, bilden die obere Grenze im festen Zustand. In diesem Falle ist die Äquilibrierungszeit von der Größenordnung einer Sekunde oder kleiner. Schnelle chemische Diffusionsvorgänge, wie etwa bei der eben diskutierten Sauerstoffbehandlung von $YBa_2Cu_3O_{6+x}$, weisen Werte der Größenordnung $10^{-6} cm^2/s$ auf. Hier liegen Äquilibrierungszeiten in der leicht messbaren Größenordnung von 1h. Bereits bei $D^\delta = 10^{-10} cm^2/s$ sind die Einstellzeiten in der Größenordnung der Dauer einer Promotionsarbeit[86]. Weitaus geringere D^δ-Werte sind nun keineswegs selten. Dem Wert von $10^{-20} cm^2/s$ entsprechende Wartezeiten überschreiten das Alter der Erde. Es ist einsichtig, dass in den meisten Fällen räumliches Gleichgewicht in bezug auf alle Komponenten nicht erreichbar ist. Es lohnt sich darüber nachzudenken, dass niedrige Diffusionskoeffizienten ein wesentliches Merkmal unserer Umwelt sind. Keine dauerhafte Strukturierung wäre möglich ohne diesen Umstand, die (allermeisten) Konturen — unsere

[86]Der betroffene Student ist gut beraten, die Temperatur zu erhöhen, die Probendicke zu verkleinern bzw. alternativ das Material oder den Doktorvater zu wechseln.

eigenen eingeschlossen — würden zerfließen. Andererseits macht dies deutlich, wie

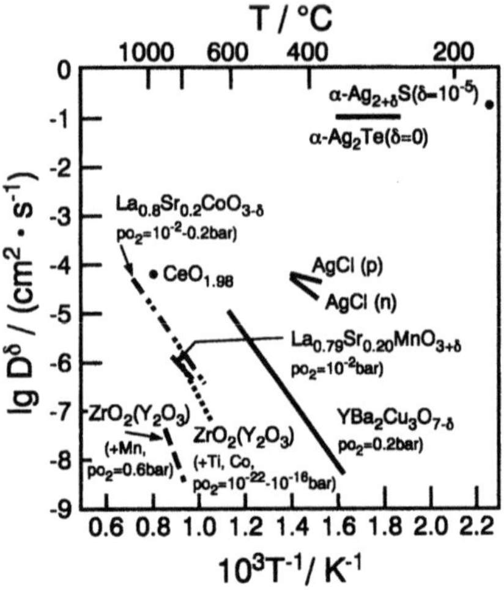

Abb. 6.30: Chemische Diffusionskoeffizienten für Ag bzw. Sauerstoff für eine Auswahl verschiedener Materialien mit hohen D^δ–Werten unter spezifizierten Bedingungen [361]. Man beachte, dass ein hohes D^δ nicht gleichbedeutend mit einer hohen Permeabilität (σ^δ) ist[57,65]. So weist Sr–dotiertes $LaCoO_3$ eine weitaus bessere Sauerstoffpermeabilität auf als Sr–dotiertes $LaMnO_3$ (vgl. Abb. 7.1, S. 396), während die D^δ–Daten ähnlich sind. Die Verunreinigungen im ZrO_2 (Y_2O_3) sind klein ($\sim 10^{-4}$) gegenüber dem Y–Gehalt, reduzieren aber dennoch den (sehr hohen) chemischen Diffusionskoeffizienten (s. Abschnitt 6.6) über Puffereffekte [353,362].

wesentlich es ist, partiell eingefrorene Zustände in die Betrachtung mit einzubeziehen. Abb. 6.30 zeigt eine Auswahl von Verbindungen mit vergleichsweise hohen chemischen Diffusionskoeffizienten.
Doch zurück zu den Messungen. Eine Bedingung war die Konzentrationsunabhängigkeit von D^δ für die Gültigkeit obiger Beziehungen. Nach obigen Ausführungen (s. Gl. (6.59)) ist dies in realen Experimenten nicht streng erfüllt. Will man numerische oder graphische Auswertungen umgehen, ist es in solchen Fällen angebracht, das Intervall $[P_1, P_2]$ entsprechend einzuengen. Ebenso zu berücksichtigen ist, dass D^δ normalerweise Tensorcharakter besitzt. Abbildung 6.31 zeigt die Anisotropie von D^δ in den Hochtemperatursupraleitern $YBa_2Cu_3O_{6+x}$ und $Bi_2Sr_2CaCu_2O_{8+x}$, die angesichts der anisotropen Struktur (vgl. Abb. 5.64, S. 211) erwartet ist. Eine Bedingung für das Funktionieren obiger Leitfähigkeitsmethode ist, dass für den die Leitfähigkeit dominierenden Ladungsträger der Partialdruckkoeffizient verschieden von Null ist, wie es sehr häufig bei Ionenleitern[87] eben nicht der Fall ist. Eine andere zur Auswertung der defektchemischen Relaxation heranziehbare Größe ist die Gewichtsänderung. Dies setzt allerdings größere Stöchiometriebreiten voraus, wie sie normalerweise bei Ionenleitern nicht beobachtet werden.
Eine sehr elegante und auch bei Ionenleitern wie ZrO_2 (Y_2O_3) einsetzbare Technik, ist die spektroskopische Beobachtung der Konzentrationsveränderung optisch nachweisbarer Defekte. Im Falle von $SrTiO_3$ lassen sich z. B. Fe^{4+}–Spuren und im Falle von ZrO_2 Ni^{3+}–Spuren optisch leicht detektieren. Hierzu werden die Mate-

[87]Zur selektiven Messung der Minoritätsladungsträger sowie zur Bestimmung chemischer Diffusionskoeffizienten über elektrochemische Methoden s. Kap. 7.

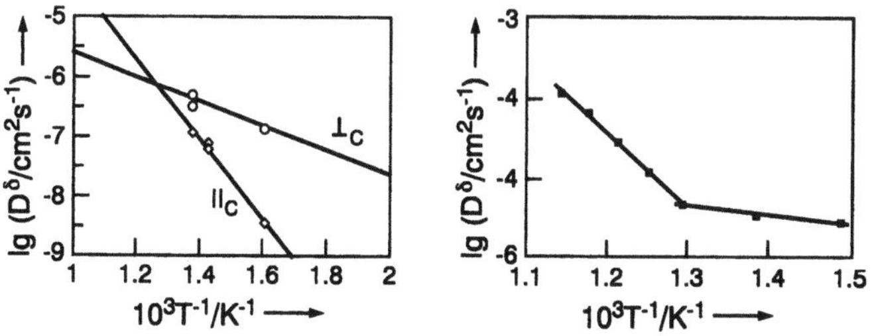

Abb. 6.31: Anisotropie der chemischen Diffusionskoeffizienten von $YBa_2Cu_3O_{6+x}$ (links) ($\sim 10^{-2}$ bar O_2) und $Bi_2Sr_2CaCu_2O_{8+x}$ (rechts) (0.2 bar O_2). Der steilere Kurvenverlauf stellt die Diffusion in c–Richtung, der flachere Verlauf die Diffusionskoeffizienten in der ab–Ebene dar. Links: zwei verschiedene Orientierungen des Einkristalls. Rechts: Parallelschaltung der verschiedenen Pfade im Polykristall [363].

rialien schwach dotiert. Die Verteilung der Redoxzustände (also das Fe^{3+}/Fe^{4+}–Verhältnis bzw. das Ni^{3+}/Ni^{2+}–Verhältnis) ist bei gegebener Temperatur und gegebenem Gesamtdotiergehalt über die defektchemischen Gleichgewichte eine eindeutige Funktion der lokalen Sauerstoffaktivität (s. Abschnitt 5.7.1). Misst man die Absorption integral[88], so ergibt sich ein Gl. (6.75) entsprechender Ausdruck, dessen Zeitabhängigkeit D^δ liefert. Es ist zu beachten, dass im Unterschied zum Leitwert ein zur Konzentration proportionales Maß hier nur entsteht, wenn man senkrecht zur Grenzfläche misst[89]. (Da in diesem Falle notwendig innere defektchemische Reaktionen eine Rolle spielen, sei die Analyse von D^δ auf den nächsten Abschnitt verschoben, dort ist aber auch gezeigt, dass die Auswertung, die hier beschrieben wird, korrekt ist). Die Eleganz der Methode besteht darin, dass in situ, auch bei hohen Temperaturen, die Profile auch ortsaufgelöst[89] beobachtet werden können. Abbildung 6.32 zeigt die Abfolge von digital verarbeiteten Kamera–Bildern und Abb. 6.33 die zeitliche Abfolge der entsprechenden Stöchiometrieprofile beim $SrTiO_3$, mit Hilfe derer die D^δ–Werte sehr genau bestimmt werden können. Da aus den erwähnten messtechnischen Gründen es sich als vorteilhaft erwies, den Sauerstoff durch die schmale Mantelfläche der Kreisscheibe eindiffundieren zu lassen und die Profile über die glasgeschützten Kreisflächen zu beobachten (s. Abb. 6.25), wird im Diffusionsgesetz eine radiale Geometrie zugrunde gelegt. Es gilt dann (mit r =

[88]Im Prinzip eignen sich u. a. auch ESR-, NMR– und Mößbauer–Methoden hierfür [8,364,365].

[89]Die Schwächung der Intensität (I) ergibt sich bei Durchgang durch einen faktisch homogenen Ausschnitt dx zu $\ln \frac{I(x+dx)}{I(x)} = -\alpha dx \propto -c dx$. Beim Durchgang durch die inhomogene Probe quer zur Grenzfläche wird also das Integral über cdx vermessen. Bei lokaler Auflösung parallel zur Grenzfläche wird der Absorptionskoeffizient α (bzw. c) direkt lokal vermessen (genauer α(c) mal Dicke in Normalrichtung zur x–Achse).

Abb. 6.32: In–situ–Aufnahme der Ortsprofile der Fe^{4+}–Konzentration in $SrTiO_3$ als Funktion der Zeit mit digitaler Kameratechnik [366].

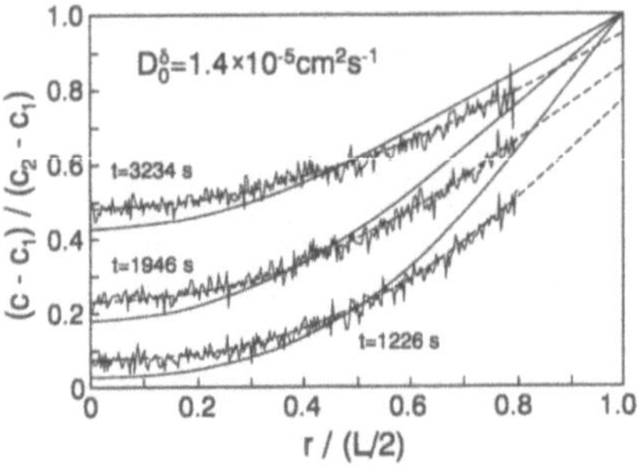

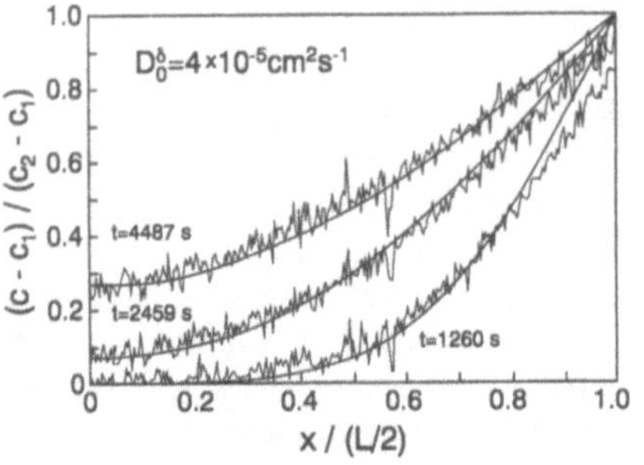

Abb. 6.33: Aus den optischen Messungen (oben: 893 K, unten: 848 K) erhaltene Konzentrationsprofile als Funktion von Ort und Zeit. Die durchgezogenen Profile sind mit konstantem D^δ angepasst. Das Einfügen der Konzentrationsabhängigkeit ändert die Auswertung nur geringfügig. Man erkennt, dass die Annahme einer reinen Diffusionskontrolle (durchgezogene Kurven) bei der von frischgebrochenen Grenzflächen ausgehenden Diffusion (unten) besser ist als im Fall der Diffusion ausgehend von der relaxierten Oberfläche (oben). In diesem Fall wird die Anpassung erst perfekt, wenn die Oberflächenkontrolle mit berücksichtigt wird (gestrichelte Kurve). Die Analyse obiger Kurvenschar liefert statt $1.4\times10^{-5}\mathrm{cm}^2/\mathrm{s}$ dann genauer $D^\delta = 2.0\times10^{-5}\mathrm{cm}^2/\mathrm{s}$ mit einer Ratenkonstante $\bar{k}^\delta$ von $2\times10^{-4}\mathrm{cm/s}$. Dass oben eine radiale (s. Abszisse), unten aber eine kartesische Geometrie ausgewertet wurde, tut weiter nichts zur Sache [137].

Abstand vom Mittelpunkt)[90]:

$$\frac{\partial c}{\partial t} = \frac{1}{r}\frac{\partial}{\partial r}\left(rD^\delta\frac{\partial c}{\partial r}\right). \tag{6.76}$$

Wie schon in Abb. 6.26 zeigen Abweichungen von der Anpassung über ein zweites Ficksches Gesetz den Einfluss der Oberflächenreaktion an. Dieser Punkt wird in Abschnitt 6.7 aufgerollt, während die Interpretion der D^δ–Werte im folgenden Abschnitt beschrieben wird.

In der Praxis sind natürlich nicht nur Auflösungen gasförmiger Komponenten von Bedeutung. Technologisch relevant ist das Einbringen von Li in Li_xMO_2 (M= Ni,Co,V, vgl. Abschnitt 7.4.3), dies geschieht als sogenannte Interkalation (Gast–

[90]Zur Umrechnung von kartesischen in krummlinige Koordinaten vgl. z. B. [367].

Wirt–Reaktion) über große Zusammensetzungsbereiche unter Erhalt der Morphologie, wie es besonders für die Elektrodenfunktion wichtig ist.

6.6 Komplizierungen des Materietransportes

In diesem Abschnitt sollen insbesondere Komplikationen bei vorliegenden inneren Wechselwirkungen und bei Auftreten von Randschichteffekten betrachtet werden. Die Komplizierungen der Kinetik in anisotropen Kristallen, bei denen der Tensorcharakter des Diffusionskoeffizienten zutage tritt, wie auch Komplizierungen aufgrund eventueller Konzentrationsabhängigkeit wurden schon kurz angesprochen und seien nicht weiter verfolgt[91]. Ebenso sei in bezug auf Verspannungseffekte auf die Literatur verwiesen (s. z. B. Ref. [368,369]). Auch Nichtidealitäten, die auf schon in Kap. 5 behandelte Leitfähigkeitseffekte zurückzuführen sind, werden nicht mehr eigens aufgegriffen).

6.6.1 Interne Wechselwirkungen

a) Leitfähigkeit und Sprungrelaxation

Während im Falle größerer Defektkonzentrationen der begrenzten Anzahl der Plätze bei der Formulierung der Beweglichkeit durch Einführen eines Konzentrationstermes für die Sprungpartner Rechnung getragen werden kann (Abschnitt 6.2), müssen zur Erfassung der Wechselwirkung bei höheren Konzentrationen Korrelationen berücksichtigt werden.

Eine recht weitreichend gültige Vorstellung ist das Sprungrelaxationsmodell von Funke [370]. Es ist in gewissen Zügen der Debye–Falkenhagen–Theorie [371] flüssiger Elektrolyte an die Seite zu stellen. Die Wechselwirkung der Ladungsträger untereinander äußert sich in einem vergleichsweise flachen Defektpotential[92], das dem Gitterpotential überlagert ist, wie Abb. 6.34 zeigt.

In Folge der in toto abstoßenden Wechselwirkung der Defektnachbarn ist nach einem Sprung die eingenommene Potentialmulde energetisch erhöht, solange die Umorientierung der Umgebung noch nicht stattgefunden hat; solange ist dann auch die Rücksprungrate stark bevorzugt. Jeder erfolgreiche Sprung eines Teilchens erfordert die anschließende Relaxation der Umgebung[93].

Zunächst wollen wir uns als künstliche Grenzfälle die zwei folgenden Materialien vorstellen: (i) In Material 1 sei die Relaxation der Umgebung extrem langsam und somit fast alle Sprünge im Beobachtungsfenster erfolglos. Das Teilchen vollführt

[91] Gleiches gilt für die Problematik der Bezugssysteme.

[92] Das Defektpotential ergibt sich durch Berechnung der Wechselwirkungenergie für verschiedene Auslenkung des Zentralteilchens (vgl. auch Abschnitt 5.7.2).

[93] Hier ist primär die Relaxation der Defektumgebung gemeint. Die strukturelle Relaxation des perfekten Gitters erfolgt im Zeitbereich bzw. Frequenzbereich der Gitterschwingungen (und ist damit von der Größenordnung der Versuchsfrequenz, vgl. Kapitel 3).

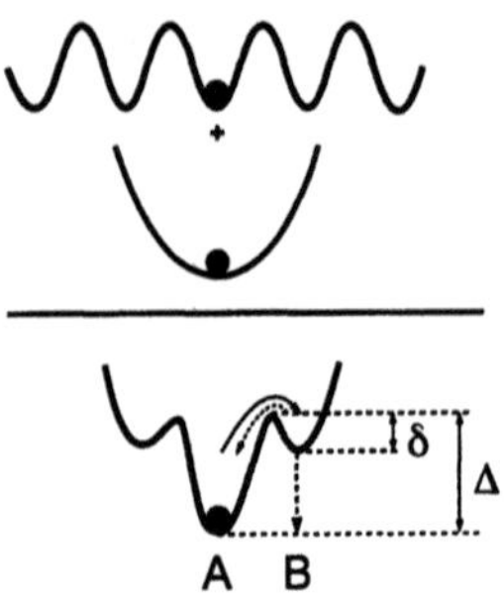

Abb. 6.34: Ein Sprung im realistischen Potential (Gitterpotential (oben) + Defektpotential (Mitte)) erfordert die Überwindung einer vergleichsweise hohen Aktivierungsenergie sowie eine anschließende Relaxation der Umgebung, bis der Platz B die ursprüngliche Potentialumgebung von A innehat (s. Text). Aus [372].

also nur geringfügige Auslenkungen um seine ursprüngliche Position, die lediglich bei extremer zeitlicher Auflösung, sprich bei hohen Messfrequenzen (vgl. Abschnitt 7.3.6), sichtbar sind. Die Gleichstromleitfähigkeit ist nahezu Null. (ii) In Material 2 sei die Relaxation unendlich schnell, dann ist die Situation so wie bisher behandelt und die Leitfähigkeit unabhängig von der Messfrequenz. In realistischen Materialien sind die beiden Prozesse (Sprünge zwischen A und B sowie Relaxationen der Umgebung) nicht unabhängig voneinander[94] und frequenzabhängige Leitfähigkeiten ein Spiegel der Wechselwirkung. Ein Beispiel zeigt Abb. 6.35. Das Plateau zu nie-

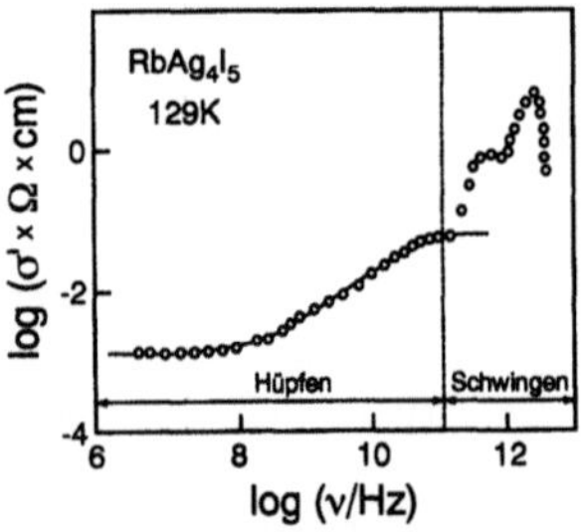

Abb. 6.35: Frequenzabhängige Leitfähigkeit von $RbAg_4I_5$ bei 129K. (Genauer bedeutet σ' den Realteil der komplexen spezifischen Leitfähigkeit, vgl. Kap. 7.) Die ausgezogene Kurve wird vom Sprung–Relaxationsmodell [370,373, 374] reproduziert. Die Struktur im Hochfrequenzbereich entsteht durch Anregung oszillatorischer Silberionenbewegung sowie optischer Phononen. Durch die Auftragung des Realteils (σ', vgl. Kap. 7) sind kapazitive Effekte in guter Näherung abgetrennt. Aus [370].

deren Frequenzen hin entspricht der Gleichstromleitfähigkeit. In diesem Bereich werden nur die erfolgreichen Sprünge registriert, während bei höheren Frequenzen auch die erfolglosen beitragen. Im Bereich sehr hoher Frequenzen werden Schwingungsvorgänge aufgelöst. Im Zwischenbereich (in Abb. 6.35: $10^8 - 10^{11}$Hz) ist die Zeitabhängigkeit der Relaxation sehr wesentlich, und es resultiert ein zeitabhängiger Korrelationsfaktor (hier in Bezug auf das Leitfähigkeitsexperiment, vgl. auch Abschnitt 6.3.2). Das Ergebnis der Behandlung erklärt quantitativ das erwähnte, in experimentellen Messungen an verschiedenen kristallinen oder amorphen Ionenlei-

[94]Es zeigt sich in untersuchten experimentellen Beispielen sogar, dass die Tendenz des Iones zurückzuspringen und die Tendenz der Nachbarn, sich zu reorganisieren, einander proportional sind [372].

tern vielfach bestätigte Hochfrequenzverhalten der Hüpfprozesse (s. Abb. 6.35). In Kap. 7 kommen wir nochmals hierauf zurück[95].
Detaillierte Simulationen [376] belegen die Wichtigkeit von Inhomogenitätseffekte[96] für die Dispersion (vgl. Verteilung von Schwellen und Zeitkonstanten, s. Abschnitt 7.3.6). Von besonderer Bedeutung ist dies im Falle amorpher Systeme. Solche Phänomene sind im Defektpotential bzw. in der Unterschiedlichkeit von Sprung- und Relaxationsraten implizit enthalten.
Formal wird natürlich generell, wenn wir zu hohen Defektkonzentrationen übergehen, die Beweglichkeit eine komplizierte Funktion der Zusammensetzung. Dies schlägt sich in σ ebenso nieder wie in D^* (s. e.g. Abb. 6.19).

Ein unter dem Namen "Misch-Alkali-Effekt" [378-380] bekannter Wechselwirkungseffekt ist auf die Gegenwart zweier verschiedener beweglicher Ionenarten zurückzuführen. So beobachtet man in $(Na, K)_2O$-β-Al_2O_3- oder $(Na, Ag)_2O$-β-Al_2O_3-Mischkristallen bei vergleichbaren Konzentrationen um Zehnerpotenzen geringere Leitfähigkeiten als in den reinen Endgliedern (s. Abb. 6.36) [379]. Die qualitative

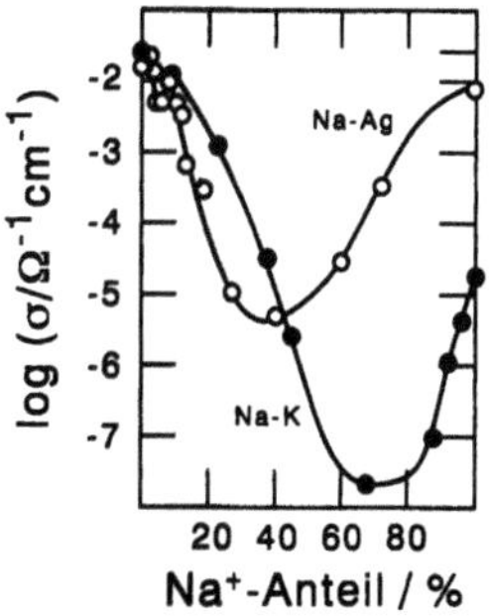

Abb. 6.36: Mischalkali-Effekt in $(Na,K)_2O - \beta - Al_2O_3$ und $(Na,Ag)_2O - \beta - Al_2O_3$. Aus [381].

Erklärung ist einfach. Jedes Ion hat eine in den Endgliedern realisierte bevorzugte Umgebung. Im Mischkristall "stören" sich die individuellen Nachbarschaften beim Leitungsprozess [382]. Solche Beweglichkeitseinbußen können generell durch abstoßende (Tendenz zur Segregation) wie auch anziehende (Tendenz zur Agglomeration) Wechselwirkungen zustande kommen. Ein Hinweis sind auch die für die Aktivitätskoeffizienten wichtigen Exzessenthalpien für die Mischung aus Endgliedern (vgl. Kap. 4) [380]. Bemerkenswert ist die Empfindlichkeit des Effektes. Schon geringe Anteile an K_2O senken die Leitfähigkeit von (Na_2O)-β-Al_2O_3 um Zehnerpotenzen herab. Ausgeprägt und subtiler zu interpretieren sind analoge Effekte in Gläser [383,384].

Generell sind für nennenswerte Gleichstromleitfähigkeiten zusammenhängende (per-

[95] vgl. hierzu auch Ref. [375].
[96] So wurden Leitfähigkeitseffekte in hochdotierten Erdalkali- und Bleifluoriden durch eine konzentrationsabhängige Verteilung von Migrationsenthalpien erklärt [377].

kolierende) Pfade notwendig (vgl. S. 392). Im Falle der Elektronenleitung ist die Leitfähigkeit dann beachtlich, wenn die entsprechenden Orbitale überlappen (vgl. Abschnitt 2.2). Wie in Abschnitt 5.3 diskutiert, können elektronische Ladungsträger durch Verunreinigungen erzeugt werden. Unterschreitet der Abstand von Verunreinigungen einen Mindestabstand, so ist auch eine direkte Wanderung von Dotierung zu Dotierung möglich (Verunreinigungsband) (vgl. Abschnitt 6.2).
Transporteigenschaften werden besonders komplex in inhomogenen und heterogenen Medien (s. auch Abschnitt 5.8). Der Leser sei hierzu auf Ref. [256] sowie auf die Abschnitte 5.8, 6.10 und 7.3.7 verwiesen.

b) Chemische Diffusion und lokale Äquilibrierung

Eine wesentliche Vereinfachung kinetischer Behandlungen, die wir in unserem Buch in den allermeisten Fällen anwenden, ist die Annahme lokalen Gleichgewichtes. Bei der chemischen Diffusion bedeutet dies, dass trotz existierender Gradienten lokal die Defekte in Bezug auf das örtlich anzunehmende chemische Komponentenpotential äquilibriert sind. Dies setzt genügend schnelle Relaxationsraten voraus, wie sie in vielen Fällen nachweisbar sind (vgl. Kirkendall–Effekt [385] sowie nachfolgenden Abschnitt). In Ref. [8] ist dargelegt, dass die Gültigkeit vor allem bei multinären Verbindungen fraglich sein kann. Außerdem dürfen für unsere Behandlung die Gradienten nicht zu groß sein, andernfalls nämlich hängt das lokale chemische Potential vom Gradienten ab. In all diesen Fällen wird eine präzisere Beschreibung kompliziert und unübersichtlich. Der Leser sei in Bezug auf genauere Informationen auf Ref. [8,9,386,387,369] und, was analoge Fragestellungen bei Halbleitern anbelangt, auf Abschnitt 5.8.3 verwiesen. Im folgenden setzen wir der Einfachheit halber die Gültigkeit lokalen Gleichgewichtes voraus. Befassen wir uns im Rahmen dieser Näherung nun mit der Konsequenz innerer Wechselwirkungen der Ladungsträger auf die chemische Diffusion.

c) Chemische Diffusion und Konservative Ensembles

Die formale Behandlung der chemischen Diffusion in Abschnitt 6.3.3 ergab, dass der Transportkoeffizient durch eine effektive ambipolare Leitfähigkeit und durch eine effektive, über den thermodynamischen Faktor bestimmte ambipolare Konzentration gegeben ist.
Sind die Defekte nicht zufallsverteilt, dürfen die Aktivitätskoeffizienten nicht vernachlässigt werden. Eine bessere Näherung verwendet dann in den thermodynamischen Faktoren der Defekte (Gl. (6.54a)) $c^{1/2}$– oder $c^{1/3}$–Gesetze (s. Abschnitt 5.7.2).
Allerdings müssen u. U. schon bei den Ansätzen dynamische Korrekturen vorgenommen werden. Die ausführliche Formulierung der linearen irreversiblen Thermodynamik berücksichtigt auch (symmetrische) Kopplungsterme (Kreuzterme). Diese berücksichtigen, dass der Fluss eines Defektes k — in besserer Näherung — auch von den Gradienten im elektrochemischen Potential anderer Defekte abhängig ist.

Dies wurde insbesondere für die ambipolare Wanderung von Ionen und Elektronen ausgearbeitet [350].
In gewisser Analogie zur Gleichgewichtssituation, bei der die Einführung von Aktivitätskoeffizienten im Gleichgewicht als Korrekturen der Wechselwirkung über weite Bereiche durch Einführen von Assoziaten hat vermieden werden können (s. Abschnitt 5.7), ist auch im Nichtgleichgewichtsfall unter bestimmten Bedingungen ein verwandtes Vorgehen in Bezug auf die Korrekturterme möglich. Die Relevanz dieser Behandlungsweise ist insbesondere offensichtlich, wenn solche Assoziate auch experimentell nachzuweisen sind, wie etwa spektroskopisch in vielen Fällen verschiedene Ladungszustände ionischer Defekte. Dies führt zu einer Umskalierung der Fehlerkonzentration und Fehlerflüsse, die in besserer Näherung nun wieder ideal (d. h. mit vernachlässigbaren ln f–Werten und vernachlässigbaren Kopplungstermen in den Onsager–Beziehungen) angesetzt werden können. Allerdings sind nun von vorneherein wegen der internen Dissoziations– und Assoziationsreaktionen Quellen– und Senkenterme mitzunehmen (s. Abb. 6.21). Dies führt uns für den Fall lokalen Gleichgewichtes zum Konzept der "konservativen Ensemble" [353,388,389], das nun ausgeführt werden soll.
Abb. 6.37 macht am Beispiel der Assoziatbildung zwischen dem ionischen Defekt O_i'' und elektronischem Defekt $h^{\cdot}$ deutlich, dass die strenge Behandlung die Lösung

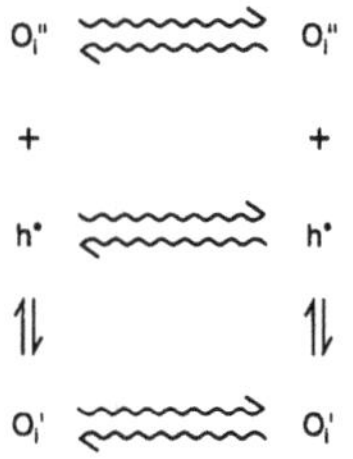

Abb. 6.37: Kann man den einzelnen Defektzuständen individuelle Existenz auch für den Transport zusprechen, so ist der Masse– und Ladungstransport im Innern ein Reaktions–Diffusions–Problem.

gekoppelter Diffusions–Reaktions–Beziehungen erfordert, die über die individuellen D– bzw. k–Werte auf ein allgemeines (elektro–) chemisches Reaktionsschema zurückgeführt werden können. Es müssen Quellenterme (q) in den entsprechenden Kontinuitätsgleichungen berücksichtigt werden, z. B. für den Defekt B, der durch

$$\nu_A A \rightleftharpoons \nu_B B \tag{6.77}$$

erzeugt werden kann. Die Kontinuitätsgleichung für B (s. Abschnitt 6.4) lautet im Falle, dass Gl. (6.77) die entscheidende Elementarreaktion darstellt,

$$\frac{\partial c_B}{\partial t} = -\mathrm{div}\mathbf{j}_B + q_B \equiv -\mathrm{div}\mathbf{j}_B + \nu_B \mathcal{R} = -\mathbf{j}_B + \nu_B \left(\overrightarrow{k} c_A^{\nu_A} - \overleftarrow{k} c_B^{\nu_B} \right) . \tag{6.78}$$

Im allgemeinen Fall hängt das Problem von den Ratenkonstanten der Assoziations– und Dissoziationsprozesse ab. Da wir im folgenden lokales Gleichgewicht voraussetzen, vereinfacht sich die Situation beträchtlich (lediglich $K_{ass/diss}$ geht ein, nicht aber die Ratenkonstanten selber). Es wäre nun ein Trugschluss zu glauben, dass im lokalen Gleichgewicht von vorneherein der zweite Term in Gl. (6.78) vernachlässigbar wäre. Zwar ist in der Formulierung

$$\frac{\partial c_B}{\partial t} = -\mathrm{div}\mathbf{j}_B + \nu_B \overrightarrow{k} c_A^{\nu_A} \left(1 - \frac{c_B^{\nu_B}}{c_A^{\nu_A}} \frac{\overleftarrow{k}}{\overrightarrow{k}}\right) \tag{6.79}$$

wegen $c_B^{\nu_B}/c_A^{\nu_A} \simeq (c_B^{\widehat{\nu_B}}/c_A^{\widehat{\nu_A}}) = \overrightarrow{k}/\overleftarrow{k} = K$ der geklammerte Term nahe bei Null, wegen der hohen Werte der einzelnen Geschwindigkeitskonstanten ist der zweite Teil insgesamt jedoch nicht vernachlässigbar gegenüber der Flussdivergenz. Anders ausgedrückt: Die hohen Partialraten der Hin– und Rückreaktion sind ähnlich, ihre Differenz klein gegenüber Hin– und Rückreaktionsgeschwindigkeit selber, aber nicht gegenüber der Differenz zwischen Einström– und Ausströmgeschwindigkeit. Eine Analogie mag dies erläutern. Betrachten wir einen Salzkristall in Kontakt mit gesättigter Lösung und setzen schnelle Auflösungs– und Ausfällungsreaktionen, d. h. lokales Löslichkeitsgleichgewicht, voraus. Nun verdünnen wir die Lösung kontinuierlich. Gerade wegen der Forderung lokalen Gleichgewichtes dissoziiert der Salzkristall nach, unter stationären Bedingungen ($\partial c/\partial t = 0$) hebt sich die Auflösungsrate sogar gegen den Verdünnungsfluss auf.

Es lässt sich nun zeigen, dass bei Betrachtung der Diffusion gewisser Gesamtheiten, eben der "konservativen Ensembles", die Quellenterme nun doch verschwinden. Der resultierende chemische Diffusionskoeffizient kann dann auf diese Gesamtheiten bezogen werden.

Betrachten wir ein anti–Frenkel–fehlgeordnetes Material, berücksichtigen sowohl O_i'' als auch $V_O^{\cdot\cdot}$, vernachlässigen aber zunächst das Auftreten verschiedener Valenzzustände. (Außerdem setzen wir eine quasi–eindimensionale Situation voraus.) Damit reduziert sich die Problematik auf einen einigermaßen trivialen Fall. Es ist nämlich unmittelbar ersichtlich, dass bei Betrachtung des gesamten Ionenflusses

$$j_{O_2} = j_{O_i''} - j_{V_O^{\cdot\cdot}} \quad \text{oder} \quad i_{O^{2-}} = i_{O_i''} + i_{V_O^{\cdot\cdot}} \tag{6.80}$$

und des gesamten Elektronenflusses

$$j_{e^-} = j_{e'} - j_{h^{\cdot}} \quad \text{oder} \quad i_{e^-} = i_{e'} + i_{h^{\cdot}}, \tag{6.81}$$

die Quellenterme verschwinden. In diesem Sinne beziehen sich $\left(c_{O_i''} - c_{V_O^{\cdot\cdot}}\right)$ und $(c_{e'} - c_{h^{\cdot}})$ auf konservative Gesamtheiten. Dies ist evident, da alle Umwandlungen sich innerhalb der Ensembles abspielen. Wegen

$$O_O + V_i \rightleftharpoons V_O^{\cdot\cdot} + O_i'' \tag{6.82}$$

und

$$\mathrm{Null} \rightleftharpoons e' + h^{\cdot} \tag{6.83}$$

sind $q_{V_O^{\cdot\cdot}} = q_{O_i''}$ und $q_{e'} = q_{h^{\cdot}}$ und damit $q_{O^{2-}} = q_{O_i''} - q_{V_O^{\cdot\cdot}} = 0$ und $q_{e^-} = q_{e'} - q_{h^{\cdot}} = 0$, wenn q den zeitlichen Konzentrationszuwachs durch die defektchemische

Reaktion[97] bezeichnet. Es folgt, dass wegen $\sigma_{O^{2-}} = \sigma_{O_i''} + \sigma_{V_O^{\cdot\cdot}}$ und $\sigma_{e^-} = \sigma_{e'} + \sigma_{h^{\cdot}}$ die Flussgleichungen, formuliert mit O^{2-} und e^-, die gleichen sind, wie in Abschnitt 6.5 angegeben. Es resultiert für den Selbstdiffusionskoeffizienten der Ionen

$$D_{O^{2-}} = \frac{RT}{4F^2}\frac{\sigma_{O^{2-}}}{c_{O^{2-}}} = \frac{c_{O_i''}}{c_{O^{2-}}} D_{O_i''} + \frac{c_{V_O^{\cdot\cdot}}}{c_{O^{2-}}} D_{V_O^{\cdot\cdot}} \tag{6.84}$$

und für den chemischen Diffusionskoeffizienten

$$D_O^{\delta} = \frac{1}{4F^2}\frac{\sigma_{O^{2-}}\sigma_{e^-}}{\sigma}\frac{d\mu_O}{dc_O} = \frac{RT}{4F^2}\frac{\sigma_{O^{2-}}\sigma_{e^-}}{\sigma}\left(\frac{\partial \ln a_{O^{2-}}}{\partial c_{O^{2-}}} + 4\frac{\partial \ln a_{e^-}}{\partial c_{e^-}}\right). \tag{6.85}$$

Wegen des lokalen Gleichgewichtes $(\mu_{O^{2-}} = \mu_{O_i''} = -\mu_{V_O^{\cdot\cdot}})$ gilt $\partial \ln a_{O^{2-}} = \partial \ln a_{O_i''} = -\partial \ln a_{V_O^{\cdot\cdot}}$. Analoges gilt für die Elektronen $(\partial \ln a_{e^-} = \partial \ln a_{e'} = -\partial \ln a_{h^{\cdot}})$. Gleichzeitig ist $\partial c_{O^{2-}} = \partial c_{O_i''} - \partial c_{V_O^{\cdot\cdot}}$ und $\partial c_{e^-} = \partial c_{e'} - \partial c_{h^{\cdot}}$. Im Falle verdünnter Lösungen (Defektaktivität = Defektkonzentration) ergibt sich dann nach Umformung allgemeiner als in Gl. (6.54):

$$D_O^{\delta} = \frac{RT}{4F^2}\frac{(\sigma_{V_O^{\cdot\cdot}} + \sigma_{O_i''})(\sigma_{e'} + \sigma_{h^{\cdot}})}{\sigma}\left(\frac{1}{c_{O_i''} + c_{V_O^{\cdot\cdot}}} + \frac{4}{c_{e'} + c_{h^{\cdot}}}\right). \tag{6.86}$$

Im Nenner des Konzentrationstermes steht also nun die Summe der Defektkonzentrationen. (Dieses Ergebnis lässt sich bei lokalem Gleichgewicht auch auf Kationendefekte verallgemeinern.)[98]

Qualitativ interessanter und quantitativ komplizierter wird die Situation im Falle des chemischen Diffusionskoeffizienten, wenn wir Wechselwirkungen zwischen Ionen und Elektronen zulassen (s. Abb. 6.37). In diesem Falle führen wir verschiedene Valenzzustände ein und lassen somit auch O^- und O^0 zu[99], d.h. als Defekte O_i'', O_i', $O_i^{\times}$, $V_O^{\cdot\cdot}$, $V_O^{\cdot}$, $V_O^{\times}$. Dann sind die ionischen und elektronischen Gesamtheiten (O^{2-} und e^-) keine konservativen Ensembles mehr, sondern lediglich die Kombinationen $\{O\}$ und $\{e\}$ in Abb. 6.38. Wie aus den Reaktionsschemata abzuleiten ist, gilt:

$$q_{\{O\}} \equiv q_{O^{2-}} + q_{O^-} + q_{O^{\times}} = q_{O_i''} - q_{V_O^{\cdot\cdot}} + q_{O_i'} - q_{V_O^{\cdot}} + q_{O_i^{\times}} - q_{V_O^{\times}} = 0 \tag{6.87a}$$

und

$$q_{\{e\}} = q_{e'} - q_{h^{\cdot}} - q_{O_i'} + q_{V_O^{\cdot}} - 2q_{O_i^{\times}} + 2q_{V_O^{\times}} = 0. \tag{6.87b}$$

Dies ist auch sofort dadurch verständlich, dass die Konzentration der konservativen Ensembles (siehe Abb. 6.38, drittes Arrangement in der oberen Spalte)

---

[97] $q_k \equiv \dot{n}_k|_{chem} = \Sigma_r \nu_{rk} \mathcal{R}_r$ für verschiedene parallele Reaktionen ($\mathcal{R}_r$: Geschwindigkeit der zur Bildung von k führenden Reaktion r, ν_{rk}: stöchiometrischer Koeffizient von k in Reaktion r) (s. Abschnitt 4.2, S. 75).

[98] Das Erscheinen der Summe der Defektkonzentrationen ist Ausdruck der lokalen Umwandelbarkeit. Dies ist im idealen Einkristall für Schottky–Fehlordnung nicht erfüllt!

[99] Der Einwand, dass solche Valenzen unrealistisch seien, kann leicht durch die Bemerkung entkräftet werden, dass ungewöhnliche Valenzen bereits durch die Existenz von e′ und h˙ realisiert sind. Hier geht es uns um die Lokalisierung dieser "ungewöhnlichen" Valenzen. Beispiele für solche Assoziate wurden ja auch schon in Abschnitt 5.7.1 gegeben. Subtiler ist die Frage, unter welchen Umständen man den Assoziaten verschiedene Beweglichkeiten zusprechen kann.

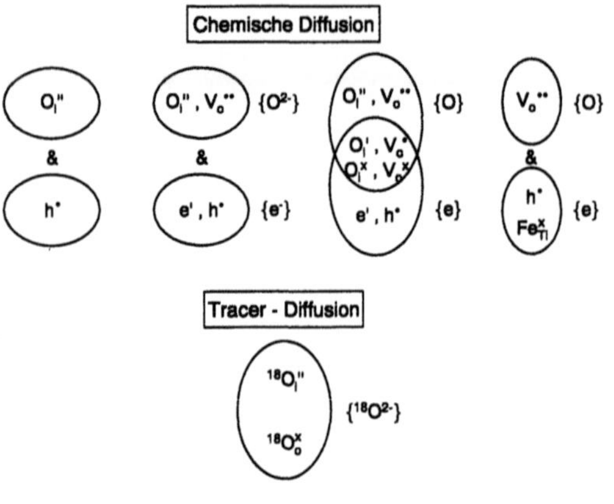

Abb. 6.38: Konservative Gesamtheiten bei komplexer Defektchemie für verschiedene, im Text diskutierte Fälle. Die Darstellung ganz rechts beschreibt die Situation bei der chemischen Diffusion in Sr(Ti, Fe)$O_{3-\delta}$ [390].

$$c_{\{O\}} = c_{O_i''} + c_{O_i'} + c_{O_i^\times} - c_{V_O^{\cdot\cdot}} - c_{V_O^{\cdot}} - c_{V_O^\times}, \tag{6.88a}$$

$$c_{\{e\}} = c_{e'} - c_{h^\cdot} - c_{O_i'} + c_{V_O^{\cdot}} - 2c_{O_i^\times} + 2c_{V_O^\times} = 2c_{\{O\}} \tag{6.88b}$$

gerade die Abweichungen von der stöchiometrischen Zusammensetzung (δ) darstellt, und sich die Änderungen damit auf die Variationen im Gesamtsauerstoffgehalt beziehen, welcher sich natürlich durch die inneren Reaktionen nicht verändert[100]. Wegen der Elektroneutralitätsbedingung (($-2c_{\{O\}} = c_{\{e\}}$) folgt hieraus auch Gl. (6.87b). Als Ergebnis einer längeren Rechnung finden wir für D^δ den nun auch strukturell verschiedenen Ausdruck:

$$D_O^\delta = \frac{1}{4F^2}\left[2\sigma_{O^-} + 4s_{O^o} + \frac{(\sigma_{O^{2-}} + 2\sigma_{O^-})(\sigma_{e^-} - \sigma_{O^-})}{\sigma}\right]\frac{d\mu_O}{dc_O} \tag{6.89}$$

mit den Abkürzungen $\sigma_{O^-} = \sigma_{O_i'} + \sigma_{V_O^{\cdot}}$ und $s_{O^o} = \frac{F^2}{RT}\left(D_{V_O^\times}c_{V_O^\times} + D_{O_i^\times}c_{O_i^\times}\right)$. Rein formal lässt der Leitfähigkeitsfaktor in Gl. (6.89) jetzt auch die Möglichkeit einer Sauerstoffpermeation ohne explizite elektronische Teilleitfähigkeit zu (durch Wanderung neutraler Defekte[101], aber auch durch gegenläufige Wanderung[102] von $2O^-$ vs. O^{2-}). Auch $d\mu_O/dc_O$ nimmt eine andere Gestalt an. Zwei mögliche äquivalente Formulierungen sind:

$$\frac{d\mu_O}{dc_O} = RT\left(\frac{\chi_{O_i''}}{c_{O_i''}} + 4\frac{\chi_{h^\cdot}}{c_{h^\cdot}}\right) = RT\left(\frac{\chi_{V_O^{\cdot\cdot}}}{c_{V_O^{\cdot\cdot}}} + 4\frac{\chi_{e'}}{c_{e'}}\right). \tag{6.90}$$

---

[100] Dies gilt, solange nicht Reaktionen auftreten, welche Anionen- und Kationenteilstruktur koppeln. Dann ist $c_{\{M\}} + c_{\{O\}}$, also immer noch δ, als Gesamtheit zu nehmen.

[101] Für $\sigma_{e^-} = \sigma_{O^{2-}} = \sigma_{O^-} = 0$ verbleibt in der eckigen Klammer $\sigma_O^\delta = 4s_{O^o}$.

[102] Für $\sigma_{e^-} = s_{O^o} = 0$ verbleibt $\sigma_O^\delta = \frac{\sigma_{O^-}\sigma_{O^{2-}}}{\sigma_{O^-} + \sigma_{O^{2-}}}$ in Analogie zu Gl. (6.54).

Die χ_k bedeuten differentielle Defektanteile und sind definiert über die entsprechenden konservativen Ensembles nach

$$\chi_k = \frac{\partial c_k}{\partial c_{\{k\}}}, \tag{6.91}$$

wobei $c_{\{k\}} = c_{\{O\}}$ bzw. $c_{\{e\}}$ im Falle der zusätzlichen Teilchen (O_i'', e') und $-c_{\{O\}}$ bzw. $-c_{\{e\}}$ im Falle der fehlenden Teilchen $(V_O^{\cdot\cdot}, h^{\cdot})$. Sie lassen sich aus der Defektchemie berechnen.
Vergleicht man Gl. (6.90) mit Gl. (6.54b), so beweist sich die Richtigkeit der einführenden Bemerkungen. Für den Fall, dass in erster Näherung die explizit formulierten Defekte die entscheidenden Ladungsträger (z. B. O_i'' und e') und somit $c_{O_i''}, c_{e'}$ auch ungefähr die Konzentrationen dieser Defekte unter Nichtbeachtung der Assoziate darstellen, sind die χ–Werte (z. B. $\chi_{O_i''}, \chi_{e'}$) auch als Aktivitätskorrekturen $(\propto \partial \ln a_{O_i''}/\partial \ln c_{O_i''}, \propto \partial \ln a_{h^{\cdot}}/\partial \ln c_{h^{\cdot}})$ auffassbar.
Unser einfaches Resultat Gl. (6.86) erhalten wir zurück, wenn wir nur vollionisierte Defekte berücksichtigen, dann gilt nämlich

$$\chi_{O_i''}^{-1} = \frac{\partial c_{O_i''} - \partial c_{V_O^{\cdot\cdot}}}{\partial c_{O_i''}} = 1 - \frac{\partial c_{V_O^{\cdot\cdot}}}{\partial c_{O_i''}} = 1 - \frac{c_{V_O^{\cdot\cdot}}}{c_{O_i''}} \frac{\partial \ln c_{V_O^{\cdot\cdot}}}{\partial \ln c_{O_i''}}, \tag{6.92}$$

Wegen des Frenkel–Gleichgewichtes ist lokal $\partial \ln c_{V_O^{\cdot\cdot}} = -\partial \ln c_{O_i''}$ und damit

$$\chi_{O_i''}/c_{O_i''} = \frac{1}{\left(c_{O_i''} + c_{V_O^{\cdot\cdot}}\right)}. \tag{6.93}$$

Es hat sich in den letzten Jahren herausgestellt, dass diese Betrachtungen keineswegs akademischer Natur sind, sondern in vielen wichtigen Fällen notwendige und beachtliche Korrekturen bereitstellen.
So sind in $YBa_2Cu_3O_{6+x}$ schon bei hohen Temperaturen verschiedene Valenzen der ionischen Defekte zu berücksichtigen, es ist mit Sicherheit der Konzentrationsterm in D_O^δ, mit großer Wahrscheinlichkeit auch der Leitfähigkeitsterm in D_O^δ betroffen. Ähnliches gilt für gemischtleitende Kupferionenleiter. Hier sei auf die Literatur verwiesen [179].
Ein gut untersuchtes Beispiel, in dem nicht die Effekte in Bezug auf σ_O^δ, wohl aber auf $\partial\mu_O/\partial c_O$ und damit in c_O^δ deutlich zu Tage tritt, ist Fe–dotiertes $SrTiO_3$, von dem bereits oben die Rede war. Die interne Quellen- und Senkenreaktion ist die Umionisierung von Fe^{3+} zu Fe^{4+}, das wir für hohe Partialdrücke mit Vorteil wie folgt formulieren:

$$\text{Reaktion Ass} = \qquad Fe_{Ti}' + h^{\cdot} \rightleftharpoons Fe_{Ti}^{\times}. \tag{6.94}$$

In diesem Falle sind die Massenwirkungskonstanten und Beweglichkeiten, die notwendig sind, um die Zusammenhänge quantitativ zu testen, bekannt.
Trägt man die über eine Reihe verschiedener Methoden erhaltenen D_O^δ–Werte auf und gleichzeitig die über Gl. (6.54c) berechneten auf, so ergibt sich zwar bei hohen

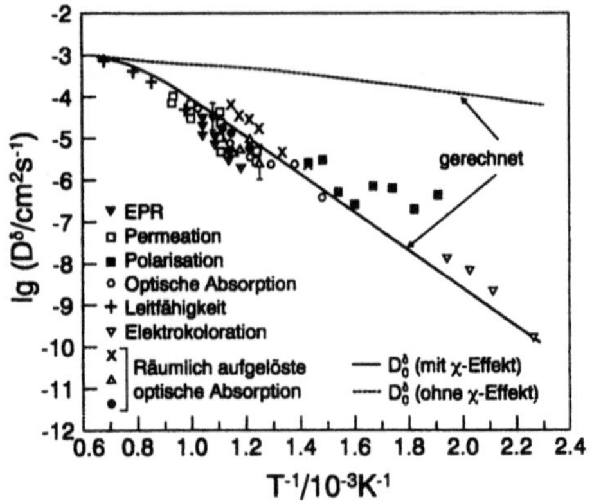

Abb. 6.39: Der chemische Diffusionskoeffizient von Sauerstoff in $SrTiO_3$ in Abhängigkeit von der Temperatur. Die gestrichelte Kurve bezieht schon den Dotiereffekt in Bezug auf σ^δ nach Maßgabe der Ionisierungsreaktion ein (d. h. der Effekt einer Dotierung mit einem Akzeptor, dessen Konzentration der von Fe'_{Ti} gleichkommt, der aber nicht redoxaktiv ist, wird durch die gestrichelte Kurve beschrieben). Die durchgezogene Linie beinhaltet nun auch die χ–Korrektur (d. h. zusätzlicher Effekt in Bezug auf c^δ). Die Berechnung bezieht sich auf $C = 10^{19}\mathrm{cm}^3$, $P_{O_2} = 10^5\mathrm{Pa}$ [391].

Temperaturen eine sehr gute Übereinstimmung (s. Abb. 6.39), bei tiefen Temperaturen jedoch Abweichungen um mehrere Größenordnungen, auch wenn man in Gl. (6.54c) die aktuellen Konzentrationen nach Maßgabe der Ionisierungsreaktion berücksichtigt. Der Grund für die Abweichung liegt offenbar tiefer. Gl. (6.94) stellt ja gerade eine innere Quelle/Senke für die Löcher dar, d. h. nicht mehr die freien Löcher, sondern nur noch die Gesamtzahl der freien und getrappten Löcher bilden ein konservatives Ensemble ($-c_{\{e\}}$), für die unmittelbar ein zweites Ficksches Gesetz formulierbar ist. Da die Mobilität der getrappten Löcher ($Fe^\times_{Ti}$) zu Null angenommen werden kann, spiegelt sich der Effekt nur im Konzentrationsterm durch Auftauchen eines $\chi_{h^\cdot}$–Faktors wieder, der den chemischen Diffusionskoeffizienten herabsenkt (vgl. auch Abb. 6.20 auf Seite 301). Qualitativ lässt sich dies wie folgt verstehen. Wie ausgeführt(s. Gln. (6.52, 6.89), ist D^δ der Quotient aus einer effektiven Leitfähigkeit (σ^δ) und einer effektiven Konzentration (c^δ), der erste Term bleibt unverändert, der zweite ist jedoch durch die Präsenz der $Fe^\times_{Ti}$–Defekte stark erhöht. Diese sind zwar unbeweglich, können aber durch Nachdissoziation freie bewegliche Löcher jederzeit bereitstellen

$$\begin{array}{lcl} V_O^{\cdot\cdot} & \rightsquigarrow & V_O^{\cdot\cdot} \\ 2h^\cdot & \leftsquigarrow & 2h^\cdot \\ & & \upharpoonleft\downharpoonright -2Fe'_{Ti} \\ & & 2Fe^\times_{Ti} \end{array} \tag{6.95}$$

und vergrößern so c^δ. Mit anderen Worten wird durch Trapping nicht nur der resistive Anteil ($1/\sigma^\delta$) in D^δ verändert, sondern insbesondere auch der kapazitive Anteil (chemische Kapazität: $C^\delta \propto c^\delta$) in D^δ vergrößert. Allerdings ist die genaue Interpretation nicht so simpel: χ ist eine differentielle Größe, so wie die in Rechnung zu stellende Kapazität eine differentielle Kapazität ($\partial c_O/\partial\mu_O$). Aus der Elektroneutralitätsbeziehung ergibt sich $2\left[V_O^{\cdot\cdot}\right] \simeq \left[Fe'_{Ti}\right] = C - \left[Fe^\times_{Ti}\right]$ und $2\partial\left[V_O^{\cdot\cdot}\right] = -\partial\left(\left[h^\cdot\right] + \left[Fe^\times_{Ti}\right]\right)$. Wegen der Massenerhaltung und wegen des Ionisierungsgleichgewichtes resultiert für die Korrektur:

$$\chi_{h^{\cdot}} = \frac{\partial [h^{\cdot}]}{\partial [h^{\cdot}] + \partial [Fe_{Ti}^{\times}]} = \frac{(1 + K_{ass}[h^{\cdot}])^2}{(1 + K_{ass}[h^{\cdot}])^2 + CK_{ass}}. \tag{6.96}$$

Die Konzentration $[h^{\cdot}]$ ist aus dem gesamten defektchemischen Gleichungssystem als Funktion von P, T, C erhältlich; $\chi_{h^{\cdot}}$ selber ist also eine empfindliche Funktion dieser drei Parameter.
Insgesamt finden wir statt Gl. (6.54e)

$$D^{\delta} = \frac{\sigma_{h^{\cdot}}}{\sigma} D_{V_O^{\cdot\cdot}} + \frac{\sigma_{V_O^{\cdot\cdot}}}{\sigma} \chi_{h^{\cdot}} D_{h^{\cdot}}. \tag{6.97}$$

Unterhalb von 700°C dominiert bei Fe–dotiertem $SrTiO_3$ der zweite Term. Man erkennt aus Gl. (6.97), dass D^{δ} nun sogar unterhalb der beiden Defektdiffusionskoeffizienten liegen kann (s. Abb. 6.20). Die aus Gl. (6.97) berechneten Werte stimmen nun — ohne dass ein Anpassparameter ins Spiel gekommen wäre — ganz ausgezeichnet mit den Messdaten überein. Ist die Konzentration der Löcher geringer als die der Eisenvalenzen, so ergibt sich[103] aus Gl. (6.94) das einfache Resultat, dass der elektronische Term in Gl. (6.90) über die Summe der reziproken Eisenkonzentrationen gegeben ist $(4/[Fe'_{Ti}] + 4/[Fe_{Ti}^{\times}])$. Überwiegt $[Fe_{Ti}^{\times}]$, so resultiert einfach $D^{\delta} = 3D_{V_O^{\cdot\cdot}}$. Dies ist für den linearen Abschnitt in Abb. 6.39 erfüllt.
Ein Beispiel, in dem die Bedeutung der inneren Wechselwirkungen vielleicht noch klarer wird, ist $ZrO_2(Y_2O_3)$. Konventionell, d. h. ohne Berücksichtigung von redoxaktiven Verunreinigungen, ergibt sich $D^{\delta} = D_{e'}$ oder $D_{h^{\cdot}}$ (Gl. (6.55)), je nach Sauerstoffpartialdruckbereich. Es ist (bei Nichtberücksichtigung der Auswirkung auf die chemische Kapazität) überhaupt nicht einzusehen, dass auf Grund der hohen Y–Dotierung weitere Minoritätsdotierungen überhaupt einen Einfluss ausüben können. Experimentell findet man jedoch starke Streuungen von Material zu Material bei gleichem Y–Gehalt und zunächst unverständlich starke Abhängigkeiten von Sauerstoffpartialdruck und Temperatur. Auch hier führen redoxaktive Verunreinigungen zu analogen Effekten und ganz ähnlichen Zusammenhängen. Für hohe[104] P_{O_2} gilt nun:

$$D^{\delta}(T, P, C) = \chi_{h^{\cdot}}(T, P, C)\, D_{h^{\cdot}} \tag{6.98}$$

(wobei $D_{h^{\cdot}}$ eine schwache Temperaturfunktion ist.) In Ni– oder Ti–dotiertem Material variieren D^{δ}–Werte deutlich mit dem Ni–Gehalt und lassen sich durch Gl.

[103] Es ist lehrreich, dies aus $d\mu_O/dc_O$ direkt abzuleiten. Für vernachlässigbare Löcherkonzentration ist $dc_O = -d[V_O^{\cdot\cdot}] = -\frac{1}{2}d[Fe'_{Ti}] = \frac{1}{2}d[Fe_{Ti}^{\times}]$ aus Gründen der Elektroneutralität und der Masseerhaltung. Außerdem gilt $d\mu_O = d\mu_{O^{2-}} - 2d\mu_{e'} = -d\mu_{V_O^{\cdot\cdot}} - 2\left(d\mu_{Fe'_{Ti}} - d\mu_{Fe_{Ti}^{\times}}\right)$. Somit ist $d\mu_O/dc_O = d\mu_{V_O^{\cdot\cdot}}/d[V_O^{\cdot\cdot}] + 4d\mu_{Fe'_{Ti}}/d[Fe'_{Ti}] + 4d\mu_{Fe_{Ti}^{\times}}/d[Fe_{Ti}^{\times}] \simeq RT/[V_O^{\cdot\cdot}] + 4RT/[Fe'_{Ti}] + 4RT/[Fe_{Ti}^{\times}]$. Für $[Fe_{Ti}^{\times}] \gg [Fe'_{Ti}]$ folgt wegen Elektroneutralität $3RT/[V_O^{\cdot\cdot}]$ und hieraus durch Multiplikation mit $\sigma_O^{\delta}/4F^2 \simeq \sigma_{V_O^{\cdot\cdot}}/4F^2$ der einfache Ausdruck $D^{\delta} = 3D_{V_O^{\cdot\cdot}}$.

[104] Im Bereich tiefer Partialdrücke, in welchem Leitungselektronen die elektronischen Ladungsträger stellen, gibt es Hinweise bei nicht allzu hohen Temperaturen auf native Redoxreaktionen der Form $V_O^{\cdot\cdot} + e' \rightleftharpoons V_O^{\cdot}$.

(6.98) quantitativ beschreiben [362], auch wenn der Ni– bzw. Ti–Gehalt völlig vernachlässigbar gegenüber dem Y–Gehalt ist und in der Elektroneutralitätsbedingung gar nicht erscheint. Vergleiche hierzu auch Abb. 6.30. (Bei sehr hoher redoxaktiver Verunreinigung ist mit veränderter Beweglichkeit (d. h. $D_{h^{\cdot}}$), eventuell über Polaronenbänder, zu rechnen (s. o. sowie Abschnitt 6.2). In stark reduziertem Material ist ein natives Trapping ($V_O^{\cdot\cdot} + e'$) zu berücksichtigen.
Es ist aufschlussreich, χ als Funktion der Größe $r \equiv K_{ass}^{-1}[h^{\cdot}]^{-1}$ zu betrachten. Im Falle der Assoziation eines Akzeptors A′ und eines Loches zur oxydierten Form A^x ist r identisch mit dem Redoxverhältnis $[A']/[A^x]$. Wie man sich aus Gl. (6.96) versichert und wie in Abb. 6.40 veranschaulicht, liegt der maximale Effekt (minimales χ) nicht,

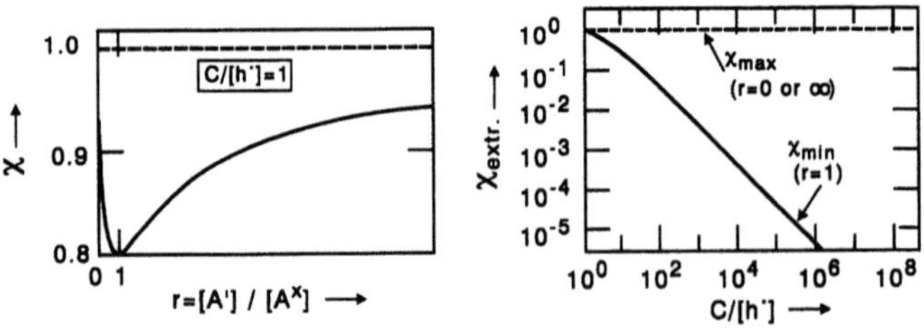

Abb. 6.40: Der χ-Faktor der Löcher als Funktion des Redoxverhältnisses r (links), wenn $[h^{\cdot}]$ als von r unabhängig betrachtet werden kann[105]. Maximaler ($\chi = 1$) und minimaler ($\chi = \chi_{min}$) Effekt als Funktion der Dotierung (rechts) [392].

wie man vielleicht auf den ersten Blick erwartet hätte, bei r=0, sondern bei gleichem Verhältnis[105] von reduzierter und oxidierter Spezies ($r = 1$). Dies unterstreicht einmal die Tatsache, dass Verunreinigungen in dieser Hinsicht besonders relevant sind, wenn ihr Energieniveau in etwa in der Mitte der Bandlücke (s. Abschnitt 5.3) liegt (wie Mn im Falle von YSZ [365]), und zum zweiten die Ähnlichkeit zu statischen Puffereffekten in der Säure–Base–Chemie wässriger Lösungen. Auch dort ergibt sich eine maximale Pufferkapazität bei r = [Säureform]/[Baseform] = 1, d. h. $\log c_{H^+} = \log K_s$ mit K_s = Säure–Base–Konstante) [392].
Der maximale Effekt bei $r = 1$ auf der linken Seite der Abb. 6.40 ist nur deshalb klein, weil aus Gründen der besseren Illustrierung ein kleiner C–Wert (kleine Konzentration an redoxaktiver Dotierung) gewählt wurde. Plottet man genau diese maximale Korrektur für $r = 1$ als Funktion der Dotierung, so erkennt man die immensen Auswirkungen.
Diese Überlegungen zeigen auch deutlich, dass hohe D^{δ}–Werte, wie sie etwa für Volumenleitfähigkeitssensoren wichtig sind, ein von Redoxzentren freies Material

[105] Streng gilt dies allerdings nur, solange $[h^{\cdot}]$ nicht selber von K_{ass} abhängt, d.h. solange die redoxaktive Dotierung nicht in der Majorität ist (also für YSZ). Aus diesem Grund ist beim $SrTiO_3$ das Minimum etwas verschoben (genauer s. Ref. [392]).

voraussetzen, während für die Eliminierung von Drifterscheinungen in Randschichtsensoren gerade der umgekehrte Sachverhalt erwünscht ist.
Auf eine weitere Komplizierung, dass nämlich die Gegenwart innerer Gleichgewichte häufig auch schon die Auswertebeziehungen der verwendeten Messmethoden verändert, wird im Kap. 7 eingegangen.

Wenden wir uns nun dem Tracer– (D^*) und dem Ladungsdiffusionskoeffizienten (D^Q) zu. Berücksichtigen wir auch hier verschiedene Valenzzustände der Sauerstoffdefekte, so treten zwischen diesen beiden Größen nun schon Unterschiede dadurch auf, dass verschieden geladene Ladungsträger unterschiedlich eingehen können.
Wie unschwer zu zeigen[106] ist, gilt für ersteren (wir ignorieren hier Korrelationsfaktoren)

$$D_O^* = \frac{RT}{4F^2}\frac{\sigma_{O^{2-}} + 4\sigma_{O^-} + 4s_{O^0}}{c_O} = \frac{1}{c_O}\Sigma_k[k]D_k, \tag{6.99}$$

wobei k die einzelnen ionischen Defekte (O_i'', O_i', O_i^x, $V_O^{\cdot\cdot}$, $V_O^{\cdot}$, V_O^x) indiziert. Dies lässt sich auch als

$$D_O^* = [O^{2-}]D_{O^{2-}}^* + [O^-]D_{O^-}^* + [O^0]D_{O^0}^* \tag{6.100}$$

ausdrücken. Anders beim Ladungsdiffusionskoeffizienten: Zunächst tritt der unionisierte Defekt im Leitfähigkeitexperiment gar nicht in Erscheinung, zum anderen wird man i.a. in Unkenntnis der Konzentration der einzelnen Valenzzustände bei der Umrechnung von $\sigma_{ion} = \sigma_{O^{2-}} + \sigma_{O^-}$ in D_O^Q als effektive Valenz beim Oxid sicherlich z=2 verwenden, so dass[107]

$$D_O^Q = \frac{RT\,(\sigma_{O^{2-}} + \sigma_{O^-})}{4F^2 c_O}. \tag{6.101}$$

Für das Verhältnis der verschiedenen phänomenologischen Transportkoeffizienten folgt

$$D_O^Q : D_O^* : D_O^\delta = 1 : \frac{\sigma_{O^{2-}} + 4\sigma_{O^-} + 4s}{\sigma_{O^{2-}} + \sigma_{O^-}} : \frac{\left[2\sigma_{O^-} + 4s_{O^0} + \frac{(\sigma_{O^{2-}} + 2\sigma_{O^-})(\sigma_{e^-} - \sigma_{O^-})}{\sigma}\right]\frac{\partial \ln a_O}{\partial \ln c_O}}{(\sigma_{O^{2-}} + \sigma_{O^-})} \tag{6.102}$$

Das komplizierte Verhältnis von D_O^δ zu D_O^* reduziert sich bei überwiegender Elektronenleitung ($\sigma_{e^-} \simeq \sigma$) auch hier auf den thermodynamischen Faktor $\partial \ln a_O/\partial \ln c_O$.

---

[106] Der gesamte Tracer–Fluss ergibt sich durch Summation. Man beachte, dass sowohl $\partial\phi/\partial x$ als auch $\partial\mu_{e^-}/\partial x$ Null sind.

[107] Die Auftrennung der Gesamtleitfähigkeit in Ionen– und Elektronenleitfähigkeit wird genauer in Kap. 7 betrachtet. Aber auch hier lässt sich einsehen, dass die Summe ($\sigma_{O^{2-}} + \sigma_{O^-}$) für die Ionenleitfähigkeit relevant ist, während ($\sigma_{O^{2-}} + 2\sigma_{O^-}$) für die Stöchiometrieänderung wichtig ist. Der (elektrische) Ionenstrom ist $i_{ion} = -2Fj_{O^{2-}} - Fj_{O^-} = \frac{\sigma_{O^{2-}}}{2F}\nabla\tilde{\mu}_{O^{2-}} + \frac{\sigma_{O^-}}{F}\nabla\tilde{\mu}_{O^-}$. Wegen $\mu_O = \tilde{\mu}_{O^{2-}} - 2\tilde{\mu}_{e^-} = \tilde{\mu}_{O^-} - \tilde{\mu}_{e^-}$ resultiert $i_{ion} = \frac{\sigma_{O^{2-}} + 2\sigma_{O^-}}{2F}\nabla\mu_O + \frac{\sigma_{O^{2-}} + \sigma_{O^-}}{F}\nabla\tilde{\mu}_{e^-}$. Im reinen Leitfähigkeitsexperiment werden reversible Elektroden (Pt, O_2 z. B.) und gleiche Partialdrücke benützt. Damit verschwindet der erste Summand. In Kap. 7 wird gezeigt, dass die Integration über $\nabla\tilde{\mu}_{e^-}$ (d. h. $\Delta\tilde{\mu}_{e^-}$) die Spannung ergibt, und damit entspricht $\sigma_{O^{2-}} + \sigma_{O^-}$ der ionischen Gesamtleitfähigkeit. Analog ist $\sigma_{eon} = \sigma_{e'} + \sigma_{h^\cdot}$.

d) Kooperative Prozesse bei der Tracer–Diffusion

Der vorige Paragraph hat deutlich gemacht, dass Diskrepanzen zwischen Leitfähigkeits- und Tracer–Experiment vor allem dann auftreten, wenn ein Teilchen auch in ungeladener Form zur Diffusion beiträgt. Dies ist insbesondere der Fall bei kooperativen Mechanismen. Ein aktuelles Beispiel sei kurz erwähnt: Bei den Alkalimetallhydroxiden sind Ringtauschprozesse der Protonen wahrscheinlich, die sich zwar in einem H–Transport, nicht aber in der Leitfähigkeit (vgl. Abschnitt 6.3) äußern. Erstere lassen sich (an Stelle eines Isotopenexperimentes auch) mittels PFG–NMR[108] untersuchen. Der Vergleich mit Leitfähigkeiten zeigte für NaOH in der Tat enorm hohe Haven–Verhältnisse von mindestens $10^3 - 10^4$ [393].

6.6.2 Randschichten und Korngrenzen

Wie am Ende des Kap. 5 dargelegt, ist der Einfluss der Randschichten selbst im einfachen, dort beschriebenen Kern–Raumladungsmodell ein doppelter: ein struktureller, der bei Vernachlässigung elastischer Effekte[109] näherungsweise auf den Kernbereich beschränkt ist, sowie ein weiter reichender über Raumladungseffekte. In den strukturell veränderten Kernbereichen sind die Beweglichkeiten und damit auch die Defektdiffusionskoeffizienten deutlich verändert. In den Raumladungsbezirken ist — sofern strukturelle Änderungen dort vernachlässigbar sind — die Beweglichkeit parallel zur Grenzfläche invariant, während senkrecht zur Grenzfläche elektrische Felder betrachtet werden müssen, deren Einfluss bei vergleichsweise hoher Migrationsschwelle aber vernachlässigbar sein kann. Immerhin ist eine selbst bei isotroper Grundstruktur auftretende Anisotropie bei der Beweglichkeit im Auge zu behalten. Für die Leitfähigkeit und damit D^Q gilt dies wegen der Anisotropie der Konzentration gemäß den in Abschnitt 5 gemachten Ausführungen erst recht.
Verwickelter sind die Verhältnisse bei der chemischen Diffusion und der Tracer–Diffusion.
Betrachten wir zuerst den chemischen Sauerstoff–Transport im Oxid entlang einer Grenzfläche (y–z–Ebene) (Abb. 6.41 rechts). Wie im Volumen setzen wir lokales Gleichgewicht voraus[110]. Da zu Beginn des Experimentes keine Gradienten in den elektrochemischen Potentialen bzw. im chemischen Potential von O senkrecht zur Grenzfläche auftreten, ist der Fluss an einem gegebenen Ort anfänglich über $\sigma^*_{O^{2-}} \partial\mu^*_{O^{2-}}/\partial y$ bzw. $\sigma^\delta_O \partial\mu_O/\partial y$ vollständig bestimmt.
Man könnte nun annehmen, dass für das gesamte Experiment die Flusslinien parallel zur Grenzfläche verlaufen und sich damit der effektive Diffusionskoeffizient $D^{\delta\|}_{O,m}$ aus einer arithmetischen Mittelwertbildung der lokalen $D^\delta_O(y)$–Werte ergibt, wie

108 PFG–NMR: Kernspinresonanz mit gepulstem Feldgradient. Auf diese Weise wird in der Probe eine Ortskoordinate definiert.

109 gute Näherung für weiche Materialien

110 Diese Voraussetzung hinreichend schneller lokaler Relaxation kann natürlich besonders beim Grenzflächentransport kritisch sein. In Bezug auf diese wichtige Fragestellung, auf die wir nicht weiter eingehen können, sei der Leser auf Ref. [8,387,394] verwiesen (vgl. auch Abschnitt 6.6.1b).

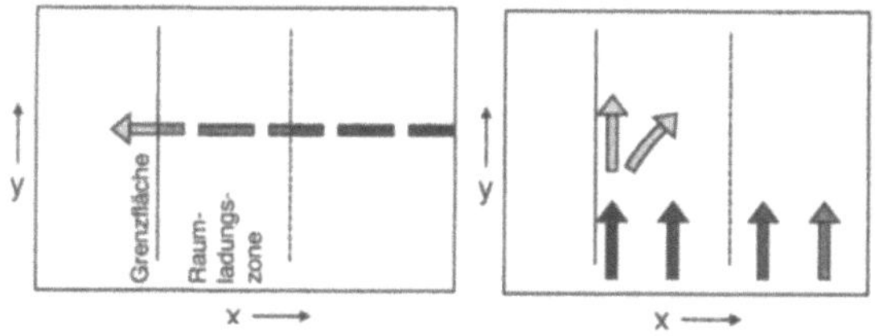

Abb. 6.41: Diffusion quer durch (links) bzw. entlang einer Grenzfläche (rechts) (s. Text).

dies für die Leitfähigkeit (und damit für D^Q) bei reversiblen Elektroden der Fall war (Abschnitt 5.8). Nun handelt es sich hier aber nicht um ein stationäres Experiment. Vielmehr ändert sich im Verlauf desselben die Zusammensetzung, und es entstehen aufgrund der unterschiedlich schnellen lokalen Flüsse Gradienten auch in x–Richtung, so dass das Diffusionsproblem höherdimensional und dadurch kompliziert wird (s. Abb. 6.41 rechts). Ähnliches gilt für die Tracer–Diffusion, die wir im folgenden betrachten werden; dort sind es Gradienten in der Isotopenkonzentration. Betrachten wir die Korngrenzdiffusion eines Tracers, vernachlässigen Raumladungen und beschränken uns auf den Fall schnellen Kerntransportes. (Ein anderes Beispiel wäre die Diffusion über Versetzungspfade.) Während der Diffusion bleibt der Fluss nicht nur auf den Kern beschränkt, sondern verbreitert sich durch seitliches Einfließen in die Volumenbereiche. Lediglich für sehr vereinfachte geometrische Randbedingungen, hohe Verhältnisse von Korngrenzendiffusionskoeffizient D_{gb} zu Volumendiffusionskoeffizient (D_∞) und sehr geringer Korngrenzdicke (d_{gb}) (genauer $d_{gb}^2 \ll D_{bulk}t \ll D_{gb}t$) ergibt sich ein überschaubares Resultat, die sogenannte Fischersche Lösung [395]. In einem solchen Falle erfolgt der Volumentransport senkrecht zum Korngrenztransport und ist näherungsweise von diesem unabhängig. Hierzu und zu detaillierten Behandlungen sei der Leser auf die Spezialliteratur verwiesen [396]. Solange Ionen und Elektronen streng gekoppelt sind, ist die Formulierung der chemischen Diffusion der der Tracer–Diffusion analog. Inhomogenitätseffekte können bei ersterer aufgrund unterschiedlicher Auswirkungen auf σ_{ion} und σ_{eon} besonders verwickelt sein.

Eine stark vereinfachte Behandlung lässt sich erzielen, wenn man annehmen kann, dass die laterale Diffusion ins Volumen gegenüber der Kerndiffusion (Abb. 6.42 links) völlig vernachlässigbar ist. Dann erfolgt sie sozusagen auf einer getrennten Zeitskala. Ein geeignetes Experiment hierzu wäre die Verfolgung des Zeitverlaufes eines Äquilibrierungsexperimentes, wie es oben diskutiert wurde, bei welchem man schlagartig die Gasphasenzusammensetzung der Umgebung verändert (z. B. den Sauerstoffgehalt oder den Tracer–Gehalt erhöht) und die Homogenisierung in Richtung auf die neue Zusammensetzung in der gesamten Probe verfolgt. Dann ist der geschwindigkeitsbestimmende Schritt die Eindiffusion aus den sehr schnell äquilibrierten Korngrenzen ins Korninnere, so dass als effektive Diffusionslänge der Keramik die Korngröße (ℓ) und nicht die Probengröße (L) in Rechnung[111] zu stellen

Abb. 6.42: Schemabild zur Diffusion durch eine Keramik mit hochpermeablen (links) bzw. kaum permeablen Korngrenzen (rechts).

ist (s. Abb. 6.42 links):

$$D_m^\delta = \frac{L^2}{\ell^2} D_{bulk}^\delta \propto \frac{L^2}{\ell^2} \frac{\sigma_{bulk}^\delta}{c_{bulk}^\delta}. \qquad (6.103)$$

Solche Verhältnisse scheinen unter geeigneten Bedingungen die Sauerstoffdiffusion in $YBa_2Cu_3O_{7-\delta}$-Keramiken zu bestimmen. Ein anderes Beispiel ist donator–dotiertes $BaTiO_3$ oder $SrTiO_3$. Dort ist wegen der sehr geringen $V_O^{\cdot\cdot}$-Konzentrationen (s. Abschnitte 5.6 und 6.5) und der sehr geringen Mobilität der Metalleerstellen die Volumendiffusion sehr gering. Startet man mit einer unter reduzierenden Bedingungen hergestellten Perowskitkeramik sehr hoher n–Leitfähigkeit und setzt diese einem hohen Sauerstoffpartialdruck aus, so erfolgt die Eindiffusion über die Korngrenzen. Selbst bei längerer Einwirkungszeit werden lediglich die obersten Bereiche der Körner äquilibriert. Die entstehende Keramik aus hochleitenden Körnern mit isolierenden "Häuten" weist sehr hohe effektive (elektrische) Kapazitäten auf und findet als leistungsfähige dielektrische Funktionskeramik Verwendung[112] [181].
Aus anderen Gründen verwickelt ist der Fall der chemischen Diffusion quer zur Grenzfläche (s. Abb. 6.41 links). Aus Symmetriegründen ist das Problem eindimensional. Hier sind die strukturellen Inhomogenitäten (Kern vs. Volumen) sowie die elektrischen Feldeffekte in Transportrichtung von Wichtigkeit. Abgesehen von Durchtrittsreaktionen durch die eigentlichen Grenzflächen (s. Kap. 7) haben die Raumladungszonen auch einen profunden Einfluss auf die Diffusion. Die elektrischen und chemischen Fragestellungen sind natürlich miteinander verwoben und das ganze Problem komplex. Im instationären Fall ist die Kopplung der Teilflüsse nach Gl. (6.50) verletzt, und es treten auch in Abwesenheit äußerer Ströme innere Nettoströme auf[113]. Im stationären Zustand fällt diese Komplizierung weg. Der chemische Diffusionskoeffizient ist allerdings kein geeigneter Transportkoeffizient mehr, da in Raumladungszonen selbst im Gleichgewicht Konzentrationsgradienten z. B. im Oxid bezüglich der O–Komponenten auftreten und ∇c_O keine geeignete Triebkraft darstellt. Außerdem ist in den Randschichten (im Gegensatz zu $j_{O^{2-}}$ und j_{e^-}) j_O selber keine wohldefinierte Größe, es sei denn, wir beziehen uns auf den stationären

[111]Gl. (6.103) entsteht durch Gleichsetzung der Äquilibrierungszeiten (vgl. z. B. Gl. (6.70)). Sie gilt so, wenn alle Oberflächen dem neuen Partialdruck ausgesetzt werden. Ansonsten ist ein zusätzlicher geometrischer Faktor in Rechnung zu stellen.

[112]Technisch eingesetzte Kondensatoren dieses Typs basieren häufig auf Tantal. Hier werden die Oberflächen der (zumeist phosphor–dotierten) nanokristallinen Tantalkörner elektrochemisch oxydiert (wodurch isolierendes Oxid entsteht). Aufgrund der hohen inneren Grenzflächendichte und der geringen Dicke der Oxidhäute werden hohe Speicherfähigkeiten erreicht (vgl. auch Abschnitt 7.4.3).

[113]Eine detailliertere Behandlung ist in Refs. [397–399] dargelegt.

Zustand. (Dort gilt dann immer noch $j_O \propto \sigma_O^\delta \nabla\mu_O$.) Selbst wenn man die Anfangsparameter so wählt, dass keine Gleichgewichtsraumladungen existieren ($\vartheta = 0$, Abschnitt 5.8), so bauen sich im allgemeinen Raumladungen während der chemischen Diffusion auf. Diese Raumladung wird vom Gaußschen Satz[114] gefordert, um das im Innern existierende, die Elektroneutralität aufrechterhaltende Feld mit dem feldfreien Äußeren in Konsistenz zu bringen.
Im folgenden besprechen wir kurz einige Auswirkungen von Gleichgewichtsraumladungen (s. auch Abschnitt 5.8) auf den Transport in unserem Modelloxid (lediglich O_i'' und $h^{\cdot}$ als Defekte). Wenn auch im Unterschied zum Volumen nun $2\partial c_{O_i''} - \partial c_{h^{\cdot}}$ nicht Null ist, sondern über die Variation des Feldgradienten gegeben ist, bleibt nach wie vor gültig, dass beide Flüsse — $j_{O_i''}$ und $j_{h^{\cdot}}$ — für die chemische Diffusion notwendig sind. Im stationären Zustand kommt dies in der Relevanz der Größe σ^δ zum Ausdruck[113], welche sozusagen harmonisch aus den Einzelbeträgen gemittelt ist. Diese Einzelbeiträge stellen das Integral über die Ortskoordinate dar (s. hierzu auch Abschnitt 5.8). Bei ähnlicher Beweglichkeit der beiden Hauptladungsträger kann man in den Raumladungszonen den Ladungsträger, dessen Konzentration angehoben ist, in der ambipolaren Diffusion vernachlässigen. In einer simplen Gouy–Chapman–Situation (ein Ladungsträger angereichert, der andere verarmt) ist in solchen Fällen der ambipolare Transport unabhängig vom Vorzeichen des Raumladungseffektes immer verlangsamt im Vergleich zum Volumen[113,115,116]. Ein Verlangsamungseffekt wurde schon in Abb. 6.41 angedeutet und erklärt den Barriereneffekt der Schottky–Randschicht in $SrTiO_3$ auf die chemische Diffusion, dort sind sogar beide entscheidenden Ladungsträger verarmt (s. Abschnitt 5.8). Wiederholt man die in Abschnitt 6.5 (s. Abb. 6.32) geschilderten optischen Messungen mit einer Korngrenze quer zur Eindiffusionsrichtung, so ergeben sich Farbprofile, wie das in Abb. 6.6.2 exemplarisch für eine niedersymmetrische Kippkorngrenze ($\sim \Sigma\,13$) gezeigt ist. Im Falle einer hochsymmetrischen $\Sigma\,3$-Korngrenze[117] (Abb. 6.44, rechts) sind keine Farbsprünge auflösbar. Beachte, dass die Farbunterschiede letzlich die Stöchiometrieunterschiede widerspiegeln. Abbildung 6.44 zeigt die entsprechenden Leerstellenprofile. Im Falle der niedersymmetrischen Korngrenze ergibt

[114]Die Maxwell–Gleichung $(\partial/\partial x)D = \rho$ (mit $D = \epsilon E$) wird an der Grenzfläche zu $\Delta D = \Sigma$ (vgl. Fußnote 161 auf S. 237).

[115]Wir wollen den Transport mit einer Fahrradreise vergleichen, bei der — um der atomistischen Situation halbwegs gerecht zu werden — davon ausgehen, dass in km–Abständen das Vehikel gewechselt werden muss. Dann lässt sich die ambipolare Diffusion mit der Reise eines schwäbischen Ehepaars vergleichen (Schwäbisches Ehepaar deswegen, weil hier die Kopplung sehr ausgeprägt ist: Keiner lässt den anderen aus den Augen aus Angst, dieser könne unnötig Geld ausgeben). Nehmen wir an, dass die in der Nähe der Grenze, auf die das Ehepaar zusteuert (schwäbisch–badische Phasengrenze z.B.) die Zahl der Männerfahrräder verdoppelt, die der Damenfahrräder halbiert wird, so wird die Reise verzögert, obwohl insgesamt mehr Fahrräder zur Verfügung stehen. Das gleiche gilt bei Bevorzugung der Damenfahrräder.

[116]Im Falle verschiedener Beweglichkeiten können natürlich auch lokale Beschleunigungen auftreten, dann nämlich wenn der langsame Ladungsträger in seiner Konzentration angehoben ist.

[117]Vgl. hierzu Abb. 5.23 (S. 146).

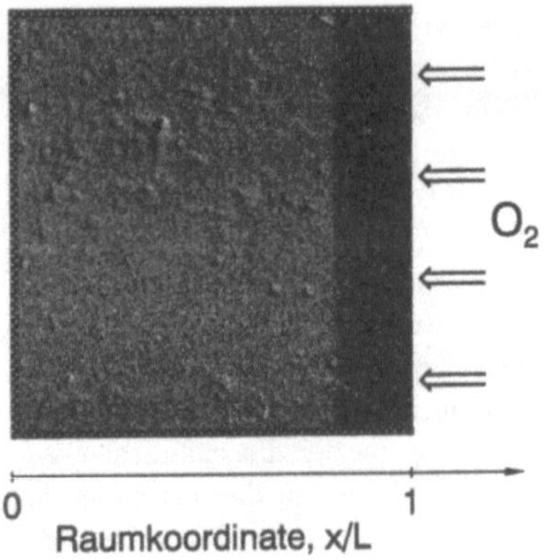

Abb. 6.43: Das Bild zeigt den Farbsprung über eine niedersymmetrische Korngrenze in Fe-dotiertem $SrTiO_3$ während der Sauerstoffeindiffusion (Partialdrucksprung von 10^4Pa auf 10^5Pa, T=873K, Fe-Konzentration: $2.15 \times 10^{18}\text{cm}^{-3}$) durch die rechte Oberfläche. Die anderen sind geschützt bzw. desaktiviert. (24° Kippkorngrenze, Drehachse: [001], nahe Σ=13). Nach [400].

sich ein Raumladungspotential von 450 mV, in guter Übereinstimmung mit Resultaten, die aus der Analyse des elektronischen Leitfähigkeitsverhaltens (vgl. Abschnitt 5.8) gewonnen sind.
In dem eben beschriebenen Experiment konnte Sauerstoff lediglich von einer Seite (der rechten) eindiffundieren, die anderen Seiten, auch die gegenüberliegende (linke)

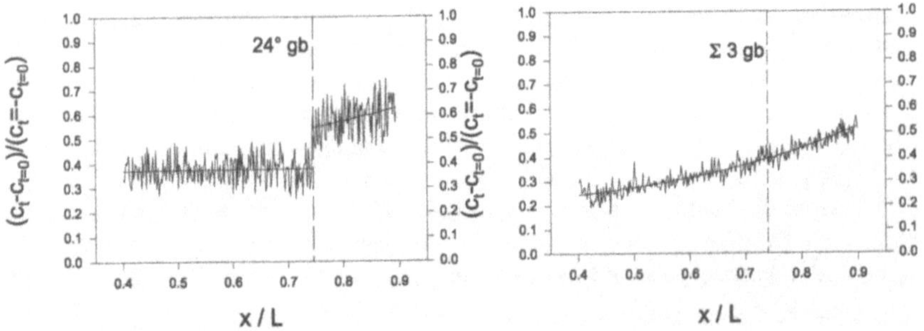

Abb. 6.44: Normierte Leerstellenprofile für die nieder- ($\sim \Sigma\,13$) und hochsymmetrische Kippkorngrenze ($\Sigma = 3$, 70.5° Kippkorngrenze, Drehachse [126]), wie sie aus den in Abb. 6.6.2 gezeigten in-situ Messungen erhalten werden. Im Falle der niedersymmetrischen Korngrenze (links) entspricht die Anpassung einem Raumladungspotential von 450 mV. Im Falle der $\Sigma\,3$-Korngrenze (rechts) kann die Korngrenze ignoriert werden (entsprechend einer Obergrenze des Potentials von 300 mV); die durchgezogene Linie entspricht der Bulkberechnung mit einer effektiven Oberflächenratenkonstante von 3.6×10^{-5}cm/s (s. folgender Abschnitt). Aus [400].

waren abgeschlossen. Ist diese linke Seite auch offen und erzeugt man einen Fluss von rechts nach links durch Vorgabe unterschiedlicher Sauerstoffpartialdrücke, so hat man ein Permeationsexperiment realisiert. Misst man den (Permeations-) Fluss aus der Bikristallprobe auf der Seite des geringen Potentials, so ergeben sich die berechneten Graphen nach Abb. 6.45. Wiederum erkennt man deutlich den bremsenden Einfluss. Hinzu kommen natürlich noch Kerneffekte, die hier vernachlässigt

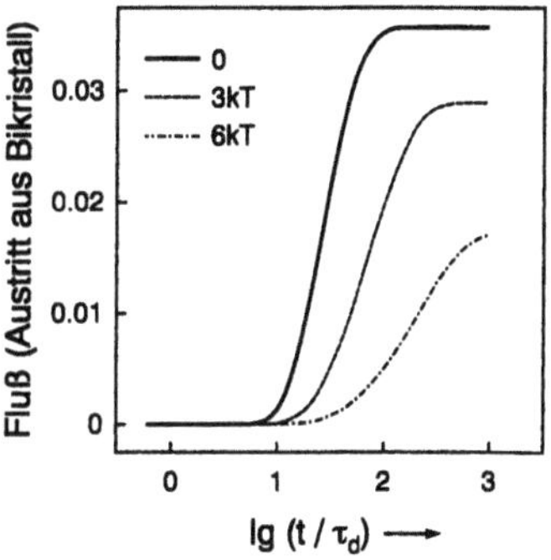

Abb. 6.45: Fluss aus einem Bikristall mit senkrechter Korngrenze bei gegebenen chemischen Potentialgradienten (Gouy–Chapman–Fall) (willkürliche Einheiten). Ein Kernwiderstand wurde vernachlässigt. Die Abnahme mit steigendem Betrag des Raumladungspotentials (3kT, 6kT: Raumladungseffekt in Energieeinheiten) zeigt den Einfluss der Gleichgewichtsraumladung [401].

wurden.

Selbst wenn die Korngrenzenwiderstände völlig dominieren, wird doch der thermodynamische Faktor bei nicht zu hoher Korngrenzdichte vom Volumen bestimmt, mit anderen Worten findet der Großteil der stöchiometrischen Änderung ($d\mu_O/dc_O$) dort statt (Abb. 6.42 rechts). Es ergibt sich in diesem Fall[118] (gewissermaßen als Gegenstück zu Gl. (6.103) [398] die einfache Beziehung:

$$D_m^\delta \propto \frac{\ell}{d_{gb}} \frac{\sigma_{gb}^\delta}{c_{bulk}^\delta}. \tag{6.104}$$

Man beachte, dass $d_{gb}/\ell \propto \varphi_{gb}^\perp$. Der Proportionalitätsfaktor in Gl. (6.104) ist $\frac{RT}{4F^2}$. Natürlich wird auch die Tracer–Diffusion durch entgegenstehende Korngrenzen beeinflusst. Allerdings ist hier die Situation einfacher und die Auswirkungen anders. Da die Tracer–Diffusion weder chemische noch elektrische Effekte zeitigt, ist das Verhalten beim Transport quer durch eine Korngrenze durch die Gleichgewichtssituation charakterisiert und analog zur stationären Ionenleitung, wie sie schon in Abschnitt 5.8 behandelt wurde. Insbesondere sei angefügt, dass bei gleicher Mobilität der dominierenden Ladungsträgern O_i'' und $h^\cdot$ und positivem Raumladungspotential die Tracer–Diffusion beschleunigt, bei negativem Raumladungspotential verlangsamt ist, während bei der chemischen Diffusion in beiden Fällen ein Bremseffekt zu erwarten war. Wie D^Q und D^δ ist auch D^* mikrostrukturellen, aber auch volumenkristallographischen Anisotropien, die den D–Werten Tensor–Charakter verleihen, ausgesetzt. Man vergleiche hierzu nochmal die Abb. 6.31. In polykristallinen Materialien sind Perkolationsvorgänge über Körner mit günstiger Orientierung sehr wesentlich.

[118]Man erhält dies unmittelbar aus dem in Abschnitt 7.3 gezeigten Ersatzschaltbild (Abb. 7.33) für vernachlässigbares C_{gb}^δ und dominierendes R_{gb}^δ.

Im Gegensatz zu Grenzflächen tritt bei den eindimensionalen Versetzungen ein eventueller Blockadeeffekt in den Hintergrund, während sie sehr häufig in Folge von Kern– und Raumladungseffekte schnelle Diffusionspfade bereitstellen (Röhrendiffusion).
Nachzutragen ist, dass ebenso wie im Falle des Leitfähigkeits– (bzw. Tracer–) Experimentes bei Anwesenheit lateraler Inhomogenitäten Stromeinschnürungsphänomene auftreten können [402], die ähnlich wie dort Grenzflächeneffekte vortäuschen können, die wir im folgenden Abschnitt untersuchen.

6.7 Oberflächenreaktion

6.7.1 Elementarprozesse

Schon in den Abschnitten 6.4 und 6.5 sind wir mehrfach der Tatsache begegnet, dass die Oberflächenreaktion von Bedeutung für die Gesamtgeschwindigkeit ist. Diese selber ist natürlich aus sehr vielen Einzelprozessen zusammengesetzt. Betrachten wir noch einmal unser Leitmotiv, nämlich die Sauerstoffinkorporation. Abbildung 6.46 zeigt eine Auswahl möglicher Teilschritte. Zunächst muss der Sauerstoff aus

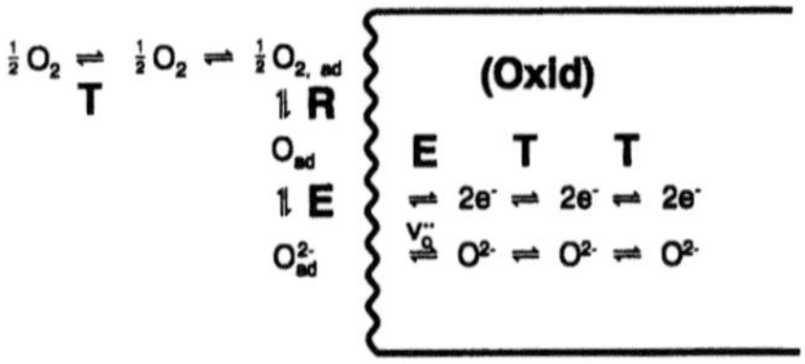

Abb. 6.46: Eine Auswahl möglicher Teilschritte der Sauerstoffinkorporation in ein Oxid. Insbesondere wird die Oberflächenreaktion aus komplizierten Einzelschritten bestehen. T: Transport, R: chemische Reaktion, E: elektrochemische Reaktion. I.a. liegt der Ionisierungsgrad adsorbierter Atome zwischen Null und der im Volumen angenommenen Ladungszahl (hier -2).

der Gasphase herantransportiert werden — ein in der Regel schneller Prozess[119]. Er muss adsorbiert, dissoziiert, ionisiert werden, in einem Heterogenschritt in die kondensierte Phase eintreten, dort die Raumladungszone durchqueren, und erst dann erfolgt die eigentliche interne Diffusion (die ihrerseits aus Serien– und Parallelschritten bestehen kann, erst recht wenn man Korngrenzeffekte mitzuberücksichtigen hat). Sehr wesentlich und in Abb. 6.46 der Einfachheit halber "unterdrückt" ist zudem die Oberflächendiffusion. Wie schon häufig erwähnt, lässt sich jeder dieser Schritte als elektrochemische Reaktion (E) der Form

$$A(x) + ... \rightleftharpoons B(x') + ... \tag{6.105}$$

verstehen. Die reine Adsorption entspricht dem der reinen chemischen Reaktion (R), in welchem elektrische Felder vernachlässigbar sind, die Volumendiffusion (T)

[119] Bei hohen Umsätzen, wie sie in Brennstoffzellen auftreten können (s. Kap. 7), kann auch dieser Schritt geschwindigkeitsbestimmend werden. Es stellen sich dann Diffusionsgrenzströme ein (vgl. Kap. 7).

dem Transportgrenzfall (A≡B), während die Durchtrittsreaktion dem allgemeinen Fall zuzurechnen ist, in welchem sich chemische Standardpotentiale und elektrische Potentiale verändern. Die Frage danach, wie die Elektronen zur Verfügung gestellt werden, hängt wesentlich davon ab, welches der drei in Abb. 6.17 beschriebenen Experimente betrachtet wird.
Von den aufgeführten Teilschritten wollen wir zunächst die Adsorption[120] in ihrer aller simpelsten Ausprägung näher behandeln.
Formulieren wir die Adsorption eines Gases G auf einen freien Oberflächenplatz V_{ad} als

$$G + \mathsf{V}_{ad} \rightleftharpoons G_{ad}, \tag{6.106}$$

so ergibt sich formal im einfachsten Fall[121]

$$\mathcal{R}_{ad} = \vec{k} P_G [\mathsf{V}_{ad}] - \overleftarrow{k} [G_{ad}]. \tag{6.107}$$

Die Konzentration wird am besten über den Bedeckungsgrad Θ_G formuliert, dies ist der Anteil der besetzten Plätze an der Gesamtzahl der zur Verfügung stehenden gleichartigen Plätze[122], so dass eine äquivalente Formulierung mit umskalierten k– oder $\mathcal{R}$–Werten lautet:

$$\mathcal{R}_{ad} = \vec{k}_{ad} P_G (1 - \Theta_G) - \overleftarrow{k}_{ad} \Theta_G. \tag{6.108}$$

Im Gleichgewicht ist

$$\frac{\widehat{\Theta}_G}{1 - \widehat{\Theta}_G} = \frac{\vec{k}_{ad}}{\overleftarrow{k}_{ad}} \widehat{P}_G = K_{ad} \widehat{P}_G. \tag{6.109}$$

Dies ist die Beziehung des Langmuir–Gleichgewichtes [404]. (Strenggenommen dürfen bei der Gleichgewichtsbetrachtung V_{ad} und G_{ad} nicht als unabhängige Elemente angesehen werden, vielmehr stellt $G_{ad} - \mathsf{V}_{ad}$ das relevante Bauelement dar, als dessen Aktivität wegen der erschöpflichen Zahl an Oberflächenplätzen der Fermi–Dirac–artige Ausdruck $\Theta_G/(1 - \Theta_G)$ anzusehen ist (vgl. Gl. (5.18, 5.134)). Das Ergebnis der strengeren Vorgehensweise ist dasselbe, nämlich Gl. (6.109).) Komplizierter sind die Verhältnisse bei lateraler Wechselwirkung oder Mehrschichtenadsorption. Hier sind die kinetischen und thermodynamischen Größen formal abhängig von der Besetzung. In der Literatur wird häufig eine Proportionalität zwischen $\Delta_r H^\circ$ und Θ angesetzt [403]. Es ist aufgrund der in Abschnitt 5.7.2 diskutierten Zusammenhänge zu vermuten, dass eine Korrektur nach $\Delta_r H^\circ = \text{const}\Theta^{1/2}$ ($\Theta^{1/2}$ ist mit dem mittleren Abstand innerhalb der Fläche korreliert) gute Dienste tun sollte.
Die erleichterte Reaktion zwischen den nun im Vergleich zur Gasphase eng benachbarten Reaktanden ist schon ein wesentlicher Punkt der Wirksamkeit heterogener Katalysatoren, ein anderer die Bindungslockerung oder gar völlige Dissoziation durch die Substratwechselwirkung (s. Abschnitt 6.8). Falls es sich um ein

---

[120] Eine detaillierte Behandlung findet man in Ref. [403].
[121] Gleichung (6.107) vernachlässigt die Komplexität der Oberflächenstruktur (s. Abschnitt 5.4), das Auftreten von Mehrschichtadsorption und andere Komplizierungen.
[122] $\Theta_G \equiv [G_{ad}]/([G_{ad}] + [\mathsf{V}_{ad}])$.

mehratomiges Gas wie O_2 handelt, ist die Adsorption komplexer, als es Gl. (6.106) beschreibt. Angekoppelt ist hier die Dissoziation (u.U. noch verbunden mit einer Desorption eines Molekülfragmentes).
Weil Adsorption eine Bindung zur Festkörperphase bedeutet[123] und damit automatisch mit einer Veränderung der Elektronendichte einhergeht, fällt eine mechanistische Abgrenzung häufig schwer.
Da bei der anschließenden Ionisierung Ladungseffekte eine Rolle spielen, müssen die elektrischen Feldeffekte berücksichtigt werden[124]. Bei der Sauerstoffadsorption spielen je nach Bedingungen und Substrat O_2^- oder O^- (bzw. $O_2^{\delta-}$, $O^{\delta-}$) als ionisierte Zustände eine wichtige Rolle. Wegen der lateralen Inhomogenität der Oberfläche sind auch laterale Feldeffekte in Rechnung zu stellen, die sich vor allem auf die Oberflächendiffusion auswirken.
Ein anderer wesentlicher Teilschritt der Oberflächenreaktion ist der Durchtritt der mehr oder weniger ionisierten Teilchen in die Festkörperphase. Auch hier kann in Einzelfällen die Abgrenzung zwischen Festkörperphase und Adsorbatschicht schwerfallen. Tritt z.B. voll ionisierter Sauerstoff[125] in die Festkörperphase über, so lässt sich für den Prozess

$$O_{ad}^{2-} + V_O^{\cdot\cdot} \rightleftharpoons O_O + V_{ad} \tag{6.110}$$

eine Ratengleichung der Form

$$\mathcal{R} = \vec{\bar{k}}\Theta[V_O^{\cdot\cdot}] - \overleftarrow{\bar{k}}(1-\Theta) \tag{6.111}$$

ansetzen. Θ bezieht sich dann auf die ionisierten Teilchen. Auch wenn die vorgelagerten Prozesse schnell sind und über Gleichgewichtsbetrachtungen einfließen (s. u.), kann die Kopplung von Θ und Θ_G in Gl. (6.104) wegen der Feldeffekte kompliziert sein.
In diesem Abschnitt interessieren uns vor allem die Kinetik der Stöchiometrieänderung sowie die Kinetik des Tracerexperimentes (s. Abb. 6.17b,c)[126]. In beiden Fällen handelt es sich in der Regel um Experimente in Gleichgewichtsnähe, aus denen wir phänomenologische Ratenkonstanten gewinnen, die wir mit $\bar{k}$ bezeichnen. Zur näheren Unterscheidung verwenden wir $\bar{k}^\delta$ für die Ratenkonstante bei der Zusammensetzungsänderung, $\bar{k}^*$ für die Ratenkonstante beim Tracerexperiment, während die vergleichbare, formal aus rein elektrischen Experimenten abgeleitete Größe mit

[123] Genauer unterscheidet man je nach Stärke der Bindung zwischen Chemisorption (Bindung von der Stärke einer typischen chemischen Bindung) und Physisorption (Bindung von der Stärke einer typischen intramolekularen Bindung, s. Kap. 2). Diese Unterscheidung ist für uns nicht von Relevanz.

[124] Da dieser Punkt die elektrochemische Methodik betrifft, wird er im Kapitel "Elektrochemie" (Abschnitt 7.3.3) näher beleuchtet. Vgl. auch Abb. 6.2, Gl. (6.18) sowie Abschnitt 6.7.3.

[125] Zu erwarten ist, dass der adsorbierte Sauerstoff nur partiell ionisiert ist und der Transferschritt dann noch eine weitere Elektronenaufnahme mit einschließt.

[126] Die Kinetik des Leitfähigkeitsexperimentes involviert die Betrachtung (elektrisch) kapazitiver Effekte und wird in Kap. 7 unter die Lupe genommen. Der Parameter $\bar{k}^Q$ ist rein formal aus σ_{ion} abgeleitet und ist kein Parameter, der die Kinetik des Leitfähigkeitsexperimentes beschreibt.

$\bar{k}^Q$ bezeichnet wird[126]. Diese effektive Ratenkonstanten werden natürlich in individueller Weise von den mikroskopischen k-Werten des geschwindigkeitsbestimmenden Schrittes abhängen, enthalten aber auch Information über die anderen Elementarprozesse. Bevor wir uns solchen Fragestellungen widmen (s. Abschnitt 6.7.3), ist es notwendig, einige allgemeine Betrachtungen zu komplexeren mechanistischen Gegebenheiten anzustellen.

6.7.2 Reaktionskopplungen

In Näherung lässt sich das gesamte Schema in Abb. 6.46 als Netz von Parallel- und Serienelementarschritten auffassen[127]. Bei hinreichender Verschiedenartigkeit der Ratenkonstanten reduziert sich dieses Netz auf den geschwindigkeitsbestimmenden Schritt, dieser ist der langsamste Serienschritt im schnellsten Parallelpfad. Bei Parallelschaltung zweier Elementarprozesse (d.h. Reaktion von E nach F über zwei Mechanismen) innerhalb einer Reaktionskette nach

$$\begin{array}{c} \mathrm{E} \underset{\overleftarrow{k}_1}{\overset{\vec{k}_1}{\rightleftharpoons}} \mathrm{F} \\ \\ \mathrm{E} \underset{\overleftarrow{k}_2}{\overset{\vec{k}_2}{\rightleftharpoons}} \mathrm{F} \end{array} \tag{6.112}$$

bestimmt also der schnellste die Gesamtgeschwindigkeit. Im stationären Fall reicht es aus, sich auf rein resistive Beiträge der Geschwindigkeitskonstanten zu beziehen (vgl. β^{-1} in Gl. (6.5 für Gleichgewichtsnähe). Hydrodynamische und elektrodynamische Analoga sind dann die Parallelschaltung zweier Kapillaren oder die Parallel-

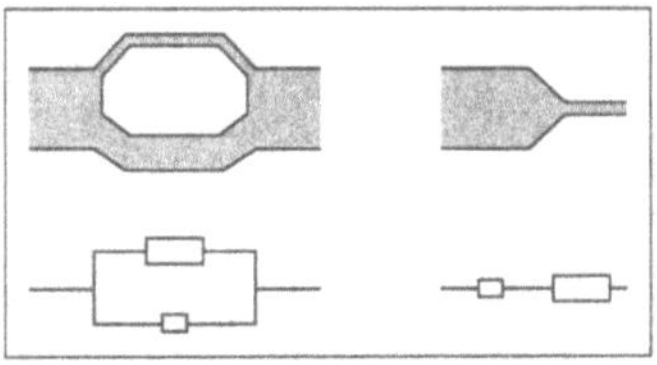

Abb. 6.47: Hydrodynamische und elektrische Analoga von chemischen Parallel- und Serienschritten innerhalb einer Prozesskette.

schaltung zweier elektrischer Widerstände (Abb. 6.47). Da die Triebkraft für beide Prozesse dieselbe ist, gilt im linearen Bereich als Fluss(J)-Kraft(X)-Relation

$$\mathrm{J} = \mathrm{J}_1 + \mathrm{J}_2 = \beta_1 \mathrm{X} + \beta_2 \mathrm{X} = (\beta_1 + \beta_2)\,\mathrm{X} = \beta_{\mathrm{eff}} \mathrm{X}, \tag{6.113}$$

und es folgt $\beta_{\mathrm{eff}} = \beta_1 + \beta_2$.

[127] wobei natürlich stets auch Reorganisationsprozesse mit zu berücksichtigen sind

In Gleichgewichtsferne sehen wir die Verhältnisse wie folgt ein: Vernachlässigen wir die Rückreaktionen in Gl. (6.112), so folgt

$$J \propto \mathcal{R} = \frac{d[F]}{dt} = [E](\vec{k}_1 + \vec{k}_2), \tag{6.114}$$

und, wie auch eben, bestimmt der Schritt mit dem größten Transportkoeffizienten die Geschwindigkeit ($\vec{k}_{eff} = \vec{k}_1 + \vec{k}_2$). Eine Beschränkung auf den stationären Zustand war hierbei nicht nötig.
Im Falle einer Serienfolge[128]

$$E \underset{\overleftarrow{k}_1}{\overset{\vec{k}_1}{\rightleftharpoons}} F \underset{\overleftarrow{k}_2}{\overset{\vec{k}_2}{\rightleftharpoons}} G \tag{6.115}$$

ist natürlich der langsamste Teilschritt entscheidend. Im stationären Fall ist der Fluss für beide Prozesse derselbe und die Kräfte addieren sich. Auch hier sind die hydrodynamischen bzw. elektrischen Analoga (Abb. 6.47) evident. Es gilt in Gleichgewichtsnähe:

$$X = X_1 + X_2 = \beta_1^{-1} J + \beta_2^{-2} J = \left(\beta_1^{-1} + \beta_2^{-1}\right) J = \beta_{eff}^{-1} J, \tag{6.116}$$

und es folgt $\beta_{eff}^{-1} = \beta_1^{-1} + \beta_2^{-1}$. Der Effektivwert ist also durch den β–Wert des langsamsten Schrittes bestimmt. Die Gesamtaffinität (X) ist also ungefähr die des geschwindigkeitsbestimmenden Schrittes. Dies zeigt Abb. 6.48 für den später im

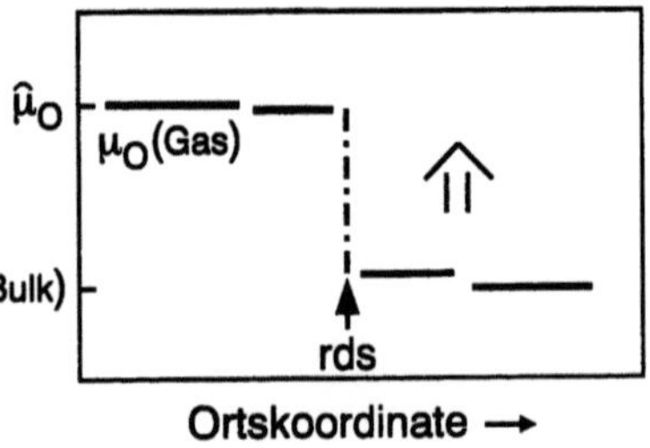

Abb. 6.48: Reaktionslimitierter Sauerstoffeinbau in ein Oxid. Das Oxid wird sprunghaft einem veränderten äußeren chemischen Potential $\widehat{\mu}_O$ ausgesetzt. Die Affinität des Einbaus ist $-(\mu_O(\text{Bulk}) - \widehat{\mu}_O)$. Die Triebkraft fällt hauptsächlich über den geschwindigkeitsbestimmenden Schritt (rds) ab (vgl. Gl. (6.116). Im Gleichgewicht ist überall $\widehat{\mu}_O$ eingestellt. Aus [405].

Detail behandelten reaktionslimitierten Sauerstoffeinbau in ein Oxid.
Das allgemeine Verhalten studieren wir anhand der komplexen Reaktionskette

$$A \underset{\overleftarrow{k}_a}{\overset{\vec{k}_a}{\rightleftharpoons}} B \underset{\overleftarrow{k}_b}{\overset{\vec{k}_b}{\rightleftharpoons}} C \underset{\overleftarrow{k}_c}{\overset{\vec{k}_c}{\rightleftharpoons}} \ldots \rightleftharpoons J \underset{\overleftarrow{k}_j}{\overset{\vec{k}_j}{\rightleftharpoons}} K \underset{\overleftarrow{k}_k}{\overset{\vec{k}_k}{\rightleftarrows}} L \underset{\overleftarrow{k}_l}{\overset{\vec{k}_l}{\rightleftharpoons}} \ldots \rightleftharpoons Y \underset{\overleftarrow{k}_y}{\overset{\vec{k}_y}{\rightleftharpoons}} Z. \tag{6.117}$$

Der Prozess $K \leftrightarrows L$ sei geschwindigkeitsbestimmend, d. h. charakterisiert durch eine für beide Richtungen sehr hohe Aktivierungsschwelle und somit durch kleine k–Werte. Da alle anderen Prozesse vergleichsweise hohe Ratenkonstanten besitzen,

[128] Vergleiche hierzu nochmals Fußnote 1 auf Seite 265.

sind die vorgelagerten und auch nachgelagerten Schritte im Regelfalle nach einer Anlaufphase quasi im Gleichgewicht[129] (s. Abb. 6.49). Es gilt also z.B. $\frac{[Z](t)}{[Y](t)} = \frac{\overleftarrow{k}_y}{\overrightarrow{k}_y} \equiv K_y$,

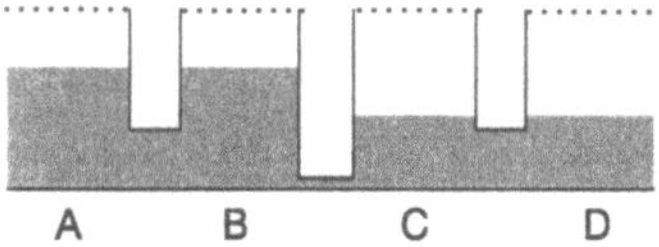

Abb. 6.49: Hydrodynamisches Analogon zur Situation des geschwindigkeitsbestimmenden Schrittes (Flaschenhals).

mit allerdings zeitlich veränderlichen Absolutkonzentrationen. Damit ist dann auch $\frac{d[Z]}{dt} = K_y \frac{d[Y]}{dt}$, d. h. die zeitlichen Änderungen der vorgelagerten bzw. nachgelagerten Schritte sind untereinander proportional. In der Sprache von Abb. 6.49 heben und senken sich die Niveaus bei horizontalem Spiegel. Definieren wir d[Z]/dt als Reaktionsgeschwindigkeit (Kette ist bei Z geschlossen), so ergibt sich aus den Proportionalitäten und dem Masseerhalt jeweils der gesuchte Zusammenhang zwischen $\mathcal{R}$ und der Geschwindigkeit des limitierenden Schrittes. Betrachten wir zunächst dessen Vorwärtsreaktion ($\overrightarrow{\mathcal{R}}_{\text{lim}} = \overrightarrow{k}_k[K]$). [K] kann dann über die vorgelagerten Massenwirkungsgesetze mit [A] in Verbindung gebracht werden. Vernachlässigen wir der Einfachheit halber Aktivitätskoeffizienten, so gilt

$$[K] = K_j[J] = K_a K_b \ldots K_j[A] = \Pi_{r<k} K_r. \tag{6.119}$$

Analoges ist für die Rückreaktion $\overleftarrow{\mathcal{R}}_{\text{lim}} = \overleftarrow{k}_k[L]$ erfüllt, hier lässt sich [L] mit [Z] über die K–Werte der nachgeschalteten Reaktionen in Verbindung bringen, so dass insgesamt für $\mathcal{R}_{\text{lim}} = \overrightarrow{\mathcal{R}}_{\text{lim}} - \overleftarrow{\mathcal{R}}_{\text{lim}}$:

$$\mathcal{R}_{\text{lim}} = \overrightarrow{k}_k(\Pi_{r<k} K_r)[A] - \overleftarrow{k}_k(\Pi_{r>k} K_r^{-1})[Z]. \tag{6.120}$$

[129] Betrachten wir zum Beweis hierzu nochmals eine beliebige Teilreaktion $E \rightleftharpoons F$ der Reaktionskette. Es ist nach Gl. (6.19)

$$\mathcal{R}_{EF} = \overrightarrow{k}[E]\left(1 - \frac{[F]/[E]}{K_E}\right) \tag{6.118}$$

die Differenz der Umwandlungsrate von E in F ($\overrightarrow{\mathcal{R}}_{EF}$) und der Umwandlungsrate von F in E ($\overleftarrow{\mathcal{R}}_{EF}$). Wird die Reaktionskette von links, d.h. ausgehend von A gestartet, ist zu Beginn sicher $\overrightarrow{\mathcal{R}}_{EF} \gg \overleftarrow{\mathcal{R}}_{EF}$. Da die Umwandlung zu Z durch den geschwindigkeitsbestimmenden Schritt ($K \rightleftarrows L$) gehemmt ist, wächst im Zeitfenster des langsamen KL–Schrittes die Rückreaktion, bis $\overrightarrow{\mathcal{R}}_{EF} - \overleftarrow{\mathcal{R}}_{EF} \equiv \mathcal{R}_{EF} \ll \overrightarrow{\mathcal{R}}_{EF}, \overleftarrow{\mathcal{R}}_{EF}$. Dann nähert sich der Klammerausdruck in Gl. (6.118) (wegen $\mathcal{R}_{EF}/(\overrightarrow{k}[E]) \to 0$) der Null, und es wird $[F]/[E] \simeq K_f \equiv \widehat{[F]}/\widehat{[E]}$, d.h. $\mathcal{A}_f \simeq 0$. Es hat sich quasi ein Gleichgewicht eingestellt. Analoges gilt für die anderen vorgelagerten, aber auch für die nachgelagerten Schritte. Ist die gesamte Reaktionskette in Gleichgewichtsnähe, ($\overrightarrow{k}[E]$ wird $\overrightarrow{k}\widehat{[E]} = \mathcal{R}_0$=Austauschrate), lässt sich als Kriterium sauber formulieren: All diejenigen Schritte sind im Quasi–Gleichgewicht, deren Reaktionsrate ($\mathcal{R}$) durch die Reaktionskopplung weit unter die Austauschrate gedrückt ist ($\mathcal{R}/\mathcal{R}_0 \to 0$) (vgl. Gl. (6.118)). Eindeutig gilt Quasi–Gleichgewicht für die schnellen Schritte im stationären Zustand. Dort sind alle Raten gleichgeschaltet und somit auf den Wert des geschwindigkeitsbestimmenden Schrittes reduziert. Im geschwindigkeitsbestimmenden Schritt ist $\mathcal{R}$ notwendig klein wegen der Kleinheit der k–Werte. Die den anderen Teilschritten (mit ihren ja signifikanten k–Werten) aufgezwungene Kleinheit von $\mathcal{R}$ bedeutet, dass nach Gl. (6.118) $[F]/[E] \simeq \widehat{[F]}/\widehat{[E]}$ ist.

Im stationären Zustand sind die Verhältnisse sehr einfach, da dort alle individuellen Reaktionsraten (Flüsse) gleich groß sind, d.h. an keiner Stelle der Kette wird Materie gespeichert. Dann ist $\mathcal{R}_{lim}$ die uniforme Reaktionsrate $\mathcal{R}$. Für die Gesamtkette ist die Annahme eines stationären (Nichtgleichgewichts–) Zustandes nur im offenen System sinnvoll (Zufluss=Abfluss). Hier ist dann auch die Konstanz der Raten nicht im Widerspruch mit der Formulierung $\frac{d[Z]}{dt} = K_y \frac{d[Y]}{dt}$, da beide Zeitabhängigkeiten verschwinden.

Ist die Reaktionskette bei A und Z geschlossen, können nicht alle Schritte stationär sein, da sich Z auf Kosten von A verändert. Ähnliches gilt, wenn die Kette einseitig (bei Z) geschlossen ist. Dies beschreibt die unten zu diskutierende Auflösung von Sauerstoff im Oxid. A steht dann in unmittelbarem Kontakt mit der Gasphase: Die Konzentration von Z (entsprechend der Volumenkonzentration) ändert sich im Verlaufe der Zeit. Wohl kann aber ein Teil der Kette quasi–stationär sein. Darunter sei verstanden, dass die Materiespeicherung in diesem Teilbereich der Kette vernachlässigbar ist[131]. Nehmen wir an, die Kette wäre bis zur Reaktion von L zu M (quasi–) stationär und ignorieren wir die Rückreaktion im ratenbestimmenden Schritt (d.h. die Reaktionskette ist in Gleichgewichtferne), dann ist — mit $\mathcal{R}_s$ als uniforme Rate dieses Teilbereiches — $[M]^{\cdot}_{\text{von links}} = \mathcal{R}_s = [L]^{\cdot}_{\text{von links}} = \vec{k}_k[K]$ und mit Gl. (6.119) letztlich

$$\mathcal{R}_s = \vec{k}_k(\Pi_{r<k}K_r)[A] = \vec{k}_k K_{eff}[A] = \vec{k}_{eff}[A], \qquad (6.121)$$

wobei $\vec{k}_{eff}$ außer der Ratenkonstante des geschwindigkeitsbestimmenden Schrittes noch die Massenwirkungskonstanten der vorgelagerten Gleichgewichte beinhaltet.

Ganz generell folgt eine solche Ein–Schritt–Näherung, wenn wir die Kette nach dem irreversiblen Schritt, also bei L, abschneiden: Es resultiert für die Gesamtreaktionsgeschwindigkeit (d[L]/dt) allein wegen des Quasi–Gleichgewichtes die Kinetik einer Effektivreaktion[130] A → L. Für die Temperaturabhängigkeit der effektiven Ratenkonstante $\vec{k}_{eff}$ gilt:

$$-R\frac{\partial \ln \vec{k}_{eff}}{\partial 1/T} = \Delta_k H^{\neq} + \Sigma_{r<k}\Delta_r H^{\circ}. \qquad (6.122)$$

Lassen Sie uns kurz resümieren: Instationarität (transientes Verhalten) ist dadurch gekennzeichnet, dass sich bestimmte Spezies akkumulieren. In Analogie zu elektrischen Effekten lässt sich dies auch als chemischer Kapazitätseffekt[57] auffassen. Ist dieser für eine bestimmte Spezies vernachlässigbar (z.B. $[O_{ad}]$), so verhält sich diese quasi–stationär[131], auch wenn der gesamte Prozess nicht–stationär ist. Dies vereinfacht zusammen mit dem Prinzip des Quasigleichgewichtes die kinetische Analyse beträchtlich und ist von großer Bedeutung in Abschnitt 6.7.3.

[130] Allgemein ist ja dann $\mathcal{R} = d[L]/dt = \vec{k}_k[K] \propto [A]$. Falls noch ein reversibler Schritt nach M erfolgen würde, wäre im transienten Fall die Gesamtänderung von [L] nicht proportional zu [K].

[131] Dieses Quasistationaritätsprinzip sollte beim Sauerstoffeinbauexperiment in der Regel für Teilschritte der Oberflächenreaktion erfüllt sein, wenn sich diese auf eng begrenzte räumliche Bezirke beziehen, in welchen der Teilchenzahlzuwachs infolge stöchiometrischer Änderungen vernachlässigbar ist gegenüber dem im Volumen. Präzise gilt, dass die Speicherrate klein ist gegen Zu–und Abflussrate. Dementsprechend kann der Konzentrationszuwachs lokal schon merklich sein, wie es

Bevor wir die Kinetik detailliert analysieren, betrachten wir die Einbaureaktion in unserem Musterexperiment summarisch als serielle Kopplung zwischen Oberflächenreaktion (Einbau in die erste Festkörperlage bei x=0) und Transportschritt:

$$A \rightleftharpoons B(0) \rightleftharpoons B(x). \tag{6.123}$$

Ist die Oberflächenreaktion schnell, so ist die Konzentration [B](x=0) im Gleich-

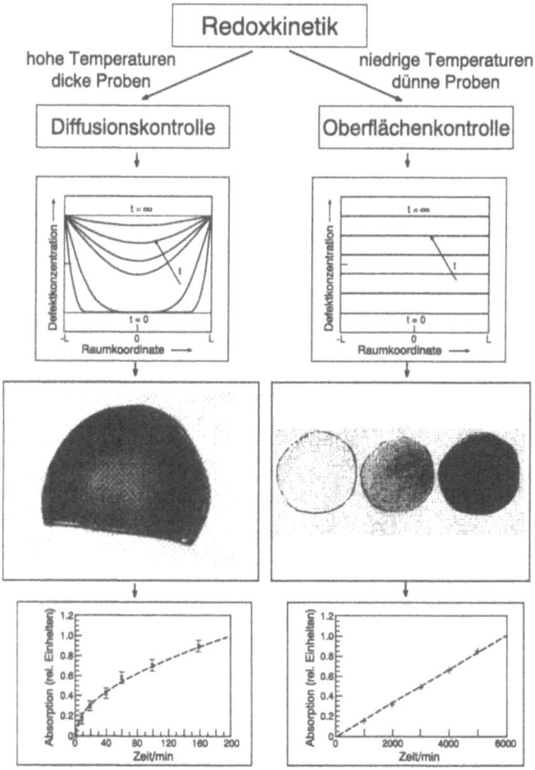

Abb. 6.50: Ergebnisse der optischen Analyse des Sauerstoffeinbaues in $SrTiO_3$. Linke Spalte: Diffusionskontrolle: rechte Spalte: Oberflächenkontrolle. Obere Reihe: Konzentrationsprofile. Mittlere Reihe: Ex–situ–Photographien der Kristalle, abgeschreckt auf dem Wege zur Äquilibrierung. Untere Reihe: Zeitliche Entwicklung der (integralen) optischen Absorption entlang der Diffusionsrichtung [407].

gewicht mit vorgelagerten Schritten, z. B. im Falle der Sauerstoffinkorporation mit dem Sauerstoff in der Gasphase (hier Gleichgewicht zwischen A und B(x=0)). Dies

ja in Abb. 6.50 (rechte Spalte) an den Rändern der Fall ist. Klein ist allerdings die gespeicherte Menge. Ein ähnliches Prinzip kennt man in der Homogenkinetik unter dem Namen Bodenstein–Prinzip [406]: Bei reaktionsfreudigen Zwischenprodukten ist deren Anhäufung in aller Regel gering, da sie — kaum gebildet — sofort weiterreagieren. Folglich ist ihre Konzentration gering und damit auch, ohne dass die gesamte Reaktionskette im stationären Zustand wäre, ihre (absolute) Zeitabhängigkeit. Man beachte den Unterschied zwischen $\dot{n}$ und $\dot{c}$ im Festkörperexperiment, der bei einer homogenen Reaktion nicht in Erscheinung tritt.

ist der Fall, den wir im Abschnitt 6.5 behandelten. Der andere Extremfall ist dadurch gegeben, dass die Diffusion sehr viel schneller als die Oberflächenreaktion ist. Dann ist [B](x=0) im (räumlichen) Gleichgewicht mit [B](x>0), und es treten nur homogene Konzentrationsprofile im Probeninneren auf. Im realistischen Fall liegt der ratenbestimmende Schritt innerhalb der Reaktionsfolge $A \rightleftharpoons B(x=0)$), und es ist die Beschreibung nur dann vergleichsweise einfach, wenn wir für den gesamten Grenzflächenbereich den Massezuwachs vernachlässigen können[131].
Diese Voraussagen, wie sie in der oberen Reihe von Abb. 6.50 schematisch dargestellt sind, werden unmittelbar durch die schon in Abschnitt 6.5 angesprochenen Messungen der Konzentrationsprofile in $SrTiO_3$, die sich nach Wechsel der Gasatmosphäre einstellen, bestätigt. Abb. 6.51 zeigt die beiden Extremfälle an Proben, die

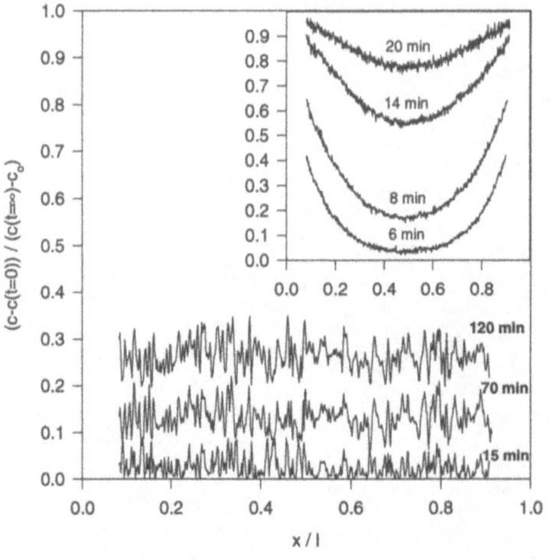

Abb. 6.51: Normierte Konzentrationsprofile (s. Abschnitt 6.5) für Fe–dotierte $SrTiO_3$-Proben (Fe-Gehalt: $4.6 \times 10^{19} cm^{-3}$) nach schnellem Wechsel der Gasatmosphäre von 10^4 auf 10^5Pa bei 923K. Das Hauptbild zeigt Reaktionskontrolle, das Inset Diffusionskontrolle. In beiden Fällen handelt es sich um Einbau durch eine polierte (100)–Oberfläche. Im Falle der Diffusionskontrolle wurde die Oberfläche durch eine dünne poröse Cr–Schicht aktiviert. Aus [399,408].

sich nur in der Oberflächenbehandlung unterscheiden. Solche Messungen gestatten also die direkte Bestimmung von effektiven Ratenkonstanten der Oberflächenreaktion ($\bar{k}$)[132]. Die mittlere und untere Reihe in Abb. 6.50 zeigt die Resultate für die integralen Messungen (s.u.).

[132] Sehr hilfreich ist die im folgenden beschriebene Kaffeeanalogie, die besonders anschaulich ist, wenn wir uns auf die Zeit beziehen, als Kaffeemaschinen noch nicht zur Standardausrüstung gehörten. Eine reichliche Menge Wasser wird in den mit Kaffeepulver gefüllten Filter gegeben, im geschwindigkeitsbestimmenden Schritt passiert die Flüssigkeit (unter Aufnahme der Aromastoffe) den Filter und tropft in die Kanne. Der sich dort abspielende Füllvorgang in der Kanne ist vergleichsweise schnell und erfolgt demgemäß über horizontale Profile. Dies gilt auch für die Wasserprofile im Filter. Wenn auch das Beispiel in vielerlei Hinsicht hinkt, ist doch der Fluss durchs Filter aufgrund der geringen Speicherfähigkeit sehr bald stationär. Ganz zu Beginn sind

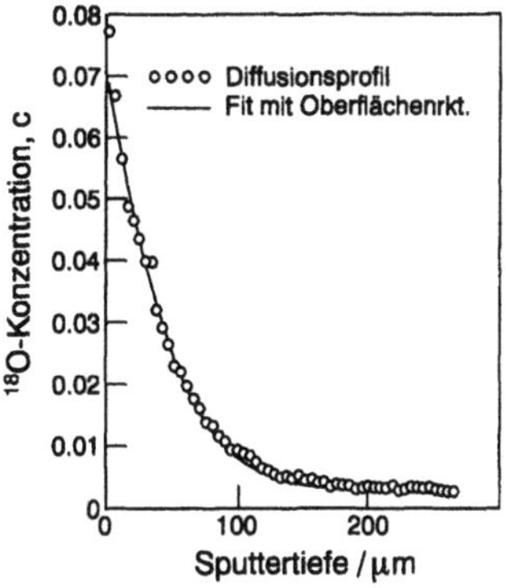

Abb. 6.52: Ein in $La_{1.91}Sr_{0.09}CuO_{4-\delta}$ durch kurzzeitigen Kontakt mit einer ^{18}O–Atmosphäre (dreiminütiges Tempern bei 500°C) erzieltes Tracer–Profil vermessen mit SIMS. Die durchgezogene Linie berücksichtigt Beiträge der Oberflächenreaktion (s. Abschnitt 6.7). Man beachte, dass die Konzentration in diesem Beispiel nicht normiert ist. Die natürliche Häufigkeit von ^{18}O beträgt 0.2% (vgl. Bulkwert). Aus [409].

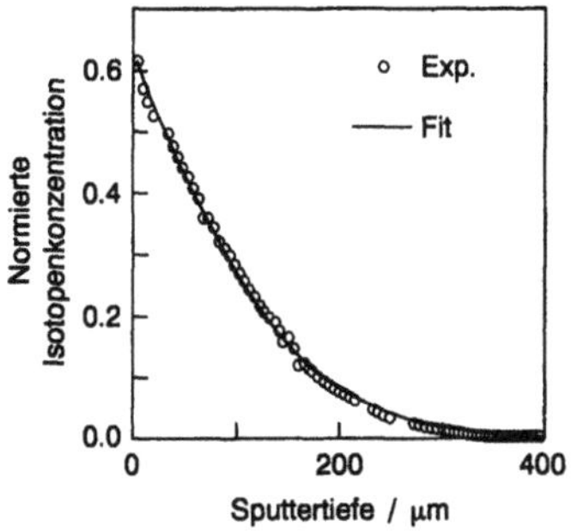

Abb. 6.53: Im Gegensatz zu Abb. 6.26 (S. 307) ist in $La_{0.8}Sr_{0.2}CoO_{3-x}$ unter gegebenen Bedingungen schon wegen der höheren D*-Werte die Kinetik sehr stark von der Oberflächenreaktion mit beeinflusst. Bei reiner Diffusionskontrolle ist die normierte Randschichtkonzentration Eins. Aus [358].

Natürlich lässt sich auch die gemischte Kinetik in Hinblick auf D– und $\bar{k}$–Werte auswerten. In diesen Fällen erhalten wir Profile im Innern, allerdings spiegelt der Ordinatenabschnitt nicht den Endwert der Konzentration wider[133]. Ein solches Verhalten zeigten bereits Abb. 6.33 (oberes Bild) für die Kinetik der Stöchiometrieänderung sowie Abb. 6.26 für die Tracereinbaukinetik. Abb. 6.52 gibt Tracer–Profile an einem Hochtemperatursupraleiter, dem Sr–dotiertem La_2CuO_4 wieder. Abb. 6.53 bezieht sich auf das Brennstoffzellenkathodenmaterial $La_{0.8}Sr_{0.2}CoO_{3-\delta}$. Im Vergleich zum weniger gut ionenleitfähigen Manganat in Abb. 6.26 ist beim Cobaltat der Oberflächenaustausch für die Kinetik sehr viel wichtiger. Aus solchen Messungen sind D^* und $\bar{k}^*$ unmittelbar zugänglich.

die Veränderungen (Aufnahmekapazität von Filterpapier und Pulver fürs Wasser) im Filter für die Gesamtkinetik schon von Bedeutung.

[133]Die allgemeine Lösung erhält man durch Lösung des zweiten Fickschen Gesetzes mit der Bedingung, dass am Rande $j = -D(\partial/\partial x)c = \bar{k}(c - c(t=\infty))$, dass also der Fluss dort der Abweichung der Randkonzentration vom Endwert proportional ist [355].

6.7.3 Phänomenologische Ratenkonstanten

a) Vorbemerkungen

Dem einzelnen Experiment entsprechend (s. Abb. 6.17) müssen wir nicht nur verschiedene Diffusionskoeffizienten (D^{δ}, D^{*}, D^{Q}) auseinanderhalten, sondern auch entsprechende $\bar{k}$–Werte ($\bar{k}^{\delta}$, $\bar{k}^{*}$, $\bar{k}^{Q}$). Im Unterschied zum Diffusionsfalle, in welchem Konzentrationsgradienten die Triebkräfte darstellen, wird unter $\bar{k}$ das Verhältnis vom Fluss zur Abweichung der Konzentration vom Gleichgewichtszustand an der Grenze zur Oberflächenschicht (d.h. letzte Volumenlage, x=0) $\delta c \equiv c - \widehat{c}$ verstanden[134]:

$$j = -\bar{k}\delta c(x=0). \tag{6.124}$$

Dies gilt allgemein, d.h. unabhängig vom Mechanismus, für kleine Störungen des Gleichgewichtszustandes und entspricht der linearen Näherung der Taylorreihe von j in δc.

Während Abb. 6.51 ortsaufgelöste In–situ–Profile des chemischen Inkorporationsexperimentes zur Vermessung von D^{δ} und $\bar{k}^{\delta}$ darstellte, bezieht sich Abb. 6.50 (untere Reihe) auf die leichter durchzuführenden integralen Messungen. Bei Diffusionskontrolle ergibt sich (unten links) unmittelbar nach der plötzlichen Veränderung der Gasatmosphäre von P_1 auf P_2 — entsprechend den Gleichgewichtskonzentrationen c_1 und $c_2 = c(t{=}\infty)$ — ein $\sqrt{t}$–Gesetz, wie es typisch für Diffusionsprozesse ist (Abschnitt 6.5). Dieses Verhalten ändert sich jedoch bei tieferen Temperaturen oder großen Probedicken qualitativ. Das nun zu beobachtende lineare Verhalten zeigt — wie nachstehend näher ausgeführt — Oberflächenkontrolle an. Bestätigt wird dies durch die Ex–situ–Beobachtung der Proben in Hinblick auf die Farbverteilung (mittlere Reihe in Abb. 6.50). In beiden Fällen ändert sich die Farbe durch Erhöhung des Sauerstoffpartialdruckes von schwach gelblich auf tief braunrot, links über räumliche Profile, rechts über homogene Zwischenzustände.
Das lineare Gesetz, das sich natürlich sehr viel eleganter an Hand der Zeitentwicklung der ortsaufgelösten Profile überprüfen lässt, entsteht wie folgt: Ist die Konzentrationsänderung aus dem Gleichgewicht heraus klein[135], so lässt sich für die lokale Reaktion immer ein Relaxationsgesetz der Form (vgl. Gl. (6.5))

$$\frac{dc}{dt} = \frac{d\delta c}{dt} = -\bar{k}_R\delta c = \bar{k}_R\,(c(t{=}\infty) - c(t)) \tag{6.125}$$

[134] Es ist allerdings im Auge zu behalten, dass die Oberflächenreaktion in diesem Beispiel eventuell auch Raumladungseffekte mit einschließt. Formal ändert dies relativ wenig. δc ist dann auf $x \simeq 2\lambda$ zu beziehen. Allerdings wird abgesehen von einer Komplizierung der Interpretation die benützte Quasistationaritätshypothese wegen der vergrößerten effektiven Dicke der Grenzflächenschicht weniger präzis. Man beachte auch, dass wir hier andere Ortskoordinaten verwenden, als bei der früheren Diskussion, dort reichte der Festkörper von -L/2 bis +L/2 und x=0 bezog sich auf die Probenmitte.

[135] Üblicherweise fallen chemische Reaktionen nicht in den Gültigkeitsbereich der linearen irreversiblen Thermodynamik. In diesem Fall stören wir jedoch nur ein bereits eingestelltes Gleichgewicht (d.h. $|\Delta G| \ll RT$).

formulieren, als Lösung ergibt sich ein exponentielles Gesetz und in Näherung hieraus für kleine Zeiten eine Linearität:

$$\delta c \propto \exp -\bar{k}_R t \simeq 1 - \bar{k}_R t. \tag{6.126}$$

Gl. (6.126) gilt so für eine einfache homogene Kinetik. Ist jedoch wie im Falle der Sauerstoffinkorporation ein Reservoir der Dicke L angekoppelt, so stellt sich bei Reaktionskontrolle ein einheitliches Konzentrationsprofil in der Probe ein. Die Abweichung δc bestimmt dann den Fluss in dieses Volumen und damit die sich auf L zu verteilende Menge, und es ist $\bar{k}_R$ in Gl. (6.126) durch $\bar{k}/L$ zu ersetzen[136]. Eine der Gl. (6.126) entsprechende Gesetzmäßigkeit gilt dann auch für die integrale Messgröße.
Eine Exponentiallösung ergab sich auch bei der Diffusionskontrolle (vgl. Abschnitt 6.5) (lediglich mit const. L^2/D anstelle $L/\bar{k}$ als Zeitkonstante). Allerdings galt die Exponentiallösung dort nur im Langzeitbereich, während sie hier auch für kleine Zeiten gültig ist, wodurch als Näherung eine Linearität resultiert und nicht wie dort eine $\sqrt{t}$–Näherung (vgl. Gl. 6.126 mit Gl. 6.75a). Es sei nochmals daran erinnert, dass bei der Ableitung von Gl. (6.126) und somit bei bei der Auswertung der Messung vorausgesetzt ist (s. u.), dass die Abweichungen vom Gleichgewichtszustand gering sind und dass zwischen Gasphase und dem Ort, auf den sich Gl. (6.126) bezieht, keine Zeitverzögerung auftritt[137]. Die genauere Analyse findet sich in Teilabschnitt b, dort werden wir auch die Komplexität der Oberflächenreaktion ernstnehmen.

Es ist interessant, hier kurz inne zu halten und eine Reaktion 1. Ordnung zu betrachten, einmal um zu zeigen, dass Gl. (6.126) dann für beliebige Entfernungen vom Gleichgewicht gilt, zum anderen, um zu exemplifizieren, wie die Effektivkonstante[138] $\bar{k}_R$ in Gl. (6.126) in diesem speziellen Falle mit den mikroskopischen Geschwindigkeitskonstanten zusammenhängt. Im Falle der (geschlossenen) Elementarreaktion $A \rightleftharpoons B$ gilt für die Rate $\mathcal{R} = \vec{k}[A] - \overleftarrow{k}[B]$, wobei $\mathcal{R} = d[B]/dt$. Die Masseerhaltung verlangt, dass $[A](t) + [B](t) = \text{const.}$, womit folgt, dass $\mathcal{R} = \text{Konst.} - (\vec{k} + \overleftarrow{k})[B]$. Für $t \to \infty$ wird Gleichgewicht erreicht ($[B](t = \infty) \equiv \widehat{[B]}$), $\mathcal{R}$ wird Null, und die

[136]Wegen der Massenerhaltung ist $\partial n/a = L\partial c$. Direkter ersieht man das aus Abb. 6.21. Da in das Probenvolumen der Fluss $j_0 = -\bar{k}\delta c$ hinein und der Fluss $j_L = 0$ hinaus führt, gilt ($\dot{c}$ ist ortskonstant): $\dot{c} = (\delta c)^{\cdot} = -\mathrm{div}\,\mathbf{j} = -\frac{j_L - j_0}{\Delta x} = -\bar{k}\frac{\delta c}{L}$. Es folgt das besprochene Exponentialgesetz $\frac{c - c(t=\infty)}{c(t=0) - c(t=\infty)} = \exp -\frac{\bar{k}t}{L}$.

[137]Dies gilt im Falle der Quasi–Stationarität, aber auch im Falle des Quasi–Gleichgewichtes zwischen den angesprochenen Orten. In beiden Fällen ist wichtig, dass die Oberflächenschichten nicht in nennenswertem Maße Sauerstoff absorbieren. Im ersten Fall ist die vernachlässigbare chemische Kapazität eine unmittelbare Voraussetzung, im zweiten Fall ist ansonsten die Anlaufphase zum Quasi–Gleichgewicht ungünstig groß.

[138]Die Bezeichnung $\bar{k}$ wird weiter unten verständlich, wenn gezeigt wird, dass diese Größe über Hin– und Rückreaktion sowie über verschiedene Elementarschritte "mittelt".

Konstante ist offenbar $(\vec{k} + \overleftarrow{k})\widehat{[B]}$. Das Resultat[139]

$$\begin{aligned} \tfrac{d[B]}{dt} = \tfrac{d}{dt}\left([B] - \widehat{[B]}\right) &= -(\vec{k} + \overleftarrow{k})\left([B] - \widehat{[B]}\right) \\ &= (\vec{k} + \overleftarrow{k})\left([A] - \widehat{[A]}\right) \end{aligned} \tag{6.127}$$

zeigt, dass für diese geschlossene Reaktion 1. Ordnung der Effektivwert $\bar{k}_R$ in Gl. (6.125) mit der Summe der individuellen Ratenkonstanten von Vorwärts– und Rückwärtsreaktion zu identifizieren ist.

Es ist für die spätere Behandlung lehrreich, dies von einem leicht modifizierten Standpunkt aus zu betrachten [344]. Hierzu schreiben wir $\mathcal{R}$ in der Form

$$\mathcal{R} = \vec{k}\,\widehat{[A]}\left(\frac{[A]}{\widehat{[A]}}\right) - \overleftarrow{k}\,\widehat{[B]}\left(\frac{[B]}{\widehat{[B]}}\right). \tag{6.128}$$

Im Gleichgewicht wird $\mathcal{R}$ Null und die eingeklammerten Terme Eins. Die Größe

$$\mathcal{R}_0 = \vec{k}\,\widehat{[A]} = \overleftarrow{k}\,\widehat{[B]} = \sqrt{\vec{k}\overleftarrow{k}\,\widehat{[A]}\,\widehat{[B]}} \tag{6.129}$$

stellt die "Austauschrate" dar, die die Dynamik des Gleichgewichts misst (vgl. Abschnitt 6.1). Somit folgt

$$\mathcal{R} = \mathcal{R}_0\left(\frac{[A]}{\widehat{[A]}} - \frac{[B]}{\widehat{[B]}}\right). \tag{6.130}$$

Mit Hilfe der Massenerhaltung und des Massenwirkungsgesetzes[140] lässt sich dies auch in der zu Gl. (6.127) äquivalenten Form

$$\mathcal{R} = -\frac{\mathcal{R}_0}{\langle\widehat{c}\rangle}\delta[B] \equiv -\frac{\mathcal{R}_0}{\langle\widehat{c}\rangle}\left([B] - [\widehat{B}]\right) \tag{6.131}$$

ausdrücken. Die Größe $\langle c\rangle$ steht als Abkürzung für das harmonische Mittel der Gleichgewichtskonzentrationen $\widehat{[A]}$ und $\widehat{[B]}$. Die Berücksichtigung von Gl. (6.129) ergibt wiederum[141]

$$\frac{\mathcal{R}_0}{\langle\widehat{c}\rangle} = \bar{k}_R = \overleftarrow{k} + \vec{k}. \tag{6.132}$$

[139] Dass Gleichung (6.127) zum Beispiel auch für den Anfang der Reaktion u.U. sehr weit weg vom Gleichgewicht zuständig ist, zeigt sich für die Näherungen $\vec{k} \gg \overleftarrow{k}$ und $[A](t{=}0) \gg \widehat{[A]}$. Damit reduziert sich die Reaktionsgeschwindigkeit auf die anfängliche Vorwärtsrate $\vec{\mathcal{R}} = \vec{k}[A](t{=}0)$.

[140] Massenerhalt verlangt $\widehat{[A]} + \widehat{[B]} = [A] + [B]$. Es ergibt sich $[A]/\widehat{[A]} = 1 + \widehat{[B]}/\widehat{[A]} - [B]/\widehat{[A]} = 1 + K - [B]/\widehat{[A]}$. Mit der Abkürzung $\langle\widehat{c}\rangle = \frac{\widehat{[A]}\,\widehat{[B]}}{\widehat{[A]} + \widehat{[B]}}$ für das harmonische Mittel erhalten wir Gl. (6.131).

[141] Man drücke $\mathcal{R}_0/\langle\widehat{c}\rangle$ als Funktion von $\vec{k}$, $\overleftarrow{k}$ und $\widehat{[B]}/\widehat{[A]} = \vec{k}/\overleftarrow{k}$ aus.

Im allgemeinen sind relevante Reaktionen solche höherer Ordnung, und Gl. (6.126) versagt in Gleichgewichtsferne[142]. Allerdings verhalten sich relevante Ratenbeziehungen vielfach (s.u.) pseudomonomolekular, und größere Abweichungen vom Gleichgewichtswert werden wieder zulässig. Desweiteren handelt es sich bei den zu untersuchenden Prozessen nicht wie hier um eine Einschrittreaktion, bei der B nur auf Kosten von A wächst und vice versa. Die im Experiment relevanten Zusammenhänge zwischen $\bar{k}$ und den $\vec{k}$- bzw. $\overleftarrow{k}$-Werten sind dann komplizierter. Die Relevanz der Austauschrate bleibt jedoch gültig [405].

b) Detaillierte Analyse

Bevor wir diese Fälle analysieren, lassen Sie uns einige experimentelle Resultate diskutieren. Wenden wir uns unserem optischen Experiment zu, mit Hilfe dessen wir die effektive Ratenkonstante der Sauerstoffinkorporation/–exkorporation, also den $\bar{k}^{\delta}$–Wert bestimmen. (Analoge Resultate liefern Leitfähigkeitsrelaxationsmessungen, vgl. Abb. 6.27.)
Abb. 6.54 zeigt $\bar{k}^{\delta}$–Werte für $SrTiO_3$ als Funktion der Temperatur gewonnen aus ortsaufgelösten wie aus integralen Messungen.
Diese Werte sind empfindlich von der Oberflächenkristallographie und –struktur abhängig. Insbesondere zeigen durch Rissbildung frisch erzeugte Oberflächen erhebliche $\bar{k}^{\delta}$–Werte, die sich schnell durch Alterung verringern (Relaxation, s. Abschnitt 5.4). Außerdem wird die Kinetik empfindlich durch katalytische Beschichtungen beeinflusst. Hierauf kommen wir in Abschnitt 6.8 zurück.
Die gleiche Abbildung stellt den $\bar{k}_0^{\delta}$–Werten auch die wesentlich geringeren Tracer-Konstanten ($\bar{k}_0^{*}$) gegenüber.

---

[142] So ergibt für eine umkehrbare Reaktion zweiter Ordnung

$$A + A' \rightleftharpoons B + B'$$

eine analoge Rechnung einen Ausdruck der Form

$$\mathcal{R} = d[B]/dt = (\vec{k} - \overleftarrow{k})P^{(2)}([B]),$$

wobei $P^{(2)}$ eine Potenzfunktion zweiter Ordnung in [B] bedeutet. $P^{(2)}$ lässt sich über die Nullstellen in der Form $([B] - \widehat{[B]})([B] - b)$ darstellen, so dass in Gleichgewichtsnähe

$$\mathcal{R} \cong (\vec{k} - \overleftarrow{k})(\widehat{[B]} - b)([B] - \widehat{[B]}) \propto ([B] - \widehat{[B]}).$$

Allgemein lässt sich das Relaxationsgesetz (Gl. (6.126)) dadurch beweisen, dass wir die Konzentrationen im Verhältnis Q/K durch die Abweichung (δc) vom Gleichgewichtswert ausdrücken ($c/\bar{c} = 1 + \delta c/\bar{c}$). Die Affinität ist nach Gl. (6.22) durch die Logarithmen dieser Konzentrationsverhältnisse gegeben. In Gleichgewichtsnähe lässt sich der Logarithmus von $(1 + \delta c/\bar{c})$ durch $(\delta c/\bar{c})$ annähern. Die in der Affinität auftretende Summe $\Sigma_k \nu_k \ln(1 + \delta c_k/\bar{c}_k)$ wird zu $\Sigma_k \nu_k \delta c_k/\bar{c}_k = (\delta c_k/\nu_k)\Sigma_k \nu_k^2/\bar{c}_k = \delta\xi \Sigma_k \nu_k^2/\bar{c}_k$. Man beachte, dass $\delta\xi = \delta c_k/\nu_k$ invariant ist bzgl. der Variation der Komponente (s. Abschnitt 4.2) Die Affinität und somit nach Gl. (6.21) auch $\mathcal{R}$ sind hiernach der Abweichung der Konzentration vom Gleichgewicht proportional (ξ: Reaktionslaufzahl).

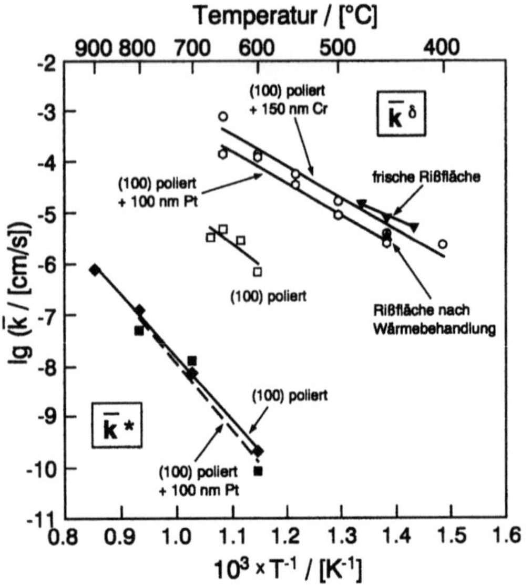

Abb. 6.54: Effektive Ratenkonstanten der Oberflächenreaktion beim Sauerstoffeinbauexperiment (Sprung von 10^4 auf 10^5Pa) in Fe–dotiertes $SrTiO_3$ (Eisengehalt: $4.6 \times 10^{19}cm^{-3}$) für verschiedene Bedingungen. Zum Vergleich sind die niedrigen Werte für ein Tracer–Experiment gezeigt (10^5Pa). Aus [399,408].

Die Abbildungen 6.55 und 6.56 zeigen Ratenkonstanten des Sauerstoffisotopenaustausches ($\bar{k}^*_O$) für eine Reihe verschiedener Oxide. Die Profile wurden ex–situ über SIMS–Analyse[79] bestimmt (vgl. Abb. 6.52, 6.53). Aus den Beispielen der Abb. 6.54, 6.55, 6.56 lernen wir, dass $\bar{k}^*$ und $\bar{k}^\delta$ offenbar sehr verschiedene Größen sind sowie dass bei vielen Oxiden eine Korrelation zwischen $\bar{k}^*$ und D^* zu bestehen scheint. Darüber hinaus ist zwischen $\bar{k}^*$ und den aus elektrischen Messungen (vgl. Abschnitte 7.3.3 und 7.3.6) erhaltenen kinetischen Größen ($\bar{k}^Q$) zu unterscheiden. In vielen Fällen sind $\bar{k}^*$ und $\bar{k}^Q$ sehr ähnlich .

Da es sich in allen drei Fällen um verschiedene Experimente handelt, besteht natürlich die Möglichkeit, dass sich die $\bar{k}$–Werte auf verschiedene geschwindigkeitsbestimmende Schritte beziehen. Man beachte hierzu die unterschiedliche Rolle der Elektronen in Abb. 6.17: Im Stöchiometrieexperiment (Abb. 6.17c) sind Elektronen explizit involviert (sie werden konsumiert), im Tracer–Experiment lediglich implizit (summarisch werden sie zwischen den Isotopen ausgetauscht) und im Leitfähigkeitsexperiment schließlich stammen sie von der Elektrode. Außerdem werden sich die jeweiligen stofflichen Bedingungen unterscheiden (z.B. Anwesenheit von Elektroden im elektrischen Experiment). Zuguterletzt erwarten wir aber auch konzeptionelle Unterschiede. Lassen Sie uns letzteres näher beleuchten.

Im Falle des chemischen Experimentes ist die Triebkraft die Variation im chemischen Komponentenpotential, im Tracer–Experiment die Variation im chemischen Potential des Isotopes und im elektrischen Experiment die Variation im elektrischen Potential.

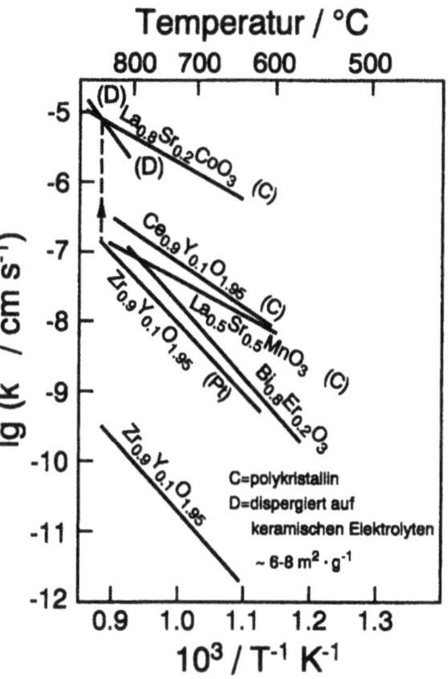

Abb. 6.55: Effektive Ratenkonstanten des Sauerstoff–Tracer–Einbaus für verschiedene Oxide. Der im Unterschied zu $CeO_2(Y_2O_3)$ und $Bi_2O_3(Er_2O_3)$ geringe $\bar{k}^*$–Wert kann durch Pt–Belegung erheblich vergrößert werden. Die Austauschrate von $ZrO_2(Y_2O_3)$ steigt bei Dispersion von $LaMnO_3(SrO)$ auf dem keramischen Elektrolyten (Erhöhung der Dichte von Dreiphasengrenzen). Man beachte die hohen Werte für $LaCoO_3(SrO)$. Aus [410].

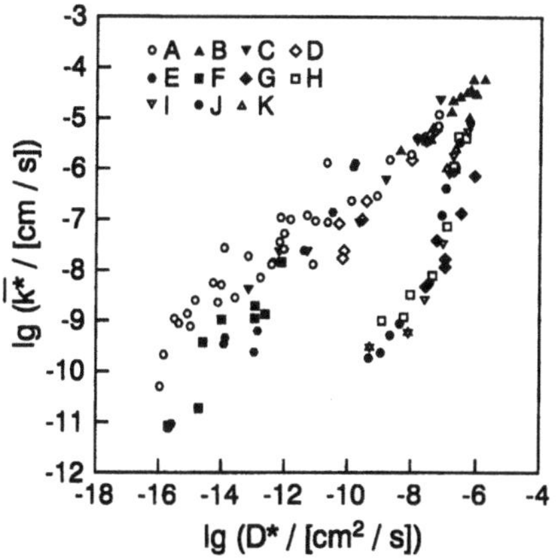

Abb. 6.56: Sammlung von Tracerdaten für akzeptordotierte Oxide (P_{O_2}=1atm., T=600°C ... 1000°C) in der Darstellung $\bar{k}^*$ vs. D^*. Bis auf wenige Ausnahmen fallen typische Ionenleiter auf den unteren und typische gemischte Leiter auf den oberen Ast. Aus [411].
A – $La_{1-x}Sr_xMn_{1-y}Co_yO_{3\pm\delta}$ [411],
B – $Sm_{1-x}Sr_xCoO_{3-\delta}$ (x=0.4, 0.5, 0.6) [412],
C – $La_{0.6}Sr_{0.4}Fe_{0.8}Co_{0.2}O_{3-\delta}$ [413],
D – $CaZr_{0.9}In_{0.1}O_{2.95}$ [414],
E – $SrCe_{0.95}Yb_{0.05}O_{2.975}$ [414],
F – $La_{1-x}Sr_xYO_{3-x/2}$ (x=0.1, 0.2) [415],
G – $La_{0.9}Sr_{0.1}Ga_{0.8}Mg_{0.2}O_{2.85}$ [416],
H – $Zr_{0.85}Y_{0.15}O_{1.925}$ [417],
I – $Ce_{0.9}Gd_{0.1}O_{1.95}$ [418],
J – $Zr_{0.81}Y_{0.19}O_{1.905}$ (Einkristall) [419],
K – $Ce_{0.69}Gd_{0.31}O_{1.845}$ (Einkristall) [420].

Betrachten wir nun genauer die ersten beiden Experimente. Die detaillierte kinetische Analyse des elektrischen Experimentes bleibt Kap. 7 vorbehalten.
Bei der reinen Diffusionskontrolle war die Konzentration an der Oberfläche (c(0)) unmittelbar im Gleichgewicht ($\bar{c}(0)$). Gleiches galt für die entsprechenden Potentiale (μ_O und μ_O^*). Bei gehemmter Grenzflächenreaktion treten Differenzen auf, die wir mit $\delta\mu(x=0)$, $\delta\mu^*(x=0)$ oder einfach $\delta\mu(0)$, $\delta\mu^*(0)$ bezeichnen wollen.

Besonders überschaubar wird die Situation, wenn die Oberflächenhemmung von einem erschwerten Transport in einer dünnen Grenzflächenschicht der Dicke |s| herrührt. Die Abweichungen $\delta\mu(0)$, $\delta\mu^*(0)$ können (im Gegensatz zu den Konzentrationseffekten) auch als räumliche Differenzen (Δ) über diese Schicht der Dicke $\Delta x = |s|$ aufgefasst werden (s. Abb. 6.48). Die Interferenz mit Raumladungen vernachlässigen wir hier. Dann ist offenbar die Situation analog zum Diffusionsfall, und es gilt mit Λ als Proportionalitätsfaktor

$$j_O^\delta = -\Lambda_O^\delta \Delta\mu_O = -\Lambda_O^\delta \delta\mu_O(0) \quad (6.133)$$

$$j_O^* = -\Lambda_O^* \Delta\mu_O^* = -\Lambda_O^* \delta\mu_O^*(0). \quad (6.134)$$

In ähnlicher Weise lässt sich für das elektrische Experiment ein Λ^Q–Parameter definieren, wenn als Triebkraft die über die Schicht abfallende Überspannung in Rechnung gestellt wird (s. Kap. 7). $\Delta\mu$ steht für $\mu(x=0) - \mu(x=s)$. Die Koordinate x=0 bezieht sich auf den Ort in der Probe unmittelbar vor der Schicht, während x=s sich auf den Ort in der Schicht unmittelbar vor der Gasphase bezieht. Letztere ist in unserem Falle in unmittelbaren Gleichgewicht mit der Gasphase. Die Proportionalitätskonstanten entsprechen bis auf einen geometrischen Faktor den effektiven Leitfähigkeiten (σ_O^δ, $\sigma_{O^{2-}}^*$) in der Schicht. Die Komponenten- bzw. Tracerflüsse lassen sich dann auch über Konzentrationsdifferenzen als Kräfte getrieben ansehen[143], wodurch die $\bar{k}$–Werte definiert werden:

$$j^\delta = -\Lambda^\delta \left(\partial\mu_O/\partial c_O\right) \delta c_O(0) = -\bar{k}^\delta \delta c_O(0) \quad (6.135)$$

$$j^* = -\Lambda^* \left(\partial\mu_{O^{2-}}^*/\partial c_{O^{2-}}^*\right) \delta c_{O^{2-}}^*(0) = -\bar{k}^* \delta c_{O^{2-}}^*(0) \quad (6.136)$$

Für $\partial\mu_O/\partial c_O$ ergibt sich den Ausführungen in Abschnitt 6.3 entsprechend RTw_O/c_O. Für $\partial\mu_{O^{2-}}^*/\partial c_{O^{2-}}^*$ resultiert simplerweise $RT/c_{O^{2-}}^*$, und $\bar{k}^*$ wird isotopenunabhängig. Es ist wesentlich, im Auge zu behalten, dass Λ sich auf die Schicht bezieht, während $\partial\mu/\partial c$ dem Ort x=0 zugeordnet ist. Wie früher D^Q muss $\bar{k}^Q$ definitorisch eingeführt werden. Vernachlässigen wir Korrektionsfaktoren, so erhalten wir ein dem Tracer–Wert entsprechendes Ergebnis, wenn wir $\bar{k}_{O^{2-}}^Q$ zu $RT\Lambda_{O^{2-}}/c_{O^{2-}}$ definieren. Im Falle unserer homogenen, die Ionen bremsenden Grenzflächenschicht ist Λ der Ionenleitfähigkeit dieser Schicht proportional.

Besonders übersichtlich ist der Fall des "elektronenreichen Elektronenleiters" (s. auch Abschnitt 6.3.4). Dann ist der geschwindigkeitsbestimmende Schritt in allen Fällen der Ionentransport ($\sigma_O^\delta = \sigma_{O^{2-}}$), und es ist dann nach den Ausführungen in Abschnitt 6.3 evident[144], dass sich $\bar{k}^\delta$ und $\bar{k}^*$ zueinander verhalten wie D^δ zu D^*. Im Falle einer hohen Ladungsträgerdichte sind außerdem komplizierende Raumladungseffekte vernachlässigbar[145]. Ebenfalls vernachlässigbar ist dann die relative Konzentrationsvariation bei x=0 gegenüber x=s aufgrund starrer Aufladungseffekte (s. Abschnitte 5.8 und 7.3.3). Somit gilt offenbar, falls nur ein einziger ionischer Defekt, sagen wir $V_O^{\cdot\cdot}$, maßgeblich ist,

$$\bar{k}^\delta/\bar{k}^* = \widehat{c}_{O^{2-}}/\widehat{c}_{V_O^{\cdot\cdot}} = \widehat{x}_v^{-1} \quad \text{und} \quad \bar{k}^\delta/\bar{k}^Q = 1 \quad (6.137)$$

[143] Beachte, dass zwar $\Delta\mu = \delta\mu$ aber $\Delta c \neq \delta c$, da im Gleichgewicht $\Delta\mu$ aber nicht Δc verschwindet.

[144] Man beachte, dass $\Lambda^*/c^* = \Lambda/c$

[145] Für die Beschreibung des chemischen Transportes ist es überdies ein hilfreicher Umstand, dass bei Konstanz der elektronischen Ladungsträgerkonzentrationen (d.h. $\delta\Delta\mu_{e^-} = 0$) elektrische Potentialunterschiede dem Gleichgewichtswert entsprechen ($\delta\Delta\phi = 0$), wennimmer elektrochemische Potentialdifferenzen für die Elektronen vernachlässigbar sind ($\Delta\widetilde{\mu}_{e^-} = \delta\Delta\widetilde{\mu}_{e^-} = 0$).

wie schon im Falle der Diffusionskoeffizienten. Korrelationseffekte hatten wir ja vernachlässigt.
Ohne zu implizieren, dass der angenommene Mechanismus der korrekte ist (s.u.), resultieren als richtige qualitative Beobachtungen: Die im chemischen Relaxationsexperiment bestimmte effektive Ratenkonstante ist erheblich größer als die im Tracer–Experiment gefundene, die ja über alle O^{2-}–Ionen mittelt (s. Abb. 6.54). Außerdem ist eine Korrelation zwischen $\bar{k}^*$ und $\bar{D}^*$ offensichtlich (Abb. 6.56), wenn auch nicht simpel. Nehmen wir an, dass der Leitfähigkeitsunterschied zwischen Volumen und Schicht der veränderten Konzentration zuzurechnen ist und die Mobilitäten ähnlich sind, so lässt sich durch Eliminierung der letzteren erhalten, dass

$$\bar{k}^* = aD^*. \tag{6.138}$$

Bei Variation des Materiales ist Gl. (6.138) allerdings rein formal. Mit anderen Worten: Beim Vergleich von Gl. (6.138) etwa mit Abb. 6.56 ist Vorsicht geboten, da bei der Variation des Materiales der Faktor a nicht invariant ist. Übersichtlicher ist die Korrelation von $\bar{k}^*$ und D^* bei Veränderung von Kontrollparametern wie etwa der Dotierung (C) bei gegebener Substanz. Ist die Dotierabhängigkeit sowohl für die Schicht als auch für das Volumen über den gleichen charakteristischen Exponenten $M_{V_O^{\cdot\cdot}}$ bestimmt (vgl. Abschnitt 5.6), so ist der Vorfaktor in Gl. (6.138) über $\left[\frac{C(s)}{C(0)}\right]^{M_{V_O^{\cdot\cdot}}} |s|^{-1}$ gegeben. Also auch hier ist a keine Konstante. Erfolgt die Variation von k^* und D^* allerdings über den Sauerstoffpartialdruck, so ist bei gleichem Exponenten in der Tat $k^* \propto D^*$.

Wenden wir uns nun der eigentlichen Grenzflächenkinetik zu, indem wir uns auf die chemischen Vorgänge auf der Oberfläche konzentrieren. Die Gln. (6.134, 6.134) sind auch hier gültig. Der Bequemlichkeit halber ersetzen wir den Fluss durch die Rate ($\mathcal{R} = j/\Delta x$); die Triebkraft entspricht der Affinität $\mathcal{A}$. Der Vorfaktor erhält nun die Bedeutung einer Austauschrate (pro RT), und zwar genauer der Austauschrate des geschwindigkeitsbestimmenden Schrittes. Dies ergibt sich unmittelbar aus der linearen irreversiblen Thermodynamik und somit für Gleichgewichtsnähe aus den Prinzipien von Quasigleichgewicht und Quasistationarität, wie sie oben behandelt wurden (Abschnitt 6.7.2). Hiernach ist der Fluss bei x=0 über die näherungsweise konstante Rate der Reaktionsschritte an der Oberfläche bestimmt und somit gleich der Rate des geschwindigkeitsbestimmenden Schrittes (rds), d.h. nach Gl. (6.21) proportional zu $\mathcal{R}_{0,rds}\mathcal{A}_{rds}$. Da $\mathcal{A}_{rds}$ in etwa die Affinität des Gesamtprozesses an der Grenzfläche darstellt ($\mathcal{A} = \mu(gas) - \mu(x=0) = \mu(t=\infty) - \mu(t) = -\delta\mu$), folgen die Gleichungen (6.135, 6.136) mit $\Lambda = const\mathcal{R}_{0,rds}$. Auch hier gelten in Gleichgewichtsnähe die durch Gl. (6.137) angegebenen Skalierungen zwischen $\bar{k}^\delta$ und $\bar{k}^*$, da die elektronischen Schritte beim "elektronenreichen Elektronenleiter" nicht zu Buche schlagen. Genauere Information hierüber sowie über den Gültigkeisbereich erhalten wir durch ausführliche Anwendung der chemischen Kinetik.

Es sei zunächst angenommen, dass die Adsorption geschwindigkeitsbestimmend ist, z.B. in der Form

$$\frac{1}{2}O_2 + V_{ad} \rightleftharpoons O_{ad}. \tag{6.139}$$

Der Einfachheit halber betrachten wir einen elektronenreichen Elektronenleiter und den Fall geringer Bedeckung. Dann ist im Falle des chemischen Experimentes nur die Variation von $[O_{ad}]$ zu betrachten. Nach der oben entwickelten Vorgehensweise (vgl. Gl. (6.128)) formulieren wir:

$$\mathcal{R} = \vec{k}P_{O_2}^{1/2}\widehat{[V_{ad}]}\left(\frac{[V_{ad}]}{\widehat{[V_{ad}]}}\right) - \overleftarrow{k}\,\widehat{[O_{ad}]}\left(\frac{[O_{ad}]}{\widehat{[O_{ad}]}}\right) \simeq \vec{k}P_{O_2}^{1/2}\widehat{[V_{ad}]} - \overleftarrow{k}\,\widehat{[O_{ad}]}\left(\frac{[O_{ad}]}{\widehat{[O_{ad}]}}\right) \tag{6.140}$$

Im Gleichgewicht ist $\mathcal{R} = 0$ mit dem Resultat $\vec{k}P_{O_2}^{1/2}\widehat{[V_{ad}]} = \overleftarrow{k}\,\widehat{[O_{ad}]}$. Diese Größe ist die Austauschrate ($\mathcal{R}_0$) dieser Reaktion. Sie lässt sich offensichtlich schreiben als

$$\mathcal{R}_0 = \vec{k}P_{O_2}^{1/2}\widehat{[V_{ad}]} = \overleftarrow{k}\,\widehat{[O_{ad}]} = \sqrt{\vec{k}\overleftarrow{k}P_{O_2}^{1/2}\widehat{[V_{ad}]}\,\widehat{[O_{ad}]}}, \tag{6.141}$$

wobei

$$\frac{\widehat{[O_{ad}]}}{P^{1/2}\widehat{[V_{ad}]}} = K_{ad}. \tag{6.142}$$

Hiermit vereinfacht sich Gl. (6.140) zu

$$\mathcal{R} = \mathcal{R}_0\left(1 - \frac{[O_{ad}]}{\widehat{[O_{ad}]}}\right) = -\frac{\mathcal{R}_0}{\widehat{[O_{ad}]}}\delta[O_{ad}]. \tag{6.143}$$

Im Falle der Tracer–Diffusion ist $[V_{ad}]$ auch bei höherer Bedeckung unbeeinflusst, und es gilt

$$\mathcal{R}^* = \mathcal{R}_0^*\left(1 - \frac{[O_{ad}^*]}{\widehat{[O_{ad}^*]}}\right) = -\frac{\mathcal{R}_0}{\widehat{[O_{ad}]}}\delta[O_{ad}^*]. \tag{6.144}$$

Man beachte, dass $\mathcal{R}_0^*/\widehat{[O_{ad}^*]} = \overleftarrow{k} = \mathcal{R}_0/\widehat{[O_{ad}]}$. Im Falle schwacher Bedeckung ergeben sich demgemäß für beide Experimente analoge Ausdrücke in Bezug auf die Variation des Bedeckungsgrades.
Da wir die $\overleftarrow{k}$–Werte allerdings aus der Zeitabhängigkeit der Sauerstoffkonzentration an der Stelle x=0 unseres Volumenprofiles erhalten, müssen wir $\delta[O_{ad}]$ in $\delta c_O(x=0)$ bzw. $\delta[O_{ad}^*]$ in $\delta c_O^*(x=0)$ umrechnen. Nach unseren Ausführungen in Abschnitt 6.7.2 sind die nachfolgenden Reaktionen im Quasi–Gleichgewicht. Für den Tracer–Einbau bedeutet dies, dass der Tracer–Anteil im Volumen dem in der Adsorptionsschicht

entspricht. Es folgt wegen der örtlichen Invarianz der ungesternten Größen

$$\begin{aligned}\mathcal{R}^* &= -\overleftarrow{k}\left([O^*_{ad}] - \widehat{[O^*_{ad}]}\right) = -\overleftarrow{k}\,\widehat{[O_{ad}]}\left(\frac{[O^*_{ad}]}{[O_{ad}]} - \frac{\widehat{[O^*_{ad}]}}{\widehat{[O_{ad}]}}\right)\\ &= -\overleftarrow{k}\,\widehat{[O_{ad}]}\left(\frac{[O^*_{O}]}{[O_O]} - \frac{\widehat{[O^*_{O}]}}{\widehat{[O_O]}}\right) = -\overleftarrow{k}\left(\widehat{[O_{ad}]}\,/\,\widehat{[O_O]}\right)\delta[O^*_O] \equiv -\bar{k}^*\delta c^*_O/\Delta x.\end{aligned} \tag{6.145}$$

Somit finden wir

$$\bar{k}^*/\Delta x = \overleftarrow{k}\,\widehat{[O_{ad}]}\,/\,\widehat{[O_O]} = \mathcal{R}_0/\widehat{[O_O]}. \tag{6.146}$$

Die Elementardistanz erscheint, weil $\bar{k}$ über $-j/\delta c$ und nicht über $\mathcal{R}/\delta c$ definiert wurde.

Im Falle der chemischen Diffusion nützen wir explizit aus, dass die nachfolgenden Ionisations- und Transferreaktionen im Gleichgewicht sind. Da wir diese zusammenfassen können als

$$O_{ad} + V^{\cdot\cdot}_O + 2e' \rightleftharpoons V_{ad} + O_O \tag{6.147}$$

mit einer Gleichgewichtskonstanten, die keine elektrischen Feldeffekte mehr enthält[146], folgt hieraus

$$\frac{\delta[O_{ad}(s)]}{\widehat{[O_{ad}(s)]}} \simeq -\frac{\delta[V^{\cdot\cdot}_O(0)]}{\widehat{[V^{\cdot\cdot}_O(0)]}} \tag{6.148}$$

und

$$\mathcal{R} = \overleftarrow{k}\delta[O_{ad}] = \overleftarrow{k}\left(\widehat{[O_{ad}]}\,/\,\widehat{[V^{\cdot\cdot}_O]}\right)\delta[V^{\cdot\cdot}_O] = -\bar{k}^\delta\delta c_O/\Delta x. \tag{6.149}$$

Es ergibt sich also im Unterschied zu $\bar{k}^*$ für $\bar{k}^\delta$:

$$\bar{k}^\delta/\Delta x = \overleftarrow{k}\,\widehat{[O_{ad}]}\,/\,\widehat{[V^{\cdot\cdot}_O]} = \mathcal{R}_0/[V^{\cdot\cdot}_O] \tag{6.150}$$

und wiederum

$$\bar{k}^\delta : \bar{k}^* = \widehat{x}^{-1}_{v,i}. \tag{6.151}$$

Im Falle, dass auch Elektronen wichtig werden, muss die rechte Seite von Gl. (6.148) durch $-\delta[e']/\widehat{[e']}$ ergänzt werden. Als Verhältnis der $\bar{k}$–Werte ergibt sich nun allgemeiner[147]:

$$\bar{k}^\delta \simeq \widehat{w}_O\bar{k}^* \quad \text{und} \quad \bar{k}^* \simeq \bar{k}^Q, \tag{6.152}$$

---

[146] $V^{\cdot\cdot}_O$ und $2e'$ beziehen sich beim chemischen Experiment auf denselben Ort. Potentiale heben sich in der Bilanz der elektrochemischen Potentiale heraus (im Gegensatz zu $\bar{k}^Q$, s. Fußnote 147).

[147] Im Falle des chemischen Experimentes ist nun wegen des nachfolgenden Gleichgewichtes $\delta\ln[O_{ad}] + \delta\ln[V^{\cdot\cdot}_O] + 2\delta\ln[e'] = 0$ [421]. Im Falle des elektrischen Experimentes ist ebenfalls $[O_{ad}]$ variabel und eine Funktion der Überspannung, die allerdings erst im nachfolgenden Quasi–Gleichgewicht zu Tage tritt und in die elektrochemische Pseudo–Gleichgewichtskonstante eingeht (Beachte, dass nun e' vom Elektrodenmaterial stammt.). Über $\delta\ln[O_{ad}] + \delta\ln\widetilde{K}_\eta = 0$ ergibt sich nach Linearisierung $\bar{k}^Q = \bar{k}^*$.

wie es ja aufgrund von Gln. (6.135), (6.136) für vergleichbare Λ–Werte erwartet wird. Aus Gl. (6.146) und (6.150) lassen sich mit Hilfe von Gl. (6.109) und den Ausführungen in Abschnitt 5.5 die P_{O_2}– und C–Abhängigkeiten für die $\bar{k}$–Werte extrahieren. Man findet in einfachen Fällen — z.B. für den Fall des elektronenreichen Elektronenleiter — näherungsweise Brouwer– und Arrheniusabhängigkeiten der Form ($\bar{N}$, $\bar{M}$, $\bar{\gamma}$: rationale Zahlen)

$$\bar{k} \propto k_{eff}(T) P^{\bar{N}} C^{\bar{M}} \Pi_r K_r^{\bar{\gamma}_r}(T). \tag{6.153}$$

Ähnliche Ausdrücke resultieren für den Fall, dass die Durchtrittsreaktion geschwindigkeitsbestimmend ist.
Nehmen wir der Einfachheit halber an, dass der Transferschritt mit Gl. (6.147) identisch ist. Die Ratengleichung lautet im Falle des chemischen Experimentes für den elektronenreichen Elektronenleiter

$$\mathcal{R} = \hat{\bar{k}}\,\widehat{[V_O^{\bullet\bullet}]}\,\widehat{[e']}^2 \left(\frac{[V_O^{\bullet\bullet}]}{\widehat{[V_O^{\bullet\bullet}]}}\right) - \hat{\bar{k}}\,\widehat{[V_{ad}]}\,\widehat{[O_O]}, \tag{6.154}$$

da lediglich $[V_O^{\bullet\bullet}]$ geändert wird. Hieraus folgt

$$\mathcal{R} = \mathcal{R}_0 \frac{\delta[V_O^{\bullet\bullet}]}{\widehat{[V_O^{\bullet\bullet}]}} \tag{6.155}$$

und wiederum $\bar{k}^\delta = \mathcal{R}_0 \Delta x / \widehat{[V_O^{\bullet\bullet}]} = j_0 / \widehat{[V_O^{\bullet\bullet}]}$, mit j_0 als Austauschstromdichte ($j_0 = \mathcal{R}_0 \Delta x$).
Allgemeiner haben wir statt $\delta[V_O^{\bullet\bullet}]$ die Variation $\delta\left([V_O^{\bullet\bullet}][e']^2\right)$ zu betrachten, und $\bar{k}^\delta = -\mathcal{R}_0 w_O / c_O$ ist das Resultat.
Im Falle des Tracer–Einbaus gilt

$$\mathcal{R} = \hat{\bar{k}}\,\widehat{[V_O^{\bullet\bullet}]}\,\widehat{[O_{ad}^*]} - \hat{\bar{k}}\,\widehat{[V_{ad}]}\,\widehat{[O_O^*]} \left(\frac{[O_O^*]}{\widehat{[O_O^*]}}\right) = \mathcal{R}_0 \delta[O_O] / \widehat{[O_O]}. \tag{6.156}$$

Beim elektrischen Experiment sind es die k–Werte, die variiert werden. Die entsprechende Ratengleichung

$$\mathcal{R} = \mathcal{R}_0 \left(\frac{\vec{k}}{\bar{\bar{k}}} - \frac{\overleftarrow{k}}{\bar{\bar{k}}}\right) \tag{6.157}$$

entspricht der Butler–Volmer–Gleichung. Ihr werden wir in Abschnitt 7.3.3 wiederbegegnen. Für Gleichgewichtsnähe ergibt sich wiederum $\bar{k}^Q = \bar{k}^*$ [421].
Interessant ist der Gültigkeitsbereich obiger Beziehungen. Wie erwartet gelten für jeden Prozess ϵ ($\epsilon = \delta, *, Q$) die Beziehungen der Form

$$\bar{k}^\epsilon = j_0^\epsilon \left(w^\epsilon / \bar{c}^\epsilon\right)_{\mathrm{Bulk}} \tag{6.158}$$

(wobei $w^* = 1 \simeq w^Q$), für das Tracer–Experiment ohne Restriktionen, während wir für das elektrische Experiment immer auf Linearisierung angewiesen sind, um

eine Beziehung der Form (6.158) zu erhalten. Dies ist in Übereinstimmung mit den Ausführungen in Abschnitt 6.1. Für das chemische Experiment war der Sachverhalt unterschiedlich. Linearisierung ist nötig, wenn außer dem ionischen Ladungsträger auch der elektronische wichtig ist. Im Falle des elektronenreichen Materials folgte eine Beziehung der Form (6.158) im Falle der Durchtrittskontrolle ohne Näherung, während bei der Adsorption eine solche (s. Gl. (6.148)) von Nöten war. Hätten wir statt Leerstellen Zwischengitterdefekte diskutiert, hätte dort $[O_i'']\propto[O_{ad}]$ gegolten und Gleichgewichtsnähe wäre nicht erforderlich gewesen (im Gegensatz zu Gl. (6.148)). Dies ist in Konsistenz mit den Ausführungen auf Seite 346f. Genauer ist jedoch festzuhalten, dass es der Einschränkung der Gleichgewichtsnähe nicht bedarf, wenn der geschwindigkeitsbestimmende Schritt einer Kinetik erster Ordnung folgt (monomolekular oder pseudo–monomolekular) und für die nachfolgenden Gleichgewichte eine Proportionalität der Punktfehlerkonzentrationen besteht.
Gl. (6.152) zeigt, dass im Regelfalle zu erwarten ist, dass $\bar{k}^\delta$ deutlich größer ist als $\bar{k}^*$ bzw. $\bar{k}^Q$. Vergleiche rechte Spalte in Abb. 6.57. Außerdem sind $\bar{k}^*$ und D^* i.a. nicht voneinander unabhängig, die Korrelation allerdings ist bei Materialvariation komplex. Analysieren wir das Verhältnis von $\bar{k}^\delta$ zu $\bar{k}^*$ für $SrTiO_3$ genauer (Abb.

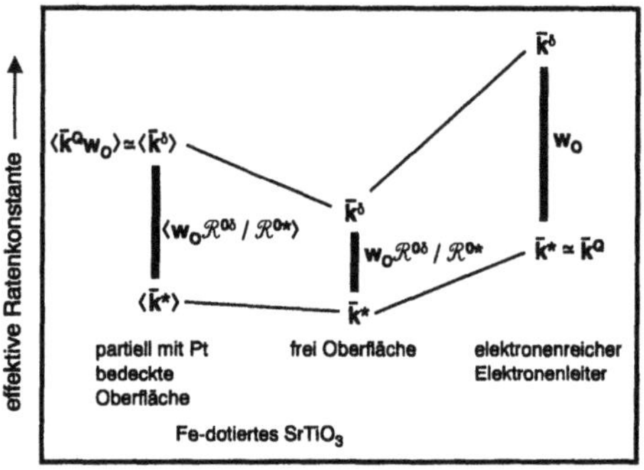

Abb. 6.57: Bezüge zwischen den $\bar{k}$'s für hohe Elektronenkonzentration (rechte Spalte) sowie für die Situation geringer Elektronenkonzentration beim Fe–dotierten $SrTiO_3$ (freie Oberfläche: mittlere Spalte, partielle Pt–Belegung: linke Spalte). Die eckigen Klammern deuten an, dass über die heterogene Oberfläche gemittelt ist. Aus [405].

6.54), so erkennt man zwar, dass das Verhältnis $\bar{k}^\delta/\bar{k}^*$ groß gegen 1 ist, aber deutlich geringer, als durch Gl. (6.152) vorhergesagt.
Bislang haben wir nämlich vorausgesetzt, dass bei allen Experimenten der gleiche geschwindigkeitsbestimmende Schritt vorliegt. Unterschiedliche Mechanismen führen jedoch zu unterschiedlichen Λ–Werten bzw. $\mathcal{R}_0$–Werten. Insbesondere entspricht das dann u.U. signifikante Verhältnis Λ^*/Λ^Q einem Grenzflächen–Haven–Verhältnis. Solche mechanistische Differenzen werden vor allem in elektronenarmen Materialien[148] wichtig sein (z.B. Festelektrolyte oder Fe–dotiertes $SrTiO_3$). Man beachte,

[148] Eine solche Verschiedenheit im Verhalten von elektronenreichen und elektronenarmen Materialien implizierte schon Abb. 6.56. Man mag der Meinung sein, dass Elektronen bei einer Ionisierung nach $O + 2e' \rightleftharpoons O''$ materialseitig wohl nötig sind, dass dies aber bei einer Ionisierung nach $O \rightleftharpoons O'' + 2h^{\cdot}$ aber doch nicht der Fall sein müsse. Dies gilt jedoch nur in Gleichgewichtsferne. In Gleichgewichtsnähe ist die Rückreaktion von vergleichbarer Bedeutung.

dass der Tracer–Austausch immer auch über eine direkte Substitution der O^{16}–Spezies durch die O^{18}–Spezies verlaufen kann und dann auf freie Elektronen nicht angewiesen ist. Mit anderen Worten stellen solche direkten Austauschmechanismen Parallelpfade dar, auf die bei sehr geringer Elektronenkonzentration ausgewichen werden kann. Dann ist $\Lambda^{\delta}/\Lambda^{*} \neq 1$. Man beachte in diesem Kontext nochmals Abb. 6.54. Die Unterschiedlichkeit im Mechanismus zwischen Tracer– und chemischem Experiment beim (ja ebenfalls elektronenarmen) Fe–dotiertem $SrTiO_3$ zeigt sich nicht nur darin, dass das Verhältnis $\bar{k}^{\delta}/\bar{k}^{*}$ den Wert w_O nicht erreicht, sondern insbesondere darin, dass eine partielle Pt–Belegung auf $\bar{k}^{*}$ kaum, aber auf $\bar{k}^{\delta}$ von eminentem Einfluss ist. In letzterem Fall ist dann die Reaktion auf die Dreiphasengrenze[149] zwischen Pt, $SrTiO_3$ und der Gasphase beschränkt, und die Elektronen stammen von Platin. Für diesen Fall erwartet man $\bar{k}^{*} \neq \bar{k}^{Q}$ bzw. $\Lambda^{*} \neq \Lambda^{Q}$. Die linke Spalte der Abb. 6.57, die in vielerlei Hinsicht der analogen Abbildung für die D's (s. Abb. 6.20 auf S. 301) an die Seite zu stellen ist, illustriert dies. Eine ausführliche Diskussion findet sich in Ref. [423]. Katalytische Effekte werden in Abschnitt 6.8 eingehender besprochen.

6.7.4 Reaktivität, chemischer Widerstand und chemische Kapazität

Lassen Sie uns an dieser Stelle einige für die Festkörperchemie wichtigen Begriffe diskutieren, die in aller Regel rein intuitiv benützt werden. Um direkt auf Raten und nicht auf Flüsse bezug zu nehmen, betrachten wir an Stelle der Größen Λ und $\bar{k}$, die durch Δx dividierten Größen Λ_R und $\bar{k}_R$. Eine ähnliche Rolle wie σ im Volumen spielt Λ_R für die Grenzfläche. Ähnlich wie wir erstere (spezifische) Leitfähigkeit nennen, können wir letztere geradezu als "Austauschreaktivität" bezeichnen. (Man beachte, dass diese Größe über das Verhältnis der Austauschrate des geschwindigkeitsbestimmenden Schrittes zu RT determiniert ist, s. auch β in Abschnitt 6.7.2). Ähnlich wie σ kombiniert sie Gleichgewichts– und Nichtgleichgewichtsgrößen (Gleichgewichtskonzentration, mikroskopische k–Werte) in geeigneter Weise[150]. Es ist wichtig im Auge zu behalten, dass diese Austauschreaktivität (wie die Leitfähigkeit) Information über Hin– und Rückrate enthält. Die üblicherweise mit "Reaktivität" assoziierte Reaktionsfähigkeit oder –freudigkeit eines Stoffes ist eine Eigenschaft fernab des Gleichgewichts und mit der zum Gleichgewicht führenden Hinrate (vgl. $\vec{\mathcal{R}} = \vec{k}[A]$ in Gl. (6.128)) pro RT zu identifizieren. Eine solche Reaktivität nimmt mit der Zeit ab und nähert sich im Gleichgewicht der Austauschreaktivität[150] (Austauschrate pro RT).

Zwei weitere sehr nützliche Begriffe lassen sich mit "chemischem Widerstand" (R^{δ})

---

[149]Man beachte, dass ähnlich wie bei rein elektrischen Phänomenen (vgl. Abschnitt 7.3.7) auch hier laterale Inhomogenitäten diffizile Transporteffekte zeitigen [422].

[150]Entsprechende konzentrationsnormierte Größen (analog zur Äquivalentleitfähigkeit bzw. Mobilität) sind je nach Bedingungen $\vec{k}$, $\sqrt{\vec{k}\overleftarrow{k}}$ bzw. $\bar{k}_R$.

und "chemischer Kapazität" (C^δ) einführen (vgl. auch Abschnitt 7.3.4). Wie die Gln. (6.74) und (6.126) zeigen, spielen const.D^δ/L^2 sowie $\bar{k}^\delta/L$ die Rolle von inversen Zeitkonstanten. In Analogie zu elektrischen Prozessen (R^Q, C^Q) (cf. Abschnitt 7.3) lassen sich letztere in chemische Widerstände und chemische Kapazitäten zerlegen. Erstere sind durch die reziproken Reaktivitäten (reziproken Austauschraten) bzw. im Volumenfall durch $1/\sigma^\delta$ gegeben, letztere ergeben sich dann zu[57] $\partial n/\partial \mu \propto (\partial c/\partial \mu)L \propto c^\delta L$ und bezeichnen die Speicherfähigkeit, genauer den Mengenzuwachs bei Erhöhung des chemischen Potentials. Im Volumenfall sind die effektiven Widerstände proportional zu L, und es resultiert $\tau^\delta \propto L^2$, während für die Oberflächenreaktion eine Proportionalität von τ^δ zu L^1 in Rechnung zu stellen ist. Im Falle der Tracer–Diffusion wird diesem Parameter eine triviale Bedeutung zugewiesen ($c_{O^{2-}}$, $\sigma_{O^{2-}}$ statt c^δ, σ^δ). Man beachte, dass R^δ im Volumenfall einer Serienschaltung von Einzelelementen entspricht, während R^Q über eine Parallelschaltung gegeben ist.
Die erhöhte (differentielle) chemische Kapazität ist letztendlich auch weitgehend der Grund für die Abnahme des Diffusionskoeffizienten, die eintritt, wenn man vom Falle chemischer Diffusion ohne Trapping zum Fall chemischer Diffusion mit Trapping und letztlich — nun aber beschränkt auf den Fall des elektronenreichen Elektronenleiters ($D^\delta = D_{V_O^{\cdot\cdot}/O_i''}$) — zum Falle der Tracer–Diffusion übergeht (s. Abb. 6.19). Ähnliches gilt für die $\bar{k}$–Werte. Die kapazitiven Anteile bei chemischem und Tracer–Experiment sind insbesondere für das Zeitverhalten bei x=0 verantwortlich. Interessant ist die Sonderstellung der D^Q– bzw. k^Q–Werte, die in Analogie gebildet und eigentlich direkt aus den resistiven Parametern abgeleitet sind. Der involvierte Konzentrationsterm ist definitorisch eingeführt und wird als chemische Kapazität nicht wirksam, da $\delta\mu$=0 und lediglich dielektrische Effekte, d.h. elektrische Kapazitäten, das transiente Verhalten bestimmen. Dies ändert sich, wenn auch bei elektrischen Experimenten chemische Veränderungen in Rechnung gestellt werden müssen. Dann verschwinden die konzeptionellen Grenzen zwischen elektrischem und chemischem Experiment (s. Abschnitt 7.3.4).
In diesem Zusammenhang bietet sich die Konstruktion verallgemeinerter Ersatzschaltbilder an, die chemische und elektrische Effekte einschließen [424].

6.8 Katalyse

Definitionsgemäß beeinflusst ein Katalysator (Kat) die Reaktionsgeschwindigkeit, nicht aber die Lage des Gleichgewichtes:

$$\frac{d\mathcal{A}}{d[\mathrm{Kat}]} = 0 \neq \frac{d\mathcal{R}}{d[\mathrm{Kat}]}. \tag{6.159}$$

Ist nur eine einzige Elementarreaktion von Belang, auf dessen Übergangszustand der Katalysator einwirkt, so können statt $\mathcal{A}$ und $\mathcal{R}$ auch K und k stehen. Wird durch die Anwesenheit des Katalysators die Freie Enthalpie–Schwelle der Hinreaktion um

Δ herabgesetzt, so ist wegen $K = \overrightarrow{k}/\overleftarrow{k}$ evident, dass dies genauso auch für die Rückreaktion gelten muss[151]. Heterogene Katalysatoren beeinflussen in der Regel den gesamten Reaktionsweg und ihre Wirksamkeit beruht neben der Veränderung der Bindungssituation auch schon darauf, dass durch Adsorption auf der Festkörperoberfläche die Dichte der Reaktanden erhöht wird. Betrachten wir als Beispiel die berühmte Ammoniaksynthese [425,426]:

$$N_2 + 3H_2 \rightleftharpoons 2NH_3. \tag{6.160}$$

Die Reaktionsgeschwindigkeit zwischen den Elementen N_2 und H_2 ist in der Gasphase vor allem wegen der kinetischen Stabilität der Stickstoffdreifachbindung im $|N \equiv N|$ vernachlässigbar klein. Anders bei Anwesenheit eines Fe–Katalysators. Hier wird adsorbiertes N_2 vergleichsweise leicht gespalten. Immerhin ist dieser Prozeṣs im gesamtem heterogenen Reaktionsschema geschwindigkeitsbestimmend. Vereinfacht ergibt sich dieses zu:

$$\begin{array}{ccc} N_2(g) & \rightleftharpoons & N_{2,ad} \\ \frac{1}{2}N_{2,ad} & \longrightarrow & N_{ad} \\ H_2(g) & \rightleftharpoons & H_{2,ad} \\ \frac{1}{2}H_{2,ad} & \rightleftharpoons & H_{ad} \\ N_{ad} + H_{ad} & \rightleftharpoons & NH_{ad} \\ NH_{ad} + H_{ad} & \rightleftharpoons & NH_{2ad} \\ NH_{2ad} + H_{ad} & \rightleftharpoons & NH_{3ad} \\ NH_{3ad} & \rightleftharpoons & NH_3(g). \end{array} \tag{6.161}$$

Um Komplizierungen in Bezug auf verschiedene Adsorptionsplätze zu vermeiden, wurden freie Adsorptionsplätze in der Formulierung weggelassen bzw. die adsorbierte Spezies als Bauelement aufgefasst.
Nicht aufgeführt wurden auch die vergleichsweise schnellen Diffusionsprozesse in der Gasphase und auf der Oberfläche. Die Wirksamkeit von Fe ist qualitativ durch seine mittlere Stellung in Bezug auf Ausbildung einer Bindung zum Stickstoff verständlich. Eine zu schwache Affinität lässt den Stickstoff gar nicht erst adsorbieren bzw. dissoziieren. Eine zu starke Affinität steht der Oberflächendiffusion, der Oberflächenreaktion und der Desorption hinderlich im Wege [426,427]. Dieser Befund, dass mittlere Affinitäten günstig für die katalytische Wirksamkeit sind, wird häufig angetroffen. Hügelartige Darstellungen der Art Reaktionsgeschwindigkeit versus Adsorptionswärme bezeichnet man ihres Aussehens wegen als Vulkankurven (s. Abb. 6.58).
Solche Abhängigkeiten sind auch konsistent mit der katalytischen Wirksamkeit des

[151] Genauer hat man natürlich eine Parallelschaltung der unkatalysierten ($\overrightarrow{k}_0, \overleftarrow{k}_0$) und der katalysierten Reaktion ($\overrightarrow{k}, \overleftarrow{k}$) zu betrachten: $\mathcal{R} = \overrightarrow{k}[A] - \overleftarrow{k}[B] + \overrightarrow{k}_0[A] - \overleftarrow{k}_0[B]$. Es gilt offenbar wiederum im Gleichgewicht: $\frac{\widehat{[B]}}{\widehat{[A]}} = \frac{\overrightarrow{k}+\overrightarrow{k}_0}{\overleftarrow{k}+\overleftarrow{k}_0} = \frac{\overrightarrow{k}_0(1+\exp+\Delta/RT)}{\overleftarrow{k}_0(1+\exp+\Delta/RT)} = K$. In der Regel werden $\overrightarrow{k}$ und $\overleftarrow{k}$ auch als Faktoren noch die Katalysatorkonzentration enthalten, die sich als Vorfaktor zur Exponentialfunktion ebenfalls herauskürzen. Auf alle Fälle werden Hin– und Rückreaktion gleichermaßen beschleunigt.

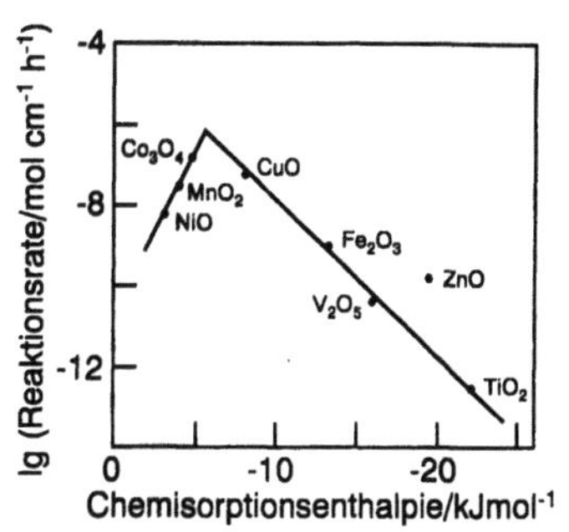

Abb. 6.58: "Vulkankurve" für die Verbrennung von H_2 an Metalloxiden unter O_2-Überschuss (T=573K, $[H_2] = 10^{-4}$mol/l). Eine zu geringe Chemisorptionsenthalpie des Sauerstoffs ist ungünstig für die Adsorption, während eine zu hohe der Weiterreaktion nicht förderlich ist. Aus [426].

Silbers oder des Platins im Falle vieler Oxygenierungsprozessen, wie etwa der als Leitmotiv verwendeten Sauerstoffinkorporation in Oxiden. Es ist auffällig, dass viele gute Katalysatoren gemischte Leiter sind, dies gilt auch für Elektrokatalysatoren, die in Kap. 7 behandelt werden. Dies legt die Annahme nahe, dass nicht nur die Existenz elektronischer (Redoxzentren) und ionischer Defekte (Säure–Base–Zentren, s. u.) wichtig ist, sondern auch ihre Beweglichkeit. In diesem Fall sind ja die lokalen Bedingungen an das Reaktionszentrum sehr viel geringer, da fehlende Partner dorthin diffundieren können. Solche gemischten Leiter sind in der Regel sehr wirksame Katalysatoren für die Kohlenwasserstoffoxydation. Was in der Praxis neben einer Beschleunigung der Reaktion erwünscht ist, ist auch die Steuerung des Verhältnisses der Reaktionskonstanten in Bezug auf konkurrierende Reaktionen, so ist beabsichtigt, z.B. CH_4 gezielt zu HCHO, CH_3OH oder HCOOH zu oxydieren; hochwirksame unspezifische Katalysatoren oxydieren häufig bis zum CO_2 durch. Eine Selektivitätskontrolle scheint in gewissem Maße durch die Verwendung elektrisch polarisierter Festelektrolyte möglich zu sein. Genauer stellt sich heraus, dass unter wohldefinierten Bedingungen eine wirksame Katalyse der Oxydierung von Kohlenwasserstoffen auftritt, wenn das Platin als Anode einer potentiometrischen Sauerstoffpumpe dient:

$$CH_x, O_2, ^{\oplus} Pt|ZrO_2|Pt^{\ominus}, O_2 \qquad (6.162)$$

(s. Abschnitt 7.3.1).

Eine über ZrO_2 angelegte Spannung bewirkt einen O^{2-}–Fluss. Es ist nun nicht so, dass nur der jeweilig überführte Sauerstoff sehr schnell reagiert, sondern es wird die Reaktivität sehr vieler Sauerstoffe erhöht. Die genaue Wirkungsweise, besonders in Hinblick darauf, inwieweit die veränderten Zustandsparameter (elektrisches Potential, d.h. lokale Aktivität, Abschnitt 7.2.1) von Einfluss sind, ist noch nicht vollends geklärt. Als Erklärung wird die veränderte Oberflächenchemie des Metalles favorisiert [428].

Kommen wir kurz auf unser $SrTiO_3$–Modellmaterial zurück. In Kap. 5 wurde gezeigt, dass bei Verwendung von (Au,Cr)–Elektroden das Hochtemperaturverhalten der Leitfähigkeit über das Gleichgewicht der Sauerstoffeinbaureaktion auf vollionisierte Leerstellen unter Freisetzung einer äquivalenten Zahl von Löchern quantitativ erklärlich war, während bei tieferen Temperaturen die Analyse nur gelingt — aber dann ebenfalls quantitativ —, wenn diese Reaktion als eingefroren betrachtet wird (Abschnitt 5.6). Abbildung 6.59 beweist nun, dass bei Verwendung von

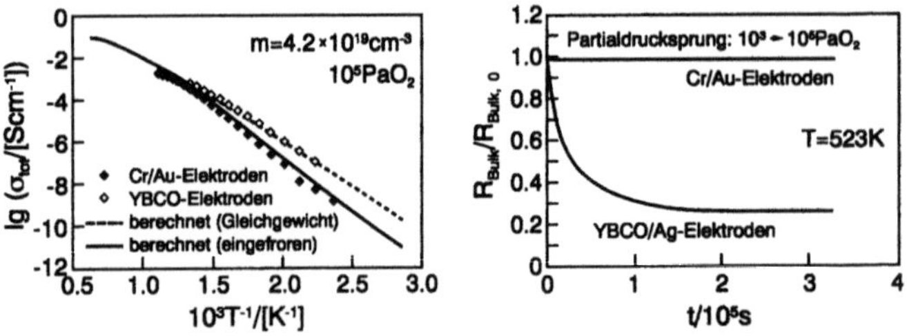

Abb. 6.59: Durch $YBa_2Cu_2O_{6+x}$–Elektroden ("YBCO") wird der Oberflächenschritt des Sauerstoffeinbaus stark beschleunigt. Bei tieferen Temperaturen wird auf diese Art und Weise noch Gleichgewicht mit der Gasphase ermöglicht (s. Abschnitt 5.6) [185].

$YBa_2Cu_3O_{6+x}$–Elektroden die Reversibilität der Reaktion bis zu deutlich tieferen Temperaturen hin gewährleistet ist. Dieses Material wirkt also stark katalytisch in Bezug auf die Oberflächenreaktion (wie auch schon Pt, Abschnitt 6.7.3), der genaue Mechanismus ist nicht bekannt. Im vorigen Abschnitt wurde belegt, dass bei elektronenarmen Materialien die Ionisierung, die allerdings partiell schon bei der Adsorption erforderlich ist, problematisch ist[152]. Zusätzlich ist die Ladungsträgerverarmung ($V_O^{\cdot\cdot}, h^{\cdot}$) in Raumladungszonen geringer als bei Verwendung von Au, Cr–Elektroden (vgl. Abschnitt 5.8.5).

In den meisten Fällen werden katalytische Effekte entweder durch Elektronenübertragungsprozesse oder über Säure–Base–Effekte der regulären Oberflächengruppen erklärt. Es darf jedoch nicht übersehen werden, dass nicht nur die Oberflächen als Defekte ausgedehnter Natur (s. Abschnitt 5.4), sondern ganz besonders auch Punktdefekte hierin eine wichtige Rolle im Sinne von Säure–Base–Partnern bei allen Teilschritten spielen können, stellen schließlich Punktfehler doch Zentren — zudem noch mobile Zentren — stark erhöhter lokaler Energie dar. In der organischen Chemie sind sehr viele Reaktionen bekannt, die (in der Regel dort homogen, d. h. z. B. in Lösung) durch Säuren bzw. Basen katalysiert werden. Beispiele sind etwa Esterverseifungen oder Dehydrohalogenisierungsreaktionen. Abbildung 6.60 zeigt mögliche Säure–Base–Mechanismen für die Katalyse der Eliminierung von HCl aus t–Butylchlorid $(CH_3)_3CCl$ (≡ t–BuCl) in Lösung. Setzen wir bei den folgenden

[152]Immerhin gilt es, noch die Sauerstoff–Sauerstoff–Doppelbindung zu spalten. In dem Zusammenhang beachte man, dass z. B. bei elektrochemischen Umsetzungen Reversibilität mit H_2 bei relativ geringen Temperaturen erreichbar ist, für O_2 sind höhere und für N_2 extrem hohe Temperaturen nötig (vgl. auch Ammoniak–Synthese).

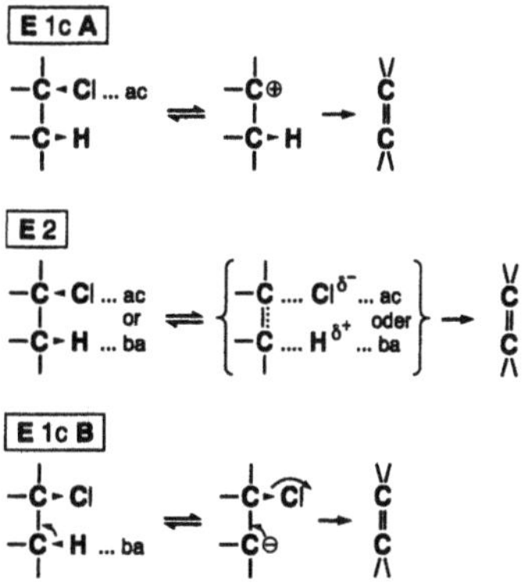

Abb. 6.60: Mögliche Mechanismen der Säure–Base-katalysierten Dehydrohalogenierung von tertiärem Butylchlorid (ba: Base, ac: Säure) [429].

Betrachtungen der heterogenen Katalyse dieser Reaktion voraus, dass die Adsorption geschwindigkeitsbestimmend ist. Da in diesen Fällen jedes adsorbierte Molekül schnell wegreagiert, kann bei nicht allzu hohen Reaktandendrücken angenommen werden, dass die Zahl der freien Adsorptionsplätze näherungsweise konstant bleibt[153]. Im Falle einer idealen Adsorption sollte dann die Hinreaktionsgeschwindigkeit der Reaktion

$$\text{t–BuCl} \rightleftharpoons \text{iso–Buten} + \text{HCl} \qquad (6.163)$$

von erster Ordnung im t–BuCl–Partialdruck sein. Da alle drei beteiligten Stoffe unter Versuchstemperaturen gasförmig sind, kann die Reaktion einfach über den Druckanstieg verfolgt werden. Die Gegenwart von reinem AgCl als Katalysator beeinflusst die Reaktionsrate nicht merklich. Dotiert man allerdings homogen mit $CdCl_2$, so verändert sich die Rate[154] nahezu proportional mit $C \equiv [\mathrm{Cd}^{\cdot}_{\mathrm{Ag}}]$ [430] (Abb.

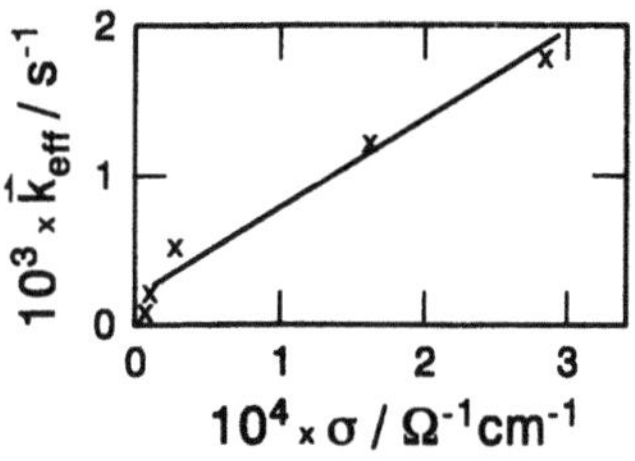

Abb. 6.61: Effektive Ratenkonstante der HCl–Eliminierung aus t-BuCl bei Anwesenheit von $CdCl_2$–dotiertem AgCl als Katalysator als Funktion der Ionenleitfähigkeit und damit des Cd–Gehaltes. Nach [430].

[153] Man vergleiche die Situation mit dem Weinregal eines Weintrinkers. Ist der Weinkonsum (Reaktion) vergleichsweise gering, so wird das Weinregal (Oberfläche) bei regelmäßigem Einkauf immer gefüllt sein. Handelt es sich jedoch um einen Weinsäufer im Wortsinne, wird also soviel Wein konsumiert, dass der Antransport (Adsorption) geschwindigkeitsbestimmend ist, ist sicherlich das Regal stets so gut wie leer. Allerdings kann das Weinregal auch bei sehr geringem Weinkonsum recht leer aussehen, dann nämlich, wenn die "Diebstahlquote" wesentlich wird. Dies entspricht dem Fall schneller Desorption.

6.61). Eine naheliegende Deutung besteht darin, dass auch die Zahl der wirksamen Adsorptionsplätze (ad), die nach

$$\mathcal{R} = k_{eff}[t\text{-BuCl}] \propto [ad][t\text{-BuCl}] \tag{6.164}$$

in k_{eff} inkorporiert ist, proportional ansteigt. Es ist leicht vorstellbar, dass die negativ geladenen Silberleerstellen, die ja in gleichem Maße gebildet werden (vgl. Abschnitt 5.6), als basische Zentren an einem Proton des Chlorkohlenwasserstoffs angreifen und so die Adsorption und möglicherweise auch die Eliminierung selber erleichtern. Auch die saure Wirkung der Dotierionen ($Cd^{\cdot}_{Ag}$: Wechselwirkung mit dem negativierten Chloratom) ist vorstellbar und wäre verträglich mit den Ergebnissen. Elektronische Defekte dürften wegen des geringen Absolutwertes als Erklärung ausscheiden. Eine ähnliche Wirkung ist auch für heterogene Dotierungen erwartet. Dort ist dann k_{eff} proportional zur Wurzel der Grenzflächenkonzentration (s. Abschnitt 2.2.2) [229].

Auch homogene[155] Katalyse kann im Festkörper stattfinden. So können Redoxniveaus (R) in der Bandlücke die Elektron–Loch–Paarbildung beschleunigen nach

$$\begin{array}{l} e^-(VB) + R \rightleftharpoons R^- \\ R^- \rightleftharpoons e^-(LB) + R \\ \hline e^-(VB) \rightleftharpoons e^-(LB) \quad \text{bzw. Null} \rightleftharpoons e' + h^{\cdot}. \end{array} \tag{6.165}$$

Der Name Rekombinationszentren für solche Zustände leitet sich davon ab, dass diese obigen Ausführungen entsprechend auch die Rückreaktion, also die Elektron–Loch–Rekombination, beschleunigen. Ihre Wirksamkeit gründet sich darauf, dass sie indirekte Übergänge (d. h. Übergänge mit Veränderung des Wellenzahl–Vektors, s. Kap. 2) dadurch ermöglichen, dass sie Energie und Impuls aufnehmen. Hierdurch wird die Einstellung des lokalen Gleichgewichtes beschleunigt [123,124]. Eine spezielle Rolle spielt die Autokatalyse, bei der die Reaktionsgeschwindigkeit durch das Produkt katalysiert wird. Die dadurch bewirkte "Aufwärtsspirale" ist grundlegend für die Strukturbildung. Dies wird in Kap. 6.10 behandelt.

6.9 Festkörperreaktionen

6.9.1 Grundprinzipien

In diesem Kapitel wollen wir Prozesse betrachten, die mit der Ausbildung einer neuen Phase einhergehen. Schon phänomenologisch ist dieses Feld sehr variantenreich [4,7], besonders in Hinblick auf die Aggregatzustände der involvierten Reaktanden und deren räumliche Verteilung, man vergleiche nur die Ausfällung eines

[154] Es versteht sich von selbst, dass die gesamte Umsatzrate in Zahl der umgesetzten Teilchen pro Zeit der Fläche proportional ist ("Wenzels Gesetz"). Dies gilt allerdings nicht mehr bei fraktalen Geometrien (s. Abschnitt 6.10).

[155] Der Begriff "homogen" ist natürlich cum grano salis zu nehmen.

Festkörpers bei der Reaktion zweier fluider Phasen oder eine mitunter ja explosionsartig verlaufende Zersetzungsreaktion unter Bildung von Gasmolekülen mit einer langsamen Festkörperreaktion wie der Spinellbildung beim wohldefinierten Kontakt entsprechender Oxide. Vor allem wegen des Auftretens von Heterogenitäten und des Entstehens, Verschwindens oder Verschiebens von Grenzflächen ist eine quantitative Behandlung im Einzelfalle in aller Regel ausgeschlossen oder aber so speziell, dass die individuelle Behandlung den Blick für das wesentliche trübt.
Da hier jedoch Wert auf die Grundsätzlichkeiten gelegt werden soll, wird zunächst als Modellfall die morphologisch sehr einfache Bildung einer kohärenten Oxidschicht bei der Oxydation eines Metalles näher beleuchtet und Diffusionskontrolle vorausgesetzt [7,431]. Wir stellen uns vor, dass das Metall mit Sauerstoff gesättigt ist (vgl. auch Abb. 4.4 auf S. 94), und erhöhen nun das Sauerstoffpotential etwas über den Sättigungswert. Auf diese Weise vermeiden wir große Affinitäten. Betrachten wir hierzu Abb. 6.62. Zunächst bildet sich eine dünne Schicht des Reaktionsproduktes

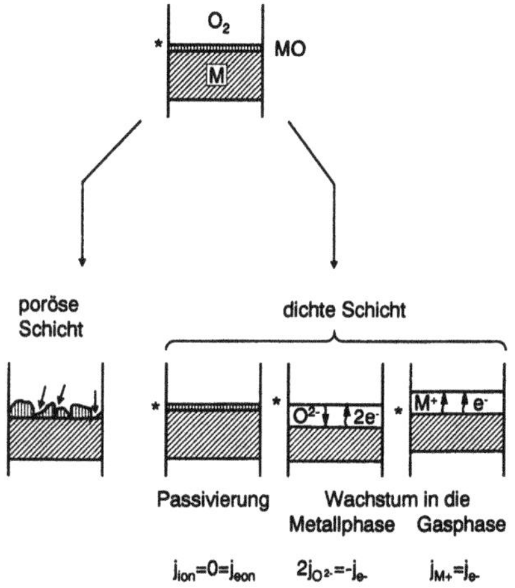

Abb. 6.62: Reaktives Wachstum einer Oxidschicht durch Metalloxydation (s. Text) [296].

aus. Der weitere Reaktionsprozess ist davon abhängig, ob die Reaktionsschicht gasdicht ist oder nicht. Nach einer auf Pilling und Bedworth [432] zurückgehenden einsichtigen Regel treten poröse Oxidschichten insbesondere auf, wenn das Molvolumen des Oxides deutlich kleiner oder größer als das Molvolumen des Metalles ist. Im ersten Fall ist die Reaktionsschicht durch Lücken unterbrochen, im zweiten Fall bläht sie sich auf, und es entstehen Korngrenzen, Risse und Poren. In all diesen Fällen ist aufgrund der weiterhin schnellen Gasdiffusion (etwa durch Poren) qualitativ unschwer vorstellbar, wie die weitere Oxydation vonstatten geht, wenn auch die quantitative Behandlung insbesondere aufgrund der Dreidimensionalität und der Heterogenität des Geschehens in praxi nicht sehr übersichtlich ist.

Bilden sich jedoch dichte Oxidschichten aus, so ist eine notwendige Bedingung für das Fortschreiten der Reaktion der chemische Transport durch die Oxidschicht[156]. Die quantitative Behandlung erfolgte durch C. Wagner [433]. Hierzu gibt es zwei prinzipielle Möglichkeiten. Entweder wandert formal das Metall durch die Schicht über eine ambipolare Diffusion von Metallionen und Elektronen, oder aber es wandert "O" durch ambipolare Diffusion von Sauerstoffionen und Elektronen. In allen Fällen ist also — wenn wir Korngrenztransport vernachlässigen — wiederum die im vorangegangenen Kapitel behandelte chemische Volumendiffusion grundlegend. Im ersten Fall (siehe Abb. 6.62) wächst[157] das Oxid in die Gasphase, im zweiten Fall in das Metall hinein. Lässt sich die Reaktionsfront beobachten, ist es umgekehrt möglich, hieraus eine Entscheidung über den schnellsten ionischen Ladungsträger zu treffen.

Ist entweder die ionische oder die elektronische Leitfähigkeit verschwindend klein, tritt keine Oxydation auf, auch nicht bei hoher Triebkraft. Ein wohlbekanntes Beispiel ist die Passivierung von Al durch Al_2O_3–Deckschichten trotz hoher Affinität. Bei endlichem Wachstum ergeben sich mechanistisch je nach Fehlordnung natürlich verschiedene Möglichkeiten. Betrachten wir der Konkretheit willen die Oxydation von Zink. In diesem Falle sind vermutlich Zinkionen im Zwischengitter in der Ionenleitfähigkeit dominant[158]. Bei genügend hoher Temperatur sind diese voll ionisiert. Der Elektronenfluss wird durch Leitungselektronen bestimmt, so dass sich analog zu Gl. (6.52) für den Gesamtmassetransport schreiben lässt[159]:

$$j_{Zn} = j_{Zn^{2+}} = j_{Zn_i^{\cdot\cdot}} = \frac{1}{2} j_{e'} = \frac{1}{2} j_{e^-} = -\frac{\sigma_{Zn_i^{\cdot\cdot}} \sigma_{e'}}{\sigma} \frac{1}{4F^2} \frac{\partial}{\partial x} \mu_{Zn}. \tag{6.166}$$

Da der Zinkfluss im ZnO örtlich konstant[160] ist — nirgendwo wird ja Zn angereichert —, lässt sich Gl. (6.166) in integrierter Form darstellen als

$$j_{Zn} = -\frac{1}{L} \frac{1}{4F^2} \int\limits_{\mu_{Zn}(0)}^{\mu_{Zn}(L)} \frac{\sigma_{Zn_i^{\cdot\cdot}} \sigma_{e'}}{\sigma} d\mu_{Zn}. \tag{6.167}$$

Die x–Achse zeigt bei diesem eindimensionalen Problem in Richtung des Oxidwachstums, x=0 entspricht der Grenzfläche zum Metall (ZnO/Zn), x=L der Grenzfläche

[156] Auch im Falle poröser Oxidschichten ist der chemische Transport i.a. notwendig, um eine völlige Oxydation zu gewährleisten.

[157] In der Nomenklatur von Ref. [7] spricht man hier von reaktivem Wachstum. Beim additiven Wachstum sind Reaktion und Kristallwachstum entkoppelt.

[158] Wir schließen uns hier der allgemeinen Literatur an, obwohl einiges (s. Fußnote 159) auch für $V_O^{\cdot\cdot}$ als maßgebliche Ladungsträger spricht. Wegen der gleichen Ladung beeinflusst diese Entscheidung nicht die folgenden Ausführungen.

[159] Wir vernachlässigen wie überall strukturelle (damit meinen wir auch elastische) Effekte.

[160] Dies gilt nicht für eine sehr kurze Anlaufphase. Das heißt, wir beziehen uns auf den quasistationären Fall (vgl. auch Abschnitt 6.7.2) und vernachlässigen geringe "chemische Kapazitätseffekte" (vgl. S. 357).

zur Gasphase (ZnO/O_2). Raumladungseffekte seien vernachlässigt. L(t) ist die Gesamtdicke des Oxides zur Zeit t. Jedes in das Oxid eintretende und somit durch das Oxid zur Gasphase wandernde Zn–Teilchen wird dort bei schneller Oberflächenreaktion zu ZnO. Infolgedessen ist j_{Zn} direkt mit dem Schichtdickenwachstum dL/dt und damit mit der Reaktionsrate verknüpft. Wegen $\dot{n}_{Zn} = \dot{n}_{ZnO} = \dot{V}_{ZnO}/V_m$ (V_m= molares ZnO–Volumen) und V(t)=L(t)·Fläche ergibt sich als Ergebnis

$$\frac{dL}{dt} = j_{Zn}V_m = -\frac{1}{4F^2}\frac{1}{L}\left(V_m \int_{\mu_{Zn}(O)}^{\mu_{Zn}(L)} \frac{\sigma_{Zn_i^{\cdot\cdot}}\sigma_{e'}}{\sigma} d\mu_{Zn}\right). \qquad (6.168)$$

So kompliziert der Integralausdruck im einzelnen auch sein kann, so ist er doch unabhängig von L. Er ist nämlich gegeben durch die zeitinvarianten Werte der Stammfunktion an den beiden Grenzflächen. Wegen der vorausgesetzten zeitinvarianten Schnelligkeit der Grenzflächenreaktion werden chemische Potentiale und spezifische Leitfähigkeiten durch die lokale Wechselwirkung bestimmt, die sich ja während des Wachstums nicht ändert[161]. In bezug auf die Schichtdickenabhängigkeit erhalten wir formal ein Ratengesetz (-1)ter Ordnung

$$\dot{L} = \kappa_d L^{-1}. \qquad (6.169)$$

Allerdings ist eine solche in Anlehnung an die Homogenkinetik entstandene Bezeichnung der Heterogenität der Reaktion wegen irreführend[162]. Aus diesem Grund wählen wir zur Bezeichnung des Proportionalitätsfaktors in Gl. (6.169) den Buchstaben κ und nicht wie in der Literatur üblich den Buchstaben k. Leider hat sich hierfür die Bezeichnung effektive Geschwindigkeitskonstante eingesetzt, obwohl sie auch neben den eigentlich kinetischen Größen, den Beweglichkeiten, Konzentrationsterme und auch noch die Triebkraft einschließt. Gl. (6.169) besagt, dass die Verlangsamung der Reaktion mit steigender Schichtdicke auf der Erhöhung des Transportweges beruht.
Die Integration (Gl. (6.169)) ergibt das berühmte Wurzelgesetz des Schichtdickengesetzes [431], das sich vielfach als erfüllt erwiesen hat[163]:

$$L = \sqrt{2\kappa_d t}. \qquad (6.170)$$

Die Gültigkeit für die Zinkoxydation belegt Abb. 6.63 für verschiedene Dotierungen. Als weiteres Beispiel sei die nach einem $\sqrt{t}$–Gesetz erfolgende Abnahme des Sauerstoffdruckes während der Titanoxydation zu TiO_2 für verschiedene Temperaturen angeführt (s. Abb. 6.64).

[161] Dies gilt streng natürlich nur ab einer gewissen Mindestdicke (s. Abb. 6.67).

[162] Es handelt sich auch bei der Schichtdickenveränderung nicht um eine Konzentrationsänderung; desweiteren ist als gleichgewichtsnaher Prozess die Diffusion stets auch durch die Rückreaktion beeinflusst, und κ_d (bzw. D^δ) enthält Ratenkonstanten beider Richtungen.

[163] Man beachte auch hier die formale Ähnlichkeit mit Gl. (6.69).

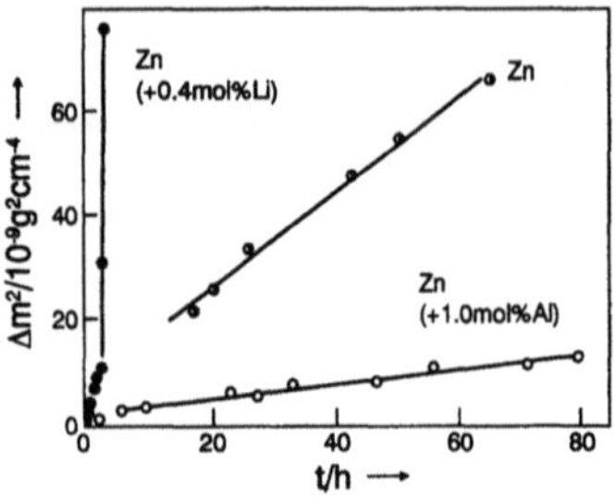

Abb. 6.63: Quadrat der Massezunahme ($\propto L^2$) als Funktion der Zeit während der Korrosion von reinem und dotiertem Zink an Luft bei 390°C. Bei diesen Temperaturen liegt wohl $Zn_i^{\cdot}$ statt $Zn_i^{\cdot\cdot}$ in Majorität vor. Die Diskussion bleibt hiervon weitgehend unberührt (vgl. aber Fußnote 167). Nach [434].

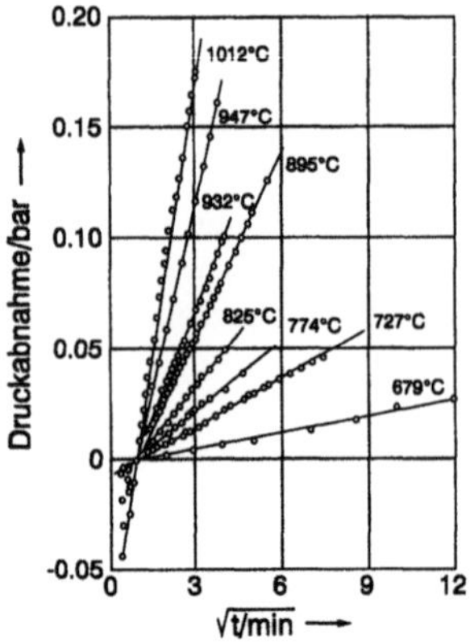

Abb. 6.64: Druckabnahme ($\propto dL/dt$) als Funktion der Wurzel der Zeit bei der Titankorrosion zu TiO_2. Nach [435].

Die Abhängigkeit von Temperatur, Sauerstoffgehalt und Dotierung verlangt die Diskussion von $\kappa_d(T, P, C)$.

Lassen Sie uns diese Diskussion zunächst halbquantitativ führen. Hierzu ziehen wir die ambipolare Leitfähigkeit — obwohl μ_{Zn}-abhängig — vors Integral und korrigieren den entstandenen Fehler dadurch, dass wir den Ausdruck als entsprechenden Mittelwert ansehen

$$j_{Zn} = -\frac{1}{4F^2}\left\langle\frac{\sigma_{Zn_i^{\cdot\cdot}}\sigma_{e'}}{\sigma}\right\rangle\frac{\Delta\mu_{Zn}}{L} = -\frac{1}{4F^2}\langle\sigma_{Zn}^{\delta}\rangle\frac{\Delta\mu_{Zn}}{L}, \qquad (6.171)$$

wodurch wir eine formale Auftrennung in Triebkraft $\Delta\mu_{Zn}/L = (\mu_{Zn}(L) - \mu_{Zn}(0))/L$ und kinetischen Parameter erreicht haben. ZnO ist nun über den gesamten P_{O_2}-Bereich ein (Überschuss–)Elektronenleiter, so dass sich $\langle\sigma_{Zn}^{\delta}\rangle = \left\langle\frac{\sigma_{Zn_i^{\cdot\cdot}}\sigma_{e'}}{\sigma}\right\rangle$ zu $\langle\sigma_{Zn_i^{\cdot\cdot}}\rangle$ vereinfacht. Dies bedeutet, dass die Ionenleitung die spezifische Reaktionsrate bestimmt, wodurch sich unmittelbar eine charakteristische empfindliche Temperaturabhängigkeit ergibt, wie sie in Abb. 6.64 für die Bildung des ebenfalls überwiegend n-leitenden TiO_2 gezeigt ist. Abbildung 6.63 beweist, dass für die Zeitabhängigkeit der Korrosion von reinem, wie von Al- und Li-dotiertem Zn ein Wurzelgesetz erfüllt ist, belegt aber auch, wie unterschiedlich die korrespondierenden κ_d-Werte

sind. Während Li–dotiertes Zn sehr viel schneller als reines Metall oxydiert, ist für Al–dotiertes Zn das Gegenteil der Fall. All dies erklärt sich sehr einfach über die Defektchemie. Wir haben nur anzunehmen, dass die Dotieratome teilweise auch ins Oxid eingebaut werden[164]. Nach unserer Dotierregel (Gl. (5.141)) erhöht die Li–Dotierung (vorausgesetzt dass Li^+ auf Zinkplätze eingebaut wird) die ionische Defektkonzentration ($d[Zn_i^{\cdot\cdot}]/d[Li'_{Zn}] > 0$), während das Umgekehrte bei der Al–Dotierung auftritt ($d[Zn_i^{\cdot\cdot}]/d[Al^{\cdot}_{Zn}] < 0$). Dies verändert die Ionenleitfähigkeit und damit die Zunderrate in der beobachteten Weise[165].
Zur Diskussion der P_{O_2}–Abhängigkeit müssen wir das Integral in Gl. (6.168) genauer analysieren. Betrachten wir zunächst die Integrationsgrenzen. Das chemische Potential μ_{Zn} am Metallkontakt (x=0) ist wegen des Phasengleichgewichtes mit dem Zn–Muttermetall zu μ°_{Zn} fixiert. Dies ist der maximal mögliche Wert. Gleichzeitig nimmt das Sauerstoffpotential dort seinen geringst möglichen Wert, nämlich

$$\frac{1}{2}\mu_{O_2}(x=0) = \mu^\circ_{ZnO} - \mu^\circ_{Zn} \tag{6.172}$$

an[166]. Der entsprechende Sauerstoffpartialdruck errechnet sich wegen $\Delta_f G^\circ(ZnO) = \mu^\circ_{ZnO} - \mu^\circ_{Zn} - \frac{1}{2}\mu^\circ_{O_2}$ aus der freien Bildungsenthalpie des Oxides (vgl. Abschnitt 4.3.5) zu:

$$P_{O_2}(x=0) = P^\circ \exp\frac{2\Delta_f G^\circ_{ZnO}}{RT} \equiv P^*_{O_2}. \tag{6.173}$$

(P° ist der Standardwert des Partialdruckes.) Am Gaskontakt (x=L) ist P_{O_2} variabel, und μ_{O_2} nimmt einen, durch P_{O_2} gegebenen, i. a. sehr hohen, μ_{Zn} einen sehr tiefen Wert an:

$$\begin{aligned}\frac{1}{2}\mu_{O_2}(x=L) &= \mu^\circ_{ZnO} - \mu_{Zn}(x=L)\\ &= \frac{1}{2}\mu^\circ_{O_2} + \frac{RT}{2}\ln\left(P_{O_2}(x=L)/P^\circ\right).\end{aligned} \tag{6.174}$$

[164]Dies verlangt im Falle der hier angenommenen Metalldiffusion eine Beweglichkeit der Dotierdefekte. Es ist, wie erwähnt, offen, ob nicht $V^{\cdot\cdot}_O$ die relevanten ionischen Ladungsträger sind. In diesem Falle sind alle obigen Ausführungen analog gültig, ohne dass eine Dotierbeweglichkeit erforderlich ist.

[165]Eine Erklärung über veränderte Triebkräfte mag allenfalls beim Li–dotierten Zn zutreffen, scheidet aber aufgrund der Größe der Effekte aus.

[166]Dies ist eingehend in Kap. 4 behandelt und ergibt sich aus der lokalen Reaktion

$$\frac{1}{2}O_2 + Zn \rightleftharpoons ZnO.$$

Obwohl sich μ_O und μ_{Zn} in ZnO stark ändern, gilt dies nicht für das chemische Potential von ZnO, d. h. $\mu_{ZnO\,\text{in „ZnO"}} \simeq \text{const} = \mu^\circ_{ZnO}$ (s. Kap. 4). Man kann sich dies dadurch plausibel machen, dass man sich die stöchiometrischen Änderungen in $Zn_{1+\varepsilon}O$ bei Zugabe von $\delta Zn, \delta O, \delta ZnO$ vor Augen hält. δ in der Größenordnung von ε ist nur für die letzte Änderung von vernachlässigbarer Größenordnung. Es ergibt sich im ersten Fall $Zn_{(1+\varepsilon)+\delta}O$, im zweiten $Zn_{\frac{1+\varepsilon}{1+\delta}}O \simeq Zn_{(1+\varepsilon)-\delta}O$, im dritten jedoch $Zn_{\frac{1+\varepsilon+\delta}{1+\delta}}O \simeq Zn_{(1+\varepsilon)-\varepsilon\delta}O$, also eine Änderung zweiter Ordnung.

Der früher gewählten Darstellung zuliebe schreiben wir κ_d als Funktion des Sauerstoffpartialdruckes:

$$\kappa_d = \frac{RTV_m}{8F^2} \int_{\ln P^*_{O_2}}^{\ln P_{O_2}(x=L)} \sigma_{Zn_i^{\cdot\cdot}} d\ln P_{O_2}. \tag{6.175}$$

Da wir bei den Diffusionsprozessen (im linearen Bereich) stets lokales Gleichgewicht ansetzen, machen wir von der in Abschnitt 5.5.2 abgeleiteten Abhängigkeit im N–Bereich Gebrauch: Für reines ZnO gilt[167,168]:

$$\sigma_{Zn_i^{\cdot\cdot}} = (2Fu_{Zn_i^{\cdot\cdot}})2^{-2/3}K_O'^{-1/3}P_{O_2}^{-1/6}. \tag{6.176}$$

Dann ergibt sich nach Integration

$$\kappa_d \propto \left(u_{Zn_i^{\cdot\cdot}} V_m\right) K_O'^{-1/3} \left(P_{O_2}^{*-1/6} - P_{O_2}^{-1/6}\right). \tag{6.177}$$

Da $P_{O_2}(x = L)$ dem äußeren O_2–Partialdruck entspricht, wurde in Gl. (6.177) und wird im folgenden der Zusatz x=L unterdrückt. Für Al–dotiertes ZnO resultiert ([e′]=const)

$$\kappa_d \propto \left(u_{Zn_i^{\cdot\cdot}} V_m\right) K_O' \left(P_{O_2}^{*-1/2} - P_{O_2}^{-1/2}\right). \tag{6.178}$$

Da nun $P^*_{O_2} \ll P_{O_2}$ und somit $P_{O_2}^{-1/2}$ in Gl. (6.178) (oder $P_{O_2}^{-1/6}$ in Gl. (6.177)) vernachlässigbar ist, ist die Zunderkonstante nahezu unabhängig vom Sauerstoffpartialdruck, wie experimentell beobachtet. Dies ist letztendlich darauf zurückzuführen, dass bei der Integration über $\sigma_{Zn_i^{\cdot\cdot}}$ die Bereiche, in welchen die Ionenleitfähigkeit groß ist — und dies ist (s. z.B. Gl. (6.176)) in der Nähe des Metallkontaktes und nicht in der Nähe des Kontaktes zum variablen äußeren Partialdruck der Fall — dominieren. Im Falle des stark Li–dotierten ZnO ist $\sigma_{Zn_i^{\cdot\cdot}}$ unabhängig vom Sauerstoffpartialdruck; es folgt $\kappa_d \propto \ln(P_{O_2}/P^*_{O_2})$ und somit eine schwache P_{O_2}–Abhängigkeit.
Andererseits ergibt sich im Falle von NiO, in welchem die Defektchemie durch V''_{Ni} und $h^{\cdot}$ dominiert und die ambipolare Leitfähigkeit wegen $\sigma_{h^{\cdot}} \gg \sigma_{V''_{Ni}}$ durch $\sigma_{V''_{Ni}} \propto P_{O_2}^{1/6}$ bestimmt wird, eine $P_{O_2}^{1/6}$–Abhängigkeit in Bezug auf den Sauerstoffpartialdruck an der Stelle x=L. Hier ist dann $P_{O_2}^{1/6} \gg P_{O_2}^{*1/6}$ und $\kappa_d \propto P_{O_2}^{1/6}$. In diesem Falle kann also die Zunderrate durch Steigerung des O_2–Gehaltes (z. B. reiner Sauerstoff statt Luft) spürbar erhöht werden.
Im Falle von vorwiegend ionenleitenden Produktschichten, wie sie bei der Halogenierung von Silber entstehen, ist die elektronische Leitfähigkeit bestimmend, welche ebenfalls über Potenzgesetze von P_{X_2} abhängt. Ist diese vom p–Typ, ergibt sich eine spürbare P_{X_2}–Abhängigkeit für κ_d, während κ_d im Fall von n–Typ wiederum von P_{X_2} unabhängig ist.

[167] Aus der Reaktion $Zn_i^{\cdot\cdot} + \frac{1}{2}O_2 + 2e' \rightleftharpoons ZnO + V_i$ folgt $[Zn_i^{\cdot\cdot}][e']^2P^{1/2} = K_O'$ und hieraus für $[e'] = 2[Zn_i^{\cdot\cdot}]$ Gl. (6.176) (vgl. Kap. 5). Bei tieferen Temperaturen überwiegt das Assoziat $Zn_i^{\cdot}$ [165], und es folgt als Exponent im reinen ZnO -1/4 statt -1/6.

[168] Der Standarddruck ist in K_O' einbezogen.

Man beachte, dass man in der Wahl des Regimes auch durch Variation von P nicht völlig frei ist. Am Kontakt zum Metall ist P=P* ja vorgegeben. Bei der Chlorierung von Ag ist die elektronische Leitung an dieser Stelle immer vom n–Typ (s. Abb. 5.42 auf Seite 178). Nur bei sehr geringen äußeren P–Werten sind die Verhältnisse einfach. Bei merklichen Chlorpartialdrücken wechselt die elektronische Leitfähigkeit innerhalb der Schicht von n- zu p–Typ, und die Betrachtungen werden etwas komplizierter.
Dominiert allgemein ein Ladungsträger, so ergibt sich offenbar näherungsweise

$$\kappa_d(T,P,C) \propto u_j C^{M_j} \Pi_r K_r^{\gamma_{rj}} \begin{cases} P^{N_j} & \ldots N_j > 0 \\ \mathrm{const} & \ldots N_j < 0 \\ \ln \frac{P}{P^*} & \ldots N_j = 0 \end{cases} , \tag{6.179}$$

j indiziert dabei den schnellsten Defekt des langsameren Ensembles.
Ist der vorgegebene Sauerstoffpartialdruck höher als der Gleichgewichtspartialdruck des betrachteten Oxides mit einem sauerstoffreicheren Oxid, so sollten sich je nach Kinetik Schichtenfolgen bestehend aus den verschiedenen Oxiden ausbilden. Ein Beispiel, in welches gleich drei Oxide involviert sind, zeigt Abb. 6.65. Bei Temperaturen von 600 °C und darüber steht Fe mit Wüstit ("FeO"[169]), dieser mit Magnetit

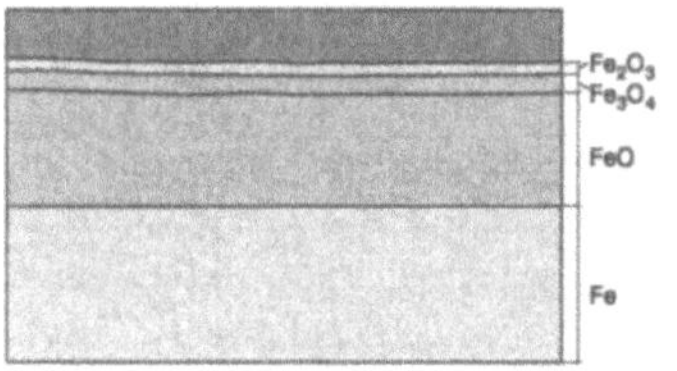

Abb. 6.65: Oxidfolge in der Zunderschicht einer in Luft bei 600 °C 16 Stunden oxydierten Reineisenprobe. Nach [436].

(Fe_3O_4) und letzterer mit Hämatit (Fe_2O_3) im lokalen Phasengleichgewicht. Die Zunderschicht in Abb. 6.65 weist alle vier Festphasen auf (Luft, 600 °C). Die Schichtdickenverhältnisse sind bei Diffusionskontrolle über die Defektparameter, die äußeren Bedingungen und die Zeit bestimmt. In vielen Fällen bildet sich in einem weiten Zeitfenster ein quasi–stationärer Zustand insofern aus, als sich die Schichtdickenverhältnisse nicht mehr ändern [437]. Der thermodynamisch stabile Endzustand entspricht unter den spezifizierten Bedingungen, die natürlich einen Sauerstoffüberschuss voraussetzen, der alleinigen Existenz von Fe_2O_3. Abbildung 6.66 zeigt die effektive Ratenkonstante der Oxydation von "FeO" zu Fe_3O_4. Die Kurvenform beschreibt den Wechsel vom Zwischengittermechanismus zum Leerstellenmechanismus (entsprechend der jeweils leitfähigsten Spezies des langsameren Ensembles (Ionen)) mit steigendem Sauerstoffpotential, wie er schon durch Tracer–Messungen gefunden wurde (s. Abb. 6.18).

Auch im Falle der Festkörperreaktion ist natürlich die Beachtung der Grenzflächenreaktion wichtig. Neben Adsorption, Dissoziation oder Ionisierung des Sauerstoffs

[169] "FeO" ist eine Phase mit ausgeprägtem Eisenunterschuss. Die Dalton–Zusammensetzung Fe_1O_1 ist instabil unter experimentell zugänglichen Bedingungen.

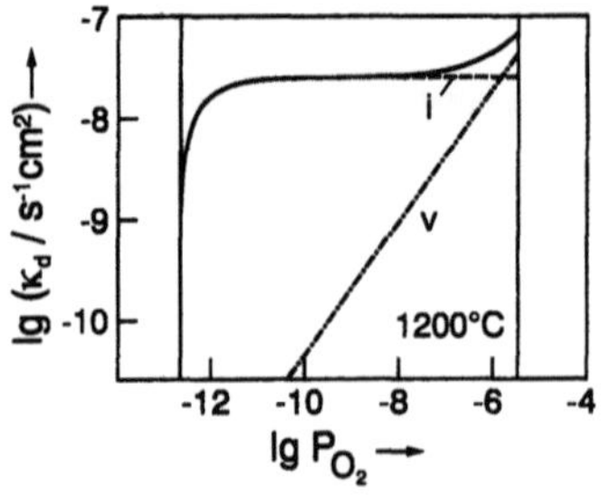

Abb. 6.66: Die Abhängigkeit von κ_d mit dem Sauerstoffpartialdruck bei der Oxydation von "FeO" zu Fe_3O_4 (vgl. auch Abb. 6.18 auf S. 294). Mit P_{O_2} wechselt der Mechanismus von Zwischengitter– zu Leerstellendominanz (Frenkel–Fehlordnung im Fe–Gitter). Die Partialdruckgrenzen links und rechts sind durch die Gleichgewichtsdrücke entsprechend der Koexistenz von Fe_3O_4 mit "FeO" bzw. Fe_3O_4 mit Fe_2O_3 bestimmt. Aus [8].

(d. h. Ladungsübertrag vom Zink aus den Zn–Orbitalen zum Sauerstoff) kann auch die Phasenbildung geschwindigkeitsbestimmend sein (Keimbildung, Schichtbildung) [438]. Was immer der entscheidende Teilschritt ist, seine Geschwindigkeit wird in unserem eindimensionalen Modell in guter Näherung nicht explizit von der Schichtdicke abhängen, zumindest wenn wir uns auf die Zeit nach einer kurzen Anlaufphase beziehen. Wird die Oberflächenreaktion stationär[170], so hängt $\dot{L}$ weder explizit noch implizit von der Zeit ab, und es resultiert ein lineares Wachstumsgesetz

$$L(t) = S(P_{O_2}, T, C)\, t. \tag{6.180}$$

Wegen des u. U. komplexen Geschehens an der Grenzfläche lässt sich über die Abhängigkeit von S mit P_{O_2}, T, C keine einfache allgemeine Aussage machen. Hier sei auf den vorigen Abschnitt "Oberflächenreaktionen" verwiesen und lediglich einige mehr oder weniger qualitative Bemerkungen gemacht. Der Kontakt beim Zusammenbringen zweier Phasen, wie etwa der von O_2 mit unedlen Metallen, kann erhebliche Reaktionswärmen implizieren, so dass auf alle Fälle nichtlineare Erscheinungen in Betracht gezogen werden müssen und in der Regel auch die Isothermizität nicht gewährleistet sein muss. Nicht ohne Hintergrund hatten wir in obigen Experimenten angenommen, dass der Sauerstoffpartialdruck gerade über den Existenzbereich des Metalles, welches schon mit Sauerstoff gesättigt ist, angehoben wird. Dem reaktiven Adsorptionsschritt und der Reorganisation folgt die Keimbildung der Oxidphase, die entweder homogen vonstatten geht oder heterogen an Kristallfehlern. Im zweiten Fall geht die Oberflächenenergie der Fehler in die Bilanz ein. Im ersten Fall ist die Ausbildung eines kritischen Keimes erforderlich, dessen Größe und Wahrscheinlichkeit sich nach den Ausführungen in Abschnitt 5.4 richtet. Die Phase bis zur Ausbildung eines kritischen Keimes lässt sich in einfachen Fällen ebenfalls nach den Methoden der chemischen Kinetik angehen, wobei jede Clustergröße einer eigenen Spezies entspricht [439].
Nach dem Stadium der Keimbildung (s. Abb. 6.67) erfolgt das Stadium des frühen

[170]Es sei $\mathcal{R}$ die Rate der Oberflächenreaktion, dann ist $\ddot{L} = \frac{d\dot{L}}{dt} = \frac{\partial \dot{L}}{\partial L}\frac{dL}{dt} + \frac{\partial \dot{L}}{\partial \mathcal{R}}\frac{d\mathcal{R}}{dt}$. Der erste Term ist Null wegen $\frac{\partial \dot{L}}{\partial L} = 0$, der zweite falls $\frac{d\mathcal{R}}{dt} = 0$ (stationärer Zustand). Bei der diffusionskontrollierten Reaktion war der erste Term bestimmend und der zweite stets Null.

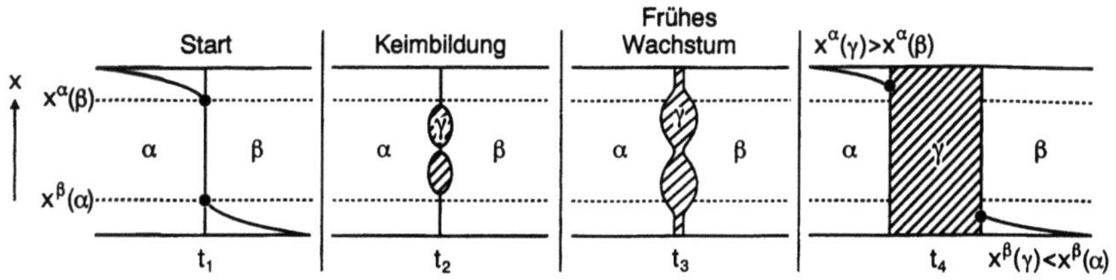

Abb. 6.67: Stadien der Reaktion zweier fester Phasen α und β zur Phase γ. Die anfängliche Interdiffusion der Komponenten am Kontakt α/β führt zu einer Übersättigung in Bezug auf die Phase γ (s. rechtes Bild). Hier sind Konzentrationen angenommen, die am Kontakt einem virtuellem Phasengleichgewicht zwischen α und β entsprechen (d.h. $x^{\alpha}(\beta)$ und $x^{\beta}(\alpha)$ sind die Konzentrationen, die sich einstellen würden, wenn keine Produktbildung eintreten würde ($G_{\gamma} \rightarrow \infty$)). Die Konzentrationsverhältnisse sind dann stark übersättigt in bezug auf die Bildung von γ. Dies zeigt das rechte Bild. Die Übersättigung (z. B. $x^{\alpha}(\gamma) - x^{\alpha}(\beta)$) kann als Triebkraft angesehen werden. Aus [8].

Wachstums, besonders hier können Komplizierungen wie lateraler Massetransport, elektronisches Tunneln, Raumladungseffekte etc. eine wichtige Rolle spielen. Im Unterschied zur eigentlichen Oberflächenreaktion ist die Morphologie und die Schichtdicke von großem Einfluss auf die Geschwindigkeit dieser Prozesse, und die formale L–Abhängigkeit wird kompliziert. So sind $t^{1/3}$– und log(t)–Gesetze typisch für raumladungs– und tunnelbestimmtes Wachstum (s. hierzu[171] Ref. [441]). Viel zu wenig Beachtung wird in diesem Zusammenhang den ionischen Raumladungen geschenkt (s. Abschnitt 5.8). Im Verlaufe des weiteren Wachstums bildet sich bei Diffusionskontrolle, die ja für genügend große Produktdicken stets einsetzen sollte, normalerweise eine uniforme Filmdicke aus (s. unten). Dies zeigt Abb. 6.67 für die Reaktion zweier fester Phasen α und β zur Phase γ. Die Stadien der Keimbildung und insbesondere des frühen Wachstums sind in der Regel die unübersichtlichsten Teilprozesse, insbesondere wegen der damit verbundenen morphologischen Komplexität, wegen teilweise expliziter, aber oft schwerlich quantifizierbarer Dickenabhängigkeiten sowie der Höherdimensionalität der Situation [438,439].

Ein Beispiel, in welchem der Wechsel im Mechanismus von Oberflächenkontrolle zu Diffusionskontrolle sehr schön erkenntlich ist, ist die Spinellbildung[172] aus den Oxiden (Abb. 6.68). Bei geringen Schichtdicken ist die Diffusion hinreichend schnell, während sie bei größeren L–Werten die Geschwindigkeit begrenzt und für den Wechsel zum $\sqrt{t}$–Verhalten verantwortlich ist. Bleibt die Diffusion über ambipolare Wanderung von Ionen und Elektronen bestimmend, ist die Gasphase wesentlich. Falls A^{2+} und e^{-} die wandernden Partner bei der Bildung von AB_2O_4 aus AO und B_2O_3

[171] vgl. auch [8,440]

[172] In der Spinellstruktur AB_2O_4 bilden die Sauerstoff–Atome eine kubisch dichteste Packung. Die A–Atome besetzen 1/8 der Tetraederlücken, die B–Atome die Hälfte der Oktaederlücken (vgl. Abschnitt 2.2.7).

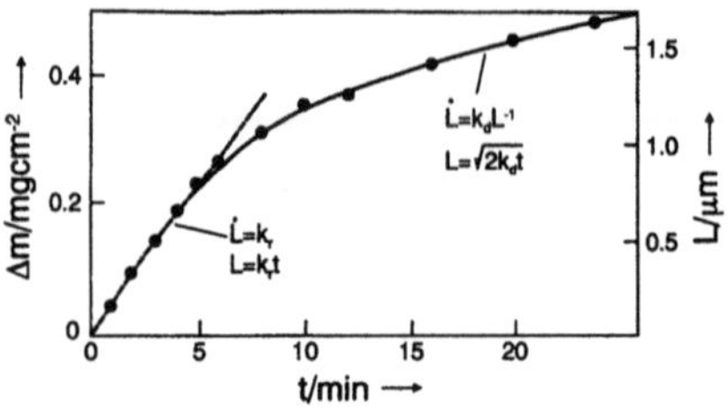

Abb. 6.68: Fortschritt der Spinellbildung (Zn_2SiO_4 aus ZnO und Cristobalit bei 1350°C an Luft). Entwicklung von Schichtdicke bzw. Spinellmasse als Funktion der Zeit. Wechsel von Reaktions- zu Diffusionskontrolle. Aus [7].

sind, so tritt an der AO–Phasengrenze Zersetzung in ($A^{2+}/2e^-$) und $\frac{1}{2}O_2$ auf. Die Komponente ($A^{2+}/2e^-$) wandert durch die Produktschicht und reagiert auf der anderen Seite unter Sauerstoffaufnahme mit B_2O_3 zum Spinell AB_2O_4. Letztendlich ist die oxidische Komponente "AO" von der AO–Phasengrenze zur B_2O_3–Phasengrenze gewandert, die A–Komponente durch die Produktschicht, die O–Komponente über die Gasphase. Im Falle der Bildung multinärer Verbindungen müssen allerdings mechanistisch bei der chemischen Diffusion nicht unbedingt Elektronen involviert sein. So kann die Spinellbildung als reine Säure–Base–Reaktion auch durch ambipolare Diffusion verschiedener Ionen[173] zustande kommen, etwa indem neben Kationen (z.

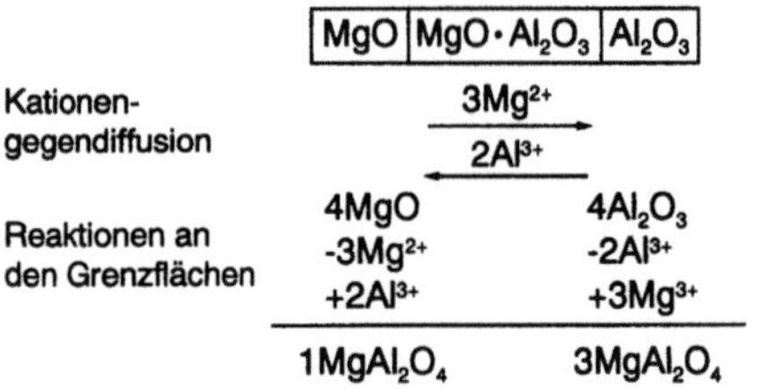

Abb. 6.69: Spinellbildung ($MgAl_2O_4$) unter ambipolarer Diffusion von Mg^{2+} und Al^{3+}. Nach [7].

B. A^{2+}) auch O^{2-}–Ionen durch den Festkörper wandern (entsprechend einem inneren Transport von "AO") oder aber durch reine Kationengegendiffusion wie dies Abb. 6.69 für den Mg–Al–Spinell ausführt. Technisches Interesse haben sogenannte EVD–Prozesse gewonnen, mit Hilfe derer oxidische Komponenten der Hochtemperaturbrennstoffzellen elegant in Schichtform aufgebracht werden können[174]. Das Kürzel EVD für electrochemical vapor deposition leitet sich von der Tatsache ab, dass die in Form von Halogeniden verfügbaren Elemente über einen reaktiven ambipolaren Diffusionsschritt (wie oben diskutiert) in die entsprechenden Oxide umgewandelt werden.

Von erheblichem Einfluss auf den Reaktionsweg ist auch bei rein diffusionskontrollierten Reaktionen die Anfangsmorphologie der Reaktanden. Ein immer noch sehr einfacher Fall ist die Oxydation voneinander getrennter Metallkugeln mit dem Ra-

[173] Vgl. auch die Auflösung von H_2O in festen Oxidphasen durch ambipolare Wanderung von H^+ und O^{2-} (Abschnitt 6.3.3).

[174] vgl. Ref. [442]

dius r_M [443]. Als Lösung ergibt sich die Carter-Beziehung [444]:

$$\left[(1+(z-1)\,\alpha)^{2/3}+(z-1)\,(1-\alpha)^{2/3}-z\right] r_M^2 = 2\cdot(1-z)\,\kappa_d t. \qquad (6.181)$$

α ist hierbei der relative Anteil der Metallkugel, der sich in Oxid umgewandelt hat, z das Verhältnis der Molvolumina von Oxid und Metall. Die Gültigkeit von Gl. (6.181)

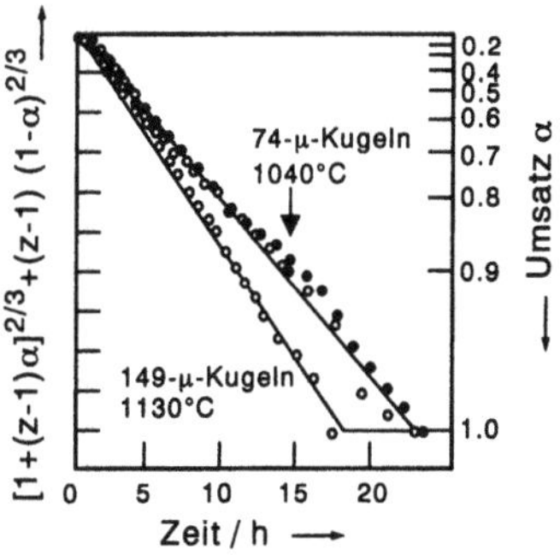

Abb. 6.70: Beschreibung des Reaktionsablaufes für die Oxidation von Nickelkugeln nach der Carter-Gleichung für verschiedene Kugeldurchmesser und Temperaturen. Die ausgezogenen Linien stellen den theoretischen Verlauf dar. Die linke Skala ist linear und erstreckt sich von 1.32 zu 1.52. Nach [444].

für die Oxydation von Nickelkugeln vom (diffusionskontrollierten) Anfangsstadium bis zur völligen Aufoxidation belegt Abb. 6.70.

Eine strenge Behandlung komplexer realer Festkörperreaktionen erscheint analytisch vor allem wegen der komplizierten Verteilungstopologie von Homo– und Heterogrenzen auch im diffusionskontrollierten Fall aussichtslos, zumal sicherlich auch die Temperaturverteilung, vor allem bei stark exothermen Reaktionen, nicht stets homogen sein wird. Immerhin geben obige simplifizierte Betrachtungen qualitativ weitgehende Informationen über die Parameter, die bei Festkörperreaktionen zu berücksichtigen sind.

a) Es ist wichtig, dass die reagierenden Phasen in gutem Kontakt sind, die Kontaktfläche muss groß sein. Eine kleine Korngröße ist wesentlich. Es empfiehlt sich intermediäres Aufmahlen und Pressen.

b) Generell beschleunigt eine erhöhte Temperatur die Reaktion. Natürlich bestehen hier thermodynamische Grenzen (s. Kap. 4). Häufig treten auch bei erhöhter Temperatur flüssige Zwischen- oder Nebenphasen auf, die bevorzugte Transportpfade darstellen können.

c) Dotiereinflüsse sind wichtig[175]. Die Richtung der Beeinflussung, so wie sie diskutiert wurde, richtet sich nach der Defektchemie. Zusätzlich kann auch eine mit der Dotierung einhergehende Herabsetzung von Schmelzpunkten auftretender Phase hilfreich sein.

d) Eine Erhöhung der Triebkraft, wenn machbar, ist im Regelfalle anzustreben, ist aber häufig von geringerem Einfluss auf die Kinetik als möglicherweise erwartet.

[175] Neben dem hier gemeinten homogenen Dotieren ist natürlich auch das heterogene Dotieren von Einfluss (s. Abschnitt 5.8.5).

6.9.2 Morphologische und mechanistische Komplizierungen.

Verwickelt wird die Situation, wenn in einer Pulverreaktion verschiedene Zwischenprodukte auftreten. Betrachten wir die Bildung von $BaTiO_3$ aus $BaCO_3$ und TiO_2, eine immer noch vergleichsweise simple Synthesereaktion. Aufgrund der Heterogenität des Anfangszustandes treten entsprechend der Phasengleichgewichte intermediär auch BaO–reiche und TiO_2–reiche Titanatphasen auf. Abb. 6.71 zeigt die stoffliche Entwicklung, die wie folgt gedeutet wird [445]. Das beim 1:1–Kontakt

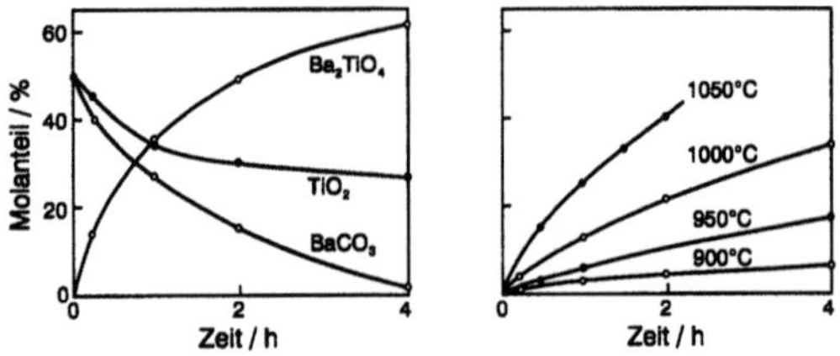

Abb. 6.71: Zur Bildung von $BaTiO_3$. Links: Anfänglicher Reaktionsverlauf äquimolarer Mischungen aus $BaCO_3$ und TiO_2 in Luft bei 900°C. Rechts: Verlauf der $BaTiO_3$–Bildung zwischen 900°C und 1050°C aus äquimolaren Mischungen von Ba_2TiO_4 und TiO_2. Nach [445].

letztendlich stabile $BaTiO_3$ entsteht nicht unmittelbar als beständige Phase. Denn etwaig gebildetes $BaTiO_3$ reagiert bei Kontakt mit $BaCO_3$ zu Ba_2TiO_4. Diese Reaktion ist offenbar viel schneller als die Reaktion mit TiO_2 zu $BaTiO_3$ oder gar zu den TiO_2–reicheren Phasen $BaTi_3O_7$ und $BaTi_4O_9$. Ba_2TiO_4 tritt demgemäß in beträchtlichem Maße als Zwischenprodukt auf, das mit TiO_2 oder TiO_2–reichen Phasen erst dann zum stabilen Endprodukt $BaTiO_3$ reagiert, wenn der Kontakt zu $BaCO_3$ unterbunden bzw. dieses aufgebraucht ist. Die Abfolge der Teilschritte hängt natürlich von der räumlichen Phasenverteilung ab. Sind beispielsweise die BaO–reichen Phasen räumlich von den TiO_2–reichen getrennt, verbleibt ein mehrphasiges Nichtgleichgewichtsprodukt.
Entscheidend ist beständiges Homogenisieren und Vermahlen während der Reaktion. Komplexe Morphologien und Kontaktprobleme sind in solchen Fällen aus rein praktischen Fragestellungen heraus schon durch die Vorgabe pulverförmiger Edukte allgegenwärtig und ebene Grenzflächen aus kinetischen Gründen[176] nicht erwünscht.

Andererseits sind ebene Grenzflächen auch bei guter Benetzung morphologisch nicht unbedingt immer stabil. Untersuchen wir die Konsequenz einer morphologischen Störung der Grenzfläche Metall (M) / Oxid [394,446–448], wie in Abb. 6.72 gezeigt. Da im Laufe der diffusionskontrollierten Korrosion der weitere Massetransport entweder von M oder O durch das Oxid an den Stellen größerer (geringerer) Oxiddicke langsamer (schneller) erfolgt, wird die Filmdicke im Verlaufe des Prozesses homo-

[176] Ganz zu schweigen davon, dass pulverförmige Ausgangsprodukte in aller Regel auch billiger sind.

genisiert, und die ebene Morphologie ist stabil[177]. Anders ist es jedoch bei der Korrosion einer Legierung (M, N). Hier ist auch der Transport durch die Legierung wichtig. Vernachlässigen wir den Sauerstofftransport, so sind zwei Fälle zu berücksichtigen, nämlich den, dass der Transport der Metallkomponente durch die Legierung schneller oder langsamer ist als durch das Oxid. Während der erste Fall zur Homogenisierung führt, verstärkt sich im zweiten offenbar die unebene Morphologie (Abb. 6.72). In Ref. [8] werden morphologische Fragestellungen detailliert

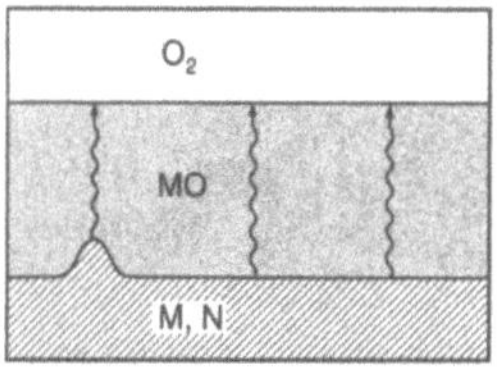

Abb. 6.72: Zur Stabilitätsanalyse einer unebenen Grenzfläche einer Legierung zur Zunderschicht ($\sigma_{\text{ion}} = \sigma_{M^{2+}}$) nach. Ist der Transport der Kationen durch MO geschwindigkeitsbestimmend, wird das Metall am Ort der verkleinerten Oxiddicke stärker korrodiert und die Unebenheit ausgeglichen. Eine Verstärkung der Störung tritt auf, wenn der Transport von Kationen durch die Legierung geschwindigkeitsbestimmend ist. Der edle Legierungspartner N wird nicht oxidiert. N–Kristalle verbleiben dispergiert in der Oxidmatrix. Nach [446].

untersucht. Das wesentliche Hilfsmittel sind lokale Stabilitätskriterien der diskutierten Art. Eine Vorausberechnung des genauen Reaktionspfades ist in aller Regel nicht möglich. Bild 6.73 zeigt schematisch experimentelle Grenzflächenmorphologien

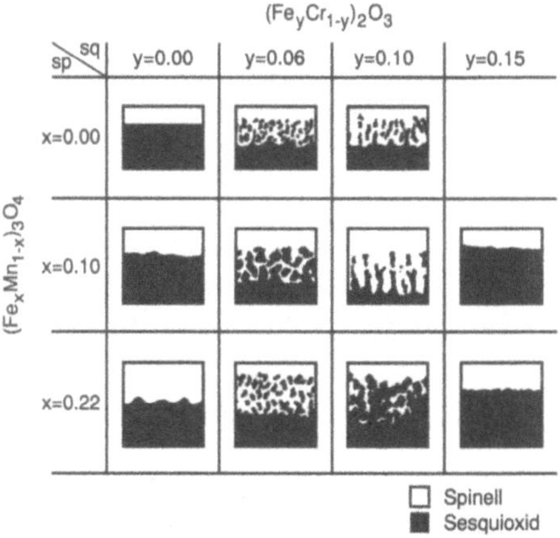

Abb. 6.73: Morphologie bei Festkörperreaktionen von $(Fe_xMn_{1-x})_3O_4$ (Spinell, kubisch) und $(Fe_yCr_{1-y})_2O_3$ (Sesquioxid, hexagonal). In Bezug auf die theoretische Deutung vgl. [447]. Aus [8].

gien bei der Reaktion von $(Fe_yCr_{1-y})_2O_3$ und $(Fe_xMn_{1-x})_3O_4$ in Abhängigkeit von den Zusammensetzungsparametern x und y. Wichtige experimentelle Beispiele für ungewöhnliche Morphologien sind Dendrit– und Whiskerwachstum sowie insbesondere Wachstumsprozesse der belebten Natur (s. folgender Abschnitt).

[177] Im Sinne der Ausführungen des Abschnitts 6.10 spielt die "Verdickung" ($\Delta L = L - L_{\text{sonst}}$) die Rolle einer Ljapunov–Funktion [449]. Wegen $\Delta L > 0$ und $d\Delta L/dt < 0$ ist die Grenzfläche morphologisch stabil (allgemeiner $(d\Delta L/dt)\Delta L < 0$).

Das formale Gegenstück einer Bildungsreaktion im Festen ist eine Zersetzungsreaktion. Grundsätzliche Prinzipien sind analog; die Verhältnisse sind in der Realität nicht weniger, ja häufig wegen unkontrollierter Phasenerzeugung sogar verstärkt komplex. Insbesondere verlaufen Zersetzungsreaktionen in der Regel als reine Oberflächenreaktionen mit komplexer Morphologieentwicklung (z.B. Ausbildung sehr poröser Produkte). Morphologische Instabilitäten spielen dabei eine große Rolle [8]. Während bei hoher Reaktivität die Reaktionsprodukte morphologisch mit dem Ausgangsprodukt nicht mehr verwandt sind (Extremfall: Detonation, z.B. von Bleiazid), können bei "sanften" Zersetzungen, wie etwa bei der vorsichtigen Entwässerung von Hydraten ausgesprochene morphologische "Gedächtniseffekte" auftreten, die auf die geringe Beweglichkeiten der morphologietragenden Strukturelemente zurückzuführen ist (vgl. Topotaxie). Ein Beispiel einer teilweisen Auflösungsreaktion ist das Herauslösen von CuF_2 aus einem $3Cu(OH)_2 \cdot CuF_2$–Kristall. Hexagonförmige Ausgangskristalle wandeln sich dabei zu $Cu(OH)_2$–Nadeln um, die zu einem sechszähligen Mikado agglomeriert sind [450]. In diesem Zusammenhang sei auch auf die Bedeutung elastischer Effekte bei Ausscheidungsprozessen hingewiesen [369].

Ein anderer Punkt betrifft das Phänomen der kinetischen Zersetzung multinärer Verbindungen [451,452]. Setzt man etwa ein ternäres halbleitendes Oxid (z.B. einen Spinell) einem Sauerstoffgradienten aus, der so gewählt ist, dass beide Partialdrücke P_2, P_1 im Stabilitätsfenster des Oxides liegen, d. h. dass sich bei diesen Sauerstoffpotentialen der Spinell weder in höherwertige noch in niederwertige Oxide umwandelt (Redox–Reaktion), so kann er durchaus als Folge der Verschiedenheit der Transportkoeffizienten der beweglichen Konstituenten in die binären Oxide zerfallen (Säure–Base–Reaktion), in bezug auf die er ohne Potentialgradienten stabil wäre. Natürlich muss aus thermodynamischen Gründen die Freie Energie der Gradientenbildung die Freie Zersetzungsenergie zumindest aufwiegen[178]. Ungeachtet mechanistischer Gesichtspunkte ist dies bei binären Oxiden rein thermodynamisch so nicht möglich. Nehmen wir der Einfachheit halber ein niederes, mit dem Metall M kompatibles

---

[178]So verlangen wir bei der Spinellzersetzung $|\frac{1}{2}RT\ln(P_2/P_1)| > |\alpha\Delta G^\circ_{sp}|$ (wobei sich ΔG°_{sp} auf die Bildung aus den Oxiden bezieht). α ist dabei 1, wenn nur A^+ beweglich ist, da hierfür zur Zersetzung unter Bildung von B_2O_3 die Kombination $A^{2+}/2e^-$ durch die Probe zur oxydierenden Seite wandert und am Rande zu AO reagiert. Jeder Sauerstoff, der zur Aufrechterhaltung des Gradienten benötigt wird, ist einem AO und damit einem AB_2O_4 äquivalent, während bei ausschließlicher B^{3+}–Beweglichkeit an entsprechender Stelle B_2O_3 gebildet wird und ein O nur einem Drittel AB_2O_4 äquivalent ist. Es wird sozusagen im ersten Fall 1O effektiv "überführt", während bei ausschließlicher B^{3+}–Beweglichkeit die räumliche Verteilung der Oxide umgekehrt ist und letztendlich 3O (B_2O_3) "überführt" werden; in letzterem Fall ist $|\alpha|$ also 1/3. Die genauere Rechnung, die von den üblichen Beziehungen (vgl. Gl. (6.167)) ausgeht, zeigt für eine überwiegend elektronisch leitende Verbindung, dass $\alpha = \frac{1+\beta/2}{1-3\beta/2}$ mit $\beta = \frac{u_{B^{3+}}}{u_{A^{2+}}}$. Eine detaillierte Betrachtung ist in Ref. [8] gegeben. Wie man erkennt, hat α einen Vorzeichenwechsel für $\beta = 2/3$. Wie erwartet liegt hier eine Polstelle und kein Nulldurchgang vor, derart dass für $\beta < 2/3$ der α–Wert stets oberhalb 1 liegt (wie für $\beta = 0$ realisiert); für $\beta > 2/3$ liegt $|\alpha| = -\alpha$ oberhalb 1/3 (wie für $\beta \to \infty$ realisiert). Ein Nulldurchgang würde den Hauptsätzen widersprechen.

Oxid MO. Dann ist die in Frage kommende Zersetzungsreaktion der Zerfall in die Elemente. Aufgrund der Gültigkeit der Hauptsätze muss die Freie Energie der Gradientenbildung $\frac{1}{2}RT\ln(P_2/P_1)$ die Zersetzungsenthalpie bzgl. $MO \longrightarrow M + 1/2O_2$ übersteigen. Dies bedeutet trivialerweise, dass wenigstens einer der Partialdrücke außerhalb des Stabilitätsfensters liegen muss (vgl. Abschnitt 4.3.4). Diese Zersetzung im Potentialgradienten ist von Bedeutung für das Langzeitverhalten vieler multinärer Feststoffe, so auch von Festelektrolyten (vgl. Kap. 7).

Eine Sonderrolle bei der Festkörperkinetik haben — die keramisch sehr bedeutsamen — Festkörperprozesse inne, bei denen nur eine morphologische, aber (in Näherung) keine "chemische" Veränderung auftritt.
Während die Triebkraft bei eigentlichen Festkörperreaktionen durch die chemischen Potentiale der Komponenten bestimmt ist, geht es hier um die Absenkung der Freien Grenzflächenenergie (s. Abschnitt 5.4). Wichtige früher schon angesprochene Beispiele sind das Kornwachstum (in gewissem Sinne ist dies bei zwei Kristallen als "Dimerisierung der beiden ^{3}D–Riesenmoleküle" anzusehen), salopp formuliert als

$$\begin{array}{c}\text{kleines Korn} + \text{kleines Korn} \longrightarrow \text{großes Korn}\\ \text{bzw. näherungsweise}\\ \text{Oberfläche} \longrightarrow \text{Volumen,}\end{array} \qquad (6.182)$$

sowie der Sinterprozess (in gewissem Sinne "Kondensation zweier ^{3}D–Riesenmoleküle", d.h. thermisches oder chemisches "Verkleben" von Pulver zu einem mechanisch stabilen Festkörper bzw. Ausbilden stabiler Korngrenzen)

$$\begin{array}{c}\text{Korn} + \text{Korn} \longrightarrow \text{Doppelkorn}^{179}\\ \text{bzw. näherungsweise}\\ \text{Oberfläche} \longrightarrow \text{Korngrenze.}\end{array} \qquad (6.183)$$

Ein wesentlicher Unterschied zu obigen Prozessen ist die erforderliche Masseverschiebung aller Komponenten im Raum, die sehr hohe Temperaturen voraussetzt. So ist das diffusionskontrollierte "Kriechen" eines sauerstoffionenleitenden Oxides MO durch die M–Diffusion bestimmt und ist bei ionischen Verbindungen ein ambipolarer Prozess, wie oben beschrieben (s. auch Abschnitt 6.3.3). Einige Ausführungen hierzu wurden in Abschnitt 5.5 getätigt. Für nähere Informationen sei der Leser auf die umfangreiche Keramik- oder Metallurgie–Literatur verwiesen [128,154,453].

[179] "Prosit" war der Kommentar einiger meiner Mitarbeiter hierauf.

6.10 Nichtlineare Erscheinungen

6.10.1 Irreversible Thermodynamik und chemische Kinetik in Gleichgewichtsferne sowie die spezielle Rolle der Autokatalyse

Bislang hatten wir uns weitgehend auf lineare Beziehungen zwischen Fluss und Kraft konzentriert, die im Falle der Diffusion recht allgemein, im Falle der Elektrizitätsleitung schon weniger generell gültig waren. Insbesondere bei chemischen Reaktionen, wie sie an den Grenzflächen ablaufen oder auch im Falle der elektrochemischen Durchtrittsreaktion, hatten wir jedoch schon bemerkt, dass sich die Ratengleichungen i. a. nicht auf die lineare irreversible Thermodynamik zurückführen lassen, und hatten ausgiebig Gebrauch von nichtlinearen Formulierungen gemacht. In diesem Kapitel soll nun speziell auf diejenigen Phänomene eingegangen werden, die in Gleichgewichtsnähe auch qualitativ nicht auftreten.
Ein notwendiges Kriterium des Gleichgewichtszustandes ist, dass die Entropieproduktion[180] (s. Kap. 4) Null ist. Im Nichtgleichgewicht ist sie stets positiv, und es herrscht bei kleinen Verrückungen aus dem Gleichgewichtszustand eine rücktreibende Kraft, die den Zustand wiederherstellt (vgl. Abschnitt 6.1.1). Nun kann man durch äußere Zwangsbedingungen die Aufrechterhaltung von Nichtgleichgewichtszuständen erzwingen, man denke an die oben behandelten chemischen Diffusionsprobleme. Geben wir über die Probe einen Gradienten im chemischen Potential vor und halten ihn durch äußere Gasströmungen fest, so verschwinden für $t \gg L^2/D^\delta$ die zeitlichen Konzentrationsänderungen (d.h. das Verhalten wird stationär) und das Konzentrationsprofil wird linear (s. u. Fußnote 181). Ein anderes Beispiel ist das Blockieren des Ionenstromes bei einem gemischten Leiter (wie Ag_2S) durch Elektroden (wie Pt), die nur die Elektronen passieren lassen. Auf lange Sicht ($t \gg L^2/D^\delta$) wird der gesamte Strom allein von den Elektronen getragen. Wir werden in Kap. 7 diese Technik als elegante Methode zur Auftrennung der Teilleitfähigkeiten kennenlernen. Man beachte, dass in letzterem Fall Ionen- und Elektronenstrom über die Elektroneutralitätsbedingung und die Triebkräfte über den $\nabla\phi$-Anteil in den $\nabla\widetilde{\mu}$-Termen voneinander abhängig sind.
Eine spezielle Beachtung in diesem Kontext verdienen die sogenannten gekoppelten kinetischen Phänomene, bei welchen ein Fluss durch verschiedene Triebkräfte erzeugbar ist, die nicht, wie im obigen Fall zusammengefasst werden können. So kann ein Massetransport oder auch Ladungstransport nicht nur durch chemische bzw. elektrische Potentialgradienten, sondern auch durch Temperaturgradienten hervorgerufen

[180] Wie schon in Abschnitt 6.3 ausgeführt (s. Fußnote 2, Seite 266), bezeichnen wir Π als Abkürzung für $T\delta S/\delta t$ etwas ungenau als Entropieproduktion. Ebenso wenig interessiert uns hier der Faktor T in Bezug auf die Definition der Flüsse. Überdies ergibt sich Π bei kontinuierlichen Systemen als Integral über das Produkt von Kräften und Flüssen. Letztere stellen üblicherweise auf das Volumen bezogene Änderungen dar, so dass $\Sigma_k J_k X_k$ genauer der lokalen Entropiedichte entspricht.

werden, Umgekehrtes gilt für den Wärmetransport. In den Fluss–Kraft–Gleichungen tauchen dann Kreuzterme auf, die den Onsager–Beziehungen gehorchen [292,454] (s. Fußnote 5 auf S. 267). Betrachten wir als konkretes Beispiel das Phänomen des thermoelektrischen Effektes. Er tritt auf, wenn zwei elektrische Leiter aus verschiedenem Material über zwei verschieden temperierte Kontaktstellen verbunden werden. Dort bewirken Temperaturgradienten nicht nur Wärmeflüsse, sondern über einen Ladungstransport auch den Aufbau einer elektrischen Potentialdifferenz. Wird der Temperaturgradient konstant gehalten, so bildet sich ein stationärer Zustand aus, in dem elektrische Ströme nicht mehr fließen, sondern sich eine konstante elektrische Potentialdifferenz aufgebaut hat (Seebeck–Effekt). Diese sogenannte Thermospannung gestattet vielfach eine sehr genaue Temperaturmessung. Entsprechend den Onsagerschen Reziprozitätsbeziehungen lässt sich hieraus auch die Umkehrung des Phänomens quantifizieren, nämlich die Erzeugung eines Temperaturunterschiedes durch elektrischen Stromfluss (Peltier–Effekt). Ein verwandter Prozess, bei dem es um die Kopplung von Materie– und Wärmeeffekten geht, ist die Thermodiffusion. Wie es allgemein zeigen lässt [92,289,454,455], ist im linearen Bereich ein solcher durch konstante Kräfte bewirkter stationärer Zustand ein Zustand minimaler Entropieproduktion[180,181,182] (Abb. 6.74, vgl. Abschnitt 4.2). Dieser Zustand ($\Pi = \Pi_{min}$)

---

[181]Zur Erläuterung des Minimalprinzips betrachten wir folgendes Beispiel (s. Abb. 7.11, Seite 413). Die Oxidprobe der Dicke L sei mit dem Sauerstoffpartialdruck P_1 äquilibriert (Sauerstoffkonzentration c_1). Auf einer Seite sei der Sauerstoffpartialdruck sprunghaft auf P_2 erhöht, so dass dort — schnelle Oberflächenreaktion vorausgesetzt — sofort die Konzentration c_2 herrscht. Für $t=0$ ist das Profil durch eine Sprungfunktion gegeben, für $t=\infty$ durch eine Gerade mit den gleichen Randwerten c_1 und c_2. Diese Randwerte besitzen auch alle zwischenzeitlichen Profile. Sie sind allerdings durchgebogen. Es ist leicht einzusehen, dass bei den durchgebogenen Konzentrationsprofilen im Beispiel vorgegebener Konzentrationen (und damit auch eines äußeren Gradienten) das Integral $\int D(\nabla c)^2 dx$ größer ist als beim linearen Profil. Dieses Integral stellt $\int |J\nabla c| dx$ dar und damit nach Fußnote 180 die zu minimierende Größe. Ersetzt man nämlich in erster Näherung das durchgebogene Profil durch zwei lineare Teilstücke, die in der Mitte zusammentreffen, so ist das Integral über das Quadrat des Gradienten im linearen Fall um $4\delta^2/L$ geringer (wenn δ die Konzentrationsdifferenz in der Mitte zwischen linearem und stückweise linearem Profil darstellt). (Der Gradient im stationären Zustand ist $\Delta c/L$, Δc = Konzentrationsunterschied über die Probe, L = Probendicke; die Gradienten der Teilstücke sind $\frac{\Delta c + 2\delta}{L}$ bzw. $\frac{\Delta c - 2\delta}{L}$. Das Integral ergibt im völlig linearen Fall $(\Delta c)^2/(4L)$ und im zusammengesetzten Fall $(\Delta c + 2\delta)^2/(2L) + (\Delta c - 2\delta)^2/(2L)$. Die Differenz ist $4\delta^2/L$.). Offenbar ist dies auch in höherer Näherung fortsetzbar.

Präziser ist folgende in Ref. [399] gegebene Vorgehensweise: Es ist plausibel, dass das Problem, eine Funktion c(x) zu suchen, die das Integral $\int c'^2 dx$ zu einem Minimum macht, äquivalent zum Problem ist, das Integral $\int (1 + c'^2) dx$ sowie auch das Integral $\int \sqrt{1 + c'^2} dx$ zu einem Minimum zu machen. Ersteres ist trivial, letzteres ergibt sich streng über die Eulersche Gleichung der Variationsrechnung. (Es sei $I(c')$ der Integrand, so verlangt die Eulersche Beziehung, dass $\frac{d}{dx}\frac{\partial}{\partial c'} I(c') = 0$. Sowohl für $I = c'^2$ oder $c'^2 + 1$ als auch für $I = \sqrt{c'^2 + 1}$ folgt, dass $c' = \text{const} = (c_2 - c_1)/L$. Zur Variationsrechnung vgl. z. B. Ref. [303].). Letzteres Integral stellt aber gerade die Länge der c(x)–Kurve dar ($\sqrt{1 + dc/dx}\, dx = \sqrt{dx^2 + dc^2} = |ds|$, wobei ds das Linienelement der Kurve repräsentiert. Die kürzeste Kurve, die zwei gegebene Endpunkte verknüpft, ist nun mal die Gerade.

[182]Im Beispiel der Ionenblockade durch Pt–Elektroden im Falle von Ag_2S (Vorgabe der Spannung) ist die Dissipation ($\hat{=} U \cdot I \propto U^2/R$) minimal, da im stationären Zustand I auf I_{eon} gefallen bzw. R auf R_{eon} angestiegen ist (s. Abschnitt 7.3).

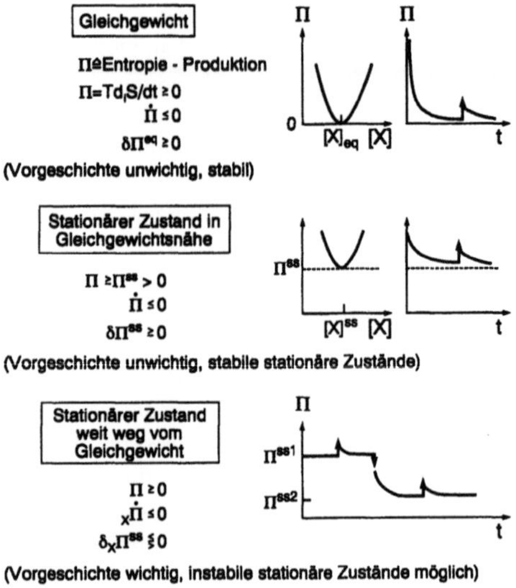

Abb. 6.74: Zur Stabilität stationärer Zustände. Entropie–Produktion in Gleichgewichtsnähe und Gleichgewichtsferne[180]. Im Falle des Gleichgewichts ist $\delta\Pi \geq 0$ trivial, da Π nicht unter Null fallen kann. In Gleichgewichtsnähe ist die Positivität von $\delta\Pi$ durch Fußnote 188 bewiesen. In Gleichgewichtsferne kann $\delta\Pi$ auch negativ werden, wie im Text an einem Beispiel gezeigt.

ist automatisch stabil: Zum einen sind Schwankungen $\delta\Pi$ notwendigerweise positiv (s. unten Gl. (6.188) und Fußnote 188). Zum anderen ist, wie sich beweisen lässt [92,455], die zeitliche Entwicklung nun derart (nämlich $\dot{\Pi} < 0$), dass $\Pi_{\min}$ wiederhergestellt wird. Wie man es zuweilen auch ausdrückt: Im Bereich linearer Effekte spielt Π die Rolle einer Ljapunov–Funktion[183]. Wegen dieser Stabilität stationärer Zustände ist ein Überschießen oder ein oszillierendes Verhalten bei linearen Systemen nicht möglich.

Dies alles gilt nicht mehr im hier interessierenden Falle größerer Abweichungen vom Gleichgewicht, hier treibt nun (allenfalls)[184] nur noch der Anteil der Entropieproduktion, der auf der Variation der Kräfte ($d_X\Pi$, nicht $d_J\Pi = d\Pi - d_X\Pi$) beruht, einem Minimum[185] zu. Andererseits können Störungen aus dem stationären Zustand mit einem Anwachsen, aber auch mit einer Verringerung dieser Größe einhergehen, wie wir sehen werden (vgl. Abb. 6.75). Im ersten Fall wird die Verrückung ausgebügelt, im zweiten Fall allerdings verstärkt. Es können also "gefährliche" Fluktuationen auftreten, die einen stationären Zustand destabilisieren, wie dies in Abb. 6.75 gezeigt ist. Neue stationäre Zustände können erreicht werden, Weiterentwicklung oder zeitliche Oszillationen werden möglich, kurzum all die interessante Vielfalt in unse-

[183] Die Existenz einer Ljapunov–Funktion sorgt automatisch für Stabilität (vgl. auch Fußnote 177, Seite 375). Eine solche Funktion ist dadurch charakterisiert, dass der Überschuss ihrer Werte in der Nachbarschaft des zu untersuchenden stationären Zustandes (singulären Punktes) von entgegengesetztem Vorzeichen ist wie ihre Zeitableitung [449].

[184] Der Gültigkeitsbereich dieses Prinzipes ist umstritten.

[185] Im linearen Bereich besteht hier wegen $d\Pi = d_X\Pi + d_J\Pi = 2d_X\Pi = 2d_J\Pi$ kein Unterschied.

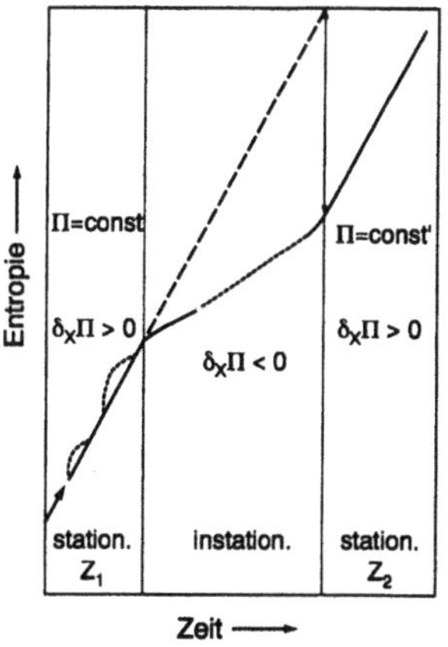

Abb. 6.75: Eine negative Schwankung der Entropieproduktion zerstört den stationären Zustand (Z_1). Eine instabile Übergangsphase führt zu einem neuen stationären Zustand (Z_2). Die relevante Entropie (interne plus produzierte Entropie) ist im Bild näherungsweise $S_{1,2}(t) = S^0_{1,2} + (\Pi_{1,2}/T)t$, wobei Π konstant gesetzt ist. Obwohl die Entropie anwächst, $S_2 > S_1$, ist die dem Zustand zugehörige stationäre Entropie S°_2 kleiner als S°_1 entsprechend einem höheren Ordnungsgrad. Der Wert $\Pi_{1,2}t$ wird abgeführt (vgl. Metabolismus). Das Anwachsen der Ordnung in der Entwicklungsgeschichte vieler Systeme (z.B. Lebewesen) ist also keineswegs in Widerspruch zur Thermodynamik, sondern setzt offene Systeme und Gleichgewichtsferne voraus. Wichtig ist auch die Abnahme der Dissipation (genauer der kräftebedingten Dissipation) bis zum Erreichen des stationären Zustandes, wie sie näherungsweise bei biologischen Systemen beobachtet wird. Nach [301].

rer Welt, insbesondere im biologischen Bereich[186], beruht auf großen Abweichungen vom Gleichgewicht [92,301,302].
Entsprechend den Ausführungen in Abschnitt 6.3 gilt bei einem Elementarprozess $A \rightleftharpoons B$

$$\frac{\vec{\mathcal{R}}}{\overleftarrow{\mathcal{R}}} = \frac{K}{Q} = \exp - \frac{\Delta_R G}{RT}, \tag{6.184}$$

d. h. immer dann, wenn wir Hin– oder Rückreaktion vernachlässigen können, sind wir notwendig im nichtlinearen Fluss–Kraft–Bereich ($|\Delta_R G| \gg RT$).
Lassen Sie uns das Vorzeichen einer durch Veränderung der Kräfte hervorgerufenen Variation in Π untersuchen. Da sich die Entropieproduktion nach

$$\Pi = \Sigma_k J_k X_k \tag{6.185}$$

aus dem Produkt der Flüsse und Kräfte ergibt, gilt für die Variation von Π durch Veränderung der Kräfte [92]

$$\begin{aligned} \delta_X\Pi &= \Sigma_k J_k \delta X_k \\ &= \Sigma_k J_k^{(ss)} \delta X_k + \Sigma_k \delta J_k \delta X_k . \end{aligned} \tag{6.186}$$

In Gl. (6.186) wurde J_k in den stationären Wert $J_k^{(ss)}$ und die Abweichung hiervon zerlegt. Wegen der Stationität muss in linearer Näherung $\delta_X\Pi$, d.h. gerade $\Sigma_k J_k^{(ss)} \delta X_k$, verschwinden, und es verbleibt als Maß für die Variation der Term zweiter Ordnung

$$\delta_X\Pi = \Sigma_k \delta J_k \delta X_k . \tag{6.187}$$

[186] Man könnte geradezu eine "biologische Zeit" einführen, die über die Entropieproduktion skaliert ist: 2 Lebewesen sind gleich "alt", wenn sie die gleiche Entropie produziert haben (vgl. nach Gl. (6.185) das Integral über $(\Sigma_k J_k X_k)\delta t$) [456]. Für Lebewesen mit größerer Dissipation würde die biologische Uhr schneller ticken und die Lebensspanne kürzer sein. Dies ist allerdings eine pauschale und etwas naive Betrachtung der komplexen Realität.

Wie erwähnt ist im linearen Bereich $\delta_X\Pi$ und wegen $\delta_X\Pi = \delta_J\Pi = \frac{1}{2}\delta\Pi$ auch $\delta\Pi$ selbst automatisch positiv, dies ist bei Vernachlässigung von Kreuztermen wegen

$$\delta_X\Pi = \Sigma_k\delta\left(\beta_k X_k\right)\delta X_k = \Sigma_k\beta_k\left(\delta X_k\right)^2 \tag{6.188}$$

sofort klar und ist auch bei Mitnahme von Kreuzeffekten[187,188] leicht zu verifizieren. Im nichtlinearen Bereich kann $\delta_x\Pi$ positiv oder negativ sein. Da nun chemische Reaktionen wie erwähnt sehr schnell aus dem linearen Bereich herausführen und letztendlich zum überwiegenden Teil für die Vielfalt unserer Welt hauptverantwortlich sind, wollen wir $\delta_X\Pi$ hierfür untersuchen. Der Größe δJ_k entspricht die Variation in der Reaktionsgeschwindigkeit. Ein Mechanismus, nach dem ein System sehr schnell weit weg vom Ausgangszustand geführt wird, ist die Autokatalyse[189]

$$A + X \longrightarrow 2X. \tag{6.189}$$

Dies entspricht einer Wachstumsreaktion von X unter "Aufzehren" des Futters A. Man kann ihn genausogut auf die Vermehrung von Bakterien, auf das Städtewachstum[189] wie auf die Stoßionisation im Festkörper — d.i. die Erzeugung eines Elektron–Loch–Paares durch Energieverlust eines schon vorhandenen Elektrons — beziehen. (Die Bedeutung dieser Phänomene für die Punktdefekte wird weiter unten ausgeführt. Da hierzu die Beispiele aus diesem Gebiet noch rar sind, wird im folgenden die Geduld des Lesers möglicherweise durch den biologisch angehauchten Wortschatz vorübergehend strapaziert.) Es ist unmittelbar evident, dass sich diese Reaktion mit

[187] Es gelten die Onsager–Beziehungen $\beta_{ik} = \beta_{ki}$ [292].

[188] Der aus dem Zweiten Hauptsatz folgende Sachverhalt für lineare Systeme, dass $\Sigma\beta_{ik}X_iX_k$ größer oder gleich Null ist, macht lediglich eine Aussage über die β_{ik} und gilt für alle X_i und X_k. Entsprechend muss für dieselben β_{ik} auch die Form $\sum_{i,k}\beta_{ik}\delta X_i\delta X_k$ positiv definit sein. (Dies gilt nicht mehr in Gleichgewichtsferne, da dann formal die β_{ik} von den Kräften abhängen.) Die angesprochene Aussage bzgl. der β_{ik} ist die, dass alle β_{ii} und die β_{ik}–Determinante größer oder gleich Null sein müssen (s. z.B. [303]). Für zwei Kräfte wird daraus $\beta_{11} \geq 0$, $\beta_{22} \geq 0$ und $\beta_{12}^2 = \beta_{21}^2 \leq \beta_{11}\beta_{22}$. Die Positivität der reinen Transportkoeffizienten folgt also aus dem 2. Hauptsatz. Die gemischten Glieder allerdings müssen nicht positiv sein.

Für zwei Prozesse lassen sich die Ungleichungen wie folgt beweisen: Die aus $J_1 = J_{11}X_1 + \beta_{12}X_2$ und $J_2 = \beta_{21}X_1 + \beta_{22}X_2$ sich für $\Pi = J_1X_1 + J_2X_2$ ergebende quadratische Form $\beta_{11}X_1^2 + (\beta_{12}+\beta_{21})X_1X_2 + \beta_{22}X_2^2$ lässt sich umschreiben in $\beta_{11}[X_1^2 + ((\beta_{12}+\beta_{21})/\beta_{11})X_1X_2 + (\beta_{22}/\beta_{11})X_2^2]$ bzw. nach quadratischer Ergänzung in $\beta_{11}[(X_1^2 + ((\beta_{12}+\beta_{21})/(2\beta_{11}))X_2)^2 + X_2^2(\{4\beta_{11}\beta_{22} - (\beta_{12}+\beta_{21})^2\}/(4\beta_{11}^2))]$. Sind β_{11} und $\{\ldots\}$ größer oder gleich Null (dies impliziert auch $\beta_{22} \geq 0$), so gilt dies für die gesamte Form.

[189] Ein illustratives Beispiel ist die Frequentierung zweier benachbarter identischer Gasthäuser (1 und 2). Die Zufallsentscheidung des ersten Gastes falle zugunsten des Gasthauses 1 aus. Der nächste Gast entscheidet sich ebenfalls für Gasthaus 1, weil er schon einen Gast vorfindet und dies dem leeren Gasthaus 2 vorzieht (positive Rückkopplung: Die Tatsache, dass schon ein Gast anwesend ist, wirkt auf den nächsten Gast attraktiv). Da mit wachsendem Unterschied in der Frequentierung die Entscheidung immer leichter fällt, beschleunigt sich der Prozess (Autokatalyse). Erst bei sehr hoher Frequentierung ist die Besetzung ein Nachteil, neue Gäste meiden das volle Gasthaus 1 (Rückreaktion), so dass am Ende Gleichverteilung zu erwarten ist (vgl. auch Fußnote 193).

der Geschwindigkeit[190]

$$\mathcal{R} \propto \mathrm{d}\,[\mathrm{X}]\,/\mathrm{dt} \propto [\mathrm{A}]\,[\mathrm{X}] \tag{6.190}$$

selbst beschleunigt

$$\delta\,[\mathrm{X}]^{\cdot}\,/\delta\,[\mathrm{X}] > 0. \tag{6.191}$$

Es liegt eine positive Rückkopplung vor. In Gleichgewichtsnähe ist die Rückreaktion ebenfalls wichtig:

$$\mathrm{A} + \mathrm{X} \rightleftharpoons 2\mathrm{X}. \tag{6.192}$$

Wegen der quadratischen Abhängigkeit

$$\overleftarrow{\mathcal{R}} \propto [\mathrm{X}]^2 \tag{6.193}$$

überwiegt dort die negative Rückkopplung. Da die Affinität (s. Abschnitt 4.2) durch

$$\mathcal{A} = \mathrm{RT}\,(\ln \mathrm{K} - \ln\,([\mathrm{X}]\,/\,[\mathrm{A}])) \tag{6.194}$$

gegeben ist, gilt bei konstantem [A]

$$\delta\mathcal{A} \propto -\delta\,[\mathrm{X}]\,/\,[\mathrm{X}]\,. \tag{6.195}$$

Im Falle, dass nur die Hinreaktion maßgeblich ist, ist die Variation in $\mathcal{R}$

$$\delta\mathcal{R} \propto \delta\,[\mathrm{X}] \tag{6.196}$$

der in $\mathcal{A}$ entgegengerichtet und

$$\delta_{\mathrm{X}}\Pi \propto \delta\mathcal{A}\delta\mathcal{R} < 0. \tag{6.197}$$

Aus Gl. (6.190) entnehmen wir, dass der Zustand verschwindender X–Konzentration ein stationärer Zustand ist ($\mathcal{R} = 0$); schließlich setzt ja die Bildung von X ja die Existenz von X voraus. Eine geringste Schwankung, die zu einem endlichen [X] führt, hat allerdings eine explosionsartige Vermehrung zur Folge. In diesem Sinne ist dieser stationäre Zustand instabil, wie Gl. (6.197) beweist. Ohne Berücksichtigung der Rückreaktion (die natürlich bei großen [X]–Werten immer wichtiger wird) kann auch kein stabiler Zustand erreicht werden. Erst deren Berücksichtigung führt zu einem weiteren stationären Zustand (hier der Gleichgewichtszustand), der nun aber stabil ist:

$$\begin{aligned}\delta\mathcal{R} &= \delta\left(\left\{\vec{\mathrm{k}}\,[\mathrm{A}] - \overleftarrow{\mathrm{k}}\,[\mathrm{X}]\right\}[\mathrm{X}]\right)\\ &= [\mathrm{X}]\,\delta\,\{\ldots\} + \{\ldots\}\,\delta\,[\mathrm{X}]\,.\end{aligned} \tag{6.198}$$

In Gleichgewichtsnähe ist $\{\ldots\} \equiv \left\{\vec{\mathrm{k}}[\mathrm{A}] - \overleftarrow{\mathrm{k}}[\mathrm{X}]\right\} \simeq 0$, und es überwiegt

$$[\mathrm{X}]\,\delta\,\{\ldots\} = -\overleftarrow{\mathrm{k}}\,[\mathrm{X}]\,\delta\,[\mathrm{X}] \tag{6.199}$$

[190]vgl. Ref. [301]

d. h. in der Tat

$$\delta_X \Pi > 0. \tag{6.200}$$

Eine "Gegenläufigkeit" von Rate und Triebkraft, wie sie durch die Autokatalyse erzielt wird (vgl. Gln. (6.190) und (6.194)), wird formal auch durch einen negativen Transportkoeffizienten β ausgedrückt (s. hierzu auch (6.188), man beachte aber, dass dies im linearen Bereich nicht möglich ist[191]). Eine solche destabilisierende Beziehung zwischen Fluss und Triebkraft tritt beim Festkörper dann auf, wenn die Stromdichte im System mit steigender Spannung abnimmt (negative differentielle Leitfähigkeit). Beispielsweise wird ein solches Verhalten durch die unten näher beschriebene Stoßionisation bewirkt [457].

6.10.2 Nichtgleichgewichtsstrukturen in Zeit und Raum

Im vorangegangenen Abschnitt diskutierten wir eine typische Vermehrungsreaktion ($A+X \rightarrow 2X$). In realistischen Systemen wird aber X nicht nur anwachsen, sondern es wird stets auch Zerfallsmechanismen geben wie

$$X \xrightarrow{k'} Z. \tag{6.201}$$

(s. Tabelle 6.6.)
Weit weg vom Gleichgewicht ist insgesamt

$$\mathcal{R} = \frac{d[X]}{dt} = (k[A] - k')[X] \equiv W[X]. \tag{6.202}$$

Ob X wächst oder ausstirbt, ob also W positiv oder negativ ist, hängt offenbar vom Verhältnis $k[A]/k'$ ab.

Tabelle 6.6 zeigt das qualitative Umschlagen mit wachsendem [A] entsprechend einem Nichtgleichgewichtsphasenübergang beim kritischen Auslesewert k'/k. Alle Spezies mit positivem W vermehren sich auf Kosten von A, alle anderen sterben aus. Wird die "Futterkonzentration" [A] nicht durch äußere Zufuhr konstant gehalten, sondern zu Beginn als fixe Größe eingebracht, so tritt Wettbewerb auf [301, 455]. Auch hier überleben die Spezies' mit positivem W, allerdings ist nun wegen der Erschöpflichkeit von A der Wert W zeitabhängig. Die Messlatte, wie Eigen es formuliert [301], wird beständig höher gesetzt, am Ende überlebt nur eine Spezies. In realen Systemen ist diese Konfiguration nie völlig invariant, sondern es treten stets Fehler auf, wie etwa Mutationen in biologischen Systemen, durch Strahlungseinfluss. Diese neuen Mutanten sterben entweder aus oder verdrängen die Mutterspezies[192]. Man erkennt, wie einfache Reaktionsschemata sehr schnell "biologische" Phänomene

[191] Im linearen Bereich sind wegen des Zweiten Hauptsatzes ($\Pi > 0$) die β_{ii} und damit auch die Leitfähigkeiten positiv (Fußnote 188).

[192] Die sehr starke Anfälligkeit (s. auch [458]) ist bedingt durch die einfache Kinetik in unseren Beispielen (vgl. hierzu das Modell des "Hyperzyklus" [459]).

Tabelle 6.6: Zur Kinetik fern vom Gleichgewicht [296]

autokatalytische Reaktion	$A + X \longrightarrow 2X$	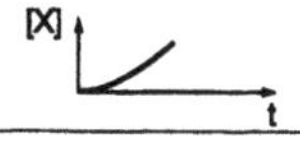	Wachstum, positive Rückkopplung
autokatalytische + Zerfallsreaktion	$A + X \underset{}{\overset{k_1}{\rightleftharpoons}} 2X$ $X \overset{k_2}{\longrightarrow} Z$	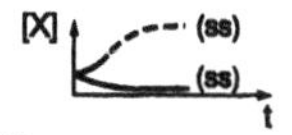	Wachstum oder Tod
kein Selektionsdruck	[A = const $W_c = k_1[A] - k_2$	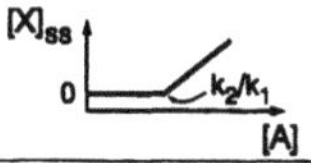	Nichtgleichgewichts-Phasenumwandlung
autokatalytische + Zerfallsreaktion + Selektionsdruck (+Störung)	$A + X \longrightarrow 2X$ $X \longrightarrow Z$ $[A] \neq$ const $W_c = f(t)$	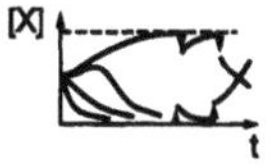	Wettbewerb Auswahl Mutation
Lotka-Volterra-Reaktionsschema	$A + X \longrightarrow 2X$ $X + Y \longrightarrow 2Y$ $Y \longrightarrow Z$	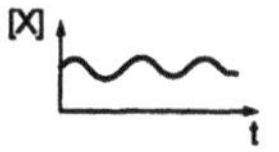	strukturell instabile Oszillation
Brusselator-Reaktionsschema	$A \longrightarrow X$ $2X + Y \longrightarrow 3X$ $B + X \longrightarrow Y + D$ $X \longrightarrow Y$		Grenzzyklus Oszillation
oder katalytische CO-Oxidation	($CO + O \rightleftharpoons CO_2$; $Pt_{hex} \rightleftharpoons Pt_{sq}$)		Symmetriebruch Bifurkation deterministisches Chaos
obiges Reaktionsschema +Diffusion	(z. B. $X \rightleftharpoons X$)	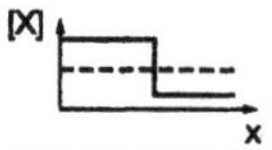	Kompartimentierung, dissipative Struktur im Raum

wie Vermehrung, Selektion und Mutation auftreten lassen. Unwesentlich kompliziertere Schemata sind in der Lage, zeitliche Oszillation zu bewirken. Auch räumliche Oszillationen oder generell räumliche Strukturbildungen können inhärent auftreten, wenn ankoppelnde Diffusionsprozesse die Ortskoordinate mitbeteiligen [302]. Hier können Instabilitäten zu räumlicher Symmetriebrechung führen. Zu guter Letzt kann bei weiterführender Abweichung wegen des sequentiellen Durchlaufes vieler Bifurkationspunkte[193] ein fraktales Muster (s.u.) entstehen, welches ein deterministisches Chaos charakterisiert [460].

[193]Der sich stabilisierende, anfänglich zufällige Symmetriebruch, der bewirkt, dass eine zufällig gewählte Alternative (Absenkung der Energie eines Minimums eines anfänglich symmetrischen Doppelminimumpotentiales) für die folgenden Entscheidungen fast zwangsläufig wird (Bifurkation), ist ein fundamentaler Strukturerzeugungsmechanismus, der für den irreversiblen Charakter der Geschichte prägend ist. Aus dem gleichen Grund ist auch der Geschichtsverlauf singulär und nicht reproduzierbar. Vgl. das Beispiel in Fußnote 189. Ein weiteres ist vermutlich die Bevorzu-

Wenn auch die Diskussion der biologischen Effekte, speziell die ungeheure Bedeutung von Nichtgleichgewichtsfehlern (Mutationen) für unser Weltgeschehen[194] auf der einen Seite durchaus in die Thematik Defektchemie passen, führte uns dies stofflich selbstredend viel zu weit. Lassen Sie uns einige wesentliche Konsequenzen dieser Überlegungen für den anorganischen Bereich diskutieren.

Tabelle 6.6 listet einige Reaktionsschemata auf, die zu zeitlichen und auch örtlichen Oszillationen führen können, sie alle weisen einen autokatalytischen Teilschritt auf. Ein sehr gut untersuchter Prozess ist die katalytische CO–Oxydation auf Pt–Oberflächen, bei der zeitlich periodische Muster auftreten können, die durch

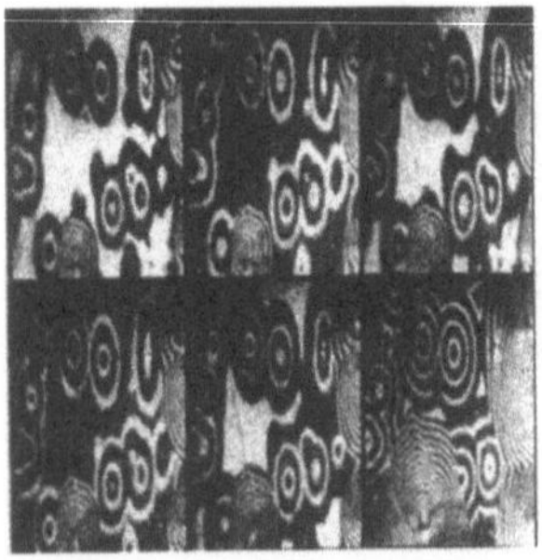

Abb. 6.76: Serie von Photoemissions–Elektronenmikroskopie–Aufnahmen einer Pt(110)–Oberfläche während der katalytischen Oxidation von CO (Einzelausschnitt: 0.2mm×0.3mm). Aus [461].

Oberflächenrekonstruktionen gekennzeichnet sind[195] [140] (s. Abb.6.76).
Ein wichtiger, schon erwähnter "autokatalytischer" Prozess im Festkörperinnern ist die Stoßionisation, bei der ein angeregtes Elektron im Leitungsband Energie verliert

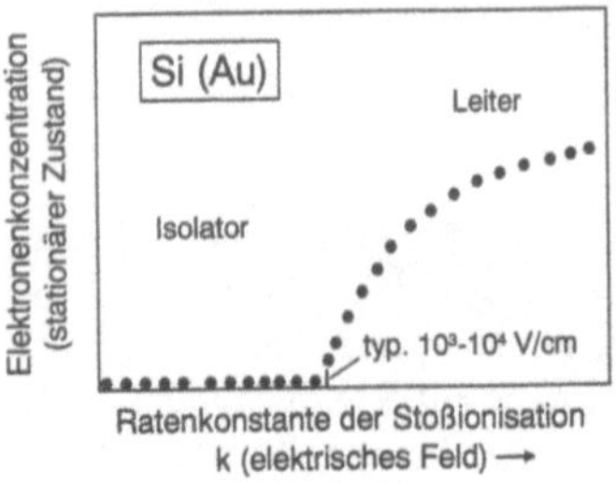

Abb. 6.77: Nichtgleichgewichtsphasenübergang (Isolator–Leiter–Übergang) in Au–dotiertem Silicium durch Spannungsvariation im nichtlinearen Bereich. Nach [457,462].

und auf diese Weise ein weiteres Elektron–Loch–Paar erzeugt wird. Cum grano salis:

$$e' \rightleftharpoons 2e' + h^{\cdot}. \qquad (6.203)$$

gung einer Händigkeit der Proteinbausteine in der belebten Welt (notwendiges Aufschaukeln einer "zufälligen" Entscheidung).

[194]Man denke an die zuweilen katastrophalen Folgen kleinster Mutationen bei der Vererbung sogar in Hinblick auf Ereignisse weltgeschichtlicher Tragweite.

[195]Unter gewissen Bedingungen entstehen auch räumliche periodische Muster sowie chaotische Zustände [140].

Die Abweichung vom Gleichgewicht lässt sich häufig durch eine äußere Spannung vorgeben. Abbildung 6.77 zeigt einen Isolator–Leiter–Nichtgleichgewichtsphasenübergang in Au–dotiertem Si, bewirkt durch eine derart über den kritischen Wert erhöhte (spannungsabhängige) Geschwindigkeitskonstante. Dies entspricht weitgehend dem dritten Bild in Tab. 6.6. Neben der Stoßionisation als Vermehrungsreaktion wirkt die Elektron–Loch–Rekombination als Zerfallsmechanismus (vgl. Reaktion Gl. (6.201)). Abbildung 6.78 zeigt uns das zeitliche Oszillieren des Stromes

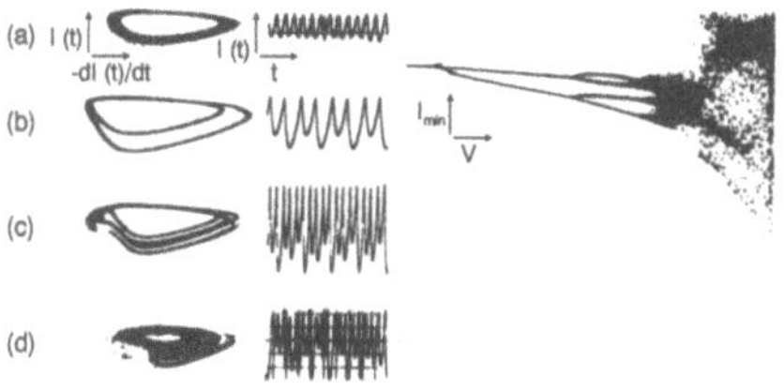

Abb. 6.78: Periodische Strukturen und chaotisches Verhalten in Ge durch Spannungsvariation im nichtlinearen Bereich; (I: Strom, V: Spannung). Aus [463].

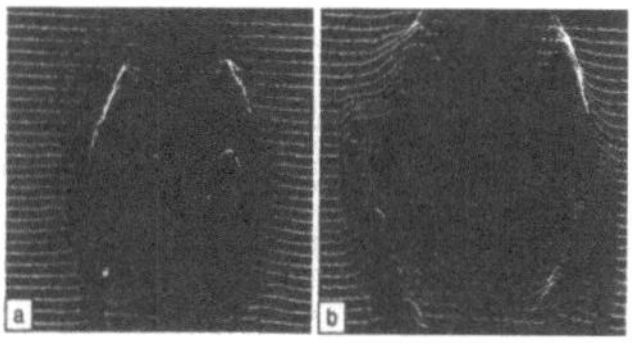

Abb. 6.79: Stromfilamente in p–Ge bei verschiedenen Spannungen, sichtbar gemacht durch EBIC–Technik (electron beam induced currents). Aus [464]

mit der Spannung in dotiertem Germanium bei Bestrahlen mit Fern–IR–Licht bei hohen Feldstärken. Bei weiterer Erhöhung tritt sukzessive Periodenverkopplung und schließlich deterministisches Chaos auf. Dies ist ersichtlich aus den Phasenporträts (Strom I vs. $\dot{I}$), aus der zeitlichen Entwicklung des Stromes wie aus dem Spannungsverhalten der Stromminima (rechtes Bild). Abbildung 6.79 zeigt schließlich EBIC–Aufnahmen (Rasterelektronenmikroskopie mit elektronenstrahlinduzierten Strömen) einer räumlichen Nichtgleichgewichtsstruktur in p–Ge. Die Stromfilamente (erhabene Zonen) stellen Zonen veränderter Elektronenkonzentration dar, die als echte dissipative Strukturen nur unter Nichtgleichgewichtsbedingungen auftreten und nach Abschalten des Stromes wieder verschwinden. In allen Fällen vergleiche man mit Tab. 6.6.
Ein prominentes Nichtgleichgewichtsphänomen der Laboratoriumschemie, der sogenannte Liesegang–Effekt [465], besteht im Ausbilden periodischer Bänder interner Reaktionsprodukte; der Effekt ist u. U. periodisch in Zeit und Ort und beruht auf dem Wechselspiel zwischen Diffusion, Übersättigung, Keimbildung und -wachstum. Wesentlich ist im Sinne des Überschwingens nichtlinearer Teilprozesse der Kollaps und erneute Aufbau einer Übersättigung.

Ein anderes Beispiel zeitlicher Oszillationen sind Spannungs–Oszillationen beruhend auf mechanischen Instabilitäten[196] am Elektrodenkontakt beim Belasten einer Ag/AgI–Grenzfläche mit einem konstanten Strom (Abb. 6.80) [394,466]. Bekannt ist auch das pulsierende Quecksilber–Herz [467]: Ein Hg–Tropfen ist mit ei-

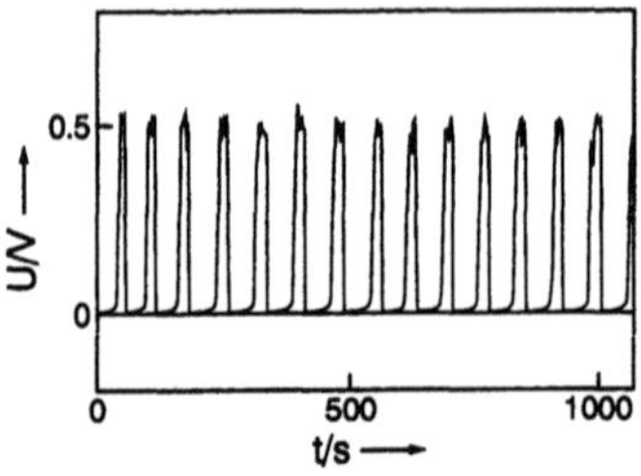

Abb. 6.80: Spannungsoszillationen am Ag/AgI–Kontakt unter anodischer Belastung und galvanostatischen Bedingungen [466]. Aus [8].

ner $K_2Cr_2O_7$–Lösung bedeckt, in einem gewissen Abstand vom Tropfen befindet sich ein Eisennagel. Durch Oxydation entsteht oberflächlich Quecksilber–Oxid. Die durch oberflächliche Oxydation veränderte Oberflächenspannung lässt den Tropfen die Eisenspitze erreichen. Dort wird die Oxydation rückgängig gemacht, der Tropfen entfernt sich vom Nagel, und das Spiel beginnt erneut. Die Periodizität ist nicht etwa außen durch periodisches Zu– und Abführen des Nagels erzeugt, sondern ist intrinsisch durch (u. a.) den Abstand des Nagels vom Quecksilber festgelegt. Natürlich setzt strenggenommen ein Stationärhalten der Oszillationen die Zu– und Abfuhr der Edukte und Produkte voraus[197].

Es ist wesentlich, sich die Gründe für die Möglichkeit solcher Oszillationen vor Augen zu führen. Sie beruhen letztlich darauf, dass verschiedene miteinander gekoppelte Schritte faktisch doch mehr oder weniger (phasenweise) ein "Eigenleben" führen können. Andernfalls würde das gesamte System konzertiert und monoton dem Gleichgewicht zustreben. Im Falle homogener Reaktionen waren es autokatalytische Prozesse, die einen Schritt derart begünstigen, dass Konkurrenzreaktionen für eine gewisse Zeit "ignoriert" werden: Im heterogenen Fall können solche Unterdrückungs– und Auslöseprozesse auch über räumliche Entfernungen, letztlich also über die Endlichkeit und Verschiedenheit der Diffusionskoeffizienten gesteuert sein (s. Hg–Herz).

Verschiedene Reichweiten (verschiedene Diffusionskoeffizienten) von Aktivator– und Inhibitorzuständen sind von grundlegender Bedeutung für die biologische Morphogenese [468] und sind z. B. in der Lage, Muster wie Dornenbildung an Pflanzen oder Fellzeichnungen bei Tieren sowie morphologische Fragestellungen in bezug auf Nervennetzwerke zu deuten (s. Abb. 6.81). Auch im anorganischen Bereich können bei Kristallisationsprozessen typische gleichgewichtsferne Wachstumsmuster — wie

[196] Ähnliche Oszillationen sind in der Elektrochemie bei Korrosionsvorgängen seit langer Zeit bekannt.

[197] Der Prozess ist letztlich durch die Differenz der Redoxpotentiale von Fe und $K_2Cr_2O_7$ gespeist.

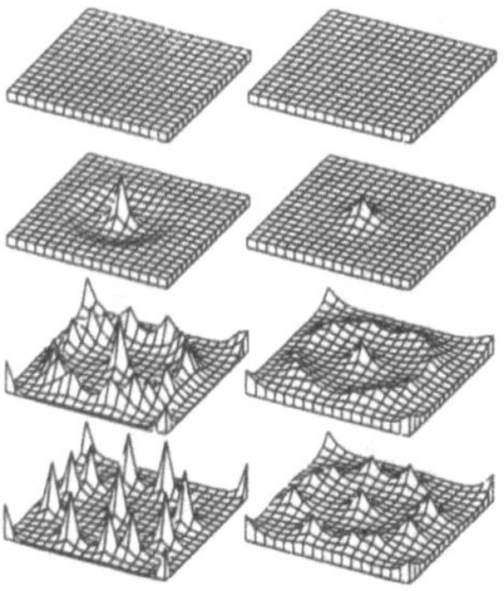

Abb. 6.81: Morphogenese durch das Zusammenspiel zwischen kurzreichweitiger Aktivierung und langreichweitiger Inhibierung. Die linke Spalte zeigt die Entwicklung der Aktivatorkonzentration (a) im Zweidimensionalen, die rechte Spalte die der Inhibitorkonzentration (h). Die zugrundeliegenden Gleichungen sind von der Form: $\dot{a} = \alpha + \beta a^2/h - \gamma a + D_a a''$ und $\dot{h} = \varepsilon a^2 - \mu h + D_h h''$ [468]. Aus [302].

dendritische oder seetangartige Formen — auftreten. Ihre Entstehung ist in vielen Fällen über die Anisotropie der Grenzflächenspannung erklärlich [469].
Ein weitgehend unausgeschöpftes Feld der Festkörperforschung, auf welchem solche Betrachtungen sehr fruchtbar sein dürften, ist das der Morphologie und Morphologieentwicklung innerhalb der Geologie und Astrophysik. Hier herrschten die nichtlinearen Bedingungen zumeist während der Entwicklungsphase und hinterließen uns die Produkte im eingefrorenen Zustand.

6.10.3 Das Konzept der fraktalen Geometrie

Wie oben erwähnt, sind typische Nichtgleichgewichtsprozesse solche, bei denen nur die Hin- (oder nur die Rückreaktion) berücksichtigt werden muss. Ein überschaubarer Musterfall von großer Bedeutung ist die diffusionskontrollierte Aggregation (DLA). Hier bleibt jedes Teilchen, das an einem Anfangskeim angelagert wird, per definitionem haften ($\vec{\mathcal{R}} \gg \overleftarrow{\mathcal{R}}$). Ist der Transport geschwindigkeitsbestimmend und können Oberflächendiffusionsprozesse oder andere Umlagerungsschritte vernachlässigt werden, so werden natürlich bei Andiffusion aus einer gegebenen Entfernung Spitzenpositionen statistisch bevorzugt, und das Resultat sind fraktale Strukturen [470]. Abb. 6.82 zeigt ein DLA-Cluster, das durch Simulation erhalten wurde. In der Realität sind typische DLA-Beispiele die Bildung von Staubpartikel aus Gasphasenreaktionen, von Strukturen beim dielektrischen Durchbruch oder bei der elektrolytischen Abscheidung von Metallen aus der Lösung unter geeigneten Bedingungen. Ähnliche Gebilde können auch infolge partieller Auflösungsprozesse entstehen (s. Abb. 6.83). Wichtig für die Kinetik ist die positive Rückkopplung, dass nämlich die Ausbildung neuer Extremitäten durch das Vorhandensein von "Extremitäten" begünstigt wird. Lassen Sie uns am Ende des Abschnittes das mehrfach angeführte, wichtige Konzept der fraktalen Geometrie näher erläutern.
Die praktisch realisierte Morphologie von Festkörperkontakten ist in aller Regel nicht die des ideal ebenen Kontaktes. Insbesondere die grundlegenden Arbeiten von Man-

Abb. 6.82: Simuliertes DLA–Cluster auf einem Dreiecksgitter [471]. Aus [472].

Abb. 6.83: Bäumchenelektrode (Wood–Metall). Die Impedanz solcher Elektroden (vgl. Kap. 7) erklärt sich über die fraktale Geometrie [473]. Aus [256].

delbrot [474] erlauben es uns, einen anderen — ebenfalls idealisierten Grenzfall — anzugehen, den der fraktalen Geometrie. Man stelle sich eine rauhe Grenzfläche vor, deren Teilsegmente bei genauerer Auflösung wieder ganz analog — nun allerdings entsprechend verkleinert — strukturiert sind. Ist dies über eine gewisse Größenskala (ein Limit setzt natürlich die atomare Struktur) erfüllt, so bezeichnet man das Gebilde als fraktal und als selbstähnlich auf dieser Größenskala.

Es ist sinnvoll, wenn auch nicht üblich, diese Selbstähnlichkeit als Zoom–Symmetrie oder Vergrößerungssymmetrie zu bezeichnen. Es ist evident, dass die Länge, die Oberfläche oder das Volumen dieser Gebilde vom Maßstab abhängen. Betrachten wir jeweils die gesamte in Abb. 6.84 dargestellte sogenannte Kochkurve in verschiedenen Auflösungen und berechnen deren Länge. Zunächst sei der gewählte Maßstab ε_0 identisch mit der Größe des in der Abbildung gegebenen Objektes y, dann ergibt sich die Länge zu $\ell(\varepsilon_0) = 1 \cdot \varepsilon_0$, wählt man den Maßstab zu $\varepsilon_0/3$, so ergibt das Abtasten die Länge $\ell(\varepsilon_0/3) = 4 \cdot \varepsilon_0/3$. Allgemein erhalten wir $\ell(\varepsilon/3) = 4/3\ell(\varepsilon)$. Die Länge

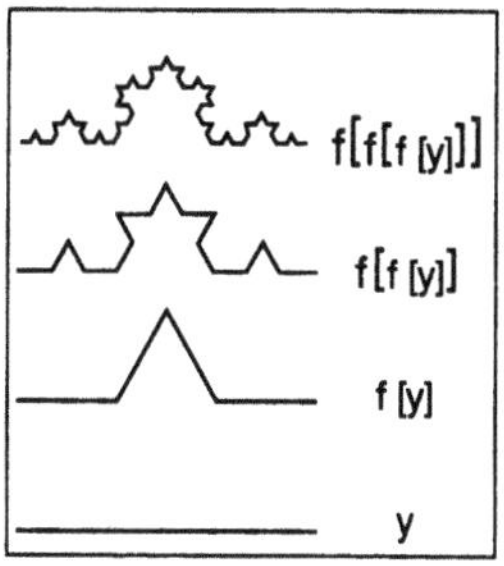

Abb. 6.84: Erzeugung der Kochkurve durch sukzessives Anwenden der gleichen Generierungsvorschrift y → f[y] (s. Text).

ist also kein ganzzahliges Vielfaches von ε, sondern es ergibt sich[198] $\ell(\varepsilon) \propto \varepsilon^{1-\mathrm{d}}$ mit der sogenannten Hausdorff–Dimension $\mathrm{d} = \log 4/\log 3$. (Im realen Experiment mag der Maßstab die Größe adsorbierter Moleküle sein.) Ist $\mathrm{d} = 1$, so ist $\ell(\varepsilon)$ konstant. Betrachten wir den gleichen Sachverhalt auf etwas andere Weise. Denken wir uns die Linie der Kochkurve mit Massendichte behaftet, stellen wir sie uns also beispielsweise aus dünnem Draht gefertigt vor und berechnen die Masse der Linie als Funktion der Größe des Objektes. Diese messen wir als projizierte Länge (vgl. y in Abb. 6.84) bzw. als Ausschnittgröße (der Abb. 6.85). Es ist evident, dass bei einer glatten Kurve $\mathrm{M(bL)} = \mathrm{bM(L)}$, also $\mathrm{M(L)} \propto \mathrm{L}$ und bei einer regulären Fläche $\mathrm{M(bl)} = \mathrm{b}^2$ $\mathrm{M(L)}$, also $\mathrm{M(L)} \propto \mathrm{L}^2$ gilt (Abb. 6.85). Im Falle unserer fraktalen Kurve ist nun M ebenfalls eine homogene Funktion (vom Grade d)

$$\mathrm{M(bL)} = \mathrm{b^d M(L)}, \tag{6.204}$$

nun aber mit nichtganzzahligem d. D. h.: Verdreifachen wir bei gleicher Morphologie die projizierte Länge, so wächst die Masse mit 3^{d}. Wie wir wissen, gilt für die Koch–Kurve $\mathrm{M(3L)} = 3^{\mathrm{d}}\mathrm{M(L)} = 4\mathrm{M(L)}$. Wiederum ergibt sich für d als Hausdorff–Dimension $\log 4/\log 3 \simeq 1.26$. Die Tatsache, dass der Wert zwischen 1 und 2 liegt, drückt aus, dass die mit unendlich kleinem Maßstab gemessene Länge gegen unendlich geht, aber dennoch nicht der gesamte zweidimensionale Raum ausgefüllt ist. Als Abhängigkeit der Masse von der Länge finden wir ein Potenzgesetz

$$\mathrm{M(L)} = \mathrm{AL^d}, \tag{6.205}$$

denn $\mathrm{M(bL)} = \mathrm{A(bL)^d} = \mathrm{b^d AL^d} = \mathrm{b^d M(L)}$. In diesem Sinne ist auch eine Gerade oder Ebene selbstähnlich, aber wegen der Natürlichkeit der Zahl d nicht fraktal. Die in Abb. 6.85 (d) dargestellte Strichfigur ist als Ganzes nicht selbstähnlich, die Abbildung $\mathrm{M(L)} \longrightarrow \mathrm{M(bL)}$ ist kompliziert und individuell. Es gilt im Gegensatz zu Gl. 6.205 keine "Zoom–Symmetrie" und kein universelles Abbildungsgesetz. Das Potenzgesetz, das für die selbstähnlichen Strukturen gültig ist, drückt genau die

[198] $\ell(\varepsilon) = \alpha\varepsilon^{1-\mathrm{d}}; \ell(\varepsilon/3) = \alpha(\varepsilon/3)^{1-\mathrm{d}} = \left(\frac{1}{3}\right)^{1-\mathrm{d}} \ell(\varepsilon)$. Da andererseits $\ell(\varepsilon/3) = 4/3\ell(\varepsilon)$, folgt $4/3 = 3^{\mathrm{d}-1}, 4 = 3^{\mathrm{d}}$ und $\mathrm{d} = \log 4/\log 3$. Die Proportionalitätskonstante α ergibt sich wegen der Festlegung $\ell(\varepsilon_0) = \varepsilon_0$ zu $\varepsilon_0^{\mathrm{d}}$.

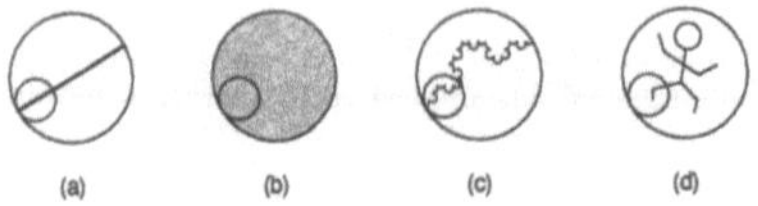

Abb. 6.85: Beispiele fraktaler (c), nichtfraktal selbstähnlicher (a,b) und nichtselbstähnlicher (d) Objekte. Der innere Kreis gibt den zu vergrößernden Ausschnitt wieder.

Tabelle 6.7: Reaktionsdimension für einige Chemisorptionsreaktionen auf dispergierten Metallen. Nach [475].

Katalysator	Adsorbat	d_c
Pt - SiO_2	H_2	1.67 ±0.05
Pt - SiO_2	CO	1.60 ±0.20
Pt - Al_2O_3	H_2	1.91 ±0.03
		1.84 ±0.07
Ag - Al_2O_3	O_2	2.03 ±0.14
Rh - Al_2O_3	O_2	1.90 ±0.10
	H_2	1.99 ±0.09
Ni - SiO_2	H_2	2.13 ±0.12
Co_3O_4	N_2	1.90
Fe - Holzkohle	CO	1.60 ±0.10

Skaleninvarianz bzw. die "Vergrößerungssymmetrie" der Struktur ($(b^d)^e = b^{de} = b^{d'}$) aus.
Potenzgesetze bzgl. der Messwerte in der Festkörperchemie sind häufig der Ausdruck fraktaler Effekte. So findet man gar nicht selten, dass Reaktionsgeschwindigkeiten (Mengen– oder Volumenänderungen pro Zeit) nicht der geometrischen Kontaktfläche selber (Wenzel–Gesetz), sondern einer nichtganzzahligen Potenz derselben proportional sind. Anders ausgedrückt, ist die Rate nicht proportional zum Quadrat der Ausdehnung ($\propto L$), sondern zu L^{d_c}, wobei d_c als Reaktionsdimension bezeichnet wird. Die ganzzahligen Varianten $d_c = 0$ und 1 finden einfache Erklärungen in der Annahme, dass nur Eckenatome bzw. Kantenatome wirksam sind. Nichtganzzahlige Potenzen sind durch fraktale Strukturen erklärbar, können aber auch auf andere Ursachen zurückzuführen sein. Tab. 6.7 listet einige experimentelle Exponenten für die Chemisorption einfacher Gase an dispergierten Metallkatalysatoren auf.
Bekannt sind auch Potenzgesetze bei Elektrodenimpedanzen, die ebenfalls auf fraktale Geometrie zurückgeführt werden können [476]. Im Beispiel der Abb. 6.83 ist dies erwarteterweise der Fall (s. Kap. 7).
Ein anderes Beispiel liefert die Perkolationstheorie. Schon in Abschnitt 5.8.5 hatten wir ein Exempel hierzu erwähnt. Mischt man in zufälliger Weise leitfähige ($\sigma = \infty$) und isolierende ($\sigma = 0$) Partikel[199], so bleibt unterhalb der Perkolations-

[199] vgl. auch Abschnitt 7.3.7

schwelle (φ_{crit}: kritischer Volumenanteil), d.h. bei Mischungen ohne durchgängige Leitfähigkeitspfade die Leitfähigkeit Null. Der sich an der Schwelle zur leitfähigen Mischung ausbildende, gerade perkolierende, d.h. die Elektroden verbindende Cluster von leitfähigen Teilchen weist eine fraktale Gestalt auf, s. Abb. 6.86, seine Masse

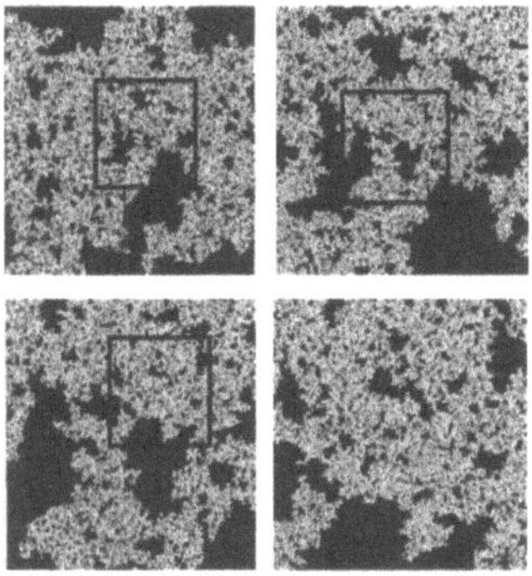

Abb. 6.86: Selbstähnlichkeit eines großen Perkolationsclusters bei der kritischen Konzentration. Das eingezeichnete Fenster ist im jeweilig folgenden Bild vergrößert dargestellt. Aus [256].

wächst entsprechend Gl. (6.205). Die Leitfähigkeit der Mischung wächst ebenfalls nach einem Potenzgesetz und zwar proportional zu $(\varphi - \varphi_{\text{crit}})^{\beta}$, wobei β mit der fraktalen Dimension in Bezug steht [256,474].
Abbildung 6.87 bildet den Abschluss unseres Kap. 6. Es handelt sich nicht um

Abb. 6.87: Computererzeugte "Berglandschaft". Allerdings liegen den Erzeugungsvorschriften nicht direkt physikalisch-chemische Isomorphien zugrunde. Aus [474].

eine schlecht digitalisierte Landschaftsaufnahme, sondern es ist das Resultat von Computerrechnungen, die ausschließlich auf der Verwendung fraktaler Geometrie beruhen. Wieviel mehr ähnelt doch unsere komplexe Welt fraktalen Strukturen als Strukturen mit glatten, ebenen Grenzflächen! Dennoch darf auch hier nicht übersehen werden, dass die fraktale Geometrie einen Grenzfall beschreibt, der natürlich in der Natur in Reinkultur nicht angetroffen wird, ebenso nicht wie Geraden und Ebenen. Technologische Relevanz und strukturelle Komplexizität verhalten sich zudem — zumindest bei den aktuellen Systemen — antagonistisch. Schon aus Gründen der Herstellbarkeit, der Verlässlichkeit und Kontrollierbarkeit der Eigenschaften ist man im allgemeinen bestrebt, einfachst mögliche Formen zu realisieren, wie sie auch im abschließenden Kapitel im Vordergrund stehen. Es ist allerdings absehbar, dass in Hinwendung zu komplexeren Funktionen auch komplexere Strukturen — notgedrungen auf Kosten der Reproduzierbarkeit — notwendig werden, wie dies uns ja die Biologie tagtäglich vor Augen führt.

7 Festkörperelektrochemie: Messtechniken und Anwendungen

Unter Elektrochemie verstehen wir hier das Studium des Verhaltens der Ladungsträger in bezug auf elektrische Effekte bei gleichzeitiger Beachtung von Zusammensetzungsänderungen[1]. Über weite Strecken haben uns elektrochemische Betrachtungen, insbesondere Leitfähigkeitseffekte, im Hinblick auf die durch Fehler bedingte elektrische Funktion untrennbar vom Kontext begleitet. In diesem abschließenden Kapitel wollen wir speziell auf elektrochemische Systeme eingehen, die einem äußeren Stromkreis eingegliedert sind (auch wenn es sich u. U. nur um sehr kleine Messströme handeln mag). Es interessiert uns vor allem die gegenseitige Umwandlung chemischer und elektrischer Signale, die ja mit dem Auftreten geladener Fehler inhärent verbunden ist. Insofern ist dieses elektrochemische Kapitel nicht nur ein spezielles Kapitel über Techniken und Anwendungen, sondern bildet den logischen Abschluss unserer Betrachtungen.

Wir gliedern unsere Vorgehensweise wie folgt: Zunächst betrachten wir elektrochemische Zellen bei "offen" gehaltenem Stromkreis (open–circuit–Zellen, d.h. Zellen ohne äußeren Strom), das bedeutet in praxi eine hochohmige Messung der Zellspannung. Der äußere Strom ist vernachlässigbar ($I \simeq 0$), nicht aber notwendigerweise innere Ausgleichsströme. Anschließend untersuchen wir das Verhalten von Zellen, denen wir einen äußeren Strom aufprägen ($I > 0$), d. h. die Stromrichtung ist — wenn wir asymmetrische Zellen betrachten — dem Kurzschlussstrom entgegengerichtet. Zu guter Letzt befassen wir uns mit Zellen, die wir über einen äußeren Stromkreis (teilweise oder völlig) entladen ($I < 0$). In allen drei Fällen ergeben sich interessante technologische Anwendungen sowie wichtige Methodiken zur Vermessung thermodynamischer und kinetischer Eigenschaften, von denen wir die wichtigsten vorstellen wollen. Die in den Lehrbüchern der Halbleiterphysik und Elektrotechnik ausführlich behandelten rein elektronischen Effekte wollen wir hierbei außer acht lassen und uns auf ionische Phänomene konzentrieren bzw. auf Phänomene der gemischten Leitung (s. Abb. 7.1), in welchen ionische und elektronische Effekte gleichermaßen von Belang sind.

7.1 Vorbemerkungen: Strom und Spannung im Lichte der Defektchemie

Zunächst sollten wir einige Vorbetrachtungen anstellen, wie wir die Größen Strom (I) und Spannung (U) mit den Transportparametern und Potentialen verknüpfen. Betrachten wir hierzu eine allgemeine elektrochemische Zelle, d. h. eine Anordnung

[1] Lehrbücher der Elektrochemie, auch die jüngeren Datums, beziehen sich fast ausnahmslos auf Flüssigelektrolyte, sind aber dennoch für den Kontext empfehlenswert (s. z.B. [147,210]). Speziell der Festkörperelektrochemie gewidmet, mit Fokus allerdings auf Volumenprozesse, ist Ref. [5].

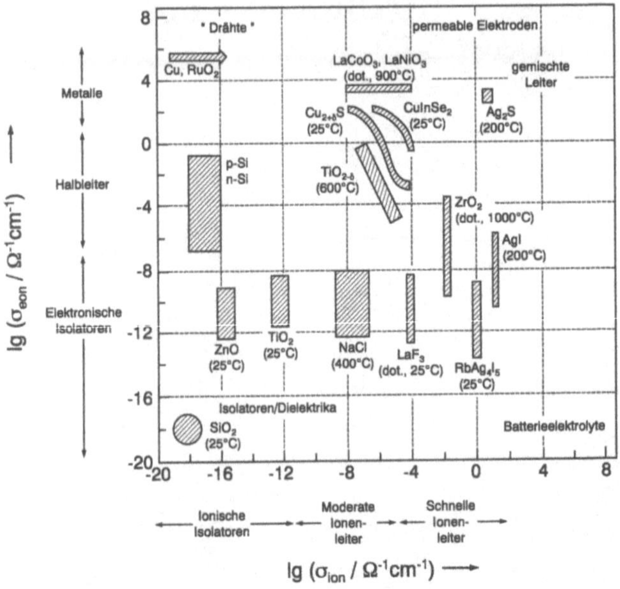

Abb. 7.1: Beispiele für Materialien und Anwendungen als Funktion der Ionen– und Elektronenleitfähigkeit. Links unten befinden sich elektrische Isolatoren, rechts oben die Materialien mit hoher Komponentenpermeabilität (σ^{δ}: harmonisches Mittel aus $\sigma_{\rm eon}$ und $\sigma_{\rm ion}$). Batterieelektrolyte finden sich bevorzugt unten rechts, während rein elektronische Konnektoren ("Drähte") links oben angesiedelt sind. Zwischen den vier Extremen sind Materialien für Dioden, Transistoren, Sensoren, elektrochrome und viele andere Anwendungen plaziert. Die Darstellung basiert auf Refs. [477,478].

von Phasen zwischen letztendlich zwei Cu–Kabeln (Abb. 7.2). Der elektrische Strom ergibt sich durch Multiplikation der Gesamtstromdichte mit der Fläche[2]. Die individuelle Stromdichte des Ladungsträgers k erwies sich entsprechend der Diskussion im vorangegangenen Kapitel in guter Näherung als proportional zu den spezifischen Leitfähigkeiten und den entsprechenden Potentialgradienten

$$\mathrm{I} = \mathrm{a}\Sigma_{\mathrm{k}}\mathrm{i}_{\mathrm{k}} = -\mathrm{a}\Sigma_{\mathrm{k}}\frac{\sigma_{\mathrm{k}}}{\mathrm{z}_{\mathrm{k}}\mathrm{F}}\,(\partial/\partial\mathrm{x})\,\widetilde{\mu}_{\mathrm{k}}. \tag{7.1}$$

Die elektrische Spannung ergibt sich als Unterschied im elektrischen Potential zwischen beiden Cu–Kabeln (Phasen α, ω) am Messgerät[3]

$$\mathrm{U} = \phi_{\omega} - \phi_{\alpha} = \Delta_{\alpha\omega}\phi. \tag{7.2}$$

[2]Wir betrachten den quasi–eindimensionalen Fall. Bei Inhomogenitäten senkrecht zur Stromrichtung muss das Integral $\int$ida betrachtet werden.

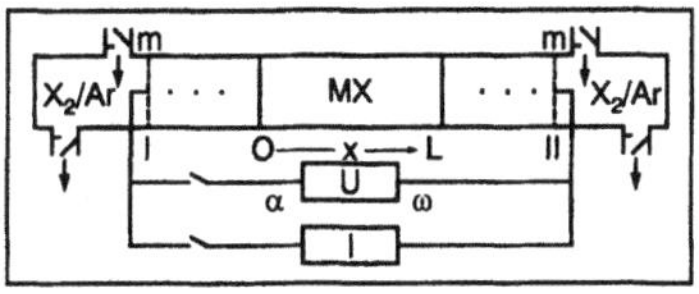

Abb. 7.2: Allgemeine elektrochemische Zelle mit dem gemischten Leiter MX im Mittelpunkt. Die Anordnung unter Einbeziehung der X_2–Nachbarphase ist nicht nur wesentlich zur Festlegung der Zusammensetzung, sondern ermöglicht elektrische und chemische Polarisationen. Das "stromsammelnde" Metall ist mit "m" bezeichnet.

Wegen der Unterschiedlichkeit der Potentialsprünge an den Phasengrenzen bzw. des ϕ–Verlaufs innerhalb der Kontaktphasen ist es sinnvoller, U mit dem elektrochemischen Potential der Ladungsträger in Verbindung zu bringen[3]. In Metallen wie Cu ist das chemische Potential der Elektronen in sehr guter Näherung konstant ($\delta \ln c_{e^-} \simeq 0$), und es ergibt sich als äquivalente Beziehung

$$U = -\Delta_{\alpha\omega}\widetilde{\mu}_{e^-}/F = -\frac{1}{F}\int_{(\alpha)}^{(\omega)} \left(\frac{d\widetilde{\mu}_{e^-}}{dx}\right) dx. \tag{7.3}$$

Diese Formulierung ist nützlich, da wir im Gleichgewichtsfall bzw. im Fall linearer Nichtgleichgewichtseffekte Informationen über das Verhalten des elektrochemischen Potentiales haben. Bei Stromlosigkeit verschwinden alle Unterschiede in $\widetilde{\mu}_{e^-}$ innerhalb der Phase und von Phase zu Phase, solange die Elektronen dort genügend mobil sind (s. Gl. (7.1)). In elektrochemischen Zellen, in welchen die zentrale Phase, MX, einen Festelektrolyten darstellt, können auch bei Stromlosigkeit sehr wohl Gradienten in $\widetilde{\mu}_{e^-}$ auftreten[4]. Diese sind in der Tat die "Ursache" für Zellspannungen in offenem Stromkreis, die wir im nächsten Kapitel besprechen. In Metallen (und häufig auch zwischen Metallkontakten) sind die $\widetilde{\mu}_{e^-}$–Werte wegen der hohen Leitfähigkeitswerte auch bei Stromfluss in guter Näherung konstant ($|\nabla\widetilde{\mu}_{e^-}| \propto i/\sigma_{e^-} \simeq \mathbf{0}$). Unterschiede in $\widetilde{\mu}_{e^-}$ treten nicht nur im Festelektrolyten, sondern auch am Kontakt Elektrode/Festelektrolyt auf, außerdem an und über vorgeschaltete Phasen sowie an den dadurch entstehenden Grenzflächen, also

$$\begin{aligned} U &= I\Sigma(\text{Kontaktwiderstände}) + U_{MX}, \\ U_{MX} &= -\frac{1}{F}\int_{0}^{L} \left(\frac{d\widetilde{\mu}_{e^-}}{dx}\right) dx. \end{aligned} \tag{7.4}$$

In Gl. (7.4) ist die Spannung U_{MX} auf die erste und letzte Festelektrolytlage (x=0,L) bezogen. Neben der Zerlegung von U in örtlich verschiedene Komponenten ist es

[3]Die Frage, ob bei einem Spannungsexperiment primär $\Delta_{\alpha\omega}\phi$ oder $\Delta_{\alpha\omega}\widetilde{\mu}_{e^-}$ gemessen wird, ist nicht trivial und hängt letztendlich von der Messmethode ab.

[4]Dies zeigt an, dass in elektrochemischen Zellen nur lokales Elektrodengleichgewicht, nicht aber globales Gleichgewicht herrscht. Unterschiede in $\widetilde{\mu}_{e^-}$ können auch aufrechterhalten werden, wenn in Zellen mit offenem Stromkreis der Festelektrolyt eine anteilige Elektronenleitung aufweist (Abschnitt 7.2.2). Allerdings fließen dann innere Ströme.

auch sinnvoll, eine Zerlegung in die bei offenem Stromkreis anliegende Spannung E und die durch Stromfluss erzeugte Überspannung η vorzunehmen:

$$U(I) = E + \eta(I). \tag{7.5}$$

Die stationäre[5] Überspannung η lässt sich — bei Serienschaltung verschiedener Prozesse i — formal natürlich immer als Produkt des Stromes und zugeordneter Widerstände schreiben,

$$\eta(I) = I\Sigma_i \bar{R}_i(I), \tag{7.6}$$

wobei die Widerstände nur in Gleichgewichtsnähe stromunabhängig sind. (Da wir im folgenden mit R im Allgemeinfall differentielle Widerstände ($\partial U/\partial I$) meinen, bezeichnen wir den integralen Widerstand[6] mit $\bar{R}$. Im linearen Regime ist $R=\bar{R}$.) Wie in Abschnitt 6.1 gezeigt, ist der Begriff Gleichgewichtsnähe situationsabhängig; für sehr dünne Proben oder für Kontaktprozesse treten Abweichungen vom Ohmschen Verhalten schon bei recht kleinen Strömen auf, im Falle von Volumenwiderständen dicker Proben verlangen Abweichungen vom Ohmschen Verhalten schon extreme elektrische Bedingungen.

Außer durch einen Ladungstransport im Innern (Den Strom, der mit einem Ladungsdurchtritt an den Elektroden verbunden ist, bezeichnet man auch als Faradayschen Strom.) kann der äußere Strom im transienten Falle[5] auch durch dielektrische Effekte (Verschiebungsstrom durch lokale Polarisation) kompensiert werden. Dieser transiente Ladestrom ist durch elektrische Kapazitäten gekennzeichnet. Kapazitive Effekte[5,6] (Ladungsspeicherung) sind also für Zeitabhängigkeiten maßgeblich. Induktivitäten spielen für unsere Belange keine Rolle.
Prägt man der Zelle einen äußeren Strom auf ($I > 0$), so ist $\eta > 0$ und somit U nach Gl. (7.5) stets größer als für $I = 0$, während im Falle der Stromentnahme ($I < 0$) bei galvanischen Zellen die Spannung abnimmt ($\eta = U - E < 0$).
Dieser dem Zweiten Hauptsatz entsprechende Sachverhalt lässt sich deutlicher in der thermodynamischen Sprechweise formulieren (Kap. 4) [456]. Die Gleichgewichtsspannung E kompensiert im elektrochemischen Gleichgewicht (offener Stromkreis,

---

[5] Nehmen wir I(t) als Anregung, so ergibt sich die gesamte zeitliche Spannungsänderung nach $\left.\frac{\partial U}{\partial I}\right)_t \frac{dI}{dt} + \left.\frac{\partial U}{\partial t}\right)_I$ als implizite Änderung durch die Strom–Zeit–Funktion sowie als explizite Änderung. Letztere wird in unserem Kontext durch Kapazitäten bewirkt.

[6] Da auch für $I = 0$ eine Spannung, nämlich E, existiert, ist die genauere Definition des integralen Widerstandes η/I, wenn mit η die stationäre Überspannung gemeint ist. Entsprechend der Verschaltung der Prozesselemente (d.h. einhergehend mit der Aufspaltung von η und I) lässt sich $\bar{R}$ in Einzelbeiträge aufspalten. Generell geht man besser von einem differentiell definierten Widerstand aus, der über $\partial\eta/\partial I = \partial U/\partial I$ gegeben ist. Ganz analog ist die Situation bei der Kapazität. Sie misst differentiell (C) gesehen nicht wie der Leitwert den Stromanstieg, sondern den Ladungsanstieg aufgrund eines Spannungsanstiegs $\partial Q/\partial U$. Hier sind Ladungsbeiträge und Potentialunterschiede örtlich zu zerlegen. Die genauere Definition einer integralen Einzelkapazität ($\bar{C}$) ist nicht $Q/\Delta\phi$, sondern $Q/(\Delta\phi - \Delta\phi_{pzc})$, da erst beim sogenannten Nulladepotential ($\Delta\phi_{pzc}$) die Ladung Null realisiert ist.

keine inneren Ausgleichsströme) gerade die zum Messeffekt führende Reaktionsaffinität (s. Abschnitt 4.2) $\mathcal{A}$. Die eigentliche, dann zum Stromfluss führende Triebkraft ist die elektrochemische Affinität $\widetilde{\mathcal{A}} = -\Delta\widetilde{G}$, die die Abweichung vom elektrochemischen Gleichgewicht darstellt. Sie ergibt sich demgemäß über die Differenz aus chemischer Affinität und der mit der molaren überführten Ladung multiplizierten Spannung, ist also proportional zu $E - U = -\eta$. Die Entropieproduktion (vgl. Abschnitt 6.1) folgt zu $\Pi = \widetilde{\mathcal{A}}\widetilde{\mathcal{R}} \propto \eta I > 0$. Dies gilt in dieser Weise nicht mehr, wenn Zellen mit Überführung (vgl. Abschnitt 7.2.2) betrachtet werden, da dort Kurzschlüsse auftreten ($\Pi \neq 0$), die sich nicht in einem äußeren Strom manifestieren müssen (I=0).

An dieser Stelle seien noch einige Worte zum elektrischen Potential angefügt. Die betrachtete Größe ϕ stellt das lokale innere Potential (sog. Galvani–Potential) dar. Der absoluten Messung zugänglich ist nur das äußere (Volta–) Potential ψ, das sich von ϕ um das — oft erhebliche — Dipolpotential (Oberflächenpotential) χ unterscheidet. Zu diesem Dipolpotential tragen Polarisationseffekte durch Ausrichtung polarer oder durch Polarisation unpolarer Gruppen bei, wie auch Ladungstrennungen, die nicht über die Phasengrenze hinwegführen. Überschussladungen allerdings, wie sie durch Ladungsumverteilung beim Kontakt zweier Phasen auftreten, tragen per definitionem als Veränderung des Volta–Potentiales zur elektrischen Potentialdifferenz bei. All diese Effekte charakterisieren die elektrochemische Doppelschicht und ihre kapazitive Wirkung. Der Zusammenhang zwischen $\phi, \psi, \chi, \mu_{e^-}, \widetilde{\mu}_{e^-}$ und der Austrittsarbeit w ist in Abb. 7.3 illustriert. Letztere, ebenfalls der Messung

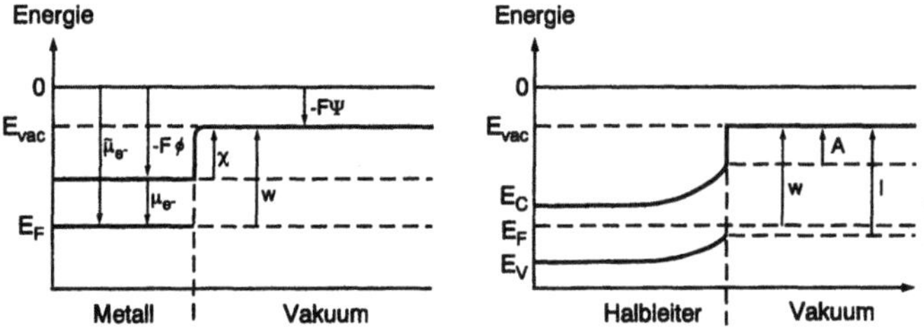

Abb. 7.3: Zum Zusammenhang zwischen den Größen Austrittsarbeit (w), Galvani–Potential (ϕ), Volta–Potential (ψ) und Oberflächenpotential (χ) sowie Austrittsarbeit, Elektronenaffinität (A) und Ionisierungsenergie (I) bei Metall (links) und Halbleiter (rechts). E_{vac} ist die Energie des Elektrons in unendlicher Entfernung im Vakuum. Man beachte, dass die Differenz zwischen I und A dem Bandgap entspricht (innere Redox–Disproportionierung, vgl. Abschnitt 2.1.3). A und I beziehen sich auf die Bandkanten (Standardzustände), während w sich auf E_F bezieht, also die Konfigurationsentropie mit berücksichtigt. Man verwechsle nicht das Energiesymbol mit dem im Text benützten EMK–Symbol E. Nach [479].

zugängliche Größe, beschreibt die Energie, die nötig ist, um ein Elektron reversibel vom Innern ins Vakuum (mit der kinetischen Energie Null) zu befördern.
Wir sind nun gerüstet, einzelne elektrochemische Systeme detailliert zu behandeln.

7.2 Stromlose Zellen

7.2.1 Gleichgewichtszellen: Thermodynamische Messungen und potentiometrische Sensoren

Absolut symmetrische Zellen weisen natürlich im stromlosen Zustand und im elektrochemischen Gleichgewicht die Spannung Null auf. Betrachten wir eine denkbar einfache asymmetrische Zelle, nämlich die Sauerstoffkonzentrationszelle mit dem Sauerstoffionenleiter bestehend aus Y_2O_3 dotiertem ZrO_2

$$\text{Zelle O1=} \qquad \text{Pt}, O_2(P_1)|ZrO_2(Y_2O_3)|O_2(P_2), \text{Pt}, \tag{7.7}$$

bei der die beiden Sauerstoffpartialdrücke P_1 und P_2 auf beiden Seiten (x=0 und x=L) bei gleichen Gesamtdruck auf konstantem, verschiedenem Niveau gehalten werden. P_1 sei größer als P_2. Die Spannung messen wir mit einem hochohmigen Voltmeter, so dass der Messstrom vernachlässigbar klein ist ($U \simeq E$ nach Gl. (7.5)). Da die Elektronenleitfähigkeit im Innern des Festelektrolytes vernachlässigbar[7] ist, gilt dies (wegen $i_{e^-} \propto \sigma_{e^-}|\nabla\widetilde{\mu}_{e^-}|$) ebenfalls für den reinen Elektronenstrom. Aufgrund von $i_{O^{2-}} = i - i_{e^-} = -i_{e^-}$ ist dann aber auch der Ionenstrom Null. Somit verschwindet wegen $|\nabla\widetilde{\mu}_{O^{2-}}| \propto i_{O^{2-}}/\sigma_{O^{2-}}$ und $\sigma_{O^{2-}} \neq 0$ auch jeglicher Potentialgradient für die Sauerstoffionen; nicht der Fall ist dies (wegen $\sigma_{e^-} \simeq 0$) allerdings für das elektrochemische Potential der Elektronen, dessen Unterschied zwischen x=0 und x=L ($\Delta_{0L}\widetilde{\mu}_{e^-}$) ja gerade für die Zellspannung verantwortlich zeichnet (s. Gl. (7.3)). Dies zeigt Bild 7.4.
An jeder Phasengrenze gilt das Einbaugleichgewicht[8]

$$\begin{array}{lll} \frac{1}{2}O_2(L) + 2e^-(L) \rightleftharpoons O^{2-}(L) & \text{d.h.} & \frac{1}{2}\mu_{O_2}(L) + 2\widetilde{\mu}_{e^-}(L) = \widetilde{\mu}_{O^{2-}}(L) \\ \frac{1}{2}O_2(0) + 2e^-(0) \rightleftharpoons O^{2-}(0) & \text{d.h.} & \frac{1}{2}\mu_{O_2}(0) + 2\widetilde{\mu}_{e^-}(0) = \widetilde{\mu}_{O^{2-}}(0). \end{array} \tag{7.8}$$

[7]In der Tat ist die Endlichkeit der elektronischen Leitfähigkeit für geringe innere elektronische und ionische Ausgleichsströme verantwortlich, wie dies weiter unten behandelt wird.

[8]Der Fall kinetischer Hemmungen wird später diskutiert. Die Bezeichnungen x=0 und x=L sind hier der Einfachheit halber sehr pauschal verwendet. Natürlich beziehen sich streng genommen $e^-(L)$ und $e^-(0)$ auf die jeweiligen dort befindlichen Elektrodenphasen, $O_2(L)$ und $O_2(0)$ auf die jeweiligen Gasphasen sowie $O^{2-}(L)$ und $O^{2-}(0)$ auf die jeweiligen Ränder des Festelektrolyten, wie dies genauer in Abb. 7.4 zu erkennen ist. Präzise Unterscheidungen werden getroffen, wenn immer nötig.

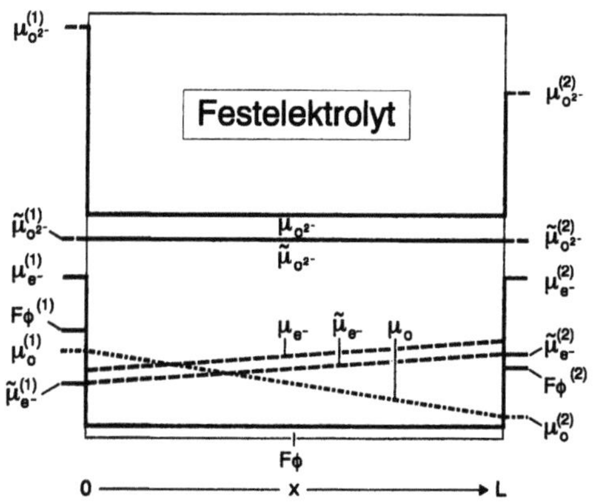

Abb. 7.4: Potentialprofile im Sauerstofffestelektrolyten sowie im Kontaktmetall (links und rechts des Rahmens) im stationären Zustand einer EMK–Messung (Sauerstoffkonzentrationszelle). Der hohen Defektdichte wegen ist im Elektrolyt $\mu_{O^{2-}}$ und im Metall μ_{e^-} konstant und hier willkürlich vorgegeben. Alle anderen Potentiale ergeben sich aus den Gleichgewichtsbedingungen (s. etwa Gl. (7.8)). Um $\widetilde{\mu}_{e^-}$, μ_{e^-} und μ_O auch im Festelektrolyt definiert zu halten, ist eine — allerdings sehr geringe — Elektronenleitung berücksichtigt (s. Abschnitt 7.2.2 und Abb. 7.7). Ebenso ist, um μ_O, $\widetilde{\mu}_{O^{2-}}$ und $\mu_{O^{2-}}$ im Kontaktmetall zu definieren, dort eine geringe Sauerstoffleitfähigkeit berücksichtigt. Der Sauerstoffpotentialunterschied ist der Einfachheit halber so gering angenommen, dass die spezifischen Leitfähigkeiten näherungsweise als konstant angesehen werden können (vgl. Gl. (7.1)). (Außerdem sind Raumladungszonen als vernachlässigbar klein betrachtet.)

Bilden wir die Differenz an den beiden Phasengrenzen, so resultiert[9]

$$\begin{aligned} EF = -\Delta_{0L}\widetilde{\mu}_{e^-} &= -\frac{1}{2}\Delta_{0L}\widetilde{\mu}_{O^{2-}} + \frac{1}{4}\Delta_{0L}\mu_{O_2} \\ &= +\frac{1}{4}\Delta_{0L}\mu_{O_2} \end{aligned} \tag{7.9}$$

und somit die Nernstsche Gleichung

$$E = \frac{RT}{4F}\ln\frac{P_2}{P_1}. \tag{7.10}$$

Bei der formalen Bildung der Zellreaktion aus der Differenz der beiden Elektrodenreaktionen ist allerdings zu beachten, dass im Unterschied zur rein chemischen Reaktion hier die Heterogenität — die Orte 0 und L entsprechen verschiedenen elektrischen Potentialen — entscheidend ist; O^{2-} hebt sich echt weg, da $\widetilde{\mu}_{O^{2-}}$ konstant

[9]Was den Vergleich der Austrittsarbeitsdifferenz der Elektroden (s. Abb. 7.3) mit der Zellspannung angeht, sei darauf hingewiesen, dass das Verschwinden des ionischen Beitrages in Gl. (7.9) durch die Anwesenheit des Elektrolyten bewirkt wird (elektrochemisches Gleichgewicht).

ist, die Differenz der Elektronenterme hingegen führt die Spannung ein, so dass die Affinität der (chemischen) Gesamtzellreaktion

$$O_2(P_1) \rightleftharpoons O_2(P_2) \tag{7.11}$$

die Zellspannung ergibt, ein Resultat, das ja auch direkt aus der globalen Thermodynamik (Hauptsätze) folgen muss[10]:

$$\Delta_r G = -z_r FE. \tag{7.12}$$

Kennt man den Partialdruck auf einer Seite, so lässt sich nach Gl. (7.10) der Partialdruck auf der anderen Seite berechnen. Dies ist das Grundprinzip eines potentiometrischen Gassensors. Im konkreten Fall spricht man auch von dem sog. Lambda-Sensor, der breite Anwendung in Automobilen wie auch der Metallindustrie findet. Im Falle metallurgischer Prozesse ist die Sauerstoffaktivität in Metallen ein wichtiger Prozessparameter, der über die Lambda-Sonde gemessen wird, bei Einsatz in Automobilen (Abb. 7.5) wird das Messsignal zur Einstellung eines optimalen Abgas- zu

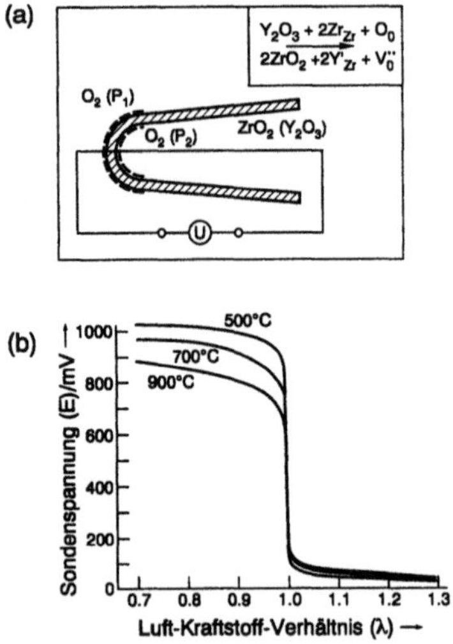

Abb. 7.5: a) Prinzipieller Aufbau einer Sauerstoffkonzentrationszelle mit ZrO_2 (Y_2O_3) (auch YSZ abgekürzt) als keramischem Festelektrolyten, wie er bei O_2-Sensoren (λ-Sonden), Pumpen und Brennstoffzellen (bei letzteren ist der Partialdruck auf der Anodenseite durch Gase wie H_2 sehr klein gehalten, vgl. Abschnitt 7.4.2) Verwendung findet.
b) Lambda-Sondenspannung als Funktion des Luft-Kraftstoff-Verhältnisses. Bei zu "fettem" Gemisch ($\lambda < 1$) und zu "magerem" Gemisch ($\lambda > 1$) weicht die Zellspannung empfindlich vom stöchiometrischen Wert ab. Aus [480].

Luftverhältnisses verarbeitet. Dies ist von besonderer Wichtigkeit für die Kopplung mit dem Abgaskatalysator [481]. Abbildung 7.5b zeigt den Spannungsverlauf, der

[10] Besser schreibt sich also die (elektrochemische) Gesamtreaktion, auf die nun die Gleichgewichtsbedingung anwendbar ist:

$$O_2(0) + 4e^-(0) \rightleftharpoons O_2(L) + 4e^-(L).$$

Die e^--Terme heben sich nicht weg, da das jeweilige elektrochemische Potential ein anderes ist; es ergibt sich in Bezug auf Gl. (7.12) unmittelbar $z_r = 4$.

natürlich dem einer Titrationskurve ähnelt. Das Spannungssignal kann direkt zur Einregelung der chemischen Prozessvariablen benutzt werden. Der Punkt $\lambda = 1$ entspricht dem stöchiometrischen Luft–Kraftstoff–Verhältnis. Statt auf der Referenzseite ein Gas vorzugeben, kann auch die Sauerstoffaktivität — dann aber temperaturabhängig — wie in Kap. 4 diskutiert, über ein Metall–Metalloxid–Gemisch fixiert werden, wie z. B. in

$$\text{Zelle O2} = \quad \mathrm{Cu, Cu_2O|ZrO_2\,(Y_2O_3)\,|O_2, Pt.} \qquad (7.13)$$

Nach demselben Prinzip lassen sich auch potentiometrische Sensoren für andere Gase konstruieren. So finden etwa Zellen mit protonenleitenden Festelektrolyten (In–dotiertes $CaZrO_3$ [482], vgl. Abschnitt 5.6) zur Messung der H–Aktivität in Aluminium Verwendung. Auf diese Weise wird die mit dem Wasserstoffgehalt verbundene Versprödungsneigung kontrolliert.
Ein anderes Beispiel sind Chlorsensoren. Natürlich benötigt man hierfür nicht unbedingt Cl^-–Leiter. AgCl in Kontakt mit Cl_2–Gas fixiert ja auch eine definierte Silberaktivität, und Zellen der Art

$$\mathrm{Pt, Cl_2(P_1)|AgCl|Cl_2(P_2), Pt} \qquad (7.14)$$

oder einfacher

$$\mathrm{Ag|AgCl|Cl_2, Pt} \qquad (7.15)$$

stellen Silber- bzw. Chloraktivitätszellen dar. Der Kontakt Ag/AgCl entspricht dem Metall/Metalloxid–Kontakt in Gl. (7.13). In gleicher Weise wie im obigen Beispiel ergibt sich

$$\mathrm{E} \propto -\Delta_{0L}\mu_{Ag} \propto \Delta_{0L}\mu_{Cl_2}. \qquad (7.16)$$

Ausführlicher gilt auf der Kathodenseite[11] (x=L)

$$\frac{1}{2}\mathrm{Cl_2} + \mathrm{Ag^+} + \mathrm{e^-} \rightleftharpoons \mathrm{AgCl} \quad \text{d. h.} \quad \frac{1}{2}\mu_{Cl_2} + \widetilde{\mu}_{Ag^+} + \widetilde{\mu}_{e^-} = \mu^{\circ}_{AgCl} \qquad (7.17)$$

und auf der Anodenseite (x=0)

$$\mathrm{Ag^+} + \mathrm{e^-} \rightleftharpoons \mathrm{Ag} \qquad \text{d. h.} \quad \widetilde{\mu}_{Ag^+} + \widetilde{\mu}_{e^-} = \mu^{\circ}_{Ag}. \qquad (7.18)$$

Bei der Differenzenbildung fällt der Ag^+–Beitrag weg (AgCl ist reiner Ag^+–Leiter), während der e^-–Beitrag die Zellspannung einbringt:

$$\frac{1}{2}\mathrm{Cl_2} + \mathrm{Ag} \rightleftharpoons \mathrm{AgCl}\left[+\mathrm{e^-}(0) - \mathrm{e^-}(L)\right]. \qquad (7.19)$$

Der Ausdruck in der eckigen Klammer trägt dem Unterschied zwischen chemischem und elektrochemischem Gleichgewicht Rechnung. Es resultiert wegen $\mu_{Cl_2} = \mu^{\circ}_{Cl_2} + RT \ln P_{Cl_2}$ und $\frac{1}{2}\mu_{Cl_2} + \mu^{\circ}_{Ag} = \mu^{\circ}_{AgCl} - \Delta_{0L}\widetilde{\mu}_{e^-}$ die Beziehung

$$\mathrm{EF} = -\Delta_{0L}\mu_{Ag} = +\frac{1}{2}\Delta_{0L}\mu_{Cl_2} = -\Delta_f G_{AgCl} = -\Delta_f G^{\circ}_{AgCl} + \frac{1}{2}RT \ln P_{Cl_2}. \qquad (7.20)$$

[11] Den Anschluss an die Defektformulierung gewinnen wir mit $\delta\mu_{Ag_i^{\cdot}} = -\delta\mu_{V'_{Ag}} = \delta\mu_{Ag^+}$ und $\delta\mu_{e^-} = \delta\mu_{e'} = -\delta\mu_{h^{\cdot}}$ (s. Kap. 5).

Die freie Standardbildungsenthalpie $\Delta_f G^\circ_{AgCl}$ steht für $\mu^\circ_{AgCl} - \mu^\circ_{Ag} - \frac{1}{2}\mu^\circ_{Cl_2}$.

Eine äquivalente Betrachtungsweise berechnet die einzelnen elektrischen Potentialsprünge[12] und addiert diese. Für die austauschbaren Spezies gilt im Falle des heterogenen Gleichgewichtes $\Delta\widetilde{\mu}_k = 0$, wenn sich Δ auf die Änderung über die Grenzfläche bezieht, und folglich der dortige elektrische Potentialsprung zu $\Delta\phi = -\Delta\mu_k/z_k F$. Betrachten wir in diesem Sinne nochmals Zelle 7.15:
An der Phasengrenze Ag/AgCl ist Ag^+ reversibel austauschbar (d.h. im Gleichgewicht $\Delta\widetilde{\mu}_{Ag^+} = 0$ bzw. $\Delta\mu_{Ag^+} = -F\Delta\phi$). Zerlegt man auf der linken Seite der Zelle μ_{Ag^+} im Silber in $\mu^\circ_{Ag} - \mu_{e^-}(Ag)$, so folgt für den Potentialsprung $F\Delta\phi^{(I)}$ ($\equiv$ Potentialsprung I $= -\Delta\mu^{(I)}_{Ag^+}$) an dieser Phasengrenze der Ausdruck $\mu^\circ_{Ag} - \mu_{Ag^+}(\mathrm{AgCl, links}) - \mu_{e^-}(Ag)$. Auf der rechten Seite ($Pt, Cl_2|AgCl$) ergibt sich analog der Potentialsprung $F\Delta\phi^{(II)}$ ($\equiv$ Potentialsprung II) über $\frac{1}{2}\mu_{Cl_2} + \mu_{e^-}(Pt) - \mu^\circ_{AgCl} + \mu_{Ag^+}(\mathrm{AgCl, rechts})$[13]. Da die Zellspannung an gleichen Metallen abgegriffen wird — nehmen wir der Einfachheit halber Pt — so ist noch der Potentialsprung an der Grenze Pt/Ag hinzuzufügen (Potentialsprung III), der über $\mu_{e^-}(Ag) - \mu_{e^-}(\mathrm{Pt, links})$ gegeben ist. Bei der Summation der Potentiale entsteht wieder Gl. (7.20), sofern die Werte für $\mu_{Ag^+}(AgCl)$ in beiden Ausdrücken identisch sind, also kein Gradient dieser Größe innerhalb des Silberchlorides besteht; dies ist bei deutlich ionisch fehlgeordneten Ionenleitern erfüllt ($\nabla\mu_{Ag^+} = \nabla\mu_{Ag_i^\cdot} \simeq \mathbf{0}$ wegen $\nabla c_{Ag_i^\cdot}/c_{Ag_i^\cdot} \simeq \mathbf{0}$). Ist dies nur in schlechter Näherung realisiert, so ist ein zusätzliches Potentialgefälle über den Ionenleiter die Folge, das dann noch bei der Summation zu berücksichtigen ist. Auf alle Fälle resultiert Gl. (7.20).
Man erkennt an der eben dargelegten Beschreibung sehr schön, dass sich bei Verwendung guter Ionenleiter die Gesamtzellspannung in zwei Halbzellspannungen (Elektrodenpotentiale) zerlegen lässt, mit Hilfe derer man die Gesamtzellspannung konstruieren kann. Die beiden Teilspannungen $\Delta\phi_{links}$ (Potentialsprung I + Potentialsprung III) und $\Delta\phi_{rechts}$ (Potentialsprung II) beziehen sich auf die Halbzellen Pt|Ag|AgCl und $AgCl|Cl_2$, Pt.
Hierbei ist jedoch auch bei Verwendung stark fehlgeordneter Ionenleiter Vorsicht geboten: Sind die zwei Elektrolytphasen der Halbzellen nicht identisch (wie z.B. bei der Kombination der Halbzellen Pt/Ag/AgX & $AgCl/Cl_2$,Pt, so ist die Ortsabhängigkeit des chemischen Potentials der Ionen im Innern nicht stationär.
Es ergeben sich zwei Möglichkeiten, diese Komplikation zu umgehen. Zum einen resultiert dann ein reversibles Potential, wenn beiden Phasen Gelegenheit zur Gleichgewichtseinstellung gegeben wird. Herrscht Phasengleichgewicht (bei X=I bildet

[12] Da ϕ eine Zustandfunktion darstellt, ist $\Delta_{0L}\phi = \int_{\phi(0)}^{\phi(L)} d\phi = \Sigma_i \Delta_i \phi$. Die Gesamtpotentialdifferenz ergibt sich also aus der Summe der Potentialsprünge an den Grenzflächen zuzüglich eventueller Potentialdifferenzen innerhalb der Phasen selber.

[13] Am bequemsten ist es, formal Cl^- als die austauschbare Spezies anzusehen und im AgCl μ_{Cl^-} über $\mu^\circ_{AgCl} - \mu_{Ag^+}$ auszudrücken, während es gasseitig über $\frac{1}{2}\mu_{Cl_2} + \mu_{e^-}$ gegeben ist.

sich die koexistierende Zusammensetzung[14] $AgI_{ss}|AgCl_{ss}$, bei X=Br die feste Lösung Ag(Cl,Br)), entspricht die Gesamtzellspannung allerdings nicht mehr der der Halbzellenkombination mit den reinen Phasen. Eine zweite Möglichkeit besteht darin, dass ein Elektrolyt dazwischengeschaltet ist (z.B. "Ag–Alumina", vgl. Abschnitt 6.2.1), der den Löslichkeitsprozess unterdrückt, aber die μ_{Ag^+}-Werte über die zwei entstehenden Potentialsprünge in Verbindung bringt[15], so dass am Ende die Differenz der Halbzellenpotentiale resultiert. In anderen Fällen finden am Kontakt irreversible Konzentrationsausgleichsprozesse statt, die zu einem Diffusionspotential führen. Dies ist gerade im Falle fester Stoffe sehr zu beachten[16]. Die genauere Betrachtung verläuft ähnlich wie im Falle des gemischten Leiters, der am Ende dieses Abschnittes behandelt wird [485].

Doch zurück zu den Gleichgewichtsketten. Die komplizierteren Zellen [486,487]

$$\text{Zelle C1} = (Au, O_2,)CO_2, Na_2CO_3|\beta''\text{-}Al_2O_3(Na_2O)|SnO_2, Na_2SnO_3(, O_2, Au) \quad (7.21a)$$

$$\text{Zelle C2} = (Au, O_2,)CO_2, Na_2CO_3|\beta''\text{-}Al_2O_3(Na_2O)|TiO_2, Na_2Ti_6O_{13}(, O_2, Au) \quad (7.21b)$$

ermöglichen auf sehr einfache, präzise und elegante Weise eine Detektion von CO_2 in der Gasphase[17]. Auf oxidischem Niveau entsprechen sie durchaus den eingangs betrachteten Zellen. Um dies zu sehen, kürzen wir Na_2O mit N, CO_2 mit C, und SnO_2 mit S ab, dann nimmt Zelle C1 mit

$$\mathtt{C, NC}|\ldots|\mathtt{NS, S} \quad (7.22)$$

eine der Zelle O2 (Gl. 7.13, wenn wir uns auch auf der rechten Seite das Sauerstoffpotential durch eine Zweiphasenmischung (z.B. Ni/NiO) vorgegeben denken) analoge Form an. Die chemische Zellreaktion lautet $\mathtt{C} + \mathtt{NS} \rightleftharpoons \mathtt{S} + \mathtt{NC}$ bzw.

$$\text{Reaktion C} = \quad Na_2CO_3 + SnO_2 \rightleftharpoons CO_2 + Na_2SnO_3. \quad (7.23)$$

In einem wichtigen Punkt allerdings hinkt der Vergleich: Die Spannung über dem Na^+-Leiter entspricht natürlich der Differenz der Na-Potentiale, nicht der Na_2O-Potentiale. Anders formuliert: Nach der Gibbsschen Phasenregel muss zur Festlegung der Bedingungen auf jeder Seite noch eine dritte Phase vorhanden sein. Dies

---

[14] Der Index "ss" steht für feste Lösung (solid solution).

[15] $F\Delta\phi(\text{AgCl/Ag-Alumina}) = -\Delta\mu_{Ag^+}(\text{AgCl/Ag-Alumina})$ und $F\Delta\phi(\text{Ag-Alumina/AgX}) = -\Delta\mu_{Ag^+}(\text{Ag-Alumina/AgX})$. Die Summe ergibt wegen der Konstanz der Werte im Ag–Alumina $-\Delta\mu_{Ag^+}(\text{AgCl/AgX})$.

[16] Man erkennt, dass beim Zwischenschalten beliebiger Ionenleiter beachtliche Elektrodenpotentiale auftreten können. In solchen Fällen ist der Unterschied der chemischen Potentiale der Ionen in der Regel zwar nicht definiert, aber beileibe nicht notwendigerweise Null. Die Zeitabhängigkeit irreversibler Beiträge ist oft nicht stark ausgeprägt, so dass pseudostationäre Zellspannungen vermessen werden. Beispiele sind die Glaselektrode sowie das Daniell–Element Cu $|CuSO_4|$ $|ZnSO_4|$ Zn. Solche Betrachtungen sind sehr wichtig für die Wirkungsweise und Selektivität potentiometrischer Sensoren [483,484]. Im Falle mehrerer Elektrodenvorgänge ist das Phänomen der Mischpotentialbildung zu berücksichtigen (s. Fußnote 52), welches den Selektivitätsverlust geringer gestaltet, als es den Anschein haben mag.

[17] Vgl. hierzu [488–490]

ist jedoch auch der Fall. Der auf beiden Seiten vorhandene Sauerstoff der Gasphase leistet dies, fällt aber aus der Gesamtbilanz heraus, und das gesamte Sensorsignal ist unabhängig vom Sauerstoffpartialdruck. Auch ist die Phasenmischung auf der rechten Seite wegen $\Delta_C G > 0$ im interessanten Parameterbereich nicht gegen CO_2 empfindlich, so dass ein simpler Versuchsaufbau resultiert. Die drei Pellets können völlig ungeschützt in die Messatmosphäre gebracht werden. Aufgrund der globalen Thermodynamik ergibt sich die EMK der Zelle zu

$$E = -\frac{1}{2F}\Delta_c G = -\frac{1}{2F}\Delta_c G^\circ - \frac{RT}{2F}\ln P_{CO_2}. \tag{7.24}$$

Abbildung 7.6 zeigt, wie gut diese Beziehung erfüllt ist und wie schnell und driftfrei die Zelle auf Änderungen im CO_2–Partialdruck reagiert. Dass Gl. (7.24) auch

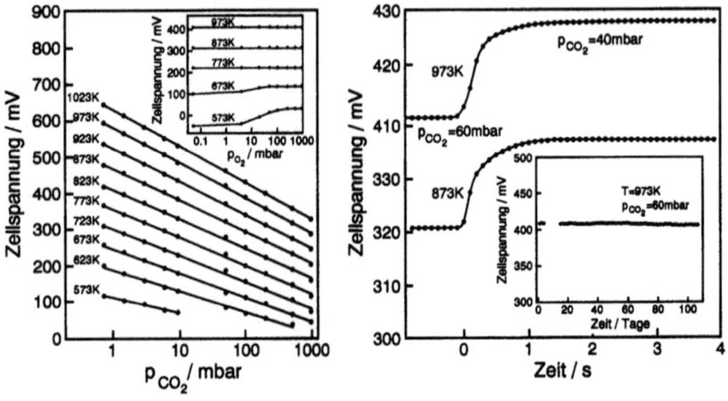

Abb. 7.6: a) Gezeigt ist, wie exzellent die Zelle C2 (Gl. (7.21b)) das Nernstverhalten sowie die für einen CO_2–Sensor notwendigen Voraussetzungen schnelle Ansprechzeit, Driftfreiheit und Langzeitstabilität erfüllt. Außerdem ist das Signal für $T \geq 500°C$ von P_{O_2} unabhängig [491].

nach lokalen Betrachtungen folgt und dass auch alle Aktivitäten fixiert sind, soll nochmals anhand der Elektrodenreaktionen und Transportprozesse bewiesen werden: Betrachten wir Zelle C1:

$$\text{Messelektrode}: Na_2CO_3(0) \rightleftharpoons 2Na^+(0) + 2e^-(0) + CO_2(0) + \frac{1}{2}O_2(0) \tag{7.25}$$

$$\begin{aligned} \text{Elektrolyt}: 2Na^+(0) &\rightleftharpoons 2Na^+(L) \\ \text{Voltmeter}: 2e^-(0) &\not\rightleftharpoons 2e^-(L) \end{aligned} \tag{7.26}$$

$$\text{Referenzelektrode}: 2e^-(L) + 2Na^+(L) + SnO_2(L) + \frac{1}{2}O_2(L) \rightleftharpoons Na_2SnO_3(L) \tag{7.27}$$

Da es sich unter den Messbedingungen beim Festelektrolyten um einen Na^+–Ionenleiter handelt ($\sigma_{Na^+} \gg \sigma_{e^-} \simeq 0$), ergibt sich die Zellspannung über die Differenz des chemischen Potentials des Na auf beiden Seiten. μ_{Na} kann wegen obiger Gleichungen über $\mu^\circ_{Na_2CO_3}(0)$, $\widetilde{\mu}_{Na^+}(0)$, $\widetilde{\mu}_{e^-}(0)$,$\mu_{CO_2}(0)$, $\mu_{O_2}(0)$ auf der Messseite und über $\mu^\circ_{Na_2SnO_3}(L)$, $\mu^\circ_{SnO_2}(L)$, $\widetilde{\mu}_{Na^+}(L)$, $\widetilde{\mu}_{e^-}(L)$, $\mu_{O_2}(L)$ auf der Referenzseite ausgedrückt werden, in der Differenz fallen die μ_{O_2}'s heraus (gleicher Partialdruck in der offenen Zelle), desgleichen die $\widetilde{\mu}_{Na^+}$'s (Festelektrolyt!). Die Differenz der $\widetilde{\mu}_{e^-}$ ergibt die Zellspannung, und es resultiert wieder Gl. (7.24).

Umgekehrt kann natürlich die EMK einer geeigneten elektrochemischen Zelle dazu dienen, die freie Reaktionsenthalpie

$$\Delta_r G = -z_r F E \tag{7.28}$$

sowie über die T-Abhängigkeit die Entropie

$$\Delta_r S = -\frac{\partial \Delta_r G}{\partial T} = z_r F \frac{\partial E}{\partial T} \tag{7.29}$$

und hieraus die Enthalpie

$$\Delta_r H = -z_r F \left(1 - T\frac{\partial}{\partial T}\right) E \tag{7.30}$$

der Reaktion zu bestimmen. Wichtig ist natürlich, dass die Bedingungen definiert sind, dass keine weiteren Reaktionen von Belang sind, sich die Elektrodenreaktionen schnell genug einstellen und der Messstrom vernachlässigbar ist.
Viele thermodynamische Bildungsdaten wurden auf diese Weise bestimmt. So ergibt die Untersuchung der Bildungszelle für AgCl (s. Gl. (7.15)) verlässliche Standardbildungsenthalpien dieser Verbindung nach

$$\Delta_f G^\circ_{AgCl} = -EF + \frac{1}{2} RT \ln P_{Cl_2}, \tag{7.31}$$

$\Delta_f S^\circ$ und $\Delta_f H^\circ$ folgen dann aus der T-Abhängigkeit.
Tabelle 7.1 zeigt eine Auswahl von Gleichgewichtszellen, basierend auf Fluorid-, Silber- und Sauerstoffionenleitern, mit Hilfe derer thermochemische Daten (wie sie in Kap. 4 behandelt wurden) bestimmt wurden [6,492]. Eine zur Zelle in Gl. (7.21) analoge Zelle [493]

$$O_2, CO_2, Na_2CO_3|\beta''\text{-}Al_2O_3(Na_2O)|Na_2ZrO_3, ZrO_2, O_2 \tag{7.32}$$

diente dazu, aus der EMK und den freien Bildungsdaten von CO_2, Na_2CO_3 und ZrO_2 die unbekannten Daten für Na_2ZrO_3 zu bestimmen. Bei Benützung von $CaCO_3/CaO$-Puffergemischen kann der CO_2-Partialdruckbereich weiter ausgedehnt werden. Besonders nützlich ist die Kombination mit C_p-Messungen. Da aus der Integration über $C_p \mathrm{d} \ln T$ der Entropiezuwachs der Phase innerhalb der Integrationstemperaturen folgt (s. Kap. 4) und die C_p-Daten über weite Temperaturbereiche und auch bei tiefen Temperaturen erhältlich sind, resultieren in Kombination

Tabelle 7.1: Beispiele von Gleichgewichtsketten, die zur Bestimmung thermodynamischer Daten (der unterstrichenen Verbindungen) herangezogen wurden [6,492].

$Mg, MgF_2 \mid CaF_2 \mid \underline{ThF_4}, Th,$	$\underline{(Ni, Mn)O}, Ni \mid ThO_2\ (+Y_2O_3) \mid Ni, NiO$
$Th, ThF_4 \mid CaF_2 \mid \underline{AlF_3}, Al,$	$Co, SiO_2, \underline{Co_2SiO_4} \mid ZrO_2\ (+CaO) \mid Co, CoO$
$U, \underline{UF_3} \mid CaF_2 \mid AlF_3, Al,$	$Co, Al_2O_3, \underline{(Co, Mg)\ Al_2O_4} \mid ZrO_2\ (+CaO) \mid Co, Al_2O_3, CoAl_2O_4$
$Th, ThF_4 \mid CaF_2 \mid \underline{NiF_2}, Ni,$	$Ni, NiO \mid ZrO_2\ (+CaO) \mid \underline{(Cu, Ni)}, NiO$
$Al, AlF_3 \mid CaF_2 \mid \underline{PbF_2}, Pb,$	$Ag \mid AgI \mid \underline{(Ag, Te)}$

mit den EMK–Messungen, die natürlich nur bei erhöhten Temperaturen möglich sind, konsistente Datensätze über weite Bereiche. In ähnlicher Weise können auch entsprechende Daten und Mischungsverhältnisse in komplexeren Vebindungen, wie etwa im Nasicon–System (s. Abschnitt 6.2) bestimmt werden [494]. Der Vergleich der thermochemisch über C_p erhaltenen (s. Abb. 4.2, S. 88) und der elektrochemisch erhaltenen Entropiewerte ermöglicht dann auch die Abschätzung von Nullpunktsentropien, die bei diesen multinären Systemen durch kinetische Hemmungen von Ordnungsvorgängen bei tiefen Temperaturen herrühren.

7.2.2 Zellen mit Überführung und chemische Polarisation: Messung der Transportparameter und chemische Filter

Kehren wir nochmals zu unserer Prototypzelle, der Sauerstoffkonzentrationszelle, zurück, lassen nun aber auch eine anteilige Elektronenleitfähigkeit zu, ersetzen also den Festelektrolyten durch einen gemischten Leiter[18]. In diesem Fall ist natürlich wegen des Auftretens einer chemischen Diffusion der Zustand $P_1 \neq P_2$ nicht mehr stabil. Werden allerdings die Sauerstoffpartialdrücke (etwa durch kontinuierliche Gaszu- bzw. -abfuhr) aufrechterhalten, so wird eine zeitlich invariante Zellspannung fixiert (auf Kosten der äußeren Gasströmung), deren Wert wir jetzt berechnen wollen.
Wie groß ist also die stationäre Zellspannung der Nichtgleichgewichtszelle [495,496]

$$O_2(P_1)|MO|O_2(P_2)\,? \tag{7.33}$$

Trotz eines verschwindenden äußeren Gesamtstromes fließen im Gegensatz zu oben nun innere ionische und elektronische Ausgleichsströme ($j_O = j_{O^{2-}} \propto \sigma_{O^{2-}}\nabla\widetilde{\mu}_{O^{2-}} \propto j_{e^-} \propto \sigma_{e^-}\nabla\widetilde{\mu}_{e^-}$), die einen neutralen Sauerstofffluss bestehend aus ambipolar gekoppelten Ionen und Elektronen konstituieren, wie in Abschnitt 6.3.3 ausführlich besprochen.

[18] Natürlich ist dies der allgemeinere Fall, da auch gute Festelektrolyte stets eine anteilige (geringe) Elektronenleitfähigkeit aufweisen.

Die Kopplung der beiden Ströme liefert

$$\sigma_{e^-}\nabla\widetilde{\mu}_{e^-} = -\sigma_{O^{2-}}\nabla\widetilde{\mu}_{O^{2-}}/2. \quad (7.34)$$

Andererseits sind die elektrochemischen Potentiale der Ionen und Elektronen über

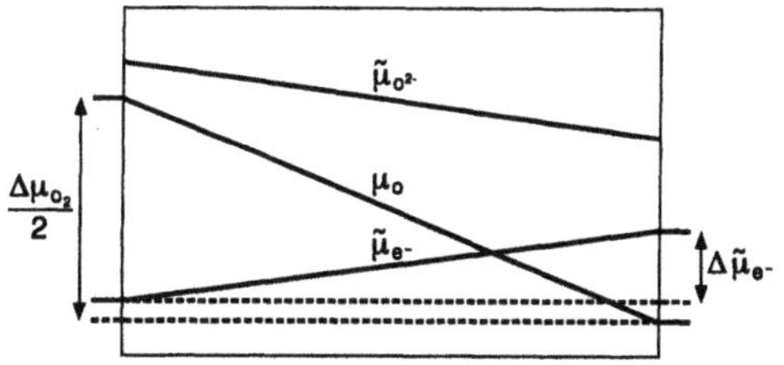

Abb. 7.7: Die elektrochemischen Potentiale von Sauerstoffionen und Elektronen im gemischten Leiter mit einer ionischen Überführungszahl von 2/3 im Sauerstoffgradienten. Dieser ist der Einfachheit halber so klein gewählt, dass die Leitfähigkeiten und so auch die Überführungszahl im Innern nahezu konstant sind. Die Zellspannung ($\propto \Delta\widetilde{\mu}_{e^-}$) entspricht nach Gl. (7.36) $\Delta\mu_O/(3F)$ bzw. $\Delta\mu_{O_2}/(6F)$. Die Angabe des Verlaufes von $\mu_{O^{2-}}$ erfordert die Kenntnis der Fehlordnung. Da die Beweglichkeit der Elektronen in der Regel sehr viel größer ist als die der Elektronen, so ist für den angenommenen Fall von $\sigma_{ion} = 2\sigma_{eon}$ unter obigen Bedingungen die ionische Defektkonzentration sehr viel größer als die der Elektronen, und es gilt $\mu_{O^{2-}} \simeq$ const wie in Abb. 7.4. Dann ist im Unterschied zum Festelektrolyten (und im Unterschied zu Abb. 7.4) das Innere nicht feldfrei ($\nabla\phi \neq \mathbf{0}$). (Mögliche Elektrodeneffekte sind vernachlässigt.)

die lokalen Gleichgewichte korreliert:

$$\widetilde{\mu}_{O^{2-}} - 2\widetilde{\mu}_{e^-} = \mu_O = \frac{1}{2}\mu_{O_2} = \frac{1}{2}\mu^\circ_{O_2} + \frac{1}{2}RT\ln P_{O_2}. \quad (7.35)$$

Bild 7.7 zeigt die Verhältnisse.
Einsetzen in Gl. (7.34) und Umformen führt zu $\nabla\widetilde{\mu}_{e^-} \propto (\sigma_{O^{2-}}/\sigma)\nabla\mu_{O_2}$, die anschließende Integration zur EMK[19]

$$\begin{aligned} E &= -\frac{1}{F}\int_0^L \nabla\widetilde{\mu}_{e^-}dx = \frac{1}{4F}\int_{\mu_{O_2}(O)}^{\mu_{O_2}(L)} \frac{\sigma_{O^{2-}}}{\sigma}d\mu_{O_2} \\ &= \frac{RT}{4F}\int_{\ln P_1}^{\ln P_2} t_{O^{2-}}\, d\ln P_{O_2} \quad (7.36) \\ &\equiv \frac{RT}{4F}\langle t_{O^{2-}}\rangle \ln\frac{P_2}{P_1} = \langle t_{O^{2-}}\rangle E_{Nernst}. \end{aligned}$$

[19]Ein analoges Resultat (σ_{eon} statt σ_{ion}) ergibt sich bei Messung mit ionischen Sonden (vgl. auch Abschnitt 7.3.2).

In Gl. (7.36) wurde der Einfachheit halber eine mittlere ionische Überführungszahl eingeführt ($\langle t_{O^{2-}} \rangle \equiv \int t_{O^{2-}} d\mu_{O_2} / \int d\mu_{O_2}$), die die Verringerung der EMK gegenüber dem Nernst–Wert (s. Gl. (7.10)), der sich beim reinen Festelektrolyt einstellt, angibt. Für genauere Betrachtungen, wie sie bei der Vermessung der Zellspannung

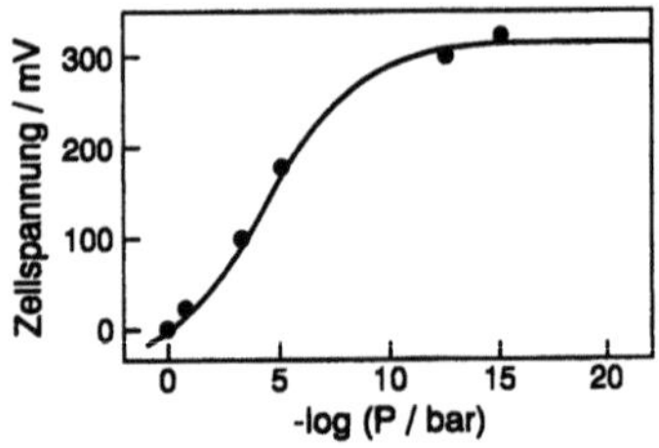

Abb. 7.8: EMK von Konzentrationszellen mit MgO als "Elektrolyt" als Funktion des variablen Sauerstoffpartialdruckes P bei 1300°C [497]. Der Partialdruck auf der Referenzseite beträgt 1 bar. Die Berechnung (durchgezogene Linie) erfolgt nach Leitfähigkeitsdaten [498] entsprechend Fußnote 20. Die Leitfähigkeit ist überwiegend elektronisch. Lediglich im Bereich der Wendestelle sind ionische und elektronische Leitfähigkeiten vergleichbar. Aus [497].

an MgO in Abb. 7.8 durchgeführt sind, muss das Integral gelöst[20] oder es muss die Änderung der EMK mit P_1 bei festem P_2 (oder vice versa) vermessen werden[21]. Die

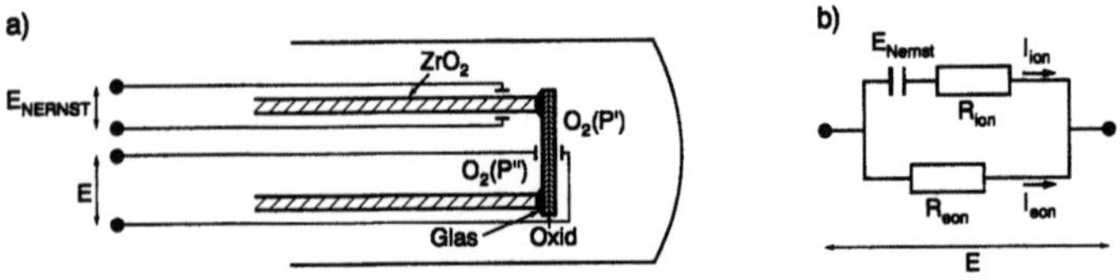

Abb. 7.9: a) Das Verkleben der Messprobe mit dem ZrO_2–Rohr (mit Hilfe eines geeigneten Glaslotes) erlaubt die unmittelbare Bestimmung der ionischen Überführungszahl aus der Zellspannung am Trägerrohr und an der Probe.
b) Heuristisches Ersatzschaltbild[22] zu Gl. (7.36).

Formulierung mit einer mittleren Überführungszahl ist aber nicht rein akademisch, sondern leistet dort gute Dienste, wo der im Einzelexperiment überstrichene P_{O_2}–Bereich klein ist gegenüber dem gesamten interessierenden Partialdruckbereich. In diesem Fall erhält man die Überführungszahl histogrammartig. Das Konzentrationszellenexperiment ist eine leistungsfähige Methode, Ionen- und Elektronenleitung

[20]Wie unschwer nachgerechnet werden kann, lässt sich $t_{ion} = (1 + \sigma_{eon}/\sigma_{ion})^{-1}$ in der Form $t_{ion} = [1 + (P_\ominus/P)^N + (P/P_\oplus)^N]^{-1}$ schreiben, wenn $\sigma_{e'} \propto P^{-N}$, $\sigma_{h^\cdot} \propto P^N$ und σ_{ion} unabhängig vom Partialdruck ist. Die Partialdrücke $P_\ominus$ und $P_\oplus$ stellen die Domänengrenzen zwischen N– und I– respektive I– und P–Regime (s. Abb. 5.37 in Abschnitt 5.5) dar, i.e. $\sigma_{e'}(P_\ominus) = \sigma_{ion}(P_\ominus)$ bzw. $\sigma_{h^\cdot}(P_\oplus) = \sigma_{ion}(P_\oplus)$. Durch Integration folgt für $P_\oplus \gg P_\ominus$ [497]

$$E = \frac{RT}{F}\left(\ln\frac{P_\oplus^N + P_1^N}{P_\oplus^N + P_2^N} + \ln\frac{P_\ominus^N + P_2^N}{P_\ominus^N + P_1^N}\right).$$

[21]Eine Korrekturmöglichkeit erster Ordnung ist in Ref. [499] angegeben (s. auch Abschnitt 7.3.4).

aufzutrennen. Voraussetzungen sind natürlich die Reversibilität der Elektrodenreaktion, sowie das Vorliegen merklicher Überführungszahlen. Bei t_{ion}-Werten unterhalb 1% sind die Absolutwerte der EMK normalerweise im Schwankungsbereich von Temperatureffekten. Eine experimentelle Erschwernis besteht in der notwendigen Abtrennung der Gasräume. Abbildung 7.9a zeigt, wie dies durch Aufkleben der Messprobe mittels eines geeigneten Glaslotes auf ein YSZ–Rohr (Y_2O_3 dotiertes ZrO_2) erreicht werden kann. Die Verwendung eines Festelektrolyten (YSZ) als Kammermaterial gestattet, gleichzeitig die Partialdrücke zu kontrollieren und somit durch das Verhältnis E/E_{Nernst}[22] die Größe $\langle t_{ion} \rangle$ direkt zu bestimmen. Die Abb. 7.10a und 7.10b beziehen sich auf experimentelle Bestimmungen der Überführungs-

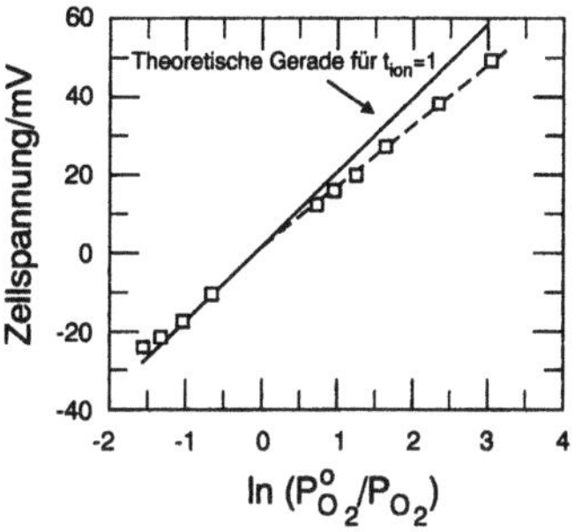

Abb. 7.10a: Der Vergleich der Zellspannung an $Ba_3In_2ZrO_8$ mit dem Nernst–Wert — d.h. den mit der λ–Sonde erhältlichen Werten — zeigt überwiegende Ionenleitung an. Aus [500].

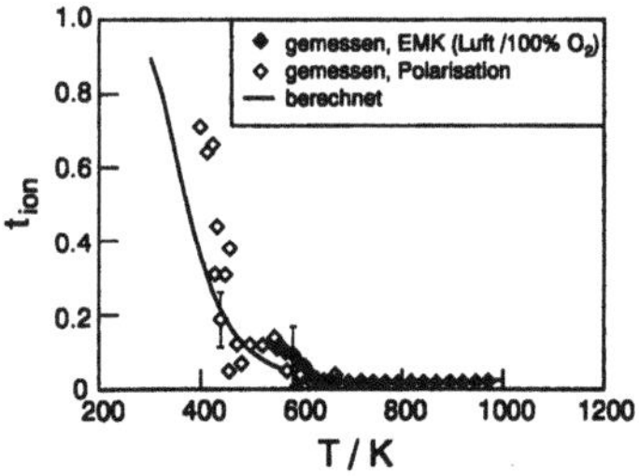

Abb. 7.10b: Ionische Überführungszahl von Fe–dotiertem $SrTiO_3$ aus EMK–Messungen im Vergleich mit Polarisationsmessungen (s. Abschnitt 7.3.4) und unabhängigen defektchemischen Rechnungen [185].

zahl am Ionenleiter $Ba_3In_2ZrO_8$ sowie am gemischten Leiter $SrTiO_3$.

Sind Ionen in mehreren Ionisierungsstufen beweglich, so gilt Gl. 7.36 nicht mehr. Es sind dann neben $j_{O^{2-}}$ noch j_{O^-} und j_{O° zu berücksichtigen. Über die Kopplungen $\widetilde{\mu}_{O^{2-}} = \widetilde{\mu}_{O^-} + \widetilde{\mu}_{e^-} = \mu_O + 2\widetilde{\mu}_{e^-}$ resultiert nach analoger Rechnung [388]

$$E/E_{Nernst} = \left\langle \frac{\sigma_{O^{2-}} + 2\sigma_{O^-}}{\sigma} \right\rangle = \left\langle t_{ion} + \frac{\sigma_{O^-}}{\sigma} \right\rangle , \qquad (7.37)$$

[22]Abbildung 7.9b gibt ein Ersatzschaltbild, das das gleiche Resultat zeitigt, wenn man die Spannung am Kondensator mit der Nernst-Spannung identifiziert. Dieses Ersatzschaltbild wird im folgenden Abschnitt sehr wichtig werden. (Es gelten die Relationen (a) $E_{Nernst} + I_{ion}R_{ion} = I_{eon}R_{eon}$, (b) $E = E_{Nernst} + I_{ion}R_{ion}$, (c) $I_{eon} = -I_{ion}$. Aus (a), (b), (c) folgt $E = \frac{R_{eon}}{R_{eon}+R_{ion}} E_{Nernst} = t_{ion} E_{Nernst}$.) Vgl. auch Abb. 7.23 und Abb. 7.33.

wobei wiederum der Mittelwert arithmetisch bzgl. μ_{O_2} genommen ist. Man beachte, dass $\sigma_{O^{2-}} + 2\sigma_{O^-}$ nicht einfach die neue Ionenleitfähigkeit (diese ist $\sigma_{ion} = \sigma_{O^{2-}} + \sigma_{O^-}$), sondern $\sigma_{ion} + \sigma_{O^-}$ darstellt. Dass Gl. (7.37) sinnvoll ist, ergibt sich aus der Betrachtung der Grenzfälle. Das Limit $\sigma_{O^-} \ll \sigma_{O^{2-}}$ wurde schon diskutiert, der umgekehrte Fall resultiert in E/"E_{Nernst}" = $2t_{ion}$, also unter Umständen in einem Wert, der größer sein kann als Eins, vorausgesetzt in "E_{Nernst}" wurde als überführte Ladung der Wert (-2) angenommen. Kürzt man die 2 gegen die 4 in $\frac{RT}{4F}\ln\frac{P_2}{P_1}$, so ergibt sich gerade wieder die korrekte Nernst–Gleichung für einen einwertigen Ionenleiter.

Interessanterweise sagt Gl. (7.37) auch aus, dass EMK–Verluste auftreten, ohne dass anteilig Elektronen fließen müssen. Dies entspricht der Tatsache, dass eine insgesamt stromlose Permeation auch dadurch möglich ist, dass der O^{2-}–Fluss durch einen Gegenfluss von $2O^-$–Teilchen kompensiert wird, was man auch als elektronischen Vehikeltransport auffassen kann. Ein realistischerer Fall ist die Gegendiffusion von Cu^{2+} und $2Cu^+$ in gemischtvalenten Kupferleitern. Auch in diesen Fällen ist sicher im allgemeinen die elektronische Leitfähigkeit so hoch, dass Messungen dieser Art nicht hilfreich sind. In multinären Verbindungen sind jedoch rein ionisch bewirkte Kurzschlussströme möglich und messbar. Betrachten wir hierzu den in Kap. 5 behandelten Protonenleiter auf $SrCeO_3$–Basis in chemischen Potentialgradienten. Hier müssen zwei Potentiale fixiert werden, z. B. P_{H_2O} und P_{O_2}, wodurch implizit dann auch P_{H_2} gegeben ist. Innere Permeation und damit Abweichungen von E_{Nernst} ergeben sich durch gleichgerichtete O^{2-} und $2H^+$–Ströme.

Im allgemeinen Fall, dass O^{2-}, H^+, OH^- und e^- beweglich sind, gilt[23] [501]:

$$\begin{aligned} E &= \frac{RT}{4F}\left[t_{O^{2-}} + 2t_{OH^-} - 2t_{H_3O^+}\right]\Delta\ln P_{O_2} - \frac{RT}{2F}\left[t_{H^+} - t_{OH^-} + t_{H_3O^+}\right]\Delta\ln P_{H_2} \\ &= \frac{RT}{4F}\left[t_{O^{2-}} + t_{H^+} + t_{OH^-} + t_{H_3O^+}\right]\Delta\ln P_{O_2} - \frac{RT}{2F}\left[t_{H^+} - t_{OH^-} + t_{H_3O^+}\right]\Delta\ln P_{H_2O}. \end{aligned} \tag{7.38}$$

Man erkennt, dass eine OH^-–Leitfähigkeit sich anders bemerkbar macht als eine H^+–Leitfähigkeit und dadurch im Prinzip abtrennbar ist; der tiefere Grund liegt darin, dass durch eine OH^-–Wanderung nicht nur Wasserstoff, sondern auch Sauerstoff überführt wird. Aus solchen Messungen konnte geschlossen werden, dass eine direkte H^+–Wanderung den dominierenden Schritt in der beobachteten Protonenleitfähigkeit darstellt [502].

Anstelle der Zellspannung kann auch der stationäre Sauerstoffpermeationsstrom (s.

[23]Gleichung 7.38 wird erhalten aus Gln. 7.1 und 7.3 über die Kopplungen $\nabla\tilde{\mu}_{OH^-} = \nabla\mu_{H_2O} - \nabla\tilde{\mu}_{H^+}$; $\nabla\tilde{\mu}_{H^+} = 1/2\nabla\mu_{H_2} - \nabla\tilde{\mu}_{e^-}$, $\nabla\tilde{\mu}_{H_3O^+} = \nabla\mu_{H_2O} + \nabla\tilde{\mu}_{H^+}$ sowie $\nabla\tilde{\mu}_{O^{2-}} = \frac{1}{2}\nabla\mu_{O_2} + 2\nabla\tilde{\mu}_{e^-}$. Lassen Sie uns, um umständliche Ausdrücke zu vermeiden, einen etwas vereinfachten Fall betrachten und nur e^-, OH^-- und H^+-Ionen berücksichtigen. Gleichung 7.1 verlangt dann $\sigma_{H^+}\nabla\tilde{\mu}_{H^+} - \sigma_{e^-}\nabla\tilde{\mu}_{e^-} - \sigma_{OH^-}\nabla\tilde{\mu}_{OH^-} = 0$. Durch Anwendung der Kopplungsbedingungen entsteht: $(\sigma_{e^-} + \sigma_{H^+} + \sigma_{OH^-})\nabla\tilde{\mu}_{e^-} = \frac{\sigma_{OH^-}+\sigma_{H^+}}{2}\nabla\mu_{H_2} - \sigma_{OH^-}\nabla\mu_{H_2O}$. Gleichung 7.3 führt z.B. zu $E \simeq -\frac{\sigma_{OH^-}+\sigma_{H^+}}{\sigma}\frac{1}{2F}\Delta\mu_{H_2} + \frac{\sigma_{OH^-}}{\sigma}\frac{1}{F}\Delta\mu_{H_2O} = -\frac{\sigma_{H^+}-\sigma_{OH^-}}{\sigma}\frac{1}{2F}\Delta\mu_{H_2O} + \frac{\sigma_{H^+}+\sigma_{OH^-}}{\sigma}\frac{1}{4F}\Delta\mu_{O_2}$.

Kap. 6) selber gemessen werden. Hierdurch erhält man Informationen über die ambipolare Leitfähigkeit und damit über die Leitfähigkeit der Minoritätsladungsträger (z.B. $\sigma^\delta \simeq \sigma_{e^-}$ für $\sigma_{O^{2-}} \gg \sigma_{e^-}$)

$$\mathrm{j_O} \propto \sigma^\delta \nabla \mu_O = \frac{\sigma_{O^{2-}} \sigma_{e^-}}{\sigma} \nabla \mu_O, \qquad (7.39)$$

die sonst nicht so einfach zugänglich ist. Im Falle der Oberflächenkontrolle wird der in Abschnitt 6.7.3 behandelte Λ^δ–Parameter vermessen.
Hält man die Partialdrücke auf beiden Seiten nicht aufrecht, so gleichen sich die P_{O_2}–Differenzen aus. Dies bezeichnen wir in diesem Zusammenhang als chemische Depolarisation. Aus ihrem Zeitverhalten wie aus dem Zeitverhalten der chemischen Polarisation (einseitige sprunghafte Änderung des Sauerstoffpartialdruckes aus der homogenen Anfangssituation heraus) lassen sich wiederum chemische Diffusionskoeffizienten bzw. effektive Ratenkonstanten der Oberflächenreaktion gewinnen. Abb. 7.11 zeigt die Stöchiometrieprofile für eine diffusionskontrollierte chemische Polarisation. Diese sind über $D^\delta \partial c/\partial x$ und $c(x,t)$ durch Lösung des zweiten Fickschen

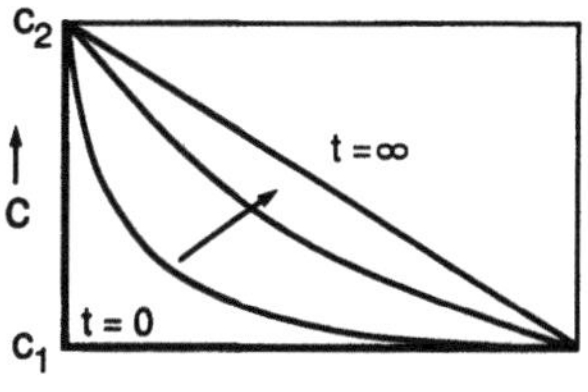

Abb. 7.11: Stöchiometrieprofile bei (diffusionskontrollierter) chemischer Polarisation eines homogenen Ausgangszustandes (s. Text). Dem Fickschen Gesetz entsprechend ist das stationäre Profil linear ($\partial c/\partial t = 0 = \partial^2 c/\partial x^2$).

Gesetzes mit der Anfangsbedingung $c(x,0) = c_1$ und den Randbedingungen $c(0,t) = c_2$ und $c(L,t) = c_1 \equiv c(x,0)$ erhältlich.

Zum Abschluss dieses Abschnittes wollen wir noch auf eine wichtige Anwendung von Permeationszellen zu sprechen kommen, nämlich die Verwendung als chemische Filter bzw. chemische Pumpen. Wird — wie erwähnt — auf einer Seite eines gemischten Leiters eine vergleichsweise reduzierende Situation geschaffen, diffundiert "O" ambipolar durch den Festkörper[24] zur reduzierenden Seite. Das ist zur Verwendung in der Metallurgie zur Entoxygenierung von Metallen vorgeschlagen worden [503]. Ein direkter Kontakt des Reduktionsmittels ist nicht vonnöten. Die Spezifität der O^{2-}–Leitung in Oxiden kann man sich auch zunutze machen, um O_2 von anderen Gasen abzutrennen. Dieses Prinzip ist von Interesse bei der Auftrennung des Knallgasgemisches zur Gewinnung von reinem Wasserstoff etwa aus der Thermolyse von Wasser oder zur Gewinnung sehr reiner Gase, zur Reaktionssteuerung in keramischen Reaktoren sowie zur Isotopentrennung. Relevante Materialien hierfür sind Perowskite oder perowskitähnliche Oxide wie $Sr(Fe,Co)O_{3-\delta}$ (s. z.B. Refs. [504, 505]).

[24] Das gleiche lässt sich auch durch externen oder internen (Metallzumischungen) Kurzschluss eines Festelektrolyten erreichen. Zur Benützung äußerer Felder s. folgenden Abschnitt.

7.3 Strombelastete Zellen

7.3.1 Elektrochemische Pumpen, Leitfähigkeitssensoren und andere Anwendungen

In diesem Abschnitt prägen wir symmetrischen oder unsymmetrischen Zellen einen äußeren Strom auf (im letzten Falle dann entgegen der Kurzschlussstromrichtung), d.h. wir betrachten im allgemeinen Sinne elektrochemische Polarisationen. (Aus Darstellungsgründen werden Ladevorgänge galvanischer Elemente im Zusammenhang mit den Entladevorgängen im nächsten Abschnitt angesprochen). Wichtige technologische Anwendungen strombelasteter Zellen sind Leitfähigkeitssensoren, Elektrolysezellen, elektrochemische Reaktoren und Pumpen.
Die zuletzt erwähnte Anwendung schließt unmittelbar an den vorangegangenen Abschnitt an[25], in dem wir Permeationszellen diskutierten. Zur Erzeugung des Massetransportes werden nun keine Mischleiter, sondern Festelektrolyte eingesetzt und der Ionentransport durch Anlegen einer äußeren Spannung erzwungen, der chemische Potentialgradient also durch einen elektrischen ersetzt (oder ihm ein solcher überlagert). Auch hier besteht eine Anwendung in der Metallurgie, nämlich die Entfernung von Wasserstoff aus Metallen zur Verhinderung der Versprödung. Das selektive Abpumpen ("elektrochemische Filter") einer Komponente aus einem Gasgemisch ermöglicht generell eine wirkungsvolle Anreicherung bzw. Reinigung. Die Regelung von Gaspartialdrücken über elektrochemisches Ein- und Auspumpen des Gases ist vor allem in der wissenschaftlichen Messtechnik wichtig.
Im Falle elektrochemischer Reaktoren werden Reaktanden durch Stromfluss über den Elektrolyten zugeführt oder abgeführt. Auf diese Weise können Reaktionen ermöglicht und gesteuert oder einfach nur eine räumliche Auftrennung der Reaktanden erreicht werden. In Abb. 7.12 ist gezeigt, wie es prinzipiell möglich ist, mit Hilfe von Protonenleitern gesättigte Kohlenwasserstoffe zu dehydrieren oder ungesättigte

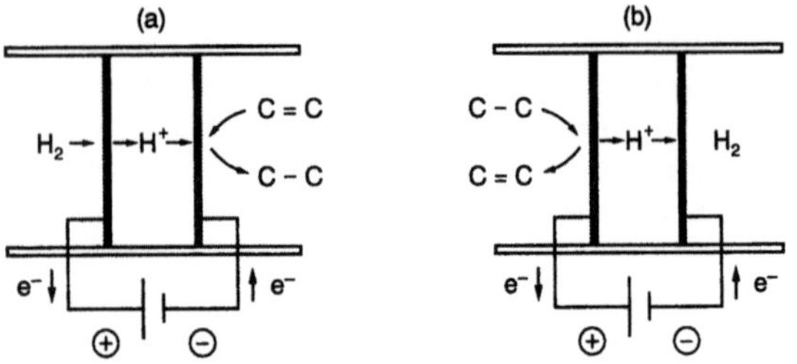

Abb. 7.12: Durch Zuführung mobiler Protonen können ohne direkten Kontakt mit H_2–Gas Kohlenwasserstoffe hydriert oder dehydriert werden [506]. Aus [507].

zu hydrieren. Auch wurde die Möglichkeit der Ammoniaksynthese auf diesem Wege nachgewiesen [508]. Durch die Variation der elektrochemischen Parameter können im Prinzip Ausbeute, zeitlicher Umsatz und Selektivität gesteuert werden. Bei der

[25]Bezüglich der Funktion des Abpumpens z.B. von O_2 aus einem Gasgemisch ist durchaus auch der Name "elektrochemischer Filter" angebracht.

Oxygenierung von Kohlenwasserstoffen werden auch zusätzliche katalytische Effekte beobachtet [428]. Pumpt man etwa durch ZrO_2 Sauerstoff zu einem Reaktionsgemisch, reagieren unter geeigneten Bedingungen sehr viel mehr Sauerstoffteilchen als durch den Stromfluss überführt[26].

Von einiger Bedeutung ist die Elektrolyse mit Hilfe von Festelektrolyten. Die Gewinnung von Wasserstoff (und Sauerstoff) durch Hochtemperaturelektrolyse wird möglicherweise im Rahmen einer zukünftigen Wasserstofftechnologie — so sie denn kommt — eine wesentliche Rolle spielen. Wegen der Exothermizität der Wasserbildung sinkt die Zersetzungsspannung mit steigender Temperatur, ebenfalls reduziert werden die kinetischen Hemmungen. Ein aussichtsreiches Elektrolytmaterial ist wasserhaltiges und somit protonenleitendes β''-Al_2O_3 (vgl. Abschnitt 6.2.1).

Eine technologisch wichtige Variante ist die Elektrolyse mit Hilfe von Photoelektroden[27] (Abb. 7.13). Bestrahlt man Kontakte zwischen TiO_2 und geeigneten wässrigen

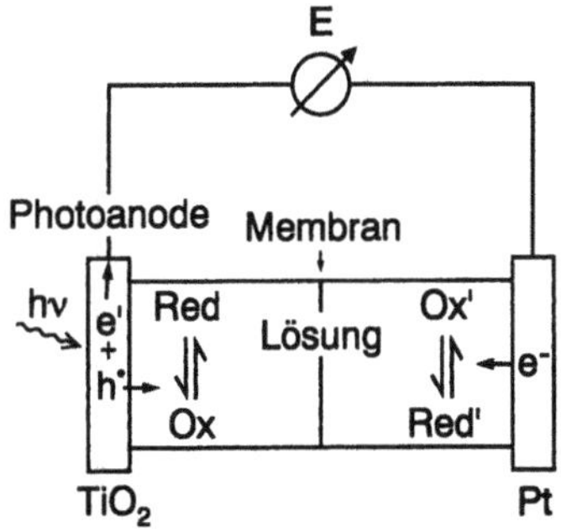

Abb. 7.13: Durch Lichteinstrahlung werden die Konzentrationen der Redoxpartner verändert und so Solarenergie in chemische Energie umgewandelt.

Elektrolyten mit Licht geeigneter Wellenlänge, so werden Elektron–Loch–Paare gebildet und diese im Randschichtfeld getrennt[28]. Geeignete Redoxsysteme können die eingebrachte Energie aufnehmen (s. Abb. 7.13). Bei der Photoelektrolyse entwickelt sich unter idealen Bedingungen an der Photoanode infolge der Oxydation durch die Löcher O_2, während die Elektronen über die äußere Zuführung zur Kathode gelangen und dort H_2 entstehen lassen. Auf diese Weise wird die Energie des Lichtes in chemische Energie umgewandelt. Die Bandabstände der in Frage kommenden Oxide (typ. 3eV) sind i. a. zu groß, um sichtbares Licht effektiv auszunützen. Ein Ausweg ist das Bereitstellen einer zusätzlichen elektrischen Hilfsspannung, ein anderer die Suche nach geeigneteren Verbindungen oder chemischen Modifizierungen. Einige Sulfide haben günstige Bandabstände. Allerdings führen entstandene Löcher dann häufig zu einer Selbstzersetzung ($S^{2-} + 2h^{\cdot} \rightarrow S$). Ähnliche Probleme treten bei der direkten Umsetzung von Lichtenergie in elektrische Energie auf. Eine

[26] Dieser "NEMCA-Effekt" wurde schon in Abschnitt 6.8 angesprochen.

[27] vgl. z. B. Ref. [509]

[28] Andernfalls würden sie rekombinieren, und die Lichteinstrahlung hätte lediglich einen Wärmeeffekt gezeitigt.

sehr aktuelle Variante belegt TiO_2–Kügelchen mit geeigneten Farbstoff–Adsorbaten [510]. In diesen findet dann die elektronische Anregung mit aufs Sonnenlicht besser abgestimmten Energieniveauabständen statt. In diesem attraktiven Gebiet bildet, wie so häufig, die Materialsuche den Flaschenhals.

Volumen- und Randschichtleitfähigkeitssensoren wurden bereits in Zusammenhang mit der Gleichgewichtsdefektchemie in Kap. 5 besprochen, potentiometrische Sensoren im vorangegangenen Abschnitt. Dennoch wollen wir — in Anbetracht der Bedeutung dieser Anwendung — an dieser Stelle einige Grundzüge elektrochemischer (Zusammensetzungs-) Sensoren[29] skizzieren. Die Tatsache, dass eine Variation der chemischen Zusammensetzung (c_k) ein physikalisches Signal hervorruft, ist eher die Regel denn die Ausnahme. Dies ist lediglich ein notwendiges Sensorkriterium, es ist darüber hinaus wichtig, dass ein Sensorsignal eine genügend hohe Empfindlichkeit[30] aufweist, es muss genügend selektiv, langzeitstabil und möglichst driftfrei[31] sein, aber eine ausreichend geringe Ansprechzeit aufweisen, von anderen Kriterien, die sich vor allem im Preis niederschlagen, hier nicht zu reden. Darüber hinaus sollte (abgesehen von Temperatursensoren) das Signal nicht sehr temperaturempfindlich sein. In unserem Kontext sind vor allem die eingangs erwähnten drei Sensortypen von Bedeutung, die auf der Verwendung gemischter Leiter, Elektronenleiter und Ionenleiter beruhen.

Der erste Typ ist der Volumenleitfähigkeitssensor, bei welchem global und lokal Gleichgewicht mit der Gasatmosphäre eingestellt ist. Unser Prototyp–Beispiel in

[29] Strenggenommen müsste zwischen Messprinzipien (z.B. thermischer, optischer, mechanischer, elektrochemischer Sensor) und Messzweck (Temperatur–, Druck–, Zusammensetzungs–Sensor) unterschieden werden. Allerdings ist in praxi die Namensgebung nicht sonderlich streng: Thermische Sensoren bezeichnen sowohl Temperatursensoren sowie Sensoren, die auf Temperaturmessung beruhen (z.B. Pellistoren, in welchen aufgrund ihrer Katalysatorwirkung etwa Kohlenwasserstoffe oxydiert werden und der Messeffekt über die Wärmeentwicklung detektiert wird), elektrochemische Sensoren bezeichnen normalerweise elektrochemisch indizierende Sensoren, während chemische Sensoren in der Regel ein Synonym für Analysatoren der chemischen Zusammensetzung sind.

[30] Die Empfindlichkeit des Signals $S^{(k)}$ in bezug auf die Konzentration der Komponente c_k ist über $\partial S^{(k)}/\partial c_k$ gegeben, während die Selektivität bzw. die Querempfindlichkeit über $\partial S^{(k)}/\partial c_{k'\neq k}$ bestimmt ist. Zur Definition bzgl. Analyseverfahren vgl. Ref. [511].

[31] Die Zeitabhängigkeit des Signales $S^{(k)}(t) = f(c_k(t), t)$ ergibt sich nach

$$\dot{S}^{(k)} = \frac{\partial S^{(k)}}{\partial c_k}\frac{dc_k}{dt} + \frac{\partial S^{(k)}}{\partial t}.$$

Unerwünscht ist lediglich eine explizite Zeitabhängigkeit, im Falle einer Zeitabhängigkeit von c_k sollte natürlich auch $S^{(k)}$ zeitabhängig sein. Ist z.B. $S^{(k)} = \alpha c_k$, so bedeutet $\partial S^{(k)}/\partial t = 0$, dass die Empfindlichkeit zeitunabhängig ist.

Ansprechzeit (τ_R) und Drift lassen sich sinnvoll unterscheiden, wenn vergleichsweise schnell ein (pseudo–) stationärer Zustand ("∞") erreicht wird, dessen S–Wert sich dann auf einer größeren Zeitskala ändern mag. So kann dann die Ansprechzeit τ_R z.B. über $|(S(\tau_R) - S(\text{“}\infty\text{”}))/S(\text{“}\infty\text{”})| = 1\%$ und die Drift über $\partial S/\partial t$ für $t \gg \tau_R$ definiert werden [512].

Abschnitt 6.5 war[32] $SrTiO_3$: Es gilt im Gleichgewichtszustand, dass alle Triebkräfte verschwinden, insbesondere $\nabla\mu_O = \nabla\widetilde{\mu}_{e^-} = \nabla\widetilde{\mu}_{O^{2-}} = \mathbf{0}$. Dieser Sensortyp ist wegen des eingeschalteten Diffusionsschrittes recht selektiv, allenfalls ist bei Oxiden die Protonendiffusion mit zu berücksichtigen, die dann auch zu einer H_2O–Löslichkeit Anlass gibt. Thermodynamische Gasphasen–Wechselwirkungen etwa von CO mit O_2 schlagen sich in einem veränderten O_2–Partialdruck nieder und haben mit einer verringerten Selektivität nichts zu tun. Ansprechzeit und Selektivität sind über die $\bar{k}^\delta$– und D^δ–Werte in Bezug auf O_2 und Störgase gegeben (vgl. Abschnitte 6.5 und 6.7). Insbesondere muss das Oxid frei von wirksamen redoxaktiven Trap–Zentren sein, die ja D^δ_O drastisch herabsetzen können, wie in Abschnitt 6.6.1 ausgeführt. Drifteffekte sollten bei diesem Gleichgewichtssensor, solange er in der Atmosphäre thermodynamisch stabil ist, eigentlich nicht auftreten. Allerdings ist nach Kap. 6 die Temperaturempfindlichkeit sehr hoch, so dass man z.B. auf Referenzproben zurückgreift, die eigentlich vom Wirkungsprinzip her nicht nötig sind.

Der Nachteil hoher Temperaturen, die vor allem erforderlich sind, um D^δ_O genügend hoch zu gestalten, wird beim Halbleiter–Randschichtsensor vermieden, bei welchem nur das Grenzflächengleichgewicht sowie im Innern das elektronische Gleichgewicht eingestellt ist und demgemäß $\nabla\widetilde{\mu}_{e^-} = \mathbf{0}$, aber $\nabla\widetilde{\mu}_{O^{2-}} \neq \mathbf{0} \neq \nabla\mu_O$. Hier ist ein möglichst geringer D^δ_O–Wert erwünscht. Durch den Kontakt mit einem oxydierenden (reduzierenden) Gas wie O_2 (bzw. CH_4) werden Elektronen aus den Raumladungszonen in die Adsorbatschicht getrappt (oder von dieser in die Raumladungszone injiziert) [279]. SnO_2 ist hierfür ein Prototypmaterial (vgl. Abschnitt 5.8). Der Leitfähigkeitseffekt — in bezug auf Empfindlichkeit und Selektivität — ist bestimmt durch die Oberflächenchemie. Dass der beim Volumensensor notwendige Diffusionsschritt unterdrückt ist, hat nicht nur den Vorteil, dass auch bei tieferen Temperaturen die Funktionsfähigkeit aufrechterhalten bleiben kann, sondern führt auch zum Nachteil geringerer Selektivität. Dies lässt sich teilweise dadurch wettmachen, dass man die Temperatur als Parameter hinzunimmt oder indem man ganze Arrays von Oxidhalbleitern benützt, deren Antwortmuster nach Eichung im quantitativen Sinne als Fingerabdruck dient. Abb. 7.14 zeigt ein Beispiel. Drifteffekte

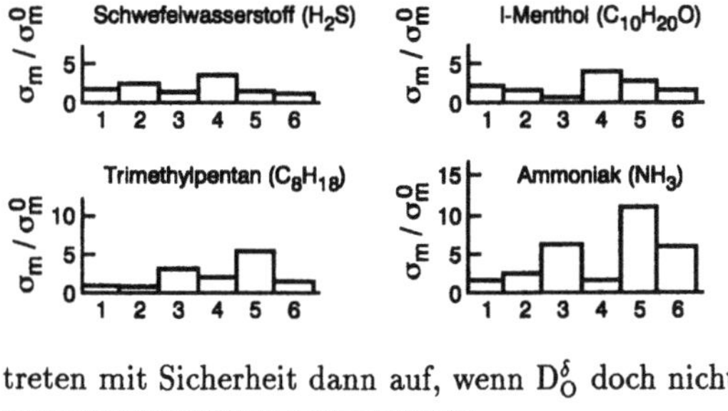

Abb. 7.14: Sensor–Array zur selektiven Gassensorik mit Hilfe von Randschichtleitfähigkeitseffekten (Taguchi–Sensoren). Aus [483].

treten mit Sicherheit dann auf, wenn D^δ_O doch nicht vernachlässigbar ist. Ganz im

[32] In der Tat erprobt z. Z. die Fa. Siemens den Einsatz von $SrTiO_3$ als schnellem und zylinderselektivem Sauerstoffsensor fürs Automobil (als Einsatz und Verbesserung der ZrO_2–Sonde, s. o.) [513].

Unterschied zum Volumenleitfähigkeitssensor sind nun redoxaktive Verunreinigungen von erheblichem Vorteil (s. Abschnitt 6.6.1).
Der dritte Sensortyp, in welchem schließlich ein reiner Ionenleiter verwendet wird, ist der in Abschnitt 7.2 ausgiebig behandelte EMK–Sensor, wie ihn etwa die λ–Sonde repräsentiert. Dort ist ebenfalls nur lokales Gleichgewicht eingestellt, beim Oxid also $\nabla\mu_O \neq \mathbf{0}$, allerdings gilt nun umgekehrt $\nabla\widetilde{\mu}_{O^{2-}} = \mathbf{0} \neq \nabla\widetilde{\mu}_{e^-}$ (s. vorangegangenen Abschnitt). Sobald die Elektronen nennenswerte Leitfähigkeiten zeigen, treten Verfälschungen auf: Ein verringertes Spannungssignal (s. Gl. (7.36) und u.U. auch Drifteffekte (s. G. (7.39)) sind die Folge. Die Sensitivität solcher Zellen kann sehr hoch sein, die Temperaturempfindlichkeit ist in der Regel gering ($E \propto T$, falls die Referenzseite T–unabhängig, s. Gl. (7.10)), und die Selektivität oft beachtlich. Wenn auch aufgrund von Austauschgleichgewichten im Prinzip "Fremdgase" ansprechen können[33], so ist doch der mit der höchsten Austauschstromdichte verbundene Vorgang in der Regel der dominante (vgl. Fußnoten 16, 52). Eine Selektivitätssteigerung lässt sich durch ampèrometrische Verfahren erzielen. Bei Stromfluss werden mit großen Polarisationswiderständen behaftete Parallel–Prozesse weniger wichtig. Generell gesprochen, hängt die qualitative und quantitative Detektion bei solchen Verfahren vom kinetischen Verhalten ab. Die Konzentration lässt sich häufig über Diffusionsgrenzströme ermitteln[34], wie es in der Polarographie üblich ist [211].
Alle drei Sensortypen[35] lassen sich auch auf Säure–Base–aktive Gase wie H_2O, NH_3, CO_2 etc. übertragen [487,514], die ja in erster Linie (d.h. mit höherer Selektivität) mit Ionen reagieren ($H_2O + H^+ \rightleftharpoons H_3O^+$; $NH_3 + H^+ \rightleftharpoons NH_4^+$; $CO_2 + O^{2-} \rightleftharpoons CO_3^{2-}$). Im Fall des letzten Sensortyps (potentiometrischer Sensor) bedeutet dies die Konstruktion einer Kette, deren Zellreaktion keine Valenzwechsel involviert. Dieses Prinzip führt zu dem in Abschnitt 7.2 vorgestellten CO_2–Sensor mit offener Referenzelektrode, dessen Signal vom O_2–Partialdruck nicht beeinflusst wird.
Ein Säure–Base–Volumenleitfähigkeitsssensor impliziert die Auflösung "komplexer" Gase und damit die Diffusion zweier Ionentypen oder der neutralen Spezies selbst. Für H_2O kommen im Prinzip Hydrate oder wasserauflösende Perowskite (vgl. Kap. 5), für NH_3 Ammoniakate in Frage. Wegen der hohen Anforderungen an die Kinetik (vgl. z.B. $D^{\delta}_{H_2O}$ in Abschnitt 6.5) muss man hier auf sehr dünne Filme oder hohe Temperaturen ausweichen. Andererseits begünstigen hohe Temperaturen die Desorption und verringern damit die Empfindlichkeit.
Weitgehend umgehen lassen sich diese Probleme durch Konstruktion eines Analogons zum Randschichtleitfähigkeitssensor. Bringt man ein Säure–Base–aktives Gas in Kontakt mit einem geeigneten Ionenleiter (z.B. Brønsted–Säure–Base–aktives Gas mit Protonenleiter), lassen sich die Wechselwirkungsprozesse über die veränderte

[33]So reagieren Konzentrationszellen mit Nasicon als Feuchtesensor oder solche mit Fensterglas als Sauerstoffsensor (vgl. S. 404).
[34]Diffusionsstrom $\propto (c_{(gas)} - c_{Oberfläche})/\Delta x$. Aus hydrodynamischen Gründen ist Δx nicht beliebig klein und einer Grenzschichtdicke gleichzusetzen. Bei hohen Spannungen geht $c_{Oberfläche}$ gegen Null und das Signal ist proportional zu $c_{(gas)}$ (vgl. auch S. 478).
[35]Im Grunde genommen gehören auch Kapazitätssensoren hierher.

Oberflächenleitfähigkeit detektieren. Ein lehrreiches Beispiel, nämlich die Detektion von NH_3 mittels AgCl über Lewis-Säure-Base-Wechselwirkung (s. Abschnitt 5.8), wurde bereits diskutiert.
Der komplexen Realität Rechnung tragend, ist die Sensorforschung bestrebt, mit Hilfe der Mustererkennung leistungsfähige und auch lernfähige "künstliche Nasen" und "Augen" nachzubilden. In diesem Kontext sei der Leser auf das allerletzte Bild dieses Buches (Abb. 7.67) vorbereitet.
Das Pendant zu Sensoren, die Informationen über die Umgebung sammeln, bilden die Aktoren — oder Aktuatoren —, die auf Befehl (Information) Aktion erzeugen. Aktoren, die die Zusammensetzung ändern, sind natürlich implizit auch Themen dieses Textes (vgl. z.B. elektrochemische Pumpen). Aktoren im engeren Sionne führen zu mechanischen Effekten (i.a. Umwandlung elektrischer in mechanische Energie) und beruhen vor allem auf dem Phänomen der Piezoelektrizität bzw. der Elektrostriktion. Auch hier spielen die in unserem Kontext so wesentlichen Perowskite eine tragende Rolle (vor allem auf Bleititanatzirkonat-Basis). Die genaue Zusammensetzung, sprich Defektchemie, ist auch bei diesen Phänomenen wesentlich, wenn auch nicht dominant (vgl. Abschnitt 2.2.7).

7.3.2 Messzellen

Wenden wir uns nun der fundamentalen Bestimmung elektrochemischer Ratenkonstanten und insbesondere der Transportparameter[36] zu. Hierzu betrachten wir den allgemeinen Fall einer gemischtleitenden Probe. Der Anschaulichkeit halber sei Silbersulfid das zentrale Material, sozusagen der "Elektrolyt". Die Ionenleitung in diesem Mischleiter wird hierin durch Silberionen verursacht. Die verschiedenen Methodiken lassen sich nach der Art der verwendeten Elektroden klassifizieren. Als reversible Elektroden, also solche, die sowohl Ionen als auch Elektronen den Durchtritt gestatten — wir bezeichnen sie im folgenden[37] mit $(\,Ag^+, e^-\rangle$ — kommt metallisches Silber in Frage. Ein Inertmetall wie Pt (in Frage kommt bei niedriger Temperatur auch Graphit) kann als "elektronische Elektrode" $((\,e^-\rangle)$ dienen, die nur die Elektronen durchlässt, die Silberionen aber an der Phasengrenze selektiv blockiert. Selektiv blockierend für Elektronen, somit als "ionische Elektrode" $((\,Ag^+\rangle)$, wirkt das Arrangement $Ag\,|\,\alpha$-AgI. Die Phase α-AgI ist deutlich besser ionisch leitend, aber deutlich schlechter elektronisch leitend als Ag_2S. Für den Kationenionenleiter MX ergeben sich aus der Kombination dieser Möglichkeiten die 6 folgenden Typen [515]:

$$\text{Zelle R} = \quad \ominus\ (M^+, e^-\rangle\,|MX|\,\langle M^+, e^-)\ \oplus$$

$$\text{Zelle E1} = \quad \ominus\ (M^+, e^-\rangle\,|MX|\,\langle e^-)\ \oplus$$

$$\text{Zelle E2} = \quad \ominus\ (e^-\rangle\,|MX|\,\langle e^-)\ \oplus$$

[36]Die Darstellung folgt teilweise Ref. [351,353,388].
[37]Die spitze Klammer zeigt auf die näher bestimmte Phasengrenze.

Zelle I1 = $\ominus\ (M^+)\ |MX|\ (M^+, e^-)\ \oplus$

Zelle I2 = $\ominus\ (M^+)\ |MX|\ (M^+)\ \oplus$

Zelle T = $\ominus\ (e^-)\ |MX|\ (M^+)\ \oplus$

Im Klartext heißt dies für Ag_2S:

Zelle R = $\ominus$ Ag| Ag_2S | Ag $\oplus$

Zelle E1 = $\ominus$ Ag| Ag_2S | Pt $\oplus$

Zelle E2 = $\ominus$ Pt| Ag_2S | Pt $\oplus$

Zelle I1 = $\ominus$ Ag |AgI| Ag_2S | Ag $\oplus$

Zelle I2 = $\ominus$ Ag |AgI| Ag_2S |AgI| Ag $\oplus$

Zelle T = $\ominus$ Pt | Ag_2S |AgI| Ag $\oplus$.

Betrachten wir als zweiten Fall den eines sauerstoffionen– und elektronenleitenden Oxides M_2O. Hier ergeben sich einige Varianten. Als reversible Elektrode könnte im Prinzip zwar ebenso das Muttermetall M dienen, sofern es mit M_2O im Phasengleichgewicht steht. Man müsste dann die Elektrode gegen Luftsauerstoff schützen. Einfacher ist es, poröse Gaselektroden zu verwenden, also Pt, O_2. Dies hat den Vorteil, dass man das chemische Komponentenpotential sehr einfach durchstimmen kann. Will man umgekehrt die Sauerstoffionenleitung blockieren, muss man jeden Gasaustausch vermeiden. Dies lässt sich im Prinzip durch dichte Inertelektroden mit vernachlässigbarer Sauerstofflöslichkeit erzielen (ohne Beschränkung der Allgemeinheit und ohne den Details Rechnung zu tragen wählen wir als Beispiel Graphit (C)), jedoch sind nichtkontaktierte Bereiche – am besten mit geeigneten Glasfilmen – gegen die Atmosphäre zu schützen[38]. Wie unten erwähnt, lässt sich zur Blockade auch poröses, als Kathode geschaltetes Platin verwenden, sofern der Gasraum klein genug und an O_2 erschöpflich ist. Allerdings ist hier die Zeitabhängigkeit kompliziert. Als ionisch reversible Elektrode kommt bei genügend hohen Temperaturen die Anordnung Pt, $O_2|ZrO_2(Y_2O_3)$ in Frage[39].

[38] Am elegantesten gelingt die Ionenblockade unter Bedingungen, unter denen der Gasaustausch an der Oberfläche kinetisch gehemmt ist. Solange die Elektrode den Gasaustausch nicht katalysiert, entspricht das Arrangement einer automatischen Ionenblockade (vgl. Abschnitt 5.6, sowie Abb. 7.30, S. 449).

[39] Um zu vermeiden, dass nicht der Elektronenleiter die Ionenleitung in YSZ blockiert, muss $\sigma_{eon}(YSZ) \ll \sigma_{ion}(M_2O)$ sichergestellt sein [516].

Insgesamt ergeben sich als anionische Analoga die Ketten

Zelle R = $\oplus\, \mathrm{Pt}, O_2\, |M_2O|\, O_2, \mathrm{Pt}\, \ominus$

Zelle E1 = $\oplus\, \mathrm{Pt}, O_2\, |M_2O|\, \mathrm{C}\, \ominus$

Zelle E2 = $\oplus\, \mathrm{C}\, |M_2O|\, \mathrm{C}\, \ominus$

Zelle I1 = $\oplus\, \mathrm{Pt}, O_2\, |ZrO_2(Y_2O_3)|\, M_2O\, |\, O_2, \mathrm{Pt}\, \ominus$

Zelle I2 = $\oplus\, \mathrm{Pt}, O_2\, |ZrO_2(Y_2O_3)|\, M_2O\, |ZrO_2(Y_2O_3)|\, O_2, \mathrm{Pt}\, \ominus$

Zelle T = $\oplus\, \mathrm{C}\, |M_2O|\, ZrO_2(Y_2O_3)\, |\, O_2, \mathrm{Pt}\ominus$,

deren Wirkungsweise nun der Reihe nach besprochen wird. Der Einfachheit halber wollen wir annehmen, dass ein konstanter äußerer Strom vorgegeben und die Spannung zeitlich verfolgt wird. Wenn nicht anders vermerkt, wird die Spannung an den stromführenden Elektroden hochohmig abgegriffen. Häufig ist es natürlich ratsam, Mehrpunktanordnungen zu verwenden (s. Abschnitt 7.3.7).

7.3.3 Volumen– und Phasengrenzeffekte

a) Heuristische Interpretation — Ersatzschaltbilder

Betrachten wir zunächst innerhalb der Reihe der Oxidzellen (S. 421) die Zelle R: Im stationären Zustand ($t = \infty$) ist bei Vernachlässigung von Grenzflächeneffekten die Spannung durch den Gesamtwiderstand[40] $R = U(t = \infty)/I$ gegeben. Durch Auswertung der Elektrodenfläche (a) und des Elektrodenabstandes (L) ergibt sich (Abschnitt 6.3)

$$\sigma = \sigma_{\mathrm{ion}} + \sigma_{\mathrm{eon}} = \Sigma_k \sigma_k = \frac{L}{a} R^{-1}. \tag{7.40}$$

Wegen anteiliger Ionenleitung treten Masseverschiebungen[41] auf. Im Fall der Pt, O_2–Elektroden lässt sich dies durch Analyse der nötigen Sauerstoffzu- bzw. -abfuhr kontrollieren, die nötig ist, um den anfänglichen Partialdruck aufrechtzuerhalten. Ist M_2O ein Kationenleiter, ist dies im Prinzip auch an der positionellen Verschiebung des Oxides festzustellen: Bei der vorgegebenen Polarität wandert M^+ von links nach

[40]Im folgenden beschränken wir uns auf kleine Anregungen, so dass wir nicht zwischen integralen und differentialen Widerstands– und Kapazitätselementen unterscheiden. Strenggenommen muss an dieser Stelle $\bar{R}$ stehen.

[41]Diese lassen sich sehr leicht aus dem Faradayschen Gesetz $n_k = \frac{Q_k}{z_k F} = \frac{m_k}{M_k}$ für jeden Ladungsträger k berechnen, wobei $\dot{Q}_k = I_k = U/R_k$ (Q: Ladung, m: Masse, M: Molekularmasse).

rechts, links baut sich das Oxid ab, rechts entsteht es, die Oxidmasse wandert also von links nach rechts. Einfacher sind die Verhältnisse am Silbersalz–Beispiel abzulesen. Ein Silberionenleiter führt in der angegebenen Polarität (Zelle R auf Seite 420) zu einem Wachstum der linken Silberelektrode und einem Schwinden der rechten. Ein reiner Elektronenleiter bewirkt gar keine Masseveränderungen. Bei geeigneten Aufbauten lassen solche nach Hittorf und Tubandt benannten Experimente quantitative Schlüsse auf kationische, anionische und elektronische Überführungszahlen zu, experimentell sauber analysierte Beispiele sind allerdings selten [517]. Wenden wir uns wieder den allgemeinen Aspekten zu und diskutieren das Verhalten der Zellen unter galvanostatischen Einschaltbedingungen (d.h. es wird bei t=0 sprunghaft ein konstanter Strom I vorgegeben und konstant gehalten)[42].
Zu Beginn unseres Gleichstromexperimentes, d.h. unmittelbar nach dem Einschalten fließt neben dem reinen Leitungsstrom I_R auch ein kapazitiver Verschiebungsstrom (I_C), der für die Zeitabhängigkeit verantwortlich ist. Es gilt für kleine Anregungen ($I_C = (\partial/\partial t)\, Q_C$; Q_C=Kondensatorladung)

$$I_C = C\dot{U}. \tag{7.41}$$

Die für die elektrische Kapazität[6,7,40] C verantwortliche spezifische Permeabilität ist die Dielektrizitätszahl ε

$$\varepsilon \equiv \varepsilon_r \varepsilon_0 = \frac{L}{a} C, \tag{7.42}$$

auch sie setzt sich aus ionischen und elektronischen Anteilen zusammen und misst das Vermögen der Ladungsspeicherung bei gegebener Geometrie und gegebener Spannung für ein gegebenes Material. Mikroskopisch ist ε durch die Polarisierbarkeiten bestimmt. Die Verbindung zwischen Atomistik und makroskopischer Betrachtung stellt die Clausius–Mosotti–Beziehung[43] her.
Gln. (7.41, 7.42) lassen sich unmittelbar aus der Poisson–Gl. (5.219) erhalten: Nehmen wir im Innern Elektroneutralität ($\rho = 0$) an, so verläuft das elektrische Potential dort linear. Das elektrische Feld beträgt $-\Delta\phi/L$. Da sich am Rande das Feld von genau diesem Wert im Innern auf den Wert Null im Metall ändert und diese Änderung der gespeicherten Ladung, genauer $Q/(\varepsilon a)$, entspricht (s. Abschnitt 5.8), folgen Gln. (7.41, 7.42). Da der elektrische Strom durch Leitungs- *oder* Verschiebungsstrom getragen werden kann, sind im Ersatzschaltbild die Schaltkreiselemente elektrischer Widerstand und Kapazität parallel geschaltet. Da nun die an Widerstand ($U = I_R R$) und Kapazität abfallende Spannung (Integral von $\dot{U}_C = I_C/C$) gleich groß sind und sich die Teilströme zum konstanten Gesamtstrom $I = (I_R + I_C)$ addieren, ergibt sich als Differentialgleichung

$$\dot{U} = \frac{I_C}{C} = (I - I_R)\,\frac{1}{C} = \frac{IR - U}{RC}. \tag{7.43}$$

[42] In Abschnitt 7.3.6 wird gezeigt, dass für kleine Anregungen in der Antwort auf jedes beliebige Signal (wie hier für Strom als Stufenfunktion) die volle Information verborgen ist.

[43] s. Lehrbücher der Physik und Physikalischen Chemie, z.B. Ref. [518]; vgl. auch S. 112.

Mittels der Substitution $V \equiv U - IR$ (d.h. $\dot{V} = \dot{U}$) und der Abkürzung $\tau = RC$ erhalten wir eine homogene Differentialgleichung ($\dot{V} + V/\tau = 0$) mit der Lösung $V = V(t{=}0)\exp -t/\tau$. Machen wir die Substitution rückgängig und berücksichtigen, dass unmittelbar nach dem Einschalten des Stromes der Kondensator dem Stromfluss keinen Widerstand entgegensetzt, d.h. $U(t{=}0) \equiv V(t{=}0) + IR = 0$, so ergibt sich ein monotones, asymptotisch auf den stationären Wert IR ansteigendes Spannungsverhalten

$$U = IR\,(1 - \exp -t/\tau) = U_C. \tag{7.44}$$

Für die Teilströme resultieren

$$\begin{aligned} I_R &= I(1 - \exp -t/\tau), \\ I_C &= I\exp -t/\tau. \end{aligned} \tag{7.45}$$

Zu Beginn ist demgemäß der gesamte Strom ein Verschiebungsstrom. Mit wachsender Zeit wächst der Leitungsstrom, bis er im stationären Zustand den Gesamtstrom stellt. Dann ist der Kondensator völlig undurchlässig und $I_C = 0$. Die Auftrennung des Leitungsstromes in elektronischen und ionischen Strom (wegen $\sigma = \sigma_{eon} + \sigma_{ion}$ sind die Widerstände R_{eon} und R_{ion} parallel: $R^{-1} = R_{eon}^{-1} + R_{ion}^{-1}$) führt wegen $U = I_{eon}R_{eon} = I_{ion}R_{ion} = (I_R - I_{eon})R_{ion}$ mit t als Überführungszahl zu

$$\begin{aligned} I_{eon} &= \tfrac{R_{ion}}{R_{eon}+R_{ion}} I_R &= \tfrac{\sigma_{eon}}{\sigma} I_R &\equiv t_{eon} I_R \\ I_{ion} &= \tfrac{R_{eon}}{R_{eon}+R_{ion}} I_R &= \tfrac{\sigma_{ion}}{\sigma} I_R &\equiv t_{ion} I_R. \end{aligned} \tag{7.46}$$

Aufgrund der Parallelschaltung ist eine experimentelle Auftrennung von σ_{eon} und σ_{ion} im Leitfähigkeitsexperiment mit solch reversiblen Elektroden nicht möglich.
In analoger Weise lässt sich das Ausschaltverhalten diskutieren[44].
Eine Komplizierung des Geschehens ergibt sich, wenn die notwendig vorhandenen Grenzflächen zu berücksichtigende Widerstands- und Kapazitätsanteile bewirken. Stets vorhandene Grenzflächen sind die Kontakte der Probe zu den Elektroden. Ist der ionische oder elektronische Ladungsdurchtritt langsam, spiegelt sich dies in einem Grenzflächenwiderstand wider[45]. Auch die anschließende Raumladungszone kann für den Ladungsträgertransport einen Widerstand darstellen (vgl. Kap. 5.8). Im Grunde genommen muss jedem Teilschritt, wie schon ohne äußere Felder in Kap. 6 diskutiert (vgl. Sauerstoffdiffusion, -adsorption, -dissoziation, -ionisation, Ladungsdurchtritt), ein Widerstand zugeordnet werden. Ebenso können innere

---

[44] In ähnlicher Weise ergeben sich mit I_P= Polarisationsstrom ($I = I_{eon} + I_{ion} + I_C = 0$):

$$I_{eon} = t_{eon} I_P \exp -t/\tau, \quad I_{ion} = t_{ion} I_P \exp -t/\tau, \quad I_C = -I_P \exp -t/\tau \quad \text{und}$$

$$U = I_P R \exp -t/\tau = U_C.$$

[45] D.h. die Elektroden sind nicht ideal unpolarisierbar.

Grenzflächen, i.a. die Korngrenzen, den Stromtransport beeinflussen, durch die Hemmung des Durchtrittes durch den Grenzflächenkern oder/und durch die sich beiderseits anschließenden Raumladungszonen. Korngrenzen können natürlich auch, falls sie hochleitende Pfade bereitstellen, das Volumen kurzschließen. In letzterem Falle sind die Korngrenzbeträge parallel zum Volumenwiderstand. Diese Effekte werden später behandelt. Außerdem konzentrieren wir uns sozusagen auf den pauschalen Effekt und lassen zunächst offen, ob es sich um Elektrodenkontakt oder Korn–Kornkontakt, aber auch ob es sich um Kern- oder Raumladungseffekt handelt (s.S. 434). Es ergibt sich dann das näherungsweise in Abb. 7.15 dargestellte

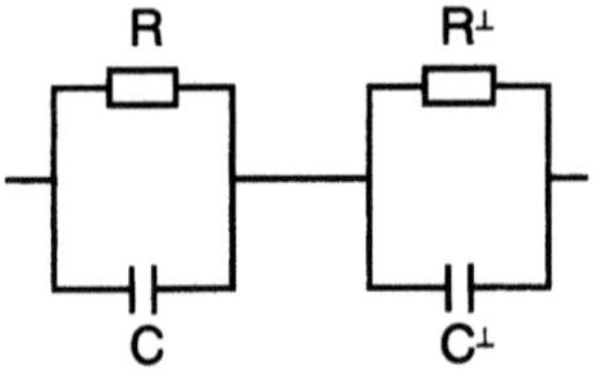

Abb. 7.15: Ersatzschaltbild für eine Probe mit Phasengrenzimpedanz. Der Index $\perp$ zeigt an, dass der Ladungstransport durch die Grenzfläche erfolgt. Es ist angenommen, dass der gleiche Ladungsträger für R und $R^{\perp}$ verantwortlich ist.

Ersatzschaltbild, in welchem der Volumenimpedanz eine Grenzschichtimpedanz (bestehend aus $R^{\perp}$ und $C^{\perp}$) in Serie geschaltet ist[46]. Die Grenzflächenkapazität trägt den transienten Effekten (Ladungsveränderung durch Variation des elektrischen Potentials) Rechnung. Zur besseren Unterscheidung bezeichnen wir hier und im folgenden Bulkgrößen mit dem unteren Index ∞. Da sich die Teilspannungsabfälle $U^{\perp}$ und U_{∞} addieren, der Gesamtstrom aber örtlich konstant ist, lässt sich die Spannung aus zwei isomorphen Teilproblemen zusammenbauen, und es resultiert für den Einschaltvorgang mit $\tau^{\perp} \equiv R^{\perp}C^{\perp}$ als Relaxationszeit:

$$U(t) = U^{\perp}(t) + U_{\infty}(t) = IR_{\infty}\left(1 - \exp - t/\tau_{\infty}\right) + IR^{\perp}\left(1 - \exp - t/\tau^{\perp}\right). \quad (7.47)$$

Diese Betrachtungen setzen geringe Anregungen voraus, beziehen sich also auf den linearen Bereich, d.h. auf stromunabhängige R- und C-Werte.
Die zugeordnete Kapazität $C^{\perp}$ ist nun wegen der geringen Ausdehnung (Kerndicke typ. bis zu 1nm; Raumladungsdicke typ. einige nm bis zu 100nm (s.S. 434)) sehr viel größer als C_{∞} (typische Probendicke 0.1mm–10mm). Wenn also $R^{\perp}$ und R_{∞} von ähnlicher Größenordnung sind oder sogar $R^{\perp} > R_{\infty}$ gilt (dies sind bei Leitfähigkeitsmessungen die interessierenden Fälle), fallen die entsprechenden Zeitkonstanten sehr unterschiedlich aus:

$$\tau^{\perp} \gg \tau_{\infty}. \quad (7.48)$$

[46]Wegen des Auftretens ionischer und elektronischer Leitungsphänomene gilt Abb. 7.15 exakt nur dann in der angegebenen primitiven Form, wenn ein einziger Majoritätsladungsträger sowohl R als auch $R^{\perp}$ bestimmt. Es ist außerdem zu berücksichtigen, dass ein solches $R^{\perp}$–$C^{\perp}$–Element beim Kontakt zweier unterschiedlicher Materialien allein schon aufgrund der elektrodynamischen Stetigkeitsbedingungen auftritt (sog. Maxwell–Wagner–Polarisation [519]).

In polykristallinen Materialien sind viele Korngrenzen hintereinandergeschaltet, d. h. die effektive Kapazität wird dann sehr viel kleiner als die eines einzelnen Kontaktes, aber immer noch größer als die des Volumens. (Die Zeitkonstante jedoch bleibt invariant.) Dies lässt oft schon eine erste Identifizierung der Effekte zu. Auf die Möglichkeit, zwischen Elektroden- und Korngrenzkontakten aufgrund von Mehrpunktmethoden zu unterscheiden, wird später eingegangen (Abschnitt 7.3.7). Übrigens ist auch eine Variation der Probendicke eine simple Analysemöglichkeit, da der Elektrodenanteil konstant bleibt und die Korngrenzbeiträge linear ansteigen.
Bei hinreichend verschiedenen Zeitkonstanten für Volumen- und Randschicht ist für sehr kleine Zeiten $t \sim \tau_\infty \ll \tau^\perp$ der Phasengrenzkondensator in Abb. 7.15 noch völlig durchlässig, und es resultiert Gl. (7.44). Im Bereich größerer Zeiten ($t \sim \tau^\perp \gg \tau_\infty$) ist nun andererseits C_∞ völlig undurchlässig geworden, und das Ersatzschaltbild reduziert sich auf R_∞ in Serie mit dem $R^\perp C^\perp$-Parallelkreis. Es verbleibt

$$U\left(t \sim \tau^\perp \ll \tau_\infty\right) = IR_\infty + IR^\perp\left(1 - \exp -t/\tau^\perp\right). \tag{7.49}$$

In dieser Zeitauflösung erscheint also der Volumenprozess einfach als Sprung (sog. "IR-drop"), während der zweite Aufladeprozess beobachtbar wird. Für sehr lange Wartezeiten ($t \gg \tau^\perp \gg \tau_\infty$) sind nun alle Exponentialfunktionen vernachlässigbar, d.h. alle Kondensatoren blockierend, und es resultiert als Endwert $I(R^\perp + R_\infty)$. Aus Endwert und Anfangswert kann man demgemäß Volumen- und Grenzflächenwiderstand auftrennen, die Analyse der zugeordneten Zeitabhängigkeiten ergeben die Kapazitäten.
Abb. 7.16 zeigt das Ergebnis oszilloskopischer Messungen am PbO in einem Zeitbereich, in dem — wie diskutiert — der Grenzflächenprozess beobachtbar ist und

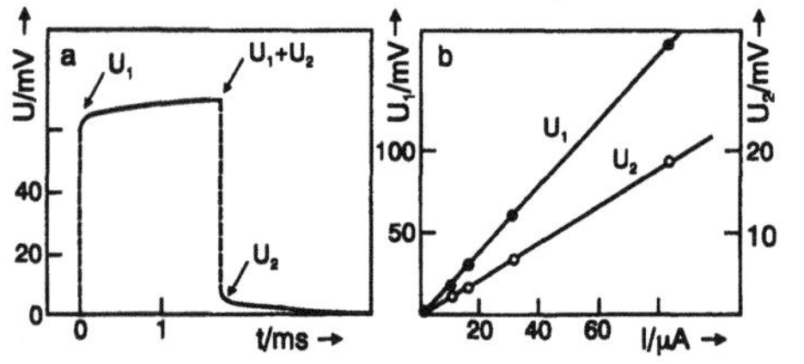

Abb. 7.16: Oszilloskopisch verfolgte Spannungsverläufe bei Einschaltmessungen am PbO-Kristall ($U_1 = U_\infty, U_2 = U^\perp$) [520].

der Volumenprozess als Sprung in Erscheinung tritt. Die mechanistische Interpretation des Volumenwiderstandes war weitgehend Gegenstand der vorangegangenen Kapitel. Die Ursache der Volumenkapazität wurde oben kurz angesprochen. An dieser Stelle wollen wir uns etwas ausführlicher mit den Grenzflächenparametern und zunächst mit dem resistiven Parameter auseinandersetzen. Wir vernachlässigen den Einfluss der elektrischen Kapazitäten bzw. beziehen uns auf den stationären Zustand. Umgekehrt werden wir bei der späteren Betrachtung der kapazitiven Effekte (7.3.3) Faradayische Effekte ignorieren. Die Kombination beider erfolgt dann einfach heuristisch als Parallelschaltung.

b) Mechanistische Interpretation — Elektrodenkinetik

Die nähere Deutung der gewonnenen Grenzflächenwiderstände und -kapazitäten ist so komplex, wie es die lokale elektrochemische Kinetik ist. In Ergänzung zu der in Abschnitt 6.7 gegebenen Darstellung der Grenzflächenkinetik geht hier die Spannungsabhängigkeit explizit ein. Eine systematische Darlegung kann aus Platzgründen an dieser Stelle nicht erfolgen[47]. Wiederum sei hier nur die prinzipielle Vorgehensweise an einem Beispiel exemplarisch ausgeführt, welches wesentliche Punkte beleuchtet. Da wir uns auf den stationären Zustand beziehen, vernachlässigen wir nicht nur elektrische Kapazitätseffekte, sondern auch (elektro–)chemische Speicherungsphänomene (vgl. Abschnitt 6.7). Wir wählen als Festelektrolyt ein ionenleitendes Oxid (z. B. CaO–dotiertes ZrO_2 oder CeO_2). Da wir außer der Gasphase und dem Oxid auch die Elektrodenphase benötigen, wird das zu betrachtende elektrochemische System morphologisch und auch mechanistisch ("Dreiphasenkontakt" s. u.) kompliziert. In vereinfachter Darstellung stellen wir uns diesen Dreiphasenbereich als homogene Zone vor und nehmen alle Oberflächentransportschritte dorthin als genügend schnell an. Ähnliches gelte für den Weitertransport des eingebauten Sauerstoffs. Näherungsweise lässt sich dann die Inhomogenität der Oberfläche ignorieren. Raumladungseffekte seien der hohen Ladungsträgerdichte zufolge vernachlässigt[48]. Als wesentliche Teilschritte betrachten wir die dissoziative Sauerstoffsorption (auf der Elektrodenoberfläche)

$$\text{Reaktion S} = \qquad \frac{1}{2}O_2(g) + V_{ad} \underset{\overleftarrow{k}_s}{\overset{\overrightarrow{k}_s}{\rightleftharpoons}} O_{ad}, \tag{7.50}$$

den Übergang in die Elektrodenphase sowie den nachfolgenden Durchtritt in den Elektrolyten. Der langsame und geschwindigkeitsbestimmende Schritt sei der Einbau in den Festelektrolyten bei gleichzeitiger Aufnahme von Elektronen aus dem Elektrodenmetall:

$$\text{Reaktion T} = \qquad O_{ad} + 2e' + V_O^{\cdot\cdot} \underset{\overleftarrow{\overleftarrow{k}}_T}{\overset{\overrightarrow{\overrightarrow{k}}_T}{\rightleftharpoons}} O_O^x + V_{ad}. \tag{7.51}$$

Für den schnellen Sorptionsvorgang kann dann ein Gleichgewicht formuliert werden

---

[47] Vgl. Ref. [521,522,344].

[48] Für 10% Dotierung ist die berechnete Debyelänge kleiner als der Nächste–Nachbar–Abstand. Allerdings sind die Werte bei weitgehender Assoziation größer. Ebenso kann für den Schottky–Mott–Fall (s. Abschnitt 5.8) (überwiegende Dotierung, Verarmung von $V_O^{\cdot\cdot}$) bei großen Oberflächenpotentialen die Dicke der Zone größer sein.

$\left(K_s = \frac{\vec{k}_s}{\overleftarrow{k}_s}\right)$, und es folgt für den Bedeckungsgrad[49,50]

$$\frac{\hat{\Theta}}{1-\hat{\Theta}} = K_s P^{1/2} \quad \text{bzw.} \quad \hat{\Theta} = \frac{K_s P^{1/2}}{1 + K_s P^{1/2}}. \tag{7.52}$$

Die elektrische Stromdichte ist der Reaktionsgeschwindigkeit, d.h. in unserem Falle der Durchtrittsgeschwindigkeit proportional. Die Anwendung der üblichen Ratenansätze auf Gl. (7.51) (vgl. Abschnitt 6.1.2) ergibt

$$\begin{aligned} i &= |\overleftarrow{i}| - |\vec{i}| \\ &= zF(1-\hat{\Theta})\ \exp\left(\overleftarrow{\alpha}\frac{zF\Delta\phi}{RT}\right)\overleftarrow{k}_T(T) - zF\hat{\Theta}\exp\left(-\vec{\alpha}\frac{zF\Delta\phi}{RT}\right)\vec{k}_T(T). \end{aligned} \tag{7.53}$$

Die Elektronenkonzentration (konstant in Pt) sowie die $V_O^{\cdot\cdot}$-Konzentration (konstant im Oxid wegen Dotierung) sind als Invarianten in die k–Werte einbezogen. In Gl. (7.53) ist schon die Zerlegung der Geschwindigkeitskonstanten $\widetilde{k}_T$ für Hin- und Rückreaktion in einen chemischen Anteil k_T (s. Abschnitt 6.1)

$$k_T = k_0 \exp - \frac{\Delta G_T^{\neq}}{RT} \tag{7.54}$$

und in den Feldanteil $\exp - \frac{\vec{\alpha} zF\Delta\phi}{2RT}$ bzw. $\exp + \frac{\overleftarrow{\alpha} zF\Delta\phi}{2RT}$ vollzogen (s. Abschnitt 6.1). Die Verhältnisse für die Freie Enthalpieänderung wurden in Abb. 6.2, Seite 273 dargelegt. Die über die Reaktionskoordinate verlaufende Potentialänderung $\Delta\phi$ trägt wegen des ungefähr linearen Verlaufs (Poisson–Gleichung !) jeweils zur Hälfte zur Erhöhung bzw. zur Erniedrigung der chemischen Aktivierungsschwelle der Teilreaktion bei, wenn das Maximum in der Mitte des Potentialprofiles liegt ($\vec{\alpha} = \overleftarrow{\alpha} = 1/2$). Abweichungen hiervon, die aufgrund der Unsymmetrie zwischen Edukten und Produkten wahrscheinlich sind, werden in der elektrochemischen Literatur durch Symmetriefaktoren $\vec{\alpha} = 1 - \overleftarrow{\alpha}$ berücksichtigt, die zwischen 0 und 1 variieren können.
Der Potentialsprung $\Delta\phi$ über die Reaktionskoordinate bzw. über den Abstand Δx lässt sich nun aufteilen in den auch im stromlosen Zustand vorhandenen Kontaktgleichgewichtsanteil[51] und den bei äußerer Spannung hinzukommenden Betrag η_T (Durchtrittsüberspannung). Es ergibt sich letztendlich

$$\begin{aligned} |\overleftarrow{i}| &= |\overleftarrow{i}_0| \exp\left(\overleftarrow{\alpha}\frac{zF\eta_T}{RT}\right), \\ |\vec{i}| &= |\vec{i}_0| \exp\left(-\vec{\alpha}\frac{zF\eta_T}{RT}\right). \end{aligned} \tag{7.55}$$

[49]Man beachte, dass K_s die Dissoziationskonstante einschließt. Die Massenwirkungskonstante der schnellen Oberflächendiffusion ist Eins gesetzt. Für kleinere Bedeckungen lässt sie sich auch problemlos in die Geschwindigkeitskonstanten der Transferreaktion inkorporieren.).

[50]Dies entspricht der Langmuir–Adsorption (s. Abschnitt 6.7).

[51]In der Halbleiterliteratur spricht man von "built–in potential". Benützt man die in Abschnitt 6.7.3 verwendete Notation, so entsteht der Exponentialterm in Gl. (7.55) aus den Verhältnissen $\widetilde{k}/\widehat{\widetilde{k}}$ für Hin- bzw. Rückreaktion.

Die Austauschstromdichten $\overleftarrow{i}_0, \overrightarrow{i}_0$ umfassen neben den Konzentrationstermen auch noch die Gleichgewichtspotentialterme. Außerdem müssen sie betragsmäßig gleich groß sein, heben sich doch für $\eta_T = 0$ die Teilstromdichten auf (i=0).
Es gilt also

$$\begin{aligned} |\overleftarrow{i}_0| &= zF(1-\widehat{\Theta})\exp\left(\overleftarrow{\alpha}\frac{zF\Delta\phi(i=0)}{RT}\right)\overleftarrow{k}_T = \\ |\overrightarrow{i}_0| &= zF\widehat{\Theta}\exp\left(-\overrightarrow{\alpha}\frac{zF\Delta\phi(i=0)}{RT}\right)\overrightarrow{k}_T \equiv i_0. \end{aligned} \tag{7.56}$$

Durch Multiplikation der beiden Ausdrücke für $|\overleftarrow{i}_0|^{\overrightarrow{\alpha}}$ bzw. $|\overrightarrow{i}_0|^{\overleftarrow{\alpha}}$ in Gl. (7.56) resultiert als Bestimmungsgleichung für die Austauschstromdichte eine symmetrische Beziehung der Form

$$i_0 = zF\widehat{c}_{eff}k_{Teff} \tag{7.57}$$

mit den Mittelwerten

$$\begin{aligned} \widehat{c}_{eff} &= \widehat{\Theta}^{\overleftarrow{\alpha}}(1-\widehat{\Theta})^{\overrightarrow{\alpha}} \simeq \sqrt{\widehat{\Theta}(1-\widehat{\Theta})}, \\ k_{Teff} &= \overrightarrow{k}_T^{\overleftarrow{\alpha}}\overleftarrow{k}_T^{\overrightarrow{\alpha}} \simeq \sqrt{\overrightarrow{k}_T\overleftarrow{k}_T}. \end{aligned} \tag{7.58}$$

Für $\overrightarrow{\alpha} \simeq \overleftarrow{\alpha} \simeq \frac{1}{2}$ ergeben sich die geometrischen Mittel, die auf der rechten Seite der Gleichung als Näherung benützt wurden.
Man beachte die Isomorphie von Austauschstromdichte (Gl. (7.57)) und spezifischer Leitfähigkeit $\sigma = zFc\cdot u$. Die dort auftauchende Beweglichkeit ist proportional zur Hüpfreaktionskonstanten (Kap. 6).
Der Gesamtstrom nimmt somit die bekannte Butler–Volmer–Form[52] [496]

$$i/i_0 = I/I_0 = \exp\left(\overleftarrow{\alpha}\frac{zF\eta_T}{RT}\right) - \exp\left(-\overrightarrow{\alpha}\frac{zF\eta_T}{RT}\right) \tag{7.59}$$

an, die uns in Abschnitt 6.7 in anderem Kleide begegnete (Gl. (6.157)). Weicht der Symmetriefaktor α von 1/2 ab, so ist die entstehende Strom–Spannungs–Kurve nicht punktsymmetrisch[53]. Abb. 7.17 zeigt die Abhängigkeit, sowie den differentiellen Leitwert $R_T^{-1}(\eta) = \frac{\partial I}{\partial \eta}$. Im Falle kleiner Überspannungen $\eta_T \ll \frac{2RT}{zF}$ ergibt sich[54] ein

[52] In vielen Fällen laufen mehrere potentialbildende Prozesse ab [523]. E_1 sei das Potential, bei dem der Strom bei alleiniger Anwesenheit des Prozesses 1 verschwindet, also $E_1 = \Delta\phi(i_1 = 0)$, analog sei $E_2 = \Delta\phi(i_2 = 0)$. Der Gesamtstrom ist allerdings dann weder bei E_1 noch bei E_2 Null, sondern beim "Mischpotential" E_R. In diesem Falle befindet sich aufgrund innerer Prozesse die Elektrode nicht im elektrochemischen Gleichgewicht. Beeinflussen sich die Strom–Spannungskurven nicht, ergibt sich $i(\Delta\phi) = i(\Delta\phi_1) + i(\Delta\phi_2)$ durch Überlagerung beider (Parallelschaltung beider Prozesse, $\delta[e^-] = \delta[e^-]_1 + \delta[e^-]_2$). Es ist evident, dass sich der 'dynamischste Prozess' (d.h. der mit dem geringsten Durchtrittswiderstand) durchsetzt: Ist $i_{01} \gg i_{02}$, so ist die erste Kurve in der Auftragung i vs. $\Delta\phi$ sehr viel steiler und kommt der Summenkurve sehr nahe. Dies ist von großer Relevanz in bezug auf die Selektivität potentiometrischer Sensoren, aber auch zur Behandlung lokaler Korrosionserscheinungen.

[53] Die Form der Diodenkennlinie [210,236] (vgl. p–n–Übergang, Schottky–Kontakt, Abschnitt 5.8) ergibt sich für $\overrightarrow{\alpha} = 0$.

[54] $\exp() - \exp -() \simeq 1 + () - 1 + () \simeq 2()$ für $() \ll 1$

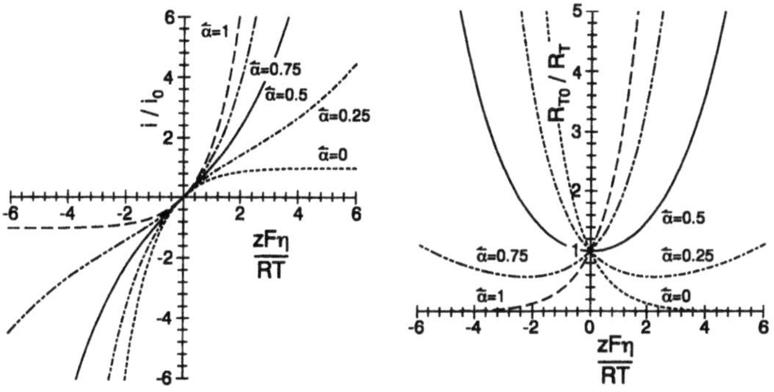

Abb. 7.17: Links: Strom–Spannungskurve für verschiedene α–Werte. Für $\vec{\alpha} = \overleftarrow{\alpha} = 1/2$ ergibt sich die punktsymmetrische sinh–Funktion. Rechts: Der (auf $\frac{I_0 zF}{RT}$ normierte) differentielle Durchtrittsleitwert für verschiedene α–Werte als Funktion der Überspannung. Für $\vec{\alpha} = \overleftarrow{\alpha} = 1/2$ resultiert die achsensymmetrische cosh–Funktion.

Ohmsches Verhalten mit dem Durchtrittswiderstand

$$R_T = R_{T0} = \frac{RT}{zFI_0} = \frac{RT}{zFi_0a} = \varrho_T/a. \tag{7.60}$$

ϱ_T ist dabei der flächenbezogene Durchtrittswiderstand und entspricht im Kehrwert einem flächenbezogenen Durchtrittsleitwert (s. Gl. (7.57)). Eine andere Art der Darstellung benutzt die Definition effektiver Permeabilitäten Λ^Q bzw. effektiver Ratenkonstanten $\bar{k}^Q$ (vgl. allgemeine kinetische Darstellung in Abschnitt 6.7). Die Λ^Q–Werte bezeichnen das Verhältnis der Flussdichte zur Auslenkung des lokalen Potentials vom Gleichgewichtswert und damit auch zur Überspannung. Diese sind naturgemäß den Austauschstromdichten proportional. Die Umrechnung in die effektive Ratenkonstante $\bar{k}^Q$ ergibt:

$$\bar{k}^Q = \frac{i_0}{zF[O_O]}. \tag{7.61}$$

Für große Überspannungen jedoch weicht die Strom–Spannungsbeziehung vom linearen Verhalten ab und nimmt das sogenannte Tafel–Verhalten an:
η ist dann linear im Logarithmus des Stromes. Ist nämlich $|\eta_T| \gg \frac{2RT}{zF}$, so ist in Gl. (7.59) entweder die erste oder die zweite Exponentialfunktion vernachlässigbar. Es ergibt sich in beiden Fällen für $\vec{\alpha} = \overleftarrow{\alpha} = \frac{1}{2}$

$$|I/I_0| = \exp\left|\frac{zF\eta_T}{2RT}\right|. \tag{7.62}$$

Hier macht sich also die Deformation der Aktivierungsschwelle durch die angelegte Spannung und die dadurch bewirkte überproportionale Veränderung der Reaktionsgeschwindigkeit extrem bemerkbar.
Obwohl in den allermeisten Fällen (z. B. bei Brennstoffzellen[55], s. Abschnitt 7.4) die Verhältnisse komplizierter sind und verschiedene Ladungsdurchtrittsprozesse zu unterscheiden sind, zum einen der Durchtritt der Elektronen zur Dreiphasengrenze und zum zweiten der Durchtritt partiell ionisierten Sauerstoffs i.a. unter weiterer Elektronenaufnahme in die Oxidphase, und obwohl laterale Migrationsvorgänge mit elektrischen Potentialänderungen verbunden sein können, sind dennoch in vielen Fällen [525,526] obige Betrachtungen relevant. Wang und Nowick [521] benützten eine solch vereinfachte Analyse für die Elektrodenkinetik der Pt–Sauerstoffelektrode auf CaO–dotiertem CeO_2. Wenden wir uns ihren Ergebnissen zu:
Die Abb. 7.18 zeigt, dass die Strom–Spannungsverhältnisse am CeO_2 nach Subtraktion der Volumenanteile näherungsweise durch eine Butler–Volmer–Beziehung beschrieben werden können. Die Assymmetriefaktoren ergeben sich bei z=2 zu 1/2 (vgl. hierzu Fußnote 60). Die durch Extrapolation zu kleinen η_T–Werten erhaltene Austauschstromdichte soll nun, analog wie dies für die Volumenleitfähigkeit in Kap. 5 ausgiebig getan wurde, als Funktion der Kontrollvariablen Temperatur, Sauerstoff–Partialdruck und Dotierung diskutiert werden.
Wegen der Exothermizität der Adsorption ($\Delta H_s^\circ < 0$) gilt für hohe Temperaturen $K_s P^{1/2} \ll 1$, d.h. $\widehat{\Theta} \ll 1$, das gleiche ist natürlich für kleine Partialdrücke der Fall. Dann vereinfacht sich wegen Gl. (7.52) die Beziehung für $\widehat{\Theta}$ zu

$$\widehat{\Theta} = K_s P^{1/2}. \tag{7.63}$$

Für i_0 erhalten wir unter diesen Bedingungen (Gl. (7.57))

$$i_0 \propto \varrho_T^{-1} \propto K_s^{1/2} P^{1/4} k_{T_{eff}}. \tag{7.64}$$

Für die P- und T–Abhängigkeit von i_0 resultieren[56,57]:

$$\begin{aligned} \frac{\partial \ln i_0}{\partial \ln P} &= 1/4, \\ -\frac{\partial \ln i_0}{\partial 1/RT} &= \frac{1}{2}\Delta H_s^\circ + \Delta H_{T_{eff}}^{\neq} = \frac{1}{2}\Delta H_s^\circ + \frac{1}{2}\left(\overrightarrow{\Delta H}_T^{\neq} + \overleftarrow{\Delta H}_T^{\neq}\right). \end{aligned} \tag{7.65}$$

Andererseits ist im Bereich hoher Sauerstoffpartialdrücke bzw. tiefer Temperaturen $\widehat{\Theta}$ nach (Gl. (7.52) näherungsweise 1 und somit

$$1 - \widehat{\Theta} = K_s^{-1} P^{-1/2}, \tag{7.66}$$

---

[55]Vor allem im Zusammenhang mit der Kinetik von Brennstoffzellen (Abschnitt 7.4.2) wurden diesbezüglich ausgedehnte Untersuchungen durchgeführt (siehe z.B. [524]).

[56]Der elektrische Potentialabfall $\widehat{\Delta\phi}$ ist i.a. von P_{O_2} abhängig. Dies gilt aber nicht mehr für $k_{T_{eff}}$ (vgl. Gl. (7.56,7.57,7.58).

[57]Die Dissoziationsenthalpie ist in ΔH_S° enthalten. Falls die Ionisierung vor- und nachgelagert ist (s. Fußnote 60), sind diese Enthalpiebeiträge formal in $\Delta H_T^{\neq}$ enthalten. Unter Umständen ist auch die Verteilungsenthalpie (Wanderung an die Dreiphasengrenze) wichtig.

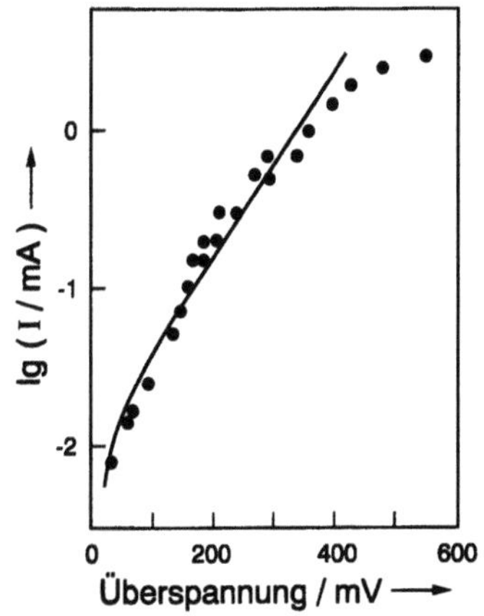

Abb. 7.18: Stationäre Strom–Spannungs–Kennlinie bei CaO–dotiertem CeO_2 [521]. Die Durchtrittsreaktion bestimmt die Gesamtkinetik und sorgt für ein ausgeprägt nichtlineares Verhalten. Aus der Anpassung ergibt sich $\vec{\alpha}z = \overleftarrow{\alpha}z = 1$. Im Rahmen unseres Modells ist z=2 und der Symmmetriefaktor 1/2. Aus [521].

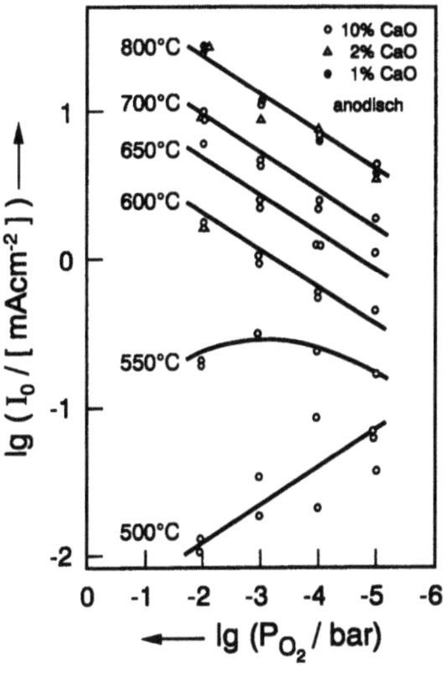

Abb. 7.19: Isothermen der Austauschstromdichte (als Funktion vom Sauerstoffpartialdruck) zeigt in doppellogarithmischer Darstellung, dass sich die Steigung $\partial \lg I_0/\partial \lg P_{O_2}$ von +1/4 nach -1/4 verändert, wenn der Partialdruck zu- und die Temperatur abnimmt (s. "kritische" Isotherme bei 550°C). Aus [521].

also

$$i_0 \propto K_s^{-1/2} P^{-1/4} k_{T_{eff}} \qquad (7.67a)$$

und folglich[56,57]

$$\begin{aligned} \frac{\partial \ln i_0}{\partial \ln P} &= -1/4, \\ -\frac{\partial \ln i_0}{\partial 1/RT} &= -1/2\Delta H_s^\circ + \frac{1}{2}\left(\Delta\vec{H}_T^{\neq} + \Delta\overleftarrow{H}_T^{\neq}\right). \end{aligned} \qquad (7.67b)$$

Abb. 7.19 bestätigt eindrucksvoll die vorhergesagte Veränderung der Steigung im $\log i_0 - \log P$–Plot. In gleicher Weise lässt sich auch die Temperaturabhängigkeit analysieren. Die Dotierabhängigkeit ergibt sich über den $[V_O^{\cdot\cdot}]$–Term, wie ausführlich in Kap. 5 dargelegt. Für Einzelheiten sei auf die Originalliteratur [521] sowie auf Ref. [344] verwiesen.

Für die effektive Grenzflächenkonzentration lässt sich näherungsweise und analog zu den Bulkbetrachtungen formulieren[58]:

$$\widehat{c}_{\text{eff}} \propto P^{N'} \left(\Pi_r K_r^{\gamma_r'}\right). \tag{7.68}$$

Die Abhängigkeit der Austauschstromdichte ist entsprechend[59] (s. Gl. (7.57)). In Bezug auf die Temperaturabhängigkeit muss hierfür noch $-\partial \ln k_{T_{\text{eff}}}/\partial 1/RT$ berücksichtigt werden.

Butler–Volmer–Gleichungen entstehen nicht nur, wenn Durchtrittsreaktionen geschwindigkeitsbestimmend sind, sondern ergeben sich auch in allgemeineren Fällen[60]. Eine kompliziertere Strom–Spannungsrelation ist zu erwarten, wenn weder Adsorptions– noch Durchtrittsschritt allein geschwindigkeitsbestimmend sind. Im stationären Zustand können wir die Raten beider Reaktionen gleichsetzen (Gl. (7.50), (7.51)) und erhalten nach länglicher[61], aber elementarer Rechnung für die Austauschstromdichte

$$i_0 = \frac{zF\vec{k}_T \exp\left(-\vec{\alpha}\frac{zF\Delta\phi(i=0)}{RT}\right)\vec{k}_s P^{1/2}}{\vec{k}_s P^{1/2} + \overleftarrow{k}_s + \vec{k}_T \exp\left(-\vec{\alpha}\frac{zF\Delta\phi(i=0)}{RT}\right) + \overleftarrow{k}_T \exp\left(\overleftarrow{\alpha}\frac{zF\Delta\phi(i=0)}{RT}\right)}. \tag{7.69}$$

Vernachlässigen wir die beiden Durchtrittsterme im Nenner, so erhalten wir Gl. (7.56) zurück.

[58]Man beachte, dass der einfache Ausdruck (Gl. (7.68)) neutrale Adsorption voraussetzt. Bezieht sich Θ auf geladene Spezies — wie es realistisch der Fall ist — so folgen kompliziertere Resultate als im Volumen. Der Grund liegt in der Nichtanwendbarkeit der Elektroneutralitätsbeziehung.

[59]Die Analogie zu σ ist perfekt, wenn man berücksichtigt, dass in besserer Näherung auch im Volumenfalle ein Ausdruck der Form $c(c^{\max} - c)$ stehen muss. Für den Volumentransport ist $\Delta\vec{H}^{\neq} = \Delta\overleftarrow{H}^{\neq}$ wegen der Symmetrie der Schwelle.

[60]Nach Parsons [527] resultiert in einer seriellen Kinetik mit einem geschwindigkeitsbestimmenden Schritt näherungsweise jeweils eine Butler–Volmer–Gleichung mit effektiven Durchtrittsfaktoren $\vec{\beta}$ und $\overleftarrow{\beta}$ (im Text ist $\beta = \alpha z$), die sich über $\vec{\gamma}/\nu + r\vec{\alpha}$ bzw. $\overleftarrow{\gamma}/\nu + r\overleftarrow{\alpha}$ ergeben. Die Größen r bzw. $\vec{\gamma}$, $\overleftarrow{\gamma}$ sind die Zahlen der im geschwindigkeitsbestimmenden Schritt bzw. der im vor– und nachgelagerten Schritten transferierten Ladungen; ν gibt an, wie oft der geschwindigkeitsbestimmende Schritt ablaufen muss, damit die Gesamtreaktion einmal ablaufen kann. Die kinetische Mehrstufenanalyse (s. z.B. [210]) geht dabei von — dem geschwindigkeitsbestimmenden Schritt vor– und nachgelagerten — schnellen Reaktionen aus und folgt den Prinzipien von Abschnitt 6.7.2:
Die Reaktionskette sei im stationären Zustand (Sie ist elektrodenseitig offen!). Die Hinrate des geschwindigkeitsbestimmenden Schrittes involviert neben der elektrochemischen Geschwindigkeitskonstanten auch Konzentrationen, die über die vorgelagerten Gleichgewichte mit dem Ausgangsprodukt in Verbindung gebracht werden können. In gleicher Weise kann die Rückrate mit den nachgeschalteten Konzentrationen und schließlich mit dem Endprodukt in Verbindung gebracht werden. Die Differenz von Hin–und Rückrate beschreibt den stationären Strom (vgl. Gl. (6.120)). Geschwindigkeits– wie auch die Gleichgewichtskonstanten enthalten im allgemeinen elektrische Feldbeiträge, die von der angelegten Spannung beeinflusst werden. Dies führt unmittelbar auf obige effektive Durchtrittsfaktoren.

[61]Man berechne Θ bzw. $(1-\Theta)$ aus den beiden Ratengleichungen (für Gl. (7.50), (7.51)). Damit erhält man die stationäre Gesamtrate durch Einsetzen von Θ in Gl. (7.53). Ihre Austauschrate ist durch Gl. (7.69) gegeben.

Ist nun umgekehrt die Adsorption geschwindigkeitsbestimmend, so können wir $\vec{k}_s P^{1/2}$ und $\overleftarrow{k}_s$ vernachlässigen und finden

$$i_0 = \frac{zF\vec{k}_s P^{1/2}}{1 + \widetilde{K}_T^{-1}}. \tag{7.70}$$

Man beachte, dass $\widetilde{K}_T = K_T \exp\left(-\frac{zF\Delta\phi(i=0)}{RT}\right)$. Wegen des Massenwirkungsgesetzes gilt $P^{-1/2} = K_s \widetilde{K}_T$ wobei $\widetilde{K}_T$ wegen des Feldfaktors P_{O_2}-abhängig ist. Hieraus und mit Hilfe von Gl. (7.52) folgt:

$$i_0 = \frac{zF\overleftarrow{k}_s \vec{k}_s P^{1/2}}{\overleftarrow{k}_s + \vec{k}_s P^{1/2}} \simeq zF\sqrt{\overleftarrow{k}_s \vec{k}_s \widehat{\Theta}(1-\widehat{\Theta}) P^{1/2}}, \tag{7.71}$$

also genau die Austauschstromdichte für die Adsorptionsreaktion. Der Ausdruck auf der rechten Seite zeigt, dass nun k_{eff} über die Adsorptionsratenkonstanten bestimmt ist. Man beachte, dass c_{eff} im Unterschied zu Gl. (7.58) noch den Faktor $P_{O_2}^{1/2}$ enthält, der bei einer analogen Diskussion der P_{O_2}-Abhängigkeit zu anderen Resultaten führt. Es sei auch bemerkt[62], dass für die stationäre Strom–Spannungskurve ein Ausdruck folgt, der ein asymptotisches Stromverhalten (Adsorptionsgrenzstrom) vorhersagt.

Dies sind natürlich nur sehr spezielle Beispiele in dem sehr komplexen Feld der Elektrodenkinetik. Analoge Betrachtungen sind bei inneren Grenzflächen anzustellen. Intensive Untersuchungen an Prototypsystemen — vor allem in Anbetracht der technologischen Bedeutung z.B. bei Brennstoffzellen (s. Abschnitt 7.4) — tun hier not.

Wie in Kap. 6 behandelt, ist der Volumentransport erst bei sehr hohen Überspannungen nichtlinear. Im Verein mit der Tatsache, dass sich — wie gerade im Falle der Adsorption angesprochen — reaktions- und diffusionslimitierte Prozesse im Gegensatz zum durchtrittskontrollierten Fall häufig durch das Auftreten von Grenzströmen verraten (s. auch Abb. 7.56 auf Seite 478 und Fußnote 34 auf Seite 418), erlaubt dies zuweilen eine erste Aussage über den geschwindigkeitsbestimmenden Schritt.

Ist der Randschichtwiderstand $R^{\perp}$ raumladungskontrolliert, so interessiert uns an dieser Stelle der Fall von Verarmungsrandschichten. Die analytische Form des Raumladungswiderstandes in Gleichgewichtsnähe wurde ausführlich in Kap. 5 diskutiert. Dort wurde auch am Beispiel des Korngrenzwiderstandes von $SrTiO_3$ die P_{O_2}-Partialdruckabhängigkeit des Raumladungswiderstandes besprochen. Im einfachsten Fall sind Durchtrittswiderstand und Raumladungswiderstand in Serie geschaltet und hierzu parallel eine Serienschaltung entsprechender Kapazitäten. Dies zeigt, dass Durchtritts- und Raumladungsimpedanzen nicht einfach entkoppelt sind. In Bezug auf eine genauere Diskussion sei auf weiterführende Literatur verwiesen [528, 529]. Im folgenden wollen wir uns genauer mit den Kapazitäten auseinandersetzen, die für das Zeitverhalten wesentlich sind.

[62] Dies folgt schon aus den Überlegungen in Fußnote 60.

c) Mechanistische Interpretation — Grenzflächenkapazitäten

Die (differentielle) elektrische Kapazität beschreibt die Veränderung der gespeicherten Ladung mit veränderter elektrischer Potentialdifferenz[63]. Zunächst stehen wir vor dem Problem, dass prinzipiell der Faradaysche Strom (Endlichkeit von $R^{\perp}$) auf die Ladungsverteilung und damit auf die Kapazität wirkt. Für kleine Ströme lässt sich dies in erster Näherung vernachlässigen, so wie es ja auch im Ersatzschaltbild (Abb. 7.15) antizipiert ist. Die zur Kapazitätsberechnung betrachtete Verteilung ist dann die Gleichgewichtsverteilung, und wir können den Faradayschen Strom gedanklich Null setzen. In der Tat wurden die meisten Betrachtungen in der klassischen Elektrochemie an Hand der sogenannten ideal polarisierbaren Elektrode[64] ($R^{\perp} \longrightarrow \infty$) (z.B. Hg in Kontakt mit einem wässrigen Elektrolyten) durchgeführt. Auch hier stellen wir uns zunächst den Kontakt eines reinen Ionenleiters (z.B. AgCl) mit einer Elektrode vor, die den Durchtritt des Iones nicht gestattet[65], um dann nachher im Nachhinein simplerweise durch Berücksichtigung eines Durchtrittswiderstandes auch allgemeinere Fälle mit einzuschließen. Da die Elektrodenphase auch spezifisch adsorptiv auf Kationen oder Anionen wirkt (vgl. Adsorption von Ag^+ am RuO_2/AgCl–Kontakt, Abschnitt 5.8), wird näherungsweise eine Dreifachschicht realisiert sein. Durch die angelegte Spannung variieren wir die Elektrodenladung, genauer die elektrodenseitige Flächenladungsdichte. (Diese flächenbezogene Größe bezeichnen wir mit Σ_E. Die elektrodenseitige Ortskoordinate am Kontakt sei s_E, die elektrolytseitige sei s.). Die Summe aus Σ_E und der adsorbierten Ladung bei $x = s$ (also Σ_s) wird durch die diffuse Ladung (Σ_{dif}) kompensiert. Letztere besitzt ihren lokalen Maximalwert bei x=0 (s. Abschnitt 5.8). In der klassischen Elektrochemie bezeichnet man die beiden zu unterscheidenden Schichten als innere und äußere Helmholtzschicht. Bei aller Analogie ist doch beim Fest–Fest–Kontakt mit Umlagerungen und Reorganisationen größerer Reichweite zu rechnen, deren kinetischen Einfluss wir im folgenden ignorieren. Dann ergibt sich die Kontaktkapazität (ϕ_E: elektrodenseitiges Potential) zu

$$\frac{C^{\perp}}{a} = \frac{\partial \Sigma_E}{\partial (\phi_E - \phi_\infty)}. \tag{7.72}$$

Betrachten wir zunächst den Fall, dass der Festelektrolyt eine hohe Ladungsträgerdichte (α–AgI oder hochdotiertes AgCl) aufweist. Dann ist erstens die Debye–

[63]In Abschnitt 5.4.4 wurde ausgeführt, dass die Überschussladung einer polarisierbaren Elektrode über die negative Änderung der Grenzflächenspannung, γ, mit der angelegten Spannung U gegeben ist (Gl. (5.72)). Folglich ergibt sich die differentielle Kapazität aus der negativen Krümmung der γ(U)–Kurve (Elektrokapillaritätskurve).

[64]Dass die Ergebnisse auch für nicht ideal polarisierbare Elektroden von Belang sind, dort nur schwer zu messen sind, wurde in Ref. [530] gezeigt.

[65]Dies ist hier allerdings nur für den relevanten Kurzzeitbereich problemlos, da es wegen Endlichkeit des elektronischen Widerstandes in AgCl zu einer Stöchiometriepolarisation kommt (s. Abschnitt 7.3.4).

Länge vernachlässigbar (d.h. starre Dreifachschicht mit $\Sigma_{\mathrm{dif}} \to \Sigma_0$) und zweitens[66] $\phi_0 - \phi_\infty \simeq 0$. Wegen $\partial(\phi_E - \phi_\infty) \simeq \partial(\phi_E - \phi_0) = \partial(\phi_E - \phi_s) + \partial(\phi_s - \phi_0)$ und $\Sigma_E + \Sigma_s + \Sigma_0 = 0$ folgt

$$(\mathrm{C}^\perp/\mathrm{a})^{-1} = \frac{\partial(\phi_E - \phi_s)}{\partial\Sigma_E} + \frac{d\Sigma_0}{d\Sigma_E}\frac{\partial(\phi_s - \phi_0)}{\partial\Sigma_0} = (\mathrm{C}_1/\mathrm{a})^{-1} + (\mathrm{C}_2/\mathrm{a})^{-1}\left(1 + \frac{d\Sigma_s}{d\Sigma_E}\right). \tag{7.73}$$

C_1/a ist dabei die differentielle Kapazität der inneren Helmholtzschicht in Bezug auf die Elektrode $(\partial\Sigma_E/\partial(\phi_E - \phi_s))$, C_2/a die differentielle Kapazität der äußeren in Bezug auf die innere Helmholtzschicht $(\partial\Sigma_0/\partial(\phi_0 - \phi_s))$. Ist die Chemisorption ausgeprägt, so hängt Σ_s nur schwach von Σ_E ab, und die Dreifachschicht verhält sich wie zwei in Reihe geschaltete Kondensatoren.

Als nächstes berücksichtigen wir im Elektrolyt eine von Null verschiedene Debye-Länge, lassen also eine diffuse Ladungsverteilung (zwischen x=0 und x=∞) zu, vernachlässigen aber der Einfachheit halber Sorptionseffekte, d.h. $|\Sigma_E| = \left|\int_0^\infty \rho dx\right|$. Hierzu haben wir die zwischen Volumen und x = 0 auftretende Ladungsdichte aufzuintegrieren und das Ergebnis nach dem Potential an der Grenzflächenlage ($x = s_E$) zu differenzieren. (Analog haben wir zu verfahren, wenn auch in der Elektrode eine Raumladung auftritt.) Wegen

$$(\mathrm{C}^\perp/\mathrm{a})^{-1} = \frac{\partial(\phi_E - \phi_\infty)}{\partial\Sigma_E} = \frac{\partial(\phi_E - \phi_0)}{\partial\Sigma_E} + \frac{\partial(\phi_0 - \phi_\infty)}{\partial\Sigma_E} = (\mathrm{C_H}/\mathrm{a})^{-1} + (\mathrm{C_{sc}}/\mathrm{a})^{-1} \tag{7.74}$$

lässt sich dies durch Serienschaltung einer Helmholtzkapazität $\mathrm{C_H}$ und einer Raumladungskapazität $\mathrm{C_{sc}}$ ausdrücken. Da wir zwischen Elektrode und x=0 keine Ladung gespeichert haben, ist das ϕ-Profil linear mit der Steigung[67] $(\phi'|_{x=0} =)\ \Sigma_E/\varepsilon$. Andererseits ist die Steigung $(\phi_E - \phi_0)/|s_E|$. Somit ergibt sich[68] $(\mathrm{C_H}/\mathrm{a})$ zu $\varepsilon/|s_E|$. Ein ähnliches Ergebnis der Form $\varepsilon/\mathcal{L}$ erwarten wir auch für den Raumladungsanteil im Falle kleiner Anregungen. Es zeigt sich allgemeiner, dass $\mathcal{L}$ bei Kleinsignalverhalten den Ort des Schwerpunktes der Ladungstörung angibt [531]. Für die flächenbezogene Kapazität folgt nach Gl. (7.74) $(\mathrm{C}^\perp/\mathrm{a}) = \varepsilon/(\mathcal{L} + |s_E|)$. Identifizieren wir $\mathcal{L}$ vorläufig und größenordnungsmäßig mit der Ausdehnung der Raumladungszone, so ist erkennbar, dass in der Serienschaltung für nicht allzu defektreiche Festkörper $(\mathrm{C_{sc}}/\mathrm{a})$ überwiegt.

Untersuchen wir zunächst genauer zwei einfache Fälle:

Für kleine Effekte der Gouy–Chapman–Situation (Majoritätsladungsträger beweglich) wissen wir aus Abschnitt 5.8, dass das Raumladungspotential durch eine Expo-

[66]Wegen der näherungsweisen Konstanz des elektrochemischen Potentials ist $\Delta\phi \propto \Delta \ln c \simeq \Delta c/c$. Ist c bereits hoch, so ist bei vergleichbarer Ladungsvariation die *relative* Änderung in c und somit die absolute Änderung in ϕ gering.

[67]Nach Übergang ins Metall springt ϕ' vom Wert ϕ'_0 auf den Wert Null. Die Größe des Sprungs ist über Σ_E/ε bestimmt.

[68]Die Dielektrizitätskonstante in der Helmholtz–Schicht mit der Volumen–DK gleichzusetzen ist eine gewagte, aber übliche Näherung.

nentialfunktion ($\phi = \phi_0 \exp(-x/\lambda)$) gegeben ist. Die Integration über die Raumladung und damit über ϕ'' vom Innern ($\phi' = 0$) bis an die Phasengrenze ergibt $\phi'|_{x=0}$ und damit $-\Sigma_E/\varepsilon$. Wegen des Exponentialcharakters gilt $\phi' = -\phi/\lambda$ und somit

$$(C_{sc}/a) = \frac{\varepsilon}{\lambda}, \tag{7.75}$$

wie erwartet.
Im Falle der Schottky–Mott–Randschicht (Majoritätsladungsträger unbeweglich, Gegendefekt verarmt) erzielten wir ein einfaches Ergebnis für starke Verarmung und konnten das Raumladungsprofil durch eine Rechteckfunktion der Weite $\lambda^* \propto \lambda\sqrt{|\phi_0 - \phi_\infty|}$ (vgl. Gl. 5.231 in Abschnitt 5.8) annähern[69]. Die gesamte Flächenladung ergibt sich näherungsweise über Multiplikation von λ^* mit der konstanten Dotierkonzentration m und hieraus[70]

$$C_{sc}/a = \frac{d\,(zFm\lambda^*)}{d\lambda^*}\frac{d\lambda^*}{d\,(\phi_0 - \phi_\infty)} = \sqrt{\frac{|z|Fm\varepsilon}{2|\phi_0 - \phi_\infty|}} = \frac{\varepsilon}{\lambda^*}. \tag{7.76a}$$

In diesem zweiten Fall ist C_{sc} über λ^* potentialabhängig. Sei $\widehat{\phi}_0 - \phi_\infty$ der im Gleichgewicht (d. h. hier ohne äußere Spannung) existierende Potentialunterschied, so ist $(\phi_0 - \phi_\infty) - (\widehat{\phi}_0 - \phi_\infty) = \phi_0 - \widehat{\phi}_0$ die angelegte Spannung (η). Beträgt die angelegte Spannung gerade $\eta^* \equiv -(\widehat{\phi}_0 - \phi_\infty)$, so verschwindet der Verarmungseffekt; im Falle von Halbleitern bezeichnet man dieses Nulladepotential[71] auch als Flachbandpotential, da die Bandverbiegung zu Null wird. Ersetzen wir $\phi_0 - \phi_\infty$ nach dieser Definition durch $\eta - \eta^*$ oder $U - U^*$ (s. Gl. 7.5), so können wir Gl. (7.76a) in der Form

$$\left(\frac{1}{C_{sc}/a}\right)^2 = \left|\frac{2}{zF\varepsilon m}\left(U - U^* - \frac{RT}{F}\right)\right| \tag{7.76b}$$

anschreiben[70]. Aus dem sogenannten Schottky–Mott–Plot [524], $(1/C_{sc})^2$ vs. U, ist die Dotierung und das Flachband erhältlich.
Dass im ersten Beispiel ("Gouy–Chapman–Fall") keine Potentialabhängigkeit auftrat, rührte von der Annahme kleiner Effekte her. Aber auch das Resultat für große Effekte im Gouy–Chapman–Fall ist leicht herleitbar. Wegen $\Sigma_E \propto \sqrt{c_0}$ (s. Gl. (5.251), Abschnitt 5.8.4) ergibt sich:

$$\frac{C_{sc}}{a} = \frac{\varepsilon}{2\lambda}\zeta_{\pm 0}^{1/2} = \frac{\varepsilon}{2\lambda}\exp \mp \frac{|z|\,F\,(\phi_0 - \phi_\infty)}{2RT} = \frac{\varepsilon}{2\lambda}\exp \mp \frac{|z|F\,(U - U^*)}{2RT} \tag{7.77}$$

[69] In der klassischen Elektrochemie sind solche Betrachtungen für Halbleiterelektroden wesentlich.

[70] In Gl. (7.76a) ist vorausgesetzt, dass die Ladungsdichte durch die Dotierkonzentration gegeben ist (s. Abschnitt 5.8). Berücksichtigt man den Einfluss der verarmten Ladungsträger, so ist in besserer Näherung in Gl. (7.76a) unter der Wurzel zum doppelten Potentialterm noch der additive Term $-\frac{RT}{|z|F}$ zu berücksichtigen [236]. Hiermit ergibt sich Gl. (7.76b).

[71] Beim elektrochemischen Nulladepotential (point of zero charge), wie es in der Elektrokapillarkurve in Erscheinung tritt, verschwindet Σ_E (vgl. S. 150, sowie Fußnote 63).

und folglich eine ausgeprägte Spannungsabhängigkeit[72].
Lassen Sie uns eine allgemeinere Lösung angeben. Allerdings vernachlässigen wir nach wie vor den Einfluss des Faradayschen Stromes auf die Ladungsverteilung. Hierzu müssen wir nicht vom Konzentrationsprofil ausgehen, sondern es genügt die Berechnung der Flächenladungsdichte. Dies erfordert lediglich die Kenntnis von $(\phi_0 - \phi_\infty)'$. Andererseits ergibt[73] sich $(\phi_0 - \phi_\infty)'$ als $\left[-\frac{2}{\varepsilon}\int_0^{(\phi_0-\phi_\infty)} \rho\, d(\phi - \phi_\infty)\right]^{1/2}$.
Im intrinsischen Gouy–Chapman–Fall ist $\rho = -|z| Fc_\infty \sinh(|z| F(\phi - \phi_\infty)/RT)$ (vgl. Gl. (5.215), Abschnitt 5.8.1). Folglich ist $C_{sc} \propto \cosh(|z|F(\phi_0 - \phi_\infty)/2RT)$; im Detail folgt[74]:

$$C_{sc}/a = \frac{\varepsilon}{\lambda}\cosh\frac{|z|\, F(\phi_0 - \phi_\infty)}{2RT} = \frac{\varepsilon}{\lambda}\cosh\frac{|z| F(U - U^*)}{2RT}. \tag{7.78}$$

Bei großen Werten von $\phi_0 - \phi_\infty = U - U^*$ dominiert eine der beiden Exponentialfunktionen im Hyperbelkosinus, und es gilt Gl. (7.77), während Gl. (7.75) die Näherung für kleine Potentialdifferenzen ($\cosh(...) \longrightarrow 1$) darstellt. Außerdem entspricht ε/λ dem Minimalwert der Funktion in Gl. (7.78), der sich bei $U = U^*$ einstellt. Dies zeigt Abb. 7.20. Man vergleiche auch die entsprechende Abhängigkeit des differenti-

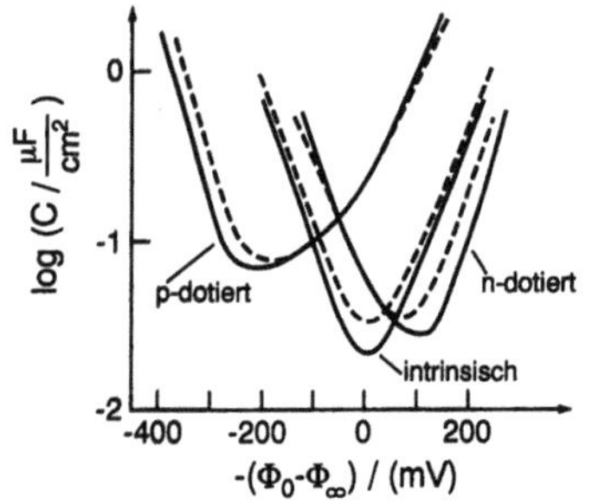

Abb. 7.20: Theoretische Raumladungskapazität als Funktion der über der Randschicht abfallenden Spannung $-(\phi_0 - \phi_\infty)$ für intrinsische und dotierte Halbleiter (Donatorkonzentration = $3.5 \cdot 10^{14} cm^{-3}$, Akzeptorkonzentration = $7.5 \cdot 10^{15} cm^{-3}$) bei Raumtemperatur (gestrichelte Linie: 45°C)[75]. Aus [532]

ellen Widerstandes in Abb. 7.17. Bei geringer Variation des elektrischen Potentials in unmittelbarer Umgebung des Minimums wird der Absolutwert der Flächenladung proportional erhöht; bewegen wir uns im Diagramm zu höheren absoluten Abweichungen vom Minimum nach links oder rechts, wird $|\Sigma_E|$ überproportional verändert.

[72]Interessant ist, dass eine (über den Gültigkeitsbereich von Gl. (7.77) hinausgehende) Extrapolation auf $\phi_0 - \phi_\infty = 0$ die Kapazität $\varepsilon/(2\lambda)$ ergibt. Dies ist in Übereinstimmung mit Resultaten aus Abschnitt 5.8, dass (2λ) für große Effekte die Rolle einer effektiven Dicke übernimmt. Natürlich ist aber die wirkliche Raumladungskapazität für $\phi_0 - \phi_\infty \simeq 0$ über ε/λ (s. Gl. (7.75) bzw. Gl. (7.78)) gegeben.

[73]Wegen $\frac{d}{dF}(F'^2) = \frac{d}{dx}(F'^2)\frac{dx}{dF} = \frac{d}{dx}(F'^2)\frac{1}{F'} = 2F''$ ist F'^2 durch das Integral genommen über $2F''dF$ gegeben. Identifizieren wir F mit ϕ, so ist der Integrand proportional zu ρ/ε (Poisson–Gleichung).

[74]Man beachte für die Integralauswertung, dass $\sqrt{2\cosh x - 2} = 2\sinh(x/2)$.

In analoger Weise lassen sich die Kapazitäten für ein stark positiv oder negativ dotiertes Material mit unbeweglicher Dotierung berechnen[75]. Betrachten wir o.B.d.A. den zweiten Fall. Dort ist unter Brouwerbedingungen der negative Ladungsträger direkt durch die Dotierkonzentration m gegeben, während der positive bewegliche Gegendefekt sich zu K/m ergibt, wenn K die relevante Massenwirkungskonstante darstellt. Letzterer ist für $U = U^*$ (d.h. $\phi_0 = \phi_\infty$) in der Minorität. Die Spannung muss weit über U^* erhöht werden[75], um C_{sc} ansteigen zu lassen, während im zweiten Fall das Minimum nach links verschoben ist (s. Abb. 7.20). Solche Kapazitätsverläufe sind für den Kontakt eines Halbleiters (als Elektrode) mit flüssigen Elektrolyten experimentell belegt [496,532].
Abweichungen von den theoretischen Kurven werden Oberflächenzuständen, Sättigungseffekten und bei großen Spannungwerten dem nicht zu vernachlässigenden Stromfluss zugeschrieben.
Die Abbildung 7.21 zeigt die Potentialabhängigkeit der Randschichtkapazität von α–AgI am Kontakt zur Graphitelektrode. In diesem Fall ist wegen der verschwin-

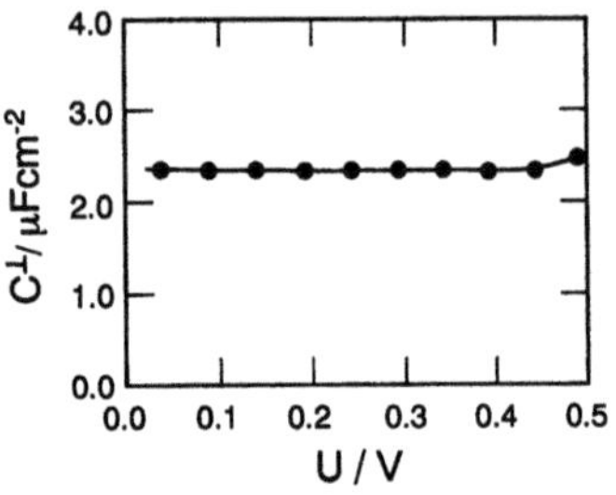

Abb. 7.21: Spannungsabhängigkeit der Randschichtkapazität für C|AgI bei 175°C. Aus [533].

denden Debye–Länge (sehr hohe Ladungsträgerkonzentration) eine vernachlässigbare Potentialabhängigkeit zu erwarten ($C/a \simeq \varepsilon/|s|$, Gl. (7.74)). Mit $\varepsilon \sim 8$ und $C^\perp/a \sim 2.5\mu Fcm^{-2}$ ergibt sich für $|s|$ (s. C_H auf Seite 435) ein unerwartet hoher Wert von ca. 30Å. Wenn nicht eine Fehleinschätzung der Kontaktfläche oder der Dielektrizitätskonstanten hierfür verantwortlich ist, spricht dies für die Mitwirkung von Komplizierungen wie Adsorptionskapazitäten (Oberflächenzustände). Solche Komplizierungen sind neben der Begrenztheit der zur Verfügung stehenden Plätze [534] (Fermi–Dirac–ähnliche Verteilung, s. Kap. 5) wohl verantwortlich für die Tatsache, dass die in Abb. 7.20 gezeigten Verläufe auch beim Festionenleiter mit merklichen

[75]Die analoge Rechnung liefert [532]

$$C_{sc}/a = \sqrt{z^2F^2\frac{2\varepsilon m}{RT}}\frac{\exp\frac{|z|F(\phi_0-\phi_\infty)}{RT} - 1 + \left(\frac{K}{m^2}\right)2\sinh\frac{|z|F(\phi_0-\phi_\infty)}{RT}}{2\left(\exp\frac{|z|F(\phi_0-\phi_\infty)}{RT} - 1 - \frac{|z|F(\phi_0-\phi_\infty)}{RT} + \frac{K}{m^2}2\left(\cosh\left(\frac{|z|F(\phi_0-\phi_\infty)}{RT}\right)\right) - 1\right)^{1/2}}$$

Bei starker Dotierung $(K/m^2) \longrightarrow 0$ (d.h. [positiver Defekt] $\rightarrow 0$) und hinreichend negativem Potential (Verarmung des negativen Majoritätsdefektes) resultiert wieder Gl. (7.76).

λ-Werten in der vorhergesagten Weise bislang nicht — jedenfalls nicht eindeutig — beobachtet wurden[76].
Lassen Sie uns noch kurz auf die Temperaturabhängigkeit von C_{sc} für die eingangs erwähnten simplen Gouy–Chapman- und Schottky–Mott–Fälle eingehen. Im ersten Fall ist für kleine Raumladungspotentiale die Temperaturabhängigkeit über $\lambda(T)$ und damit über $c_\infty^{1/2}(T)$ gegeben. In reinen Materialien kann C_{sc} auf diese Weise erheblich mit der Temperatur ansteigen, während bei hochdotierten Materialien C_{sc} über einen großen Temperaturbereich nahezu konstant sein kann. Bei großen Effekten ist auch die Temperaturabhängigkeit der Grenzflächenkonzentration wichtig, wie sie in Kap. 5 diskutiert wurde.
Im zweiten Fall ergab sich für große Potentialunterschiede $C_{sc} \propto 1/\lambda^*$. Abbildung 7.22 zeigt eine Korngrenzkapazität, für die analoge Betrachtungen gültig sind

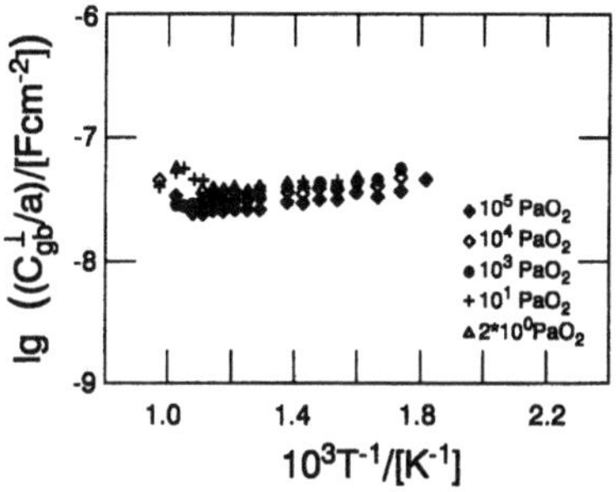

Abb. 7.22: Auf die Elektrodenfläche normierte Korngrenzkapazität einer Fe–dotierten $SrTiO_3$–Keramik ($m_{Fe} = 6.5 \times 10^{19} cm^{-3}$), gemessen unter verschiedenen Sauerstoffpartialdrücken als Funktion der reziproken Temperatur. Die auftretenden Raumladungspotentiale sind beachtlich, der zur Messung verwendete Bias allerdings vernachlässigbar [276]. Typische Raumladungspotentiale variieren zwischen 300 und 500mV.

(Doppel–Schottky–Kontakt, vgl. Abschnitt 5.8.5e). Da die Dotierkonzentration T–unabhängig ist und das Raumladungspotential nicht signifikant von der Temperatur abhängt, ist λ^* und damit $C^\perp$ nahezu temperaturunabhängig. Aus analogen Betrachtungen mag sich der Leser die Abhängigkeiten vom Komponentenpotential erschließen.

Zum Abschluss sei noch kurz auf die Ausnützung von Doppelschichtkapazitäten als Superkondensatoren zur Energieumwandlung eingegangen. Wegen der geringen Grenzflächendicken weisen Doppelschichtkondensatoren vergleichsweise hohe Kapazitäten auf (typ. $10\mu F/cm^2$). Aufgrund des geringen Anteils der aktiven Zonen (Grenzflächen) sind sie zur längerfristigen Energiespeicherung kein Ersatz für Batteriesysteme (vgl. Abschnitt 7.4), können jedoch aufgrund der geringen Zeitkonstanten sehr schnell, z.B. innerhalb einiger Sekunden, hohe Energiemengen freisetzen bzw. speichern (s. auch Abb. 7.55 auf Seite 476). Immerhin erzielt man durch Verwendung von Kohlenstoff mit hoher innerer Oberfläche (z.B. Aerogele) Kapazitäten in der Größenordnung 100 F/g. Solche Systeme sind als ergänzende

[76]Bei Aufspaltung von $\partial\Sigma$ in Raumladungs– und Adsorptionsbeiträge bei näherungsweise gleichem $\partial\phi$ (u.U. grobe Näherung) folgt die Adsorptionskapazität als Parallelelement zu C_{sc} [535].

Speicherelemente zu Batterien (etwa im Automobil, s. Abschnitt 7.4) sinnvoll [536]. Falls die Oberflächenladungsspeicherung nicht mit einem rein dielektrischen Prozess korrespondiert (Polarisation durch Ladestrom, i.a. Ausbildung einer Adsorptionsschicht), sondern mit einer Faradayschen Grenzflächenreaktion (z.B. oberflächliche Redoxreaktion an RuO_2-Elektroden durch Protonenentladung [537]) entspricht dies schon teilweise dem Prinzip einer Festkörperbatterie[77]. (Dort handelt es sich um eine Speicherung im Volumen des Materials.)

7.3.4 Stöchiometrische Polarisation

a) Messung mit selektiv blockierenden Elektroden

Obwohl wir zur Ableitung der Beziehungen für die Randschichtkapazität ideal polarisierbare Elektroden heranzogen, war doch der gesamte vorige Abschnitt im Kern reversiblen Elektroden gewidmet, die allerdings einen gewissen Durchtrittswiderstand aufwiesen. Selektiv blockierende Elektroden, wie wir sie an dieser Stelle betrachten wollen, sind solche, die für Ionen — oder Elektronen — blockierend wirken, während sie Elektronen — oder Ionen — durchlassen (d.h. wir betrachten Zellen vom Typ E1, E2, I1, I2 in der Aufstellung von S. 419f). Beide besitzen idealerweise in Bezug auf eine Ladungsträgersorte einen unendlich hohen und für die Gegenspezies einen verschwindend geringen Durchtrittswiderstand. Wegen der Beweglichkeit der ionischen und elektronischen Leitfähigkeiten führen solche Zellen zu einer stöchiometrischen Polarisation. Unmittelbar nach dem Einschalten fließen auch hier im Inneren Ionen und Elektronen ungehindert. Im Verlaufe der Polarisation fällt bei der angegebenen Polarität der blockierte Ladungsträger für den Transport nach und nach aus, weil er an der blockierenden Elektrode nicht nachgeliefert wird und — bei Verwendung einer zweiten blockierenden Elektrode — dort auch nicht durchtreten kann [287,288]. (Hierbei ist es wichtig, dass die Zersetzungsspannung nicht überschritten wird.) Es wird sich im folgenden herausstellen, dass sich für kleine Spannungen das blockierende Polarisationsverhalten der Zellen mit einer und mit zwei blockierenden Elektroden nur in der Zeitkonstanten — und zwar durch den Faktor 4 — unterscheidet[78]. Außerdem besteht Symmetrie zwischen Ionen und Elektronen, so dass wir uns auf eine einzige Zelle konzentrieren können. In allen Fällen bauen sich während der Polarisation Stöchiometriegradienten auf. Im stationären Zustand kompensieren die damit verbundenen Gradienten im chemischen Potential der blockierten Ladungsträger den elektrischen Potentialunterschied. So ist z.B. in Zelle E1 oder E2 im stationären Zustand $\mathbf{i}_{ion} = \mathbf{0}$, d.h. $\nabla\widetilde{\mu}_{ion} = \nabla\mu_{ion} + z_{ion}F\nabla\phi = \mathbf{0}$. An dieser Stelle wollen wir zunächst Doppelschichteffekte ignorieren[79]. Die stationäre

[77] Lässt man die Grenzflächendichte beliebig groß werden, geht dieses Prinzip in das Prinzip einer Festkörperbatterie über (Abschnitt 7.4). Der Übergang findet bei nanokristallinen Materialien mit Korngrößen in der Größenordnung der Debyelänge statt.

[78] Die Zeitkonstante hängt quadratisch von der Dicke ab.

[79] Im Prinzip müssen Durchtrittsimpedanzen separat R_{eon} und R_{ion} zugeordnet sein (s. aber Teilabschnitt 7.3.4e).

Spannung ist über die nichtblockierten Ladungsträger bestimmt, deren Leitfähigkeit sich nun separieren lässt.
Bevor wir dies thermodynamisch angehen, lassen Sie uns die Verhältnisse mit Hilfe des heuristischen Ersatzschaltbildes in Abb. 7.23 abschätzen, einer Näherung, die

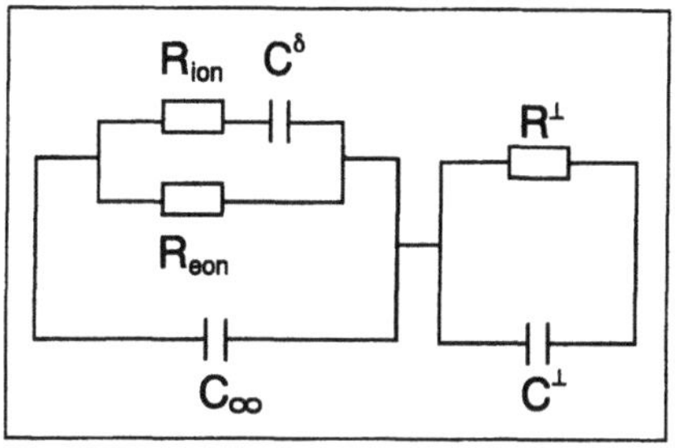

Abb. 7.23: Ersatzschaltbild für Ionenblockade. Im Falle der Elektronenblockade ist der Kondensator (C^δ) seriell zu R_{eon}. Durchtrittsimpedanzen in der Zelle sind durch den $R^\perp$–$C^\perp$–Parallelkreis pauschal und näherungsweise berücksichtigt[79] [388].

sich im Nachhinein als überraschend gut herausstellen wird. Das wesentliche Motiv hieraus hat sich bereits für die Sauerstoffkonzentrationszelle mit gemischtem Leiter in Abschnitt 7.2 (Abb. 7.9b) als hilfreich erwiesen. Wie wir bereits wissen, sind die ionischen und elektronischen Teilwiderstände parallel geschaltet. Die selektive Blockade wird durch eine, im angenommenem Falle zu R_{ion}, in Serie geschaltete Kapazität "bewirkt" [388]. Der hier zu besprechende Stöchiometrie–Effekt unterscheidet sich im Zeitverhalten deutlich von einem ausschließlichen Phasengrenzeffekt, da er durch die vergleichsweise langsame ambipolare Volumendiffusion bestimmt ist und auch das gesamte Volumen erfasst. Insofern ist C^δ normalerweise auch viel größer als typische Doppelschichtkapazitätswerte.
An dieser Stelle ist es sinnvoll, in Abb. 7.23 pauschal Grenzflächeneffekte, die sich auf einer anderen Zeitskala abspielen, durch einen in Serie geschalteten $R^\perp$–$C^\perp$–Kreis zu berücksichtigen. Konkret mag dieser dann innere Korngrenzhemmungen oder auch Elektrodeneffekte von nichtblockierenden Elektroden erfassen. Näherungsweise können auf diese Weise auch Durchtrittseffekte der nichtblockierten Spezies an der blockierenden Elektrode erfasst werden (Abschnitt 7.3.4e). Bezeichnen wir die Zeitkonstante der Stöchiometriepolarisation (vgl. C^δ) mit τ^δ, so gilt in der Regel

$$\tau^\delta \gg \tau^\perp \gg \tau_\infty. \tag{7.79}$$

Für vergleichsweise kleine Zeiten $t \ll \tau^\delta$ ist der Diffusionskondensator durchlässig (C^δ in Abb. 7.23), und das Problem reduziert sich auf das bereits besprochene. Für Zeiten in der Größenordnung von τ^δ sind C_∞ und $C^\perp$ undurchlässig, und unser Ersatzschaltbild reduziert sich auf das Herzstück (C^δ seriell zu R_{ion}, beide parallel zu R_{eon}) in Serie mit $R^\perp$. Dieses Zeitverhalten sei nun Gegenstand der Betrachtung: Die an R_{eon} abfallende Spannung $I_{eon}R_{eon}$ ist gleich der Summe von $I_{ion}R_{ion}$ und der an C^δ abfallenden Spannung U_C. Wegen $I_{ion} = I - I_{eon}$ und $\dot{U}_C = I_{ion}/C^\delta$ resultiert als Differentialgleichung

$$\dot{I}_{ion} + I_{ion}/\tau_d = 0, \tag{7.80}$$

wobei die Zeitkonstante τ^δ sich zwanglos über

$$\tau^\delta = (R_{eon} + R_{ion})\, C^\delta \equiv R^\delta C^\delta \tag{7.81}$$

definiert.
Da direkt nach dem Einschalten der Gesamtstrom durch die reine Parallelschaltung von R_{eon} und R_{ion} bestimmt wird (C^δ völlig durchlässig), erhalten wir als Lösung

$$I_{ion} = \frac{R_{eon}}{R_{eon} + R_{ion}} I \exp(-t/\tau^\delta). \tag{7.82}$$

Hieraus ergibt sich für den Elektronenstrom

$$I_{eon} = I\left(1 - \frac{R_{eon}}{R_{eon} + R_{ion}} \exp - t/\tau^\delta\right). \tag{7.83}$$

Die Abb. 7.24 und 7.25 verdeutlichen die Zeitentwicklung. Direkt nach dem Einschalten verteilt sich der Strom wie im Falle reversibler Elektroden. Mit steigender

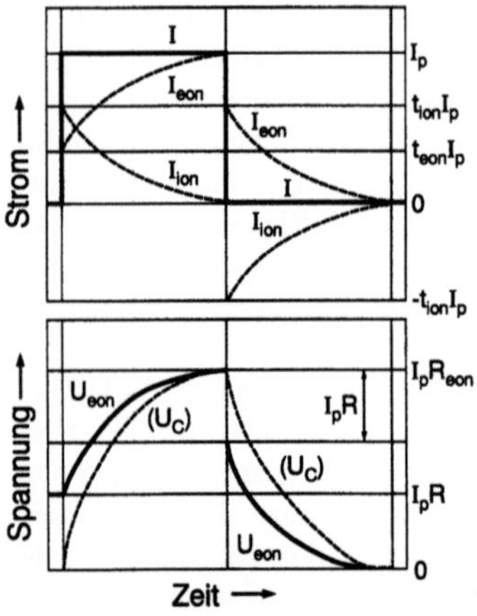

Abb. 7.24: Die zeitliche Spannungsentwicklung bei galvanostatischer Belastung (Einschalt- und Ausschaltvorgang) einer ionisch blockierenden Zelle. Durchtrittswiderstände seien vernachlässigt. Man beachte, dass die Widerstände in besserer Näherung konzentrations- und damit zeit- und ortsabhängig sind (s.u.) [388].

Polarisationsdauer verringert sich I_{ion} und fällt im stationären Zustand auf Null, in welchem der Gesamtstrom durch den Elektronenstrom getragen wird. Die Spannung am Kondensator steigt ($\dot{U}_C = I_{ion}/C^\delta, U_C(t{=}0) = 0$) mit

$$U_C = IR_{eon}\left(1 - \exp - t/\tau^\delta\right) \tag{7.84}$$

von Null auf den stationären Wert IR_{eon}. Der gleiche stationäre Wert ergibt sich wegen

$$\begin{aligned} U = I_{eon}R_{eon} &= IR_{eon}\left(1 - \frac{R_{eon}}{R_{eon} + R_{ion}} \exp - t/\tau^\delta\right) \\ &= IR + IR_{eon}\frac{R_{eon}}{R_{eon} + R_{ion}}\left(1 - \exp - t/\tau^\delta\right) \end{aligned} \tag{7.85}$$

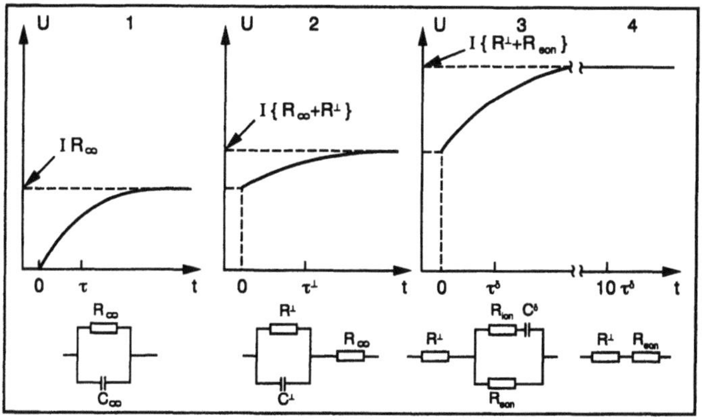

Abb. 7.25: Die Spannungsentwicklung bei der Polarisation einer ionenblockierenden Zelle entsprechend Abb. 7.23 mit einem konstanten Strom für $\tau_\infty \ll \tau^\perp \ll \tau^\delta$ und die sich ergebenden Näherungen des Ersatzschaltbildes. Direkt nach dem Einschalten in einem Zeitbereich der Größenordnung τ_∞ sind die $C^\perp$- und C^δ-Elemente "durchlässig", und es ist lediglich der Volumenprozess zu berücksichtigen (R_∞ ergibt sich aus der Parallelschaltung von R_{ion} und R_{eon}). Im Zeitbereich $\tau^\perp$ ist das C_∞-Element absolut undurchlässig. Der Volumenprozess erscheint als rein Ohmscher Beitrag (IR–drop), und der Phasengrenzprozess tritt in Erscheinung. Für Zeiten der Größenordnung τ^δ ist auch der Phasengrenzprozess abgeschlossen ($C^\perp$-Element undurchlässig). Bei dieser Zeitauflösung besteht der Einschaltsprung aus $I(R_\infty + R^\perp)$. Die Volumenpolarisation ist für $t \gg \tau^\delta$ stationär und alle kapazitiven Elemente blockieren: $U(t=\infty) = R^\perp + R_{eon}$ [388].

für die Gesamtspannung. Bei Berücksichtigung des Grenzflächenwiderstands $R^\perp$ ist der stationäre Wert natürlich $R_{eon} + R^\perp$. Direkt nach dem Einschalten (t=0) reduziert sich U/I auf $\frac{R_{ion}R_{eon}}{R_{eon}+R_{ion}}$, also auf R_∞, bzw. genauer auf $R_\infty + R^\perp$.
Wie zu Anfang erwähnt, gestatten Anfangs- und Endwert — sofern $R^\perp$ separiert wurde — die Auftrennung in die ionischen und elektronischen Teilleitfähigkeiten. Da im stationären Zustand $\Delta\widetilde{\mu}_{ion} = 0$ und somit $U \propto \Delta\widetilde{\mu}_{eon} \propto \Delta\mu_{O_2}$, ist die an U_C anliegende Spannung die Nernstsche Spannung, die stromlos bei gleicher Stöchiometrieveränderung an einem reinen Festelektrolyten gemessen würde[80].

[80]Interessant ist, dass dies nur deswegen erfüllt ist, weil Strom fließt und der Driftterm $IR = IR_{eon}R_{ion}/(R_{eon} + R_{ion})$ eingeschlossen ist. Zieht man diesen von IR_{eon} ab, so ergibt sich $IR^2_{eon}/(R_{eon} + R_{ion}) = IR_{eon} \cdot t_{ion}$ und somit die mit der ionischen Überführungszahl multiplizierte Nernst-Spannung, also der nach Gl. (7.36) erwartete Wert. Es ist dies auch der Spannungswert direkt nach dem Ausschalten (Gl. (7.86)).

Beim Ausschalten[81] ergeben sich die analogen Beziehungen:

$$\begin{aligned} U_C &= I_p R_{eon} \exp -t/\tau^\delta \\ U &= I_p \frac{R_{eon}^2}{R_{eon}+R_{ion}} \exp -t/\tau^\delta \\ I_{eon} &= I_p \frac{R_{eon}}{R_{eon}+R_{ion}} \exp -t/\tau^\delta = -I_{ion}. \end{aligned} \tag{7.86}$$

I_p ist dabei der während des Einschaltens geflossene Strom. Trivial, aber nicht unwichtig ist es zu bemerken, dass wiederum beim Ausschalten der Sprung durch IR_∞ — oder genauer durch $I(R_\infty + R^\perp)$ — gegeben ist (s. Abb. 7.24).
Der Zeitverlauf der Spannung bei konstantem Strom inklusive einer in Serie geschalter Phasengrenzimpedanz ist in Abb. 7.25 verdeutlicht.

Die Behandlung des Problems im Rahmen der irreversiblen Thermodynamik [287, 538] soll die Gültigkeit des eben gegebenen heuristischen Modells [388] überprüfen und verfeinern sowie insbesondere für C^δ und damit auch für τ^δ eine Verbindung zu den mechanistischen Gegebenheiten herstellen. Hierbei können wir uns wesentlich auf die Behandlung der chemischen Diffusion in Kap. 6 (Abschnitte 6.5) stützen. Allerdings heben sich nun ionische und elektronische Teilstromdichten nicht gegenseitig auf, sondern summieren sich zur äußeren Stromdichte. Solange keine inneren Valenzwechsel oder Assoziate auftreten, ist

$$i = i_{O^{2-}} + i_{e^-}. \tag{7.87}$$

In leichter Abwandlung zu den Stromgleichungen in Kap. 6 (Gl. (6.52)) gilt nun

$$i_{e^-} = -j_{e^-}F = \frac{\sigma_{e^-}}{F}\frac{\partial \tilde{\mu}_{e^-}}{\partial x} = \frac{\sigma_{e^-}}{\sigma} i - \frac{\sigma_{O^{2-}}\sigma_{e^-}}{4F\sigma}\frac{\partial \mu_{O_2}}{\partial x} = \frac{\sigma_{e^-}}{\sigma} i + FD^\delta \frac{\partial c_{e^-}}{\partial x} \tag{7.88}$$

$$i_{O^{2-}} = -j_{O^{2-}}2F = \frac{\sigma_{O^{2-}}}{\sigma} i + 2FD^\delta \frac{\partial c_{O^{2-}}}{\partial x}, \tag{7.89}$$

wie die analoge Ableitung zeigt. Man beachte, dass aus Elektroneutralitätsgründen die Stöchiometrieglieder in Gln. (7.88, 7.89) entgegengesetzt gleich sind[82].
D^δ ist über Gl. (6.53) gegeben und proportional zu $\frac{\sigma_{e^-}\sigma_{O^{2-}}}{\sigma}\frac{d\mu_O}{dc_{O^{2-}}}$. Wenn auch die Teilstromdichte nun auch Driftterme ($(\sigma_{e^-}/\sigma)i$, $(\sigma_{O^{2-}}/\sigma)i$) enthält, ergibt sich der zeitliche Konzentrationszuwachs in unveränderter Weise als "zweites Ficksches Gesetz", solange wir im Sinne linearer Antworten wegen der angelegten sehr kleinen Ströme die Transportparameter als ortskonstant annehmen können. Allerdings unterscheiden sich die Randbedingungen von denen der in Kap. 6 diskutierten chemischen Relaxationsmessung. An den Kontakten zu den blockierenden Elektroden gilt, dass die blockierte Teilstromdichte Null ist. Im Fall von Zelle E1 verschwindet an der

[81] Dem Wesen nach gehört dieser Entladeprozess eigentlich in Abschnitt 7.4. Dort beschränken wir uns jedoch auf galvanische Elemente.
[82] $\partial c_O = \partial c_{O^{2-}} = -\partial c_{e^-}/2$

rechten Phasengrenze (x=L) der Ionenstrom, somit ist der Konzentrationsgradient nach Gl. (7.89) konstant:

$$\left.\frac{\partial c_{O^{2-}}}{\partial x}\right|_{x=L} = -\frac{\sigma_{O^{2-}}}{\sigma}\frac{i}{2FD^\delta}, \tag{7.90}$$

während an der Phasengrenze zur reversiblen Elektrode (x=0) die Konzentration durch die Gasphase konstant gehalten wird:

$$c_{O^{2-}}(x=0) = c_0. \tag{7.91}$$

Mit der Anfangsbedingung $c(x,t=0)=c_0$ (homogene Ausgangssituation) ergibt sich als Lösung

$$c(x,t) = c_0 - \frac{\sigma_{O^{2-}}}{\sigma}\frac{iL}{2FD^\delta}\left\{\frac{x}{L} + \Theta\left(\frac{t}{\tau^\delta},\frac{x}{L}\right)\right\} \tag{7.92}$$

mit der Abkürzung

$$\Theta\left(\frac{t}{\tau^\delta},\frac{x}{L}\right) \equiv -\frac{8}{\pi^2}\sum_0^\infty(-1)^m(2m+1)^{-2}\exp\left[-(2m+1)^2\frac{t}{\tau^\delta}\right]\sin\left[(2m+1)\frac{\pi x}{2L}\right] \tag{7.93a}$$

und

$$\tau^\delta = 4L^2/(\pi^2 D^\delta). \tag{7.93b}$$

Ähnlich wie im Falle der chemischen Relaxation (s. Abschnitt 6.7) reduziert sich die Zeitabhängigkeit in der Kurzzeitnäherung zu einem $\sqrt{t}$–Gesetz und für längere Zeiten zu einem Exponentialgesetz. Für $t \to \infty$ (in praxi: $t \gtrsim 5\tau^\delta$), also im stationären Zustand, verschwindet die Θ–Funktion, und es resultiert ein lineares Konzentrationsprofil, wie es wegen $\partial c/\partial t = D^\delta \partial c^2/\partial x^2 = 0$ auch sein soll (Abb. 7.26). Das Abschaltverhalten ergibt sich analog, wenn nun das stationäre Profil als

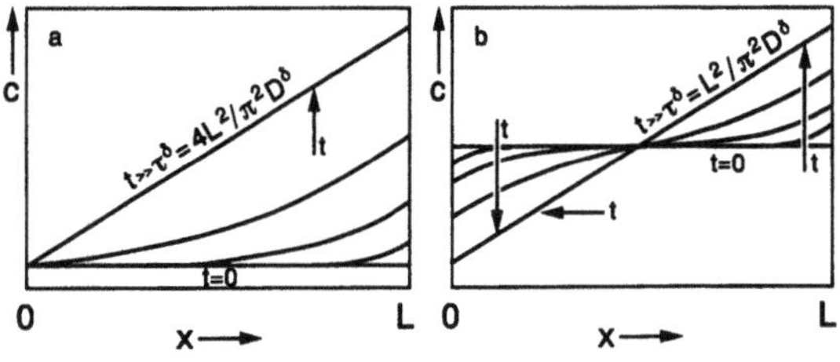

Abb. 7.26: Konzentrationsprofile während des Polarisationsexperimentes im Falle der Ketten mit einer (a) und zwei (b) selektiv blockierenden Elektroden [499].

Anfangszustand eingesetzt wird. Für eine ausführliche Diskussion ist der Leser auf die Ref. [287,388] verwiesen.

Allerdings ist unser Messsignal die Spannung, nicht die Konzentration. Zur weiteren Behandlung wird Gl. (7.4) herangezogen. Nach Gln. (7.1, 7.88) ist

$$\frac{\partial\widetilde{\mu}_{e^-}}{\partial x} = \frac{iF}{\sigma} - \frac{\sigma_{O^{2-}}}{4\sigma}\frac{\partial\mu_{O_2}}{\partial x}. \tag{7.94}$$

Für i=0 sind wir dieser Beziehung bereits bei der EMK–Messung begegnet. Die über die Probe MX abfallende Spannung ist nun:

$$U_{MX} = \frac{1}{F}\int_0^L \frac{iF}{\sigma}dx - \frac{1}{F}\int_0^L \frac{\sigma_{O^{2-}}}{\sigma}\left(\frac{d\mu_{O_2}}{dx}\right)dx. \tag{7.95a}$$

$$\simeq \frac{iL}{\sigma} - \frac{1}{4F}\int_{\mu_{O_2}(0)}^{\mu_{O_2}(L)} \frac{\sigma_{O^{2-}}}{\sigma}d\mu_{O_2} \tag{7.95b}$$

$$\simeq \frac{iL}{\sigma} - \frac{1}{4F}\int_{c_{O^{2-}}(0)}^{c_{O^{2-}}(L)} \frac{\sigma_{O^{2-}}}{\sigma}\frac{d\mu_{O^{2-}}}{dc_{O^{2-}}}dc_{O^{2-}}. \tag{7.95c}$$

Diese wichtige Beziehung[83] verknüpft die Spannung mit Drift und Stöchiometriebeiträgen und umfasst das Ohmsche Gesetz und die modifizierte Nernst–Gleichung (Gl. (7.36)). Der Integrand in Gl. (7.95c) ist im wesentlichen mit D^δ/σ_{e^-} identisch, so dass sich im Rahmen unserer Näherungen eine lineare Beziehung zwischen dem Messsignal und den Konzentrationsrandwerten entsteht:

$$U_{MX} = \frac{iL}{\sigma} - \frac{2FD^\delta}{\sigma_{e^-}}\left(c_{O^{2-}}(L) - c_{O^{2-}}(0)\right). \tag{7.96}$$

Für lange Zeiten resultiert aus Gl. (7.92) die einfach auswertbare Beziehung (vgl. Abschnitt 6.5)

$$\begin{aligned} U_{MX} &= \frac{iL}{\sigma} + \frac{\sigma_{O^{2-}}}{\sigma}\frac{iL}{\sigma_{e^-}}\left(1 - \frac{8}{\pi^2}\exp - \frac{t}{\tau^\delta}\right) \\ &= IR + IR_{eon}\frac{R_{eon}}{R_{eon}+R_{ion}}\left(1 - \frac{8}{\pi^2}\exp - \frac{t}{\tau_d}\right). \end{aligned} \tag{7.97}$$

Man erkennt, dass, von der leichten Modifizierung $\frac{8}{\pi^2} \simeq 1$ abgesehen, die heuristische Näherung (Gl. (7.85)) für lange Zeiten tatsächlich korrekt ist. Insbesondere ergibt sich über Gl. (7.93b) eine atomistische Deutung der Zeitkonstanten über D^δ und L. Die Gegenüberstellung mit dem heuristischen Resultat ((Gl. (7.81)) und der Vergleich mit Gl. (6.54) ($D^\delta \propto \sigma_O^\delta/c_O^\delta$) führen[84] nun auch zur Deutung unserer Diffusionskapazität [351,352] und zwar zu[85]

$$C^\delta = \alpha V\left(\frac{d\mu_O}{dc_{O^{2-}}}\right)^{-1} \propto (c_0^\delta)^{-1}. \tag{7.98}$$

V ist das von den Elektroden eingeschlossene Volumen, der Proportionalitätsfaktor α ist $16F^2/\pi^2$ im Falle der Zellen E1, I1 und $4F^2/\pi^2$ für die Zellen E2, I2. Die Diffusi-

[83] Sie erfährt eine weitere Verallgemeinerung in Teilabschnitt 7.3c.

[84] Man beachte, dass $\sigma_O^\delta = \sigma_{eon}\sigma_{ion}/\sigma \propto (R_{eon} + R_{ion})^{-1} = (R^\delta)^{-1}$.

[85] Vergleiche hierzu auch Abschnitt 4.2. In bezug auf die Tatsache, dass sich die chemische Kapazität (C^δ) als elektrische Kapazität äußert, vergleiche Ref. [352].

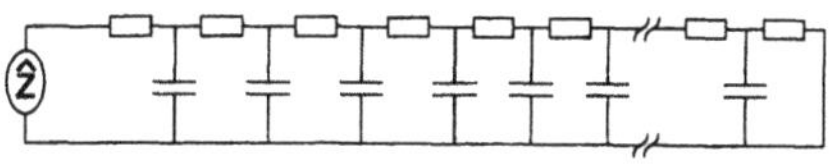

Abb. 7.27: Ersatzschaltbild einer Warburg–Impedanz mit differentiellen lokalen Widerständen und Kapazitäten [539]. Abb. 7.27 ist ein Spezialfall von Abb. 7.33 für vernachlässigbare Randschichteffekte.

onskapazität ist also der in Gl. (6.54) eingeführten Größe c_O^δ umgekehrt proportional ($\propto D_O^\delta/\sigma_O^\delta$) und gibt die Änderung der Konzentration bei Änderung des chemischen Potentials an, hängt damit also stark von der Phasenbreite ab. Sie misst im Sinne einer chemischen Kapazität[85] die differentielle Speicherfähigkeit von Sauerstoff im Oxid (vgl. Abschnitt 6.7.4).

Im Falle kleiner Zeiten versagt unser einfaches Ersatzschaltbild in Abb. 7.23. Es ergibt sich wie in Abschnitt 6.5 ein $\sqrt{t/\tau^\delta}$–Gesetz[86]. Ein Ersatzschaltbild, das die stöchiometrische Polarisation allgemein beschreibt, dafür allerdings unendlich viele differentielle Elemente berücksichtigen muss, zeigt Abb. 7.27. Es wird sich bei der Diskussion der Impedanzspektroskopie (Abschnitt 7.3) zeigen, dass die zugeordneten Impedanzen als Warburg–Impedanzen aufgefasst werden können. Analoge Überlegungen gelten für das Abschaltverhalten.

Im Falle der Zelle E2 ist die stöchiometrische Polarisation wegen der Verwendung zweier blockierender Elektroden um den Faktor 4 schneller. Die Randbedingung Gl. (7.90) gilt nun für beide Elektrodenkontakte. Die Konzentrationsfunktion lautet für den Einschaltvorgang

$$c(x,t) = c_O - \frac{\sigma_{O^{2-}}}{\sigma}\frac{iL}{2FD^\delta}\left\{\frac{x}{L} - \frac{1}{2} + \Xi\left(\frac{t}{\tau^\delta}, \frac{x}{L}\right)\right\} \tag{7.99a}$$

mit

$$\Xi = \left(\frac{t}{\tau^\delta}, \frac{x}{L}\right) = \frac{4}{\pi^2}\sum_0^\infty (2m+1)^{-2} \exp\left[-(2m+1)^2\frac{t}{\tau^\delta}\right] \cos\left[(2m+1)\frac{\pi x}{L}\right], \tag{7.99b}$$

wobei

$$\tau^\delta = L^2/\left(\pi^2 D^\delta\right). \tag{7.99c}$$

Wegen Gl. (7.99c) ist auch C^δ um den besagten Faktor 4 geringer ist. Die Profile sind nun punktsymmetrisch zur Probenmitte (s. Abb. 7.26). Ein wichtiger Unterschied zwischen Zelle E1 und Zelle E2 betrifft die Zuordnung der im stationären Zustand gemessenen elektronischen Leitfähigkeit zur exakten Stöchiometrie. Dies wird im nächsten Abschnitt behandelt.

Die Verhältnisse der Zellen I1 und I2 sind analog bis auf die Tatsache, dass ein zusätzlicher Ionenleiter eingeschaltet werden muss. Die über die MX–Probe abfallende Spannung ist nun durch die Differenz der elektrochemischen Potentiale der

[86] wegen $\sin[(2m+1)\pi/2] = (-1)^m$ und der in Fußnote 83 auf Seite 310 angegebenen Identität.

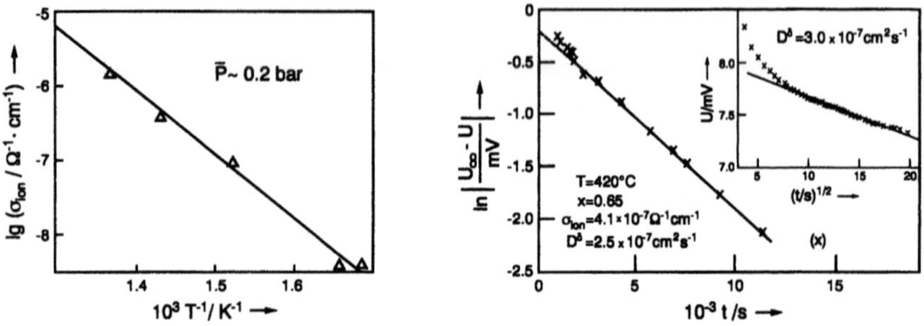

Abb. 7.28: Die Elektronenblockade an $YBa_2Cu_3O_{6+x}$ erlaubt die Bestimmung der ionischen Leitfähigkeit (stationäres Verhalten) und von D^δ (transientes Verhalten) am Hochtemperatursupraleiter $YBa_2Cu_3O_{6+x}$. Die vergleichsweise hohen Werte sind für die schnelle Gleichgewichtseinstellung mit der Sauerstoffatmosphäre unter Konditionierungsbedingungen verantwortlich. Beachtenswert ist die genaue Bestimmung der viele Größenordnungen unter σ_{eon} liegenden ionischen Leitfähigkeit und die gute Übereinstimmung der D^δ–Werte aus Langzeit– und Kurzzeitverhalten (s. Inset). Wesentlich ist die Verglasung der unkontaktierten Seitenflächen [540].

Ionen gegeben[87]

$$U_{MX} = -\frac{1}{2F}\left(\widetilde{\mu}_{O^{2-}}(L) - \widetilde{\mu}_{O^{2-}}(0)\right) = -\frac{1}{2F}\int_O^L \left(\partial\widetilde{\mu}_{O^{2-}}/\partial x\right) dx. \qquad (7.100)$$

Natürlich müssen die Spannungabfälle der in Serie dazugeschalteten Ionenleiter mitberücksichtigt werden, als Volumen– oder Phasengrenzbeträge stören diese aller-

[87]Zum Beweis betrachten wir Zelle I2 (auf Seite 421) und setzen zunächst Durchtrittsgleichgewicht für die den jeweils nicht blockierten Ladungsträger voraus. Der metallseitige Kontakt Metall, O_2/Ionenleiter sei mit 1 bzw. (auf der anderen Seite der Zelle) mit 8 indiziert, das jeweilige Vis-à-vis im Ionenleiter mit 2 bzw. 7. Der Kontakt Ionenleiter/Probe sei auf der Ionenleiterseite mit 3 bzw. 6 bezeichnet, probenseitig mit 4 bzw. 5. Es gilt dann

$$FU = \widetilde{\mu}^{(1)}_{e^-} - \widetilde{\mu}^{(8)}_{e^-} = \frac{1}{2}\widetilde{\mu}^{(2)}_{O^{2-}} - \frac{1}{2}\widetilde{\mu}^{(7)}_{O^{2-}} - \left(\frac{1}{4}\mu^{(1)}_{O_2} - \frac{1}{4}\mu^{(8)}_{O_2}\right)$$
$$= \frac{1}{2}\mu^{(2)}_{O^{2-}} - \frac{1}{2}\mu^{(7)}_{O^{2-}} - \frac{1}{4}\left(\mu^{(1)}_{O_2} - \mu^{(8)}_{O_2}\right) - \left(F\phi^{(2)} - F\phi^{(7)}\right).$$

Wegen $\mu_{O^{2-}} \simeq$ const im Ionenleiter ist $\mu^{(2)}_{O^{2-}} - \mu^{(7)}_{O^{2-}} = \mu^{(3)}_{O^{2-}} - \mu^{(6)}_{O^{2-}} = \widetilde{\mu}^{(3)}_{O^{2-}} - \widetilde{\mu}^{(6)}_{O^{2-}} + F\phi^{(3)} - F\phi^{(6)} = \widetilde{\mu}^{(4)}_{O^{2-}} - \widetilde{\mu}^{(5)}_{O^{2-}} + F\phi^{(3)} - F\phi^{(6)}$. Mit $\phi^{(3)} - \phi^{(2)} \equiv \Delta\phi_I$ sowie $\phi^{(7)} - \phi^{(6)} \equiv \Delta\phi_{II}$ folgt am Ende bei gleichem Partialdruck auf beiden Seiten $U = \left\{\frac{1}{2F}\widetilde{\mu}^{(4)}_{O^{2-}} - \frac{1}{2F}\widetilde{\mu}^{(5)}_{O^{2-}}\right\} + F\left(\Delta\phi_I + \Delta\phi_{II}\right)$. Der Term in der geschweiften Klammern ist $U_{O^{2-}}$ und ist rein auf die Probe bezogen, während $\Delta\phi_I + \Delta\phi_{II}$ die Potentialabfälle über die beiden Ionenleiter–Proben bezeichnen. Treten auch bei anderen Phasengrenzen Übergangswiderstände auf, so ist der Abfall des entsprechenden elektrochemischen Potentials nicht Null; im stationären Zustand ist es über das Produkt von Strom und Durchtrittswiderstand gegeben. Da auf der Zeitskala der stöchiometrischen Polarisation elektrische Bulkprozesse als auch Durchtrittsprozesse sich in der Tat quasistationär verhalten, gilt $U = \{...\} + \Sigma_i IR_i$, wobei i über alle Raumteile außerhalb der Probe läuft.

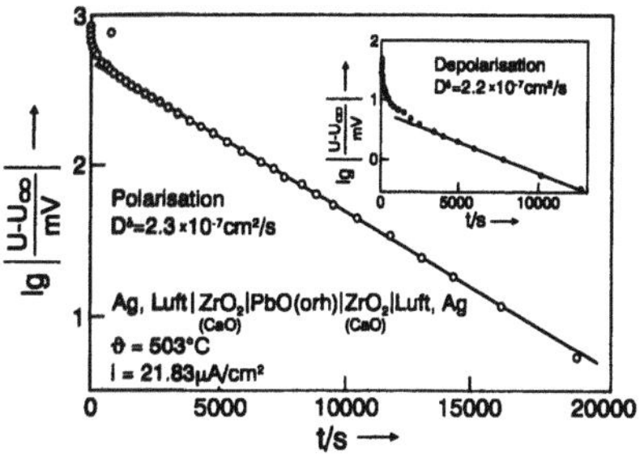

Abb. 7.29: Transiente Elektronenblockade beim orthorhombischen (gelben) PbO. Die Abbildung zeigt die gute Übereinstimmung zwischen Einschalt- und Ausschaltvorgang. Die nicht kontaktierten Seitenflächen sind eingeglast [112].

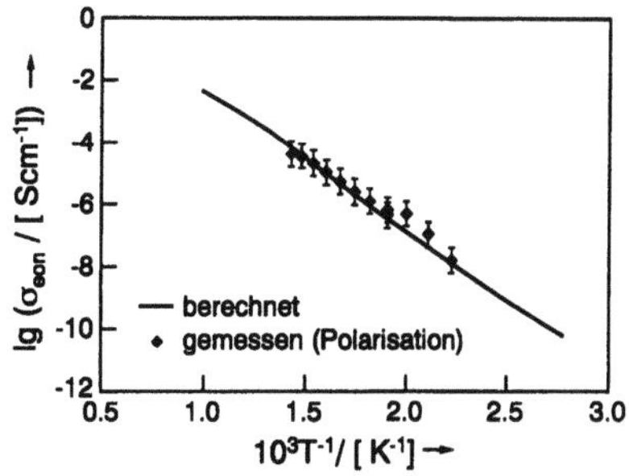

Abb. 7.30: Bei $SrTiO_3$ gelingt die Bestimmung von σ_{eon} und D^{δ} über eine elektrochemische Ionenblockade ohne Verwendung spezieller Elektroden und ohne Verglasung einfach aufgrund der gehemmten Austauschkinetik. Gezeigt ist die so bestimmte Elektronenleitfähigkeit als Funktion der Temperatur (zur Berechnung vgl. Kap. 5) [185].

dings das Langzeitverhalten der Zelle (d.h. die Diffusion) nicht. Somit gelten für U_{MX} alle oben abgeleiteten Beziehungen, lediglich müssen die Indizes "eon" und "ion" vertauscht werden. Insbesondere messen wir im stationären Zustand σ_{ion} (konstante Phasenwiderstände sowie der ZrO_2–Widerstand müssen abgetrennt werden) und im transienten Bereich wiederum D^{δ}.

Die Abb. 7.28 bis 7.30 zeigen Literaturbeispiele für die Oxide $YBa_2Cu_3O_{6+x}$, PbO und $SrTiO_3$. Abb. 7.28 und 7.29 beziehen sich auf Elektronenblockaden, Abb. 7.30 auf eine Ionenblockade. Interessant ist, dass im letzteren Falle gar keine speziellen Elektroden benutzt wurden. Die Polarisation der Ionen gelingt einfach deswegen, weil sie in einem Parameterbereich durchgeführt wird, in dem sichergestellt ist, dass die Austauschreaktion mit der Gasphase genügend kinetisch gehemmt ist (vgl. Abschnitt 5.6 und 6.8). Die verwendeten Elektroden dürfen demgemäß nicht allzu katalytisch wirksam sein.

Abb. 7.31 gibt Yokotas klassische Polarisations- und Depolarisationskurven für "Ag_2Te" wieder, zum einen mit ionischen Elektroden (oben), zum anderen mit elektronischen Elektroden (unten) (entsprechend Zellen E2, I2). Die unabhängigen Resultate in Bezug auf Diffusionskoeffizienten und Teilleitfähigkeiten sind konsistent [287].

Wie die Leitfähigkeit errechnet sich D^{δ} im Rahmen der bisher gemachten Näherung genauer als Mittelwert über den in der Messung überstrichenen Stöchiometriebereich. Ist dieser klein im Vergleich zur innerhalb der gesamten Messserie untersuchten Variation, ist D^{δ} bzw. $\sigma_{eon,ion}$ als Funktion der Stöchiometrie und somit P_{O_2} durch Histogrammkonstruktion zugänglich. Eine subtilere Diskussion soll nun erfolgen.

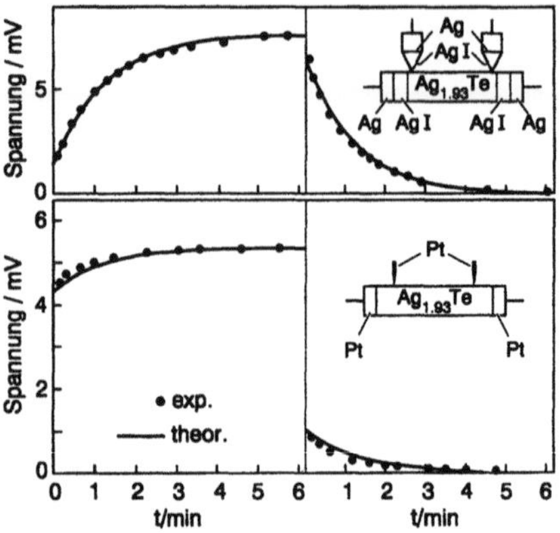

Abb. 7.31: Galvanostatische Polarisation von $Ag_{1.93}Te$ mit ionischen (oben) und elektronischen Elektroden. Die Tatsache, dass die Spannung separat über Sonden abgegriffen wird, ändert die Auswertung nur ganz geringfügig (vgl. Vierpunktmessung Abschnitt 7.3.7). Nach [287].

b) Stationärer Polarisationszustand: Wagner–Hebb–Analyse und Korrektur erster Ordnung

In der bisherigen Behandlung wurden die Stöchiometrieänderungen der Leitfähigkeit vernachlässigt. Mit anderen Worten: Es ist der aus Strom und Spannung im stationären Zustand bestimmte Leitfähigkeitswert der nichtblockierten Spezies als Mittelwert aufzufassen. Zur weiteren Analyse [499] betrachten wir zunächst Zellen mit beidseitiger Blockierung (Zelle E2, I2) und beziehen uns auf den stationären Zustand. Wie Abb. 7.26b zeigt, sind in erster Näherung die Profile punktsymmetrisch und lassen den Mittelpunkt invariant, außerdem ist der Verlauf im stationären Zustand linear. Vorausgesetzt ist also nach wie vor, dass D^δ ortskonstant ist (vgl. hierzu Abschnitte 6.4 und 6.5). In iterativer Vorgehensweise lässt sich dieses Profil nun zu einer nachträglichen genaueren Zuordnung des Mittelwertes in bezug auf eine definierte Stöchiometrie ausnützen. Dieser ist nicht identisch mit dem Anfangswert, sondern ergibt sich wegen der Linearität[88] zu

$$< \sigma_k >= \frac{\sigma_k(0) - \sigma_k(L)}{\ln \sigma_k(0) - \ln \sigma_k(L)}, \tag{7.101}$$

$\sigma_k(0)$, $\sigma_k(L)$ sind die Randwerte. Gilt $\sigma_k(0) \propto P^{N_k}(0)$ und $\sigma_k(L) \propto P^{N_k}(L)$, so kann der gemessene Effektivwert genauer einem Partialdruck P zugeordnet werden, der sich über

$$\langle P^{N_k} \rangle = \frac{P^{N_k}(0) - P^{N_k}(L)}{\ln P^{N_k}(0) - \ln P^{N_k}(L)} \tag{7.102}$$

errechnet. Für kleine N_k ist die Mittelungsvorschrift nicht sehr verschieden vom geometrischen Mittel. Die Randwerte lassen sich aus dem Anfangswert P(t=0) über die

[88]Nach den Ausführungen von Abschnitt 5.8 ist das Integral $\int_0^L \sigma_k^{-1} dx$ zu bilden, um $L/ < \sigma_k >$ zu erhalten. Wegen $\sigma_k = (\sigma_k(L) - \sigma_k(0))(x/L) + \sigma_k(0)$ ergibt sich Gl. (7.101). Im stationären Zustand sind die dielektrischen Effekte der Probe unwichtig.

Nernst–Gleichung (s. S. 442) leicht ermitteln[89]. Obige Gleichung ist auch hilfreich, wenn im stationären Zustand einer chemischen Polarisation Leitfähigkeitsmessungen durchgeführt werden und kann auch für eine erste Korrektur im Falle der Ketten mit einer reversiblen und einer blockierenden Elektrode benützt werden [499].
Um die komplette Stöchiometrieabhängigkeit zu konstruieren, empfiehlt es sich, die Proben vor der Polarisation bei unterschiedlichem P_{O_2} zu äquilibrieren. Bei sehr geringer Polarisation kann auf eine nachträgliche Korrektur des Mittelwertes verzichtet werden. Eine Variation des Polarisationsstromes oder der Polarisationsspannung ist im Falle der Zellen E2, I2 nicht besonders sinnvoll.

Sehr wohl sinnvoll ist aber eine solche Vorgehensweise im Falle der unsymmetrischen Polarisationszellen (Zellen E1, I1), da hier auf einer Seite die Stöchiometrie konstant gehalten wird und durch steigende Polarisationsspannung der überstrichene Stöchiometriebereich einseitig ausgedehnt wird (vgl. Abb. 7.26a). In diesem Fall spricht man von Wagner–Hebb–Analyse [288,515]. Nehmen wir die Ionenblockade (Zelle E1) als Beispiel.
Dort ist der Strom im stationären Zustand ein reiner Elektronenstrom

$$i = -\frac{\sigma_{e^-}}{F}\frac{\partial \widetilde{\mu}_{e^-}}{\partial x} \tag{7.103a}$$

bzw. nach Integration

$$i = -\frac{1}{L}\int_{\widetilde{\mu}_{e^-}(0)}^{\widetilde{\mu}_{e^-}(L)} \frac{\sigma_{e^-}}{F} d\widetilde{\mu}_{e^-} = \frac{1}{4L}\int_{\mu_{O_2}(0)}^{\mu_{O_2}(L)} \frac{\sigma_{e^-}}{F} d\mu_{O_2}. \tag{7.103b}$$

Der Ausdruck auf der rechten Seite wurde dadurch erhalten, dass $\nabla\widetilde{\mu}_e = -\frac{1}{4}\nabla\mu_{O_2}$ wegen $\nabla\widetilde{\mu}_{O^{2-}} = \mathbf{0}$. Dies impliziert übrigens auch, dass die Spannung trotz Stromflusses und trotz elektronischer Leitung vom Nernst–Typ ist. Dieser vielleicht überraschende Befund wurde im vorangegangenen Abschnitt näher erläutert (s. S. 442). Präzis ergibt sich die elektronische Leitfähigkeit aus der Differentiation des Stromes nach dem Sauerstoffpotential am Kontakt der blockierenden Elektrode[90] ($x = L$). Da $\partial\mu_{O_2}(L) = \partial(\mu_{O_2}(L) - \mu_{O_2}(0)) = -4\partial(\widetilde{\mu}_{e^-}(L) - \widetilde{\mu}_{e^-}(0)) = -4F\partial U$ folgt

$$\partial i/\partial U = \sigma_{e^-}/L \tag{7.104}$$

und damit σ_{e^-} aus der Steigung der Strom–Spannungskurve. Gleichung (7.103b) erlaubt die Integration bei Kenntnis der Partialdruckabhängigkeit, die ja in der Regel

[89] Bei linearem Konzentrationsprofil ist auch das P^{N_k}–Profil linear, und es ist $P(t{=}0) = \left|\frac{P^{N_k}(L) - P^{N_k}(0)}{2}\right|$; unter Zuhilfenahme von $|U(t{=}\infty)| = \frac{RT}{4F}\left|\ln\frac{P(L)}{P(0)}\right|$ ergeben sich P(L) und P(0).

[90] Es sei F die Stammfunktion zu f, also $\Theta \equiv \int_{x_A}^{x} f(\xi)d\xi = F(x) - F(x_A)$, und es sei x im Gegensatz zu x_A eine variable Integrationsgrenze, so ist $d\Theta/dx = dF(x)/dx = f(\xi{=}x)$, also über die Ableitung der Stammfunktion nach der variablen Grenze gegeben. Man beachte, dass $\mu_{O_2}(x{=}0) = \text{const}$.

als Potenzgesetz der Form $\sigma_{h^{\cdot}} \propto P^N \propto \sigma_{e'}^{-1}$ gegeben ist[91]. Für den Integranden gilt wegen $\mu_{O_2} = \mathrm{const} + RT \ln P$, dass

$$\frac{\sigma_{h^{\cdot}}}{\sigma_{h^{\cdot}}(0)} = \exp \frac{N(\mu_{O_2} - \mu_{O_2}(0))}{RT} = \frac{\sigma_{e'}(0)}{\sigma_{e'}}, \tag{7.105}$$

wenn der obere Index 0 die festgehaltenen Werte auf der reversiblen Seite bezeichnet. Integration (Gl. (7.103b)) liefert $i = i_{eon} = \mathrm{fct}(\mu_{O_2} - \mu_{O_2}(0))$ bzw. $i = i_{eon} = \mathrm{fct}(U)$. Es resultiert

$$i_{eon} = \frac{RT}{4NFL}\left\{\sigma_{e'}(0)\left[\exp\left(+\frac{4NFU}{RT}\right) - 1\right] + \sigma_{h^{\cdot}}(0)\left[1 - \exp\left(-\frac{4NFU}{RT}\right)\right]\right\}. \tag{7.106}$$

Für N=1/4 folgt die Wagner–Hebb–Beziehung [288]. Wie es sein soll, findet sich für kleine Spannungen ein Ohmscher Bereich

$$i|_{U\longrightarrow 0} = \frac{U}{L}(\sigma_{e'}(0) + \sigma_{h^{\cdot}}(0)) = \frac{U}{L}\sigma_{eon}(0). \tag{7.107}$$

Bei Anheben der Spannung werden überproportional Leitungselektronen gebildet, da der Sauerstoffpartialdruck auf der variablen Seite abgesenkt wird. Für große Spannungen entsteht ein Tafel–Bereich zu:

$$i|_{U\longrightarrow\infty} = \frac{RT}{4NFL}\sigma_{e'}(0)\exp\left(+\frac{4NFU}{RT}\right). \tag{7.108}$$

Ist $\sigma_{h^{\cdot}}(0) \gg \sigma_{e'}(0)$, so bildet sich im Zwischenraum ein Plateau aus, das dadurch

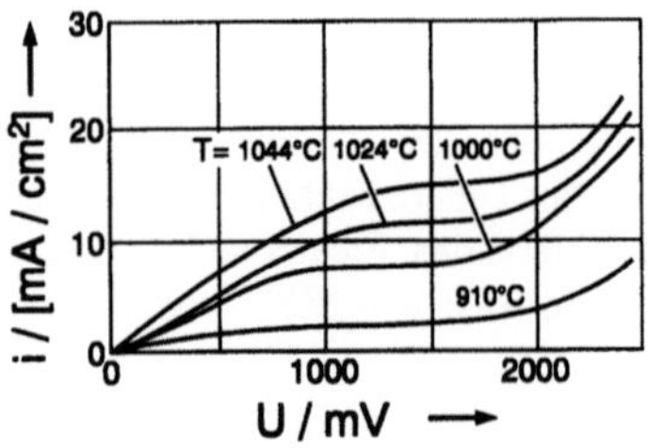

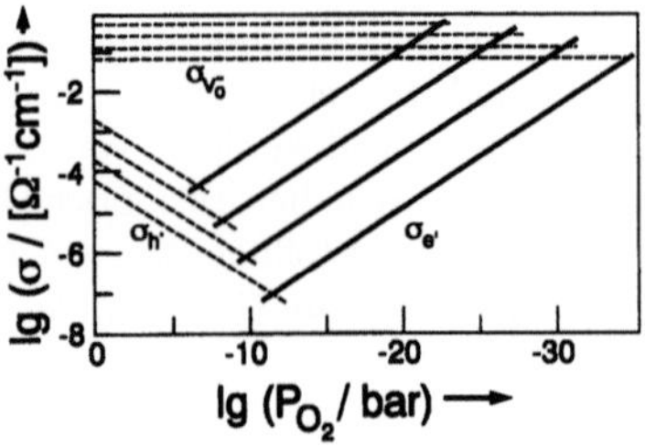

Abb. 7.32: Wagner–Hebb–Analyse zur Bestimmung der n– und p–Leitfähigkeit in Y–dotierten Fluoriten (O^{2-}–Festelektrolyt) mit Hilfe der Zelle ⊖N_2, Pt|YSZ bzw. YST|Luft, Pt⊕ (links: Strom–Spannungskurven für $Th_{0.9}Y_{0.1}O_{1.95}$ (YST), rechts: elektronische und ionische Teilleitfähigkeiten für $Zr_{0.9}Y_{0.1}O_{1.95}$ (YSZ)). Aus [541].

[91]Es ist offensichtlich nicht notwendig, dass $(\partial/\partial x)\mu_{O^{2-}} = 0$ bzw. $(\partial/\partial x)\phi = 0$, wie zuweilen in der Literatur behauptet. Diese feldfreie Situation entspricht lediglich dem Spezialfall $N = 1/4$. Für ein Potenzgesetz mit $N \neq 1/4$ sind die relevanten chemischen und elektrischen Potentialgradienten einander proportional. Gilt kein Potenzgesetz, ist die Situation diffiziler.

charakterisiert ist, dass die Löcher als anfänglich entscheidende Ladungsträger in ihrer Konzentration verringert werden:

$$\frac{RT}{4NFL}\sigma_{h^{\cdot}}(0)\left[1-\exp\left(-\frac{4NF|U|}{RT}\right)\right] \longrightarrow \text{const.} \tag{7.109}$$

Abbildung 7.32 zeigt Messungen an Y–dotiertem ZrO_2 und ThO_2, die die Bestimmung der elektronischen Teilleitfähigkeiten dieser Ionenleiter erlauben.

c) Effekte verschiedener Valenzzustände auf die Auswertung

Spätestens am Beispiel des $YBa_2Cu_3O_{6+x}$ treffen eigentlich die obengemachten Annahmen nicht mehr zu, da Sauerstoffdefekte in verschiedenen Valenzen auftreten, die möglicherweise alle mobil sein können. Wir werden uns hier kurz und halbquantitativ mit den Veränderungen auseinandersetzen[92], die das Auftreten verschiedener Ladungszustände mit sich bringt [389]. Betrachten wir den $ZrO_2/YBa_2Cu_3O_{6+x}$–Kontakt und nehmen an, im $YBa_2Cu_3O_{6+x}$ seien O^{2-}, O^- und O^0 mobil. Durchlässig sei jedoch die Phasengrenze nur für O^{2-}. Wegen innerer Gleichgewichte können O^- und O^0 allerdings in O^{2-} und $h^{\cdot}$ dissoziieren. In diesem Fall ist im stationären Zustand der Gesamtstrom weder durch $i_{O^{2-}}$ noch durch $i_{ion} = i_{O^{2-}} + i_{O^-}$, sondern durch $i_{\{O\}} \equiv i_{O^{2-}} + 2i_{O^-} - 2Fj_{O^0} = i_{ion} + i_{O^-} - 2Fj_{O^0}$ gegeben.
Im Fall einer Ionenblockade ist der stationäre Strom $i_{\{e\}} \equiv i_{e^-} - i_{O^-} + 2Fj_{O^0}$. Dies entspricht den Flüssen der entsprechenden "konservativen Ensembles", wie sie in Abschnitt 6.6.1 eingeführt wurden. Die grundlegenden Strom- und Spannungsgleichungen ergeben sich nun in verallgemeinerter Form zu

$$\begin{aligned} i_{\{O\}} &= \frac{\sigma_{\{O\}}}{\sigma} i + 2FD^{\delta}\frac{\partial c_{\{O\}}}{\partial x} = \\ i_{\{e\}} &= \frac{\sigma_{\{e\}}}{\sigma} i + FD^{\delta}\frac{\partial c_{\{e\}}}{\partial x} \\ U_{MX} &= \begin{cases} \dfrac{iL}{\sigma} - \dfrac{1}{4F}\displaystyle\int \frac{\sigma_{\{O\}}}{\sigma} d\mu_{O_2} & \text{(Zellen E1, E2)} \\ \dfrac{iL}{\sigma} + \dfrac{1}{4F}\displaystyle\int \frac{\sigma_{\{e\}}}{\sigma} d\mu_{O_2} & \text{(Zellen I1, I2)} \end{cases} \end{aligned} \tag{7.110}$$

Die Größen $c_{\{O\}}$, $c_{\{e\}}$ stellen die in Abschnitt 6.6 definierten Ensemble–Konzentrationen dar. Man beachte, dass $\delta c_{\{O\}} = \delta c_O = -\delta c_{\{e\}}/2$. Die Leitfähigkeiten $\sigma_{\{O\}}$ und $\sigma_{\{e\}}$ sind über $\sigma_{O^{2-}} + 2\sigma_{O^-}$ bzw. $\sigma_{e^-} - \sigma_{O^-}$ definiert. D^{δ} ist in diesem Fall durch Gl. (6.89) (Kap. 6) bestimmt. Nehmen wir auch hier in erster Näherung eine Konstanz der Transportkoeffizienten an, so resultiert im stationären Zustand

$$U_{MX} = \begin{cases} iL\dfrac{1-2Bh_{eon}}{\sigma_{\{e\}}} & \text{(Zellen E1, E2)} \\ iL\dfrac{1-2Bh_{ion}}{\sigma_{\{O\}}} & \text{(Zellen I1, I2)} \end{cases} \tag{7.111}$$

[92] Die exakte Behandlung findet sich in Refs. [353,388,389].

mit den Hilfsgrößen $B = (1 + 2h_{\{ion\}} + 2h_{\{e\}})^{-1}$, $h_{\{ion\}} = (\sigma_{O^-} + 2s)/\sigma_{\{O\}}$ und $h_{\{e\}} = (\sigma_{O^-} + 2s)/\sigma_{\{e\}}$. Das analoge Resultat finden wir bei der Verallgemeinerung der Wagner–Hebb–Analyse in differentieller Form. Beispielsweise zeigt sich, dass im künstlichen Extremfall sehr großer Beiträge durch neutralen Sauerstoff ($s \gg \sigma_{O^-}, \sigma_{O^{2-}}$) überhaupt keine Polarisation stattfindet. Der anteilige Ionenstrom kann bei einem Gegenstrom neutraler Sauerstoffteilchen als effektiver innerer Elektronentransport ungehindert durch die gesamte Kette fließen.
Die transiente Analyse differiert im Kurzzeitverhalten, hier gehen — auch bei vorausgesetzter Konstanz der Konzentration und Transportparameter — die Größen h und B ein (s.o.). Im Falle der Langzeitnäherung ergibt sich unter den gemachten Näherungen D^δ wie früher aus der Steigung. Allerdings ist — wie in Kap. 6 geschildert — die Interpretation dieser Größe verändert.

d) Interferenz von Doppelschicht– und Stöchiometrieeffekten: Elektrische vs. chemische Kapazität

Schon in Kap. 6 wurde bei der Diskussion der chemischen Diffusion darauf hingewiesen, dass chemische Diffusion und Raumladungseffekte im allgemeinen Fall nicht voneinander zu trennen sind. Analoges gilt natürlich hier. Die vereinheitlichende Behandlung von Stöchiometrie– und Raumladungspolarisation ist unter generellen Voraussetzungen allerdings nur numerisch durchführbar [528]. Eine näherungsweise geschlossene analytische Lösung [529] im Frequenzraum, die in guter Näherung für ein großes Parameterfenster gültig ist, wird in Abschnitt 7.3.6 angegeben. Ihr entspricht das in Abb. 7.33 gezeigte Ersatzbild. Der Durchtrittswiderstand der nichtblockie-

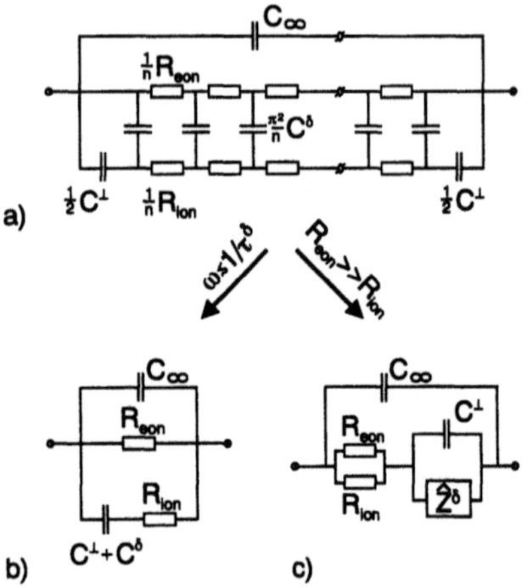

Abb. 7.33: Näherungsweises Ersatzschaltbild für Zelle E2, welches Doppelschicht– und Stöchiometrieeffekt der Ionenblockade berücksichtigt. Näherung b) resultiert für tiefe Frequenzen und entspricht obiger Behandlung (Abschnitt 7.3.4). Näherung c) ist eine nützliche Approximation für Ionenleiter (Randles' circuit [542,543]). Der in (a) auftretende Faktor π^2 ist nicht ganz präzis. Im Falle der Impedanzspektroskopie wird sich (ebenfalls nicht ganz präzise) stattdessen der Faktor 12 ergeben (s. Abschnitt 7.3.6). Nach [543].

renden Spezies ist vernachlässigt. Für lange Zeiten (kleine Frequenzen) entsteht ein zu Abb. 7.23 (von zusätzlichen Randschichtimpedanzen abgesehen) analoger Schaltkreis; allerdings fasst die Serienkapazität Doppelschicht– und Stöchiometrieeffekte zusammen. Das Verhältnis von elektrischer (also $C^{\perp}_{ion}$) zur chemischen Kapazität (also C^{δ}) regelt, welches Phänomen dominiert. Man beachte, dass bei Dominanz der Doppelschichtkapazität (für lange Zeiten bzw. kleine Frequenzen) eine der Stöchiometriepolarisation analoge Polarisation entsteht, die jedoch von D^{δ} unbeeinflusst ist [543]. Dies wird in Abschnitt 7.3.6 wieder aufgegriffen. An gleicher Stelle werden auch Komplizierungen, die das Ultrakurzverhalten bzw. das Hochfrequenzverhalten betreffen, andiskutiert.

e) Nichtideale selektiv blockierende Elektroden

Komplex werden die Zusammenhänge, wenn auch für die nichtblockierte Spezies Durchtrittshemmungen auftreten bzw. die Blockade für die zu blockierende Spezies nur unzureichend ist. Im ersten Fall stellt sich heraus, dass trotz der Individualität der einzelnen Ladungsträger und ihres Durchtrittsverhaltens das Hinzufügen eines Parallel-$R^{\perp}$-$C^{\perp}$-Kreise in Serie, wie es schon in Abb. 7.23 getan wurde, eine vernünftige Korrektur darstellt, der stationäre Widerstand ist entsprechend vergrößert. Im zweiten Fall ist nicht nur der stationäre Wert verkleinert, sondern es ist auch die Form der Polarisationskurve betroffen [543]. Auch hier sei auf Abschnitt 7.3.6 verwiesen.

7.3.5 Coulometrische Titration

Zu guter Letzt sei die Zelle T (S. 420f) besprochen, die sich neben der Probe MX aus rein ionischen und rein elektronischen Elektroden konstituiert. Bei der angegebenen Polarität fließt über die ionischen Elektroden ein reiner Ionenstrom in die Probe. Spätestens am Kontakt zur elektronischen Elektrode wird das Ion durch den Elektronenstrom entladen und so die Stöchiometrie durch Stromfluss variiert (coulometrische Titration). Ein stationärer Zustand stellt sich im Gegensatz zu obigen Fällen nicht ein.

Im Experiment geht man so vor, dass man eine gewisse Zeit Δt die neutrale Komponente auf diese Weise hinzu- oder wegtitriert, den Strom abschaltet, die Homogenisierung abwartet und die Prozedur wiederholt. Aus Messungen der Spannung im stromlosen homogenen Zustand (also der EMK E) lässt sich die Stöchiometrievariation und die dazugehörige Aktivität bestimmen. Aus dem Zeitverhalten der Spannung während der Relaxation gewinnt man bei Kenntnis der Randbedingungen (und natürlich der Anfangsbedingung) — Diffusionskontrolle vorausgesetzt — wiederum die chemischen Diffusionskoeffizienten [515,544].

Lassen Sie uns hier den Homogenzustand betrachten und auch zunächst nur die Extremfälle. Der Einfachheit halber wollen wir annehmen, dass im Phasendiagramm unter den betrachteten Bedingungen nur ein einziges Oxid, nämlich "M_2O", existent ist. Bei maximalem Ausbau von Sauerstoff aus $M_2O_{1+\delta}(\delta \lesseqgtr 0)$, d.h. minimalem δ ($M_2O_{1+\delta_{min}}$) besteht gerade Phasengleichgewicht mit M, d.h. wir befinden uns am "reduzierten Rand" des schmalen Homogenitätsbereiches der Phasenbreite, mit anderen Worten ist das chemische Potential des Metalls in "M_2O" gleich dem des reinen Metalls. Folglich ist die EMK gleich derjenigen, die sich bei Gleichgewicht mit dem Muttermetall M ausbilden würde (vgl. Abschnitt 7.2):

$$\begin{aligned} E\{Pt|M_2O_{1+\delta_{min}}|ZrO_2|O_2,Pt\} &= E\{M|\text{“}M_2O\text{”}|ZrO_2|O_2,Pt\} \\ &= \frac{1}{2}\Delta_f G^\circ_{M_2O} - \frac{1}{4}RT\ln P_{O_2}. \end{aligned} \quad (7.112)$$

Bei weiterer Reduktion ändert sich die Zellspannung nicht mehr, da keine stöchiometrischen Änderungen stattfinden. Es entsteht im Zweiphasengebiet nur vermehrt M auf Kosten von "M_2O".
Umgekehrt besteht bei maximalem O–Gehalt ($M_2O_{1+\delta_{max}}$) Phasengleichgewicht mit dem äußeren Sauerstoffpartialdruck. Eine weitere Oxidation entspräche einer Sauerstoffentwicklung. Es resultiert die Zellspannung Null, falls keine hydrostatischen Druckdifferenzen auftreten und P_{O_2} auf der anderen Seite ebenfalls 1 bar ist:

$$\begin{aligned} &E\{Pt|M_2O_{1+\delta_{max}}|ZrO_2|O_2,Pt\} \\ &= E\{O_2,Pt|\text{“}M_2O\text{”}|ZrO_2|Pt,O_2\} = 0. \end{aligned} \quad (7.113)$$

Nach den Ausführungen in Kap. 5 (s. Gl. (5.120), S. 171) ist die Abweichung (δ) von der Dalton–Zusammensetzung proportional zu $\sinh\left(\mu_{O_2} - \mu_{O_2(i)}\right)$, wobei der Index i den intrinsischen Punkt ($\delta = 0$) kennzeichnet. Da die Zellspannung über $\Delta\mu_{O_2}$ gegeben ist, gilt $\delta \propto x_{(i)} \sinh\left(-\left(E - E_{(i)}\right)\right)$ mit x_i als intrinsischem Molenbruch. Abb. 7.34 zeigt am Beispiel des Sr–dotierten La_2CuO_4 deutlich den durch coulometrische Titration bewirkten Übergang vom Sauerstoffunterschussgebiet ($\delta < 0$)

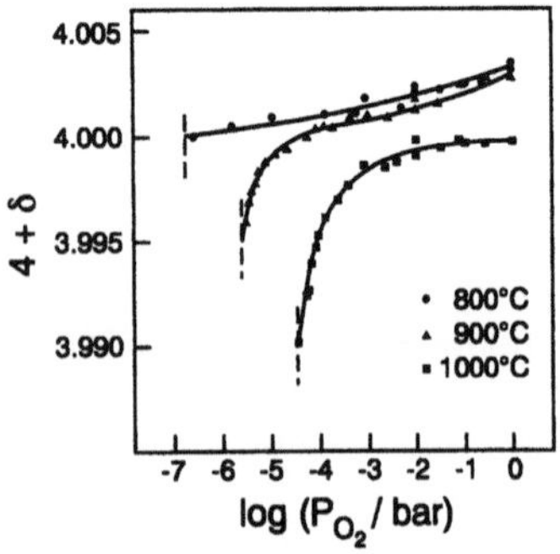

Abb. 7.34: Abhängigkeit des Sauerstoffgehaltes in $La_{1.95}Sr_{0.05}CuO_{4+\delta}$ von $\log P_{O_2}$ bei 800–1000°C. Die gestrichelten Linien repräsentieren den Zersetzungspartialdruck. Aus [545].

zum Sauerstoffüberschussgebiet ($\delta > 0$), wie es der in den Abschnitten 5.5 und 5.6 diskutierten Defektchemie entspricht.
Bei Kationenleitern entfallen i.a. die Dichtungsprobleme, so dass coulometrische Titrationen vor allem in solchen Fällen ausgiebig genützt werden[93]. Die Betrachtungen sind natürlich analog. Einen typischen Titrationskurvenverlauf zeigt Abb. 7.35. Der

[93]Umgekehrt ist es bei Oxiden oft einfacher und elegant möglich, die "Titration" nichtelektrochemisch zu führen, d. h. einfach durch Vorgabe und Durchstimmen des äußeren Partialdruckes.

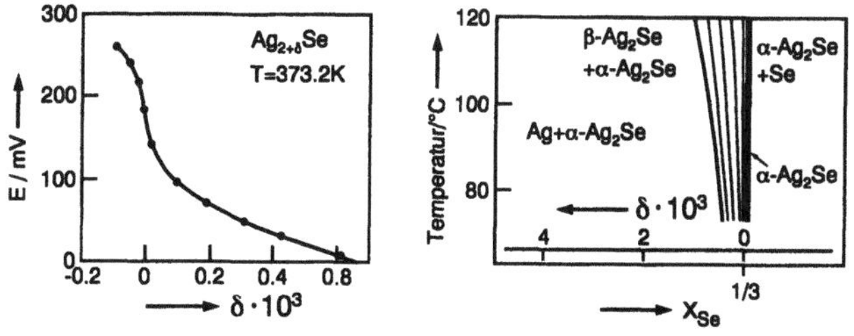

Abb. 7.35: Coulometrische Titration von α–Ag_2Se (links) und Phasendiagramm (rechts). Oberhalb von ca. 130°C ist die β–Phase stabil (vgl. auch Fußnote 94). Nach [546].

intrinsische Punkt ($E_{(i)}$, $\delta = 0$) ergibt sich (wie auch in Abb. 7.34) aus der Wendestelle. Hier handelt es sich um die Stöchiometrievariation in α–Ag_2Se[94], in welchem sehr wahrscheinlich die elektronischen Fehler in der Majorität sind. Mit solchen Methoden lässt sich nicht nur äußerst empfindlich das Phasendiagramm austesten (s. z.B. Abb. 7.35), sondern es lassen sich auch weitgehende Schlussfolgerungen in bezug auf Fehlerkonzentrationen, Fermi–Niveau, Bandabstand, effektive Masse und partielle Enthalpie und Entropie von Elektronen und Löchern ziehen [546]. Die Empfindlichkeit ist wegen der Genauigkeit der Ladungsmessung äußerst hoch.
Die Auswertung der Kinetik ist den oben gegebenen Ausführungen ähnlich. Es müssen die Randbedingungen berücksichtigt werden, die sich ergeben, wenn auf der einen Seite der Ionen– und auf der anderen der Elektronenstrom verschwindet. Die Lösung[95] erlaubt die Bestimmung von D^δ. Im Unterschied zu den Zellen R, E, I ist zu beachten, dass sich kein stationärer Zustand einstellt und die EMK nach dem Ausschalten einen anderen Wert annimmt als vor dem Einschalten des Stromes. Da aus der $E(\delta)$–Kurve der thermodynamische Faktor $\left(\frac{dE}{d\ln\delta} \propto \frac{d\mu}{d\ln c}\right)$ bzw. die differentielle chemische Kapazität ($dc/d\mu$) direkt erhältlich ist, folgt durch Kenntnis von D^δ auch die ambipolare Leitfähigkeit σ^δ und damit die Leitfähigkeit der geringer leitfähigen Spezies. Abb. 7.36 zeigt den chemischen Diffusionskoeffizienten von Silber in Ag_2Te als Funktion der EMK und somit der genauen Zusammensetzung. Eine Kombination der oben diskutierten Messungen mit einer coulometrische Titration erlaubt auch die Verfolgung der Zusammensetzungsabhängigkeiten der Teilleitfähigkeiten in eleganter Weise.

7.3.6 Impedanzspektroskopie

Eine überaus wichtige elektrochemische Methode zur Bestimmung der kinetischen Größen ist die Impedanzspektroskopie, die den Wechselstromwiderstand als Funktion der Frequenz vermisst. Hierbei handelt es sich nicht um eine vom Vorangegange-

Wird dieser über eine λ–Sonde kontrolliert, ist der Aufbau der Zelle T ganz ähnlich, allerdings sind Oxid und ZrO_2 galvanisch entkoppelt. Die Detektion von δ kann über Wägung oder Vermessung der Sauerstoffzu– und –abfuhr erfolgen.

[94]Die Verwendung der Symbole α und β ist bei den Silberchalkogeniden nicht einheitlich.

[95]Eine allgemeine Lösung ist in Ref. [547] gegeben.

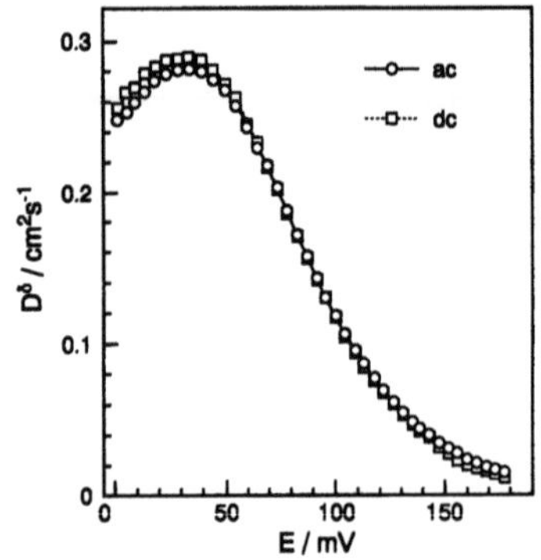

Abb. 7.36: Der chemische Diffusionskoeffizient von Ag in α–$Ag_{2+\delta}Te$ als Funktion der EMK der Zelle Ag|AgI|Ag_2Te|Pt bei 200 °C. Das Maximum in D^δ und somit das Maximum im thermodynamischen Faktor ($d\mu_{Ag}/dc_{Ag}$) entspricht recht genau dem stöchiometrischen Punkt (vgl. Gl. (6.86), S. 321). Man beachte die enormen Absolutwerte, die für eine schnelle Fortpflanzung des chemischen Signals "Silberaktivität" im Ag_2Te sorgen. Die Maximalwerte übersteigen sogar den Diffusionskoeffizienten mancher Gasphasenkonstituenten. Aus [548].

nen grundlegend verschiedene Konzeption. Vielmehr ist im Falle kleiner Signale der Informationsgehalt der gleiche wie bei den Ein- und Ausschaltmessungen (Vorgabe von Stufenfunktionen). Lediglich ist die komplizierte Messung der Zeitabhängigkeit hier auf eine einfache Messung von Amplitude und Phasenverschiebung der periodischen Signale zurückgeführt. Statt nun die Strom–Spannungs–Zeit–Verhältnisse durch eine erneute Analyse, nun mittels einer periodischen Stromfunktion unter den relevanten Rand- und Anfangsbedingungen zu untersuchen, können wir uns eines für kleine Signale gültigen Theorems der Kybernetik [549] bedienen, das es uns gestattet, uns auf unsere bisherigen Ergebnisse zu stützen. Qualitativ besagt es, dass die Antwort (Output) auf beliebige Anregungen (Input, z.B. periodischer Natur) aus der Antwort auf eine spezielle Anregung (wie etwa die oben diskutierte Stufenfunktion) erhältlich ist. Dies ist schnell bewiesen: Für kleine Anregungen verhalten sich die Systeme linear (vgl. Abschnitt 6.1). Dies bedeutet, dass die Antwort auf eine Linearkombination von Anregungen gleich der Linearkombination der Einzelantworten ist[96]. Da man so auch jede Sinusfunktion durch Stufenfunktionen[97] annähern kann und vice versa, lässt sich auch die entsprechende Antwort zusammenbasteln. Eine sicherlich nichtlineare Transformation, für die Abschnitt 6.10 zuständig ist, beschreibt Abb. 7.37.

Es ist natürlich unter allgemeinen Bedingungen sinnvoll, sich auf eine Grundanregung zu einigen, mit Hilfe derer die beliebige Anregung leicht konstruierbar ist und

[96]Ein simples Beispiel mag dies illustrieren. Die Anregungen seien Ströme, die Antworten Spannungen, und es herrsche ein einfaches Ohmsches Gesetz. Es sei U{I} die Spannung beim Strom $I = I_1 + I_2$, dann gilt $U\{I_1 + I_2\} = R(I_1 + I_2) = RI_1 + RI_2 = U\{I_1\} + U\{I_2\}$. Da R konstant ist, handelt es sich hier um den Spezialfall einer zeitinvarianten Kleinsignalübertragung.

[97]Offensichtlich lässt sich jede Funktion durch Rechteckfunktionen annähern, wenn man die Rechteckbreite ($\Delta\tau$) nur genügend klein wählt. Eine einzelne, bei $n\Delta\tau$ einsetzende Rechteckfunktion (d.h. sie sei Null links von $n\Delta\tau$, gleich dem Funktionswert ($f_n(n\Delta\tau)$) zwischen $n\Delta\tau$ und $(n+1)\Delta\tau$ und wiederum Null jenseits von $(n+1)\Delta\tau$) lässt sich auch als Differenz zweier Stufenfunktionen, $H(t - n\Delta\tau) - H(t - n\Delta\tau - \Delta\tau)$, schreiben, so dass sich insgesamt als Annäherung $\Sigma_n f_n(n\Delta\tau)(H(t - n\Delta\tau) - H(t - n\Delta\tau - \Delta\tau))$ ergibt.

Abb. 7.37: Bei dieser Input–Output–Situation ist die Lineare–Antwort–Theorie nicht anwendbar. Aus [550].

die Antwort auf diese mit Transferfunktion zu bezeichnen. Wählt man als solche Grundanregung die Deltafunktion[98], ergibt sich folgende einfache Beziehung[99] für die Antwort (Rsp für Response) auf eine beliebige Anregungsfunktion:

$$\mathrm{Rsp}\{\text{beliebige Funktion}\} = \mathrm{Rsp}\{\text{Deltafunktion}\} * \{\text{beliebige Funktion}\}. \quad (7.114)$$

Man erhält sie demgemäß durch Faltung der Grundantwort (Rsp {Delta-funktion}) mit der beliebigen Anregungsfunktion. Die Deltafunktion ist nun gerade die Ableitung der uns interessierenden Stufenfunktion, so dass statt Rsp {Deltafunktion}

[98] Die Deltafunktion $\delta(x)$ ist eigentlich eine Distribution, die für alle $x \neq 0$ verschwindet und bei $x = 0$ gegen Unendlich geht, aber die Fläche 1 einschließt. Die Deltafunktion lässt sich beispielsweise aus einer Rechteckfunktion entstanden denken, deren Breite man gegen Null und deren Höhe man so gegen unendlich gehen lässt, dass das Produkt von Höhe und Breite konstant bleibt (= 1). Dementsprechend gilt

$$\int f(x)\delta(x-b)dx = f(b),$$

sofern b zwischen den Integrationsgrenzen liegt. Dies ist evident, da man das Integral in 3 Beiträge aufspalten kann, einen von der unteren Grenze bis $b-\varepsilon$, einen von $b-\varepsilon$ bis $b+\varepsilon$ und einen dritten von $b+\varepsilon$ bis zur oberen Grenze. Lediglich das mittlere ist von Null verschieden. Geht ε gegen Null, bleibt

$$f(b)\int \delta(x-b)dx = f(b).$$

Offensichtlich ist $\delta(x) = \delta(-x)$ auch die Ableitung der Sprungfunktion H(x).

[99] Das Faltungsintegral ist definiert als $a * b \equiv \int_0^t a(\tau)b(t-\tau)d\tau$. Da es sich auch als $\int_t^0 a(t-\tau)b(\tau)d(t-\tau) = b * a$ schreiben lässt, gilt Kommutativität. In der Regel wird die Faltung über das Integral von $-\infty$ bis $+\infty$ definiert. Offensichtlich sind beide Definitionen identisch, falls die Funktionen für negative Argumente verschwinden. Es sei $h \equiv \mathrm{Rsp}\{H\}$ die Antwort auf die Stufenfunktion H, dann gilt nach den Ausführungen der Fußnote 97, nach Benützung der Linearität und Erweiterung mit $\Delta\tau$, dass $\mathrm{Rsp}\{\Sigma_n f_n(H(t-n\Delta\tau) - H(t-n\Delta\tau-\Delta\tau))\} = \Sigma_n f_n([h(t-n\Delta\tau) - h(t-n\Delta\tau-\Delta\tau)]/\Delta\tau)\Delta\tau$. Der Grenzübergang $\Delta\tau \longrightarrow 0$ liefert offenbar das Faltungsintegral mit $a \equiv f, b \equiv dh/dt$. Hieraus folgt Gl. (7.114) mit $\dot{h}$ statt $\mathrm{Rsp}\{\delta\}$. Dass beide identisch sind, wird in Fußnote 100 bewiesen, resultiert aber auch unmittelbar aus der Definition der Deltafunktion $(\int_{-\infty}^{+\infty} \dot{h}(t-\tau)\delta(\tau)d\tau = \int_{-\infty}^{+\infty} \dot{h}(\tau)\delta(t-\tau)d\tau)$. Nach dem eben Gesagten ist dies gerade $\mathrm{Rsp}\{\delta\}$, wegen Fußnote 98 andererseits gleich $\dot{h}(t)$. Für weiterführende Betrachtungen vgl. Ref. [549].

auch die zeitliche Ableitung der uns schon bekannten Antwort auf die Einheits–Stufenfunktion ($\partial/\partial t$ Rsp {Stufenfunktion}) verwendet werden kann[100].
Da die Laplace–Transformation[101] ($\mathcal{L}$) die Faltung in eine Multiplikation verwandelt, schreibt sich prägnanter

$$\mathcal{L}[\text{Rsp}\{\text{beliebige Funktion}\}] = \mathcal{L}[\text{Rsp}\,\{\text{Deltafunktion}\}] \cdot \mathcal{L}[\{\text{beliebige Funktion}\}] \quad (7.115)$$

bzw.

$$\mathcal{L}[\text{Rsp}\{\text{beliebige Funktion}\}] = \widehat{p}\mathcal{L}[\text{Rsp}\,\{\text{Stufenfunktion}\}]\cdot\mathcal{L}[\{\text{beliebige Funktion}\}]. \quad (7.116)$$

Hier wurde ausgenützt, dass die Laplace–Transformation einer Ableitung bedeutet, die Transformierte der Funktion mit $\widehat{p} = j\omega$ (allgemeiner: $s + j\omega$) zu multiplizieren. Die gewünschte Antwort erhält man dann durch Rücktransformation. Im Falle sinusoidaler Funktionen ist die komplexe Impedanz $\widehat{Z}$ — also der Wechselstromwiderstand[102] — direkt durch die Laplace–Transformierte gegeben:

$$\begin{aligned}\widehat{Z} &= \mathcal{L}\,[\text{Rsp}\,\{\text{Deltafunktion}\}] = \mathcal{L}\,[\partial/\partial t\text{Rsp}\,\{\text{Stufenfunktion}\}] \\ &= \widehat{p}\mathcal{L}\,[\text{Rsp}\,\{\text{Stufenfunktion}\}]\,.\end{aligned} \quad (7.117)$$

Dies empfiehlt die folgende Vorgehensweise:
Zunächst lösen wir das gegebene kinetische Problem mit konstantem Strom, der bei t=0 angeschaltet wird (d.h. Stufenfunktion). Die anschließende Laplace–Transformation liefert die gewünschte komplexe Impedanz[103].

---

[100]Die Tatsache, dass die Deltafunktion δ und die Sprungfunktion H über Zeitableitung verknüpft sind, gilt auch für die Antworten Rsp{δ} und Rsp{H}. Dies ergibt sich aus den folgenden Beziehungen:
$\delta = \frac{\partial}{\partial t}H$; Rsp{H} = Rsp {$\delta$} $*$ H nach Gl. (7.114);
$\frac{\partial}{\partial t}$Rsp{H} = Rsp {$\delta$} $* \frac{\partial}{\partial t}H$ = Rsp {δ} $* \delta$ = Rsp{δ} nach Gl. (7.114).
Benützt wurde außerdem, dass $\frac{\partial}{\partial t}(a * b) = \frac{\partial a}{\partial t} * b = a * \frac{\partial b}{\partial t}$.

[101]$\mathcal{L}\,[f(t)] \equiv \int_0^\infty f(t)e^{-\widehat{p}t}dt, \widehat{p} = s + j\omega$, hier $s = 0$, vgl. Lehrbücher der Mathematik, z. B. [303,551].

[102]Gibt man einen sinusoidalen Strom vor, z.B. $I = I_0 \sin\omega t$, so ist die stationäre (d.h. erzwungene) Spannungsantwort ebenfalls sinusoidal mit gleicher Frequenz, aber phasenverschoben, d.h. $U = U_0 \cos(\omega t + \varphi)$ (vgl. partikuläre Lösung der entsprechenden *linearen* Differentialgleichung). Wegen der Eulerschen Gleichung $\exp j\omega t = \cos\omega t + j\sin\omega t$, lässt sich $\cos\omega t$ auch als $\cosh j\omega t$ schreiben. Diese Umformulierung der Observablen I bringt keinen Vorteil. In der komplexen Wechselstromrechnung definiert man nun aber komplexe Größen, z.B. $\widehat{I} = I_0 \exp j\omega t$, denen selber keine reale Bedeutung zukommt, mit denen sich aber gut rechnen lässt und aus denen sich die realen Größen (Amplitude, Phase) gewinnen lassen. Offensichtlich ist $\text{Re}\widehat{I} = I = I_0 \cos\omega t$, $|\widehat{I}| = \sqrt{(\text{Re}\widehat{I})^2 + (\text{Im}\widehat{I})^2} = \sqrt{\widehat{I}\widehat{I}^*} = I_0$ und $\arctan(\text{Im}\widehat{I}/\text{Re}\widehat{I}) = \omega t$. Analoges gilt für $\widehat{U}$, wenn ωt durch $(\omega t + \varphi)$ ersetzt wird. Der Quotient $\widehat{U}/\widehat{I} \equiv \widehat{Z}$ ist die komplexe Impedanz mit $\widehat{Z} = (U_0/I_0)\exp j\varphi$. Insbesondere ist $|\widehat{Z}| = U_0/I_0$ und $\varphi = \arctan(\text{Im}\widehat{Z}/\text{Re}\widehat{Z})$.

[103]Allgemein (s. Gl. 7.115) ist $\widehat{Z}$ die Übergangsfunktion zwischen der Laplacetransformierten von Anregung und Antwort: Im Falle von Funktionen des Typs $e^{\widehat{p}t}$ ist die Übertragungsfunktion auch direkt der Quotient des erzwungenen Teils des Ausgangssignales und des Eingangssignales [549], wie man sich leicht etwa am Beispiel einer Kapazität überzeugt. Allgemein folgt dies aus der Laplace–Transformierten für $\cos(\omega t + \varphi)$. Es ergibt sich [552] für $\mathcal{L}\{\cos(\omega t+\varphi)\}/\mathcal{L}\{\cos\omega t\}$ gerade $\cos\varphi - \frac{\omega}{p}\sin\varphi$ und hieraus für $\widehat{p} = j\omega$ wegen der Linearität von $\mathcal{L}$ die Identität $\mathcal{L}\{U\}/\mathcal{L}\{I\} = \widehat{U}/\widehat{I}$.

Ist das Problem auf ein Ersatzschaltbild abbildbar, dann ist die Problematik auf die Anwendung der Kirchhoffschen Regeln zurückgeführt: $\widehat{Z} = \Sigma_i \widehat{Z}_i$ bei Serienschaltung ($\widehat{Z}_i$: komplexe Impedanz des Schaltkreiselementes i), $\widehat{Z}^{-1} = \Sigma_i \widehat{Z}_i{}^{-1}$ bei Parallelschaltung, wobei $\widehat{Z} = \widehat{Z}_R = R$ für einen Widerstand und $\widehat{Z} = \widehat{Z}_C = (j\omega C)^{-1}$ für einen Kondensator[104].

Im Falle des simplen $R_\infty C_\infty$-Parallelkreises, der das Volumenverhalten beschreibt, resultiert:

$$\begin{aligned}\widehat{Z}_\infty &= \frac{\widehat{Z}_{R_\infty}\widehat{Z}_{C_\infty}}{\widehat{Z}_{R_\infty} + \widehat{Z}_{C_\infty}} = \left(\frac{1}{R_\infty} + j\omega C_\infty\right)^{-1} \\ &= \frac{R_\infty}{1+\omega^2\tau_\infty^2} + j\left(-\frac{R_\infty \omega \tau_\infty}{1+\omega^2\tau_\infty^2}\right) = \mathrm{Re}\widehat{Z}_\infty + j\mathrm{Im}\widehat{Z}_\infty.\end{aligned} \tag{7.118}$$

Dasselbe Resultat ergibt sich auch durch Anwendung von Gl. (7.117) auf die entsprechende, durch Gl. (7.44) gegebene Exponentiallösung. Es ist üblich, die komplexe Impedanz durch die Auftragung des negativen Imaginärteils ($-\mathrm{Im}\widehat{Z}$) gegen den Realteil ($\mathrm{Re}\widehat{Z}$) darzustellen (Abb. 7.38). Wie durch Einsetzen zu bestätigen ist, gilt

$$\left(\mathrm{Re}\widehat{Z}_\infty - \frac{R_\infty}{2}\right)^2 - \left(\mathrm{Im}\widehat{Z}_\infty\right)^2 = \left(\frac{R_\infty}{2}\right)^2. \tag{7.119}$$

Dies ist die Gleichung eines Halbkreises um $\mathrm{Re}\widehat{Z} = R_\infty/2$ im ersten Quadranten. Der Durchmesser (also die Differenz der beiden reellen Werte für die $\mathrm{Im}\widehat{Z}_\infty$ verschwindet) entspricht dem Gleichstromwiderstand. Die Frequenz im Maximum (also bei $\mathrm{Re}\widehat{Z} =$

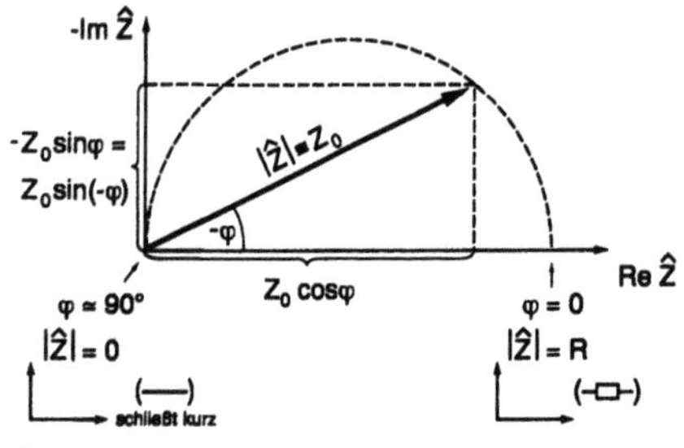

Abb. 7.38: Zur Impedanz[102] eines Parallel-R-C-Kreises ($Z_0 \equiv |\widehat{Z}|$).

$R_\infty/2$) ergibt sich zu $\omega_{max} = \tau_\infty^{-1} = (R_\infty C_\infty)^{-1}$. Hieraus ist C_∞ am einfachsten erhältlich. Natürlich können R_∞ und C_∞ auch über die Frequenzverteilung durch Anpassung eines Ausschnittes erhalten werden.

Abb. 7.39 zeigt Impedanzmessungen am AgCl-Einkristall (Ag-Elektroden). Eine Biasabhängigkeit (d.h. Abhängigkeit von einer überlagerten Gleichspannung) tritt für nicht allzu große Amplituden nicht auf, wie dies für lineare Systeme ja erwartet ist (R_∞, C_∞ konstant).

[104]Vergleiche die Transformation der Beziehungen aus Abschnitt 7.3.3a.

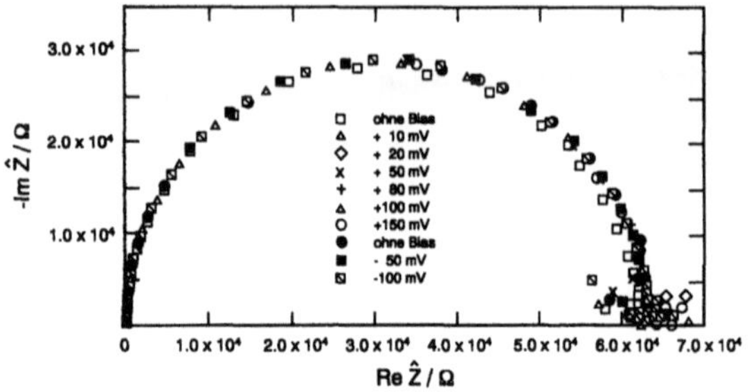

Abb. 7.39: Impedanzmessungen an der Zelle Ag|AgCl|Ag bei 83°C [251].

Sind Phasengrenz–Effekte zu berücksichtigen, ist also ein weiterer Parallel–RC–Kreis in Serie geschaltet, erweitert sich $\widehat{Z}$ zu

$$\widehat{Z} = \widehat{Z}_\infty + \widehat{Z}^\perp, \tag{7.120}$$

und man erhält bei genügender Unterschiedlichkeit in den Relaxationszeiten[105] und damit in den ω_{max}–Werten zwei hintereinandergefügte Halbkreise: Für sehr hohe Frequenzen ist $\widehat{Z}(\omega \sim \tau_\infty^{-1} \gg \tau^{\perp -1}) = \widehat{Z}_\infty$ (da $C^\perp$ völlig durchlässig), für kleine Frequenzen gilt $\widehat{Z}(\omega \sim \tau^{\perp -1} \ll \tau_\infty^{-1}) = R_\infty + \widehat{Z}^\perp$ (der Volumenkondensator blockiert). Der Gleichstromwiderstand, d.h. $\widehat{Z}(\omega \ll \tau^{\perp -1} \ll \tau_\infty^{-1})$, ist, wie erwartet, $R_\infty + R^\perp$ (Volumen- und Randschichtkondensatoren blockieren). Nach Abb.

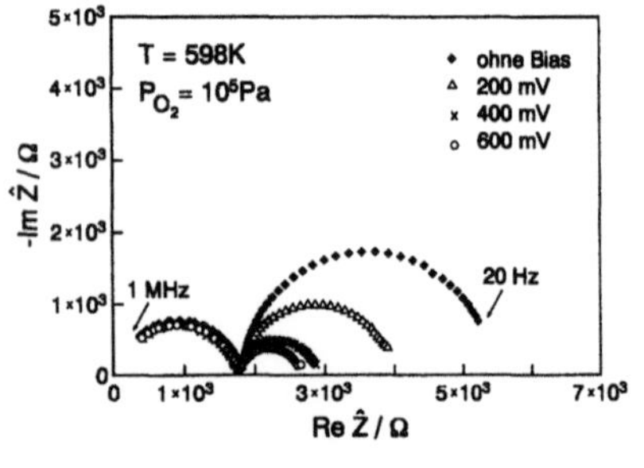

Abb. 7.40: Impedanzmessungen an der Zelle O_2, Pt|$SrTiO_3$|$SrTiO_3$|Pt, O_2 als Funktion der angelegten Spannung (Bias). Elektroden parallel zur Bikristall–Grenzfläche. (Σ5–Kippkorngrenze, Eisengehalt: $2 \times 10^{18} cm^{-3}$) [276]

7.40 sind Volumen- und Korngrenzbeitrag eines $SrTiO_3$–Bikristalles aus dem Impedanzspektrum erhältlich. Im Unterschied zum Volumen ist nun eine ausgeprägte Biasabhängigkeit beobachtbar, die auf Raumladungseffekte zurückzuführen ist (vgl. Abschnitte 5.8 und 7.3.3). Abb. 7.41 zeigt ein Impedanzspektrum für Na^+–leitendes "Na–β–alumina", es ist charakterisiert durch vernachlässigbare Volumenkapazität (im betrachteten Frequenzbereich) und unendlich hohem Durchtrittswiderstand der Pt–Elektroden[106] für Na^+–Leiter. Auch das Wachstum dünner Filme, falls diese

[105] Sind R_∞ und $R^\perp$ von gleicher Größenordnung, so ist wegen $C^\perp \gg C_\infty$ die Relaxationszeit τ_∞ klein gegen $\tau^\perp$.

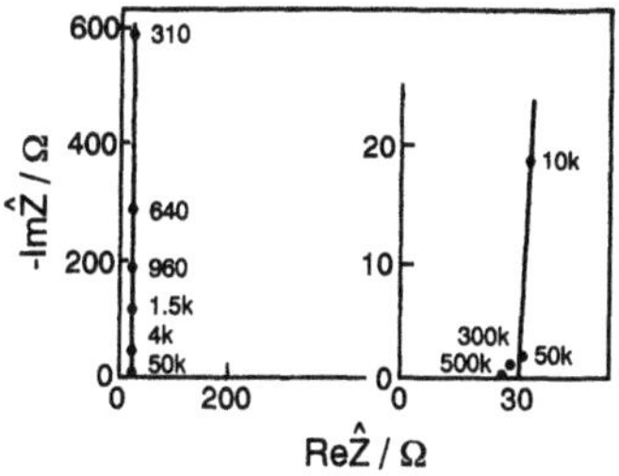

Abb. 7.41: Impedanzspektrum von β–$Al_2O_3(Na_2O)$–Einkristallen (Pt–Elektroden). Aus [553].

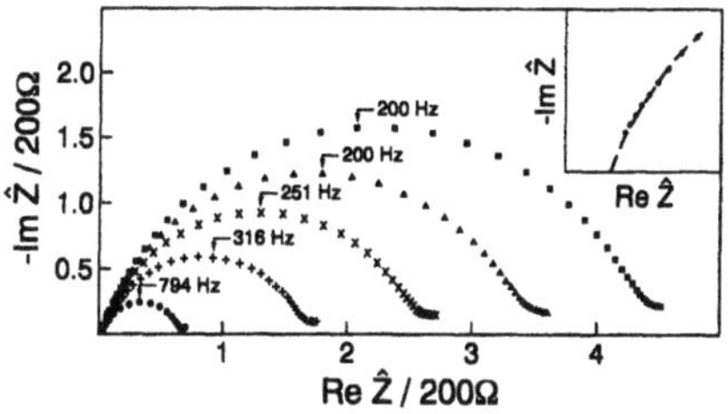

Abb. 7.42: Die Verfolgung der Impedanz erlaubt die zeitliche Verfolgung des Wachstums des LiCl–Filmes, der sich beim Kontakt einer Li–Elektrode mit Thionylchlorid bildet (vgl. auch Li/$SOCl_2$–Zelle, Abschnitt 7.4) (Das Inset löst den Hochfrequenzbereich auf.). Aus [554].

vergleichsweise isolierend sind, kann in dieser Weise vermessen werden (Abb. 7.42).

Abbildung 7.43 zeigt die Auftragung anderer Systemfunktionen, der komplexen Admittanz $\widehat{G} \equiv \widehat{Z}^{-1}$, des dielektrischen Moduls $\widehat{M} \equiv j\omega\widehat{Z}$ und der Kapazitanz $\widehat{K} \equiv \widehat{M}^{-1}$. Insbesondere erkennt man, dass bei Verwendung von $\widehat{M}$ die Rollen von R und C^{-1} im Vergleich zum $\widehat{Z}$–Plot vertauscht sind, so dass die Auftragung besonders geeignet für Kapazitätsauswertungen ist, obwohl prinzipiell[107] der Informationsgehalt bei allen Systemfunktionen der gleiche ist. Wichtig ist auch die Admittanz, da wegen der Parallelschaltung von R und C der Realteil bei genügend hohen Frequenzen mit dem Probenleitwert identisch wird.
Im Falle homogener Proben ist es sinnvoll, komplexe spezifische Größen wie etwa die spezifische komplexe Leitfähigkeit $\widehat{\sigma}$ zu definieren, die sich aus $\widehat{G}$ analog ergibt, wie σ aus G. Bei Parallelschaltung Faradayscher und dielektrischer Effekte gilt $\widehat{\sigma} = \sigma + j\omega\varepsilon$.

Eine Exponentialfunktion ergab sich bei den Einschaltmessungen auch im Falle selektiv ionisch oder elektronisch blockierender Elektroden für lange Zeiten (im Falle reiner Stöchiometriepolarisation); dementsprechend äußert sich die Diffusionsimpedanz $\widehat{Z}^{\delta}$ für sehr kleine Frequenzen in einem Halbkreis in der $\widehat{Z}$–Ebene. Allerdings ist nur der rechte Teil des Halbkreises realistisch. Im Frequenzbereich des linken Teiles ergibt sich eine Gerade mit der Steigung 1. Dies resultiert unmittelbar aus

[106] Adsorptions– oder Raumladungseffekte führen zu Abweichungen von der reinen Stöchiometriepolarisation, welche sich im 45°–Winkel äußert (s. Abb. 7.46).
[107] d.h. bei beliebig genauer Auflösung

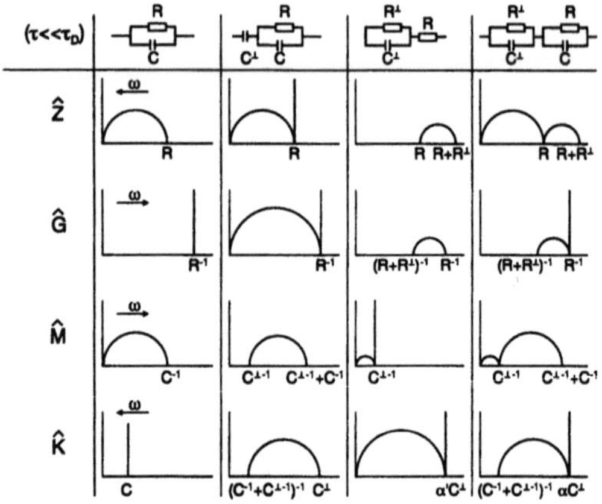

Abb. 7.43: Spektren verschiedener Systemfunktionen für einfache Ersatzschaltbilder. ($\alpha' = R^{\perp 2}/(R + R^{\perp})^2$, $\alpha = (R^{\perp 2} + R^2 C/C^{\perp})/(R + R^{\perp})^2$) [388]

der Laplace–Transformation der $\sqrt{t}$–Funktionalität[108] (Gl. (7.117)), die die Kurzzeitlösung im Zeitbereich darstellt:

$$\widehat{Z}^{\delta}(\omega > 1/\tau^{\delta}) \propto (1 - j) / \sqrt{\omega\tau^{\delta}} = \frac{1}{\sqrt{j\omega\tau^{\delta}/2}}. \tag{7.121}$$

Für die Zelle E2 ist bei Abwesenheit variabler Defektvalenzen der Proportionalitätsfaktor $\sqrt{2}\pi^{-1}R^2_{eon}/(R_{eon} + R_{ion})$. Die gesamte Warburg–Impedanz (darunter versteht man Z^{δ} plus Abszissenabschnitt in Abb. 7.44, d.h. plus $R_{eon}R_{ion}/(R_{eon} + R_{ion})$) lässt sich — wie schon Abb. 7.27 zeigte — ihrerseits aus einer unendlichen Sequenz von R–C–Gliedern aufbauen [539], korrespondierend mit dem differentiellen Cha-

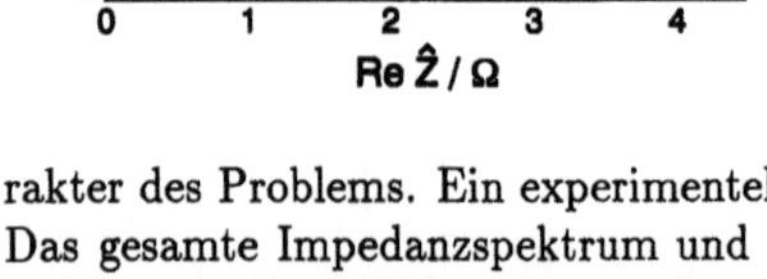

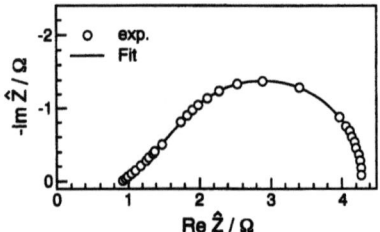

Abb. 7.44: Das Impedanzspektrum der Zelle Pt|Ag_2Te|Pt zeigt die Stöchiometriepolarisation (200°C, Dalton–Zusammensetzung eingestellt durch coulometrische Titration). Charakteristisch ist der Übergang von der 45°–Geraden in einen Halbkreis schon vor der Maximumsfrequenz. Aus [548].

rakter des Problems. Ein experimentelles Beispiel ist in Abb. 7.44 dargestellt.
Das gesamte Impedanzspektrum und damit die Entsprechung zu Abb. 7.25 ist in Abb. 7.45 schematisiert. Für sehr kleine Frequenzen $\omega \ll 1/\tau^{\perp} \ll 1/\tau_{\infty}$ zeigt

[108]Beschreibt U die Spannungsantwort auf die vorgegebene Strom–Stufenfunktion, so ist nach Gl. (7.117) $\widehat{Z}$ über $\mathcal{L}\{\dot{U}\}/I$ bestimmt. Anfänglich (entsprechend vergleichsweise hoher Frequenzen) folgt die Spannungsänderung einem $t^{-1/2}$–Gesetz, wofür $\mathcal{L}\{t^{-1/2}\} = \sqrt{\pi/(j\omega)}$ gilt, während für den interessierenden Bereich langer Zeiten (kleiner Frequenzen) $\mathcal{L}\{\exp(-t/\tau)\} = (j\omega + 1/\tau)^{-1}$

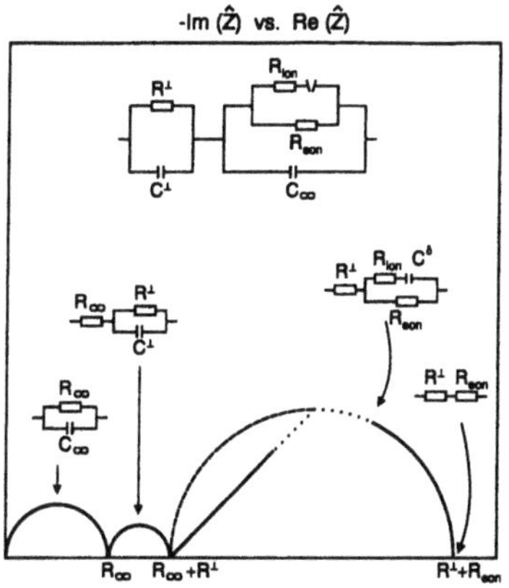

Abb. 7.45: Impedanzspektrum und genähertes Ersatzschaltbild einer Zelle mit blockierenden Elektroden. (Die galvanostatische Antwort wurde in Abb. 7.25 gezeigt.) Die Vereinfachungen gelten für die entsprechenden Frequenzbereiche. Die Diskussion ist analog Abb. 7.25, kurze/lange Zeiten entsprechend hohen/kleinen Frequenzen. Im punktierten Bereich sind die Näherungen nicht mehr gültig und entsprechen nicht der genaueren Rechnung (vgl. auch Abb. 7.44) [388].

sich das besprochene Diffusionsverhalten (Volumen- und Randschichtkondensatoren blockieren). Der Achsenschnittpunkt liegt bei $\mathrm{Re}\widehat{Z} = R_\infty + R^\perp$. Die Maximumsfrequenz der Diffusionsimpedanz[109] liefert τ^δ und hieraus bei Kenntnis der Teilwiderstände C^δ ($\omega_{\max}^{-1} = \tau^\delta = R^\delta C^\delta$). Die Teilwiderstände ergeben sich für $\omega \to 0$ ($\widehat{Z} = R^\perp + R_{\mathrm{eon,ion}}$). Im Gegensatz zu den hohen Werten bei unserem Ag_2Te–Beispiel (Abb. 7.44) sind jedoch häufig der chemische Diffusionskoeffizient und damit $1/\tau^\delta$ vergleichsweise klein. Dann liegt die Maximumsfrequenz bei sehr kleinen Werten und die Aufnahme des Impedanzspektrums in diesem Bereich dauert so lange, dass man ebensogut ein Gleichstrom–Experiment durchführen kann. Die Auftrennung von $\sigma_{\mathrm{ion}}, \sigma_{\mathrm{eon}}$ und $R^\perp$ gelingt in der Regel am besten mit einer Kombination von D.C.–Einschaltmessungen und A.C.–Messungen.

Man erkennt aus der theoretischen Formulierung der Problematik, aber auch an Hand des zugrundeliegenden Ersatzschaltbildes die Analogie zwischen der chemischen Polarisation (Aufprägen eines chemischen Gradienten durch Vorgabe verschiedener Sauerstoffpartialdrücke in Zelle R) (s. auch Abb. 7.2) und der elektrochemischen Polarisation. Noch kompletter wird die Analogie, wenn man die chemische Relaxation mit einem sich periodisch ändernden Partialdruck verifiziert. Auf diese Weise kann man geradezu von chemischen Impedanzen reden, aus deren Betrag und Phasenwinkel man analoge Informationen in einfacher Weise erhält[110].

Während Abb. 7.45 für die Zellen vom Typ R, E, I weitgehend repräsentativ sind, endet im Falle der Titrationszelle T der Niederfrequenzteil in einer vertikalen Linie, entsprechend der Tatsache, dass sich kein stationärer Zustand im Gleichstromexperiment einstellt. Auch dies ergibt sich durch Laplace–Transformation der zugehörigen

maßgeblich ist. Man beachte, dass $(1-j)/\sqrt{2} = \sqrt{-j} = 1/\sqrt{j} = \sqrt{2}/(1+j)$, wie sich durch Quadratur bzw. Anwendung der dritten binomischen Formel ergibt.

[109] Der Anschluss von Warburg–Gerade und Halbkreisverhalten nahe der Maximumsfrequenz ist "ausgebeult", wie die genaue Rechnung zeigt (vgl. auch Abb. 7.44).

[110] s. z.B. Ref. [555]

Lösungen des Einschaltproblems [547].

An dieser Stelle sei auf eine Schwierigkeit und scheinbare Inkonsistenz hingewiesen: Geht man von den Betrachtungen der elektrochemischen Polarisation an einem gemischten Leiter (nach Abb. 7.45) aus und lässt σ_{eon} gegen Null gehen, so erwartet man für Ionenleiter bei Benutzung elektronischer Elektroden einen unendlich langen Warburg–Anstieg. Andererseits zeigen in der Regel solche Messungen ein sehr steiles Ansteigen (wie in Abb. 7.41), ein Verhalten, das man für die Exponentiallösung (Halbkreis mit nahezu unendlichem Radius) direkt nach Abb. 7.23 für Systeme mit einem einzigen Ladungsträger für ideal polarisierbare Elektroden ($R_{eon} = \infty$ in Abb. 7.23) erwarten würde. Die tieferen Gründe hierfür liegen in der atomistischen Verquickung von Volumenpolarisation, Raumladungspolarisation (und Adsorptionspolarisation etc.), der Abb. 7.45 nicht gerecht wird. Bei Berücksichtigung der Überlagerung von Raumladungs- und Volumenpolarisation, gilt näherungsweise das schon in Abb. 7.33 gegebene Schaltbild, dem die Impedanz [529]

$$\widehat{Z}(\omega) = R_\infty + \frac{(R_{eon} - R_\infty)\tanh\sqrt{j\omega\pi^2 R^\delta C^\delta/4}}{\sqrt{j\omega\pi^2 R^\delta C^\delta/4} + j\omega R^\delta C^\perp \tanh\sqrt{j\omega\pi^2 R^\delta C^\delta/4}} \tag{7.122}$$

zugeordnet[111] ist. Man beachte, dass C^δ und $C^\perp$ sich auf die gesamte Probe beziehen. Für sehr kleine Frequenzen ($\omega < \left[R^\delta\left(C^\perp + \frac{\pi^2}{12}C^\delta\right)\right]^{-1} \simeq \left[R^\delta\left(C^\perp + C^\delta\right)\right]^{-1} \equiv 1/\tau'$) vereinfacht sich Gl. 7.122 zu

$$\widehat{Z} = R_\infty + \frac{R_{eon} - R_\infty}{1 + i\omega\tau'} \tag{7.123}$$

sowie für vergleichsweise hohe Frequenzen ($\omega \gtrsim 1/\tau'$) zu

$$\widehat{Z} = R_\infty + \frac{R_{eon} - R_\infty}{\sqrt{j\omega\pi^2 R^\delta C^\delta/4} + j\omega R^\delta C^\perp}. \tag{7.124}$$

Beide Gleichungen zeigen das Miteinander von Doppelschicht– und Stöchiometrieeffekten. Ist die elektrische Grenzflächenkapazität ($C^\perp$) groß gegenüber der chemischen (C^δ), so ist die Zeitkonstante (τ') von D^δ unbeeinflusst. Gleichung (7.124) beweist, dass ein Warburg–Anstieg ($\sqrt{j\omega}$–Term) in der Tat nur für $C^\delta \gg C^\perp$ erfolgt, während für $C^\perp \gg C^\delta$ ein Verhalten resultiert, wie man es bei einem einzigen Ladungsträger erwartet ($j\omega$–Term). Dieser Übergang ist durch die Werte der Defektkonzentrationen bestimmt[112] (C^δ wächst in der Regel stärker mit der Defektkonzentration als $C^\perp$). Abbildung 7.46 zeigt dies an Hand numerischer Rechnungen. Das Konzept vom chemischen Widerstand und chemischer Kapazität (vgl. Abschnitt

---

[111] Aus der Analyse im Frequenzbereich ergibt sich C^δ, wie schon in Gl. (7.98) aus dem Einschaltverhalten abgeleitet, als proportional zu $\left(c^\delta\right)^{-1}$. Allerdings ist π^2 durch 12 zu ersetzen. Diese geringe Diskrepanz ist eine Konsequenz der gemachten Näherungen, die sich wegen der verschiedenen Wichtung der Zeit–/Frequenz–Bereiche niederschlägt. Insofern kann in diesem Zusammenhang (vgl. τ') $\pi^2/12$ gleich Eins gesetzt werden. R^δ ist nach wie vor $R_{ion} + R_{eon}$.

[112] Vgl. Gln. (5.222,7.77,7.78,7.98).

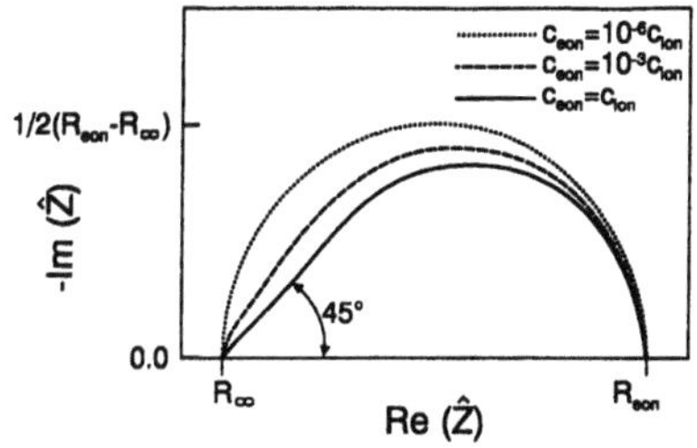

Abb. 7.46: Berechnete Impedanz für die Ionenblockade. Man erkennt den Übergang vom Warburg- zum reinen Halbkreisverhalten mit veränderlicher Defektkonzentration. Die Impedanzen sind so normiert, dass die Punkte höchster Frequenz zusammenfallen. Verschiedene Kurven entsprechen verschiedenen elektronischen Defektkonzentrationen ($u_{eon} = 10u_{ion}, L = 10^4\lambda, z_{ion} = 1 = -z_{eon}$). Nach [543].

6.7.4) in Entsprechung zu den elektrischen Größen kann sehr weit getrieben werden. So lassen sich verallgemeinerte Schaltkreise konstruieren, in denen chemische Potentialgradienten zusätzliche Triebkräfte darstellen und elektrische Potentialgradienten ersetzen oder komplementieren. Für Einzelheiten sei der Leser auf Ref. [529,543] verwiesen.

Zur Impedanzspektroskopie von Ketten mit selektiv blockierenden Elektroden sei noch nachgetragen (vgl. auch Teilabschnitt 7.3.4e), dass zusätzliche Hemmungen der nichtblockierten Ladungsträger sich näherungsweise in einem zusätzlichen Halbkreis niederschlagen (s. $R^{\perp}$–$C^{\perp}$–Parallelschaltung in Abb. 7.23). Für $\omega \to 0$ ergibt sich dann als Realteil $R_{eon} + R^{\perp}$ im Falle der Ionenblockade. Umgekehrt äußert sich eine unvollständige Blockade in einer Deformation der Stöchiometrieantwort im Impedanzspektrum ($\mathrm{Re}\widehat{Z}(\omega = 0) < R_{eon}$ im Falle der Ionenblockade) [529,543].

Abweichungen von den idealisierten Betrachtungen führen generell zu Deformationen der idealen Halbkreise[113], welche man in vielen Fällen durch Verlegen des Halbkreismittelpunktes unter die Realteilachse annähern kann [539]. Dann treten Schaltkreiselemente auf, die man zwar nicht mit R und C, aber immerhin durch Elemente mit frequenzunabhängigen Phasenwinkeln charakterisieren kann [556]. In den Einzelimpedanzen erscheinen Proportionalitäten zu ω^α mit nichttrivialem α. Hierfür gibt es verschiedene Gründe: Solche Frequenzabhängigkeiten treten z. B. bei Ladungsträgerwechselwirkungen und in ungeordneten Systemen [370,556,557] auf, können aber auch die Folge komplizierter Geometrie sein. Von beiden Fällen war schon in Kap. 6 die Rede. Abb. 6.35 (S. 316) gab die frequenzabhängige Leitfähigkeit von $RbAg_4I_5$ wieder, die sich in einem nichtidealen Hochfrequenzverhalten bemerk-

[113] Auch bei einer invarianten Dielektrizitätskonstante lässt sich eine Serienschaltung von Parallel–R–C–Gliedern nicht zu einem einzigen Parallel–R–C–Glied zusammenfassen. Betrachten wir der Einfachheit halber eine Serienschaltung gleich großer in sich homogener Probenhälften, so ist $\widehat{Z}(\omega) = \frac{R_1}{1+j\omega R_1 C} + \frac{R_2}{1+j\omega R_2 C}$. Für nicht allzu verschiedene τ_1 und τ_2 ergibt sich ein abgeflachter Halbkreis mit einem Achsenabschnitt bei $\omega = 0$, der nun der Summe der resistiven Anteile entspricht. Ist allerdings die Messrichtung senkrecht zur Inhomogenitätskoordinate, so entsteht ein einziger effektiver Parallel–R–C–Kreis, wobei $R_{eff}^{-1} = R_1^{-1} + R_2^{-1}$ für alle ω. Dies ist bei Vermessung von Inhomogenitäten (Randschichtprobleme s. Abschnitt 5.8) oder bei Diffusionsmessungen (über chemische Relaxation s. Abschnitt 6.5) zu beachten.

bar macht. Ein nichtideales Verhalten zeigt auch die Impedanz einer Bäumchenelektrode, wie sie Abb. 6.83 (S. 390) darstellt. Bei solchen fraktalen Geometrien kann α mit der fraktalen Dimension (s. Abschnitt 6.10) in Verbindung gebracht werden [558]. Natürlich nehmen die Impedanzspektren auch ein abgeflachtes Verhalten an, wenn sich einzelne Halbkreise überlagern, wie dies insbesondere bei inhomogenen und heterogenen Proben der Fall sein kann[113] (Verteilung von Relaxationszeiten).

7.3.7 Inhomogenitäten und Heterogenitäten: Mehrpunktmessungen und Punktelektroden

In diesem Abschnitt sollen einige Punkte angesprochen werden, die die Annahme idealisiert homogener Proben zwischen zwei Elektroden aufgeben und Inhomogenitäten sowie Heterogenitäten (z.B. Gefügeeffekte) ernstnehmen.
Zunächst wollen wir eine einfache Methode kennenlernen, mit Hilfe derer man zwischen Durchtrittsimpedanzen innerer Grenzflächen und solchen, die von Elektrodengrenzflächen herrühren, unterscheiden kann; es ist die Methode der Mehrpunktmessung (s. auch Abb. 7.31). In einem Vierpunktexperiment belasten wir wie bisher die Probe mit einem konstanten (oder sinusoidalen) Strom I über die seitlich flächig aufgebrachten Elektroden, messen aber nun den Spannungsabfall U zwischen zwei Messelektroden über ein hochohmiges Voltmeter, die im Abstand Δx voneinander entfernt auf die Probe aufgedrückt sind. Die lokale Stromdichte ist natürlich nach wie vor durch den äußeren Strom zu i=I/a (a: Kontaktfläche der äußeren Elektroden) gegeben. Der Unterschied im elektrochemischen Potential der Elektronen an den Sonden (bzw. Ionen bei "ionischen Messelektroden") ist nun sowohl zu Δx also auch zur Stromdichte proportional. Im reinen Leitfähigkeitsexperiment ergibt sich die spezifische Leitfähigkeit somit zu

$$\sigma = \frac{\Delta x}{a}\frac{I}{U}. \tag{7.125}$$

Allgemein werden nur noch die zwischen den Messelektroden liegenden Impedanzen erfasst, also z.B. auch die dazwischenliegenden Korngrenzen, nicht mehr allerdings die Elektrodeneffekte. Impedanzen an den Messelektroden spielen keine Rolle, da der durch die Sonden fließende Strom äußerst klein ist. In Dreipunktanordnung lässt sich dann das Verhalten einer einzelnen Elektrode studieren[114].

Zur Unterscheidung zwischen Elektroden- und Korngrenzeffekten ist oft auch eine normale Zweipunktimpedanzspektroskopie ausreichend: Wie schon erwähnt, ist bei polykristallinen Proben wegen der Summation der vielen Korngrenzeffekte die Korngrenzkapazität in der Regel sehr viel geringer als die des Elektrodeneffektes. Das bislang Gesagte gilt allerdings nur für hemmende Effekte der Korngrenzen. Korngrenzen können aber auch hochleitende Pfade darstellen. Wegen der Inhomogenität

[114]Durch geeignete Wahl der Abtastsonden lassen sich Aussagen über verschiedene relevante Potentiale treffen (vgl. Abb. 7.31, vgl. [559]).

und damit verbundenen Anisotropie der Korngrenze (Raumladungszone plus Kern) können beide Effekte gleichzeitig im selben Material auftreten (s. Kap. 5). So kann etwa der Kern einen erhöhten Widerstand darstellen, während die Raumladungszone sehr gut leitet. Erster Effekt wird beim Übergang eines Ladungsträgers vom Korn zum Korn ("senkrechter Effekt", $\widehat{Z}^{\perp}$) verspürt, während Ladungsträger die Korngrenzen, die "parallel" liegen ($\widehat{Z}^{\parallel}$), sozusagen auch als Bypass verwenden können[115]. Die Verhältnisse bleiben einigermaßen überschaubar im "Würfelmodell"[116] (Abb.

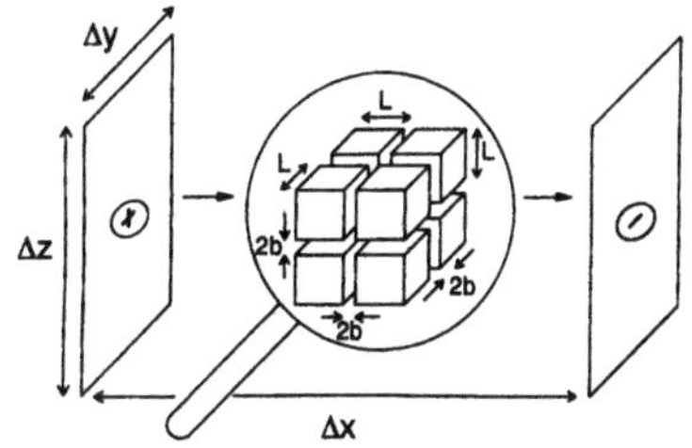

Abb. 7.47: "Würfel-Modell" als einfachstes Gefügemodell.

7.47). Das Ersatzschaltbild in Abb. 7.48 zeigt, dass die Parallel-Beiträge das Volumen kurzschließen. (Ob die hochleitenden Randschichten nur das Korninnere,

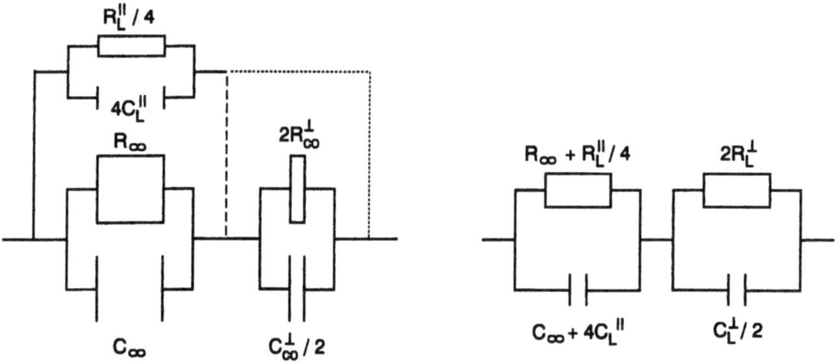

Abb. 7.48: Ersatzschaltbild des "Würfelmodells". Die Gültigkeit hängt stark vom lokalen Verhalten an den Schnittlinien der Korngrenzebenen ab. Die im folgenden benutzte Näherung bezieht sich auf die gestrichelte Verbindungslinie. Dann werden hochleitende Korngrenzpfade (z.B. Raumladungszonen) von den senkrechten (z.B. Kernbereich) blockiert. Die Faktoren 4 und 1/2 beziehen sich auf die Zahl der Korngrenzbeiträge pro Korn (4 parallele und 2 serielle halbe Korngrenzen) nach Ref. [239].

[115] Inversionsraumladungszonen können diesen Anisotropieeffekt aufweisen, ohne dass der Kern mit einbezogen sein muss (vgl. Abschnitt 5.8).

[116] Finite–Elemente–Rechnungen zeigen, dass in vielen realistischen Fällen trotz komplexer Mikrostruktur das "Würfelmodell" (brick layer model [560]) eine gute Näherung bleibt [561].

wie hier angenommen, oder sogar die gesamte Kornimpedanz kurzschließen, hängt empfindlich vom Verhalten der Schnittlinien der Korngrenzebenen ab.) Im wesentlichen verändert sich der zu C_∞ parallel liegende Widerstand ($\frac{R^{\|}R_\infty}{R^{\|}+R_\infty}$ statt R_∞). Kapazitätsbeiträge durch parallele Korngrenzen sind sehr klein (Fläche (a) klein, Dicke (d) groß). Umgekehrt sind natürlich die Kapazitätsbeiträge durch senkrecht zu überquerende Korngrenzen sehr hoch (a groß, d klein). Für genügend verschiedene Relaxationszeiten erscheint $R^\perp$ parallel zu $C^\perp$ in einem eigenen Halbkreis, wie

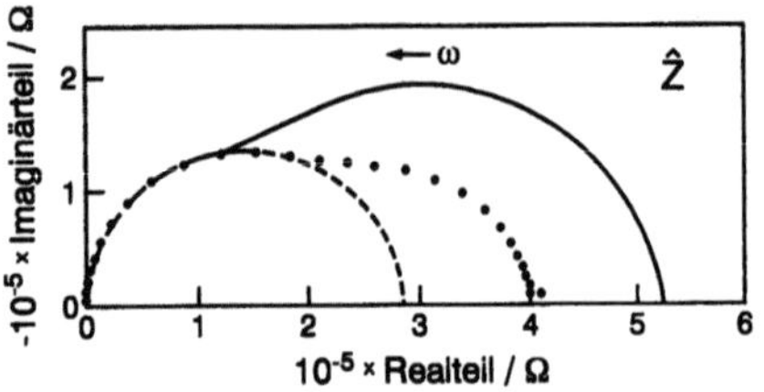

Abb. 7.49: Impedanzspektren am AgBr–Bikristall [239]. Die Messrichtung ist normal zur Grenzfläche.

oben diskutiert. Man vergleiche hierzu die Bikristall–Impedanzmessungen in Abb. 7.49 und 7.40.
Aus der Berechnung der Impedanz unter Anwendung der Kirchhoffschen Regel und nach Umschreiben in eine effektive komplexe spezifische Leitfähigkeit[117] ($\widehat{\sigma}_m \equiv \widehat{Z}^{-1}L/a$) ergibt sich näherungsweise (vgl. Abschnitte 5.8, 6.6):

$$\widehat{\sigma}_m = \frac{\widehat{\sigma}_\infty \widehat{\sigma}_L^\perp + \beta_L^{\|}\varphi_L \widehat{\sigma}_L^{\|}\widehat{\sigma}_L^\perp}{\widehat{\sigma}_L^\perp + \beta_L^\perp \varphi_L \widehat{\sigma}_\infty}, \tag{7.126}$$

$\widehat{\sigma}^{\|}$ und $\widehat{\sigma}^\perp$ lassen sich noch weiter in Kern– (co) und Raumladungsbeiträge (sc) auftrennen[118] [239]. Die Größen beschreiben den Volumenanteil der Korngrenzen (Kern und Raumladungszone), $\beta_L^{\|}$ und $\beta_L^\perp$ den Anteil hiervon, der für die Leitung in Messrichtung relevant ist, idealerweise gilt: $\beta_L^\perp = 1/3$, $\beta_L^{\|} = 2/3$.
Die effektiven Raumladungsleitfähigkeiten ergeben sich, wie in Abschnitt 5.8 berechnet. Ist $\tau_L \gg \tau_\infty$, erzeugt Gl. (7.126) zumindest zwei Halbkreise[119] im Impedanzplot. Für den Hochfrequenzhalbkreis gilt $\widehat{\sigma}_m = \widehat{\sigma}_\infty + \frac{2}{3}\varphi_L \widehat{\sigma}_L{}^{\|}$, dort ist $C_L^\perp$ durchlässig.

[117]Die Darstellung folgt Ref. [239]. Für inhomogene Proben ist es sinnvoll, eine komplexe effektive spezifische Leitfähigkeiten ($\widehat{\sigma}_m$) zu definieren, die sich aus der Gesamtimpedanz über die makroskopischen Abmessungen ableitet. Wie für die reellen Größen gilt für parallelgeschaltete homogene Bereiche (i), dass $\widehat{\sigma}_m = \Sigma_i \varphi \widehat{\sigma}_i$, wobei φ_i den Volumenanteil darstellt. Analog gilt bei Serienschaltung $\widehat{\sigma}_m^{-1} = \Sigma_i \varphi_i \widehat{\sigma}_i^{-1}$. Ist die Inhomogenität kontinuierlich, ist eine Integration über die Ortskoordinate durchzuführen. Eine Aufspaltung nach $\widehat{\sigma}_m = \sigma_m + j\omega\varepsilon_m$ ist nur sinnvoll im Parallelfalle.

[118]Versetzungen als eindimensionale Fehler werden primär über Paralleleffekte in Erscheinung treten.

[119]Wenn nicht regelrechte Korngrenzfilme maßgeblich sind, sind obige Beiträge i.a. nicht seriell aufzutrennen. (Kern– und Raumladungen können nicht unabhängig variiert werden, vgl. Abschnitt 5.8.)

Es gehen neben den Volumenwerten die parallelgeschalteten Korngrenzen ein. Bei tieferen Frequenzen ist die Frequenzabhängigkeit der in Serie geschalteten Beiträge maßgeblich

$$\widehat{\sigma}_{\mathrm{m}}^{-1} = \left[\sigma_\infty + \beta_{\mathrm{L}}^{||}\varphi_{\mathrm{L}}\sigma_{\mathrm{L}}^{||}\right]^{-1} + \beta_{\mathrm{L}}^{\perp}\varphi_{\mathrm{L}}\widehat{\sigma}_{\mathrm{L}}^{\perp-1}. \qquad (7.127)$$

Im DC–Limit ist $\widehat{\sigma}_{\mathrm{m}}^{-1} = (\sigma_\infty + \beta_{\mathrm{L}}^{||}\varphi_{\mathrm{L}}\sigma_{\mathrm{L}}^{||})^{-1} + \beta_{\mathrm{L}}^{\perp}\varphi_{\mathrm{L}}\sigma_{\mathrm{L}}^{\perp-1}$. In Gl. (7.127) beschreibt

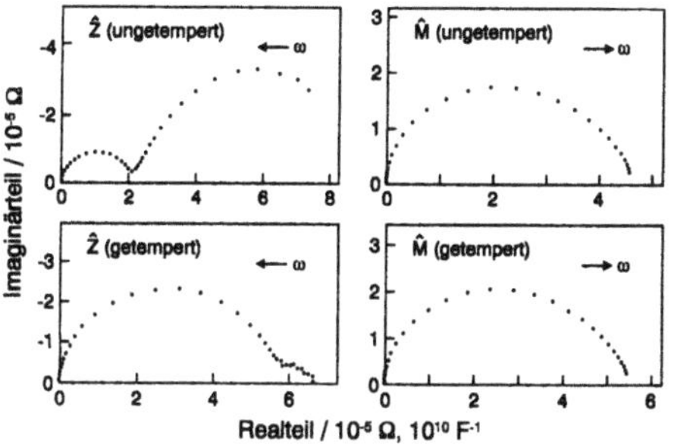

Abb. 7.50: $\widehat{\mathrm{Z}}$– und $\widehat{\mathrm{M}}$–Spektren einer AgCl–Keramik vor und nach einem Tempervorgang [562]. Vgl. hierzu Abb. 7.43.

der reelle Term in eckigen Klammern den (Tieffrequenz–) Achsenabschnitt im Impedanzspektrum (blockierender Kondensator).
Messungen an den Silberhalogeniden (Abb. 7.49, 7.50) bestätigen das Bild. Im Falle des Bikristall (Abb. 7.49) mit senkrechter Korngrenze manifestiert sich diese in einem zusätzlichen Halbkreis, der mit wachsendem Temperprozess erwarteterweise immer kleiner wird, während natürlich der Volumenhalbkreis unverändert bleibt. Im Polykristall (Abb. 7.50) erkennt man ebenfalls zwei Halbkreise. Beim Temperprozess schrumpft der Tieffrequenzhalbkreis ebenfalls, der Hochfrequenzhalbkreis jedoch wächst. Dies ist nun genau darauf zurückzuführen, dass der "Volumenhalbkreis" ja auch "günstige" Parallelbeiträge enthält, die beim Tempern ebenfalls verringert werden. Die Auswertung der zugeordneten Kapazitäten in Abb. 7.50 und damit der effektiven Dicken belegt obiges Bild[120,121]. Es ergibt sich die Probendicke für den linken, sowie die Probendicke multipliziert mit dem Verhältnis aus Korngrenz– zu Korndicke für den rechten Halbkreis[122].

Im Falle des Bikristalls (Abb. 7.49) ist die aus dem Tieffrequenzhalbkreis berechnete effektive Dicke allerdings sehr viel größer als erwartet. Auch deutet die Tatsache, dass die Aktivierungsenergie der des Volumens nahezu gleich ist, auf ein anderes Phänomen. Es handelt sich hier um eine häufig anzutreffende, aber oft übersehene

[120] Annnahme ε (Korngrenze) = ε (Volumen)

[121] Ein ganz ähnliches Verhalten zeigen die in Kap. 5 angesprochenen heterogenen Elektrolyte. In AgCl bewirken feine Al_2O_3–Partikel in den Korngrenzen eine erhöhte Parallelleitfähigkeit, während sie den Transport von Korn zu Korn durch Einschnürungseffekte behindern.

[122] Es ist hierbei zu berücksichtigen, dass die effektive Korngrenzdicke in der Regel auch die Raumladungszone involviert, da die entsprechende Impedanz nicht ohne weiteres in räumlich getrennte RC–Elemente aufzuteilen ist.

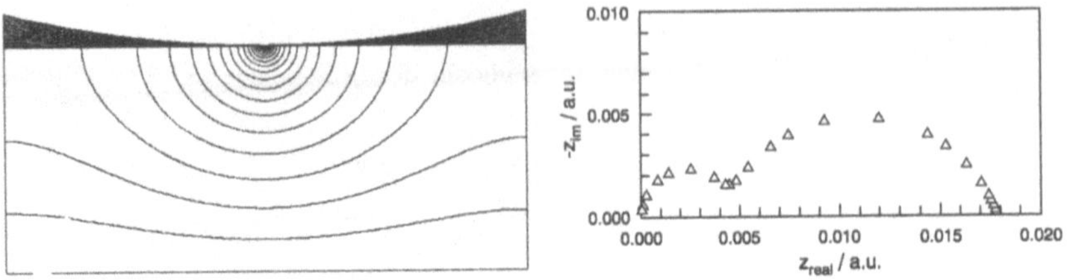

Abb. 7.51: Als Prototypexperiment in Bezug auf Stromeinschnürungsphänomene mag das folgende dienen: Ein nur an einer Stelle (ideal) kontaktiertes Metallblech auf einem Festelektrolyten (links) erzeugt im Impedanzspektrum 2 Halbkreise (rechts). Bei hohen Frequenzen ist der sehr schmale "Luftspalt" dielektrisch durchlässig. Der Durchmesser des Hochfrequenzhalbkreises ergibt den Widerstand, den man auch bei perfekter Kontaktierung erhält ($\propto 1/\sigma$). Bei tiefen Frequenzen wird die Stromeinschnürung maßgeblich (Man vergleiche hierzu die eingezeichneten elektrischen Potentiallinien.). Der gesamte Achsenabschnitt ist $R = \frac{\alpha}{\sigma}$ (s. Gl. (7.128)), der Durchmesser des zweiten Halbkreises $\frac{\alpha}{\sigma} - \frac{\beta}{\sigma} \propto \frac{1}{\sigma}$, wobei α und β rein geometrische Faktoren darstellen. Aus diesem Grund sind beide Halbkreisdurchmesser thermisch gleich aktiviert [561].

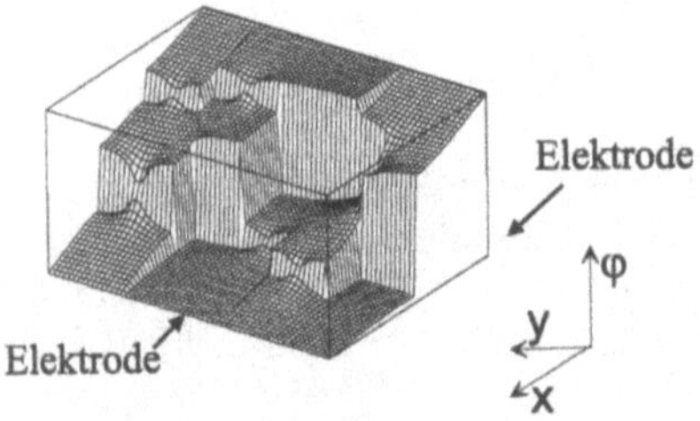

Abb. 7.52: Potential-Verteilungen in einem ^{2}D-Polykristall [563].

Komplizierung, die man als Strombegrenzungseffekt[121] bezeichnen kann und welcher auf nichtideale Kontaktierung zurückzuführen ist [568]. Er tritt ganz allgemein im Falle lateraler Inhomogenitäten bzw. Heterogenitäten auf, also etwa wenn die Kristallitkörner (oder hier zwei große Einkristalle) nicht ideal versintert sind, wenn Poren oder Zweitphasen eingeschlossen sind, oder bei Elektrodengrenzflächen, wenn die Elektrodenkontaktierung nicht homogen ist. Auch können solche laterale Inhomogenitäten durchaus — dann aber in der Regel mit geringeren Auswirkungen — in lokalem Kontaktgleichgewicht auftreten (vgl. Inselmodell an der Korngrenze in Abschnitt 5.4).

Die Isolationsstellen bewirken, dass dort die Gleichstromkanäle enger werden und erst in einigem Abstand hiervon wieder auf Normalmaß ausgeweitet sind. Diese Inhomogenitäten führen formal weitere kapazitive Elemente und damit eine neue Relaxationszeit ein. Obwohl der Effekt mit nichttrivialen frequenzabhängigen Potentialverteilungen einhergeht, zeigen numerische Rechnungen [561], dass sich im Regelfall zwei Halbkreise ergeben (Abb. 7.51). Im Hochfrequenzbereich spielen dann die Isolationsstellen keine Rolle, da dielektrisch durchlässig. Der Durchmesser dieses

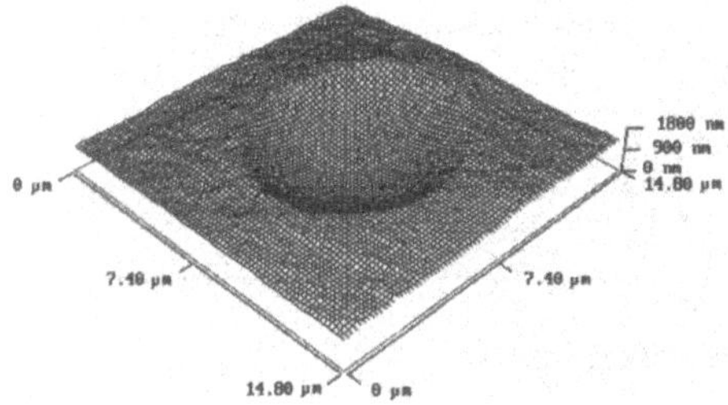

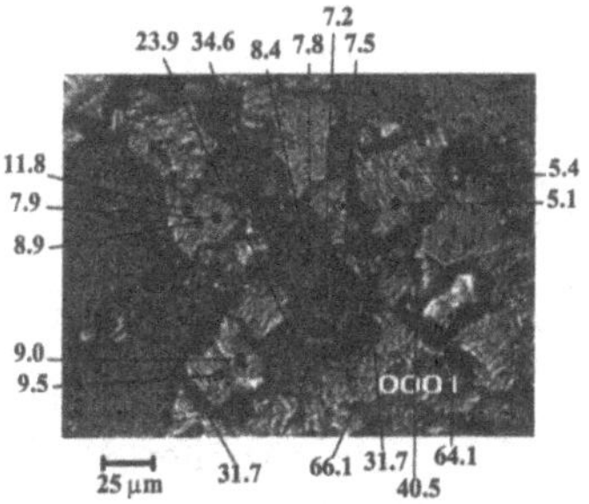

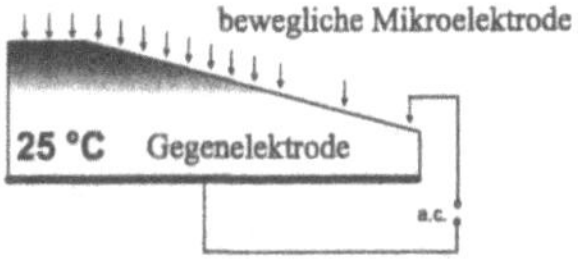

Abb. 7.53: Anwendungen der Mikrokontaktimpedanztechnik zur Vermessung lokaler Leitfähigkeiten und zur Bestimmung von Diffusionskoeffizienten. Das Bild links oben zeigt ein AFM–Bild (atomic force microscopy) eines Elektrodenaufdruckes in AgCl, mit Hilfe dessen sich hochleitende Oberflächenfilme (vgl. Abb. 5.98) empfindlich vermessen lassen. Das Aufbringen von Kontaktpunkten (Bild rechts oben, AgCl–Keramik) gestattet die Vermessung lokaler Leitfähigkeiten und Impedanzen. (Zahlenwerte in Einheiten von nS/cm.) Im Bild links unten wurde $CdCl_2$ in AgCl eindiffundiert und ein nichtstationäres Profil abgeschreckt. Das Abtasten des Profiles ermöglicht die Bestimmung des chemischen Diffusionskoeffizienten [563].

Halbkreises ergibt den idealen Volumenwiderstand ($\propto 1/\sigma$). Der Gleichstromwiderstand (d.h. Summe beider Halbkreisdurchmesser) und damit auch der Durchmesser des zweiten Halbkreises, ist im Idealfall ebenfalls proportional $1/\sigma$, wie weiter unten ausgeführt ist (vgl. Gl. (7.128)). Hieraus folgt, dass die ansprechende Aktivierungsenergie der des Volumens gleich ist[123].
Auf die Behandlung inhomogener Systeme mit Hilfe der Theorie des effektiven Mediums und der Perkolationstheorie, welche insbesondere bei Zufallsverteilungen hilfreich sind, kann hier nicht näher eingegangen werden [569]. Einige Anmerkungen zur Perkolationstheorie wurden in Abschnitt 6.10.3 gemacht (vgl. auch das experimentelle Beispiel in Abb. 5.96, S. 253).

Stromführende Punktelektroden lassen sich aber auch bewusst zur Messung einsetzen. Es ist evident, dass in einer Zelle, in welcher die zu untersuchende dicke Probe auf der einen Seite ganzflächig, auf der anderen Seite aber nur punktuell kontaktiert ist, sich die Stromlinien zur Punktelektrode (Radius b) hin verengen müssen. Dann ist der Gesamtwiderstand durch die unmittelbare Nachbarschaft des Punktkontaktes als Flaschenhals bestimmt[124] und so von der Probengröße L unabhängig (solange

[123] Voraussetzung ist natürlich, dass sich die Morphologie nicht ändert. Analoges gilt, wenn die Abhängigkeit von Komponentenpotential und Dotierung betrachtet wird.

[124] Eine vereinfachte Betrachtung zeigt dies [570]. Die betrachtete Elektrode sei eine in die Probe zur Hälfte eingebettete Kugel mit dem Radius b. Die ausgedehnte "normale" Gegenelektrode

Tabelle 7.2: Überblick über die van–der–Pauw– und die Valdes–Methode zur Leitfähigkeitsmessung von Filmen [564,565].

van - der - Pauw - Methode für planparallele Scheibchen der Dicke d	beliebige Form 	$\exp(-\pi d \sigma \frac{U_{43}}{I_{12}}) + \exp(-\pi d \sigma \frac{U_{14}}{I_{23}}) = 1$
	spiegel-symmetrisch 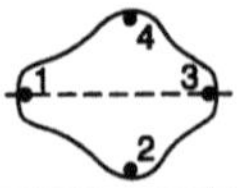	$\frac{U_{43}}{I_{12}} = \frac{U_{14}}{I_{23}} = \frac{\ln 2}{\pi d \sigma}$
Valdes - Methode* für Scheibchen der Dicke d	lineare Anordnung von 4 Sonden 	$\frac{U_{32}}{I_{14}} = \frac{\ln 2}{\pi d \sigma}$ (Abstand (1,4) << Ausdehnung)

* Falls der Sondenabstand nicht groß gegen d ist, sind andere Korrekturfaktoren maßgebend [566].

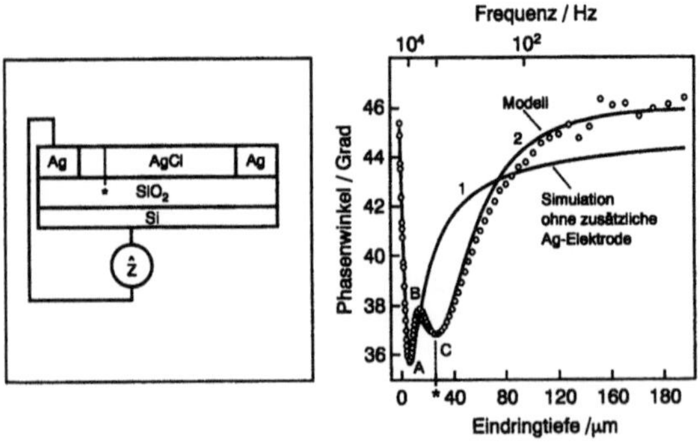

Abb. 7.54: Zur "Eindringimpedanz": Bei hoher Frequenz wird das SiO_2 dielektrisch kurzgeschlossen und das AgCl „übersehen“. Je tiefer die Frequenz ist, um so mehr dringt das Signal ins AgCl ein (links). Das rechte Bild ergibt ein deutliches Signal im Phasenwinkel der Impedanz, wenn die Eindringtiefe die bei * eingebaute metallische Inhomogenität erreicht [567].

$b \ll L$). Es ergibt sich, wie schon angedeutet [570]

$$R = \frac{\text{const}}{b\sigma} \tag{7.128}$$

(2b: Ausdehnung der Elektrode). Die Konstante ist 1/2 für eine kreisförmig flächig aufgebrachte Elektrode und $1/\pi$ für eine eingebettete Halbkugelelektrode. Es liegt

---

sei im Abstand $L \gg b$ entfernt. Aufgrund der Potentialverteilung lässt sich annehmen, dass leitfähigkeitsmäßig nur Bereiche erfasst werden, die sich konzentrisch mit wachsender Entfernung r vom Punktkontakt aufweiten. Dann gilt für den Widerstand eines infinitesimalen Ausschnittes im Abstand r, dass $dR = \frac{2dr}{4\pi r^2 \sigma(r)}$. Die Integration ist zwischen b und L auszuführen. Es folgt $R = \frac{1}{2\pi\sigma b} - \frac{1}{2\pi\sigma L} \simeq \frac{1}{2\pi b}\frac{1}{\sigma}$. Aufgrund der Konvergenz ist also weder die genaue Probendicke, noch die genaue Geometrie der ausgedehnten Gegenelektrode wesentlich (s. auch Ref. [570]).

auf der Hand, dass Punktelektroden als lokale Sonden bei Inhomogenität sehr nützlich sind. Die Abb. 7.53 deutet drei experimentelle Anwendungen an: Die Untersuchung der Oberflächenleitfähigkeit, die bei hochleitenden Randschichten anders experimentell kaum zugänglich[125] ist, die punktuelle Messung der Leitfähigkeit in inhomogenem und heterogenem Material sowie die Untersuchung eines eingefrorenen Diffusionsprofiles.
In vielen Fällen, vor allem bei dünnen Proben, verhindert eine komplizierte Geometrie die Anwendung der einfachen Messprinzipien. Hierfür sind geeignete Messmethoden ausgearbeitet. Tabelle 7.2 gibt einen skizzenhaften Überblick über die Methoden nach van der Pauw und Valdes. Im übrigen sei der Leser auf die Spezialliteratur verwiesen [566].
Abbildung 7.54 zeigt, wie man auch über Frequenzvariation eine Ortsauflösung erhalten kann, und zwar durch Konstruktion einer "mehrdimensionalen" elektrochemischen Kette (hier analog zu Aufbau eines Feldeffekttransistors[126]) [567]:

$$\text{Zelle 2D} = \frac{\dfrac{\mathrm{Ag|AgCl}}{\mathrm{SiO_2}}}{\mathrm{Si}}$$

Bei Vermessung der Impedanz zwischen Ag und Si ist die Eindringtiefe des Signals in das zu untersuchende AgCl eine Funktion der Frequenz. Diese Methode ist sehr hilfreich für die Vermessung der Ag|AgCl–Grenzfläche, aber auch zur örtlichen Festlegung von Inhomogenitäten.
In Bezug auf die Möglichkeit, lokale Potentiale abzutasten, haben sich auf dem Gebiet der lateralen Auflösung durch die Nutzbarmachung der Rastersondentechnik enorme Fortschritte ergeben. Wiederum sei der Leser auf die Literatur verwiesen (vgl. Abb. 5.105, S. 261). Auch die Rasterelektronenmikroskopie lässt sich zur Auflösung elektrischer Effekte einsetzen, wie es in Abschnitt 6.10 kurz zur Sprache kam (vgl. auch Abb. 6.79, S. 387) [572].

7.4 Stromliefernde Zellen

7.4.1 Allgemeines

Im vorangegangenen Kapitel haben wir Polarisationszellen analysiert, also Zellen, denen wir einen Strom aufprägen und bei welchen wir u.U. einen chemischen Potentialunterschied auf beiden Seiten erzwingen. An dieser Stelle betrachten wir Zellen, bei denen der chemische Potentialunterschied von vorneherein existiert und der beim

[125] Eine andere Methode der Messung der Oberflächenleitfähigkeit ist die Verwendung geeigneter Mehrelektrodenanordnungen. Legt man um eine Punktelektrode einen metallischen Ring, der auf gleichem Potential wie die flächige Gegenelektrode liegt, so lässt sich der Oberflächenstrom abseparieren. Vgl. hierzu [571]

[126] Beim Feldeffekttransistor interessiert die Leitfähigkeit parallel zur $AgCl/SiO_2$–Grenzfläche in Abhängigkeit eines hierzu senkrecht angelegten Feldes.

Kurzschließen zu einem spontanen äußeren Strom Anlass gibt[127]. Im Unterschied zum Kapitel "Gleichgewichtszellen" sind wir nun gerade an der Strom- und Leistungsentnahme galvanischer Elemente, d.h. an der Umwandlung von chemischer in elektrische Energie interessiert. Infolgedessen beziehen wir uns überwiegend auf technologisch relevante Systeme.

Zuvor sei jedoch im Anschluss an obige messtechnische Ausführungen auf eine Methode zur Trennung von Ionen- und Elektronenleitung hingewiesen, die in dieses Kapitel gehört [573]. Betrachten wir Zelle R (S. 419) im stationären chemisch polarisierten Zustand, d.h. wir nehmen an, es habe sich lokales Gleichgewicht mit den beiden Sauerstoffpartialdrücken P_1 und P_2 auf beiden Seiten eingestellt. Schließen wir nun die beiden Elektroden kurz, so bewirkt der äußere Elektronenstrom wegen der immens hohen elektronischen Leitfähigkeit der äußeren Zuführung, dass sich die elektrochemischen Potentiale der Elektronen sofort ausgleichen ($\mathbf{i} = \mathbf{i}_{\rm eon} \propto \sigma_{\rm eon}\nabla\widetilde{\mu}_{\rm eon}$). Aus diesem Grund wird auch die Triebkraft für einen inneren elektronischen Strom Null, und der im Innern fließende Kurzschlussstrom muss rein ionischer Natur sein. Somit ergibt der innere und ja auch der gleich große äußere Strom bei Kenntnis der Partialdrücke die ionische Leitfähigkeit ($\sigma_{\rm ion} \propto i/\Delta\widetilde{\mu}_{\rm ion} \propto i/\Delta\mu_{O_2}$) wieder und im Verein mit einer Messung der Gesamtleitfähigkeit auch den elektronischen Anteil.

Doch nun zu den technologischen Anwendungen.

Wir unterscheiden sinnvollerweise zwischen (i) Primärsystemen, bei denen die Zelle

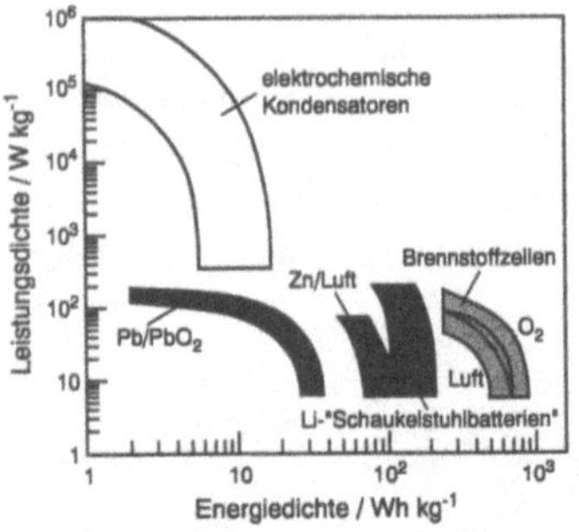

Abb. 7.55: Wesentlich für die elektrochemische Anwendung ist neben anderen Punkten die Frage, wieviel und wie schnell Energie pro Masse "abrufbar" ist. Dies zeigt die Abbildung für den Bleiakkumulator, die Zink–Luft–Batterie, die Lithium–Schaukelstuhlbatterien sowie für moderne Brennstoffzellen im Vergleich mit elektrochemischen Kondensatoren (s. folgenden Text sowie Text auf S. 439). Aus [574].

nur entladen, d.h. im Sinne einer Einweglösung chemische Energie in elektrische Energie umgewandelt wird; die Zelle hat dann zunächst "ausgedient"[128], (ii) Sekundärelemente, die durch Umkehrung des Entladeprozesses in den Ausgangszustand zurückversetzt werden, und (iii) Brennstoffzellen, bei welchen die aktiven Massen kontinuierlich zugeführt (und die Produktmassen kontinuierlich abgeführt) werden ("Stoffwechselzellen").

---

[127] Streng genommen gehörten die im vorangegangenen Abschnitt angesprochenen Depolarisationsvorgänge auch in dieses Kapitel. Insbesondere wurden Superkondensatoren und ihr Bezug zur Batterieforschung auf Seite 440 angesprochen (s. Abb. 7.55).

[128] Die Wiederverwendung setzt einen chemischen Rückformprozess (Recycling) voraus.

Das Interesse an solchen Batteriesystemen ist erheblich [575–577], stellen doch diese einen Vorrat an chemischer Energie zur Verfügung, der lokal ohne äußere Zuleitungen auf Abruf in elektrische Energie umgewandelt werden kann, man denke an mobile Haushaltsgeräte, Telefone, Uhren oder an die Elektrotraktion.
Die Speicherung elektrischer Energie in Sekundärelementen ist überdies von Interesse für das Abfangen von Spitzen bei der Energieumwandlung. Abb. 7.55 gibt für einige Systeme einen Überblick über massebezogene Energie- und Leistungsdichten als Kenngrößen, die im weiteren Verlauf der Darstellung eine wichtige Rolle spielen. Beginnen wir mit den Brennstoffzellen.

7.4.2 Brennstoffzellen

Ein prinzipieller Vorteil der Direktumwandlung von chemischer in elektrische Energie und ein Großteil der Faszination[129] galvanischer Elemente liegt in der Umgehung thermischer Vorgänge und damit im erhöhten theoretischen Wirkungsgrad [578]. Diskutieren wir die Verhältnisse o.B.d.A. am Beispiel einer H_2/O_2–Brennstoffzelle und betrachten hierzu die folgenden Anordnungen

$$\text{Zelle a} = \quad H_2 \mid O_2 \tag{7.130a}$$

$$\text{Zelle b} = \quad H_2 \mid (O^{2-}, e^-) \mid O_2 \tag{7.130b}$$

$$\text{Zelle c} = \quad H_2 \mid (O^{2-}) \mid O_2. \tag{7.130c}$$

Bringt man H_2 und O_2 direkt in Kontakt (Zelle a) und (nötigenfalls über einen Katalysator) zur Reaktion unter Bildung von Wasser, so wird die gespeicherte chemische Energie in Form der Reaktionsenthalpie $\Delta_r H$ frei. Das gleiche geschieht bei Zelle b, bei welcher H_2 und O_2 durch innere Diffusion mittels eines gemischten Leiters (O^{2-}, e^-) in Kontakt kommen. Die Reaktionsenthalpie kann über eine Wärmekraftmaschine in mechanische und dann über einen Dynamo in elektrische Energie umgewandelt werden. Dieser Prozess gestattet, selbst wenn wir unrealistischerweise Verlustfreiheit für den letzten Prozess annehmen, höchstens den Bruchteil $w_C \equiv$ Carnot–Wirkungsgrad in elektrische Energie umzuwandeln (reversibler Grenzfall),

$$w = \left|\frac{\text{elektr. Energie}}{\Delta_r H}\right| \leq w_C = \frac{T_2 - T_1}{T_2}, \tag{7.131}$$

wobei T_2 und T_1 die Temperaturen sind, zwischen denen der Carnot–Prozess gefahren wird. Für T_2=1000K und T_1=500K ist w_C = 50%, reale Werte sind deutlich

[129] Eine soziologische Bemerkung: Die Zeitabhängigkeit der Zahl der Publikationen und Patente in diesem Jahrhundert über Brennstoffzellen ist durch Oszillationen gekennzeichnet, die zumindest teilweise auf nichtlineare autokatalytische Frustrations- und Enthusiasmuseffekte zurückzuführen sind (vgl. Abschnitt 6.10).

geringer. Sind jedoch H_2 und O_2 wie in Zelle (c) durch einen reinen Sauerstoffionenleiter getrennt, und geschieht der Elektronentransport nun über äußere Zuleitungen, so wird die chemische Energie ohne Umweg in elektrische Energie umgesetzt. Der maximal mögliche Wirkungsgrad (Gl. 7.12) ist nun gegeben durch w_g, wofür gilt ($\Delta_r G$ und $\Delta_r H$ sind bei interessierenden Systemen negativ):

$$w \leq w_g = \frac{\Delta_r G}{\Delta_r H} = 1 - \frac{T\Delta_r S}{\Delta_r H} = 1 + \frac{T\Delta_r S}{|\Delta_r H|}. \tag{7.132}$$

Dies bedeutet, dass bei Reaktionen mit positiver Reaktionsentropie w_g sogar über 100% liegen kann. Dies ist kein Widerspruch zum 1. Hauptsatz, da sich unter diesen Bedingungen die Umgebung abkühlt[130]. Da Translationsbeiträge die Reaktionsentropie dominieren, ist dies der Fall, wenn die Zahl der Gasmoleküle während der Reaktion zunimmt ($2C+O_2 \rightleftharpoons 2CO$). Tabelle 7.3 (S. 490) zeigt die w_g-Werte einiger Brennstoffreaktionen.

Natürlich wird w_g in der Praxis wegen des Auftretens von Überspannungen nicht erreicht (s. Abschnitt 7.1), schließlich ist man ja an einer Stromentnahme interessiert, die ihrerseits die Verluste bedingt ($\eta = \Sigma_i \eta_i = \Sigma_i I\bar{R}_i(I)$)[131]. Wichtige Beiträge sind Spannungsverluste, die auf dem Elektrolytwiderstand beruhen, der in guter Näherung stromunabhängig ist, die Elektrodenüberspannung, die im Falle einer Durchtrittsüberspannung mit wachsendem Strom unterproportional wächst (s. Abschnitt 7.3.3), und die beispielsweise auf der Hemmung des Gastransportes beruhende Dif-

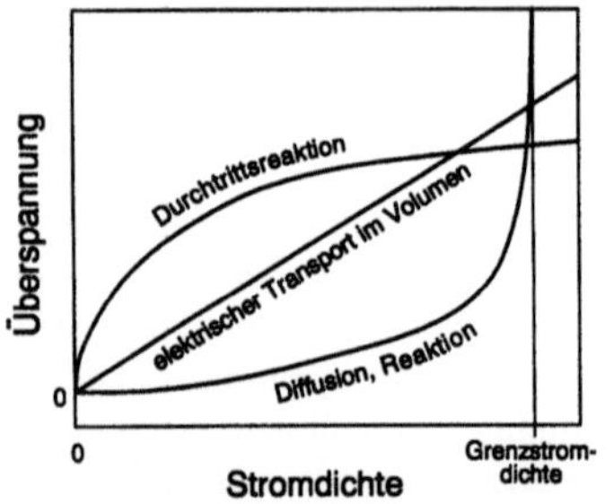

Abb. 7.56: Wesentliche Überspannungsarten und ihre Abhängigkeiten von der Stromdichte, schematisch [579].

fusionsüberspannung, die mit steigendem Strom asymptotisch wächst und so strombegrenzend wirkt. Sie hat bei völliger Verarmung ihren Grenzwert[132] erreicht (Abb.

---

[130] Dies ist wiederum kein Widerspruch zum 2. Hauptsatz, da hieraus keine periodische Maschine konstruiert werden kann, die lediglich unter Abkühlung Arbeit leistet.

[131] Hierzu definiert man den "Spannungswirkungsgrad" $w_U = U/E$(theoretisch). Können die Nichtidealitäten nur den Überspannungen zugeschrieben werden, so ist dieser $1 - \Sigma_i|\eta_i/E|$. Zudem muss auch ein "Stromwirkungsgrad" oder besser Faraday–Wirkungsgrad (vgl. z.B. gemischte Leiter, s. Abschnitt 7.2.2) $w_F = It/zF$ berücksichtigt werden; weitere Verfahrensverluste bedingen zusätzliche Wirkungsgrade (vgl. z.B. "fuel usage"). Fassen wir letztere in einem Betriebswirkungsgrad w_B zusammen, so ist offenbar die letztendlich nutzbare Arbeit gegeben über $w_B \cdot |UIt| = w_B w_F |zFU| = w_B w_F w_U |zFE| = w_B w_F w_U w_g |\Delta_r H| = w_{total}|\Delta_r H|$.

[132] Grenzströme können auch bei reaktions- (z. B. adsorptions-) kontrollierter Kinetik auftreten (vgl. Abschnitt 7.3).

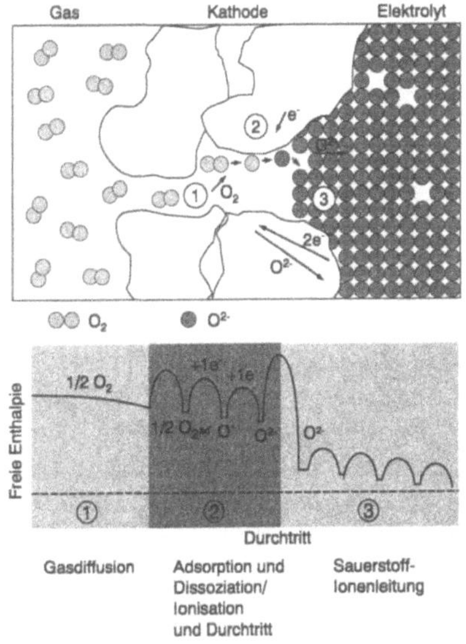

Abb. 7.57: Das Kathodengeschehen bei SOFC–Brennstoffzellen, schematisch. Die aktuell verlaufenden Prozesse sind in der Regel viel komplizierter (vgl. Abschnitte 6.7 und 7.3.3), das gleiche gilt für das Freie–Enthalpie–Profil. (Bei der Gasdiffusion (1) ist in der Freien Enthalpie der Konfigurationseffekt mit einbezogen, während sonst (2, 3) die Standardwerte gezeigt sind [579].) Der Einfachheit halber ist angenommen, dass Sauerstoff voll ionisiert in den Elektrolyten eintritt.

7.56). Ein solcher Grenzstrom entsteht, weil der Transportkoeffizient vom Potential kaum abhängt (Abschnitt 6.1), andererseits die Triebkraft für die Diffusion nicht beliebig erhöht werden kann (vgl. hierzu Fußnote 34 auf S. 418). Eine Übersicht über die Elektrodenreaktionen der wichtigsten Brennstoffzellentypen gibt Tab. 7.4 (S. 491).

Hochtemperaturbrennstoffzellen, und damit meint man i.a. die mit oxidischen Festelektrolyten (SOFC = solid oxide fuel cells [577]), erlauben es immerhin, bei sehr hohen Temperaturen ohne nennenswerte Elektrodeneffekte H_2, aber auch andere Brennstoffe wie Kohlenwasserstoffe direkt umzusetzen. Bei sehr hohen Temperaturen bestimmt bei geeigneter Konfiguration der Elektrolytwiderstand die Verluste[133]. Elektrolyt der Wahl ist z. Zt. immer noch Y–dotiertes ZrO_2. Scandium–dotiertes ZrO_2 weist zwar eine etwas bessere Leitfähigkeit auf, ist aber unverhältnismäßig teuer. Ebenso besitzt (Gd_2O_3–dotiertes) CeO_2 eine höhere Leitfähigkeit, der allerdings durch eine anodenseitig auftretende merkliche Elektronenleitung bewirkte zusätzliche Verluste entgegenstehen[134]. In jüngster Zeit ist der Erdalkali–dotierte $LaGaO_3$–Perowskit ins Rampenlicht gerückt.

Eine Herabsetzung der Betriebstemperatur ist natürlich aus Kostengründen sehr erwünscht. Man handelt sich dadurch allerdings nicht nur erhöhte Elektrolytwi-

[133] Außerdem ist die SOFC–Zelle nicht empfindlich gegen CO_2, so dass Luft eingesetzt werden kann.

[134] Allerdings steht das einer Verwendung nicht kategorisch im Wege. Eine Berechnung der Verluste gibt Ref. [580]

derstände ein[135], sondern auch insbesondere merkliche Elektrodeneffekte. Dies betrifft allerdings weniger die Anodenseite[136]. Dort benützt man Metall–Keramik–Mischungen ("Cermet", (Ni-ZrO_2)), um den Kontaktwiderstand klein zu halten. Schematisch und exemplarisch sind die Verhältnisse auf der kinetisch komplizierten Kathoden–Seite in Abb. 7.57 gezeigt. Die detaillierte Elektrodenkinetik (s. auch 7.3) ist für keine Konfiguration völlig aufgeklärt und hängt natürlich von den genauen Betriebsbedingungen ab. Eine wichtige Rolle spielt die Diffusion des adsorbierten Sauerstoffs, welche auch Spiegel der lateralen Inhomogenität ist, der in der Regel zu wenig Aufmerksamkeit geschenkt wird (vgl. Abschnitt 7.3.7)[137].
Das zur Zeit favorisierte Kathoden–Material ist $LaMnO_3$ (Sr–dotiert). Während die Dreiphasenkontakte[137] die Orte der elektrochemischen Reaktion sind und die Oberflächendiffusion adsorbierten Sauerstoffs zu diesen einen essentiellen Schritt darstellt, ist beim entsprechend dotierten $LaCoO_3$ die Permeabilität (σ^δ) für Sauerstoff so hoch, dass der Sauerstofftransport auch durch die Elektrodenmasse erfolgen kann. Allerdings ist das Cobaltat noch weniger beständig mit ZrO_2, so dass bei hoher Betriebstemperatur Pufferschichten (in Frage kommt etwa CeO_2) notwendig sind [582].
Eine elegante Lösung wäre die Verwendung einer einzigen Grundsubstanz, die durch die Einwirkung der äußeren chemischen Potentiale oder/und geeigneter Dotierungen Elektroden– und Elektrolytfunktionen in sich vereinigen würde. Relevante Kandidaten für solche monolithischen Zellen sind CeO_2 sowie die Perowskitsysteme. So ist z.B., wie schon erwähnt, dotiertes $RGaO_3$ (R = La, Nd etc.) ein hervorragender Ionenleiter, während eine hinreichende Cobalt–Dotierung eine hohe Elektronenleitung bewirkt [583]. Insbesondere die Pyrochlore (s. Abb. 5.43, S. 179) werden speziell in Hinblick auf diese Fragestellungen untersucht [584], aber auch die Brownmillerite [500,585] (s. Abb. 7.10a) stellen in dieser Hinsicht interessante Materialsysteme. Andererseits ist die Fülle der (mechanischen, chemischen, elektrischen, ökologischen und im speziellen und allgemeinen ökonomischen) Kriterien, die eine Brennstoffzelle erfüllen muss, möglicherweise nicht durch eine einzige Grundstruktur zu erfüllen, zudem ist die Interdiffusion der Dotierungen ein Problem.
Ein entscheidender Punkt ist das Zusammenschalten einzelner Zellen zu größeren Zellverbänden. Während etwa Siemens z. Zt. einen planaren Aufbau bevorzugt, favorisiert Westinghouse den tubularen (Abb. 7.58)[138]. Im Falle des letzteren kann die

[135]die man ja partiell mit dünneren Membranen korrigieren kann

[136]Die Kinetik der H_2–Oxydation ist erwarteterweise wesentlich unproblematischer als die der O_2– (oder gar der N_2–) Reduktion.

[137]An den Dreiphasenkontakten müssen Stromeinengungsphänomene berücksichtigt werden, deren Vernachlässigung bei der Interpretation der Elektrodenkinetik zu ernsten Fehlern führen kann [581].

[138]Die Problematik des Festhaltens sehr aktueller Sachverhalte in einer Monographie zeigt sich im Umstand, dass während des Niederschreibens diese Westinghouse–Sparte wohl infolge der Überlegenheit des tubularen Aufbaus von Siemens aufgekauft wurde. Dies bestätigt F. Dysons Satz: Wenn zum Zeitpunkt t_0 ein Buch geschrieben wird, in der Absicht, den Stoff bis $t_0 - \Delta t$ abzudecken, ist es bei $t_0 + \Delta t$ veraltet.

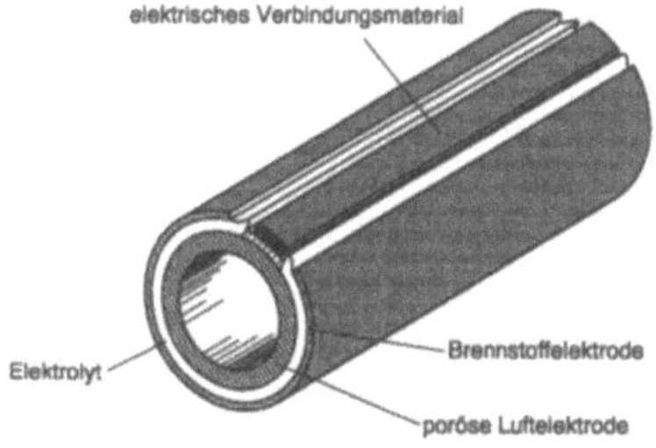

Abb. 7.58: Technologisch fortgeschritten ist die Verschaltung röhrenförmiger SOFC-Zellen (gezeigt ist ein Segment einer Röhre) ("Westinghouse-Design"). Die Module aus gestapelten Röhren benötigen keine Hochtemperaturdichtungen. Aus [586].

poröse Kathodenkeramik als Trägertubus dienen kann. Dieser wird dann mit einer ZrO_2-Schicht verschlossen[139] und dann das Anodenmaterial aufgebracht. In allen Fällen ist die Auswahl einer geeigneten sehr gut elektronisch leitenden, stromführenden Verbindung bei diesen hohen Temperaturen und chemischen Extrembedingungen nicht trivial. Favorit ist zur Zeit dotiertes $LaCrO_3$.
Eine andere wichtige Gruppe sind die Protonenleiter, die natürlich ebenso in H_2/O_2-Brennstoffzellen Verwendung finden können. Die Tatsache, dass sich Wasser auf der Luftseite entwickelt, dort also billig abgeführt werden kann, bietet sogar einen grundsätzlichen Vorteil. Für Hochtemperaturanwendungen sind "wasserhaltige" Perowskite, wie sie in Kap. 5 diskutiert wurden, mögliche Kandidaten. Ein Nachteil ist die CO_2-Empfindlichkeit der meisten Verbindungen. Am geeignetsten scheint zur Zeit Y-dotiertes $BaZrO_3$ [194,587].
Hochtemperaturbrennstoffzellen sind aussichtsreich für lokalisierte Kraftwerke sowie für die Kopplung mit Gasturbinen. Für kleine, nichtstationäre Anwendungen wie im Automobilbereich sind Brennstoffzellen sinnvoller, die im mittleren oder niederen Temperaturbereich arbeiten (s. Tab. 7.5, S. 491). Für die diesbezügliche Verwendung ist bei SOFC-Zellen zur Zeit die Kinetik der Elektrodenreaktionen nicht schnell genug. Hier bieten sich Polymerbrennstoffzellen an (s. Abb. 7.59). Der i. a. verwendete Polymerelektrolyt[140] ist Nafion [589,590]. Dieses ist ein perfluorierter Kohlenwasserstoff mit einer hohen Dichte an Ether-Seitenketten, die endständig Sulfonsäuregruppen aufweisen. Letztere sind vermittels des in inneren Kavitäten im gequollenen Zustand vorhandenen Wassers dissoziiert. In gewissem Sinne kann man Nafion als einen "Säureschwamm" bezeichnen. Der Protonentransport ist flüssigkeitsähnlich. Da die Gegenionen nicht wandern, gehört Nafion zu der Gruppe der Ionenaustauschmembranelektrolyte. Ionenaustauscherbrennstoffzellen wurden schon im amerikanischen Gemini-Programm verwendet und haben sich besonders in Unterseebooten bewährt. Hauptnachteile von Nafion sind der Preis sowie, und davon nicht unabhängig, die Problematik der Fluorchemie der Herstellung, die Notwendigkeit, eine bestimmte Feuchte aufrechtzuerhalten wie auch die Permeabilität für Wasser und für Brennstoffe wie etwa Methanol. Zur Zeit wird intensiv an Modifizierun-

[139] Eine elegante, aber auch kostspielige Präparationstechnik ist die EVD-Methode. Vgl. hierzu Abschnitt 6.9 [442].
[140] Vgl. auch Abschnitt 5.8.5.

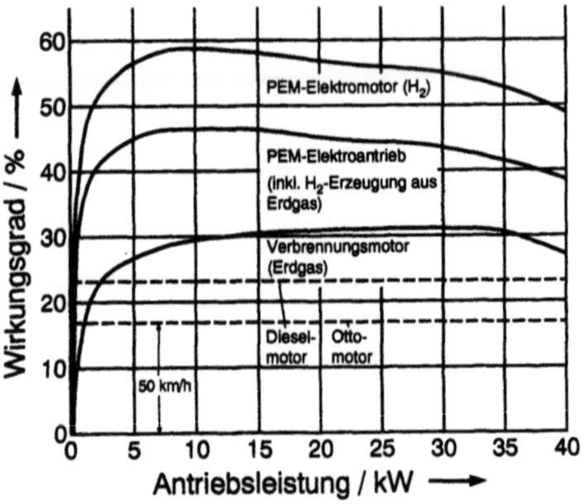

Abb. 7.59: Vergleich der Wirkungsgrade von Elektroantrieben mit PEM-Zellen mit herkömmlichen Verbrennungsmotoren. Modulblocks mit Leistungen von 50kW sind für U-Boote Stand der Technik. Aus [588].

gen und Alternativen insbesondere auf der Basis von Polyetherketonen gearbeitet (s. z.B. [591,592]). Methanol-Luft-Brennstoffzellen sind aussichtsreiche Kandidaten für die Elektrotraktion, bei der dann Methanol statt Benzin getankt würde (Abb. 7.59). Notwendig ist z. Zt. noch ein vorgeschalteter Reformierungsschritt.
Flüssigelektrolyte sind mit wenigen Ausnahmen, wie etwa der Na_2CO_3/K_2CO_3-Schmelzelektrolyte, lediglich für Niedrigtemperaturanwendungen relevant. Klassische Systeme basieren auf Phosphorsäure oder Kalilauge (s. Tab. 7.5, S. 491) [593].

7.4.3 Batterien

a) Primärsysteme

Bei Primärbatterien ist es ganz besonders wesentlich, den Applikationsbereich im Auge zu haben. Eine wichtige Anwendung sind miniaturisierbare Batterien mit geringer Leistung, aber großer Verlässlichkeit, wie sie in Messgeräten (Uhren), Schaltkreisen oder in Herzschrittmachern Verwendung finden. Ein in letzterer Hinsicht klassisches System ist die Li/I_2-Batterie. I_2 ist hierbei als elektronisch leitfähiger Charge-Transfer-Komplex (z.B. auf Polyvinylpyridin-Basis) gebunden [594]. Dies reduziert zwar das chemische Potential und damit die Zellspannung, bewirkt aber eine ausreichende elektronische Leitfähigkeit und verbessert die Handhabbarkeit. Der Clou der Zelle ist, dass der sich am Kontakt bildende LiI-Film als selbstheilender Elektrolyt dient: Entstehen Risse, so wird LiI durch den Kontakt wieder nachgebildet. In diesem Zusammenhang wurde auch $LiI{:}Al_2O_3$ als besser leitender Heterogenelektrolyt (vgl. Abschnitt 5.8.3) eingesetzt.
Li-Batterien mit Li als negativer Elektrode sind generell aufgrund ihres geringen Gewichtes und der hohen Elektropositivität, die sich in der Regel in einer hohen Zellspannung niederschlägt, auch als Batteriesysteme großer massebezogener Leistungsdichte von Interesse[141]. Eine Zelle, die lange Zeit en vogue war und hohe

[141] Außerdem ist Li wie auch Na ökologisch unbedenklich.

Leistungen zu entnehmen gestattet, ist die Li/$SOCl_2$–Zelle [595]. Die flüssige aktive Kathodenmasse ($SOCl_2$) reagiert mit Li zu SO_2, Schwefel und LiCl. Beim ersten Kontakt bildet sich so auf rein chemische Weise LiCl als Li^+–leitender Festelektrolyt. Im späteren Zustand scheidet sich LiCl nun auf elektrochemische Weise am porösen "Stromsammler" Graphit an der Kathode ab und begrenzt die Ladungsentnahme. Ein aktuelles System ist die Li/MnO_2–Primärzelle (s. z.B. [574–576]). Da MnO_2 im Prinzip wie viele andere Übergangsmetalloxide Lithium auch reversibel einlagern kann, führt uns dies zu den Li–Sekundärbatterien, die weiter unten besprochen werden.
Als billiges Anodenmaterial spielt Zn eine wichtige Rolle. Hervorragende und seit langer Zeit bewährte Primärsysteme sind die Leclanché–Elemente, bei welchen letzten Endes vereinfacht Zn durch MnO_2 zu ZnO oxidiert wird, die Zn–Luft–Batterie[142], die eine Zwischenstellung zwischen Primärelement, Sekundärelement und Brennstoffzelle einnimmt, sowie auf HgO, Ag_2O_2 als Kathoden basierende Zn–Systeme [575,576,596]. Tab. 7.6 (S. 492) gibt einen Überblick (vgl. auch Tab. 7.10, 7.11 auf den Seiten 494, 494).
Historisch haben als Festelektrolytbatterien Silbersysteme eine prominente Rolle gespielt. Der Superionenleiter[143] α–AgI bietet sich zwar als Festelektrolyt in einer Ag/I_2–Batterie an, ist allerdings nur oberhalb 120°C stabil. $RbAg_4I_5$ hingegen ist selbst bei Raumtemperatur noch hervorragend leitend, allerdings instabil gegen I_2[144]. Aus diesem Grund werden ($R_4N^+I^-$)–I_2–Addukte eingesetzt; die derart herabgesetzte Iodaktivität macht sich nachteilig in der ohnehin nicht allzu hohen Zellspannung bemerkbar. Außerdem wirkt das entstandene AgI störend [594].
Dies weist auf zwei wichtige Punkte hin: Zum einen muss der Elektrolyt gegen die aktiven Massen stabil sein, also ein geeignetes Redoxfenster[145] besitzen (Tab. 7.7 (S. 492) zeigt dies für Li^+–Festelektrolyte), zum anderen müssen ideale Kathoden nicht nur das Ion entladen, sondern auch das Produkt beherbergen. Wenn das überführte Element nicht nur reversibel ein–, sondern auch auslagerbar ist, eignen sich solche Elektroden für Sekundärelemente, wie es für TiS_2 bei Lithiumbatterien als sogenannte Interkalationselektrode [598] der Fall ist.

[142]Die negative Elektrode ist metallisches Zink, die positive eine poröse Luftelektrode, zumeist auf Kohlenstoffbasis. Das gebildete ZnO wird im zirkulierenden alkalischen Elektrolyten aufgelöst und weggespült. Beim Aufladen wird die ZnO–haltige Lösung wieder zurückgespült.

[143]Vgl. Abschnitte 6.2.1 und 5.7.2.

[144]Zerfall zu $RbI_3 + 4AgI$

[145]Der Elektrolyt muss naturgemäß sowohl gegen Anode wie auch Kathode stabil sein. Dies impliziert auch, dass die Breite des Redoxfensters (thermostatisch) die Zersetzungsspannung (d.h. $|zF\Delta_f G|$) nicht übersteigen darf. Zuweilen wird das Bandgap des Elektrolyten als relevantes Maß ins Felde geführt [597]. Dies ist allerdings eine grobe obere Abschätzung, da sie sich nur auf die elektronischen Effekte bezieht. Man beachte, dass die Freie Zersetzungsenergie von NaCl in Na und Cl_2 sehr viel geringer ist als die Bildung von Na^0 und Cl^0 im NaCl (Band–Band–Übergang, vgl. Abschnitte 2.2 und 5.3).

b) Sekundärsysteme

Abb. 7.60 links zeigt ein Beispiel einer Li/TiS_2–Mikrobatterie mit Glaselektrolyt. Die Kapazitäten sind sehr gering, aber für geringe Stromentnahme genügend, die

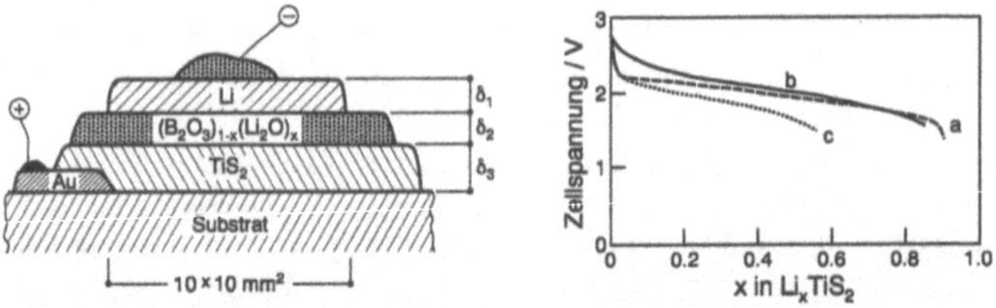

Abb. 7.60: Links: Li/TiS_2–Mikrobatterie mit Li^+–leitendem Glaselektrolyten. Rechts: Entladekurven von Li/TiS_2–Zellen mit amorphem TiS_2–Film (b: Stromdichte = $3\mu Acm^{-2}$, c: $16\mu Acm^{-2}$) und kristallinem TiS_2 (a: $10mAcm^{-2}$) mit flüssigem Elektrolyt. Aus [575].

Entladekurven sind vernünftig flach. Die mäßige ionische spezifische Leitfähigkeit des Glasfilmes reicht der geringen Dicke wegen für den Betrieb aus.
Der Zelle

$$Li|Li^+\text{–Elektrolyt}|Li\text{–Interkalationsverbindung}$$

kann im Prinzip solange chemische Energie entnommen werden, bis das chemische Potential des Lithiums in der Interkalationselektrode (positive Elektrode, d.h. Kathode bei der Entladung) dem des reinen Lithiums (negative Elektrode, d.h. Anode bei der Entladung) gleichkommt. Obwohl während der Entladung die Li–Aktivität der Elektrode stetig abnehmen muss, können Entladekurven doch — wie in Abb. 7.60 (rechts) gezeigt — denen idealer Verhältnisse (Stufenfunktion) recht nahe kommen[146]. Die Interkalation des Li in die Schichtstruktur des TiS_2 garantiert auch eine gute Reversibilität, so dass Zellen dieses Typs als typische Sekundärelemente eine Rolle spielen. Wichtig ist auch ein hoher D^{δ}_{Li}–Wert der Elektrode bei der Betriebstemperatur[147] [598,601].

[146] In manchen Fällen wie der Li–Einlagerung in den Spinell $LiMn_2O_4$ (unter Bildung von nominell $Li_{1+x}Mn_2O_4$) ist die Entladekurve notwendigerweise horizontal aufgrund der Ausbildung einer Zweiphasenregion (s. Ref. [599]) (vgl. Abschnitte 4.3 und 7.3.5. Im Falle von idealen Kondensatoren (auch Superkondensatoren s. S. 440) ist die Entladekurve (U vs. Q) linear und entsprechend dem Integral die gespeicherte Energie bei gleicher Maximalladung lediglich halb so groß wie im Falle der idealen Batterie (Stufenfunktion) [597] (vgl. Abb. 7.55).

[147] In speziellen Fällen [600] gehen solche Redoxreaktionen mit reversiblen Farbänderungen einher. Man spricht von "Elektrochromie". Entspricht insbesondere die Farbänderung einer Verdunkelung einer transparenten Probe, so eignet sich ein solcher Aufbau zur Steuerung der Lichtdurchlässigkeit ("elektrochrome Fenster").

Im Prinzip eignen sich somit alle elektronisch gut leitfähigen, stabilen Verbindungen, in welchen Lithium eine hohe Mobilität und bei genügend geringem chemischen Potential eine hinreichende Stöchiometriebreite besitzt, für die Verwendung als positive Elektrode in Sekundärzellen. In der Regel sind dies geschichtete Übergangsverbindungen, wie die oxidischen $LiMO_2$–Phasen vom α–$NaFeO_2$–Typ (M=Ni,Co,V), aber auch Spinell–Phasen wie $LiMn_2O_4$ sind erprobt.
Abb. 7.61 zeigt Entlade– und Ladekurven solcher Hochleistungszellen mit nichtwässrigem flüssigem Elektrolyten; Abb. 7.62 informiert über Zellspannung, Kapazität und Energiedichte. Solche Entladekurven entsprechen, wenn sie quasi–

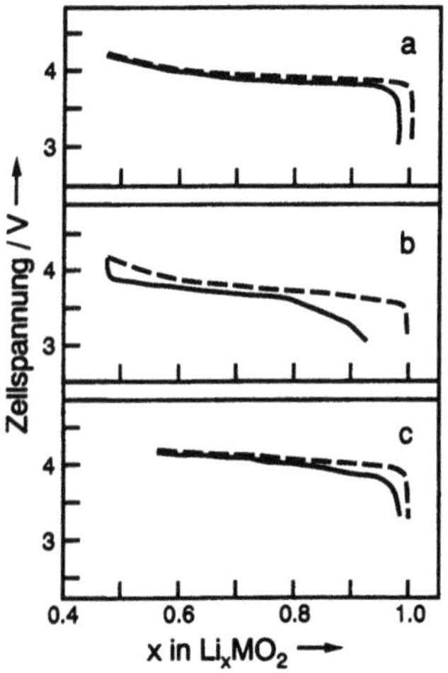

Abb. 7.61: Lade– und Entladekurven von Hochleistungszellen mit Li als Anode, Li_xCoO_2(a), Li_xNiO_2(b), $Li_xMn_2O_4$(c) als Kathode. Die Kristallstruktur der letzteren Verbindung ist vom Spinelltyp. Aus [575].

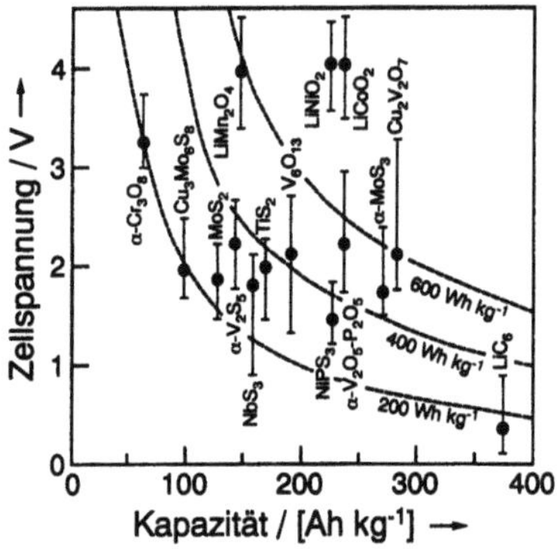

Abb. 7.62: Reversible Zellspannung (gegen Li) und Kapazität von Kathodenmaterialien für sekundäre Li–Interkalationszellen. Aus [575].

stationär aufgenommen werden, den coulometrischen Titrationskurven, wie sie in Abschnitt 7.3.5 behandelt wurden. In vielen Fällen zeigen die Entladekurven demgemäß Plateaus entsprechend der Ausbildung mehr oder weniger geordneter Zwischenphasen.
Für Li–freies CoO_2 liegt die Zellspannung gegenüber Li bei 5.1V, die operable Zellspannung liegt jedoch bei ca. 4V [602]. Durch partielle Substitution des Co durch Al lässt sich diese erhöhen [603]. Durch partielle Substitution mittels Fe oder Mn werden sogar operable Spannung oberhalb 5V erzielt. In diesen Verbindungen treten den Entladekurven entsprechend die Umladungen des Co (von Co^{3+} zu Co^{4+}) und die des Mn (Mn^{3+}/Mn^{4+}) bzw. des Fe (Fe^{3+}/Fe^{4+}) getrennt auf [604,605].

Die Sicherheits- und Korrosionsprobleme lassen sich weitgehend dadurch beheben, dass die negative Elektrode ebenfalls eine Interkalationselektrode darstellt. Praxisrelevant ist vor allem Kohlenstoff; der Verlust an Li-Aktivität und somit an Zellspannung ist gering (ca. 0.1V). Zudem wird auf diese Weise die Zyklisierbarkeit verbessert. In solchen "Rocking-Chair"-Batterien (s. Abb. 7.55) wird Li zwischen zwei Interkalations-Elektroden, wie z.B. TiS_2, C_x oder $Li_{x_2}XO_2 (X = Co, Ni, Mn)$, etwa in

$$Li_{x_1}C|\text{Li-Elektrolyt}|Li_{x_2}XO_2,$$

"hin- und hergeschaukelt"[148]. Am fortgeschrittensten ist zur Zeit die Sony-Zelle ($Li_{x_1}C/Li_{x_2}CoO_2$). Abb. 7.63 illustriert den Interkalationsvorgang von Li in Gra-

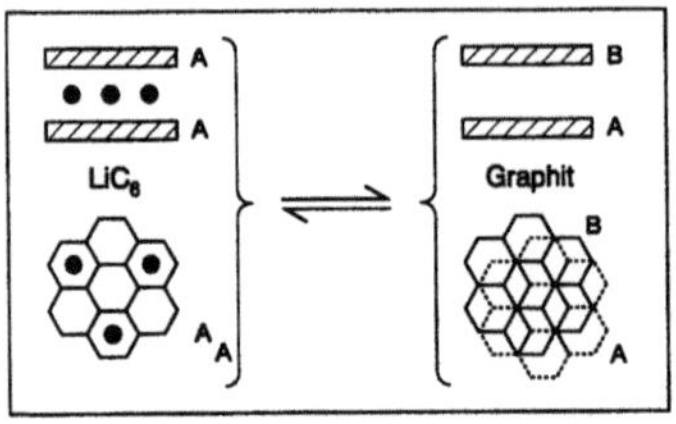

Abb. 7.63: Bei der Lithiuminterkalation von Graphit verschiebt sich die Schichtenfolge (s. Text).

phit. Während die Schichten im Graphit (vgl. Abschnitt 2.2 und Abb. 2.21) eine AB-Stapelfolge[149] aufweisen, trennt das Li im LiC_6 übereinanderliegende Schichten (AA). Der Schichtabstand wächst dabei um 10%. LiC_6 entspricht in etwa der Maximalzusammensetzung bei der Batterieladung. Chemisch zugänglich sind auch Li-reichere Verbindungen (cf. LiC_2). Dieses Feld ist auch aus anderen Gründen infolge der Entdeckung der Fullerene ein aktuelles Forschungsgebiet (vgl. Abschnitt 2.2.3).

Als Elektrolyte werden des guten Kontaktes und der mechanischen Flexibilität wegen in der Regel Flüssigelektrolyte[150] (z.B. $LiPF_6$ in Ethylencarbonat / Dimethylcarbonat) eingesetzt. Diese werden zuweilen zur Verbesserung der mechanischen Eigenschaften durch Polymere wie PMMA (Polymethylmethacrylat) immobilisiert [606]. Die Leitfähigkeit reiner Polymerelektrolyte wie (Li^+-haltiges) PEO (s. Abb. 6.10 auf Seite 285) ist für viele Anwendungen zu gering [327].

Auf den Seiten 493 und 494 finden sich hierzu aufschlussreiche Tabellen.

[148] s. z. B. Ref. [378,574–576,604]. Nicht glücklich ist der Name "Lithium-Ionen-Batterien" für Batterien mit polaren Li-Verbindungen als negativer Elektrode.

[149] Graphit mit der Stapelfolge ABC ist ebenfalls existent. Die Energieunterschiede sind nur gering und dementsprechend sind auch viele Stapelfehlervarianten realisiert. Auch andere stark fehlgeordnete graphitische oder nichtgraphitische Strukturen sind aufgrund ihres geringen Preises interessant.

[150] Protische Lösungsmittel scheiden naturgemäß aus (s. auch Fußnote 145). Aber auch die verwendeten aprotischen Flüssigelektrolyte sind typischerweise thermodynamisch instabil. Hier ist die Ausbildung dünner passivierender Schichten hilfreich [574].

Tab. 7.8 informiert über wichtige Betriebsdaten. Tab. 7.9 gibt einen Überblick über die historische Entwicklung bedeutender Sekundärelemente.
Von großer Relevanz sind Hochleistungsbatterien für die Elektrotraktion (s. hierzu Tab. 7.9, 7.11, 7.10, Abb. 7.55). Der klassische Batterietyp ist der Bleiakkumulator[151]. Die große Molmasse von Blei schlägt sich im gewichtsbezogenen Energieinhalt und in der Reichweite hiermit angetriebener Automobile (Tab. 7.11, 7.10) sehr negativ nieder. Wollte man ein Automobil vernünftiger Größe und Leistung hiermit allein antreiben, benötigte man ungefähr ein Batteriegewicht von 1t. Nicht sehr viel besser schneiden Ni–Cd–Akkumulatoren ab[152].

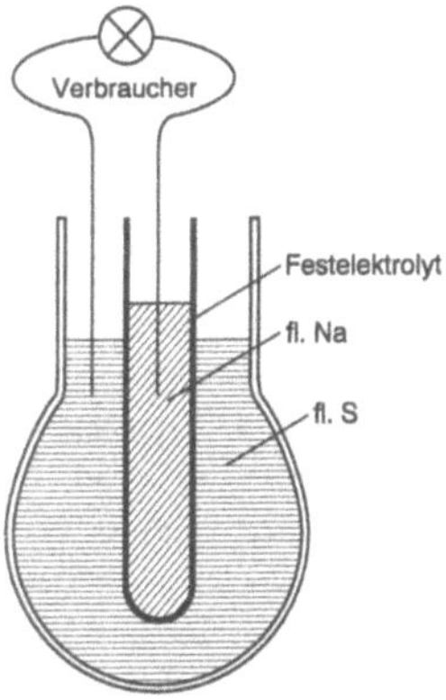

Abb. 7.64: Schemabild einer Na/S–Zelle.

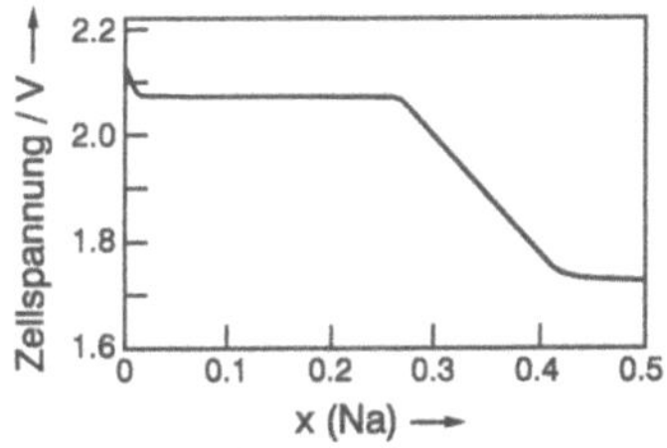

Abb. 7.65: Spannung der unbelasteten Na/S–Zelle als Funktion des Na–Gehaltes der Kathode. Aus [575].

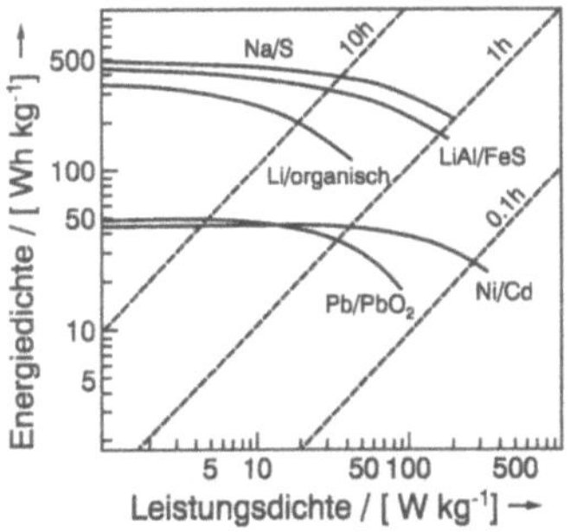

Abb. 7.66: Energiedichte als Funktion der Leistungsdichte für verschiedene Batteriesysteme. Die Energiedichte von Benzin beträgt 3×10^4Whkg^{-1} [607]. Aus [575].

Aus diesem Grunde besteht ein erhebliches Interesse an Hochleistungsakkumulatoren auf Li– bzw. Na–Basis (vgl. hierzu Tab. 7.10). Als lange Zeit sehr aussichtsreich

[151] $Pb + PbO_2 + 2H_2SO_4 \rightleftharpoons 2PbSO_4 + 2H_2O$. Elektrolyt ist H_2SO_4.
[152] $Cd + 2NiO(OH) + 2H_2O \rightleftharpoons Cd(OH)_2 + 2Ni(OH)_2$. Als Elektrolyt wird Alkali–Lauge benützt.

galten Na/S-Zellen [608]:

$$Na|\beta''\text{-}Al_2O_3\,(Na_2O)\,|S$$

(Abb. 7.64). Hier ist der Elektrolyt eine β''–Al_2O_3–Na_2O–Keramik ("β–alumina", vgl. Abschnitt 6.2). Die Verwendung des Festelektrolytes gestattet es, flüssige Elektroden (Natrium bzw. Schwefel) zu benützen, was zudem einen guten Kontakt sicherstellt. Die Betriebstemperatur liegt bei etwa 300°C. Das gebildete Sulfid löst sich im Schwefel unter Polysulfidbildung auf, wodurch auch die Beherbergungsprobleme gelöst sind:

$$2Na + xS \rightleftharpoons Na_2S_x.$$

Die Spannung der unbelasteten Zelle als Funktion des Na–Gehaltes der Kathode gibt Abb. 7.65 wieder. Die Betriebstemperatur kann bei guter Isolierung durch die Abwärme aufrechterhalten werden. Trotz der guten Betriebsdaten (s. Abb. 7.66), wie der hohen Zellspannung von 3V und des ca. 10 mal besseren massebezogenen Energieinhalts verglichen mit dem Bleiakku sind Versuche in Bezug auf die Elektrotraktion mittlerweile wieder eingestellt worden. Ein Hauptgrund besteht in der Gefahr der Rissbildung und der lokalen chemischen Reaktion.

Ein Zellentyp, der in dieser Hinsicht viel weniger Gefährdungspotential besitzt, ist die sog. Zebrazelle [609]. Der Festelektrolyt ist der gleiche wie bei der Na–S–Batterie, auch die Betriebstemperatur ist ähnlich. Die Zellreaktion besteht allerdings in der Umsetzung von Na mit $NiCl_2$ zu Ni und NaCl, das in einer $NaAlCl_4$–Schmelze beherbergt ist (Leerlaufspannung pro Zelle $\simeq$ 2.6V). Beim Bruch der Elektrolytkeramik reagiert Na mit $NaAlCl_4$ zu Al. Der entstehende Kurzschluss bewirkt, dass die Zellkette ihre Funktion sogar noch aufrechterhält, wenn 5% der Zellen auf diese Weise ausgefallen sind. Weitere Wettbewerber sind natürlich die Li–Akkumulatoren (s.o.), aber auch Ni–Metallhydrid–Systeme[153] und Metall–Luft–Systemewie die früher angesprochene Zink–Luft–Batterien[142] (Abb. 7.55). Letztere sind keine idealen Sekundärsysteme, sind aber für Flottenbetreiber (z. B. Taxis) relevant.

c) Ausblick

So ist die Geschichte der Anwendung elektrochemischer Systeme nicht nur eine Geschichte der Entwicklung von Konzeptionen, sondern auch der Entwicklung von Materialien und deren systemischer Integration.

Zum Abschluss und mehr zur Stimulation als zur Kontemplation sei eine Skizze eines autonomen Systems (Abb. 7.67) gezeigt, das viele der in diesem Buch angesprochenen Funktionen vereinigt, in Grundzügen schon Realität ist (Robotik) und auch in fortgeschrittener Ausgestaltung nicht lange Zukunftsvision bleibt:

Sensoren empfangen die Reize aus der Umwelt, die dann im Computergehirn verarbeitet werden. Auf Signal beeinflussen Aktoren die Umwelt und sorgen auch für

[153]Sie beruhen sie auf der Reduktion von NiO(OH) durch Wasserstoff. Letzterer ist in Festphasen, wie z.B. als $LaNi_5H_x$, gespeichert. Damit besteht abgesehen von der Anode weitreichende Ähnlichkeit mit dem Ni–Cd–Akkumulator (vgl. Fußnote 152).

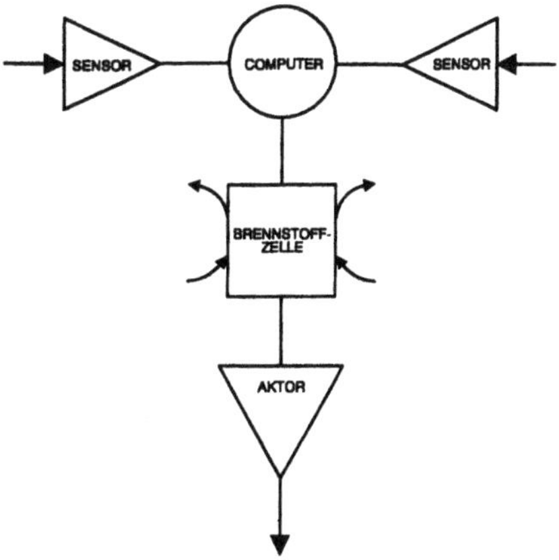

Abb. 7.67: Autonomes System aus Funktionsmaterialien [610].

die eigene Fortbewegung. Brennstoffzellen ermöglichen den Stoffwechsel. In allen Fällen sind Kernmaterialien der "Organe" Funktionswerkstoffe, die Funktionen weitgehend durch Fehler getragen und das Verhalten derselben durch die physikalische Festkörperchemie bestimmt. Die den meisten dieser Organe innewohnende Wechselwirkung zwischen "chemischer Außenwelt" und den Ladungsträgern ("chemisches Innenleben") im Festkörper, ist es, die der Festkörperelektrochemie eine in der Entwicklung sowie im Verständnis von Funktion und Stabilität eine zentrale Rolle zuweist.

7.4.4 Tabellen–Anhang

Tabelle 7.3: Thermodynamische Daten und Wirkungsgrade für wichtige Brennstoffzellen-Reaktionen. Aus [596].

Zellreaktionen	Temp. (°C)	$\Delta_r H°$ $(Jmol^{-1})$	$\Delta_r S°$ $(Jmol^{-1}K^{-1})$	$\Delta_r G°$ $(Jmol^{-1})$	-U (V)	dU/dT $(mV^{-1}K^{-1})$	$w_g^o = \frac{\Delta_r G°}{\Delta_r H°}$
$H_2 + \frac{1}{2}O_2 \rightarrow H_2O_{(fl)}$	25	-285800	-162.40	-237400	1.23	+0.840	0.83
	60	-285050	-159.00	-231830	1.20	+0.820	0.81
	100	-283300	-155.00	-220370	1.17	+0.800	0.78
$H_2 + \frac{1}{2}O_2 \rightarrow H_2O_{(g)}$	25	-241830	-44.40	-228580	1.18	+0.230	0.945
	60	-242180	-45.60	-226990	1.18	+0.230	0.94
	100	-242580	-46.60	-225160	1.17	+0.240	0.93
	500	-246180	-55.10	-203530	1.05	+0.280	0.83
$NH_{3(g)} + \frac{3}{4}O_2 \rightarrow \frac{1}{2}N_2 + \frac{2}{3}H_2O_{(fl)}$	25	-382510	-145.50	-339120	1.17	+0.500	0.89
$NH_{3(g)} + \frac{3}{4}O_2 \rightarrow \frac{1}{2}N_2 + \frac{2}{3}H_2O_{(g)}$	25				1.13		
$N_2H_{4(fl)} + O_2 \rightarrow N_2 + 2H_2O_{(fl)}$	25	-621100	+5.10	-622600	1.61	-0.010	1.00
$2Na + H_2O_{(fl)} + \frac{1}{2}O_2 \rightarrow 2NaOH_{(aq)}$	25	-653210	-174.90	-601050	3.11	+0.900	0.92
$C_{Gr} + \frac{1}{2}O_2 \rightarrow CO$	25	-110500	+89.10	-137080	0.71	-0.460	1.24
	500	110800	+89.90	-180300	0.93	-0.460	1.63
$C_{Gr} + O_2 \rightarrow CO_2$	25	-393500	+2.87	-394350	1.02	-0.007	1.00
$CO + \frac{1}{2}O_2 \rightarrow CO_2$	25	-283000	-86.20	-257300	1.33	+0.440	0.91
$CH_3OH_{(fl)} + \frac{2}{3}O_2 \rightarrow CO_2 + 2H_2O_{(fl)}$	25	-726260	-76.50	-703700	1.21	+0.130	0.97
$CH_4 + 2O_2 \rightarrow CO_2 + 2H_2O_{(g)}$	25	-802400	-6.00	-800600	1.04	+0.007	1.00
	60	-802060	-4.90	-800420	1.04	+0.006	1.00
	100	-801700	-3.90	-800200	1.04	+0.005	1.00
	500	-800300	-1.70	-798900	1.03	+0.002	1.00
$CH_4 + 2O_2 \rightarrow CO_2 + 2H_2O_{(fl)}$	25	-890200	-242.60	-817900	1.06	+0.310	0.92
$C_2H_4 + 3O_2 \rightarrow 2CO_2 + 2H_2O_{(fl)}$	25	-1306320	-62.10	-1287810	1.11	+0.050	0.99
$C_2H_4 + 3O_2 \rightarrow 2CO_2 + 2H_2O_{(g)}$	25				1.09		
$C_3H_8 + 5O_2 \rightarrow 3CO_2 + 4H_2O_{(fl)}$	25	-2218900	-374.00	-2107440	1.09	+0.190	0.95
$C_3H_8 + 5O_2 \rightarrow 3CO_2 + 4H_2O_{(g)}$	25	-2044000	+108.00	-2076380	1.07	-0.050	1.02
$n\text{-}C_4H_{10} + 6\frac{1}{2}O_2 \rightarrow 4CO_2 + 5H_2O_{(fl)}$	25	-2878270	-438.00	-2747930	1.09	+0.170	0.955

Tabelle 7.4: Pauschale Elektrodenreaktionen wichtiger Brennstofzellentypen. Nach [579].

Brennstoffzellentypen	Anodenreaktion	Kathodenreaktion
Phosphorsäure- (PAFC) und Polymermembran-Brennstoffzelle (PEMFC)	$H_2 \longrightarrow 2H^+ + 2e^-$	$1/2O_2 + 2H^+ + 2e^- \longrightarrow H_2O$
Brennstoffzelle mit alkalischem Elektrolyten (AFC)	$H_2 + 2OH^- \longrightarrow 2H_2O + 2e^-$	$1/2O_2 + H_2O + 2e^- \longrightarrow 2OH^-$
Carbonatschmelze-Brennstoffzelle (MCFC)	$H_2 + CO_3^{2-} \longrightarrow H_2O + CO_2 + 2e^-$ $CO + CO_3^{2-} \longrightarrow 2CO_2 + 2e^-$	$1/2O_2 + CO_2 + 2e^- \longrightarrow CO_3^{2-}$
Hochtemperatur-Brennstoffzelle mit oxidischem Elektrolyt (SOFC)	$H_2 + O^{2-} \longrightarrow H_2O + 2e^-$ $CO + O^{2-} \longrightarrow CO_2 + 2e^-$ $CH_4 + 4O^{2-} \longrightarrow 2H_2O + CO_2 + 8e^-$	$1/2O_2 + 2e^- \longrightarrow O^{2-}$

Tabelle 7.5: Übersicht über wichtige Brennstoffzellentypen [593]

Name und internationale Abkürzung	Temperatur in Grad Celsius	Elektrolyt	Brennstoff	Wirkungsgrad in Prozent	anvisierter Anwendungsbereich
alkalische Brennstoffzelle (AFC)	80 bis 90	Kalilauge	Wasserstoff	50 bis 65	Transport, Raumfahrt, Schiffahrt (~10 - 10^2kW)
Polymer-Elektrolyt-membran-Brennstoffzelle (PEMFC)	80 bis 90	Polymer-membran (Nafion)	Wasserstoff, reformiertes Methanol oder Methan	50 bis 60	Transport, Elektroautomobil, Raumfahrt, Schiffahrt (~1 - 10^2kW)
phosphorsaure Brennstoffzelle (PAFC)	200	Phosphor-säure	Wasserstoff, reformiertes Methan	35 bis 45	1- bis 100-Megawatt-Kraftwerke, 5- bis 500-Kilowatt-Blockheiz-kraftwerk
Schmelzkarbonat-Brennstoffzelle (MCFC)	650	Calcium-carbonat	Wasserstoff, Methan	45 bis 60	1- bis 100-Megawatt-Kraftwerke, 5- bis 500 -Kilowatt-Blockheizkraftwerk
Oxidkeramik-Brennstoffzelle (SOFC)	850 bis 1000	Zirkon-oxid	Wasserstoff, Methan, Erdgas	50 bis 60	1- bis 100-Megawatt Kraftwerke, 5- bis 500-Kilowatt Blockheizkraftwerk

Tabelle 7.6: Wichtige Primärelemente auf Zn–Basis. Der Preis pro kWh steigt innerhalb der Tabelle (von oben nach unten) monoton an und ist für die Ag–Zn–Zelle etwa eine Größenordnung größer als für das Leclanche–Element (Stand 1990) [611].

Zelle	Reaktion	Arbeitsspannung (V)	Energiedichte (Wh/kg)	(Wh/l)
Leclanché	$Zn + 2MnO_2 \xrightarrow{(NH_4Cl)} ZnO + Mn_2O_3$	1.25	50 - 60	100 - 120
Leclanché alkal.	$Zn + 2MnO_2 \xrightarrow{(KOH)} ZnO + Mn_2O_3$	1.1 - 1.2	80	210
Quecksilberoxidzelle	$Zn + HgO \xrightarrow{(KOH)} ZnO + Hg$	1.1 - 1.3	80 - 100	270 - 370
Silber-Zink-Zelle	$Zn + AgO \xrightarrow{(KOH)} ZnO + Ag$	1.5	120 - 190	370

Tabelle 7.7: Stabilitätsfenster einiger Li^+–Leiter. Ist $U_{min} > 0$, so bedeutet dies, dass der Elektrolyt nicht gegen Li stabil ist. Aus [575].

Stabilitätsfenster einiger Li^+-Leiter

Material	Temperatur (°C)	Spannung vs. Li U_{min}	U_{max}
LiI	25	0	2.79
Li_2O	150	0	2.84
LiCl	25	0	3.98
Li_3N	25	0	0.44
$LiAlCl_4$	25	1.68	4.36
$Li_9N_2Cl_3$	100	0	2.50
Li_6NBr_3	176	0	1.30
$Li_{9.1}N_{2.7}I$	316	0	0.90
$LiNO_3$	150	2.50	4.20
Li_4SiO_4	415	0.14	3.06
$Li_2Si_2O_5$	415	1.31	3.31
Li_8ZrO_6	325	0	2.65
Li_2ZrO_3	325	0.35	3.06

Tabelle 7.8: Charakteristiken einiger Li–Sekundärbatterien. Aus [575].

Anode	Elektrolyt	Kathode	Strom-dichte ($mA\ cm^{-2}$)	Zyklen-zahl	Hersteller
WO_2	$LiClO_4$-PC	TiS_2	0.1	68	Univ. Rom
MoO_2	$LiAsF_6$-PC	$LiCoO_2$	0.1	-	AT&T
WO_2	$LiAsF_6$-PC	$LiCoO_2$	0.1	-	AT&T
Li_xC_6	$LiClO_4$-PC	$LiMn_2O_4$	0.8	25	AT&T
$Li_9Mo_6Se_6$	$LiAsF_6$-THF	Mo_6Se_6	1.2	10	Bell Comm.
TiS_2	$LiAsF_6$-AN	$LiCoO_2$	0.5	500	U.S. Army
Coke	$LiN(CF_3SO_2)_2$	$LiNiO_2$	1.0	1000	Moly Energy
Li_xC_6	$LiPF_6$-PC-DEC	$LiCoO_2$	0.5	100	Sony

Tabelle 7.9: Wichtige Sekundärbatterien in der historischen Entwicklung. Aus [575].

Sekundärelemente

Datum	Typ	Zelle
1860	Bleiakku	$PbO_2/H_2SO_4/Pb$
1900	Edison-Zelle	NiOOH/KOH/Fe
	Ni/Cd-Zelle	NiOOH/KOH/Cd
1965	Na/S-Zelle	Na/β-Al_2O_3/S
1970	Zink/Chlor-Zelle	Zn/Elekt./Cl_2
1980-90	Li-Flüssigelektrolyt-	Li/PC-Li_2ClO_4/MX_2
	-Polymerzellen	Li/PEO-$LiClO_4/TiS_2$
	-Glaszellen	Li/Li^+-Glas/TiS_2
1991	Li-Mikrobatterien	Li/Li^+-Glas/TiS_2
1992	Schaukelstuhl-Zellen	$LiMn_2O_4$/Elekt./Kohlenstoff
		$LiCoO_2$/Elekt./Kohlenstoff
		$LiNiO_2$/Elekt./Kohlenstoff

Tabelle 7.10: Zellspannung und Zyklenzahl älterer Akkumulatorsystemen. Aus [596].

System	Zellspannung bei i=0 (V)	Energiedichte (Wh/kg) theoret.	Energiedichte (Wh/kg) prakt.	Zahl der Ladezyklen
Pb-Akku	2.0	161	10 - 35	500 - 1500
Ni-Fe-Akku	1.6	250	25 - 35	bis 3000
Ni-Cd-Akku	1.35	210	25 - 30	1000 - 2000
Ag-Zn-Akku	1.6	220 (1. Stufe)		
		350 (2. Stufe)	70 - 130	50
Ag-Cd-Akku	1.4	156 (1. Stufe)	30 - 45 (1. Stufe)	ca. 200
		245 (2. Stufe)	45 - 60 (2. Stufe)	
Zn-Luft-Batterie	ca. 1.45	1450	90 - 180	

Zum Vergleich: Moderne Lithium–Schaukelstuhlbatterien arbeiten bei einer Zellspannung von 4V über 1000 Zyklen mit Energiedichten, die 100 Wh/kg übersteigen [612].

Tabelle 7.11: Zu erwartende Reichweite von mit Akkumulatoren ausgestatteten Elektromobilen (geschätzte Werte). Aus [596].

System	Energiedichte (Wh/kg)	Reichweite (km)
Pb-Akku	10-35	<50
Ag-Zn-Akku	70-130	80-160
Zn-Luft-Batterie	90-180	130-250
Na-S-Batterie	ca. 300	>100
$Li-Cl_2$-Batterie	ca. 300	>200
Benzinmotor (mit 120 kWh pro Tankfüllung)	375	400-560

8 Literaturverzeichnis

[1] J. Frenkel, Z. Physik **53** (1926) 652.

[2] C. Wagner, W. Schottky, Z. phys. Chem. **B11** (1930) 163; C. Wagner, Z. phys. Chem. **B32** (1936) 447.

[3] F. A. Kröger, *Chemistry of Imperfect Crystals*, North–Holland, Amsterdam, 1964.

[4] K. Hauffe, *Reaktionen in und an festen Stoffen*, Springer–Verlag, Berlin, 1955.

[5] H. Rickert, *Einführung in die Elektrochemie fester Stoffe*, Springer–Verlag, Berlin, 1973, 1. Auflage.

[6] H. Schmalzried, A. Navrotsky, *Festkörperthermodynamik*, VCH, Weinheim, 1975, 1. Auflage.

[7] H. Schmalzried, *Solid State Reactions*, VCH, Weinheim, 1981, 1. Auflage.

[8] H. Schmalzried, *Chemical Kinetics of Solids*, VCH, Weinheim, 1995, 1. Auflage.

[9] A. R. Allnatt, A. B. Lidiard, *Atomic Transport in Solids*, Cambridge University Press, Cambridge, 1993; A. B. Lidiard, in: *Handbuch der Physik*, S. Flügge (Hrsg.), Bd. 20, S. 246 ff, Springer–Verlag, Berlin, 1957.

[10] J. Corish, P. W. M. Jacobs, Surf. Def. Prop. Solids **2** (1973) 160; ibid. **6** (1976) 219.

[11] F. Aguillo-Lopez, C. R. A. Catlow, P. D. Townsend, *Point Defects in Materials*, Academic Press, New York, 1988.

[12] P. Kofstad, *Nonstoichiometry, Diffusion and Electrical Conductivity in Binary Oxides*, John Wiley & Sons, New York, 1972.

[13] Solid State Ionics, Elsevier, Amsterdam.

[14] J. Maier, Angew. Chem. **105** (1993) 333.

[15] L. Pauling, Chem. Rev. **5** (1928) 173.

[16] J. E. Lennard–Jones, Trans. Farad. Soc. **25** (1929) 668.

[17] F. Hund, Z. Physik **51** (1928) 759; R. S. Mulliken, Phys. Rev. **32** (1928) 186.

[18] L. Pauling, E. B. Wilson, *Introduction to Quantum Mechanics*, McGraw–Hill, London, 1935.

[19] W. Kutzelnigg, *Einführung in die theoretische Chemie*, VCH, Weinheim, 1993, 2. Auflage.

[20] C. A. Coulson, *Die chemische Bindung*, Verlag S. Hirzel, Stuttgart, 1969.

[21] L. Zülicke, *Quantenchemie*, Bd. 1–2, Hüthig–Verlag, Heidelberg–Berlin, 1978.

[22] L. D. Landau, E. M. Lifshitz, *Lehrbuch der Theoretischen Physik*, Bd. III, *Quantenmechanik*, Akademie Verlag, Berlin, 1974.

[23] K. Ruedenberg, Rev. Mod. Phys. **34** (1962) 326.

[24] L. Pauling, *Die Natur der chemischen Bindung*, VCH, Weinheim, 1968.

[25] W. A. Harrison, *Electronic Structure and the Properties of Solids*, W. A. Freeman and Co., San Francisco, 1980, 1. Auflage.

[26] H. Chirgwin, C. A. Coulson, Proc. Royal Soc. **A20** (1950) 196.

[27] H. Hellmann, *Einführung in die Quantenmechanik*, Deuticke, Leipzig–Wien, 1937.

[28] R. P. Feynman, Phys. Rev. **56** (1939) 340.

[29] N. Figgis, *Introduction to Crystal Fields*, Interscience Publ., New York, 1966; C. J. Ballhausen, *Introduction to Ligand Field Theory*, McGraw–Hill, New York, 1966; L. G. Burns, *Mineralogical Applications of Crystal Field Theory*, Cambridge University Press, Cambridge, 1970.

[30] A. A. Levin, *Solid State Quantum Chemistry*, McGraw–Hill, New York, 1977, 1. Auflage.
[31] J. K. Burdett, *Chemical Bonding in Solids*, Oxford University Press, New York–Oxford, 1995.
[32] G. A. L. Mie, Ann. Phys. **11** (1903) 1936.
[33] P. M. Morse, Phys. Rev. **34** (1929) 57.
[34] J. E. Lennard–Jones, in: *Statistical Mechanistics*, R. H. Fowler (Hrsg.), Cambridge University Press, London, 1936.
[35] M. P. Allen, D. J. Tildesley, *Computer Simulations of Liquids*, Clarendon Press, Oxford, 1987.
[36] M. P. Allan, D. J. Tildesley, *Computer Simulation in Chemical Physics*, Kluwer, Dordrecht, 1993; M. Parrinello, Solid State Commun. **102** (1997) 107.
[37] R. Car, M. Parrinello, Phys. Rev. Lett. **55** (1985) 2471.
[38] H. G. Fritsche, phys. stat. sol. (b) **154** (1989) 603.
[39] T. P. Martin, in: *Festkörperprobleme*, P. Grosse (Hrsg.), Bd. XXIV, S. 1 ff, Vieweg, Braunschweig, 1984; Phys. Reps. **95** (1983) 167, Elsevier, Amsterdam.
[40] R. L. Kronig, W. G. Penney, Proc. Royal Soc. (London) **A 130** (1931) 499.
[41] Ch. Kittel, *Einführung in die Festkörperphysik*, R. Oldenbourg Verlag, München, 1989, 8. Auflage.
[42] G. M. Barrow, *Physikalische Chemie*, Vieweg, Braunschweig, 1974.
[43] S. Roth, *One Dimensional Metals*, VCH, Weinheim, 1995.
[44] R. Hoffmann, *Solids and Surfaces*, VCH, Weinheim, 1988.
[45] N. F. Mott, *Metal-Insulator Transitions*, Taylor & Francis, London, 1974.
[46] R. J. Borg, G. J. Dienes, *The Physical Chemistry of Solids*, Academic Press, San Diego, 1992, 1. Auflage.
[47] P. Y. Yu, M. Cardona, *Fundamentals of Semiconductors*, Springer–Verlag, Berlin, 1996.
[48] E. F. Schubert, *Doping in III–V-Semiconductors*, Cambridge University Press, Cambridge, 1993.
[49] M. L. Cohen, J. Chelikowsky, *Electronic Structure and Optical Properties of Semiconductors*, Springer Ser. Solid State Sci., Bd. 75, Springer–Verlag, Berlin, 1989.
[50] P. Hohenberg, W. Kohn, Phys. Rev. **136** (1964) B864; W. Kohn, L. J. Sham, Phys. Rev. **140** (1965) A1133.
[51] D. Wolf, Phys. Rev. Lett. **68** (1992) 3315; Solid State Ionics **75** (1995) 3.
[52] H. G. von Schnering, privater Hinweis.
[53] A. Weiss, H. Witte, *Kristallstruktur und chemische Bindung*, VCH, Weinheim, 1983, 1. Auflage.
[54] E. A. Moelwyn–Hughes, *Physikalische Chemie*, Thieme–Verlag, Stuttgart, 1970.
[55] Daten kompiliert nach [10] und dortigen Referenzen.
[56] P. A. Cox, *The Electronic Structure and Chemistry of Solids*, Oxford Science Publications, Oxford, 1987, 5. Auflage.
[57] R. Waser, in: *Keramik*, H. Schaumburg (Hrsg.), B. G. Teubner, Stuttgart, 1994, 1. Auflage.
[58] M. S. Dresselhaus, G. Dresselhaus, P. C. Eklund, *Science of Fullerenes and Carbon Nanotubes*, Academic Press, San Diego, 1996, 1. Auflage.

[59] E. Schönherr, K. Matsumoto, M. Freiberg, Fullerene Sci. Technol., im Druck.
[60] A. F. Hollemann, E. Wiberg, *Lehrbuch der Anorganischen Chemie*, de Gruyter, Berlin, 1995, 81.–90. Auflage.
[61] Nach F. Haber, ausgeführt in [62].
[62] K. Meyer, *Physikalisch-Chemische Kristallographie*, VEB–Verlag, Leipzig, 1968, 2. Auflage.
[63] A. Simon, Structure and Bonding **36** (1979) 81; Angew. Chem. **100** (1988) 163.
[64] H. G. von Schnering, Angew. Chem. **93** (1981) 44; H. G. von Schnering, W. Hönle, Chem. Rev. **88** (1988) 243.
[65] U. Müller, *Anorganische Strukturchemie*, B. G. Teubner, Stuttgart, 1991.
[66] J. C. Schön, M. Jansen, Angew. Chem. Int. Ed. Engl. **35** (1996) 1286.
[67] A. F. Wells, *Structural Inorganic Chemistry*, Clarendon Press, Oxford, 1975, 4. Auflage.
[68] W. G. Addison, *Grundzüge der Strukturchemie anorganischer Verbindungen*, Thieme–Verlag, Stuttgart, 1971, 1. Auflage.
[69] H. Jaffe, W. R. Cook, B. Jaffe, *Piezoelectric Ceramics*, Academic Press, London, 1971.
[70] IFF–Ferienkurs *Elektrokeramische Materialien*, Forschungszentrum Jülich, 1995.
[71] D. Seyferth, G. Mignani, J. Mater. Sci. Lett. **7** (1988) 487; H. P. Baldus, O. Wagner, M. Jansen, in: Mat. Res. Soc. Symp. Proc., Bd. 271, S. 821, MRS, Pittsburgh (PA), 1992; R. Riedel, G. Passing, H. S. Schönfelder, R. J. Brook, Nature **355** (1992) 714; J. Bill, F. Aldinger, Adv. Mater. **7** (1995) 775.
[72] R. J. Haug, K. von Klitzing, FED–Journal **6** (1995) 4; K. Eberl, P. M. Petroff (Hrsg.), *Low Dimensional Structures Prepared by Epitaxial Growth or Growth on Patterned Substrates*, Proc. NATO Advanced Res. Workshop, Ringberg, Kluwer, Dordrecht, 1995; P. C. Klipstein, R. A. Stradling (Hrsg.), *Growth and Characterisation of Semiconductors*, Hilger, Bristol, 1990; K. Ploog, in: *Semiconductor Interfaces: Formation and Properties*, G. LeLay, J. Denien, N. Boccara (Hrsg.), Springer–Verlag, Berlin, 1987.
[73] D. A. Bonnell (Hrsg.), *Scanning Tunneling Microscopy and Spectroscopy*, VCH, Weinheim, 1993; R. Wiesendanger, *Scanning Probe Microscopy and Spectroscopy: Methods and Applications*, Cambridge University Press, Cambridge, 1994.
[74] J. M. Lehn, *Supramolekulare Chemie*, VCH, Weinheim, 1995.
[75] A. Einstein, Ann. Physik **22** (1906) 800; **34** (1911) 170.
[76] L. D. Landau, E. M. Lifshitz, *Lehrbuch der Theoretischen Physik*, Bd. I, *Mechanik*, Akademie Verlag, Berlin, 1974.
[77] P. Debye, Ann. Physik **39** (1912) 789.
[78] K.-H. Hellwege, *Einführung in die Festkörperphysik*, Springer–Verlag, Berlin, 1976, 1. Auflage.
[79] S. z. B. H. Schilling, *Festkörperphysik*, Verlag Harri Deutsch, Thun, 1977.
[80] G. Burns, *Solid State Physics*, Academic Press, New York, 1985.
[81] W. H. Liehn, N. E. Phillips, Proc. 7th Int. Conf. Low Temp. Phys., University of Toronto Press, Toronto, 1961.
[82] F. Seitz, *The Modern Theory of Solids*, McGraw–Hill, New York, 1990.

[83] D. R. Lide (Hrsg.), *Handbook of Chemistry and Physics*, CRC Press, Boca Raton, 1999, 79. Auflage.

[84] Nach H. P. L. G. Lindemann, s. hierzu [62,85].

[85] A. Swalin, *Thermodynamics of Solids*, John Wiley & Sons, New York, 1972.

[86] E. Grüneisen, Ann. Physik **26** (1908) 393.

[87] C. H. P. Lupis, *Chemical Thermodynamics of Materials*, North-Holland, Amsterdam, 1983.

[88] Dieser anschauliche Vergleich geht auf H. Schmalzried zurück.

[89] L. D. Landau, E. M. Lifshitz, *Lehrbuch der Theoretischen Physik*, Bd. VII, *Elastizitätstheorie*, Akademie Verlag, Berlin, 1974.

[90] A. Sanfeld, in: *Physical Chemistry, An Advanced Treatise*, Bd. I, *Thermodynamics*, H. Eyring, D. Henderson, W. Jost (Hrsg.), S. 245 ff, Academic Press, New York, 1971.

[91] R. Haase, in: *Physical Chemistry, An Advanced Treatise*, Bd. I, *Thermodynamics*, H. Eyring, D. Henderson, W. Jost (Hrsg.), Academic Press, New York, 1971.

[92] P. Glansdorff, I. Prigogine, *Thermodynamic Theory of Structure, Stability and Fluctuations*, John Wiley & Sons, New York, 1971.

[93] J. W. Gibbs, Collected Works, Yale University Press, New Haven, 1948.

[94] A. Sanfeld, in: *Physical Chemistry, An Advanced Treatise*, Bd. I, *Thermodynamics*, H. Eyring, D. Henderson, W. Jost (Hrsg.), S. 99ff, 217ff, Academic Press, New York, 1971.

[95] J. W. Cahn, Acta Met. **7** (1959) 18; J. E. Hilliard, *Phase Transformations*, Ch. 12, Am. Soc. Met., Metals Park, 1970.

[96] Ch. Kittel, H. Krömer, *Physik der Wärme*, R. Oldenbourg Verlag, München, 1989, 3. Auflage.

[97] I. Barin, *Thermodynamical Data of Pure Substances*, VCH, Weinheim, 1989.

[98] J. Maier, U. Warhus und E. Gmelin, Solid State Ionics **18/19** (1986) 969.

[99] A. A. Gribb, J. F. Banfield, Am. Mineral. **82** (1997) 717.

[100] J. J. van Laar, Z. phys. Chem. **53** (1908) 216; **64** (1908) 257.

[101] J. W. Cahn, Trans. Met. Soc. AIME **242** (1968) 166.

[102] E. A. Guggenheim, *Mixtures*, Oxford University Press, Oxford, 1952.

[103] M. Lannoo, J. Bourgoin, *Point Defects in Semiconductors I*, Springer-Verlag, Berlin, 1981.

[104] M. Born, Z. Physik **1** (1920) 45.

[105] W. Jost, J. Chem. Phys. **1** (1933) 466.

[106] N. F. Mott, M. J. Littleton, Trans. Faraday Soc. **34** (1938) 485.

[107] C. Chaillout, S. W. Cheong, Z. Fisk, M. S. Lehmann, M. Marezio, B. Morosin, J. E. Schirber, Physica C **158** (1989) 183, Elsevier, Amsterdam.

[108] S. z. B. H. J. Wollenberger, in: *Physical Metallurgy*, Part II, R. W. Cahn, P. Haasen (Hrsg.), North-Holland, Amsterdam, 1983.

[109] N. H. March, M. P. Tosi, J. Phys. Chem. Solids **41** (1985) 757.

[110] N. Hainovsky und J. Maier, Phys. Rev. B **51** (1995) 15789.

[111] L. Heyne, U. M. Beekmans, A. de Beer, J. Electrochem. Soc. **119** (1972) 77.

[112] J. Maier und G. Schwitzgebel, Mater. Res. Bull. **18** (1983) 601.

[113] W. Hayes, A. M. Stoneham, *Defect and Defect Processes in Nonmetallic Solids*, John Wiley & Sons, New York, 1985.
[114] W. Münch, unveröffentlicht.
[115] K. D. Kreuer, W. Münch, U. Traub, J. Maier, Ber. Bunsenges. Phys. Chem. **102** (1998) 552, VCH, Weinheim.
[116] P. Murugaraj, J. Maier, A. Rabenau, Solid State Commun. **71** (1989) 167; D. G. Hinks, B. Dabrowski, K. Zhang, C. U. Segre, J. D. Jorgensen, L. Soderholn, M. A. Beno, Proc. MRS, S. 9 ff, Boston, 1988.
[117] R. O. Simmons, R. W. Baluffi, Phys. Rev. **117** (1960) 52.
[118] W. Schottky, *Halbleiterprobleme I*, W. Schottky (Hrsg.), Vieweg, Braunschweig, 1954.
[119] N. B. Hannay, *Solid-state Chemistry*, Prentice–Hall, Englewood Cliffs, 1967, 1. Auflage.
[120] S. Wißmann, V. v. Wurmb, F. J. Litterst, R. Dieckmann und K. D. Becker, J. Phys. Chem. Solids **59** (3) (1998) 321.
[121] S. z. B. P. Ehrhart, in: *Elektrokeramische Materialien*, 26. IFF–Ferienkurs, Forschungszentrum Jülich, 1995.
[122] T. Bieger, J. Maier und R. Waser, Ber. Bunsenges. Phys. Chem. **97** (1993) 1098.
[123] O. Madelung, *Grundlagen der Halbleiterphysik*, Springer–Verlag, Berlin, 1973, 1. Auflage.
[124] O. Madelung, *Introduction to Solid State Theory*, Springer–Verlag, Berlin, 1978.
[125] J. Maier, Electrochem., im Druck.
[126] P. Haasen, *Physikalische Metallkunde*, Springer–Verlag, Berlin, 1984, 2. Auflage.
[127] J. Bohm, *Realstruktur von Kristallen*, E. Schweizerbart'sche Verlagsbuchhandlung, Stuttgart, 1995, 1. Auflage.
[128] W. D. Kingery, H. K. Bowen, D. R. Uhlmann, *An Introduction to Ceramics*, John Wiley & Sons, New York, 1976, 2. Auflage.
[129] C. Herring, J. Appl. Phys. **21** (1950) 437; R. L. Coble, J. Appl. Phys. **34** (1963) 679.
[130] Mit freundlicher Genehmigung zur Verfügung gestellt von Oliver Kienzle, Max–Planck–Institut für Metallforschung, Stuttgart, 1999.
[131] U. T. Read, W. Shockley, Phys. Rev. **78** (1950) 275.
[132] R. Becker, Ann. Phys. **32** (1938) 128.
[133] G. Hasson, C. Goux, Scripta Met. **5** (1971) 889.
[134] R. H. French, R. M. Cannon, L. K. DeNoyer, Y.–M. Chiang, Solid State Ionics **75** (1995) 13.
[135] D. R. Clarke, J. Am. Ceram. Soc. **70** (1987) 15.
[136] O. Kienzle, F. Ernst, J. Am. Ceram. Soc. **80** (1997) 1639, The American Ceramic Society, Westerville (OH).
[137] I. Denk, Dissertation, Universität Stuttgart, 1995, I. Denk, F. Noll und J. Maier, J. Am. Ceram. Soc. **80** (2) (1997) 279, The American Ceramic Society, Westerville (OH).
[138] D. Wolf, in: *Materials Interfaces. Atomistic–level Structure and Properties*, D. Wolf und S. Yip (Hrsg.), Chapman & Hall, London, 1992; A. P. Sutton, R. W. Balluffi, *Interfaces in Crystalline Materials*, Clarendon Press, Oxford, 1995.

[139] G. Binnig und H. Rohrer, Helv. Phys. Acta **55** (1982) 726.

[140] G. Ertl, Adv. Catalysis **37** (1990) 213; G. Ertl, in: *Handbook of Heterogeneous Catalysis*, G. Ertl, H. Knözinger, J. Weitkamp (Hrsg.), Bd. 3, S. 1032, VCH, Weinheim, 1997.

[141] s. z. B. M. Elbaum, S. G. Lipson, J. G. Dash, J. Crystal Growth **129** (1993) 491.

[142] R. Defay, I. Prigogine, A. Bellemans, H. Everett, *Surface Tension and Adsorption*, John Wiley & Sons, New York, 1960.

[143] A. I. Rusanov, *Phasengleichgewichte und Grenzflächenerscheinungen*, Akademie–Verlag, Berlin, 1978.

[144] G. Bakker, *Handbuch der Experimentalphysik*, Bd. 6, *Kapillarität und Oberflächenspannung*, Harms, Leipzig, 1928.

[145] R. Parsons, in: *Modern Aspects of Electrochemistry*, J. O'M. Bockris (Hrsg.), Bd. 1, S. 103, Butterworth, London, 1954.

[146] J. O'M. Bockris, in: *Physical Chemistry, An Advanced Treatise IXA*, H. Eyring, D. Henderson, W. Jost (Hrsg.), Academic Press, New York, 1970.

[147] G. Kortüm, *Lehrbuch der Elektrochemie*, VCH, Weinheim, 1972.

[148] G. Wulff, Z. Krist. **34** (1901) 449.

[149] L. D. Landau, E. M. Lifshitz, *Lehrbuch der Theoretischen Physik*, Bd. V, *Statistische Physik*, Akademie Verlag, Berlin, 1974.

[150] K. Tsuruta, A. Omeltchenko, R. K. Kalia, P. Vashishta, Europhys. Lett. **33** (1996) 441, EDP Sciences, Les Ulis (Frankreich).

[151] R. E. Johnson, J. Phys. Chem. **63** (1959) 1655.

[152] C. Herring, in: *Physics of Powder Metallurgy*, W. E. Kingston (Hrsg.), McGraw–Hill, New York, 1951.

[153] C. S. Smith, *Metal Interfaces*, Am. Soc. Met., Cleveland, 1952.

[154] H. E. Exner, Z. Metallk. **46** (1973) 273.

[155] R. W. Cahn, P. Haasen, *Physical Metallurgy*, North–Holland, Amsterdam, 1983, 3. Auflage.

[156] K. Tsuruta, A. Omeltchenko, R.K. Kalia, P. Vashishta, in: Mat. Res. Soc. Symp. Proc., Bd. 408, S. 181, MRS, Pittburgh (PA), 1996.

[157] J.-R. Lee, Y.-M. Chiang, Solid State Ionics **75** (1995) 79, Elsevier, Amsterdam.

[158] C. H. P. Lupis, *Chemical Thermodynamics of Materials*, North–Holland, Amsterdam, 1983.

[159] W. Schottky, in: *Halbleiterprobleme IV*, W. Schottky (Hrsg.), S. 235, Vieweg, Braunschweig, 1958.

[160] F. A. Kröger, H. J. Vink, in: *Solid State Physics*, F. Seitz, D. Turnbull (Hrsg.), Bd. 3, S. 307, Academic Press, New York, 1956.

[161] G. Brouwer, Philips Res. Repts. **9** (1954) 366.

[162] K. R. Popper, *Logik der Forschung*, J. C. B. Mohr (Paul Siebeck), Tübingen, 1973.

[163] C. G. Fonstad und R. H. Rediker, J. Appl. Phys. **42** (1971) 2911.

[164] J. Maier, W. Göpel, J. Solid St. Chem. **72** (1988) 293.

[165] H. H. von Baumbach, C. Wagner, Z. phys. Chem. **B22** (1993) 199.

[166] H. Dünwald, C. Wagner, Z. phys. Chem. **B22** (1933) 212; J. Gundermann, C. Wagner, Z. phys. Chem. **B37** (1937) 155.

[167] H. H. von Baumbach, C. Wagner, Z. phys. Chem. **B24** (1934) 59.

[168] J. Maier, in: *Recent Trends in Superionic Solids and Solid Electrolytes*, S. Chandra, A. Laskar (Hrsg.), S. 137, Academic Press, New York, 1989.

[169] M. Spaeth, K. D. Kreuer, C. Cramer, J. Maier, J. Solid St. Chem. **148** (1999) 169.

[170] H. H. von Baumbach, H. Dünwald, C. Wagner, Z. phys. Chem. **B22** (1933) 226.

[171] M. T. Tsai, E. J. Opila, H. L. Tuller, in: Mat. Res. Soc. Proc., Bd. 169, S. 65, MRS, Pittsburgh (PA), 1989.

[172] J. Maier und G. Schwitzgebel, Mater. Res. Bull. **17** (1982) 1061.

[173] P. K. Moon, H. L. Tuller, Sensors and Actuators B **1** (1990) 199, Elsevier, Amsterdam.

[174] J. Mizusaki, K. Fueki, Solid State Ionics **6** (1982) 55.

[175] E. Koch. C. Wagner, Z. phys. Chem. **135** (1950) 197.

[176] J. Corish, P. W. M. Jacobs, J. Phys. Chem. Solids **33** (1972) 1799.

[177] J. Teltow, Ann. Phys. **5** (1950) 63; Z. phys. Chem. **195** (1950) 213.

[178] J. G. Bednorz, K. A. Müller, Z. Physik B **64** (1986) 189.

[179] J. Maier und G. Pfundtner, Adv. Mater. **30** (1991) 292.

[180] H. Tannenberger, H. Schachner, P. Kovacs, Revue EPE (Journées Internationales d'Etudes des Piles à Combustibles, Brussels, 1965), **III** (1) (1966) 19.

[181] J. Daniels, K. H. Härdtl, D. Hennings, R. Wernicke, Philips Res. Repts. **31** (1978) 489.

[182] G. M. Choi und H. L. Tuller, J. Am. Ceram. Soc. **71** (4) (1988) 201.

[183] S. Steinsvik, T. Norby, P. Kofstad, in: *Electroceramics IV*, R. Waser, S. Hoffmann, D. Bonnenberg, Ch. Hoffmann (Hrsg.), Bd. II, S. 691, Augustinus Buchhandlung, Aachen, 1994.

[184] T. He, K.-D. Kreuer, Yu. M. Baikov und J. Maier, Solid State Ionics **95** (1997) 301.

[185] I. Denk, W. Münch und J. Maier, J. Am. Ceram. Soc. **78** (12) (1995) 3265.

[186] F. A. Kröger, H. J. Vink, J. van den Boomgaard, Z. phys. Chem. **203** (1954) 1; D. M. Smyth, M. P. Harmer, P. Peng, J. Am. Ceram. Soc. **72** (1989) 2276; R. Waser, J. Am. Ceram. Soc. **74** (1991) 1934.5434

[187] K. Sasaki und J. Maier, J. Appl. Phys. **86** (10) (1999) 5422; 5434.

[188] S. Stotz und C. Wagner, Ber. Bunsenges. Phys. Chem. **70** (1966) 781.

[189] R. Waser, Ber. Bunsenges. Phys. Chem. **90** (1980) 1223.

[190] H. Iwahara, T. Esaka, H. Uchida, N. Maeda, Solid State Ionics **314** (1981) 259.

[191] P. Murugaraj, K. D. Kreuer, T. He, T. Schober, J. Maier, Solid State Ionics **98** (1997) 1.

[192] D. G. Thomas, I. J. Lander, J. Chem. Phys. **25** (1956) 1136.

[193] Y. Larring, T. Norby, Solid State Ionics **77** (1995) 147; A. S. Nowick, Solid State Ionics **77** (1995) 137.

[194] K. D. Kreuer, Chem. Mater. **8** (1996) 610.

[195] N. Bjerrum, Kgl. Danske Videnskab. Selskab. Mat. Fys. Medd. **7** (1926) 3.

[196] A. B. Lidiard, in: *Handbuch der Physik*, S. Flügge (Hrsg.), Bd. 20, S. 246, Springer-Verlag, Berlin, 1957.

[197] P. Debye, E. Hückel, Phys. Z. **24** (1923) 185; 305.

[198] J. Maier, in Vorbereitung.

[199] J. Maier, Solid State Ionics, im Druck.

[200] E. A. Kotomin, A. I. Popov, Nucl. Inst. and Meth. in Phys. Res. B **141** (1998) 1.

[201] M. Quilitz und J. Maier, J. Supercond. **9** (1) (1996) 121.

[202] J. J. Markham, *F-Centres in Alkali Halides*, Academic Press, New York, 1966.

[203] D. Knödler, P. Pendzig, W. Dieterich, Solid State Ionics **86-88** (1996) 29.

[204] J. Brynestad, H. Flood, Z. Elektrochem. **62** (1958) 953; F. Koch, J. B. Cohen, Acta Cryst. **B 25** (1969) 275.

[205] B. T. M. Willis, Nature **197** (1963) 755.

[206] A. Magnéli, Arkiv kemi **1** (1949) 213; 512.

[207] S. N. Ruddlesden. P. Popper, Acta Cryst. **10** (1957) 538.

[208] S. Ref. [6], S. 252.

[209] R. J. Cava, in: *Processing and Properties of High-T_C-Superconductors*, S. Jin (Hrsg.), S. 13, World Scientific, Singapur, 1993.

[210] J. O'M. Bockris und A. K. V. Reddy, *Modern Electrochemistry*, Plenum Press, New York, 1970.

[211] A. J. Bard, L. R. Faulkner, *Electrochemical Methods*, John Wiley & Sons, New York, 1980.

[212] J. S. Newman, *Electrochemical Systems*, Prentice–Hall, Englewood Cliffs, 1991.

[213] A. Münster, *Statistical Thermodynamics*, Springer–Verlag, Berlin, 1974.

[214] H. Ted Davis, in: *Physical Chemistry. An Advanced Treatise*, Bd.. II, *Statistical Mechanics*, H. Eyring, D. Henderson, W. Jost (Hrsg.), Academic Press, New York, 1967.

[215] J. G. Kirkwood, J. Chem. Phys. **14** (1946) 180.

[216] J. Mayer, J. Chem. Phys. **18** (1950) 1426.

[217] A. R. Allnatt, M. H. Cohen, J. Chem. Phys. **40** (1964) 1860, 1871; R. A. Sevenich, K. L. Kliewer, J. Chem. Phys. **48** (1964) 3045; A. R. Allnatt, E. Loftus, L. A. Rowley, Crystal Lattice Defects **3** (1972) 77.

[218] S. Ling, Solid State Ionics **70/71** (1994) 686.

[219] H. P. D. Lanyon, R. A. Tuft, *Bandgap Narrowing in Heavily Doped Silicon*, S. 316, IEEE Tech. Dig., Int. Electron. Device Meet., 1978.

[220] R. Huberman, Phys. Rev. Lett. **32** (1974) 100.

[221] H. Schmalzried, Z. phys. Chem. **22** (1959) 199; Ber. Bunsenges. Phys. Chem. **84** (1980) 120.

[222] J. G. Ghosh, J. Chem. Soc. **113** (1918) 707.

[223] H. S. Frank, P. T. Thompson, Ber. Bunsenges. Phys. Chem. **67** (1963) 836.

[224] A. Bunde, Z. Physik B **36** (1980) 251.

[225] F. Zimmer, P. Ballone, M. Parrinello, J. Maier, Ber. Bunsenges. Phys. Chem. **101** (1997) 1333; Solid State Ionics, in press.

[226] J. E. Mayer, M. G. Mayer, *Statistical Mechanics*, John Wiley & Sons, New York, 1940; S. Ling, Solid State Ionics **70/71** (1994) 686.

[227] J. Jamnik und J. Maier, Solid State Ionics **94** (1997) 189.

[228] B. Katz, *Nerve, Muscle and Synapse*, McGraw–Hill, New York, 1960.

[229] J. Maier, Prog. Solid St. Chem. **23** (3) (1995) 171.

[230] E. K. H. Salje, *Phase Transitions in Ferroelastic and Co-elastic Crystals*, Cambridge University Press, Cambridge, 1990.

[231] R. C. Baetzold, Y. T. Tan, P. W. Tasker, Surf. Sci. **195** (1988) 579.

[232] G. Gouy, J. Physique **9** (1910) 457; D. L. Chapman, Phil. Mag. **25** (1913) 475.

[233] J. Maier, J. Electrochem. Soc. **134** (1987) 1524.
[234] J. Maier, J. Phys. Chem. Solids **46** (1985) 309.
[235] G. Farlow, A. Blose, Sr. J. Feldott, B. Lounsberry, L. Slifkin, Radiation Effects **75** (1983) 1, Gordon and Breach Publishers, Lausanne.
[236] S. M. Sze, *Semiconductor Devices*, John Wiley & Sons, New York, 1985.
[237] H. K. Henisch, *Semiconductor Contacts*, Clarendon Press, Oxford, 1984.
[238] J. Maier, Ber. Bunsenges. Phys. Chem. **93** (1989) 1468; 1474.
[239] J. Maier, Ber. Bunsenges. Phys. Chem. **90** (1986) 26.
[240] J. Jamnik, J. Maier, S. Pejovnik, Solid State Ionics **75** (1995) 51.
[241] R. B. Poeppel, J. M. Blakely, Surf. Sci. **15** (1969) 507.
[242] K. L. Kliewer, J. S. Koehler, Phys. Rev. A **140** (1965) 1226.
[243] C. C. Liang, J. Electrochem. Soc. **120** (1973) 1298.
[244] K Shahi, J. B. Wagner. Appl. Phys. Lett. **37** (1980) 757.
[245] J.-S. Lee, S. Adams, J. Maier, Solid State Ionics, im Druck.
[246] J. Maier, J. Eur. Ceram. Soc. **19** (1999) 675, Elsevier, Amsterdam.
[247] U. Riedel, J. Maier und R. Brook, J. Eur. Ceram. Soc. **9** (3) (1992) 205.
[248] A. Bunde, W. Dieterich, E. Roman, Solid State Ionics **18/19** (1986) 147; E. Roman, A. Bunde, W. Dieterich, Phys. Rev. B **34** (1986) 331; P Knauth, G. Albinet, J. M. Debierre, Ber. Bunsenges. Phys. Chem. **98** (7) (1998) 945; J. C. Wang, N. J. Dudney, Solid State Ionics **18/19** (1986) 112.
[249] J. Fleig, J. Maier, J. Am. Ceram. Soc., eingereicht.
[250] Y. Saito und J. Maier, J. Electrochem. Soc. **142** (9) (1995) 3078.
[251] U. Lauer und J. Maier, J. Electrochem. Soc. **139 (5)** (1992) 1472.
[252] W. Petuskey, Solid State Ionics **21** (1986) 117.
[253] Y.-M. Chiang, E. B. Lavik, I. Kosacki, H. L. Tuller, J. Y. Ying, J. Electroceramics **1** (1997) 7.
[254] J. Maier, Ber. Bunsenges. Phys. Chem. **89** (1985) 355.
[255] U. Lauer und J. Maier, Ber. Bunsenges. Phys. Chem. **96** (1992) 111.
[256] A. Bunde, S. Havlin, *Fractals and Disordered Systems*, Springer–Verlag, Berlin, 1996, 1. Auflage.
[257] F. Granzer, J. Imag. Sci. **33** (1989) 207.
[258] J. Maier, U. Lauer, Ber. Bunsenges. Phys. Chem. **94** (1990) 973.
[259] M. Holzinger, J. Fleig, J. Maier und W. Sitte, Ber. Bunsenges. Phys. Chem. **99** (11) (1995) 1427.
[260] J. Maier, phys. stat. sol. (a) **112** (1989) 115.
[261] J. Maier, Solid State Ionics **23** (1987) 59.
[262] B. Wassermann, T. P. Martin, J. Maier, Solid State Ionics **28-30** (1988) 1514.
[263] N. Starbov, J. Inf. Rec. Mater. **13** (1985) 307.
[264] E. Schreck, K. Länger, K. Dransfeld, Z. Physik B **62** (1986) 33.
[265] W. Puin, S. Rodewald, R. Ramlau, P. Heitjans, J. Maier, Solid State Ionics, im Druck; W. Puin und P. Heitjans, Nano Structural Materials **6** (1995) 885.
[266] K. D. Kreuer, in: *Solid State Ionics: Science & Technology*, B. V. R. Chowdari, K. Lal, S. A. Agnihotry, N. Khare, S. S. Sekhon, P. C. Srivastava S. Chandra (Hrsg.), S. 263, World Scientific Publishing Co., Singapur, 1998.
[267] J. Maier, Solid State Ionics, im Druck, Elsevier, Amsterdam.

[268] R. Lipowsky, *Phasenübergänge an Oberflächen* (IFF–Ferienkurs), S. 9.1, Forschungszentrum Jülich GmbH, 1993; Springer Tracts in Mod. Phys., Bd. 127.

[269] A. I. Baranov, V. V. Sinitsyn, E. G. Ponyatovskii, L. A. Shuvalov, JETP Lett. **44** (1986) 237.

[270] N. F. Uvarov, E. F. Hairetdinov, A. I. Rykov, Yu. T. Pavlyukhin, Solid State Ionics **96** (1997) 233.

[271] B. L. Davies, L. R. Johnson, Crystal Lattice Defects **5** (1974) 235.

[272] M. Vossen, F. Forstmann, A. Krämer, Solid State Ionics **94** (1997) 1.

[273] C. D. Terwilliger, Y. M. Chiang, Acta Metall. Mater. **43** (1995) 319; X. Guo, J. Maier, in Vorbereitung.

[274] G. E. Pike, Phys. Rev. B **30** (1984) 795; G. E. Pike, C. H. Seager, J. Appl. Phys. **50** (1979) 3414.

[275] M. Vollmann, R. Waser, J. Am. Ceram. Soc. **77** (1994) 235.

[276] I. Denk, J. Claus und J. Maier, J. Electrochem. Soc. **144** (1997) 3526.

[277] D. A. Bonnell, J. Am. Ceram. Soc. **81** (1998) 3049, The American Ceramic Society, Westerville (OH).

[278] W. Heywang, Solid State Electronics **3** (1961) 51.

[279] T. Seiyama, A. Kato, K. Fujiishi, M. Nagatani, Anal. Chem. **34** (1962) 1502; **38** (1966) 1069; N. Taguchi, Jpn. Patent 45-38200, 1962.

[280] M. Vollmann, R. Hagenbeck, R. Waser, J. Am. Ceram. Soc. **80** (1997) 2301.

[281] C. Wagner, J. Phys. Chem. Solids **33** (1972) 1051.

[282] M. P. Setter, J. B. Wagner, Solid State Ionics **28/30** (1988) 1579.

[283] A. Fojtik, H. Weller, U. Koch, A. Henglein, Ber. Bunsenges. Phys. Chem. **88** (1984) 969.

[284] J. Lüning, W. Eberhardt, in Vorbereitung; J. Lüning, Dissertation, Universität zu Köln, 1998, Ber. Forschungszentrum Jülich, 3544; mit freundlicher Genehmigung zur Verfügung gestellt von W. Eberhardt.

[285] D. M. Kolb, R. Ullmann, J. C. Ziegler, Electrochim. Acta **43** (1998) 2751.

[286] J. Schoonman, 12th Int. Conf. Solid State Ionics, Thessaloniki, Juni 1999, Plenarvortrag; Solid State Ionics, im Druck.

[287] I. Yokota, J. Phys. Soc. Japan **16** (1961) 2213.

[288] C. Wagner, Z. Elektrochem. **60** (1956) 4; M. H. Hebb, J. Chem. Phys. **20** (1952) 185.

[289] S. R. de Groot, *Thermodynamics of Irreversible Processes*, North–Holland, Amsterdam 1960.

[290] A. Höpfner, *Irreversible Thermodynamik für Chemiker*, de Gruyter, Berlin, 1972.

[291] R. Landauer, J. Stat. Phys. **13** (1975) 1.

[292] L. Onsager, Phys. Rev. **37** (1931) 405; **38** (1931) 2265.

[293] I. Prigogine, *Introduction to Thermodynamics of Irreversible Thermodynamics*, Interscience Publ., New York, 1967.

[294] A. Sanfeld, in: *Physical Chemistry. An Advanced Treatise*, H. Eyring, D. Henderson, W. Jost (Hrsg.), Bd. I, S. 246, Academic Press, New York, 1967.

[295] R. Haase, *Thermodynamik der irreversiblen Prozesse*, Steinkopff, Darmstadt, 1963.

[296] J. Maier, Angew. Chem. **105** (1993) 558.

[297] W. Nernst, Z. phys. Chem. **2** (1888) 613.

[298] K. J. Laidler, *Chemical Kinetics*, McGraw–Hill, New York, 1973.

[299] H. Eyring, J. Chem. Phys. **3** (1935) 3; M. G. Evans, M. Polanyi, Trans. Faraday Soc. **33** (1937) 448.

[300] G. H. Vineyard, J. Phys. Chem. Solids **3** (1957) 121.

[301] M. Eigen, Naturwiss. **58** (1971) 465.

[302] H. Haken, *Synergetik*, Springer–Verlag, Berlin, 1990, 3. Auflage.

[303] H. Margenau, G. M. Murphy, *Die Mathematik für Physik und Chemie*, Bd. I, S. 533 ff., Verlag Harri Deutsch, Frankfurt, 1965.

[304] J. Tafel, Z. phys. Chem. **50** (1905) 641.

[305] S. z. B. Ref. [7].

[306] P. Müller, phys. stat. sol. **13** (1965) 775.

[307] S. Chandra, *Superionic Solids*, North–Holland, Amsterdam, 1981; S. Chandra, A. S. Laskar (Hrsg.), *Superionic Solids and Solid Electrolytes*, Academic Press, New York, 1989.

[308] O. Yamamoto, Y. Takedo, R. Kanno, Kagaku **38** (1983) 387, Kagaku-Dojin Publishing Company, Kyoto.

[309] W. Meyer, H. Neldel, Z. Techn. Phys. **12** (1937) 588; A. S. Nowick, W. K. Lee, H. Jain, Solid State Ionics **28/30** (1988) 89; K. L. Ngai, Solid State Ionics **105** (1998) 231.

[310] W. Jost, Z. phys. Chem. A **169** (1934) 129.

[311] L. W. Stock, Z. phys. Chem. **B25** (1934) 441; R. Cava, F. Reidinger, B. J. Wuensch, Solid State Commun. **24** (1977) 411.

[312] K. Funke, in: *Superionic Solids and Solid Electrolytes*, A. S. Laskar, S. Chandra (Hrsg.), S. 569, Academic Press, New York, 1989.

[313] C. A. Beevers, M. A. R. Ross, Z. Krist. **95** (1937) 59; J. T. Kummer, Progr. Solid St. Chem. **7** (1972) 141.

[314] J. H. Kennedy, in: *Solid Electrolytes*, S. Geller (Hrsg.), Springer–Verlag, Berlin, 1977, 1. Auflage.

[315] J. N. Bradley, P. D. Green, Trans. Faraday Soc. **62** (1966) 2069.

[316] B. B. Owens, J. E. Oxley, A. F. Sammells, in: *Solid Electrolytes*, S. Geller (Hrsg.), S. 67, Springer–Verlag, Berlin 1977.

[317] T. Takahashi, O. Yamamoto, S. Yamada, S. Hayashi, J. Electrochem. Soc. **126** (1979) 1654.

[318] Daten zusammengestellt von K. Sasaki nach: T. Kudo und K. Fueki, *Solid State Ionics*, Kodansha, 1990, und darin angeführte Referenzen; A. Rabenau, Solid State Ionics **6** (1982) 277; K. D. Kreuer, Chem. Mater. **8** (1996) 610 und darin angeführte Referenzen; K. D. Kreuer, Th. Dippel, J. Maier, in: Proc. Electrochem. Soc., Bd. PV 95-23, S. 241, Pennington (NJ), 1995; K. Schmidt-Rohr, J. Clauss, B. Blümich und H. W. Spiess, Magn. Reson. in Chem. **28** (1990) 3; K. D. Kreuer, Solid State Ionics **97** (1997) 1; H. Iwahara, T. Esaka, H. Uchida und N. Maeda, Solid State Ionics **3/4** (1981) 539; B. C. H. Steele, Solid State Ionics **75** (1995) 157; T. Takahashi, H. Iwahara und T. Esaka, J. Electrochem. Soc. **124** (1977) 1563; T. Ishihara, H. Furutani, H. Nishiguchi und Y. Takita, Proc. 3rd Int. Symp. Ionic und Mixed Conducting Ceramics, im Druck (1997); T. Ishihara, H. Matsuda und Y. Takita, J. Am. Ceram. Soc. **116** (1994) 3801; J. B. Goodenough, J. E. Ruiz-Diaz und Y.

S. Zhen, Solid State Ionics **44** (1990) 21; I. Kontoulis, Ch. P. Ftikos und B. C. H. Steele, Mater. Sci. Eng. **B22** (1994) 313; H. L. Tuller, Solid State Ionics **94** (1997) 63; J. T. Kummer, Progr. Solid St. Chem. **7** (1972) 141; G. Farrington, B. Dunn, Solid State Ionics **7** (1982) 287.

[319] G. Farrington, B. Dunn, Solid State Ionics **7** (1982) 287.

[320] M. Meyer, P. Maass, A. Bunde, J. Chem. Phys. **109** (1998) 109.

[321] A. Rabenau, Solid State Ionics **6** (1982) 277.

[322] J. B. Goodenough, H. Y.-P. Hong, J. A. Kafalas, Mater. Res. Bull. **11** (1976) 203.

[323] K. D. Kreuer, H. Kohler und J. Maier, in: *High Conductivity Ionic Conductors: Recent Trends and Applications*, S. 242, T. Takahashi (Hrsg.), World Scientific, Singapur, 1989.

[324] J. P. Boilot, P. Colomban, G. Collin, Solid State Ionics **28-30** (1988) 403; H. Kohler, H. Schultz, O. Melnikov, Mater. Res. Bull. **18** (1983) 589.

[325] J. Maier und U. Warhus, J. Chem. Thermodynamics **18** (1986) 309.

[326] C. A. Vincent, *Chemistry in Britain*, April, 1981, S. 391.

[327] B. Scrosati, in: *Lithium Ion Batteries*, M. Wakihara, O. Yamamoto (Hrsg.), VCH, Weinheim, 1998, 1. Auflage.

[328] A. Lundén, A. Bengtzelius, R. Kaber, L. Nilsson, K. Schroeder, R. Törneberg, Solid State Ionics **9/10** (1983) 89; L. Nilssen, J. O. Thomas, B. C. Tofield, J. Phys. **C13** (1980) 6441; D. Wilmer, R. D. Banhatti, J. Fitter, K. Funke, M. Jansen, G. Korus, R. E. Lechner, Physica B **241/243** (1998) 338.

[329] P. Maass, M. Meyer, A. Bunde, W. Dieterich, Phys. Rev. Lett. **77** (1996) 1528; P. Pendzig, W. Dieterich, A. Nitzan, J. Non-Cryst. Solids **235-237** (1998) 748.

[330] M. B. Armand, Ann. Rev. Mat. Sci. **6** (1986) 245; M. A. Ratner, D. F. Shriver, Mater. Res. Bull. **14** (1989) 39.

[331] H. Kohler, H. Schulz, Mater. Res. Bull. **20** (1985) 1461.

[332] M. Tuckermann, L. Laasonen, M. Sprik, M. Parrinello, J. Phys.: Condens. Matter. **6** (Supl. 23A) (1994) 99.

[333] P. Schuster, G. Zundel, C. Sandorfy (Hrsg.), *The Hydrogen Bond*, North–Holland, Amsterdam, 1976.

[334] R. Hempelmann, Ch. Karmonik, Th. Matzke, M. Capadonia, U. Stimming, T. Springer, M. Adams, Solid State Ionics **77** (1995) 152.

[335] E. S. Lewis, in: *Proton Transfer Reactions*, E. Caldin, V. Gold (Hrsg.), S. 317, Chapman & Hall, New York, 1975; M. Cappadonia, H. T. von der Heyden, U. Stimming, Solid State Ionics **94** (1997) 9.

[336] H. J. von Daal, Solid State Commun. **6** (1968) 5, Elsevier, Amsterdam.

[337] H. L. Tuller, A. S. Nowick, J. Phys. Chem. Solids **38** (1977) 859; H. L. Tuller, Solid State Ionics **94** (1997) 63.

[338] R. E. Peierls, *Quantum Theory of Solids*, Clarendon Press, Oxford, 1955.

[339] S. Ref. [43].

[340] M. Tinkham, *Introduction to Superconductivity*, McGraw–Hill, New York, 1975; W. Buckel, *Supraleitung*, VCH, Weinheim, 1990.

[341] R. J. Cava, R. B. van Dover, B. Batlogg, E. A. Rietman, Phys. Rev. Lett. **58** (1987) 408, The American Physical Society, College Park (MD).

[342] J. C. Philips, *Physics of High Temperature Superconductors*, Academic Press, New York, 1989.

[343] D. Christen, J. Narayam, L. Schneemeyer (Hrsg.), Mat. Res. Soc. Symp. Proc., Bd. 169, Materials Research Society, Pittsburgh (PA), 1990; T. Ruf, Physik in unserer Zeit **29** (1998) 160.

[344] J. Maier, Solid State Ionics, **112** (1998) 197.

[345] R. Moos, K. H. Härdtl, J. Am. Ceram. Soc. **80** (1997) 2549.

[346] J. R. Manning, *Diffusion Kinetics for Atoms in Crystals*, Van Nostrand, Princeton, 1968; A. D. Le Claire, A. B. Lidiard, Phil. Mag. **1** (1956) 1.

[347] R. Dieckmann, H. Schmalzried, Ber. Bunsenges. Phys. Chem. **81** (1977) 344, VCH, Weinheim.

[348] E. J. Opila, H. L. Tuller, B. J. Wuensch und J. Maier, in: Mat. Res. Soc. Symp. Proc., Bd. 209, S. 795, MRS, Pittsburgh (PA), 1991.

[349] C. Wagner, Progr. Solid St. Chem. **10** (1975) 3.

[350] M. Martin, H. Schmalzried, Solid State Ionics **20** (1986) 75; H. I. Yoo, H. Schmalzried, M. Martin, J. Janek, Z. phys. Chem. Neue Folge **168** (1990) 129.

[351] J. Maier, Solid State Phenomena **39-40** (1994) 35.

[352] J. Jamnik, J. Maier, J. Electrochem. Soc., im Druck.

[353] J. Maier, J. Am. Ceram. Soc. **76** (1993) 1223.

[354] L. Heyne in: *Solid State Electrolytes*, S. Geller (Hrsg.), S. 169 ff, Springer–Verlag, Berlin, 1977.

[355] H. S. Carslaw, J. C. Jäger, *Conduction of Heat in Solids*, Clarendon Press, Oxford, 1959; zur Übertragung auf Diffusionsprozesse s. J. Crank, *Mathematics of Diffusion*, Clarendon Press, Oxford, 1975.

[356] W. Jost, *Diffusion in Solids, Liquids and Gases*, Academic Press, New York, 1960.

[357] J.-H. Lee, M. Martin und H. I. Yoo, Korean J. Ceram. **4** (1998) 90, The Korean Ceramic Society, Seoul.

[358] R. A. De Souza, J. A. Kilner, Solid State Ionics **106** (1998) 175, Elsevier, Amsterdam.

[359] A. J. Millis, Nature **392** (1998) 147.

[360] G. Pfundtner, Dissertation, Universität Tübingen, 1993.

[361] Daten zusammengestellt von K. Sasaki nach: K. D. Becker, H. Schmalzried und V. von Wurmb, Solid State Ionics **11** (1983) 213; I. Rom und W. Sitte, Solid State Ionics **70/71** (1994) 147; J. Mizusaki, K. Fueki, Solid State Ionics **6** (1982) 85; K. Sasaki, M. Haseidl und J. Maier, Proc. EUROSOLID 4. A. Negro und L. Montanaro (Hrsg.), Politecnico die Torino, Turin, 1997; R. I. Merino, N. Nicoloso, J. Maier, in: *Ceramic Oxygen Ion Conductors and Their Technological Applications* (British Ceram. Proc.), B. C. H. Steele (Hrsg.), S. 43 ff, The Institute of Materials, Cambridge, 1996; M. H. R. Kankhorst und H. J. M. Bouwmeester, J. Electrochem. Soc. **144** (1997) 1261; F. Millot und P. de Mierry, J. Phys. Chem. Solids **46** (1985) 797; A. Belzner, T. M. Gür, R. A. Huggins, Solid State Ionics **40/41** (1990) 535.

[362] R. I. Merino, N. Nicoloso, J. Maier, in: *Ceramic Oxygen Ion Conductors and Their Technological Applications*, (British Ceram. Proc.), (B. C. H. Steele (Hrsg.)), S. 43 ff, The Institute of Materials, Cambridge (1996).

[363] M. Quilitz, G. Pfundtner, J. Maier, in: *Hochleistungskeramiken – Herstellung, Aufbau, Eigenschaften*, G. Petzow, J. Tobolski und R. Telle (Hrsg.), VCH, Weinheim, 1996, 1. Auflage.

[364] K. D. Becker, F. Rau, Ber. Bunsenges. Phys. Chem. **91** (1987) 1279.

[365] K. Sasaki, J. Maier, in Vorbereitung.

[366] I. Denk, U. Traub, F. Noll, J. Maier, Ber. Bunsenges. Phys. Chem. **99** (1995) 798; M. Leonhardt, Dissertation, Universität Stuttgart, 1999.

[367] H. G. Zachmann, *Mathematik für Chemiker*, S. 360, VCH, Weinheim, 1974.

[368] D. L. Bleke, Defect and Diffusion Forum **129-130** (1996) 9.

[369] J. W. Cahn, Acta Met. **9** (1961) 795.

[370] K. Funke, Prog. Solid St. Chem. **22** (1993) 11, Pergamon Press (Elsevier), Oxford.

[371] L. Onsager, Phys. Z. **27** (1926) 388; **28** (1927) 277; P. Debye, H. Falkenhagen, Phys. Z. **29** (1928) 121, 401.

[372] K. Funke, Solid State Ionics **94** (1997) 27, Elsevier, Amsterdam.

[373] K. Funke, B. Roling, M. Lange, Solid State Ionics **105** (1998) 195.

[374] K. Funke, I. Riess, Z. phys. Chem. Neue Folge **140** (1984) 217, R. Oldenbourg Verlag, München.

[375] A. K. Jonscher, Nature **267** (1977) 673; K. L. Ngai, Comments Solid State Phys. **9** (1979) 127; W. K. Lee, J. F. Liu, A. S. Nowick, Phys. Rev. Lett. **67** (1991) 1559.

[376] P. Maass, J. Petersen, A. Bunde, W. Dieterich, H. E. Roman, Phys. Rev. Lett. **66** (1991) 52; J. Petersen, W. Dieterich, Phil. Mag. B **65** (1992) 231; B. Rinn, W. Dieterich, P. Maass, Phil. Mag. B **77** (1998) 1283; P. Maass, M. Meyer, A. Bunde, Phys. Rev. B **51** (1995) 8164.

[377] K. E. Wapenaar, J. L. van Koesfeld, J. Schoonman, Solid State Ionics **2** (1981) 145.

[378] J. A. Bruce, M. D. Ingram, Solid State Ionics **9/10** (1983) 717.

[379] G. V. Chandrashekar, L. M. Foster, Solid State Commun. **27** (1978) 269.

[380] P. K. Davies, G. I. Pfeiffer, S. Canfield, Solid State Ionics **18/19** (1996) 704.

[381] J. A. Bruce, R. A. Howic, M. D. Ingram, Solid State Ionics **18/19** (1986) 1129, Elsevier, Amsterdam.

[382] M. Meyer, V. Jaenisch, P. Maass, A. Bunde, Phys. Rev. Lett. **76** (1996) 2338.

[383] A. Bunde, Solid State Ionics **105** (1981) 1; A. Bunde, M. D. Ingram, P. Maass, J. Non-Cryst. Solids **172/174** (1994) 1222.

[384] P. Pendzig, W. Dieterich, Solid State Ionics **105** (1998) 209.

[385] E. O. Kirkendall, Trans. AIME **147** (1942) 104; A. D. Smigelskas, E. O. Kirkendall, Trans. AIME Techn. Publ. Nr. 2071 (1946).

[386] G. Kutsche, H. Schmalzried, Solid State Ionics **43** (1990) 43.

[387] T. Pfeiffer, K. Winters, Phil. Mag. **A61** (1990) 685.

[388] J. Maier, Z. phys. Chemie Neue Folge **140** (1984) 191.

[389] J. Maier, G. Schwitzgebel, phys. stat. sol. (b) **113** (1982) 535.

[390] Angestossen zu dieser Darstellung der konservativen Ensembles wurde der Autor durch M. H. R. Lankhorst, H. J. M. Bouwmeester, H. Verweij, in: *Electroceramics IV*, R. Waser, S. Hoffmann, D. Bonnenberg, Ch. Hoffmann (Hrsg.), Bd. II, S. 697ff, Augustinus Buchhandlung, Aachen, 1994.

[391] J. Claus, I. Denk, M. Leonhardt und J. Maier, Ber. Bunsenges. Phys. Chem. **101** (1997) 1386; H. J. Schlüter, M. Barsoum und J. Maier, Solid State Ionics **101-103** (1997) 509; K. Sasaki und J. Maier, J. Phys. Chem. Solids, eingereicht.

[392] J. Maier, in: *Ionic and Mixed Conducting Ceramics*, T. A. Ramanarayanan, W. L. Worrell, H. L. Tuller (Hrsg.), Bd. PV 94-12, S. 542, The Electrochemical Society, Pennington (NJ), 1994; J. Maier und W. Münch, J. Chem. Soc., Faraday Trans. **92** (12) (1996) 2143.

[393] M. Spaeth, K.-D. Kreuer, Th. Dippel und J. Maier, Solid State Ionics **97** (1997) 291.

[394] H. Schmalzried, J. Janek, Ber. Bunsenges. Phys. Chem. **102** (1998) 127.

[395] J. C. Fischer, J. Appl. Phys. **22** (1951) 74.

[396] R. T. Whipple, Phil. Mag. **45** (1954) 1225; A. D. LeClaire, Brit. J. Appl. Phys. **14** (1963) 351; Y.-Ch. Chung und B. J. Wuensch, J. Appl. Phys. **79** (1996) 8323; O. Preis, W. Sitte, J. Appl. Phys. **79** (1996) 2986.

[397] J. Jamnik und J. Maier, Ber. Bunsenges. Phys. Chem. **101** (1) (1997) 23; J. Jamnik und J. Maier, J. Phys. Chem. Solids **59** (9) (1998) 1555.

[398] J. Jamnik, in: *Solid State Ionics: Science & Technology*, B. V. R. Chowdari, K. Lal, S. A. Agnihotry, N. Khare, S. S. Sekhon, P. C. Srivastava S. Chandra (Hrsg.), S. 13, World Scientific Publishing Co., Singapur, 1998.

[399] J. Maier, *Interfaces*, in: Proc. Int. School on Oxygen Ion and Mixed Conductors and Their Technological Applications, Kluwer Academic Publishers, Dordrecht, im Druck.

[400] M. Leonhardt, J. Jamnik und J. Maier, Electrochemical and Solid-State Letters, **2** (1999) 333, The Electrochemical Society, Pennington (NJ).

[401] J. Jamnik, J. Maier, in: *High Temperature Electrochemistry: Ceramics and Metals*, F. W. Poulsen, N. Bonanos, S. Linderoth, M. Mogensen und B. Zachau-Christiansen (Hrsg.), S. 287, Risø National Laboratory, Roskilde, Dänemark, 1996.

[402] J. Jamnik und J. Maier, Solid State Ionics **119** (1999) 191.

[403] S. Brunauer, *The Adsorption of Gases and Vapors*, Oxford University Press, London, 1944; L. J. Slutsley, G. D. Halsey, in: *Physical Chemistry, An Advanced Treatise*, H. Eyring, D. Henderson, W. Jost (Hrsg.), Academic Press, New York, 1967, S. 479.

[404] I. Langmuir, J. Am. Chem. Soc. **38** (1917) 2221; **40** (1918) 136.

[405] J. Maier, Proc. 12th International Conference Solid State Ionics, Thessaloniki, 1999 (Solid State Ionics) im Druck, Elsevier, Amsterdam.

[406] M. Bodenstein, Z. phys. Chem. **85** (1913) 329.

[407] T. Bieger, J. Maier und R. Waser, Ber. Bunsenges. Phys. Chem. **97** (1993) 1098.

[408] M. Leonhardt, Dissertation, Universität Stuttgart, 1999.

[409] E. Opila, H. L. Tuller, B. J. Wuensch, J. Maier, J. Am. Ceram. Soc. **76** (1993) 2363, The American Ceramic Society, Westerville (OH).

[410] B. C. H. Steele, Solid State Ionics **75** (1995) 157, Elsevier, Amsterdam.

[411] R. A. De Souza, J. A. Kilner, Solid State Ionics **126** (1999) 153, Elsevier, Amsterdam.

[412] I. C. Fullarton, J.-P. Jacobs, H. E. van Benthem, J. A. Kilner, H. H. Brongersma, P. J. Scanlon, B. C. H. Steele, Ionics **1** (1995) 51.

[413] S. J. Benson, R. J. Chater, J. A. Kilner, in: *Ionic and Mixed Conducting Ceramics*, T. A. Ramanarayanan, W. L. Worrell, H. L. Tuller, M. Mogensen, A. C. Khandkar (Hrsg.), Bd. PV 97-24, S. 596, The Electrochemical Society, Pennington (NJ), 1997.

[414] R. A. De Souza, J. A. Kilner, C. Jeynes, Solid State Ionics **97** (1997) 409.

[415] E. Ruiz-Trejo, J. A. Kilner, in: *High Temperature Electrochemistry: Ceramics and Metals*, F. W. Poulsen, N. Bonanos, S. Linderoth, M. Mogensen und B. Zachau-Christiansen (Hrsg.), S. 411, Risø National Laboratory, Roskilde, Dänemark, 1996.
[416] T. Ishihara, J. A. Kilner, M. Honda, Y. Takita, J. Am. Chem. Soc. **119** (1997) 2747.
[417] J. D. Sirman, Ph. D. Thesis, University of London (1998).
[418] J. D. Sirman, J. A. Kilner, in: *High Temperature Electrochemistry: Ceramics and Metals*, F. W. Poulsen, N. Bonanos, S. Linderoth, M. Mogensen und B. Zachau-Christiansen (Hrsg.), S. 417, Risø National Laboratory, Roskilde, Denmark, 1996.
[419] P. S. Manning, J. D. Sirman, R. A. De Souza, J. A. Kilner, Solid State Ionics **100** (1997) 1.
[420] E. Ruiz-Trejo, J. D. Sirman, Yu. M. Baikov, J. A. Kilner, Solid State Ionics, **113-115** (1998) 565.
[421] J. Maier, in: *Solid State Ionics V*, G.-A Nazri, C. Julien, A. Rougier (Hrsg.), Mat. Res. Soc. Proc., Bd. 548, S. 415, MRS, Warrendale (PA), 1999; Solid State Ionics, im Druck.
[422] J. Jamnik, J. Fleig, M. Leonhardt, J. Maier, J. Electrochem. Soc., im Druck.
[423] M. Leonhardt, J. Maier, in Vorbereitung.
[424] J. Jamnik, J. Maier, Jahresbericht des MPI–FKF 1999, Stuttgart, 2000; J. Jamnik, J. Maier, in Vorbereitung.
[425] R. Schlögl, in: *Handbook of Heterogeneous Catalysis*, G. Ertl, H. Krözinger, J. Weitkamp (Hrsg.), Bd. 4, S. 1697, VCH, Weinheim, 1997; G. Ertl, J. Vac. Sci. Technol. A **1** (1983) 1247.
[426] E. G. Schlosser, *Heterogene Katalyse*, Chemische Taschenbücher, VCH, Weinheim, 1972, 1. Auflage.
[427] M. I. Temkin, J. Physik. Chem. (Auss.) **31** (1957) 3.
[428] G. C. Vayenas, S. Bebelis, S. Neophytides, J. Phys. Chem. **92** (1988) 5085.
[429] J. Maier, P. Murugaraj, Solid State Ionics **40/41** (1990) 1017.
[430] G. Simkovich, C. Wagner, J. Catal. **1** (1967) 340.
[431] G. Tammann, Z. allg. anorg. Chem. **111** (1920) 78; C. Wagner, J. Electrochem. Soc. **103** (1956) 571.
[432] N. B. Pilling, R. G. Bedworth, J. Inst. Metals **19** (1923) 529.
[433] C. Wagner, Z. phys. Chem. **B21** (1933) 25; Corr. Sci. **9** (1969) 91.
[434] C. Gensch, K. Hauffe, Z. phys. Chem. **196** (1951) 427.
[435] L. S. Richardson, N. J. Grant, J. Metals **6** (1954) 69.
[436] J. Paidassi, Trans AIME, J. Metals **4** (1952) 536.
[437] C. Wagner, in: *Handbuch Metallphysik*, S. Flügge (Hrsg.), Bd. I, Leipzig, 1940; K. Hauffe, W. Schottky, in: *Halbleiterprobleme* W. Schottky (Hrsg.), Bd. 5, S. 259, Vieweg, Braunschweig, 1960.
[438] M. Vollmer, *Kinetik der Phasenbildung*, Steinkopff, Dresden, 1939; M. Kahlweit, *Grenzflächenerscheinungen*, Steinkopff, Darmstadt, 1981.
[439] M. Avrami, J. Chem. Phys. **9** (1941) 177; R. Becker, *Theorie der Wärme*, Springer–Verlag, Berlin, 1964.
[440] D. D. Macdonald, J. Electrochem. Soc. **139** (1992) 3434.
[441] A. T. Fromhold, *Theory of Metal Oxidation*, North–Holland, Amsterdam, 1980.

[442] J. Schoonman, in: Proc. Int. School on Oxygen Ion and Mixed Conductors and Their Technological Applications, H. L. Tuller et al. (Hrsg.), Kluwer Academic Publishers, Dordrecht, im Druck.

[443] A. M. Ginstling und B. I. Brounshtein, J. Appl. Chem. (USSR) **23** (1950) 1249.

[444] R. E. Carter, J. Chem. Phys. **34** (1961) 2010.

[445] J. A. Pask und L. K. Templeton, in: *Kinetics of High-Temperature Processes*, W. D. Kingery (Hrsg.), Technology Press of Massachusetts Institute of Technology, Cambridge (MA), 1959.

[446] C. Wagner, J. Electrochem. Soc. **103** (1956) 571; W. N. Mullins, R. F. Sekerka, J. Appl. Phys. **35** (1964) 444; R. T. Delves, in: *Crystal Growth*, B. R. Pamplin (Hrsg.), S. 40, Pergamon Press, Oxford, 1975.

[447] M. Backhaus-Ricoult, H. Schmalzried, Ber. Bunsenges. Phys. Chem. **89** (1985) 1323.

[448] M. Martin, P. Tigelmann, S. Schimschal-Thölke, G. Schulz, Solid State Ionics **75** (1995) 219.

[449] W. Hahn, *The Stability of Motion*, Springer-Verlag, Berlin, 1967; L. S. Pontryagin, *Ordinary Differential Equations*, Addison-Welseley, Reading, 1962.

[450] H. R. Oswald, J. R. Günter, in: *1976 Crystal Growth and Materials*, E. Kaldis, H. J. Sheel (Hrsg.), S. 416, North-Holland, Amsterdam, 1977.

[451] W. Laqua, H. Schmalzried, in: *High Temperature Corrosion*, R. A. Rapp (Hrsg.), S. 115 ff, NACE, Houston, 1983; H. Schmalzried, W. Laqua, Oxid. Metals **15** (1981) 339.

[452] M. Martin, Ceram. Trans. **24** (1991) 91; M. Martin, Proc. Electrochem. Soc., Bd. 99-19, S. 308, Pennington (NJ), 1999; O. Teller und M. Martin, Solid State Ionics **101-103** (1997) 475; O. Teller und M. Martin, Ber. Bunsenges. Phys. Chem. **101** (1997) 1377.

[453] R. W. Cahn, P. Haasen (Hrsg.), *Physical Metallurgy*, North-Holland, Amsterdam, 1983.

[454] J. Meixner, Z. Naturforschung **4A** (1949) 594; G. Nicolis, I. Prigogine, *Self-Organisation in Non-Equilibrium Systems*, John Wiley & Sons, New York, 1971.

[455] W. Ebeling, *Strukturbildung bei irreversiblen Prozessen*, B. G. Teubner, Leipzig, 1976.

[456] P. van Rysselberghe, *Thermodynamics of Irreversible Processes*, Hermann, Paris, 1963.

[457] E. Schöll, *Phase Transitions in Semiconductors*, Springer-Verlag, Berlin, 1987.

[458] F. J. Dyson, J. Mol. Evol. **18** (1982) 344.

[459] M. Eigen, P. Schuster, *The Hypercycle*, Springer-Verlag, Heidelberg, 1979.

[460] H. Poincaré, *Les Méthodes Nouvelles de la Mécanique Céleste*, Gauthier-Villars, Paris, 1892; E. N. Lorenz, J. Atmos. Sci. **20** (1963) 130; H. G. Schuster, *Deterministic Chaos*, VCH, Weinheim, 1984.

[461] M. Eiswirth et al., in: *Jahrbuch der MPG*, Verlag Vandenhoeck & Ruprecht, Göttingen, 1991.

[462] S. H. Koenig, R. D. Brown, W. Schillinger, Phys. Rev. **128** (1962) 1668; M. E. Cohen, P. T. Landsberg, Phys. Rev. **154** (1972) 683; A. E. McCombs, A. G. Milnes, Int. J. Electron. **32** (1972) 361.

[463] S. W. Teitsworth, R. M. Westervelt, E. E. Haller, Phys. Rev. Lett. **51** (1983) 825, The American Physical Society, College Park (MD).

[464] K. M. Mayer, R. Gross, J. Parisi, J. Peinke, R. P. Huebener, Solid State Commun. **63** (1987) 55, Elsevier, Amsterdam.

[465] C. Wagner, J. Colloid Sci. **5** (1950) 85.

[466] J. Janek, S. Majoni, Ber. Bunsenges. Phys. Chem. **99** (1995) 14, VCH, Weinheim.

[467] H. W. Roesky, K. Möckel, *Chemische Kabinettsstückchen*, VCH, Weinheim, 1994.

[468] H. Meinhard, A. Gierer, J. Cell. Sci. **15** (1974) 312.

[469] T. Ihle, H. Müller–Krumbhaar, Phys. Rev. E **49** (1994) 2972.

[470] T. A. Witten, L. M. Sander, Phys. Rev. Lett. **47** (1981) 1400.

[471] J. Nittmann, H. E. Stanley, Nature **321** (1986) 663, Macmillan Magazines Ltd, London (UK).

[472] A. Bunde, S. Havlin (Hrsg.), *Fractals in Science*, Springer–Verlag, Berlin, 1994, 1. Auflage.

[473] G. Daccord, L. Lenormand, Nature **325** (1987) 41, Macmillan Magazines Ltd, London (UK).

[474] B. B. Mandelbrot, *Die fraktale Geometrie der Natur*, Birkhäuser Verlag, Basel, 1987, 1. Auflage.

[475] D. Avnir (Hrsg.), *The Fractal Approach to Heterogeneous Chemistry*, John Wiley & Sons, New York, 1989.

[476] B. Sapoval, Solid State Ionics **75** (1995) 269; B. Sapoval J. N. Chazalviel, J. Peyrierre, Solid State Ionics **28/30** (1988) 1441; A. Le Méhauté, G. Crépy, Solid State Ionics **9/10** (1983) 17.

[477] H.-D. Wiemhöfer, Habilitationsschrift, Universität Tübingen, 1991.

[478] H. L. Tuller, J. Phys. Chem. Solids **55** (1991) 1393.

[479] S. z. B. M. Henzler, W. Göpel, *Oberflächenphysik des Festkörpers*, B. G. Teubner, Stuttgart, 1991; W. Göpel, C. Ziegler, *Grundlagen, Mikroskopie und Spektroskopie*, B. G. Teubner, Stuttgart, 1994; W. Göpel, C. Ziegler, *Struktur der Materie: Grundlagen, Mikroskopie und Spektroskopie*, B. G. Teubner, Stuttgart, 1994.

[480] H. Dietz, W. Haecker, H. Jahnke, in: *Advances in Electrochemistry and Electrochemical Engineering*, H. Gerischer, C. W. Tobias (Hrsg.), John Wiley & Sons, New York, 1977, 1. Auflage.

[481] W. A. Fritsche, D. Jahnke, *Metallurgische Elektrochemie*, Springer–Verlag, Berlin, 1975.

[482] T. Yajama, H. Kazeoka, T. Yogo, H. Iwahara, Solid State Ionics **47** (1991) 271.

[483] W. Göpel, J. Hesse, J. N. Zemel (Hrsg.), *Sensors, A Comprehensive Study*, VCH, Weinheim, 1987, 1. Auflage.

[484] J. Janata, *Principles of Chemical Sensors*, Plenum Press, New York, 1989.

[485] P. Henderson, Z. phys. Chem. **59** (1907) 118.

[486] J. Maier, M. Holzinger, W. Sitte, Solid State Ionics **74** (1994) 5.

[487] J. Maier, Solid State Ionics **62** (1993) 105.

[488] J. Maier, in: *Science and Technology of Fast Ion Conductors*, H. L. Tuller, M. Balkanski (Hrsg.), S. 299, Plenum Press, New York, 1989.

[489] H.-H. Möbius, P. Shuk, W. Zastrow, Fresenius J. Anal. Chem. **349** (1996) 684.

[490] N. Miura, S. Yao, Y. Shimizu und N. Yamazoe, J. Electrochem. Soc. **139** (1992) 1384.

[491] M. Holzinger, J. Maier, W. Sitte, Solid State Ionics **94** (1997) 217.

[492] J. J. Egan, J. Phys. Chem. **68** (1964) 978; R. J. Heus, J. J. Egan, Z. phys. Chem. **49** (1966) 38.
[493] J. Maier und U. Warhus, J. Chem. Thermodynamics **18** (1986) 309.
[494] J. Maier, U. Warhus und E. Gmelin, Solid State Ionics **18/19** (1986) 969.
[495] C. Wagner, Z. Elektrochem. **60** (1956) 4; siehe auch Lehrbücher der Elektrochemie [147,210–212,522].
[496] Siehe Lehrbücher der Elektrochemie [147,210–212,522].
[497] H. Schmalzried, Z. phys. Chem. Neue Folge **38** (1963) 87, R. Oldenbourg Verlag, München.
[498] H. Schmalzried, J. Chem. Phys. **33** (1960) 940; S. Mitoff, ibid. **36** (1962) 1383.
[499] J. Maier, J. Phys. Chem. Solids **46** (1985) 197.
[500] J. B. Goodenough, J. E. Ruiz-Diaz, Y. S. Zhen, Solid State Ionics **44** (1990) 21, Elsevier, Amsterdam.
[501] T. Norby, P. Kofstad, Solid State Ionics **20** (1986) 164.
[502] T. Norby, O. Dyrlie, P. Kofstad, Solid State Ionics **53** (1992) 446.
[503] S. Yuan, U. Pal, K. C. Chou, in: *Ionic and Mixed Conducting Ceramics*, T. A. Ramanarayanan, W. L. Worrell, H. L. Tuller (Hrsg.), Bd. 94-12, S. 46, The Electrochemical Society, Pennington (NJ), 1994.
[504] J. E. ten Elshof, H. J. M. Bouwmeester, H. Verweij, Solid State Ionics **81** (1995) 97; B. Ma, U. Balachandran, J.-H. Park, C. U. Segre, J. Electrochem. Soc. **143** (1996) 1736; S. Kim, Y. L. Yang, A. J. Jacobson, B. Abeles, Solid State Ionics **106** (1998) 189.
[505] M. Zhou, H. Deng, B. Abeles, Solid State Ionics **93** (1997) 133.
[506] H. Iwahara, Chem. Solid State Mater. **2** (1992) 122, Cambridge University Press, Cambridge (UK).
[507] H. Iwahara, Solid State Ionics **77** (1995) 289, Elsevier, Amsterdam.
[508] G. Marnellos und M. Stoukides, Science **282** (1998) 98.
[509] H. Gerischer, J. Electroanal. Chem. **58** (1975) 263; H. Tributsch, J. Electrochem. Soc. **125** (1978) 1087; C. Gutierrez, P. Salvador, J. B. Goodenough, J. Electroanal. Chem. **134** (1982) 325.
[510] B. O'Reagan, M. Grätzel, Nature **353** (1991) 737.
[511] H. Kaiser, Z. Anal. Chem. **260** (1972) 252.
[512] J. Maier, *Electrochemical Sensors*, in: Proc. Int. School on Oxygen Ion and Mixed Conductors and Their Technological Applications, Kluwer Academic Publishers, Dordrecht, im Druck; Sensors and Actuators, im Druck.
[513] Ch. Tragut, K. H. Härdtl, Sensors and Actuators B **4** (1991) 425; J. Gerblinger, H. Meixner, Sensors and Actuators B **4** (1991) 99.
[514] J. Kircher, M. Alouani, M. Garriga, P. Murugaraj, J. Maier, C. Thomson, M. Cardona, O. K. Andersen und O. Jepsen, Phys. Rev. B **40** (1989) 7368.
[515] C. Wagner, in: Proc. 7th Meeting Int. Comm. on Electrochem. Thermodynamics and Kinetics, Butterworth, London, 1957.
[516] I. Riess, Mater. Sci. Eng. B **12** (1992) 351.
[517] C. Tubandt, F. Lorenz, Z. phys. Chem. **87** (1913) 543.
[518] S. z. B. H. Fröhlich, *Theory of Dielectrics: Dielectric Constant and Dielectric Loss*, Oxford University Press, Oxford, 1958.

[519] H. Fröhlich, *Theory of Dielectrics*, Oxford University Press, Oxford, 1949.

[520] J. Maier, Dissertation, Universität des Saarlandes, Saarbrücken, 1982.

[521] D. Y. Wang, A. S. Nowick, J. Electrochem. Soc. **126** (1979) 1155, The Electrochemical Society, Pennington (NJ).

[522] K. J. Vetter, *Electrochemische Kinetik*, Springer-Verlag, Berlin, 1961.

[523] C. Wagner, W. Traud, Z. Elektrochem. **44** (1938) 391; E. Lange, Z. Elektrochem. **55** (1951) 76.

[524] H. Gerischer, in: *Physical Chemistry, An Advanced Treatise IXA*, H. Eyring, D. Henderson, W. Jost (Hrsg.), Academic Press, New York, 1970; W. Schottky, Z. Physik **113** (1939) 367; **118** (1942) 359; N. F. Mott, Proc. Royal Soc. (London) **A 171** (1939) 27.

[525] M. Mogensen, S. Skaarup, Solid State Ionics **86/88** (1996) 1151; J. Mizusaki, H. Tagawa, K. Tsuneyoshi, A. Sawata, J. Electrochem. Soc. **138** (1991) 1867; F. H. van Heuveln, H. J. M. Bouwmeester, J. Electrochem. Soc. **144** (1997) 134; R. Jiminez, T. Kloidt, M. Kleitz J. Electrochem. Soc. **144** (1997) 5823; S. D. Adler, J. A. Lane, B. C. H. Steele, J. Electrochem. Soc. **144** (1997) 1884; H. Hu, M. Liu, J. Electrochem. Soc. **144** (1997) 3561.

[526] I. Riess, M. Gödickemeier, L. J. Gauckler, Solid State Ionics **90** (1990) 9; B. A. Boukamp, I. C. Vinke, J. J. De Vries, A. J. Burggraaf, Solid State Ionics **32/33** (1998) 918.

[527] R. Parsons, Trans. Faraday Soc. **47** (1951) 1332.

[528] J. R. Macdonald, J. Chem. Phys. **58** (1973) 4982.

[529] J. Jamnik, J. Maier, J. Electrochem. Soc., im Druck.

[530] D. C. Grahame, Chem. Rev. **41** (1947) 441.

[531] J. Jamnik, Appl. Phys. **A55** (1992) 518.

[532] K. Bohnenkamp, H.-J. Engell, Z. Elektrochem. **61** (1957) 1184, VCH, Weinheim.

[533] R. D. Armstrong, R. Mason, J. Electroanal. Chem. **41** (1973) 231, Elsevier, Amsterdam.

[534] R. D. Armstrong und B. R. Horrocks, Solid State Ionics **94** (1997) 181.

[535] J. R. Macdonald, D. R. Franceschetti und A. P. Lehnen, J. Chem. Phys. **73** (1980) 5272.

[536] J. C. Lassègues, J. Grondin, T. Becker, L. Servant, M. Hernandez, Solid State Ionics **77** (1995) 311; J. Fricke, Plenarvortrag, Bunsenhauptversammlung, '98, Münster. E. T. Eisenmann, in: Proc. Electrochem. Soc., Bd. 95–29, S. 255, Pennington (NJ), 1995.

[537] A. Yamamada, J. B. Goodenough, J. Electrochem. Soc. **145** (1998) 737.

[538] G. J. Dudley und B. C. H. Steele, J. Solid St. Chem. **10** (1980) 233.

[539] J. R. Macdonald (Hrsg.), *Impedance Spectroscopy*, John Wiley & Sons, New York, 1987; J. R. Macdonald, J. Schoonman, A. Lehnen, J. Electroanal. Chem. **131** (1982) 77.

[540] J. Maier, P. Murugaraj, G. Pfundtner, W. Sitte, Ber. Bunsenges. Phys. Chem. **93** (1989) 1350.

[541] L. D. Burke, H. Rickert, R. Steiner, Z. phys. Chem. Neue Folge **74** (1971) 146.

[542] J. E. B. Randles, Discuss. Faraday Soc. **1** (1947) 11.

[543] J. Jamnik, J. Maier und S. Pejovnik, Electrochim. Acta, **44** (1999) 4139.

[544] N. Valverde, Z. phys. Chem. Neue Folge **74** (1971) 146; W. Piekarcyak, W. Weppner, A. Rabenau, Z. Naturforschung **34a** (1979) 430; W. Weppner, R. A. Huggins, J. Electrochem. Soc. **124** (1977) 10.

[545] J. Mizusaki, J. Solid St. Chem. **131** (1997) 150, Academic Press, San Diego (CA).

[546] U. von Oehsen, H. Schmalzried, Ber. Bunsenges. Phys. Chem. **85** (1981) 7, VCH, Weinheim.

[547] W. Preis, W. Sitte, J. Chem. Soc., Faraday Trans. **92** (1996) 1197.

[548] R. Andreaus, W. Sitte, J. Electrochem. Soc. **144** (1997) 1040, The Electrochemical Society, Pennington (NJ).

[549] K. Göldner, *Mathematische Grundlagen der Systemanalyse*, Verlag Harri Deutsch, Thun, 1981; W. Hahn, F. L. Bauer, *Physikalische und elektrotechnische Grundlagen für Information*, Springer–Verlag, Berlin, 1975; N. Wiener, *Cybernetics or Control and Communication in the Animal and the Machine*, John Wiley & Sons, New York, 1948; G. J. Murphy, *Basic Automatic Control Theory*, van Nostrand, Princeton (NJ), 1957.

[550] Postkarte TM 10 Putput, ©Tom, Berlin.

[551] D. Widder, *Laplace Transform*, Princeton University Press, Princeton, 1941.

[552] I. N. Bronstein, K. A. Semendjajew, G. Musiol, H. Mühlig, *Taschenbuch der Mathematik*, Verlag Harri Deutsch, Thun, 1993.

[553] R. D. Armstrong, in: *Electrode Processes in Solid State Ionics*, M. Kleitz und J. Dupuy (Hrsg.), Kluwer Academic Publishers, Dordrecht, 1975, 1. Auflage.

[554] M. Gaberšček, J. Jamnik und S. Pejovnik, J. Power Sources **25** (1989) 123, Elsevier, Amsterdam.

[555] C. Tragut, Dissertation, Universität Karlsruhe, 1992.

[556] A. K. Jonscher, Nature **267** (1977) 673; K. L. Ngai, A. K. Jonscher, Nature **277** (1979) 185.

[557] K. L. Ngai, U. Strom, Phys. Rev. B **38** (1988) 10350.

[558] A. Le Mehauté, J. Stat. Phys. **36** (1984) 665.

[559] T. Große, H. Schmalzried, Z. phys. Chem. Neue Folge **172** (1991) 197; W. Preis, W. Sitte, Solid State Ionics **76** (1995) 5.

[560] M. J. Verkerk, B. J. Middlehuis, A. J. Burggraaf, Solid State Ionics **6** (1982) 159.

[561] J. Fleig und J. Maier, Electrochim. Acta **41** (7/8) (1996) 1003.

[562] J. Maier, S. Prill und B. Reichert, Solid State Ionics **28-30** (1988) 1465.

[563] J. Fleig, J. Maier, Solid State Ionics **86-88** (1996) 1351.

[564] L. J. van der Pauw, Philips Res. Repts. **13** (1958) 1; I. Riess, D. S. Tannhauser, Solid State Ionics **7** (1982) 307.

[565] L. B. Valdes, Proc. I.R.E. **42** (1954) 420.

[566] A. Uhlir, Bell. Syst. Tech. J. **34** (1955) 105.

[567] J. Jamnik, H.-U. Habermeier und J. Maier, Physica B **204** (1995) 57.

[568] M. Kleitz, H. Bernard, E. Fernandez und E. Schouler, Adv. Ceram. Sci. Tech. Zirconia **3** (1981) 310; M. Meyer, H. Rickert, and U. Schwaitzer, Solid State Ionics **9, 10** (1983) 689; J. E. Bauerle, J. Phys. Chem. Solids **30** (1969) 2657; H. Rickert, H.-D. Wiemhöfer, Ber. Bunsenges. Phys. Chem. **87** (1983) 236.

[569] R. Landauer, in: *Electrical Transport and Optical Properties of Inhomogeneous Media*, J. C. Garland, D. B. Tanner (Hrsg.), AIP Conf. Proc. 40, New York, 1987, S. 2; D. Stauffer und A. Aharony, *Percolation and Conduction*, VCH, Weinheim, 1973, S. 574; D. S. McLachlan, M. Blaskiewicz, R. E. Newnham, J. Am. Ceram. Soc. **73** (1990) 2187; A. Bunde, Solid State Ionics **75** (1995) 147.

[570] R. Holm, *Electrical Contacts Handbook*, Springer–Verlag, Berlin, 1958; J. Newman, J. Electrochem. Soc. **113** (1966) 501.

[571] W. G. Amey, F. Hamburger, Proc. Amer. Soc. Testing Mater. **49** (1949) 1079.

[572] M. B. H. Breere, D. N. Jamieson, P. J. C. King, *Materials Analysis with a Nuclear Microprobe*, John Wiley & Sons, New York, 1995.

[573] I. Riess, Solid State Ionics **44** (1991) 207; I. Riess, S. Kramer, H. L. Tuller, in: *Solid State Ionics*, M. Balkanski, T. Takahashi, H. L. Tuller (Hrsg.), S. 429 ff, Elsevier, Amsterdam, 1992.

[574] M. Winter, J. O. Besenhard, M. E. Spahr, P. Novák, Adv. Mater. **10** (1998) 725, VCH, Weinheim.

[575] Ch. Julien, G.-A. Nazri, *Solid State Batteries: Materials, Design and Optimization*, Kluwer Academic Publishers, New York, 1994, 1. Auflage.

[576] M. Wakihara. O. Yamamoto (Hrsg.), *Lithium Ion Batteries*, Wiley–VCH, Weinheim, 1998.

[577] B. C. H. Steele, Phil. Trans. R. Soc. London A **354** (1996) 1695; T. Kanada and H. Yokokawa, Key Engineering Materials **125-126** (1997) 187; S. C. Singhal, in: *Solid Oxide Fuel Cells V*, U. Stimming, S. C. Singhal, H. Tagawa, W. Lehnert, (Hrsg.), Bd. PV 97-40, S. 37 ff, The Electrochemical Society, Pennington (NJ), 1997.

[578] W. Ostwald, Z. Elektrochem. **1** (1894/95) 122.

[579] K.-D. Kreuer, J. Maier, Spektrum der Wissenschaft **7** (1995) 92.

[580] I. Riess, M. Gödickemeier, L. J. Gauckler, Solid State Ionics **90** (1996) 91.

[581] J. Fleig und J. Maier, J. Electrochem. Soc. Letters **144** (1997) L302.

[582] C. C. Chen, M. M. Nasrallah, H. U. Anderson, in: *Solid Oxide Fuel Cells*, S. C. Singhal, H. Iwahara (Hrsg.), Bd. PV 93-4, S. 598, The Electrochemical Society, Pennington (NJ), 1993.

[583] T. Ishihara, H. Matsuda, Y. Takita, J. Am. Chem. Soc. **116** (1994) 3801; T. Ishihara, H. Furutani, H. Nishiguchi,Y. Takita, in: *Ionic and Mixed Conducting Ceramics III*, T. A. Ramanarayanan, W. L. Worrell, H. L. Tuller, M. Mogensen, A. C. Khandkar (Hrsg.), Bd. PV 97-24, S. 834, The Electrochemical Society, Pennington (NJ), 1997.

[584] H. L. Tuller, in: Proc. 17th Risø Int. Symp. Materials Science: High Temperature Electrochemistry: Ceramics and Metals, F. W. Poulsen, N. Bonanos, S. Linderoth, M. Mogensen, B. Zachau-Christiansen (Hrsg.)), S. 139, Risø National Laboratory, Roskilde, Denmark, 1996.

[585] S. B. Adler, J. A. Reimer, J. Baltisberger, U. Werner, J. Am. Ceram. Soc. **116** (1994) 675; G. B. Zhang, D. M. Smyth, Solid State Ionics **82** (1996) 161.

[586] S. C. Singhal, in: *Solid Oxide Fuel Cells V*, U. Stimming, S. C. Singhal, H. Tagawa, W. Lehnert, (Hrsg.), Bd. PV 97-40, The Electrochemical Society, Pennington (NJ) 1997.

[587] H. Iwahara, T. Yajima, T. Hibino, H. Ushida, J. Electrochem. Soc. **140** (1993) 1687.

[588] W. Drenckhahn, H. Vollmar, Siemens–Zeitschrift **5** (1995) 31, Siemens AG, München.

[589] A. Eisenberg, H. L. Yeager (Hrsg.), *Perfluorinated Ionomer Membranes*, The American Chemical Society, Washington (DC), 1982.

[590] G. G. Scherer, H. P. Brack, F. N. Buchi, B. Gupta, O. Haas, M. Rota, in: Proc. 11th World Hydrogen Energy Conf., T. N. Veziroglu (Hrsg), Bd. 2, S. 1727, International Association for Hydrogen Energy, Coral Gables (FL), 1996; K.-D. Kreuer, Th. Dippel, J. Maier, in: *Proton Conducting Membrane Fuel Cells I*, Bd. PV 95-23, S. 241, The Electrochemical Society, Pennington (NJ), 1995.

[591] M. Rehahn, A. D. Schlüter, G. Wegner, Makromol. Chem. **191** (1990) 1991.

[592] K.-D. Kreuer, Solid State Ionics **97** (1997) 1.

[593] W. Gajewski, Spektrum der Wissenschaft 7 (1995) 88.

[594] B. B. Owens, J. E. Oxley, A. F. Sammells, in: *Solid Electrolytes*, S. Geller (Hrsg.), S. 67, Springer–Verlag, Berlin, 1977.

[595] A. J. Hills und N. A. Hampson, J. Power Sources **24** (1988) 253.

[596] F. von Sturm, *Elektrochemische Stromerzeugung*, VCH, Weinheim, 1969, 1. Auflage.

[597] J. B. Goodenough, NATO ASI Series B **217** (1990) 157.

[598] P. G. Dickens, M. S. Whittingham, Quart. Rev. **22** (1968) 30; M. S. Whittingham, R. A. Huggins, J. Chem. Phys. **54** (1971) 414; M. S. Whittingham, J. Electrochem. Soc. **125** (1976) 315; M. S. Whittingham, Prog. Solid St. Chem. **12** (1978) 41.

[599] J. B. Goodenough, in: *Lithium Ion Batteries*, M. Wakihara, O. Yamamoto (Hrsg.), S. 1, VCH, Weinheim, 1998.

[600] S. z.B. P. M. S. Mouk, J. A. Duffy, M. D. Ingram, Electrochim. Acta **38** (1993) 2759.

[601] P. Hagenmüller, Prog. Solid St. Chem. **5** (1971) 71.

[602] K. Mitzushima, P. C. Jones, P. J. Wiseman, J. B. Goodenough, Mater. Res. Bull. **17** (1980) 785.

[603] E. Ceder, Y.–M. Chiang, D. R. Sadoway, M. K. Aydinol, Y.–J. Jang, B. Huang, Nature **392** (1998) 694.

[604] G. G. Amatucci, J. M. Tarascon, L. C. Klein, J. Electrochem. Soc. **143** (1996) 1114; T. Ohzuku, A. Ueda, M. Nagayama, J. Electrochem. Soc. **140** (1993) 1862; T. Ohzuku et al., J. Electrochem. Soc. **137** (1990) 769.

[605] H. Kawai, N. Nagata, H. Tukamoto, A. R. West, J. Mater. Chem. **8** (1998) 837.

[606] M. Armand, Solid State Ionics **69** (1994) 309; G. Feullade, P. Perche, J. Appl. Electrochem. **5** (1975) 63.

[607] R. Selim, P. Bro, J. Electrochem. Soc. **121** (1974) 1457.

[608] J. H. Kennedy, in: *Solid Electrolytes*, S. Geller (Hrsg.), S. 105, Springer–Verlag, Berlin, 1977.

[609] A. van Zyl, Solid State Ionics **86/88** (1996) 883.

[610] J. Maier, in: Proc. Werkstoffwoche '96: *Werkstoff-Verfahrenstechnik*, G. Ziegler, H. Cherdron, W. Hermel, J. Hirsch. H. Kolaska (Hrsg.), S. 3 ff, DGM Informationsgesellschaft mbH, 1997.

[611] J. Maier, *Einführung in die Physikalische Festkörperchemie*, Vorlesungsskriptum, Tübingen-Stuttgart, 1990.

[612] B. Scrosati, Nature **373** (1995) 557.

Index

MIX
Papier aus verantwortungsvollen Quellen
Paper from responsible sources
FSC® C105338

If you have any concerns about our products,
you can contact us on
ProductSafety@springernature.com

In case Publisher is established outside the EU,
the EU authorized representative is:
Springer Nature Customer Service Center GmbH
Europaplatz 3, 69115 Heidelberg, Germany

Printed by Libri Plureos GmbH
in Hamburg, Germany